BKI OBJEKTDATEN

Kosten abgerechneter Bauwerke

IR2
Innenräume

AF801732

BKI Objektdaten:
Kosten abgerechneter Bauwerke
IR2 Innenräume

BKI Baukosteninformationszentrum (Hrsg.)
Stuttgart: BKI, 2025

Mitarbeit:
Hannes Spielbauer (Geschäftsführer)
Brigitte Lechler (Prokuristin)
Dokumentation: Catrin Baumeister, Julia Bellmann, Anna Bertling, Heike Elsäßer,
Sabine Egenberger, Irmgard Schauer, Sibylle Vogelmann
Virginia Lammet, Thomas Schmid
Produktmanagement: Tabea Wessel
Endbearbeitung: Jeannette Sturm

Layout, Satz:
Marvin Bisceglie
Hans-Peter Freund
Thomas Fütterer

Fachliche Begleitung:
Beirat Baukosteninformationszentrum
Stephan Weber (Vorsitzender)
Markus Lehrmann (stellv. Vorsitzender)
Prof. Dr. Bert Bielefeld
Markus Fehrs
Andrea Geister-Herbolzheimer
Prof. Dr. Wolfdietrich Kalusche
David Meuer
Martin Müller
Markus Weise

Alle Rechte vorbehalten. Zahlenangaben ohne Gewähr. Für etwaige Fehler, Irrtümer usw. kann der Herausgeber keine Verantwortung übernehmen. Mit Kauf des Produktes werden die AGBs akzeptiert. Die aktuelle Fassung der AGBs ist zu finden unter: www.bki.de/agb. © Baukosteninformationszentrum Deutscher Architektenkammern GmbH

Anschrift:
Seelbergstraße 4, 70372 Stuttgart
Kundenbetreuung: 0711 954 854-0
Baukosten-Hotline: 0711 954 854-41
Telefax: 0711 954 854-54
info@bki.de
www.bki.de

Für etwaige Fehler, Irrtümer usw. kann der Herausgeber keine Verantwortung übernehmen.

Titelabbildungen:
Eingangsbereich Bürogebäude (1300-0228) Arch.: Innenarchitekturbüro Ursula Beigler; München; Fotograf: Zooey Braun
Gästewohnung (6100-1434) Arch.: PROWALD ideen - lösungen - architektur; Flonheim; Fotograf: Ralph Rainer Steffens
Veranstaltungssaal (9100-0189) Arch.: Heske Hochgürtel Lohse Architekten; Lübeck; Fotograf: Stephan Baumann, bild_raum

Vorwort

Das Baukosteninformationszentrum BKI wurde 1996 von den Architektenkammern aller Bundesländer gegründet. Ziel des BKI ist die Bereitstellung aktueller Daten sowie die Entwicklung und Vermittlung zielführender Methoden. Kostenermittlungen sind meist nur so gut wie die angewendeten Methoden und Daten.

Wertvolle Daten und Erfahrungswerte liegen in Form von abgerechneten Bauleistungen oder Kostenfeststellungen vor. Oft fehlt im Büro-Alltag die Zeit, diese qualifiziert zu dokumentieren. Diese Dienstleistung erbringt BKI und unterstützt damit sowohl die Datenlieferant*innen als auch die Nutzer*innen der BKI Datenbanken.

Die Fachbuch-/eBook-Reihe „BKI Objektdaten“ wird kontinuierlich erweitert, um die neu erhobenen Objekte der BKI-Baukostendatenbanken zu veröffentlichen. Die stetig wachsende Sammlung von Vergleichsobjekten leistet wertvolle Dienste bei Kostenermittlungen und trägt zu mehr Kostensicherheit bei allen am Bau Beteiligten bei.
Die „BKI Objektdaten Innenräume“ ergänzen die bereits bestehenden Reihen Neubau, Altbau, Freianlagen und Technische Gebäudeausrüstung. Mit dieser Veröffentlichung liegt nun die 2. Ausgabe dieser Innenraumband-Reihe vor.

Univ.-Prof. Dr.-Ing. Wolfdietrich Kalusche gibt in seinem Fachbeitrag einen Überblick über die Anforderungen an die Kostenplanung von Innenräumen, mit den relevanten Bezügen zur Honorarermittlung und zur HOAI. Nachfolgend beinhaltet das Fachbuch Objektdaten und Kostenkennwerte von Innenräumen für die hauptsächlichen Zielgruppen Innenarchitekt*innen und Architekt*innen der Fachrichtung Hochbau. Insgesamt sind 37 bebilderte Innenraum-Objekte mit Kostenkennwerten nach DIN 276 und Leistungsbereichen abgebildet. Im letzten Kapitel finden Anwender*innen über 8.500 aktuelle Baupreise aus 48 Leistungsbereichen für Ausbau- und Gebäudetechnik. Abschließend wird auch die unterschiedliche regionale Baupreis-Entwicklung berücksichtigt. Mit den integrierten BKI Regionalfaktoren können die Bundesdurchschnittswerte an den jeweiligen Stadt- bzw. Landkreis angepasst werden.

Der Dank des BKI gilt allen Architektur- und Innenarchitekturbüros, die Daten und Unterlagen zur Verfügung stellen. Sie profitieren von der Dokumentationsarbeit des BKI und unterstützen zusätzlich den eigenen Berufsstand. Die veröffentlichten Innenraum-Projekte bilden eine fundierte und anschauliche Dokumentation realisierter Innenarchitektur. Zudem ermöglichen sie eine kompetente Kostenermittlung von Folgeobjekten und eignen sich hervorragend zur Akquisition neuer Planungsaufgaben.

Zur Pflege der Baukostendatenbanken sucht BKI weitere Innenraum-Objekte aus allen Bundesländern. Weitere Informationen dazu werden im Internet unter „Daten an BKI liefern“ zur Verfügung gestellt. BKI berät gerne über alle Möglichkeiten, realisierte Projekte zu veröffentlichen. Für die Lieferung von Daten erhalten Sie eine Vergütung und weitere Vorteile.

Besonderer Dank gilt abschließend auch dem BKI-Beirat, der mit seinem Expert*innenwissen aus der Architektenpraxis, den Architekten- und Ingenieurkammern, Normausschüssen und Universitäten zum Gelingen der BKI-Fachinformationen beiträgt.

Wir wünschen allen Anwender*innen des Fachbuchs/eBooks viel Erfolg in allen Phasen der Kostenplanung und vor allem eine große Übereinstimmung zwischen geplanten und realisierten Baukosten im Sinne zufriedener Bauherr*innen. Anregungen und Kritik zur Verbesserung unserer BKI-Veröffentlichungen sind uns jederzeit willkommen.

Hannes Spielbauer - Geschäftsführer
Brigitte Lechler - Prokuristin

Baukosteninformationszentrum
Deutscher Architektenkammern GmbH
Stuttgart, im August 2025

Inhalt

Benutzerhinweise

A Kosten abgerechneter Objekte

D	Kostenkennwerte für Positionen - Altbau (Fortsetzung)	

Anhang

Einführung

In der Fachbuchreihe „BKI Objektdaten" werden für Kostenermittlungszwecke und Wirtschaftlichkeitsvergleiche bereits realisierte und vollständig abgerechnete Bauwerke aus allen Bundesländern veröffentlicht. Dieser Band enthält die Dokumentationen von 37 Innenraum-Objekten.

Die Kostenkennwerte der Objekte dienen dazu, die Kosten von Bauprojekten im Vergleich mit den Kosten bereits realisierter Objekte zu ermitteln bzw. Kostenermittlungen mit büroeigenen Daten oder den Daten Dritter zu überprüfen, solange Kostenanschläge auf der Grundlage von Ausschreibungsergebnissen noch nicht vorliegen.

Dieser Vergleich wird erleichtert durch die „Anpassung der Kostenkennwerte auf Bundesniveau". Die BKI Regionalfaktoren ermöglichen es, die Objekte auch hinsichtlich des Bauorts zu bewerten. Dadurch werden die Baupreise der Objekte so dargestellt, als ob diese in einer mit dem Bundesdurchschnitt identischen Region gebaut worden wären. Diese regionale Normierung vereinfacht die Bewertung der Kostenkennwerte für den Anwender erheblich.

Die Daten in „BKI Objektdaten Innenräume" unterstützen die Kostenermittlungen nach DIN 276 in allen Projektphasen.
Für überschlägige Kostenermittlungen wie z. B. das Aufstellen eines Kostenrahmens oder für Plausibilitätsprüfungen sind die im Buch angegebenen Kostenkennwerte bestens geeignet.
Für differenziertere Kostenermittlungen auf der Ebene der Bauelemente oder Positionen bieten sich die Kosteninformationen im hinteren Buchteil an.

Darüber hinaus enthält das Buch Planungskennwerte, mit denen wertvolle Wirtschaftlichkeitsprüfungen anhand von Flächenvergleichen möglich sind.

Dieser Band enthält die neuen, in den BKI-Baukostendatenbanken erfassten, Innenraum-Objekte. Die BKI Baukostendatenbanken selbst umfassen einen wesentlich größeren Bestand an Altbau-, Neubau- und auch Freianlagen-Objekten. Zugriff auf alle Einzelobjekte bietet auch die Software „BKI Kostenplaner".

Benutzerhinweise

1. Definitionen
Kostenkennwerte sind Werte, die das Verhältnis von Kosten bestimmter Kostengruppen nach DIN 276:2018-12 zu bestimmten Bezugseinheiten nach DIN 277:2021-08 darstellen. Planungskennwerte im Sinne dieser Veröffentlichung sind Werte, die das Verhältnis bestimmter Flächen und Rauminhalte zur Nutzfläche (NF) und Brutto-Grundfläche (BGF) darstellen, angegeben als Prozentsätze oder als Faktoren.

2. Kostenstand und Umsatzsteuer
Kostenstand aller Kennwerte ist das 2.Quartal 2025. Alle Kostendaten enthalten die Umsatzsteuer. Maßgeblich für die Fortschreibung ist der Baupreisindex für Wohnungsbau insgesamt inkl. Umsatzsteuer des Statistischen Bundesamtes. Den vierteljährlich erscheinenden aktuellen Index können Sie im Internet beim Statistischen Bundesamt oder unter www.bki.de abrufen. Die Umrechnung von Kostendaten dieses Buches wird durch ein Beispiel erläutert:

Ein Kostenkennwert von € 500,-/m² BGF mit dem Kostenstand 2.Quartal 2025 soll auf den Kostenstand 3.Quartal 2021 umgerechnet werden. Verwendet wird die Brutto-Indexreihe mit dem Basisjahr 2021=100.

Index 2.Quartal 2025 (2021=100) = 133,6
Index 3.Quartal 2021 (2021=100) = 102,1

$$\frac{500,- \text{ €/m}^2 \text{ BGF} \times 102,1}{133,6} = 382,11 \text{ €/m}^2 \text{ BGF}$$

3. Datengrundlage - Haftung
Grundlage der Daten sind statistische Analysen abgerechneter Bauvorhaben. Die Daten wurden mit größtmöglicher Sorgfalt vom BKI bzw. seinen Dokumentationsstellen erhoben und zusammengestellt. Für die Richtigkeit, Aktualität und Vollständigkeit dieser Daten, Analysen und Tabellen übernimmt der Herausgeber keine Haftung, ebenso nicht für Druckfehler und fehlerhafte Angaben. Die Benutzung dieses Fachbuchs und die Umsetzung der darin erhaltenen Informationen erfolgen auf eigenes Risiko. Angesichts der vielfältigen Kosteneinflussfaktoren müssen Anwender*innen die genannten Orientierungswerte eigenverantwortlich prüfen und entsprechend dem jeweiligen Verwendungszweck anpassen.

4. Blatt-Typ Objektübersicht: Kostenkennwerte
Die jeder Objektdokumentation vorangestellten Kostenkennwerte €/m³ BRI, €/m² BGF und €/m² NF beziehen sich auf die Kosten des Bauwerks (DIN 276: Summe Kostengruppe 300+400).

5. Kosteneinflüsse
Kosteneinflussgrößen sind beim Bauen von besonderer Bedeutung, da umwelt-, standort-, nutzer- und besonders herstellungs- sowie objektbedingte Faktoren eine erhebliche Relevanz aufweisen. Aus diesen Gründen ist eine genaue Anpassung der Kosten- und Planungskennwerte an die projektspezifisch unterschiedlichen Kosteneinflussgrößen erforderlich. (s. dazu BKI Handbuch Kostenplanung im Hochbau).

Die in der Fachbuch-Reihe „BKI Baukosten" angebotenen Kostenkennwerte sind dafür nur bedingt geeignet, da sie Mittelwerte, gebildet auf der Grundlage verschiedener Objekte, darstellen. Das vorliegende Buch „BKI Objektdaten Innenräume" bietet hingegen die Möglichkeit, einen Kostenwert durch eine Analyse der entsprechenden Eigenschaften des Objekts genau zu bewerten. Eine projektspezifische Anpassung bzw. die Auswahl eines passenden Kostenkennwerts ist damit differenzierter möglich.

6. Regionalisierung der Daten
Grundlage der BKI Regionalfaktoren sind Daten aus der amtlichen Bautätigkeitsstatistik der statistischen Landesämter, eigene Berechnungen auch unter Verwendung von Schwerpunktpositionen und regionalen Umfragen. Zusätzlich wurden von BKI Verfahren entwickelt, um die Eingangsdaten auf Plausibilität prüfen und ggf. anpassen zu können. Auf der Grundlage dieser Berechnungen hat BKI einen bundesdeutschen Mittelwert gebildet. Anhand des Mittelwertes lassen sich die einzelnen Land- und Stadtkreise prozentual einordnen. Diese Prozentwerte wurden die Grundlage der BKI Deutschlandkarte mit „Regionalfaktoren für Deutschland".

Für die größeren Inseln Deutschlands wurden separate Regionalfaktoren ermittelt. Dazu wurde der zugehörige Landkreis in Festland und Inseln unterteilt. Alle Inseln eines Landkreises erhalten durch dieses Verfahren den gleichen Regionalfaktor. Der Regionalfaktor des Festlandes enthält keine Inseln mehr und ist daher gegenüber früheren Ausgaben verringert.

Die Kosten der Objekte der BKI Datenbanken wurden auf den Bundesdurchschnitt umgerechnet. Für die Anwender*in bedeutet die Umrechnung der Daten auf den Bundesdurch-schnitt, dass einzelne Kostenkennwerte oder das Ergebnis einer Kostenermittlung mit dem Regionalfaktor des Standorts des geplanten Objekts multipliziert werden können.

Die BKI Stadt-/Landkreisfaktoren befinden sich im Anhang des Buchs.

7. Urheberrechte
Alle Objektinformationen sind urheberrechtlich geschützt. Dies gilt auch für die daraus abgeleiteten Auswertungen (Statistiken). Die Urheberrechte liegen bei den jeweiligen Büros, Personen bzw. beim BKI. Es ist ausschließlich eine Anwendung der Daten im Rahmen der praktischen Kostenplanung im Hochbau zugelassen. Die Nutzung der Objektinformationen für einen anderen als den Vertragszweck ist nicht zulässig. Dies gilt auch für die daraus abgeleiteten Auswertungen (Statistiken). Eine Vervielfältigung des Werks oder von Teilen daraus außer für den Vertragszweck ist nur mit ausdrücklicher Genehmigung des Herausgebers gestattet. Auch eine Übersetzung oder Bearbeitung, insbesondere eine Übertragung des Werks oder Teilen daraus in elektronische Systeme, ist nur mit ausdrücklicher Genehmigung des Herausgebers gestattet.

Fotopräsentation der Objekte

© FRANKE A | IA

1200-0001 Gerichtsgebäude - Eingangsbereich Seite 70
Modernisierung
FRANKE Architektur I Innenarchitektur
Düren

© FRANKE A | IA

1200-0002 Gerichtsgebäude - Gerichtssaal Seite 82
Modernisierung
FRANKE Architektur I Innenarchitektur
Düren

© Zooey Braun

1300-0228 Bürogebäude, Eingangsbereiche Seite 94

Innenarchitekturbüro Ursula Beigler
München

© Sven Goldmann

1300-0245 Kontorhaus Bürogeschoss Seite 104
Umbau
güldenzopf rohrberg architektur + design
Hamburg

© freiraum4plus

1300-0312 Büro (7 AP) Seite 116
Umbau
freiraum4plus
Wiesbaden

© Michael Moser

1300-0324 Gründerzentrum (20 AP) Seite 126
Umbau
Liebnerstadtfeld Architekten
Magdeburg

© Steffen Junghans

2200-0053 Seminarräume (343 Sitzplätze) Seite 140
Umbau
Eßmann | Gärtner | Nieper Architekten GbR
Leipzig

© kräling_lübke

3100-0020 Arztpraxis für Dermatologie Seite 160
Umbau
kräling_lübke Diplom-Ingenieure
München

© Marcel Krummrich

3100-0022 Orthopädiepraxis (10 AP) Seite 172
Umbau
ADOBE Architekten + Ing. GmbH, Erfurt mit
HERR SCHMIDT ARCHITEKTUR, Erfurt

© web licht fotografie

3100-0023 Dermatologische Praxis (8 AP) Seite 184
Umbau
Claudius Markworth Architektur
Berlin

© k. A.

3100-0026 Kinderarztpraxis Seite 196
Umbau
KAPALAARCHITEKTUR Carsten Kapala
Herne

© CARSTEN KAPALA

3100-0030 Gemeinschaftspraxis Seite 208
Umbau
KAPALAARCHITEKTUR Carsten Kapala
Herne

4400-0324 Kindertagesstätte (6 Gruppen, 125 Kinder)
Seite 220

lup-architekten Inhaber Stefan Mathey
Hamburg

5100-0132 Sporthalle, Sozialtrakt Innenbereich
Modernisierung Seite 230

TSSB architekten.ingenieure
Berlin

6100-1308 Dreizimmerwohnung Seite 246
Modernisierung

Mannott + Mannott Dipl. Ingenieure, Architekten
Hamburg

6100-1428 Eigentumswohnung Seite 258
Modernisierung

Mannott + Mannott Dipl. Ingenieure, Architekten
Hamburg

6100-1434 Gästewohnung Seite 270
Umbau

PROWALD ideen - lösungen - architektur
Flonheim

6100-1465 Dachgeschosswohnung Seite 280
Modernisierung

Dipl.-Ing. Christoph Wieacker Architekt BDA
Köln

Fotopräsentation der Objekte

6100-1609 Dachgeschosswohnung mit Turmzimmer
Umbau Seite 292

werkArchitektur Yvonne Werk
Berlin

6100-1623 Dachgeschosswohnung Seite 306
Umbau

werkArchitektur Yvonne Werk
Berlin

6100-1697 Wohnung, Innenausbau Seite 318

Formwaende GmbH & Co. KG
Lüneburg

6100-1713 Einfamilienhaus Seite 328
Modernisierung

Innenarchitekturinsel Dipl. Ing. Innenarchitektin
Yvonne Habermann, Prien am Chiemsee

6200-0092 Tagespflege (12 Plätze) Seite 340
Umbau

mayerwittig Architektur und Stadtplanung
Cottbus

7200-0096 Geschäftshaus, Foyer Seite 354
Umbau

Katrin Reinhold Dipl.-Innenarchitektin
Leipzig

Fotopräsentation der Objekte

7200-0105 Gründerzentrum (17 AP), Gastronomie
Seite 366

Göhring Innenarchitektur GmbH
Lichtenfels

7300-0094 Gastronomie Werkstattgebäude (66 Sitzplätze)
Seite 376

FRANKE Architektur I Innenarchitektur
Düren

7500-0027 Servicebereich Rechenzentrum (20 AP)
Umbau
Seite 154

acollage. architektur urbanistik Merten Kappelmann
Harms Architekten PartG mbB, Hamburg

9100-0144 Kulturzentrum (550 Sitzplätze)
Seite 386
Umbau

KÖNIG Architekturbüro
Magdeburg

9100-0157 Bibliothek, Möblierung
Seite 402
Modernisierung

FRANKE Architektur I Innenarchitektur
Düren

9100-0158 Bibliothek
Seite 412
Modernisierung

FRANKE Architektur I Innenarchitektur
Düren

Fotopräsentation der Objekte

9100-0168 Schauspielhaus, Zweitspielstätte Seite 424
Umbau
⌂ Eßmann I Gärtner I Nieper Architekten GbR
Leipzig

9100-0173 Bibliothek, Lernzentrum Seite 440
Umbau
⌂ grüningerarchitekten | BDA, Darmstadt mit Innenarchitektinnen Simone Ferrari, Claudia Witte

9100-0184 Friedenskirche (290 Sitzplätze) Seite 456
Modernisierung
⌂ ulrich TILGNER thomas GROTZ Architekten GmbH
Bremen

9100-0189 Veranstaltungssaal (110 Sitzplätze) Seite 462
Modernisierung
⌂ Heske Hochgürtel Lohse Architekten PartGmbB
Lübeck

9100-0213 Stadtbücherei Seite 468
Modernisierung
⌂ UKW Innenarchitekten PartGmbB
Krefeld

9100-0215 Stiftsgebäude, Gemeindesaal, Pfarrbüros
Umbau Seite 484
⌂ Bieling Architekten AG
Kassel

9700-0038 Kolumbarium Seite 500
Umbau

B-WERK ARCHITEKTEN BDA
Spelle

Erläuterungen

(1) 6100-1434
Gästewohnung

Kostenkennwerte für die Kosten des Bauwerks (Kostengruppen 300+400 nach DIN 276)

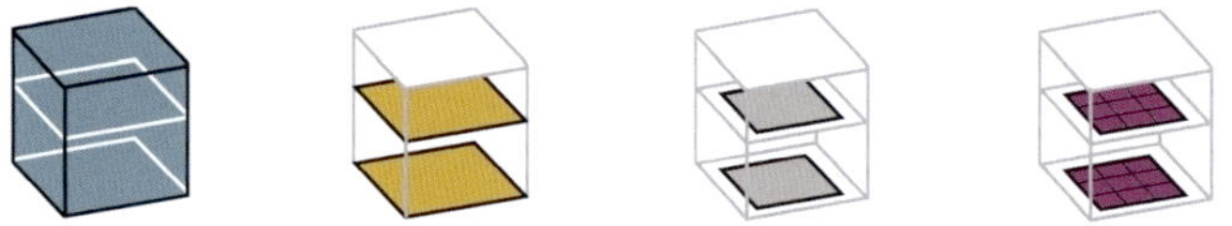

(2) Umbau

BRI 281 €/m³ | **BGF** 1.677 €/m² | **NUF** 2.323 €/m² | **NE** 3.938 €/NE

NE: Wohnfläche

(3) **Objekt:**
- **a)** Kennwerte: 3. Ebene DIN 276
- **b)** BRI: 599 m³
  BGF: 100 m²
  NUF: 72 m²
- **c)** Bauzeit: 57 Wochen
- **d)** Bauende: 2017
- **e)** Standard: hoch
- **f)** Bundesland: Rheinland-Pfalz
  Kreis: Alzey-Worms

(4) **Architekt*in:**
PROWALD
ideen - lösungen - architektur
Langgasse 79
55237 Flonheim

(5)

© **BKI** Baukosteninformationszentrum

Kostenstand: 2. Quartal 2025, Bundesdurchschnitt, **inkl. 19% MwSt.**

(6)

Erläuterungen nebenstehender Tabellen und Abbildungen

Alle Kostenkennwerte enthalten die Mehrwertsteuer. Kostenstand: 2. Quartal 2025.
Kosten und Kostenkennwerte umgerechnet auf den Bundesdurchschnitt.

Objektübersicht

(1)
BKI-Objektnummer und -bezeichnung.

(2)
Kostenkennwerte für Bauwerkskosten (Kostengruppe 300+400 nach DIN 276) bezogen auf:

- BRI: Brutto-Rauminhalt (DIN 277)
- BGF: Brutto-Grundfläche (DIN 277)
- NUF: Nutzungsfläche (DIN 277)
- NE: Nutzeinheiten (z. B. Betten bei Heimen, Stellplätze bei Garagen)
  Wohnfläche nach der Wohnflächenverordnung WoFlV, nur bei Wohngebäuden

(3)
a) „Kennwerte" gibt die Kostengliederungstiefe nach DIN 276 an. Die BKI Objekte sind unterschiedlich detailliert dokumentiert: Eine Kurzdokumentation enthält Kosteninformationen bis zur 1. Ebene DIN 276, eine Grobdokumentation bis zur 2. Ebene DIN 276 und eine Langdokumentation bis zur 3. Ebene (teilweise darüber hinaus bis zu den Elementarten einzelner Kostengruppen).
b) Angaben zu BRI, BGF und NF
c) Angaben zur Bauzeit
d) Angaben zum Bauenede
e) Angaben zum Standard
f) Angaben zum Kreis, Bundesland

(4)
Planendes und/oder ausführendes Architektur- oder Planungsbüro, sowie teilweise Angaben zum/zur Bauherr*in.

(5)
Abbildungen des Objekts

(6)
Anzeige des Kostenstands

6100-1434
Gästewohnung

Umbau

Objektbeschreibung

Allgemeine Objektinformationen

Für die Unterbringung eines Au Pairs erfolgte der Teilausbau einer Scheune zur Wohnfläche. Um die Ansicht der historischen Hofanlage zu erhalten, wurde für den Zugang zur Wohnung der bestehende Kellerzugang abgebrochen und in die Scheune verlegt. Die Wohnung besteht aus einem offenen Wohnraum mit eingestellter Galerieebene und einem Wintergarten.

Nutzung

1 Untergeschoss
Bestand: Gewölbekeller

1 Erdgeschoss
Wohnen/Essen, Bad, Windfang, Wintergarten, Werkstatt
Bestand: Abstellraum

1 Obergeschoss
Schlafgalerie

Nutzeinheiten

Wohneinheiten: 1
Wohnfläche: 43 m²

Grundstück

Bauraum: Beengter Bauraum
Neigung: Ebenes Gelände

Markt

Hauptvergabezeit: 3. Quartal 2016
Baubeginn: 3. Quartal 2016
Bauende: 3. Quartal 2017
Konjunkturelle Gesamtlage: über Durchschnitt
Regionaler Baumarkt: unter Durchschnitt

Baubestand

Baujahr: 1920
Bauzustand: mittel
Aufwand: mittel
Grundrissänderungen: einige
Tragwerkseingriffe: wenige
Nutzungsänderung: ja
Nutzung während der Bauzeit: nein

Baukonstruktion

Die Gästewohnung wurde als "Haus im Haus"-Konstruktion in Holzbauweise in die bestehende Scheune eingestellt. Die Holzträger der Decken wurden sichtbar belassen. An den hofabgewandten Außenwänden kamen große Fensterelemente mit Dreifachverglasung zum Einsatz. Eine Spindeltreppe aus pulverbeschichtetem Stahl erschließt die Galerie. Decken und Wände sind beschichtet, die Fußböden haben einen Belag aus Echtholzdielen erhalten. Im Wintergarten, im Eingangsbereich und im Bad wurden Bodenfliesen verlegt.

Technische Anlagen

Der Wohnraum wird mit einer elektrischen Strahlungsheizung beheizt. Die Warmwasserbereitung erfolgt ebenfalls elektrisch.

Sonstiges

Die vorhandene Photovoltaikanlage auf dem Scheunendach deckt den Energiebedarf. Die Angaben von Flächen und Rauminhalten in dieser Dokumentation beziehen sich auf die "Raum in Raum"-Konstruktion mit umgebender Hülle.

Energetische Kennwerte

Gesetzliche Grundlage: EnEV 2013
Gebäudenutzfläche: 46,70 m²
Gebäudevolumen: 220,00 m³
A/V_e-Verhältnis (Kompaktheit): 1,07 m⁻¹
Hüllfläche des beheizten Volumens: 236,00 m²
Spez. Transmissionswärmeverlust: 0,23 W/(m²·K)
Spez. Jahresprimärenergiebedarf: 17,90 kWh/(m²·a)

(1)

(2)

© BKI Baukosteninformationszentrum

Kostenstand: 2. Quartal 2025, Bundesdurchschnitt, **inkl. 19% MwSt.**

Erläuterungen nebenstehender Tabellen und Abbildungen

Alle Kostenkennwerte enthalten die Mehrwertsteuer. Kostenstand: 2. Quartal 2025.
Kosten und Kostenkennwerte umgerechnet auf den Bundesdurchschnitt.

Objektbeschreibung

①
Objektbeschreibung mit:
- Allgemeine Objektinformationen
- Angaben zur Nutzung
- Nutzeinheiten
- Grundstück
- Markt
- Baukonstruktion
- Technische Anlagen
- Sonstiges

②
Energetische Kennwerte:
Die Angaben stammen aus dem Energieausweis (EnEV), bzw. der Energiebedarfsberechnung oder aus dem Passivhaus-Projektierungspaket (PHPP). Die Werte unterscheiden sich aufgrund unterschiedlicher Rechenverfahren. Die Zielsetzung bundesweit vergleichbarer Ergebnisse bedingt bei der EnEV bundesweit einheitliche Klimadaten und weitere einheitliche Randbedingungen. Das PHPP Verfahren verfolgt das Ziel, den späteren Energieverbrauch möglichst genau zu prognostizieren. Es berücksichtigt daher individuelle Klimadaten und Randbedingungen und bezieht mehr energetisch wirksame Faktoren mit ein.

Planungskennwerte für Flächen und Rauminhalte nach DIN 277

(1)

Flächen des Grundstücks		Menge Einheit	% an GF
BF	Bebaute Fläche	–	–
UF	Unbebaute Fläche	–	–
GF	Grundstücksfläche	–	–

(2)

Grundflächen des Bauwerks		Menge Einheit	% an NUF	% an BGF
NUF	Nutzungsfläche	72,49 m²	100,0	72,2
TF	Technikfläche	–	–	–
VF	Verkehrsfläche	11,20 m²	15,5	11,2
NRF	Netto-Raumfläche	83,69 m²	115,5	83,3
KGF	Konstruktions-Grundfläche	16,72 m²	23,1	16,7
BGF	Brutto-Grundfläche	100,41 m²	138,5	100,0

(3)

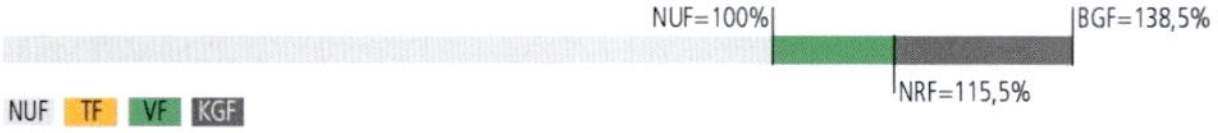

(4)

Brutto-Rauminhalt des Bauwerks		Menge Einheit	BRI/NUF (m)	BRI/BGF (m)
BRI	Brutto-Rauminhalt	598,65 m³	8,26	5,96

(5)

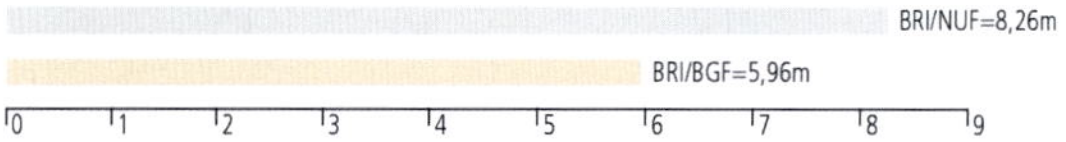

(6)

Lufttechnisch behandelte Flächen	Menge Einheit	% an NUF	% an BGF
Entlüftete Fläche	–	–	–
Be- und entlüftete Fläche	–	–	–
Teilklimatisierte Fläche	–	–	–
Klimatisierte Fläche	–	–	–

(7)

KG	Kostengruppen (2. Ebene)	Menge Einheit	Menge/NUF	Menge/BGF
310	Baugrube / Erdbau	20,00 m³ BGI	0,28	0,20
320	Gründung, Unterbau	15,84 m² GRF	0,22	0,16
330	Außenwände/Vertikale Baukonstruktionen, außen	72,87 m² AWF	1,01	0,73
340	Innenwände/Vertikale Baukonstruktionen, innen	68,98 m² IWF	0,95	0,69
350	Decken/Horizontale Baukonstruktionen	42,87 m² DEF	0,59	0,43
360	Dächer	56,51 m² DAF	0,78	0,56

© BKI Baukosteninformationszentrum

Kostenstand: 2. Quartal 2025, Bundesdurchschnitt, inkl. 19% MwSt.

Erläuterungen nebenstehender Planungskennwerte- und Baukostentabellen

Alle Kostenkennwerte enthalten die Mehrwertsteuer. Kostenstand: 2. Quartal 2025.
Kosten und Kostenkennwerte umgerechnet auf den Bundesdurchschnitt.

Planungskennwerte für Flächen und Rauminhalte nach DIN 277

In Ergänzung der Kostenkennwerttabellen werden für jedes Objekt Planungskennwerte angegeben, die zur Überprüfung der Vergleichbarkeit des Objekts mit der geplanten Baumaßnahme dienen.
Ein Planungskennwert im Sinne dieser Veröffentlichung ist ein Wert, der das Verhältnis bestimmter Flächen und Rauminhalte zur Nutzungsfläche (NUF) und Brutto-Grundfläche (BGF) darstellt, angegeben als Prozentwert oder als Faktor (Mengenverhältnis).

①
Bebaute und unbebaute Flächen des Grundstücks sowie deren Verhältnis in Prozent zur Grundstücksfläche (GF).

②
Grundflächen im Verhältnis zur Nutzungsfläche (NUF = 100%) und Brutto-Grundfläche (BGF = 100%) in Prozent.

③
Grafische Darstellung der Grundflächen im Verhältnis zur Nutzungsfläche (NUF = 100%)

④
Verhältnis von Brutto-Rauminhalt (BRI) zur Nutzungsfläche (NUF) und Brutto-Grundfläche (BGF), (BRI / BGF = mittlere Geschosshöhe), angegeben als Faktor (in Meter).

⑤
Grafische Darstellung der Verhältnisse Brutto-Rauminhalt (BRI) zur Nutzungsfläche (NUF = 100%) und Brutto-Grundfläche (BGF); (BRI / BGF = mittlere Geschosshöhe), angegeben als Faktor (in Meter).

⑥
Verhältnis von lufttechnisch behandelten Flächen (nach BKI), Nutzungsfläche (NUF) und Brutto-Grundfläche (BGF) in Prozent.

⑦
Verhältnis der Mengen dieser Kostengruppen nach DIN 276 („Grobelemente“) zur Nutzungsfläche (NUF) und Brutto-Grundfläche (BGF), angegeben als Faktor. Wenn aus der Grundlagenermittlung die Nutzungs- oder Brutto-Grundfläche für ein Projekt bekannt ist, ein Vorentwurf als Grundlage für Mengenermittlungen aber noch nicht vorliegt, so können mit diesen Faktoren die Grobelementmengen überschlägig ermittelt werden.

6100-1434
Gästewohnung

Umbau

(1)

(2)

(3)

Kostenkennwerte für die Kostengruppen der 1. Ebene DIN 276

KG	Kostengruppen (1. Ebene)	Einheit	Kosten €	€/Einheit	€/m² BGF	€/m³ BRI	% 300+400
100	Grundstück	m² GF	–	–	–	–	–
200	Vorbereitende Maßnahmen	m² GF	–	–	–	–	–
300	Bauwerk – Baukonstruktionen	m² BGF	136.257	1.357,00	1.357,00	227,61	80,9
400	Bauwerk – Technische Anlagen	m² BGF	32.101	319,70	319,70	53,62	19,1
	Bauwerk 300+400	**m² BGF**	**168.358**	**1.676,71**	**1.676,71**	**281,23**	**100,0**
500	Außenanlagen und Freiflächen	m² AF	231	–	2,30	0,39	0,1
600	Ausstattung und Kunstwerke	m² BGF	1.098	10,94	10,94	1,83	0,7
700	Baunebenkosten	m² BGF	–	–	–	–	–
800	Finanzierung	m² BGF	–	–	–	–	–

KG	Kostengruppe	Menge Einheit	Kosten €	€/Einheit	%
3+4	**Bauwerk**				**100,0**
300	**Bauwerk – Baukonstruktionen**	100,41 m² BGF	136.257	**1.357,00**	80,9
	• Herstellen (Kosten: 100,0%) Betonbodenplatte, Stb-Treppe, Stahltreppe, Bodenfliesen; Holzrahmenwände vor Bestandswand, Fensteröffnungen herstellen, Stb-Wände, Winkelstützmauer, Holzfenster, Holzhaustür, GK-Bekleidung, Beschichtung, Wandfliesen; Holzrahmen-Innenwände, Türöffnung herstellen, GK-Wände, Holz-Glastür, Innenfenster, Schiebetür, Holzbekleidung, Holz-Fensterwand; Holzbalkendecke, Stahltreppen, Holzdielen, Dämmung, Trockenestrich, Stahlgeländer; Holzdachkonstruktion im Dachraum, Dämmung, OSB-Schalung		136.257		
400	**Bauwerk – Technische Anlagen**	100,41 m² BGF	32.101	**319,70**	19,1
	• Herstellen (Kosten: 100,0%) Gebäudeentwässerung, Kalt- und Warmwasserleitungen, Sanitärobjekte, Durchlauferhitzer; Infrarot-Heizpaneele; Elektroinstallation, Beleuchtung; Antennen-, Datenkabelverkabelung		32.101		
500	**Außenanlagen und Freiflächen**	–	231	–	0,1
	• Herstellen (Kosten: 100,0%) Gebäudeentwässerung		231		
600	**Ausstattung und Kunstwerke**	100,41 m² BGF	1.098	**10,94**	0,7
	• Herstellen (Kosten: 100,0%) Glasduschwand		1.098		

© BKI Baukosteninformationszentrum

Kostenstand: 2. Quartal 2025, Bundesdurchschnitt, inkl. 19% MwSt.

Erläuterung nebenstehender Baukostentabelle

Alle Kostenkennwerte enthalten die Mehrwertsteuer. Kostenstand: 2. Quartal 2025.
Kosten und Kostenkennwerte umgerechnet auf den Bundesdurchschnitt

Kostenkennwerte für die Kostengruppen der 1. Ebene DIN 276

①
Kostenübersicht, Kostenkennwerte in €/Einheit, €/m² BGF und €/m³ BRI für die Kostengruppen der 1. Ebene DIN 276. Anteil der jeweiligen Kostengruppe in Prozent an den Bauwerkskosten (Spalte: % 300+400). Die Bezugseinheiten der Kostenkennwerte entsprechen der DIN 277-3: 2005-04: Mengen und Bezugseinheiten.

②
Codierung und Bezeichnung der Ausführung zur Kostengruppe entsprechend der 1. Ebene nach DIN 276

③
Abgerechnete Leistungen zu dokumentierten Objekten mit Beschreibung, Menge, Einheit, Kosten, Kostenkennwert bezogen auf die Kostengruppeneinheit oder alternativ bezogen auf die übergeordnete Einheit.

Bei den Mengen handelt es sich um ausgeführte Mengen.

6100-1434
Gästewohnung

Umbau

Objekte

3. Ebene

Positionen Neubau

Positionen Altbau

Kostenkennwerte für die Kostengruppen 300 der 2. und 3. Ebene DIN 276 (Übersicht)

KG	Kostengruppe	Menge Einheit	Kosten €	€/Einheit	% an 3+4
300	**Bauwerk – Baukonstruktionen**	**100,41 m² BGF**	**136.256,64**	**1.357,00**	**80,9**
310	**Baugrube / Erdbau**	**20,00 m³ BGI**	**1.375,04**	**68,75**	**0,8**
311	Herstellung	20,00 m³ BGI	1.375,04	68,75	0,8
312	Umschließung	–	–	–	–
313	Wasserhaltung	–	–	–	–
314	Vortrieb	–	–	–	–
319	Sonstiges zur KG 310	–	–	–	–
320	**Gründung, Unterbau**	**15,84 m² GRF**	**12.656,37**	**799,01**	**7,5**
321	Baugrundverbesserung (1)	–	–	–	–
322	Flachgründungen und Bodenplatten	15,84 m²	7.309,35	461,45	4,3
323	Tiefgründungen	–	–	–	–
324	Gründungsbeläge	9,32 m²	2.938,73	315,31	1,7
325	Abdichtungen und Bekleidungen	10,00 m²	353,58	35,36	0,2
326	Dränagen	–	–	–	–
329	Sonstiges zur KG 320	15,84 m² GRF	2.054,71	129,72	1,2
330	**Außenwände/Vert. Baukonstrukt., außen**	**72,87 m² AWF**	**47.436,29**	**650,97**	**28,2**
331	Tragende Außenwände	30,53 m²	23.692,11	776,03	14,1
332	Nichttragende Außenwände (2)	–	–	–	–
333	Außenstützen	–	–	–	–
334	Außenwandöffnungen	20,67 m²	22.063,17	1.067,40	13,1
335	Außenwandbekleidungen, außen	–	–	–	–
336	Außenwandbekleidungen, innen	52,20 m²	1.681,00	32,20	1,0
337	Element. Außenwandkonstruktionen	–	–	–	–
338	Lichtschutz zur KG 330	–	–	–	–
339	Sonstiges zur KG 330	–	–	–	–
340	**Innenwände/Vert. Baukonstrukt., innen**	**68,98 m² IWF**	**31.147,08**	**451,54**	**18,5**
341	Tragende Innenwände	36,36 m²	9.043,49	248,72	5,4
342	Nichttragende Innenwände	13,26 m²	687,38	51,84	0,4
343	Innenstützen	–	–	–	–
344	Innenwandöffnungen	6,11 m²	7.064,46	1.156,21	4,2
345	Innenwandbekleidungen	94,79 m²	3.895,54	41,10	2,3
346	Elementierte Innenwandkonstruktionen	13,25 m²	10.456,23	789,15	6,2
347	Lichtschutz zur KG 340	–	–	–	–
349	Sonstiges zur KG 340	–	–	–	–
350	**Decken/Horizontale Baukonstruktionen**	**42,87 m² DEF**	**34.125,09**	**796,01**	**20,3**
351	Deckenkonstruktionen	13,24 m²	13.297,60	1.004,35	7,9
352	Deckenöffnungen	–	–	–	–
353	Deckenbeläge	42,87 m²	15.263,65	356,04	9,1
354	Deckenbekleidungen	14,33 m²	519,37	36,24	0,3
355	Elementierte Deckenkonstruktionen	–	–	–	–
359	Sonstiges zur KG 350	42,87 m² DEF	5.044,46	117,67	3,0
360	**Dächer**	**56,51 m² DAF**	**9.516,77**	**168,41**	**5,7**
361	Dachkonstruktionen	56,51 m²	8.591,37	152,03	5,1
362	Dachöffnungen	–	–	–	–
363	Dachbeläge	–	–	–	–
364	Dachbekleidungen	40,34 m²	925,41	22,94	0,5
365	Elementierte Dachkonstruktionen	–	–	–	–
366	Lichtschutz zur KG 360	–	–	–	–
369	Sonstiges zur KG 360	–	–	–	–
370	**Infrastrukturanlagen**	**–**	**–**	**–**	**–**
380	**Baukonstruktive Einbauten**	**–**	**–**	**–**	**–**
390	**Sonst. Maßnahmen für Baukonstrukt.**	**–**	**–**	**–**	**–**

© BKI Baukosteninformationszentrum

Kostenstand: 2. Quartal 2025, Bundesdurchschnitt, inkl. 19% MwSt.

Erläuterung nebenstehender Baukostentabelle

Alle Kostenkennwerte enthalten die Mehrwertsteuer. Kostenstand: 2. Quartal 2025.
Kosten und Kostenkennwerte umgerechnet auf den Bundesdurchschnitt

Kostenkennwerte für Kostengruppen der 2. und 3. Ebene DIN 276 (Übersicht)

①
Codierung und Bezeichnung der Kostengruppe entsprechend der 2. und 3. Ebene nach DIN 276

②
Abgerechneten Leistungen mit Menge, Einheit, Kostenkennwert in Euro pro Einheit, Kosten in Euro und prozentualer Anteil an den Kostengruppen 300 und 400 DIN 276

6100-1434
Gästewohnung

Umbau

Kostenkennwerte für Leistungsbereiche nach STLB (Kosten des Bauwerks nach DIN 276)

(1) – 012 Mauerarbeiten
(2) – 034 Maler- und Lackiererarb. – Beschicht. inkl. 037
(3) – Sonstige Leistungsbereiche

LB	Leistungsbereiche	Kosten €	€/m²BGF	€/m³BRI	% an 3+4
000	Baustellen-, Verkehrssich.- u. Sicherh.einr. inkl. 001	18	0,18	0,03	< 0,1
002	Erdarbeiten	1.375	13,70	2,30	0,8
006	Spezialtiefbauarbeiten inkl. 005	–	–	–	–
009	Entwässerungskanalarbeiten inkl. 011	–	–	–	–
010	Drän- und Versickerarbeiten	–	–	–	–
012	Mauerarbeiten	15.597	155,30	26,10	9,3
013	Betonarbeiten	6.585	65,60	11,00	3,9
014	Natur-, Betonwerksteinarbeiten	–	–	–	–
016	Zimmer- und Holzbauarbeiten	24.351	242,50	40,70	14,5
017	Stahlbauarbeiten	–	–	–	–
018	Abdichtungsarbeiten	–	–	–	–
020	Dachdeckungsarbeiten	–	–	–	–
021	Dachabdichtungsarbeiten	–	–	–	–
022	Klempnerarbeiten	–	–	–	–
	Rohbau	**47.926**	**477,30**	**80,10**	**28,5**
023	Putz- und Stuckarbeiten, Wärmedämmsysteme	–	–	–	–
024	Fliesen- und Plattenarbeiten	8.064	80,30	13,50	4,8
025	Estricharbeiten	2.762	27,50	4,60	1,6
026	Fenster, Außentüren inkl. 029, 032	37.657	375,00	62,90	22,4
027	Tischlerarbeiten	453	4,50	0,76	0,3
028	Parkett-, Holzpflasterarbeiten	9.528	94,90	15,90	5,7
030	Rollladenarbeiten	–	–	–	–
031	Metallbauarbeiten inkl. 035	24.107	240,10	40,30	14,3
034	Maler- und Lackiererarb. – Beschicht. inkl. 037	1.511	15,00	2,50	0,9
036	Bodenbelagarbeiten	–	–	–	–
038	Vorgehängte hinterlüftete Fassaden	–	–	–	–
039	Trockenbauarbeiten	4.518	45,00	7,50	2,7
	Ausbau	**88.600**	**882,40**	**148,00**	**52,6**
040	Wärmeversorgungsanl. - Betriebseinr. inkl. 041	6.045	60,20	10,10	3,6
042	Gas- u. Wasseranl. – Leitung., Armat. inkl. 043	4.319	43,00	7,20	2,6
044	Abwasseranl. - Leitungen, Abläufe, Armaturen	1.492	14,90	2,50	0,9
045	Gas, Wasser, Entwässerung – Ausstattung inkl. 046	10.387	103,50	17,40	6,2
047	Dämm- und Brandschutzarb. an techn. Anlagen	588	5,90	0,98	0,3
049	Feuerlöschanlagen, Feuerlöschgeräte	–	–	–	–
050	Blitzschutz-/Erdungsanlagen, Überspannungssch.	–	–	–	–
053	Niederspannungsanl. – Kabel inkl. 052, 054	4.820	48,00	8,10	2,9
055	Sicherheits- u. Ersatzstromversorgungsanl.	–	–	–	–
057	Gebäudesystemtechnik	–	–	–	–
058	Leuchten und Lampen inkl. 059	3.885	38,70	6,50	2,3
060	Such, Signal, Zeit, Anten., akust. Anl. inkl. 064	122	1,20	0,20	< 0,1
061	Kommunikations- u. Übertragungsnetze inkl. 063	174	1,70	0,29	0,1
069	Aufzüge	–	–	–	–
070	Gebäudeautomation	–	–	–	–
075	Raumlufttechnische Anlagen inkl. 078	–	–	–	–
	Gebäudetechnik	**31.832**	**317,00**	**53,20**	**18,9**
084	Abbruch, Rückbau, Schadstoffsanierung	–	–	–	–
	Abbrucharbeiten	**–**	**–**	**–**	**–**
	Sonstige Leistungsbereiche	**–**	**–**	**–**	**–**

© BKI Baukosteninformationszentrum

Kostenstand: 2. Quartal 2025, Bundesdurchschnitt, inkl. 19% MwSt.

Objekte | 3. Ebene | Positionen Neubau | Positionen Altbau

Erläuterung nebenstehender Baukostentabelle

Alle Kostenkennwerte enthalten die Mehrwertsteuer. Kostenstand: 2. Quartal 2025.
Kosten und Kostenkennwerte umgerechnet auf den Bundesdurchschnitt.

Kostenkennwerte für Leistungsbereiche nach STLB

①
LB-Nummer nach Standardleistungsbuch (STLB).
Bezeichnung des Leistungsbereichs (zum Teil abgekürzt).

Kostenkennwerte für Bauwerkskosten (Kostengruppe 300+400 nach DIN 276) je Leistungsbereich in €/m² Brutto-Grundfläche (BGF nach DIN 277).
Anteil der jeweiligen Leistungsbereiche in Prozent an den Bauwerkskosten (100%).

②
Kostenkennwerte und Prozentanteile für „Leistungsbereichspakete" als Zusammenfassung bestimmter Leistungsbereiche. Leistungsbereiche mit relativ geringem Kostenanteil wurden in Einzelfällen mit anderen Leistungsbereichen zusammengefasst.
Beispiel:
LB 000 Baustelleneinrichtung zusammengefasst mit
LB 001 Gerüstarbeiten (Angabe: inkl. 001).

③
Ergänzende, den STLB-Leistungsbereichen nicht zuzuordnende Leistungsbereiche, zusammengefasst mit den LB-Nr. 008, 033, 051.

Kostenkennwerte für die Kostengruppen 300 der 3.Ebene DIN 276

330
Außenwände/
Vertikale
Baukonstruktionen,
außen

KG	Kostengruppe	Menge Einheit	Kosten €	€/Einheit	%
① 331	**Tragende Außenwände**				
	1300-0245 Kontorhaus Bürogeschoss				
②	• Wiederherstellen (Kosten: 100,0%) Fensterlaibungen ergänzen mit Porenbetonsteinen (psch)	–	830	–	0,9
	1300-0324 Gründerzentrum (20 AP)				
	• Abbrechen (Kosten: 5,0%) Abbruch von Mauerwerk, d=40cm (4m²); Entsorgung, Deponiegebühren	3,91 m²	3.784	**967,89**	2,6
	• Herstellen (Kosten: 95,0%) Stb-Wand C25/30, WU, d=24cm, Schalung, Bewehrung (106m²)	105,92 m²	72.387	**683,41**	50,3
	3100-0023 Dermatologische Praxis (8 AP)				
	• Abbrechen (Kosten: 100,0%) Abbruch von Mauerwerk für Fenstereinbau, laden, entsorgen (1m²)	0,50 m²	375	**749,19**	7,5
	4400-0324 Kindertagesstätte (6 Gruppen, 125 Kinder)				
	Kernbohrungen in Stb-Wand, d=25cm, D bis 150mm (15St)	–	2.086	–	6,4
	5100-0132 Sporthalle, Sozialtrakt Innenbereich				
	• Wiederherstellen (Kosten: 13,7%) Stb-Wände, Beschädigungen ausbessern (6m²)	6,16 m²	1.931	**313,50**	6,5
	• Herstellen (Kosten: 86,3%) Aussteifungsträger auf Wandkrone U120, verzinkt (50kg)	–	12.116	–	41,0
	6100-1434 Gästewohnung				
	• Herstellen (Kosten: 100,0%) Holzrahmenwände, FJI-Träger, Zellulosedämmung WLG 040, d=200mm, Dampfbremse, Lattung als Installationsebene, innenseitig vor Bestandswand (63m²), Fensteröffnungen herstellen, Ziegelmauerwerk, d=50cm, drei Sturzträger HEA100/HEB140 (18m²), Stb-Wände C25/30, d=25cm, Schalung, Bewehrung (8m²), Winkelstützmauer, h=1,25m (5m²)	30,53 m²	23.692	**776,03**	49,9
	6100-1623 Dachgeschosswohnung				
	• Herstellen (Kosten: 100,0%) Gaubenwände, KVH, Dämmung WLG 035, OSB-Schalung, d=25mm, beidseitig (11m²)	11,20 m²	3.417	**305,09**	30,9

© BKI Baukosteninformationszentrum

Kostenstand: 2. Quartal 2025, Bundesdurchschnitt, inkl. 19% MwSt.

Erläuterung nebenstehender Baukostentabelle

Alle Kostenkennwerte enthalten die Mehrwertsteuer. Kostenstand: 2. Quartal 2025.
Kosten und Kostenkennwerte umgerechnet auf den Bundesdurchschnitt.

Kostenkennwerte für die Kostengruppen 300 und 400 der 3. Ebene nach DIN 276

①
Codierung und Bezeichnung der Ausführung zur Kostengruppe entsprechend der 3. Ebene nach DIN 276

②
Abgerechnete Leistungen zu im Teil A dokumentierten Objekten mit BKI Objektnummer, Menge, Einheit, Kosten, Kostenkennwert bezogen auf die Kostengruppeneinheit oder alternativ bezogen auf die m^2 BGF.

Bei den Mengen handelt es sich um ausgeführte Mengen.

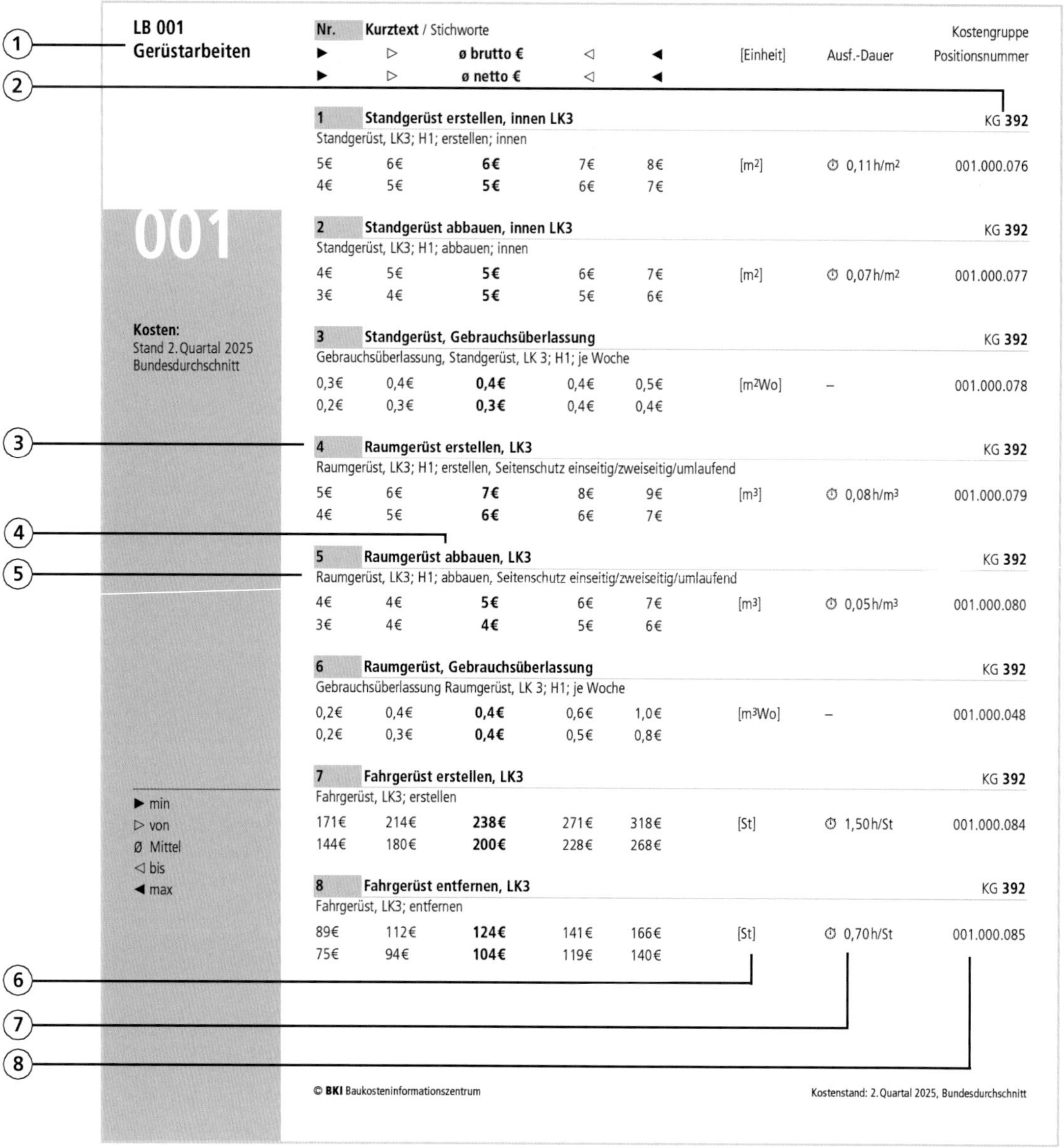

LB 001
Gerüstarbeiten

001

Kosten:
Stand 2.Quartal 2025
Bundesdurchschnitt

Nr.	**Kurztext** / Stichworte						Kostengruppe
▶	▷	**ø brutto €**	◁	◀	[Einheit]	Ausf.-Dauer	Positionsnummer
▶	▷	**ø netto €**	◁	◀			
1	**Standgerüst erstellen, innen LK3**						KG **392**
	Standgerüst, LK3; H1; erstellen; innen						
5€	6€	**6€**	7€	8€	[m^2]	⏱ 0,11 h/m^2	001.000.076
4€	5€	**5€**	6€	7€			
2	**Standgerüst abbauen, innen LK3**						KG **392**
	Standgerüst, LK3; H1; abbauen; innen						
4€	5€	**5€**	6€	7€	[m^2]	⏱ 0,07 h/m^2	001.000.077
3€	4€	**5€**	5€	6€			
3	**Standgerüst, Gebrauchsüberlassung**						KG **392**
	Gebrauchsüberlassung, Standgerüst, LK 3; H1; je Woche						
0,3€	0,4€	**0,4€**	0,4€	0,5€	[m^2Wo]	–	001.000.078
0,2€	0,3€	**0,3€**	0,4€	0,4€			
4	**Raumgerüst erstellen, LK3**						KG **392**
	Raumgerüst, LK3; H1; erstellen, Seitenschutz einseitig/zweiseitig/umlaufend						
5€	6€	**7€**	8€	9€	[m^3]	⏱ 0,08 h/m^3	001.000.079
4€	5€	**6€**	6€	7€			
5	**Raumgerüst abbauen, LK3**						KG **392**
	Raumgerüst, LK3; H1; abbauen, Seitenschutz einseitig/zweiseitig/umlaufend						
4€	4€	**5€**	6€	7€	[m^3]	⏱ 0,05 h/m^3	001.000.080
3€	4€	**4€**	5€	6€			
6	**Raumgerüst, Gebrauchsüberlassung**						KG **392**
	Gebrauchsüberlassung Raumgerüst, LK 3; H1; je Woche						
0,2€	0,4€	**0,4€**	0,6€	1,0€	[m^3Wo]	–	001.000.048
0,2€	0,3€	**0,4€**	0,5€	0,8€			
7	**Fahrgerüst erstellen, LK3**						KG **392**
	Fahrgerüst, LK3; erstellen						
171€	214€	**238€**	271€	318€	[St]	⏱ 1,50 h/St	001.000.084
144€	180€	**200€**	228€	268€			
8	**Fahrgerüst entfernen, LK3**						KG **392**
	Fahrgerüst, LK3; entfernen						
89€	112€	**124€**	141€	166€	[St]	⏱ 0,70 h/St	001.000.085
75€	94€	**104€**	119€	140€			

▶ min
▷ von
ø Mittel
◁ bis
◀ max

© **BKI** Baukosteninformationszentrum

Kostenstand: 2.Quartal 2025, Bundesdurchschnitt

Erläuterung nebenstehender Tabelle

Alle Kostenkennwerte werden mit und ohne Mehrwertsteuer dargestellt.
Kostenstand: 2. Quartal 2025.
Kosten und Kostenkennwerte umgerechnet auf den Bundesdurchschnitt.

Positionen

①
Leistungsbereichs-Nummer und -Titel

②
Kostengruppen nach DIN 276. Die Angaben sind bei der Anwendung zu prüfen, da diese teilweise auf Positionsebene nicht zweifelsfrei zugeordnet werden können.

③
Ordnungsziffer

④
Kurztext der Position

⑤
Stichworte aus dem Mustertext mit:
Gegenstand, Material, Dimension, Verarbeitung, Ort, Sonstige

⑥
Abrechnungseinheit der Leistungspositionen

⑦
Ausführungsdauer der Leistung pro Stunde für die Terminplanung

⑧
Positionsnummer als ID-Kennung für das Auffinden des Datensatzes in elektronischen Medien

Gebäude und Innenräume: Schnittstellen für Leistungsbilder und Kostenermittlungen

von Univ.-Prof. Dr.-Ing. Wolfdietrich Kalusche

Gebäude und Innenräume: Schnittstellen für Leistungsbilder und Kostenermittlungen

ein Beitrag von Wolfdietrich Kalusche

Vorbemerkung

Zu Beginn ein Zitat: „Die Funktion des Architekten, die im frühen Mittelalter noch der Bauherr ausgeübt hatte, übernahm der Hüttenmeister. Planung und Realisierung lagen jedoch noch in einer Hand [...]. Typisierende Merkmale sind: die Tätigkeit am Ort, der Baumeister in der Funktion des Planers und realisierenden Handwerkers, der Baumeister beherrscht Kunst und Technik."

[Pfarr, Karlheinz: Planen und Bauen im Mittelalter, in: Bauwirtschaft 12/1991, S. 47]

Seit rund hundert Jahren werden im Bauwesen überwiegend die Planung und die Ausführung getrennt. Und seit rund fünfzig Jahren nimmt die Spezialisierung in der Planung und in der Ausführung zu. Die Arbeitsteilung in der Planung spiegelt sich unter anderem in den Leistungsbildern der Honorarordnung für Architekten und Ingenieure (HOAI 2021) wider. Diese ist eine Preisverordnung. Ihre Leistungsbilder sind keine normativen Leitbilder. Unabhängig davon werden die Leistungsbilder und deren Grundleistungen für das Ausformulieren von Architekten- und Ingenieurverträgen herangezogen.

Die Anforderungen an Gebäude sind kontinuierlich gestiegen. Das schlägt sich in baupolitischen Zielsetzungen und technischen Regelwerken nieder, ebenso in spezifischen Wünschen der Nutzer. Gebäude sollen umweltschonend gebaut werden und nachhaltig sein, energiesparend und mit erneuerbaren Energien gebaut werden. Es soll bauliches Erbe bewahrt werden. Auf die Einhaltung von Kosten und Terminen wird mehr Wert gelegt denn je. Gleichzeitig und eben auch deshalb hat im Bauwesen – wie in anderen Branchen auch – die Spezialisierung zugenommen.

Eine sorgfältige Vorbereitung und Planung sowie eine qualitätsbewusste Ausführung eines Bauvorhabens sind entscheidende Erfolgsfaktoren. Zur Vorbereitung gehören die Definition von Leistungspflichten und bei mehreren an der Planung Beteiligten die Festlegung von Schnittstellen. Es muss gewährleistet sein, dass alle Leistungen erfasst werden und diese den geeigneten Fachleuten übertragen werden, ohne dass Leistungen fehlen oder doppelt vergeben werden. Weiterhin muss die Koordination, die Mitwirkung und die Integration von Beiträgen sichergestellt sein.

Werden mit der Planung eines Gebäudes ein Architekt und gleichzeitig ein Innenarchitekt betraut, ist der Umfang der erforderlichen Leistungen so genau wie möglich aufzuteilen.
Das betrifft in erster Linie die Baukonstruktionen und die Ausstattungen. Soll zudem eine Bauwerksbegrünung erfolgen, sind für die Planung des Gebäudes gleichzeitig drei Objektplaner im Einsatz. Dazu kommen – wie sonst auch – der Tragwerksplaner und die Ingenieure für die Planung der Technischen Ausrüstung.

Innenarchitekten spezialisieren sich häufig auf bestimmte Nutzungen. Hierzu zählen beispielhaft: Ausstellungsbauten, Hotel- und Gastronomiebauten, Handelsbauten, hochwertiger Wohnungsbau und viele mehr. Deshalb sind bei größeren Gebäuden oft auch mehrere Innenarchitekten anzutreffen. Die Definition von Schnittstellen ist in jedem Fall unverzichtbar. Der vorliegende Fachaufsatz soll dafür Hilfestellung geben.

1. Planungsleistungen bei Gebäuden und Innenräumen

Die Leistungsbilder der HOAI können zum Teil bestimmten Kostengruppen der DIN 276 zugeordnet werden.

Die in → **Tabelle 1** beschriebenen Zuordnungen sind grundsätzlicher Natur. Weitergehende Unterscheidungen können erforderlich sein. Folgende ausgewählte Beispiele sollen das zeigen:

- Der Begriff Rohbau ist nicht eindeutig. Folgende Auffassungen kommen vor, zum Beispiel: Rohbau nach Landesbauordnung, regenfester Rohbau, wetterfester Rohbau, winterfester Rohbau sowie weitere fantasievolle Varianten. Siehe dazu im Anhang 2: Rohbau.
- Außenwände (Gebäudehülle) haben auch eine Innenseite, in der DIN 276 als Außenwandbekleidung, innen (KG 336) bezeichnet
- Bei der einen oder anderen Innentür (KG 334 Innenwandöffnungen) muss festgelegt werden, ob diese zu dem Raum gehört, den der Innenarchitekt oder der Architekt gestaltet.
- Während der Baudurchführung ist eine Baustelleneinrichtung erforderlich, auch hierfür sind Unterscheidungen und Zuordnungen zu treffen.

Für diese und weitere Sachverhalte ist die Definition von Schnittstellen hilfreich. In diesem Zusammenhang stellt sich grundsätzliche die Frage nach dem Zweck von Schnittstellen.

Kostengruppen nach DIN 276:2018-12	**Am Projekt Beteiligte (Planung)**						
Welcher am Projekt Beteiligte ist für die Planung bzw. die Kostenermittlung eines Gebäudes einschliesslich der Innenräume und gegebenenfalls einer Bauwerksbegrünung zuständig?	Bauherr	Objektplaner Gebäude	Objektplaner Innenräume	Objektplaner Freianlagen	Fachplaner für Tragwerksplanung	Fachplaner für Technische Ausrüstung	[...]
100 Grundstück	a)						
200 Vorbereitende Maßnahmen	b)						
300 Bauwerk – Baukonstruktionen		c)	d)		f)		
400 Bauwerk – Technische Anlagen						g)	
500 Außenanlagen und Freiflächen				e)	f)	g)	
600 Ausstattung und Kunstwerke	h)						
700 Baunebenkosten	i)						
800 Finanzierung	j)						
Gesamtkosten	k)						

Tab. 1: Am Projekt Beteiligte und deren Beiträge an der Kostenplanung – Beispiel.

Erläuterungen:

a) Bauherr verfügt über ein Grundstück und kann dessen Wert ermitteln (lassen) oder er hat es erworben und kann den Kaufpreis ansetzen.
b) Für das Herrichten (KG 210) können Bauleistungen, z. B. Sicherungsmaßnahmen (KG 211) zum Schutz der Vegetation, erforderlich sein. Diese sind der Objektplanung Freianlagen zuzuordnen. Die Öffentliche Erschließung (KG 220) und die Nichtöffentliche Erschließung (KG 230) obliegt dem Bauherrn.
c) Objektplaner Gebäude ermittelt unter Mitwirkung des Tragwerksplaner die Kosten der Baukonstruktionen (KG 300) und integriert die von den TA-Ingenieuren ermitteln Kosten der Technischen Anlagen (KG 400) in die Bauwerkskosten (KG 300+400).
d) Kommt zusätzlich zum Objektplaner Gebäude ein Objektplaner Innenräume zum Einsatz, sind die jeweiligen Bestandteile der Planung abzustimmen und die erforderlichen Schnittstellen zu definieren.
e) Der Objektplaner Freianlagen ermittelt unter Mitwirkung des Tragwerksplaners die Kosten der Freifläche bzw. der Außenanlage (KG 510 – KG 540 + KG 570 - KG 590) und integriert die von den TA-Ingenieuren ermittelten Kosten der Technischen Anlagen (KG 550) in die Kosten des Objekts.
Eine Bauwerksbegrünung zählt zu KG 300.
f) Tragwerksplaner wirkt bei der Kostenermittlung der Objektplaner mit.
g) TA-Ingenieure ermitteln Kosten der Technischen Anlagen (KG 400 bzw. KG 550).
h) Bauherr ermittelt die Kosten der Ausstattung (KG 560 bzw. KG 600).
i) Bauherr ermittelt die Baunebenkosten (KG 700).
j) Bauherr ermittelt die Kosten der Finanzierung (KG 800).
k) Bauherr fasst die Kosten zu den Gesamtkosten (KG 100-800) zusammen.

Der Bauherr muss frühzeitig die Gesamtkosten seines Bauvorhabens kennen, um die Finanzierbarkeit und die Wirtschaftlichkeit einschätzen zu können. Die Kostengliederung der DIN 276 ist die geeignete Struktur, um die Gesamtkosten zu ermitteln, denn sie enthalten alle „Aufwendungen, insbesondere für Güter, Leistungen, Steuern und Abgaben, die mit der Vorbereitung, Planung und Ausführung von Bauprojekten verbunden sind."

[DIN 276:2018-12, Ziffer 3.1, S. 4]

Auf Grundlage der Struktur der Kostengliederung können bei Einsatz von zwei oder mehr Objektplanern unter anderem

- das Gebäude und die Innenräume beschrieben werden
- und deren anteilige Kosten ermittelt werden,
- die Leistungen der Planung in Leistungsbildern beschrieben werden und
- die anrechenbaren Kosten für die Honorarermittlung aufgestellt werden.

Die dritte Ebene der Kostengliederung ist – in Verbindung mit Flächen und Funktionseinheiten eines Objekts – für die Definition von Schnittstellen gut geeignet. Die Kostengliederung ist als „offenes System" zu verstehen. Sie kann je nach Erfordernis in eine vierte oder weitere Ebene erweitert werden, z.B. Bereiche, Leistungsbilder usw. **(→ Tabellen 2 bis 8)**. Im vorliegenden Beitrag geht es ausschließlich um die Schnittstellen von Gebäuden und Innenräumen. Vergleichbare Fragestellungen treten ähnlich auch bei Freianlagen und Verkehrsanlagen sowie bei Ingenieurbauwerken auf. Diese werden im Rahmen des vorliegenden Fachaufsatzes nicht behandelt.

2. Schnittstellen bei der Planung von Gebäuden und Innenräumen

Schnittstellen sind Verbindungen unterschiedlicher Systeme. So kann man die zahlreichen Definitionen zusammenfassen, die vor allem in den Kommunikationswissenschaften und in der Informatik zu finden sind. Aufgrund der zunehmenden Spezialisierung und Arbeitsteilung in der Wirtschaft nimmt die Zahl der Schnittstellen ständig zu. Diese rechtzeitig zu erkennen und zu koordinieren, ist eine Voraussetzung für ein erfolgreiches Arbeitsergebnis.

Auch in der Architektur entstehen mehr und neue Schnittstellen. Denn die Anforderungen an Gebäude und die Spezialisierung in der Planung und Ausführung nehmen zu. Das zeigt sich in der Vielfalt von Leistungsbildern für Planungsaufgaben und Planungsmethoden. Und das trifft genauso auf Baustoffe und Bauprodukte sowie auf Bauverfahren zu.

Die Definition von Schnittstellen wird damit immer wichtiger, vor allem wenn die Planung von Gebäuden und Innenräumen an zwei oder mehr Objektplaner beauftragt wird. Wie unterscheiden sich diese Leistungsbilder?

Gegenstand der Objektplanung Gebäude sind der Rohbau, der weitgehende oder vollständige Ausbau sowie die Koordination und Integration der an der Planung fachlich Beteiligten, insbesondere der Tragwerksplanung und der Planung der Technischen Ausrüstung. Vorbereitende Maßnahmen können hinzukommen. Im Fall einer Bauwerksbegrünung kann in den Bereichen Decke, Wand und Dach ein Objektplaner Freianlagen beteiligt sein. Elemente der Ausstattung und Kunstwerke werden nicht oder in geringem Umfang berücksichtigt. Das gilt für den Neubau wie für das Bauen im Bestand.

Gegenstand der Objektplanung Innenräume sind der Ausbau sowie ebenfalls die Koordination der an der Planung fachlich Beteiligten. Elemente der Ausstattung und Kunstwerke sind ein wichtiger Bestandteil der Planung, Entwicklung und Beratung. Eine Bauwerksbegrünung im Innenraum kann durch einen Objektplaner Freianlagen hinzukommen. Eingriffe in das Tragwerk in den Bereichen Decke, Wand und Dach können beim Bauen im Bestand erforderlich sein.

Der erste Schritt einer Definition von Schnittstellen soll der Aufteilung in Bereichen und Grundflächen folgen. Die Unterscheidung von Bereichen orientiert sich an den Nutzungen, die im Gebäude stattfinden sollen. Hilfreich für die Aufteilung der Nutzung sind die Strukturen von:

- DIN 277:2021-08, Grundflächen und Rauminhalte im Hochbau,
- DIN 13080:2016-06, Gliederung des Krankenhauses in Funktionsbereiche und Funktionsstellen,
- Wohnflächenverordnung (WoFlV:2004-01) sowie
- nutzungsspezifischen Funktionsprogrammen.

Deswegen sollen immer ein Raumprogramm, mit der Unterscheidung von Bereichen, oder ein Flächenprogramm und ein Funktionsprogramm Bestandteil der Planungsgrundlagen für Architekten und Ingenieurleistungen sein. Damit können zum Beispiel Räume oder Flächen einem oder mehreren Innenarchitekten zugeordnet werden. Die anderen Räume oder Flächen, das Tragwerk, das Dach und die Technikflächen werden in der Regel vom Architekten geplant. Eine solche – zugegeben – einfache Abgrenzung enthält noch nicht die notwendigen Verkehrsflächen. Sobald die Vorplanung abgeschlossen ist, können auch die Verkehrsflächen aufgeteilt und zugewiesen werden.

Nach der Aufteilung von Bereichen und Flächen – mit Vorlage von ersten Grundrissen, z. B. einer Vorplanung oder Entwurfsplanung – können weitere Schnittstellen auf der Ebene der Bauelemente erforderlich sein. Eine geeignete Grundlage hierfür ist die Kostengliederung der DIN 276:2018-12, Kosten im Bauwesen. **Tabelle 2** enthält diejenigen Baukonstruktionen, die für die Definition von Schnittstellen bei einem Neubau in Betracht kommen.

Es wurde eine Vielzahl (32) von Bauelementen gefunden, die für die Objektplanung im Allgemeinen in Betracht kommen. Dabei handelt es sich um

- Baukonstruktionen (KG 300) und
- Ausstattung und Kunstwerke (KG 600),

die herkömmlich zum größten Teil von einem Architekten (AR) geplant werden. Den Umfang der Objektplanung eines Innenarchitekten (IA) bilden vor allem ausgewählte Innenräume.

Sollen Teile des Gebäudes begrünt werden und wird ein Objektplaner Freianlagen bzw. ein Landschaftsarchitekt (LA) hinzugezogen, sind entsprechende Bauelemente zu beachten. Für die Bauwerksbegrünung kommen gemäß DIN 276 vier Kostengruppen der Baukonstruktionen in Betracht. Zudem sind noch bei den Erdarbeiten Abgrenzungen zwischen dem Gebäude und den Außenanlagen (KG 500) zu beachten (→ **Tabelle 2**). Weitere Bauelemente der Objektplanung Freianlagen sind nicht Gegenstand der Untersuchung.

Die Funktion einer Schnittstelle kann durch die Erweiterung der jeweiligen Kostengruppe in der vierten Ebene der Kostenglieding erfolgen, z. B. in Form der Abkürzung des Namens des Innenarchitekten (z. B. MM für Martin Müller). Letztes ist besonders dann hilfreich, wenn zum Beispiel für die Realisierung eines Shopping-Centers eine größere Anzahl von Innenarchitekten zu erwarten ist.

Schnittstellen zwischen Baukonstruktionen (KG 300), Außenanlagen und Freiflächen (KG 500), Ausstattung und Kunstwerke (KG 600) und den Technischen Anlagen (KG 400) bedürfen in Bezug auf Gebäude keiner weiteren Untersuchung, da die notwendige Abgrenzung durch die DIN 276 und die Leistungsbilder der HOAI bereits besteht.

Im Idealfall können sich der Auftraggeber und die beteiligten Planer vor Beginn der Planung abstimmen. Das „Klären der Aufgabenstellung" (vgl. LHP 1 Grundlagenermittlung) ist dafür der richtige Rahmen. Auf jeden Fall sollen die Schnittstellen Gegenstand der Architekten und Ingenieurverträge sein.

Weitere Schnittstellen gibt es auch in den anderen Bereichen oder Leistungsbildern, wie zum Beispiel die Anlagegruppen der Technischen Anlagen mit den Anlagegruppen von Abwasser-, Wasser- und Gasanlagen bis Gebäudeautomation und Automation von Ingenieuranlagen oder Freiflächen und Verkehrsanlagen. Diese konnten nicht berücksichtigt werden, sind aber genauso wichtig.

Legende zu den nachfolgenden Tabellen:

IA = Innenarchitekt, AR = Architekt, LA = Landschaftsarchitekt
IA AR = Schnittstelle Innenarchitekt / Architekt
AR LA = Schnittstelle Architekt / Landschaftsarchitekt
– = keine Schnittstelle

Baukonstruktionen, Ausstattung und Kunstwerke (Neubau)		Planungsleistungen		
Kostengruppen (KG) nach DIN 276:2018-12		IA	AR	LA
311	Herstellung (Baugrube/Erdbau)	–	AR	LA
313	Wasserhaltung	–	AR	LA
324	Gründungsbeläge	IA	AR	–
335	Außenwandbekleidungen, außen	–	AR	LA
336	Außenwandbekleidungen, innen	IA	AR	–
		–	AR	LA
338	Lichtschutz zur KG 330	IA	AR	–
342	Nichttragende Innenwände	IA	AR	–
344	Innenwandöffnung	IA	AR	–
345	Innenwandbekleidungen	IA	AR	–
346	Elementierte Innenwandkonstruktionen	IA	AR	–
347	Lichtschutz zur KG 340	IA	AR	–
349	Sonstiges zur KG 340	IA	AR	–
353	Deckenbeläge	IA	AR	–
			AR	LA
354	Deckenbekleidungen	IA	AR	–
355	Elementierte Deckenkonstruktionen	IA	AR	–
361	Dachkonstruktionen	IA	AR	–
363	Dachbeläge	–	AR	LA
364	Dachbekleidungen	IA	AR	–
366	Lichtschutz zur KG 360	IA	AR	–
369	Sonstiges zur KG 360	IA	AR	–
391	Baustelleneinrichtung	IA	AR	–
392	Gerüste	IA	AR	–
393	Sicherungsmaßnahmen	IA	AR	–
397	Zusätzliche Maßnahmen	IA	AR	–
398	Provisorische Baukonstruktionen	IA	AR	–
399	Sonstiges zur KG 390	IA	AR	–
610	Allgemeine Ausstattung	IA	AR	–
620	Besondere Ausstattung	IA	AR	–
630	Informationstechnische Ausstattung	IA	AR	–
640	Künstlerische Ausstattung	IA	AR	–
690	Sonstige Ausstattung	IA	AR	–

Tab. 2: Schnittstellen Objektplanung Gebäude / Innenräume / Freianlagen – Übersicht.

Zusätzliche Schnittstellen beim Bauen im Bestand (BiB)

Bei den in → **Tabelle 2** aufgelisteten Schnittstellen wird unterstellt, dass das Gebäude und die Innenräume mehr oder weniger geplant und ausgeführt werden. Unter dieser Voraussetzung ist eine Definition der Schnittstellen einfach. Tatsächlich arbeiten Innenarchitekten schätzungsweise zur Hälfte im Bestand (BiB).

Ein Beispiel kann der Umbau eines Ladengeschäfts in einem Einkaufscenters in ein Café sein. Die vorhandenen Grundrisse werden geändert, Ausbaukonstruktionen abgebrochen und entsorgt, gegebenenfalls auch tragende Konstruktionen. Damit sind Aufwand und Kosten in der Regel deutlich höher als bei einem vergleichbaren Neubau. Und es gibt weitere Schnittstellen.

Beim Bauen im Bestand (BiB) können zum Beispiel folgende Eingriffe in tragende Konstruktionen erforderlich sein (→ **Tabelle 3**):

- Wände entfernt oder aufgebrochen, um Räume zu vergrößern, Zugänge zu schaffen oder die Belichtung zu verbessern
- Decken geöffnet, um Treppen einzufügen,
- Dächer verändert, um die Dachräume für das Wohnen zu nutzen.

Damit verbunden sind Abbruch und Entsorgung von Baukonstruktionen sowie technischen Anlagen. Im Zuge derartiger Umbauten werden meist gleichzeitig notwendige, bis dahin unterlassene Instandsetzungen durchgeführt.

Bei derartigen Eingriffen in die vorhandene Bausubstanz entstehen weitere Schnittstellen.

Verwendete und weiterführende Literatur

BKI (Hrsg.): Baukosten Gebäude Neubau 2025. Statistische Kostenkennwerte, Stuttgart 2025

DIN 276:2018-12: Kosten im Bauwesen

DIN 277:2021-08, Grundflächen und Rauminhalte im Hochbau

DIN 13080:2016-06, Gliederung des Krankenhauses in Funktionsbereiche und Funktionsstellen

Kalusche, Wolfdietrich: Bedarfsplanung und Planungsgrundlagen für Architekten- und Ingenieurleistungen. In: Deutsche Bauzeitschrift (DBZ), 07-08.2024, S. 52-55

Kalusche, Wolfdietrich: Zur Kostenplanung von Freianlagen. In: BKI (Hrsg.): Objektdaten Freianlagen – Kostenkennwerte für Außenanlagen und Freiflächen, F10 Freianlagen, Stuttgart 2025, S. 48-90

Standardleistungsbuch für das Bauwesen (STLB-Bau) 2025-04

Verordnung über die Honorare für Architekten- und Ingenieurleistungen (Honorarordnung für Architekten und Ingenieure – HOAI) – in der Fassung von 2021 –

Pfarr, Karlheinz: Planen und Bauen im Mittelalter, in: Bauwirtschaft 12/1991, S. 4

Verordnung zur Berechnung der Wohnfläche (Wohnflächenverordnung – WoFlV). Vom 25. November 2003 (BGBl. I S. 2346)

Baukonstruktionen, Ausstattung und Kunstwerke (BiB)		Planungsleistungen		
Kostengruppen (KG) nach DIN 276:2018-12		IA	AR	LA
331	Tragende Außenwände	(x)	AR	–
334	Außenwandöffnungen	(x)	AR	–
335	Außenwandbekleidungen, außen	(x)	AR	–
		(IA	AR	LA)
337	Elementierte Außenwandkonstruktionen	(x)	AR	–
341	Tragende Innenwände	(x)	AR	
343	Innenstützen	(x)	AR	
351	Deckenkonstruktionen	(x)	AR	
352	Deckenöffnungen	(x)	AR	
361	Dachkonstruktionen	(x)	AR	
362	Dachöffnungen	(x)	AR	
364	Dachbekleidungen	(x)	AR	
365	Elementierte Dachkonstruktionen	(x)	AR	
395	Instandsetzungen	(x)	AR	
396	Materialentsorgung	(x)	AR	

Tab. 3: Schnittstellen Objektplanung Gebäude / Innenräume / Freianlagen – Übersicht.

Anhang 1:
Schnittstellen nach DIN 276 mit Anmerkungen

Kostengruppen (KG) nach DIN 276:2018-12 (Neubau)		Planungsleistungen		
310	**Baugrube/Erdbau**	**IA**	**AR**	**LA**
311	**Herstellung:** Oberbodenarbeiten und Bodenarbeiten, Erdbaumaßnahmen, Baugruben, Dämme, Einschnitte, Wälle, Hangsicherungen	–	**AR**	**LA**
312	**Umschließung:** Bodenabtrag, Bodensicherung und Bodenauftrag; Aushub von Baugruben und Baugräben einschließlich der Arbeitsräume und Böschungen; Lagern, Bodenlieferung und Bodenabfuhr; Verfüllungen und Hinterfüllungen; Planum, Mulden, Bankette	–	**AR**	**LA**
313	**Wasserhaltung:** Beseitigung des Grund- und Schichtenwassers während der Bauzeit	–	**AR**	**LA**
314	**Vortrieb:** Erdausbruch unter Tage einschließlich Stützung und Sicherung	–	–	–
319	**Sonstiges zur KG 310**	–	–	–
320	**Gründung, Unterbau**	IR	AR	LA
321	**Baugrundverbesserung:** Bodenaustausch, Verdichtung, Einpressung, Ankerung, Stützmaßnahmen; Bodenlockerung und Verlegung von Geotextilien	–	**x**	–
322	**Flachgründungen und Bodenplatten:** Einzelfundamente, Streifenfundamente, Fundament-, Sohl- und Bodenplatte	–	**x**	–
323	**Tiefgründungen:** Pfahlgründung einschließlich der Roste; Brunnengründungen; Verankerungen	–	**x**	–
324	**Gründungsbeläge:** Beläge auf Sohl-, Boden- und Fundamentplatten (z.B. Estriche, Dichtungs-, Dämm-, Schutz- und Nutzschichten)	**IA**	**AR**	
325	**Abdichtungen und Bekleidungen:** Abdichtungen und Bekleidungen: Konstruktionsschichten unterhalb der Sohl-, Boden- und Fundamentplatte, Abdichtungen und Bekleidungen der Gründung einschließlich Dämmungen sowie Filter-, Trenn-, Sauberkeits- und Schutzschichten	–	**x**	–
326	**Dränagen:** Leitungen, Schächte, Packungen, Pumpensümpfe, Tiefenentwässerung, Oberflächenentwässerung:		**x**	–
329	**Sonstiges zur KG 320**	–	–	–

Tab. 4: Schnittstellen bei der Planung: Baugrube/Erdbau und Gründung, Unterbau –
[vgl. DIN 276:2018-12, Ziffer 5.4, S. 17-1]

Kostengruppen (KG) nach DIN 276:2018-12 (Neubau)		Planungsleistungen		
330	**Außenwände/Vertikale Baukonstruktionen, außen**	**IA**	**AR**	**LA**
331	**Tragende Außenwände:** Außenwände und flächige Konstruktionen, die für die Standfestigkeit des Bauwerks erforderlich sind, einschließlich horizontaler Abdichtungen sowie Schlitzen und Durchführungen	–	**x**	–
332	**Nichttragende Außenwände:** Außenwände und flächige Konstruktionen, die für die Standfestigkeit des Bauwerks nicht erforderlich sind (z.B. Brüstungen, Attiken, Ausfachungen) einschließlich horizontaler Abdichtungen sowie Schlitzen, Durchführungen und füllender Teile (z.B. Dämmungen)	–	**x**	–
333	**Außenstützen:** Stützen, Säulen, Pylone und Pfeiler an den Außenseiten des Bauwerks mit einem Querschnittsverhältnis < 1:4	–	**x**	–
334	**Außenwandöffnungen:** Türen, Tore, Fenster, Schaufenster, Glasfassaden und sonstige Öffnungen einschließlich Fensterbänken, Umrahmungen, Beschlägen, Antrieben, Lüftungselementen und sonstiger Einbauteile	–	**x**	–
335	**Außenwandbekleidungen, außen:** Äußere Bekleidungen an Wänden und Stützen einschließlich Putz-, Dichtungs-, Dämm- und Schutzschichten […] Dazu gehören auch auf der Außenseite fest mit den Außenwänden verbundene Fassaden- und Wandbegrünungssysteme einschließlich aller Teile (z.B. Gefäße, Substrate, Pflanzen, Fertigstellungs- und Entwicklungspflege, Dünge- und Bewässerungsvorrichtungen).	–	**AR**	**LA**
336	**Außenwandbekleidungen, innen:** Innere Bekleidungen an Wänden und Stützen einschließlich Putz-, Dichtungs-, Dämm- und Schutzschichten	**IA**	**AR**	–
	Dazu gehören auch auf der Innenseite fest mit den Außenwänden verbundene Wandbegrünungssysteme einschließlich aller Teile.	–	**AR**	**LA**
337	**Elementierte Außenwandkonstruktionen:** vorgefertigte Wände und vertikale Baukonstruktionen, die neben ihrer Kernkonstruktion auch Türen und Fenster oder äußere und innere Bekleidungen enthalten können	x	–	–
338	**Lichtschutz zur KG 330:** Konstruktionen für Sonnen-, Sicht- und Blendschutz, Verdunkelung (z.B. Rollläden, Markisen und Jalousien) einschließlich Antrieben wie Rohrmotoren oder Gurtwicklern	**IA**	**AR**	–
339	**Sonstiges zur KG 330:** Gitter, Stoßabweiser, Handläufe, Berührungsschutz	x	–	–
340	**Innenwände/Vertikale Baukonstruktionen, innen**	**IA**	**AR**	**LA**
341	**Tragende Innenwände:** Tragende Innenwände und flächige Konstruktionen, die für die Standfestigkeit des Bauwerks erforderlich sind, einschließlich horizontaler Abdichtungen sowie Schlitzen und Durchführungen	–	x	–
342	**Nichttragende Innenwände:** Vorgefertigte Wände und vertikale Baukonstruktionen, die neben ihrer Kernkonstruktion auch Türen und Fenster oder äußere und innere Bekleidungen enthalten können	**IA**	**AR**	–
343	**Innenstützen:** Stützen, Säulen, Pylone und Pfeiler innerhalb des Bauwerks mit einem Querschnittsverhältnis < 1:4	–	**x**	–
344	**Innenwandöffnungen:** Innenliegende Fenster, Schaufenster, Türen, Tore und sonstige Öffnungen einschließlich Fensterbänken, Umrahmungen, Beschlägen, Antrieben, Lüftungselementen und sonstiger Einbauteile	**IA**	**AR**	–
345	**Innenwandbekleidungen:** Bekleidungen an Wänden und Stützen einschließlich Putz-, Dichtungs-, Dämm- und Schutzschichten […]	**IA**	**AR**	–
	dazu gehören auch fest mit den Innenwänden verbundene Begrünungssysteme einschließlich Fertigstellungs- und Entwicklungspflege	–	**AR**	**LA**
346	**Elementierte Innenwandkonstruktionen:** Vorgefertigte Wände und vertikale Baukonstruktionen, die neben ihrer Kernkonstruktion auch Türen und Fenster oder Innenwandbekleidungen enthalten können; Falt- und Schiebewände, Sanitärtrennwände, Verschläge	**IA**	**AR**	–
347	**Lichtschutz zur KG 340:** Konstruktionen für Sonnen-, Sicht- und Blendschutz, Verdunkelung (z.B. Rollläden, Markisen und Jalousien) einschließlich Antrieben wie Rohrmotoren oder Gurtwicklern	**IA**	**AR**	–
349	**Sonstiges zur KG 340:** Gitter, Stoßabweiser, Handläufe, Berührungsschutz	**IA**	**AR**	–

Tab. 5: Schnittstellen bei der Planung: Außenwände, Innenwände – [vgl. DIN 276:2018-12, Ziffer 5.4, S. 18]

Kostengruppen (KG) nach DIN 276:2018-12 (Neubau)		Planungsleistungen		
350	**Decken**	**IA**	**AR**	**LA**
351	**Deckenkonstruktionen:** Tragende Konstruktionen für Decken, Treppen, Rampen, Balkone und andere horizontale Baukonstruktionen einschließlich Über- und Unterzügen, Abstützungen und füllender Teile (z. B. Dämmungen, Hohlkörper, Blindböden, Schüttungen)	–	x	
352	**Deckenöffnungen:** Horizontale Verglasungen, Luken, einschließlich Umrahmungen, Beschlägen und sonstiger Einbauteile	–	x	
353	**Deckenbeläge:** Beläge auf Deckenkonstruktionen einschließlich Estrichen, Dichtungs-, Dämm-, Schutz- und Nutzschichten sowie Schwingböden und Installationsdoppelböden.	**IA**	**AR**	
	Dazu gehören auch fest mit den Decken verbundene Begrünungssysteme einschließlich Fertigstellungs- und Entwicklungspflege.	–	**AR**	**LA**
354	**Deckenbekleidungen:** Bekleidungen unter Deckenkonstruktionen einschließlich Putz-, Dichtungs-, Dämm- und Schutzschichten; Licht- und Kombinationsdecken	**IA**	**AR**	–
355	**Elementierte Deckenkonstruktionen:** Vorgefertigte Decken, Treppen, Rampen und andere horizontale Baukonstruktionen, die neben ihrer Kernkonstruktion auch Öffnungen, Beläge oder Bekleidungen enthalten können	**IA**	**AR**	–
359	**Sonstiges zur KG 350:** Gitter, Geländer, Stoßabweiser, Handläufe, Abdeckungen, Schachtdeckel, Roste, Leitern, Berührungsschutz	**IA**	**AR**	–
360	**Dächer**	**IA**	**AR**	**LA**
361	**Dachkonstruktionen:** Tragende Konstruktionen von Dächern, Vordächern, Dachstühlen, Raumtragwerken, Kuppeln und Gewölben einschließlich Über- und Unterzügen, Abstützungen und füllender Teile (z. B. Dämmungen, Hohlkörper, Blindböden, Schüttungen)	–	x	–
362	**Dachöffnungen:** Dachfenster, Ausstiege und andere Dachöffnungen einschließlich Umrahmungen, Beschlägen, Antrieben, Lüftungselementen und sonstiger Einbauteile; natürliche Rauch- und Wärmeabzugsanlagen	–	x	–
363	**Dachbeläge:** Beläge auf Dachkonstruktionen von ungenutzten und genutzten Dachflächen einschließlich Schalungen, Lattungen, Gefälle-, Dichtungs-, Dämm-, Drän-, Schutz- und Nutzschichten sowie die Entwässerung der Dachflächen bis zum Anschluss an die Abwasseranlagen (einschließlich der in Klempnerarbeit hergestellten Rinnen und Fallrohre) Dazu gehören auch extensive und intensive Dachbegrünungen einschließlich aller Teile (z. B. Substrate, Pflanzen, Fertigstellungs- und Entwicklungspflege, Dünge- und Bewässerungsvorrichtungen).	–	**AR**	**LA**
364	**Dachbekleidungen:** Bekleidungen unter Dachkonstruktionen einschließlich Putz-, Dichtungs-, Dämm- und Schutzschichten; Licht- und Kombinationsdecken	**IA**	**AR**	–
365	**Elementierte Dachkonstruktionen:** Vorgefertigte Dächer, die neben ihrer Kernkonstruktion auch Öffnungen, Beläge oder Bekleidungen enthalten können	–	x	–
366	**Lichtschutz zur KG 360:** Konstruktionen für Sonnen-, Sicht-, und Blendschutz, Verdunkelung (z.B. Rollläden, Markisen und Jalousien) einschließlich Antrieben wie Rohrmotoren oder Gurtwicklern	**IA**	**AR**	–
369	**Sonstiges zur KG 360:** Gitter, Geländer, Handläufe, Laufbohlen, Schneefänge, Dachleitern	–	x	–

Tab. 6: Schnittstellen bei der Planung: Decken, Dächer –
[vgl. DIN 276:2018-12, Ziffer 5.4, S. 19]

Kostengruppen (KG) nach DIN 276:2018-12		Planungsleistungen		
390	**Besondere Maßnahmen für Baukonstruktionen**	**IA**	**AR**	**LA**
391	**Baustelleneinrichtung:** Einrichten, Vorhalten, Betreiben und Räumen der übergeordneten Baustelleneinrichtung (z. B. Material- und Geräteschuppen, Lager-, Wasch-, Toiletten- und Aufenthaltsräume, Bauwagen, Misch- und Transportanlagen, Energie- und Bauwasseranschlüsse, Baustraßen, Lager- und Arbeitsplätze, Verkehrssicherungen, Abdeckungen, Bauschilder, Bau- und Schutzzäune, Baubeleuchtung, Baustrom, Bauwasser)	**IA**	**AR**	**x**
392	**Gerüste:** Auf-, Um-, und Abbauen sowie Vorhalten von Gerüsten	**IA**	**AR**	**x**
393	**Sicherungsmaßnahmen:** Sicherungsmaßnahmen an bestehenden Bauwerken (z.B. Unterfangungen, Abstützungen)	**IA**	**AR**	**x**
394	**Abbruchmaßnahmen:** Abbruch- und Demontagearbeiten einschließlich Zwischenlagern wiederverwendbarer Teile, Abfuhr des Abbruchmaterials, soweit nicht in anderen Kostengruppen erfasst	**IA**	**AR**	**x**
395	**Instandsetzungen:** Maßnahmen zur Wiederherstellung des zum bestimmungsgemäßen Gebrauch geeigneten Zustandes, soweit nicht in anderen Kostengruppen erfasst	**BIB**	**BIB**	–
396	**Materialentsorgung:** Entsorgung von Materialien und Stoffen, die bei dem Abbruch, bei der Demontage und bei dem Ausbau von Bauteilen oder bei der Erstellung einer Bauleistung anfallen zum Zweck des Recyclings oder der Deponierung	**BIB**	**BIB**	–
397	**Zusätzliche Maßnahmen:** Zusätzliche Maßnahmen bei der Erstellung von Baukonstruktionen (z.B. Schutz von Personen und Sachen sowie betriebliche Sicherungsmaßnahmen beim Bauen unter Betrieb); Reinigung vor Inbetriebnahme; Maßnahmen aufgrund von Forderungen des Wasser-, Landschafts-, Lärm- und Erschütterungsschutzes während der Bauzeit; Schlechtwetter und Winterbauschutz, Erwärmung des Bauwerks, Schneeräumung	**IA**	**AR**	**x**
398	**Provisorische Baukonstruktionen:** Erstellung, Betrieb und Beseitigung provisorischer Baukonstruktionen, Anpassung des Bauwerks bis zur Inbetriebnahme des endgültigen Bauwerks	**IA**	**AR**	**x**
399	**Sonstiges zur KG 390:** Baukonstruktionen und Maßnahmen, die mehrere Kostengruppen betreffen (z.B. Schließanlagen, Schächte, Schornsteine, soweit nicht in anderen Kostengruppen erfasst); Baustellengemeinkosten	**IA**	**AR**	

Tab. 7: Schnittstellen bei der Planung: Besondere Maßnahmen für Baukonstruktionen – [vgl. DIN 276:2018-12, Ziffer 5.4, S. 22-23]

Kostengruppen (KG) nach DIN 276:2018-12 (Neubau)		Planungsleistungen		
600	**Ausstattung und Kunstwerke**	**IA**	**AR**	**LA**
610	Möbel und Geräte (z.B. Sitz- und Liegemöbel, Schränke, Regale, Tische); Textilien (z.B. Vorhänge, Wandbehänge, lose Teppiche, Wäsche); Hauswirtschafts-, Garten- und Reinigungsgeräte	**IA**	**AR**	–
620	Ausstattungsgegenstände, die der besonderen Zweckbestimmung eines Objekts dienen (z.B. wissenschaftliche, medizinische, technische Geräte)	**IA**	**AR**	–
630	DV-Geräte (z.B. Server, PC sowie periphere Geräte und Zubehör)	**IA**	**AR**	–
640	Künstlerische Ausstattung oder Gestaltung des Bauwerks sowie der Außenanlagen und Freiflächen	**IA**	**AR**	–
690	Sonstige Ausstattung: Schilder, Wegweiser, Informations- und Werbetafeln	**IA**	**AR**	–

Tab. 8: Schnittstellen bei der Planung: Ausstattung und Kunstwerke – [vgl. DIN 276:2018-12, Ziffer 5.4, S. 32-33]

Anhang 2: Rohbau

Die Planungsleistungen des Objektplaners Gebäude beinhalten den Rohbau des Gebäudes. Es gibt in der Bundesrepublik Deutschland keine Regel, die den Umfang des Rohbaus definiert. Allerdings findet man in einzelnen Bauordnungen der Länder, z. B. Nordrhein-Westfalen, Regelungen zur Fertigstellung der Rohbauarbeiten. Für die Objektplanung und die Fachplanungen ist erforderlich, den Rohbau im Einzelfall zu definieren. Das gilt für die Planung, das Baugenehmigungsverfahren, Ausschreibung und Vergabe sowie die Objektüberwachung. Der Rohbau – teilweise begrifflich erweitert – wird zudem bei der Terminplanung und bei der Finanzierung (Zahlungsplan) als Meilenstein betrachtet.

Für Innenarchitekten ist der Rohbau, soweit es sich um einen Neubau handelt, eine Voraussetzung für die Planung der Innenräume. Somit erfüllt eine umfassende Beschreibung des Rohbaus eine wichtige Schnittstelle (von vielen) zwischen der Planung des Architekten zu der des Innenarchitekten. Im Idealfall ergänzt und vervollständigt die Innenraumplanung die des Gebäudes, ohne dass erhebliche Planungsänderungen anfallen oder gar Teile des Rohbaus wieder abgebrochen werden.

Bei der Planung von Innenräumen im Bestand, also beim Altbau, werden dagegen öfter Teile des vorhandenen Rohbaus verändert, also abgebrochen und entsorgt.

In den Datensammlungen des Baukosteninformationszentrums Deutscher Architektenkammern (BKI) werden unter anderem Kostenkennwerte dokumentiert, bei denen die Bauwerkskosten (KG 300+400) nach Leistungsbereichen gemäß Standardleistungsbuch für das Bauwesen (STLB-Bau) 2025-04 unterschieden und auf die Brutto-Grundfläche (BGF) bezogen werden. Die entsprechenden Tabellen werden für die Gebäudeart dargestellt, dabei werden Leistungsbereiche wie folgt gegliedert:

Rohbau	LB 000 Baustelleneinrichtung; Verkehrssicherung- und Sicherheitseinrichtungen bis LB 022 Klempnerarbeiten
Ausbau	LB 023 Putz- und Stuckarbeiten – Wärmedämmsysteme bis LB 039 Trockenbauarbeiten
Gebäudetechnik	LB 040 Wärmeversorgungsanlagen – Betriebseinrichtungen bis LB 075 Raumlufttechnische Anlagen inkl. LB 078 Kälteanlagen für raumlufttechnische Anlagen

[vgl. zum Beispiel: BKI (Hrsg.): Baukosten Gebäude Neubau 2025. Statistische Kostenkennwerte, Stuttgart 2025, S. 158]

Die Anwendung der Kostenkennwerte € LB/BGF ist den ausführungsorientierten Verfahren der Kostenermittlung zuzuordnen und wird vorzugsweise für die Kostenplanung von Innenräumen, Außenanlagen und Freiflächen sowie in der Wohnungswirtschaft angewendet.

Anmerkung:
Aus der Sicht der Terminplanung handelt es sich bei dem oben beschriebenen Rohbau (LB 000 - LB 022) um einen **Regenfesten Rohbau**, denn nach Montage der Dachdeckungs-, Dachabdichtungs- und Klempnerarbeiten (LB 020 - 022) sollte das Objekt bei Niederschlag weitgehend trocken bleiben.

Was ist ein Rohbau? Unterschiedliche Auffassungen und deren Gegenstand.										
	In der Praxis anzutreffende Auffassungen:									
Voraussetzungen (**x**), Gegenstand der Rohbauarbeiten (**x**) und nachfolgende Leistungen (**x**) am Beispiel Massivbau:	**Voraussetzungen**	**Rohbau nach LBO**	**Regenfester Rohbau**	**Wetterfester Rohbau**	**Winterfester Rohbau**	**Sonstiges:**	**Erweiterter Rohbau**	**Veredelter Rohbau**	**[…]**	**Abnahme der Bauleistungen**
Baugenehmigung, Baustelleneinrichtung	x									
Alle statisch notwendigen Bauteile, Kamine sind eingebaut, die Dachkonstruktion steht. Grundleitungen und Erdung sind verlegt. Das Bauamt hat Standsicherheit, Schallschutz, Wärmeschutz und Feuersicherheit geprüft (Bauzustandsbesichtigung, auch als Rohbauabnahme bezeichnet).		x								
Das Richtfest wird gefeiert.		x								
Die Dachbeläge einschließlich Dämmung sind aufgebracht und die Dachentwässerung (Rinnen und Fallrohre und Grundleitungen) bieten Schutz vor Nässe im Gebäude.			x							
Tore, Außentüren und -fenster (auch provisorisch) bieten Schutz vor Wind und Nässe im Gebäude.				x						
Die Temperaturen im Gebäude, z. B. durch eine Bauheizung mit Feldgeräten, schützen vor Frost und Feuchte und erlauben (auch nasse) Ausbauarbeiten.					x					
Sonstiges:										
Rohbau nach LBO zuzüglich Dachbekleidung einschließlich Dämmung							x			
Rohbau nach LBO zuzüglich Außen- und Innenbekleidungen								x		
Endabnahme durch die Bauaufsichtsbehörde und Abnahme der Bauleistungen.										x

Tab. 9: Was ist ein Rohbau? Unterschiedliche Auffassungen und deren Gegenstand.

Eine Voraussetzung für die Durchführung der Rohbauarbeiten ist neben der Beauftragung der Bauarbeiten die Baugenehmigung. Inwieweit Vorbereitende Maßnahmen (KG 200 nach DIN 276) erforderlich sind, ist im Einzelfall zu prüfen.

→ **Tabelle 9** zeigt die Auffassungen zum Rohbau über die Unterscheidungen der Leistungsbereiche hinaus, die in der Bau- und Immobilienwirtschaft zu finden sind:

- **Rohbau nach LBO, z. B. § 84 BauO NRW:** Alle statisch notwendigen Bauteile, Kamine sind eingebaut, die Dachkonstruktion steht. Die Grundleitungen und Erdung sind verlegt. Das Bauamt hat Standsicherheit, Schallschutz, Wärmeschutz und Feuersicherheit geprüft (Bauzustandsbesichtigung, auch als Rohbauabnahme bezeichnet).

- **Regenfester Rohbau:** Alle statisch notwendigen Bauteile, Kamine sind eingebaut, die Dachkonstruktion steht. Grundleitungen und Erdung sind verlegt. Die Dachbeläge einschließlich

Dämmung sind aufgebracht und die Dachentwässerung (Rinnen und Fallrohre und Grundleitungen) bieten Schutz vor Nässe im Gebäude.

• **Wetterfester Rohbau:** Alle statisch notwendigen Bauteile, Kamine sind eingebaut, die Dachkonstruktion steht. Grundleitungen und Erdung sind verlegt. Die Dachbeläge einschließlich Dämmung sind aufgebracht und die Dachentwässerung (Rinnen und Fallrohre und Grundleitungen) bieten Schutz vor Nässe im Gebäude. Die Temperaturen im Gebäude, z.B. durch eine Bauheizung mit Feldgeräten, schützen vor Frost und Feuchte und erlauben (auch nasse) Ausbauarbeiten.

• **Winterfester Rohbau:** Alle statisch notwendigen Bauteile, Kamine sind eingebaut, die Dachkonstruktion steht. Grundleitungen und Erdung sind verlegt. Die Dachbeläge einschließlich Dämmung sind aufgebracht und die Dachentwässerung (Rinnen und Fallrohre und Grundleitungen) bieten Schutz vor Nässe im Gebäude.

Die Temperaturen im Gebäude, z.B. durch eine Bauheizung mit Feldgeräten, schützen vor Frost und Feuchte und erlauben (auch nasse) Ausbauarbeiten.

Darüber hinaus ist ein **Erweiterter Rohbau** oder ein **Veredelter Rohbau** anzutreffen. Deren Anwendung sollte nur in Zusammengang mit einer umfassenden Objektbeschreibung erfolgen. Zum Beispiel werden ausdrücklich diejenigen Bauelemente genannt, die nicht enthalten sind. Eine solche Negativliste – hier die der Baukonstruktionen – kann wie folgt aussehen:

- Gründungsbeläge (KG 324)
- Außenwandbekleidungen, innen (KG 336)
- Nichttragende Innenwände (KG 342)
- Innenwandöffnungen (KG 344)
- Innenwandbekleidungen (KG 345)
- Elementierte Innenwandkonstruktionen (KG 346)
- Deckenbeläge (KG 353)
- Deckenbekleidungen (KG 354)
- Dachbekleidungen (KG 364)
- Baukonstruktive Einbauten (KG 380)

…

[vgl. DIN 276:2018-12, Ziffer 5.4, S. 17-21]

Glossar

Anrechenbare Kosten
Anrechenbare Kosten sind maßgeblich für das Honorar des Architekten nach HOAI und werden auf Grundlage der Kostenberechnung nach DIN 276 (Fassung 2008) ermittelt. Es handelt sich um „Nettobaukosten", d.h. Kosten der Baukonstruktion und Technischen Anlagen ohne Umsatzsteuer. Gemäß HOAI stellen die anrechenbaren Kosten einen „Teil der Kosten für die Herstellung, den Umbau, die Modernisierung, Instandhaltung oder Instandsetzung von Objekten sowie für die damit zusammenhängenden Aufwendungen" dar.
[HOAI 2021, § 4 Abs. 1]

Außenanlagen
Eine Definition der Außenanlage gibt es in den einschlägigen Normen DIN 276 und DIN 277 nicht. Aus der Definition der Außenanlagenfläche kann jedoch abgeleitet werden: Eine Außenlage ist der planerisch gestaltete Anteil eines Grundstücks außerhalb eines Bauwerks, sie kann überdeckt oder unterbaut sein.
[vgl. Definition Außenanlagenfläche nach DIN 277:2021-08]

Aufwand
Alle verwendeten „Ressourcen zur Deckung von Kosten, Zeit- und/oder Ressourcenbedarf (einschließlich Finanzmittel) von Vorgängen, Arbeitspaketen oder Projekten".
[DIN 69901-5:2009-01, Ziffer 3.10]

Bauherr
Bauherr ist, wer auf seine Verantwortung eine bauliche Maßnahme vorbereitet/ausführt oder vorbereiten/ausführen lässt. Bauherr ist dabei in der Regel derjenige, dem die Baugenehmigung erteilt wird und/oder der im Grundbuch als Eigentümer des Grundstücks eingetragen ist.
[Berufsgenossenschaft der Bauwirtschaft, 2015, S. 1]

Baumeister
Historische Funktion des Mittelalters bis Anfang 1900; der Baumeister erbringt die Planung und Ausführung von Bauwerken aller Art, er beherrscht zu seiner Zeit sowohl Handwerk als auch Kunst, es wird ihm die Eigenschaft des Generalisten zugesprochen.

Bauwerke
Zu Bauwerken zählen mit dem Erdboden verbundene Sachen, für die Bauleistungen erbracht werden bzw. die aus Baustoffen und -teilen hergestellt sind.
[https://wirtschaftslexikon.gabler.de/definition/bauwerke-31902]

Bauwerksbegrünung
Zu den Leistungen der Freianlagen zählt auch die Bauwerksbegrünung, es werden unterschieden:
- Terrassen- und Dachgärten
- Bauwerksbegrünung vertikal und horizontal
- Innenbegrünung

[vgl. Anlage 11 (zu § 39 Absatz 4, § 40 Absatz 5) HOAI 2021]

Flächenprogramm
Zusammenstellung des quantitativen Flächenbedarfs als Mengenangabe differenziert nach Nutzungen; Beispiele: Laborflächen, Verwaltungsflächen; Beispiele: und Lagerflächen einer Forschungsabteilung.
[vgl. DIN 18205:2016-11, S. 6]

Freianlagen
Freianlagen sind planerisch gestaltete Freiflächen und Freiräume sowie entsprechend gestaltete Anlagen in Verbindung mit Bauwerken oder in Bauwerken und landschaftspflegerische Freianlagenplanungen in Verbindung mit Objekten.
[§ 39 Absatz 1 HOAI 2021]

Funktionsprogramm
Es soll Flächen und Räume in ihren Beziehungen zueinander zeigen. Zur Darstellung meist Blasen-Diagramme mit Strichen und Kreisen verwendet. Es sollen berücksichtigt werden: Raumbeziehungen, Flächenbeziehungen, Bereichsgrenzen, Personenströme, Materialströme, Erschließungen etc.
[vgl. Glossar – BAUdialog-Ingenieure]

Kosten im Bauwesen
Aufwendungen, insbesondere für Güter, Leistungen, Steuern und Abgaben, die mit der Vorbereitung, Planung und Ausführung von Bauprojekten verbunden sind.
[vgl. DIN 276:2018-12, Ziffer 3.1]

Kostengliederung
Ordnungsstruktur, nach der die Gesamtkosten eines Bauprojekts in Kostengruppen unterteilt werden.
[vgl. DIN 276:2018-12, Ziffer 3.9]

Objekte
Objekte sind Gebäude, Innenräume, Freianlagen, Ingenieurbauwerke, Verkehrsanlagen. Objekte sind auch Tragwerke und Anlagen der Technischen Ausrüstung.
[HOAI 2021, § 2 Abs. 1]
Anmerkung: Grundstücke und Vorbereitende Maßnahmen (vormals Herrichten und Erschließen) können auch als (eigenständige) Objekte verstanden werden.

Objektplanung Gebäude
Begriff der HOAI für Leistungen von Architekten: Planung und Überwachung von Rohbau und Ausbau von Gebäuden; Koordination und Integration der Planung oder Mitwirkung der an der Planung fachlich Beteiligten, insbesondere der Tragwerksplanung und der Planung der Technischen Ausrüstung.

Objektplanung Freianlagen
Begriff der HOAI für Leistungen von Landschaftsarchitekten: Planung und Überwachung von Außenanlegen und Freiflächen; Koordination der Planung oder Mitwirkung der an der Planung fachlich Beteiligten, insbesondere der Tragwerksplanung und der Planung der Technischen Ausrüstung.

Objektplanung Innenräume
Begriff der HOAI für Leistungen von Innenarchitekten: Planung und Überwachung von Ausbau und Ausstattung von Innenräumen; Koordination der Planung oder Mitwirkung der an der Planung fachlich Beteiligten, insbesondere der Tragwerksplanung und der Planung der Technischen Ausrüstung. Auch Möbelbau und Produktentwicklung.

Raumprogramm
Differenzierung des Flächenprogramms und Beschreibung der Größe und Anforderungen ggf. einzelner Räume, sofern diese Einflüsse auf die Umsetzung des Bedarfes haben
[vgl. DIN 18205:2016-11, S. 6]

Schnittstellen
[…] sind Verbindungen unterschiedlicher Systeme. Die Notwendigkeit von Schnittstellen ergibt sich aus der Zunahme von Spezialisierung und Arbeitsteilung.

Planungsgrundlagen
Zu den Planungsgrundlagen für Architekten und Ingenieurleistungen gehören mindestens ein Raumprogramm, ein Funktionsprogramm, ein Ausstattungsprogramm, eine Standardbeschreibung, Angaben zum Grundstück sowie ein Terminrahmen und ein Kostenrahmen; die Planungsgrundlage hat der Bauherr in seiner Eigenschaft als Auftraggeber bereitzustellen.

Struktur
„Anordnung der Teile eines Ganzen zueinander; gegliederter Aufbau, innere Gliederung"
(https://www.duden.de/rechtschreibung/Struktur)
(Lat.: struere = aufbauen, aneinanderfügen; structura = Zusammenfügung, Ordnung; Bau)
Wichtige Strukturen im Bauwesen, insbesondere bei der Kostenplanung, sind:
- Unterscheidung der Kosten nach Kostengruppen gemäß DIN 276
- Aufteilung der (Bau-)Leistungen in Vergabeeinheiten
- Aufteilung der Bauleistungen in Leistungspositionen

u.v.m.

Vollständige Gliederung der Leistungsbereiche nach STLB-Bau

Als Beispiel für eine ausführungsorientierte Ergänzung der Kostengliederung werden im Folgenden die Leistungsbereiche des Standardleistungsbuches für das Bauwesen in einer Übersicht dargestellt.

000 Baustelleneinrichtungen; Verkehrssicherungs- und Sicherheitseinrichtungen
001 Gerüstarbeiten
002 Erdarbeiten
003 Landschaftsbauarbeiten
004 Landschaftsbauarbeiten, Pflanzen
005 Brunnenbauarbeiten und Aufschlussbohrungen
006 Spezialtiefbauarbeiten
007 Untertagebauarbeiten
008 Wasserhaltungsarbeiten
009 Entwässerungskanalarbeiten
010 Drän- und Versickerungsarbeiten
011 Abscheider- und Kleinkläranlagen
012 Mauerarbeiten
013 Betonarbeiten
014 Natur-, Betonwerksteinarbeiten
016 Zimmer- und Holzbauarbeiten
017 Stahlbauarbeiten
018 Abdichtungsarbeiten
019 Kampfmittelräumarbeiten
020 Dachdeckungsarbeiten
021 Dachabdichtungsarbeiten
022 Klempnerarbeiten
023 Putz- und Stuckarbeiten, Wärmedämmsysteme
024 Fliesen- und Plattenarbeiten
025 Estricharbeiten
026 Fenster, Außentüren
027 Tischlerarbeiten
028 Parkettarbeiten, Holzpflasterarbeiten
029 Beschlagarbeiten
030 Rollladenarbeiten
031 Metallbauarbeiten
032 Verglasungsarbeiten
033 Baureinigungsarbeiten
034 Maler- und Lackierarbeiten, Beschichtungen
035 Korrosionsschutzarbeiten an Stahlbauten
036 Bodenbelagsarbeiten
037 Tapezierarbeiten
038 Vorgehängte hinterlüftete Fassaden
039 Trockenbauarbeiten

Die Nummern der Leistungsbereiche beim Altbau werden mit 3xx gekennzeichnet.

040 Wärmeversorgungsanlagen - Betriebseinrichtungen
041 Wärmeversorgungsanlagen - Leitungen, Armaturen, Heizflächen
042 Gas- und Wasseranlagen - Leitungen und Armaturen
043 Druckrohrleitungen für Gas, Wasser und Abwasser
044 Abwasseranlagen - Leitung, Abläufe, Armaturen
045 Gas-, Wasser- und Entwässerungsanlagen - Ausstattung, Elemente, Fertigbäder
046 Gas-, Wasser- und Entwässerungsanlagen - Betriebseinrichtungen
047 Dämm- und Brandschutzarbeiten an technischen Anlagen
049 Feuerlöschanlagen, Feuerlöschgeräte
050 Blitzschutz- / Erdungsanlagen, Überspannungsschutz
051 Kabelleitungstiefbauarbeiten
052 Mittelspannungsanlagen
053 Niederspannungsanlagen - Kabel/Leitungen, Verlegesysteme, Installationsgeräte
054 Niederspannungsanlagen - Verteilersysteme und Einbaugeräte
055 Sicherheits- und Ersatzstromversorgungsanlagen
057 Gebäudesystemtechnik
058 Leuchten und Lampen
059 Sicherheitsbeleuchtungsanlagen
060 Such-, Signal-, Zeitdienst-, Antennen-, elektroakustische Anlagen, Medientechnik
061 Kommunikations- und Übertragungsnetze
062 Kommunikationsanlagen
063 Gefahrenmeldeanlagen
064 Zutrittskontroll-, Zeiterfassungssysteme
069 Aufzüge
070 Gebäudeautomation
075 Raumlufttechnische Anlagen
078 Kälteanlagen für raumlufttechnische Anlagen
080 Straßen, Wege, Plätze
081 Betonerhaltungsarbeiten
082 Bekämpfender Holzschutz
084 Abbruch-, Rückbau- und Schadstoffsanierungsarbeiten
085 Rohrvortriebsarbeiten
087 Abfallentsorgung, Verwertung und Beseitigung
090 Baulogistik
091 Stundenlohnarbeiten
096 Bauarbeiten an Bahnübergängen
097 Bauarbeiten an Gleisen und Weichen
098 Witterungsschutzmaßnahmen

Häufig gestellte Fragen

Fragen zur Flächenberechnung (DIN 277):

1. Wie wird die BGF berechnet?	Die Brutto-Grundfläche ist die Summe der Grundflächen aller Grundrissebenen. Nicht dazu gehören die Grundflächen von nicht nutzbaren Dachflächen (Kriechböden) und von konstruktiv bedingten Hohlräumen (z. B. über abgehängter Decke). (DIN 277:2021-08) Bei den Gebäudearten Dachausbau und Aufstockung nur bezogen auf die Grundrissebene des Dachs.
2. Gehört der Keller bzw. eine Tiefgarage mit zur BGF?	Ja, im Gegensatz zur Geschossfläche nach § 20 Baunutzungsverordnung (BauNVo) gehört auch der Keller bzw. die Tiefgarage zur BGF.
3. Wie werden Luftgeschosse (z. B. Züblinhaus) nach DIN 277 berechnet?	Die Rauminhalte der Luftgeschosse zählen zum Regelfall der Raumumschließung (R) BRI (R). Die Grundflächen der untersten Ebene der Luftgeschosse und Stege, Treppen, Galerien etc. innerhalb der Luftgeschosse zählen zur Brutto-Grundfläche BGF (R). Vorsicht ist vor allem bei Kostenermittlungen mit Kostenkennwerten des Brutto-Rauminhalts geboten.
4. Welchen Flächen ist die Garage zuzurechnen?	Die Stellplatzflächen von Garagen werden zur Nutzungsfläche gezählt, die Fahrbahn ist Verkehrsfläche.
5. Wird die Diele oder ein Flur zur Nutzungsfläche gezählt?	Normalerweise nicht, da eine Diele oder ein Flur zur Verkehrsfläche gezählt wird. Wenn die Diele aber als Wohnraum genutzt werden kann, z. B. als Essplatz, wird sie zur Nutzungsfläche gezählt.
6. Zählt eine nicht umschlossene oder nicht überdeckte Terrasse einer Sporthalle, die als Eingang und Fluchtweg dient, zur Nutzungsfläche?	Die Terrasse ist nicht Bestandteil der Grundflächen des Bauwerks nach DIN 277. Sie bildet daher keine BGF und damit auch keine Nutzungsfläche. Die Funktion als Eingang oder Fluchtweg ändert daran nichts.

7. Zählt eine Außentreppe zum Keller zur BGF?

Wenn die Treppe allseitig umschlossen ist, z. B. mit einem Geländer, ist sie als Verkehrsfläche zu werten. Nach DIN 277:2021-08 gilt: Grundflächen und Rauminhalte sind nach ihrer Zugehörigkeit zu den folgenden Bereichen getrennt zu ermitteln: Regelfall der Raumumschließung (R): Räume und Grundflächen, die Nutzungen der Netto-Raumfläche entsprechend Tabelle 1 aufweisen und die bei allen Begrenzungsflächen des Raums (Boden, Decke, Wand) vollständig umschlossen sind. Dazu gehören nicht nur Innenräume, die von der Witterung geschützt sind, sondern auch solche allseitig umschlossenen Räume, die über Öffnungen mit dem Außenklima verbunden sind; Sonderfall der Raumumschließung (S): Räume und Grundflächen, die Nutzungen der Netto-Raumfläche entsprechend Tabelle 1 aufweisen und mit dem Bauwerk konstruktiv verbunden sind, jedoch nicht bei allen Begrenzungsflächen des Raums (Boden, Decke, Wand) vollständig umschlossen sind (z. B. Loggien, Balkone, Terrassen auf Flachdächern, unterbaute Innenhöfe, Eingangsbereiche, Außentreppen). Die Außentreppe stellt also demnach einen Sonderfall der Raumumschließung (S) dar. Wenn die Treppe allerdings über einen Tiefgarten ins UG führt, wird sie zu den Außenanlagen gezählt. Sie bildet dann keine BGF. Die Kosten für den Tiefgarten mit Treppe sind bei den Außenanlagen zu erfassen.

8. Ist eine Abstellkammer mit Heizung eine Technikfläche?

Es kommt auf die überwiegende Nutzung an. Wenn über 50% der Kammer zum Abstellen genutzt werden können, wird sie als Abstellraum gezählt. Es kann also Gebäude ohne Technikfläche geben.

9. Ist die NUF gleich der Wohnfläche?

Nein, die DIN 277 kennt den Begriff Wohnfläche nicht. Zur Nutzungsfläche gehören grundsätzlich keine Verkehrsflächen, während bei der Wohnfläche zumindest die Verkehrsflächen innerhalb der Wohnung hinzugerechnet werden. Die Abweichungen sind dadurch meistens nicht unerheblich.

Fragen zur Wohnflächenberechnung (WoFlV):

10. Wie wird die Wohnfläche (NE: Wohnfläche) bei Wohngebäuden bei BKI berechnet?

Die Berechnung der bei BKI auf der Startseite der Wohngebäude angegebenen "NE: Wohnfläche" erfolgt nach der Wohnflächenberechnung WoFlV.

11. Wird ein Hobbyraum im Keller zur Wohnfläche gezählt?	Wenn der Hobbyraum nicht innerhalb der Wohnung liegt, wird er nicht zur Wohnfläche gezählt. Beim Einfamilienhaus gilt: Das ganze Haus stellt die Wohnung dar. Der Hobbyraum liegt also innerhalb der Wohnung und wird mitgezählt, wenn er die Qualitäten eines Aufenthaltsraums nach LBO aufweist.
12. Wird eine Diele oder ein Flur zur Wohnfläche gezählt?	Wenn die Diele oder der Flur in der Wohnung liegt ja, ansonsten nicht.
13. In welchem Umfang sind Balkone oder Terrassen bei der Wohnfläche zu rechnen?	Balkone und Terrassen werden von BKI zu einem Viertel zur Wohnfläche gerechnet. Die Anrechnung zur Hälfte wird nicht verwendet, da sie in der WoFIV als Ausnahme definiert ist.
14. Zählt eine Empore/Galerie im Zimmer als eigene Wohnfläche oder Nutzungsfläche?	Wenn es sich um ein unlösbar mit dem Baukörper verbundenes Bauteil handelt, zählt die Empore mit. Anders beim nachträglich eingebauten Hochbett, das zählt zum Mobiliar. Für die verbleibende Höhe über der Empore ist die 1 bis 2m Regel nach WoFIV anzuwenden: „Die Grundflächen von Räumen und Raumteilen mit einer lichten Höhe von mindestens zwei Metern sind vollständig, von Räumen und Raumteilen mit einer lichten Höhe von mindestens einem Meter und weniger als zwei Metern sind zur Hälfte anzurechnen."

Fragen zur Kostengruppenzuordnung (DIN 276):

15. Wo werden Abbruchkosten zugeordnet?	Abbruchkosten ganzer Gebäude im Sinne von „Bebaubarkeit des Grundstücks herstellen" werden der KG 212 Abbruchmaßnahmen zugeordnet. Abbruchkosten einzelner Bauteile, insbesondere bei Sanierungen werden den jeweiligen Kostengruppen der 2. oder 3. Ebene (Wände, Decken, Dächer) zugeordnet. Wo diese Aufteilung nicht möglich ist, werden die Abbruchkosten der KG 394 Abbruchmaßnahmen zugeordnet, weil z. B. die Abbruchkosten verschiedenster Bauteile pauschal abgerechnet wurden. Analog gilt dies auch für die Kostengruppen 400 und 500.

16. Wo muss ich die Kosten des Aushubs für Abwasser- oder Wasserleitungen zuordnen?

Diese Kosten werden wie auch alle anderen Rohrgraben- und Schachtaushubskosten der KG 311 zugeordnet, sofern der Aushub unterhalb des Gebäudes anfällt.
Die Kosten für Rohrgraben- und Schachtaushub zwischen Gebäudeaußenkante und Grundstücksgrenze gehören in die KG 511. Die Kosten des Rohrgraben- und Schachtaushubs innerhalb von Erschließungsflächen werden der KG 220 ff. oder KG 230 ff. zugeordnet.

17. Wie werden Eigenleistungen bewertet?

Nach DIN 276:2018-12, gilt:
4.2.11 Die Werte von unentgeltlich eingebrachten Gütern und Leistungen (z. B. Materialien, Eigenleistungen) sind den betreffenden Kostengruppen zuzurechnen, aber gesondert auszuweisen. Dafür sind die aktuellen Marktwerte dieser Güter und Leistungen zu ermitteln und einzusetzen.
Nach HOAI §4 (2) gilt: Als anrechenbare Kosten nach Absatz 2 gelten ortsübliche Preise, wenn der Auftraggeber:

- selbst Lieferungen oder Leistungen übernimmt
- von bauausführenden Unternehmern oder von Lieferanten sonst nicht übliche Vergünstigungen erhält
- Lieferungen oder Leistungen in Gegenrechnung ausführt oder
- vorhandene oder vorbeschaffte Baustoffe oder Bauteile einbauen lässt.

Fragen zu Kosteneinflussfaktoren:

18. Welchen Einfluss hat die Konjunktur auf die Baukosten?

Der Einfluss der Konjunktur auf die Baukosten wird häufig überschätzt. Er ist meist geringer als der anderer Kosteneinflussfaktoren. BKI Untersuchungen haben ergeben, dass die Baukosten bei mittlerer Konjunktur manchmal höher sind als bei hoher Konjunktur.

19. Gibt es beim BKI Regionalfaktoren?

Der Anhang dieser Ausgabe enthält eine Liste der Regionalfaktoren aller deutschen Land- und Stadtkreise, sowie für die Nord- und Ostsee-Inseln. Die Faktoren wurden auf Grundlage von Daten aus den statistischen Landesämtern gebildet, die wiederum aus den Angaben der Antragsteller von Bauanträgen entstammen. Die Regionalfaktoren werden von BKI zusätzlich als farbiges Poster im DIN A1 Format angeboten.

Die Faktoren geben Aufschluss darüber, inwiefern die Baukosten in einer bestimmten Region Deutschlands teurer oder günstiger liegen als im Bundesdurchschnitt. Sie können dazu verwendet werden, die BKI Baukosten an das besondere Baupreisniveau einer Region anzupassen.

Die Angaben wurden durch Untersuchungen des BKI weitgehend verifiziert. Dennoch können Abweichungen zu den angegebenen Werten entstehen. In Grenznähe zu einem Land-Stadtkreis mit anderen Baupreisfaktoren sollte dessen Baupreisniveau mit berücksichtigt werden, da die Übergänge zwischen den Land-Stadtkreisen fließend sind. Die Besonderheiten des Einzelfalls können ebenfalls zu Abweichungen führen. Siehe auch Benutzerhinweise, 6. Regionalisierung der Daten (Seite 9).

20. Standardzuordnung

Einige Gebäudearten werden vom BKI nach ihrem Standard in „einfach", „mittel" und „hoch" unterteilt. Diese Unterteilung wurde immer dann vorgenommen, wenn der Standard als ein wesentlicher Kostenfaktor festgestellt wurde. Grundsätzlich gilt, dass immer mehrere Kosteneinflussfaktoren auf die Kosten und damit auf die Kostenkennwerte einwirken. Einige dieser vielen Faktoren seien hier aufgelistet:

- Zeitpunkt der Ausschreibung
- Art der Ausschreibung
- Regionale Konjunktur
- Gebäudegröße
- Lage der Baustelle, Erreichbarkeit

usw.

Wenn bei einem Gebäude große Mengen an Bauteilen hoher Qualität die übrigen Kosteneinflussfaktoren überlagern, dann wird von einem „hohen Standard" gesprochen.

Für Gebäudearten mit Standardunterteilung gibt es in „BKI Baukosten Gebäude, Statistische Kostenkennwerte" zu Beginn der jeweiligen Gebäudeart ein Arbeitsblatt zur Standardeinordnung.

21. Wie gehe ich mit der aktuellen Baukostenentwicklung um?	Zur Bewertung aktueller Baukostenentwicklungen führen wir zusätzlich Befragungen zu regionalen Baukosten-Niveaus nach Leistungsbereichen durch. Die Ergebnisse stellen wir den Anwender*innen der BKI-Fachbuchreihe zur Verfügung, unter: www.bki.de/baukostenentwicklungen. Damit können die Risiken kurzfristiger Materialpreis- und Lohnkosten-Veränderungen verbessert prognostiziert werden, wie sie die normkonforme Kostenplanung nach DIN 276 verlangt.

Fragen zur Handhabung der von BKI herausgegebenen Bücher:

22. Ist die MwSt. in den Kostenkennwerten enthalten?	Bei allen Kostenkennwerten in „BKI Baukosten" ist die gültige MwSt. enthalten (zum Zeitpunkt der Herausgabe 19%). In „BKI Baukosten Positionen Neubau, Statistische Kostenkennwerte" und „BKI Baukosten Positionen Altbau, Statistische Kostenkennwerte" werden die Kostenkennwerte, wie bei Positionspreisen üblich, zusätzlich ohne MwSt. dargestellt. Kostenstand und MwSt. wird auf jeder Seite als Fußzeile angegeben.
23. Hat das Baujahr der Objekte einen Einfluss auf die angegebenen Kosten?	Nein, alle Kosten wurden über den Baupreisindex auf einen einheitlichen zum Zeitpunkt der Herausgabe aktuellen Kostenstand umgerechnet. Der Kostenstand wird auf jeder Seite als Fußzeile angegeben. Allenfalls sind Korrekturen zwischen dem Kostenstand zum Zeitpunkt der Herausgabe und dem aktuellen Kostenstand durchzuführen.
24. Wo finde ich weitere Informationen zu den einzelnen Objekten einer Gebäudeart?	Alle Objekte einer Gebäudeart sind einzeln mit Kurzbeschreibung, Angabe der BGF und anderer wichtiger Kostenfaktoren aufgeführt. Die Objektdokumentationen sind veröffentlicht in den Fachbüchern „Objektdaten" und können als PDF-Datei unter ihrer Objektnummer bei BKI bestellt werden, Telefon: 0711 954 854-41.
25. Was mache ich, wenn ich keine passende Gebäudeart finde?	In aller Regel findet man verwandte Gebäudearten, deren Kostenkennwerte der 2. Ebene (Grobelemente) wegen ähnlicher Konstruktionsart übernommen werden können.

26. Wo findet man Kostenkennwerte für Abbruch?	Im Fachbuch „BKI Baukosten Gebäude Altbau - Statistische Kostenkennwerte“ gibt es Elementarten zu Abbruch und Demontagearbeiten. Im Fachbuch „BKI Baukosten Positionen Altbau - Statistische Kostenkennwerte“ gibt es Mustertexte für Teilleistungen zu „LB 384 - Abbruch, Rückbau- und Schadstoffsanierungsarbeiten“. Im Fachbuch „BKI Baupreise kompakt Altbau“ gibt es Positionspreise und Kurztexte zu „LB 384 - Abbruch, Rückbau- und Schadstoffsanierungsarbeiten“. Die Mustertexte für Teilleistungen zu „LB 384 - Abbruch, Rückbau- und Schadstoffsanierungsarbeiten“ und deren Positionspreise sind auch auf der DVD BKI Positionen und im BKI Kostenplaner enthalten.
27. Warum ist die Summe der Kostenkennwerte in der Kostengruppen (KG) 310-390 nicht gleich dem Kostenkennwert der KG 300, aber bei der KG 400 ist eine Summenbildung möglich?	In den Kostengruppen 310-390 ändern sich die Einheiten (310 Baugrube/Erdbau gemessen in m^3, 320 Gründung, Unterbau gemessen in m^2); eine Addition der Kostenkennwerte ist nicht möglich. In den Kostengruppen 410-490 ist die Bezugsgröße immer BGF, dadurch ist eine Addition prinzipiell möglich.
28. Manchmal stimmt die Summe der Kostenkennwerte der 2. Ebene der Kostengruppe 400 trotzdem nicht mit dem Kostenkennwert der 1. Ebene überein; warum nicht?	Die Anzahl der Objekte, die auf der 1. Ebene dokumentiert werden, kann von der Anzahl der Objekte der 2. Ebene abweichen. Dann weichen auch die Kostenkennwerte voneinander ab, da es sich um unterschiedliche Stichproben handelt. Es fallen auch nicht bei allen Objekten Kosten in jeder Kostengruppe an (Beispiel KG 461 Aufzugsanlagen).
29. Nutzungskosten, Lebenszykluskosten	Seit 2010 bringt BKI in Zusammenarbeit mit dem Institut für Bauökonomie der Universität Stuttgart ein Fachbuch mit Nutzungskosten ausgewählter Objekte heraus. Die Reihe wird kontinuierlich erweitert. Das Fachbuch Nutzungskosten Gebäude 2020/2021 fasst einzelne Objekte zu statistischen Auswertungen zusammen.
30. Lohn- und Materialkosten	BKI dokumentiert Baukosten nicht getrennt nach Lohn- und Materialanteil.
31. Gibt es Angaben zu Kostenflächenarten?	Nein, BKI hält die Grobelementmethode für geeigneter. Solange Grobelementmengen nicht vorliegen, besteht die Möglichkeit der Ableitung der Grobelementmengen aus den Verhältniszahlen von Vergleichsobjekten (siehe Planungskennwerte und Baukostensimulation).

Fragen zu weiteren BKI Produkten:

32. Sind die Inhalte von „BKI Baukosten Gebäude (Teil 1), Statistische Kostenkennwerte" und „BKI Baukosten Bauelemente (Teil 2), Statistische Kostenkennwerte" auch im Kostenplaner enthalten?

Ja, im BKI Kostenplaner Statistik sind alle Objekte mit den Kosten bis zur 3. Ebene nach DIN 276 enthalten.

Im BKI Kostenplaner Statistik plus sind zudem die vom BKI gebildeten Ausführungsklassen und Elementarten enthalten. Darüber hinaus ermöglicht der BKI Kostenplaner den Zugriff auf alle Einzeldokumentationen von tausenden Objekten.

33. Worin unterscheiden sich die Fachbuchreihen „BKI Baukosten" und „BKI Objektdaten"

In der Fachbuchreihe BKI Objektdaten erscheinen abgerechnete Einzelobjekte eines bestimmten Teilbereichs des Bauens (A=Altbau, N=Neubau, E=Energieeffizientes Bauen, IR=Innenräume, F=Freianlagen). In der Fachbuchreihe BKI Baukosten erscheinen hingegen statistische Kostenkennwerte von Gebäudearten, die aus den Einzelobjekten gebildet werden.

Die Kostenplanung mit Einzelobjekten oder mit statistischen Kostenkennwerten haben spezifische Vor- und Nachteile:

Planung mit Objektdaten (BKI Objektdaten):

- Vorteil: Wenn es gelingt ein vergleichbares Einzelobjekt oder passende Bauausführungen zu finden ist die Genauigkeit besser als mit statistischen Kostenkennwerten. Die Unsicherheit, die der Streubereich (von-bis-Werte) mit sich bringt, entfällt.
- Nachteil: Passende Vergleichsobjekte oder Bauausführungen zu finden kann mühsam oder erfolglos sein.

Planung mit statistischen Kostenkennwerten (BKI Baukosten):

- Vorteil: Über die BKI Gebäudearten ist man recht schnell am Ziel, aufwändiges Suchen entfällt.
- Nachteil: Genauere Prüfung, ob die Mittelwerte übernommen werden können oder noch nach oben oder unten angepasst werden müssen, ist unerlässlich.

34. In welchen Produkten dokumentiert BKI Positionspreise?

Preise für Positionen mit statistischer Auswertung werden in „BKI Baukosten Positionen, Statistische Kostenkennwerte Neubau (Teil 3) und Altbau (Teil 5)" und „BKI Baupreise kompakt Neu- und Altbau" herausgegeben.
In Software-Form sind Preise mit den vorformulierten BKI-Mustertexten in der Software „BKI Kostenplaner - Statistik plus [Positionen]" und „BKI Positionen" enthalten.
Ausgewählte Positionspreise enthalten die Fachbücher „Konstruktionsdetails K1 bis K4", „Objektdaten Technische Gebäudeausrüstung G1 bis G7" sowie die BKI „Objektdaten Freianlagen".
Im Sonderband Objektdaten S2 - Barrierefreies Bauen erscheint eine Auswahl von besonderen Positionen zum Barrierefreien Bauen.

35. Worin unterscheiden sich die Bände N1 bis N20 (A1 bis A12)

Die Bücher unterscheiden sich lediglich durch die Auswahl der dokumentierten Einzelobjekte. Der Aufbau der Bände ist gleich. In der BKI Fachbuchreihe Objektdaten erscheinen in unregelmäßigen Abständen Folgebände mit neu dokumentierten Einzelobjekten. Speziell bei den Altbaubänden A1 bis A12 ist es nützlich, alle Bände zu besitzen, da es im Bereich Altbau notwendig ist, mit passenden Vergleichsobjekten zu planen. Je mehr Vergleichsobjekte vorhanden sind, desto höher ist die „Trefferquote". Bände der Fachbuchreihe Objektdaten sollten deshalb langfristig aufbewahrt werden.

BKI plant für zukünftige Ausgaben des vorliegenden Fachbuchs zusätzlich sogenannte Aufwandsdaten zu erfassen. Sofern ausreichend Daten akquiriert werden können, erfolgt die Publikation dieser Daten wie im Folgenden beschrieben:

36. Was ist mit Aufwandsdaten gemeint?	Aufwandsdaten stellen den Zeitaufwand für Produktivleistungen eines Architekturauftrags dar. Als Produktivleistungen gelten: • Beratung bzgl. Planung und die Ausführung des Bauvorhabens • Erstellung von Zeichnungen, Berechnungen und Beschreibungen • Koordination und Integration der Beiträge fachlich Beteiligter • Erstellung von Genehmigungsunterlagen • Vorbereitung und Mitwirken bei der Vergabe • Objektüberwachung und Mitwirken bei der Abnahme u.v.m. Produktivleistungen werden nicht nur von Mitarbeiter*innen, sondern auch von Inhaber*innen/Partner*innen und Dritten erbracht und den Personalaufwendungen zugeordnet. In den BKI-Objektdokumentationen werden – soweit vom Objektplaner angegeben – die Aufwandsdaten für Produktivleistungen der Leistungsphasen 1 bis 8 dargestellt. Die Angabe des Zeitaufwands erfolgt in Arbeitstagen (1 AT = 8 Stunden).

Diese Liste wird laufend erweitert und im Internet unter www.bki.de/faq-kostenplanung.html veröffentlicht.

Abkürzungsverzeichnis

Abkürzung	Bezeichnung
AF	Außenanlagenfläche
AP	Arbeitsplätze
APP	Appartement
AWF	Außenwandfläche
BF	Bebaute Fläche
BGF	Brutto-Grundfläche (Summe der Regelfall (R)- und Sonderfall (S)-Flächen nach DIN 277)
BGI	Baugrubeninhalt
bis	oberer Grenzwert des Streubereichs um einen Mittelwert
BK	Bodenklasse (nach VOB Teil C, DIN 18300)
BRI	Brutto-Rauminhalt (Summe der Regelfall (R)- und Sonderfall (S)-Rauminhalte nach DIN 277)
BRI/BGF (m)	Verhältnis von Brutto-Rauminhalt zu Brutto-Grundfläche angegeben in Meter
BRI/NF (m)	Verhältnis von Brutto-Rauminhalt zur Nutzfläche angegeben in Meter
DAF	Dachfläche
DEF	Deckenfläche
DIN 276	Kosten im Bauwesen (DIN 276:2018-12)
DIN 277	DIN 277 Grundflächen und Rauminhalte im Hochbau (DIN 277:2021-08)
Einsp.	Einsparung
erz.	erzeugten
FBG	Fläche des Baugrundstücks
Fläche/BGF (%)	Anteil der angegebenen Fläche zur Brutto-Grundfläche in Prozent
Fläche/NF (%)	Anteil der angegebenen Fläche zur Nutzfläche in Prozent
GRF	Gründungsfläche
inkl.	inkusive
IWF	Innenwandfläche
Kfz	Kraftfahrzeug
KG	Kostengruppe
KG an 300	Kostenanteil der jeweiligen Kostengruppe in % an der Kostengruppe 300 Bauwerk-Baukonstruktionen
KG an 400	Kostenanteil der jeweiligen Kostengruppe in % an der Kostengruppe 400 Bauwerk-Technische Anlagen
KGF	Konstruktions-Grundfläche (Summe der Regelfall (R)- und Sonderfall (S)-Flächen nach DIN 277)
Kita	Kindertagesstätte
LB	Leistungsbereich
Menge/BGF	Menge der genannten Kostengruppen-Bezugsgröße bezogen auf die Menge der Brutto-Grundfläche
Menge/NF	Menge der genannten Kostengruppen-Bezugsgröße bezogen auf die Menge der Nutzfläche
NE	Nutzeinheit
NUF	Nutzungsfläche (Summe der Regelfall (R)- und Sonderfall (S)-Flächen nach DIN 277)
NRF	NRF Netto-Raumfläche (Summe der Regelfall (R)- und Sonderfall (S)-Flächen nach DIN 277)
Obj.-Nr.	Nummer des Objekts in der BKI-Baukostendatenbank
Spez.	Spezifischer
STP	Stellplatz
STLB	Standardleistungsbuch
TF	Technikfläche (Summe der Regelfall (R)- und Sonderfall (S)-Flächen nach DIN 277)
TG	Tiefgarage
VF	Verkehrsfläche (Summe der Regelfall (R)- und Sonderfall (S)-Flächen nach DIN 277)
von	unterer Grenzwert des Streubereichs um einen Mittelwert
WE	Wohneinheit
Ø	Mittelwert
300+400	Zusammenfassung der Kostengruppen Bauwerk-Baukonstruktionen und Bauwerk-Technische Anlagen
% an 300+400	Kostenanteil der jeweiligen Kostengruppe an den Kosten des Bauwerks
% an 300	Kostenanteil der jeweiligen Kostengruppe an der Kostengruppe Bauwerk-Baukonstruktion
% an 400	Kostenanteil der jeweiligen Kostengruppe an der Kostengruppe Bauwerk-Technische Anlagen

Kosten abgerechneter Objekte

A

Büros

1200-0001
Gerichtsgebäude
Eingangsbereich

Modernisierung

Kostenkennwerte für die Kosten des Bauwerks (Kostengruppen 300+400 nach DIN 276)

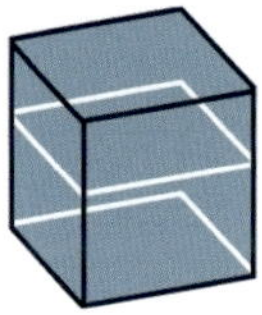

BRI 387 €/m³

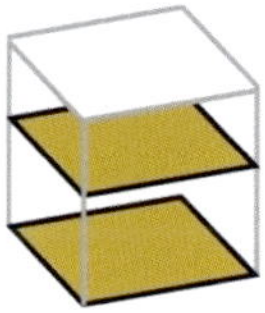

BGF 2.586 €/m²

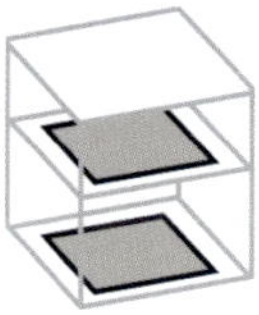

NUF 19.343 €/m²

Objekt:
Kennwerte: 3.Ebene DIN 276
BRI: 914 m³
BGF: 137 m²
NUF: 18 m²
Bauzeit: 18 Wochen
Bauende: 2017
Standard: hoch
Bundesland: Nordrhein-Westfalen
Kreis: Köln, Stadt

Architekt*in:
FRANKE
Architektur I Innenarchitektur
Oberstraße 135
52349 Düren

Bauherr*in:
Oberlandesgericht Köln

© FRANKE A | IA

© FRANKE A | IA

vorher

© FRANKE A | IA

© FRANKE A | IA

nachher

Schnitt A-A, Ansicht

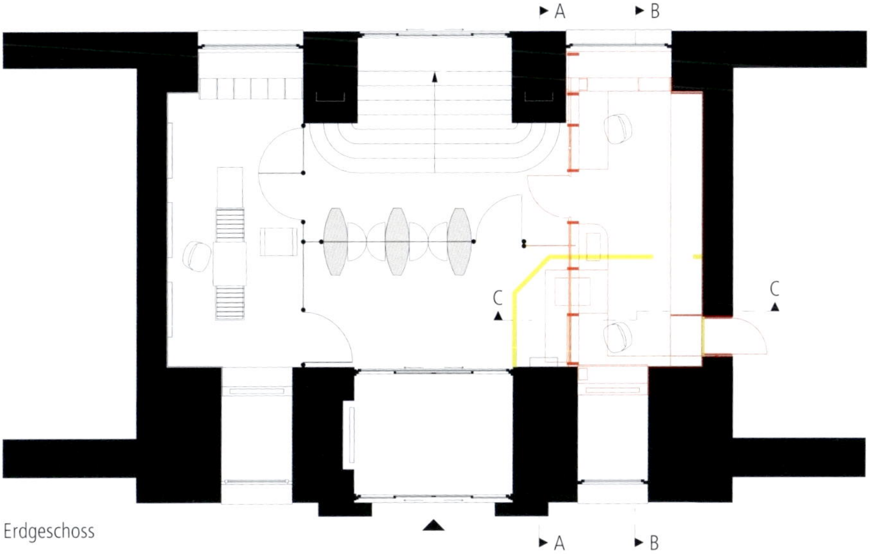

Erdgeschoss

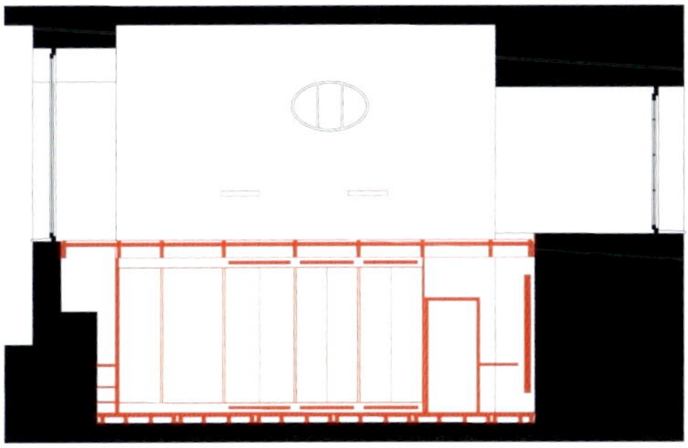

Schnitt B-B

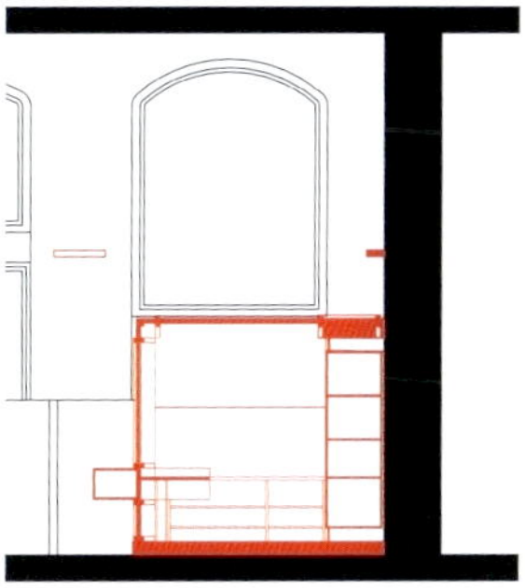

Schnitt C-C

Objektbeschreibung

Allgemeine Objektinformationen

Die in die Jahre gekommene Pförtnerloge in der Eingangshalle des Oberlandesgerichts wurde erneuert und durch eine zeitgemäße Neukonstruktion ersetzt. Wichtig war hierbei, dass sich das neue Objekt in Farb- und Materialwahl in das historische Gebäude einfügt. Ebenso wurden im gesamten Eingangsbereich die Wand- und Deckenflächen gestrichen.

Nutzung

1 Erdgeschoss
Eingangsbereich/Schleuse

Nutzeinheiten

Arbeitsplätze: 4

Grundstück

Bauraum: Beengter Bauraum

Markt

Hauptvergabezeit: 1. Quartal 2017
Baubeginn: 2. Quartal 2017
Bauende: 3. Quartal 2017
Konjunkturelle Gesamtlage: Durchschnitt
Regionaler Baumarkt: über Durchschnitt

Baubestand

Baujahr: 1911
Bauzustand: gut
Aufwand: hoch
Grundrissänderungen: wenige
Tragwerkseingriffe: wenige
Nutzungsänderung: nein
Nutzung während der Bauzeit: ja

Baukonstruktion

Der Sicherheitsaspekt war ein wichtiges Thema und Voraussetzung für die Wahl der Materialien. Es wurde eine Pfosten-Riegel-Konstruktion mit durchschusshemmenden Stahlverstärkungen und ebensolcher Verglasung gewählt. Die vorgefertigten Elemente wurden vor Ort montiert, wobei es im Rahmen des Denkmalschutzes wichtig war, dass die vorhandene Struktur von Fliesen und Fensterbänken erhalten bliebt.

Technische Anlagen

Die technische Ausrüstung ist hochmodern. Alle Steuerungen für Schleuse, Eingangshalle und Überwachung der Nebeneingänge mussten hier zusammengeführt werden. Eine Lüftungsanlage mit Wärmerückgewinnung und ein Klimagerät sorgen für den Luftaustausch und angenehme Temperaturen.

© **BKI** Baukosteninformationszentrum

Planungskennwerte für Flächen und Rauminhalte nach DIN 277

Flächen des Grundstücks		Menge Einheit	% an GF
BF	Bebaute Fläche	–	–
UF	Unbebaute Fläche	–	–
GF	Grundstücksfläche	–	–

Grundflächen des Bauwerks		Menge Einheit	% an NUF	% an BGF
NUF	Nutzungsfläche	18,30 m²	100,0	13,4
TF	Technikfläche	–	–	–
VF	Verkehrsfläche	57,76 m²	315,6	42,2
NRF	Netto-Raumfläche	76,06 m²	415,6	55,6
KGF	Konstruktions-Grundfläche	60,81 m²	332,3	44,4
BGF	Brutto-Grundfläche	136,87 m²	747,9	100,0

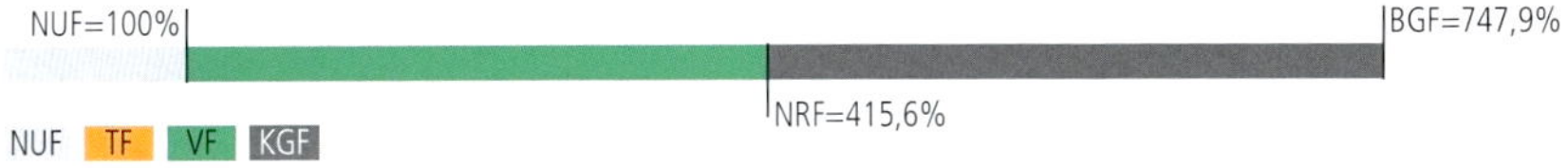

Brutto-Rauminhalt des Bauwerks		Menge Einheit	BRI/NUF (m)	BRI/BGF (m)
BRI	Brutto-Rauminhalt	914,28 m³	49,96	6,68

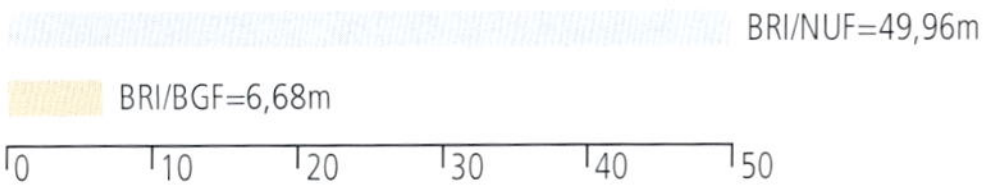

Lufttechnisch behandelte Flächen	Menge Einheit	% an NUF	% an BGF
Entlüftete Fläche	–	–	–
Be- und entlüftete Fläche	–	–	–
Teilklimatisierte Fläche	–	–	–
Klimatisierte Fläche	–	–	–

KG	Kostengruppen (2. Ebene)	Menge Einheit	Menge/NUF	Menge/BGF
310	Baugrube / Erdbau	–	–	–
320	Gründung, Unterbau	–	–	–
330	Außenwände/Vertikale Baukonstruktionen, außen	95,47 m² AWF	5,22	0,70
340	Innenwände/Vertikale Baukonstruktionen, innen	160,66 m² IWF	8,78	1,17
350	Decken/Horizontale Baukonstruktionen	76,06 m² DEF	4,16	0,56
360	Dächer	–	–	–

1200-0001
Gerichtsgebäude
Eingangsbereich

Modernisierung

Kostenkennwerte für die Kostengruppen der 1. Ebene DIN 276

KG	Kostengruppen (1. Ebene)	Einheit	Kosten €	€/Einheit	€/m² BGF	€/m³ BRI	% 300+400
100	Grundstück	m² GF	–	–	–	–	–
200	Vorbereitende Maßnahmen	m² GF	–	–	–	–	–
300	Bauwerk – Baukonstruktionen	m² BGF	249.524	1.823,08	1.823,08	272,92	70,5
400	Bauwerk – Technische Anlagen	m² BGF	104.454	763,16	763,16	114,25	29,5
	Bauwerk 300+400	**m² BGF**	**353.978**	**2.586,24**	**2.586,24**	**387,17**	**100,0**
500	Außenanlagen und Freiflächen	m² AF	–	–	–	–	–
600	Ausstattung und Kunstwerke	m² BGF	–	–	–	–	–
700	Baunebenkosten	m² BGF	–	–	–	–	–
800	Finanzierung	m² BGF	–	–	–	–	–

KG	Kostengruppe	Menge Einheit	Kosten €	€/Einheit	%
3+4	**Bauwerk**				**100,0**
300	**Bauwerk – Baukonstruktionen**	136,87 m² BGF	249.524	**1.823,08**	70,5

- Abbrechen (Kosten: 2,3%) — 5.781
  Abbruch von Pförtnerloge, Podestboden, Büromöbeln; Entsorgung, Deponiegebühren

- Wiederherstellen (Kosten: 0,7%) — 1.666
  Historische Fensterelemente aufarbeiten, lackieren

- Herstellen (Kosten: 97,0%) — 242.078
  Dispersionsbeschichtung; Podestboden, Parkett; Einbauschränke, Schiebemulde, Schließfächer, Schreibtische, Pförtnerloge, durchschusshemmende Verglasungen

KG	Kostengruppe	Menge Einheit	Kosten €	€/Einheit	%
400	**Bauwerk – Technische Anlagen**	136,87 m² BGF	104.454	**763,16**	29,5

- Abbrechen (Kosten: 0,9%) — 928
  Abbruch von Heizungsrohren, Heizkörpern, Elektroinstallation, Beleuchtung; Entsorgung, Deponiegebühren

- Wiederherstellen (Kosten: 3,5%) — 3.674
  Einbaugeräte demontieren, prüfen, Wiedereinbau in Bedien- und Steuertableau

- Herstellen (Kosten: 95,6%) — 99.852
  Heizungsrohre, Heizkörper; Zu- und Abluftgerät, Lüftungsleitungen, Klimagerät; Elektroinstallation, Beleuchtung, Sprechanlage EDV-Verkabelung; Provisorium

© BKI Baukosteninformationszentrum

Kostenkennwerte für die Kostengruppen der 2.Ebene DIN 276

KG	Kostengruppe	Menge Einheit	Kosten €	€/Einheit	%
300	**Bauwerk – Baukonstruktionen**				**100,0**
330	**Außenwände/Vert. Baukonstrukt., außen**	95,47 m² AWF	5.833	**61,09**	2,3
	• Wiederherstellen (Kosten: 28,6%) Historische Fensterelemente aufarbeiten, lackieren (16h)	23,47 m² AWF	1.666	**70,97**	
	• Herstellen (Kosten: 71,4%) Dispersionsbeschichtung (72m²)	72,00 m² AWF	4.167	**57,88**	
340	**Innenwände/Vert. Baukonstrukt., innen**	160,66 m² IWF	10.855	**67,56**	4,4
	• Herstellen (Kosten: 100,0%) Dispersionsbeschichtung (161m²)	160,66 m² IWF	10.855	**67,56**	
350	**Decken/Horizontale Baukonstruktionen**	76,06 m² DEF	17.736	**233,19**	7,1
	• Herstellen (Kosten: 100,0%) Podestboden: Unterkonstruktion, Dämmung, OSB-Platte, Trittschalldämmung, Fertigparkett (24m²) * Dispersionsbeschichtung (76m²)	76,06 m² DEF	17.736	**233,19**	
380	**Baukonstruktive Einbauten**	136,87 m² BGF	191.992	**1.402,74**	76,9
	• Herstellen (Kosten: 100,0%) Holz-Einbauschrankelement, fünfteilig, Schranktüren (1St), Schiebemulde mit Durchschusshemmung (1St), Holz-Schließfach-Schrankelement, 24 Schließfächer (1St), Schreibtische, Oberfläche HPL, Eckausführung (2St), Holzregal, vierteilig (1St), Installationswand (1St) * Pförtnerloge: Alu-Pfosten-Riegel-Elemente, 14-teilig, durchschusshemmende Verglasungen/Paneelfüllungen (21m²), Stahl-Türelement, Drehtür einflüglig, Seitenteile feststehend (5m²), Stahl-Glasabtrennungen (2m²)	136,87 m² BGF	191.992	**1.402,74**	
390	**Sonst. Maßnahmen für Baukonstrukt.**	136,87 m² BGF	23.108	**168,84**	9,3
	• Abbrechen (Kosten: 25,0%) Abbruch von Pförtnerloge (1St), Podestboden (9m²), Büromöbeln (16h) * Sicht-/Staubschutzwände errichten, nach Abbrucharbeiten entsorgen (16m²); Entsorgung, Deponiegebühren	136,87 m² BGF	5.781	**42,23**	
	• Herstellen (Kosten: 75,0%) Baustelleneinrichtungen (psch) * Rollgerüst (1St) * Vlies/Schutzfolie (200m²), Baureinigung (psch)	136,87 m² BGF	17.328	**126,60**	
400	**Bauwerk – Technische Anlagen**				**100,0**
420	**Wärmeversorgungsanlagen**	136,87 m² BGF	9.196	**67,19**	8,8
	• Herstellen (Kosten: 100,0%) Kupferrohre DN15 (1m) * Heizkörper (3St)	136,87 m² BGF	9.196	**67,19**	
430	**Raumlufttechnische Anlagen**	136,87 m² BGF	37.368	**273,02**	35,8
	• Herstellen (Kosten: 100,0%) Zu- und Abluftgerät 450m³/h, WRG (1St), Wickelfalzrohre DN100-150 (42m), Schalldämpfer (4St), Brandschutzklappen (4St), Lüftungsgitter (2St), Wetterschutzgitter (2St), Kanalrauchmelder (1St) * Split-Klimagerät (1St), Kondensator 3kW (1St), Kältemittelleitungen (psch), Kondensatleitungen DN22 (25m)	136,87 m² BGF	37.368	**273,02**	

KG	Kostengruppe	Menge Einheit	Kosten €	€/Einheit	%
440	**Elektrische Anlagen**	136,87 m2 BGF	21.701	**158,55**	20,8
	• Herstellen (Kosten: 100,0%) Mantelleitungen (268m), Steckdosen (16St), Schalter (2St) * LED-Pendelleuchte (1St), LED-Wandleuchten (8St)	136,87 m2 BGF	21.701	**158,55**	
450	**Kommunikationstechnische Anlagen**	136,87 m2 BGF	29.342	**214,38**	28,1
	• Wiederherstellen (Kosten: 12,5%) Einbaugeräte demontieren, prüfen, Wiedereinbau in Bedien- und Steuertableau (9St)	136,87 m2 BGF	3.674	**26,84**	
	• Herstellen (Kosten: 87,5%) Sprechanlage (1St), Steuereinheit (1St), Mikrofon (1St), Lautsprecher (1St) * Bedien- und Steuertableau (1St) * Datenkabel (93m), Datenanschlussdosen (6St)	136,87 m2 BGF	25.668	**187,53**	
490	**Sonst. Maßnahmen für techn. Anlagen**	136,87 m2 BGF	6.847	**50,02**	6,6
	• Abbrechen (Kosten: 13,5%) Abbruch von Heizungsrohren (25m), Heizkörpern (3St), Kabel (55m), Leuchten (9St); Entsorgung, Deponiegebühren	136,87 m2 BGF	928	**6,78**	
	• Herstellen (Kosten: 86,5%) Provisorische Pförtneranlage (1St)	136,87 m2 BGF	5.919	**43,25**	

© **BKI** Baukosteninformationszentrum

Kostenkennwerte für die Kostengruppen 300 der 2. und 3. Ebene DIN 276 (Übersicht)

KG	Kostengruppe	Menge Einheit	Kosten €	€/Einheit	% an 3+4
300	**Bauwerk – Baukonstruktionen**	**136,87 m² BGF**	**249.524,40**	**1.823,08**	**70,5**
310	**Baugrube / Erdbau**	**–**	**–**	**–**	**–**
311	Herstellung	–	–	–	–
312	Umschließung	–	–	–	–
313	Wasserhaltung	–	–	–	–
314	Vortrieb	–	–	–	–
319	Sonstiges zur KG 310	–	–	–	–
320	**Gründung, Unterbau**	**–**	**–**	**–**	**–**
321	Baugrundverbesserung	–	–	–	–
322	Flachgründungen und Bodenplatten	–	–	–	–
323	Tiefgründungen	–	–	–	–
324	Gründungsbeläge	–	–	–	–
325	Abdichtungen und Bekleidungen	–	–	–	–
326	Dränagen	–	–	–	–
329	Sonstiges zur KG 320	–	–	–	–
330	**Außenwände/Vert. Baukonstrukt., außen**	**95,47 m² AWF**	**5.832,73**	**61,09**	**1,6**
331	Tragende Außenwände	–	–	–	–
332	Nichttragende Außenwände	–	–	–	–
333	Außenstützen	–	–	–	–
334	Außenwandöffnungen	23,47 m²	1.665,57	70,97	0,5
335	Außenwandbekleidungen, außen	–	–	–	–
336	Außenwandbekleidungen, innen	72,00 m²	4.167,15	57,88	1,2
337	Element. Außenwandkonstruktionen	–	–	–	–
338	Lichtschutz zur KG 330	–	–	–	–
339	Sonstiges zur KG 330	–	–	–	–
340	**Innenwände/Vert. Baukonstrukt., innen**	**160,66 m² IWF**	**10.854,52**	**67,56**	**3,1**
341	Tragende Innenwände	–	–	–	–
342	Nichttragende Innenwände	–	–	–	–
343	Innenstützen	–	–	–	–
344	Innenwandöffnungen	–	–	–	–
345	Innenwandbekleidungen	160,66 m²	10.854,52	67,56	3,1
346	Elementierte Innenwandkonstruktionen	–	–	–	–
347	Lichtschutz zur KG 340	–	–	–	–
349	Sonstiges zur KG 340	–	–	–	–
350	**Decken/Horizontale Baukonstruktionen**	**76,06 m² DEF**	**17.736,24**	**233,19**	**5,0**
351	Deckenkonstruktionen	–	–	–	–
352	Deckenöffnungen	–	–	–	–
353	Deckenbeläge	24,00 m²	13.485,70	561,90	3,8
354	Deckenbekleidungen	76,06 m²	4.250,54	55,88	1,2
355	Elementierte Deckenkonstruktionen	–	–	–	–
359	Sonstiges zur KG 350	–	–	–	–
360	**Dächer**	**–**	**–**	**–**	**–**
361	Dachkonstruktionen	–	–	–	–
362	Dachöffnungen	–	–	–	–
363	Dachbeläge	–	–	–	–
364	Dachbekleidungen	–	–	–	–
365	Elementierte Dachkonstruktionen	–	–	–	–
366	Lichtschutz zur KG 360	–	–	–	–
369	Sonstiges zur KG 360	–	–	–	–
370	**Infrastrukturanlagen**	**–**	**–**	**–**	**–**
380	**Baukonstruktive Einbauten**	**136,87 m² BGF**	**191.992,43**	**1.402,74**	**54,2**
390	**Sonst. Maßnahmen für Baukonstrukt.**	**136,87 m² BGF**	**23.108,49**	**168,84**	**6,5**

Kostenkennwerte für die Kostengruppen 400 der 2. und 3.Ebene DIN 276 (Übersicht)

KG	Kostengruppe	Menge Einheit	Kosten €	€/Einheit	% an 3+4
400	**Bauwerk – Technische Anlagen**	**136,87 m²BGF**	**104.453,73**	**763,16**	**29,5**
410	**Abwasser-, Wasser-, Gasanlagen**	**–**	**–**	**–**	**–**
411	Abwasseranlagen	–	–	–	–
412	Wasseranlagen	–	–	–	–
413	Gasanlagen	–	–	–	–
419	Sonstiges zur KG 410	–	–	–	–
420	**Wärmeversorgungsanlagen**	**136,87 m²BGF**	**9.195,86**	**67,19**	**2,6**
421	Wärmeerzeugungsanlagen	–	–	–	–
422	Wärmeverteilnetze	136,87 m²BGF	2.818,04	20,59	0,8
423	Raumheizflächen	136,87 m²BGF	6.377,82	46,60	1,8
424	Verkehrsheizflächen	–	–	–	–
429	Sonstiges zur KG 420	–	–	–	–
430	**Raumlufttechnische Anlagen**	**136,87 m²BGF**	**37.368,43**	**273,02**	**10,6**
431	Lüftungsanlagen	136,87 m²BGF	26.384,05	192,77	7,5
432	Teilklimaanlagen	–	–	–	–
433	Klimaanlagen	–	–	–	–
434	Kälteanlagen	136,87 m²BGF	10.984,39	80,25	3,1
439	Sonstiges zur KG 430	–	–	–	–
440	**Elektrische Anlagen**	**136,87 m²BGF**	**21.700,91**	**158,55**	**6,1**
441	Hoch- und Mittelspannungsanlagen	–	–	–	–
442	Eigenstromversorgungsanlagen	–	–	–	–
443	Niederspannungsschaltanlagen	–	–	–	–
444	Niederspannungsinstallationsanlagen	136,87 m²BGF	9.964,39	72,80	2,8
445	Beleuchtungsanlagen	136,87 m²BGF	11.736,53	85,75	3,3
446	Blitzschutz- und Erdungsanlagen	–	–	–	–
447	Fahrleitungssysteme	–	–	–	–
449	Sonstiges zur KG 440	–	–	–	–
450	**Kommunikationstechnische Anlagen**	**136,87 m²BGF**	**29.341,61**	**214,38**	**8,3**
451	Telekommunikationsanlagen	–	–	–	–
452	Such- und Signalanlagen	136,87 m²BGF	12.762,50	93,25	3,6
453	Zeitdienstanlagen	–	–	–	–
454	Elektroakustische Anlagen	–	–	–	–
455	Audiovisuelle Medien- u. Antennenanl.	–	–	–	–
456	Gefahrenmelde- und Alarmanlagen	136,87 m²BGF	15.716,75	114,83	4,4
457	Datenübertragungsnetze	136,87 m²BGF	862,35	6,30	0,2
458	Verkehrsbeeinflussungsanlagen	–	–	–	–
459	Sonstiges zur KG 450	–	–	–	–
460	**Förderanlagen**	**–**	**–**	**–**	**–**
461	Aufzugsanlagen	–	–	–	–
462	Fahrtreppen, Fahrsteige	–	–	–	–
463	Befahranlagen	–	–	–	–
464	Transportanlagen	–	–	–	–
465	Krananlagen	–	–	–	–
466	Hydraulikanlagen	–	–	–	–
469	Sonstiges zur KG 460	–	–	–	–
470	**Nutzungsspez. u. verfahrenstechn. Anl.**	**–**	**–**	**–**	**–**
480	**Gebäude- und Anlagenautomation**	**–**	**–**	**–**	**–**
490	**Sonst. Maßnahmen für techn. Anlagen**	**136,87 m²BGF**	**6.846,92**	**50,02**	**1,9**

© **BKI** Baukosteninformationszentrum

Kostenkennwerte für Leistungsbereiche nach STLB (Kosten des Bauwerks nach DIN 276)

LB	Leistungsbereiche	Kosten €	€/m² BGF	€/m³ BRI	% an 3+4
000	Baustellen-, Verkehrssich.- u. Sicherh.einr. inkl. 001	2.732	20,00	3,00	0,8
002	Erdarbeiten	13.556	99,00	14,80	3,8
006	Spezialtiefbauarbeiten inkl. 005	–	–	–	–
009	Entwässerungskanalarbeiten inkl. 011	–	–	–	–
010	Drän- und Versickerarbeiten	–	–	–	–
012	Mauerarbeiten	–	–	–	–
013	Betonarbeiten	–	–	–	–
014	Natur-, Betonwerksteinarbeiten	–	–	–	–
016	Zimmer- und Holzbauarbeiten	–	–	–	–
017	Stahlbauarbeiten	–	–	–	–
018	Abdichtungsarbeiten	–	–	–	–
020	Dachdeckungsarbeiten	–	–	–	–
021	Dachabdichtungsarbeiten	–	–	–	–
022	Klempnerarbeiten	–	–	–	–
	Rohbau	**16.288**	**119,00**	**17,80**	**4,6**
023	Putz- und Stuckarbeiten, Wärmedämmsysteme	–	–	–	–
024	Fliesen- und Plattenarbeiten	2.602	19,00	2,80	0,7
025	Estricharbeiten	–	–	–	–
026	Fenster, Außentüren inkl. 029, 032	155.219	1.134,10	169,80	43,8
027	Tischlerarbeiten	36.774	268,70	40,20	10,4
028	Parkett-, Holzpflasterarbeiten	–	–	–	–
030	Rollladenarbeiten	–	–	–	–
031	Metallbauarbeiten inkl. 035	–	–	–	–
034	Maler- und Lackiererarb. – Beschicht. inkl. 037	21.917	160,10	24,00	6,2
	Wiederherstellen	1.666	12,20	1,80	0,5
	Herstellen	20.251	148,00	22,10	5,7
036	Bodenbelagarbeiten	10.883	79,50	11,90	3,1
038	Vorgehängte hinterlüftete Fassaden	–	–	–	–
039	Trockenbauarbeiten	–	–	–	–
	Ausbau	**227.395**	**1.661,40**	**248,70**	**64,2**
	Wiederherstellen	1.666	12,20	1,80	0,5
	Herstellen	225.729	1.649,20	246,90	63,8
040	Wärmeversorgungsanl. - Betriebseinr. inkl. 041	9.196	67,20	10,10	2,6
042	Gas- u. Wasseranl. – Leitung., Armat. inkl. 043	–	–	–	–
044	Abwasseranl. - Leitungen, Abläufe, Armaturen	–	–	–	–
045	Gas, Wasser, Entwässerung – Ausstattung inkl. 046	–	–	–	–
047	Dämm- und Brandschutzarb. an techn. Anlagen	568	4,20	0,62	0,2
049	Feuerlöschanlagen, Feuerlöschgeräte	–	–	–	–
050	Blitzschutz-/Erdungsanlagen, Überspannungssch.	–	–	–	–
053	Niederspannungsanl. – Kabel inkl. 052, 054	10.026	73,20	11,00	2,8
055	Sicherheits- u. Ersatzstromversorgungsanl.	–	–	–	–
057	Gebäudesystemtechnik	–	–	–	–
058	Leuchten und Lampen inkl. 059	11.737	85,70	12,80	3,3
060	Such, Signal, Zeit, Anten., akust. Anl. inkl. 064	4.672	34,10	5,10	1,3
061	Kommunikations- u. Übertragungsnetze inkl. 063	30.589	223,50	33,50	8,6
	Wiederherstellen	3.674	26,80	4,00	1,0
	Herstellen	26.915	196,60	29,40	7,6

Modernisierung

LB	Leistungsbereiche	Kosten €	€/m² BGF	€/m³ BRI	% an 3+4
069	Aufzüge	–	–	–	–
070	Gebäudeautomation	–	–	–	–
075	Raumlufttechnische Anlagen inkl. 078	36.800	268,90	40,30	10,4
	Gebäudetechnik	**103.587**	**756,80**	**113,30**	**29,3**
	Wiederherstellen	3.674	26,80	4,00	1,0
	Herstellen	99.913	730,00	109,30	28,2
084	Abbruch, Rückbau, Schadstoffsanierung	6.708	49,00	7,30	1,9
	Abbrechen	6.708	49,00	7,30	1,9
	Abbrucharbeiten	**6.708**	**49,00**	**7,30**	**1,9**
	Abbrechen	6.708	49,00	7,30	1,9
	Sonstige Leistungsbereiche	**–**	**–**	**–**	**–**

© BKI Baukosteninformationszentrum

1200-0002
Gerichtsgebäude
Gerichtssaal

Modernisierung

Kostenkennwerte für die Kosten des Bauwerks (Kostengruppen 300+400 nach DIN 276)

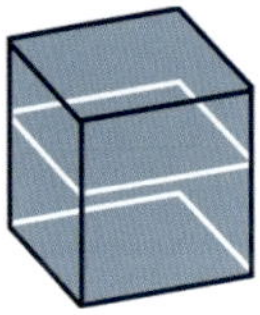

BRI 364 €/m³

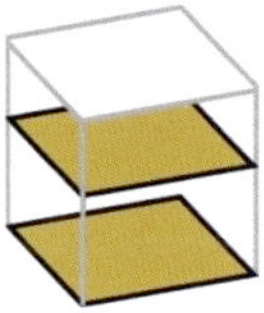

BGF 1.391 €/m²

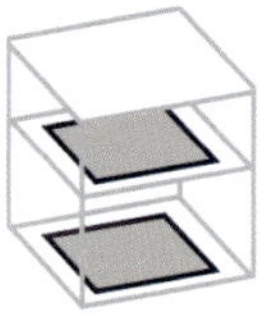

NUF 2.021 €/m²

Objekt:
Kennwerte: 3. Ebene DIN 276
BRI: 500 m³
BGF: 131 m²
NUF: 90 m²
Bauzeit: 18 Wochen
Bauende: 2017
Standard: mittel
Bundesland: Nordrhein-Westfalen
Kreis: Köln, Stadt

Architekt*in:
FRANKE
Architektur I Innenarchitektur
Oberstraße 135
52349 Düren

Bauherr*in:
Oberlandesgericht Köln

vorher

nachher

© BKI Baukosteninformationszentrum

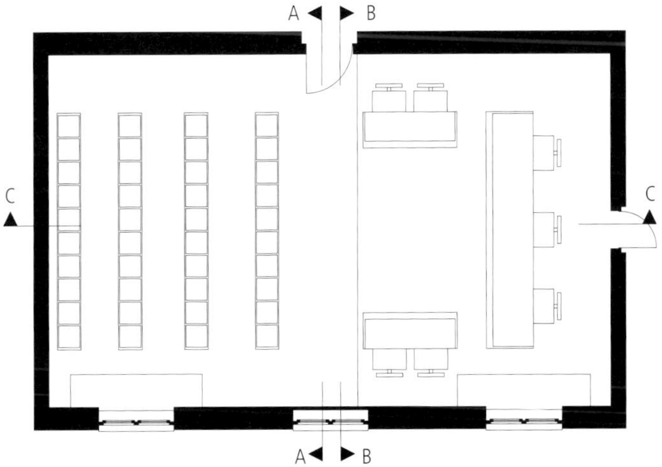

Erdgeschoss

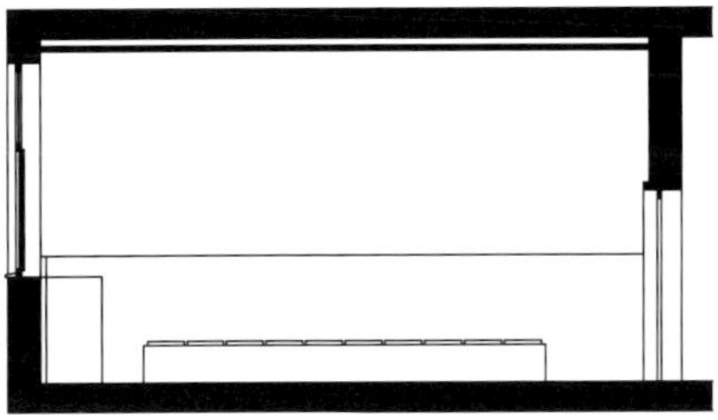

Schnitt A-A

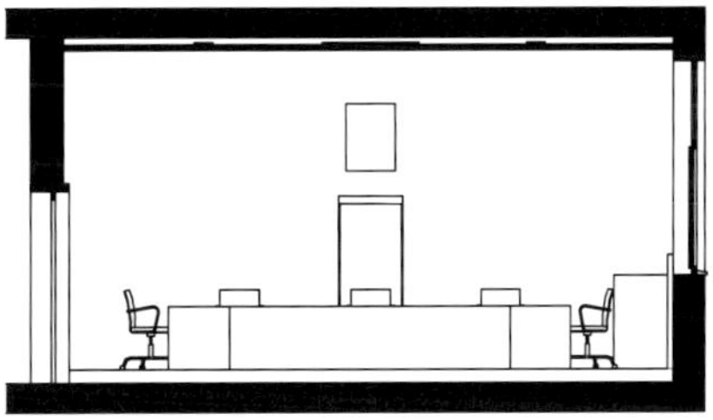

Schnitt B-B

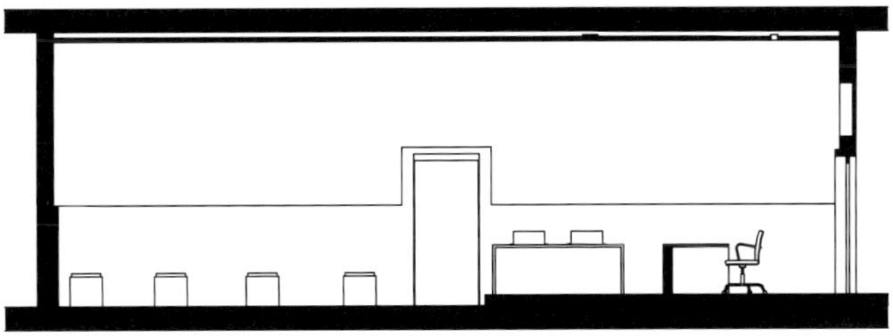

Schnitt C-C

Objektbeschreibung

Allgemeine Objektinformationen

Der Schifffahrtssaal war seit langem sanierungsbedürftig. Verschiedene Maßnahmen waren erforderlich, um die Substanz zu sichern und den historischen Gerichtssaal in die Zukunft zu führen.

Nutzung

1 Obergeschoss
Gerichtssaal

Markt

Hauptvergabezeit: 3. Quartal 2016
Baubeginn: 4. Quartal 2016
Bauende: 1. Quartal 2017
Konjunkturelle Gesamtlage: Durchschnitt
Regionaler Baumarkt: Durchschnitt

Baubestand

Baujahr: 1911
Bauzustand: gut
Aufwand: mittel
Grundrissänderungen: keine
Tragwerkseingriffe: keine
Nutzungsänderung: nein
Nutzung während der Bauzeit: ja

Baukonstruktion

Der bestehende PVC-Boden wurde unter Berücksichtigung der gutachterlichen Vorgaben entsorgt und der von Rissen durchzogene Estrich nach einem besonderen Verfahren saniert. Hier bestand die Gefahr einer Beschädigung der darunter liegenden Stuckdecke durch Stemmarbeiten bzw. Erschütterungen beim Estrichabbruch. Anschließend wurde ein neuer Parkett verlegt und die Holz-Intarsienarbeit im Bodenbelag eingearbeitet. Die historischen Wandvertäfelungen wurde ebenfalls restauriert. Der neue Richterpult und die Beteiligtentische wurden mit dem Raumbild gestalterisch kombiniert. Nach dem Abbruch der vorhandenen Mineralfaserrasterdecke kam eine neue Akustikdecke zum Einbau.

Technische Anlagen

Nach der Überarbeitung der vorhandenen Elektroinstallation und der Demontage der bestehenden Beleuchtung erfolgte eine Erneuerung der kompletten Raumbeleuchtung. Der Bereich des Richterpults und der Beteiligtentische erhielt eine neue EDV-Verkabelung, sowie LED-Lichtbänder im Sockelbereich.

© **BKI** Baukosteninformationszentrum

Planungskennwerte für Flächen und Rauminhalte nach DIN 277

Flächen des Grundstücks		Menge Einheit	% an GF
BF	Bebaute Fläche	–	–
UF	Unbebaute Fläche	–	–
GF	Grundstücksfläche	–	–

Grundflächen des Bauwerks		Menge Einheit	% an NUF	% an BGF
NUF	Nutzungsfläche	89,97 m²	100,0	68,8
TF	Technikfläche	–	–	–
VF	Verkehrsfläche	–	–	–
NRF	Netto-Raumfläche	89,97 m²	100,0	68,8
KGF	Konstruktions-Grundfläche	40,78 m²	45,3	31,2
BGF	Brutto-Grundfläche	130,75 m²	145,3	100,0

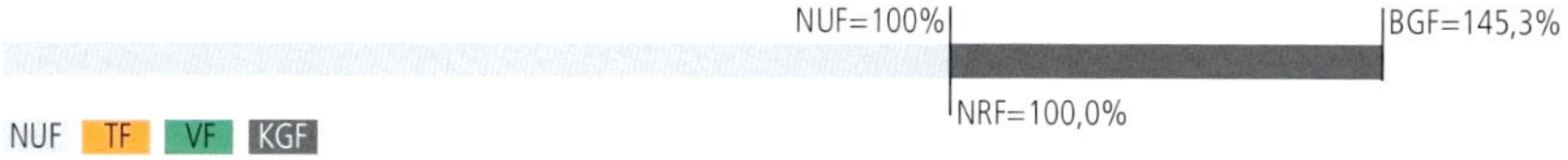

Brutto-Rauminhalt des Bauwerks		Menge Einheit	BRI/NUF (m)	BRI/BGF (m)
BRI	Brutto-Rauminhalt	500,05 m³	5,56	3,82

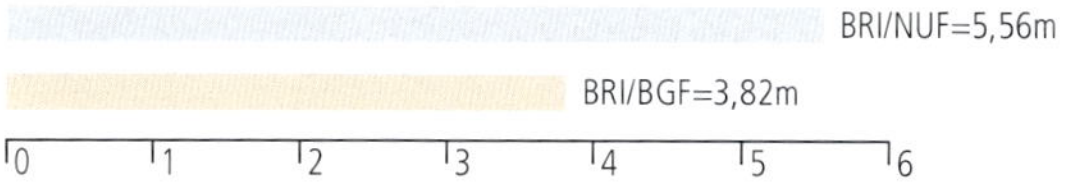

Lufttechnisch behandelte Flächen	Menge Einheit	% an NUF	% an BGF
Entlüftete Fläche	–	–	–
Be- und entlüftete Fläche	–	–	–
Teilklimatisierte Fläche	–	–	–
Klimatisierte Fläche	–	–	–

KG	Kostengruppen (2. Ebene)	Menge Einheit	Menge/NUF	Menge/BGF
310	Baugrube / Erdbau	–	–	–
320	Gründung, Unterbau	–	–	–
330	Außenwände/Vertikale Baukonstruktionen, außen	60,00 m² AWF	0,67	0,46
340	Innenwände/Vertikale Baukonstruktionen, innen	122,24 m² IWF	1,36	0,94
350	Decken/Horizontale Baukonstruktionen	91,00 m² DEF	1,01	0,70
360	Dächer	–	–	–

Modernisierung

Kostenkennwerte für die Kostengruppen der 1. Ebene DIN 276

KG	Kostengruppen (1. Ebene)	Einheit	Kosten €	€/Einheit	€/m² BGF	€/m³ BRI	% 300+400
100	Grundstück	m² GF	–	–	–	–	–
200	Vorbereitende Maßnahmen	m² GF	–	–	–	–	–
300	Bauwerk – Baukonstruktionen	m² BGF	131.360	1.004,66	1.004,66	262,69	72,2
400	Bauwerk – Technische Anlagen	m² BGF	50.490	386,16	386,16	100,97	27,8
	Bauwerk 300+400	**m² BGF**	**181.850**	**1.390,82**	**1.390,82**	**363,66**	**100,0**
500	Außenanlagen und Freiflächen	m² AF	–	–	–	–	–
600	Ausstattung und Kunstwerke	m² BGF	1.004	7,68	7,68	2,01	0,6
700	Baunebenkosten	m² BGF	–	–	–	–	–
800	Finanzierung	m² BGF	–	–	–	–	–

KG	Kostengruppe	Menge Einheit	Kosten €	€/Einheit	%
3+4	**Bauwerk**				**100,0**
300	**Bauwerk – Baukonstruktionen**	130,75 m² BGF	131.360	**1.004,66**	72,2
	• Abbrechen (Kosten: 12,6%) Abbruch von Tapeten; PVC-Bodenbelag; Abhangdecke; Gerichtssaaltisch; Entsorgung, Deponiegebühren		16.504		
	• Wiederherstellen (Kosten: 10,7%) Historische Wandvertäfelung aufarbeiten, ausbessern; Eingangstür aufarbeiten, patinieren		14.062		
	• Herstellen (Kosten: 76,7%) Malervlies, Beschichtung; Parkett, Fußbodenintarsien, Akustikdecke; Richterpult, Beteiligtentische		100.794		
400	**Bauwerk – Technische Anlagen**	130,75 m² BGF	50.490	**386,16**	27,8
	• Abbrechen (Kosten: 3,7%) Abbruch von Deckenbeleuchtung; Brandmelder; Entsorgung, Deponiegebühren		1.847		
	• Herstellen (Kosten: 96,3%) Elektroinstallation, Beleuchtung; Datenleitung, Brandmelder, EDV-Verkabelung		48.643		
600	**Ausstattung und Kunstwerke**	130,75 m² BGF	1.004	**7,68**	0,6
	• Wiederherstellen (Kosten: 100,0%) Anker versetzen		1.004		

© **BKI** Baukosteninformationszentrum

Kostenkennwerte für die Kostengruppen der 2.Ebene DIN 276

KG	Kostengruppe	Menge Einheit	Kosten €	€/Einheit	%
300	**Bauwerk – Baukonstruktionen**				**100,0**
330	**Außenwände/Vert. Baukonstrukt., außen**	60,00 m² AWF	7.072	**117,86**	5,4
	• Abbrechen (Kosten: 6,6%) Abbruch von Tapeten (37m²); Entsorgung, Deponiegebühren	37,00 m² AWF	469	**12,69**	
	• Wiederherstellen (Kosten: 55,1%) Historische Wandvertäfelung aufarbeiten, Fehlstellen ausbessern (23m²)	23,00 m² AWF	3.894	**169,30**	
	• Herstellen (Kosten: 38,3%) Spachtelung, Malervlies, Silikonharz-Beschichtung (37m²)	37,00 m² AWF	2.708	**73,20**	
340	**Innenwände/Vert. Baukonstrukt., innen**	122,24 m² IWF	16.410	**134,24**	12,5
	• Abbrechen (Kosten: 5,6%) Abbruch von Tapeten (73m²); Entsorgung, Deponiegebühren	73,00 m² IWF	926	**12,69**	
	• Wiederherstellen (Kosten: 62,0%) Eingangstür aufarbeiten, patinieren, furnierte Sperrholzplatte aufbringen (2m²) * Historische Wandvertäfelung aufarbeiten, Fehlstellen ausbessern (47m²)	49,24 m² IWF	10.168	**206,49**	
	• Herstellen (Kosten: 32,4%) Spachtelung, Malervlies, Silikonharz-Beschichtung (73m²)	73,00 m² IWF	5.316	**72,82**	
350	**Decken/Horizontale Baukonstruktionen**	91,00 m² DEF	77.669	**853,50**	59,1
	• Abbrechen (Kosten: 17,4%) Abbruch von PVC-Bodenbelag (91m²) * Abbruch von Abhangdecke (90m²); Entsorgung, Deponiegebühren	91,10 m² DEF	13.523	**148,44**	
	• Herstellen (Kosten: 82,6%) Stabparkett (91m²), Podest (1St), Fußbodenintarsien (8m) * Akustikdecke (90m²)	91,00 m² DEF	64.146	**704,90**	
380	**Baukonstruktive Einbauten**	130,75 m² BGF	26.357	**201,59**	20,1
	• Abbrechen (Kosten: 6,0%) Abbruch von Gerichtssaaltisch (psch); Entsorgung, Deponiegebühren	130,75 m² BGF	1.586	**12,13**	
	• Herstellen (Kosten: 94,0%) Richterpult (1St), Beteiligtentische (2St)	130,75 m² BGF	24.772	**189,46**	
390	**Sonst. Maßnahmen für Baukonstrukt.**	130,75 m² BGF	3.852	**29,46**	2,9
	• Herstellen (Kosten: 100,0%) Vlies/Schutzfolie (25m²)	130,75 m² BGF	3.852	**29,46**	
400	**Bauwerk – Technische Anlagen**				**100,0**
440	**Elektrische Anlagen**	130,75 m² BGF	42.943	**328,43**	85,1
	• Abbrechen (Kosten: 2,2%) Abbruch von Deckenbeleuchtung (psch); Entsorgung, Deponiegebühren	130,75 m² BGF	952	**7,28**	
	• Herstellen (Kosten: 97,8%) Mantelleitungen (325m), Steckdosen (16St), Schalter (1St) * Deckeneinbauleuchten (22St), LED-Lichtbänder (12m)	130,75 m² BGF	41.991	**321,16**	

Modernisierung

KG	Kostengruppe	Menge Einheit	Kosten €	€/Einheit	%
450	**Kommunikationstechnische Anlagen**	130,75 m2 BGF	7.547	**57,72**	14,9
	• Abbrechen (Kosten: 11,9%) Abbruch von Brandmelder (5h); Entsorgung, Deponiegebühren	130,75 m2 BGF	895	**6,85**	
	• Herstellen (Kosten: 88,1%) Fernmeldekabel (90m) * Montage von Brandmelder (3h) * Datenkabel (179m), Datenanschlussdosen Cat6 (4St), Switch, 4-Port (1St), Patch Panel Cat6 (1St)	130,75 m2 BGF	6.652	**50,87**	
600	**Ausstattung und Kunstwerke**				**100,0**
610	**Allgemeine Ausstattung**	130,75 m2 BGF	1.004	**7,68**	100,0
	• Wiederherstellen (Kosten: 100,0%) Anker demontieren, an anderer Stelle wieder montieren (1St)	130,75 m2 BGF	1.004	**7,68**	

© **BKI** Baukosteninformationszentrum

Kostenkennwerte für die Kostengruppen 300 der 2. und 3. Ebene DIN 276 (Übersicht)

KG	Kostengruppe	Menge Einheit	Kosten €	€/Einheit	% an 3+4
300	**Bauwerk – Baukonstruktionen**	**130,75 m² BGF**	**131.359,79**	**1.004,66**	**72,2**
310	**Baugrube / Erdbau**	**–**	**–**	**–**	**–**
311	Herstellung	–	–	–	–
312	Umschließung	–	–	–	–
313	Wasserhaltung	–	–	–	–
314	Vortrieb	–	–	–	–
319	Sonstiges zur KG 310	–	–	–	–
320	**Gründung, Unterbau**	**–**	**–**	**–**	**–**
321	Baugrundverbesserung	–	–	–	–
322	Flachgründungen und Bodenplatten	–	–	–	–
323	Tiefgründungen	–	–	–	–
324	Gründungsbeläge	–	–	–	–
325	Abdichtungen und Bekleidungen	–	–	–	–
326	Dränagen	–	–	–	–
329	Sonstiges zur KG 320	–	–	–	–
330	**Außenwände/Vert. Baukonstrukt., außen**	**60,00 m² AWF**	**7.071,57**	**117,86**	**3,9**
331	Tragende Außenwände	–	–	–	–
332	Nichttragende Außenwände	–	–	–	–
333	Außenstützen	–	–	–	–
334	Außenwandöffnungen	–	–	–	–
335	Außenwandbekleidungen, außen	–	–	–	–
336	Außenwandbekleidungen, innen	60,00 m²	7.071,57	117,86	3,9
337	Element. Außenwandkonstruktionen	–	–	–	–
338	Lichtschutz zur KG 330	–	–	–	–
339	Sonstiges zur KG 330	–	–	–	–
340	**Innenwände/Vert. Baukonstrukt., innen**	**122,24 m² IWF**	**16.410,00**	**134,24**	**9,0**
341	Tragende Innenwände	–	–	–	–
342	Nichttragende Innenwände	–	–	–	–
343	Innenstützen	–	–	–	–
344	Innenwandöffnungen	2,24 m²	3.214,06	1.434,85	1,8
345	Innenwandbekleidungen	120,00 m²	13.195,94	109,97	7,3
346	Elementierte Innenwandkonstruktionen	–	–	–	–
347	Lichtschutz zur KG 340	–	–	–	–
349	Sonstiges zur KG 340	–	–	–	–
350	**Decken/Horizontale Baukonstruktionen**	**91,00 m² DEF**	**77.668,68**	**853,50**	**42,7**
351	Deckenkonstruktionen	–	–	–	–
352	Deckenöffnungen	–	–	–	–
353	Deckenbeläge	91,00 m²	35.607,60	391,29	19,6
354	Deckenbekleidungen	90,00 m²	42.061,07	467,35	23,1
355	Elementierte Deckenkonstruktionen	–	–	–	–
359	Sonstiges zur KG 350	–	–	–	–
360	**Dächer**	**–**	**–**	**–**	**–**
361	Dachkonstruktionen	–	–	–	–
362	Dachöffnungen	–	–	–	–
363	Dachbeläge	–	–	–	–
364	Dachbekleidungen		–	–	–
365	Elementierte Dachkonstruktionen	–	–	–	–
366	Lichtschutz zur KG 360	–	–	–	–
369	Sonstiges zur KG 360	–	–	–	–
370	**Infrastrukturanlagen**	**–**	**–**	**–**	**–**
380	**Baukonstruktive Einbauten**	**130,75 m² BGF**	**26.357,43**	**201,59**	**14,5**
390	**Sonst. Maßnahmen für Baukonstrukt.**	**130,75 m² BGF**	**3.852,12**	**29,46**	**2,1**

© **BKI** Baukosteninformationszentrum

Kostenstand: 2. Quartal 2025, Bundesdurchschnitt, **inkl. 19% MwSt.**

Modernisierung

Kostenkennwerte für die Kostengruppen 400 der 2. und 3. Ebene DIN 276 (Übersicht)

KG	Kostengruppe	Menge Einheit	Kosten €	€/Einheit	% an 3+4
400	**Bauwerk – Technische Anlagen**	**130,75 m²BGF**	**50.489,94**	**386,16**	**27,8**
410	**Abwasser-, Wasser-, Gasanlagen**	**–**	**–**	**–**	**–**
411	Abwasseranlagen	–	–	–	–
412	Wasseranlagen	–	–	–	–
413	Gasanlagen	–	–	–	–
419	Sonstiges zur KG 410	–	–	–	–
420	**Wärmeversorgungsanlagen**	**–**	**–**	**–**	**–**
421	Wärmeerzeugungsanlagen	–	–	–	–
422	Wärmeverteilnetze	–	–	–	–
423	Raumheizflächen	–	–	–	–
424	Verkehrsheizflächen	–	–	–	–
429	Sonstiges zur KG 420	–	–	–	–
430	**Raumlufttechnische Anlagen**	**–**	**–**	**–**	**–**
431	Lüftungsanlagen	–	–	–	–
432	Teilklimaanlagen	–	–	–	–
433	Klimaanlagen	–	–	–	–
434	Kälteanlagen	–	–	–	–
439	Sonstiges zur KG 430	–	–	–	–
440	**Elektrische Anlagen**	**130,75 m²BGF**	**42.942,77**	**328,43**	**23,6**
441	Hoch- und Mittelspannungsanlagen	–	–	–	–
442	Eigenstromversorgungsanlagen	–	–	–	–
443	Niederspannungsschaltanlagen	–	–	–	–
444	Niederspannungsinstallationsanlagen	130,75 m²BGF	14.175,92	108,42	7,8
445	Beleuchtungsanlagen	130,75 m²BGF	28.766,85	220,01	15,8
446	Blitzschutz- und Erdungsanlagen	–	–	–	–
447	Fahrleitungssysteme	–	–	–	–
449	Sonstiges zur KG 440	–	–	–	–
450	**Kommunikationstechnische Anlagen**	**130,75 m²BGF**	**7.547,19**	**57,72**	**4,2**
451	Telekommunikationsanlagen	130,75 m²BGF	4.285,63	32,78	2,4
452	Such- und Signalanlagen	–	–	–	–
453	Zeitdienstanlagen	–	–	–	–
454	Elektroakustische Anlagen	–	–	–	–
455	Audiovisuelle Medien- u. Antennenanl.	–	–	–	–
456	Gefahrenmelde- und Alarmanlagen	130,75 m²BGF	1.392,82	10,65	0,8
457	Datenübertragungsnetze	130,75 m²BGF	1.868,71	14,29	1,0
458	Verkehrsbeeinflussungsanlagen	–	–	–	–
459	Sonstiges zur KG 450	–	–	–	–
460	**Förderanlagen**	**–**	**–**	**–**	**–**
461	Aufzugsanlagen	–	–	–	–
462	Fahrtreppen, Fahrsteige	–	–	–	–
463	Befahranlagen	–	–	–	–
464	Transportanlagen	–	–	–	–
465	Krananlagen	–	–	–	–
466	Hydraulikanlagen	–	–	–	–
469	Sonstiges zur KG 460	–	–	–	–
470	**Nutzungsspez. u. verfahrenstechn. Anl.**	**–**	**–**	**–**	**–**
480	**Gebäude- und Anlagenautomation**	**–**	**–**	**–**	**–**
490	**Sonst. Maßnahmen für techn. Anlagen**	**–**	**–**	**–**	**–**

© BKI Baukosteninformationszentrum

Kostenkennwerte für Leistungsbereiche nach STLB (Kosten des Bauwerks nach DIN 276)

LB	Leistungsbereiche	Kosten €	€/m² BGF	€/m³ BRI	% an 3+4
000	Baustellen-, Verkehrssich.- u. Sicherh.einr. inkl. 001	–	–	–	–
002	Erdarbeiten	–	–	–	–
006	Spezialtiefbauarbeiten inkl. 005	–	–	–	–
009	Entwässerungskanalarbeiten inkl. 011	–	–	–	–
010	Drän- und Versickerarbeiten	–	–	–	–
012	Mauerarbeiten	–	–	–	–
013	Betonarbeiten	–	–	–	–
014	Natur-, Betonwerksteinarbeiten	–	–	–	–
016	Zimmer- und Holzbauarbeiten	–	–	–	–
017	Stahlbauarbeiten	–	–	–	–
018	Abdichtungsarbeiten	–	–	–	–
020	Dachdeckungsarbeiten	–	–	–	–
021	Dachabdichtungsarbeiten	–	–	–	–
022	Klempnerarbeiten	–	–	–	–
	Rohbau	**–**	**–**	**–**	**–**
023	Putz- und Stuckarbeiten, Wärmedämmsysteme	–	–	–	–
024	Fliesen- und Plattenarbeiten	–	–	–	–
025	Estricharbeiten	19.985	152,90	40,00	11,0
026	Fenster, Außentüren inkl. 029, 032	–	–	–	–
027	Tischlerarbeiten	39.198	299,80	78,40	21,6
	Wiederherstellen	14.062	107,50	28,10	7,7
	Herstellen	25.137	192,30	50,30	13,8
028	Parkett-, Holzpflasterarbeiten	7.882	60,30	15,80	4,3
030	Rollladenarbeiten	–	–	–	–
031	Metallbauarbeiten inkl. 035	–	–	–	–
034	Maler- und Lackiererarb. – Beschicht. inkl. 037	8.225	62,90	16,40	4,5
036	Bodenbelagarbeiten	–	–	–	–
038	Vorgehängte hinterlüftete Fassaden	–	–	–	–
039	Trockenbauarbeiten	39.564	302,60	79,10	21,8
	Ausbau	**114.855**	**878,40**	**229,70**	**63,2**
	Wiederherstellen	14.062	107,50	28,10	7,7
	Herstellen	100.794	770,90	201,60	55,4
040	Wärmeversorgungsanl. - Betriebseinr. inkl. 041	–	–	–	–
042	Gas- u. Wasseranl. – Leitung., Armat. inkl. 043	–	–	–	–
044	Abwasseranl. - Leitungen, Abläufe, Armaturen	–	–	–	–
045	Gas, Wasser, Entwässerung – Ausstattung inkl. 046	–	–	–	–
047	Dämm- und Brandschutzarb. an techn. Anlagen	–	–	–	–
049	Feuerlöschanlagen, Feuerlöschgeräte	–	–	–	–
050	Blitzschutz-/Erdungsanlagen, Überspannungssch.	–	–	–	–
053	Niederspannungsanl. – Kabel inkl. 052, 054	14.776	113,00	29,60	8,1
055	Sicherheits- u. Ersatzstromversorgungsanl.	–	–	–	–
057	Gebäudesystemtechnik	–	–	–	–
058	Leuchten und Lampen inkl. 059	27.815	212,70	55,60	15,3
060	Such, Signal, Zeit, Anten., akust. Anl. inkl. 064	–	–	–	–
061	Kommunikations- u. Übertragungsnetze inkl. 063	6.051	46,30	12,10	3,3
069	Aufzüge	–	–	–	–
070	Gebäudeautomation	–	–	–	–
075	Raumlufttechnische Anlagen inkl. 078	–	–	–	–
	Gebäudetechnik	**48.643**	**372,00**	**97,30**	**26,7**

LB	Leistungsbereiche	Kosten €	€/m² BGF	€/m³ BRI	% an 3+4
084	Abbruch, Rückbau, Schadstoffsanierung	18.351	140,40	36,70	10,1
	Abbrechen	18.351	140,40	36,70	10,1
	Abbrucharbeiten	**18.351**	**140,40**	**36,70**	**10,1**
	Abbrechen	18.351	140,40	36,70	10,1
	Sonstige Leistungsbereiche	–	–	–	–

© BKI Baukosteninformationszentrum

1300-0228
Bürogebäude
Eingangsbereiche

Kostenkennwerte für die Kosten des Bauwerks (Kostengruppen 300+400 nach DIN 276)

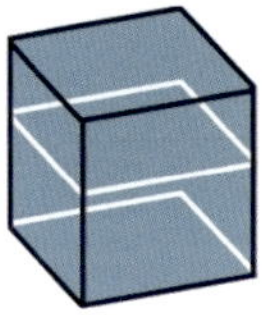

BRI 421 €/m³

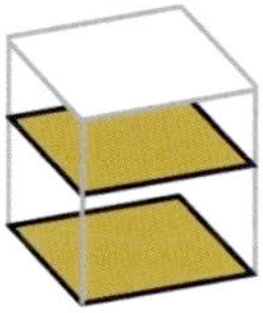

BGF 1.495 €/m²

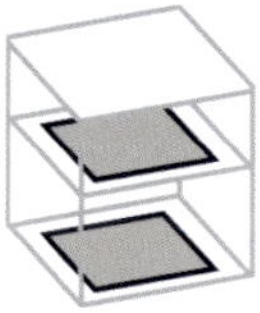

NUF 8.269 €/m²

Objekt:
Kennwerte: 3.Ebene DIN 276
BRI: 1.668 m³
BGF: 470 m²
NUF: 85 m²
Bauzeit: 22 Wochen
Bauende: 2014
Standard: hoch
Bundesland: Bayern
Kreis: München

Innenarchitekt*in:
Innenarchitekturbüro
Ursula Beigler
Johann-Schmaus-Straße 3
80637 München

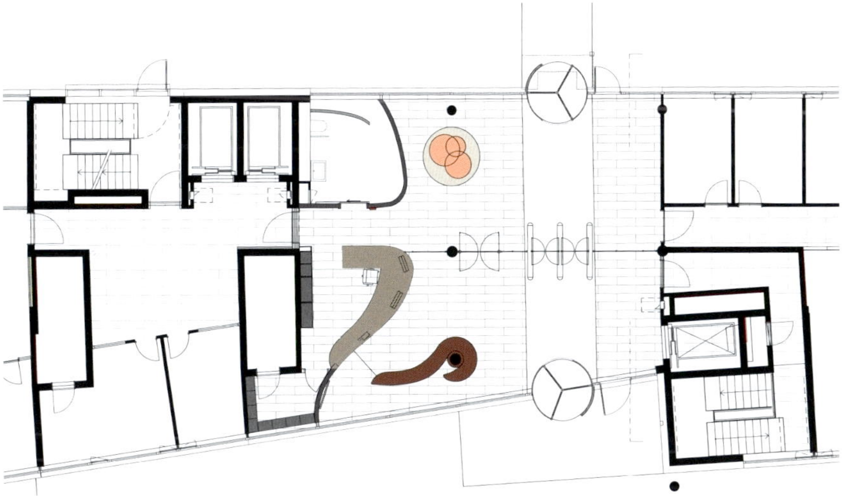

Erdgeschoss Foyer 1

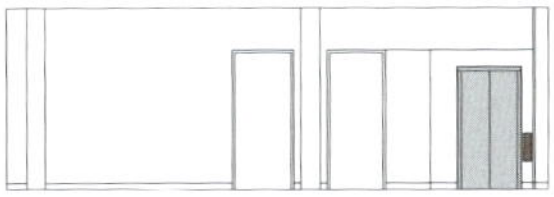

Wandabwicklung Foyer 1

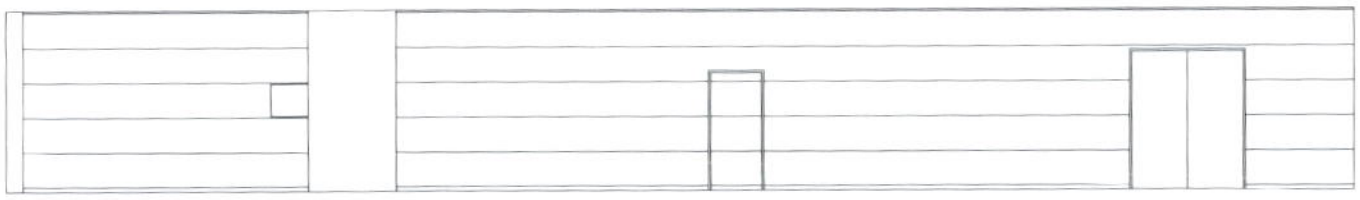

Wandabwicklung Foyer 2

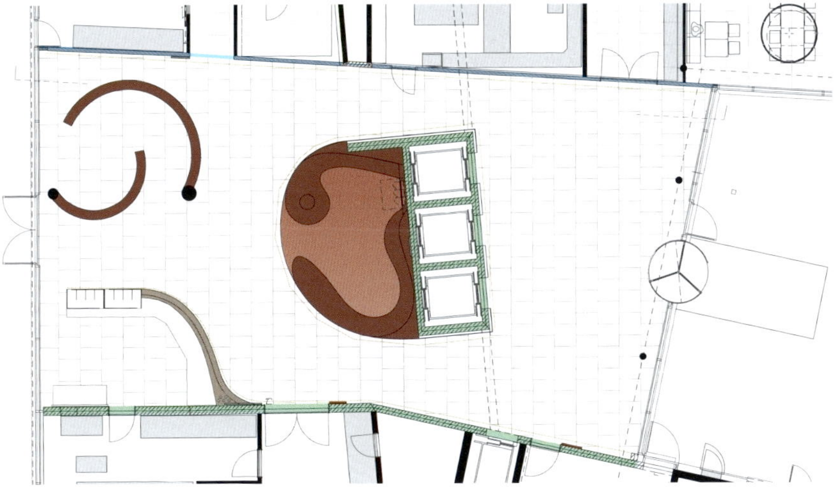

Erdgeschoss Foyer 2

Objektbeschreibung

Allgemeine Objektinformationen

Im Neubau einer Versicherung wurden zwei Eingangsfoyers als Eyecatcher gestaltet. Bereits während der Rohbauarbeiten wurde eine Innenarchitektin mit dieser Aufgabe beauftragt. Runde Formen, hinterleuchtete Wandelemente und viel Weiß prägen das außergewöhnliche Design und bilden einen Gegenpol zum Gebäude mit seinen klaren kubischen Linien. Im Foyer der Versicherung erwartet den Besucher ein Empfang in edlem, futuristischem Ambiente. Der Stil wird in der dahinter liegenden Bar und einer Sitzlounge fortgeführt. Mit ihr wurde ein Raum zum Entspannen für Besucher und Mitarbeiter des Unternehmens geschaffen.

Nutzung

1 Erdgeschoss
Zwei Foyers, Empfang, Sitzlounge, Bar

Markt

Hauptvergabezeit: 2. Quartal 2014
Baubeginn: 2. Quartal 2014
Bauende: 3. Quartal 2014
Konjunkturelle Gesamtlage: über Durchschnitt
Regionaler Baumarkt: über Durchschnitt

Baukonstruktion

In beiden Foyers mussten Brandschutzanforderungen berücksichtigt werden. Die raumhohen Wandbekleidungen aus Mineralwerkstoff wurden zum Teil schuppenförmig auf Trockenbauwandelementen angeordnet und mit LED-Lichtstreifen hinterleuchtet. In drei Wände wurden Bildschirme integriert. Im Bereich der Türanschlüsse läuft die Wandbekleidung gegen lackierte Stahlschwerter. Die Türen selbst wurden aus Holz angefertigt. In der Sitzlounge wurde die abgehängte Decke am Rand mit einer umlaufenden Voute ausgebildet, aus der Licht von nicht sichtbar eingebauten LED-Leisten fällt. Die Lounge selbst ist als „Kokon" aus dreidimensional verformtem Mineralwerkstoff gestaltet und wurde im Inneren mit Stoff bespannt. Zu den weiteren gestalteten Einbauten gehören gebogene Sitzschlangen aus rückseitig siebgedrucktem Weißglas und Sitzpolstern mit Stoffbespannung, eine Empfangstheke mit Unterbaumobiliar, eine Bar und ein Einbauschrank.

Technische Anlagen

Alle LED-Lichtlinien und -Leisten sind unsichtbar in den Wandbekleidungen eingebaut. Die Verkabelung wurde in die Unterkonstruktion integriert und läuft in horizontal und vertikal angebrachten Kanalsystemen.

© **BKI** Baukosteninformationszentrum

Planungskennwerte für Flächen und Rauminhalte nach DIN 277

Flächen des Grundstücks		Menge Einheit	% an GF
BF	Bebaute Fläche	–	–
UF	Unbebaute Fläche	–	–
GF	Grundstücksfläche	–	–

Grundflächen des Bauwerks		Menge Einheit	% an NUF	% an BGF
NUF	Nutzungsfläche	85,00 m²	100,0	18,1
TF	Technikfläche	–	–	–
VF	Verkehrsfläche	315,00 m²	370,6	67,0
NRF	Netto-Raumfläche	400,00 m²	470,6	85,1
KGF	Konstruktions-Grundfläche	70,00 m²	82,4	14,9
BGF	Brutto-Grundfläche	470,00 m²	552,9	100,0

Brutto-Rauminhalt des Bauwerks		Menge Einheit	BRI/NUF (m)	BRI/BGF (m)
BRI	Brutto-Rauminhalt	1.668,00 m³	19,62	3,55

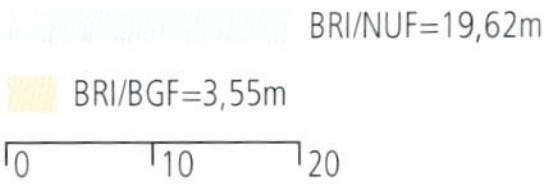

Lufttechnisch behandelte Flächen	Menge Einheit	% an NUF	% an BGF
Entlüftete Fläche	–	–	–
Be- und entlüftete Fläche	–	–	–
Teilklimatisierte Fläche	–	–	–
Klimatisierte Fläche	–	–	–

KG	Kostengruppen (2. Ebene)	Menge Einheit	Menge/NUF	Menge/BGF
310	Baugrube / Erdbau	–	–	–
320	Gründung, Unterbau	–	–	–
330	Außenwände/Vertikale Baukonstruktionen, außen	–	–	–
340	Innenwände/Vertikale Baukonstruktionen, innen	232,95 m² IWF	2,74	0,50
350	Decken/Horizontale Baukonstruktionen	28,30 m² DEF	0,33	0,06
360	Dächer	–	–	–

Kostenkennwerte für die Kostengruppen der 1. Ebene DIN 276

KG	Kostengruppen (1. Ebene)	Einheit	Kosten €	€/Einheit	€/m² BGF	€/m³ BRI	% 300+400
100	Grundstück	m² GF	–	–	–	–	–
200	Vorbereitende Maßnahmen	m² GF	–	–	–	–	–
300	Bauwerk – Baukonstruktionen	m² BGF	564.681	1.201,45	1.201,45	338,54	80,3
400	Bauwerk – Technische Anlagen	m² BGF	138.167	293,97	293,97	82,83	19,7
	Bauwerk 300+400	**m² BGF**	**702.848**	**1.495,42**	**1.495,42**	**421,37**	**100,0**
500	Außenanlagen und Freiflächen	m² AF	–	–	–	–	–
600	Ausstattung und Kunstwerke	m² BGF	–	–	–	–	–
700	Baunebenkosten	m² BGF	–	–	–	–	–
800	Finanzierung	m² BGF	–	–	–	–	–

KG	Kostengruppe	Menge Einheit	Kosten €	€/Einheit	%
3+4	**Bauwerk**				**100,0**
300	**Bauwerk – Baukonstruktionen**	470,00 m² BGF	564.681	**1.201,45**	80,3

Wandbekleidungen aus Mineralwerkstoff, teilweise schuppenförmig angeordnet, Türanschlüsse mit Metallschwertern, Trockenbau-Wandelemente mit Bekleidungen und Einbau-Bildschirmen in Edelstahlrahmen, gerundete Glaswand; GK-Decke mit Voute für LED-Lichtleiste; gebogene Sitzschlangen mit siebgedrucktem Weißglas, Sitzpolstern und integrierten Druckerstationen, raumhohe, stoffbezogene Rückenteile, Empfangstheke mit Unterbaumobiliar, ellipsenförmig gerundet und sichtbaren Oberflächen in Mineralwerkstoff, Bar, im Grundriss gerundet, raumseitige Oberflächen Mineralwerkstoff, Einbauschrank mit Drehflügeltüren

KG	Kostengruppe	Menge Einheit	Kosten €	€/Einheit	%
400	**Bauwerk – Technische Anlagen**	470,00 m² BGF	138.167	**293,97**	19,7

Verkabelung, Steuereinheit, LED-Lichtlinien hinter Wandbekleidung, Aluprofile mit Abdeckung, verdeckte LED-Lichtleiste

© **BKI** Baukosteninformationszentrum

Kostenkennwerte für die Kostengruppen der 2.Ebene DIN 276

KG	Kostengruppe	Menge Einheit	Kosten €	€/Einheit	%
300	**Bauwerk – Baukonstruktionen**				**100,0**
340	**Innenwände/Vert. Baukonstrukt., innen**	232,95 m² IWF	269.030	**1.154,88**	47,6
	Wandbekleidungen, raumhoch, schuppenförmig, Vorderseite Mineralwerkstoff, Rückseite Trockenbau (151m²), Türanschlüsse mit Metallschwertern (99m), Wandbekleidungen, raumhoch, Oberfläche Mineralwerkstoff (48m²) * Trockenbauwand, im Grundriss gerundet, mit Holztür, schuppenförmige Wandbekleidung, Vorderseite Mineralwerkstoff, Rückseite Trockenbau (24m²), Trockenbauwand, Vorderseite Mineralwerkstoff, Rückseite Trockenbau, Einbau von Bildschirm in Edelstahlrahmen (7m²), gebogene Glaswand, h=1,80m (4m²)				
350	**Decken/Horizontale Baukonstruktionen**	28,30 m² DEF	11.028	**389,70**	2,0
	GK-Decke, Abhängehöhe 75cm, am Rand mit Voute für LED-Lichtleiste (28m²)				
380	**Baukonstruktive Einbauten**	470,00 m² BGF	277.064	**589,50**	49,1
	Gebogene Sitzschlange, um bauseitige Stütze angeordnet: Sitzhöhe 50cm, Stütze mit Rückenpolster verkleidet, h=110cm, Sockelausführung aus Holzwerkstoffplatten mit rückseitig siebgedruckten Glasplatten in Weißglas, Sitzpolster, d=5cm, Stoffbespannung mit Kappnähten (6m), Sitzschlange, Sitzhöhe 80cm, eine Stirnseite an Stütze grenzend (5m), mit integriertem Korpus für Druckerstation (8m), Sitzschlange, Sitzhöhe 50cm (9m), mit zylinderförmiger Rückenlehne, h=110cm, Druckerstation unterhalb der Sitzfläche (7m), gebogene, stoffbezogene Rückenteile für Sitzschlangen, anschließende Wände raumhoch mit Stoff bezogen (30m²) Empfangstheke mit Unterbaumobiliar, ellipsenförmig gerundet: Holzkonstruktion, sichtbare Oberflächen Mineralwerkstoff, schräge Thekenfront, Arbeitsfläche, CPU-Einheiten, Container mit Auszügen, offenes Schrankelement, Vollauszug für Drucker, Gesamtlänge Empfangstheke 627cm (1St) Bar, im Grundriss gerundet: Holzkonstruktion, raumseitige Oberflächen und Theke Mineralwerkstoff, senkrechte Thekenfront, Einbau von bauseitigen Geräten, Gesamtlänge der Bar 925cm (1St) Einbauschrank 293x320x45cm: Korpusse Spanplatte, sichtbare Flächen Mineralwerkstoff, Drehflügeltüren (1St)				
390	**Sonst. Maßnahmen für Baukonstrukt.**	470,00 m² BGF	7.558	**16,08**	1,3
	Natursteinboden abdecken (375m²)				
400	**Bauwerk – Technische Anlagen**				**100,0**
440	**Elektrische Anlagen**	470,00 m² BGF	138.167	**293,97**	100,0
	Verkabelung, integriert in Unterkonstruktion der Wandverkleidung, steckerfertig aufgebaut (200m), Steuereinheiten mit Netzwerkteilen (4St), mit Dalidimmcontrollern (4St) * LED-Lichtlinien, Lichtfarbe 4.200K, Lichtleistung 1.200lm/m, Linienlänge 7m (400m), Aluprofile mit diffuser Abdeckung, Montageblech zur Aufnahme der Aluprofile (400m), LED-Lichtleiste, gebogen, nach oben in Lichtvoute strahlend (12m)				

Kostenkennwerte für die Kostengruppen 300 der 2. und 3.Ebene DIN 276 (Übersicht)

KG	Kostengruppe	Menge Einheit	Kosten €	€/Einheit	% an 3+4
300	**Bauwerk – Baukonstruktionen**	**470,00 m²BGF**	**564.680,97**	**1.201,45**	**80,3**
310	**Baugrube / Erdbau**	**–**	**–**	**–**	**–**
311	Herstellung	–	–	–	–
312	Umschließung	–	–	–	–
313	Wasserhaltung	–	–	–	–
314	Vortrieb	–	–	–	–
319	Sonstiges zur KG 310	–	–	–	–
320	**Gründung, Unterbau**	**–**	**–**	**–**	**–**
321	Baugrundverbesserung	–	–	–	–
322	Flachgründungen und Bodenplatten	–	–	–	–
323	Tiefgründungen	–	–	–	–
324	Gründungsbeläge	–	–	–	–
325	Abdichtungen und Bekleidungen	–	–	–	–
326	Dränagen	–	–	–	–
329	Sonstiges zur KG 320	–	–	–	–
330	**Außenwände/Vert. Baukonstrukt., außen**	**–**	**–**	**–**	**–**
331	Tragende Außenwände	–	–	–	–
332	Nichttragende Außenwände	–	–	–	–
333	Außenstützen	–	–	–	–
334	Außenwandöffnungen	–	–	–	–
335	Außenwandbekleidungen, außen	–	–	–	–
336	Außenwandbekleidungen, innen	–	–	–	–
337	Element. Außenwandkonstruktionen	–	–	–	–
338	Lichtschutz zur KG 330	–	–	–	–
339	Sonstiges zur KG 330	–	–	–	–
340	**Innenwände/Vert. Baukonstrukt., innen**	**232,95 m²IWF**	**269.029,62**	**1.154,88**	**38,3**
341	Tragende Innenwände	–	–	–	–
342	Nichttragende Innenwände	–	–	–	–
343	Innenstützen	–	–	–	–
344	Innenwandöffnungen	–	–	–	–
345	Innenwandbekleidungen	198,42 m²	211.811,15	1.067,49	30,1
346	Elementierte Innenwandkonstruktionen	34,53 m²	57.218,47	1.657,07	8,1
347	Lichtschutz zur KG 340	–	–	–	–
349	Sonstiges zur KG 340	–	–	–	–
350	**Decken/Horizontale Baukonstruktionen**	**28,30 m²DEF**	**11.028,49**	**389,70**	**1,6**
351	Deckenkonstruktionen	–	–	–	–
352	Deckenöffnungen	–	–	–	–
353	Deckenbeläge	–	–	–	–
354	Deckenbekleidungen	28,30 m²	11.028,49	389,70	1,6
355	Elementierte Deckenkonstruktionen	–	–	–	–
359	Sonstiges zur KG 350	–	–	–	–
360	**Dächer**	**–**	**–**	**–**	**–**
361	Dachkonstruktionen	–	–	–	–
362	Dachöffnungen	–	–	–	–
363	Dachbeläge	–	–	–	–
364	Dachbekleidungen	–	–	–	–
365	Elementierte Dachkonstruktionen	–	–	–	–
366	Lichtschutz zur KG 360	–	–	–	–
369	Sonstiges zur KG 360	–	–	–	–
370	**Infrastrukturanlagen**	**–**	**–**	**–**	**–**
380	**Baukonstruktive Einbauten**	**470,00 m²BGF**	**277.064,49**	**589,50**	**39,4**
390	**Sonst. Maßnahmen für Baukonstrukt.**	**470,00 m²BGF**	**7.558,36**	**16,08**	**1,1**

© **BKI** Baukosteninformationszentrum

Kostenkennwerte für die Kostengruppen 400 der 2. und 3. Ebene DIN 276 (Übersicht)

KG	Kostengruppe	Menge Einheit	Kosten €	€/Einheit	% an 3+4
400	**Bauwerk – Technische Anlagen**	**470,00 m²BGF**	**138.166,85**	**293,97**	**19,7**
410	**Abwasser-, Wasser-, Gasanlagen**	**–**	**–**	**–**	**–**
411	Abwasseranlagen	–	–	–	–
412	Wasseranlagen	–	–	–	–
413	Gasanlagen	–	–	–	–
419	Sonstiges zur KG 410	–	–	–	–
420	**Wärmeversorgungsanlagen**	**–**	**–**	**–**	**–**
421	Wärmeerzeugungsanlagen	–	–	–	–
422	Wärmeverteilnetze	–	–	–	–
423	Raumheizflächen	–	–	–	–
424	Verkehrsheizflächen	–	–	–	–
429	Sonstiges zur KG 420	–	–	–	–
430	**Raumlufttechnische Anlagen**	**–**	**–**	**–**	**–**
431	Lüftungsanlagen	–	–	–	–
432	Teilklimaanlagen	–	–	–	–
433	Klimaanlagen	–	–	–	–
434	Kälteanlagen	–	–	–	–
439	Sonstiges zur KG 430	–	–	–	–
440	**Elektrische Anlagen**	**470,00 m²BGF**	**138.166,85**	**293,97**	**19,7**
441	Hoch- und Mittelspannungsanlagen	–	–	–	–
442	Eigenstromversorgungsanlagen	–	–	–	–
443	Niederspannungsschaltanlagen	–	–	–	–
444	Niederspannungsinstallationsanlagen	470,00 m²BGF	28.930,05	61,55	4,1
445	Beleuchtungsanlagen	470,00 m²BGF	109.236,80	232,42	15,5
446	Blitzschutz- und Erdungsanlagen	–	–	–	–
447	Fahrleitungssysteme	–	–	–	–
449	Sonstiges zur KG 440	–	–	–	–
450	**Kommunikationstechnische Anlagen**	**–**	**–**	**–**	**–**
451	Telekommunikationsanlagen	–	–	–	–
452	Such- und Signalanlagen	–	–	–	–
453	Zeitdienstanlagen	–	–	–	–
454	Elektroakustische Anlagen	–	–	–	–
455	Audiovisuelle Medien- u. Antennenanl.	–	–	–	–
456	Gefahrenmelde- und Alarmanlagen	–	–	–	–
457	Datenübertragungsnetze	–	–	–	–
458	Verkehrsbeeinflussungsanlagen	–	–	–	–
459	Sonstiges zur KG 450	–	–	–	–
460	**Förderanlagen**	**–**	**–**	**–**	**–**
461	Aufzugsanlagen	–	–	–	–
462	Fahrtreppen, Fahrsteige	–	–	–	–
463	Befahranlagen	–	–	–	–
464	Transportanlagen	–	–	–	–
465	Krananlagen	–	–	–	–
466	Hydraulikanlagen	–	–	–	–
469	Sonstiges zur KG 460	–	–	–	–
470	**Nutzungsspez. u. verfahrenstechn. Anl.**	**–**	**–**	**–**	**–**
480	**Gebäude- und Anlagenautomation**	**–**	**–**	**–**	**–**
490	**Sonst. Maßnahmen für techn. Anlagen**	**–**	**–**	**–**	**–**

Kostenkennwerte für Leistungsbereiche nach STLB (Kosten des Bauwerks nach DIN 276)

LB	Leistungsbereiche	Kosten €	€/m² BGF	€/m³ BRI	% an 3+4
000	Baustellen-, Verkehrssich.- u. Sicherh.einr. inkl. 001	–	–	–	–
002	Erdarbeiten	–	–	–	–
006	Spezialtiefbauarbeiten inkl. 005	–	–	–	–
009	Entwässerungskanalarbeiten inkl. 011	–	–	–	–
010	Drän- und Versickerarbeiten	–	–	–	–
012	Mauerarbeiten	–	–	–	–
013	Betonarbeiten	–	–	–	–
014	Natur-, Betonwerksteinarbeiten	–	–	–	–
016	Zimmer- und Holzbauarbeiten	–	–	–	–
017	Stahlbauarbeiten	–	–	–	–
018	Abdichtungsarbeiten	–	–	–	–
020	Dachdeckungsarbeiten	–	–	–	–
021	Dachabdichtungsarbeiten	–	–	–	–
022	Klempnerarbeiten	–	–	–	–
	Rohbau	**–**	**–**	**–**	**–**
023	Putz- und Stuckarbeiten, Wärmedämmsysteme	–	–	–	–
024	Fliesen- und Plattenarbeiten	–	–	–	–
025	Estricharbeiten	–	–	–	–
026	Fenster, Außentüren inkl. 029, 032	–	–	–	–
027	Tischlerarbeiten	564.681	1.201,40	338,50	80,3
028	Parkett-, Holzpflasterarbeiten	–	–	–	–
030	Rollladenarbeiten	–	–	–	–
031	Metallbauarbeiten inkl. 035	–	–	–	–
034	Maler- und Lackiererarb. – Beschicht. inkl. 037	–	–	–	–
036	Bodenbelagarbeiten	–	–	–	–
038	Vorgehängte hinterlüftete Fassaden	–	–	–	–
039	Trockenbauarbeiten	–	–	–	–
	Ausbau	**564.681**	**1.201,40**	**338,50**	**80,3**
040	Wärmeversorgungsanl. - Betriebseinr. inkl. 041	–	–	–	–
042	Gas- u. Wasseranl. – Leitung., Armat. inkl. 043	–	–	–	–
044	Abwasseranl. - Leitungen, Abläufe, Armaturen	–	–	–	–
045	Gas, Wasser, Entwässerung – Ausstattung inkl. 046	–	–	–	–
047	Dämm- und Brandschutzarb. an techn. Anlagen	–	–	–	–
049	Feuerlöschanlagen, Feuerlöschgeräte	–	–	–	–
050	Blitzschutz-/Erdungsanlagen, Überspannungssch.	–	–	–	–
053	Niederspannungsanl. – Kabel inkl. 052, 054	28.930	61,60	17,30	4,1
055	Sicherheits- u. Ersatzstromversorgungsanl.	–	–	–	–
057	Gebäudesystemtechnik	–	–	–	–
058	Leuchten und Lampen inkl. 059	109.237	232,40	65,50	15,5
060	Such, Signal, Zeit, Anten., akust. Anl. inkl. 064	–	–	–	–
061	Kommunikations- u. Übertragungsnetze inkl. 063	–	–	–	–
069	Aufzüge	–	–	–	–
070	Gebäudeautomation	–	–	–	–
075	Raumlufttechnische Anlagen inkl. 078	–	–	–	–
	Gebäudetechnik	**138.167**	**294,00**	**82,80**	**19,7**
084	Abbruch, Rückbau, Schadstoffsanierung	–	–	–	–
	Abbrucharbeiten	**–**	**–**	**–**	**–**
	Sonstige Leistungsbereiche	**–**	**–**	**–**	**–**

© BKI Baukosteninformationszentrum

1300-0245
Kontorhaus
Bürogeschoss

Umbau

Kostenkennwerte für die Kosten des Bauwerks (Kostengruppen 300+400 nach DIN 276)

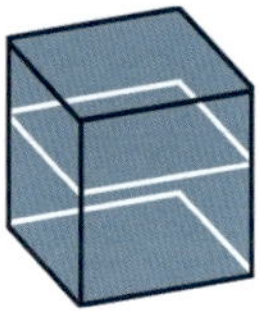

BRI 351 €/m^3

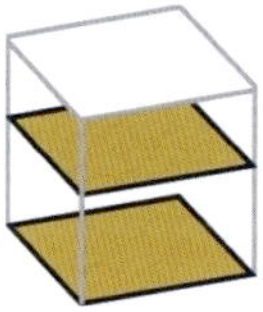

BGF 1.298 €/m^2

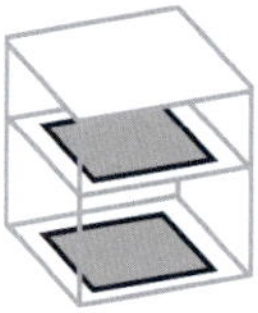

NUF 2.032 €/m^2

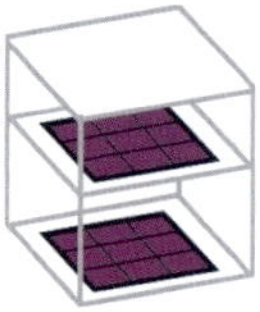

NE 21.549 €/NE

NE: Arbeitsplätze

Objekt:
Kennwerte: 3. Ebene DIN 276
BRI: 3.009 m^3
BGF: 814 m^2
NUF: 520 m^2
Bauzeit: 22 Wochen
Bauende: 2015
Standard: hoch
Bundesland: Hamburg
Kreis: Hamburg, Stadt

Architekt*in:
güldenzopf rohrberg
architektur + design
Neuer Wall 10
20354 Hamburg

Bauherr*in:
Gutruf-Haus Gesellschaft
Neuer Wall 10
20354 Hamburg

vorher

nachher

© BKI Baukosteninformationszentrum

Schnitt / Ansicht A-A

Schnitt / Ansicht B-B

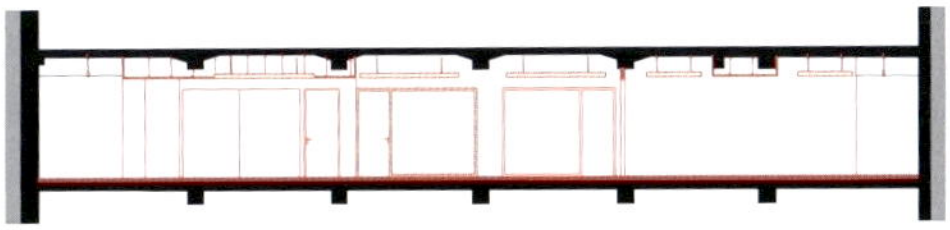

Schnitt C-C

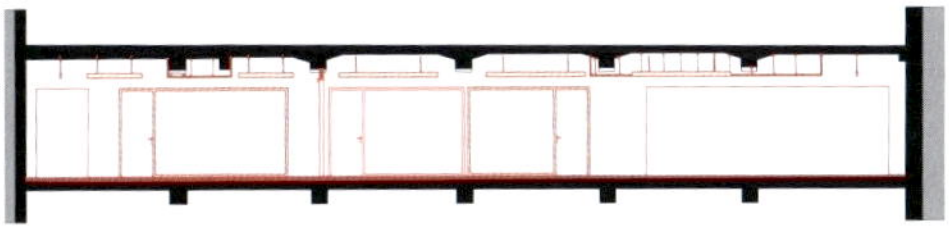

Schnitt D-D

5. Obergeschoss

Schnitt E-E

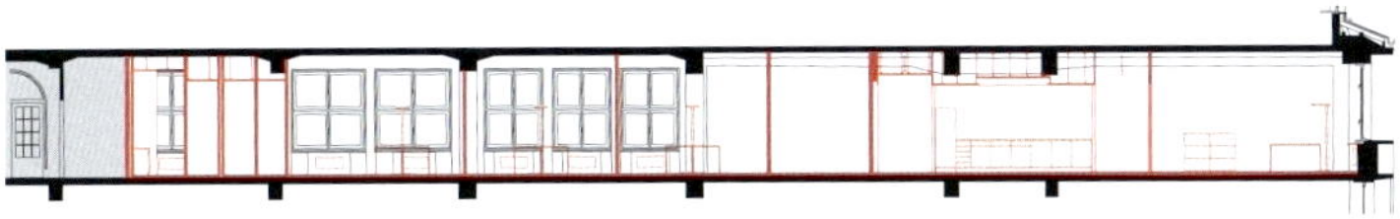

Schnitt F-F

Objektbeschreibung

Allgemeine Objektinformationen

Das siebengeschossige, 1914 als Kontorhaus erbaute Haus in der Innenstadt beherbergt im Erdgeschoss und im ersten Obergeschoss hochwertige Ladenlokale. Vom zweiten bis zum sechsten Obergeschoss werden die Flächen für Büronutzungen vermietet. Das unter Denkmalschutz stehende Kontorhaus hat sowohl Fassaden zu allen umliegenden Straßen als auch zu den Innenhöfen. Das Gebäude gehört zu den ersten Stahlbetonskelettkonstruktionen der Stadt. Die Fassaden sind in Mauerwerk und Stahlbeton erstellt und größtenteils mit Naturstein (zu den Straßenräumen) bzw. Fliesen (zu den Innenhöfen) bekleidet. Die hier beschriebene Ausbaufläche befindet sich im fünften Obergeschoss. Eine im Rohbau leer stehende Fläche von ca. 700m² wurde als Büro ausgebaut. Der Entwurf beinhaltet hauptsächlich Gruppenbüros. Diese werden durch gemeinschaftlich genutzte Flächen wie Empfangsbereich, Besprechungs- und Sanitärräume komplettiert. Der Mieterzugang zu den Büros erfolgt über die linke Gebäudeseite.

Nutzung

1 Untergeschoss
Bestand: Technik, Lager

1 Erdgeschoss
Bestand: Verkauf

5 Obergeschosse
Bestand: 1.OG Verkauf, 2.-4.OG Büros
Umbau: 5.OG Einzel- und Gruppenbüros, Besprechungsräume, Empfang, Sanitärräume, Nebenräume

1 Dachgeschoss
Bestand: Technik, Lager

Besonderer Kosteneinfluss Nutzung
Brandschutzauflagen waren zu berücksichtigen.

Nutzeinheiten

Arbeitsplätze: 49

Grundstück

Bauraum: Beengter Bauraum
Neigung: Ebenes Gelände

Markt

Hauptvergabezeit: 3.Quartal 2014
Baubeginn: 3.Quartal 2014
Bauende: 1.Quartal 2015
Konjunkturelle Gesamtlage: über Durchschnitt
Regionaler Baumarkt: über Durchschnitt

Baubestand

Baujahr: 1915
Bauzustand: mittel
Aufwand: mittel
Grundrissänderungen: umfangreiche
Tragwerkseingriffe: wenige
Nutzungsänderung: nein
Nutzung während der Bauzeit: ja

Baukonstruktion

Die massiven Mauerwerksbestandswände wurden mit Gipskartonplatten beplankt, gespachtelt und beschichtet. Als Innenwände kamen Gipskartonleichtbauwände mit innenliegender Dämmung sowie Glaswände zur Ausführung.
Die Unterzüge wurden sichtbar belassen, gespachtelt und beschichtet. Zur Verbesserung der Akustik und als Installationsbekleidung sind abgehängte Gipskartondecken montiert worden. Es kamen hochwertige Türelemente mit seitlichem Glaselement zum Einbau. Im gesamten Mieterbereich wurden Flächenhohlböden zur Aufnahme der Elektro- und Datenverkabelung ausgebildet. Die Böden sind mit Teppich und teils mit Linoleum belegt. In den Fluren und Eingangsbereichen wurde PVC-Boden ausgeführt.

Technische Anlagen

Die Warmwasserheizung wird über die Hausanlage betrieben. Die innenliegenden Räume werden zur Erreichung des Mindestluftwechsels über eine Lüftungsanlage mit Frischluft versorgt. Es ist eine flächendeckende Brandmelde- und Sicherheitsbeleuchtungsanlage mit Aufschaltung eingerichtet.

Sonstiges

Die Angaben von Flächen- und Rauminhalten in dieser Dokumentation beziehen sich auf das ausgebaute 5. Obergeschoss. Die anderen Stockwerke waren nicht Teil der Baumaßnahme.

© **BKI** Baukosteninformationszentrum

Planungskennwerte für Flächen und Rauminhalte nach DIN 277

Flächen des Grundstücks		Menge Einheit	% an GF
BF	Bebaute Fläche	2.248,00 m²	100,0
UF	Unbebaute Fläche	–	–
GF	Grundstücksfläche	2.248,00 m²	100,0

Grundflächen des Bauwerks		Menge Einheit	% an NUF	% an BGF
NUF	Nutzungsfläche	519,56 m²	100,0	63,9
TF	Technikfläche	9,47 m²	1,8	1,2
VF	Verkehrsfläche	147,25 m²	28,3	18,1
NRF	Netto-Raumfläche	676,28 m²	130,2	83,1
KGF	Konstruktions-Grundfläche	137,41 m²	26,4	16,9
BGF	Brutto-Grundfläche	813,69 m²	156,6	100,0

Brutto-Rauminhalt des Bauwerks		Menge Einheit	BRI/NUF (m)	BRI/BGF (m)
BRI	Brutto-Rauminhalt	3.009,12 m³	5,79	3,70

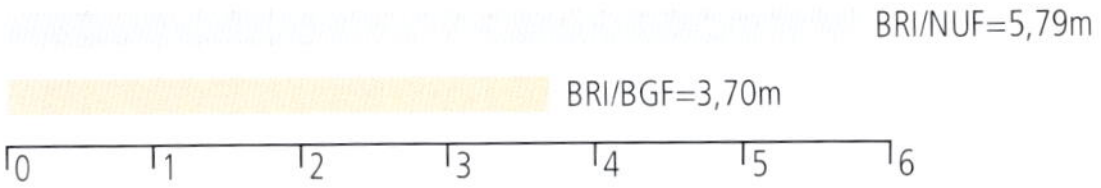

Lufttechnisch behandelte Flächen	Menge Einheit	% an NUF	% an BGF
Entlüftete Fläche	–	–	–
Be- und entlüftete Fläche	663,78 m²	127,8	81,6
Teilklimatisierte Fläche	–	–	–
Klimatisierte Fläche	–	–	–

KG	Kostengruppen (2. Ebene)	Menge Einheit	Menge/NUF	Menge/BGF
310	Baugrube / Erdbau	–	–	–
320	Gründung, Unterbau	–	–	–
330	Außenwände/Vertikale Baukonstruktionen, außen	433,88 m² AWF	0,84	0,53
340	Innenwände/Vertikale Baukonstruktionen, innen	817,80 m² IWF	1,57	1,01
350	Decken/Horizontale Baukonstruktionen	699,70 m² DEF	1,35	0,86
360	Dächer	–	–	–

Umbau

Kostenkennwerte für die Kostengruppen der 1. Ebene DIN 276

KG	Kostengruppen (1. Ebene)	Einheit	Kosten €	€/Einheit	€/m² BGF	€/m³ BRI	% 300+400
100	Grundstück	m² GF	–	–	–	–	–
200	Vorbereitende Maßnahmen	m² GF	–	–	–	–	–
300	Bauwerk – Baukonstruktionen	m² BGF	765.069	940,25	940,25	254,25	72,5
400	Bauwerk – Technische Anlagen	m² BGF	290.848	357,44	357,44	96,66	27,5
	Bauwerk 300+400	**m² BGF**	**1.055.917**	**1.297,69**	**1.297,69**	**350,91**	**100,0**
500	Außenanlagen und Freiflächen	m² AF	–	–	–	–	–
600	Ausstattung und Kunstwerke	m² BGF	4.672	5,74	5,74	1,55	0,4
700	Baunebenkosten	m² BGF	–	–	–	–	–
800	Finanzierung	m² BGF	–	–	–	–	–

KG	Kostengruppe	Menge Einheit	Kosten €	€/Einheit	%
3+4	**Bauwerk**				**100,0**
300	**Bauwerk – Baukonstruktionen**	813,69 m² BGF	765.069	**940,25**	72,5

- Abbrechen (Kosten: 13,8%) — 105.689
  Abbruch von Tapeten, Dispersionsbeschichtung, Ziegelmauerwerk; Bodenfliesen, Estrich, Leim- und Dispersionsbeschichtung; GK-Wänden, Schlackewänden, GK-Decken, Sanitärobjekten, Teppichböden, Putz, Fliesen; Entsorgung, Deponiegebühren

- Wiederherstellen (Kosten: 11,4%) — 87.413
  Fensterlaibungen ergänzen; Betonsanierung Stb-Stützen; Fenster ausbauen, Verglasung erneuern, Rahmen schleifen, beschichten, Fenster einbauen, Fensterbänke aufarbeiten; Löcher und Unebenheiten schließen, Lamellen-Raffstores ertüchtigen

- Herstellen (Kosten: 74,8%) — 571.967
  GK-Bekleidung, Dispersionsbeschichtung, Lamellen-Raffstores; GK-Wände, Holztüren, Dispersionsbeschichtung, Wandfliesen, Glastrennwände; Flächenhohlboden, Teppichboden, Vinyl, Linoleum, Bodenfliesen, GK-Decken, Einbaumöbel; Messingschilder

KG	Kostengruppe	Menge Einheit	Kosten €	€/Einheit	%
400	**Bauwerk – Technische Anlagen**	813,69 m² BGF	290.848	**357,44**	27,5

- Abbrechen (Kosten: 2,8%) — 8.101
  Abbruch von Heizkörpern; Entsorgung, Deponiegebühren

- Wiederherstellen (Kosten: 0,4%) — 1.063
  Abwasserleitung instandsetzen (psch)

- Herstellen (Kosten: 96,8%) — 281.684
  Abwasserleitungen, Kalt- und Warmwasserleitungen, Sanitärobjekte; Heizungsrohre, Heizkörper; Lüftungsanlagen; Elektroinstallation, Beleuchtung, Sicherheitsbeleuchtung; Brandmeldeanlage, EDV-Anlage

KG	Kostengruppe	Menge Einheit	Kosten €	€/Einheit	%
600	**Ausstattung und Kunstwerke**	813,69 m² BGF	4.672	**5,74**	0,4

- Herstellen (Kosten: 100,0%) — 4.672
  Sanitärausstattung

© BKI Baukosteninformationszentrum

Kostenkennwerte für die Kostengruppen der 2.Ebene DIN 276

KG	Kostengruppe	Menge Einheit	Kosten €	€/Einheit	%
300	**Bauwerk – Baukonstruktionen**				**100,0**
330	**Außenwände/Vert. Baukonstrukt., außen**	433,88 m² AWF	94.638	**218,12**	12,4
	• Abbrechen (Kosten: 2,7%) Abbruch von Tapeten (218m²), Dispersionsbeschichtung (79m²)	296,87 m² AWF	2.599	**8,76**	
	• Wiederherstellen (Kosten: 52,6%) Fensterlaibungen ergänzen mit Porenbetonsteinen (psch) * Betonsanierung Stb-Stützen (psch) * Fenster ausbauen, Verglasung erneuern, Rahmen schleifen, beschichten, Fenster einbauen (39m²), Fensterbänke aus Naturstein, ausbauen, aufarbeiten, einbauen (25St), Fensterbank ersetzen (1St) * Löcher und Unebenheiten schließen, Spachtelung (395m²) * Lamellen-Raffstores ertüchtigen (psch)	433,88 m² AWF	49.826	**114,84**	
	• Herstellen (Kosten: 44,6%) Spachtelung, GK-Bekleidung, Malervlies, Dispersionsbeschichtung (323m²), in Heizkörpernischen (72m²), in Laibungen (291m), Kalkzementputz in Heizkörpernischen (29St) * Lamellen-Raffstores, Motorantrieb (8m²)	395,13 m² AWF	42.212	**106,83**	
340	**Innenwände/Vert. Baukonstrukt., innen**	817,80 m² IWF	279.018	**341,18**	36,5
	• Abbrechen (Kosten: 2,1%) Abbruch von Ziegelmauerwerk, d=12,5cm (psch), GK-Wänden (psch); Entsorgung, Deponiegebühren	–	5.762	–	
	• Herstellen (Kosten: 97,9%) GK-Metallständerwände, d=10cm, Mineralwolldämmung (557m²), F90, d=12,5cm (88m²) * Holztüren (39m²) * Dispersionsbeschichtung (1.254m²), GK-Vorsatzschalen (202m²), Wandfliesen (36m²) * Glastrennwände, d=10mm, Türen (134m²)	817,80 m² IWF	273.256	**334,14**	
350	**Decken/Horizontale Baukonstruktionen**	699,70 m² DEF	275.286	**393,43**	36,0
	• Abbrechen (Kosten: 3,2%) Abbruch von Bodenfliesen (psch), Estrich (psch) * Leim- und Dispersionsbeschichtung (474m²); Entsorgung, Deponiegebühren	473,98 m² DEF	8.894	**18,77**	
	• Wiederherstellen (Kosten: 13,7%) Betonsanierung Stb-Decke (psch) * Estrichrisse schließen (45m) * Unebenheiten schließen, Decke spachteln (700m²)	699,70 m² DEF	37.587	**53,72**	
	• Herstellen (Kosten: 83,1%) Flächenhohlboden, h= 28-32mm (687m²), Teppichboden (429m²), Vinyl (207m²), Linoleum (26m²), Bodenfliesen (29m²) * Grundierung (668m²), Spachtelung (474m²), GK-Decken (195m²), Mineralwolldämmung, d=20mm (143m²), Malervlies (135m²), Dispersionsbeschichtung (525m²)	699,70 m² DEF	228.805	**327,00**	
380	**Baukonstruktive Einbauten**	813,69 m² BGF	11.123	**13,67**	1,5
	• Herstellen (Kosten: 100,0%) Waschtischmöbel (4St), Möbeltür, zweiflüglig (1St) * Messingschilder (3St)	813,69 m² BGF	11.123	**13,67**	

Umbau

KG	Kostengruppe	Menge Einheit	Kosten €	€/Einheit	%
390	**Sonst. Maßnahmen für Baukonstrukt.**	813,69 m²BGF	105.004	**129,05**	13,7
	• Abbrechen (Kosten: 84,2%) Abbruch von GK-Wänden, Schlackewänden, GK-Decken, Sanitärobjekten, Teppichböden, Putz, Fliesen (psch); Entsorgung, Deponiegebühren	813,69 m²BGF	88.433	**108,68**	
	• Herstellen (Kosten: 15,8%) Baustromverteiler (1St), Baustromanschluss (1St), Baubeleuchtung (psch) * Schutzabdeckungen von Bodenbelag (218m²), Staubschutzwand (31m²), Bauendreinigung (psch)	813,69 m²BGF	16.571	**20,37**	
400	**Bauwerk – Technische Anlagen**				**100,0**
410	**Abwasser-, Wasser-, Gasanlagen**	813,69 m²BGF	35.920	**44,14**	12,4
	• Wiederherstellen (Kosten: 3,0%) Abwasserleitung instandsetzen (psch)	813,69 m²BGF	1.063	**1,31**	
	• Herstellen (Kosten: 97,0%) Abwasserinstallation (psch) * Kupferrohre DN15-22, (176m), Absperrhähne (2St), Durchlauferhitzer (2St), Wand-Tiefspül-WCs (6St), Waschtische (4St), Urinale (3St), Duschwanne (1St), Ausgussbecken (1St) * Montageelemente (14St)	813,69 m²BGF	34.857	**42,84**	
420	**Wärmeversorgungsanlagen**	813,69 m²BGF	26.249	**32,26**	9,0
	• Abbrechen (Kosten: 30,9%) Abbruch von Heizkörpern (18St); Entsorgung, Deponiegebühren	813,69 m²BGF	8.101	**9,96**	
	• Herstellen (Kosten: 69,1%) Kupferrohre DN15-22 (psch) * Heizkörper (16St), Badheizkörper (2St), Thermostate (18St)	813,69 m²BGF	18.148	**22,30**	
430	**Raumlufttechnische Anlagen**	813,69 m²BGF	80.082	**98,42**	27,5
	• Herstellen (Kosten: 100,0%) Zentrale Lüftungsgeräte 1.585m³/h (1St), 795m³/h (1St), Rohrventilatoren DN100 (2St), Stahlblechkanäle (82m²), Wickelfalzrohre DN100-250, Kältedämmung (18m²), Schlitzein-/auslässe (24m), Konstantvolumenregler (10St), Telefonieschalldämpfer DN100-250 (16St) * Vorbereitung für Klimageräte: Steuerleitung (16m), Kupferleitungen DN10 (16m), DN16 (16m), Rohrabschottungen R90 (3St)	813,69 m²BGF	80.082	**98,42**	
440	**Elektrische Anlagen**	813,69 m²BGF	104.757	**128,74**	36,0
	• Herstellen (Kosten: 100,0%) Prüfen der Zentrale von Sicherheitsbeleuchtung (psch), Sicherheitsmodul (1St), Aufschalten auf Bestands-Sicherheitszentrale (psch) * Unterverteiler (2St), Kleinverteiler (1St), Mantelleitungen NYM-J (3.203m), Kabel J-Y(St)Y (144m), Kabel NHXH-J, E30 (58m), Schalter, Taster (47St), Bodendosen (41St), Steckdosen (91St), Dimmer (5St), Herdanschlussdosen (2St) * LED-Downlights (16St), LED-Strahler (12St), Anbauleuchten (5St), Pendelleuchten (psch), Piktogrammleuchten (9St), Sicherheitsleuchten (14St) * Potenzialausgleichsschienen (2St), Erdungsschellen (30St)	813,69 m²BGF	104.757	**128,74**	
450	**Kommunikationstechnische Anlagen**	813,69 m²BGF	43.840	**53,88**	15,1
	• Herstellen (Kosten: 100,0%) Nebensignalgerät (1St), Ruftasten (2St) * Meldergruppensoftware (psch), Aufschalten auf Bestands-Brandmeldeanlage (psch), Brandmeldekabel J-YY (756m), JE-H(St)H (35m), optische Rauchmelder (68St), Meldersockelsirenen (38St), Druckknopfmelder (4St), Blitzleuchten (2St), Türkontrollgerät (1St) * Netzwerkschränke (2St), Rangierpanels (9St), Datenkabel (1.748m), Datendosen RJ-45, zweifach (26St), einfach (2St)	813,69 m²BGF	43.840	**53,88**	

© **BKI** Baukosteninformationszentrum

KG	Kostengruppe	Menge Einheit	Kosten €	€/Einheit	%
600	**Ausstattung und Kunstwerke**				**100,0**
610	**Allgemeine Ausstattung**	813,69 m²BGF	4.672	**5,74**	100,0
	• Herstellen (Kosten: 100,0%) Spiegel (6St), Duschtrennwand (1St), WC-Papierhalter (6St), Papiertuchspender (2St)	813,69 m²BGF	4.672	**5,74**	

Kostenkennwerte für die Kostengruppen 300 der 2. und 3. Ebene DIN 276 (Übersicht)

KG	Kostengruppe	Menge Einheit	Kosten €	€/Einheit	% an 3+4
300	**Bauwerk – Baukonstruktionen**	**813,69 m² BGF**	**765.069,14**	**940,25**	**72,5**
310	**Baugrube / Erdbau**	**–**	**–**	**–**	**–**
311	Herstellung	–	–	–	–
312	Umschließung	–	–	–	–
313	Wasserhaltung	–	–	–	–
314	Vortrieb	–	–	–	–
319	Sonstiges zur KG 310	–	–	–	–
320	**Gründung, Unterbau**	**–**	**–**	**–**	**–**
321	Baugrundverbesserung	–	–	–	–
322	Flachgründungen und Bodenplatten	–	–	–	–
323	Tiefgründungen	–	–	–	–
324	Gründungsbeläge	–	–	–	–
325	Abdichtungen und Bekleidungen	–	–	–	–
326	Dränagen	–	–	–	–
329	Sonstiges zur KG 320	–	–	–	–
330	**Außenwände/Vert. Baukonstrukt., außen**	**433,88 m² AWF**	**94.637,61**	**218,12**	**9,0**
331	Tragende Außenwände	–	829,69	–	< 0,1
332	Nichttragende Außenwände	–	–	–	–
333	Außenstützen	–	3.964,35	–	0,4
334	Außenwandöffnungen	38,75 m²	25.926,71	669,08	2,5
335	Außenwandbekleidungen, außen	–	–	–	–
336	Außenwandbekleidungen, innen	395,13 m²	57.278,65	144,96	5,4
337	Element. Außenwandkonstruktionen	–	–	–	–
338	Lichtschutz zur KG 330	8,34 m²	6.638,21	795,95	0,6
339	Sonstiges zur KG 330	–	–	–	–
340	**Innenwände/Vert. Baukonstrukt., innen**	**817,80 m² IWF**	**279.017,90**	**341,18**	**26,4**
341	Tragende Innenwände	–	–	–	–
342	Nichttragende Innenwände	644,63 m²	83.038,22	128,82	7,9
343	Innenstützen	–	–	–	–
344	Innenwandöffnungen	38,74 m²	51.530,09	1.330,15	4,9
345	Innenwandbekleidungen	1.289,34 m²	73.303,45	56,85	6,9
346	Elementierte Innenwandkonstruktionen	134,43 m²	71.146,14	529,24	6,7
347	Lichtschutz zur KG 340	–	–	–	–
349	Sonstiges zur KG 340	–	–	–	–
350	**Decken/Horizontale Baukonstruktionen**	**699,70 m² DEF**	**275.286,35**	**393,43**	**26,1**
351	Deckenkonstruktionen	–	3.964,32	–	0,4
352	Deckenöffnungen	–	–	–	–
353	Deckenbeläge	699,70 m²	173.201,00	247,54	16,4
354	Deckenbekleidungen	699,70 m²	98.121,03	140,23	9,3
355	Elementierte Deckenkonstruktionen	–	–	–	–
359	Sonstiges zur KG 350	–	–	–	–
360	**Dächer**	**–**	**–**	**–**	**–**
361	Dachkonstruktionen	–	–	–	–
362	Dachöffnungen	–	–	–	–
363	Dachbeläge	–	–	–	–
364	Dachbekleidungen	–	–	–	–
365	Elementierte Dachkonstruktionen	–	–	–	–
366	Lichtschutz zur KG 360	–	–	–	–
369	Sonstiges zur KG 360	–	–	–	–
370	**Infrastrukturanlagen**	**–**	**–**	**–**	**–**
380	**Baukonstruktive Einbauten**	**813,69 m² BGF**	**11.123,13**	**13,67**	**1,1**
390	**Sonst. Maßnahmen für Baukonstrukt.**	**813,69 m² BGF**	**105.004,15**	**129,05**	**9,9**

© **BKI** Baukosteninformationszentrum

Kostenkennwerte für die Kostengruppen 400 der 2. und 3. Ebene DIN 276 (Übersicht)

KG	Kostengruppe	Menge Einheit	Kosten €	€/Einheit	% an 3+4
400	**Bauwerk – Technische Anlagen**	**813,69 m²BGF**	**290.847,95**	**357,44**	**27,5**
410	**Abwasser-, Wasser-, Gasanlagen**	**813,69 m²BGF**	**35.919,86**	**44,14**	**3,4**
411	Abwasseranlagen	813,69 m²BGF	5.510,66	6,77	0,5
412	Wasseranlagen	813,69 m²BGF	24.945,73	30,66	2,4
413	Gasanlagen	–	–	–	–
419	Sonstiges zur KG 410	813,69 m²BGF	5.463,47	6,71	0,5
420	**Wärmeversorgungsanlagen**	**813,69 m²BGF**	**26.248,71**	**32,26**	**2,5**
421	Wärmeerzeugungsanlagen	–	–	–	–
422	Wärmeverteilnetze	813,69 m²BGF	7.825,62	9,62	0,7
423	Raumheizflächen	813,69 m²BGF	18.423,09	22,64	1,7
424	Verkehrsheizflächen	–	–	–	–
429	Sonstiges zur KG 420	–	–	–	–
430	**Raumlufttechnische Anlagen**	**813,69 m²BGF**	**80.082,34**	**98,42**	**7,6**
431	Lüftungsanlagen	813,69 m²BGF	78.578,01	96,57	7,4
432	Teilklimaanlagen	813,69 m²BGF	1.504,33	1,85	0,1
433	Klimaanlagen	–	–	–	–
434	Kälteanlagen	–	–	–	–
439	Sonstiges zur KG 430	–	–	–	–
440	**Elektrische Anlagen**	**813,69 m²BGF**	**104.757,32**	**128,74**	**9,9**
441	Hoch- und Mittelspannungsanlagen	–	–	–	–
442	Eigenstromversorgungsanlagen	813,69 m²BGF	5.069,83	6,23	0,5
443	Niederspannungsschaltanlagen	–	–	–	–
444	Niederspannungsinstallationsanlagen	813,69 m²BGF	61.990,87	76,18	5,9
445	Beleuchtungsanlagen	813,69 m²BGF	37.118,68	45,62	3,5
446	Blitzschutz- und Erdungsanlagen	813,69 m²BGF	577,94	0,71	< 0,1
447	Fahrleitungssysteme	–	–	–	–
449	Sonstiges zur KG 440	–	–	–	–
450	**Kommunikationstechnische Anlagen**	**813,69 m²BGF**	**43.839,73**	**53,88**	**4,2**
451	Telekommunikationsanlagen	–	–	–	–
452	Such- und Signalanlagen	813,69 m²BGF	634,68	0,78	< 0,1
453	Zeitdienstanlagen	–	–	–	–
454	Elektroakustische Anlagen	–	–	–	–
455	Audiovisuelle Medien- u. Antennenanl.	–	–	–	–
456	Gefahrenmelde- und Alarmanlagen	813,69 m²BGF	27.188,63	33,41	2,6
457	Datenübertragungsnetze	813,69 m²BGF	16.016,41	19,68	1,5
458	Verkehrsbeeinflussungsanlagen	–	–	–	–
459	Sonstiges zur KG 450	–	–	–	–
460	**Förderanlagen**	**–**	**–**	**–**	**–**
461	Aufzugsanlagen	–	–	–	–
462	Fahrtreppen, Fahrsteige	–	–	–	–
463	Befahranlagen	–	–	–	–
464	Transportanlagen	–	–	–	–
465	Krananlagen	–	–	–	–
466	Hydraulikanlagen	–	–	–	–
469	Sonstiges zur KG 460	–	–	–	–
470	**Nutzungsspez. u. verfahrenstechn. Anl.**	**–**	**–**	**–**	**–**
480	**Gebäude- und Anlagenautomation**	**–**	**–**	**–**	**–**
490	**Sonst. Maßnahmen für techn. Anlagen**	**–**	**–**	**–**	**–**

Umbau

Kostenkennwerte für Leistungsbereiche nach STLB (Kosten des Bauwerks nach DIN 276)

LB	Leistungsbereiche	Kosten €	€/m² BGF	€/m³ BRI	% an 3+4
000	Baustellen-, Verkehrssich.- u. Sicherh.einr. inkl. 001	3.817	4,70	1,30	0,4
002	Erdarbeiten	–	–	–	–
006	Spezialtiefbauarbeiten inkl. 005	–	–	–	–
009	Entwässerungskanalarbeiten inkl. 011	–	–	–	–
010	Drän- und Versickerarbeiten	–	–	–	–
012	Mauerarbeiten	830	1,00	0,28	< 0,1
	Wiederherstellen	830	1,00	0,28	< 0,1
013	Betonarbeiten	–	–	–	–
014	Natur-, Betonwerksteinarbeiten	9.267	11,40	3,10	0,9
	Wiederherstellen	9.267	11,40	3,10	0,9
016	Zimmer- und Holzbauarbeiten	–	–	–	–
017	Stahlbauarbeiten	–	–	–	–
018	Abdichtungsarbeiten	–	–	–	–
020	Dachdeckungsarbeiten	–	–	–	–
021	Dachabdichtungsarbeiten	–	–	–	–
022	Klempnerarbeiten	–	–	–	–
	Rohbau	**13.914**	**17,10**	**4,60**	**1,3**
	Wiederherstellen	10.097	12,40	3,40	1,0
	Herstellen	3.817	4,70	1,30	0,4
023	Putz- und Stuckarbeiten, Wärmedämmsysteme	45.165	55,50	15,00	4,3
	Wiederherstellen	34.074	41,90	11,30	3,2
	Herstellen	11.091	13,60	3,70	1,1
024	Fliesen- und Plattenarbeiten	19.927	24,50	6,60	1,9
	Wiederherstellen	2.697	3,30	0,90	0,3
	Herstellen	17.230	21,20	5,70	1,6
025	Estricharbeiten	1.524	1,90	0,51	0,1
	Wiederherstellen	1.510	1,90	0,50	0,1
	Herstellen	14	0,02	< 0,01	< 0,1
026	Fenster, Außentüren inkl. 029, 032	84.443	103,80	28,10	8,0
	Wiederherstellen	13.297	16,30	4,40	1,3
	Herstellen	71.146	87,40	23,60	6,7
027	Tischlerarbeiten	79.836	98,10	26,50	7,6
028	Parkett-, Holzpflasterarbeiten	–	–	–	–
030	Rollladenarbeiten	6.638	8,20	2,20	0,6
	Wiederherstellen	1.606	2,00	0,53	0,2
	Herstellen	5.032	6,20	1,70	0,5
031	Metallbauarbeiten inkl. 035	–	–	–	–
034	Maler- und Lackiererarb. – Beschicht. inkl. 037	106.047	130,30	35,20	10,0
	Wiederherstellen	16.204	19,90	5,40	1,5
	Herstellen	89.843	110,40	29,90	8,5
036	Bodenbelagarbeiten	57.553	70,70	19,10	5,5
038	Vorgehängte hinterlüftete Fassaden	–	–	–	–
039	Trockenbauarbeiten	232.023	285,10	77,10	22,0
	Ausbau	**633.157**	**778,10**	**210,40**	**60,0**
	Wiederherstellen	69.388	85,30	23,10	6,6
	Herstellen	563.769	692,90	187,40	53,4
040	Wärmeversorgungsanl. - Betriebseinr. inkl. 041	18.088	22,20	6,00	1,7
042	Gas- u. Wasseranl. – Leitung., Armat. inkl. 043	9.700	11,90	3,20	0,9

© BKI Baukosteninformationszentrum

LB	Leistungsbereiche	Kosten €	€/m² BGF	€/m³ BRI	% an 3+4
044	Abwasseranl. - Leitungen, Abläufe, Armaturen	5.511	6,80	1,80	0,5
	Wiederherstellen	1.063	1,30	0,35	0,1
	Herstellen	4.448	5,50	1,50	0,4
045	Gas, Wasser, Entwässerung – Ausstattung inkl. 046	20.709	25,50	6,90	2,0
047	Dämm- und Brandschutzarb. an techn. Anlagen	–	–	–	–
049	Feuerlöschanlagen, Feuerlöschgeräte	–	–	–	–
050	Blitzschutz-/Erdungsanlagen, Überspannungssch.	578	0,71	0,19	< 0,1
053	Niederspannungsanl. – Kabel inkl. 052, 054	59.457	73,10	19,80	5,6
055	Sicherheits- u. Ersatzstromversorgungsanl.	–	–	–	–
057	Gebäudesystemtechnik	–	–	–	–
058	Leuchten und Lampen inkl. 059	44.354	54,50	14,70	4,2
060	Such, Signal, Zeit, Anten., akust. Anl. inkl. 064	1.766	2,20	0,59	0,2
061	Kommunikations- u. Übertragungsnetze inkl. 063	42.074	51,70	14,00	4,0
069	Aufzüge	–	–	–	–
070	Gebäudeautomation	–	–	–	–
075	Raumlufttechnische Anlagen inkl. 078	80.082	98,40	26,60	7,6
	Gebäudetechnik	**282.318**	**347,00**	**93,80**	**26,7**
	Wiederherstellen	1.063	1,30	0,35	0,1
	Herstellen	281.255	345,70	93,50	26,6
084	Abbruch, Rückbau, Schadstoffsanierung	113.790	139,80	37,80	10,8
	Abbrechen	113.790	139,80	37,80	10,8
	Abbrucharbeiten	**113.790**	**139,80**	**37,80**	**10,8**
	Abbrechen	113.790	139,80	37,80	10,8
	Sonstige Leistungsbereiche	**12.738**	**15,70**	**4,20**	**1,2**
	Wiederherstellen	7.929	9,70	2,60	0,8
	Herstellen	4.810	5,90	1,60	0,5

1300-0312
Büro (7 AP)

Kostenkennwerte für die Kosten des Bauwerks (Kostengruppen 300+400 nach DIN 276)

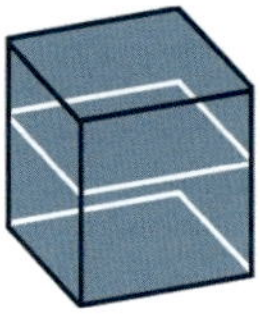
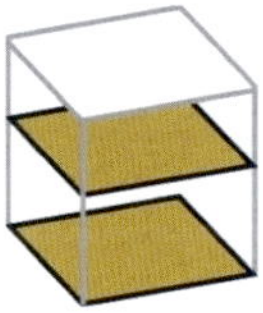
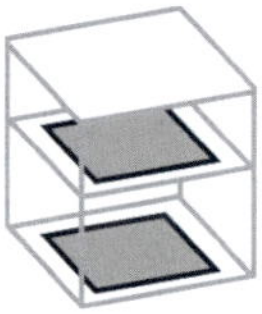
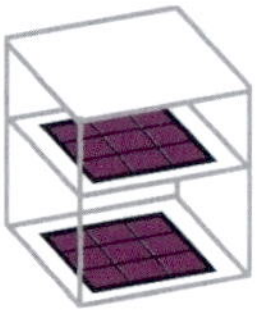

Umbau

BRI 263 €/m³ | **BGF** 946 €/m² | **NUF** 1.375 €/m² | **NE** 37.477 €/NE

NE: Arbeitsplätze

Objekt:
Kennwerte: 3. Ebene DIN 276
BRI: 996 m³
BGF: 277 m²
NUF: 191 m²
Bauzeit: 13 Wochen
Bauende: 2022
Standard: mittel
Bundesland: Hessen
Kreis: Frankfurt am Main, Stadt

Architekt*in:
freiraum4plus
Hasengartenstraße 44
65189 Wiesbaden

Bauherr*in:
Oxalis REIM GmbH
Hanauer Landstraße 181-185
60314 Frankfurt am Main

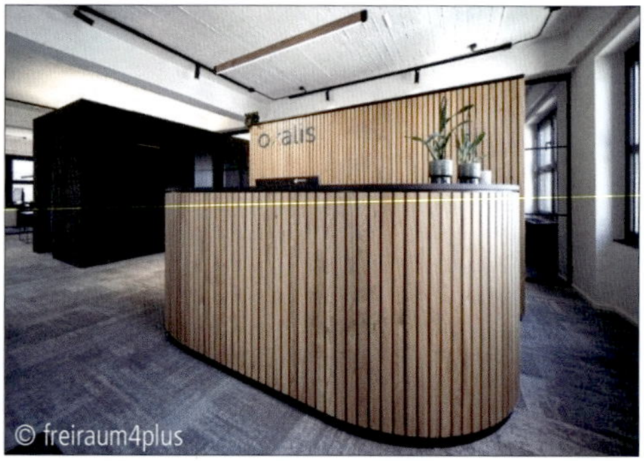

 © BKI Baukosteninformationszentrum

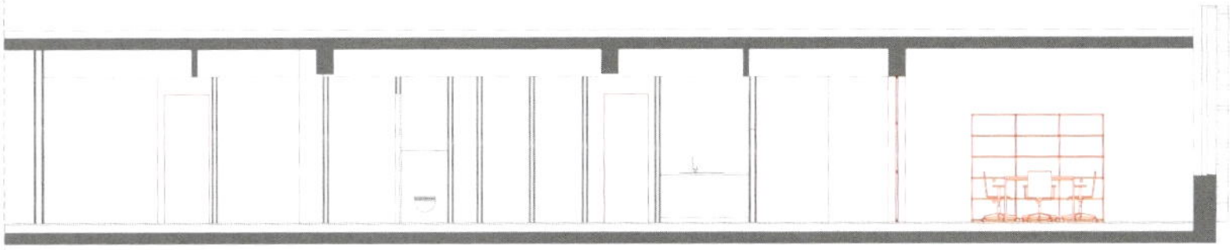

Schnitt A-A

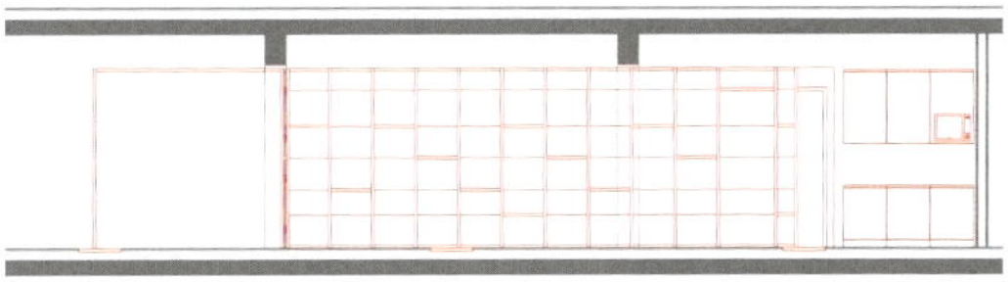

Schnitt B-B

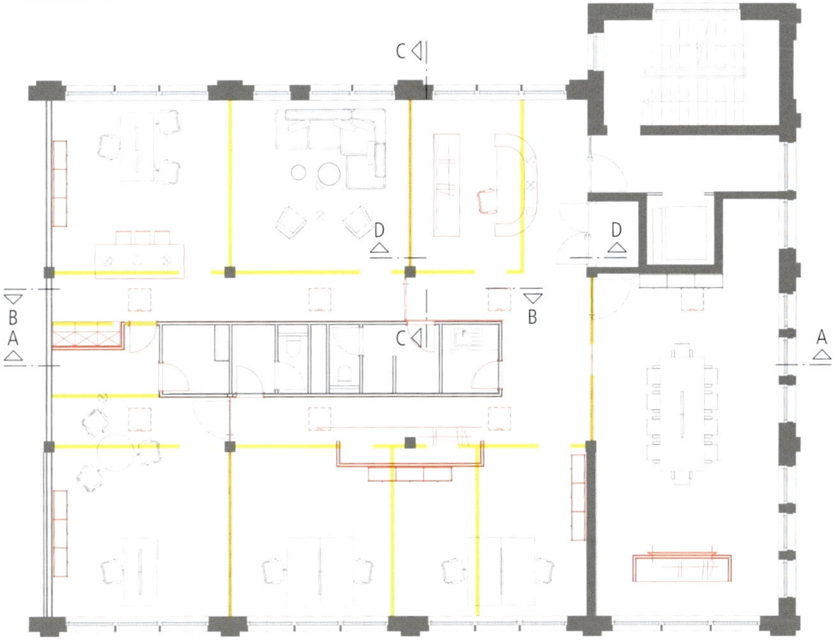

Erdgeschoss

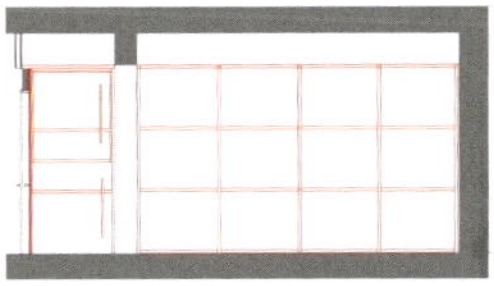

Schnitt C-C

Schnitt D-D

Objekte
3. Ebene
Positionen Neubau
Positionen Altbau

Umbau

Objektbeschreibung

Allgemeine Objektinformationen

Die Maßnahme umfasst den Umbau eines Büros im 3.Obergeschoss eines Bestandsgebäudes. Die Räumlichkeiten wurden im industriellen Design entworfen und verfügen über Einzelbüros, sowie ein Mehrpersonenbüro und einen Konferenzraum.

Nutzung

1 Obergeschoss
Rezeption, Büros, Besprechungsraum, Küchen, WCs

Nutzeinheiten

Arbeitsplätze: 7
Bürofläche: 171 m²

Markt

Hauptvergabezeit: 4.Quartal 2021
Baubeginn: 4.Quartal 2021
Bauende: 1.Quartal 2022
Konjunkturelle Gesamtlage: Durchschnitt
Regionaler Baumarkt: über Durchschnitt

Baubestand

Bauzustand: gut
Aufwand: niedrig
Grundrissänderungen: einige
Tragwerkseingriffe: keine
Nutzung während der Bauzeit: nein

Baukonstruktion

Die tragenden Innenwände sind aus Mauerwerk und erhielten eine Überholungsbeschichtung. Die nicht tragenden Wände sind aus Gipskarton angefertigt und mit MDF-Platten bekleidet. Elementierte Glastrennwände bilden die Grundstruktur des Büros. Bis auf die WCs wurden sämtlichen Bereiche mit Teppichboden belegt. Die Betondecke erhielt eine Überholungsbeschichtung.

Technische Anlagen

Die Stromverteilung ist im dritten Obergeschoss umfangreich ausgebaut. Die Räumlichkeiten sind alle mit Bodendosen ausgestattet. Auch die Beleuchtung ist so konzipiert, dass jeder Bereich seine individuellen Leuchtmittel bekommt. Hierbei wird auch an die Wandvertäfelung der „schwarzen Box" gedacht, bei der einzelne Module hervorgehoben und indirekt beleuchtet sind. Durch den Einbau der neuen Küche im Einzelbüro mussten Wasserleitungen verlegt werden und zusätzliche Steckdosen angebracht werden. Eine Besonderheit bei der Beleuchtung im Büro ist eine Lichtsteuerung, die es dem Nutzer ermöglicht Leuchten und Betriebsgeräte über ein Smartphone oder Tablet zu steuern.

Planungskennwerte für Flächen und Rauminhalte nach DIN 277

Flächen des Grundstücks		Menge Einheit	% an GF
BF	Bebaute Fläche	–	–
UF	Unbebaute Fläche	–	–
GF	Grundstücksfläche	–	–

Grundflächen des Bauwerks		Menge Einheit	% an NUF	% an BGF
NUF	Nutzungsfläche	190,77 m²	100,0	68,8
TF	Technikfläche	–	–	–
VF	Verkehrsfläche	50,84 m²	26,6	18,3
NRF	Netto-Raumfläche	241,61 m²	126,6	87,1
KGF	Konstruktions-Grundfläche	35,74 m²	18,7	12,9
BGF	Brutto-Grundfläche	277,35 m²	145,4	100,0

Brutto-Rauminhalt des Bauwerks		Menge Einheit	BRI/NUF (m)	BRI/BGF (m)
BRI	Brutto-Rauminhalt	995,69 m³	5,22	3,59

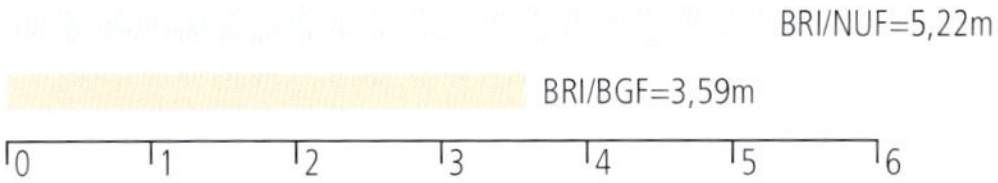

Lufttechnisch behandelte Flächen	Menge Einheit	% an NUF	% an BGF
Entlüftete Fläche	–	–	–
Be- und entlüftete Fläche	–	–	–
Teilklimatisierte Fläche	–	–	–
Klimatisierte Fläche	–	–	–

KG	Kostengruppen (2. Ebene)	Menge Einheit	Menge/NUF	Menge/BGF
310	Baugrube / Erdbau	–	–	–
320	Gründung, Unterbau	–	–	–
330	Außenwände/Vertikale Baukonstruktionen, außen	76,67 m² AWF	0,40	0,28
340	Innenwände/Vertikale Baukonstruktionen, innen	174,91 m² IWF	0,92	0,63
350	Decken/Horizontale Baukonstruktionen	285,60 m² DEF	1,50	1,03
360	Dächer	–	–	–

Umbau

Kostenkennwerte für die Kostengruppen der 1. Ebene DIN 276

KG	Kostengruppen (1. Ebene)	Einheit	Kosten €	€/Einheit	€/m² BGF	€/m³ BRI	% 300+400
100	Grundstück	m² GF	–	–	–	–	–
200	Vorbereitende Maßnahmen	m² GF	–	–	–	–	–
300	Bauwerk – Baukonstruktionen	m² BGF	196.871	709,83	709,83	197,72	75,0
400	Bauwerk – Technische Anlagen	m² BGF	65.464	236,04	236,04	65,75	25,0
	Bauwerk 300+400	**m² BGF**	**262.336**	**945,87**	**945,87**	**263,47**	**100,0**
500	Außenanlagen und Freiflächen	m² AF	–	–	–	–	–
600	Ausstattung und Kunstwerke	m² BGF	37.964	136,88	136,88	38,13	14,5
700	Baunebenkosten	m² BGF	–	–	–	–	–
800	Finanzierung	m² BGF	–	–	–	–	–

KG	Kostengruppe	Menge Einheit	Kosten €	€/Einheit	%
3+4	**Bauwerk**				**100,0**
300	**Bauwerk – Baukonstruktionen**	277,35 m² BGF	196.871	**709,83**	75,0
	• Abbrechen (Kosten: 2,2%) Abbruch von Trockenbauwänden, Putz; Entsorgung, Deponiegebühren		4.377		
	• Herstellen (Kosten: 97,8%) Überholungsbeschichtung; GK-Metallständerwände, OSB-Verstärkung, MDF-Bekleidung, GKB-Platten, Faserplatten, Überholungsanstrich, Stahl-Glaselemente; Teppichboden, Überholungsbeschichtung; Empfangstheke, Küchen, Aktenregal, TV-Schrank, Garderoben, Firmenlogo		192.494		
400	**Bauwerk – Technische Anlagen**	277,35 m² BGF	65.464	**236,04**	25,0
	• Abbrechen (Kosten: 9,5%) Abbruch von Elektroinstallation; Entsorgung, Deponiegebühren		6.220		
	• Herstellen (Kosten: 90,5%) Elektroinstallation, Schienensystem, Beleuchtung, Lichtband; Telefonleitung, Datenkabel, TV-, Video-, Netzwerkinstallation		59.244		
600	**Ausstattung und Kunstwerke**	277,35 m² BGF	37.964	**136,88**	14,5
	• Herstellen (Kosten: 100,0%) Bürostühle, Schreibtische, Konferenztische, Sofa, Beistelltische		37.964		

© BKI Baukosteninformationszentrum

Kostenkennwerte für die Kostengruppen der 2.Ebene DIN 276

KG	Kostengruppe	Menge Einheit	Kosten €	€/Einheit	%
300	**Bauwerk – Baukonstruktionen**				**100,0**
330	**Außenwände/Vert. Baukonstrukt., außen**	76,67 m² AWF	1.384	**18,06**	0,7
	• Herstellen (Kosten: 100,0%) Überholungsbeschichtung (77m²), Laibungen streichen (86m)	76,67 m² AWF	1.384	**18,06**	
340	**Innenwände/Vert. Baukonstrukt., innen**	174,91 m² IWF	121.330	**693,67**	61,6
	• Abbrechen (Kosten: 3,6%) Abbruch von Trockenbauwänden (145m²) * Putz (11m²); Entsorgung, Deponiegebühren	156,00 m² IWF	4.377	**28,06**	
	• Herstellen (Kosten: 96,4%) GK-Metallständerwände, OSB-Verstärkung (14m²) * MDF-Bekleidung (75m²), GKB-Platten (24m²), Faserplatten (16m²), Überholungsbeschichtung (155m²) * Stahl-Glaselemente, Sprossenrahmen aus Flach- und Vierkantstahl, ESG: Trennwandelemente, zwölfteilig, Schallschutzfolie (21m²), Türelemente, Flügel dreiteilig, Schallschutzfolie, absenkbare Bodendichtung (8m²)	174,91 m² IWF	116.953	**668,65**	
350	**Decken/Horizontale Baukonstruktionen**	285,60 m² DEF	19.460	**68,14**	9,9
	• Herstellen (Kosten: 100,0%) Teppichboden (228m²), Einfassprofile (39m), Übergangsprofile (6St) * Überholungsbeschichtung (286m²)	285,60 m² DEF	19.460	**68,14**	
380	**Baukonstruktive Einbauten**	277,35 m² BGF	53.298	**192,17**	27,1
	• Herstellen (Kosten: 100,0%) Empfangstheke (1St), Küchen (2St), Aktenregal (psch), TV-Schrank (1St), Garderoben (4St) * Firmenlogo (1St)	277,35 m² BGF	53.298	**192,17**	
390	**Sonst. Maßnahmen für Baukonstrukt.**	277,35 m² BGF	1.399	**5,05**	0,7
	• Herstellen (Kosten: 100,0%) Schutzabdeckung (psch)	277,35 m² BGF	1.399	**5,05**	
400	**Bauwerk – Technische Anlagen**				**100,0**
440	**Elektrische Anlagen**	277,35 m² BGF	48.320	**174,22**	73,8
	• Abbrechen (Kosten: 12,9%) Abbruch von Elektroinstallation (psch); Entsorgung, Deponiegebühren	277,35 m² BGF	6.220	**22,43**	
	• Herstellen (Kosten: 87,1%) Elektroinstallation (psch), Kabelkanäle (5m), Bodendosen (psch), Steckdosen (8St), Jalousieschalter/Taster (9St), Jalousiewippe (18St), Universalwippen (10St), Taster (2St), Aufputzgehäuse (16St) * Schienensystem (65m), Downlights (28St), Arbeitsplatzbeleuchtung (8St), Pendelleuchten (5St), LED-Unterbauleuchten (5St), LED-Lichtband (10m)	277,35 m² BGF	42.100	**151,80**	
450	**Kommunikationstechnische Anlagen**	277,35 m² BGF	17.144	**61,81**	26,2
	• Herstellen (Kosten: 100,0%) Telefonleitung (psch) * Datenkabel Cat7 (25m), TV-, Video-, Netzwerkinstallation (psch)	277,35 m² BGF	17.144	**61,81**	

KG	Kostengruppe	Menge Einheit	Kosten €	€/Einheit	%
600	**Ausstattung und Kunstwerke**				**100,0**
610	**Allgemeine Ausstattung**	277,35 m²BGF	37.964	**136,88**	100,0
	• Herstellen (Kosten: 100,0%) Bürostühle, Schreibtische, Konferenztische, Sofa, Beistelltische (psch)	277,35 m²BGF	37.964	**136,88**	

© **BKI** Baukosteninformationszentrum

Kostenkennwerte für die Kostengruppen 300 der 2. und 3.Ebene DIN 276 (Übersicht)

KG	Kostengruppe	Menge Einheit	Kosten €	€/Einheit	% an 3+4
300	**Bauwerk – Baukonstruktionen**	**277,35 m²BGF**	**196.871,41**	**709,83**	**75,0**
310	**Baugrube / Erdbau**	**–**	**–**	**–**	**–**
311	Herstellung	–	–	–	–
312	Umschließung	–	–	–	–
313	Wasserhaltung	–	–	–	–
314	Vortrieb	–	–	–	–
319	Sonstiges zur KG 310	–	–	–	–
320	**Gründung, Unterbau**	**–**	**–**	**–**	**–**
321	Baugrundverbesserung	–	–	–	–
322	Flachgründungen und Bodenplatten	–	–	–	–
323	Tiefgründungen	–	–	–	–
324	Gründungsbeläge	–	–	–	–
325	Abdichtungen und Bekleidungen	–	–	–	–
326	Dränagen	–	–	–	–
329	Sonstiges zur KG 320	–	–	–	–
330	**Außenwände/Vert. Baukonstrukt., außen**	**76,67 m²AWF**	**1.384,32**	**18,06**	**0,5**
331	Tragende Außenwände	–	–	–	–
332	Nichttragende Außenwände	–	–	–	–
333	Außenstützen	–	–	–	–
334	Außenwandöffnungen	–	–	–	–
335	Außenwandbekleidungen, außen	–	–	–	–
336	Außenwandbekleidungen, innen	76,67 m²	1.384,32	18,06	0,5
337	Element. Außenwandkonstruktionen	–	–	–	–
338	Lichtschutz zur KG 330	–	–	–	–
339	Sonstiges zur KG 330	–	–	–	–
340	**Innenwände/Vert. Baukonstrukt., innen**	**174,91 m²IWF**	**121.329,98**	**693,67**	**46,2**
341	Tragende Innenwände	–	–	–	–
342	Nichttragende Innenwände	14,21 m²	6.534,94	459,88	2,5
343	Innenstützen	–	–	–	–
344	Innenwandöffnungen	–	–	–	–
345	Innenwandbekleidungen	270,28 m²	23.294,75	86,19	8,9
346	Elementierte Innenwandkonstruktionen	39,77 m²	91.500,29	2.300,74	34,9
347	Lichtschutz zur KG 340	–	–	–	–
349	Sonstiges zur KG 340	–	–	–	–
350	**Decken/Horizontale Baukonstruktionen**	**285,60 m²DEF**	**19.460,05**	**68,14**	**7,4**
351	Deckenkonstruktionen	–	–	–	–
352	Deckenöffnungen	–	–	–	–
353	Deckenbeläge	228,00 m²	15.390,43	67,50	5,9
354	Deckenbekleidungen	285,60 m²	4.069,62	14,25	1,6
355	Elementierte Deckenkonstruktionen	–	–	–	–
359	Sonstiges zur KG 350	–	–	–	–
360	**Dächer**	**–**	**–**	**–**	**–**
361	Dachkonstruktionen	–	–	–	–
362	Dachöffnungen	–	–	–	–
363	Dachbeläge	–	–	–	–
364	Dachbekleidungen	–	–	–	–
365	Elementierte Dachkonstruktionen	–	–	–	–
366	Lichtschutz zur KG 360	–	–	–	–
369	Sonstiges zur KG 360	–	–	–	–
370	**Infrastrukturanlagen**	**–**	**–**	**–**	**–**
380	**Baukonstruktive Einbauten**	**277,35 m²BGF**	**53.297,59**	**192,17**	**20,3**
390	**Sonst. Maßnahmen für Baukonstrukt.**	**277,35 m²BGF**	**1.399,49**	**5,05**	**0,5**

© **BKI** Baukosteninformationszentrum

Kostenstand: 2. Quartal 2025, Bundesdurchschnitt, **inkl. 19% MwSt.**

Kostenkennwerte für die Kostengruppen 400 der 2. und 3.Ebene DIN 276 (Übersicht)

KG	Kostengruppe	Menge Einheit	Kosten €	€/Einheit	% an 3+4
400	**Bauwerk – Technische Anlagen**	**277,35 m²BGF**	**65.464,43**	**236,04**	**25,0**
410	**Abwasser-, Wasser-, Gasanlagen**	**–**	**–**	**–**	**–**
411	Abwasseranlagen	–	–	–	–
412	Wasseranlagen	–	–	–	–
413	Gasanlagen	–	–	–	–
419	Sonstiges zur KG 410	–	–	–	–
420	**Wärmeversorgungsanlagen**	**–**	**–**	**–**	**–**
421	Wärmeerzeugungsanlagen	–	–	–	–
422	Wärmeverteilnetze	–	–	–	–
423	Raumheizflächen	–	–	–	–
424	Verkehrsheizflächen	–	–	–	–
429	Sonstiges zur KG 420	–	–	–	–
430	**Raumlufttechnische Anlagen**	**–**	**–**	**–**	**–**
431	Lüftungsanlagen	–	–	–	–
432	Teilklimaanlagen	–	–	–	–
433	Klimaanlagen	–	–	–	–
434	Kälteanlagen	–	–	–	–
439	Sonstiges zur KG 430	–	–	–	–
440	**Elektrische Anlagen**	**277,35 m²BGF**	**48.320,38**	**174,22**	**18,4**
441	Hoch- und Mittelspannungsanlagen	–	–	–	–
442	Eigenstromversorgungsanlagen	–	–	–	–
443	Niederspannungsschaltanlagen	–	–	–	–
444	Niederspannungsinstallationsanlagen	277,35 m²BGF	17.834,70	64,30	6,8
445	Beleuchtungsanlagen	277,35 m²BGF	30.485,68	109,92	11,6
446	Blitzschutz- und Erdungsanlagen	–	–	–	–
447	Fahrleitungssysteme	–	–	–	–
449	Sonstiges zur KG 440	–	–	–	–
450	**Kommunikationstechnische Anlagen**	**277,35 m²BGF**	**17.144,05**	**61,81**	**6,5**
451	Telekommunikationsanlagen	277,35 m²BGF	777,50	2,80	0,3
452	Such- und Signalanlagen	–	–	–	–
453	Zeitdienstanlagen	–	–	–	–
454	Elektroakustische Anlagen	–	–	–	–
455	Audiovisuelle Medien- u. Antennenanl.	–	–	–	–
456	Gefahrenmelde- und Alarmanlagen	–	–	–	–
457	Datenübertragungsnetze	277,35 m²BGF	16.366,55	59,01	6,2
458	Verkehrsbeeinflussungsanlagen	–	–	–	–
459	Sonstiges zur KG 450	–	–	–	–
460	**Förderanlagen**	**–**	**–**	**–**	**–**
461	Aufzugsanlagen	–	–	–	–
462	Fahrtreppen, Fahrsteige	–	–	–	–
463	Befahranlagen	–	–	–	–
464	Transportanlagen	–	–	–	–
465	Krananlagen	–	–	–	–
466	Hydraulikanlagen	–	–	–	–
469	Sonstiges zur KG 460	–	–	–	–
470	**Nutzungsspez. u. verfahrenstechn. Anl.**	**–**	**–**	**–**	**–**
480	**Gebäude- und Anlagenautomation**	**–**	**–**	**–**	**–**
490	**Sonst. Maßnahmen für techn. Anlagen**	**–**	**–**	**–**	**–**

© **BKI** Baukosteninformationszentrum

Kostenkennwerte für Leistungsbereiche nach STLB (Kosten des Bauwerks nach DIN 276)

LB	Leistungsbereiche	Kosten €	€/m² BGF	€/m³ BRI	% an 3+4
000	Baustellen-, Verkehrssich.- u. Sicherh.einr. inkl. 001	1.399	5,00	1,40	0,5
002	Erdarbeiten	–	–	–	–
006	Spezialtiefbauarbeiten inkl. 005	–	–	–	–
009	Entwässerungskanalarbeiten inkl. 011	–	–	–	–
010	Drän- und Versickerarbeiten	–	–	–	–
012	Mauerarbeiten	–	–	–	–
013	Betonarbeiten	–	–	–	–
014	Natur-, Betonwerksteinarbeiten	–	–	–	–
016	Zimmer- und Holzbauarbeiten	–	–	–	–
017	Stahlbauarbeiten	–	–	–	–
018	Abdichtungsarbeiten	–	–	–	–
020	Dachdeckungsarbeiten	–	–	–	–
021	Dachabdichtungsarbeiten	–	–	–	–
022	Klempnerarbeiten	–	–	–	–
	Rohbau	**1.399**	**5,00**	**1,40**	**0,5**
023	Putz- und Stuckarbeiten, Wärmedämmsysteme	–	–	–	–
024	Fliesen- und Plattenarbeiten	–	–	–	–
025	Estricharbeiten	–	–	–	–
026	Fenster, Außentüren inkl. 029, 032	–	–	–	–
027	Tischlerarbeiten	70.087	252,70	70,40	26,7
028	Parkett-, Holzpflasterarbeiten	–	–	–	–
030	Rollladenarbeiten	–	–	–	–
031	Metallbauarbeiten inkl. 035	93.833	338,30	94,20	35,8
034	Maler- und Lackiererarb. – Beschicht. inkl. 037	8.772	31,60	8,80	3,3
036	Bodenbelagarbeiten	15.390	55,50	15,50	5,9
038	Vorgehängte hinterlüftete Fassaden	–	–	–	–
039	Trockenbauarbeiten	3.013	10,90	3,00	1,1
	Ausbau	**191.095**	**689,00**	**191,90**	**72,8**
040	Wärmeversorgungsanl. - Betriebseinr. inkl. 041	–	–	–	–
042	Gas- u. Wasseranl. – Leitung., Armat. inkl. 043	–	–	–	–
044	Abwasseranl. - Leitungen, Abläufe, Armaturen	–	–	–	–
045	Gas, Wasser, Entwässerung – Ausstattung inkl. 046	–	–	–	–
047	Dämm- und Brandschutzarb. an techn. Anlagen	–	–	–	–
049	Feuerlöschanlagen, Feuerlöschgeräte	–	–	–	–
050	Blitzschutz-/Erdungsanlagen, Überspannungssch.	–	–	–	–
053	Niederspannungsanl. – Kabel inkl. 052, 054	11.615	41,90	11,70	4,4
055	Sicherheits- u. Ersatzstromversorgungsanl.	–	–	–	–
057	Gebäudesystemtechnik	–	–	–	–
058	Leuchten und Lampen inkl. 059	30.486	109,90	30,60	11,6
060	Such, Signal, Zeit, Anten., akust. Anl. inkl. 064	777	2,80	0,78	0,3
061	Kommunikations- u. Übertragungsnetze inkl. 063	16.367	59,00	16,40	6,2
069	Aufzüge	–	–	–	–
070	Gebäudeautomation	–	–	–	–
075	Raumlufttechnische Anlagen inkl. 078	–	–	–	–
	Gebäudetechnik	**59.244**	**213,60**	**59,50**	**22,6**
084	Abbruch, Rückbau, Schadstoffsanierung	10.597	38,20	10,60	4,0
	Abbrechen	10.597	38,20	10,60	4,0
	Abbrucharbeiten	**10.597**	**38,20**	**10,60**	**4,0**
	Abbrechen	10.597	38,20	10,60	4,0
	Sonstige Leistungsbereiche	**–**	**–**	**–**	**–**

© **BKI** Baukosteninformationszentrum

Kostenstand: 2. Quartal 2025, Bundesdurchschnitt, **inkl. 19% MwSt.**

1300-0324
Gründerzentrum
(20 AP)

Umbau

Kostenkennwerte für die Kosten des Bauwerks (Kostengruppen 300+400 nach DIN 276)

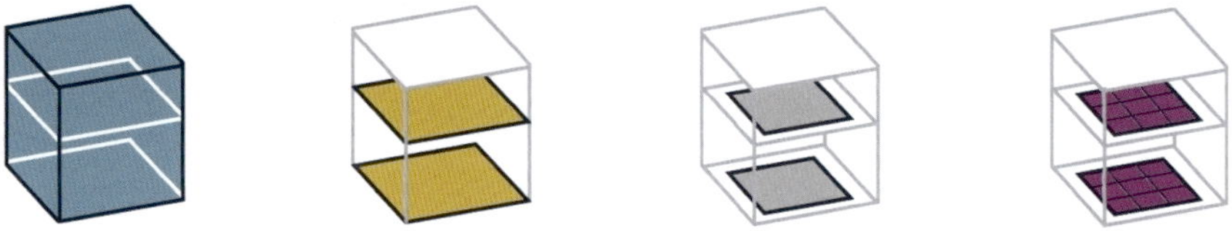

BRI 492 €/m³ | BGF 1.625 €/m² | NUF 2.487 €/m² | NE 36.934 €/NE

NE: Arbeitsplätze

Objekt:
Kennwerte: 3. Ebene DIN 276
BRI: 1.501 m³
BGF: 455 m²
NUF: 297 m²
Bauzeit: 43 Wochen
Bauende: 2023
Standard: mittel
Bundesland: Sachsen-Anhalt
Kreis: Börde

Architekt*in:
Liebnerstadtfeld Architekten
Winckelmannstraße 12
39108 Magdeburg

Bauherr*in:
Verbandsgemeinde
Westliche Börde
Marktstraße 7
39397 Gröningen

© Michael Moser

© Michael Moser

© BKI Baukosteninformationszentrum

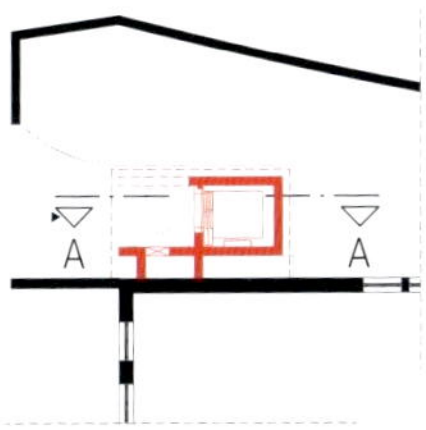

Erdgeschoss

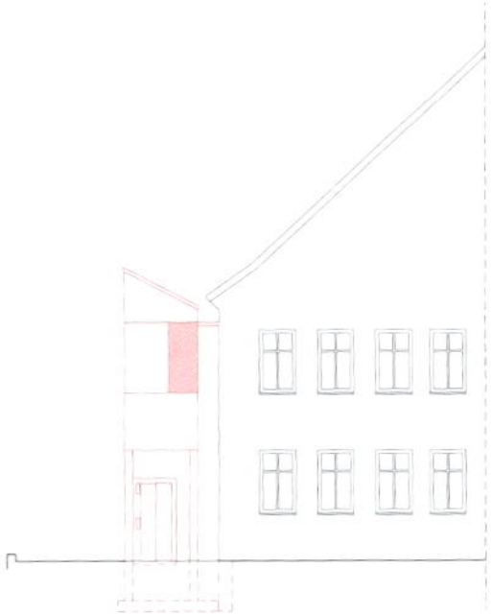

Ansicht Nord-West

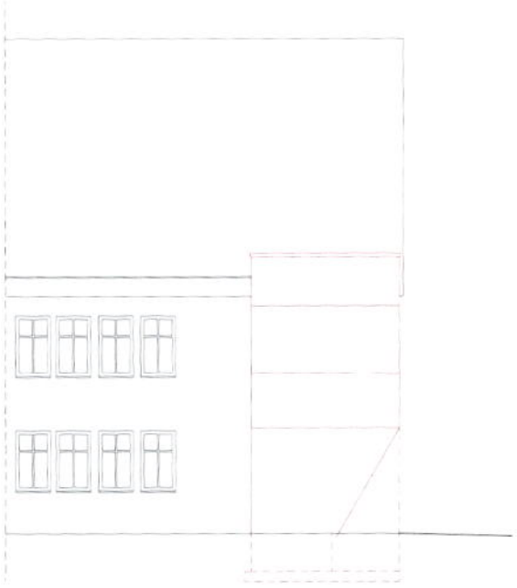

Ansicht Nord-Ost

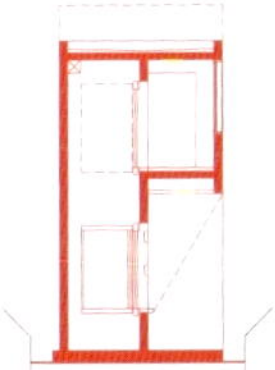

Schnitt A-A

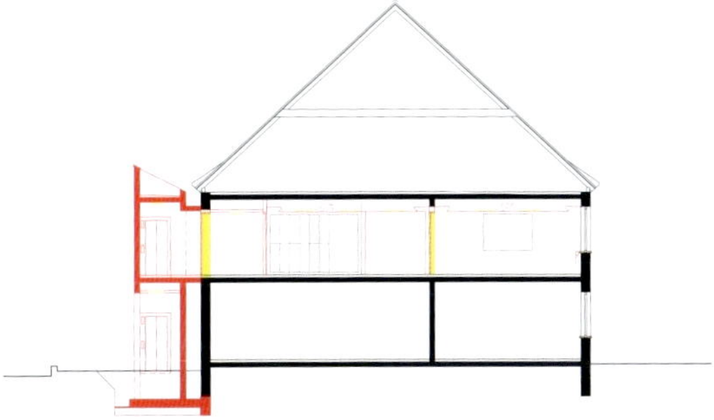

Schnitt B-B

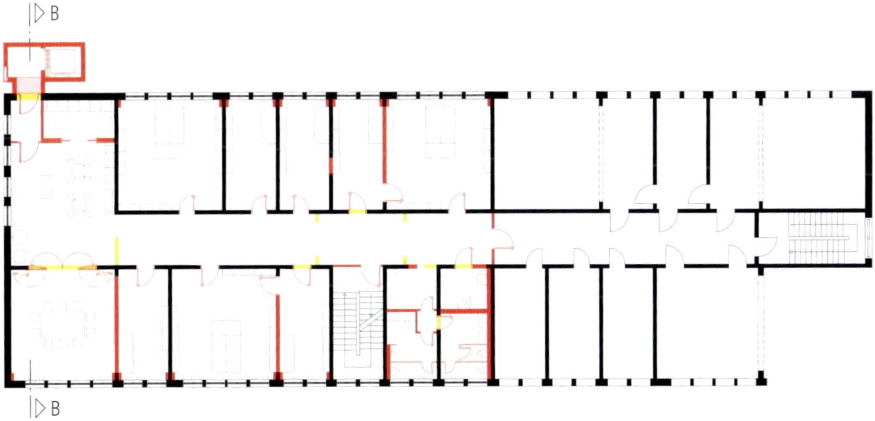

Obergeschoss

1300-0324
Gründerzentrum
(20 AP)

Umbau

Objektbeschreibung

Allgemeine Objektinformationen

Mit dem neuen Gründerzentrum in den Räumen der Grundschule besteht die Chance, das für die heutige Nutzung etwas zu große Schulgebäude sinnvoll zu nutzen und gleichzeitig jungen Unternehmen einen finanzierbaren Arbeitsplatz zu bieten und sie damit dauerhaft an die Gemeinde zu binden. Da die Grundschule das Erdgeschoss belegt, erfolgt die Unterbringung der Büros im 1. Obergeschoss. Das Gründerzentrum erhält zudem einen separaten Zugang mit eigener Adresse.

Nutzung

1 Erdgeschoss
Separates Eingangsbauwerk

1 Obergeschoss
Büros, Konferenzraum und Co-Working-Gemeinschaftsraum

Nutzeinheiten

Arbeitsplätze: 20

Grundstück

Bodenklasse: BK 2 bis BK 5

Markt

Hauptvergabezeit: 2.Quartal 2022
Baubeginn: 2.Quartal 2022
Bauende: 1.Quartal 2023
Konjunkturelle Gesamtlage: über Durchschnitt
Regionaler Baumarkt: unter Durchschnitt

Baubestand

Baujahr: 1980er Jahre
Bauzustand: mittel
Aufwand: mittel
Grundrissänderungen: einige
Tragwerkseingriffe: einige
Nutzungsänderung: ja
Nutzung während der Bauzeit: ja

Baukonstruktion

Im Bestandsgebäude aus den 1980er Jahren wurden neue Trockenbauwände und -decken sowie teilweise neue Mauerwerkswände errichtet. Zudem sind neue Holztüren mit Stahlzargen eingebaut. Die Bodenbeläge umfassen textile Beläge in den Büros sowie Linoleum in Fluren, der Teeküche, dem Konferenzraum, den Sanitärräumen und dem Co-Working-Gemeinschaftsraum. Für den Aufzug entstand ein neues Eingangsgebäude in Stahlbetonbauweise, dessen Erscheinungsbild in Cortenstahl gestaltet ist.

Technische Anlagen

Beim Umbauprojekt erfolgt die Erweiterung der Gasheizungs- und Brandmeldeanlage sowie der Einbau einer neuen Sanitäranlage, Elektrik- und Beleuchtungsanlage. Zudem werden eine Teeküche, eine Klimaanlage für den Konferenz- und Gemeinschaftsbereich, eine neue Aufzugsanlage sowie eine E-Ladesäule für Fahrräder installiert.

Sonstiges

Die angrenzenden Freianlagen am Eingang zum Gründerzentrum und zur Grundschule sind neu gestaltet und umfassen Zugänge, einen Sitzbereich, Fahrradständer und eine E-Ladesäule.

© BKI Baukosteninformationszentrum

Planungskennwerte für Flächen und Rauminhalte nach DIN 277

Flächen des Grundstücks		Menge Einheit	% an GF
BF	Bebaute Fläche	–	–
UF	Unbebaute Fläche	–	–
GF	Grundstücksfläche	4.654,00 m²	100,0

Grundflächen des Bauwerks		Menge Einheit	% an NUF	% an BGF
NUF	Nutzungsfläche	297,00 m²	100,0	65,3
TF	Technikfläche	–	–	–
VF	Verkehrsfläche	87,80 m²	29,6	19,3
NRF	Netto-Raumfläche	384,80 m²	129,6	84,6
KGF	Konstruktions-Grundfläche	69,90 m²	23,5	15,4
BGF	Brutto-Grundfläche	454,70 m²	153,1	100,0

Brutto-Rauminhalt des Bauwerks		Menge Einheit	BRI/NUF (m)	BRI/BGF (m)
BRI	Brutto-Rauminhalt	1.500,51 m³	5,05	3,30

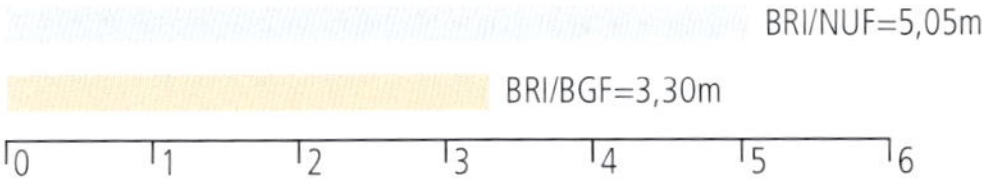

Lufttechnisch behandelte Flächen	Menge Einheit	% an NUF	% an BGF
Entlüftete Fläche	–	–	–
Be- und entlüftete Fläche	–	–	–
Teilklimatisierte Fläche	–	–	–
Klimatisierte Fläche	–	–	–

KG	Kostengruppen (2. Ebene)	Menge Einheit	Menge/NUF	Menge/BGF
310	Baugrube / Erdbau	39,65 m³ BGI	0,13	0,09
320	Gründung, Unterbau	13,97 m² GRF	0,05	0,03
330	Außenwände/Vertikale Baukonstruktionen, außen	295,59 m² AWF	1,00	0,65
340	Innenwände/Vertikale Baukonstruktionen, innen	462,10 m² IWF	1,56	1,02
350	Decken/Horizontale Baukonstruktionen	401,22 m² DEF	1,35	0,88
360	Dächer	20,22 m² DAF	0,07	0,04

Umbau

Kostenkennwerte für die Kostengruppen der 1. Ebene DIN 276

KG	Kostengruppen (1. Ebene)	Einheit	Kosten €	€/Einheit	€/m² BGF	€/m³ BRI	% 300+400
100	Grundstück	m² GF	–	–	–	–	–
200	Vorbereitende Maßnahmen	m² GF	3.085	0,66	6,78	2,06	0,4
300	Bauwerk – Baukonstruktionen	m² BGF	448.573	986,52	986,52	298,95	60,7
400	Bauwerk – Technische Anlagen	m² BGF	290.099	638,00	638,00	193,33	39,3
	Bauwerk 300+400	**m² BGF**	**738.671**	**1.624,52**	**1.624,52**	**492,28**	**100,0**
500	Außenanlagen und Freiflächen	m² AF	33.091	–	72,77	22,05	4,5
600	Ausstattung und Kunstwerke	m² BGF	3.008	6,62	6,62	2,00	0,4
700	Baunebenkosten	m² BGF	–	–	–	–	–
800	Finanzierung	m² BGF	–	–	–	–	–

KG	Kostengruppe	Menge Einheit	Kosten €	€/Einheit	%
200	**Vorbereitende Maßnahmen**	4.654,00 m² GF	3.085	**0,66**	0,4

- Herstellen (Kosten: 100,0%) — 3.085
  Suchschachtung, Gelände abräumen von Bewuchs, anfallende Stoffe entsorgen

KG	Kostengruppe	Menge Einheit	Kosten €	€/Einheit	%
3+4	**Bauwerk**				**100,0**
300	**Bauwerk – Baukonstruktionen**	454,70 m² BGF	448.573	**986,52**	60,7

- Abbrechen (Kosten: 5,2%) — 23.530
  Abbruch von Schächten, Mauerresten, Fundamentteilen; Mauerwerk, Dämmung, Tapete; Stb-Wänden für Türöffnungen; Ausgleichsmasse; Entsorgung, Deponiegebühren

- Wiederherstellen (Kosten: 0,1%) — 631
  Fallrohr versetzen

- Herstellen (Kosten: 94,6%) — 424.412
  Fundamentplatte; Stb-Wand, Alufenster, perforierte Blechbekleidung, Cortenstahl-Laibungen, Beschichtung Holzfenster, Fassadenbeschichtung, WDVS, Innenputz, Beschichtung, Lasur; KS-Mauerwerk, GK-Wände, Stahlstützen, Holztüren, Alu-Windfangtür, Putz, Linoleum, Sanitärtrennwände; Stb-Deckenplatte, Stahlstützen, Zementestrich, Teppich, Linoleum, abgehängte GK-Decken, Akustikdecken, Mineralfaserdecke; Stb-Flachdach, Abdichtung, Gefälledämmung, Dachentwässerung

KG	Kostengruppe	Menge Einheit	Kosten €	€/Einheit	%
400	**Bauwerk – Technische Anlagen**	454,70 m² BGF	290.099	**638,00**	39,3

- Abbrechen (Kosten: 1,0%) — 2.829
  Abbruch von Schmutzwasserleitungen, Wasserleitungen; Kupferrohren, Plattenheizkörpern; Elektroinstallation, Leuchten; Entsorgung, Deponiegebühren

- Herstellen (Kosten: 99,0%) — 287.270
  Abflussrohre, Flachdachentwässerung, Verbundrohre, Sanitärobjekte; Stahlrohre, Heizungsrohre beschichten, Plattenheizkörper, Heizkörper beschichten; Einzelraumlüfter, Klimasplit-Gerät Umluftkühlung, Multisplit-Außeneinheit; Elektroinstallation, Beleuchtung; Fernmeldeleitungen, Freisprechanlage, Brandmeldeanlage, Datenkabel; Personenaufzug

KG	Kostengruppe	Menge Einheit	Kosten €	€/Einheit	%
500	**Außenanlagen und Freiflächen**	–	33.091	–	4,5
	• Abbrechen (Kosten: 5,6%) Abbruch von Betonpflaster, Grundleitungen, KG-Rohren, Schacht; Entsorgung, Deponiegebühren		1.856		
	• Wiederherstellen (Kosten: 11,8%) Abstemmen von gebrochener Betondecke, neue Betondecke einbauen, Reparatur von Naturstein-pflaster; Reparatur von Natursteinmauer		3.891		
	• Herstellen (Kosten: 82,6%) Bodenarbeiten; Betonpflaster, Flusskies; Oberflächenentwässerung; Fahrradanlehnbügel, Abfall-behälter, Holzauflage; Oberboden, Rasen		27.344		
600	**Ausstattung und Kunstwerke**	454,70 m² BGF	3.008	**6,62**	0,4
	• Herstellen (Kosten: 100,0%) Sanitärausstattung		3.008		

Umbau

Kostenkennwerte für die Kostengruppen der 2. Ebene DIN 276

KG	Kostengruppe	Menge Einheit	Kosten €	€/Einheit	%
200	**Vorbereitende Maßnahmen**				**100,0**
210	**Herrichten**	4.654,00 m² GF	3.085	**0,66**	100,0
	• Herstellen (Kosten: 100,0%) Suchschachtung (1St) * Gelände abräumen, anfallende Stoffe entsorgen (55m²)	4.654,00 m² GF	3.085	**0,66**	
300	**Bauwerk – Baukonstruktionen**				**100,0**
310	**Baugrube / Erdbau**	39,65 m³ BGI	8.612	**217,20**	1,9
	• Herstellen (Kosten: 100,0%) Baugrubenaushub, laden, abfahren (40m³), Arbeitsräume verfüllen (17m³), Füllstoff liefern, einbauen (7m³) * Baugrube abpumpen (psch)	39,65 m³ BGI	8.612	**217,20**	
320	**Gründung, Unterbau**	13,97 m² GRF	15.272	**1.093,22**	3,4
	• Abbrechen (Kosten: 1,3%) Abbruch von Schächten, Mauerresten, Fundamentteilen (1m³); Entsorgung, Deponiegebühren	–	195	–	
	• Herstellen (Kosten: 98,7%) Unterfangung, Beton (4m³), Stb-Fundamentplatte, WU (14m²), Fertigfundament (1St) * Sauberkeitsschicht (23m²)	13,97 m² GRF	15.077	**1.079,25**	
330	**Außenwände/Vert. Baukonstrukt., außen**	295,59 m² AWF	144.006	**487,18**	32,1
	• Abbrechen (Kosten: 3,1%) Abbruch von Mauerwerk (4m²) * Dämmung (19m²) * Tapete (34m²); Entsorgung, Deponiegebühren	56,33 m² AWF	4.468	**79,31**	
	• Herstellen (Kosten: 96,9%) Stb-Wand (106m²) * Alutür, bodentiefe Glasfüllung (4m²), Alufenster, perforierte Blechbekleidung (1m²), Beschichtung best. Holzfenster (71m²), best. Fensterbänke (15m²), Briefkastenanlage (1St) * Fassadenbeschichtung, Cortenoptik (110m²), Laibungen, Alublech (4m), WDVS (17m²) * Innenputz (2m²), Malervlies, Beschichtung (192m²), Lasur (27m²) * Befestigungsschienen Aufzugsschacht (15m)	295,59 m² AWF	139.538	**472,07**	
340	**Innenwände/Vert. Baukonstrukt., innen**	462,10 m² IWF	129.011	**279,18**	28,8
	• Abbrechen (Kosten: 13,7%) Abbruch von Stb-Wänden, verputzt, für Türöffnungen, d=25cm, Betonsägearbeiten (29m²) * Tapete (99m²); Entsorgung, Deponiegebühren	127,79 m² IWF	17.615	**137,84**	
	• Herstellen (Kosten: 86,3%) KS-Mauerwerk (4m²) * GK-Wände (75m²), F30 (8m²), für Installationen (12m²), KS-Mauerwerk (7m²) * Stahlstützen (5m) * Holztüren, Stahlzargen (27m²), Klapptür (10m²), T30/RS (5m²), Schiebetür (4m²), Alu-Windfangtür, Glasfüllung (4m²) * GK-Vorsatzschalen (50m²), GK-Bekleidungen (36m²), Innenputz Q2 (30m²), Malervlies, Beschichtung (768m²), Wandbekleidung, Linoleum (19m²) * Sanitärtrennwände (11m²), Seitenwand (5m²), Urinal-Sichtschutz (1m²)	462,10 m² IWF	111.396	**241,06**	

© **BKI** Baukosteninformationszentrum

KG	Kostengruppe	Menge Einheit	Kosten €	€/Einheit	%
350	**Decken/Horizontale Baukonstruktionen**	401,22 m² DEF	105.428	**262,77**	23,5
	• Abbrechen (Kosten: 1,2%) Abbruch von Ausgleichsmasse (101m²); Entsorgung, Deponiegebühren	101,34 m² DEF	1.252	**12,36**	
	• Herstellen (Kosten: 98,8%) Stb-Deckenplatte (8m²), Stahlträger (16m) * Ausgleichsmasse (223m²), Risse verharzen (70m), Zementestrich, TSD (50m²), Teppichfliesen (190m²), Linoleum (189m²) * abgehängte GK-Decken (294m²), imprägnierte Gipsplatten (25m²), Akustikdecken (65m²), Mineralfaserdecke (13m²), Malervlies, Beschichtungen (232m²), Lasur (4m²)	401,22 m² DEF	104.176	**259,65**	
360	**Dächer**	20,22 m² DAF	12.597	**623,00**	2,8
	• Wiederherstellen (Kosten: 5,0%) Fallrohr versetzen (1St)	–	631	–	
	• Herstellen (Kosten: 95,0%) Stb-Flachdach (8m²) * Bitumenschweißbahn, Polymerbitumen-Schweißbahn (20m²), Wandanschluss, Alu (4m), Gefälledämmung (8m²), Attika-Tropfblech (16m), Einlaufblech, Titanzink (1m), Dachrinne, kastenförmig, Titanzink (1m)	20,22 m² DAF	11.966	**591,79**	
390	**Sonst. Maßnahmen für Baukonstrukt.**	454,70 m² BGF	33.646	**74,00**	7,5
	• Herstellen (Kosten: 100,0%) Baustelleneinrichtung (psch), Bauzaun (42m), Baustellen-WC (1St), Baustrom (1St), Verkehrsschilder (3St) * Arbeitsgerüst (132m²) * Staubschutzwand (8m²), Türöffnung mit Holz, Wärmedämmung verschließen (4m²), Öffnungen abkleben (25m²), Schutzfolie (120m²) * temporärer Verbau für Betonpumpe (3m²), provisorische Regenentwässerung (psch)	454,70 m² BGF	33.646	**74,00**	
400	**Bauwerk – Technische Anlagen**				**100,0**
410	**Abwasser-, Wasser-, Gasanlagen**	454,70 m² BGF	64.972	**142,89**	22,4
	• Abbrechen (Kosten: 0,4%) Abbruch von Schmutzwasserleitungen (17m) * Wasserleitungen (23m); Entsorgung, Deponiegebühren	454,70 m² BGF	286	**0,63**	
	• Herstellen (Kosten: 99,6%) Abflussrohre (27m), schallgedämmt (65m), Dachentlüftungshaube (1St), Flachdachablauf (1St), Wasserfangkasten (1St), Fallrohr (8m) * Verbundrohre (97m), Hygienespülung (psch), Einbauwaschtisch, zwei Becken (2St), Waschtisch, barrierefrei (1St), Tiefspül-WCs (4St), Stützklappgriffe (2St), Rückenstütze (1St), WC-Steuerung (1St), Urinal (1St), Durchlauferhitzer (1St) * Montageelemente (12St)	454,70 m² BGF	64.687	**142,26**	
420	**Wärmeversorgungsanlagen**	454,70 m² BGF	28.039	**61,66**	9,7
	• Abbrechen (Kosten: 6,1%) Abbruch von Kupferrohren (62m) * Plattenheizkörpern (18St); Entsorgung, Deponiegebühren	454,70 m² BGF	1.714	**3,77**	
	• Herstellen (Kosten: 93,9%) C-Stahlrohre (152m), Heizungsrohre beschichten (34m) * Plattenheizkörper (19St), Heizkörper beschichten (3St)	454,70 m² BGF	26.325	**57,90**	

KG	Kostengruppe	Menge Einheit	Kosten €	€/Einheit	%
430	**Raumlufttechnische Anlagen**	454,70 m²BGF	27.724	**60,97**	9,6
	• Herstellen (Kosten: 100,0%) Einzelraumlüfter (1St), Rohrventilator (1St), Wickelfalzrohre (35m), Alu-Flexrohre (6m), Tellerventile (2St), Dachentlüftungshaube (1St) * Klimasplitt-Gerät Umluftkühlung, Multisplit-Außeneinheit (1St), Deckenkassette-Innengeräte (2St), Kältemittelleitungen (47m), Abwasserleitung (9m)	454,70 m²BGF	27.724	**60,97**	
440	**Elektrische Anlagen**	454,70 m²BGF	71.873	**158,07**	24,8
	• Abbrechen (Kosten: 1,2%) Abbruch von Verteiler (1St), Leitungen (130m), Schaltern, Steckdosen (39St) * Leuchten (3St); Entsorgung, Deponiegebühren	454,70 m²BGF	829	**1,82**	
	• Herstellen (Kosten: 98,8%) Verteiler (1St), DALI-Steuergeräte (4St), Erdkabel (2.331m), Mantelleitungen (2.111m), Wechselschalter (17St), Taster mit Leuchte (2St), Steckdosen (63St), Präsenzmelder (7St), Bewegungsmelder (2St) * Deckenleuchten (25St), Lichtvoute (36m), Einbauleuchten (22St), Wandleuchten (6St), Einlegeleuchten (3St), Rettungszeichenleuchten (4St), Downlight (1St) * Brandschutzleitungen (62m), Potenzialausgleiche (4St)	454,70 m²BGF	71.044	**156,24**	
450	**Kommunikationstechnische Anlagen**	454,70 m²BGF	31.342	**68,93**	10,8
	• Herstellen (Kosten: 100,0%) Fernmeldeleitungen (228m) * Video-Freisprechstationen (9St), BUS-Kamera (1St), Tastenmodule (4St), Türcodeschloss (1St) * Loop-Interface (1St), Modul E7A (1St), thermische Melder (18St), Sockelsirenen (14St), Handmelder (2St), Differenzialmelder (1St), Brandmeldekabel (241m) * Datenkabel Cat7 (1.042m), Datendosen (28St), Patchfelder 19" (3St), Patchkabel (62St)	454,70 m²BGF	31.342	**68,93**	
460	**Förderanlagen**	454,70 m²BGF	66.149	**145,48**	22,8
	• Herstellen (Kosten: 100,0%) Personenaufzug, neun Personen, Nennlast 675kg, zwei Haltestellen, Förderhöhe 3,82m (1St)	454,70 m²BGF	66.149	**145,48**	
500	**Außenanlagen und Freiflächen**				**100,0**
510	**Erdbau**	18,66 m³EBR	4.507	**241,54**	13,6
	• Herstellen (Kosten: 100,0%) Rohrgrabenaushub BK 2-5, lagern (13m³), mit Lieferkies verfüllen (7m³), Handaushub BK 2-5, wieder einbauen (1m³), Kanalgraben, wieder verfüllen (5m³)	18,66 m³EBR	4.507	**241,54**	
530	**Oberbau, Deckschichten**	63,35 m²BFF	13.001	**205,23**	39,3
	• Abbrechen (Kosten: 4,7%) Abbruch von Betonpflaster (9m²), Betonbord (7m); Entsorgung, Deponiegebühren * Betonfläche einschneiden, entsorgen (4m²)	12,65 m²BFF	611	**48,32**	
	• Wiederherstellen (Kosten: 29,0%) Abstemmen von loser und gebrochener Betondecke, neue Betondecke einbauen (10m²) * Reparatur von vorhandenem Natursteinpflaster, Neubeschaffung von Pflastersteinen passend zum Bestandspflaster (20m²)	30,00 m²BFF	3.777	**125,88**	
	• Herstellen (Kosten: 66,3%) Schottertragschicht, Betonpflaster (33m²), Einfassung, Stahlband (22m) * Flusskies (8m²), Fußabstreiferrost (1St)	33,35 m²BFF	8.614	**258,28**	

KG	Kostengruppe	Menge Einheit	Kosten €	€/Einheit	%
540	**Baukonstruktionen**	–	114	–	0,3
	• Wiederherstellen (Kosten: 100,0%) Natursteinmauer reparieren, lose vorhandene Steine abtragen, mit Mörtel befestigen, Reste sauber abtragen, nach Bedarf entsorgen, Steine vor Wiedereinbau reinigen (1m2)	–	114	–	
550	**Technische Anlagen**	–	8.862	–	26,8
	• Abbrechen (Kosten: 14,1%) Abbruch von Grundleitungen (12m), KG-Rohren (6St), Schacht (1St); Entsorgung, Deponiegebühren	–	1.245	–	
	• Herstellen (Kosten: 85,9%) PVC-Abwasserleitungen (31m), Kontrollschächte (2St), Entwässerungsrinne (2m)	–	7.616	–	
560	**Einbauten Außenanlagen u. Freiflächen**	–	4.391	–	13,3
	• Herstellen (Kosten: 100,0%) Fahrradanlehnbügel (5St), Abfallbehälter (1St), Holzauflage aus Terrassendielen (1St)	–	4.391	–	
570	**Vegetationsflächen**	27,00 m2 PSF	2.216	**82,06**	6,7
	• Herstellen (Kosten: 100,0%) Füllstoff, Kies-Sand-Gemisch (30m3), Oberboden liefern, einbauen (27m2) * Rasenansaat (27m2)	27,00 m2 PSF	2.216	**82,06**	
600	**Ausstattung und Kunstwerke**				**100,0**
610	**Allgemeine Ausstattung**	454,70 m2 BGF	3.008	**6,62**	100,0
	• Herstellen (Kosten: 100,0%) Hygiene-Abfallbehälter 6l (3St), WC-Bürstengarnituren (4St), WC-Papierhalter (4St), Einzelhaken (4St)	454,70 m2 BGF	3.008	**6,62**	

Umbau

Kostenkennwerte für die Kostengruppen 300 der 2. und 3.Ebene DIN 276 (Übersicht)

KG	Kostengruppe	Menge Einheit	Kosten €	€/Einheit	% an 3+4
300	**Bauwerk – Baukonstruktionen**	**454,70 m² BGF**	**448.572,77**	**986,52**	**60,7**
310	**Baugrube / Erdbau**	**39,65 m³ BGI**	**8.612,14**	**217,20**	**1,2**
311	Herstellung	39,65 m³ BGI	7.825,24	197,36	1,1
312	Umschließung	–	–	–	–
313	Wasserhaltung	–	786,90	–	0,1
314	Vortrieb	–	–	–	–
319	Sonstiges zur KG 310	–	–	–	–
320	**Gründung, Unterbau**	**13,97 m² GRF**	**15.272,27**	**1.093,22**	**2,1**
321	Baugrundverbesserung	–	–	–	–
322	Flachgründungen und Bodenplatten	13,97 m²	14.351,58	1.027,31	1,9
323	Tiefgründungen	–	–	–	–
324	Gründungsbeläge	–	–	–	–
325	Abdichtungen und Bekleidungen	22,50 m²	920,67	40,92	0,1
326	Dränagen	–	–	–	–
329	Sonstiges zur KG 320	–	–	–	–
330	**Außenwände/Vert. Baukonstrukt., außen**	**295,59 m² AWF**	**144.006,30**	**487,18**	**19,5**
331	Tragende Außenwände	105,92 m²	76.171,09	719,14	10,3
332	Nichttragende Außenwände	–	–	–	–
333	Außenstützen	–	–	–	–
334	Außenwandöffnungen	76,21 m²	19.435,39	255,02	2,6
335	Außenwandbekleidungen, außen	126,72 m²	39.423,81	311,11	5,3
336	Außenwandbekleidungen, innen	219,38 m²	8.260,72	37,65	1,1
337	Element. Außenwandkonstruktionen	–	–	–	–
338	Lichtschutz zur KG 330	–	–	–	–
339	Sonstiges zur KG 330	295,59 m² AWF	715,29	2,42	< 0,1
340	**Innenwände/Vert. Baukonstrukt., innen**	**462,10 m² IWF**	**129.010,69**	**279,18**	**17,5**
341	Tragende Innenwände	3,63 m²	18.404,02	5.069,98	2,5
342	Nichttragende Innenwände	102,71 m²	17.984,34	175,10	2,4
343	Innenstützen	5,40 m	3.380,55	626,03	0,5
344	Innenwandöffnungen	49,65 m²	39.672,71	799,05	5,4
345	Innenwandbekleidungen	790,51 m²	45.308,81	57,32	6,1
346	Elementierte Innenwandkonstruktionen	17,19 m²	4.260,25	247,83	0,6
347	Lichtschutz zur KG 340	–	–	–	–
349	Sonstiges zur KG 340	–	–	–	–
350	**Decken/Horizontale Baukonstruktionen**	**401,22 m² DEF**	**105.427,89**	**262,77**	**14,3**
351	Deckenkonstruktionen	8,45 m²	16.571,76	1.961,16	2,2
352	Deckenöffnungen	–	–	–	–
353	Deckenbeläge	381,16 m²	47.980,39	125,88	6,5
354	Deckenbekleidungen	401,22 m²	40.875,76	101,88	5,5
355	Elementierte Deckenkonstruktionen	–	–	–	–
359	Sonstiges zur KG 350	–	–	–	–
360	**Dächer**	**20,22 m² DAF**	**12.597,13**	**623,00**	**1,7**
361	Dachkonstruktionen	8,44 m²	4.927,27	583,80	0,7
362	Dachöffnungen	–	–	–	–
363	Dachbeläge	20,22 m²	7.669,87	379,32	1,0
364	Dachbekleidungen	–	–	–	–
365	Elementierte Dachkonstruktionen	–	–	–	–
366	Lichtschutz zur KG 360	–	–	–	–
369	Sonstiges zur KG 360	–	–	–	–
370	**Infrastrukturanlagen**	**–**	**–**	**–**	**–**
380	**Baukonstruktive Einbauten**	**–**	**–**	**–**	**–**
390	**Sonst. Maßnahmen für Baukonstrukt.**	**454,70 m² BGF**	**33.646,36**	**74,00**	**4,6**

© **BKI** Baukosteninformationszentrum

Kostenkennwerte für die Kostengruppen 400 der 2. und 3.Ebene DIN 276 (Übersicht)

KG	Kostengruppe	Menge Einheit	Kosten €	€/Einheit	% an 3+4
400	**Bauwerk – Technische Anlagen**	**454,70 m² BGF**	**290.098,58**	**638,00**	**39,3**
410	**Abwasser-, Wasser-, Gasanlagen**	**454,70 m² BGF**	**64.972,16**	**142,89**	**8,8**
411	Abwasseranlagen	454,70 m² BGF	12.568,20	27,64	1,7
412	Wasseranlagen	454,70 m² BGF	44.153,22	97,10	6,0
413	Gasanlagen	–	–	–	–
419	Sonstiges zur KG 410	454,70 m² BGF	8.250,75	18,15	1,1
420	**Wärmeversorgungsanlagen**	**454,70 m² BGF**	**28.038,93**	**61,66**	**3,8**
421	Wärmeerzeugungsanlagen	–	–	–	–
422	Wärmeverteilnetze	454,70 m² BGF	10.648,84	23,42	1,4
423	Raumheizflächen	454,70 m² BGF	17.390,09	38,25	2,4
424	Verkehrsheizflächen	–	–	–	–
429	Sonstiges zur KG 420	–	–	–	–
430	**Raumlufttechnische Anlagen**	**454,70 m² BGF**	**27.724,11**	**60,97**	**3,8**
431	Lüftungsanlagen	454,70 m² BGF	6.046,34	13,30	0,8
432	Teilklimaanlagen	–	–	–	–
433	Klimaanlagen	454,70 m² BGF	21.677,77	47,67	2,9
434	Kälteanlagen	–	–	–	–
439	Sonstiges zur KG 430	–	–	–	–
440	**Elektrische Anlagen**	**454,70 m² BGF**	**71.873,34**	**158,07**	**9,7**
441	Hoch- und Mittelspannungsanlagen	–	–	–	–
442	Eigenstromversorgungsanlagen	–	–	–	–
443	Niederspannungsschaltanlagen	–	–	–	–
444	Niederspannungsinstallationsanlagen	454,70 m² BGF	39.461,08	86,78	5,3
445	Beleuchtungsanlagen	454,70 m² BGF	32.021,95	70,42	4,3
446	Blitzschutz- und Erdungsanlagen	454,70 m² BGF	390,30	0,86	< 0,1
447	Fahrleitungssysteme	–	–	–	–
449	Sonstiges zur KG 440	–	–	–	–
450	**Kommunikationstechnische Anlagen**	**454,70 m² BGF**	**31.341,51**	**68,93**	**4,2**
451	Telekommunikationsanlagen	454,70 m² BGF	542,41	1,19	< 0,1
452	Such- und Signalanlagen	454,70 m² BGF	10.656,76	23,44	1,4
453	Zeitdienstanlagen	–	–	–	–
454	Elektroakustische Anlagen	–	–	–	–
455	Audiovisuelle Medien- u. Antennenanl.	–	–	–	–
456	Gefahrenmelde- und Alarmanlagen	454,70 m² BGF	11.212,22	24,66	1,5
457	Datenübertragungsnetze	454,70 m² BGF	8.930,12	19,64	1,2
458	Verkehrsbeeinflussungsanlagen	–	–	–	–
459	Sonstiges zur KG 450	–	–	–	–
460	**Förderanlagen**	**454,70 m² BGF**	**66.148,55**	**145,48**	**9,0**
461	Aufzugsanlagen	454,70 m² BGF	66.148,55	145,48	9,0
462	Fahrtreppen, Fahrsteige	–	–	–	–
463	Befahranlagen	–	–	–	–
464	Transportanlagen	–	–	–	–
465	Krananlagen	–	–	–	–
466	Hydraulikanlagen	–	–	–	–
469	Sonstiges zur KG 460	–	–	–	–
470	**Nutzungsspez. u. verfahrenstechn. Anl.**	**–**	**–**	**–**	**–**
480	**Gebäude- und Anlagenautomation**	**–**	**–**	**–**	**–**
490	**Sonst. Maßnahmen für techn. Anlagen**	**–**	**–**	**–**	**–**

Umbau

Kostenkennwerte für Leistungsbereiche nach STLB (Kosten des Bauwerks nach DIN 276)

LB	Leistungsbereiche	Kosten €	€/m² BGF	€/m³ BRI	% an 3+4
000	Baustellen-, Verkehrssich.- u. Sicherh.einr. inkl. 001	33.363	73,40	22,20	4,5
002	Erdarbeiten	9.074	20,00	6,00	1,2
006	Spezialtiefbauarbeiten inkl. 005	–	–	–	–
009	Entwässerungskanalarbeiten inkl. 011	–	–	–	–
010	Drän- und Versickerarbeiten	–	–	–	–
012	Mauerarbeiten	3.200	7,00	2,10	0,4
013	Betonarbeiten	98.421	216,50	65,60	13,3
014	Natur-, Betonwerksteinarbeiten	–	–	–	–
016	Zimmer- und Holzbauarbeiten	–	–	–	–
017	Stahlbauarbeiten	13.990	30,80	9,30	1,9
018	Abdichtungsarbeiten	85	0,19	0,06	< 0,1
020	Dachdeckungsarbeiten	–	–	–	–
021	Dachabdichtungsarbeiten	5.120	11,30	3,40	0,7
022	Klempnerarbeiten	4.262	9,40	2,80	0,6
	Wiederherstellen	631	1,40	0,42	< 0,1
	Herstellen	3.631	8,00	2,40	0,5
	Rohbau	**167.516**	**368,40**	**111,60**	**22,7**
	Wiederherstellen	631	1,40	0,42	< 0,1
	Herstellen	166.885	367,00	111,20	22,6
023	Putz- und Stuckarbeiten, Wärmedämmsysteme	23.579	51,90	15,70	3,2
024	Fliesen- und Plattenarbeiten	–	–	–	–
025	Estricharbeiten	–	–	–	–
026	Fenster, Außentüren inkl. 029, 032	7.847	17,30	5,20	1,1
027	Tischlerarbeiten	35.335	77,70	23,50	4,8
028	Parkett-, Holzpflasterarbeiten	–	–	–	–
030	Rollladenarbeiten	–	–	–	–
031	Metallbauarbeiten inkl. 035	32.646	71,80	21,80	4,4
034	Maler- und Lackiererarb. – Beschicht. inkl. 037	43.458	95,60	29,00	5,9
036	Bodenbelagarbeiten	47.828	105,20	31,90	6,5
038	Vorgehängte hinterlüftete Fassaden	–	–	–	–
039	Trockenbauarbeiten	67.101	147,60	44,70	9,1
	Ausbau	**257.796**	**567,00**	**171,80**	**34,9**
040	Wärmeversorgungsanl. - Betriebseinr. inkl. 041	25.692	56,50	17,10	3,5
042	Gas- u. Wasseranl. – Leitung., Armat. inkl. 043	15.325	33,70	10,20	2,1
044	Abwasseranl. - Leitungen, Abläufe, Armaturen	9.744	21,40	6,50	1,3
045	Gas, Wasser, Entwässerung – Ausstattung inkl. 046	36.549	80,40	24,40	4,9
047	Dämm- und Brandschutzarb. an techn. Anlagen	7.852	17,30	5,20	1,1
049	Feuerlöschanlagen, Feuerlöschgeräte	–	–	–	–
050	Blitzschutz-/Erdungsanlagen, Überspannungssch.	390	0,86	0,26	< 0,1
053	Niederspannungsanl. – Kabel inkl. 052, 054	37.823	83,20	25,20	5,1
055	Sicherheits- u. Ersatzstromversorgungsanl.	–	–	–	–
057	Gebäudesystemtechnik	–	–	–	–
058	Leuchten und Lampen inkl. 059	31.975	70,30	21,30	4,3
060	Such, Signal, Zeit, Anten., akust. Anl. inkl. 064	10.657	23,40	7,10	1,4
061	Kommunikations- u. Übertragungsnetze inkl. 063	20.685	45,50	13,80	2,8
069	Aufzüge	65.983	145,10	44,00	8,9
070	Gebäudeautomation	–	–	–	–
075	Raumlufttechnische Anlagen inkl. 078	24.327	53,50	16,20	3,3
	Gebäudetechnik	**287.001**	**631,20**	**191,30**	**38,9**

© BKI Baukosteninformationszentrum

LB	Leistungsbereiche	Kosten €	€/m² BGF	€/m³ BRI	% an 3+4
084	Abbruch, Rückbau, Schadstoffsanierung	26.358	58,00	17,60	3,6
	Abbrechen	26.358	58,00	17,60	3,6
	Abbrucharbeiten	**26.358**	**58,00**	**17,60**	**3,6**
	Abbrechen	26.358	58,00	17,60	3,6
	Sonstige Leistungsbereiche	–	–	–	–

2200-0053
Seminarräume
(343 Sitzplätze)

Umbau

Kostenkennwerte für die Kosten des Bauwerks (Kostengruppen 300+400 nach DIN 276)

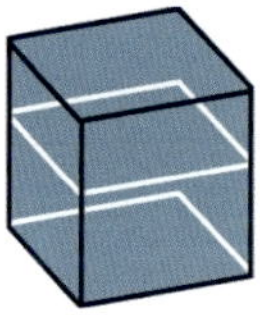

BRI 259 €/m^3

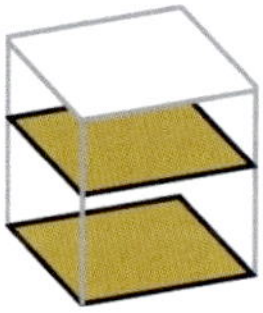

BGF 864 €/m^2

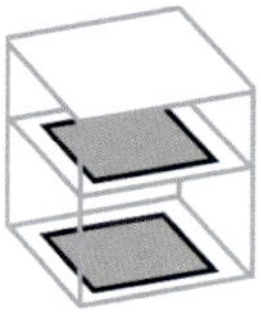

NUF 1.188 €/m^2

Objekt:
Kennwerte: 3. Ebene DIN 276
BRI: 7.445 m^3
BGF: 2.237 m^2
NUF: 1.626 m^2
Bauzeit: 61 Wochen
Bauende: 2017
Standard: mittel
Bundesland: Sachsen
Kreis: Leipzig, Stadt

Architekt*in:
Eßmann | Gärtner | Nieper
Architekten GbR
Gabelsbergerstraße 1a
04317 Leipzig

Bauherr*in:
Staatsbetrieb Sächsisches
Immobilien- und
Baumanagement
Tieckstraße 2
04275 Leipzig

© Steffen Junghans

© Steffen Junghans

© BKI Baukosteninformationszentrum

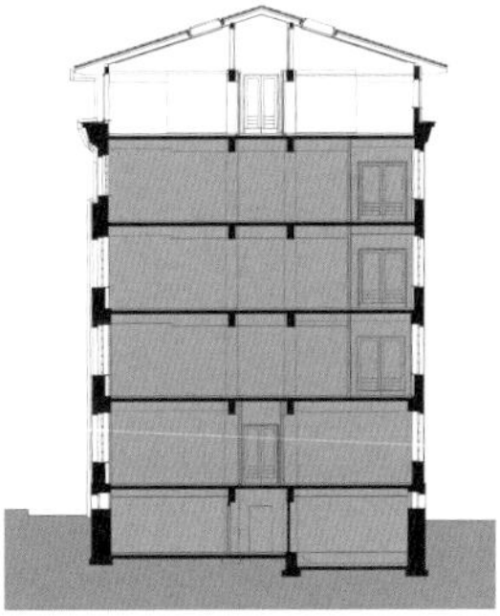

Schnitt

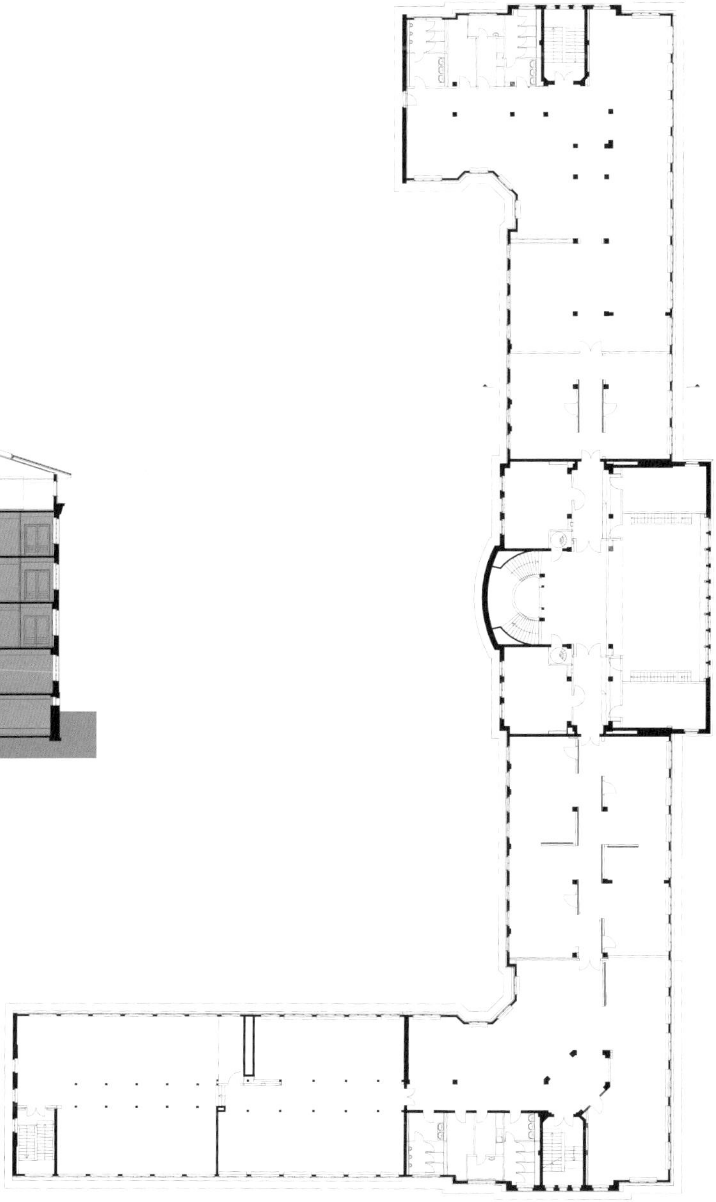

4. Obergeschoss

2200-0053
Seminarräume
(343 Sitzplätze)

Umbau

Objektbeschreibung

Allgemeine Objektinformationen

Der Altbau wurde 1927 als Verwaltungsgebäude errichtet. Seit dem Jahr 2000 wird das sanierte und umgebaute Gebäude von verschiedenen Studiengängen genutzt. Diese Baumaßnahme umfasst den Umbau des Dachgeschosses (4.OG). Die Neugestaltung des Geschosses erfolgt für die konzentrierte Unterbringung der Atelier- und Seminarräume des Studiengangs Architektur an einem Standort. Alle Seminar- und Präsentationsräume sind flexibel nutzbar sowie zueinander öffenbar und ermöglichen so große Flexibilität.

Nutzung

1 Dachgeschoss
Seminar-, Präsentationsräume, Sanitärräume

Nutzeinheiten

Sitzplätze: 343

Markt

Hauptvergabezeit: 1.Quartal 2016
Baubeginn: 1.Quartal 2016
Bauende: 1.Quartal 2017
Konjunkturelle Gesamtlage: über Durchschnitt
Regionaler Baumarkt: über Durchschnitt

Baubestand

Baujahr: 1927
Bauzustand: gut
Aufwand: mittel
Grundrissänderungen: umfangreiche
Tragwerkseingriffe: wenige
Nutzungsänderung: nein
Nutzung während der Bauzeit: ja

Baukonstruktion

Das historische Traggerüst der Dachkonstruktion aus Stahlbetonstützen, Unterzügen und hölzernen Dachpfosten wurde freigelegt. An den Dachschrägen kamen Schallabsorber zum Einbau. Sämtliche Wände und Decken erhielten einen weißen Anstrich. Breite Stahlschiebetore verbinden die Räume. Die Fußböden sind mit schwarzem Linoleumbelag ausgestattet. Die festverglasten Dachfenster wurden durch öffenbare Dachflächenfenster ersetzt. Eine feste Lamellenkonstruktion sorgt für effektiven Sonnenschutz.

Technische Anlagen

Auf dem Dach wurden neue Rauch- und Wärmeabzugsanlagen installiert. Es wurde eine Brandmeldeanlage eingebaut. Die Elektroinstallation und Beleuchtung wurde erneuert und ermöglicht eine offene, flexible Nutzung der Räume mit kreativen Arbeitsplätzen. Die Heizung wurde überprüft und teilweise wurden Heizkörper ausgewechselt.

Sonstiges

Das Gebäude ist der Gebäudeklasse 5 zuzurechnen sowie als Sonderbau und Versammlungsstätte einzuordnen. Das Brandschutzkonzept wurde entsprechend der offenen Nutzung geändert.

© **BKI** Baukosteninformationszentrum

Planungskennwerte für Flächen und Rauminhalte nach DIN 277

Flächen des Grundstücks		Menge Einheit	% an GF
BF	Bebaute Fläche	–	–
UF	Unbebaute Fläche	–	–
GF	Grundstücksfläche	–	–

Grundflächen des Bauwerks		Menge Einheit	% an NUF	% an BGF
NUF	Nutzungsfläche	1.626,22 m²	100,0	72,7
TF	Technikfläche	21,86 m²	1,3	1,0
VF	Verkehrsfläche	235,24 m²	14,5	10,5
NRF	Netto-Raumfläche	1.883,32 m²	115,8	84,2
KGF	Konstruktions-Grundfläche	353,37 m²	21,7	15,8
BGF	Brutto-Grundfläche	2.236,69 m²	137,5	100,0

Brutto-Rauminhalt des Bauwerks		Menge Einheit	BRI/NUF (m)	BRI/BGF (m)
BRI	Brutto-Rauminhalt	7.445,00 m³	4,58	3,33

Lufttechnisch behandelte Flächen	Menge Einheit	% an NUF	% an BGF
Entlüftete Fläche	–	–	–
Be- und entlüftete Fläche	–	–	–
Teilklimatisierte Fläche	–	–	–
Klimatisierte Fläche	–	–	–

KG	Kostengruppen (2.Ebene)	Menge Einheit	Menge/NUF	Menge/BGF
310	Baugrube / Erdbau	–	–	–
320	Gründung, Unterbau	–	–	–
330	Außenwände/Vertikale Baukonstruktionen, außen	1.107,65 m² AWF	0,68	0,50
340	Innenwände/Vertikale Baukonstruktionen, innen	1.561,23 m² IWF	0,96	0,70
350	Decken/Horizontale Baukonstruktionen	1.381,72 m² DEF	0,85	0,62
360	Dächer	1.916,37 m² DAF	1,18	0,86

Umbau

Kostenkennwerte für die Kostengruppen der 1. Ebene DIN 276

KG	Kostengruppen (1. Ebene)	Einheit	Kosten €	€/Einheit	€/m² BGF	€/m³ BRI	% 300+400
100	Grundstück	m² GF	–	–	–	–	–
200	Vorbereitende Maßnahmen	m² GF	–	–	–	–	–
300	Bauwerk – Baukonstruktionen	m² BGF	1.053.726	471,11	471,11	141,53	54,5
400	Bauwerk – Technische Anlagen	m² BGF	877.969	392,53	392,53	117,93	45,5
	Bauwerk 300+400	**m² BGF**	**1.931.695**	**863,64**	**863,64**	**259,46**	**100,0**
500	Außenanlagen und Freiflächen	m² AF	–	–	–	–	–
600	Ausstattung und Kunstwerke	m² BGF	878	0,39	0,39	0,12	< 0,1
700	Baunebenkosten	m² BGF	–	–	–	–	–
800	Finanzierung	m² BGF	–	–	–	–	–

KG	Kostengruppe	Menge Einheit	Kosten €	€/Einheit	%
3+4	**Bauwerk**				**100,0**
300	**Bauwerk – Baukonstruktionen**	2.236,69 m² BGF	1.053.726	**471,11**	54,5

- Abbrechen (Kosten: 6,4%) 67.417
  Abbruch von Wandputz, Beschichtung; GK-Wänden, doppelt beplankt, Holztüren, GK-Verkofferungen, Innenwandputz, Tapeten, Beschichtung; Linoleumböden, Textilbelägen, Holzsockel, Zementestrich; Akustik-Lochplatten, GK-Platten, Holzwolle-Leichtbauplatten; Entsorgung, Deponiegebühren

- Wiederherstellen (Kosten: 6,2%) 65.349
  Innenfensterbänke ausbauen, kürzen, Alu-Fensterelemente, dreiteilig, einbauen, Wandputzstreifen ausbessern, Holzzargen austauschen, reparieren; Altputz ausbessern; Estrichrisse sanieren, Innenputz auf Unterzügen ausbessern; Wartung von Dachflächenfenstern, Reparatur Beschläge, Innenputz ausbessern, Rissstellen reparieren

- Herstellen (Kosten: 87,4%) 920.960
  Kalk-Zementputz, Glasfaserarmierung, Beschichtung; GK-Wände, Schiebetorelemente, Brandschutztüren, Vollspan-Holztüren; Fleckspachtelung, Beschichtung; Linoleum; Beschichtung, Austausch Festverglasungen durch Öffnungsflügel; Lamellen-Sonnenschutzgitter über Dachfenster; Fenster als RWA-Anlage, schallabsorbierende Akustikpaneele an Dachschrägen

KG	Kostengruppe	Menge Einheit	Kosten €	€/Einheit	%
400	**Bauwerk – Technische Anlagen**	2.236,69 m² BGF	877.969	**392,53**	45,5

- Abbrechen (Kosten: 7,1%) 62.010
  Abbruch von Abwasserrohren; Trinkwasserleitungen, Sanitärobjekten; Heizungsrohren, Heizkörpern; Kälteleitungen; Elektroinstallationen, Beleuchtung; Entsorgung, Deponiegebühren

- Wiederherstellen (Kosten: 1,4%) 12.082
  Heizkörper demontieren, lagern, einbauen; Bodentanks instand setzen, Elektroinstallationskanal neu verkabeln

- Herstellen (Kosten: 91,6%) 803.877
  Gebäudeentwässerung, Kalt- und Warmwasserleitungen; Heizleitungen, Heizkörper; Elektroinstallation, Beleuchtung, Blitzschutz; Brandmeldeanlage, Zutrittskontrollanlage, Rauchmeldeanlage, Datenverkabelung

KG	Kostengruppe	Menge Einheit	Kosten €	€/Einheit	%
600	**Ausstattung und Kunstwerke**	2.236,69 m² BGF	878	**0,39**	< 0,1

- Abbrechen (Kosten: 100,0%) 878
  Abbruch von Lamellenvorhängen; Entsorgung, Deponiegebühren

© BKI Baukosteninformationszentrum

Kostenkennwerte für die Kostengruppen der 2.Ebene DIN 276

KG	Kostengruppe	Menge Einheit	Kosten €	€/Einheit	%
300	**Bauwerk – Baukonstruktionen**				**100,0**
330	**Außenwände/Vert. Baukonstrukt., außen**	1.107,65 m² AWF	25.554	**23,07**	2,4
	• Abbrechen (Kosten: 2,5%) Abbruch von Wandputz, Beschichtung (43m²); Entsorgung, Deponiegebühren	42,72 m² AWF	633	**14,82**	
	• Wiederherstellen (Kosten: 52,8%) Holzfensterbänke, innen, HPL-beschichtet ausbauen, kürzen, wieder einbauen (40St), Alu-Fensterelemente, dreiteilig, wieder einbauen (9m²) * Wandputzstreifen, h=15cm nach Abbruch Sockelleisten ausbessern, verputzen (284m)	–	13.482	–	
	• Herstellen (Kosten: 44,8%) Fensterbank, innen (14m) * Kalkzementputz, Glasfaserarmierung (55m²), Beschichtung (575m²), an Laibungen, t=35-50cm (1.060m)	1.098,61 m² AWF	11.439	**10,41**	
340	**Innenwände/Vert. Baukonstrukt., innen**	1.561,23 m² IWF	347.656	**222,68**	33,0
	• Abbrechen (Kosten: 11,7%) Abbruch von GK-Wänden, d bis 15cm, doppelt beplankt, Beschichtung (1.374m²) * Holztüren (125m²) * GK-Verkofferungen, d=4cm, doppelt beplankt (61m²), Wandputz, Tapeten, Beschichtung (93m²), Trennschnitt (324m); Entsorgung, Deponiegebühren	1.499,12 m² IWF	40.558	**27,05**	
	• Wiederherstellen (Kosten: 7,9%) Holzzargen austauschen (4St), Holzzargen reparieren (2St) * Altputz ausbessern, d=20mm, Oberflächen glätten, spachteln (262m²), Schlitze schließen (75m)	144,05 m² IWF	27.329	**189,72**	
	• Herstellen (Kosten: 80,5%) GK-Wände, d=15cm (217m²) * Schiebetorelemente, Stahlblechbekleidung, EPS-Dämmung, d=60mm, Oberfläche kaltgewalzt, blank (88m²), Brandschutztüren T30-RS, zweiflüglig (10m²), Holztüren, Blockzargen (22m²), Fluchttürsicherungen, elektrisch (3St), Magnetkontakte (10St) * GK-Vorsatzschalen (56m²), GK-Verkofferung Stützen, d=60cm (7m), Laibungen, d bis 25cm (76m), Fleckspachtelung (728m²), Beschichtung (2.101m²), an Stützen (96m), Glasfasertapete (119m²)	1.548,33 m² IWF	279.769	**180,69**	
350	**Decken/Horizontale Baukonstruktionen**	1.381,72 m² DEF	170.659	**123,51**	16,2
	• Abbrechen (Kosten: 9,8%) Abbruch von Linoleum, Textilbelägen (1.374m²), Ausgleichsspachtel (230m²), Holzsockel (965m), Zementestrich in Streifen (9m²); Entsorgung, Deponiegebühren	1.374,23 m² DEF	16.808	**12,23**	
	• Wiederherstellen (Kosten: 5,2%) Estrichrisse sanieren (4m) * Innenputz auf Unterzügen ausbessern, dreiseitig, Abwicklung bis 1,40m (103m)	131,80 m² DEF	8.797	**66,74**	
	• Herstellen (Kosten: 85,0%) Deckendurchbrüche schließen (2St) * EPS-Dämmung (450m), Kunstharzestrich in Streifen (296m), Untergründe spachteln, anschleifen, Linoleum (1.382m²), Alu-Sockelleisten (537m) * Deckenschlitze schließen (380m)	1.381,72 m² DEF	145.054	**104,98**	

KG	Kostengruppe	Menge Einheit	Kosten €	€/Einheit	%
360	**Dächer**	1.916,37 m² DAF	402.202	**209,88**	38,2
	• Abbrechen (Kosten: 2,0%)	261,35 m² DAF	8.034	**30,74**	
	Abbruch von Akustik-Lochplatten (96m²), GK-Platten an Dachschräge (131m²), Holzwolle-Leichtbauplatten (35m²); Entsorgung, Deponiegebühren				
	• Wiederherstellen (Kosten: 3,5%)	84,34 m² DAF	14.249	**168,95**	
	Wartung von Dachflächenfenstern (67m²), Reparatur Beschläge (psch) * Innenputz ausbessern (17m²), Risse schließen (79St), Deckenputz ergänzen nach Abbruch der Wände (37m), Einzelputzschäden bis 400cm² (79St)				
	• Herstellen (Kosten: 94,5%)	1.849,03 m² DAF	379.919	**205,47**	
	Alu-Öffnungsflügel, ESG (27St), Nachrüstung Spindelantriebe (29St), Flügelsicherungen (9St), Motorantriebe (2St) * Beschichtung (1.703m²), GK-Bekleidung Holzpfetten (152m), schallabsorbierende Akustikpaneele an Dachschrägen (378m²), Wachslasur an Holzbalken (128m²) * Lamellen-Sonnenschutzgitter, außenliegend, Alu-Lamellen 45° (21m²), Unterkonstruktion 40x40x4mm (24St) * Treppe für Fensterausstiege (2St)				
380	**Baukonstruktive Einbauten**	2.236,69 m² BGF	2.456	**1,10**	0,2
	• Abbrechen (Kosten: 16,6%)	2.236,69 m² BGF	407	**0,18**	
	Abbruch von Türschildern (16St); Entsorgung, Deponiegebühren				
	• Wiederherstellen (Kosten: 60,8%)	2.236,69 m² BGF	1.492	**0,67**	
	Wegweiser neu beschriften (24St)				
	• Herstellen (Kosten: 22,7%)	2.236,69 m² BGF	557	**0,25**	
	Flucht- und Rettungspläne (4St)				
390	**Sonst. Maßnahmen für Baukonstrukt.**	2.236,69 m² BGF	105.199	**47,03**	10,0
	• Abbrechen (Kosten: 0,9%)	2.236,69 m² BGF	977	**0,44**	
	Schutzabdeckung der Böden mit Malervlies entsorgen (92m²), Abbau Staubschutzwand (47m²); Entsorgung, Deponiegebühren				
	• Herstellen (Kosten: 99,1%)	2.236,69 m² BGF	104.222	**46,60**	
	Baustelleneinrichtung (3St), Bauzaun (67m), Einrichten einer Halteverbotszone, Warnleuchte, Barke (1St), Bautür (1St) * Raumgerüst (328m³), Rollgerüst (psch), Absturzsicherung (45m), Materialaufzüge (2St), Arbeitsbühnen (2St) * Bauschuttentsorgung (15m³); Deponiegebühren * Absturzsicherung (20m), Schutzabdeckungen (1.561m²), Baureinigung (3.803m²)				
400	**Bauwerk – Technische Anlagen**				**100,0**
410	**Abwasser-, Wasser-, Gasanlagen**	2.236,69 m² BGF	25.943	**11,60**	3,0
	• Abbrechen (Kosten: 7,9%)	2.236,69 m² BGF	2.057	**0,92**	
	Abbruch von SML-Rohren (15m), HT-Rohren (5m) * Kupferrohren (71m), Waschtischen (18St); Entsorgung, Deponiegebühren				
	• Herstellen (Kosten: 92,1%)	2.236,69 m² BGF	23.886	**10,68**	
	Gussrohre (16St), HT-Rohre (16m), Beschichtung Rohre (65m) * Edelstahlrohre (11m), Beschichtung Rohre (26m)				

KG	Kostengruppe	Menge Einheit	Kosten €	€/Einheit	%
420	**Wärmeversorgungsanlagen**	2.236,69 m² BGF	34.663	**15,50**	3,9
	• Abbrechen (Kosten: 5,3%)	2.236,69 m² BGF	1.836	**0,82**	
	Abbruch von Heizleitungen, Heizkreise entleeren, absperren (3St) * Heizungskonvektoren (2St), Flachheizkörpern (4St); Entsorgung, Deponiegebühren				
	• Wiederherstellen (Kosten: 14,9%)	2.236,69 m² BGF	5.173	**2,31**	
	Stahl-Heizkörper demontieren, lagern, einbauen (71St), Flachheizkörper demontieren, lagern, Anschlussdichtungen erneuern, einbauen (71St)				
	• Herstellen (Kosten: 79,8%)	2.236,69 m² BGF	27.654	**12,36**	
	Heizleitungen (89m), Dichtheitsprüfung (3St) * Konvektoren, h=28cm, l=1,80-2,00m (5St), Monoplan-Heizkörper (1St), Thermostatköpfe, Messelemente (71St), Heizkörperverschraubungen (59St)				
430	**Raumlufttechnische Anlagen**	2.236,69 m² BGF	3.069	**1,37**	0,3
	• Abbrechen (Kosten: 100,0%)	2.236,69 m² BGF	3.069	**1,37**	
	Abbruch von Kälteleitungen, Absaugung Kältemittel (1St); Entsorgung, Deponiegebühren				
440	**Elektrische Anlagen**	2.236,69 m² BGF	596.612	**266,74**	68,0
	• Abbrechen (Kosten: 9,2%)	2.236,69 m² BGF	55.048	**24,61**	
	Abbruch von Kabeln (14.113m), Datenkabeln (1.887m), UP-Installationen (692St), Stromschienensystemen (152m), LCN-Busgeräte (101St) * Demontage Sicherheitsbeleuchtung, lagern (3St), Abbruch von Pendelleuchten (252St), Wandanbauleuchten (34St); Entsorgung, Deponiegebühren				
	• Herstellen (Kosten: 90,8%)	2.236,69 m² BGF	541.564	**242,13**	
	Stromkreisumschaltungen (4St), MSE/USV Notstrom-Batterien (7St), Drei-Phasenüberwachung (2St) * Verteiler (12St), Lasttrennschalter (15St), FI-Schutzschalter (78St), LS-Schalter (194St), Sensormodule (10St), Mantelleitungen (14.401m), Schutzrohre (779m), Steckdosen (179St), Versorgungseinheiten, Balancer (103St), Taster (89St), Tastenumsetzer (28St), Relaisbausteine (24St), Sensormodule (38St) * Deckenleuchten (233St), Sicherheitsleuchten (31St), Rettungszeichenleuchten (17St) * Mantelleitungen (335m), Erdungsanschlüsse				
450	**Kommunikationstechnische Anlagen**	2.236,69 m² BGF	201.102	**89,91**	22,9
	• Wiederherstellen (Kosten: 3,4%)	2.236,69 m² BGF	6.909	**3,09**	
	Bodentanks instand setzen, bestücken mit RJ45-Modulen (30St), Anschlussdosen 6A (15St), Elektroinstallationskanal neu verkabeln (57m)				
	• Herstellen (Kosten: 96,6%)	2.236,69 m² BGF	194.194	**86,82**	
	LCN-Module (44St) * RWA-Zentralen (3St), Brandmeldekabel (2.005m), Brandmeldemodul (1St), Multisensormelder (59St), Rauchmelder (2St), optisch (17St), Handmelder (10St), Ringbus-Module (5St), Sirenen (20St), Smart Relais (3St), Feuerwehr-Laufkarten (34St), Digitale Schließzylinder (4St) * Datenkabel (15.110m), RJ45-Module (770St)				
490	**Sonst. Maßnahmen für techn. Anlagen**	2.236,69 m² BGF	16.579	**7,41**	1,9
	• Herstellen (Kosten: 100,0%)	2.236,69 m² BGF	16.579	**7,41**	
	Baustrom bereitstellen, Endverteilerschrank (1St), LS-Schalter (4St), Elektroleitungen (670m), Baubeleuchtung (44St), Rettungszeichenleuchten (4St) * Rollgerüste (5St)				

KG	Kostengruppe	Menge Einheit	Kosten €	€/Einheit	%
600	**Ausstattung und Kunstwerke**				**100,0**
610	**Allgemeine Ausstattung**	2.236,69 m² BGF	878	**0,39**	100,0
	• Abbrechen (Kosten: 100,0%) Abbruch von Lamellenvorhängen (43St); Entsorgung, Deponiegebühren	2.236,69 m² BGF	878	**0,39**	

© **BKI** Baukosteninformationszentrum

Kostenkennwerte für die Kostengruppen 300 der 2. und 3.Ebene DIN 276 (Übersicht)

KG	Kostengruppe	Menge Einheit	Kosten €	€/Einheit	% an 3+4
300	**Bauwerk – Baukonstruktionen**	**2.236,69 m² BGF**	**1.053.726,08**	**471,11**	**54,5**
310	**Baugrube / Erdbau**	**–**	**–**	**–**	**–**
311	Herstellung	–	–	–	–
312	Umschließung	–	–	–	–
313	Wasserhaltung	–	–	–	–
314	Vortrieb	–	–	–	–
319	Sonstiges zur KG 310	–	–	–	–
320	**Gründung, Unterbau**	**–**	**–**	**–**	**–**
321	Baugrundverbesserung	–	–	–	–
322	Flachgründungen und Bodenplatten	–	–	–	–
323	Tiefgründungen	–	–	–	–
324	Gründungsbeläge	–	–	–	–
325	Abdichtungen und Bekleidungen	–	–	–	–
326	Dränagen	–	–	–	–
329	Sonstiges zur KG 320	–	–	–	–
330	**Außenwände/Vert. Baukonstrukt., außen**	**1.107,65 m² AWF**	**25.553,79**	**23,07**	**1,3**
331	Tragende Außenwände	–	–	–	–
332	Nichttragende Außenwände	–	–	–	–
333	Außenstützen	–	–	–	–
334	Außenwandöffnungen	12,90 m²	11.880,96	921,00	0,6
335	Außenwandbekleidungen, außen	–	–	–	–
336	Außenwandbekleidungen, innen	1.094,75 m²	13.672,83	12,49	0,7
337	Element. Außenwandkonstruktionen	–	–	–	–
338	Lichtschutz zur KG 330	–	–	–	–
339	Sonstiges zur KG 330	–	–	–	–
340	**Innenwände/Vert. Baukonstrukt., innen**	**1.561,23 m² IWF**	**347.656,26**	**222,68**	**18,0**
341	Tragende Innenwände	–	–	–	–
342	Nichttragende Innenwände	216,91 m²	53.150,49	245,03	2,8
343	Innenstützen	–	–	–	–
344	Innenwandöffnungen	133,83 m²	197.413,48	1.475,11	10,2
345	Innenwandbekleidungen	2.854,80 m²	97.092,28	34,01	5,0
346	Elementierte Innenwandkonstruktionen	–	–	–	–
347	Lichtschutz zur KG 340	–	–	–	–
349	Sonstiges zur KG 340	–	–	–	–
350	**Decken/Horizontale Baukonstruktionen**	**1.381,72 m² DEF**	**170.658,83**	**123,51**	**8,8**
351	Deckenkonstruktionen	–	–	–	–
352	Deckenöffnungen	–	644,70	–	< 0,1
353	Deckenbeläge	1.381,72 m²	151.068,59	109,33	7,8
354	Deckenbekleidungen	509,80 m²	18.945,54	37,16	1,0
355	Elementierte Deckenkonstruktionen	–	–	–	–
359	Sonstiges zur KG 350	–	–	–	–
360	**Dächer**	**1.916,37 m² DAF**	**402.202,26**	**209,88**	**20,8**
361	Dachkonstruktionen	–	–	–	–
362	Dachöffnungen	85,49 m²	257.067,10	3.006,98	13,3
363	Dachbeläge	–	–	–	–
364	Dachbekleidungen	1.830,88 m²	110.682,33	60,45	5,7
365	Elementierte Dachkonstruktionen	–	–	–	–
366	Lichtschutz zur KG 360	21,12 m²	32.188,80	1.524,09	1,7
369	Sonstiges zur KG 360	1.916,37 m² DAF	2.264,04	1,18	0,1
370	**Infrastrukturanlagen**	**–**	**–**	**–**	**–**
380	**Baukonstruktive Einbauten**	**2.236,69 m² BGF**	**2.456,14**	**1,10**	**0,1**
390	**Sonst. Maßnahmen für Baukonstrukt.**	**2.236,69 m² BGF**	**105.198,82**	**47,03**	**5,4**

© **BKI** Baukosteninformationszentrum
Kostenstand: 2. Quartal 2025, Bundesdurchschnitt, **inkl. 19% MwSt.**

Kostenkennwerte für die Kostengruppen 400 der 2. und 3. Ebene DIN 276 (Übersicht)

KG	Kostengruppe	Menge Einheit	Kosten €	€/Einheit	% an 3+4
400	**Bauwerk – Technische Anlagen**	**2.236,69 m²BGF**	**877.968,73**	**392,53**	**45,5**
410	**Abwasser-, Wasser-, Gasanlagen**	**2.236,69 m²BGF**	**25.942,89**	**11,60**	**1,3**
411	Abwasseranlagen	2.236,69 m²BGF	4.552,73	2,04	0,2
412	Wasseranlagen	2.236,69 m²BGF	21.390,16	9,56	1,1
413	Gasanlagen	–	–	–	–
419	Sonstiges zur KG 410	–	–	–	–
420	**Wärmeversorgungsanlagen**	**2.236,69 m²BGF**	**34.663,34**	**15,50**	**1,8**
421	Wärmeerzeugungsanlagen	–	–	–	–
422	Wärmeverteilnetze	2.236,69 m²BGF	8.701,45	3,89	0,5
423	Raumheizflächen	2.236,69 m²BGF	25.961,89	11,61	1,3
424	Verkehrsheizflächen	–	–	–	–
429	Sonstiges zur KG 420	–	–	–	–
430	**Raumlufttechnische Anlagen**	**2.236,69 m²BGF**	**3.069,04**	**1,37**	**0,2**
431	Lüftungsanlagen	–	–	–	–
432	Teilklimaanlagen	–	–	–	–
433	Klimaanlagen	–	–	–	–
434	Kälteanlagen	2.236,69 m²BGF	3.069,04	1,37	0,2
439	Sonstiges zur KG 430	–	–	–	–
440	**Elektrische Anlagen**	**2.236,69 m²BGF**	**596.612,35**	**266,74**	**30,9**
441	Hoch- und Mittelspannungsanlagen	–	–	–	–
442	Eigenstromversorgungsanlagen	2.236,69 m²BGF	10.330,15	4,62	0,5
443	Niederspannungsschaltanlagen	–	–	–	–
444	Niederspannungsinstallationsanlagen	2.236,69 m²BGF	375.107,19	167,71	19,4
445	Beleuchtungsanlagen	2.236,69 m²BGF	207.008,25	92,55	10,7
446	Blitzschutz- und Erdungsanlagen	2.236,69 m²BGF	4.166,76	1,86	0,2
447	Fahrleitungssysteme	–	–	–	–
449	Sonstiges zur KG 440	–	–	–	–
450	**Kommunikationstechnische Anlagen**	**2.236,69 m²BGF**	**201.102,29**	**89,91**	**10,4**
451	Telekommunikationsanlagen	–	–	–	–
452	Such- und Signalanlagen	–	–	–	–
453	Zeitdienstanlagen	–	–	–	–
454	Elektroakustische Anlagen	–	–	–	–
455	Audiovisuelle Medien- u. Antennenanl.	2.236,69 m²BGF	5.635,24	2,52	0,3
456	Gefahrenmelde- und Alarmanlagen	2.236,69 m²BGF	127.257,90	56,90	6,6
457	Datenübertragungsnetze	2.236,69 m²BGF	68.209,13	30,50	3,5
458	Verkehrsbeeinflussungsanlagen	–	–	–	–
459	Sonstiges zur KG 450	–	–	–	–
460	**Förderanlagen**	**–**	**–**	**–**	**–**
461	Aufzugsanlagen	–	–	–	–
462	Fahrtreppen, Fahrsteige	–	–	–	–
463	Befahranlagen	–	–	–	–
464	Transportanlagen	–	–	–	–
465	Krananlagen	–	–	–	–
466	Hydraulikanlagen	–	–	–	–
469	Sonstiges zur KG 460	–	–	–	–
470	**Nutzungsspez. u. verfahrenstechn. Anl.**	**–**	**–**	**–**	**–**
480	**Gebäude- und Anlagenautomation**	**–**	**–**	**–**	**–**
490	**Sonst. Maßnahmen für techn. Anlagen**	**2.236,69 m²BGF**	**16.578,80**	**7,41**	**0,9**

© BKI Baukosteninformationszentrum

Kostenkennwerte für Leistungsbereiche nach STLB (Kosten des Bauwerks nach DIN 276)

LB	Leistungsbereiche	Kosten €	€/m²BGF	€/m³BRI	% an 3+4
000	Baustellen-, Verkehrssich.- u. Sicherh.einr. inkl. 001	97.207	43,50	13,10	5,0
002	Erdarbeiten	–	–	–	–
006	Spezialtiefbauarbeiten inkl. 005	–	–	–	–
009	Entwässerungskanalarbeiten inkl. 011	–	–	–	–
010	Drän- und Versickerarbeiten	–	–	–	–
012	Mauerarbeiten	–	–	–	–
013	Betonarbeiten	–	–	–	–
014	Natur-, Betonwerksteinarbeiten	–	–	–	–
016	Zimmer- und Holzbauarbeiten	–	–	–	–
017	Stahlbauarbeiten	–	–	–	–
018	Abdichtungsarbeiten	–	–	–	–
020	Dachdeckungsarbeiten	–	–	–	–
021	Dachabdichtungsarbeiten	–	–	–	–
022	Klempnerarbeiten	–	–	–	–
	Rohbau	**97.207**	**43,50**	**13,10**	**5,0**
023	Putz- und Stuckarbeiten, Wärmedämmsysteme	59.129	26,40	7,90	3,1
	Wiederherstellen	35.551	15,90	4,80	1,8
	Herstellen	23.578	10,50	3,20	1,2
024	Fliesen- und Plattenarbeiten	–	–	–	–
025	Estricharbeiten	–	–	–	–
026	Fenster, Außentüren inkl. 029, 032	10.215	4,60	1,40	0,5
	Wiederherstellen	1.492	0,67	0,20	< 0,1
	Herstellen	8.723	3,90	1,20	0,5
027	Tischlerarbeiten	116.988	52,30	15,70	6,1
	Wiederherstellen	15.546	7,00	2,10	0,8
	Herstellen	101.443	45,40	13,60	5,3
028	Parkett-, Holzpflasterarbeiten	–	–	–	–
030	Rollladenarbeiten	32.189	14,40	4,30	1,7
031	Metallbauarbeiten inkl. 035	342.268	153,00	46,00	17,7
	Wiederherstellen	12.321	5,50	1,70	0,6
	Herstellen	329.947	147,50	44,30	17,1
034	Maler- und Lackiererarb. – Beschicht. inkl. 037	61.973	27,70	8,30	3,2
036	Bodenbelagarbeiten	138.246	61,80	18,60	7,2
	Wiederherstellen	65	0,03	< 0,01	< 0,1
	Herstellen	138.181	61,80	18,60	7,2
038	Vorgehängte hinterlüftete Fassaden	–	–	–	–
039	Trockenbauarbeiten	130.216	58,20	17,50	6,7
	Wiederherstellen	374	0,17	0,05	< 0,1
	Herstellen	129.842	58,10	17,40	6,7
	Ausbau	**891.225**	**398,50**	**119,70**	**46,1**
	Wiederherstellen	65.349	29,20	8,80	3,4
	Herstellen	825.876	369,20	110,90	42,8
040	Wärmeversorgungsanl. - Betriebseinr. inkl. 041	28.267	12,60	3,80	1,5
	Wiederherstellen	5.173	2,30	0,69	0,3
	Herstellen	23.094	10,30	3,10	1,2
042	Gas- u. Wasseranl. – Leitung., Armat. inkl. 043	23.426	10,50	3,10	1,2
044	Abwasseranl. - Leitungen, Abläufe, Armaturen	2.859	1,30	0,38	0,1
045	Gas, Wasser, Entwässerung – Ausstattung inkl. 046	–	–	–	–
047	Dämm- und Brandschutzarb. an techn. Anlagen	6.704	3,00	0,90	0,3
049	Feuerlöschanlagen, Feuerlöschgeräte	–	–	–	–

© BKI Baukosteninformationszentrum

Kostenstand: 2. Quartal 2025, Bundesdurchschnitt, **inkl. 19% MwSt.**

2200-0053
Seminarräume
(343 Sitzplätze)

Umbau

LB	Leistungsbereiche	Kosten €	€/m² BGF	€/m³ BRI	% an 3+4
050	Blitzschutz-/Erdungsanlagen, Überspannungssch.	2.616	1,20	0,35	0,1
053	Niederspannungsanl. – Kabel inkl. 052, 054	385.598	172,40	51,80	20,0
055	Sicherheits- u. Ersatzstromversorgungsanl.	–	–	–	–
057	Gebäudesystemtechnik	–	–	–	–
058	Leuchten und Lampen inkl. 059	194.627	87,00	26,10	10,1
060	Such, Signal, Zeit, Anten., akust. Anl. inkl. 064	5.635	2,50	0,76	0,3
061	Kommunikations- u. Übertragungsnetze inkl. 063	140.660	62,90	18,90	7,3
	Wiederherstellen	6.909	3,10	0,93	0,4
	Herstellen	133.752	59,80	18,00	6,9
069	Aufzüge	–	–	–	–
070	Gebäudeautomation	–	–	–	–
075	Raumlufttechnische Anlagen inkl. 078	–	–	–	–
	Gebäudetechnik	**790.393**	**353,40**	**106,20**	**40,9**
	Wiederherstellen	12.082	5,40	1,60	0,6
	Herstellen	778.311	348,00	104,50	40,3
084	Abbruch, Rückbau, Schadstoffsanierung	129.427	57,90	17,40	6,7
	Abbrechen	129.427	57,90	17,40	6,7
	Abbrucharbeiten	**129.427**	**57,90**	**17,40**	**6,7**
	Abbrechen	129.427	57,90	17,40	6,7
	Sonstige Leistungsbereiche	**23.443**	**10,50**	**3,10**	**1,2**

© BKI Baukosteninformationszentrum

7500-0027
Servicebereich
Rechenzentrum
(20 AP)

Umbau

Kostenkennwerte für die Kosten des Bauwerks (Kostengruppen 300+400 nach DIN 276)

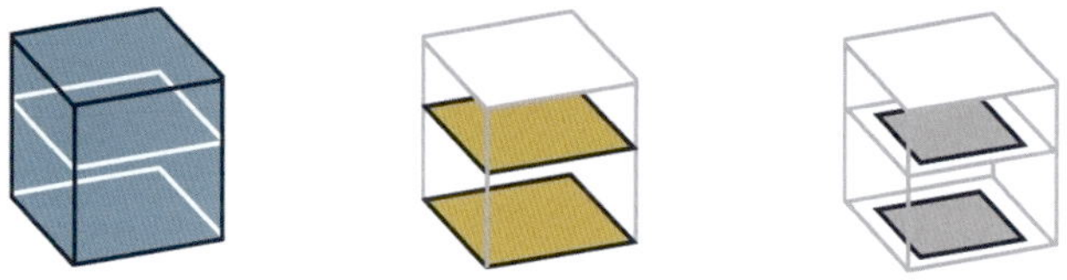

BRI 516 €/m³ BGF 1.498 €/m² NUF 1.903 €/m²

Objekt:
Kennwerte: 1.Ebene DIN 276
BRI: 948 m³
BGF: 327 m²
NUF: 257 m²
Bauzeit: 31 Wochen
Bauende: 2016
Standard: hoch
Bundesland: Hamburg
Kreis: Hamburg, Stadt

Architekt*in:
acollage. architektur urbanistik
Merten Kappelmann Harms
Architekten PartG mbB
Brahmsallee 31
20144 Hamburg

Bauherr*in:
Universität Hamburg
Abteilung -8-
Bau- und Gebäudemanagement
Mittelweg 177
20148 Hamburg

© Marcus Ebener

© Marcus Ebener

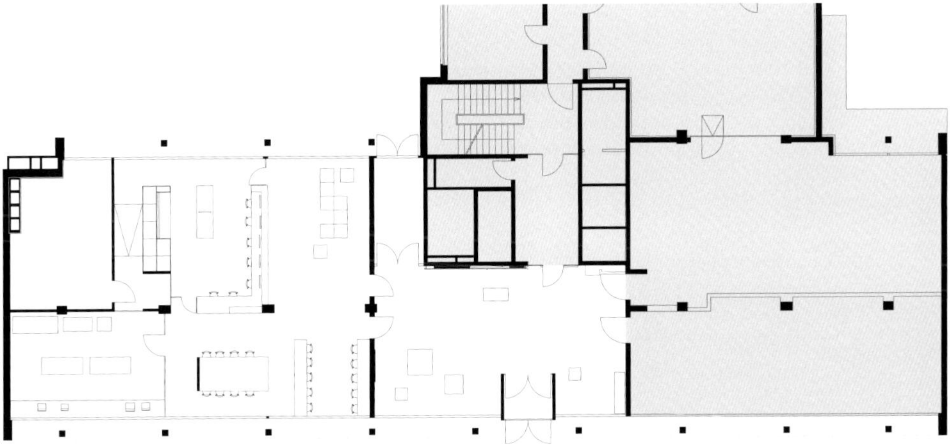

Erdgeschoss

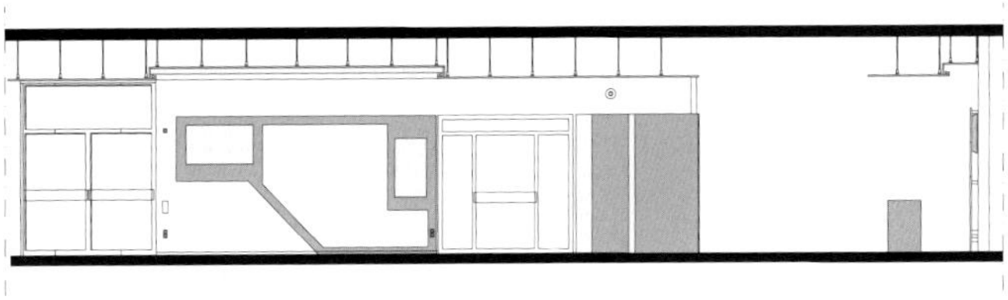

Wandabwicklung

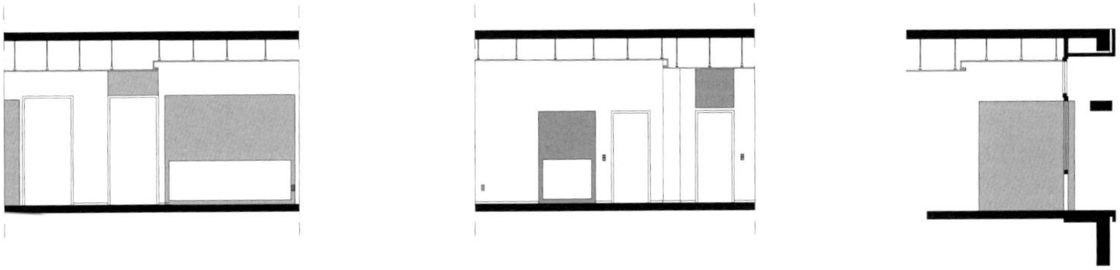

Objekte
3. Ebene
Positionen Neubau
Positionen Altbau

7500-0027
Servicebereich
Rechenzentrum
(20 AP)

Umbau

Objektbeschreibung

Allgemeine Objektinformationen

Im Zuge der Neustrukturierung des Regionalen Rechenzentrums wurde der bestehende Servicebereich im Erdgeschoss des Gebäudes umgebaut. Durch die Zusammenlegung verschiedener Nutzungen entstanden auch neue räumliche Anforderungen. Ein konzeptionelles Band zieht sich als Wegeleitsystem durch den Beratungsbereich und erlaubt somit sowohl Orientierung als auch eine Optimierung der Abläufe. Im Zentrum steht dabei der zentral eingestellte Service-Desk, um den sich die übrigen Funktionen wie Wartezone, Druckbereich und die Self-Service Bereiche gruppieren. Dadurch entstehen sowohl Sichtbezüge als auch funktionale Verbindungen für die Beratungstätigkeit. Der vorhandene Netzwerkraum wird dabei klar visuell abgetrennt und vom Publikumsverkehr abgeschirmt.

Nutzung

1 Erdgeschoss
Foyer, Info, Servicedesk, Self-Service, Sitzbereich, Wartebereich, Druckbereich

Nutzeinheiten

Arbeitsplätze: 20

Markt

Hauptvergabezeit: 1. Quartal 2016
Baubeginn: 1. Quartal 2016
Bauende: 4. Quartal 2016
Konjunkturelle Gesamtlage: über Durchschnitt
Regionaler Baumarkt: über Durchschnitt

Baubestand

Baujahr: 1963
Bauzustand: schlecht
Aufwand: hoch
Grundrissänderungen: umfangreiche
Tragwerkseingriffe: keine
Nutzungsänderung: nein
Nutzung während der Bauzeit: ja

Baukonstruktion

Im Bestand war die Orientierung durch mangelnde Übersichtlichkeit und die Unterteilung in verschiedene Raumeinheiten erschwert. Durch die Öffnung der vorhandenen Wand zum Foyerbereich entstand eine einladende Zugangssituation und eine räumliche Anbindung des Servicebereichs an das Foyer. Die Verbindung des Beratungsbereiches zu einer großen offenen Raumeinheit ermöglicht die sinnvolle Überlagerung verschiedener Funktionsbereiche und schafft so für Nutzer und Besucher eine übersichtliche Raumkonstellation.

Technische Anlagen

Heizungsrohre und Heizkörper wurden erneuert, die Elektroinstallation und Beleuchtung abgebrochen und ebenfalls neu installiert. Außerdem kamen eine Telekommunikationsanlage, eine Brandmeldeanlage und ein Datenübertragungsnetz zur Ausführung.

Sonstiges

Durch den angegliederten Wartebereich, der sich ins Foyer erweitern lässt, kann flexibel auf den wechselnden Besucherandrang reagiert werden.

© **BKI** Baukosteninformationszentrum

Planungskennwerte für Flächen und Rauminhalte nach DIN 277

Flächen des Grundstücks		Menge Einheit	% an GF
BF	Bebaute Fläche	–	–
UF	Unbebaute Fläche	–	–
GF	Grundstücksfläche	–	–

Grundflächen des Bauwerks		Menge Einheit	% an NUF	% an BGF
NUF	Nutzungsfläche	257,00 m²	100,0	78,7
TF	Technikfläche	–	–	–
VF	Verkehrsfläche	37,00 m²	14,4	11,3
NRF	Netto-Raumfläche	294,00 m²	114,4	90,0
KGF	Konstruktions-Grundfläche	32,50 m²	12,6	10,0
BGF	Brutto-Grundfläche	326,50 m²	127,0	100,0

Brutto-Rauminhalt des Bauwerks		Menge Einheit	BRI/NUF (m)	BRI/BGF (m)
BRI	Brutto-Rauminhalt	948,00 m³	3,69	2,90

Objekte
3. Ebene
Positionen Neubau
Positionen Altbau

7500-0027
Servicebereich
Rechenzentrum
(20 AP)

Umbau

Kostenkennwerte für die Kostengruppen der 1. Ebene DIN 276

KG	Kostengruppen (1. Ebene)	Einheit	Kosten €	€/Einheit	€/m² BGF	€/m³ BRI	% 300+400
100	Grundstück	m² GF	–	–	–	–	–
200	Vorbereitende Maßnahmen	m² GF	–	–	–	–	–
300	Bauwerk – Baukonstruktionen	m² BGF	310.456	950,86	950,86	327,49	63,5
400	Bauwerk – Technische Anlagen	m² BGF	178.725	547,40	547,40	188,53	36,5
	Bauwerk 300+400	**m² BGF**	**489.182**	**1.498,26**	**1.498,26**	**516,01**	**100,0**
500	Außenanlagen und Freiflächen	m² AF	–	–	–	–	–
600	Ausstattung und Kunstwerke	m² BGF	25.907	79,35	79,35	27,33	5,3
700	Baunebenkosten	m² BGF	–	–	–	–	–
800	Finanzierung	m² BGF	–	–	–	–	–

KG	Kostengruppe	Menge Einheit	Kosten €	€/Einheit	%
3+4	**Bauwerk**				**100,0**
300	**Bauwerk – Baukonstruktionen**	326,50 m² BGF	310.456	**950,86**	63,5

- Abbrechen
  Innenmauerwerk, GK-Wände; Hohlraumboden, PVC-Belag, Linoleum-Belag, Rampe; Metallkassettendecke

- Wiederherstellen
  Anstrich von Wänden, Holzfenstern, Zargen, Türen, Heizkörpern

- Herstellen
  GK-Wände, Ganzglaswände und -türen, T30-Tür; Hohlraumboden mit Rampe, Kautschukbelag; abgehängte Decken, teilw. Akustikdecke, teilw. Metallabhangdecke; Einbaumöbel, Service-Desk

KG	Kostengruppe	Menge Einheit	Kosten €	€/Einheit	%
400	**Bauwerk – Technische Anlagen**	326,50 m² BGF	178.725	**547,40**	36,5

- Abbrechen
  Heizkörper, Rohre; E-Installation, Leuchten; Brandmeldeanlage

- Herstellen
  Heizkörper, Rohre; E-Installation, Leuchten; Telekommunikationsanlage, Brandmeldeanlage, Datenübertragungsnetz

KG	Kostengruppe	Menge Einheit	Kosten €	€/Einheit	%
600	**Ausstattung und Kunstwerke**	326,50 m² BGF	25.907	**79,35**	5,3

- Herstellen
  Möbel

© BKI Baukosteninformationszentrum

Praxen

3100-0020
Arztpraxis für
Dermatologie

Umbau

Kostenkennwerte für die Kosten des Bauwerks (Kostengruppen 300+400 nach DIN 276)

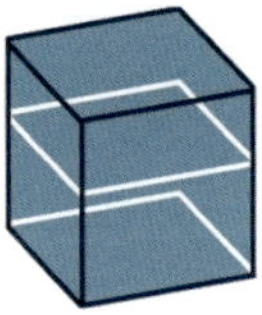

BRI 623 €/m³

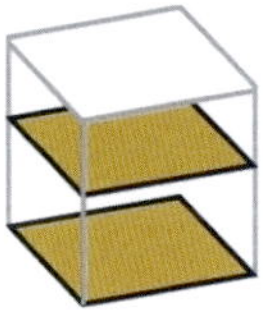

BGF 1.976 €/m²

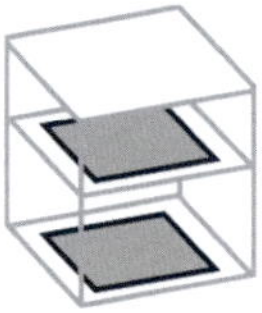

NUF 2.999 €/m²

Objekt:
Kennwerte: 3.Ebene DIN 276
BRI: 509 m³
BGF: 161 m²
NUF: 106 m²
Bauzeit: 13 Wochen
Bauende: 2015
Standard: mittel
Bundesland: Hamburg
Kreis: Hamburg, Stadt

Innenarchitekt*in:
kräling_lübke
Diplom-Ingenieure
Innenraum- und Produkt-
gestaltung
Ilse-Fromm-Michaels-Weg 11
22763 Hamburg

Bauherr*in:
Behrmann Poel
Dermatologische Praxis
21029 Hamburg

vorher

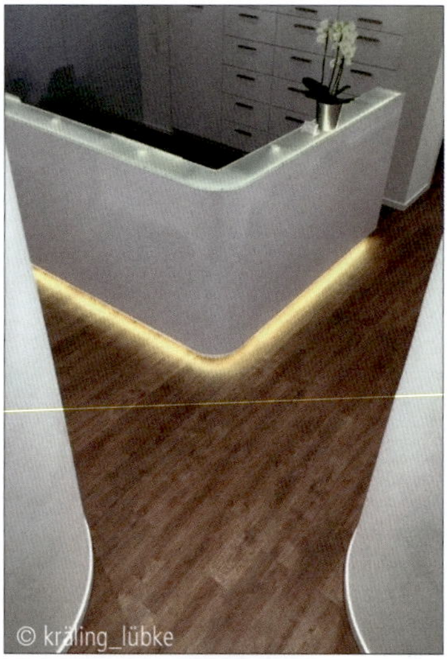

nachher

nachher

© BKI Baukosteninformationszentrum

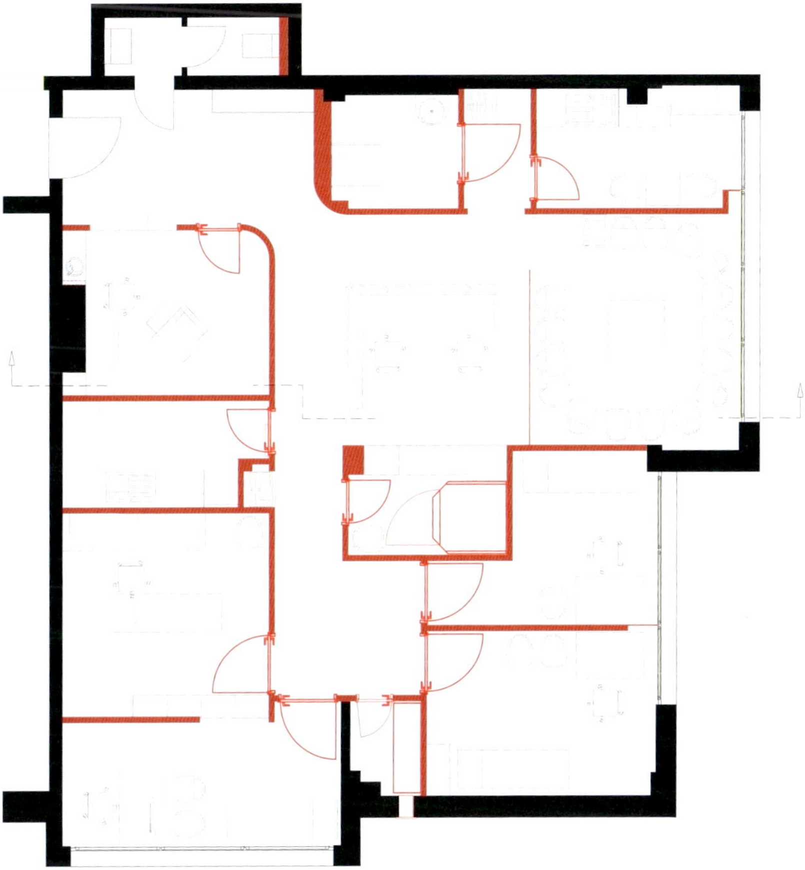

2. Obergeschoss

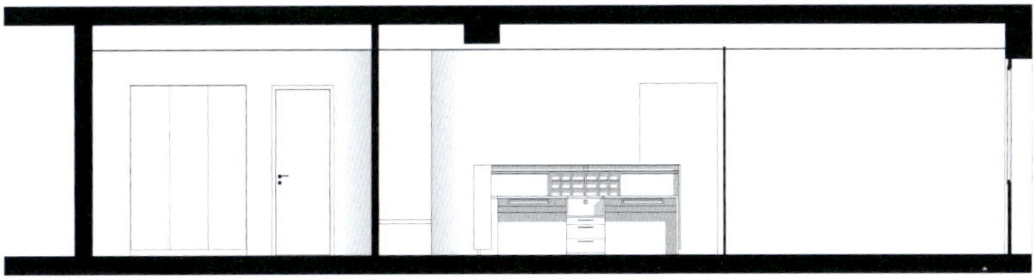

Schnitt

Objektbeschreibung

Allgemeine Objektinformationen

In einem Ärztehaus wurde eine 142m² große Bürofläche in eine dermatologische Arztpraxis umgestaltet. Um das gewünschte Raumprogramm auf dem Grundriss verteilen zu können, musste die Fläche bis auf das Bestands-WC komplett entkernt werden. Im Eingangsbereich mit Zugang zum Kosmetikraum gibt es einen kleinen Wartebereich mit Bank. Geleitet durch zwei gebogene Wände gelangt man zur Rezeption. Diese ist durch eine Glaswand vom Wartebereich getrennt und über ihn belichtet. Im hinteren Bereich der Praxis wurden die Behandlungsräume angeordnet.

Nutzung

1 Obergeschoss
Rezeption, Wartezimmer, 2 Ärztezimmer, Behandlungszimmer, Eingriffsraum, Lichtkabine, Kosmetikraum, Vorbereitungsraum, Personalküche, Garderobe

Markt

Hauptvergabezeit: 3. Quartal 2015
Baubeginn: 3. Quartal 2015
Bauende: 4. Quartal 2015
Konjunkturelle Gesamtlage: über Durchschnitt
Regionaler Baumarkt: über Durchschnitt

Baubestand

Baujahr: 1977
Bauzustand: mittel
Aufwand: hoch
Grundrissänderungen: umfangreiche
Tragwerkseingriffe: keine
Nutzungsänderung: ja
Nutzung während der Bauzeit: nein

Baukonstruktion

Alle Innenwände aus Gipskarton wurden neu angeordnet. Aus hygienischen Gründen hat man sich für einen Holzdekor-Bodenbelag entschieden.

Technische Anlagen

In der Praxis wurden alle Heizkörper neu installiert. Eine Lüftungsanlage für die nicht natürlich belichteten Räume wurde eingebaut, die die Frisch- und Abluft über die Hausfassade zu- und ableitet. Die Anlage musste innerhalb der Mietung untergebracht werden. Für die Patienten wurde eine neue behindertengerechte Toilette eingebaut.

Sonstiges

Aufgrund der Entstehungszeit und der Tatsache, dass das Tragwerk des Gebäudes aus Stahlstützen gebildet ist, bestätigte sich nach einer Prüfung der Verdacht, dass Asbest verbaut wurde. Dem Umbau ging eine besondere Asbestsanierung und Entsorgung der asbesthaltigen Leichtbauplatten-Verkleidungen mit abschließender Raumluftprüfung voraus.

© BKI Baukosteninformationszentrum

Planungskennwerte für Flächen und Rauminhalte nach DIN 277

Flächen des Grundstücks		Menge Einheit	% an GF
BF	Bebaute Fläche	–	–
UF	Unbebaute Fläche	–	–
GF	Grundstücksfläche	–	–

Grundflächen des Bauwerks		Menge Einheit	% an NUF	% an BGF
NUF	Nutzungsfläche	105,88 m²	100,0	65,9
TF	Technikfläche	1,86 m²	1,8	1,2
VF	Verkehrsfläche	28,56 m²	27,0	17,8
NRF	Netto-Raumfläche	136,30 m²	128,7	84,8
KGF	Konstruktions-Grundfläche	24,42 m²	23,1	15,2
BGF	Brutto-Grundfläche	160,72 m²	151,8	100,0

Brutto-Rauminhalt des Bauwerks		Menge Einheit	BRI/NUF (m)	BRI/BGF (m)
BRI	Brutto-Rauminhalt	509,48 m³	4,81	3,17

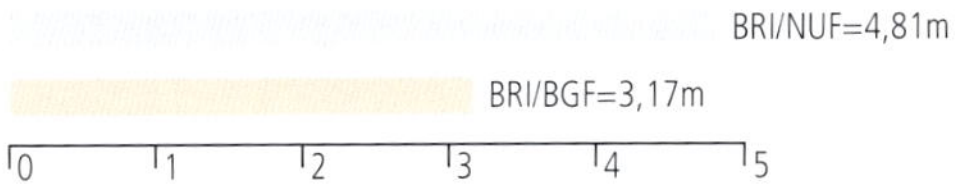

Lufttechnisch behandelte Flächen	Menge Einheit	% an NUF	% an BGF
Entlüftete Fläche	–	–	–
Be- und entlüftete Fläche	–	–	–
Teilklimatisierte Fläche	–	–	–
Klimatisierte Fläche	–	–	–

KG	Kostengruppen (2. Ebene)	Menge Einheit	Menge/NUF	Menge/BGF
310	Baugrube / Erdbau	–	–	–
320	Gründung, Unterbau	–	–	–
330	Außenwände/Vertikale Baukonstruktionen, außen	43,32 m² AWF	0,41	0,27
340	Innenwände/Vertikale Baukonstruktionen, innen	212,74 m² IWF	2,01	1,32
350	Decken/Horizontale Baukonstruktionen	136,12 m² DEF	1,29	0,85
360	Dächer	–	–	–

Kostenkennwerte für die Kostengruppen der 1. Ebene DIN 276

KG	Kostengruppen (1. Ebene)	Einheit	Kosten €	€/Einheit	€/m² BGF	€/m³ BRI	% 300+400
100	Grundstück	m² GF	–	–	–	–	–
200	Vorbereitende Maßnahmen	m² GF	–	–	–	–	–
300	Bauwerk – Baukonstruktionen	m² BGF	191.429	1.191,07	1.191,07	375,73	60,3
400	Bauwerk – Technische Anlagen	m² BGF	126.084	784,49	784,49	247,47	39,7
	Bauwerk 300+400	**m² BGF**	**317.513**	**1.975,56**	**1.975,56**	**623,21**	**100,0**
500	Außenanlagen und Freiflächen	m² AF	–	–	–	–	–
600	Ausstattung und Kunstwerke	m² BGF	2.518	15,67	15,67	4,94	0,8
700	Baunebenkosten	m² BGF	–	–	–	–	–
800	Finanzierung	m² BGF	–	–	–	–	–

KG	Kostengruppe	Menge Einheit	Kosten €	€/Einheit	%
3+4	**Bauwerk**				**100,0**
300	**Bauwerk – Baukonstruktionen**	160,72 m² BGF	191.429	**1.191,07**	60,3

- Abbrechen (Kosten: 7,7%) — 14.813
  Abbruch von Tapete; Innenwänden aus Gipsdielen, Porenbeton, GK-Wänden, Holztüren, Stahlzargen, Innenfenstern, Wandfliesen, Pfeilerverkleidung, asbesthaltig; Nadelvliesboden, Teppichboden, Estrich, Dämmung, Bodenfliesen, Mineralfaserdecken; Entsorgung, Deponiegebühren
- Wiederherstellen (Kosten: 1,4%) — 2.669
  Überholungsbeschichtungen auf Holztüren mit Stahlzargen; Fehlstellen im Estrich schließen, Dämmschichten ergänzen, Fugen und Risse im Estrich schließen, Estrich neutralisieren
- Herstellen (Kosten: 90,9%) — 173.947
  Malervlies, Dispersionsbeschichtung; GK-Wände, Holztüren, Stahlzargen, GK-Stützenbekleidung, HPL-Bekleidung hinter Waschtisch, GK-Schachtverkleidung, GK-Verkofferungen, Glaswand; Zementestrich, PVC-Belag, Kautschukbelag, GK-Decke, Akustikdecke; Küchenkombinationen, Empfangstresen, Bank, Garderobe, Box für Wartezimmer

KG	Kostengruppe	Menge Einheit	Kosten €	€/Einheit	%
400	**Bauwerk – Technische Anlagen**	160,72 m² BGF	126.084	**784,49**	39,7

- Abbrechen (Kosten: 1,9%) — 2.375
  Abbruch von Abwasser- und Wasseranschlüssen und -rohren, WC-Anlage; Heizkörpern; Elektroinstallation; Entsorgung, Deponiegebühren
- Wiederherstellen (Kosten: < 0,1%) — 71
  Kunstharzbeschichtung auf Heizungsrohren
- Herstellen (Kosten: 98,1%) — 123.637
  Abwasserrohre, Anschlüsse an Bestand, Dämmung von Bestandsrohren, Wasserzähler, Kalt- und Warmwasserrohre, Sanitärobjekte, Durchlauferhitzer; Anpassen oder Verlegen von Vor- und Rücklaufleitungen an Heizkörpern, Flachheizkörper; Lüftungsgerät, Leitungen, Einzelraumlüfter; Elektroinstallation, Beleuchtung; Sprechanlage, Datendosen, Datenleitung, Patchfelder, Telefonanschlüsse

KG	Kostengruppe	Menge Einheit	Kosten €	€/Einheit	%
600	**Ausstattung und Kunstwerke**	160,72 m² BGF	2.518	**15,67**	0,8

- Abbrechen (Kosten: 2,7%) — 67
  Abbruch von Gardinenleisten; Entsorgung, Deponiegebühren
- Herstellen (Kosten: 97,3%) — 2.451
  Stahlspinde, Tisch, Spiegel

© **BKI** Baukosteninformationszentrum

Kostenkennwerte für die Kostengruppen der 2. Ebene DIN 276

KG	Kostengruppe	Menge Einheit	Kosten €	€/Einheit	%
300	**Bauwerk – Baukonstruktionen**				**100,0**
330	**Außenwände/Vert. Baukonstrukt., außen**	43,32 m² AWF	1.630	**37,62**	0,9
	• Abbrechen (Kosten: 14,9%) Abbruch von Tapete und Kleberrückständen (43m²); Entsorgung, Deponiegebühren	43,32 m² AWF	243	**5,62**	
	• Herstellen (Kosten: 85,1%) Untergrund egalisieren, abschleifen, Grundierung, Malervlies, Dispersionsbeschichtung (43m²)	43,32 m² AWF	1.386	**32,00**	
340	**Innenwände/Vert. Baukonstrukt., innen**	212,74 m² IWF	63.466	**298,33**	33,2
	• Abbrechen (Kosten: 17,8%) Abbruch von Innenwänden aus Gipsdielen, Porenbeton (88m²), GK-Wänden (34m²) * Holztüren, Stahlzargen (10m²), Innenfenster, Holz (9m²) * Tapete, Kleberrückständen (62m²), Wandfliesen (3m²), Rohrverkleidungen (3St), Pfeilerverkleidung, asbesthaltig (1St); Entsorgung, Deponiegebühren	163,57 m² IWF	11.321	**69,21**	
	• Wiederherstellen (Kosten: 0,6%) Überholungsbeschichtungen auf Holztüren (7m²), Stahlzargen (2St)	7,09 m² IWF	383	**54,00**	
	• Herstellen (Kosten: 81,6%) GK-Metallständerwände, d=100mm, Q3, Mineralwolldämmung (170m²), d=310mm (6m²), 90°-Rundungen in GK-Wänden (2St), Anschlüsse GK-Wand zur Fensterfassade, Stahlblech, b=320 und 560mm (2St) * Holztüren, Stahlzargen (11m²), schalldämmend (11m²) * Malervlies, Dispersionsbeschichtung (335m²), GK-Stützenbekleidung F90 (5m²), HPL-Bekleidung hinter Waschtisch (2m²), GK-Schachtverkleidung F90, freistehend, dreiseitig (6m²), GK-Verkofferungen (13m²) * Glaswand in flächenbündigen Boden- und Deckenprofilen, mattierter Sichtschutzstreifen (8m²)	205,65 m² IWF	51.762	**251,70**	
350	**Decken/Horizontale Baukonstruktionen**	136,12 m² DEF	39.968	**293,63**	20,9
	• Abbrechen (Kosten: 8,1%) Abbruch von Nadelvliesboden (76m²), Profilsockel (40m), Teppichboden (53m²), Estrich, Dämmung, Bodenfliesen (10m²), Sockelfliesen (12m) * Mineralfaser-Unterdecke (41m²), Mineralfaserdecke, abgehängt (12m²); Entsorgung, Deponiegebühren	138,52 m² DEF	3.248	**23,45**	
	• Wiederherstellen (Kosten: 5,7%) Fehlstellen im Estrich im Bereich von demontierten Zwischenwänden schließen, Dämmschichten ergänzen (36m), Fugen und Risse im Estrich schließen (20m)	136,12 m² DEF	2.286	**16,80**	
	• Herstellen (Kosten: 86,2%) Trittschalldämmung, Zementestrich, d=90mm (9m²), Spachtelung (136m²), PVC-Belag (123m²), Kautschukbelag (13m²), Holzsockel, Lackbeschichtung (131m) * GK-Decke, Abhängehöhe 32,5cm, Q3, Mineralwolldämmung (124m²), als GK-Akustikdecke (10m²), Dispersionsbeschichtung (132m²), Aussparungen für Downlights (54St), für Lüftungsauslässe (38St)	136,12 m² DEF	34.434	**252,96**	
380	**Baukonstruktive Einbauten**	160,72 m² BGF	70.261	**437,16**	36,7
	• Herstellen (Kosten: 100,0%) Küchenkombinationen für Teeküche, Behandlungs- und Arztzimmer (7St), alle folgenden Möbelteile und Einbauten in HPL hochglänzend: Empfangstresen, winkelförmig, Thekenblatt, Tisch, Unterschrank und Nische für Drucker, Ablageregal, Schränke, Aktenvernichter, Tastaturauszüge, Tresenablage Glas (1St), winkelförmige Bank mit Rücklehne (1St), Garderobe mit Ablagebrett (1St), Box für Wartezimmer (1St)	160,72 m² BGF	70.261	**437,16**	

Umbau

KG	Kostengruppe	Menge Einheit	Kosten €	€/Einheit	%
390	**Sonst. Maßnahmen für Baukonstrukt.**	160,72 m² BGF	16.104	**100,20**	8,4
	• Herstellen (Kosten: 100,0%) Baustelleneinrichtungen der Gewerke (2St), Baustromkasten (1St), Bauschuttrutsche, staubdicht * Arbeitsbühne (1St), fahrbares Raumgerüst (1St) * Vier-Kammer-Schleuse, Unterdruck und Folienwände (psch), Abdeckungen (288m²), Aufzug mit Hartfaserplatten schützen (9m²), Staubschutzwand Eingangsbereich (psch), Baureinigung (psch)	160,72 m² BGF	16.104	**100,20**	
400	**Bauwerk – Technische Anlagen**				**100,0**
410	**Abwasser-, Wasser-, Gasanlagen**	160,72 m² BGF	24.842	**154,57**	19,7
	• Abbrechen (Kosten: 1,7%) Abbruch von Abwasseranschlüssen und -rohren (psch) * WC-Anlage (1St), Wasseranschlüssen und -rohren (psch); Entsorgung, Deponiegebühren	160,72 m² BGF	433	**2,69**	
	• Herstellen (Kosten: 98,3%) PP-Rohre DN50-100, Rohrdämmung (11m), Anschlüsse an Bestand (3St), Ummantelung von unverkleideten Rohren (9m) * Wasserzähler (2St), Kupferrohre NW15, Rohrdämmung (30m), Anschlüsse an Bestand (2St), Tiefspül-WCs (1St), barrierefrei (1St), Waschbecken (2St), Waschtisch, Mineralwerkstoff (1St), Durchlauferhitzer (2St), Spülbeckenanschlüsse (4St), Untertischspeicher (1St) * Montageelemente (3St)	160,72 m² BGF	24.409	**151,87**	
420	**Wärmeversorgungsanlagen**	160,72 m² BGF	15.930	**99,12**	12,6
	• Abbrechen (Kosten: 8,2%) Abbruch von Heizkörpern (7St); Entsorgung, Deponiegebühren	160,72 m² BGF	1.306	**8,12**	
	• Wiederherstellen (Kosten: 0,4%) Kunstharzbeschichtung auf Heizungsrohren (10m)	160,72 m² BGF	71	**0,44**	
	• Herstellen (Kosten: 91,4%) Anpassen oder Verlegen von Vor- und Rücklaufleitungen an Heizkörpern (6St) * Flachheizkörper, Standkonsolen (9St)	160,72 m² BGF	14.554	**90,55**	
430	**Raumlufttechnische Anlagen**	160,72 m² BGF	27.809	**173,03**	22,1
	• Herstellen (Kosten: 100,0%) Kompaktlüftungsgerät (1St), Zu- und Abluftleitungen, Telefonieschalldämpfer (60m), Rohrschalldämpfer (4St), Dralldurchlässe (11St), Anschlusskästen (11St), Wetterschutzgitter (2St), Kondensatpumpe (1St), Einzelraumlüfter (2St)	160,72 m² BGF	27.809	**173,03**	
440	**Elektrische Anlagen**	160,72 m² BGF	50.966	**317,11**	40,4
	• Abbrechen (Kosten: 1,2%) Abbruch von Elektroinstallationen (psch); Entsorgung, Deponiegebühren	160,72 m² BGF	637	**3,96**	
	• Herstellen (Kosten: 98,8%) Sicherungsschrank (1St), Zuleitungen zur Sicherungsverteilung (47St), Ausschaltungen, ein Deckenauslass (21St), Serienschaltung (1St), Jalousieschalter (1St), Schlüsselschalter (1St), Schukosteckdosen (87St), Dimmer (1St), Stromanschlüsse (4St) * LED-Einbaustrahler (55St), LED-Flächenleuchten (24St), Spiegelleuchte (1St), LED-Flexbänder als Lichtlinien, l=100cm (16St)	160,72 m² BGF	50.329	**313,15**	

© **BKI** Baukosteninformationszentrum

KG	Kostengruppe	Menge Einheit	Kosten €	€/Einheit	%
450	**Kommunikationstechnische Anlagen**	160,72 m²BGF	6.536	**40,67**	5,2
	• Herstellen (Kosten: 100,0%)	160,72 m²BGF	6.536	**40,67**	
	Sprechanlage, Oberteil Edelstahl matt, Unterteil mit Schukosteckdose (1St) * Datendosen, zweifach (13St), Datenleitung (psch), Patchfelder, 12 Ports (3St), Telefonanschlüsse Cat6 (6St)				
600	**Ausstattung und Kunstwerke**				**100,0**
610	**Allgemeine Ausstattung**	160,72 m²BGF	2.518	**15,67**	100,0
	• Abbrechen (Kosten: 2,7%)	160,72 m²BGF	67	**0,42**	
	Abbruch von Gardinenleisten, geschraubt (16m); Entsorgung, Deponiegebühren				
	• Herstellen (Kosten: 97,3%)	160,72 m²BGF	2.451	**15,25**	
	Stahlspinde, sechs Türen (1St), Tisch mit einspringenden Füßen, Oberfläche HPL hochglänzend, schwebende Wirkung (1St), Spiegel 200x72cm, geklebt auf Grundplatte (1St)				

Kostenkennwerte für die Kostengruppen 300 der 2. und 3. Ebene DIN 276 (Übersicht)

KG	Kostengruppe	Menge Einheit	Kosten €	€/Einheit	% an 3+4
300	**Bauwerk – Baukonstruktionen**	**160,72 m² BGF**	**191.429,02**	**1.191,07**	**60,3**
310	**Baugrube / Erdbau**	**–**	**–**	**–**	**–**
311	Herstellung	–	–	–	–
312	Umschließung	–	–	–	–
313	Wasserhaltung	–	–	–	–
314	Vortrieb	–	–	–	–
319	Sonstiges zur KG 310	–	–	–	–
320	**Gründung, Unterbau**	**–**	**–**	**–**	**–**
321	Baugrundverbesserung	–	–	–	–
322	Flachgründungen und Bodenplatten	–	–	–	–
323	Tiefgründungen	–	–	–	–
324	Gründungsbeläge	–	–	–	–
325	Abdichtungen und Bekleidungen	–	–	–	–
326	Dränagen	–	–	–	–
329	Sonstiges zur KG 320	–	–	–	–
330	**Außenwände/Vert. Baukonstrukt., außen**	**43,32 m² AWF**	**1.629,51**	**37,62**	**0,5**
331	Tragende Außenwände	–	–	–	–
332	Nichttragende Außenwände	–	–	–	–
333	Außenstützen	–	–	–	–
334	Außenwandöffnungen	–	–	–	–
335	Außenwandbekleidungen, außen	–	–	–	–
336	Außenwandbekleidungen, innen	43,32 m²	1.629,51	37,62	0,5
337	Element. Außenwandkonstruktionen	–	–	–	–
338	Lichtschutz zur KG 330	–	–	–	–
339	Sonstiges zur KG 330	–	–	–	–
340	**Innenwände/Vert. Baukonstrukt., innen**	**212,74 m² IWF**	**63.466,16**	**298,33**	**20,0**
341	Tragende Innenwände	–	–	–	–
342	Nichttragende Innenwände	176,29 m²	30.053,36	170,48	9,5
343	Innenstützen	–	–	–	–
344	Innenwandöffnungen	28,65 m²	10.729,60	374,51	3,4
345	Innenwandbekleidungen	342,06 m²	17.585,45	51,41	5,5
346	Elementierte Innenwandkonstruktionen	7,80 m²	5.097,75	653,56	1,6
347	Lichtschutz zur KG 340	–	–	–	–
349	Sonstiges zur KG 340	–	–	–	–
350	**Decken/Horizontale Baukonstruktionen**	**136,12 m² DEF**	**39.968,30**	**293,63**	**12,6**
351	Deckenkonstruktionen	–	–	–	–
352	Deckenöffnungen	–	–	–	–
353	Deckenbeläge	136,12 m²	22.171,27	162,88	7,0
354	Deckenbekleidungen	134,09 m²	17.797,03	132,72	5,6
355	Elementierte Deckenkonstruktionen	–	–	–	–
359	Sonstiges zur KG 350	–	–	–	–
360	**Dächer**	**–**	**–**	**–**	**–**
361	Dachkonstruktionen	–	–	–	–
362	Dachöffnungen	–	–	–	–
363	Dachbeläge	–	–	–	–
364	Dachbekleidungen	–	–	–	–
365	Elementierte Dachkonstruktionen	–	–	–	–
366	Lichtschutz zur KG 360	–	–	–	–
369	Sonstiges zur KG 360	–	–	–	–
370	**Infrastrukturanlagen**	**–**	**–**	**–**	**–**
380	**Baukonstruktive Einbauten**	**160,72 m² BGF**	**70.261,15**	**437,16**	**22,1**
390	**Sonst. Maßnahmen für Baukonstrukt.**	**160,72 m² BGF**	**16.103,90**	**100,20**	**5,1**

© BKI Baukosteninformationszentrum

Kostenkennwerte für die Kostengruppen 400 der 2. und 3. Ebene DIN 276 (Übersicht)

KG	Kostengruppe	Menge Einheit	Kosten €	€/Einheit	% an 3+4
400	**Bauwerk – Technische Anlagen**	**160,72 m2 BGF**	**126.083,66**	**784,49**	**39,7**
410	**Abwasser-, Wasser-, Gasanlagen**	**160,72 m2 BGF**	**24.841,79**	**154,57**	**7,8**
411	Abwasseranlagen	160,72 m2 BGF	5.664,26	35,24	1,8
412	Wasseranlagen	160,72 m2 BGF	16.350,52	101,73	5,1
413	Gasanlagen	–	–	–	–
419	Sonstiges zur KG 410	160,72 m2 BGF	2.827,02	17,59	0,9
420	**Wärmeversorgungsanlagen**	**160,72 m2 BGF**	**15.930,39**	**99,12**	**5,0**
421	Wärmeerzeugungsanlagen	–	–	–	–
422	Wärmeverteilnetze	160,72 m2 BGF	3.758,71	23,39	1,2
423	Raumheizflächen	160,72 m2 BGF	12.171,67	75,73	3,8
424	Verkehrsheizflächen	–	–	–	–
429	Sonstiges zur KG 420	–	–	–	–
430	**Raumlufttechnische Anlagen**	**160,72 m2 BGF**	**27.809,18**	**173,03**	**8,8**
431	Lüftungsanlagen	160,72 m2 BGF	27.809,18	173,03	8,8
432	Teilklimaanlagen	–	–	–	–
433	Klimaanlagen	–	–	–	–
434	Kälteanlagen	–	–	–	–
439	Sonstiges zur KG 430	–	–	–	–
440	**Elektrische Anlagen**	**160,72 m2 BGF**	**50.966,24**	**317,11**	**16,1**
441	Hoch- und Mittelspannungsanlagen	–	–	–	–
442	Eigenstromversorgungsanlagen	–	–	–	–
443	Niederspannungsschaltanlagen	–	–	–	–
444	Niederspannungsinstallationsanlagen	160,72 m2 BGF	25.052,09	155,87	7,9
445	Beleuchtungsanlagen	160,72 m2 BGF	25.914,15	161,24	8,2
446	Blitzschutz- und Erdungsanlagen	–	–	–	–
447	Fahrleitungssysteme	–	–	–	–
449	Sonstiges zur KG 440	–	–	–	–
450	**Kommunikationstechnische Anlagen**	**160,72 m2 BGF**	**6.536,06**	**40,67**	**2,1**
451	Telekommunikationsanlagen	–	–	–	–
452	Such- und Signalanlagen	160,72 m2 BGF	1.872,79	11,65	0,6
453	Zeitdienstanlagen	–	–	–	–
454	Elektroakustische Anlagen	–	–	–	–
455	Audiovisuelle Medien- u. Antennenanl.	–	–	–	–
456	Gefahrenmelde- und Alarmanlagen	–	–	–	–
457	Datenübertragungsnetze	160,72 m2 BGF	4.663,27	29,01	1,5
458	Verkehrsbeeinflussungsanlagen	–	–	–	–
459	Sonstiges zur KG 450	–	–	–	–
460	**Förderanlagen**	**–**	**–**	**–**	**–**
461	Aufzugsanlagen	–	–	–	–
462	Fahrtreppen, Fahrsteige	–	–	–	–
463	Befahranlagen	–	–	–	–
464	Transportanlagen	–	–	–	–
465	Krananlagen	–	–	–	–
466	Hydraulikanlagen	–	–	–	–
469	Sonstiges zur KG 460	–	–	–	–
470	**Nutzungsspez. u. verfahrenstechn. Anl.**	**–**	**–**	**–**	**–**
480	**Gebäude- und Anlagenautomation**	**–**	**–**	**–**	**–**
490	**Sonst. Maßnahmen für techn. Anlagen**	**–**	**–**	**–**	**–**

Umbau

Kostenkennwerte für Leistungsbereiche nach STLB (Kosten des Bauwerks nach DIN 276)

LB	Leistungsbereiche	Kosten €	€/m² BGF	€/m³ BRI	% an 3+4
000	Baustellen-, Verkehrssich.- u. Sicherh.einr. inkl. 001	13.814	86,00	27,10	4,4
002	Erdarbeiten	–	–	–	–
006	Spezialtiefbauarbeiten inkl. 005	–	–	–	–
009	Entwässerungskanalarbeiten inkl. 011	–	–	–	–
010	Drän- und Versickerarbeiten	–	–	–	–
012	Mauerarbeiten	–	–	–	–
013	Betonarbeiten	–	–	–	–
014	Natur-, Betonwerksteinarbeiten	–	–	–	–
016	Zimmer- und Holzbauarbeiten	–	–	–	–
017	Stahlbauarbeiten	–	–	–	–
018	Abdichtungsarbeiten	–	–	–	–
020	Dachdeckungsarbeiten	–	–	–	–
021	Dachabdichtungsarbeiten	–	–	–	–
022	Klempnerarbeiten	–	–	–	–
	Rohbau	**13.814**	**86,00**	**27,10**	**4,4**
023	Putz- und Stuckarbeiten, Wärmedämmsysteme	–	–	–	–
024	Fliesen- und Plattenarbeiten	–	–	–	–
025	Estricharbeiten	3.090	19,20	6,10	1,0
	Wiederherstellen	2.286	14,20	4,50	0,7
	Herstellen	804	5,00	1,60	0,3
026	Fenster, Außentüren inkl. 029, 032	6.297	39,20	12,40	2,0
027	Tischlerarbeiten	70.261	437,20	137,90	22,1
028	Parkett-, Holzpflasterarbeiten	–	–	–	–
030	Rollladenarbeiten	–	–	–	–
031	Metallbauarbeiten inkl. 035	–	–	–	–
034	Maler- und Lackiererarb. – Beschicht. inkl. 037	13.628	84,80	26,70	4,3
	Wiederherstellen	454	2,80	0,89	0,1
	Herstellen	13.174	82,00	25,90	4,1
036	Bodenbelagarbeiten	16.555	103,00	32,50	5,2
038	Vorgehängte hinterlüftete Fassaden	–	–	–	–
039	Trockenbauarbeiten	50.875	316,50	99,90	16,0
	Ausbau	**160.706**	**999,90**	**315,40**	**50,6**
	Wiederherstellen	2.740	17,10	5,40	0,9
	Herstellen	157.966	982,90	310,10	49,8
040	Wärmeversorgungsanl. - Betriebseinr. inkl. 041	14.554	90,60	28,60	4,6
042	Gas- u. Wasseranl. – Leitung., Armat. inkl. 043	4.825	30,00	9,50	1,5
044	Abwasseranl. - Leitungen, Abläufe, Armaturen	3.953	24,60	7,80	1,2
045	Gas, Wasser, Entwässerung – Ausstattung inkl. 046	15.062	93,70	29,60	4,7
047	Dämm- und Brandschutzarb. an techn. Anlagen	3.447	21,40	6,80	1,1
049	Feuerlöschanlagen, Feuerlöschgeräte	–	–	–	–
050	Blitzschutz-/Erdungsanlagen, Überspannungssch.	–	–	–	–
053	Niederspannungsanl. – Kabel inkl. 052, 054	24.415	151,90	47,90	7,7
055	Sicherheits- u. Ersatzstromversorgungsanl.	–	–	–	–
057	Gebäudesystemtechnik	–	–	–	–
058	Leuchten und Lampen inkl. 059	25.914	161,20	50,90	8,2
060	Such, Signal, Zeit, Anten., akust. Anl. inkl. 064	1.873	11,70	3,70	0,6
061	Kommunikations- u. Übertragungsnetze inkl. 063	4.663	29,00	9,20	1,5
069	Aufzüge	–	–	–	–
070	Gebäudeautomation	–	–	–	–
075	Raumlufttechnische Anlagen inkl. 078	25.917	161,30	50,90	8,2
	Gebäudetechnik	**124.624**	**775,40**	**244,60**	**39,3**

© **BKI** Baukosteninformationszentrum

LB	Leistungsbereiche	Kosten €	€/m² BGF	€/m³ BRI	% an 3+4
084	Abbruch, Rückbau, Schadstoffsanierung	17.188	106,90	33,70	5,4
	Abbrechen	17.188	106,90	33,70	5,4
	Abbrucharbeiten	**17.188**	**106,90**	**33,70**	**5,4**
	Abbrechen	17.188	106,90	33,70	5,4
	Sonstige Leistungsbereiche	**1.180**	**7,30**	**2,30**	**0,4**

3100-0022
Orthopädiepraxis
(10 AP)

Umbau

Kostenkennwerte für die Kosten des Bauwerks (Kostengruppen 300+400 nach DIN 276)

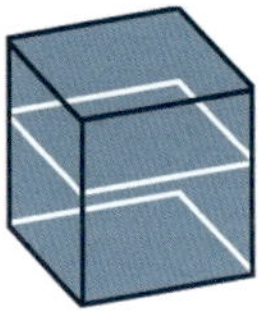

BRI 325 €/m³

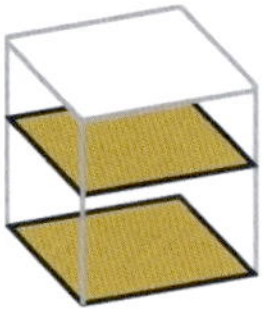

BGF 1.005 €/m²

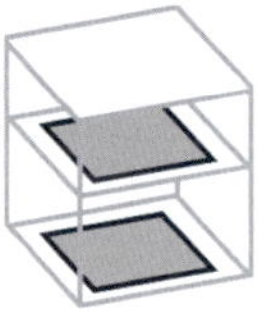

NUF 1.456 €/m²

Objekt:
Kennwerte: 3. Ebene DIN 276
BRI: 1.272 m³
BGF: 412 m²
NUF: 284 m²
Bauzeit: 13 Wochen
Bauende: 2013
Standard: mittel
Bundesland: Thüringen
Kreis: Erfurt, Stadt

Architekt*in:
ADOBE
Architekten + Ing. GmbH
Elisabethstraße 10
99096 Erfurt

in Zusammenarbeit
HERR SCHMIDT
ARCHITEKTUR
Schlachthofstraße 82
99085 Erfurt

© BKI Baukosteninformationszentrum

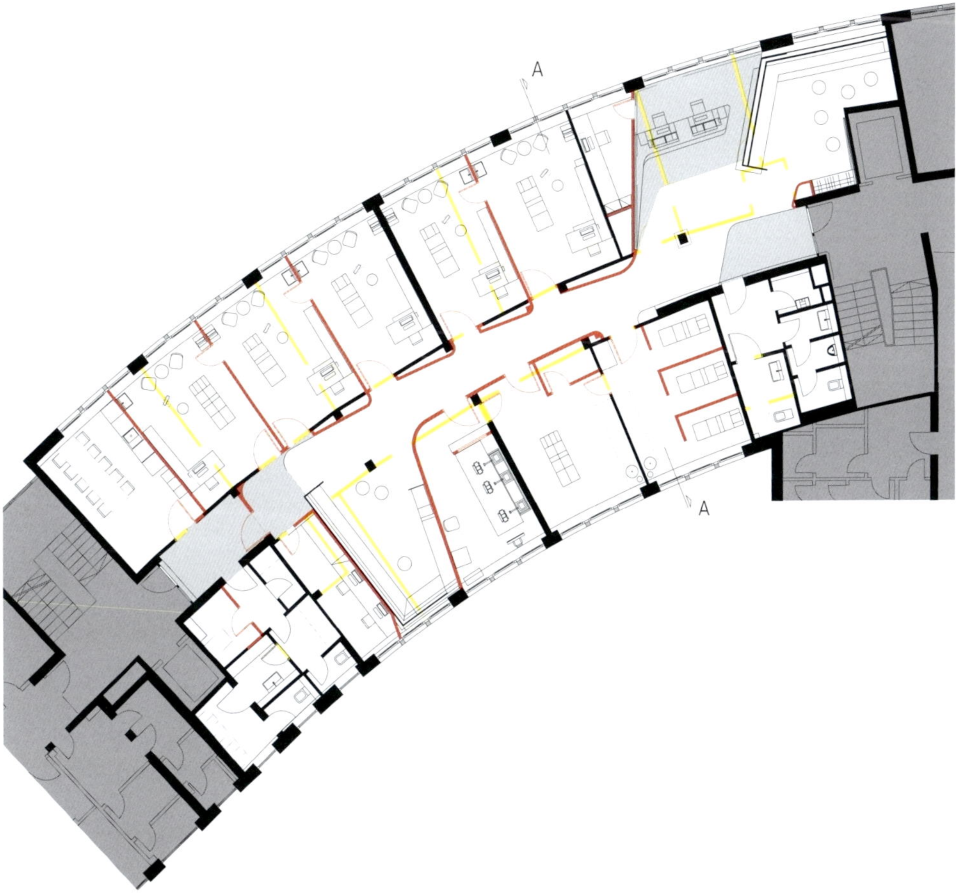

Grundriss

Schnitt A-A

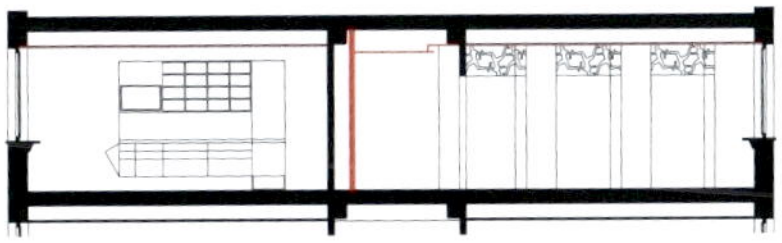

3100-0022
Orthopädiepraxis
(10 AP)

Umbau

Objektbeschreibung

Allgemeine Objektinformationen

In Zusammenarbeit mit einem Innenarchitekten wurden die bestehenden Räumlichkeiten entsprechend den Vorstellungen und Bedürfnissen der Bauherren zu einer modernen Praxis für Orthopädie und Sportmedizin umgebaut. So entstand eine Raumstruktur, die exakt auf den Arbeitsablauf der Praxis abgestimmt ist. Das Thema der organischen Formen erstreckt sich durch die gesamte Praxis an Wänden, Decken und Böden. Beginnend im Empfangs- und Wartebereich mit Fortführung über den Hauptflur zeigt sich eine Dynamik, die mit Bildern von Läufern an den Wänden verstärkt wird. Die Farbgebung beschränkt sich bis auf wenige Eyecatcher auf die Palette weicher Brauntöne.

Nutzung

1 Obergeschoss
Empfang, Wartebereiche, Behandlungszimmer, Infusion, Röntgen, Büros, Personal, WCs, Nebenräume

Nutzeinheiten

Arbeitsplätze: 10

Grundstück

Bauraum: Beengter Bauraum
Neigung: Ebenes Gelände

Markt

Hauptvergabezeit: 3. Quartal 2013
Baubeginn: 3. Quartal 2013
Bauende: 4. Quartal 2013
Konjunkturelle Gesamtlage: Durchschnitt
Regionaler Baumarkt: Durchschnitt

Baubestand

Bauzustand: gut
Aufwand: mittel
Grundrissänderungen: umfangreiche
Tragwerkseingriffe: keine
Nutzungsänderung: ja
Nutzung während der Bauzeit: nein

Baukonstruktion

Die vormals als Büro genutzte Einheit wurde vollständig entkernt und neu gestaltet. Lediglich die tragenden Bestandteile der betreffenden Etage des Massivbaus blieben erhalten. Eine neue Struktur der Räumlichkeiten wurde mittels teilweise geschwungener Trockenbauwände erzielt. Abgehängte Decken mit großen Deckenfeldern und integrierter Beleuchtung akzentuieren die hochwertige Ausstattung der Praxis. Sämtliche Böden sind mit dunklem Linoleum belegt. Die Wände wurden beschichtet und teilweise mit Wandfliesen bekleidet.

Technische Anlagen

Da das gesamte Gebäude an die Fernwärme angeschlossen ist, wurden bezüglich der technischen Anlagen zur Energieversorgung keine Veränderungen vorgenommen. Die sanitären Anlagen inklusive der Wasserleitungen sind erneuert worden. Ein Klimagerät sorgt für gleichmäßig temperierte Räume. Es wurde eine hochwertige EDV-Anlage installiert.

Sonstiges

Die Praxis ist über zwei bestehende Aufzüge barrierefrei erreichbar. Alle Angaben zu Flächen und Rauminhalten in dieser Dokumentation beziehen sich auf die umgebaute Arztpraxis.

© **BKI** Baukosteninformationszentrum

Planungskennwerte für Flächen und Rauminhalte nach DIN 277

Flächen des Grundstücks		Menge Einheit	% an GF
BF	Bebaute Fläche	–	–
UF	Unbebaute Fläche	–	–
GF	Grundstücksfläche	–	–

Grundflächen des Bauwerks		Menge Einheit	% an NUF	% an BGF
NUF	Nutzungsfläche	284,33 m²	100,0	69,1
TF	Technikfläche	0,58 m²	0,2	0,1
VF	Verkehrsfläche	67,96 m²	23,9	16,5
NRF	Netto-Raumfläche	352,87 m²	124,1	85,7
KGF	Konstruktions-Grundfläche	58,88 m²	20,7	14,3
BGF	Brutto-Grundfläche	411,75 m²	144,8	100,0

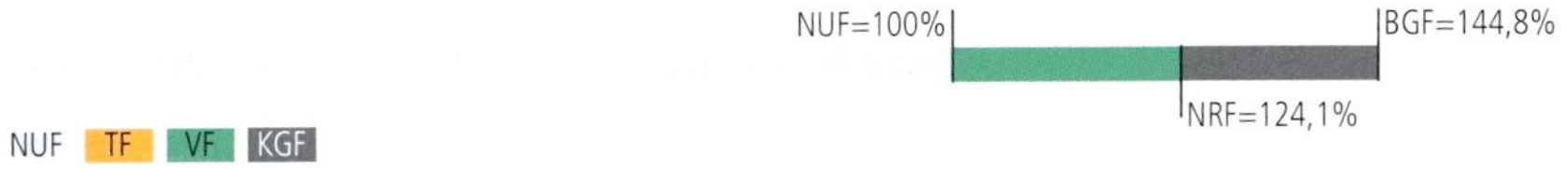

Brutto-Rauminhalt des Bauwerks		Menge Einheit	BRI/NUF (m)	BRI/BGF (m)
BRI	Brutto-Rauminhalt	1.272,31 m³	4,48	3,09

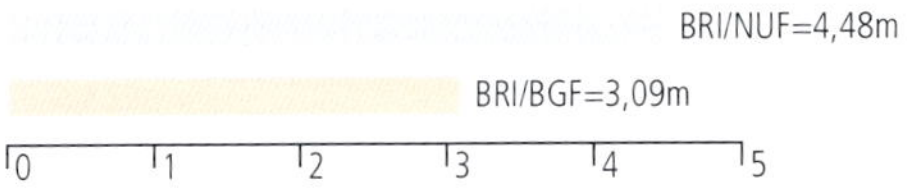

Lufttechnisch behandelte Flächen	Menge Einheit	% an NUF	% an BGF
Entlüftete Fläche	–	–	–
Be- und entlüftete Fläche	–	–	–
Teilklimatisierte Fläche	–	–	–
Klimatisierte Fläche	–	–	–

KG	Kostengruppen (2. Ebene)	Menge Einheit	Menge/NUF	Menge/BGF
310	Baugrube / Erdbau	–	–	–
320	Gründung, Unterbau	–	–	–
330	Außenwände/Vertikale Baukonstruktionen, außen	93,50 m² AWF	0,33	0,23
340	Innenwände/Vertikale Baukonstruktionen, innen	340,62 m² IWF	1,20	0,83
350	Decken/Horizontale Baukonstruktionen	312,40 m² DEF	1,10	0,76
360	Dächer	–	–	–

© BKI Baukosteninformationszentrum

Umbau

Kostenkennwerte für die Kostengruppen der 1. Ebene DIN 276

KG	Kostengruppen (1. Ebene)	Einheit	Kosten €	€/Einheit	€/m² BGF	€/m³ BRI	% 300+400
100	Grundstück	m² GF	–	–	–	–	–
200	Vorbereitende Maßnahmen	m² GF	–	–	–	–	–
300	Bauwerk – Baukonstruktionen	m² BGF	290.048	704,43	704,43	227,97	70,1
400	Bauwerk – Technische Anlagen	m² BGF	123.857	300,81	300,81	97,35	29,9
	Bauwerk 300+400	**m² BGF**	**413.905**	**1.005,23**	**1.005,23**	**325,32**	**100,0**
500	Außenanlagen und Freiflächen	m² AF	–	–	–	–	–
600	Ausstattung und Kunstwerke	m² BGF	73.672	178,92	178,92	57,90	17,8
700	Baunebenkosten	m² BGF	–	–	–	–	–
800	Finanzierung	m² BGF	–	–	–	–	–

KG	Kostengruppe	Menge Einheit	Kosten €	€/Einheit	%
3+4	**Bauwerk**				**100,0**
300	**Bauwerk – Baukonstruktionen**	411,75 m² BGF	290.048	**704,43**	70,1
	• Abbrechen (Kosten: 2,4%) Abbruch von Tapeten; GK-Metallständerwänden; Bodenfliesen; Entsorgung, Deponiegebühren		6.877		
	• Wiederherstellen (Kosten: 0,6%) Stahlzarge tauschen; Fliesenbelag aufarbeiten, Estrich ergänzen		1.855		
	• Herstellen (Kosten: 97,0%) GK-Metallständerwände, Mineralwolldämmung; Holztüren, Beschichtung, GK-Vorsatzschalen, Wandfliesen; Linoleum, abgehängte Decken; Möbelausstattung		281.316		
400	**Bauwerk – Technische Anlagen**	411,75 m² BGF	123.857	**300,81**	29,9
	• Abbrechen (Kosten: 3,0%) Abbruch von Abwasserleitungen; Trinkwasserleitungen, Doppelwaschtisch; Urinalmodulen; Entsorgung, Deponiegebühren		3.706		
	• Wiederherstellen (Kosten: 0,4%) Waschtische demontieren, lagern, wieder einbauen		513		
	• Herstellen (Kosten: 96,6%) Abwasserleitungen; Kalt- und Warmwasserleitungen, Sanitärobjekte; Klimageräte; Elektroinstallation, Beleuchtung; EDV-Anlage		119.638		
600	**Ausstattung und Kunstwerke**	411,75 m² BGF	73.672	**178,92**	17,8
	• Herstellen (Kosten: 100,0%) Allgemeine Möblierung, Vorhänge, Sanitärausstattung; Praxismöblierung		73.672		

© BKI Baukosteninformationszentrum

Kostenkennwerte für die Kostengruppen der 2.Ebene DIN 276

KG	Kostengruppe	Menge Einheit	Kosten €	€/Einheit	%
300	**Bauwerk – Baukonstruktionen**				**100,0**
330	**Außenwände/Vert. Baukonstrukt., außen**	93,50 m² AWF	3.637	**38,90**	1,3
	• Abbrechen (Kosten: 19,0%) Abbruch von Tapeten (94m²); Entsorgung, Deponiegebühren	93,50 m² AWF	692	**7,41**	
	• Herstellen (Kosten: 81,0%) Malervlies, Beschichtung (94m²)	93,50 m² AWF	2.945	**31,50**	
340	**Innenwände/Vert. Baukonstrukt., innen**	340,62 m² IWF	95.508	**280,40**	32,9
	• Abbrechen (Kosten: 6,2%) Abbruch von GK-Metallständerwänden (128m²) * Tapeten (98m²), an Stütze (5m); Entsorgung, Deponiegebühren	225,19 m² IWF	5.948	**26,41**	
	• Wiederherstellen (Kosten: 1,1%) Stahlzarge an Bestandstür tauschen (1St)	–	1.005	**–**	
	• Herstellen (Kosten: 92,7%) GK-Metallständerwände, d=10cm, Mineralwolldämmung WLS 032 (151m²), im Grundriss gerundet (32m²), halbhoch (11m²) * Holztüren, einflüglig, Stahlzargen (26m²), mit Oberlicht (15m²) * Malervlies, Beschichtung (668m²), GK-Vorsatzschalen, d=7,5cm (53m²), Wandfliesen (13m²) * Prallschutz für Sonografiegeräte (6St)	234,98 m² IWF	88.556	**376,87**	
350	**Decken/Horizontale Baukonstruktionen**	312,40 m² DEF	79.876	**255,69**	27,5
	• Abbrechen (Kosten: 0,3%) Abbruch von Bodenfliesen (4m²); Entsorgung, Deponiegebühren	4,29 m² DEF	236	**55,09**	
	• Wiederherstellen (Kosten: 1,1%) Fliesenbelag aufarbeiten (5m²), Estrich ergänzen (psch)	4,92 m² DEF	850	**172,82**	
	• Herstellen (Kosten: 98,6%) Linoleum (312m²), Sockel, Linoleum (313m) * abgehängte Rasterdecken (204m²), GK-Unterdecke, einlagig (127m²), Beschichtungen (190m²), Revisionsklappen (4St)	312,45 m² DEF	78.790	**252,17**	
380	**Baukonstruktive Einbauten**	411,75 m² BGF	109.964	**267,06**	37,9
	• Herstellen (Kosten: 100,0%) Empfangstresen (1St), Bänke Wartebereiche (2St), Garderobe (1St), Türeinfassungen, HPL (4St), Sideboard (1St), Personalküche (psch), Wandbekleidungen, HPL (14St), Staumöbel (2St), Büroeinrichtungen (2St), Waschtische mit Unterschrank und Wandpaneel, HPL (2St), Einbauschränke (2St)	411,75 m² BGF	109.964	**267,06**	
390	**Sonst. Maßnahmen für Baukonstrukt.**	411,75 m² BGF	1.062	**2,58**	0,4
	• Herstellen (Kosten: 100,0%) Schutzabdeckungen für Böden, Türen, Fenster (205m²)	411,75 m² BGF	1.062	**2,58**	

KG	Kostengruppe	Menge Einheit	Kosten €	€/Einheit	%
400	**Bauwerk – Technische Anlagen**				**100,0**
410	**Abwasser-, Wasser-, Gasanlagen**	411,75 m² BGF	34.181	**83,01**	27,6
	• Abbrechen (Kosten: 1,4%) Abbruch von Abwasserleitungen (psch) * Trinkwasserleitungen (10m), Doppelwaschtisch (1St) * Urinalmodulen (3St); Entsorgung, Deponiegebühren	411,75 m² BGF	469	**1,14**	
	• Wiederherstellen (Kosten: 1,0%) Waschtische demontieren, lagern, wieder einbauen (2St)	411,75 m² BGF	342	**0,83**	
	• Herstellen (Kosten: 97,6%) HT-Rohre DN40-50 (64m) * Mehrschichtverbundrohre DN15-32, Rohrdämmung (126m), Trinkwasserhähne (2St), Durchlauferhitzer (5St), Waschtische (5St), Handwaschbecken (5St), Wand-Tiefspül-WCs (2St)	411,75 m² BGF	33.370	**81,04**	
420	**Wärmeversorgungsanlagen**	411,75 m² BGF	171	**0,42**	0,1
	• Wiederherstellen (Kosten: 100,0%) Heizkörper demontieren, lagern, wieder einbauen (1St)	411,75 m² BGF	171	**0,42**	
430	**Raumlufttechnische Anlagen**	411,75 m² BGF	16.306	**39,60**	13,2
	• Herstellen (Kosten: 100,0%) Split-Klimagerät 3,5kW, innen (1St), außen (1St), Tauwasserpumpe (1St), Kältemittel-Doppelleitungen (97m)	411,75 m² BGF	16.306	**39,60**	
440	**Elektrische Anlagen**	411,75 m² BGF	54.389	**132,09**	43,9
	• Abbrechen (Kosten: 6,0%) Abbruch von Elektroinstallation (psch); Entsorgung, Deponiegebühren	411,75 m² BGF	3.237	**7,86**	
	• Herstellen (Kosten: 94,0%) Hauptschalter (2St), Hauptsicherungsautomaten (6St), FI-Schalter (15St), LS-Schalter (81St), Mantelleitungen (2.476m), Schalter/Taster (52St), Steckdosen (187St), Brandschotts (10St) * LED-Spots (22St), LED-Lichtbänder (58m), Deckeneinbauleuchten (13St), Anbauleuchten (6St), Einlegeleuchten (4St)	411,75 m² BGF	51.152	**124,23**	
450	**Kommunikationstechnische Anlagen**	411,75 m² BGF	18.810	**45,68**	15,2
	• Herstellen (Kosten: 100,0%) Notrufsets (4St) * Sat-Anlage (1St), Koaxialkabel (220m), Beamerhalterung (1St) * Serverschrank (1St), Datenkabel (2.525m), Datenanschlussdosen (40St), HDMI-Anschlussdosen (2St), Not-Ausschalter EDV (1St)	411,75 m² BGF	18.810	**45,68**	
600	**Ausstattung und Kunstwerke**				**100,0**
610	**Allgemeine Ausstattung**	411,75 m² BGF	20.345	**49,41**	27,6
	• Herstellen (Kosten: 100,0%) Aktenschrank (1St), Tisch (1St), Beistelltische (5St), Spiegel (4St), Vorhangstangen (23m), Vorhangschienen (9m), Stoffschals (11St), WC-Papierrollenhalter (1St)	411,75 m² BGF	20.345	**49,41**	
620	**Besondere Ausstattung**	411,75 m² BGF	53.327	**129,51**	72,4
	• Herstellen (Kosten: 100,0%) Behandlungsmöbel (8St), Infusionsvorbereitung zweiteilig (1St), Röntgenmöbel (1St), Edelstahlwanne für Infusion (1St)	411,75 m² BGF	53.327	**129,51**	

© **BKI** Baukosteninformationszentrum

Kostenkennwerte für die Kostengruppen 300 der 2. und 3. Ebene DIN 276 (Übersicht)

KG	Kostengruppe	Menge Einheit	Kosten €	€/Einheit	% an 3+4
300	**Bauwerk – Baukonstruktionen**	**411,75 m² BGF**	**290.047,60**	**704,43**	**70,1**
310	**Baugrube / Erdbau**	**–**	**–**	**–**	**–**
311	Herstellung	–	–	–	–
312	Umschließung	–	–	–	–
313	Wasserhaltung	–	–	–	–
314	Vortrieb	–	–	–	–
319	Sonstiges zur KG 310	–	–	–	–
320	**Gründung, Unterbau**	**–**	**–**	**–**	**–**
321	Baugrundverbesserung	–	–	–	–
322	Flachgründungen und Bodenplatten	–	–	–	–
323	Tiefgründungen	–	–	–	–
324	Gründungsbeläge	–	–	–	–
325	Abdichtungen und Bekleidungen	–	–	–	–
326	Dränagen	–	–	–	–
329	Sonstiges zur KG 320	–	–	–	–
330	**Außenwände/Vert. Baukonstrukt., außen**	**93,50 m² AWF**	**3.637,41**	**38,90**	**0,9**
331	Tragende Außenwände	–	–	–	–
332	Nichttragende Außenwände	–	–	–	–
333	Außenstützen	–	–	–	–
334	Außenwandöffnungen	–	–	–	–
335	Außenwandbekleidungen, außen	–	–	–	–
336	Außenwandbekleidungen, innen	93,50 m²	3.637,41	38,90	0,9
337	Element. Außenwandkonstruktionen	–	–	–	–
338	Lichtschutz zur KG 330	–	–	–	–
339	Sonstiges zur KG 330	–	–	–	–
340	**Innenwände/Vert. Baukonstrukt., innen**	**340,62 m² IWF**	**95.508,13**	**280,40**	**23,1**
341	Tragende Innenwände	–	–	–	–
342	Nichttragende Innenwände	194,39 m²	29.966,40	154,16	7,2
343	Innenstützen	–	–	–	–
344	Innenwandöffnungen	40,59 m²	39.765,28	979,68	9,6
345	Innenwandbekleidungen	681,23 m²	24.757,55	36,34	6,0
346	Elementierte Innenwandkonstruktionen	–	–	–	–
347	Lichtschutz zur KG 340	–	–	–	–
349	Sonstiges zur KG 340	340,62 m² IWF	1.018,90	2,99	0,2
350	**Decken/Horizontale Baukonstruktionen**	**312,40 m² DEF**	**79.876,15**	**255,69**	**19,3**
351	Deckenkonstruktionen	–	–	–	–
352	Deckenöffnungen	–	–	–	–
353	Deckenbeläge	312,40 m²	38.655,13	123,74	9,3
354	Deckenbekleidungen	312,40 m²	41.221,02	131,95	10,0
355	Elementierte Deckenkonstruktionen	–	–	–	–
359	Sonstiges zur KG 350	–	–	–	–
360	**Dächer**	**–**	**–**	**–**	**–**
361	Dachkonstruktionen	–	–	–	–
362	Dachöffnungen	–	–	–	–
363	Dachbeläge	–	–	–	–
364	Dachbekleidungen	–	–	–	–
365	Elementierte Dachkonstruktionen	–	–	–	–
366	Lichtschutz zur KG 360	–	–	–	–
369	Sonstiges zur KG 360	–	–	–	–
370	**Infrastrukturanlagen**	**–**	**–**	**–**	**–**
380	**Baukonstruktive Einbauten**	**411,75 m² BGF**	**109.963,87**	**267,06**	**26,6**
390	**Sonst. Maßnahmen für Baukonstrukt.**	**411,75 m² BGF**	**1.062,04**	**2,58**	**0,3**

© BKI Baukosteninformationszentrum

Umbau

Kostenkennwerte für die Kostengruppen 400 der 2. und 3.Ebene DIN 276 (Übersicht)

KG	Kostengruppe	Menge Einheit	Kosten €	€/Einheit	% an 3+4
400	**Bauwerk – Technische Anlagen**	**411,75 m²BGF**	**123.857,39**	**300,81**	**29,9**
410	**Abwasser-, Wasser-, Gasanlagen**	**411,75 m²BGF**	**34.181,24**	**83,01**	**8,3**
411	Abwasseranlagen	411,75 m²BGF	8.353,82	20,29	2,0
412	Wasseranlagen	411,75 m²BGF	25.622,24	62,23	6,2
413	Gasanlagen	–	–	–	–
419	Sonstiges zur KG 410	411,75 m²BGF	205,19	0,50	< 0,1
420	**Wärmeversorgungsanlagen**	**411,75 m²BGF**	**171,00**	**0,42**	**< 0,1**
421	Wärmeerzeugungsanlagen	–	–	–	–
422	Wärmeverteilnetze	–	–	–	–
423	Raumheizflächen	411,75 m²BGF	171,00	0,42	< 0,1
424	Verkehrsheizflächen	–	–	–	–
429	Sonstiges zur KG 420	–	–	–	–
430	**Raumlufttechnische Anlagen**	**411,75 m²BGF**	**16.306,38**	**39,60**	**3,9**
431	Lüftungsanlagen	–	–	–	–
432	Teilklimaanlagen	411,75 m²BGF	16.306,38	39,60	3,9
433	Klimaanlagen	–	–	–	–
434	Kälteanlagen	–	–	–	–
439	Sonstiges zur KG 430	–	–	–	–
440	**Elektrische Anlagen**	**411,75 m²BGF**	**54.389,26**	**132,09**	**13,1**
441	Hoch- und Mittelspannungsanlagen	–	–	–	–
442	Eigenstromversorgungsanlagen	–	–	–	–
443	Niederspannungsschaltanlagen	–	–	–	–
444	Niederspannungsinstallationsanlagen	411,75 m²BGF	28.181,93	68,44	6,8
445	Beleuchtungsanlagen	411,75 m²BGF	26.207,33	63,65	6,3
446	Blitzschutz- und Erdungsanlagen	–	–	–	–
447	Fahrleitungssysteme	–	–	–	–
449	Sonstiges zur KG 440	–	–	–	–
450	**Kommunikationstechnische Anlagen**	**411,75 m²BGF**	**18.809,52**	**45,68**	**4,5**
451	Telekommunikationsanlagen	–	–	–	–
452	Such- und Signalanlagen	411,75 m²BGF	2.448,36	5,95	0,6
453	Zeitdienstanlagen	–	–	–	–
454	Elektroakustische Anlagen	–	–	–	–
455	Audiovisuelle Medien- u. Antennenanl.	411,75 m²BGF	2.506,97	6,09	0,6
456	Gefahrenmelde- und Alarmanlagen	–	–	–	–
457	Datenübertragungsnetze	411,75 m²BGF	13.854,19	33,65	3,3
458	Verkehrsbeeinflussungsanlagen	–	–	–	–
459	Sonstiges zur KG 450	–	–	–	–
460	**Förderanlagen**	**–**	**–**	**–**	**–**
461	Aufzugsanlagen	–	–	–	–
462	Fahrtreppen, Fahrsteige	–	–	–	–
463	Befahranlagen	–	–	–	–
464	Transportanlagen	–	–	–	–
465	Krananlagen	–	–	–	–
466	Hydraulikanlagen	–	–	–	–
469	Sonstiges zur KG 460	–	–	–	–
470	**Nutzungsspez. u. verfahrenstechn. Anl.**	**–**	**–**	**–**	**–**
480	**Gebäude- und Anlagenautomation**	**–**	**–**	**–**	**–**
490	**Sonst. Maßnahmen für techn. Anlagen**	**–**	**–**	**–**	**–**

© **BKI** Baukosteninformationszentrum

Kostenkennwerte für Leistungsbereiche nach STLB (Kosten des Bauwerks nach DIN 276)

LB	Leistungsbereiche	Kosten €	€/m² BGF	€/m³ BRI	% an 3+4
000	Baustellen-, Verkehrssich.- u. Sicherh.einr. inkl. 001	–	–	–	–
002	Erdarbeiten	–	–	–	–
006	Spezialtiefbauarbeiten inkl. 005	–	–	–	–
009	Entwässerungskanalarbeiten inkl. 011	–	–	–	–
010	Drän- und Versickerarbeiten	–	–	–	–
012	Mauerarbeiten	–	–	–	–
013	Betonarbeiten	–	–	–	–
014	Natur-, Betonwerksteinarbeiten	–	–	–	–
016	Zimmer- und Holzbauarbeiten	–	–	–	–
017	Stahlbauarbeiten	–	–	–	–
018	Abdichtungsarbeiten	–	–	–	–
020	Dachdeckungsarbeiten	–	–	–	–
021	Dachabdichtungsarbeiten	–	–	–	–
022	Klempnerarbeiten	–	–	–	–
	Rohbau	**–**	**–**	**–**	**–**
023	Putz- und Stuckarbeiten, Wärmedämmsysteme	2.305	5,60	1,80	0,6
024	Fliesen- und Plattenarbeiten	4.076	9,90	3,20	1,0
	Wiederherstellen	780	1,90	0,61	0,2
	Herstellen	3.296	8,00	2,60	0,8
025	Estricharbeiten	71	0,17	0,06	< 0,1
	Wiederherstellen	71	0,17	0,06	< 0,1
026	Fenster, Außentüren inkl. 029, 032	–	–	–	–
027	Tischlerarbeiten	152.517	370,40	119,90	36,8
	Wiederherstellen	1.005	2,40	0,79	0,2
	Herstellen	151.512	368,00	119,10	36,6
028	Parkett-, Holzpflasterarbeiten	–	–	–	–
030	Rollladenarbeiten	–	–	–	–
031	Metallbauarbeiten inkl. 035	–	–	–	–
034	Maler- und Lackiererarb. – Beschicht. inkl. 037	19.160	46,50	15,10	4,6
036	Bodenbelagarbeiten	35.887	87,20	28,20	8,7
038	Vorgehängte hinterlüftete Fassaden	–	–	–	–
039	Trockenbauarbeiten	70.924	172,30	55,70	17,1
	Ausbau	**284.940**	**692,00**	**224,00**	**68,8**
	Wiederherstellen	1.855	4,50	1,50	0,4
	Herstellen	283.085	687,50	222,50	68,4
040	Wärmeversorgungsanl. - Betriebseinr. inkl. 041	171	0,42	0,13	< 0,1
	Wiederherstellen	171	0,42	0,13	< 0,1
042	Gas- u. Wasseranl. – Leitung., Armat. inkl. 043	11.297	27,40	8,90	2,7
	Wiederherstellen	342	0,83	0,27	< 0,1
	Herstellen	10.955	26,60	8,60	2,6
044	Abwasseranl. - Leitungen, Abläufe, Armaturen	1.497	3,60	1,20	0,4
045	Gas, Wasser, Entwässerung – Ausstattung inkl. 046	19.149	46,50	15,10	4,6
047	Dämm und Brandschutzarb. an techn. Anlagen	–	–	–	–
049	Feuerlöschanlagen, Feuerlöschgeräte	–	–	–	–
050	Blitzschutz-/Erdungsanlagen, Überspannungssch.	–	–	–	–
053	Niederspannungsanl. – Kabel inkl. 052, 054	29.122	70,70	22,90	7,0
055	Sicherheits- u. Ersatzstromversorgungsanl.	–	–	–	–
057	Gebäudesystemtechnik	–	–	–	–
058	Leuchten und Lampen inkl. 059	27.120	65,90	21,30	6,6
060	Such, Signal, Zeit, Anten., akust. Anl. inkl. 064	2.448	5,90	1,90	0,6

Umbau

LB	Leistungsbereiche	Kosten €	€/m² BGF	€/m³ BRI	% an 3+4
061	Kommunikations- u. Übertragungsnetze inkl. 063	11.271	27,40	8,90	2,7
069	Aufzüge	–	–	–	–
070	Gebäudeautomation	–	–	–	–
075	Raumlufttechnische Anlagen inkl. 078	16.306	39,60	12,80	3,9
	Gebäudetechnik	**118.383**	**287,50**	**93,00**	**28,6**
	Wiederherstellen	513	1,20	0,40	0,1
	Herstellen	117.870	286,30	92,60	28,5
084	Abbruch, Rückbau, Schadstoffsanierung	10.582	25,70	8,30	2,6
	Abbrechen	10.582	25,70	8,30	2,6
	Abbrucharbeiten	**10.582**	**25,70**	**8,30**	**2,6**
	Abbrechen	10.582	25,70	8,30	2,6
	Sonstige Leistungsbereiche	**–**	**–**	**–**	**–**

© **BKI** Baukosteninformationszentrum

3100-0023
Dermatologische
Praxis (8 AP)

Umbau

Kostenkennwerte für die Kosten des Bauwerks (Kostengruppen 300+400 nach DIN 276)

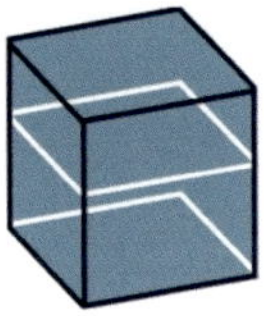

BRI 252 €/m³

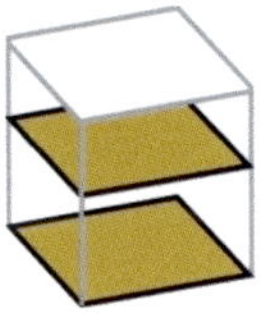

BGF 703 €/m²

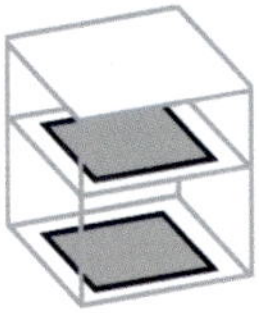

NUF 871 €/m²

Objekt:
Kennwerte: 3. Ebene DIN 276
BRI: 1.677 m³
BGF: 601 m²
NUF: 485 m²
Bauzeit: 4 Wochen
Bauende: 2015
Standard: mittel
Bundesland: Berlin
Kreis: Berlin, Stadt

Architekt*in:
Claudius Markworth
Architektur
Mehringdamm 89
10965 Berlin

Bauherr*in:
Dr. med. Christian Kors
Schönstraße 5-7
13086 Berlin

vorher

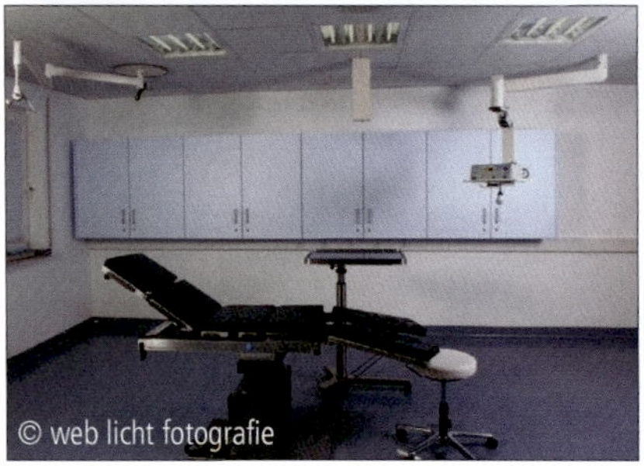

nachher

© BKI Baukosteninformationszentrum

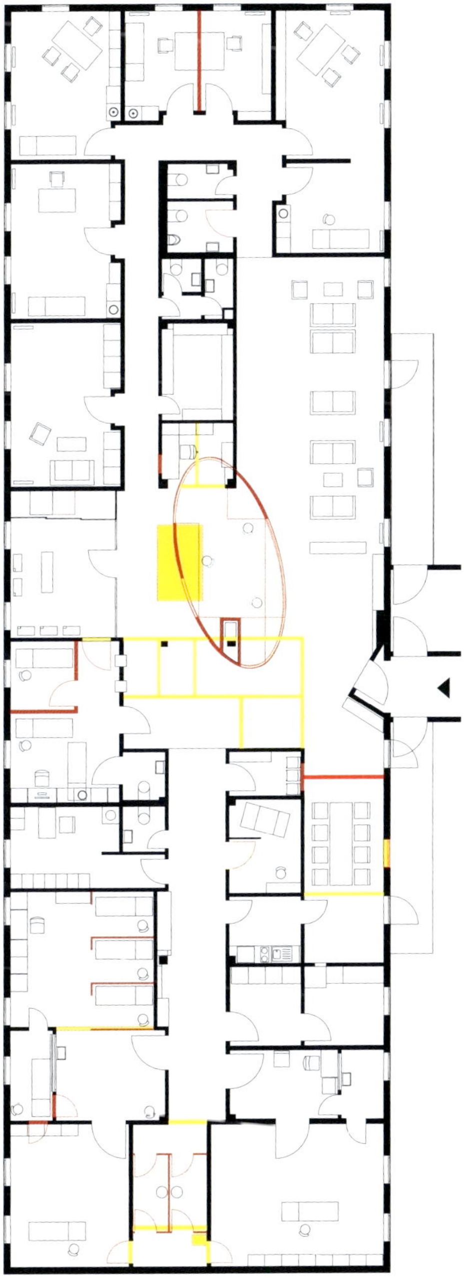

Grundriss

3100-0023
Dermatologische
Praxis (8 AP)

Umbau

Objektbeschreibung

Allgemeine Objektinformationen

Die Räume der Arztpraxis befinden sich im dritten Obergeschoss eines Ärzte- und Wohnhauses. Nach mehreren Jahren Leerstand sollte die Nutzungseinheit in eine Dermatologische Praxis umgebaut werden. Das Konzept für die neue Praxis funktioniert mit minimalen Eingriffen in die Substanz, so dass der Umbau ressourcenschonend unter Verwendung vorhandener Elemente durchgeführt werden konnte. Im Kreuzungspunkt aller Wege und Blickachsen befindet sich in einem elliptischen Zylinder die Schaltzentrale. In diesem Schnittpunkt versorgen die MitarbeiterInnen die Patienten diskret mit allen erforderlichen Informationen. Gleichzeitig dient der himmelblaue Empfangstresen als Orientierungspunkt in der weitläufigen Praxis. Von hier führt ein Farbleitsystem, das auf den Imagefarben der Praxis und des Kosmetikinstituts basiert, zu den unterschiedlichen Bereichen: Beratung, Eingriff und Kosmetik. In den eigens für die Praxis entworfenen Möbeln tauchen die Farben des Leitsystems wieder auf.

Nutzung

1 Obergeschoss
Empfang, Wartebereich, Büros, Arztzimmer, Behandlungsräume, Proktologie, Eingriffsraum, Studie/Monitoring, Labor, Laser, Sterilisation, Instrumentenaufbereitung, Beratung, Kosmetik, Personalraum, Teeküche, Umkleideräume, Sanitärräume, Aktenlager, Putzmittel, Technik

Nutzeinheiten

Arbeitsplätze: 8

Markt

Hauptvergabezeit: 1. Quartal 2015
Baubeginn: 1. Quartal 2015
Bauende: 2. Quartal 2015
Konjunkturelle Gesamtlage: Durchschnitt
Regionaler Baumarkt: über Durchschnitt

Baubestand

Baujahr: 2002
Bauzustand: mittel
Aufwand: hoch
Grundrissänderungen: wenige
Tragwerkseingriffe: keine
Nutzungsänderung: ja
Nutzung während der Bauzeit: nein

Baukonstruktion

Das Ärztehaus wurde als Massivbau errichtet. Die Außenwände sind gemauert und mit einem Wärmedämmverbundsystem bekleidet. Sämtliche tragende Wände und Stützen bestehen aus Stahlbeton, die Trennwände zwischen den Nutzungseinheiten sind in Mauerwerk ausgeführt; nicht tragende Innenwände wurden aus Gipskarton hergestellt. Alle Decken bestehen aus Stahlbeton. Darunter befindliche Unterdecken sind ebenfalls aus Gipskarton oder als Raster-Abhangdecken gefertigt.

Technische Anlagen

Die vorhandene Gasheizung und die Warmwasserbereitung werden zentral gesteuert. Die Belüftung der Räume erfolgt, auch für innenliegende Nebenräume, mechanisch.

Sonstiges

Die Praxis wird über zwei bestehende Aufzüge barrierefrei erschlossen.

© BKI Baukosteninformationszentrum

Planungskennwerte für Flächen und Rauminhalte nach DIN 277

Flächen des Grundstücks		Menge Einheit	% an GF
BF	Bebaute Fläche	–	–
UF	Unbebaute Fläche	–	–
GF	Grundstücksfläche	–	–

Grundflächen des Bauwerks		Menge Einheit	% an NUF	% an BGF
NUF	Nutzungsfläche	484,91 m²	100,0	80,7
TF	Technikfläche	–	–	–
VF	Verkehrsfläche	64,97 m²	13,4	10,8
NRF	Netto-Raumfläche	549,88 m²	113,4	91,5
KGF	Konstruktions-Grundfläche	51,22 m²	10,6	8,5
BGF	Brutto-Grundfläche	601,10 m²	124,0	100,0

Brutto-Rauminhalt des Bauwerks		Menge Einheit	BRI/NUF (m)	BRI/BGF (m)
BRI	Brutto-Rauminhalt	1.677,07 m³	3,46	2,79

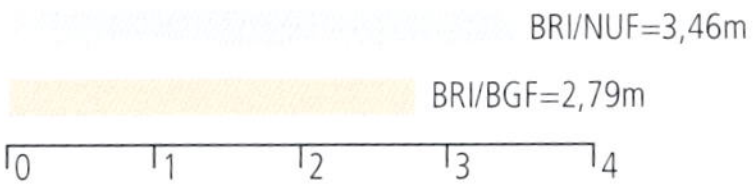

Lufttechnisch behandelte Flächen	Menge Einheit	% an NUF	% an BGF
Entlüftete Fläche	–	–	–
Be- und entlüftete Fläche	–	–	–
Teilklimatisierte Fläche	–	–	–
Klimatisierte Fläche	–	–	–

KG	Kostengruppen (2. Ebene)	Menge Einheit	Menge/NUF	Menge/BGF
310	Baugrube / Erdbau	–	–	–
320	Gründung, Unterbau	–	–	–
330	Außenwände/Vertikale Baukonstruktionen, außen	1,34 m² AWF	< 0,01	< 0,01
340	Innenwände/Vertikale Baukonstruktionen, innen	765,95 m² IWF	1,58	1,27
350	Decken/Horizontale Baukonstruktionen	540,00 m² DEF	1,11	0,90
360	Dächer	–	–	–

3100-0023
Dermatologische
Praxis (8 AP)

Umbau

Kostenkennwerte für die Kostengruppen der 1. Ebene DIN 276

KG	Kostengruppen (1. Ebene)	Einheit	Kosten €	€/Einheit	€/m² BGF	€/m³ BRI	% 300+400
100	Grundstück	m² GF	–	–	–	–	–
200	Vorbereitende Maßnahmen	m² GF	–	–	–	–	–
300	Bauwerk – Baukonstruktionen	m² BGF	337.862	562,07	562,07	201,46	80,0
400	Bauwerk – Technische Anlagen	m² BGF	84.666	140,85	140,85	50,48	20,0
	Bauwerk 300+400	**m² BGF**	**422.528**	**702,93**	**702,93**	**251,94**	**100,0**
500	Außenanlagen und Freiflächen	m² AF	–	–	–	–	–
600	Ausstattung und Kunstwerke	m² BGF	46.802	77,86	77,86	27,91	11,1
700	Baunebenkosten	m² BGF	–	–	–	–	–
800	Finanzierung	m² BGF	–	–	–	–	–

KG	Kostengruppe	Menge Einheit	Kosten €	€/Einheit	%
3+4	**Bauwerk**				**100,0**
300	**Bauwerk – Baukonstruktionen**	601,10 m² BGF	337.862	**562,07**	80,0

- Abbrechen (Kosten: 5,8%) 19.678
  Abbruch von Mauerwerk; Mineralfaserdecken; Trockenbauwänden, GK-Decken, Türen, Teppich, Linoleum, Einbaumöbeln; Entsorgung, Deponiegebühren

- Wiederherstellen (Kosten: 2,1%) 7.005
  Bestandstüren kürzen, auf Gangbarkeit prüfen, Bänder teilweise ersetzen; Estrichrisse und Fugen mit Folie, Dämmung und Schnellestrich schließen; Schließen von Leuchtenausschnitten in GK-Decken

- Herstellen (Kosten: 92,1%) 311.179
  Festverglasung F30, Fensterbank, Anarbeiten Putzflächen und WDVS im Laibungsbereich; Stahlträger für neue Maueröffnung einsetzen, ausmauern, GK-Wände, Schließen von Türöffnungen, Holztüren, Stahlzargen, Acrylatbeschichtung, Wechselkabinen; Vinylbelag, GK-Decken, Dispersionsbeschichtung; Empfangstresen mit deckenhoher Umbauung in Form einer Ellipse, Einbaumöbel, Teeküchen, Garderoben; Flucht- und Rettungswegeplan

KG	Kostengruppe	Menge Einheit	Kosten €	€/Einheit	%
400	**Bauwerk – Technische Anlagen**	601,10 m² BGF	84.666	**140,85**	20,0

- Abbrechen (Kosten: 7,8%) 6.632
  Abbruch von Bodenanschluss, Wasseranschluss; Lüfterkasten, Lüftungsgeräten, Elektroinstallationen; Entsorgung, Deponiegebühren

- Wiederherstellen (Kosten: 1,5%) 1.237
  Vorhandene Kalt- und Warmwasserinstallationen prüfen

- Herstellen (Kosten: 90,7%) 76.797
  Hebeanlage, Abwasserrohre, Kaltwasserleitungen, Sanitärobjekte, Durchlauferhitzer, Untertischboiler; Tellerventil, Enddeckel, nach Rückbauarbeiten; Elektroinstallation, Beleuchtung; Brandmeldeanlage, Netzwerkanschlüsse überprüfen, neu patchen; Feuerlöscher

KG	Kostengruppe	Menge Einheit	Kosten €	€/Einheit	%
600	**Ausstattung und Kunstwerke**	601,10 m² BGF	46.802	**77,86**	11,1

- Wiederherstellen (Kosten: 8,5%) 3.982
  Halterungen für Seifenspender

- Herstellen (Kosten: 91,5%) 42.819
  Stapelstühle (30St), Lounge Chairs (3St), Drehstühle (4St), Flügeltürenschrank (1St), Schreibtische (4St), Rollcontainer (4St), Beistelltisch (4St), Low Tables (2St)

© BKI Baukosteninformationszentrum

Kostenkennwerte für die Kostengruppen der 2.Ebene DIN 276

KG	Kostengruppe	Menge Einheit	Kosten €	€/Einheit	%
300	**Bauwerk – Baukonstruktionen**				**100,0**
330	**Außenwände/Vert. Baukonstrukt., außen**	1,34 m² AWF	4.981	**3.717,19**	1,5
	• Abbrechen (Kosten: 7,5%) Abbruch von Mauerwerk für Fenstereinbau, entsorgen (1m²)	0,50 m² AWF	375	**749,19**	
	• Herstellen (Kosten: 92,5%) Festverglasung F30 (1m²), Fensterbank außen, Naturstein (1St) * Anarbeiten der Putzflächen und des WDVS im Laibungsbereich (1m²), Alu-Abschlussblech WDVS (1St) * Anarbeiten Putzflächen und WDVS im Laibungsbereich (1m²)	1,34 m² AWF	4.606	**3.437,29**	
340	**Innenwände/Vert. Baukonstrukt., innen**	765,95 m² IWF	54.792	**71,53**	16,2
	• Abbrechen (Kosten: 0,3%) Abbruch von Mauerwerk für Türöffnung (2m²)	2,00 m² IWF	172	**86,12**	
	• Wiederherstellen (Kosten: 5,7%) Stahlumfassungszargen grundieren, beschichten (36St), Bestandstüren kürzen, auf Gangbarkeit prüfen, Dichtungen wieder einsetzen, Bänder teilweise ersetzen (psch)	64,04 m² IWF	3.140	**49,03**	
	• Herstellen (Kosten: 94,0%) Stahlträger für neue Maueröffnung einsetzen, ausmauern, mit Putzträger ummanteln (3St) * GK-Wände (9m²), Schließen von Türöffnungen, GK-Beplankung (6m²) * Holztüren, HPL, Stahlzargen (4St), Profildoppelzylinder für elektromechanisches Schließsystem (4St) * Reinacrylatbeschichtung (1.340m²), Untergrund glätten, Q3 (201m²) * Trennwände für Wechselkabinen, vier Türen (14m²), Dreier-Kabinenanlage, Vorhänge (10m²)	701,91 m² IWF	51.480	**73,34**	
350	**Decken/Horizontale Baukonstruktionen**	540,00 m² DEF	82.800	**153,33**	24,5
	• Abbrechen (Kosten: 5,6%) Abbruch von Mineralfaserdecke (298m²); Entsorgung, Deponiegebühren	298,17 m² DEF	4.639	**15,56**	
	• Wiederherstellen (Kosten: 4,7%) Estrichrisse und Fugen mit Folie, Dämmung und Schnellestrich schließen (39m); Schließen von Leuchtenausschnitten in GK-Decken (50St)	449,85 m² DEF	3.865	**8,59**	
	• Herstellen (Kosten: 89,7%) Unterboden spachteln, Vinylbelag (450m²), Holzsockel (340m) * GK-Decken (312m²), Dispersionsbeschichtung (540m²), Leuchtenausschnitte (50St)	540,00 m² DEF	74.296	**137,58**	

KG	Kostengruppe	Menge Einheit	Kosten €	€/Einheit	%
380	**Baukonstruktive Einbauten**	601,10 m²BGF	170.861	**284,25**	50,6
	• Herstellen (Kosten: 100,0%) Empfangstresenanlage mit deckenhoher Umbauung in Form einer Ellipse, innenseitig mit an Wandkontur angepassten Schreibtischen und Schubunterschränken, Fächerregalen, Außenmaß der Gesamtanlage LxBxH 750x360x279cm, gebogene Wandsegmente aus rückseitig geschlitzter MDF, Oberfläche lackiert, Möbel aus Dekorplatten, melaminharzbeschichtet (1St), Einbaumöbel mit Oberfläche HPL: Teeküchen, b=230cm (2St), Schiebetüranlage, dreiflüglig (1St), Schiebetürenschrank (1St), Akten-Hochschrankmodule (12St), Prospektmodule (8St), Hochschränke (8St), Unterschränke (17St), Hängeschränke (30St), Garderobenschränke (4St), Garderoben mit Zeitschriftenregal, Stange, Hutablage, Spiegel (2St), Tresenkorpus, zwei Drehtüren (1St), Druckerschrank (2St), PC-Schrank (1St), Aufsatzschrank (1St), Regale (3St), Sideboard (1St), Tischplatten (5St), Schreibtisch-/Arbeits-/Waschtischplatten (7St), WT-Unterschränke (4St), Glasvitrinen als Würfel, LED-Beleuchtung, herausnehmbare Acrylglasscheibe (4St) * Flucht- und Rettungswegeplan A3, Alu-Klapprahmen (1St)	601,10 m²BGF	170.861	**284,25**	
390	**Sonst. Maßnahmen für Baukonstrukt.**	601,10 m²BGF	24.428	**40,64**	7,2
	• Abbrechen (Kosten: 59,3%) Abbruch von Trockenbauwänden, GK-Decken, Türen, Teppich, Linoleum, Einbaumöbeln (psch); Entsorgung, Deponiegebühren	601,10 m²BGF	14.491	**24,11**	
	• Herstellen (Kosten: 40,7%) Baustelleneinrichtung (1St), Schließanlage während der Bauzeit (1St), Baustromverteiler (1St) * Laden und Entsorgen von Sperrmüll (psch) * Bauteilschutz mit Rohfilzpappe (450m²), Malerfilz (8m²), Presspappe (8m²), Baureinigungen (psch)	601,10 m²BGF	9.937	**16,53**	
400	**Bauwerk – Technische Anlagen**				**100,0**
410	**Abwasser-, Wasser-, Gasanlagen**	601,10 m²BGF	15.905	**26,46**	18,8
	• Abbrechen (Kosten: 2,3%) Abbruch von Bodenanschluss (1St), Wasseranschluss (1St); Entsorgung, Deponiegebühren	601,10 m²BGF	365	**0,61**	
	• Wiederherstellen (Kosten: 7,8%) Vorhandene Kalt- und Warmwasserleitungen und Installationen prüfen (psch)	601,10 m²BGF	1.237	**2,06**	
	• Herstellen (Kosten: 89,9%) Hebeanlage (1St), HT-Rohre (psch) * Mehrschichtverbundrohre DN16-25, Rohrdämmung (72m), Durchlauferhitzer (4St), Untertischboiler (3St), Aufsatzwaschtisch (1St), Einbauwaschtische (4St), Ausgussbecken (1St), Urinal (1St), Waschbecken demontieren, umsetzen, Wasseranschlüsse verlegen (1St), Anschluss Küchenzeile legen (1St) * Montageelement (1St)	601,10 m²BGF	14.303	**23,79**	
430	**Raumlufttechnische Anlagen**	601,10 m²BGF	4.802	**7,99**	5,7
	• Abbrechen (Kosten: 87,0%) Abbruch von Lüfterkasten und Lüftungsleitungen (1St), Lüftungsgeräten (psch); Entsorgung, Deponiegebühren	601,10 m²BGF	4.178	**6,95**	
	• Herstellen (Kosten: 13,0%) Tellerventil (1St), Wickelfalz Enddeckel, nach Rückbauarbeiten Lüfterkasten (8St)	601,10 m²BGF	624	**1,04**	

© BKI Baukosteninformationszentrum

KG	Kostengruppe	Menge Einheit	Kosten €	€/Einheit	%
440	**Elektrische Anlagen**	601,10 m²BGF	50.127	**83,39**	59,2
	• Abbrechen (Kosten: 4,2%) Abbruch von Installationen, Leitungsrückbau, Umverlegungen (psch); Entsorgung, Deponiegebühren	601,10 m²BGF	2.088	**3,47**	
	• Herstellen (Kosten: 95,8%) Elektroinstallation mit Neuverlegung von Leitungen, Setzen von neuen Schaltern, Steckdosen und Netzwerkanschlüssen, Umbau von Lichtschaltungen, Einbau Überspannungsschutz in Unterverteilungen (psch) * Leuchten versetzen (50St), Deckenaufbaustrahler (14St), Pendelleuchten (3St), Rettungszeichenleuchten (10St), Einbaudownlights (2St)	601,10 m²BGF	48.039	**79,92**	
450	**Kommunikationstechnische Anlagen**	601,10 m²BGF	13.072	**21,75**	15,4
	• Herstellen (Kosten: 100,0%) Funkkoppler (2St), Funk-Rauchmelder mit integriertem Alarmgeber (6St), Funksockel (3St), Fernmeldekabel (30m), Netz- und Auslösegerät (1St), optischer Rauchmelder (1St), Druckknopfmelder Funk (1St) * fehlerbehaftete Netzwerkanschlüsse überprüfen, neu patchen (35St)	601,10 m²BGF	13.072	**21,75**	
470	**Nutzungsspez. u. verfahrenstechn. Anl.**	601,10 m²BGF	759	**1,26**	0,9
	• Herstellen (Kosten: 100,0%) Bio-Schaum-Aufladefeuerlöscher (3St)	601,10 m²BGF	759	**1,26**	
600	**Ausstattung und Kunstwerke**				**100,0**
610	**Allgemeine Ausstattung**	601,10 m²BGF	46.802	**77,86**	100,0
	• Wiederherstellen (Kosten: 8,5%) Halterungen für bauseitige Seifenspender, Edelstahl, Wandbefestigung (2St)	601,10 m²BGF	3.982	**6,63**	
	• Herstellen (Kosten: 91,5%) Stapelstühle, Sitzschalen, Untergestell pulverbeschichtet (30St), Lounge Chairs (3St), Drehstühle (4St), Flügeltürenschrank, Metall (1St), Schreibtische 80x160cm (4St), Rollcontainer 8 HE (4St), Beistelltisch (4St), Low Tables (2St)	601,10 m²BGF	42.819	**71,23**	

Umbau

Kostenkennwerte für die Kostengruppen 300 der 2. und 3. Ebene DIN 276 (Übersicht)

KG	Kostengruppe	Menge Einheit	Kosten €	€/Einheit	% an 3+4
300	**Bauwerk – Baukonstruktionen**	**601,10 m² BGF**	**337.862,32**	**562,07**	**80,0**
310	**Baugrube / Erdbau**	**–**	**–**	**–**	**–**
311	Herstellung	–	–	–	–
312	Umschließung	–	–	–	–
313	Wasserhaltung	–	–	–	–
314	Vortrieb	–	–	–	–
319	Sonstiges zur KG 310	–	–	–	–
320	**Gründung, Unterbau**	**–**	**–**	**–**	**–**
321	Baugrundverbesserung	–	–	–	–
322	Flachgründungen und Bodenplatten	–	–	–	–
323	Tiefgründungen	–	–	–	–
324	Gründungsbeläge	–	–	–	–
325	Abdichtungen und Bekleidungen	–	–	–	–
326	Dränagen	–	–	–	–
329	Sonstiges zur KG 320	–	–	–	–
330	**Außenwände/Vert. Baukonstrukt., außen**	**1,34 m² AWF**	**4.981,04**	**3.717,19**	**1,2**
331	Tragende Außenwände	–	374,59	–	< 0,1
332	Nichttragende Außenwände	–	–	–	–
333	Außenstützen	–	–	–	–
334	Außenwandöffnungen	1,34 m²	4.025,07	3.003,78	1,0
335	Außenwandbekleidungen, außen	1,34 m²	363,61	271,35	< 0,1
336	Außenwandbekleidungen, innen	1,34 m²	216,55	161,61	< 0,1
337	Element. Außenwandkonstruktionen	–	–	–	–
338	Lichtschutz zur KG 330	–	–	–	–
339	Sonstiges zur KG 330	–	–	–	–
340	**Innenwände/Vert. Baukonstrukt., innen**	**765,95 m² IWF**	**54.792,03**	**71,53**	**13,0**
341	Tragende Innenwände	5,33 m²	1.341,97	251,78	0,3
342	Nichttragende Innenwände	15,04 m²	4.961,46	329,88	1,2
343	Innenstützen	–	–	–	–
344	Innenwandöffnungen	71,86 m²	14.485,60	201,58	3,4
345	Innenwandbekleidungen	1.340,00 m²	27.814,08	20,76	6,6
346	Elementierte Innenwandkonstruktionen	24,09 m²	6.188,94	256,91	1,5
347	Lichtschutz zur KG 340	–	–	–	–
349	Sonstiges zur KG 340	–	–	–	–
350	**Decken/Horizontale Baukonstruktionen**	**540,00 m² DEF**	**82.799,73**	**153,33**	**19,6**
351	Deckenkonstruktionen	–	–	–	–
352	Deckenöffnungen	–	–	–	–
353	Deckenbeläge	449,85 m²	41.506,80	92,27	9,8
354	Deckenbekleidungen	540,00 m²	41.292,92	76,47	9,8
355	Elementierte Deckenkonstruktionen	–	–	–	–
359	Sonstiges zur KG 350	–	–	–	–
360	**Dächer**	**–**	**–**	**–**	**–**
361	Dachkonstruktionen	–	–	–	–
362	Dachöffnungen	–	–	–	–
363	Dachbeläge	–	–	–	–
364	Dachbekleidungen	–	–	–	–
365	Elementierte Dachkonstruktionen	–	–	–	–
366	Lichtschutz zur KG 360	–	–	–	–
369	Sonstiges zur KG 360	–	–	–	–
370	**Infrastrukturanlagen**	**–**	**–**	**–**	**–**
380	**Baukonstruktive Einbauten**	**601,10 m² BGF**	**170.861,36**	**284,25**	**40,4**
390	**Sonst. Maßnahmen für Baukonstrukt.**	**601,10 m² BGF**	**24.428,15**	**40,64**	**5,8**

© **BKI** Baukosteninformationszentrum

Kostenkennwerte für die Kostengruppen 400 der 2. und 3. Ebene DIN 276 (Übersicht)

KG	Kostengruppe	Menge Einheit	Kosten €	€/Einheit	% an 3+4
400	**Bauwerk – Technische Anlagen**	**601,10 m²BGF**	**84.666,09**	**140,85**	**20,0**
410	**Abwasser-, Wasser-, Gasanlagen**	**601,10 m²BGF**	**15.905,24**	**26,46**	**3,8**
411	Abwasseranlagen	601,10 m²BGF	975,93	1,62	0,2
412	Wasseranlagen	601,10 m²BGF	14.484,79	24,10	3,4
413	Gasanlagen	–	–	–	–
419	Sonstiges zur KG 410	601,10 m²BGF	443,95	0,74	0,1
420	**Wärmeversorgungsanlagen**	**–**	**–**	**–**	**–**
421	Wärmeerzeugungsanlagen	–	–	–	–
422	Wärmeverteilnetze	–	–	–	–
423	Raumheizflächen	–	–	–	–
424	Verkehrsheizflächen	–	–	–	–
429	Sonstiges zur KG 420	–	–	–	–
430	**Raumlufttechnische Anlagen**	**601,10 m²BGF**	**4.802,20**	**7,99**	**1,1**
431	Lüftungsanlagen	601,10 m²BGF	4.802,20	7,99	1,1
432	Teilklimaanlagen	–	–	–	–
433	Klimaanlagen	–	–	–	–
434	Kälteanlagen	–	–	–	–
439	Sonstiges zur KG 430	–	–	–	–
440	**Elektrische Anlagen**	**601,10 m²BGF**	**50.127,33**	**83,39**	**11,9**
441	Hoch- und Mittelspannungsanlagen	–	–	–	–
442	Eigenstromversorgungsanlagen	–	–	–	–
443	Niederspannungsschaltanlagen	–	–	–	–
444	Niederspannungsinstallationsanlagen	601,10 m²BGF	27.360,84	45,52	6,5
445	Beleuchtungsanlagen	601,10 m²BGF	22.766,47	37,87	5,4
446	Blitzschutz- und Erdungsanlagen	–	–	–	–
447	Fahrleitungssysteme	–	–	–	–
449	Sonstiges zur KG 440	–	–	–	–
450	**Kommunikationstechnische Anlagen**	**601,10 m²BGF**	**13.072,22**	**21,75**	**3,1**
451	Telekommunikationsanlagen	–	–	–	–
452	Such- und Signalanlagen	–	–	–	–
453	Zeitdienstanlagen	–	–	–	–
454	Elektroakustische Anlagen	–	–	–	–
455	Audiovisuelle Medien- u. Antennenanl.	–	–	–	–
456	Gefahrenmelde- und Alarmanlagen	601,10 m²BGF	11.583,58	19,27	2,7
457	Datenübertragungsnetze	601,10 m²BGF	1.488,63	2,48	0,4
458	Verkehrsbeeinflussungsanlagen	–	–	–	–
459	Sonstiges zur KG 450	–	–	–	–
460	**Förderanlagen**	**–**	**–**	**–**	**–**
461	Aufzugsanlagen	–	–	–	–
462	Fahrtreppen, Fahrsteige	–	–	–	–
463	Befahranlagen	–	–	–	–
464	Transportanlagen	–	–	–	–
465	Krananlagen	–	–	–	–
466	Hydraulikanlagen	–	–	–	–
469	Sonstiges zur KG 460	–	–	–	–
470	**Nutzungsspez. u. verfahrenstechn. Anl.**	**601,10 m²BGF**	**759,11**	**1,26**	**0,2**
480	**Gebäude- und Anlagenautomation**	**–**	**–**	**–**	**–**
490	**Sonst. Maßnahmen für techn. Anlagen**	**–**	**–**	**–**	**–**

Kostenkennwerte für Leistungsbereiche nach STLB (Kosten des Bauwerks nach DIN 276)

LB	Leistungsbereiche	Kosten €	€/m² BGF	€/m³ BRI	% an 3+4
000	Baustellen-, Verkehrssich.- u. Sicherh.einr. inkl. 001	1.227	2,00	0,73	0,3
002	Erdarbeiten	–	–	–	–
006	Spezialtiefbauarbeiten inkl. 005	–	–	–	–
009	Entwässerungskanalarbeiten inkl. 011	–	–	–	–
010	Drän- und Versickerarbeiten	–	–	–	–
012	Mauerarbeiten	2.672	4,40	1,60	0,6
013	Betonarbeiten	–	–	–	–
014	Natur-, Betonwerksteinarbeiten	–	–	–	–
016	Zimmer- und Holzbauarbeiten	–	–	–	–
017	Stahlbauarbeiten	–	–	–	–
018	Abdichtungsarbeiten	–	–	–	–
020	Dachdeckungsarbeiten	–	–	–	–
021	Dachabdichtungsarbeiten	–	–	–	–
022	Klempnerarbeiten	202	0,34	0,12	< 0,1
	Rohbau	**4.101**	**6,80**	**2,40**	**1,0**
023	Putz- und Stuckarbeiten, Wärmedämmsysteme	–	–	–	–
024	Fliesen- und Plattenarbeiten	–	–	–	–
025	Estricharbeiten	2.855	4,70	1,70	0,7
	Wiederherstellen	2.855	4,70	1,70	0,7
026	Fenster, Außentüren inkl. 029, 032	9.859	16,40	5,90	2,3
027	Tischlerarbeiten	128.325	213,50	76,50	30,4
	Wiederherstellen	1.358	2,30	0,81	0,3
	Herstellen	126.968	211,20	75,70	30,0
028	Parkett-, Holzpflasterarbeiten	–	–	–	–
030	Rollladenarbeiten	–	–	–	–
031	Metallbauarbeiten inkl. 035	–	–	–	–
034	Maler- und Lackiererarb. – Beschicht. inkl. 037	35.959	59,80	21,40	8,5
	Wiederherstellen	1.782	3,00	1,10	0,4
	Herstellen	34.177	56,90	20,40	8,1
036	Bodenbelagarbeiten	40.469	67,30	24,10	9,6
038	Vorgehängte hinterlüftete Fassaden	–	–	–	–
039	Trockenbauarbeiten	39.623	65,90	23,60	9,4
	Wiederherstellen	1.009	1,70	0,60	0,2
	Herstellen	38.614	64,20	23,00	9,1
	Ausbau	**257.090**	**427,70**	**153,30**	**60,8**
	Wiederherstellen	7.003	11,70	4,20	1,7
	Herstellen	250.086	416,00	149,10	59,2
040	Wärmeversorgungsanl. - Betriebseinr. inkl. 041	–	–	–	–
042	Gas- u. Wasseranl. – Leitung., Armat. inkl. 043	5.597	9,30	3,30	1,3
044	Abwasseranl. - Leitungen, Abläufe, Armaturen	127	0,21	0,08	< 0,1
045	Gas, Wasser, Entwässerung – Ausstattung inkl. 046	9.660	16,10	5,80	2,3
	Wiederherstellen	1.235	2,10	0,74	0,3
	Herstellen	8.425	14,00	5,00	2,0
047	Dämm- und Brandschutzarb. an techn. Anlagen	138	0,23	0,08	< 0,1
049	Feuerlöschanlagen, Feuerlöschgeräte	758	1,30	0,45	0,2
050	Blitzschutz-/Erdungsanlagen, Überspannungssch.	–	–	–	–
053	Niederspannungsanl. – Kabel inkl. 052, 054	25.068	41,70	14,90	5,9
055	Sicherheits- u. Ersatzstromversorgungsanl.	–	–	–	–
057	Gebäudesystemtechnik	–	–	–	–
058	Leuchten und Lampen inkl. 059	22.765	37,90	13,60	5,4

© BKI Baukosteninformationszentrum

LB	Leistungsbereiche	Kosten €	€/m² BGF	€/m³ BRI	% an 3+4
060	Such, Signal, Zeit, Anten., akust. Anl. inkl. 064	–	–	–	–
061	Kommunikations- u. Übertragungsnetze inkl. 063	13.067	21,70	7,80	3,1
069	Aufzüge	–	–	–	–
070	Gebäudeautomation	–	–	–	–
075	Raumlufttechnische Anlagen inkl. 078	270	0,45	0,16	< 0,1
	Gebäudetechnik	**77.450**	**128,80**	**46,20**	**18,3**
	Wiederherstellen	1.235	2,10	0,74	0,3
	Herstellen	76.215	126,80	45,40	18,0
084	Abbruch, Rückbau, Schadstoffsanierung	26.308	43,80	15,70	6,2
	Abbrechen	26.308	43,80	15,70	6,2
	Abbrucharbeiten	**26.308**	**43,80**	**15,70**	**6,2**
	Abbrechen	26.308	43,80	15,70	6,2
	Sonstige Leistungsbereiche	**57.496**	**95,70**	**34,30**	**13,6**

3100-0026
Kinderarztpraxis

Kostenkennwerte für die Kosten des Bauwerks (Kostengruppen 300+400 nach DIN 276)

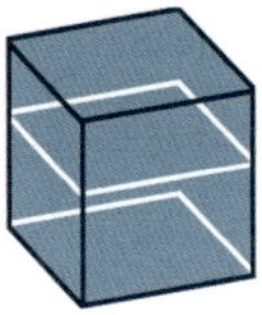

BRI 778 €/m^3

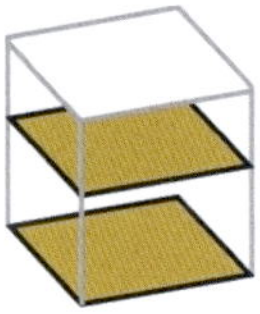

BGF 2.110 €/m^2

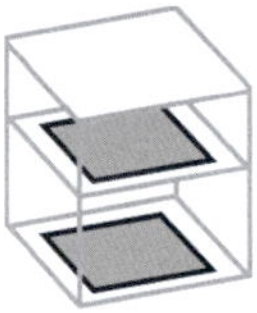

NUF 2.888 €/m^2

Umbau

Objekt:
Kennwerte: 3. Ebene DIN 276
BRI: 691 m^3
BGF: 254 m^2
NUF: 186 m^2
Bauzeit: 26 Wochen
Bauende: 2016
Standard: hoch
Bundesland: Nordrhein-Westfalen
Kreis: Herne, Stadt

Architekt*in:
KAPALAARCHITEKTUR
Carsten Kapala
Westring 303
44629 Herne

vorher

nachher

© **BKI** Baukosteninformationszentrum
Kostenstand: 2. Quartal 2025, Bundesdurchschnitt, **inkl. 19% MwSt.**

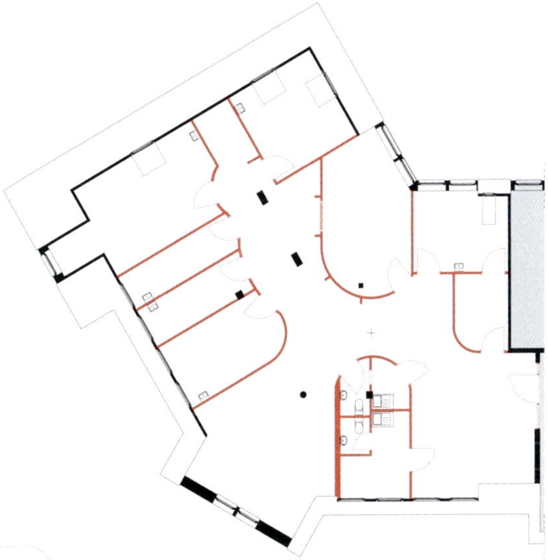

Dachgeschoss

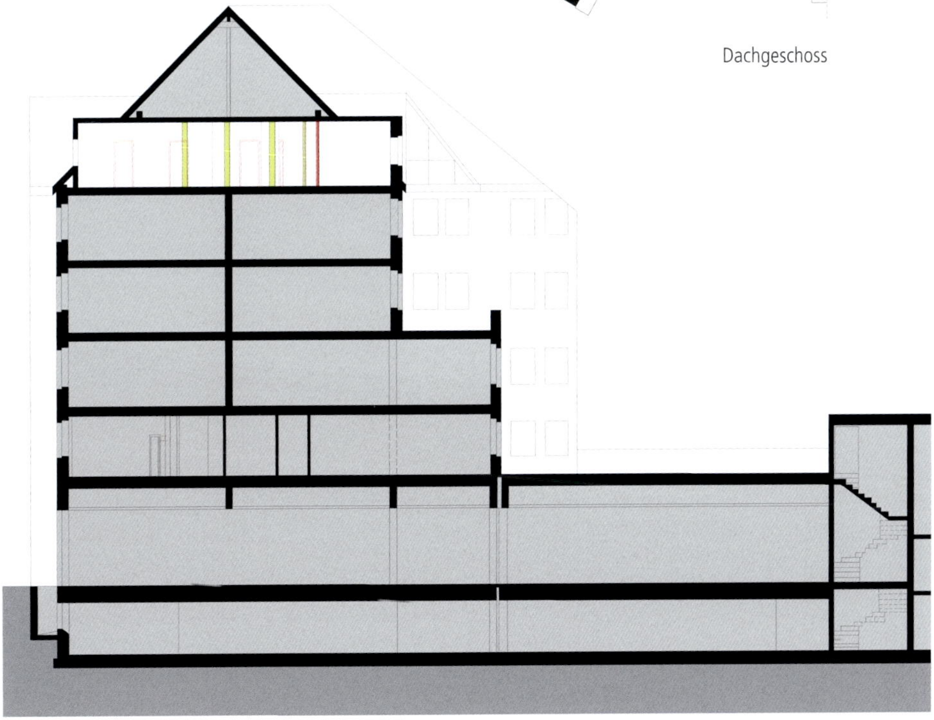

Schnitt

Objektbeschreibung

Allgemeine Objektinformationen

Das Dachgeschoss eines sechsstöckigen Gebäudes wurde von einer ehemaligen Steuerkanzlei in eine Kinderarztpraxis umgebaut. Durch den Einsatz abgestimmter Baumaterialien konnte der Wunsch der Bauherren nach einer hellen, freundlich wirkenden Praxis realisiert werden. Zusammengehörige Farben nach RAL, eine wie ein Himmel wirkenden Decke und gebogene Wände aus Gipskarton sowie hochwertiges Linoleum als Fußboden prägen den Entwurf. Der Praxiseingang wurde mit einer großen verglasten Eingangstür aus Aluminium einladend neu gestaltet.

Nutzung

1 Dachgeschoss
Anmeldung, Warteräume, Behandlungsräume, Sozialraum, Labor, Wickelraum für hypersensible Kinder, WCs, Flure

Markt

Hauptvergabezeit: 3. Quartal 2015
Baubeginn: 4. Quartal 2015
Bauende: 2. Quartal 2016
Konjunkturelle Gesamtlage: Durchschnitt
Regionaler Baumarkt: über Durchschnitt

Baubestand

Baujahr: 1985
Bauzustand: mittel
Aufwand: mittel
Grundrissänderungen: umfangreiche
Tragwerkseingriffe: wenige
Nutzungsänderung: ja
Nutzung während der Bauzeit: nein

Baukonstruktion

Das Geschoss ist bauseitig komplett entkernt worden. Der Entwurf musste an tragende Stahlstützen, die in den Bestandsunterlagen nicht dokumentiert waren, angepasst werden. Die Dachdämmung und die Fenster wurden komplett erneuert und dem Energiestandard der gültigen EnEV angepasst.

Technische Anlagen

Um dem Wärme- und Kälteempfinden der Patienten zu genügen, sind alle Aufenthaltsräume mit bauseitigen Klimageräten ausgestattet, eine zusätzliche Heizung wurde eingebaut. Kombinierte Zu- und Abluftgeräte sorgen für eine optimierte Belüftung innenliegender Räume. Die vorhandene haustechnische Infrastruktur wurde übernommen. Ungültige Brandschutzdetails mussten den aktuellen Bestimmungen entsprechend verändert werden.

Sonstiges

Die Kinderarztpraxis ist über zwei vorhandene Aufzüge barrierefrei erreichbar.

© **BKI** Baukosteninformationszentrum

Planungskennwerte für Flächen und Rauminhalte nach DIN 277

Flächen des Grundstücks		Menge Einheit	% an GF
BF	Bebaute Fläche	–	–
UF	Unbebaute Fläche	–	–
GF	Grundstücksfläche	–	–

Grundflächen des Bauwerks		Menge Einheit	% an NUF	% an BGF
NUF	Nutzungsfläche	185,96 m²	100,0	73,1
TF	Technikfläche	–	–	–
VF	Verkehrsfläche	56,59 m²	30,4	22,2
NRF	Netto-Raumfläche	242,55 m²	130,4	95,3
KGF	Konstruktions-Grundfläche	11,94 m²	6,4	4,7
BGF	Brutto-Grundfläche	254,49 m²	136,9	100,0

Brutto-Rauminhalt des Bauwerks		Menge Einheit	BRI/NUF (m)	BRI/BGF (m)
BRI	Brutto-Rauminhalt	690,56 m³	3,71	2,71

Lufttechnisch behandelte Flächen	Menge Einheit	% an NUF	% an BGF
Entlüftete Fläche	–	–	–
Be- und entlüftete Fläche	–	–	–
Teilklimatisierte Fläche	–	–	–
Klimatisierte Fläche	–	–	–

KG	Kostengruppen (2. Ebene)	Menge Einheit	Menge/NUF	Menge/BGF
310	Baugrube / Erdbau	–	–	–
320	Gründung, Unterbau	–	–	–
330	Außenwände/Vertikale Baukonstruktionen, außen	44,11 m² AWF	0,24	0,17
340	Innenwände/Vertikale Baukonstruktionen, innen	338,11 m² IWF	1,82	1,33
350	Decken/Horizontale Baukonstruktionen	257,84 m² DEF	1,39	1,01
360	Dächer	233,99 m² DAF	1,26	0,92

Kostenkennwerte für die Kostengruppen der 1. Ebene DIN 276

KG	Kostengruppen (1. Ebene)	Einheit	Kosten €	€/Einheit	€/m² BGF	€/m³ BRI	% 300+400
100	Grundstück	m² GF	–	–	–	–	–
200	Vorbereitende Maßnahmen	m² GF	–	–	–	–	–
300	Bauwerk – Baukonstruktionen	m² BGF	367.409	1.443,71	1.443,71	532,04	68,4
400	Bauwerk – Technische Anlagen	m² BGF	169.590	666,39	666,39	245,58	31,6
	Bauwerk 300+400	**m² BGF**	**536.999**	**2.110,10**	**2.110,10**	**777,63**	**100,0**
500	Außenanlagen und Freiflächen	m² AF	–	–	–	–	–
600	Ausstattung und Kunstwerke	m² BGF	–	–	–	–	–
700	Baunebenkosten	m² BGF	–	–	–	–	–
800	Finanzierung	m² BGF	–	–	–	–	–

KG	Kostengruppe	Menge Einheit	Kosten €	€/Einheit	%
3+4	**Bauwerk**				**100,0**
300	**Bauwerk – Baukonstruktionen**	254,49 m² BGF	367.409	**1.443,71**	68,4

- Abbrechen (Kosten: 3,8%) 14.098
  Abbruch von Fenstern; Innenwand, Porenbetonwand, Türanlagen; Textilbelägen, Bodenfliesen; Dachflächenfenstern; Entsorgung, Deponiegebühren

- Herstellen (Kosten: 96,2%) 353.311
  Kunststofffenster, GK-Bekleidung; GK-Wände, Alu-Glas-Türelement, Holztüren, Glastüren, Glasgewebe, Beschichtungen, Wandfliesen, GK-Verkofferungen, Trockenputz; Zwischenbalkendämmung, Stahlträger, Estrichschlitze verschließen, Estrichfugen vergießen, Linoleum, PVC-Belag, Bodenfliesen, GKF-Decke, GK-Unterdecke, GK-Verkofferungen, Beschichtung; Zwischensparrendämmung, Dachflächenfenster, GK-Bekleidungen, Dachkonsolenausbau, Laufstege, Arbeitsroste

KG	Kostengruppe	Menge Einheit	Kosten €	€/Einheit	%
400	**Bauwerk – Technische Anlagen**	254,49 m² BGF	169.590	**666,39**	31,6

- Abbrechen (Kosten: 0,7%) 1.170
  Abbruch von Sanitärinstallationen Bad, Küche und WC; Heizkörperanschlüssen, Vor- und Rücklaufleitungen; Entsorgung, Deponiegebühren

- Wiederherstellen (Kosten: 1,8%) 3.131
  Heizkörper lackieren

- Herstellen (Kosten: 97,5%) 165.289
  Abwasserrohre für Sanitärobjekte und bauseitige Waschtische und Klimageräte, Abwasserrohre umverlegen, Fallrohr-Entlüftungsanlage, Kalt-und Warmwasserleitungen, Anschlüsse für bauseitige Möbel-Waschtischanlagen, Wasserleitungen umverlegen; Heizungsleitungen, Heizkörper, Anschlussleitungen umverlegen; Abluftanlage; Elektroinstallation, Beleuchtung, Erdung; Umbau Telefonübergabepunkt, Video-Gegensprechanlage, Einbaulautsprecher, Antennenanschlüsse, EDV-Anlage

© BKI Baukosteninformationszentrum

Kostenkennwerte für die Kostengruppen der 2.Ebene DIN 276

KG	Kostengruppe	Menge Einheit	Kosten €	€/Einheit	%
300	**Bauwerk – Baukonstruktionen**				**100,0**
330	**Außenwände/Vert. Baukonstrukt., außen**	44,11 m²AWF	31.661	**717,77**	8,6
	• Abbrechen (Kosten: 8,1%) Abbruch von Fenstern (38m²), Fensterbänken (15m); Entsorgung, Deponiegebühren	37,61 m²AWF	2.567	**68,24**	
	• Herstellen (Kosten: 91,9%) Kunststofffenster (18m²), mit Brüstungsverglasung (19m²), Fensterbänke innen (18m), außen (12m) * Glasgewebe, Beschichtung (7m²), GK-Bekleidung an Fenstern (13St)	44,11 m²AWF	29.094	**659,58**	
340	**Innenwände/Vert. Baukonstrukt., innen**	338,11 m²IWF	141.084	**417,27**	38,4
	• Abbrechen (Kosten: 7,2%) Abbruch von Innenwand, d=24cm, für Türöffnung, Betonsägearbeiten (7m²) * Porenbeton-Drempelwand (1St) * Türanlagen T30 (4m²); Entsorgung, Deponiegebühren	–	10.182	**–**	
	• Herstellen (Kosten: 92,8%) GK-Wände, d=10-15cm (246m²) * Alu-Glas-Türelement T30 (7m²), Holztüren (23m²), Glastüren (4m²), Innenverglasung (1m²), Stahlzargen lackieren (14St) * Glasgewebe, Beschichtung (588m²), Wandfliesen (17m²), GK-Verkofferungen (37m), F90 (48m), F90-Bekleidungen (1St), Trockenputz (12m²), Revisionsklappen (9St)	338,11 m²IWF	130.902	**387,16**	
350	**Decken/Horizontale Baukonstruktionen**	257,84 m²DEF	109.449	**424,48**	29,8
	• Abbrechen (Kosten: 1,1%) Abbruch von Textilbelägen (65m²), Bodenfliesen (15m²); Entsorgung, Deponiegebühren	80,00 m²DEF	1.173	**14,66**	
	• Herstellen (Kosten: 98,9%) Glaswoll-Zwischenbalkendämmung, d=160mm (160m²), Stahlträger 2xIPE 240 (1St) * Estrichschlitze mit Beton verschließen (91m), Estrichfugen, Estrichklammern einlegen, mit Epoxidharz vergießen (115m²), Linoleum (152m²), PVC-Belag (102m²), Bodenfliesen (4m²) * GKF-Decke F90 (163m²), GK-Unterdecke (160m²), F90-Bekleidung (1St), GK-Verkofferungen (46m), Beschichtung (228m²)	257,84 m²DEF	108.276	**419,93**	
360	**Dächer**	233,99 m²DAF	73.176	**312,73**	19,9
	• Abbrechen (Kosten: 0,2%) Abbruch von Dachflächenfenstern (5m²); Entsorgung, Deponiegebühren	4,68 m²DAF	177	**37,71**	
	• Herstellen (Kosten: 99,8%) Glaswoll-Zwischensparrendämmung, d=160mm (229m²) * Dachflächenfenster (5m²) * Dachdeckung aufnehmen, lagern, beidecken (4St) * Dampfsperre, GK-Bekleidung (205m²), F90-Bekleidung Stahlträger (17m), GK-Laibungen Dachflächenfenster (4St), Glasgewebe, Beschichtung (228m²), Fassadenplatten, außen (3m²) * Dachkonsolenausbau für bauseitige Geräte: Aluguss-Laufsteg (2St), Arbeitsroste, Alu-Laufrost, Haltebügel (6m), Sicherheitsgeschirr, Sicherheitsdachhaken (1St)	233,99 m²DAF	73.000	**311,98**	
390	**Sonst. Maßnahmen für Baukonstrukt.**	254,49 m²BGF	12.040	**47,31**	3,3
	• Herstellen (Kosten: 100,0%) Baustelleneinrichtung (1St), Verkehrssicherung (1St), Autokran (3h) * Arbeitsgerüste, als Doppelturm auf dem Dach (54m²), als Versorgungsturm (1St), Hubsteiger (8h) * Bodenbeläge schützen, Abdeckvlies (228m²), Bauzwischenreinigung (1St), Bauendreinigung (1St)	254,49 m²BGF	12.040	**47,31**	

Umbau

KG	Kostengruppe	Menge Einheit	Kosten €	€/Einheit	%
400	**Bauwerk – Technische Anlagen**				**100,0**
410	**Abwasser-, Wasser-, Gasanlagen**	254,49 m² BGF	47.929	**188,33**	28,3
	• Abbrechen (Kosten: 2,1%) Abbruch von Sanitärinstallationen Bad, Küche und WC (psch); Entsorgung Deponiegebühren	254,49 m² BGF	985	**3,87**	
	• Herstellen (Kosten: 97,9%) HT-Abwasserrohre für WC- und Waschtischanlagen (2St), für bauseitige Waschtischanlagen (7St), für bauseitige Klimageräte (10St), HT-Abwasserrohre, demontieren, umverlegen (2St), Abwasserrohr zurückbauen, neu verlegen, Automatik-Fallrohr-Entlüftungsanlage (1St) * Rohre für Waschtischanlagen (2St), für WC-Anlagen (2St), für Teeküche und Labor, Sterilisationsgerätanschluss (2St), Anschlüsse für bauseitige Möbel-Waschtischanlagen (7St), Rohre demontieren, umverlegen (5St) * Montageelemente für WCs, Waschbecken (6St)	254,49 m² BGF	46.943	**184,46**	
420	**Wärmeversorgungsanlagen**	254,49 m² BGF	15.869	**62,36**	9,4
	• Abbrechen (Kosten: 1,2%) Abbruch von Heizkörperanschlüssen, Vor- und Rücklaufleitungen (1St); Entsorgung, Deponiegebühren	254,49 m² BGF	184	**0,72**	
	• Wiederherstellen (Kosten: 19,7%) Bauseitige Heizkörper, Beschichtung prüfen, Schadstellen entrosten, Flächen anschleifen, säubern, Heizkörper lackieren (17St), Heizkörper wieder montieren (15St)	254,49 m² BGF	3.131	**12,30**	
	• Herstellen (Kosten: 79,1%) Heizungsanlagen-Messeinrichtungen umverlegen, Vor- und Rücklaufleitungen, Revisionsöffnungen einbauen (2St) * Heizungsleitungen, Leitungen neu befüllen (3St), Brandschutzbandage * Plattenheizkörper, Thermostate (5St), Heizungsleitungen demontieren, umverlegen, neue Heizkörper liefern, montieren (3St)	254,49 m² BGF	12.554	**49,33**	
430	**Raumlufttechnische Anlagen**	254,49 m² BGF	6.388	**25,10**	3,8
	• Herstellen (Kosten: 100,0%) Rohrventilatoren (2St), Aluflexrohre (12m), Abluftventile (4St), Einbauventilatoren (2St), Entlüftungs-Deckenanschlüsse, Rohrsystem, Deckenventile (4St), Brandschutzklappen F90 (4St)	254,49 m² BGF	6.388	**25,10**	
440	**Elektrische Anlagen**	254,49 m² BGF	76.363	**300,06**	45,0
	• Herstellen (Kosten: 100,0%) Zähleranlage (1St), Unterverteileranlage (1St), für bauseitige Klimageräte, Unterverteiler erweitern, Steigleitung verstärken (1St), Mantelleitungen (80m), Kabelkanäle (20m), Schalter, Taster (38St), Steckdosen (78St), Jalousiesteuerung (1St), Handsender (3St), Jalousieschalter (3St), Rollladenschalter (3St), Bewegungsmelder (2St), Brandschutzschotts (8St) * LED-Einbaustrahler (25St), LED-Akzentleuchten (42St), Arbeitsplatzbeleuchtung (3St), LED-Downlights (8St), LED-Flutlichtstrahler (5St) * Erdungsanlage (1St)	254,49 m² BGF	76.363	**300,06**	
450	**Kommunikationstechnische Anlagen**	254,49 m² BGF	23.041	**90,54**	13,6
	• Herstellen (Kosten: 100,0%) Umbau des Telefonübergabepunktes, Leitungsverlängerungen (1St), Fernmeldeleitungen (59m) * Video-Gegensprechanlage: Türstation, Farbkamera, Lautsprecher (1St), Video-Wohnungsstationen (3St), bauseitige Anlage demontieren, neue Anlage auf Bussystem umverdrahten (1St) * Einbaulautsprecher (1St) * Koaxialkabel (42m), Antennenanschlussdose (1St) * Verteilerschrank 19" (1St), Datenkabel Cat7 (118m), Datendosen RJ45 (16St)	254,49 m² BGF	23.041	**90,54**	

© **BKI** Baukosteninformationszentrum

Kostenkennwerte für die Kostengruppen 300 der 2. und 3.Ebene DIN 276 (Übersicht)

KG	Kostengruppe	Menge Einheit	Kosten €	€/Einheit	% an 3+4
300	**Bauwerk – Baukonstruktionen**	**254,49 m² BGF**	**367.408,99**	**1.443,71**	**68,4**
310	**Baugrube / Erdbau**	**–**	**–**	**–**	**–**
311	Herstellung	–	–	–	–
312	Umschließung	–	–	–	–
313	Wasserhaltung	–	–	–	–
314	Vortrieb	–	–	–	–
319	Sonstiges zur KG 310	–	–	–	–
320	**Gründung, Unterbau**	**–**	**–**	**–**	**–**
321	Baugrundverbesserung	–	–	–	–
322	Flachgründungen und Bodenplatten	–	–	–	–
323	Tiefgründungen	–	–	–	–
324	Gründungsbeläge	–	–	–	–
325	Abdichtungen und Bekleidungen	–	–	–	–
326	Dränagen	–	–	–	–
329	Sonstiges zur KG 320	–	–	–	–
330	**Außenwände/Vert. Baukonstrukt., außen**	**44,11 m² AWF**	**31.660,63**	**717,77**	**5,9**
331	Tragende Außenwände	–	–	–	–
332	Nichttragende Außenwände	–	–	–	–
333	Außenstützen	–	–	–	–
334	Außenwandöffnungen	37,61 m²	27.006,97	718,08	5,0
335	Außenwandbekleidungen, außen	–	–	–	–
336	Außenwandbekleidungen, innen	6,50 m²	4.653,66	715,95	0,9
337	Element. Außenwandkonstruktionen	–	–	–	–
338	Lichtschutz zur KG 330	–	–	–	–
339	Sonstiges zur KG 330	–	–	–	–
340	**Innenwände/Vert. Baukonstrukt., innen**	**338,11 m² IWF**	**141.083,56**	**417,27**	**26,3**
341	Tragende Innenwände	–	8.598,74	–	1,6
342	Nichttragende Innenwände	245,83 m²	45.704,09	185,92	8,5
343	Innenstützen	–	–	–	–
344	Innenwandöffnungen	35,96 m²	35.861,72	997,27	6,7
345	Innenwandbekleidungen	604,30 m²	50.919,02	84,26	9,5
346	Elementierte Innenwandkonstruktionen	–	–	–	–
347	Lichtschutz zur KG 340	–	–	–	–
349	Sonstiges zur KG 340	–	–	–	–
350	**Decken/Horizontale Baukonstruktionen**	**257,84 m² DEF**	**109.448,69**	**424,48**	**20,4**
351	Deckenkonstruktionen	159,63 m²	10.817,73	67,77	2,0
352	Deckenöffnungen	–	–	–	–
353	Deckenbeläge	257,84 m²	40.463,70	156,93	7,5
354	Deckenbekleidungen	162,93 m²	58.167,26	357,01	10,8
355	Elementierte Deckenkonstruktionen	–	–	–	–
359	Sonstiges zur KG 350	–	–	–	–
360	**Dächer**	**233,99 m² DAF**	**73.176,37**	**312,73**	**13,6**
361	Dachkonstruktionen	229,31 m²	9.155,70	39,93	1,7
362	Dachöffnungen	4,68 m²	8.415,93	1.798,28	1,6
363	Dachbeläge	–	920,08	–	0,2
364	Dachbekleidungen	231,20 m²	44.552,07	192,70	8,3
365	Elementierte Dachkonstruktionen	–	–	–	–
366	Lichtschutz zur KG 360	–	–	–	–
369	Sonstiges zur KG 360	233,99 m² DAF	10.132,60	43,30	1,9
370	**Infrastrukturanlagen**	**–**	**–**	**–**	**–**
380	**Baukonstruktive Einbauten**	**–**	**–**	**–**	**–**
390	**Sonst. Maßnahmen für Baukonstrukt.**	**254,49 m² BGF**	**12.039,75**	**47,31**	**2,2**

Umbau

Kostenkennwerte für die Kostengruppen 400 der 2. und 3. Ebene DIN 276 (Übersicht)

KG	Kostengruppe	Menge Einheit	Kosten €	€/Einheit	% an 3+4
400	**Bauwerk – Technische Anlagen**	**254,49 m²BGF**	**169.589,77**	**666,39**	**31,6**
410	**Abwasser-, Wasser-, Gasanlagen**	**254,49 m²BGF**	**47.928,57**	**188,33**	**8,9**
411	Abwasseranlagen	254,49 m²BGF	14.739,91	57,92	2,7
412	Wasseranlagen	254,49 m²BGF	30.121,70	118,36	5,6
413	Gasanlagen	–	–	–	–
419	Sonstiges zur KG 410	254,49 m²BGF	3.066,96	12,05	0,6
420	**Wärmeversorgungsanlagen**	**254,49 m²BGF**	**15.869,01**	**62,36**	**3,0**
421	Wärmeerzeugungsanlagen	254,49 m²BGF	2.357,60	9,26	0,4
422	Wärmeverteilnetze	254,49 m²BGF	1.107,55	4,35	0,2
423	Raumheizflächen	254,49 m²BGF	12.403,84	48,74	2,3
424	Verkehrsheizflächen	–	–	–	–
429	Sonstiges zur KG 420	–	–	–	–
430	**Raumlufttechnische Anlagen**	**254,49 m²BGF**	**6.388,21**	**25,10**	**1,2**
431	Lüftungsanlagen	254,49 m²BGF	6.388,21	25,10	1,2
432	Teilklimaanlagen	–	–	–	–
433	Klimaanlagen	–	–	–	–
434	Kälteanlagen	–	–	–	–
439	Sonstiges zur KG 430	–	–	–	–
440	**Elektrische Anlagen**	**254,49 m²BGF**	**76.362,78**	**300,06**	**14,2**
441	Hoch- und Mittelspannungsanlagen	–	–	–	–
442	Eigenstromversorgungsanlagen	–	–	–	–
443	Niederspannungsschaltanlagen	–	–	–	–
444	Niederspannungsinstallationsanlagen	254,49 m²BGF	57.124,44	224,47	10,6
445	Beleuchtungsanlagen	254,49 m²BGF	18.091,89	71,09	3,4
446	Blitzschutz- und Erdungsanlagen	254,49 m²BGF	1.146,43	4,50	0,2
447	Fahrleitungssysteme	–	–	–	–
449	Sonstiges zur KG 440	–	–	–	–
450	**Kommunikationstechnische Anlagen**	**254,49 m²BGF**	**23.041,23**	**90,54**	**4,3**
451	Telekommunikationsanlagen	254,49 m²BGF	1.324,90	5,21	0,2
452	Such- und Signalanlagen	254,49 m²BGF	13.500,68	53,05	2,5
453	Zeitdienstanlagen	–	–	–	–
454	Elektroakustische Anlagen	254,49 m²BGF	111,30	0,44	< 0,1
455	Audiovisuelle Medien- u. Antennenanl.	254,49 m²BGF	232,94	0,92	< 0,1
456	Gefahrenmelde- und Alarmanlagen	–	–	–	–
457	Datenübertragungsnetze	254,49 m²BGF	7.870,99	30,93	1,5
458	Verkehrsbeeinflussungsanlagen	–	–	–	–
459	Sonstiges zur KG 450	–	–	–	–
460	**Förderanlagen**	**–**	**–**	**–**	**–**
461	Aufzugsanlagen	–	–	–	–
462	Fahrtreppen, Fahrsteige	–	–	–	–
463	Befahranlagen	–	–	–	–
464	Transportanlagen	–	–	–	–
465	Krananlagen	–	–	–	–
466	Hydraulikanlagen	–	–	–	–
469	Sonstiges zur KG 460	–	–	–	–
470	**Nutzungsspez. u. verfahrenstechn. Anl.**	**–**	**–**	**–**	**–**
480	**Gebäude- und Anlagenautomation**	**–**	**–**	**–**	**–**
490	**Sonst. Maßnahmen für techn. Anlagen**	**–**	**–**	**–**	**–**

© **BKI** Baukosteninformationszentrum

Kostenkennwerte für Leistungsbereiche nach STLB (Kosten des Bauwerks nach DIN 276)

LB	Leistungsbereiche	Kosten €	€/m²BGF	€/m³BRI	% an 3+4
000	Baustellen-, Verkehrssich.- u. Sicherh.einr. inkl. 001	9.532	37,50	13,80	1,8
002	Erdarbeiten	–	–	–	–
006	Spezialtiefbauarbeiten inkl. 005	–	–	–	–
009	Entwässerungskanalarbeiten inkl. 011	–	–	–	–
010	Drän- und Versickerarbeiten	–	–	–	–
012	Mauerarbeiten	–	–	–	–
013	Betonarbeiten	841	3,30	1,20	0,2
014	Natur-, Betonwerksteinarbeiten	–	–	–	–
016	Zimmer- und Holzbauarbeiten	9.075	35,70	13,10	1,7
017	Stahlbauarbeiten	4.185	16,40	6,10	0,8
018	Abdichtungsarbeiten	–	–	–	–
020	Dachdeckungsarbeiten	11.882	46,70	17,20	2,2
021	Dachabdichtungsarbeiten	–	–	–	–
022	Klempnerarbeiten	3.855	15,10	5,60	0,7
	Rohbau	**39.369**	**154,70**	**57,00**	**7,3**
023	Putz- und Stuckarbeiten, Wärmedämmsysteme	1.008	4,00	1,50	0,2
024	Fliesen- und Plattenarbeiten	5.261	20,70	7,60	1,0
025	Estricharbeiten	2.832	11,10	4,10	0,5
026	Fenster, Außentüren inkl. 029, 032	17.712	69,60	25,60	3,3
027	Tischlerarbeiten	–	–	–	–
028	Parkett-, Holzpflasterarbeiten	–	–	–	–
030	Rollladenarbeiten	–	–	–	–
031	Metallbauarbeiten inkl. 035	16.136	63,40	23,40	3,0
034	Maler- und Lackiererarb. – Beschicht. inkl. 037	38.994	153,20	56,50	7,3
	Wiederherstellen	1.342	5,30	1,90	0,2
	Herstellen	37.652	148,00	54,50	7,0
036	Bodenbelagarbeiten	35.338	138,90	51,20	6,6
038	Vorgehängte hinterlüftete Fassaden	–	–	–	–
039	Trockenbauarbeiten	196.275	771,20	284,20	36,6
	Ausbau	**313.555**	**1.232,10**	**454,10**	**58,4**
	Wiederherstellen	1.342	5,30	1,90	0,2
	Herstellen	312.213	1.226,80	452,10	58,1
040	Wärmeversorgungsanl. - Betriebseinr. inkl. 041	13.978	54,90	20,20	2,6
	Wiederherstellen	1.787	7,00	2,60	0,3
	Herstellen	12.191	47,90	17,70	2,3
042	Gas- u. Wasseranl. – Leitung., Armat. inkl. 043	25.897	101,80	37,50	4,8
044	Abwasseranl. - Leitungen, Abläufe, Armaturen	14.260	56,00	20,70	2,7
045	Gas, Wasser, Entwässerung – Ausstattung inkl. 046	5.942	23,30	8,60	1,1
047	Dämm- und Brandschutzarb. an techn. Anlagen	2.728	10,70	3,90	0,5
049	Feuerlöschanlagen, Feuerlöschgeräte	–	–	–	–
050	Blitzschutz-/Erdungsanlagen, Überspannungssch.	1.145	4,50	1,70	0,2
053	Niederspannungsanl. – Kabel inkl. 052, 054	55.573	218,40	80,50	10,3
055	Sicherheits- u. Ersatzstromversorgungsanl.	–	–	–	–
057	Gebäudesystemtechnik		–	–	–
058	Leuchten und Lampen inkl. 059	18.086	71,10	26,20	3,4
060	Such, Signal, Zeit, Anten., akust. Anl. inkl. 064	14.069	55,30	20,40	2,6
061	Kommunikations- u. Übertragungsnetze inkl. 063	8.962	35,20	13,00	1,7
069	Aufzüge	–	–	–	–
070	Gebäudeautomation	–	–	–	–
075	Raumlufttechnische Anlagen inkl. 078	6.387	25,10	9,20	1,2

3100-0026
Kinderarztpraxis

Umbau

LB	Leistungsbereiche	Kosten €	€/m² BGF	€/m³ BRI	% an 3+4
	Gebäudetechnik	**167.027**	**656,30**	**241,90**	**31,1**
	Wiederherstellen	1.787	7,00	2,60	0,3
	Herstellen	165.240	649,30	239,30	30,8
084	Abbruch, Rückbau, Schadstoffsanierung	15.262	60,00	22,10	2,8
	Abbrechen	15.262	60,00	22,10	2,8
	Abbrucharbeiten	**15.262**	**60,00**	**22,10**	**2,8**
	Abbrechen	15.262	60,00	22,10	2,8
	Sonstige Leistungsbereiche	**1.687**	**6,60**	**2,40**	**0,3**

© **BKI** Baukosteninformationszentrum

3100-0030
Gemeinschafts-
praxis

Umbau

Kostenkennwerte für die Kosten des Bauwerks (Kostengruppen 300+400 nach DIN 276)

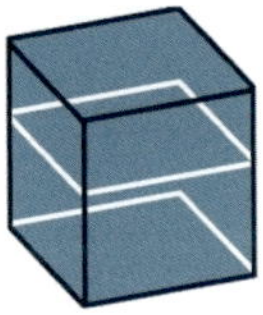

BRI 495 €/m³

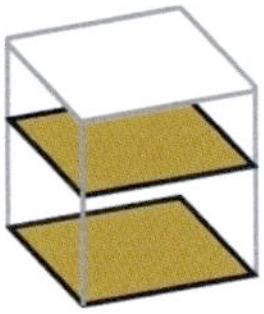

BGF 1.485 €/m²

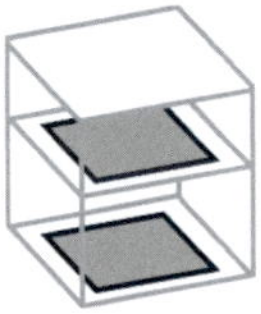

NUF 2.890 €/m²

Objekt:
Kennwerte: 3. Ebene DIN 276
BRI: 941 m³
BGF: 314 m²
NUF: 161 m²
Bauzeit: 26 Wochen
Bauende: 2015
Standard: hoch
Bundesland: Nordrhein-Westfalen
Kreis: Herne, Stadt

Architekt*in:
KAPALAARCHITEKTUR
Carsten Kapala
Westring 303
44629 Herne

Bauherr*in:
Heinrich Beestermöller
Mont-Cenis-Straße 38
44623 Herne

1. Obergeschoss

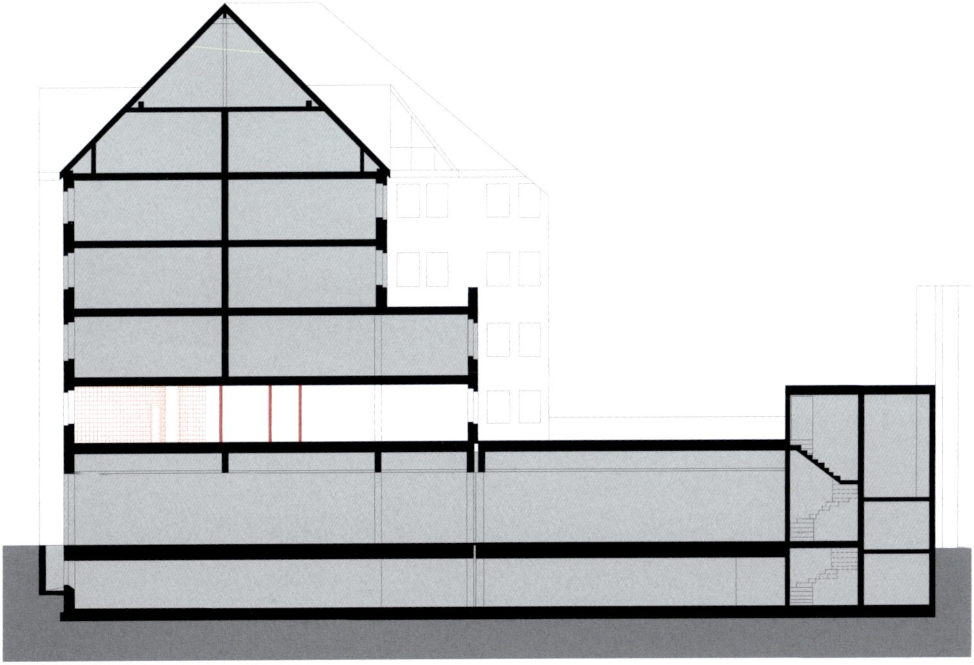

Schnitt A-A

3100-0030
Gemeinschafts-
praxis

Umbau

Objektbeschreibung

Allgemeine Objektinformationen

Die Arztpraxis im ersten Obergeschoss eines innerstädtischen sechsstöckigen Gebäudes wurde umgebaut und erweitert. Die vormals als urologische Praxis genutzten Räumlichkeiten sind in eine helle und freundlich wirkende Gemeinschaftspraxis umgestaltet worden. Durch den Einsatz gezielt aufeinander abgestimmter Baumaterialien sollte eine Sogwirkung für neue Patienten erzeugt werden.

Nutzung

1 Obergeschoss
Behandlungszimmer, Behandlungskabinen, Anmeldung, Warteraum, Labor, Röntgenraum, Fußraum, Sozialraum, WCs

Nutzeinheiten

Stellplätze: 10

Markt

Hauptvergabezeit: 4. Quartal 2014
Baubeginn: 4. Quartal 2014
Bauende: 2. Quartal 2015
Konjunkturelle Gesamtlage: über Durchschnitt
Regionaler Baumarkt: über Durchschnitt

Baubestand

Baujahr: 2014
Bauzustand: mittel
Aufwand: hoch
Grundrissänderungen: umfangreiche
Tragwerkseingriffe: wenige
Nutzungsänderung: ja
Nutzung während der Bauzeit: ja

Baukonstruktion

Das Geschoss wurde vollständig entkernt. Der Entwurf musste an tragende Stahlbetonstützen angepasst werden. Eine große verglaste Eingangstür aus Aluminium wirkt einladend auf die Patienten. Der Empfangsbereich wurde mit einem gebogenen Tresen neu gestaltet. Aus Gründen der Wirtschaftlichkeit wurde besonderes Augenmerk auf den Bestandsschutz gelegt und nach Möglichkeit vorhandene Wände erhalten und renoviert. Zusammengehörige Farben nach RAL, eine Spiegeldecke und gebogene Wände aus Glasbaustein sowie hochwertiger Granit als Fußboden prägen die Räumlichkeiten.

Technische Anlagen

Die vorhandene haustechnische Infrastruktur wurde übernommen. Alle Aufenthaltsräume sind mit zusätzlichen Heizkörpern ausgeführt, um dem Wärme- und Kälteempfinden der Patienten zu genügen. Kombinierte Zu- und Abluftgeräte wurden in die innenliegenden Räume eingebaut. Ungültige Brandschutzdetails wurden, den aktuellen Bestimmungen entsprechend, verändert.

© **BKI** Baukosteninformationszentrum

Planungskennwerte für Flächen und Rauminhalte nach DIN 277

Flächen des Grundstücks		Menge Einheit	% an GF
BF	Bebaute Fläche	–	–
UF	Unbebaute Fläche	–	–
GF	Grundstücksfläche	–	–

Grundflächen des Bauwerks		Menge Einheit	% an NUF	% an BGF
NUF	Nutzungsfläche	161,22 m²	100,0	51,4
TF	Technikfläche	3,49 m²	2,2	1,1
VF	Verkehrsfläche	120,50 m²	74,7	38,4
NRF	Netto-Raumfläche	285,21 m²	176,9	90,9
KGF	Konstruktions-Grundfläche	28,54 m²	17,7	9,1
BGF	Brutto-Grundfläche	313,75 m²	194,6	100,0

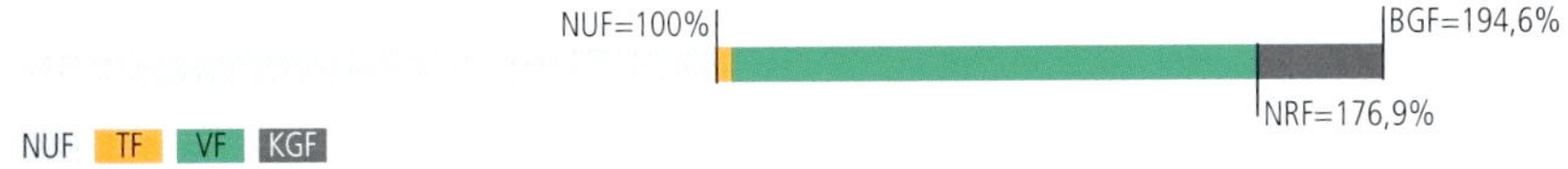

Brutto-Rauminhalt des Bauwerks		Menge Einheit	BRI/NUF (m)	BRI/BGF (m)
BRI	Brutto-Rauminhalt	941,19 m³	5,84	3,00

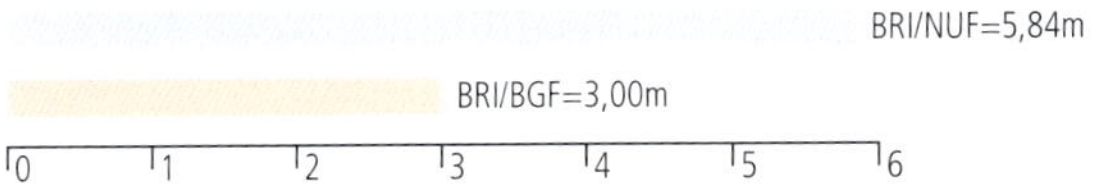

Lufttechnisch behandelte Flächen	Menge Einheit	% an NUF	% an BGF
Entlüftete Fläche	–	–	–
Be- und entlüftete Fläche	–	–	–
Teilklimatisierte Fläche	–	–	–
Klimatisierte Fläche	–	–	–

KG	Kostengruppen (2. Ebene)	Menge Einheit	Menge/NUF	Menge/BGF
310	Baugrube / Erdbau	–	–	–
320	Gründung, Unterbau	–	–	–
330	Außenwände/Vertikale Baukonstruktionen, außen	–	–	–
340	Innenwände/Vertikale Baukonstruktionen, innen	452,48 m² IWF	2,81	1,44
350	Decken/Horizontale Baukonstruktionen	293,00 m² DEF	1,82	0,93
360	Dächer	–	–	–

Kostenkennwerte für die Kostengruppen der 1. Ebene DIN 276

KG	Kostengruppen (1. Ebene)	Einheit	Kosten €	€/Einheit	€/m² BGF	€/m³ BRI	% 300+400
100	Grundstück	m² GF	–	–	–	–	–
200	Vorbereitende Maßnahmen	m² GF	–	–	–	–	–
300	Bauwerk – Baukonstruktionen	m² BGF	326.883	1.041,86	1.041,86	347,31	70,2
400	Bauwerk – Technische Anlagen	m² BGF	139.060	443,22	443,22	147,75	29,8
	Bauwerk 300+400	**m² BGF**	**465.942**	**1.485,08**	**1.485,08**	**495,06**	**100,0**
500	Außenanlagen und Freiflächen	m² AF	–	–	–	–	–
600	Ausstattung und Kunstwerke	m² BGF	–	–	–	–	–
700	Baunebenkosten	m² BGF	–	–	–	–	–
800	Finanzierung	m² BGF	–	–	–	–	–

KG	Kostengruppe	Menge Einheit	Kosten €	€/Einheit	%
3+4	**Bauwerk**				**100,0**
300	**Bauwerk – Baukonstruktionen**	313,75 m² BGF	326.883	**1.041,86**	70,2
	• Abbrechen (Kosten: 7,5%) Abbruch von Betonwänden, Metallständerwänden, Türen, Wandfliesen; Bodenbelägen; Entsorgung, Deponiegebühren		24.460		
	• Wiederherstellen (Kosten: 0,3%) Stahlbauteile prüfen, ausbessern, beschichten		984		
	• Herstellen (Kosten: 92,2%) Stahlträger, GK-Wände, Glasbausteinwände, Glas-Eingangselement, Türen, Vlies, Wandfliesen, GK-Vorsatzschalen; Estrichfugen schließen, Granitfliesen, Vinyl, Bodenfliesen, Alu-Paneeldecken		301.439		
400	**Bauwerk – Technische Anlagen**	313,75 m² BGF	139.060	**443,22**	29,8
	• Abbrechen (Kosten: 2,7%) Abbruch von Sanitärobjekten; Heizkörpern, Abwasserleitungen; Elektroinstallationen (psch); Entsorgung, Deponiegebühren		3.801		
	• Wiederherstellen (Kosten: 16,8%) Umverlegen von Abwasserleitungen, von Kalt- und Warmwasserleitungen; von Heizungsanlagen, Heizungsleitungen, Heizkörper prüfen, ausbessern, beschichten; Umbau vom Telefonübergabepunkt		23.347		
	• Herstellen (Kosten: 80,5%) Gebäudeentwässerung, Sanitärobjekte; Heizkörper; Entlüftungsanlagen; Elektroinstallation, Beleuchtung, Erdung; Datenverkabelung		111.912		

© BKI Baukosteninformationszentrum

Kostenkennwerte für die Kostengruppen der 2.Ebene DIN 276

KG	Kostengruppe	Menge Einheit	Kosten €	€/Einheit	%
300	**Bauwerk – Baukonstruktionen**				**100,0**
330	**Außenwände/Vert. Baukonstrukt., außen**	–	4.392	**–**	1,3
	• Herstellen (Kosten: 100,0%) GK-Bekleidung an Laibungen (13St)	–	4.392	–	
340	**Innenwände/Vert. Baukonstrukt., innen**	452,48 m² IWF	195.233	**431,47**	59,7
	• Abbrechen (Kosten: 10,4%) Abbruch von Betonwänden (13m²) * Metallständerwänden, Dämmung (69m²) * Türen, Stahlzargen (14m²), Türanlage (4m²) * F90 Bekleidung (50m), Wandfliesen (8m²); Entsorgung, Deponiegebühren	99,69 m² IWF	20.320	**203,83**	
	• Wiederherstellen (Kosten: 0,5%) Grundierung an Stahlbauteilen prüfen, ausbessern, Grund- und Schlussbeschichtung (14St)	–	984	**–**	
	• Herstellen (Kosten: 89,1%) Stahlträger IPE 240, l=3,20m (2St) * GK-Metallständerwände F90 (285m²), Glasbausteinwände (30m²) * Glas-Eingangselement, fünfteilig, Drehflügel, Festverglasungen (7m²), Zimmertüren (20m²), Glastüren (4m²) * Spachtelung, Glasvlies (822m²), Wandfliesen (23m²), GK-Vorsatzschalen (8m²), GK-Verkofferungen (79m)	452,48 m² IWF	173.929	**384,39**	
350	**Decken/Horizontale Baukonstruktionen**	293,00 m² DEF	120.291	**410,55**	36,8
	• Abbrechen (Kosten: 3,4%) Abbruch von Laminatböden (112m²), Teppichböden (65m²), Bodenfliesen (7m²); Entsorgung, Deponiegebühren	119,12 m² DEF	4.140	**34,76**	
	• Herstellen (Kosten: 96,6%) Estrichfugen schließen (115m²), Spachtelung (285m²), Granitfliesen (151m²), Vinyl (135m²), Bodenfliesen (6m²) * Alu-Paneeldecken (293m²)	293,00 m² DEF	116.151	**396,42**	
390	**Sonst. Maßnahmen für Baukonstrukt.**	313,75 m² BGF	6.967	**22,20**	2,1
	• Herstellen (Kosten: 100,0%) Baustrom (1St), Bauwasser (1St) * Container für Bauschutt (2St) * Schutzabdeckungen (345m²), für Heizkörper (7St), für Treppenhaus (psch), für Aufzug (psch), Reinigungen (2St)	313,75 m² BGF	6.967	**22,20**	
400	**Bauwerk – Technische Anlagen**				**100,0**
410	**Abwasser-, Wasser-, Gasanlagen**	313,75 m² BGF	51.038	**162,67**	36,7
	• Abbrechen (Kosten: 3,6%) Abbruch von Sanitärobjekten, Rohrleitungen (psch); Entsorgung, Deponiegebühren	313,75 m² BGF	1.824	**5,81**	
	• Wiederherstellen (Kosten: 23,5%) Umverlegen von Abwasserleitungen DN100, Brandschotts (psch) * von Kalt- und Warmwasserleitungen, Zähler, Brandschotts (psch)	313,75 m² BGF	12.006	**38,27**	
	• Herstellen (Kosten: 72,9%) Sifonanschlüsse an Abwasserrohrsystem (10St), Abwasseranschlüsse (10St), Rohrentlüftungen, Brandschotts (4St) * Kalt- und Warmwasseranschlüsse (12St), Waschtische (2St), WCs (2St) * Montageelemente (6St)	313,75 m² BGF	37.207	**118,59**	

KG	Kostengruppe	Menge Einheit	Kosten €	€/Einheit	%
420	**Wärmeversorgungsanlagen**	313,75 m²BGF	16.367	**52,16**	11,8
	• Abbrechen (Kosten: 6,5%) Ausbauen und lagern von Heizkörpern (7St), Abbruch von Rohrleitungen (psch); Entsorgung, Deponiegebühren	313,75 m²BGF	1.062	**3,38**	
	• Wiederherstellen (Kosten: 62,6%) Heizungsanlagen umverlegen (psch) * Beschichtung an Heizkörpern prüfen, ausbessern, Grund- und Schlussbeschichtung (17St), Heizungsleitungen umverlegen, neue Heizkörper montieren (6St)	313,75 m²BGF	10.245	**32,65**	
	• Herstellen (Kosten: 30,9%) Vor- und Rücklaufleitungen, Rohrnetz befüllen (psch) * Plattenheizkörper (3St), lagernd, montieren (15St)	313,75 m²BGF	5.060	**16,13**	
430	**Raumlufttechnische Anlagen**	313,75 m²BGF	3.384	**10,79**	2,4
	• Herstellen (Kosten: 100,0%) Entlüftungsanlagen, Rohrventilator, Flexrohr, Luftdurchlässe (2St), Einbauventilatoren (2St)	313,75 m²BGF	3.384	**10,79**	
440	**Elektrische Anlagen**	313,75 m²BGF	59.060	**188,24**	42,5
	• Abbrechen (Kosten: 1,5%) Abbruch von Unterverteilern, Elektroinstallationen (psch); Entsorgung, Deponiegebühren	313,75 m²BGF	914	**2,91**	
	• Herstellen (Kosten: 98,5%) Zähleranlage, Hauptzähler (1St), Unterverteiler (1St), Verstärker (1St), Mantelleitungen, Schalter, Steckdosen (psch) * LED-Deckeneinbaustrahler (85St), LED-Akzentleuchten (42St), LED-Arbeitsplatzbeleuchtung (3St) * Erdungsanlage, Potenzialausgleichsschiene (1St), Türzargenerdungen (14St)	313,75 m²BGF	58.146	**185,33**	
450	**Kommunikationstechnische Anlagen**	313,75 m²BGF	8.432	**26,87**	6,1
	• Wiederherstellen (Kosten: 13,0%) Umbau vom Telefonübergabepunkt zum Technikraum (1St)	313,75 m²BGF	1.095	**3,49**	
	• Herstellen (Kosten: 87,0%) EDV-Unterverteilschrank (1St), 24-Port Panel Cat6 (2St), Modul-Trägerplatten (16St), Moduleinsätze (64St), EDV-Anschlussdosen (16St)	313,75 m²BGF	7.337	**23,38**	
490	**Sonst. Maßnahmen für techn. Anlagen**	313,75 m²BGF	779	**2,48**	0,6
	• Herstellen (Kosten: 100,0%) Provisorien für vorhandene Medienleitungen, Sprechanlagenleitungen, Klingel- und Türöffnerinstallationen, Telefonleitungen, TV-Leitungen	313,75 m²BGF	779	**2,48**	

© BKI Baukosteninformationszentrum

Kostenkennwerte für die Kostengruppen 300 der 2. und 3.Ebene DIN 276 (Übersicht)

KG	Kostengruppe	Menge Einheit	Kosten €	€/Einheit	% an 3+4
300	**Bauwerk – Baukonstruktionen**	**313,75 m²BGF**	**326.882,76**	**1.041,86**	**70,2**
310	**Baugrube / Erdbau**	**–**	**–**	**–**	**–**
311	Herstellung	–	–	–	–
312	Umschließung	–	–	–	–
313	Wasserhaltung	–	–	–	–
314	Vortrieb	–	–	–	–
319	Sonstiges zur KG 310	–	–	–	–
320	**Gründung, Unterbau**	**–**	**–**	**–**	**–**
321	Baugrundverbesserung	–	–	–	–
322	Flachgründungen und Bodenplatten	–	–	–	–
323	Tiefgründungen	–	–	–	–
324	Gründungsbeläge	–	–	–	–
325	Abdichtungen und Bekleidungen	–	–	–	–
326	Dränagen	–	–	–	–
329	Sonstiges zur KG 320	–	–	–	–
330	**Außenwände/Vert. Baukonstrukt., außen**	**–**	**4.391,95**	**–**	**0,9**
331	Tragende Außenwände	–	–	–	–
332	Nichttragende Außenwände	–	–	–	–
333	Außenstützen	–	–	–	–
334	Außenwandöffnungen	–	4.391,95	–	0,9
335	Außenwandbekleidungen, außen	–	–	–	–
336	Außenwandbekleidungen, innen	–	–	–	–
337	Element. Außenwandkonstruktionen	–	–	–	–
338	Lichtschutz zur KG 330	–	–	–	–
339	Sonstiges zur KG 330	–	–	–	–
340	**Innenwände/Vert. Baukonstrukt., innen**	**452,48 m²IWF**	**195.232,80**	**431,47**	**41,9**
341	Tragende Innenwände	–	13.370,97	–	2,9
342	Nichttragende Innenwände	315,40 m²	78.890,34	250,13	16,9
343	Innenstützen	–	–	–	–
344	Innenwandöffnungen	30,23 m²	36.925,36	1.221,48	7,9
345	Innenwandbekleidungen	844,50 m²	66.046,13	78,21	14,2
346	Elementierte Innenwandkonstruktionen	–	–	–	–
347	Lichtschutz zur KG 340	–	–	–	–
349	Sonstiges zur KG 340	–	–	–	–
350	**Decken/Horizontale Baukonstruktionen**	**293,00 m²DEF**	**120.291,44**	**410,55**	**25,8**
351	Deckenkonstruktionen	–	–	–	–
352	Deckenöffnungen	–	–	–	–
353	Deckenbeläge	292,42 m²	67.589,24	231,14	14,5
354	Deckenbekleidungen	293,00 m²	52.702,21	179,87	11,3
355	Elementierte Deckenkonstruktionen	–	–	–	–
359	Sonstiges zur KG 350	–	–	–	–
360	**Dächer**	**–**	**–**	**–**	**–**
361	Dachkonstruktionen	–	–	–	–
362	Dachöffnungen	–	–	–	–
363	Dachbeläge	–	–	–	–
364	Dachbekleidungen	–	–	–	–
365	Elementierte Dachkonstruktionen	–	–	–	–
366	Lichtschutz zur KG 360	–	–	–	–
369	Sonstiges zur KG 360	–	–	–	–
370	**Infrastrukturanlagen**	**–**	**–**	**–**	**–**
380	**Baukonstruktive Einbauten**	**–**	**–**	**–**	**–**
390	**Sonst. Maßnahmen für Baukonstrukt.**	**313,75 m²BGF**	**6.966,55**	**22,20**	**1,5**

3100-0030
Gemeinschafts-
praxis

Umbau

Kostenkennwerte für die Kostengruppen 400 der 2. und 3. Ebene DIN 276 (Übersicht)

KG	Kostengruppe	Menge Einheit	Kosten €	€/Einheit	% an 3+4
400	**Bauwerk – Technische Anlagen**	**313,75 m² BGF**	**139.059,55**	**443,22**	**29,8**
410	**Abwasser-, Wasser-, Gasanlagen**	**313,75 m² BGF**	**51.037,88**	**162,67**	**11,0**
411	Abwasseranlagen	313,75 m² BGF	19.338,70	61,64	4,2
412	Wasseranlagen	313,75 m² BGF	28.636,52	91,27	6,1
413	Gasanlagen	–	–	–	–
419	Sonstiges zur KG 410	313,75 m² BGF	3.062,65	9,76	0,7
420	**Wärmeversorgungsanlagen**	**313,75 m² BGF**	**16.366,70**	**52,16**	**3,5**
421	Wärmeerzeugungsanlagen	313,75 m² BGF	2.354,31	7,50	0,5
422	Wärmeverteilnetze	313,75 m² BGF	747,81	2,38	0,2
423	Raumheizflächen	313,75 m² BGF	13.264,57	42,28	2,8
424	Verkehrsheizflächen	–	–	–	–
429	Sonstiges zur KG 420	–	–	–	–
430	**Raumlufttechnische Anlagen**	**313,75 m² BGF**	**3.383,85**	**10,79**	**0,7**
431	Lüftungsanlagen	313,75 m² BGF	3.383,85	10,79	0,7
432	Teilklimaanlagen	–	–	–	–
433	Klimaanlagen	–	–	–	–
434	Kälteanlagen	–	–	–	–
439	Sonstiges zur KG 430	–	–	–	–
440	**Elektrische Anlagen**	**313,75 m² BGF**	**59.060,46**	**188,24**	**12,7**
441	Hoch- und Mittelspannungsanlagen	–	–	–	–
442	Eigenstromversorgungsanlagen	–	–	–	–
443	Niederspannungsschaltanlagen	–	–	–	–
444	Niederspannungsinstallationsanlagen	313,75 m² BGF	43.197,41	137,68	9,3
445	Beleuchtungsanlagen	313,75 m² BGF	14.718,24	46,91	3,2
446	Blitzschutz- und Erdungsanlagen	313,75 m² BGF	1.144,82	3,65	0,2
447	Fahrleitungssysteme	–	–	–	–
449	Sonstiges zur KG 440	–	–	–	–
450	**Kommunikationstechnische Anlagen**	**313,75 m² BGF**	**8.432,03**	**26,87**	**1,8**
451	Telekommunikationsanlagen	313,75 m² BGF	1.095,30	3,49	0,2
452	Such- und Signalanlagen	–	–	–	–
453	Zeitdienstanlagen	–	–	–	–
454	Elektroakustische Anlagen	–	–	–	–
455	Audiovisuelle Medien- u. Antennenanl.	–	–	–	–
456	Gefahrenmelde- und Alarmanlagen	–	–	–	–
457	Datenübertragungsnetze	313,75 m² BGF	7.336,73	23,38	1,6
458	Verkehrsbeeinflussungsanlagen	–	–	–	–
459	Sonstiges zur KG 450	–	–	–	–
460	**Förderanlagen**	**–**	**–**	**–**	**–**
461	Aufzugsanlagen	–	–	–	–
462	Fahrtreppen, Fahrsteige	–	–	–	–
463	Befahranlagen	–	–	–	–
464	Transportanlagen	–	–	–	–
465	Krananlagen	–	–	–	–
466	Hydraulikanlagen	–	–	–	–
469	Sonstiges zur KG 460	–	–	–	–
470	**Nutzungsspez. u. verfahrenstechn. Anl.**	**–**	**–**	**–**	**–**
480	**Gebäude- und Anlagenautomation**	**–**	**–**	**–**	**–**
490	**Sonst. Maßnahmen für techn. Anlagen**	**313,75 m² BGF**	**778,64**	**2,48**	**0,2**

© **BKI** Baukosteninformationszentrum

Kostenkennwerte für Leistungsbereiche nach STLB (Kosten des Bauwerks nach DIN 276)

LB	Leistungsbereiche	Kosten €	€/m²BGF	€/m³BRI	% an 3+4
000	Baustellen-, Verkehrssich.- u. Sicherh.einr. inkl. 001	4.477	14,30	4,80	1,0
002	Erdarbeiten	–	–	–	–
006	Spezialtiefbauarbeiten inkl. 005	–	–	–	–
009	Entwässerungskanalarbeiten inkl. 011	–	–	–	–
010	Drän- und Versickerarbeiten	–	–	–	–
012	Mauerarbeiten	379	1,20	0,40	< 0,1
013	Betonarbeiten	–	–	–	–
014	Natur-, Betonwerksteinarbeiten	–	–	–	–
016	Zimmer- und Holzbauarbeiten	16.114	51,40	17,10	3,5
017	Stahlbauarbeiten	–	–	–	–
018	Abdichtungsarbeiten	–	–	–	–
020	Dachdeckungsarbeiten	–	–	–	–
021	Dachabdichtungsarbeiten	–	–	–	–
022	Klempnerarbeiten	–	–	–	–
	Rohbau	**20.969**	**66,80**	**22,30**	**4,5**
023	Putz- und Stuckarbeiten, Wärmedämmsysteme	782	2,50	0,83	0,2
024	Fliesen- und Plattenarbeiten	62.731	199,90	66,70	13,5
025	Estricharbeiten	4.806	15,30	5,10	1,0
026	Fenster, Außentüren inkl. 029, 032	–	–	–	–
027	Tischlerarbeiten	18.058	57,60	19,20	3,9
028	Parkett-, Holzpflasterarbeiten	–	–	–	–
030	Rollladenarbeiten	–	–	–	–
031	Metallbauarbeiten inkl. 035	55.224	176,00	58,70	11,9
034	Maler- und Lackiererarb. – Beschicht. inkl. 037	38.878	123,90	41,30	8,3
	Wiederherstellen	2.326	7,40	2,50	0,5
	Herstellen	36.552	116,50	38,80	7,8
036	Bodenbelagarbeiten	–	–	–	–
038	Vorgehängte hinterlüftete Fassaden	–	–	–	–
039	Trockenbauarbeiten	100.773	321,20	107,10	21,6
	Ausbau	**281.253**	**896,40**	**298,80**	**60,4**
	Wiederherstellen	2.326	7,40	2,50	0,5
	Herstellen	278.927	889,00	296,40	59,9
040	Wärmeversorgungsanl. - Betriebseinr. inkl. 041	13.963	44,50	14,80	3,0
	Wiederherstellen	8.903	28,40	9,50	1,9
	Herstellen	5.060	16,10	5,40	1,1
042	Gas- u. Wasseranl. – Leitung., Armat. inkl. 043	17.490	55,70	18,60	3,8
	Wiederherstellen	5.848	18,60	6,20	1,3
	Herstellen	11.642	37,10	12,40	2,5
044	Abwasseranl. - Leitungen, Abläufe, Armaturen	19.339	61,60	20,50	4,2
	Wiederherstellen	6.158	19,60	6,50	1,3
	Herstellen	13.181	42,00	14,00	2,8
045	Gas, Wasser, Entwässerung – Ausstattung inkl. 046	12.385	39,50	13,20	2,7
047	Dämm- und Brandschutzarb. an techn. Anlagen	–	–	–	–
049	Feuerlöschanlagen, Feuerlöschgeräte	–	–	–	–
050	Blitzschutz-/Erdungsanlagen, Überspannungssch.	1.145	3,60	1,20	0,2
053	Niederspannungsanl. – Kabel inkl. 052, 054	43.062	137,20	45,80	9,2
055	Sicherheits- u. Ersatzstromversorgungsanl.	–	–	–	–
057	Gebäudesystemtechnik	–	–	–	–
058	Leuchten und Lampen inkl. 059	14.718	46,90	15,60	3,2
060	Such, Signal, Zeit, Anten., akust. Anl. inkl. 064	245	0,78	0,26	< 0,1

LB	Leistungsbereiche	Kosten €	€/m² BGF	€/m³ BRI	% an 3+4
061	Kommunikations- u. Übertragungsnetze inkl. 063	4.154	13,20	4,40	0,9
	Wiederherstellen	1.095	3,50	1,20	0,2
	Herstellen	3.059	9,80	3,30	0,7
069	Aufzüge	–	–	–	–
070	Gebäudeautomation	–	–	–	–
075	Raumlufttechnische Anlagen inkl. 078	3.384	10,80	3,60	0,7
	Gebäudetechnik	**129.884**	**414,00**	**138,00**	**27,9**
	Wiederherstellen	22.005	70,10	23,40	4,7
	Herstellen	107.880	343,80	114,60	23,2
084	Abbruch, Rückbau, Schadstoffsanierung	28.261	90,10	30,00	6,1
	Abbrechen	28.261	90,10	30,00	6,1
	Abbrucharbeiten	**28.261**	**90,10**	**30,00**	**6,1**
	Abbrechen	28.261	90,10	30,00	6,1
	Sonstige Leistungsbereiche	**5.575**	**17,80**	**5,90**	**1,2**

© **BKI** Baukosteninformationszentrum

Bildung

4400-0324
Kindertagesstätte
(6 Gruppen)
(125 Kinder)

Kostenkennwerte für die Kosten des Bauwerks (Kostengruppen 300+400 nach DIN 276)

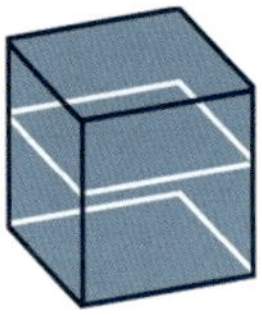
BRI 354 €/m³

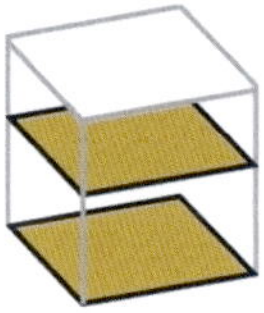
BGF 1.283 €/m²

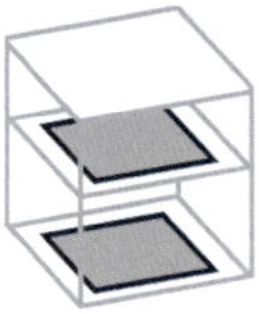
NUF 1.937 €/m²

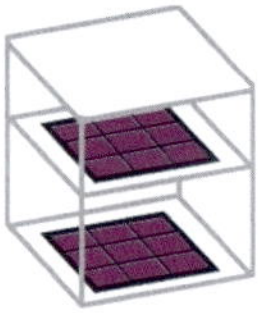
NE 10.219 €/NE
NE: Kinder

Objekt:
Kennwerte: 3.Ebene DIN 276
BRI: 3.609 m³
BGF: 995 m²
NUF: 659 m²
Bauzeit: 48 Wochen
Bauende: 2016
Standard: mittel
Bundesland: Hamburg
Kreis: Hamburg, Stadt

Architekt*in:
lup-architekten
Inhaber Stefan Mathey
Borselstraße 7
22765 Hamburg

Erdgeschoss

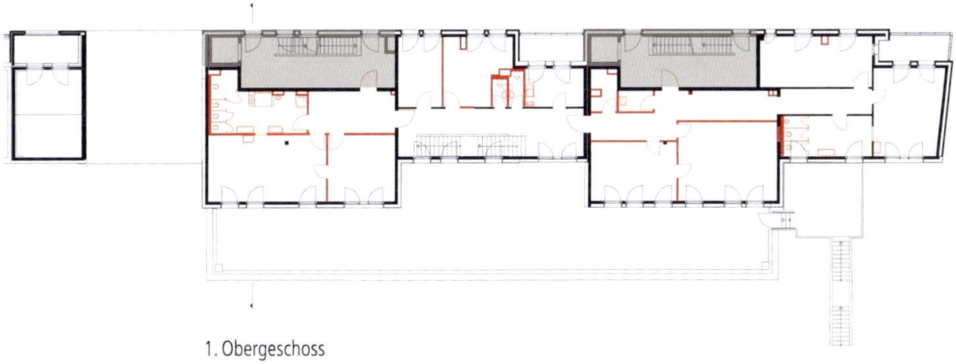

1. Obergeschoss

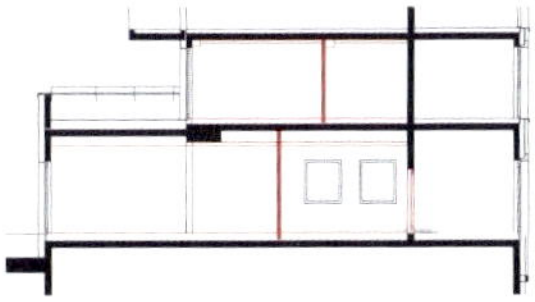

Schnitt

Objektbeschreibung

Allgemeine Objektinformationen

In einem großstädtischen Wohnquartier wurde eine Rohbau-Mietfläche zu einer neuen Kindertagesstätte für insgesamt 125 Kinder ausgebaut. Die Räume befinden sich im Erd- und im 1. Obergeschoss. Beide Ebenen sind über eine einläufige Treppe intern miteinander verbunden. Die Kita bietet Platz für sechs Gruppenräume inklusive Nebenräumen, Küche und Kinderrestaurant.

Nutzung

1 Erdgeschoss
Krippen- und Kitaräume mit Nebenräumen, Mitarbeiterbereich, Küche, Kinderrestaurant

1 Obergeschoss
Kitaräume mit Nebenräumen, Dachterrasse

Nutzeinheiten

Gruppen: 6
Kinder: 125

Grundstück

Bauraum: Freier Bauraum
Neigung: Ebenes Gelände
Bodenklasse: BK 1

Markt

Hauptvergabezeit: 1. Quartal 2015
Baubeginn: 2. Quartal 2015
Bauende: 1. Quartal 2016
Konjunkturelle Gesamtlage: über Durchschnitt
Regionaler Baumarkt: über Durchschnitt

Baukonstruktion

Die bauseitige Rohbaukonstruktion wurde in konventioneller Massivbauweise errichtet. Die im Zuge des Ausbaus erstellten Innenwände wurden als Leichtbauwände eingebaut. Größtenteils sind die Wände mit Putz beschichtet, lediglich in den Sanitärräumen wurden sie im unteren Bereich mit Wandfliesen gestaltet. Die Decken sind unterseitig mit Akustikelementen aus Mineralfaserplatten bekleidet. Brandschutztüren mit Fingerklemmschutz verbinden die Räume. Die Böden sämtlicher Gruppen- und Nebenräume sind mit Linoleum belegt, die Sanitärräume und die Treppe wurden gefliest.

Technische Anlagen

Die Räume der Kita sind an das Nahwärmenetz angeschlossen. Im Bewegungsraum sowie in den Räumen der Krippengruppen wird die Wärme mittels einer Fußbodenheizung verteilt, in den übrigen Räumen erfolgt die Beheizung über wandhängende Plattenheizkörper. Küche, Sanitärräume, Garderoben und Lagerräume haben eine gemeinsame Abluftanlage erhalten. Für Zuluft sorgen Nachströmöffnungen unter den Türen und in den Fensterelementen. Alle Waschbecken im Kinderbereich sind mit einem Verbrühschutz ausgestattet. Zur Ausleuchtung der Räume kamen Deckenleuchten mit Energiesparleuchtmitteln und je Gruppenraum zwei dimmbare Deckenspots zum Einbau.

Sonstiges

An der Gebäudehülle wurden keine Veränderungen vorgenommen, sie ist kein Bestandteil der Ausbauarbeiten. Die BGF, mit der der Kostenkennwert gebildet wird, bezieht sich bei dieser Dokumentation auf die bearbeiteten Ausbauflächen im EG und OG. Entsprechend wurde hier auch mit der Berechnung des BRI verfahren.

© **BKI** Baukosteninformationszentrum

Planungskennwerte für Flächen und Rauminhalte nach DIN 277

Flächen des Grundstücks		Menge Einheit	% an GF
BF	Bebaute Fläche	–	–
UF	Unbebaute Fläche	–	–
GF	Grundstücksfläche	–	–

Grundflächen des Bauwerks		Menge Einheit	% an NUF	% an BGF
NUF	Nutzungsfläche	659,49 m²	100,0	66,3
TF	Technikfläche	18,21 m²	2,8	1,8
VF	Verkehrsfläche	152,38 m²	23,1	15,3
NRF	Netto-Raumfläche	830,08 m²	125,9	83,4
KGF	Konstruktions-Grundfläche	165,31 m²	25,1	16,6
BGF	Brutto-Grundfläche	995,39 m²	150,9	100,0

Brutto-Rauminhalt des Bauwerks		Menge Einheit	BRI/NUF (m)	BRI/BGF (m)
BRI	Brutto-Rauminhalt	3.609,29 m³	5,47	3,63

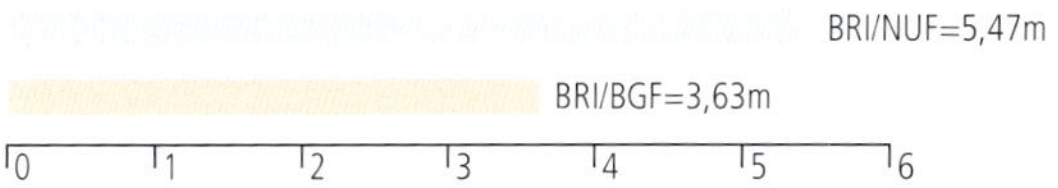

Lufttechnisch behandelte Flächen	Menge Einheit	% an NUF	% an BGF
Entlüftete Fläche	–	–	–
Be- und entlüftete Fläche	–	–	–
Teilklimatisierte Fläche	–	–	–
Klimatisierte Fläche	–	–	–

KG	Kostengruppen (2. Ebene)	Menge Einheit	Menge/NUF	Menge/BGF
310	Baugrube / Erdbau	–	–	–
320	Gründung, Unterbau	–	–	–
330	Außenwände/Vertikale Baukonstruktionen, außen	420,00 m² AWF	0,64	0,42
340	Innenwände/Vertikale Baukonstruktionen, innen	1.114,66 m² IWF	1,69	1,12
350	Decken/Horizontale Baukonstruktionen	995,39 m² DEF	1,51	1,00
360	Dächer	–	–	–

Kostenkennwerte für die Kostengruppen der 1. Ebene DIN 276

KG	Kostengruppen (1. Ebene)	Einheit	Kosten €	€/Einheit	€/m² BGF	€/m³ BRI	% 300+400
100	Grundstück	m² GF	–	–	–	–	–
200	Vorbereitende Maßnahmen	m² GF	–	–	–	–	–
300	Bauwerk – Baukonstruktionen	m² BGF	736.722	740,13	740,13	204,12	57,7
400	Bauwerk – Technische Anlagen	m² BGF	540.629	543,13	543,13	149,79	42,3
	Bauwerk 300+400	**m² BGF**	**1.277.351**	**1.283,27**	**1.283,27**	**353,91**	**100,0**
500	Außenanlagen und Freiflächen	m² AF	–	–	–	–	–
600	Ausstattung und Kunstwerke	m² BGF	3.443	3,46	3,46	0,95	0,3
700	Baunebenkosten	m² BGF	–	–	–	–	–
800	Finanzierung	m² BGF	–	–	–	–	–

KG	Kostengruppe	Menge Einheit	Kosten €	€/Einheit	%
3+4	**Bauwerk**				**100,0**
300	**Bauwerk – Baukonstruktionen**	995,39 m² BGF	736.722	**740,13**	57,7

Fensterbänke, Innenputz, Malervlies, Dispersionsbeschichtung, Reinacrylatbeschichtung, Wandfliesen; Schließen von Türdurchbrüchen, GK-Wände, Holztüren, Holzinnenfenster, Stahlrahmentür, Schließanlage, WC-Trennwände; Wärmedämmung, Estrich, Linoleumbelag, Bodenfliesen, Epoxidharzbeschichtung, Akustikdecken, Metallgeländer, Holzhandlauf; Einbaumöbel, Kinderküche mit Buffet, Küchenzeile

KG	Kostengruppe	Menge Einheit	Kosten €	€/Einheit	%
400	**Bauwerk – Technische Anlagen**	995,39 m² BGF	540.629	**543,13**	42,3

Fettabscheider, Abwasserhebeanlage, Entwässerungsleitungen, Druckrohr, Kalt- und Warmwasserleitungen, Sanitärobjekte, Montageelemente; Frischwassermodul für Durchfluss-Wassererwärmung, Pufferspeicher, Heizungsrohre, Fußbodenheizung, Plattenheizkörper; Abluftanlage; Elektroinstallation, Beleuchtung, Potenzialausgleichsschienen; Telefonanlage, EDV-Verkabelung

KG	Kostengruppe	Menge Einheit	Kosten €	€/Einheit	%
600	**Ausstattung und Kunstwerke**	995,39 m² BGF	3.443	**3,46**	0,3

Montage von bauseitigen Accessoires, WC-Rollenhalter

© BKI Baukosteninformationszentrum

Kostenkennwerte für die Kostengruppen der 2.Ebene DIN 276

KG	Kostengruppe	Menge Einheit	Kosten €	€/Einheit	%
300	**Bauwerk – Baukonstruktionen**				**100,0**
330	**Außenwände/Vert. Baukonstrukt., außen**	420,00 m² AWF	32.633	**77,70**	4,4

Kernbohrungen in Stb-Wand (15St) * Fensterbänke innen, Kunststoff (25m), Multiplex (5m) * Gipsputz (232m²), in Fensterlaibungen (289m), Kalkzementputz (34m²), Dispersionsbeschichtung (235m²), Reinacrylatbeschichtung (49m²), Wandfliesen (15m²), GK-Vorsatzschale (40m²), GK-Verkofferungen (31m²)

KG	Kostengruppe	Menge Einheit	Kosten €	€/Einheit	%
340	**Innenwände/Vert. Baukonstrukt., innen**	1.114,66 m² IWF	333.849	**299,51**	45,3

Schließen von Türdurchbrüchen (3m²), Wanddurchbrüche, wieder schließen (5St) * GK-Wände, d=12,5cm, Q3, Dämmung (616m²), d=25cm (21m²), d=12,5cm, F90 (17m²), Durchbrüche in GK-Wänden, wieder schließen (101St) * Holztüren, HPL, Lichtausschnitte, Stahlzargen (66m²), als T30 RS (82m²), Schiebetür (2m²), Holzinnenfenster (3m²), Stahlrahmentür, zweiflüglig (5m²), Schließanlage (1St) * Gipsputz (872m²), Kalkzementputz (128m²), Dispersionsbeschichtung (1.674m²), Reinacrylatbeschichtung (346m²), Wandfliesen (171m²), Mosaikfliesen (9m²) * WC-Trennwände, zehn Türen (23m²), eine Tür (3m²)

KG	Kostengruppe	Menge Einheit	Kosten €	€/Einheit	%
350	**Decken/Horizontale Baukonstruktionen**	995,39 m² DEF	249.260	**250,41**	33,8

Kernbohrungen, nach Leitungsinstallation wieder schließen (15St) * Wärmedämmung, d=170mm (475m²), d=80mm (356m²), d=150mm (158m²), Zementestrich (672m²), als Heizestrich (158m²), Verbundestrich (51m²), Linoleum (674m²), Bodenfliesen (173m²), Mosaikfliesen (2m²), Rillenplatten (32m), Epoxidharzbeschichtung (53m²) * Akustikdecken (788m²), Gardinengrabe (95m), Unterdecke (27m²), Gipsputz (102m²), Dispersionsbeschichtung (76m²) * Balkongeländer, Flachstahl, Füllstäbe (45m), Treppengeländer, Flachstahl (17m), Holzhandlauf (10m)

KG	Kostengruppe	Menge Einheit	Kosten €	€/Einheit	%
380	**Baukonstruktive Einbauten**	995,39 m² BGF	80.666	**81,04**	10,9

Einbaumöbel Multiplex, Oberfläche HPL: Oberregalmodule, drei Fächer (16St), vier Fächer (12St), fünf Fächer (1St), Sitzbankmodule, bodenstehend (12St), wandhängend (37St), Wickeltisch mit Treppe (1St), als Doppel-Wickeltisch (1St), Treppe für Wickeltisch (1St), Kinderküche mit Buffet, Schenkellängen 2,25+3,35m, Spanplatte beschichtet, Multiplex, HPL, Elektrogeräte (1St), Einbau-Bainmaries (4St), Küchenzeile, b=1,90m, Einbaugeräte (1St)

KG	Kostengruppe	Menge Einheit	Kosten €	€/Einheit	%
390	**Sonst. Maßnahmen für Baukonstrukt.**	995,39 m² BGF	40.314	**40,50**	5,5

Baustelleneinrichtungen (3St), Baubesprechungsraum (1St), Bauzaun (70m), Baustellen-WC (1St), Bauschild (1St), Baustromverteiler (1St) * Raumgerüst * Entsorgung Baustellenabfall (14m³) * Boden schützen mit Papier (617m²), mit Abdeckvlies (200m²), mit Hartfaserplatten (167m²), Terrassentüren schützen (2St), Grobreinigung (800m²), Bauendreinigung (1St)

KG	Kostengruppe	Menge Einheit	Kosten €	€/Einheit	%
400	**Bauwerk – Technische Anlagen**				**100,0**
410	**Abwasser-, Wasser-, Gasanlagen**	995,39 m² BGF	210.773	**211,75**	39,0

Fettabscheider 400l (1St), Abwasserhebeanlage (1St), HT-Abwasserrohre DN50-10 (54m), SML-Rohre DN50-100 (35m), KML-Rohre DN50-100 (29m), PE-Druckrohr (10m), Rapid-Verbindungen (151St) * Kupferrohre DN15-35, Rohrdämmung (900m), Doppelwaschtische (4St), Waschtische (5St), barrierefrei (1St), Handwaschbecken (4St), Kinder-WCs, wandhängend (9St), Baby-Stand-WCs (4St), Tiefspül-WCs (3St), barrierefrei (1St), Duschwanne (1St), Bodeneinlauf Duschlandschaft (1St), Ausgussbecken (4St) * Montageelemente (36St)

KG	Kostengruppe	Menge Einheit	Kosten €	€/Einheit	%
420	**Wärmeversorgungsanlagen**	995,39 m² BGF	132.434	**133,05**	24,5
	Frischwassermodul 85kW für Durchfluss-Wassererwärmung, Plattenwärmeübertrager, Pufferspeicher 800l (1St) * Heizungsverteiler, vier bis sieben Abgänge (8St), Heizungsregler (1St), Umwälzpumpen (2St), Kupferrohre DN15-35, Rohrdämmung (624m), Durchgangsregelventile (2St), Absperrventile (13St), Thermoantriebe (24St), Regelmodule (2St), Kernbohrungen (88St) * PE-Xa-Rohre für Fußbodenheizung, Noppenplatte, Wärme-/Trittschalldämmung (195m²), Plattenheizkörper (41St)				
430	**Raumlufttechnische Anlagen**	995,39 m² BGF	19.537	**19,63**	3,6
	Abluftanlage 1.400m³/h (1St), Tellerventile (18St), Telefonieschalldämpfer (8St), Kulissenschalldämpfer (2St), Drosselklappen (18St), Wickelfalzrohre DN100-200 (114m), Alu-Flexschlauch DN100 (15m)				
440	**Elektrische Anlagen**	995,39 m² BGF	151.030	**151,73**	27,9
	Standverteiler (1St), Netzabgänge (126St), Mantelleitungen (6.049m), Schalter (85St), Steckdosen (211St), CEE-Steckdosen (5St), Präsenzmelder (18St), Geräteanschlussdosen (4St), Geräteeinbaudosen (8St) * LED-Deckenleuchten (153St), LED-Hängeleuchten (23St), LED-Einbauleuchten (7St), Einbaustrahler (25St), Feuchtraum-Anbauleuchten (13St) * Mantelleitungen (278m), Potenzialausgleichsschienen (3St), Potenzialausgleichsdosen (3St)				
450	**Kommunikationstechnische Anlagen**	995,39 m² BGF	19.120	**19,21**	3,5
	Telefonanlage bis 30 Nutzer (1St), Basisstationen (4St), Systemtelefone, schnurgebunden (3St), Vermittlungstelefon, schnurgebunden (1St), Systemtelefone, schnurlos (7St), Türfreisprech-Hinterbaueinheit für Briefkastenanlage (1St) * 19"-Stand-Verteilerschrank 18HE (1St), 19"-Verteilerfelder 1HE (2St), Datenkabel (638m), Datenanschlussdosen, einfach (15St), zweifach (3St), dreifach (3St)				
490	**Sonst. Maßnahmen für techn. Anlagen**	995,39 m² BGF	7.735	**7,77**	1,4
	Baustelleneinrichtungen (2St), Materialcontainer (1St) * Gerüststellung (1St), Rollgerüste (2St)				
600	**Ausstattung und Kunstwerke**				**100,0**
610	**Allgemeine Ausstattung**	995,39 m² BGF	3.443	**3,46**	100,0
	Montage von bauseitigen Accessoires (29h), WC-Rollenhalter (17St)				

© **BKI** Baukosteninformationszentrum

Kostenkennwerte für die Kostengruppen 300 der 2. und 3. Ebene DIN 276 (Übersicht)

KG	Kostengruppe	Menge Einheit	Kosten €	€/Einheit	% an 3+4
300	**Bauwerk – Baukonstruktionen**	**995,39 m² BGF**	**736.722,28**	**740,13**	**57,7**
310	**Baugrube / Erdbau**	**–**	**–**	**–**	**–**
311	Herstellung	–	–	–	–
312	Umschließung	–	–	–	–
313	Wasserhaltung	–	–	–	–
314	Vortrieb	–	–	–	–
319	Sonstiges zur KG 310	–	–	–	–
320	**Gründung, Unterbau**	**–**	**–**	**–**	**–**
321	Baugrundverbesserung	–	–	–	–
322	Flachgründungen und Bodenplatten	–	–	–	–
323	Tiefgründungen	–	–	–	–
324	Gründungsbeläge	–	–	–	–
325	Abdichtungen und Bekleidungen	–	–	–	–
326	Dränagen	–	–	–	–
329	Sonstiges zur KG 320	–	–	–	–
330	**Außenwände/Vert. Baukonstrukt., außen**	**420,00 m² AWF**	**32.633,13**	**77,70**	**2,6**
331	Tragende Außenwände	–	2.086,33	–	0,2
332	Nichttragende Außenwände	–	–	–	–
333	Außenstützen	–	–	–	–
334	Außenwandöffnungen	–	4.141,76	–	0,3
335	Außenwandbekleidungen, außen	–	–	–	–
336	Außenwandbekleidungen, innen	250,46 m²	26.405,04	105,43	2,1
337	Element. Außenwandkonstruktionen	–	–	–	–
338	Lichtschutz zur KG 330	–	–	–	–
339	Sonstiges zur KG 330	–	–	–	–
340	**Innenwände/Vert. Baukonstrukt., innen**	**1.114,66 m² IWF**	**333.848,82**	**299,51**	**26,1**
341	Tragende Innenwände	–	4.426,83	–	0,3
342	Nichttragende Innenwände	655,26 m²	94.714,63	144,55	7,4
343	Innenstützen	–	–	–	–
344	Innenwandöffnungen	157,51 m²	121.897,70	773,90	9,5
345	Innenwandbekleidungen	1.862,31 m²	104.382,91	56,05	8,2
346	Elementierte Innenwandkonstruktionen	26,00 m²	8.426,75	324,11	0,7
347	Lichtschutz zur KG 340	–	–	–	–
349	Sonstiges zur KG 340	–	–	–	–
350	**Decken/Horizontale Baukonstruktionen**	**995,39 m² DEF**	**249.259,57**	**250,41**	**19,5**
351	Deckenkonstruktionen	–	3.532,24	–	0,3
352	Deckenöffnungen	–	–	–	–
353	Deckenbeläge	896,84 m²	143.363,81	159,85	11,2
354	Deckenbekleidungen	890,49 m²	63.295,59	71,08	5,0
355	Elementierte Deckenkonstruktionen	–	–	–	–
359	Sonstiges zur KG 350	995,39 m² DEF	39.067,92	39,25	3,1
360	**Dächer**	**–**	**–**	**–**	**–**
361	Dachkonstruktionen	–	–	–	–
362	Dachöffnungen	–	–	–	–
363	Dachbeläge	–	–	–	–
364	Dachbekleidungen	–	–	–	–
365	Elementierte Dachkonstruktionen	–	–	–	–
366	Lichtschutz zur KG 360	–	–	–	–
369	Sonstiges zur KG 360	–	–	–	–
370	**Infrastrukturanlagen**	**–**	**–**	**–**	**–**
380	**Baukonstruktive Einbauten**	**995,39 m² BGF**	**80.666,32**	**81,04**	**6,3**
390	**Sonst. Maßnahmen für Baukonstrukt.**	**995,39 m² BGF**	**40.314,46**	**40,50**	**3,2**

Objekte | 3. Ebene | Positionen Neubau | Positionen Altbau

Kostenkennwerte für die Kostengruppen 400 der 2. und 3. Ebene DIN 276 (Übersicht)

KG	Kostengruppe	Menge Einheit	Kosten €	€/Einheit	% an 3+4
400	**Bauwerk – Technische Anlagen**	**995,39 m² BGF**	**540.628,70**	**543,13**	**42,3**
410	**Abwasser-, Wasser-, Gasanlagen**	**995,39 m² BGF**	**210.772,63**	**211,75**	**16,5**
411	Abwasseranlagen	995,39 m² BGF	66.183,97	66,49	5,2
412	Wasseranlagen	995,39 m² BGF	128.741,12	129,34	10,1
413	Gasanlagen	–	–	–	–
419	Sonstiges zur KG 410	995,39 m² BGF	15.847,55	15,92	1,2
420	**Wärmeversorgungsanlagen**	**995,39 m² BGF**	**132.434,21**	**133,05**	**10,4**
421	Wärmeerzeugungsanlagen	995,39 m² BGF	14.835,22	14,90	1,2
422	Wärmeverteilnetze	995,39 m² BGF	78.777,51	79,14	6,2
423	Raumheizflächen	995,39 m² BGF	38.821,50	39,00	3,0
424	Verkehrsheizflächen	–	–	–	–
429	Sonstiges zur KG 420	–	–	–	–
430	**Raumlufttechnische Anlagen**	**995,39 m² BGF**	**19.536,55**	**19,63**	**1,5**
431	Lüftungsanlagen	995,39 m² BGF	19.536,55	19,63	1,5
432	Teilklimaanlagen	–	–	–	–
433	Klimaanlagen	–	–	–	–
434	Kälteanlagen	–	–	–	–
439	Sonstiges zur KG 430	–	–	–	–
440	**Elektrische Anlagen**	**995,39 m² BGF**	**151.030,25**	**151,73**	**11,8**
441	Hoch- und Mittelspannungsanlagen	–	–	–	–
442	Eigenstromversorgungsanlagen	–	–	–	–
443	Niederspannungsschaltanlagen	–	–	–	–
444	Niederspannungsinstallationsanlagen	995,39 m² BGF	105.253,15	105,74	8,2
445	Beleuchtungsanlagen	995,39 m² BGF	43.925,39	44,13	3,4
446	Blitzschutz- und Erdungsanlagen	995,39 m² BGF	1.851,69	1,86	0,1
447	Fahrleitungssysteme	–	–	–	–
449	Sonstiges zur KG 440	–	–	–	–
450	**Kommunikationstechnische Anlagen**	**995,39 m² BGF**	**19.119,64**	**19,21**	**1,5**
451	Telekommunikationsanlagen	995,39 m² BGF	11.455,42	11,51	0,9
452	Such- und Signalanlagen	–	–	–	–
453	Zeitdienstanlagen	–	–	–	–
454	Elektroakustische Anlagen	–	–	–	–
455	Audiovisuelle Medien- u. Antennenanl.	–	–	–	–
456	Gefahrenmelde- und Alarmanlagen	–	–	–	–
457	Datenübertragungsnetze	995,39 m² BGF	7.664,22	7,70	0,6
458	Verkehrsbeeinflussungsanlagen	–	–	–	–
459	Sonstiges zur KG 450	–	–	–	–
460	**Förderanlagen**	**–**	**–**	**–**	**–**
461	Aufzugsanlagen	–	–	–	–
462	Fahrtreppen, Fahrsteige	–	–	–	–
463	Befahranlagen	–	–	–	–
464	Transportanlagen	–	–	–	–
465	Krananlagen	–	–	–	–
466	Hydraulikanlagen	–	–	–	–
469	Sonstiges zur KG 460	–	–	–	–
470	**Nutzungsspez. u. verfahrenstechn. Anl.**	**–**	**–**	**–**	**–**
480	**Gebäude- und Anlagenautomation**	**–**	**–**	**–**	**–**
490	**Sonst. Maßnahmen für techn. Anlagen**	**995,39 m² BGF**	**7.735,43**	**7,77**	**0,6**

© BKI Baukosteninformationszentrum

Kostenkennwerte für Leistungsbereiche nach STLB (Kosten des Bauwerks nach DIN 276)

LB	Leistungsbereiche	Kosten €	€/m² BGF	€/m³ BRI	% an 3+4
000	Baustellen-, Verkehrssich.- u. Sicherh.einr. inkl. 001	32.514	32,70	9,00	2,5
002	Erdarbeiten	–	–	–	–
006	Spezialtiefbauarbeiten inkl. 005	–	–	–	–
009	Entwässerungskanalarbeiten inkl. 011	–	–	–	–
010	Drän- und Versickerarbeiten	–	–	–	–
012	Mauerarbeiten	14.991	15,10	4,20	1,2
013	Betonarbeiten	6.865	6,90	1,90	0,5
014	Natur-, Betonwerksteinarbeiten	–	–	–	–
016	Zimmer- und Holzbauarbeiten	–	–	–	–
017	Stahlbauarbeiten	–	–	–	–
018	Abdichtungsarbeiten	–	–	–	–
020	Dachdeckungsarbeiten	–	–	–	–
021	Dachabdichtungsarbeiten	–	–	–	–
022	Klempnerarbeiten	–	–	–	–
	Rohbau	**54.370**	**54,60**	**15,10**	**4,3**
023	Putz- und Stuckarbeiten, Wärmedämmsysteme	40.968	41,20	11,40	3,2
024	Fliesen- und Plattenarbeiten	64.066	64,40	17,80	5,0
025	Estricharbeiten	50.794	51,00	14,10	4,0
026	Fenster, Außentüren inkl. 029, 032	11.060	11,10	3,10	0,9
027	Tischlerarbeiten	84.808	85,20	23,50	6,6
028	Parkett-, Holzpflasterarbeiten	–	–	–	–
030	Rollladenarbeiten	–	–	–	–
031	Metallbauarbeiten inkl. 035	51.465	51,70	14,30	4,0
034	Maler- und Lackiererarb. – Beschicht. inkl. 037	52.232	52,50	14,50	4,1
036	Bodenbelagarbeiten	53.838	54,10	14,90	4,2
038	Vorgehängte hinterlüftete Fassaden	–	–	–	–
039	Trockenbauarbeiten	270.149	271,40	74,80	21,1
	Ausbau	**679.379**	**682,50**	**188,20**	**53,2**
040	Wärmeversorgungsanl. - Betriebseinr. inkl. 041	116.967	117,50	32,40	9,2
042	Gas- u. Wasseranl. – Leitung., Armat. inkl. 043	82.030	82,40	22,70	6,4
044	Abwasseranl. - Leitungen, Abläufe, Armaturen	24.133	24,20	6,70	1,9
045	Gas, Wasser, Entwässerung – Ausstattung inkl. 046	77.713	78,10	21,50	6,1
047	Dämm- und Brandschutzarb. an techn. Anlagen	42.503	42,70	11,80	3,3
049	Feuerlöschanlagen, Feuerlöschgeräte	–	–	–	–
050	Blitzschutz-/Erdungsanlagen, Überspannungssch.	1.852	1,90	0,51	0,1
053	Niederspannungsanl. – Kabel inkl. 052, 054	104.497	105,00	29,00	8,2
055	Sicherheits- u. Ersatzstromversorgungsanl.	–	–	–	–
057	Gebäudesystemtechnik	–	–	–	–
058	Leuchten und Lampen inkl. 059	43.925	44,10	12,20	3,4
060	Such, Signal, Zeit, Anten., akust. Anl. inkl. 064	–	–	–	–
061	Kommunikations- u. Übertragungsnetze inkl. 063	7.664	7,70	2,10	0,6
069	Aufzüge	–	–	–	–
070	Gebäudeautomation	–	–	–	–
075	Raumlufttechnische Anlagen inkl. 078	19.537	19,60	5,40	1,5
	Gebäudetechnik	**520.822**	**523,20**	**144,30**	**40,8**
084	Abbruch, Rückbau, Schadstoffsanierung	–	–	–	–
	Abbrucharbeiten	**–**	**–**	**–**	**–**
	Sonstige Leistungsbereiche	**22.781**	**22,90**	**6,30**	**1,8**

5100-0132
Sporthalle
(Zweifeldhalle)
Sozialtrakt
Innenbereich

Modernisierung

Kostenkennwerte für die Kosten des Bauwerks (Kostengruppen 300+400 nach DIN 276)

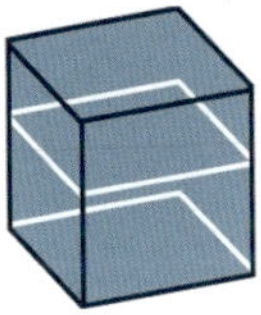

BRI 833 €/m³

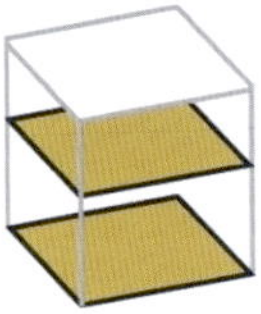

BGF 2.694 €/m²

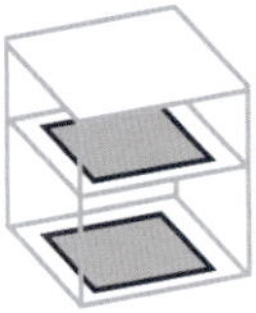

NUF 3.989 €/m²

Objekt:
Kennwerte: 3. Ebene DIN 276
BRI: 1.051 m³
BGF: 325 m²
NUF: 219 m²
Bauzeit: 26 Wochen
Bauende: 2017
Standard: mittel
Bundesland: Berlin
Kreis: Berlin, Stadt

Architekt*in:
TSSB
architekten.ingenieure
Invalidenstraße 124
10115 Berlin

Bauherr*in:
Bezirksamt
Steglitz-Zehlendorf
Kirchstraße 1/3
14163 Berlin

vorher © TSSB architekten.ingenieure

nachher © TSSB architekten.ingenieure

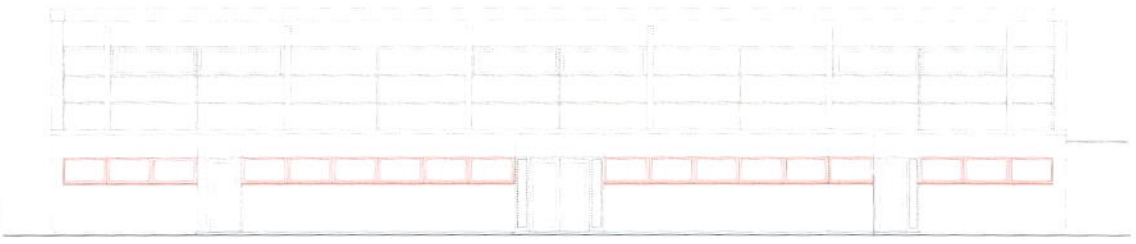

Ansicht Nord-West

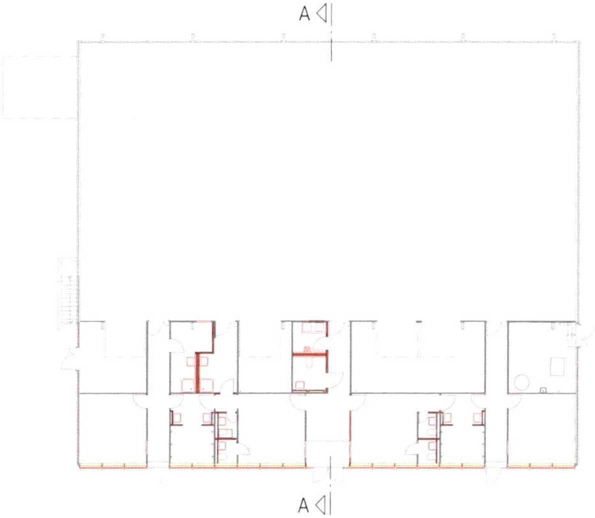

Erdgeschoss

Untergeschoss

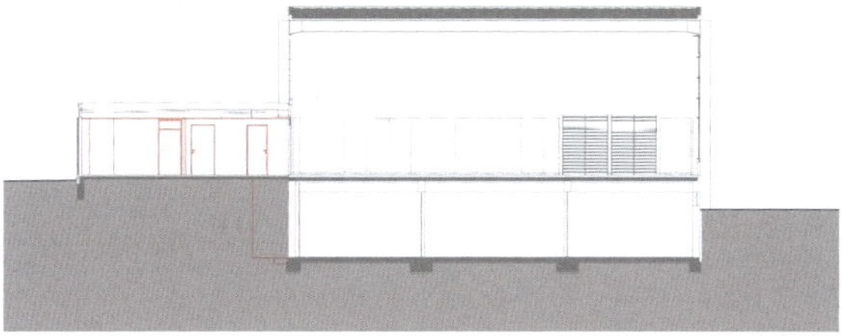

Schnitt A-A

5100-0132
Sporthalle
(Zweifeldhalle)
Sozialtrakt
Innenbereich

Modernisierung

Objektbeschreibung

Allgemeine Objektinformationen

Nach rund 50jähriger Nutzung wurde die Sporthalle in drei Bauabschnitten kernsaniert. In dieser Dokumentation handelt es sich um den ersten Bauabschnitt. Hier wurde der Innenbereich des Sozialtraktes modernisiert. Das Gebäude der Sporthalle wurde in Hallen-Stahl-Skelettbau mit Flachdach errichtet. Unterhalb der Halle befindet sich ein ehemaliges Parkgeschoss aus Stahlbeton in Ortbetonbauweise. Der angrenzende eingeschossige Anbau für den Sozialbereich ist nicht unterkellert.

Nutzung

1 Untergeschoss
Lagerräume, Technikräume, Installationsschacht

1 Erdgeschoss
Sporthalle, Umkleide- und Duschräume, WCs, Geräteräume, Flure, Eingang, Technikraum

Nutzeinheiten

Hallenfelder: 2
Gebäude: 1
Hallenfläche: 574 m²

Grundstück

Bauraum: Beengter Bauraum
Neigung: Ebenes Gelände
Bodenklasse: BK 1 bis BK 4

Markt

Hauptvergabezeit: 3. Quartal 2016
Baubeginn: 3. Quartal 2016
Bauende: 1. Quartal 2017
Konjunkturelle Gesamtlage: über Durchschnitt
Regionaler Baumarkt: über Durchschnitt

Baubestand

Baujahr: 1970
Bauzustand: mittel
Aufwand: mittel
Grundrissänderungen: wenige
Tragwerkseingriffe: wenige
Nutzungsänderung: nein
Nutzung während der Bauzeit: nein

Baukonstruktion

Die neu errichtete Stahlbeton-Schachtgrube an der Tiefgarage schafft Platz für die Lüftungsinstallationen. Die Raumaufteilung im Innenbereich des Sozialtraktes wurde zugunsten einer barrierefreien Nutzung geändert. Die bestehenden Stahltüren und Fenster wurden überarbeitet. Sämtliche sichtbaren Oberflächen der Böden und Wände wurden erneuert. In die neuen abgehängten Decken konnte die Lüftungs- und Beleuchtungsinstallation integriert werden. Die Fassade des Sozialtraktes erhielt eine Graffitischutzbeschichtung.

Technische Anlagen

Der Wärmeerzeuger blieb im Bestand, das Wärmeverteilnetz und die Heizflächen im Sozialtrakt wurden teilweise erneuert. Auch alle anderen haustechnischen Leitungen, mit Ausnahme der Grundleitungen, wurden neu installiert. Zudem wurde der Sozialtrakt mit einer Lüftungsanlage mit Be- und Entfeuchtung ausgestattet. Sämtliche Elektroinstallationen wurden erneuert.

Sonstiges

Die Bauabschnitte zwei und drei wurden in eigenständigen Objekten dokumentiert.
Objekt-Nr. 5100-0138 Modernisierung von Gebäudehülle des Sozialtraktes und Hallenfassade.
Objekt-Nr. 5100-0139 Modernisierung von Gebäudehülle der Halle und Halleninnenraum.

Planungskennwerte für Flächen und Rauminhalte nach DIN 277

Flächen des Grundstücks		Menge Einheit	% an GF
BF	Bebaute Fläche	965,36 m²	44,7
UF	Unbebaute Fläche	1.195,20 m²	55,3
GF	Grundstücksfläche	2.160,56 m²	100,0

Grundflächen des Bauwerks		Menge Einheit	% an NUF	% an BGF
NUF	Nutzungsfläche	219,43 m²	100,0	67,5
TF	Technikfläche	22,41 m²	10,2	6,9
VF	Verkehrsfläche	46,37 m²	21,1	14,3
NRF	Netto-Raumfläche	288,21 m²	131,3	88,7
KGF	Konstruktions-Grundfläche	36,67 m²	16,7	11,3
BGF	Brutto-Grundfläche	324,88 m²	148,1	100,0

Brutto-Rauminhalt des Bauwerks		Menge Einheit	BRI/NUF (m)	BRI/BGF (m)
BRI	Brutto-Rauminhalt	1.050,83 m³	4,79	3,24

Lufttechnisch behandelte Flächen	Menge Einheit	% an NUF	% an BGF
Entlüftete Fläche	–	–	–
Be- und entlüftete Fläche	–	–	–
Teilklimatisierte Fläche	–	–	–
Klimatisierte Fläche	–	–	–

KG	Kostengruppen (2. Ebene)	Menge Einheit	Menge/NUF	Menge/BGF
310	Baugrube / Erdbau	20,84 m³ BGI	0,10	0,06
320	Gründung, Unterbau	312,44 m² GRF	1,42	0,96
330	Außenwände/Vertikale Baukonstruktionen, außen	223,99 m² AWF	1,02	0,69
340	Innenwände/Vertikale Baukonstruktionen, innen	322,47 m² IWF	1,47	0,99
350	Decken/Horizontale Baukonstruktionen	–	–	–
360	Dächer	185,27 m² DAF	0,84	0,57

5100-0132
Sporthalle
(Zweifeldhalle)
Sozialtrakt
Innenbereich

Modernisierung

Kostenkennwerte für die Kostengruppen der 1. Ebene DIN 276

KG	Kostengruppen (1. Ebene)	Einheit	Kosten €	€/Einheit	€/m² BGF	€/m³ BRI	% 300+400
100	Grundstück	m² GF	–	–	–	–	–
200	Vorbereitende Maßnahmen	m² GF	784	0,36	2,41	0,75	< 0,1
300	Bauwerk – Baukonstruktionen	m² BGF	397.131	1.222,39	1.222,39	377,92	45,4
400	Bauwerk – Technische Anlagen	m² BGF	478.144	1.471,75	1.471,75	455,02	54,6
	Bauwerk 300+400	**m² BGF**	**875.275**	**2.694,15**	**2.694,15**	**832,94**	**100,0**
500	Außenanlagen und Freiflächen	m² AF	27.070	27,07	83,32	25,76	3,1
600	Ausstattung und Kunstwerke	m² BGF	6.580	20,25	20,25	6,26	0,8
700	Baunebenkosten	m² BGF	–	–	–	–	–
800	Finanzierung	m² BGF	–	–	–	–	–

KG	Kostengruppe	Menge Einheit	Kosten €	€/Einheit	%
200	**Vorbereitende Maßnahmen**	2.160,56 m² GF	784	**0,36**	< 0,1
	• Herstellen (Kosten: 100,0%) Suchschachtungen, Entsorgung von kontaminiertem Bauschutt; Deponiegebühren		784		
3+4	**Bauwerk**				**100,0**
300	**Bauwerk – Baukonstruktionen**	324,88 m² BGF	397.131	**1.222,39**	45,4
	• Abbrechen (Kosten: 14,8%) Abbruch von Stb-Bodenplatte, Estrich, Linoleum, Bodenfliesen; Stb-Fertigteilwänden, Holztrennwänden, Türen; abgehängten Decken; Entsorgung, Deponiegebühren		58.963		
	• Wiederherstellen (Kosten: 9,9%) Stb-Bodenfläche, Beschädigungen ausbessern, abdichten, Risse im Estrich schließen; Stb-Wände, Beschädigungen ausbessern, Stahlfensterflügel, -rahmen, Stahltüren aufarbeiten, Stahlfenster ertüchtigen; Holztüren abschleifen, beschichten, Türdichtungen erneuern, Obentürschließer nachrüsten, Stoßbleche montieren; Trapezblech entrosten; Umkleidebänke überarbeiten		39.166		
	• Herstellen (Kosten: 75,3%) Erdarbeiten, Stahlverankerungen; Stb-Bodenplatte, Stb-Schachtgrube, Estrich, Bodenfliesen, Linoleum, Abdichtung, Sandfüllung, Schachtabdeckung; Stahlträger, Graffitischutzbeschichtung, Beschichtung, Wandfliesen; Mauerwerk, GK-Ständerwände, Stahlträger, Holztüren, Beschichtung; Dämmung, Abdichtung, GK-Decken, abgehängt; Sportgeräte		299.002		
400	**Bauwerk – Technische Anlagen**	324,88 m² BGF	478.144	**1.471,75**	54,6
	• Abbrechen (Kosten: 3,8%) Abbruch von Abwasserleitungen, Trinkwasserleitungen, Sanitärobjekten; Warmwasserspeicher, Heizleitungen, Heizkörpern; Elektroverteiler; Entsorgung, Deponiegebühren; Demontieren von Steuerzentrale		18.222		
	• Wiederherstellen (Kosten: 0,7%) Rohrbefestigungen erneuern, Anschluss an Heizleitungen herstellen		3.390		
	• Herstellen (Kosten: 95,5%) Gebäudeentwässerung, Kalt- und Warmwasserleitungen, Sanitärobjekte; Wassererwärmer, Speicher, Heizungsrohre, Heizkörper; Lüftungsanlage mit WRG, Be- und Entfeuchtung, Einzelraumlüfter; Notrufsystem, Elektroinstallation, Beleuchtung, Blitzschutz; Notruf, elektroakustische Anlage, Brandmeldezentrale; Feuerlöscher; Gebäudeautomation		456.531		

© BKI Baukosteninformationszentrum

KG	Kostengruppe	Menge Einheit	Kosten €	€/Einheit	%
500	**Außenanlagen und Freiflächen**	1.000,00 m² AF	27.070	**27,07**	3,1
	• Abbrechen (Kosten: 1,3%) Rodungsarbeiten; Deponiegebühren		351		
	• Herstellen (Kosten: 98,7%) Start-/Zwischengruben, Verdrängungsbohrung; Entsorgung von Grüngut, Schutzabdeckungen; Deponiegebühren		26.719		
600	**Ausstattung und Kunstwerke**	324,88 m² BGF	6.580	**20,25**	0,8
	• Herstellen (Kosten: 100,0%) Duschabtrennungen, Sanitärausstattungen		6.580		

Kostenkennwerte für die Kostengruppen der 2. Ebene DIN 276

KG	Kostengruppe	Menge Einheit	Kosten €	€/Einheit	%
200	**Vorbereitende Maßnahmen**				**100,0**
210	**Herrichten**	2.160,56 m² GF	784	**0,36**	100,0
	• Herstellen (Kosten: 100,0%) Suchschachtungen (4St) * Entsorgung von kontaminiertem Bauschutt (1t); Deponiegebühren	2.160,56 m² GF	784	**0,36**	
300	**Bauwerk – Baukonstruktionen**				**100,0**
310	**Baugrube / Erdbau**	20,84 m³ BGI	15.681	**752,42**	3,9
	• Herstellen (Kosten: 100,0%) Bodenaushub im Gebäude, t bis 180cm, Handaushub, lagern, verfüllen (15m³), Rohrgrabenaushub (6m³) * Baugrubenverbau (11m²), Stahlverankerungen (3St)	20,84 m³ BGI	15.681	**752,42**	
320	**Gründung, Unterbau**	312,44 m² GRF	75.019	**240,11**	18,9
	• Abbrechen (Kosten: 26,4%) Abbruch von Stb-Bodenplatte, d=15cm (18m²), Rohrgräben b bis 1,00m (16m) * Estrich (70m²), Linoleum (149m²), Bodenfliesen (47m²) * Schachtabdeckung (1m²); Entsorgung, Deponiegebühren	195,48 m² GRF	19.774	**101,16**	
	• Wiederherstellen (Kosten: 18,4%) Stb-Bodenfläche säubern, Beschädigungen ausbessern, Abdichtung (102m²) * Estrich abschleifen, Haftgrund aufbringen (121m²), Risse mit Epoxidharz schließen (26m)	121,14 m² GRF	13.768	**113,65**	
	• Herstellen (Kosten: 55,3%) Stb-Bodenplatte, d=15cm (25m²), Stb-Schachtgrube, d=30cm (3m²) * Zementestrich (76m²), EPS-Wärmedämmung (20m²), Abdichtung, Bodenfliesen (60m²), Linoleum (131m²), in Schacht: Bitumendickbeschichtung (11m²), Sandfüllung (3m³) * Sauberkeitsschicht (5m²) * Schachtabdeckung, Stb-Füllung (1m²)	191,30 m² GRF	41.477	**216,82**	
330	**Außenwände/Vert. Baukonstrukt., außen**	223,99 m² AWF	29.529	**131,83**	7,4
	• Wiederherstellen (Kosten: 21,3%) Stb-Wände, Beschädigungen ausbessern (6m²) * Entrosten, spachteln, beschichten von Stahlfensterflügel, -rahmen (24m²), von Stahltüren mit Zargen (23m²), Stahlfenster ertüchtigen (5m²), Glasoberlicht erneuern (1m²)	57,77 m² AWF	6.294	**108,96**	
	• Herstellen (Kosten: 78,7%) Aussteifungsträger U120 (50kg) * Graffitischutzbeschichtung (172m²) * Beschichtung (100m²), Abdichtung, Wandfliesen (11m²), Brandschutzbekleidung (10m²), Dämmung (psch)	172,38 m² AWF	23.234	**134,79**	

© **BKI** Baukosteninformationszentrum

KG	Kostengruppe	Menge Einheit	Kosten €	€/Einheit	%
340	**Innenwände/Vert. Baukonstrukt., innen**	322,47 m² IWF	159.784	**495,50**	40,2
	• Abbrechen (Kosten: 19,8%)	97,98 m² IWF	31.634	**322,86**	
	Abbruch von Stb-Fertigteilwänden, d=15-17,5cm (26m²), PCB-Fugen (284m) * Holztrennwänden (42m²) * Türen (30m²); Entsorgung, Deponiegebühren				
	• Wiederherstellen (Kosten: 5,2%)	70,72 m² IWF	8.308	**117,48**	
	Holztüren mit Zargen abschleifen, beschichten (23m²), ertüchtigen (48m²), Türdichtungen (29m), Obentürschließer nachrüsten (5St), Drückergarnituren, Schlösser (4St), Stoßbleche, Edelstahl (16St)				
	• Herstellen (Kosten: 75,0%)	251,75 m² IWF	119.842	**476,03**	
	KS-Mauerwerk, d=11,5cm (21m²) * Metallständerwände, d=10cm, Dämmung (80m²), Installationswände, d=32,5cm (13m²), Gasbeton-Mauerwerk, d=10cm, F90 (1m²) * Stabilisierungsträger HEA120 (150kg) * Holztüren (34m²) * GK-Vorsatzschalen (51m²), Beschichtung (296m²), Abdichtung (53m²), Wandfliesen (133m²), Kristallspiegel, fliesenbündig (6m²)				
360	**Dächer**	185,27 m² DAF	44.308	**239,16**	11,2
	• Abbrechen (Kosten: 17,1%)	255,44 m² DAF	7.555	**29,58**	
	Abbruch von abgehängten Decken (255m²); Entsorgung, Deponiegebühren				
	• Wiederherstellen (Kosten: 1,8%)	–	815	–	
	Trapezblech entrosten (psch)				
	• Herstellen (Kosten: 81,1%)	185,27 m² DAF	35.938	**193,98**	
	EPS-Dämmung (9m²), Bitumenabdichtung (17m²), Strangentlüfter (7St) * GK-Decken, abgehängt, Dämmung (189m²), Beschichtung (185m²)				
380	**Baukonstruktive Einbauten**	324,88 m² BGF	16.834	**51,82**	4,2
	• Wiederherstellen (Kosten: 59,3%)	324,88 m² BGF	9.980	**30,72**	
	Umkleidebänke überarbeiten (12St), gelagerte Umkleidebänke wieder einbauen (16St)				
	• Herstellen (Kosten: 40,7%)	324,88 m² BGF	6.854	**21,10**	
	Sportgeräte (psch)				
390	**Sonst. Maßnahmen für Baukonstrukt.**	324,88 m² BGF	55.977	**172,30**	14,1
	• Herstellen (Kosten: 100,0%)	324,88 m² BGF	55.977	**172,30**	
	Baustelleneinrichtungen (6St), Bauzaun (112m), Baustellen-WC (1St) * Rollgerüst (1St) * Unterfangung durch Stb-Wand, d bis 30cm, h=2,00m (2m³), Stabilisierung Lüftungsöffnungen als Stahlkonstruktion aus HEB160, U140 (500kg) * Entsorgung von Mauerwerk (1t), Container (2St), Schuttentsorgung (28m³) * Schutzabdeckungen (60m²), staubdichter Schutz (10St), Nebelgerät (1St), Schutzkleidung (psch), Gebäudereinigung (psch)				

KG	Kostengruppe	Menge Einheit	Kosten €	€/Einheit	%
400	**Bauwerk – Technische Anlagen**				**100,0**
410	**Abwasser-, Wasser-, Gasanlagen**	324,88 m² BGF	145.745	**448,61**	30,5
	• Abbrechen (Kosten: 6,5%) Abbruch von Abwasserleitungen DN50-100 (9m), Bodenabläufen (6St) * Trinkwasserleitungen DN15-65 (141m), Waschtischen (9St), Duschen (4St), WC´s (2St); Entsorgung, Deponiegebühren	324,88 m² BGF	9.418	**28,99**	
	• Herstellen (Kosten: 93,5%) PP-Rohre DN50-100 (83m), Anschlüsse an Grundleitungen (10St), Bodenabläufe DN100 (5St) * PE-Rohre DN12-32 (286m), Zirkulationspumpe (1St), Absperrventile (7St), Filteranlage (1St), Tiefspül-WCs (5St), Waschtische (11St), Duschwannen (2St), Ausgussbecken (2St), Duscharmaturen (14St) * Kupferrohr DN25 (6m), Gaszähler (1St) * Montageelemente (19St)	324,88 m² BGF	136.327	**419,62**	
420	**Wärmeversorgungsanlagen**	324,88 m² BGF	78.318	**241,07**	16,4
	• Abbrechen (Kosten: 10,3%) Abbruch von Warmwasserspeicher 750l (1St) * Heizleitungen DN15-32 (111m) * Heizkörpern (16St); Entsorgung, Deponiegebühren	324,88 m² BGF	8.056	**24,80**	
	• Wiederherstellen (Kosten: 4,3%) Rohrbefestigungen erneuern (62St), Anschlüsse an Heizleitungen herstellen (22St)	324,88 m² BGF	3.390	**10,44**	
	• Herstellen (Kosten: 85,4%) Wassererwärmer, Plattenwärmetauscher (1St), Warmwasserspeicher 368l (1St), Neutralisationsanlage (1St) * C-Strahlrohre (178m), Pumpen (3St), Anschlussgruppe (1St), Ausdehnungsgefäß 250l (1St) * Röhrenradiatoren (9St) * PP-Abgasleitung (3m), Dachdurchführung (1St)	324,88 m² BGF	66.872	**205,84**	
430	**Raumlufttechnische Anlagen**	324,88 m² BGF	89.611	**275,83**	18,7
	• Herstellen (Kosten: 100,0%) Zu- und Abluftanlage, Volumenstrom 3.000m³/h, Wärmerückgewinnung, Be- und Entfeuchtung (1St), Nacherhitzer (1St), Kanäle (283m²), Wickelfalzrohre (53m), Luftdurchlässe (40St), Einzelraumlüfter 80m³/h (1St)	324,88 m² BGF	89.611	**275,83**	
440	**Elektrische Anlagen**	324,88 m² BGF	78.958	**243,04**	16,5
	• Abbrechen (Kosten: 0,6%) Abbruch von Elektroverteiler (1St); Entsorgung, Deponiegebühren	324,88 m² BGF	480	**1,48**	
	• Herstellen (Kosten: 99,4%) Notrufsystem (1St), Notstrom-Akku (1St) * Zählerschrank (1St), Hauptschalter (1St), LS-Schalter (59St), FI-Schalter (2St), Mantelleitungen (1.776m), Präsenzmelder (17St), Steckdosen (20St), Schalter (8St) * LED-Lichtbänder (20m), LED-Anbauleuchten (33St), LED-Downlights (14St), Sicherheitsleuchten (7St), Rettungszeichenleuchten (6St) * Fangstangen (2St), Ableitungen (5St)	324,88 m² BGF	78.478	**241,56**	
450	**Kommunikationstechnische Anlagen**	324,88 m² BGF	57.782	**177,86**	12,1
	• Abbrechen (Kosten: 0,5%) Demontieren von Steuerzentrale, lagern (1St)	324,88 m² BGF	269	**0,83**	
	• Herstellen (Kosten: 99,5%) Fernmeldeleitungen (204m), Datenanschlussdosen (4St) * Installationskabel (143m), Notruf (1St), Notruftaster (4St) * Elektroakustische Anlage (1St), Audio-Schnittstellen (2St), Funkempfänger (1St), Wandlautsprecher (24St) * Brandmeldezentrale (1St), Brandmeldeleitungen (1.724m)	324,88 m² BGF	57.513	**177,03**	

© **BKI** Baukosteninformationszentrum

KG	Kostengruppe	Menge Einheit	Kosten €	€/Einheit	%
470	**Nutzungsspez. u. verfahrenstechn. Anl.**	324,88 m²BGF	353	**1,09**	< 0,1
	• Herstellen (Kosten: 100,0%) Feuerlöscher 11kg (1St)	324,88 m²BGF	353	**1,09**	
480	**Gebäude- und Anlagenautomation**	324,88 m²BGF	15.940	**49,06**	3,3
	• Herstellen (Kosten: 100,0%) Schaltschrank (1St), Hygienespülungen (1St), Rauchmelder (6St), Multisensormelder (3St), Infrarot-Präsenzmelder (2St), Raumfeuchtewächter (1St) * Installationsleitungen (185m), Systemkabel (125m)	324,88 m²BGF	15.940	**49,06**	
490	**Sonst. Maßnahmen für techn. Anlagen**	324,88 m²BGF	11.436	**35,20**	2,4
	• Herstellen (Kosten: 100,0%) Baustelleneinrichtung (psch), Bauwasser (psch), PE-Druckrohre (14m), Bauheizung (2St) * Entsorgung von Bauschutt (3t); Deponiegebühren	324,88 m²BGF	11.436	**35,20**	
500	**Außenanlagen und Freiflächen**				**100,0**
510	**Erdbau**	–	21.737	**–**	80,3
	• Herstellen (Kosten: 100,0%) Start-/Zwischengruben (2St), Verdrängungsbohrung DN90 (132m)	–	21.737	**–**	
570	**Vegetationsflächen**	–	351	**–**	1,3
	• Abbrechen (Kosten: 100,0%) Roden von Sträuchern (12m²); Entsorgung, Deponiegebühren	12,00 m²PSF	351	**29,23**	
590	**Sonst. Maßnahmen für Außenanlagen u. Freiflächen**	1.000,00 m²AF	4.982	**4,98**	18,4
	• Herstellen (Kosten: 100,0%) Entsorgung von Grüngut (psch) * Schutzabdeckungen (300m²); Deponiegebühren	1.000,00 m²AF	4.982	**4,98**	
600	**Ausstattung und Kunstwerke**				**100,0**
610	**Allgemeine Ausstattung**	324,88 m²BGF	6.580	**20,25**	100,0
	• Herstellen (Kosten: 100,0%) Duschabtrennungen (2St), Papierhandtuchspender (11St), Papierkörbe (9St), Kristallspiegel (7St), WC-Bürstengarnituren (5St), WC-Papierhalter (4St), Reservepapierhalter (5St), Wandhaken (5St), Hygienebeutelhalter (3St), Hygienebehälter (3St), Porzellanablagen (2St)	324,88 m²BGF	6.580	**20,25**	

5100-0132
Sporthalle
(Zweifeldhalle)
Sozialtrakt
Innenbereich

Modernisierung

Kostenkennwerte für die Kostengruppen 300 der 2. und 3. Ebene DIN 276 (Übersicht)

KG	Kostengruppe	Menge Einheit	Kosten €	€/Einheit	% an 3+4
300	**Bauwerk – Baukonstruktionen**	**324,88 m² BGF**	**397.131,33**	**1.222,39**	**45,4**
310	**Baugrube / Erdbau**	**20,84 m³ BGI**	**15.680,52**	**752,42**	**1,8**
311	Herstellung	20,84 m³ BGI	8.519,18	408,79	1,0
312	Umschließung	11,20 m²	7.161,33	639,40	0,8
313	Wasserhaltung	–	–	–	–
314	Vortrieb	–	–	–	–
319	Sonstiges zur KG 310	–	–	–	–
320	**Gründung, Unterbau**	**312,44 m² GRF**	**75.018,60**	**240,11**	**8,6**
321	Baugrundverbesserung	–	–	–	–
322	Flachgründungen und Bodenplatten	127,25 m²	32.183,54	252,92	3,7
323	Tiefgründungen	–	–	–	–
324	Gründungsbeläge	191,30 m²	40.868,62	213,64	4,7
325	Abdichtungen und Bekleidungen	4,50 m²	214,97	47,77	< 0,1
326	Dränagen	–	–	–	–
329	Sonstiges zur KG 320	312,44 m² GRF	1.751,46	5,61	0,2
330	**Außenwände/Vert. Baukonstrukt., außen**	**223,99 m² AWF**	**29.528,67**	**131,83**	**3,4**
331	Tragende Außenwände	–	14.047,21	–	1,6
332	Nichttragende Außenwände	–	–	–	–
333	Außenstützen	–	–	–	–
334	Außenwandöffnungen	51,61 m²	4.363,27	84,54	0,5
335	Außenwandbekleidungen, außen	172,38 m²	2.037,75	11,82	0,2
336	Außenwandbekleidungen, innen	121,00 m²	9.080,45	75,05	1,0
337	Element. Außenwandkonstruktionen	–	–	–	–
338	Lichtschutz zur KG 330	–	–	–	–
339	Sonstiges zur KG 330	–	–	–	–
340	**Innenwände/Vert. Baukonstrukt., innen**	**322,47 m² IWF**	**159.783,95**	**495,50**	**18,3**
341	Tragende Innenwände	21,02 m²	38.121,76	1.813,59	4,4
342	Nichttragende Innenwände	94,11 m²	27.051,32	287,44	3,1
343	Innenstützen	5,40 m	2.375,12	439,84	0,3
344	Innenwandöffnungen	104,74 m²	56.552,15	539,93	6,5
345	Innenwandbekleidungen	435,46 m²	35.683,59	81,94	4,1
346	Elementierte Innenwandkonstruktionen	–	–	–	–
347	Lichtschutz zur KG 340	–	–	–	–
349	Sonstiges zur KG 340	–	–	–	–
350	**Decken/Horizontale Baukonstruktionen**	**–**	**–**	**–**	**–**
351	Deckenkonstruktionen	–	–	–	–
352	Deckenöffnungen	–	–	–	–
353	Deckenbeläge	–	–	–	–
354	Deckenbekleidungen	–	–	–	–
355	Elementierte Deckenkonstruktionen	–	–	–	–
359	Sonstiges zur KG 350	–	–	–	–
360	**Dächer**	**185,27 m² DAF**	**44.308,43**	**239,16**	**5,1**
361	Dachkonstruktionen	–	–	–	–
362	Dachöffnungen	–	–	–	–
363	Dachbeläge	17,00 m²	9.025,42	530,91	1,0
364	Dachbekleidungen	185,27 m²	35.283,01	190,44	4,0
365	Elementierte Dachkonstruktionen	–	–	–	–
366	Lichtschutz zur KG 360	–	–	–	–
369	Sonstiges zur KG 360	–	–	–	–
370	**Infrastrukturanlagen**	**–**	**–**	**–**	**–**
380	**Baukonstruktive Einbauten**	**324,88 m² BGF**	**16.834,12**	**51,82**	**1,9**
390	**Sonst. Maßnahmen für Baukonstrukt.**	**324,88 m² BGF**	**55.977,05**	**172,30**	**6,4**

© **BKI** Baukosteninformationszentrum

Kostenkennwerte für die Kostengruppen 400 der 2. und 3.Ebene DIN 276 (Übersicht)

KG	Kostengruppe	Menge Einheit	Kosten €	€/Einheit	% an 3+4
400	**Bauwerk – Technische Anlagen**	**324,88 m² BGF**	**478.143,62**	**1.471,75**	**54,6**
410	**Abwasser-, Wasser-, Gasanlagen**	**324,88 m² BGF**	**145.745,13**	**448,61**	**16,7**
411	Abwasseranlagen	324,88 m² BGF	14.675,80	45,17	1,7
412	Wasseranlagen	324,88 m² BGF	122.096,72	375,82	13,9
413	Gasanlagen	324,88 m² BGF	3.157,65	9,72	0,4
419	Sonstiges zur KG 410	324,88 m² BGF	5.814,97	17,90	0,7
420	**Wärmeversorgungsanlagen**	**324,88 m² BGF**	**78.317,99**	**241,07**	**8,9**
421	Wärmeerzeugungsanlagen	324,88 m² BGF	18.954,88	58,34	2,2
422	Wärmeverteilnetze	324,88 m² BGF	44.653,07	137,44	5,1
423	Raumheizflächen	324,88 m² BGF	13.208,01	40,66	1,5
424	Verkehrsheizflächen	–	–	–	–
429	Sonstiges zur KG 420	324,88 m² BGF	1.502,04	4,62	0,2
430	**Raumlufttechnische Anlagen**	**324,88 m² BGF**	**89.611,34**	**275,83**	**10,2**
431	Lüftungsanlagen	–	–	–	–
432	Teilklimaanlagen	324,88 m² BGF	89.611,34	275,83	10,2
433	Klimaanlagen	–	–	–	–
434	Kälteanlagen	–	–	–	–
439	Sonstiges zur KG 430	–	–	–	–
440	**Elektrische Anlagen**	**324,88 m² BGF**	**78.957,91**	**243,04**	**9,0**
441	Hoch- und Mittelspannungsanlagen	–	–	–	–
442	Eigenstromversorgungsanlagen	324,88 m² BGF	1.884,27	5,80	0,2
443	Niederspannungsschaltanlagen	–	–	–	–
444	Niederspannungsinstallationsanlagen	324,88 m² BGF	53.633,56	165,09	6,1
445	Beleuchtungsanlagen	324,88 m² BGF	20.056,89	61,74	2,3
446	Blitzschutz- und Erdungsanlagen	324,88 m² BGF	3.383,19	10,41	0,4
447	Fahrleitungssysteme	–	–	–	–
449	Sonstiges zur KG 440	–	–	–	–
450	**Kommunikationstechnische Anlagen**	**324,88 m² BGF**	**57.781,92**	**177,86**	**6,6**
451	Telekommunikationsanlagen	324,88 m² BGF	2.602,68	8,01	0,3
452	Such- und Signalanlagen	324,88 m² BGF	2.021,34	6,22	0,2
453	Zeitdienstanlagen	–	–	–	–
454	Elektroakustische Anlagen	324,88 m² BGF	31.775,70	97,81	3,6
455	Audiovisuelle Medien- u. Antennenanl.	–	–	–	–
456	Gefahrenmelde- und Alarmanlagen	324,88 m² BGF	21.382,19	65,82	2,4
457	Datenübertragungsnetze	–	–	–	–
458	Verkehrsbeeinflussungsanlagen	–	–	–	–
459	Sonstiges zur KG 450	–	–	–	–
460	**Förderanlagen**	**–**	**–**	**–**	**–**
461	Aufzugsanlagen	–	–	–	–
462	Fahrtreppen, Fahrsteige	–	–	–	–
463	Befahranlagen	–	–	–	–
464	Transportanlagen	–	–	–	–
465	Krananlagen	–	–	–	–
466	Hydraulikanlagen	–	–	–	–
469	Sonstiges zur KG 460	–	–	–	–
470	**Nutzungsspez. u. verfahrenstechn. Anl.**	**324,88 m² BGF**	**353,15**	**1,09**	**< 0,1**
480	**Gebäude- und Anlagenautomation**	**324,88 m² BGF**	**15.939,87**	**49,06**	**1,8**
490	**Sonst. Maßnahmen für techn. Anlagen**	**324,88 m² BGF**	**11.436,30**	**35,20**	**1,3**

5100-0132
Sporthalle
(Zweifeldhalle)
Sozialtrakt
Innenbereich

Modernisierung

Kostenkennwerte für Leistungsbereiche nach STLB (Kosten des Bauwerks nach DIN 276)

LB	Leistungsbereiche	Kosten €	€/m² BGF	€/m³ BRI	% an 3+4
000	Baustellen-, Verkehrssich.- u. Sicherh.einr. inkl. 001	41.216	126,90	39,20	4,7
002	Erdarbeiten	8.697	26,80	8,30	1,0
006	Spezialtiefbauarbeiten inkl. 005	–	–	–	–
009	Entwässerungskanalarbeiten inkl. 011	–	–	–	–
010	Drän- und Versickerarbeiten	–	–	–	–
012	Mauerarbeiten	13.162	40,50	12,50	1,5
013	Betonarbeiten	56.037	172,50	53,30	6,4
	Wiederherstellen	11.325	34,90	10,80	1,3
	Herstellen	44.712	137,60	42,50	5,1
014	Natur-, Betonwerksteinarbeiten	–	–	–	–
016	Zimmer- und Holzbauarbeiten	–	–	–	–
017	Stahlbauarbeiten	7.944	24,50	7,60	0,9
018	Abdichtungsarbeiten	3.068	9,40	2,90	0,4
020	Dachdeckungsarbeiten	815	2,50	0,78	< 0,1
	Wiederherstellen	815	2,50	0,78	< 0,1
021	Dachabdichtungsarbeiten	5.674	17,50	5,40	0,6
022	Klempnerarbeiten	–	–	–	–
	Rohbau	**136.612**	**420,50**	**130,00**	**15,6**
	Wiederherstellen	12.140	37,40	11,60	1,4
	Herstellen	124.472	383,10	118,50	14,2
023	Putz- und Stuckarbeiten, Wärmedämmsysteme	–	–	–	–
024	Fliesen- und Plattenarbeiten	29.658	91,30	28,20	3,4
025	Estricharbeiten	7.800	24,00	7,40	0,9
	Wiederherstellen	4.374	13,50	4,20	0,5
	Herstellen	3.427	10,50	3,30	0,4
026	Fenster, Außentüren inkl. 029, 032	19.055	58,70	18,10	2,2
	Wiederherstellen	5.307	16,30	5,10	0,6
	Herstellen	13.748	42,30	13,10	1,6
027	Tischlerarbeiten	33.346	102,60	31,70	3,8
	Wiederherstellen	5.554	17,10	5,30	0,6
	Herstellen	27.791	85,50	26,40	3,2
028	Parkett-, Holzpflasterarbeiten	–	–	–	–
030	Rollladenarbeiten	–	–	–	–
031	Metallbauarbeiten inkl. 035	3.243	10,00	3,10	0,4
	Wiederherstellen	583	1,80	0,55	< 0,1
	Herstellen	2.660	8,20	2,50	0,3
034	Maler- und Lackiererarb. – Beschicht. inkl. 037	26.681	82,10	25,40	3,0
	Wiederherstellen	11.208	34,50	10,70	1,3
	Herstellen	15.473	47,60	14,70	1,8
036	Bodenbelagarbeiten	9.018	27,80	8,60	1,0
038	Vorgehängte hinterlüftete Fassaden	–	–	–	–
039	Trockenbauarbeiten	68.147	209,80	64,90	7,8
	Ausbau	**196.947**	**606,20**	**187,40**	**22,5**
	Wiederherstellen	27.026	83,20	25,70	3,1
	Herstellen	169.921	523,00	161,70	19,4
040	Wärmeversorgungsanl. - Betriebseinr. inkl. 041	45.912	141,30	43,70	5,2
	Wiederherstellen	3.390	10,40	3,20	0,4
	Herstellen	42.522	130,90	40,50	4,9
042	Gas- u. Wasseranl. – Leitung., Armat. inkl. 043	68.617	211,20	65,30	7,8
044	Abwasseranl. - Leitungen, Abläufe, Armaturen	15.067	46,40	14,30	1,7

© BKI Baukosteninformationszentrum
Kostenstand: 2. Quartal 2025, Bundesdurchschnitt, **inkl. 19% MwSt.**

LB	Leistungsbereiche	Kosten €	€/m² BGF	€/m³ BRI	% an 3+4
045	Gas, Wasser, Entwässerung – Ausstattung inkl. 046	67.507	207,80	64,20	7,7
047	Dämm- und Brandschutzarb. an techn. Anlagen	12.345	38,00	11,70	1,4
049	Feuerlöschanlagen, Feuerlöschgeräte	353	1,10	0,34	< 0,1
050	Blitzschutz-/Erdungsanlagen, Überspannungssch.	3.383	10,40	3,20	0,4
053	Niederspannungsanl. – Kabel inkl. 052, 054	51.282	157,80	48,80	5,9
055	Sicherheits- u. Ersatzstromversorgungsanl.	–	–	–	–
057	Gebäudesystemtechnik	15.940	49,10	15,20	1,8
058	Leuchten und Lampen inkl. 059	21.434	66,00	20,40	2,4
060	Such, Signal, Zeit, Anten., akust. Anl. inkl. 064	33.797	104,00	32,20	3,9
061	Kommunikations- u. Übertragungsnetze inkl. 063	23.716	73,00	22,60	2,7
069	Aufzüge	–	–	–	–
070	Gebäudeautomation	–	–	–	–
075	Raumlufttechnische Anlagen inkl. 078	85.601	263,50	81,50	9,8
	Gebäudetechnik	**444.953**	**1.369,60**	**423,40**	**50,8**
	Wiederherstellen	3.390	10,40	3,20	0,4
	Herstellen	441.563	1.359,20	420,20	50,4
084	Abbruch, Rückbau, Schadstoffsanierung	77.185	237,60	73,50	8,8
	Abbrechen	77.185	237,60	73,50	8,8
	Abbrucharbeiten	**77.185**	**237,60**	**73,50**	**8,8**
	Abbrechen	77.185	237,60	73,50	8,8
	Sonstige Leistungsbereiche	**19.577**	**60,30**	**18,60**	**2,2**

Wohnen

6100-1308
Dreizimmerwohnung

Kostenkennwerte für die Kosten des Bauwerks (Kostengruppen 300+400 nach DIN 276)

Modernisierung

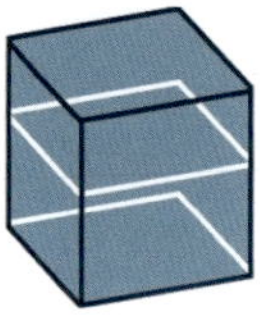

BRI 277 €/m³

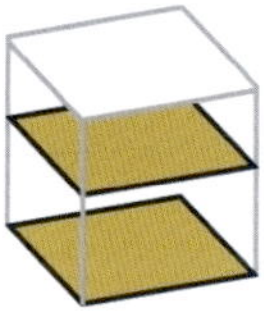

BGF 775 €/m²

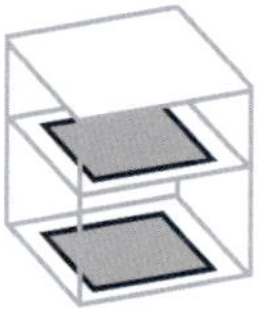

NUF 1.080 €/m²

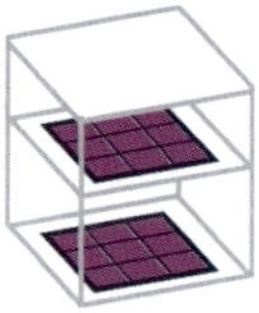

NE 952 €/NE

NE: Wohnfläche

Objekt:
Kennwerte: 3. Ebene DIN 276
BRI: 218 m³
BGF: 78 m²
NUF: 56 m²
Bauzeit: 13 Wochen
Bauende: 2014
Standard: mittel
Bundesland: Hamburg
Kreis: Hamburg, Stadt

Architekt*in:
Mannott + Mannott
Dipl. Ingenieure, Architekten
Sillemstraße 76 a
20257 Hamburg

vorher © Mannott + Mannott

© Andreas Weiss nachher

nachher © Andreas Weiss

© Andreas Weiss nachher

© BKI Baukosteninformationszentrum

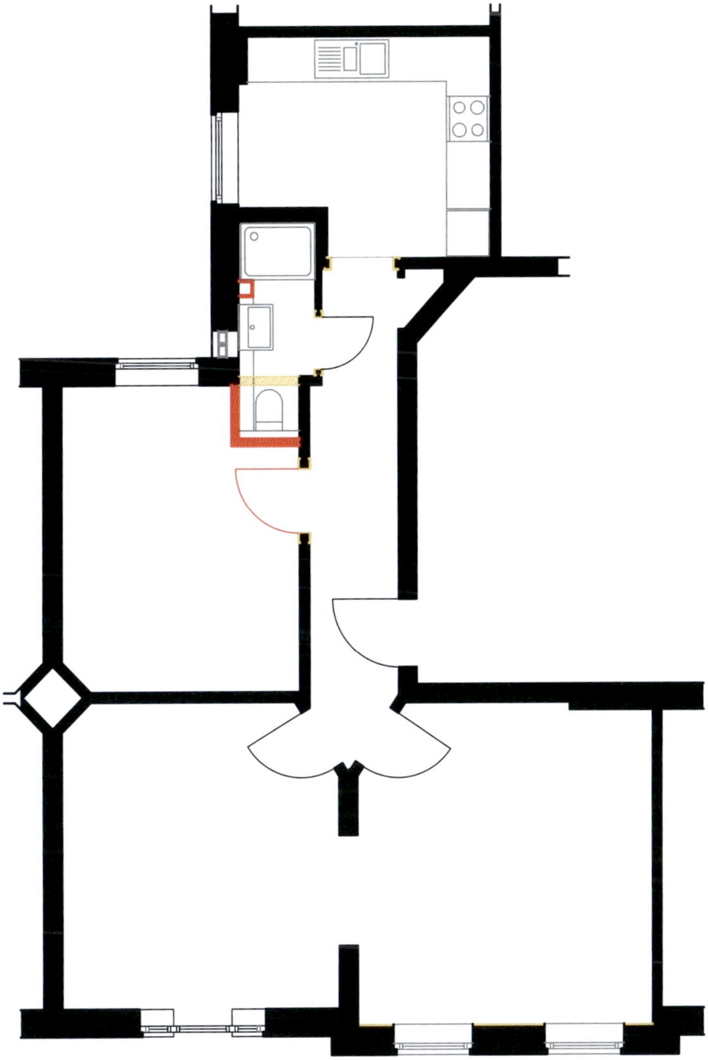

3. Obergeschoss

Objektbeschreibung

Allgemeine Objektinformationen

Die Dreizimmerwohnung befindet sich im 3.OG eines typischen Wohngebäudes aus dem Baujahr 1906. Das Gebäude steht unter Denkmalschutz. Der Bestand war bereits in den 60er/70er Jahren saniert worden, wobei viele der stilbildenden Elemente durch Fliesen, Wandpaneele, Laminatboden usw. verdeckt und teilweise auch beschädigt wurden. Im Zuge der Renovierung wurden daher störende Einbauten entfernt und die ursprünglichen Qualitäten wieder freigelegt und instandgesetzt. Zusätzlich wurde das winzige Bad erweitert.

Nutzung

1 Erdgeschoss
Wohnen

4 Obergeschosse
Wohnen
3.Obergeschoss: zwei Wohnzimmer, Schlafzimmer, Küche, Bad, Flur

1 Dachgeschoss
Abstellräume

Besonderer Kosteneinfluss Nutzung
Das Gebäude steht unter Denkmalschutz. Deshalb sind alle Maßnahmen mit der Denkmalschutzbehörde abgestimmt worden.

Nutzeinheiten

Wohneinheiten: 1
Wohnfläche: 63 m^2

Grundstück

Bauraum: Beengter Bauraum
Neigung: Ebenes Gelände

Markt

Hauptvergabezeit: 1.Quartal 2014
Baubeginn: 1.Quartal 2014
Bauende: 2.Quartal 2014
Konjunkturelle Gesamtlage: über Durchschnitt
Regionaler Baumarkt: über Durchschnitt

Baubestand

Baujahr: 1906-1907
Bauzustand: mittel
Aufwand: mittel
Grundrissänderungen: wenige
Tragwerkseingriffe: wenige
Nutzungsänderung: nein
Nutzung während der Bauzeit: nein

Baukonstruktion

Neben der Überarbeitung und zum Teil Ergänzung der Pitchpinedielen wurden fehlende Sockelleisten mit Hamburger Profil eingebaut sowie die alten Küchenfliesen freigelegt und stellenweise ausgebessert. Im Innern bringen die fachgerecht reparierten Fensterbekleidungen wieder Ruhe in die Räume. Mit der Restaurierung der Türen wurden Verglasungen freigelegt, erneuert und eine Altbautür ersetzt. Dabei erfolgte der Einbau von Verbundsicherheitsglas mit matter Folie. Außerdem wurden Decken mit Malervlies ausgebessert und die Wandflächen gespachtelt und geschliffen.

Technische Anlagen

Das Gebäude wird über die vorhandene Gasetagenheizung beheizt. Heizkörper wurden bis auf eine Ausnahme erneuert. Die neuen Verteilungsleitungen verlaufen nun dezent oberhalb der Fußleisten und unterhalb einer neuen Schwelle. Die Kücheninstallationen entsprechen der neuen Küchenplanung. Die Ausführung der Elektroleitungen erfolgte Unterputz oder in Teilbereichen in der Abseite. Steckdosen und Schalter wurden ebenfalls erneuert.

Sonstiges

Da das Gebäude unter Denkmalschutz steht, sind alle Maßnahmen mit der Behörde abgestimmt worden.

© **BKI** Baukosteninformationszentrum

Planungskennwerte für Flächen und Rauminhalte nach DIN 277

Flächen des Grundstücks		Menge Einheit	% an GF
BF	Bebaute Fläche	–	–
UF	Unbebaute Fläche	–	–
GF	Grundstücksfläche	–	–

Grundflächen des Bauwerks		Menge Einheit	% an NUF	% an BGF
NUF	Nutzungsfläche	55,80 m²	100,0	71,7
TF	Technikfläche	–	–	–
VF	Verkehrsfläche	7,53 m²	13,5	9,7
NRF	Netto-Raumfläche	63,33 m²	113,5	81,4
KGF	Konstruktions-Grundfläche	14,48 m²	25,9	18,6
BGF	Brutto-Grundfläche	77,81 m²	139,4	100,0

Brutto-Rauminhalt des Bauwerks		Menge Einheit	BRI/NUF (m)	BRI/BGF (m)
BRI	Brutto-Rauminhalt	217,87 m³	3,90	2,80

Lufttechnisch behandelte Flächen	Menge Einheit	% an NUF	% an BGF
Entlüftete Fläche	–	–	–
Be- und entlüftete Fläche	–	–	–
Teilklimatisierte Fläche	–	–	–
Klimatisierte Fläche	–	–	–

KG	Kostengruppen (2. Ebene)	Menge Einheit	Menge/NUF	Menge/BGF
310	Baugrube / Erdbau	–	–	–
320	Gründung, Unterbau	–	–	–
330	Außenwände/Vertikale Baukonstruktionen, außen	30,79 m² AWF	0,55	0,40
340	Innenwände/Vertikale Baukonstruktionen, innen	110,60 m² IWF	1,98	1,42
350	Decken/Horizontale Baukonstruktionen	63,33 m² DEF	1,14	0,81
360	Dächer	–	–	–

Modernisierung

Kostenkennwerte für die Kostengruppen der 1. Ebene DIN 276

KG	Kostengruppen (1. Ebene)	Einheit	Kosten €	€/Einheit	€/m² BGF	€/m³ BRI	% 300+400
100	Grundstück	m² GF	–	–	–	–	–
200	Vorbereitende Maßnahmen	m² GF	–	–	–	–	–
300	Bauwerk – Baukonstruktionen	m² BGF	37.389	480,51	480,51	171,61	62,0
400	Bauwerk – Technische Anlagen	m² BGF	22.876	294,00	294,00	105,00	38,0
	Bauwerk 300+400	**m² BGF**	**60.265**	**774,51**	**774,51**	**276,61**	**100,0**
500	Außenanlagen und Freiflächen	m² AF	–	–	–	–	–
600	Ausstattung und Kunstwerke	m² BGF	1.877	24,12	24,12	8,61	3,1
700	Baunebenkosten	m² BGF	–	–	–	–	–
800	Finanzierung	m² BGF	–	–	–	–	–

KG	Kostengruppe	Menge Einheit	Kosten €	€/Einheit	%
3+4	**Bauwerk**				**100,0**
300	**Bauwerk – Baukonstruktionen**	77,81 m² BGF	37.389	**480,51**	62,0

- Abbrechen (Kosten: 11,0%) — 4.097
  Abbruch von Fensterbänken; Dekorpaneelen, Wandfliesen; Rundbogen einer Wandöffnung, Mauerwerk für Wandöffnung; Laminatboden, Teppich, Holzdielen, PVC; Einbauküche; Entsorgung, Deponiegebühren

- Wiederherstellen (Kosten: 41,2%) — 15.394
  Beschädigte Holzfensterbänke erneuern, Wandflächen spachteln, Dispersionsanstrich, Füllung in Brüstungsbekleidung ergänzen; Verglasung von Zimmertüren erneuern, Holzrahmentüren für Wechsel der Schlagrichtung umbauen, Türen gang- und schließbar machen, Drückergarnituren erneuern, freigelegten Fliesenspiegel reinigen, Fliesen ausbessern, Türumrahmung erneuern; Dielenboden überarbeiten, fehlende Sockelstücke ergänzen, Malervlies auf Decken, Dispersionsanstrich

- Herstellen (Kosten: 47,9%) — 17.898
  Kalkzementputz, Fehlstellen beiputzen, Wandschlitze verputzen, Wandfliesen, Rohrverkleidungen; GK-Wand, Sturzträger für neue Wandöffnung; Dielenboden, Holzsockel, Holzscheuerleiste, Bodenfliesen, GK-Decke; Verkleidung Stromzähler

KG	Kostengruppe	Menge Einheit	Kosten €	€/Einheit	%
400	**Bauwerk – Technische Anlagen**	77,81 m² BGF	22.876	**294,00**	38,0

- Abbrechen (Kosten: 4,4%) — 997
  Abbruch von Kalt- und Warmwasserleitungen auf Putz, Sanitärobjekten; Heizungsrohren, Heizkörpern; Elektroinstallation; Entsorgung, Deponiegebühren

- Wiederherstellen (Kosten: 1,4%) — 327
  Ventil freistemmen, Ventiloberteil erneuern; Thermostatventile und -köpfe erneuern, Demontage von Heizkörper, lagern, wieder montieren

- Herstellen (Kosten: 94,2%) — 21.552
  Abwasserrohre, Kalt- und Warmwasserleitungen, Anschlüsse an Bestand, Sanitärobjekte, Gasleitung; Heizungsrohre, freiliegend, Anschluss an Gastherme, Heizkörper; Elektroinstallation, Einbaudownlights; Telefon- und Kabel-TV-Anschluss

KG	Kostengruppe	Menge Einheit	Kosten €	€/Einheit	%
600	**Ausstattung und Kunstwerke**	77,81 m² BGF	1.877	**24,12**	3,1

- Herstellen (Kosten: 100,0%) — 1.877
  Duschtrennwand

© **BKI** Baukosteninformationszentrum

Kostenkennwerte für die Kostengruppen der 2.Ebene DIN 276

KG	Kostengruppe	Menge Einheit	Kosten €	€/Einheit	%
300	**Bauwerk – Baukonstruktionen**				**100,0**
330	**Außenwände/Vert. Baukonstrukt., außen**	30,79 m2 AWF	4.050	**131,55**	10,8
	• Abbrechen (Kosten: 14,2%) Abbruch von Fensterbänken (psch) * Dekorpaneelen (8m2), Wandfliesen (6m2); Entsorgung, Deponiegebühren	13,37 m2 AWF	577	**43,13**	
	• Wiederherstellen (Kosten: 39,5%) Beschädigte Holzfensterbänke erneuern (2St), Fensterbank kürzen (1St) * Wandflächen spachteln, Dispersionsanstrich (27m2), fehlende Füllung in Brüstungsbekleidung ergänzen, Sägeschnitte mit Spachtelmasse verfüllen, schleifen (1St)	27,35 m2 AWF	1.599	**58,46**	
	• Herstellen (Kosten: 46,3%) Kalkzementputz (2m2), Fehlstellen beiputzen (4St), Wandschlitze verputzen (10m), Abdichtung (2m2), Wandfliesen (3m2), GK-Rohrkasten (3m), Untergrund aufdoppeln (2m2)	3,44 m2 AWF	1.875	**545,08**	
340	**Innenwände/Vert. Baukonstrukt., innen**	110,60 m2 IWF	15.803	**142,89**	42,3
	• Abbrechen (Kosten: 9,6%) Abbruch von Rundbogen einer Wandöffnung, Sturz freilegen (1m2) * Mauerwerk für Wandöffnung, Trennschnitte (2m2) * Wandfliesen (17m2), Fliesenspiegel (14m2); Entsorgung, Deponiegebühren	18,44 m2 IWF	1.516	**82,23**	
	• Wiederherstellen (Kosten: 52,6%) Verglasung von Zimmertüren erneuern, verkitten, Verleistung anpassen (3St), Holzrahmentüren für Wechsel der Schlagrichtung umbauen, eine Bestandstür, eine Altbautür (3m2), Türen gang- und schließbar machen (13m2), Drückergarnituren erneuern (6St) * Wandflächen spachteln, Dispersionsanstrich (156m2), freigelegten Fliesenspiegel reinigen (14m2), Fliesen ausbessern (1m2), Türumrahmung erneuern (6m)	98,60 m2 IWF	8.306	**84,24**	
	• Herstellen (Kosten: 37,9%) Verputzen von Wandöffnung, Sturz und Laibungen nach Abbruch von Rundbogen (4m2) * GK-Metallständerwand, d=100mm (3m2), Sturzträger für neue Wandöffnung, Vermauern, Verputzen (2m2) * Kalkzementputz (7m2), Fehlstellen beiputzen (23St), Wandschlitze verputzen (58m), Abdichtung (4m2), Wandfliesen (7m2)	12,01 m2 IWF	5.982	**498,19**	
350	**Decken/Horizontale Baukonstruktionen**	63,33 m2 DEF	14.844	**234,38**	39,7
	• Abbrechen (Kosten: 10,7%) Abbruch von Laminatboden (39m2), Teppich (13m2), Holzdielen (9m2), PVC (7m2); Entsorgung, Deponiegebühren	67,80 m2 DEF	1.583	**23,35**	
	• Wiederherstellen (Kosten: 37,0%) Dielenboden mehrfach schleifen, polieren, ölen (62m2), fehlende Sockelstücke ergänzen, Nadelholz (4St) * Deckenflächen spachteln, Malervlies, Dispersionsanstrich (63m2)	63,33 m2 DEF	5.489	**86,67**	
	• Herstellen (Kosten: 52,4%) Dielenboden (9m2), Holzsockel, "Hamburger Profil" (70m), Holzscheuerleiste, "Hamburger Scheuerleiste" (70m), Entkopplungsplatten, Abdichtung (3m2), Bodenfliesen (2m2), GK-Rohrverkleidung (2m), Holzschwelle (1St) * GK-Decke, Abhängehöhe 10cm (3m2), Fehlstellen beiputzen (12St), Rohrkasten, revisionierbar (1St)	63,33 m2 DEF	7.771	**122,71**	

KG	Kostengruppe	Menge Einheit	Kosten €	€/Einheit	%
380	**Baukonstruktive Einbauten**	77,81 m²BGF	699	**8,99**	1,9
	• Abbrechen (Kosten: 60,3%) Abbruch von Einbauküche mit Ober- und Unterschränken (5m); Entsorgung, Deponiegebühren	77,81 m²BGF	421	**5,42**	
	• Herstellen (Kosten: 39,7%) Verkleidung für Stromzähler, Magnetschnäpper (1St)	77,81 m²BGF	278	**3,57**	
390	**Sonst. Maßnahmen für Baukonstrukt.**	77,81 m²BGF	1.992	**25,60**	5,3
	• Herstellen (Kosten: 100,0%) Baustelleneinrichtungen (3St), Baustellen-WC (1St), Bauwasser, Baustrom	77,81 m²BGF	1.992	**25,60**	
400	**Bauwerk – Technische Anlagen**				**100,0**
410	**Abwasser-, Wasser-, Gasanlagen**	77,81 m²BGF	6.914	**88,86**	30,2
	• Abbrechen (Kosten: 4,9%) Abbruch von Versorgungsleitungen, auf Putz (psch), Sanitärobjekten (3St); Entsorgung, Deponiegebühren	77,81 m²BGF	337	**4,33**	
	• Wiederherstellen (Kosten: 2,9%) UP-Ventil freistemmen, Ventiloberteil erneuern (1St)	77,81 m²BGF	199	**2,56**	
	• Herstellen (Kosten: 92,2%) HT-Rohre DN50-100, Anschlüsse an Bestand (8m) * Kupferrohre DN15-22, Rohrdämmung, Anschlüsse an Bestand (19m), Schlitze in Mauerwerk (3m), Waschtisch (1St), Tiefspül-WC (1St), Duschwanne (1St) * Kupferrohre DN15-22 (6m), Gassteckdose, Gasschlauch (1St) * Montageelement (1St)	77,81 m²BGF	6.378	**81,97**	
420	**Wärmeversorgungsanlagen**	77,81 m²BGF	7.272	**93,45**	31,8
	• Abbrechen (Kosten: 7,0%) Abbruch von Kupferrohren DN12-20 (46m) * Kombitherme außer Betrieb nehmen, Heizungsanlage entleeren (psch), Abbruch von Heizkörpern (4St); Entsorgung, Deponiegebühren	77,81 m²BGF	513	**6,59**	
	• Wiederherstellen (Kosten: 1,8%) Thermostatventile und -köpfe erneuern (5St), Demontage von Heizkörper, lagern, wieder montieren (1St)	77,81 m²BGF	128	**1,64**	
	• Herstellen (Kosten: 91,2%) Kupferrohre DN12-20, Formstücke, Montage freiliegend auf Wandflächen (48m), Schlitze in Mauerwerk (5m), Anschluss an Gastherme (1St) * Flachrohrheizkörper, einreihig (2St), Heizwand (1St), Flachheizkörper (1St)	77,81 m²BGF	6.631	**85,22**	
440	**Elektrische Anlagen**	77,81 m²BGF	8.014	**102,99**	35,0
	• Abbrechen (Kosten: 1,8%) Abbruch von Elektroinstallation (psch); Entsorgung, Deponiegebühren	77,81 m²BGF	148	**1,90**	
	• Herstellen (Kosten: 98,2%) Sicherungsverteilung, dreireihig, auf Putz, komplett bestückt (1St), Hauptzuleitung (1St), Ausschaltungen (9St), Wechselschaltung (1St), Steckdosen, einfach (35St), Anschluss Gastherme (1St), Mantelleitungen * NV-Einbaudownlights 12V/35W (3St), Trafo (1St) * Potenzialausgleich (1St)	77,81 m²BGF	7.866	**101,09**	
450	**Kommunikationstechnische Anlagen**	77,81 m²BGF	533	**6,85**	2,3
	• Herstellen (Kosten: 100,0%) Telefonanschlussdose (1St) * TV-BK-Antennendosen (3St), Antennenverteiler (1St)	77,81 m²BGF	533	**6,85**	

© **BKI** Baukosteninformationszentrum

KG	Kostengruppe	Menge Einheit	Kosten €	€/Einheit	%
490	**Sonst. Maßnahmen für techn. Anlagen**	77,81 m²BGF	144	**1,85**	0,6
	• Herstellen (Kosten: 100,0%) Baustelleneinrichtung (1St)	77,81 m²BGF	144	**1,85**	
600	**Ausstattung und Kunstwerke**				**100,0**
610	**Allgemeine Ausstattung**	77,81 m²BGF	1.877	**24,12**	100,0
	• Herstellen (Kosten: 100,0%) Duschtrennwand ESG 8mm klar, Nanobeschichtung, feststehendes Seitenteil 20x200cm, Drehtür 64x200cm, einseitig öffnend, Magnetprofil als Anschlagdichtung (1St)	77,81 m²BGF	1.877	**24,12**	

Modernisierung

Kostenkennwerte für die Kostengruppen 300 der 2. und 3.Ebene DIN 276 (Übersicht)

KG	Kostengruppe	Menge Einheit	Kosten €	€/Einheit	% an 3+4
300	**Bauwerk – Baukonstruktionen**	**77,81 m² BGF**	**37.388,59**	**480,51**	**62,0**
310	**Baugrube / Erdbau**	**–**	**–**	**–**	**–**
311	Herstellung	–	–	–	–
312	Umschließung	–	–	–	–
313	Wasserhaltung	–	–	–	–
314	Vortrieb	–	–	–	–
319	Sonstiges zur KG 310	–	–	–	–
320	**Gründung, Unterbau**	**–**	**–**	**–**	**–**
321	Baugrundverbesserung	–	–	–	–
322	Flachgründungen und Bodenplatten	–	–	–	–
323	Tiefgründungen	–	–	–	–
324	Gründungsbeläge	–	–	–	–
325	Abdichtungen und Bekleidungen	–	–	–	–
326	Dränagen	–	–	–	–
329	Sonstiges zur KG 320	–	–	–	–
330	**Außenwände/Vert. Baukonstrukt., außen**	**30,79 m² AWF**	**4.050,47**	**131,55**	**6,7**
331	Tragende Außenwände	–	–	–	–
332	Nichttragende Außenwände	–	–	–	–
333	Außenstützen	–	–	–	–
334	Außenwandöffnungen	–	415,70	–	0,7
335	Außenwandbekleidungen, außen	–	–	–	–
336	Außenwandbekleidungen, innen	30,79 m²	3.634,77	118,05	6,0
337	Element. Außenwandkonstruktionen	–	–	–	–
338	Lichtschutz zur KG 330	–	–	–	–
339	Sonstiges zur KG 330	–	–	–	–
340	**Innenwände/Vert. Baukonstrukt., innen**	**110,60 m² IWF**	**15.803,39**	**142,89**	**26,2**
341	Tragende Innenwände	3,58 m²	919,53	257,07	1,5
342	Nichttragende Innenwände	5,03 m²	1.876,42	373,42	3,1
343	Innenstützen	–	–	–	–
344	Innenwandöffnungen	12,78 m²	3.994,99	312,60	6,6
345	Innenwandbekleidungen	178,44 m²	9.012,45	50,51	15,0
346	Elementierte Innenwandkonstruktionen	–	–	–	–
347	Lichtschutz zur KG 340	–	–	–	–
349	Sonstiges zur KG 340	–	–	–	–
350	**Decken/Horizontale Baukonstruktionen**	**63,33 m² DEF**	**14.843,57**	**234,38**	**24,6**
351	Deckenkonstruktionen	–	–	–	–
352	Deckenöffnungen	–	–	–	–
353	Deckenbeläge	63,33 m²	11.820,96	186,66	19,6
354	Deckenbekleidungen	63,33 m²	3.022,61	47,73	5,0
355	Elementierte Deckenkonstruktionen	–	–	–	–
359	Sonstiges zur KG 350	–	–	–	–
360	**Dächer**	**–**	**–**	**–**	**–**
361	Dachkonstruktionen	–	–	–	–
362	Dachöffnungen	–	–	–	–
363	Dachbeläge	–	–	–	–
364	Dachbekleidungen	–	–	–	–
365	Elementierte Dachkonstruktionen	–	–	–	–
366	Lichtschutz zur KG 360	–	–	–	–
369	Sonstiges zur KG 360	–	–	–	–
370	**Infrastrukturanlagen**	**–**	**–**	**–**	**–**
380	**Baukonstruktive Einbauten**	**77,81 m² BGF**	**699,23**	**8,99**	**1,2**
390	**Sonst. Maßnahmen für Baukonstrukt.**	**77,81 m² BGF**	**1.991,93**	**25,60**	**3,3**

© **BKI** Baukosteninformationszentrum

Kostenkennwerte für die Kostengruppen 400 der 2. und 3.Ebene DIN 276 (Übersicht)

KG	Kostengruppe	Menge Einheit	Kosten €	€/Einheit	% an 3+4
400	**Bauwerk – Technische Anlagen**	**77,81 m²BGF**	**22.875,99**	**294,00**	**38,0**
410	**Abwasser-, Wasser-, Gasanlagen**	**77,81 m²BGF**	**6.914,26**	**88,86**	**11,5**
411	Abwasseranlagen	77,81 m²BGF	425,71	5,47	0,7
412	Wasseranlagen	77,81 m²BGF	5.194,39	66,76	8,6
413	Gasanlagen	77,81 m²BGF	747,94	9,61	1,2
419	Sonstiges zur KG 410	77,81 m²BGF	546,21	7,02	0,9
420	**Wärmeversorgungsanlagen**	**77,81 m²BGF**	**7.271,64**	**93,45**	**12,1**
421	Wärmeerzeugungsanlagen	–	–	–	–
422	Wärmeverteilnetze	77,81 m²BGF	3.782,88	48,62	6,3
423	Raumheizflächen	77,81 m²BGF	3.488,76	44,84	5,8
424	Verkehrsheizflächen	–	–	–	–
429	Sonstiges zur KG 420	–	–	–	–
430	**Raumlufttechnische Anlagen**	**–**	**–**	**–**	**–**
431	Lüftungsanlagen	–	–	–	–
432	Teilklimaanlagen	–	–	–	–
433	Klimaanlagen	–	–	–	–
434	Kälteanlagen	–	–	–	–
439	Sonstiges zur KG 430	–	–	–	–
440	**Elektrische Anlagen**	**77,81 m²BGF**	**8.013,66**	**102,99**	**13,3**
441	Hoch- und Mittelspannungsanlagen	–	–	–	–
442	Eigenstromversorgungsanlagen	–	–	–	–
443	Niederspannungsschaltanlagen	–	–	–	–
444	Niederspannungsinstallationsanlagen	77,81 m²BGF	7.615,19	97,87	12,6
445	Beleuchtungsanlagen	77,81 m²BGF	304,60	3,91	0,5
446	Blitzschutz- und Erdungsanlagen	77,81 m²BGF	93,87	1,21	0,2
447	Fahrleitungssysteme	–	–	–	–
449	Sonstiges zur KG 440	–	–	–	–
450	**Kommunikationstechnische Anlagen**	**77,81 m²BGF**	**532,76**	**6,85**	**0,9**
451	Telekommunikationsanlagen	77,81 m²BGF	90,72	1,17	0,2
452	Such- und Signalanlagen	–	–	–	–
453	Zeitdienstanlagen	–	–	–	–
454	Elektroakustische Anlagen	–	–	–	–
455	Audiovisuelle Medien- u. Antennenanl.	77,81 m²BGF	442,04	5,68	0,7
456	Gefahrenmelde- und Alarmanlagen	–	–	–	–
457	Datenübertragungsnetze	–	–	–	–
458	Verkehrsbeeinflussungsanlagen	–	–	–	–
459	Sonstiges zur KG 450	–	–	–	–
460	**Förderanlagen**	**–**	**–**	**–**	**–**
461	Aufzugsanlagen	–	–	–	–
462	Fahrtreppen, Fahrsteige	–	–	–	–
463	Befahranlagen	–	–	–	–
464	Transportanlagen	–	–	–	–
465	Krananlagen	–	–	–	–
466	Hydraulikanlagen	–	–	–	–
469	Sonstiges zur KG 460	–	–	–	–
470	**Nutzungsspez. u. verfahrenstechn. Anl.**	**–**	**–**	**–**	**–**
480	**Gebäude- und Anlagenautomation**	**–**	**–**	**–**	**–**
490	**Sonst. Maßnahmen für techn. Anlagen**	**77,81 m²BGF**	**143,68**	**1,85**	**0,2**

Modernisierung

Kostenkennwerte für Leistungsbereiche nach STLB (Kosten des Bauwerks nach DIN 276)

LB	Leistungsbereiche	Kosten €	€/m² BGF	€/m³ BRI	% an 3+4
000	Baustellen-, Verkehrssich.- u. Sicherh.einr. inkl. 001	2.136	27,40	9,80	3,5
002	Erdarbeiten	–	–	–	–
006	Spezialtiefbauarbeiten inkl. 005	–	–	–	–
009	Entwässerungskanalarbeiten inkl. 011	–	–	–	–
010	Drän- und Versickerarbeiten	–	–	–	–
012	Mauerarbeiten	1.718	22,10	7,90	2,9
013	Betonarbeiten	–	–	–	–
014	Natur-, Betonwerksteinarbeiten	–	–	–	–
016	Zimmer- und Holzbauarbeiten	–	–	–	–
017	Stahlbauarbeiten	–	–	–	–
018	Abdichtungsarbeiten	–	–	–	–
020	Dachdeckungsarbeiten	–	–	–	–
021	Dachabdichtungsarbeiten	–	–	–	–
022	Klempnerarbeiten	–	–	–	–
	Rohbau	**3.853**	**49,50**	**17,70**	**6,4**
023	Putz- und Stuckarbeiten, Wärmedämmsysteme	1.972	25,30	9,10	3,3
024	Fliesen- und Plattenarbeiten	4.359	56,00	20,00	7,2
	Wiederherstellen	611	7,90	2,80	1,0
	Herstellen	3.748	48,20	17,20	6,2
025	Estricharbeiten	456	5,90	2,10	0,8
026	Fenster, Außentüren inkl. 029, 032	2.248	28,90	10,30	3,7
	Wiederherstellen	2.248	28,90	10,30	3,7
027	Tischlerarbeiten	3.891	50,00	17,90	6,5
	Wiederherstellen	3.288	42,30	15,10	5,5
	Herstellen	603	7,80	2,80	1,0
028	Parkett-, Holzpflasterarbeiten	8.680	111,60	39,80	14,4
	Wiederherstellen	3.116	40,00	14,30	5,2
	Herstellen	5.565	71,50	25,50	9,2
030	Rollladenarbeiten	–	–	–	–
031	Metallbauarbeiten inkl. 035	–	–	–	–
034	Maler- und Lackiererarb. – Beschicht. inkl. 037	6.130	78,80	28,10	10,2
	Wiederherstellen	6.130	78,80	28,10	10,2
036	Bodenbelagarbeiten	–	–	–	–
038	Vorgehängte hinterlüftete Fassaden	–	–	–	–
039	Trockenbauarbeiten	1.844	23,70	8,50	3,1
	Ausbau	**29.581**	**380,20**	**135,80**	**49,1**
	Wiederherstellen	15.394	197,80	70,70	25,5
	Herstellen	14.188	182,30	65,10	23,5
040	Wärmeversorgungsanl. - Betriebseinr. inkl. 041	6.759	86,90	31,00	11,2
	Wiederherstellen	128	1,60	0,59	0,2
	Herstellen	6.631	85,20	30,40	11,0
042	Gas- u. Wasseranl. – Leitung., Armat. inkl. 043	2.010	25,80	9,20	3,3
	Wiederherstellen	199	2,60	0,91	0,3
	Herstellen	1.811	23,30	8,30	3,0
044	Abwasseranl. - Leitungen, Abläufe, Armaturen	426	5,50	2,00	0,7
045	Gas, Wasser, Entwässerung – Ausstattung inkl. 046	4.141	53,20	19,00	6,9
047	Dämm- und Brandschutzarb. an techn. Anlagen	–	–	–	–
049	Feuerlöschanlagen, Feuerlöschgeräte	–	–	–	–
050	Blitzschutz-/Erdungsanlagen, Überspannungssch.	94	1,20	0,43	0,2
053	Niederspannungsanl. – Kabel inkl. 052, 054	7.789	100,10	35,80	12,9

© BKI Baukosteninformationszentrum

LB	Leistungsbereiche	Kosten €	€/m² BGF	€/m³ BRI	% an 3+4
055	Sicherheits- u. Ersatzstromversorgungsanl.	–	–	–	–
057	Gebäudesystemtechnik	–	–	–	–
058	Leuchten und Lampen inkl. 059	305	3,90	1,40	0,5
060	Such, Signal, Zeit, Anten., akust. Anl. inkl. 064	–	–	–	–
061	Kommunikations- u. Übertragungsnetze inkl. 063	211	2,70	0,97	0,4
069	Aufzüge	–	–	–	–
070	Gebäudeautomation	–	–	–	–
075	Raumlufttechnische Anlagen inkl. 078	–	–	–	–
	Gebäudetechnik	**21.735**	**279,30**	**99,80**	**36,1**
	Wiederherstellen	327	4,20	1,50	0,5
	Herstellen	21.408	275,10	98,30	35,5
084	Abbruch, Rückbau, Schadstoffsanierung	5.095	65,50	23,40	8,5
	Abbrechen	5.095	65,50	23,40	8,5
	Abbrucharbeiten	**5.095**	**65,50**	**23,40**	**8,5**
	Abbrechen	5.095	65,50	23,40	8,5
	Sonstige Leistungsbereiche	**–**	**–**	**–**	**–**

6100-1428
Eigentumswohnung

Modernisierung

Kostenkennwerte für die Kosten des Bauwerks (Kostengruppen 300+400 nach DIN 276)

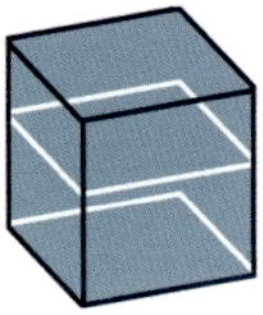

BRI 214 €/m³

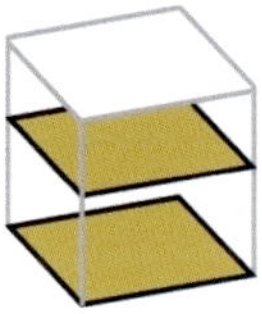

BGF 770 €/m²

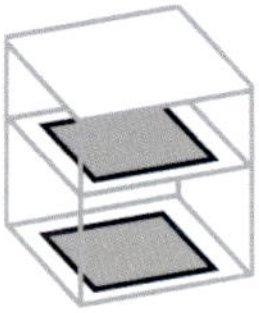

NUF 1.037 €/m²

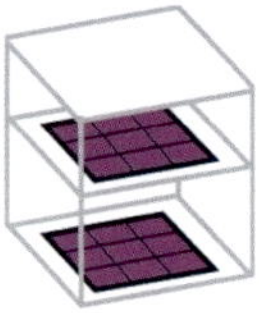

NE 952 €/NE

NE: Wohnfläche

Objekt:
Kennwerte: 3. Ebene DIN 276
BRI: 933 m³
BGF: 259 m²
NUF: 192 m²
Bauzeit: 13 Wochen
Bauende: 2019
Standard: hoch
Bundesland: Hamburg
Kreis: Hamburg, Stadt

Architekt*in:
Mannott + Mannott
Dipl. Ingenieure, Architekten
Sillemstraße 76 a
20257 Hamburg

3. Obergeschoss

Objektbeschreibung

Allgemeine Objektinformationen

Die Eigentumswohnung befindet sich im 3.Obergeschoss eines Wohngebäudes mit drei Geschossen, Souterrain und ausgebautem Mansarddach. Das Gebäude stammt aus dem Jahr 1905, die Wohnung wurde zuletzt 1964 renoviert.

Nutzung

1 Obergeschoss
Zimmer (6St), Küche, Bad, Dusche, WCs (2St), Abstellräume (2St), Diele, Balkone (2St)

Nutzeinheiten

Wohneinheiten: 1
Wohnfläche: 210m²

Grundstück

Bauraum: Baulücke
Neigung: Ebenes Gelände

Markt

Hauptvergabezeit: 3.Quartal 2018
Baubeginn: 4.Quartal 2018
Bauende: 1.Quartal 2019
Konjunkturelle Gesamtlage: über Durchschnitt
Regionaler Baumarkt: über Durchschnitt

Baubestand

Baujahr: 1905
Bauzustand: mittel
Aufwand: mittel
Grundrissänderungen: einige
Tragwerkseingriffe: wenige
Nutzungsänderung: nein
Nutzung während der Bauzeit: nein

Baukonstruktion

Die in der Wohnung vorhandenen Teppichböden und PVC-Beläge wurden vollständig entfernt, um die alten Dielen- und Parkettböden freizulegen und aufzuarbeiten. Sämtliche Türen sind von ihren Bekleidungen befreit und überarbeitet worden. Bestehende Tapeten an Wänden und Decken wurden entfernt und die Oberflächen gespachtelt, geschliffen und beschichtet. Der Deckenstuck wurde gereinigt und ausgebessert. Eine Durchreiche zum angrenzenden Wohnzimmer wurde zu einem Türdurchbruch vergrößert, um eine bessere Verbindung zu schaffen. In den beiden vorhandenen Nassräumen konnten die Nutzungen umverteilt werden, um ein zusätzliches Gäste-WC und eine großzügigere Dusche einzurichten. Die Bäder haben Fliesenbeläge in moderner Optik erhalten. Im separaten WC konnten die historischen Fliesen erhalten werden.

Technische Anlagen

Die Elektroinstallation wurde komplett erneuert und als Unterputzinstallation mit neuem Schalterprogramm ausgeführt. Die Unterverteilung befindet sich in der Abseite am Lichtschacht. Die vorhandenen historischen Eisenguss-Heizkörper wurden lackiert und soweit möglich mit neuen Ventilköpfen ausgestattet. Nicht mehr intakte Heizkörper aus den 50er Jahren und jünger sind gegen neue Plattenheizkörper oder Röhrenradiatoren bzw. Badheizkörper ausgetauscht worden.

© **BKI** Baukosteninformationszentrum

Planungskennwerte für Flächen und Rauminhalte nach DIN 277

Flächen des Grundstücks		Menge Einheit	% an GF
BF	Bebaute Fläche	–	–
UF	Unbebaute Fläche	–	–
GF	Grundstücksfläche	–	–

Grundflächen des Bauwerks		Menge Einheit	% an NUF	% an BGF
NUF	Nutzungsfläche	192,36 m²	100,0	74,2
TF	Technikfläche	–	–	–
VF	Verkehrsfläche	29,17 m²	15,2	11,3
NRF	Netto-Raumfläche	221,53 m²	115,2	85,5
KGF	Konstruktions-Grundfläche	37,66 m²	19,6	14,5
BGF	Brutto-Grundfläche	259,19 m²	134,7	100,0

Brutto-Rauminhalt des Bauwerks		Menge Einheit	BRI/NUF (m)	BRI/BGF (m)
BRI	Brutto-Rauminhalt	933,08 m³	4,85	3,60

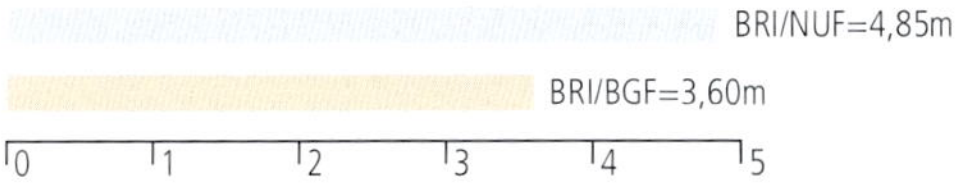

Lufttechnisch behandelte Flächen	Menge Einheit	% an NUF	% an BGF
Entlüftete Fläche	–	–	–
Be- und entlüftete Fläche	–	–	–
Teilklimatisierte Fläche	–	–	–
Klimatisierte Fläche	–	–	–

KG	Kostengruppen (2. Ebene)	Menge Einheit	Menge/NUF	Menge/BGF
310	Baugrube / Erdbau	–	–	–
320	Gründung, Unterbau	–	–	–
330	Außenwände/Vertikale Baukonstruktionen, außen	227,00 m² AWF	1,18	0,88
340	Innenwände/Vertikale Baukonstruktionen, innen	269,37 m² IWF	1,40	1,04
350	Decken/Horizontale Baukonstruktionen	205,04 m² DEF	1,07	0,79
360	Dächer	–	–	–

Modernisierung

Kostenkennwerte für die Kostengruppen der 1. Ebene DIN 276

KG	Kostengruppen (1. Ebene)	Einheit	Kosten €	€/Einheit	€/m² BGF	€/m³ BRI	% 300+400
100	Grundstück	m² GF	–	–	–	–	–
200	Vorbereitende Maßnahmen	m² GF	–	–	–	–	–
300	Bauwerk – Baukonstruktionen	m² BGF	144.001	555,58	555,58	154,33	72,2
400	Bauwerk – Technische Anlagen	m² BGF	55.518	214,20	214,20	59,50	27,8
	Bauwerk 300+400	**m² BGF**	**199.519**	**769,78**	**769,78**	**213,83**	**100,0**
500	Außenanlagen und Freiflächen	m² AF	–	–	–	–	–
600	Ausstattung und Kunstwerke	m² BGF	2.197	8,48	8,48	2,35	1,1
700	Baunebenkosten	m² BGF	–	–	–	–	–
800	Finanzierung	m² BGF	–	–	–	–	–

KG	Kostengruppe	Menge Einheit	Kosten €	€/Einheit	%
3+4	**Bauwerk**				**100,0**
300	**Bauwerk – Baukonstruktionen**	259,19 m² BGF	144.001	**555,58**	72,2

- Abbrechen (Kosten: 4,7%) — 6.702
  Abbruch von Fensterbrüstungen, Tapeten; Mauerwerk, Türen, Heizkörperbekleidungen; Bodenbelägen, abgehängter Decke; Einbauschrank; Entsorgung, Deponiegebühren
- Wiederherstellen (Kosten: 33,9%) — 48.859
  Fenster instandsetzen, lackieren; Wandschlitze schließen, Fehlstellen verputzen, Türen instandsetzen, lackieren, historische Wandfliesen aufarbeiten; Holzbeläge schleifen, versiegeln, profilierten Deckenstuck, restaurieren
- Herstellen (Kosten: 61,4%) — 88.440
  Holzfensterbänke, Malervlies; IPE-Träger, Trockenbauwände, Türelement, Wandfliesen; Estrich, Bodenfliesen, GK-Deckenbekleidung; Einbauküche

KG	Kostengruppe	Menge Einheit	Kosten €	€/Einheit	%
400	**Bauwerk – Technische Anlagen**	259,19 m² BGF	55.518	**214,20**	27,8

- Abbrechen (Kosten: 5,5%) — 3.042
  Abbruch von Sanitärobjekten; Heizkörpern; Antennenanlage; Entsorgung, Deponiegebühren
- Wiederherstellen (Kosten: 6,5%) — 3.589
  Heizungsanlage, wieder in Betrieb nehmen, Heizungsleitungen, lackieren, historische Heizkörper lackieren; bauseitige Leuchten, anschließen, LED-Leuchtmittel
- Herstellen (Kosten: 88,1%) — 48.886
  Gebäudeentwässerung, Sanitärobjekte; Heizkörper; Elektroinstallation, Beleuchtung, Erdung; Telefonanschluss, Antennenanschluss, Datenverkabelung

KG	Kostengruppe	Menge Einheit	Kosten €	€/Einheit	%
600	**Ausstattung und Kunstwerke**	259,19 m² BGF	2.197	**8,48**	1,1

- Abbrechen (Kosten: 3,3%) — 73
  Abbruch von Gardinenstangen, Haken, Wandbekleidungen; Entsorgung, Deponiegebühren
- Herstellen (Kosten: 96,7%) — 2.124
  Duschtrennwand, WC-Papierhalter, Reservepapierhalter

© **BKI** Baukosteninformationszentrum

Kostenkennwerte für die Kostengruppen der 2.Ebene DIN 276

KG	Kostengruppe	Menge Einheit	Kosten €	€/Einheit	%
300	**Bauwerk – Baukonstruktionen**				**100,0**
330	**Außenwände/Vert. Baukonstrukt., außen**	227,00 m² AWF	16.341	**71,99**	11,3
	• Abbrechen (Kosten: 5,5%)	170,00 m² AWF	897	**5,28**	
	Abbruch von Fensterbrüstungen (13St) * Tapeten (170m²); Entsorgung, Deponiegebühren				
	• Wiederherstellen (Kosten: 31,1%)	57,00 m² AWF	5.086	**89,23**	
	Fenster instandsetzen (25St), lackieren (57m²), historische Fensterfutter ausbessern, lackieren (75m)				
	• Herstellen (Kosten: 63,4%)	170,00 m² AWF	10.358	**60,93**	
	Holzfensterbänke, lackiert (9m) * Malervlies (170m²)				
340	**Innenwände/Vert. Baukonstrukt., innen**	269,37 m² IWF	61.249	**227,38**	42,5
	• Abbrechen (Kosten: 5,6%)	222,50 m² IWF	3.428	**15,41**	
	Abbruch von Mauerwerk (11m²) * Türen (15St) * Tapeten (445m²), Heizkörperbekleidungen (5St); Entsorgung, Deponiegebühren				
	• Wiederherstellen (Kosten: 29,3%)	88,18 m² IWF	17.945	**203,51**	
	Wandschlitze schließen (191m), Fehlstellen verputzen (66m²) * Türen instandsetzen (15St), lackieren (44m²) * historische Wandfliesen aufarbeiten (10h)				
	• Herstellen (Kosten: 65,1%)	225,03 m² IWF	39.876	**177,20**	
	IPE-Träger in Öffnung einbauen (1St), Türöffnungen schließen (2St) * Trockenbauwände (10m²) * Türelement, Glasausschnitte (2m²) * Malervlies (430m²), Wandfliesen (16m²), Vorsatzschalen, raumhoch (6m²)				
350	**Decken/Horizontale Baukonstruktionen**	205,04 m² DEF	50.182	**244,74**	34,8
	• Abbrechen (Kosten: 4,7%)	209,00 m² DEF	2.336	**11,18**	
	Abbruch von Bodenbelägen (123m²), Kunstrasen (psch) * Tapeten (205m²), abgehängter Decke (4m²); Entsorgung, Deponiegebühren				
	• Wiederherstellen (Kosten: 51,5%)	177,04 m² DEF	25.827	**145,88**	
	Holzbeläge schleifen, versiegeln (177m²) * profilierten Deckenstuck, restaurieren, Fehlstellen ergänzen (93m²)				
	• Herstellen (Kosten: 43,9%)	201,00 m² DEF	22.019	**109,55**	
	Dämmplatten, d=30-40mm, Estrich (14m²), Bodenfliesen (28m²) * Malervlies (201m²), GK-Deckenbekleidung, Dämmung (7m²)				
380	**Baukonstruktive Einbauten**	259,19 m² BGF	7.894	**30,45**	5,5
	• Abbrechen (Kosten: 0,5%)	259,19 m² BGF	40	**0,16**	
	Abbruch von Einbauschrank (1St); Entsorgung, Deponiegebühren				
	• Herstellen (Kosten: 99,5%)	259,19 m² BGF	7.853	**30,30**	
	Einbauküche, Korpus Holz, Ober-/Unterschränke (1St), Spüle (1St), Backofen (1St), Kochfeld (1St), Ablufthaube (1St)				

Modernisierung

KG	Kostengruppe	Menge Einheit	Kosten €	€/Einheit	%
390	**Sonst. Maßnahmen für Baukonstrukt.**	259,19 m²BGF	8.334	**32,16**	5,8
	• Herstellen (Kosten: 100,0%)	259,19 m²BGF	8.334	**32,16**	
	Baustelleneinrichtungen (4St), Verkehrssicherung (1St), Baustrom (1St), Bauwasser (1St), Baustellen-WC (1St) * Schutzabdeckungen (75m²), Baureinigung (psch)				
400	**Bauwerk – Technische Anlagen**				**100,0**
410	**Abwasser-, Wasser-, Gasanlagen**	259,19 m²BGF	25.751	**99,35**	46,4
	• Abbrechen (Kosten: 9,0%)	259,19 m²BGF	2.325	**8,97**	
	Abbruch von Sanitärobjekten (psch); Entsorgung, Deponiegebühren				
	• Herstellen (Kosten: 91,0%)	259,19 m²BGF	23.426	**90,38**	
	Abwasserrohre DN50-100 (170m), Sifon (1St) * Kupferrohre DN15-22 (48m), Anschlüsse an Bestand (6St), Zähler (4St), Tiefspül-WCs (2St), Waschtische (3St), Handwaschbecken (1St), Duschwanne (1St), Badewanne (1St), Brausegarnituren (2St) * Montageelemente (4St)				
420	**Wärmeversorgungsanlagen**	259,19 m²BGF	9.692	**37,39**	17,5
	• Abbrechen (Kosten: 4,2%)	259,19 m²BGF	406	**1,57**	
	Abbruch von Heizkörpern (7St); Entsorgung, Deponiegebühren				
	• Wiederherstellen (Kosten: 34,4%)	259,19 m²BGF	3.337	**12,87**	
	Heizungsanlage abstellen, wieder in Betrieb nehmen (1St) * Heizungsleitungen, lackieren (20m) * historische Heizkörper lackieren (5St)				
	• Herstellen (Kosten: 61,4%)	259,19 m²BGF	5.949	**22,95**	
	Kupferrohre DN12-20 (7m), Anschlüsse an Bestand (3St) * Heizkörper (4St), Elektro-Fußbodenheizung, Touchthermostat (1St)				
440	**Elektrische Anlagen**	259,19 m²BGF	17.184	**66,30**	31,0
	• Wiederherstellen (Kosten: 1,5%)	259,19 m²BGF	253	**0,97**	
	Bauseitige Leuchten, anschließen, LED-Leuchtmittel (5St)				
	• Herstellen (Kosten: 98,5%)	259,19 m²BGF	16.932	**65,33**	
	Unterverteiler (1St), Elektroinstallation (psch), Steckdosen (98St), Schalter (23St), Anschlüsse für Sonnenschutzantriebe (4St), für Elektro-Fußbodenheizung (2St), Herdanschluss (1St), Anschluss an Bestand (psch) * LED Einbauleuchten (4St) * Potenzialausgleichsschienen (2St)				
450	**Kommunikationstechnische Anlagen**	259,19 m²BGF	2.769	**10,68**	5,0
	• Abbrechen (Kosten: 11,2%)	259,19 m²BGF	311	**1,20**	
	Abbruch von Antennenanlage (1St); Entsorgung, Deponiegebühren				
	• Herstellen (Kosten: 88,8%)	259,19 m²BGF	2.458	**9,48**	
	Telefonanschlussdose (1St) * Antennenverteiler (1St), Antennendosen (7St), Antennenkabel (psch) * Patchpanel Cat6 (1St), Datenanschlussdosen Cat6 (8St)				
490	**Sonst. Maßnahmen für techn. Anlagen**	259,19 m²BGF	121	**0,47**	0,2
	• Herstellen (Kosten: 100,0%)	259,19 m²BGF	121	**0,47**	
	Aufnehmen und Entsorgen von Bauschutt (psch); Entsorgung, Deponiegebühren				

© **BKI** Baukosteninformationszentrum

KG	Kostengruppe	Menge Einheit	Kosten €	€/Einheit	%
600	**Ausstattung und Kunstwerke**				**100,0**
610	**Allgemeine Ausstattung**	259,19 m²BGF	2.197	**8,48**	100,0
	• Abbrechen (Kosten: 3,3%) Abbruch von Gardinenstangen, Haken, Wandbekleidungen aus Stoff (psch); Entsorgung, Deponiegebühren	259,19 m²BGF	73	**0,28**	
	• Herstellen (Kosten: 96,7%) Duschtrennwand (1St), WC-Papierhalter (2St), Reservepapierhalter (2St)	259,19 m²BGF	2.124	**8,20**	

Kostenkennwerte für die Kostengruppen 300 der 2. und 3. Ebene DIN 276 (Übersicht)

KG	Kostengruppe	Menge Einheit	Kosten €	€/Einheit	% an 3+4
300	**Bauwerk – Baukonstruktionen**	**259,19 m² BGF**	**144.000,91**	**555,58**	**72,2**
310	**Baugrube / Erdbau**	**–**	**–**	**–**	**–**
311	Herstellung	–	–	–	–
312	Umschließung	–	–	–	–
313	Wasserhaltung	–	–	–	–
314	Vortrieb	–	–	–	–
319	Sonstiges zur KG 310	–	–	–	–
320	**Gründung, Unterbau**	**–**	**–**	**–**	**–**
321	Baugrundverbesserung	–	–	–	–
322	Flachgründungen und Bodenplatten	–	–	–	–
323	Tiefgründungen	–	–	–	–
324	Gründungsbeläge	–	–	–	–
325	Abdichtungen und Bekleidungen	–	–	–	–
326	Dränagen	–	–	–	–
329	Sonstiges zur KG 320	–	–	–	–
330	**Außenwände/Vert. Baukonstrukt., außen**	**227,00 m² AWF**	**16.341,42**	**71,99**	**8,2**
331	Tragende Außenwände	–	–	–	–
332	Nichttragende Außenwände	–	–	–	–
333	Außenstützen	–	–	–	–
334	Außenwandöffnungen	57,00 m²	6.644,85	116,58	3,3
335	Außenwandbekleidungen, außen	–	–	–	–
336	Außenwandbekleidungen, innen	170,00 m²	9.696,56	57,04	4,9
337	Element. Außenwandkonstruktionen	–	–	–	–
338	Lichtschutz zur KG 330	–	–	–	–
339	Sonstiges zur KG 330	–	–	–	–
340	**Innenwände/Vert. Baukonstrukt., innen**	**269,37 m² IWF**	**61.249,25**	**227,38**	**30,7**
341	Tragende Innenwände	66,01 m²	11.020,78	166,96	5,5
342	Nichttragende Innenwände	10,00 m²	3.901,37	390,14	2,0
343	Innenstützen	–	–	–	–
344	Innenwandöffnungen	46,37 m²	12.891,37	278,01	6,5
345	Innenwandbekleidungen	446,00 m²	33.435,72	74,97	16,8
346	Elementierte Innenwandkonstruktionen	–	–	–	–
347	Lichtschutz zur KG 340	–	–	–	–
349	Sonstiges zur KG 340	–	–	–	–
350	**Decken/Horizontale Baukonstruktionen**	**205,04 m² DEF**	**50.182,36**	**244,74**	**25,2**
351	Deckenkonstruktionen	–	–	–	–
352	Deckenöffnungen	–	–	–	–
353	Deckenbeläge	205,04 m²	25.077,60	122,31	12,6
354	Deckenbekleidungen	201,00 m²	25.104,76	124,90	12,6
355	Elementierte Deckenkonstruktionen	–	–	–	–
359	Sonstiges zur KG 350	–	–	–	–
360	**Dächer**	**–**	**–**	**–**	**–**
361	Dachkonstruktionen	–	–	–	–
362	Dachöffnungen	–	–	–	–
363	Dachbeläge	–	–	–	–
364	Dachbekleidungen	–	–	–	–
365	Elementierte Dachkonstruktionen	–	–	–	–
366	Lichtschutz zur KG 360	–	–	–	–
369	Sonstiges zur KG 360	–	–	–	–
370	**Infrastrukturanlagen**	**–**	**–**	**–**	**–**
380	**Baukonstruktive Einbauten**	**259,19 m² BGF**	**7.893,57**	**30,45**	**4,0**
390	**Sonst. Maßnahmen für Baukonstrukt.**	**259,19 m² BGF**	**8.334,31**	**32,16**	**4,2**

© **BKI** Baukosteninformationszentrum

Kostenkennwerte für die Kostengruppen 400 der 2. und 3. Ebene DIN 276 (Übersicht)

KG	Kostengruppe	Menge Einheit	Kosten €	€/Einheit	% an 3+4
400	**Bauwerk – Technische Anlagen**	**259,19 m²BGF**	**55.517,84**	**214,20**	**27,8**
410	**Abwasser-, Wasser-, Gasanlagen**	**259,19 m²BGF**	**25.751,04**	**99,35**	**12,9**
411	Abwasseranlagen	259,19 m²BGF	916,77	3,54	0,5
412	Wasseranlagen	259,19 m²BGF	23.109,92	89,16	11,6
413	Gasanlagen	–	–	–	–
419	Sonstiges zur KG 410	259,19 m²BGF	1.724,35	6,65	0,9
420	**Wärmeversorgungsanlagen**	**259,19 m²BGF**	**9.692,18**	**37,39**	**4,9**
421	Wärmeerzeugungsanlagen	259,19 m²BGF	2.316,72	8,94	1,2
422	Wärmeverteilnetze	259,19 m²BGF	1.492,56	5,76	0,7
423	Raumheizflächen	259,19 m²BGF	5.882,90	22,70	2,9
424	Verkehrsheizflächen	–	–	–	–
429	Sonstiges zur KG 420	–	–	–	–
430	**Raumlufttechnische Anlagen**	**–**	**–**	**–**	**–**
431	Lüftungsanlagen	–	–	–	–
432	Teilklimaanlagen	–	–	–	–
433	Klimaanlagen	–	–	–	–
434	Kälteanlagen	–	–	–	–
439	Sonstiges zur KG 430	–	–	–	–
440	**Elektrische Anlagen**	**259,19 m²BGF**	**17.184,40**	**66,30**	**8,6**
441	Hoch- und Mittelspannungsanlagen	–	–	–	–
442	Eigenstromversorgungsanlagen	–	–	–	–
443	Niederspannungsschaltanlagen	–	–	–	–
444	Niederspannungsinstallationsanlagen	259,19 m²BGF	16.300,24	62,89	8,2
445	Beleuchtungsanlagen	259,19 m²BGF	725,48	2,80	0,4
446	Blitzschutz- und Erdungsanlagen	259,19 m²BGF	158,67	0,61	< 0,1
447	Fahrleitungssysteme	–	–	–	–
449	Sonstiges zur KG 440	–	–	–	–
450	**Kommunikationstechnische Anlagen**	**259,19 m²BGF**	**2.768,79**	**10,68**	**1,4**
451	Telekommunikationsanlagen	259,19 m²BGF	90,68	0,35	< 0,1
452	Such- und Signalanlagen	–	–	–	–
453	Zeitdienstanlagen	–	–	–	–
454	Elektroakustische Anlagen	–	–	–	–
455	Audiovisuelle Medien- u. Antennenanl.	259,19 m²BGF	1.426,49	5,50	0,7
456	Gefahrenmelde- und Alarmanlagen	–	–	–	–
457	Datenübertragungsnetze	259,19 m²BGF	1.251,63	4,83	0,6
458	Verkehrsbeeinflussungsanlagen	–	–	–	–
459	Sonstiges zur KG 450	–	–	–	–
460	**Förderanlagen**	**–**	**–**	**–**	**–**
461	Aufzugsanlagen	–	–	–	–
462	Fahrtreppen, Fahrsteige	–	–	–	–
463	Befahranlagen	–	–	–	–
464	Transportanlagen	–	–	–	–
465	Krananlagen	–	–	–	–
466	Hydraulikanlagen	–	–	–	–
469	Sonstiges zur KG 460	–	–	–	–
470	**Nutzungsspez. u. verfahrenstechn. Anl.**	**–**	**–**	**–**	**–**
480	**Gebäude- und Anlagenautomation**	**–**	**–**	**–**	**–**
490	**Sonst. Maßnahmen für techn. Anlagen**	**259,19 m²BGF**	**121,44**	**0,47**	**< 0,1**

© **BKI** Baukosteninformationszentrum

Kostenkennwerte für Leistungsbereiche nach STLB (Kosten des Bauwerks nach DIN 276)

LB	Leistungsbereiche	Kosten €	€/m² BGF	€/m³ BRI	% an 3+4
000	Baustellen-, Verkehrssich.- u. Sicherh.einr. inkl. 001	5.970	23,00	6,40	3,0
002	Erdarbeiten	–	–	–	–
006	Spezialtiefbauarbeiten inkl. 005	–	–	–	–
009	Entwässerungskanalarbeiten inkl. 011	–	–	–	–
010	Drän- und Versickerarbeiten	–	–	–	–
012	Mauerarbeiten	1.231	4,70	1,30	0,6
013	Betonarbeiten	–	–	–	–
014	Natur-, Betonwerksteinarbeiten	–	–	–	–
016	Zimmer- und Holzbauarbeiten	–	–	–	–
017	Stahlbauarbeiten	–	–	–	–
018	Abdichtungsarbeiten	–	–	–	–
020	Dachdeckungsarbeiten	–	–	–	–
021	Dachabdichtungsarbeiten	–	–	–	–
022	Klempnerarbeiten	–	–	–	–
	Rohbau	**7.201**	**27,80**	**7,70**	**3,6**
023	Putz- und Stuckarbeiten, Wärmedämmsysteme	21.018	81,10	22,50	10,5
	Wiederherstellen	18.279	70,50	19,60	9,2
	Herstellen	2.740	10,60	2,90	1,4
024	Fliesen- und Plattenarbeiten	12.376	47,70	13,30	6,2
	Wiederherstellen	850	3,30	0,91	0,4
	Herstellen	11.526	44,50	12,40	5,8
025	Estricharbeiten	2.993	11,50	3,20	1,5
026	Fenster, Außentüren inkl. 029, 032	4.313	16,60	4,60	2,2
	Wiederherstellen	3.244	12,50	3,50	1,6
	Herstellen	1.069	4,10	1,10	0,5
027	Tischlerarbeiten	12.765	49,30	13,70	6,4
	Wiederherstellen	1.362	5,30	1,50	0,7
	Herstellen	11.404	44,00	12,20	5,7
028	Parkett-, Holzpflasterarbeiten	–	–	–	–
030	Rollladenarbeiten	–	–	–	–
031	Metallbauarbeiten inkl. 035	–	–	–	–
034	Maler- und Lackiererarb. – Beschicht. inkl. 037	56.156	216,70	60,20	28,1
	Wiederherstellen	15.069	58,10	16,10	7,6
	Herstellen	41.087	158,50	44,00	20,6
036	Bodenbelagarbeiten	11.832	45,60	12,70	5,9
	Wiederherstellen	11.076	42,70	11,90	5,6
	Herstellen	756	2,90	0,81	0,4
038	Vorgehängte hinterlüftete Fassaden	–	–	–	–
039	Trockenbauarbeiten	5.201	20,10	5,60	2,6
	Ausbau	**126.654**	**488,70**	**135,70**	**63,5**
	Wiederherstellen	49.879	192,40	53,50	25,0
	Herstellen	76.775	296,20	82,30	38,5
040	Wärmeversorgungsanl. - Betriebseinr. inkl. 041	7.353	28,40	7,90	3,7
	Wiederherstellen	2.317	8,90	2,50	1,2
	Herstellen	5.036	19,40	5,40	2,5
042	Gas- u. Wasseranl. – Leitung., Armat. inkl. 043	6.165	23,80	6,60	3,1
044	Abwasseranl. - Leitungen, Abläufe, Armaturen	917	3,50	0,98	0,5
045	Gas, Wasser, Entwässerung – Ausstattung inkl. 046	17.111	66,00	18,30	8,6
047	Dämm- und Brandschutzarb. an techn. Anlagen	1.602	6,20	1,70	0,8
049	Feuerlöschanlagen, Feuerlöschgeräte	–	–	–	–

© BKI Baukosteninformationszentrum

LB	Leistungsbereiche	Kosten €	€/m²BGF	€/m³BRI	% an 3+4
050	Blitzschutz-/Erdungsanlagen, Überspannungssch.	159	0,61	0,17	< 0,1
053	Niederspannungsanl. – Kabel inkl. 052, 054	16.945	65,40	18,20	8,5
055	Sicherheits- u. Ersatzstromversorgungsanl.	–	–	–	–
057	Gebäudesystemtechnik	–	–	–	–
058	Leuchten und Lampen inkl. 059	725	2,80	0,78	0,4
	Wiederherstellen	253	0,97	0,27	0,1
	Herstellen	473	1,80	0,51	0,2
060	Such, Signal, Zeit, Anten., akust. Anl. inkl. 064	1.116	4,30	1,20	0,6
061	Kommunikations- u. Übertragungsnetze inkl. 063	1.342	5,20	1,40	0,7
069	Aufzüge	–	–	–	–
070	Gebäudeautomation	–	–	–	–
075	Raumlufttechnische Anlagen inkl. 078	–	–	–	–
	Gebäudetechnik	**53.435**	**206,20**	**57,30**	**26,8**
	Wiederherstellen	2.569	9,90	2,80	1,3
	Herstellen	50.866	196,20	54,50	25,5
084	Abbruch, Rückbau, Schadstoffsanierung	9.744	37,60	10,40	4,9
	Abbrechen	9.744	37,60	10,40	4,9
	Abbrucharbeiten	**9.744**	**37,60**	**10,40**	**4,9**
	Abbrechen	9.744	37,60	10,40	4,9
	Sonstige Leistungsbereiche	**2.485**	**9,60**	**2,70**	**1,2**

6100-1434
Gästewohnung

Kostenkennwerte für die Kosten des Bauwerks (Kostengruppen 300+400 nach DIN 276)

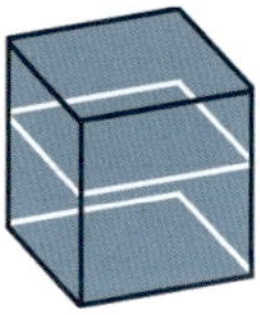

BRI 281 €/m³

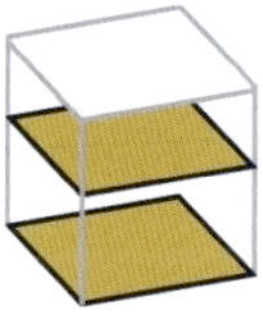

BGF 1.677 €/m²

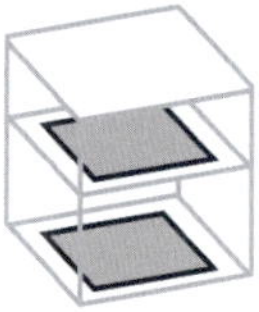

NUF 2.323 €/m²

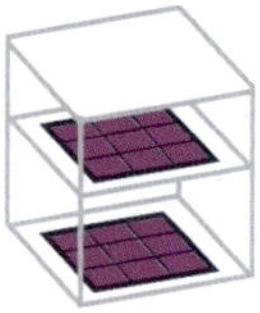

NE 3.938 €/NE

NE: Wohnfläche

Umbau

Objekt:
Kennwerte: 3. Ebene DIN 276
BRI: 599 m³
BGF: 100 m²
NUF: 72 m²
Bauzeit: 57 Wochen
Bauende: 2017
Standard: hoch
Bundesland: Rheinland-Pfalz
Kreis: Alzey-Worms

Architekt*in:
PROWALD
ideen - lösungen - architektur
Langgasse 79
55237 Flonheim

© BKI Baukosteninformationszentrum
Kostenstand: 2. Quartal 2025, Bundesdurchschnitt, **inkl. 19% MwSt.**

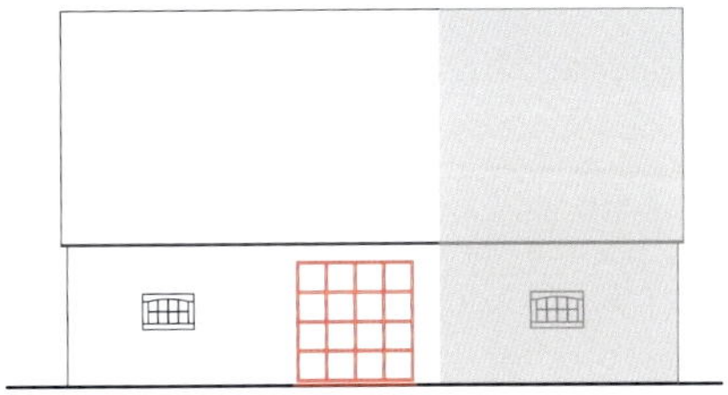

Ansicht Nord

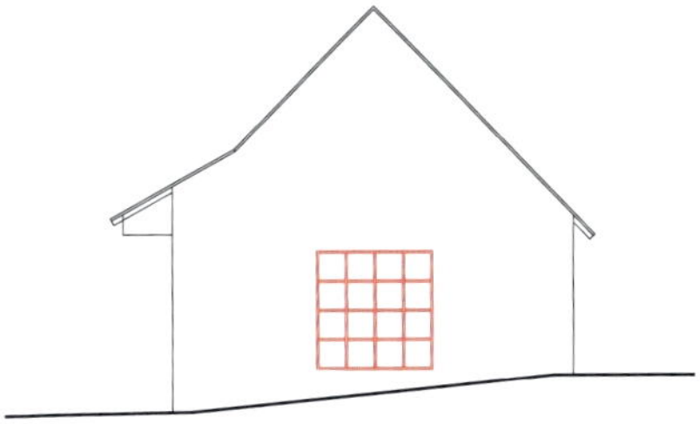

Ansicht Ost

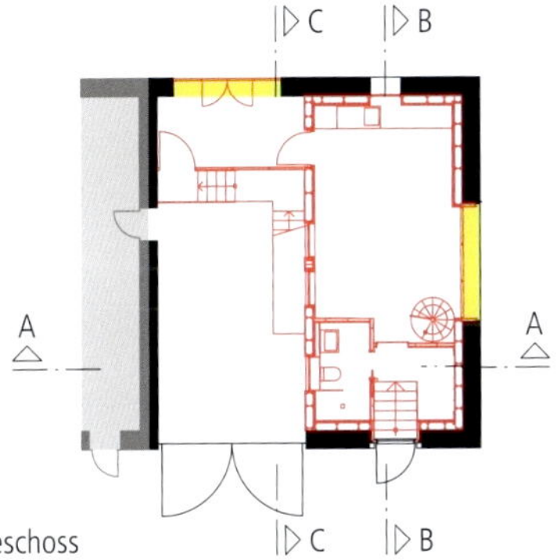

Erdgeschoss

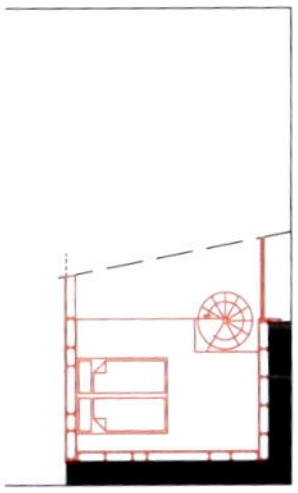

Obergeschoss

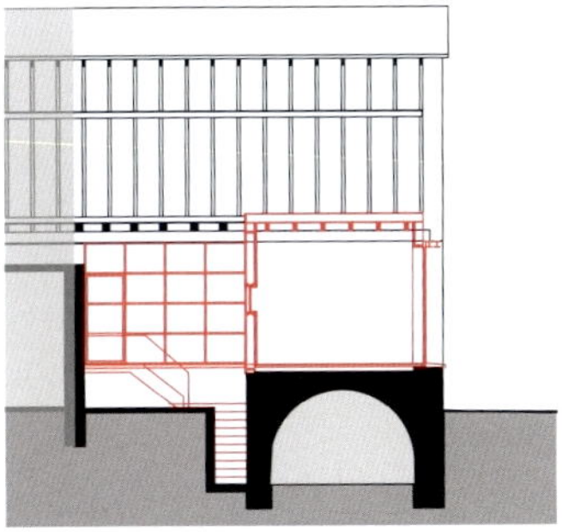

Schnitt A-A

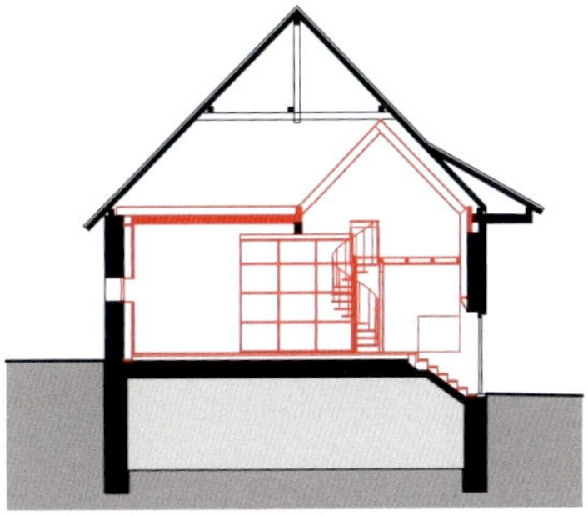

Schnitt B-B

Ansicht Süd

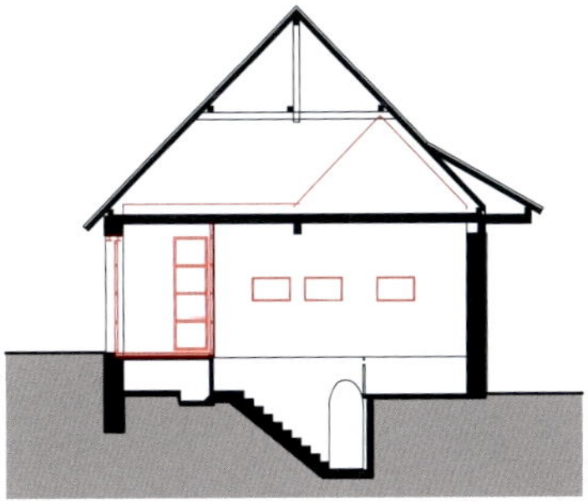

Schnitt C-C

Objektbeschreibung

Allgemeine Objektinformationen

Für die Unterbringung eines Au Pairs erfolgte der Teilausbau einer Scheune zur Wohnfläche. Um die Ansicht der historischen Hofanlage zu erhalten, wurde für den Zugang zur Wohnung der bestehende Kellerzugang abgebrochen und in die Scheune verlegt. Die Wohnung besteht aus einem offenen Wohnraum mit eingestellter Galerieebene und einem Wintergarten.

Nutzung

1 Untergeschoss
Bestand: Gewölbekeller

1 Erdgeschoss
Wohnen/Essen, Bad, Windfang, Wintergarten, Werkstatt
Bestand: Abstellraum

1 Obergeschoss
Schlafgalerie

Nutzeinheiten

Wohneinheiten: 1
Wohnfläche: 43 m^2

Grundstück

Bauraum: Beengter Bauraum
Neigung: Ebenes Gelände

Markt

Hauptvergabezeit: 3. Quartal 2016
Baubeginn: 3. Quartal 2016
Bauende: 3. Quartal 2017
Konjunkturelle Gesamtlage: über Durchschnitt
Regionaler Baumarkt: unter Durchschnitt

Baubestand

Baujahr: 1920
Bauzustand: mittel
Aufwand: mittel
Grundrissänderungen: einige
Tragwerkseingriffe: wenige
Nutzungsänderung: ja
Nutzung während der Bauzeit: nein

Baukonstruktion

Die Gästewohnung wurde als "Haus im Haus"-Konstruktion in Holzbauweise in die bestehende Scheune eingestellt. Die Holzträger der Decken wurden sichtbar belassen. An den hofabgewandten Außenwänden kamen große Fensterelemente mit Dreifachverglasung zum Einsatz. Eine Spindeltreppe aus pulverbeschichtetem Stahl erschließt die Galerie. Decken und Wände sind beschichtet, die Fußböden haben einen Belag aus Echtholzdielen erhalten. Im Wintergarten, im Eingangsbereich und im Bad wurden Bodenfliesen verlegt.

Technische Anlagen

Der Wohnraum wird mit einer elektrischen Strahlungsheizung beheizt. Die Warmwasserbereitung erfolgt ebenfalls elektrisch.

Sonstiges

Die vorhandene Photovoltaikanlage auf dem Scheunendach deckt den Energiebedarf. Die Angaben von Flächen und Rauminhalten in dieser Dokumentation beziehen sich auf die "Raum in Raum"-Konstruktion mit umgebender Hülle.

Energetische Kennwerte

Gesetzliche Grundlage: EnEV 2013
Gebäudenutzfläche: 46,70 m^2
Gebäudevolumen: 220,00 m^3
A/V_e-Verhältnis (Kompaktheit): 1,07 m^{-1}
Hüllfläche des beheizten Volumens: 236,00 m^2
Spez. Transmissionswärmeverlust: 0,23 $W/(m^2 \cdot K)$
Spez. Jahresprimärenergiebedarf: 17,90 $kWh/(m^2 \cdot a)$

© **BKI** Baukosteninformationszentrum

Planungskennwerte für Flächen und Rauminhalte nach DIN 277

Flächen des Grundstücks		Menge Einheit	% an GF
BF	Bebaute Fläche	–	–
UF	Unbebaute Fläche	–	–
GF	Grundstücksfläche	–	–

Grundflächen des Bauwerks		Menge Einheit	% an NUF	% an BGF
NUF	Nutzungsfläche	72,49 m²	100,0	72,2
TF	Technikfläche	–	–	–
VF	Verkehrsfläche	11,20 m²	15,5	11,2
NRF	Netto-Raumfläche	83,69 m²	115,5	83,3
KGF	Konstruktions-Grundfläche	16,72 m²	23,1	16,7
BGF	Brutto-Grundfläche	100,41 m²	138,5	100,0

Brutto-Rauminhalt des Bauwerks		Menge Einheit	BRI/NUF (m)	BRI/BGF (m)
BRI	Brutto-Rauminhalt	598,65 m³	8,26	5,96

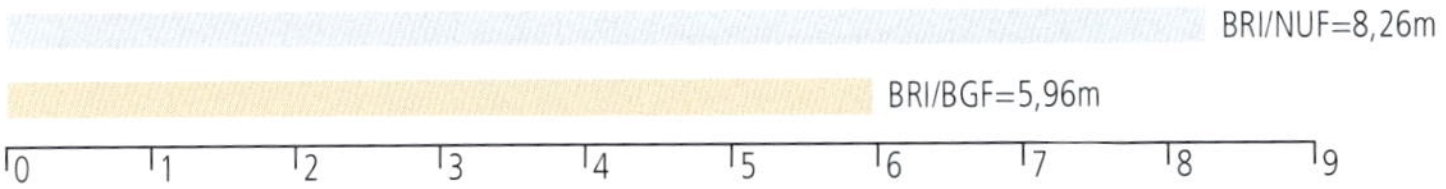

Lufttechnisch behandelte Flächen	Menge Einheit	% an NUF	% an BGF
Entlüftete Fläche	–	–	–
Be- und entlüftete Fläche	–	–	–
Teilklimatisierte Fläche	–	–	–
Klimatisierte Fläche	–	–	–

KG	Kostengruppen (2. Ebene)	Menge Einheit	Menge/NUF	Menge/BGF
310	Baugrube / Erdbau	20,00 m³ BGI	0,28	0,20
320	Gründung, Unterbau	15,84 m² GRF	0,22	0,16
330	Außenwände/Vertikale Baukonstruktionen, außen	72,87 m² AWF	1,01	0,73
340	Innenwände/Vertikale Baukonstruktionen, innen	68,98 m² IWF	0,95	0,69
350	Decken/Horizontale Baukonstruktionen	42,87 m² DEF	0,59	0,43
360	Dächer	56,51 m² DAF	0,78	0,56

Umbau

Kostenkennwerte für die Kostengruppen der 1. Ebene DIN 276

KG	Kostengruppen (1. Ebene)	Einheit	Kosten €	€/Einheit	€/m² BGF	€/m³ BRI	% 300+400
100	Grundstück	m² GF	–	–	–	–	–
200	Vorbereitende Maßnahmen	m² GF	–	–	–	–	–
300	Bauwerk – Baukonstruktionen	m² BGF	136.257	1.357,00	1.357,00	227,61	80,9
400	Bauwerk – Technische Anlagen	m² BGF	32.101	319,70	319,70	53,62	19,1
	Bauwerk 300+400	**m² BGF**	**168.358**	**1.676,71**	**1.676,71**	**281,23**	**100,0**
500	Außenanlagen und Freiflächen	m² AF	231	–	2,30	0,39	0,1
600	Ausstattung und Kunstwerke	m² BGF	1.098	10,94	10,94	1,83	0,7
700	Baunebenkosten	m² BGF	–	–	–	–	–
800	Finanzierung	m² BGF	–	–	–	–	–

KG	Kostengruppe	Menge Einheit	Kosten €	€/Einheit	%
3+4	**Bauwerk**				**100,0**
300	**Bauwerk – Baukonstruktionen**	100,41 m² BGF	136.257	**1.357,00**	80,9
	• Herstellen (Kosten: 100,0%) Betonbodenplatte, Stb-Treppe, Stahltreppe, Bodenfliesen; Holzrahmenwände vor Bestandswand, Fensteröffnungen herstellen, Stb-Wände, Winkelstützmauer, Holzfenster, Holzhaustür, GK-Bekleidung, Beschichtung, Wandfliesen; Holzrahmen-Innenwände, Türöffnung herstellen, GK-Wände, Holz-Glastür, Innenfenster, Schiebetür, Holzbekleidung, Holz-Fensterwand; Holzbalkendecke, Stahltreppen, Holzdielen, Dämmung, Trockenestrich, Stahlgeländer; Holzdachkonstruktion im Dachraum, Dämmung, OSB-Schalung		136.257		
400	**Bauwerk – Technische Anlagen**	100,41 m² BGF	32.101	**319,70**	19,1
	• Herstellen (Kosten: 100,0%) Gebäudeentwässerung, Kalt- und Warmwasserleitungen, Sanitärobjekte, Durchlauferhitzer; Infrarot-Heizpaneele; Elektroinstallation, Beleuchtung; Antennen-, Datenkabelverkabelung		32.101		
500	**Außenanlagen und Freiflächen**	–	231	–	0,1
	• Herstellen (Kosten: 100,0%) Gebäudeentwässerung		231		
600	**Ausstattung und Kunstwerke**	100,41 m² BGF	1.098	**10,94**	0,7
	• Herstellen (Kosten: 100,0%) Glasduschwand		1.098		

© BKI Baukosteninformationszentrum

Kostenkennwerte für die Kostengruppen der 2.Ebene DIN 276

KG	Kostengruppe	Menge Einheit	Kosten €	€/Einheit	%
300	**Bauwerk – Baukonstruktionen**				**100,0**
310	**Baugrube / Erdbau**	20,00 m³ BGI	1.375	**68,75**	1,0
	• Herstellen (Kosten: 100,0%) Baugrubenaushub im Gebäude, abfahren (20m³)	20,00 m³ BGI	1.375	**68,75**	
320	**Gründung, Unterbau**	15,84 m² GRF	12.656	**799,01**	9,3
	• Herstellen (Kosten: 100,0%) Betonbodenplatte (10m²), Stb-Treppe (4m²), Stahltreppe, Geländer (2m²) * Bodenfliesen (9m²) * Sauberkeitsschicht (10m²) * Stahlgeländer (4m²)	15,84 m² GRF	12.656	**799,01**	
330	**Außenwände/Vert. Baukonstrukt., außen**	72,87 m² AWF	47.436	**650,97**	34,8
	• Herstellen (Kosten: 100,0%) Holzrahmenwände, FJI-Träger, Zellulosedämmung, d=200mm, innenseitig vor Bestandswand (63m²), Fensteröffnungen herstellen, Ziegelmauerwerk, d=50cm, Stahlsturzträger (18m²), Stb-Wände, d=25cm (8m²), Winkelstützmauer (5m²) * Holzfenster (18m²), Holzhaustür (2m²) * GK-Bekleidung (52m²), Beschichtung (48m²), Wandfliesen (4m²)	72,87 m² AWF	47.436	**650,97**	
340	**Innenwände/Vert. Baukonstrukt., innen**	68,98 m² IWF	31.147	**451,54**	22,9
	• Herstellen (Kosten: 100,0%) Holzrahmenwände, FJI-Träger, Zellulosedämmung, d=200mm, Holzfaserdämmung, d=40mm, OSB-Schalung (34m²), Türöffnung herstellen, Tonnengewölbe abbrechen, Laibungen beimauern (3m²) * GK-Wände (13m²) * Holz-Glastür (3m²), Holzfenster (2m²), Holzschiebetür (2m²) * Holzbekleidung (38m²), GK-Bekleidung (31m²), Beschichtung (39m²), Wandfliesen (18m²) * Holz-Fensterwand, Dreh-kipptür (13m²)	68,98 m² IWF	31.147	**451,54**	
350	**Decken/Horizontale Baukonstruktionen**	42,87 m² DEF	34.125	**796,01**	25,0
	• Herstellen (Kosten: 100,0%) Holzbalkendecke, Mineralwolldämmung, d=140mm, OSB-Schalung (10m²), Stahlwangentreppe (2m²), Abfangträger HEA100 (2m), Stahl-Spindeltreppe, Holzstufen, Austrittspodest (2m²) * Massiv-holzdielen (10m²), auf UK, Zelluloseeinblasdämmung (24m²), XPS-Dämmung, d=200mm, Trocken-estrich, Bodenfliesen (7m²), Bodenfliesen auf Stufen (2m²) * GK-Bekleidung, Beschichtung (8m²), XPS-Dämmung, d=120mm (6m²) * Stahl-Brüstungsgeländer (5m), als Steigungsgeländer (1St)	42,87 m² DEF	34.125	**796,01**	
360	**Dächer**	56,51 m² DAF	9.517	**168,41**	7,0
	• Herstellen (Kosten: 100,0%) Holzdachkonstruktion im Dachraum: Holzrahmen-Steildächer, FJI-Träger, Zellulosedämmung, d=200mm, OSB-Schalung (34m²), Holzbalken-Flachdach, ESP-Dämmung, d=200mm, OSB-Schalung (21m²) * GK-Bekleidung, Beschichtung (40m²)	56,51 m² DAF	9.517	**168,41**	
400	**Bauwerk – Technische Anlagen**				**100,0**
410	**Abwasser-, Wasser-, Gasanlagen**	100,41 m² BGF	16.786	**167,18**	52,3
	• Herstellen (Kosten: 100,0%) HT-Rohre DN100 (psch), Sifon (1St) * Metallverbundrohre DN15-20 (62m), Wasserzähler (1St), Wand-WC (1St), Waschtisch (1St), Duschwanne (1St), Durchlauferhitzer 21/24kW (1St) * Montage-element (1St)	100,41 m² BGF	16.786	**167,18**	

Umbau

KG	Kostengruppe	Menge Einheit	Kosten €	€/Einheit	%
420	**Wärmeversorgungsanlagen**	100,41 m² BGF	6.296	**62,70**	19,6
	• Herstellen (Kosten: 100,0%) Infrarot-Heizpaneele (3St), Funk-Raumthermostate (2St)	100,41 m² BGF	6.296	**62,70**	
440	**Elektrische Anlagen**	100,41 m² BGF	8.723	**86,88**	27,2
	• Herstellen (Kosten: 100,0%) Kleinverteiler (2St), FI-Schalter (2St), LS-Schalter (1St), Drehstromzähler (1St), Mantelleitungen (301m), Schalter (47St), Steckdosen (41St), Herdanschlussdosen (4St) * LED-Leuchten (31St)	100,41 m² BGF	8.723	**86,88**	
450	**Kommunikationstechnische Anlagen**	100,41 m² BGF	296	**2,95**	0,9
	• Herstellen (Kosten: 100,0%) Koaxialkabel (100m), Antennenanschlussdosen (2St) * Datenkabel (100m), Datenanschlussdosen (2St)	100,41 m² BGF	296	**2,95**	
500	**Außenanlagen und Freiflächen**				**100,0**
550	**Technische Anlagen**	–	231	**–**	100,0
	• Herstellen (Kosten: 100,0%) KG-Rohre DN100 (17m)	–	231	**–**	
600	**Ausstattung und Kunstwerke**				**100,0**
610	**Allgemeine Ausstattung**	100,41 m² BGF	1.098	**10,94**	100,0
	• Herstellen (Kosten: 100,0%) ESG-Duschwand 80x203cm (1St)	100,41 m² BGF	1.098	**10,94**	

© **BKI** Baukosteninformationszentrum

Kostenkennwerte für die Kostengruppen 300 der 2. und 3. Ebene DIN 276 (Übersicht)

KG	Kostengruppe	Menge Einheit	Kosten €	€/Einheit	% an 3+4
300	**Bauwerk – Baukonstruktionen**	**100,41 m² BGF**	**136.256,64**	**1.357,00**	**80,9**
310	**Baugrube / Erdbau**	**20,00 m³ BGI**	**1.375,04**	**68,75**	**0,8**
311	Herstellung	20,00 m³ BGI	1.375,04	68,75	0,8
312	Umschließung	–	–	–	–
313	Wasserhaltung	–	–	–	–
314	Vortrieb	–	–	–	–
319	Sonstiges zur KG 310	–	–	–	–
320	**Gründung, Unterbau**	**15,84 m² GRF**	**12.656,37**	**799,01**	**7,5**
321	Baugrundverbesserung	–	–	–	–
322	Flachgründungen und Bodenplatten	15,84 m²	7.309,35	461,45	4,3
323	Tiefgründungen	–	–	–	–
324	Gründungsbeläge	9,32 m²	2.938,73	315,31	1,7
325	Abdichtungen und Bekleidungen	10,00 m²	353,58	35,36	0,2
326	Dränagen	–	–	–	–
329	Sonstiges zur KG 320	15,84 m² GRF	2.054,71	129,72	1,2
330	**Außenwände/Vert. Baukonstrukt., außen**	**72,87 m² AWF**	**47.436,29**	**650,97**	**28,2**
331	Tragende Außenwände	30,53 m²	23.692,11	776,03	14,1
332	Nichttragende Außenwände	–	–	–	–
333	Außenstützen	–	–	–	–
334	Außenwandöffnungen	20,67 m²	22.063,17	1.067,40	13,1
335	Außenwandbekleidungen, außen	–	–	–	–
336	Außenwandbekleidungen, innen	52,20 m²	1.681,00	32,20	1,0
337	Element. Außenwandkonstruktionen	–	–	–	–
338	Lichtschutz zur KG 330	–	–	–	–
339	Sonstiges zur KG 330	–	–	–	–
340	**Innenwände/Vert. Baukonstrukt., innen**	**68,98 m² IWF**	**31.147,08**	**451,54**	**18,5**
341	Tragende Innenwände	36,36 m²	9.043,49	248,72	5,4
342	Nichttragende Innenwände	13,26 m²	687,38	51,84	0,4
343	Innenstützen	–	–	–	–
344	Innenwandöffnungen	6,11 m²	7.064,46	1.156,21	4,2
345	Innenwandbekleidungen	94,79 m²	3.895,54	41,10	2,3
346	Elementierte Innenwandkonstruktionen	13,25 m²	10.456,23	789,15	6,2
347	Lichtschutz zur KG 340	–	–	–	–
349	Sonstiges zur KG 340	–	–	–	–
350	**Decken/Horizontale Baukonstruktionen**	**42,87 m² DEF**	**34.125,09**	**796,01**	**20,3**
351	Deckenkonstruktionen	13,24 m²	13.297,60	1.004,35	7,9
352	Deckenöffnungen	–	–	–	–
353	Deckenbeläge	42,87 m²	15.263,65	356,04	9,1
354	Deckenbekleidungen	14,33 m²	519,37	36,24	0,3
355	Elementierte Deckenkonstruktionen	–	–	–	–
359	Sonstiges zur KG 350	42,87 m² DEF	5.044,46	117,67	3,0
360	**Dächer**	**56,51 m² DAF**	**9.516,77**	**168,41**	**5,7**
361	Dachkonstruktionen	56,51 m²	8.591,37	152,03	5,1
362	Dachöffnungen	–	–	–	–
363	Dachbeläge	–	–	–	–
364	Dachbekleidungen	40,34 m²	925,41	22,94	0,5
365	Elementierte Dachkonstruktionen	–	–	–	–
366	Lichtschutz zur KG 360	–	–	–	–
369	Sonstiges zur KG 360	–	–	–	–
370	**Infrastrukturanlagen**	**–**	**–**	**–**	**–**
380	**Baukonstruktive Einbauten**	**–**	**–**	**–**	**–**
390	**Sonst. Maßnahmen für Baukonstrukt.**	**–**	**–**	**–**	**–**

© BKI Baukosteninformationszentrum

Umbau

Kostenkennwerte für die Kostengruppen 400 der 2. und 3. Ebene DIN 276 (Übersicht)

KG	Kostengruppe	Menge Einheit	Kosten €	€/Einheit	% an 3+4
400	**Bauwerk – Technische Anlagen**	**100,41 m² BGF**	**32.101,46**	**319,70**	**19,1**
410	**Abwasser-, Wasser-, Gasanlagen**	**100,41 m² BGF**	**16.786,46**	**167,18**	**10,0**
411	Abwasseranlagen	100,41 m² BGF	1.492,20	14,86	0,9
412	Wasseranlagen	100,41 m² BGF	14.886,95	148,26	8,8
413	Gasanlagen	–	–	–	–
419	Sonstiges zur KG 410	100,41 m² BGF	407,33	4,06	0,2
420	**Wärmeversorgungsanlagen**	**100,41 m² BGF**	**6.295,72**	**62,70**	**3,7**
421	Wärmeerzeugungsanlagen	–	–	–	–
422	Wärmeverteilnetze	–	–	–	–
423	Raumheizflächen	100,41 m² BGF	6.295,72	62,70	3,7
424	Verkehrsheizflächen	–	–	–	–
429	Sonstiges zur KG 420	–	–	–	–
430	**Raumlufttechnische Anlagen**	**–**	**–**	**–**	**–**
431	Lüftungsanlagen	–	–	–	–
432	Teilklimaanlagen	–	–	–	–
433	Klimaanlagen	–	–	–	–
434	Kälteanlagen	–	–	–	–
439	Sonstiges zur KG 430	–	–	–	–
440	**Elektrische Anlagen**	**100,41 m² BGF**	**8.723,31**	**86,88**	**5,2**
441	Hoch- und Mittelspannungsanlagen	–	–	–	–
442	Eigenstromversorgungsanlagen	–	–	–	–
443	Niederspannungsschaltanlagen	–	–	–	–
444	Niederspannungsinstallationsanlagen	100,41 m² BGF	4.820,08	48,00	2,9
445	Beleuchtungsanlagen	100,41 m² BGF	3.903,23	38,87	2,3
446	Blitzschutz- und Erdungsanlagen	–	–	–	–
447	Fahrleitungssysteme	–	–	–	–
449	Sonstiges zur KG 440	–	–	–	–
450	**Kommunikationstechnische Anlagen**	**100,41 m² BGF**	**295,95**	**2,95**	**0,2**
451	Telekommunikationsanlagen	–	–	–	–
452	Such- und Signalanlagen	–	–	–	–
453	Zeitdienstanlagen	–	–	–	–
454	Elektroakustische Anlagen	–	–	–	–
455	Audiovisuelle Medien- u. Antennenanl.	100,41 m² BGF	121,92	1,21	< 0,1
456	Gefahrenmelde- und Alarmanlagen	–	–	–	–
457	Datenübertragungsnetze	100,41 m² BGF	174,03	1,73	0,1
458	Verkehrsbeeinflussungsanlagen	–	–	–	–
459	Sonstiges zur KG 450	–	–	–	–
460	**Förderanlagen**	**–**	**–**	**–**	**–**
461	Aufzugsanlagen	–	–	–	–
462	Fahrtreppen, Fahrsteige	–	–	–	–
463	Befahranlagen	–	–	–	–
464	Transportanlagen	–	–	–	–
465	Krananlagen	–	–	–	–
466	Hydraulikanlagen	–	–	–	–
469	Sonstiges zur KG 460	–	–	–	–
470	**Nutzungsspez. u. verfahrenstechn. Anl.**	**–**	**–**	**–**	**–**
480	**Gebäude- und Anlagenautomation**	**–**	**–**	**–**	**–**
490	**Sonst. Maßnahmen für techn. Anlagen**	**–**	**–**	**–**	**–**

© BKI Baukosteninformationszentrum

Kostenkennwerte für Leistungsbereiche nach STLB (Kosten des Bauwerks nach DIN 276)

LB	Leistungsbereiche	Kosten €	€/m² BGF	€/m³ BRI	% an 3+4
000	Baustellen-, Verkehrssich.- u. Sicherh.einr. inkl. 001	18	0,18	0,03	< 0,1
002	Erdarbeiten	1.375	13,70	2,30	0,8
006	Spezialtiefbauarbeiten inkl. 005	–	–	–	–
009	Entwässerungskanalarbeiten inkl. 011	–	–	–	–
010	Drän- und Versickerarbeiten	–	–	–	–
012	Mauerarbeiten	15.597	155,30	26,10	9,3
013	Betonarbeiten	6.585	65,60	11,00	3,9
014	Natur-, Betonwerksteinarbeiten	–	–	–	–
016	Zimmer- und Holzbauarbeiten	24.351	242,50	40,70	14,5
017	Stahlbauarbeiten	–	–	–	–
018	Abdichtungsarbeiten	–	–	–	–
020	Dachdeckungsarbeiten	–	–	–	–
021	Dachabdichtungsarbeiten	–	–	–	–
022	Klempnerarbeiten	–	–	–	–
	Rohbau	**47.926**	**477,30**	**80,10**	**28,5**
023	Putz- und Stuckarbeiten, Wärmedämmsysteme	–	–	–	–
024	Fliesen- und Plattenarbeiten	8.064	80,30	13,50	4,8
025	Estricharbeiten	2.762	27,50	4,60	1,6
026	Fenster, Außentüren inkl. 029, 032	37.657	375,00	62,90	22,4
027	Tischlerarbeiten	453	4,50	0,76	0,3
028	Parkett-, Holzpflasterarbeiten	9.528	94,90	15,90	5,7
030	Rollladenarbeiten	–	–	–	–
031	Metallbauarbeiten inkl. 035	24.107	240,10	40,30	14,3
034	Maler- und Lackiererarb. – Beschicht. inkl. 037	1.511	15,00	2,50	0,9
036	Bodenbelagarbeiten	–	–	–	–
038	Vorgehängte hinterlüftete Fassaden	–	–	–	–
039	Trockenbauarbeiten	4.518	45,00	7,50	2,7
	Ausbau	**88.600**	**882,40**	**148,00**	**52,6**
040	Wärmeversorgungsanl. - Betriebseinr. inkl. 041	6.045	60,20	10,10	3,6
042	Gas- u. Wasseranl. – Leitung., Armat. inkl. 043	4.319	43,00	7,20	2,6
044	Abwasseranl. - Leitungen, Abläufe, Armaturen	1.492	14,90	2,50	0,9
045	Gas, Wasser, Entwässerung – Ausstattung inkl. 046	10.387	103,50	17,40	6,2
047	Dämm- und Brandschutzarb. an techn. Anlagen	588	5,90	0,98	0,3
049	Feuerlöschanlagen, Feuerlöschgeräte	–	–	–	–
050	Blitzschutz-/Erdungsanlagen, Überspannungssch.	–	–	–	–
053	Niederspannungsanl. – Kabel inkl. 052, 054	4.820	48,00	8,10	2,9
055	Sicherheits- u. Ersatzstromversorgungsanl.	–	–	–	–
057	Gebäudesystemtechnik	–	–	–	–
058	Leuchten und Lampen inkl. 059	3.885	38,70	6,50	2,3
060	Such, Signal, Zeit, Anten., akust. Anl. inkl. 064	122	1,20	0,20	< 0,1
061	Kommunikations- u. Übertragungsnetze inkl. 063	174	1,70	0,29	0,1
069	Aufzüge	–	–	–	–
070	Gebäudeautomation	–	–	–	–
075	Raumlufttechnische Anlagen inkl. 078	–	–	–	–
	Gebäudetechnik	**31.832**	**317,00**	**53,20**	**18,9**
084	Abbruch, Rückbau, Schadstoffsanierung	–	–	–	–
	Abbrucharbeiten	**–**	**–**	**–**	**–**
	Sonstige Leistungsbereiche	**–**	**–**	**–**	**–**

6100-1465
Dachgeschosswohnung

Kostenkennwerte für die Kosten des Bauwerks (Kostengruppen 300+400 nach DIN 276)

Modernisierung

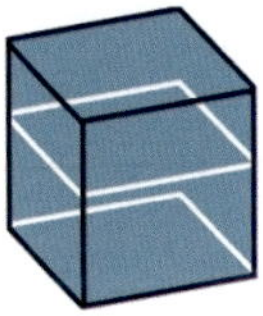

BRI 358 €/m³

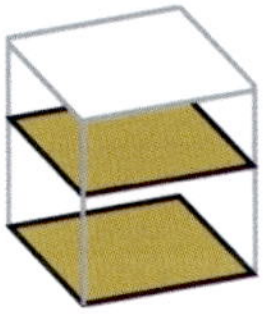

BGF 981 €/m²

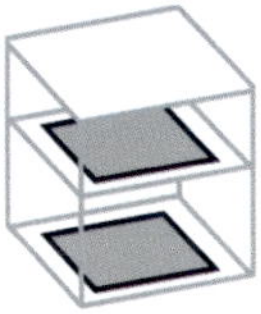

NUF 1.405 €/m²

NE 1.363 €/NE

NE: Wohnfläche

Objekt:
Kennwerte: 3.Ebene DIN 276
BRI: 468 m³
BGF: 171 m²
NUF: 120 m²
Bauzeit: 104 Wochen
Bauende: 2014
Standard: mittel
Bundesland: Nordrhein-Westfalen
Kreis: Köln, Stadt

Architekt*in:
Dipl.-Ing. Christoph Wieacker
Architekt BDA
Domstraße 56
50668 Köln

© Esma Su Wieacker

© **BKI** Baukosteninformationszentrum

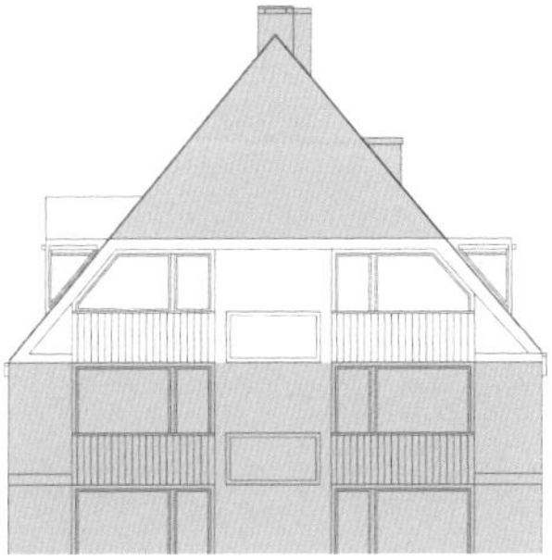

Ansicht Süd

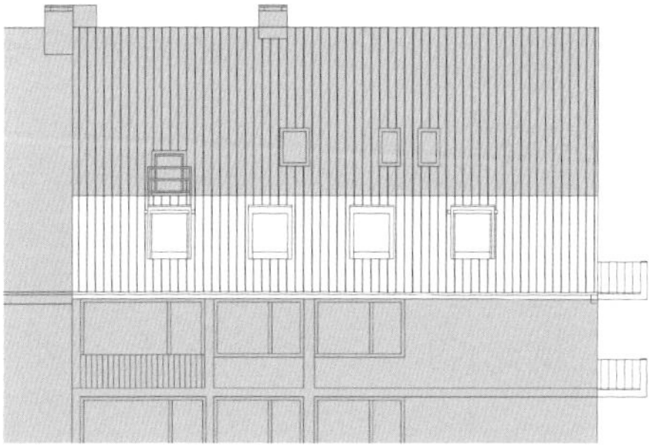

Ansicht West

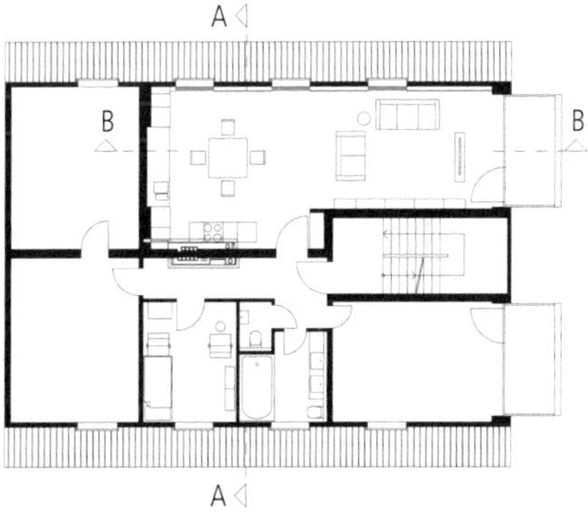

Erdgeschoss

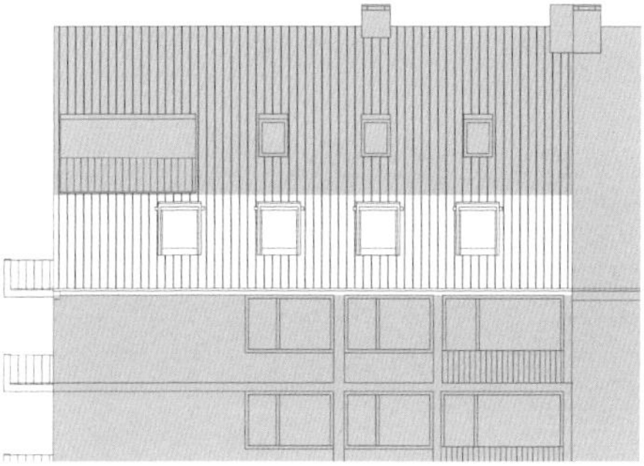

Ansicht Ost

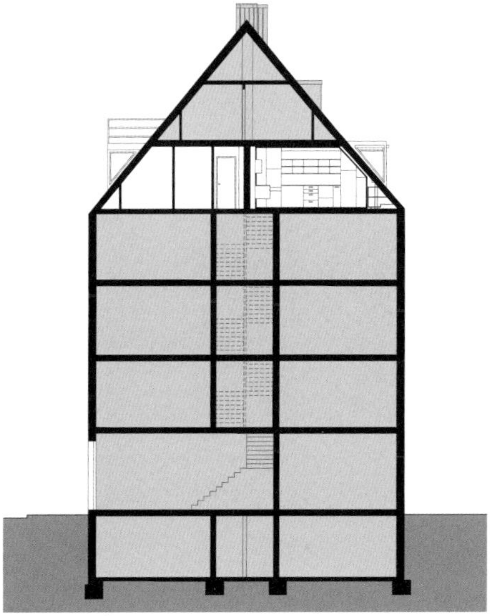

Schnitt A-A

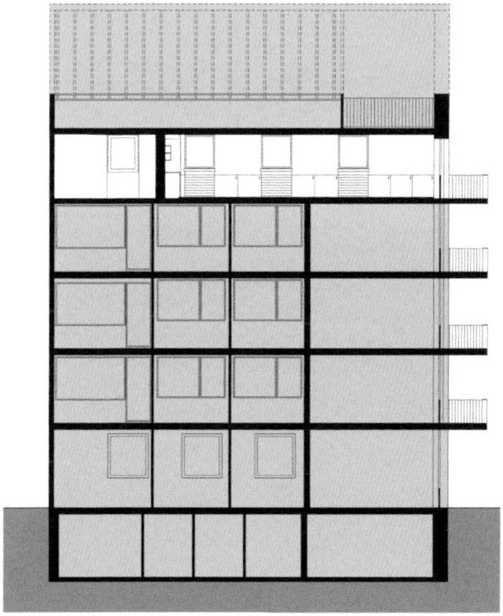

Schnitt B-B

Objektbeschreibung

Allgemeine Objektinformationen

Im Rahmen des Umbaus einer Dachgeschosswohnung wurde die Küche verlegt und in einen großzügigen Wohn- und Essbereich integriert. Zudem wurden die Abmauerungen im Drempel durch Schränke ersetzt, die Stauraum bis in die Winkelspitze des Satteldachs bieten.

Nutzung

1 Dachgeschoss
Wohnküche, Schlafzimmer, Kinderzimmer, Gästezimmer, Arbeitszimmer, Bad, WC

Nutzeinheiten

Wohneinheiten: 1
Wohnfläche: 123 m²

Markt

Hauptvergabezeit: 3. Quartal 2012
Baubeginn: 3. Quartal 2012
Bauende: 3. Quartal 2014
Konjunkturelle Gesamtlage: Durchschnitt
Regionaler Baumarkt: über Durchschnitt

Baubestand

Baujahr: 1960
Bauzustand: gut
Aufwand: mittel
Grundrissänderungen: wenige
Tragwerkseingriffe: keine
Nutzungsänderung: ja
Nutzung während der Bauzeit: nein

Baukonstruktion

Da sich die Dachgeschosswohnung innerhalb einer Wohnungseigentümergemeinschaft befindet, sollte die Umbaumaßnahme ohne Eingriff in die tragende Bausubstanz erfolgen.

Technische Anlagen

Die neue Küche konnte an bestehende Abflussleitungen angeschlossen werden. Für das Trinkwasser musste eine neue Leitung aus dem Keller ins Dachgeschoss geführt werden. Die Elektroinstallation im neu gestaltetem Wohn- und Essbereich wurde weitgehend erneuert und durch Multimediadosen mit passenden Steckmodulen für Fernsehen, Telefon und Computernetzwerk ergänzt. An dieses Netz wurden auch zwei weitere Räume angeschlossen.

Sonstiges

Das Gebäude wurde, bis auf die Dachgeschosswohnung während der Sanierung genutzt.

© BKI Baukosteninformationszentrum

Planungskennwerte für Flächen und Rauminhalte nach DIN 277

Flächen des Grundstücks		Menge Einheit	% an GF
BF	Bebaute Fläche	–	–
UF	Unbebaute Fläche	–	–
GF	Grundstücksfläche	–	–

Grundflächen des Bauwerks		Menge Einheit	% an NUF	% an BGF
NUF	Nutzungsfläche	119,53 m²	100,0	69,8
TF	Technikfläche	–	–	–
VF	Verkehrsfläche	20,40 m²	17,1	11,9
NRF	Netto-Raumfläche	139,93 m²	117,1	81,7
KGF	Konstruktions-Grundfläche	31,29 m²	26,2	18,3
BGF	Brutto-Grundfläche	171,22 m²	143,2	100,0

Brutto-Rauminhalt des Bauwerks		Menge Einheit	BRI/NUF (m)	BRI/BGF (m)
BRI	Brutto-Rauminhalt	468,49 m³	3,92	2,74

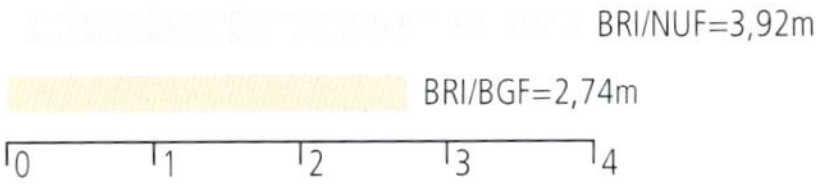

Lufttechnisch behandelte Flächen	Menge Einheit	% an NUF	% an BGF
Entlüftete Fläche	–	–	–
Be- und entlüftete Fläche	–	–	–
Teilklimatisierte Fläche	–	–	–
Klimatisierte Fläche	–	–	–

KG	Kostengruppen (2. Ebene)	Menge Einheit	Menge/NUF	Menge/BGF
310	Baugrube / Erdbau	–	–	–
320	Gründung, Unterbau	–	–	–
330	Außenwände/Vertikale Baukonstruktionen, außen	14,00 m² AWF	0,12	0,08
340	Innenwände/Vertikale Baukonstruktionen, innen	55,63 m² IWF	0,47	0,33
350	Decken/Horizontale Baukonstruktionen	77,00 m² DEF	0,64	0,45
360	Dächer	45,16 m² DAF	0,38	0,26

Modernisierung

Kostenkennwerte für die Kostengruppen der 1. Ebene DIN 276

KG	Kostengruppen (1. Ebene)	Einheit	Kosten €	€/Einheit	€/m² BGF	€/m³ BRI	% 300+400
100	Grundstück	m² GF	–	–	–	–	–
200	Vorbereitende Maßnahmen	m² GF	–	–	–	–	–
300	Bauwerk – Baukonstruktionen	m² BGF	138.941	811,47	811,47	296,57	82,7
400	Bauwerk – Technische Anlagen	m² BGF	28.968	169,18	169,18	61,83	17,3
	Bauwerk 300+400	**m² BGF**	**167.908**	**980,66**	**980,66**	**358,40**	**100,0**
500	Außenanlagen und Freiflächen	m² AF	–	–	–	–	–
600	Ausstattung und Kunstwerke	m² BGF	–	–	–	–	–
700	Baunebenkosten	m² BGF	–	–	–	–	–
800	Finanzierung	m² BGF	–	–	–	–	–

KG	Kostengruppe	Menge Einheit	Kosten €	€/Einheit	%
3+4	**Bauwerk**				**100,0**
300	**Bauwerk – Baukonstruktionen**	171,22 m² BGF	138.941	**811,47**	82,7

- Abbrechen (Kosten: 3,5%) — 4.861
  Abbruch von Drempelwänden, Vorwänden; Bodenfliesen, Deckenbekleidung; Entsorgung, Deponiegebühren
- Wiederherstellen (Kosten: 2,5%) — 3.441
  Fenster instandsetzen, lackieren; Türen anpassen, lackieren; Parkett ausbessern, versiegeln; Deckenputz ausbessern; Dachschrägen verputzen
- Herstellen (Kosten: 94,0%) — 130.639
  Heizkörperbekleidungen; Mauerwerkswände schließen, GK-Wände, Schallschutzwand, Silikatbeschichtung, Beschichtung mit Magnetfarbe, Fertigparkett; Schiebeladen, Einbauküche, Regale

KG	Kostengruppe	Menge Einheit	Kosten €	€/Einheit	%
400	**Bauwerk – Technische Anlagen**	171,22 m² BGF	28.968	**169,18**	17,3

- Herstellen (Kosten: 100,0%) — 28.968
  Gebäudeentwässerung, Warmwasserspeicher; Heizkörper; Elektroinstallation, Beleuchtung; Telefonanschluss, Antennenanschluss, Datenverkabelung

© BKI Baukosteninformationszentrum

Kostenkennwerte für die Kostengruppen der 2.Ebene DIN 276

KG	Kostengruppe	Menge Einheit	Kosten €	€/Einheit	%
300	**Bauwerk – Baukonstruktionen**				**100,0**
330	**Außenwände/Vert. Baukonstrukt., außen**	14,00 m² AWF	3.500	**250,03**	2,5
	• Wiederherstellen (Kosten: 24,2%) Gaubenfenster ausbauen, Schadstellen ausbessern, lackieren (psch)	–	846	–	
	• Herstellen (Kosten: 75,8%) Silikatbeschichtung (14m²), Lattenbekleidungen für Heizkörper (6St)	14,00 m² AWF	2.654	**189,61**	
340	**Innenwände/Vert. Baukonstrukt., innen**	55,63 m² IWF	18.805	**338,04**	13,5
	• Abbrechen (Kosten: 18,7%) Abbruch von Drempelwänden (7m²) * Vorwänden (13m²); Entsorgung, Deponiegebühren	13,87 m² IWF	3.525	**254,15**	
	• Wiederherstellen (Kosten: 2,8%) Türen anpassen (2St), Schadstellen ausbessern, lackieren (1St)	–	532	–	
	• Herstellen (Kosten: 78,4%) Mauerwerkswände schließen (psch) * GK-Vorwände, d=130mm (14m²), Schallschutzwand, Mineralwolldämmung, d=40-100mm (11m²), Schlitze verputzen (18m), Silikatbeschichtung (111m²), Beschichtung mit Magnetfarbe (1m²)	55,63 m² IWF	14.749	**265,12**	
350	**Decken/Horizontale Baukonstruktionen**	77,00 m² DEF	8.008	**104,00**	5,8
	• Abbrechen (Kosten: 16,7%) Abbruch von Bodenfliesen (12m²) * Kunststoff-Deckenbekleidung (8m²); Entsorgung, Deponiegebühren	20,00 m² DEF	1.336	**66,79**	
	• Wiederherstellen (Kosten: 22,1%) Parkett ausbessern, versiegeln (psch) * Deckenputz, Schadstellen ausbessern (8m²)	8,00 m² DEF	1.769	**221,07**	
	• Herstellen (Kosten: 61,2%) Spachtelung, Fertigparkett (12m²) * Silikatbeschichtung (57m²)	69,00 m² DEF	4.903	**71,06**	
360	**Dächer**	45,16 m² DAF	3.103	**68,71**	2,2
	• Wiederherstellen (Kosten: 9,5%) Dachschrägen verputzen (9m)	–	295	–	
	• Herstellen (Kosten: 90,5%) Silikatbeschichtung (43m²) * Schiebeladen (2m²)	45,16 m² DAF	2.808	**62,18**	
380	**Baukonstruktive Einbauten**	171,22 m² BGF	103.139	**602,37**	74,2
	• Herstellen (Kosten: 100,0%) Einbauküche, Korpus Holz, Hochschränke, Ober-/Unterschränke (1St), Arbeitsplatte (1St), Spülen (2St), Geschirrspüler (1St), Kühlschrank (1St), Gefrierschrank (1St), Ablufthaube (1St), Kochfeld (1St), Backofen (1St), Einbauschränke (4St), Regale (psch)	171,22 m² BGF	103.139	**602,37**	
390	**Sonst. Maßnahmen für Baukonstrukt.**	171,22 m² BGF	2.386	**13,93**	1,7
	• Herstellen (Kosten: 100,0%) Schutzabdeckungen (73m²), Baureinigung (psch)	171,22 m² BGF	2.386	**13,93**	

KG	Kostengruppe	Menge Einheit	Kosten €	€/Einheit	%
400	**Bauwerk – Technische Anlagen**				**100,0**
410	**Abwasser-, Wasser-, Gasanlagen**	171,22 m²BGF	2.536	**14,81**	8,8
	• Herstellen (Kosten: 100,0%) HT-Rohre DN50 (4m) * Mehrschichtverbundrohre DN16 (16m), Warmwasserspeicher 10l (1St)	171,22 m²BGF	2.536	**14,81**	
420	**Wärmeversorgungsanlagen**	171,22 m²BGF	4.950	**28,91**	17,1
	• Herstellen (Kosten: 100,0%) Kupferrohre DN15 (6m) * Heizkörper (1St)	171,22 m²BGF	4.950	**28,91**	
440	**Elektrische Anlagen**	171,22 m²BGF	14.221	**83,06**	49,1
	• Herstellen (Kosten: 100,0%) SL-Schalter (5St), FI-Schalter (1St), Mantelleitungen (164m), Installationsleitungen (12m), Steckdosen (24St), Schalter (3St), Dimmer (1St) * LED-Lichtband (1St), LED-Leuchten (2St)	171,22 m²BGF	14.221	**83,06**	
450	**Kommunikationstechnische Anlagen**	171,22 m²BGF	7.260	**42,40**	25,1
	• Herstellen (Kosten: 100,0%) Fernmeldekabel (10m), Anschlussdosen (3St) * Koaxkabel (28m), Anschlussdose (1St), Einbauradio (1St), Lautsprecher (1St) * Koaxkabel (20m), Antennenanschlussdosen (3St) * Datenkabel Cat5 (128m), Datenanschlussdosen (6St), Splitter (1St)	171,22 m²BGF	7.260	**42,40**	

Kostenkennwerte für die Kostengruppen 300 der 2. und 3.Ebene DIN 276 (Übersicht)

KG	Kostengruppe	Menge Einheit	Kosten €	€/Einheit	% an 3+4
300	**Bauwerk – Baukonstruktionen**	**171,22 m² BGF**	**138.940,69**	**811,47**	**82,7**
310	**Baugrube / Erdbau**	**–**	**–**	**–**	**–**
311	Herstellung	–	–	–	–
312	Umschließung	–	–	–	–
313	Wasserhaltung	–	–	–	–
314	Vortrieb	–	–	–	–
319	Sonstiges zur KG 310	–	–	–	–
320	**Gründung, Unterbau**	**–**	**–**	**–**	**–**
321	Baugrundverbesserung	–	–	–	–
322	Flachgründungen und Bodenplatten	–	–	–	–
323	Tiefgründungen	–	–	–	–
324	Gründungsbeläge	–	–	–	–
325	Abdichtungen und Bekleidungen	–	–	–	–
326	Dränagen	–	–	–	–
329	Sonstiges zur KG 320	–	–	–	–
330	**Außenwände/Vert. Baukonstrukt., außen**	**14,00 m² AWF**	**3.500,40**	**250,03**	**2,1**
331	Tragende Außenwände	–	–	–	–
332	Nichttragende Außenwände	–	–	–	–
333	Außenstützen	–	–	–	–
334	Außenwandöffnungen	–	845,93	–	0,5
335	Außenwandbekleidungen, außen	–	–	–	–
336	Außenwandbekleidungen, innen	14,00 m²	2.654,48	189,61	1,6
337	Element. Außenwandkonstruktionen	–	–	–	–
338	Lichtschutz zur KG 330	–	–	–	–
339	Sonstiges zur KG 330	–	–	–	–
340	**Innenwände/Vert. Baukonstrukt., innen**	**55,63 m² IWF**	**18.805,39**	**338,04**	**11,2**
341	Tragende Innenwände	–	2.052,93	–	1,2
342	Nichttragende Innenwände	–	–	–	–
343	Innenstützen	–	–	–	–
344	Innenwandöffnungen	–	531,52	–	0,3
345	Innenwandbekleidungen	111,25 m²	16.220,94	145,81	9,7
346	Elementierte Innenwandkonstruktionen	–	–	–	–
347	Lichtschutz zur KG 340	–	–	–	–
349	Sonstiges zur KG 340	–	–	–	–
350	**Decken/Horizontale Baukonstruktionen**	**77,00 m² DEF**	**8.007,81**	**104,00**	**4,8**
351	Deckenkonstruktionen	–	–	–	–
352	Deckenöffnungen	–	–	–	–
353	Deckenbeläge	12,00 m²	5.613,84	467,82	3,3
354	Deckenbekleidungen	65,00 m²	2.393,97	36,83	1,4
355	Elementierte Deckenkonstruktionen	–	–	–	–
359	Sonstiges zur KG 350	–	–	–	–
360	**Dächer**	**45,16 m² DAF**	**3.102,76**	**68,71**	**1,8**
361	Dachkonstruktionen	–	–	–	–
362	Dachöffnungen	–	–	–	–
363	Dachbeläge	–	–	–	–
364	Dachbekleidungen	43,00 m²	1.323,33	30,78	0,8
365	Elementierte Dachkonstruktionen	–	–	–	–
366	Lichtschutz zur KG 360	2,16 m²	1.779,44	823,82	1,1
369	Sonstiges zur KG 360	–	–	–	–
370	**Infrastrukturanlagen**	**–**	**–**	**–**	**–**
380	**Baukonstruktive Einbauten**	**171,22 m² BGF**	**103.138,57**	**602,37**	**61,4**
390	**Sonst. Maßnahmen für Baukonstrukt.**	**171,22 m² BGF**	**2.385,75**	**13,93**	**1,4**

Modernisierung

Kostenkennwerte für die Kostengruppen 400 der 2. und 3. Ebene DIN 276 (Übersicht)

KG	Kostengruppe	Menge Einheit	Kosten €	€/Einheit	% an 3+4
400	**Bauwerk – Technische Anlagen**	**171,22 m² BGF**	**28.967,76**	**169,18**	**17,3**
410	**Abwasser-, Wasser-, Gasanlagen**	**171,22 m² BGF**	**2.536,33**	**14,81**	**1,5**
411	Abwasseranlagen	171,22 m² BGF	269,92	1,58	0,2
412	Wasseranlagen	171,22 m² BGF	2.266,41	13,24	1,3
413	Gasanlagen	–	–	–	–
419	Sonstiges zur KG 410	–	–	–	–
420	**Wärmeversorgungsanlagen**	**171,22 m² BGF**	**4.950,32**	**28,91**	**2,9**
421	Wärmeerzeugungsanlagen	–	–	–	–
422	Wärmeverteilnetze	171,22 m² BGF	3.369,98	19,68	2,0
423	Raumheizflächen	171,22 m² BGF	1.580,34	9,23	0,9
424	Verkehrsheizflächen	–	–	–	–
429	Sonstiges zur KG 420	–	–	–	–
430	**Raumlufttechnische Anlagen**	**–**	**–**	**–**	**–**
431	Lüftungsanlagen	–	–	–	–
432	Teilklimaanlagen	–	–	–	–
433	Klimaanlagen	–	–	–	–
434	Kälteanlagen	–	–	–	–
439	Sonstiges zur KG 430	–	–	–	–
440	**Elektrische Anlagen**	**171,22 m² BGF**	**14.221,17**	**83,06**	**8,5**
441	Hoch- und Mittelspannungsanlagen	–	–	–	–
442	Eigenstromversorgungsanlagen	–	–	–	–
443	Niederspannungsschaltanlagen	–	–	–	–
444	Niederspannungsinstallationsanlagen	171,22 m² BGF	8.151,49	47,61	4,9
445	Beleuchtungsanlagen	171,22 m² BGF	6.069,67	35,45	3,6
446	Blitzschutz- und Erdungsanlagen	–	–	–	–
447	Fahrleitungssysteme	–	–	–	–
449	Sonstiges zur KG 440	–	–	–	–
450	**Kommunikationstechnische Anlagen**	**171,22 m² BGF**	**7.259,94**	**42,40**	**4,3**
451	Telekommunikationsanlagen	171,22 m² BGF	151,15	0,88	< 0,1
452	Such- und Signalanlagen	–	–	–	–
453	Zeitdienstanlagen	–	–	–	–
454	Elektroakustische Anlagen	171,22 m² BGF	355,26	2,07	0,2
455	Audiovisuelle Medien- u. Antennenanl.	171,22 m² BGF	285,86	1,67	0,2
456	Gefahrenmelde- und Alarmanlagen	–	–	–	–
457	Datenübertragungsnetze	171,22 m² BGF	6.467,67	37,77	3,9
458	Verkehrsbeeinflussungsanlagen	–	–	–	–
459	Sonstiges zur KG 450	–	–	–	–
460	**Förderanlagen**	**–**	**–**	**–**	**–**
461	Aufzugsanlagen	–	–	–	–
462	Fahrtreppen, Fahrsteige	–	–	–	–
463	Befahranlagen	–	–	–	–
464	Transportanlagen	–	–	–	–
465	Krananlagen	–	–	–	–
466	Hydraulikanlagen	–	–	–	–
469	Sonstiges zur KG 460	–	–	–	–
470	**Nutzungsspez. u. verfahrenstechn. Anl.**	**–**	**–**	**–**	**–**
480	**Gebäude- und Anlagenautomation**	**–**	**–**	**–**	**–**
490	**Sonst. Maßnahmen für techn. Anlagen**	**–**	**–**	**–**	**–**

© BKI Baukosteninformationszentrum

Kostenkennwerte für Leistungsbereiche nach STLB (Kosten des Bauwerks nach DIN 276)

LB	Leistungsbereiche	Kosten €	€/m² BGF	€/m³ BRI	% an 3+4
000	Baustellen-, Verkehrssich.- u. Sicherh.einr. inkl. 001	1.866	10,90	4,00	1,1
002	Erdarbeiten	–	–	–	–
006	Spezialtiefbauarbeiten inkl. 005	–	–	–	–
009	Entwässerungskanalarbeiten inkl. 011	–	–	–	–
010	Drän- und Versickerarbeiten	–	–	–	–
012	Mauerarbeiten	784	4,60	1,70	0,5
013	Betonarbeiten	–	–	–	–
014	Natur-, Betonwerksteinarbeiten	–	–	–	–
016	Zimmer- und Holzbauarbeiten	–	–	–	–
017	Stahlbauarbeiten	–	–	–	–
018	Abdichtungsarbeiten	–	–	–	–
020	Dachdeckungsarbeiten	–	–	–	–
021	Dachabdichtungsarbeiten	–	–	–	–
022	Klempnerarbeiten	–	–	–	–
	Rohbau	**2.650**	**15,50**	**5,70**	**1,6**
023	Putz- und Stuckarbeiten, Wärmedämmsysteme	1.699	9,90	3,60	1,0
	Wiederherstellen	1.046	6,10	2,20	0,6
	Herstellen	653	3,80	1,40	0,4
024	Fliesen- und Plattenarbeiten	–	–	–	–
025	Estricharbeiten	–	–	–	–
026	Fenster, Außentüren inkl. 029, 032	–	–	–	–
027	Tischlerarbeiten	107.460	627,60	229,40	64,0
	Wiederherstellen	231	1,30	0,49	0,1
	Herstellen	107.229	626,30	228,90	63,9
028	Parkett-, Holzpflasterarbeiten	–	–	–	–
030	Rollladenarbeiten	–	–	–	–
031	Metallbauarbeiten inkl. 035	–	–	–	–
034	Maler- und Lackiererarb. – Beschicht. inkl. 037	8.842	51,60	18,90	5,3
	Wiederherstellen	1.146	6,70	2,40	0,7
	Herstellen	7.695	44,90	16,40	4,6
036	Bodenbelagarbeiten	3.283	19,20	7,00	2,0
	Wiederherstellen	1.018	5,90	2,20	0,6
	Herstellen	2.266	13,20	4,80	1,3
038	Vorgehängte hinterlüftete Fassaden	–	–	–	–
039	Trockenbauarbeiten	10.146	59,30	21,70	6,0
	Ausbau	**131.430**	**767,60**	**280,50**	**78,3**
	Wiederherstellen	3.441	20,10	7,30	2,0
	Herstellen	127.989	747,50	273,20	76,2
040	Wärmeversorgungsanl. - Betriebseinr. inkl. 041	4.921	28,70	10,50	2,9
042	Gas- u. Wasseranl. – Leitung., Armat. inkl. 043	1.513	8,80	3,20	0,9
044	Abwasseranl. - Leitungen, Abläufe, Armaturen	270	1,60	0,58	0,2
045	Gas, Wasser, Entwässerung – Ausstattung inkl. 046	753	4,40	1,60	0,4
047	Dämm- und Brandschutzarb. an techn. Anlagen	30	0,17	0,06	< 0,1
049	Feuerlöschanlagen, Feuerlöschgeräte	–	–	–	–
050	Blitzschutz-/Erdungsanlagen, Überspannungssch.		–	–	–
053	Niederspannungsanl. – Kabel inkl. 052, 054	8.152	47,60	17,40	4,9
055	Sicherheits- u. Ersatzstromversorgungsanl.	–	–	–	–
057	Gebäudesystemtechnik	–	–	–	–
058	Leuchten und Lampen inkl. 059	6.070	35,40	13,00	3,6
060	Such, Signal, Zeit, Anten., akust. Anl. inkl. 064	1.006	5,90	2,10	0,6

LB	Leistungsbereiche	Kosten €	€/m² BGF	€/m³ BRI	% an 3+4
061	Kommunikations- u. Übertragungsnetze inkl. 063	6.254	36,50	13,30	3,7
069	Aufzüge	–	–	–	–
070	Gebäudeautomation	–	–	–	–
075	Raumlufttechnische Anlagen inkl. 078	–	–	–	–
	Gebäudetechnik	**28.968**	**169,20**	**61,80**	**17,3**
084	Abbruch, Rückbau, Schadstoffsanierung	4.861	28,40	10,40	2,9
	Abbrechen	4.861	28,40	10,40	2,9
	Abbrucharbeiten	**4.861**	**28,40**	**10,40**	**2,9**
	Abbrechen	4.861	28,40	10,40	2,9
	Sonstige Leistungsbereiche	**–**	**–**	**–**	**–**

© BKI Baukosteninformationszentrum

6100-1609
Dachgeschosswohnung mit Turmzimmer

Umbau

Kostenkennwerte für die Kosten des Bauwerks (Kostengruppen 300+400 nach DIN 276)

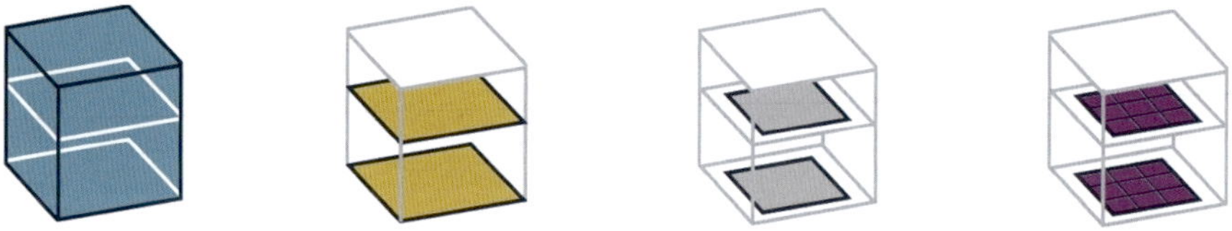

BRI 1.256 €/m³ | **BGF** 2.750 €/m² | **NUF** 4.011 €/m² | **NE** 4.949 €/NE

NE: Wohnfläche

Objekt:
Kennwerte: 3.Ebene DIN 276
BRI: 434 m³
BGF: 198 m²
NUF: 136 m²
Bauzeit: 65 Wochen
Bauende: 2021
Standard: hoch
Bundesland: Berlin
Kreis: Berlin, Stadt

Architekt*in:
werkArchitektur
Yvonne Werk
Berliner Straße 1
13509 Berlin

© BKI Baukosteninformationszentrum

Dachgeschoss

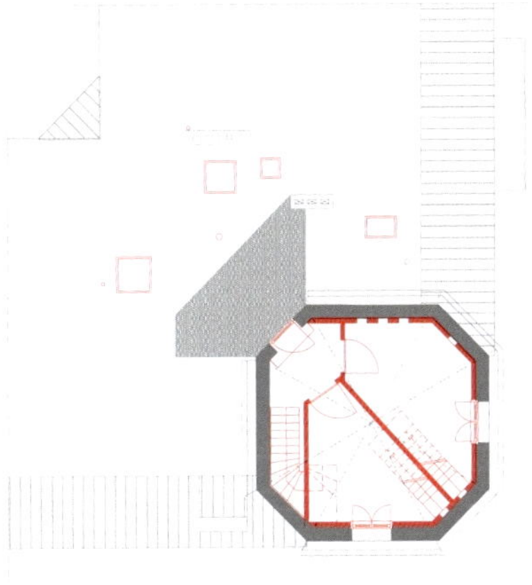

Turmzimmer & Terrasse

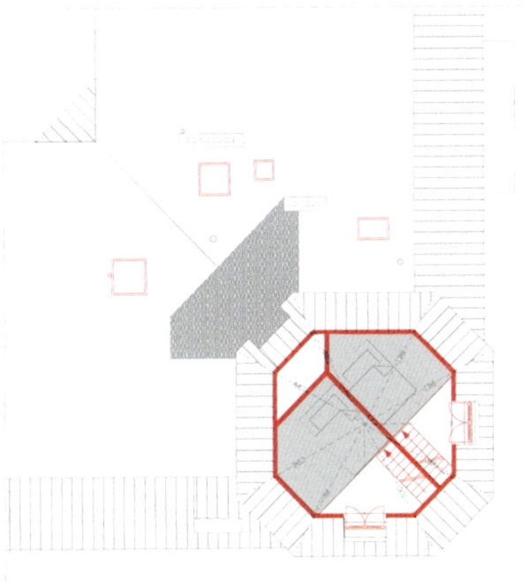

Schlafebene

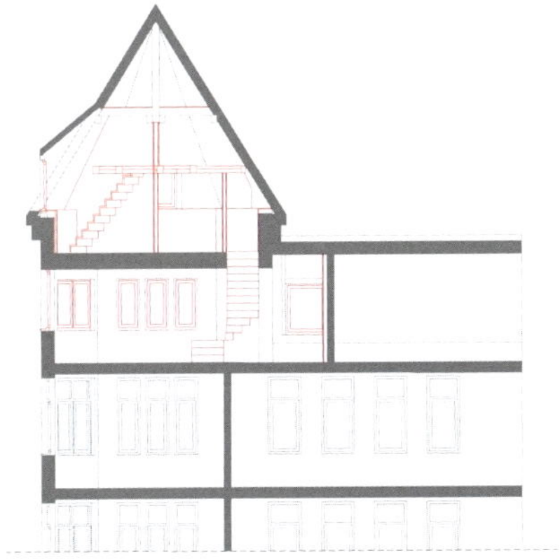

Schnitt A-A

Objektbeschreibung

Allgemeine Objektinformationen

Bei dem Bauvorhaben handelt es sich um ein bestehendes Wohn- und Geschäftshaus mit drei Vollgeschossen (EG, 1.OG, 2.OG) und ausgebautem Dachgeschoss. Das Gebäude ist denkmalgeschützt. Die Umbau- und Sanierungsmaßnahmen finden im Dachgeschoss inkl. Turmzimmer statt.

Nutzung

1 Obergeschoss
Wohnzimmer, Schlafzimmer, Küche, Badezimmer, WC, Loggia

2 Dachgeschosse
Turmzimmer mit Schlafebenen für Kinder (2St), Dachterrasse

Nutzeinheiten

Wohneinheiten: 1
Wohnfläche: 110 m^2

Markt

Hauptvergabezeit: 3. Quartal 2020
Baubeginn: 3. Quartal 2020
Bauende: 4. Quartal 2021
Konjunkturelle Gesamtlage: Durchschnitt
Regionaler Baumarkt: über Durchschnitt

Besonderer Kosteneinfluss Markt
Erschwerte Materiallieferung

Baubestand

Baujahr: 1901-1910
Bauzustand: gut
Aufwand: hoch
Grundrissänderungen: umfangreiche
Tragwerkseingriffe: wenige
Nutzungsänderung: nein
Nutzung während der Bauzeit: nein

Baukonstruktion

Es wurden neue Holzfenster eingebaut. Die neuen Innenwände wurden in Trockenbauweise errichtet. Bestehende Wohnungstrennwände wurden verputzt sowie mit Vorsatzschalen brand- und schallschutztechnisch ertüchtigt. Im Bad wurden die Wände teilweise gefliest. Eine Wangentreppe mit Holzstufen führt ins Turmgeschoss. In den Turmzimmern werden die, in Holzkonstruktion ausgeführten, Schlafebenen über Treppenschränke erschlossen. Die Böden sind im gesamten Objekt mit Trockenestrich, Fertigparkett, Fliesen und Teppichboden belegt. Der Dachspitz ist über eine Bodentreppe zugänglich. Durch die Entfernung einer Wand im OG mussten die Pfetten des Flachdachbereichs verstärkt werden, damit diese auch ohne Zwischenauflager halten. Das Turmdach und der gesamte Dachbereich der Wohnung wurden gedämmt und erhielten eine GK-Bekleidung. Im Flachdachbereich sorgen neue Flachdachfenster für Lichteinfall. Es wurden abgehängte Decken eingebaut. Wand- und Deckenflächen wurden beschichtet.

Technische Anlagen

Für das Bad wurden im darunterliegenden Geschoss neue Wasserleitungen unter der Decke verlegt, und die Sanitärobjekte erneuert. Eine Gastherme sowie eine Fußbodenheizung wurden eingebaut. Das Wohnzimmer erhielt zusätzlich einen Gaskamin. Die Wohnung wurde mit neuer Elektrotechnik, Beleuchtung und einer Alarmanlage ausgestattet.

Sonstiges

Die Kosten für die Bodentreppe sind nicht in der Doku enthalten.

© BKI Baukosteninformationszentrum

Planungskennwerte für Flächen und Rauminhalte nach DIN 277

Flächen des Grundstücks		Menge Einheit	% an GF
BF	Bebaute Fläche	–	–
UF	Unbebaute Fläche	–	–
GF	Grundstücksfläche	–	–

Grundflächen des Bauwerks		Menge Einheit	% an NUF	% an BGF
NUF	Nutzungsfläche	135,95 m²	100,0	68,6
TF	Technikfläche	–	–	–
VF	Verkehrsfläche	6,56 m²	4,8	3,3
NRF	Netto-Raumfläche	142,51 m²	104,8	71,9
KGF	Konstruktions-Grundfläche	55,74 m²	41,0	28,1
BGF	Brutto-Grundfläche	198,25 m²	145,8	100,0

Brutto-Rauminhalt des Bauwerks		Menge Einheit	BRI/NUF (m)	BRI/BGF (m)
BRI	Brutto-Rauminhalt	434,00 m³	3,19	2,19

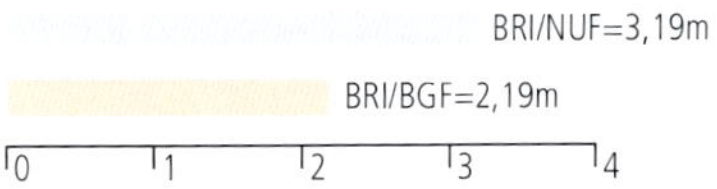

Lufttechnisch behandelte Flächen	Menge Einheit	% an NUF	% an BGF
Entlüftete Fläche	–	–	–
Be- und entlüftete Fläche	–	–	–
Teilklimatisierte Fläche	–	–	–
Klimatisierte Fläche	–	–	–

KG	Kostengruppen (2. Ebene)	Menge Einheit	Menge/NUF	Menge/BGF
310	Baugrube / Erdbau	–	–	–
320	Gründung, Unterbau	–	–	–
330	Außenwände/Vertikale Baukonstruktionen, außen	56,71 m² AWF	0,42	0,29
340	Innenwände/Vertikale Baukonstruktionen, innen	168,00 m² IWF	1,24	0,85
350	Decken/Horizontale Baukonstruktionen	131,46 m² DEF	0,97	0,66
360	Dächer	151,06 m² DAF	1,11	0,76

Umbau

Kostenkennwerte für die Kostengruppen der 1. Ebene DIN 276

KG	Kostengruppen (1. Ebene)	Einheit	Kosten €	€/Einheit	€/m² BGF	€/m³ BRI	% 300+400
100	Grundstück	m² GF	–	–	–	–	–
200	Vorbereitende Maßnahmen	m² GF	–	–	–	–	–
300	Bauwerk – Baukonstruktionen	m² BGF	377.229	1.902,79	1.902,79	869,19	69,2
400	Bauwerk – Technische Anlagen	m² BGF	168.032	847,58	847,58	387,17	30,8
	Bauwerk 300+400	**m² BGF**	**545.261**	**2.750,37**	**2.750,37**	**1.256,36**	**100,0**
500	Außenanlagen und Freiflächen	m² AF	–	–	–	–	–
600	Ausstattung und Kunstwerke	m² BGF	6.036	30,45	30,45	13,91	1,1
700	Baunebenkosten	m² BGF	–	–	–	–	–
800	Finanzierung	m² BGF	–	–	–	–	–

KG	Kostengruppe	Menge Einheit	Kosten €	€/Einheit	%
3+4	**Bauwerk**				**100,0**
300	**Bauwerk – Baukonstruktionen**	198,25 m² BGF	377.229	**1.902,79**	69,2

- Abbrechen (Kosten: 10,1%) — 37.978
  Abbruch von Fenstern; GK-Vorsatzschalen; Fußbodenaufbauten; Lichtkuppeln, Dachschalung, Bitumenbahnen, Dunstrohr, Dachbekleidungen; Entkernung der Wohnung; Entsorgung, Deponiegebühren

- Wiederherstellen (Kosten: 2,4%) — 9.174
  Wohnungstür innenseitig neu beschichten; Loggiageländer säubern, lackieren; Holzbalken bebeilen, Holzschutzmittel auftragen, Dachgaube: Dachfläche aufdecken, Blech entfernen, Balken anpassen, Rinne, Kehle erstellen, Dach eindecken, Kopfband ändern, Dunstrohr eindichten, Dachziegel austauschen

- Herstellen (Kosten: 87,5%) — 330.077
  Holzfenster-/türen, Glasbausteine, Fassadenbeschichtung; GK-Ständerwände, Holztüren, Innenfenster, Putz, GK-Vorsatzschalen, Wandfliesen, Beschichtung; Schlafebenen, OSB-Platten, Wangentreppe, Stufen vor Tür, OSB-Platte im Dachspitz, Dämmausgleichsestrich, OSB-Platten, Trockenestrich, Fertigparkett, Bodenfliesen, Teppichboden, Terrassenfliesen, GKF-Decken, Treppenschränke; Zwischensparrendämmung, Flachdachfenster, Dachabdichtung, Titanzink-Bekleidung, GKF-Bekleidung, Beschichtung, Solar-Markisen; Einbaumöbel

KG	Kostengruppe	Menge Einheit	Kosten €	€/Einheit	%
400	**Bauwerk – Technische Anlagen**	198,25 m² BGF	168.032	**847,58**	30,8

- Abbrechen (Kosten: 1,7%) — 2.774
  Abbruch von Elektroinstallationen; Sat-Schüssel; Wandtherme, Heizkörper, Badausstattung, Wasser- und Heizungsleitungen; Entsorgung, Deponiegebühren

- Wiederherstellen (Kosten: 0,9%) — 1.461
  Gaszähler demontieren, lagern, wieder montieren, Kupferanschlussleitung zur Therme; Ändern von Leitungsführung, Schalter, Schalterdose; Türsprechstelle versetzten

- Herstellen (Kosten: 97,5%) — 163.797
  Abwasserleitungen, Kalt- und Warmwasserleitungen, Sanitärobjekte; Gastherme, Heizungsrohre, Fußbodenheizung, Heizkörper, Gaskamin; Einzelraumlüfter; Elektroinstallation, Beleuchtung; Wohnungssprechstellen, Sat-Anlage, Funk-Alarmanlage, Datenübertragungsnetz

KG	Kostengruppe	Menge Einheit	Kosten €	€/Einheit	%
600	**Ausstattung und Kunstwerke**	198,25 m² BGF	6.036	**30,45**	1,1

- Herstellen (Kosten: 100,0%) — 6.036
  Spiegelschrank, Waschtischunterbau, Dusch-Pendeltür, Spiegel

© BKI Baukosteninformationszentrum

Kostenkennwerte für die Kostengruppen der 2.Ebene DIN 276

KG	Kostengruppe	Menge Einheit	Kosten €	€/Einheit	%
300	**Bauwerk – Baukonstruktionen**				**100,0**
330	**Außenwände/Vert. Baukonstrukt., außen**	56,71 m² AWF	39.392	**694,62**	10,4
	• Abbrechen (Kosten: 2,5%) Abbruch von Fenstern (20m²); Entsorgung, Deponiegebühren	19,71 m² AWF	999	**50,66**	
	• Herstellen (Kosten: 97,5%) Holzfenster (16m²), Holzfenstertür (2m²), mit Aufsatzrollladen (2m²), Reed-Kontakte (psch), abschließbare Oliven (14St), Insektenschutz-Spannrahmen (7m²), Insektenschutz-Drehtüren (2m²), Glasbausteine (1m²), Absturzsicherung herausnehmbar (1St), Fensterbänke (psch), Austrittsblech (1St) * Fassadenbeschichtung (14m²) * Putz (23m²), GK-Vorsatzschalen (3m²), Bekleidung von Holzbalken (7St), Wandfliesen (2m²), Beschichtung (35m²) * Aufsatzrollladen (2m²) * Handlauf (4m)	56,71 m² AWF	38.393	**677,01**	
340	**Innenwände/Vert. Baukonstrukt., innen**	168,00 m² IWF	70.379	**418,92**	18,7
	• Abbrechen (Kosten: 3,0%) Abbruch von GK-Vorsatzschalen (psch); Entsorgung, Deponiegebühren	–	2.078	–	
	• Wiederherstellen (Kosten: 0,1%) Wohnungstür innenseitig abschleifen, reinigen, beschichten, Weißlack (2m²)	1,88 m² IWF	103	**54,81**	
	• Herstellen (Kosten: 96,9%) Kernbohrungen (13St) * GK-Ständerwände (33m²), GKF-Ständerwand (6m²), Laibungen in Nischen (41m), Türsturz einbauen (psch) * Holzzargen, Holztürblätter (11m²), Tür-Oberlicht (1m²), Kippfenster (1m²) * Putz (86m²), Abdichtung (17m²), Wandfliesen (26m²), GK-Vorsatzschalen (55m²), GK-Verkofferungen (18m), Beschichtung (139m²)	166,12 m² IWF	68.198	**410,53**	
350	**Decken/Horizontale Baukonstruktionen**	131,46 m² DEF	101.291	**770,51**	26,9
	• Abbrechen (Kosten: 8,4%) Abbruch von Fußbodenaufbauten (psch); Entsorgung, Deponiegebühren	105,73 m² DEF	8.466	**80,07**	
	• Wiederherstellen (Kosten: 0,1%) Loggiageländer säubern, lackieren (psch)	–	143	–	
	• Herstellen (Kosten: 91,5%) Schlafebenen, KVH, OSB-Platten (14m²), Wangentreppe mit Zwischenpodest (4m²), Stufen vor Tür (1m²), OSB-Platte, Dachspitz (5m²) * PS-Dämmausgleichsestrich, OSB-Platten (82m²), Trockenestrichplatten (115m²), Gefälleestrich (1m²), Fertigparkett (82m²), Bodenfliesen (21m²), Teppichboden, bauseits (13m²), Stahl-Kaminblech (1St), Terrassenfliesen (3m²) * GKF-Decken (50m²), F30-Bekleidung (3m), Beschichtung (60m²) * Treppenschränke zu Schlafebenen (3m²)	131,46 m² DEF	92.682	**705,02**	

KG	Kostengruppe	Menge Einheit	Kosten €	€/Einheit	%
360	**Dächer**	151,06 m2 DAF	102.395	**677,84**	27,1
	• Abbrechen (Kosten: 5,8%) Abbruch von Lichtkuppeln (2m2) * Dachschalung, Bitumenbahnen (4St), Dunstrohr, Öffnung vergrößern (1St) * Dachbekleidungen (psch); Entsorgung, Deponiegebühren	–	5.897	–	
	• Wiederherstellen (Kosten: 8,7%) Holzbalken bebeilen, Holzschutzmittel auftragen (psch), Dachgaube: Dachfläche aufdecken, Blech entfernen, Balken abbrechen, neuen Balken zuschneiden, anpassen, Rinne, Kehle erstellen, Dach eindecken (1St), Kopfband ändern (1St) * Bestands-Dunstrohr eindichten (1St), Dachziegel austauschen (2St)	–	8.928	–	
	• Herstellen (Kosten: 85,5%) Zwischensparrendämmung, Mineralfaser (128m2), Wechsel einbauen (3St), Balken, KVH anlaschen (3St) * Kunststoff-Flachdachfenster (3m2), Bohlenkranz (15m) * Flachdachfenster eindichten (4St), Dachhaut öffnen, Dunstrohre montieren, eindichten (6St), Öffnung herstellen, eindichten (1St), Titanzink-Bekleidung, Gaubenlaibungen (psch) * Dampfsperre (127m2), GKF-Bekleidung (80m2), GK-Bekleidung (17m2), GKF-Decken (44m2), Beschichtung (148m2) * Solar-Hitzeschutzmarkisen (3m2)	151,06 m2 DAF	87.569	**579,70**	
380	**Baukonstruktive Einbauten**	198,25 m2 BGF	26.592	**134,13**	7,0
	• Herstellen (Kosten: 100,0%) Einbauschrank mit Schreibtisch (1St), Einbauregale, Unterschrank in Trockenbauwänden (psch), Holzkonstruktion, Waschmaschinenüberbau/Wickeltisch (psch), Einbaurahmen für Spiegelschrank (1St)	198,25 m2 BGF	26.592	**134,13**	
390	**Sonst. Maßnahmen für Baukonstrukt.**	198,25 m2 BGF	37.181	**187,54**	9,9
	• Abbrechen (Kosten: 55,2%) Entkernung von Wohnung (psch); Entsorgung, Deponiegebühren	198,25 m2 BGF	20.538	**103,60**	
	• Herstellen (Kosten: 44,8%) Baustelleneinrichtung Hauptgewerk (1St), Nebengewerke (4St), Kran (1St), Hochlogistik (3h), Baustellen-WC (1St) * Doppelbockgerüst (1St), Balkonschrägschutz (1St) * Dachkonstruktion abfangen, Deckenstützen (psch) * Parkett abdecken (88m2), Treppenhaus reinigen (4h) * Bekleidung von neu verlegten Wasserleitungen im darunterliegenden Geschoss an der Decke: GK-Decken, Rohrdämmung (psch), GK-Abkofferung (psch), Beschichtung	198,25 m2 BGF	16.642	**83,95**	
400	**Bauwerk – Technische Anlagen**				**100,0**
410	**Abwasser-, Wasser-, Gasanlagen**	198,25 m2 BGF	23.891	**120,51**	14,2
	• Herstellen (Kosten: 100,0%) PP-MD-Rohre (psch), an Dachhaube anschließen (1St) * Edelstahl-Kaltwasserstrang, Strang in Gästebad verlängern, Rohrdämmung (1St), Gartensprengleitung, Gartensprengwasserzähler (1St), Absperr-Wasserzähler (1St), Waschmaschinenanschluss (1St), Küchenspülenanschluss (1St), Möbel-Waschtisch (1St), Handwaschbecken (1St), WCs (2St), Duschrinne (1St), Brauseset (1St), Badewanne (1St), Außenarmatur (1St) * Montageelemente (2St)	198,25 m2 BGF	23.891	**120,51**	

© **BKI** Baukosteninformationszentrum

KG	Kostengruppe	Menge Einheit	Kosten €	€/Einheit	%
420	**Wärmeversorgungsanlagen**	198,25 m²BGF	88.295	**445,37**	52,5
	• Wiederherstellen (Kosten: 0,6%) Gaszähler demontieren, lagern, wieder montieren, Kupferanschlussleitung zur Therme (1St)	198,25 m²BGF	527	**2,66**	
	• Herstellen (Kosten: 99,4%) Gastherme (1St), Kupferleitungen (1St), Steuerung, Bedienung per App (1St), Montageeinheit, Gaszweirohrzähler (1St) * Edelstahl-Rohre (1St) * Fußbodenheizung: EPS-Verlegeplatte (115m²), PE-Xc-Rohre (960m), Stellantriebe (8St), Raumregler, smart (8St), BUS/Funk-Hybridlösung (2St), Heizungsleitungen (25m), Heizkörper (1St), Gaskamineinsatz, Anbauwand isolieren, Kamineinsatz mit Brandschutzplatten ummauern, verputzen, Abgasrohr in F90 Kanal (psch) * AZ-Dachdurchführung (1St), Abgasanschluss, bauseitige Dachhaube (1St)	198,25 m²BGF	87.768	**442,72**	
430	**Raumlufttechnische Anlagen**	198,25 m²BGF	267	**1,35**	0,2
	• Herstellen (Kosten: 100,0%) Einzelraumlüfter (1St)	198,25 m²BGF	267	**1,35**	
440	**Elektrische Anlagen**	198,25 m²BGF	31.348	**158,13**	18,7
	• Abbrechen (Kosten: 2,5%) Abbruch von Elektroinstallationen (psch); Entsorgung, Deponiegebühren	198,25 m²BGF	793	**4,00**	
	• Wiederherstellen (Kosten: 2,8%) Ändern von Leitungsführung (9h), Schalter (psch), Schalterdose (1h)	198,25 m²BGF	873	**4,41**	
	• Herstellen (Kosten: 94,7%) Unterverteilung (1St), Kleinverteiler (1St), FI-Schutzschalter (3St), Sicherungen (21St), Lasttrennschalter (1St), Mantelleitung (18m), Erdkabel (psch), Installationsrohre (50m), Einziehdrähte (100m), Steckdosen (114St), Dimmer (6St), Schalter (26St), Decken-/Wandauslässe (30St), Stromkreiszuleitungen (13St), Herdanschlussdose (1St), Jalousieanschlüsse (4St), Anschlussarbeiten * Einbauspots (30St), Klemmleuchte (1St), Wandleuchte (1St) * Potenzialausgleich (1St)	198,25 m²BGF	29.683	**149,72**	
450	**Kommunikationstechnische Anlagen**	198,25 m²BGF	22.060	**111,27**	13,1
	• Abbrechen (Kosten: 0,7%) Abbruch von Sat-Schüssel (psch); Entsorgung, Deponiegebühren	198,25 m²BGF	159	**0,80**	
	• Wiederherstellen (Kosten: 0,3%) Türsprechstelle versetzten (1St)	198,25 m²BGF	61	**0,31**	
	• Herstellen (Kosten: 99,0%) Wohnungssprechstellen (2St), Verkabelung zweite Sprechstelle (1St) * Sat-Anlage (psch), Sat-Kabel (5St), Antennenanschlussdosen, Kabel (6St), Kabelzuleitung (psch), Netzwerkanschlusskabel (1St) * Funk-Alarmzentrale (1St), Bus-LCD-Bedienteil (1St), BUS-Innensirene (1St), Bus-Module (18St), Netzwerk-Videorekorder (1St), Festplatte (1St), Netzwerk-Kamera (1St), Verkabelung Fensterkontakte (18St), Rauchmelder (8St) * Netzwerkschrank (1St), Patchpanel (2St), Datenanschlussdosen Cat6, Netzwerkkabel, Leerrohre (25St), Kabelzuleitungen (psch)	198,25 m²BGF	21.840	**110,17**	

Umbau

KG	Kostengruppe	Menge Einheit	Kosten €	€/Einheit	%
490	**Sonst. Maßnahmen für techn. Anlagen**	198,25 m²BGF	2.171	**10,95**	1,3
	• Abbrechen (Kosten: 84,0%) Abbruch von Wandtherme, Heizkörper, Badausstattung, Wasser- und Heizungsleitungen; Entsorgung, Deponiegebühren	198,25 m²BGF	1.823	**9,20**	
	• Herstellen (Kosten: 16,0%) Baustellenfassungen, LED-Lampen (16St)	198,25 m²BGF	348	**1,76**	
600	**Ausstattung und Kunstwerke**				**100,0**
610	**Allgemeine Ausstattung**	198,25 m²BGF	6.036	**30,45**	100,0
	• Herstellen (Kosten: 100,0%) LED-Spiegelschrank 100x70x16cm, zweitürig, zwei Steckdosen (1St), Waschtischunterbau 52x93,5x38,5cm, zwei Schubläden (1St), Dusch-Pendeltür, ESG, 80x200cm (1St), Spiegel 80x50cm (1St)	198,25 m²BGF	6.036	**30,45**	

© BKI Baukosteninformationszentrum

Kostenkennwerte für die Kostengruppen 300 der 2. und 3.Ebene DIN 276 (Übersicht)

KG	Kostengruppe	Menge Einheit	Kosten €	€/Einheit	% an 3+4
300	**Bauwerk – Baukonstruktionen**	**198,25 m² BGF**	**377.228,72**	**1.902,79**	**69,2**
310	**Baugrube / Erdbau**	**–**	**–**	**–**	**–**
311	Herstellung	–	–	–	–
312	Umschließung	–	–	–	–
313	Wasserhaltung	–	–	–	–
314	Vortrieb	–	–	–	–
319	Sonstiges zur KG 310	–	–	–	–
320	**Gründung, Unterbau**	**–**	**–**	**–**	**–**
321	Baugrundverbesserung	–	–	–	–
322	Flachgründungen und Bodenplatten	–	–	–	–
323	Tiefgründungen	–	–	–	–
324	Gründungsbeläge	–	–	–	–
325	Abdichtungen und Bekleidungen	–	–	–	–
326	Dränagen	–	–	–	–
329	Sonstiges zur KG 320	–	–	–	–
330	**Außenwände/Vert. Baukonstrukt., außen**	**56,71 m² AWF**	**39.391,70**	**694,62**	**7,2**
331	Tragende Außenwände	–	–	–	–
332	Nichttragende Außenwände	–	–	–	–
333	Außenstützen	–	–	–	–
334	Außenwandöffnungen	19,71 m²	34.442,72	1.747,47	6,3
335	Außenwandbekleidungen, außen	13,95 m²	126,80	9,09	< 0,1
336	Außenwandbekleidungen, innen	37,00 m²	3.356,62	90,72	0,6
337	Element. Außenwandkonstruktionen	–	–	–	–
338	Lichtschutz zur KG 330	1,76 m²	1.116,83	634,56	0,2
339	Sonstiges zur KG 330	56,71 m² AWF	348,72	6,15	< 0,1
340	**Innenwände/Vert. Baukonstrukt., innen**	**168,00 m² IWF**	**70.378,60**	**418,92**	**12,9**
341	Tragende Innenwände	–	1.248,39	–	0,2
342	Nichttragende Innenwände	38,58 m²	13.179,93	341,63	2,4
343	Innenstützen	–	–	–	–
344	Innenwandöffnungen	13,65 m²	24.880,36	1.822,74	4,6
345	Innenwandbekleidungen	165,56 m²	31.069,91	187,67	5,7
346	Elementierte Innenwandkonstruktionen	–	–	–	–
347	Lichtschutz zur KG 340	–	–	–	–
349	Sonstiges zur KG 340	–	–	–	–
350	**Decken/Horizontale Baukonstruktionen**	**131,46 m² DEF**	**101.291,07**	**770,51**	**18,6**
351	Deckenkonstruktionen	23,16 m²	13.070,31	564,35	2,4
352	Deckenöffnungen	–	–	–	–
353	Deckenbeläge	119,08 m²	62.668,71	526,27	11,5
354	Deckenbekleidungen	60,40 m²	11.318,29	187,39	2,1
355	Elementierte Deckenkonstruktionen	2,78 m²	14.091,11	5.068,75	2,6
359	Sonstiges zur KG 350	131,46 m² DEF	142,66	1,09	< 0,1
360	**Dächer**	**151,06 m² DAF**	**102.394,91**	**677,84**	**18,8**
361	Dachkonstruktionen	127,21 m²	23.849,85	187,48	4,4
362	Dachöffnungen	2,99 m²	13.575,31	4.540,24	2,5
363	Dachbeläge	–	13.517,65	–	2,5
364	Dachbekleidungen	148,07 m²	48.748,17	329,22	8,9
365	Elementierte Dachkonstruktionen	–	–	–	–
366	Lichtschutz zur KG 360	2,99 m²	2.703,94	904,33	0,5
369	Sonstiges zur KG 360	–	–	–	–
370	**Infrastrukturanlagen**	**–**	**–**	**–**	**–**
380	**Baukonstruktive Einbauten**	**198,25 m² BGF**	**26.591,83**	**134,13**	**4,9**
390	**Sonst. Maßnahmen für Baukonstrukt.**	**198,25 m² BGF**	**37.180,63**	**187,54**	**6,8**

Umbau

Kostenkennwerte für die Kostengruppen 400 der 2. und 3.Ebene DIN 276 (Übersicht)

KG	Kostengruppe	Menge Einheit	Kosten €	€/Einheit	% an 3+4
400	**Bauwerk – Technische Anlagen**	**198,25 m²BGF**	**168.032,46**	**847,58**	**30,8**
410	**Abwasser-, Wasser-, Gasanlagen**	**198,25 m²BGF**	**23.890,67**	**120,51**	**4,4**
411	Abwasseranlagen	198,25 m²BGF	2.651,49	13,37	0,5
412	Wasseranlagen	198,25 m²BGF	20.620,80	104,01	3,8
413	Gasanlagen	–	–	–	–
419	Sonstiges zur KG 410	198,25 m²BGF	618,36	3,12	0,1
420	**Wärmeversorgungsanlagen**	**198,25 m²BGF**	**88.295,06**	**445,37**	**16,2**
421	Wärmeerzeugungsanlagen	198,25 m²BGF	13.906,41	70,15	2,6
422	Wärmeverteilnetze	198,25 m²BGF	1.127,77	5,69	0,2
423	Raumheizflächen	198,25 m²BGF	72.506,95	365,73	13,3
424	Verkehrsheizflächen	–	–	–	–
429	Sonstiges zur KG 420	198,25 m²BGF	753,91	3,80	0,1
430	**Raumlufttechnische Anlagen**	**198,25 m²BGF**	**267,37**	**1,35**	**< 0,1**
431	Lüftungsanlagen	198,25 m²BGF	267,37	1,35	< 0,1
432	Teilklimaanlagen	–	–	–	–
433	Klimaanlagen	–	–	–	–
434	Kälteanlagen	–	–	–	–
439	Sonstiges zur KG 430	–	–	–	–
440	**Elektrische Anlagen**	**198,25 m²BGF**	**31.348,42**	**158,13**	**5,7**
441	Hoch- und Mittelspannungsanlagen	–	–	–	–
442	Eigenstromversorgungsanlagen	–	–	–	–
443	Niederspannungsschaltanlagen	–	–	–	–
444	Niederspannungsinstallationsanlagen	198,25 m²BGF	28.589,68	144,21	5,2
445	Beleuchtungsanlagen	198,25 m²BGF	2.687,42	13,56	0,5
446	Blitzschutz- und Erdungsanlagen	198,25 m²BGF	71,32	0,36	< 0,1
447	Fahrleitungssysteme	–	–	–	–
449	Sonstiges zur KG 440	–	–	–	–
450	**Kommunikationstechnische Anlagen**	**198,25 m²BGF**	**22.059,64**	**111,27**	**4,0**
451	Telekommunikationsanlagen	–	–	–	–
452	Such- und Signalanlagen	198,25 m²BGF	409,33	2,06	< 0,1
453	Zeitdienstanlagen	–	–	–	–
454	Elektroakustische Anlagen	–	–	–	–
455	Audiovisuelle Medien- u. Antennenanl.	198,25 m²BGF	4.282,85	21,60	0,8
456	Gefahrenmelde- und Alarmanlagen	198,25 m²BGF	10.116,53	51,03	1,9
457	Datenübertragungsnetze	198,25 m²BGF	7.250,92	36,57	1,3
458	Verkehrsbeeinflussungsanlagen	–	–	–	–
459	Sonstiges zur KG 450	–	–	–	–
460	**Förderanlagen**	**–**	**–**	**–**	**–**
461	Aufzugsanlagen	–	–	–	–
462	Fahrtreppen, Fahrsteige	–	–	–	–
463	Befahranlagen	–	–	–	–
464	Transportanlagen	–	–	–	–
465	Krananlagen	–	–	–	–
466	Hydraulikanlagen	–	–	–	–
469	Sonstiges zur KG 460	–	–	–	–
470	**Nutzungsspez. u. verfahrenstechn. Anl.**	**–**	**–**	**–**	**–**
480	**Gebäude- und Anlagenautomation**	**–**	**–**	**–**	**–**
490	**Sonst. Maßnahmen für techn. Anlagen**	**198,25 m²BGF**	**2.171,31**	**10,95**	**0,4**

© **BKI** Baukosteninformationszentrum

Kostenkennwerte für Leistungsbereiche nach STLB (Kosten des Bauwerks nach DIN 276)

LB	Leistungsbereiche	Kosten €	€/m² BGF	€/m³ BRI	% an 3+4
000	Baustellen-, Verkehrssich.- u. Sicherh.einr. inkl. 001	11.332	57,20	26,10	2,1
002	Erdarbeiten	–	–	–	–
006	Spezialtiefbauarbeiten inkl. 005	–	–	–	–
009	Entwässerungskanalarbeiten inkl. 011	–	–	–	–
010	Drän- und Versickerarbeiten	–	–	–	–
012	Mauerarbeiten	4.274	21,60	9,80	0,8
013	Betonarbeiten	–	–	–	–
014	Natur-, Betonwerksteinarbeiten	–	–	–	–
016	Zimmer- und Holzbauarbeiten	16.378	82,60	37,70	3,0
	Wiederherstellen	8.730	44,00	20,10	1,6
	Herstellen	7.648	38,60	17,60	1,4
017	Stahlbauarbeiten	–	–	–	–
018	Abdichtungsarbeiten	–	–	–	–
020	Dachdeckungsarbeiten	62	0,31	0,14	< 0,1
	Wiederherstellen	62	0,31	0,14	< 0,1
021	Dachabdichtungsarbeiten	21.524	108,60	49,60	3,9
	Wiederherstellen	137	0,69	0,32	< 0,1
	Herstellen	21.387	107,90	49,30	3,9
022	Klempnerarbeiten	2.251	11,40	5,20	0,4
	Rohbau	**55.822**	**281,60**	**128,60**	**10,2**
	Wiederherstellen	8.928	45,00	20,60	1,6
	Herstellen	46.893	236,50	108,00	8,6
023	Putz- und Stuckarbeiten, Wärmedämmsysteme	6.562	33,10	15,10	1,2
024	Fliesen- und Plattenarbeiten	27.992	141,20	64,50	5,1
025	Estricharbeiten	–	–	–	–
026	Fenster, Außentüren inkl. 029, 032	32.427	163,60	74,70	5,9
027	Tischlerarbeiten	54.907	277,00	126,50	10,1
028	Parkett-, Holzpflasterarbeiten	15.262	77,00	35,20	2,8
030	Rollladenarbeiten	3.821	19,30	8,80	0,7
031	Metallbauarbeiten inkl. 035	949	4,80	2,20	0,2
034	Maler- und Lackiererarb. – Beschicht. inkl. 037	7.196	36,30	16,60	1,3
	Wiederherstellen	246	1,20	0,57	< 0,1
	Herstellen	6.951	35,10	16,00	1,3
036	Bodenbelagarbeiten	159	0,80	0,37	< 0,1
038	Vorgehängte hinterlüftete Fassaden	–	–	–	–
039	Trockenbauarbeiten	133.919	675,50	308,60	24,6
	Ausbau	**283.194**	**1.428,50**	**652,50**	**51,9**
	Wiederherstellen	246	1,20	0,57	< 0,1
	Herstellen	282.948	1.427,20	652,00	51,9
040	Wärmeversorgungsanl. - Betriebseinr. inkl. 041	88.295	445,40	203,40	16,2
	Wiederherstellen	527	2,70	1,20	< 0,1
	Herstellen	87.768	442,70	202,20	16,1
042	Gas- u. Wasseranl. – Leitung., Armat. inkl. 043	9.269	46,80	21,40	1,7
044	Abwasseranl. - Leitungen, Abläufe, Armaturen	2.651	13,40	6,10	0,5
045	Gas, Wasser, Entwässerung – Ausstattung inkl. 046	12.070	60,90	27,80	2,2
047	Dämm- und Brandschutzarb. an techn. Anlagen	–	–	–	–
049	Feuerlöschanlagen, Feuerlöschgeräte	–	–	–	–
050	Blitzschutz-/Erdungsanlagen, Überspannungssch.	71	0,36	0,16	< 0,1

6100-1609
Dachgeschosswohnung
mit Turmzimmer

Umbau

LB	Leistungsbereiche	Kosten €	€/m² BGF	€/m³ BRI	% an 3+4
053	Niederspannungsanl. – Kabel inkl. 052, 054	28.145	142,00	64,90	5,2
	Wiederherstellen	873	4,40	2,00	0,2
	Herstellen	27.272	137,60	62,80	5,0
055	Sicherheits- u. Ersatzstromversorgungsanl.	–	–	–	–
057	Gebäudesystemtechnik	–	–	–	–
058	Leuchten und Lampen inkl. 059	2.588	13,10	6,00	0,5
060	Such, Signal, Zeit, Anten., akust. Anl. inkl. 064	4.361	22,00	10,00	0,8
	Wiederherstellen	61	0,31	0,14	< 0,1
	Herstellen	4.300	21,70	9,90	0,8
061	Kommunikations- u. Übertragungsnetze inkl. 063	17.540	88,50	40,40	3,2
069	Aufzüge	–	–	–	–
070	Gebäudeautomation	–	–	–	–
075	Raumlufttechnische Anlagen inkl. 078	267	1,30	0,62	< 0,1
	Gebäudetechnik	**165.258**	**833,60**	**380,80**	**30,3**
	Wiederherstellen	1.461	7,40	3,40	0,3
	Herstellen	163.797	826,20	377,40	30,0
084	Abbruch, Rückbau, Schadstoffsanierung	40.752	205,60	93,90	7,5
	Abbrechen	40.752	205,60	93,90	7,5
	Abbrucharbeiten	**40.752**	**205,60**	**93,90**	**7,5**
	Abbrechen	40.752	205,60	93,90	7,5
	Sonstige Leistungsbereiche	**235**	**1,20**	**0,54**	**< 0,1**

© BKI Baukosteninformationszentrum

6100-1623
Dachgeschosswohnung

Umbau

Kostenkennwerte für die Kosten des Bauwerks (Kostengruppen 300+400 nach DIN 276)

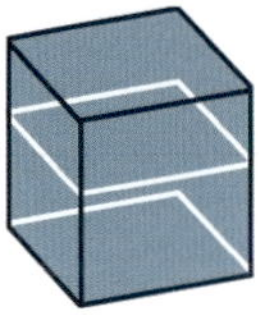

BRI 896 €/m³

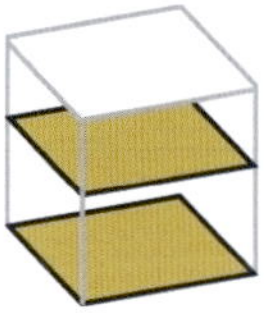

BGF 1.807 €/m²

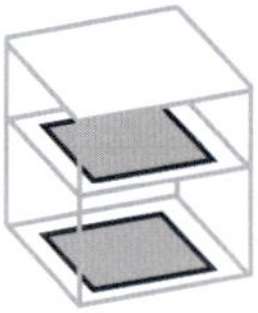

NUF 3.744 €/m²

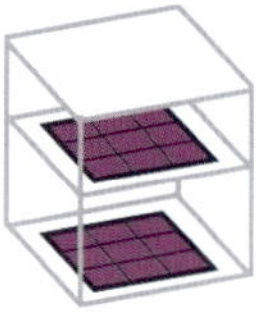

NE 5.248 €/NE

NE: Wohnfläche

Objekt:
Kennwerte: 3. Ebene DIN 276
BRI: 182 m³
BGF: 90 m²
NUF: 44 m²
Bauzeit: 31 Wochen
Bauende: 2022
Standard: einfach
Bundesland: Berlin
Kreis: Berlin, Stadt

Architekt*in:
werkArchitektur
Yvonne Werk
Berliner Straße 1
13507 Berlin

vorher

nachher

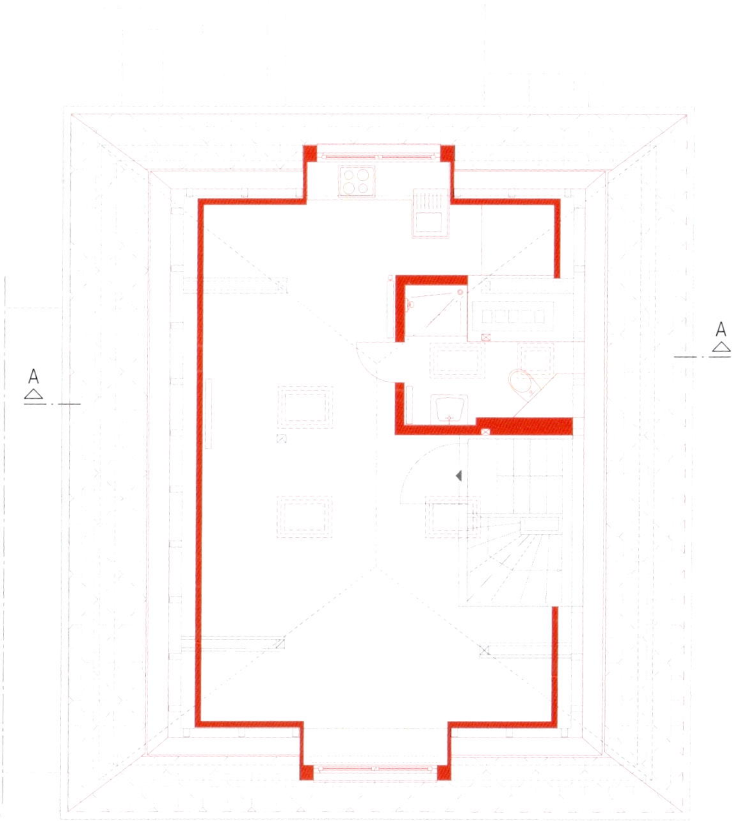

Dachgeschoss

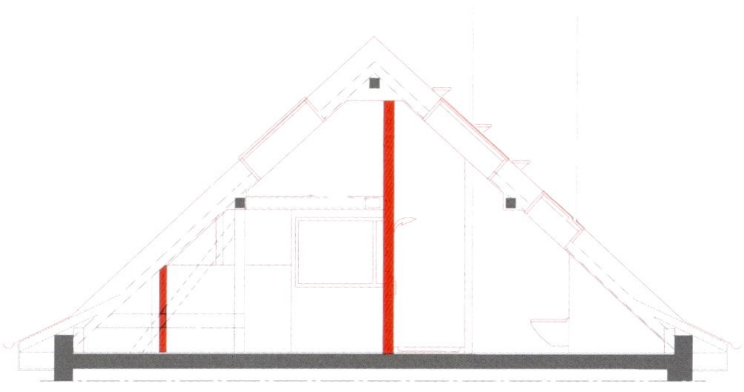

Schnitt A-A

Umbau

Objektbeschreibung

Allgemeine Objektinformationen

Bei dem Bauvorhaben handelt es sich um den Ausbau eines Dachgeschosses zu einer Einraumwohnung mit Küche und Bad. Das Dachgeschoss ist Teil eines Einfamilienhauses aus den dreißiger Jahren mit Untergeschoss, Erdgeschoss und Obergeschoss.

Nutzung

1 Dachgeschoss
Wohnraum/Küche, Bad

Nutzeinheiten

Wohneinheiten: 1
Wohnfläche: 31 m²

Markt

Hauptvergabezeit: 1. Quartal 2022
Baubeginn: 1. Quartal 2022
Bauende: 4. Quartal 2022
Konjunkturelle Gesamtlage: über Durchschnitt
Regionaler Baumarkt: über Durchschnitt

Besonderer Kosteneinfluss Markt
Coronabedingt längere Bauzeit

Baubestand

Baujahr: 1936
Bauzustand: mittel
Aufwand: mittel
Grundrissänderungen: einige
Tragwerkseingriffe: einige
Nutzungsänderung: ja
Nutzung während der Bauzeit: ja

Baukonstruktion

Die neuen Innenwände wurden in Trockenbauweise errichtet. Die Wände wurden beschichtet und teilweise gefliest. Die vorhandene Fußbodendielung wurde abgebrochen, die Decke über dem 1.OG statisch ertüchtigt, höhenmäßig ausgeglichen und mit einem Unterboden aus OSB-Platten belegt. Im Wohnbereich kommt Fertigparkett, im Bad Bodenfliesen, zum Einsatz. Nach dem Abbruch der Ziegeleindeckung wurden Teile des Dachstuhls statisch verstärkt, mit einer Zwischensparren- und Aufdachdämmung energetisch ertüchtigt und mit Ziegeln neu eingedeckt. Zwei Gauben, straßenseitig als 2. Rettungsweg, gartenseitig als Raumgewinn für die Küche errichtet, erhalten Kunststofffenster und eine Stehfalzdeckung. Mehrere Dachflächenfenster bringen Tageslicht in die Räume. Über neue Dachrinnen und Fallrohre wird das Dach entwässert. Das gesamte Dachgeschoss wurde innenseitig mit Gipskarton bekleidet und beschichtet.

Technische Anlagen

Für Bad und Küchenbereich wurden Wasser- und Abwasserleitungen verlegt und an den Bestand angeschlossen sowie Sanitärobjekte eingebaut. Heizungsleitungen wurden verlegt und durch einen freigegebenen Schonsteinzug an die bestehende Heizanlage im Untergeschoss angeschlossen. Die Wärmeverteilung erfolgt über Heizkörper. Die Wohnung wurde mit neuer Elektrotechnik, einem TV-Anschluss und einer Datenanschlussdose ausgestattet. Ein Rauchmelder wurde angebracht.

Energetische Kennwerte

Gesetzliche Grundlage: EnEV 2013

© **BKI** Baukosteninformationszentrum

Planungskennwerte für Flächen und Rauminhalte nach DIN 277

Flächen des Grundstücks		Menge Einheit	% an GF
BF	Bebaute Fläche	130,00 m²	16,0
UF	Unbebaute Fläche	683,00 m²	84,0
GF	Grundstücksfläche	813,00 m²	100,0

Grundflächen des Bauwerks		Menge Einheit	% an NUF	% an BGF
NUF	Nutzungsfläche	43,65 m²	100,0	48,3
TF	Technikfläche	–	–	–
VF	Verkehrsfläche	8,81 m²	20,2	9,7
NRF	Netto-Raumfläche	52,46 m²	120,2	58,0
KGF	Konstruktions-Grundfläche	37,99 m²	87,0	42,0
BGF	Brutto-Grundfläche	90,45 m²	207,2	100,0

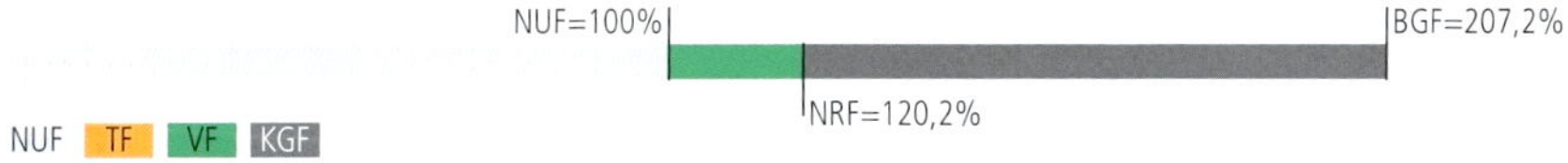

Brutto-Rauminhalt des Bauwerks		Menge Einheit	BRI/NUF (m)	BRI/BGF (m)
BRI	Brutto-Rauminhalt	182,48 m³	4,18	2,02

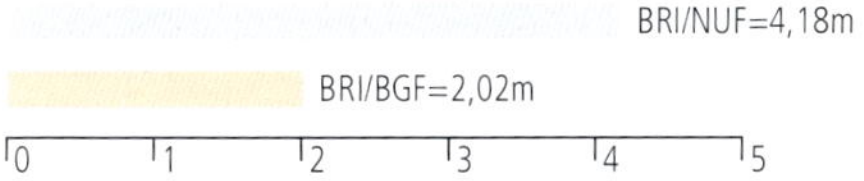

Lufttechnisch behandelte Flächen	Menge Einheit	% an NUF	% an BGF
Entlüftete Fläche	–	–	–
Be- und entlüftete Fläche	–	–	–
Teilklimatisierte Fläche	–	–	–
Klimatisierte Fläche	–	–	–

KG	Kostengruppen (2. Ebene)	Menge Einheit	Menge/NUF	Menge/BGF
310	Baugrube / Erdbau	–	–	–
320	Gründung, Unterbau	–	–	–
330	Außenwände/Vertikale Baukonstruktionen, außen	16,55 m² AWF	0,38	0,18
340	Innenwände/Vertikale Baukonstruktionen, innen	74,31 m² IWF	1,70	0,82
350	Decken/Horizontale Baukonstruktionen	72,94 m² DEF	1,67	0,81
360	Dächer	178,46 m² DAF	4,09	1,97

Umbau

Kostenkennwerte für die Kostengruppen der 1. Ebene DIN 276

KG	Kostengruppen (1. Ebene)	Einheit	Kosten €	€/Einheit	€/m² BGF	€/m³ BRI	% 300+400
100	Grundstück	m² GF	–	–	–	–	–
200	Vorbereitende Maßnahmen	m² GF	–	–	–	–	–
300	Bauwerk – Baukonstruktionen	m² BGF	141.249	1.561,62	1.561,62	774,05	86,4
400	Bauwerk – Technische Anlagen	m² BGF	22.165	245,05	245,05	121,46	13,6
	Bauwerk 300+400	**m² BGF**	**163.414**	**1.806,68**	**1.806,68**	**895,52**	**100,0**
500	Außenanlagen und Freiflächen	m² AF	–	–	–	–	–
600	Ausstattung und Kunstwerke	m² BGF	1.377	15,22	15,22	7,54	0,8
700	Baunebenkosten	m² BGF	–	–	–	–	–
800	Finanzierung	m² BGF	–	–	–	–	–

KG	Kostengruppe	Menge Einheit	Kosten €	€/Einheit	%
3+4	**Bauwerk**				**100,0**
300	**Bauwerk – Baukonstruktionen**	90,45 m² BGF	141.249	**1.561,62**	86,4

- Abbrechen (Kosten: 4,8%) 6.837
  Abbruch von Dielenboden; Dachausstieg, Ziegeldeckung, Dachrinnen, Fallrohren, Blechanschlüssen, Laufsteg; Gauben; Entsorgung, Deponiegebühren

- Wiederherstellen (Kosten: 7,5%) 10.537
  Deckenbalken verstärken: einseitig und zweiseitig, Deckenbalken zur Aufnahme Unterboden ausgleichen, Schüttung und Stakung in Teilbereichen ausbauen, lagern, nach Verstärkung der Deckenbalken wieder einbauen, Mittelpfetten einseitig verstärken, zwei Stiele stellen, Sparren verstärken

- Herstellen (Kosten: 87,7%) 123.875
  Gaubenwände, Kunststofffenster, Fensterbänke, Stehfalzbekleidung; GK-Wände, Tür, GK-Bekleidung, Beschichtung, Wandfliesen; OSB-Platten, Fertigparkett, Bodenfliesen; Zwischensparrendämmung, Gaubendächer, Dachfenster, Aufdachdämmung, Ziegeldeckung, Dachschalung, Stehfalzdeckung, Dachrinnen, Fallrohre, GK-Bekleidung, Beschichtung, Außen-Rollladen

KG	Kostengruppe	Menge Einheit	Kosten €	€/Einheit	%
400	**Bauwerk – Technische Anlagen**	90,45 m² BGF	22.165	**245,05**	13,6

- Herstellen (Kosten: 100,0%) 22.165
  Abwasserleitungen, Kalt- und Warmwasserleitungen, Sanitärobjekte; Heizungsrohre und Anbindung an vorhandene Heizungsinstallation im UG, Heizkörper, Schornstein-Einfassung; Elektroinstallation; TV-Anschluss, Rauchmelder, Datenanschlussdose

KG	Kostengruppe	Menge Einheit	Kosten €	€/Einheit	%
600	**Ausstattung und Kunstwerke**	90,45 m² BGF	1.377	**15,22**	0,8

- Herstellen (Kosten: 100,0%) 1.377
  Duschabtrennung

© **BKI** Baukosteninformationszentrum

Kostenkennwerte für die Kostengruppen der 2.Ebene DIN 276

KG	Kostengruppe	Menge Einheit	Kosten €	€/Einheit	%
300	**Bauwerk – Baukonstruktionen**				**100,0**
330	**Außenwände/Vert. Baukonstrukt., außen**	16,55 m² AWF	11.064	**668,50**	7,8
	• Herstellen (Kosten: 100,0%)	16,55 m² AWF	11.064	**668,50**	
	Gaubenwände, KVH, Dämmung, OSB-Schalung, beidseitig (11m²) * Kunststofffenster (5m²), Insektenschutzspannrahmen (2St), Fensterbänke, Titanzink, außen (4St), Regalbrett, innen (1St) * Gaubenseiten, Vordeckung (11m²), Stehfalzbekleidung, Titanzink (4St), Stirnseitenbekleidungen (2St) * GK-Bekleidung, Beschichtung (9m²)				
340	**Innenwände/Vert. Baukonstrukt., innen**	74,31 m² IWF	13.106	**176,37**	9,3
	• Herstellen (Kosten: 100,0%)	74,31 m² IWF	13.106	**176,37**	
	GK-Metallständerwände (34m²) * Tür, HPL-beschichtet (1m²) * GK-Bekleidung (15m²), Beschichtung (95m²), Abdichtung, Wandfliesen (12m²)				
350	**Decken/Horizontale Baukonstruktionen**	72,94 m² DEF	21.585	**295,94**	15,3
	• Abbrechen (Kosten: 5,6%)	72,94 m² DEF	1.202	**16,49**	
	Abbruch von Dielenboden (73m²); Entsorgung, Deponiegebühren				
	• Wiederherstellen (Kosten: 41,6%)	72,94 m² DEF	8.983	**123,16**	
	Deckenbalken verstärken: einseitig, mit U 160 (3St), mit KVH (3St), zweiseitig, mit U 160 (1St), Deckenbalken zur Aufnahme Unterboden ausgleichen (73m²), Schüttung und Stakung in Teilbereichen ausbauen, lagern, nach Verstärkung der Deckenbalken wieder einbauen (39m²)				
	• Herstellen (Kosten: 52,8%)	72,94 m² DEF	11.400	**156,29**	
	OSB-Platten (73m²), Dreischicht-Fertigparkett (44m²), Abdichtung, Bodenfliesen (3m²)				
360	**Dächer**	178,46 m² DAF	82.397	**461,71**	58,3
	• Abbrechen (Kosten: 5,5%)	159,75 m² DAF	4.538	**28,41**	
	Abbruch von Dachausstieg (1St) * Dachziegeln, Dachlattung (160m²), Dachfirst (35m²), Bitumenbelag (2m²), Dachrinnen, Fallrohren (60m), Blechanschlüssen (45m) * Laufsteg (1m); Entsorgung, Deponiegebühren				
	• Wiederherstellen (Kosten: 1,9%)	–	1.554	**–**	
	Mittelpfetten einseitig verstärken, U 100 (2St), zwei Stiele stellen, Sparren verstärken (4h)				
	• Herstellen (Kosten: 92,6%)	178,46 m² DAF	76.305	**427,58**	
	Zwischensparrendämmung (91m²), Gaubendächer, KVH, Schalung (15m²), Stirnbretter (50m) * Wohndachfenster (3m²), Wohn- und Ausstiegsfenster (1m²) * PUR-Dämmung, Unterdeckbahnen, Dachziegel (160m²), Grade (31m), First (3m), Dachschalung, Stehfalzdeckung, Zink (15m²), Traufbleche, Dachrinnen, Titanzink (50m), Fallrohre (20m) * Dampfsperre (91m²), GK-Bekleidung, Beschichtung (77m²) * Außen-Rollladen, Motorantrieb (3St) * Schneefanggitter (12m), Laufrost (1m)				

Umbau

KG	Kostengruppe	Menge Einheit	Kosten €	€/Einheit	%
390	**Sonst. Maßnahmen für Baukonstrukt.**	90,45 m² BGF	13.097	**144,79**	9,3
	• Abbrechen (Kosten: 8,4%) Abbruch von Gauben (2St); Entsorgung, Deponiegebühren	90,45 m² BGF	1.097	**12,13**	
	• Herstellen (Kosten: 91,6%) Baustelleneinrichtungen (psch) * Fassadengerüst, Dachdeckerfanggerüst (1St), Balkonüberbau, Gitterträger (1St) * Dachfläche mit Bauplanen abdecken (160m²), Schutzmaßnahmen für Boden, Fenster, Tür (psch)	90,45 m² BGF	12.000	**132,67**	
400	**Bauwerk – Technische Anlagen**				**100,0**
410	**Abwasser-, Wasser-, Gasanlagen**	90,45 m² BGF	9.231	**102,06**	41,6
	• Herstellen (Kosten: 100,0%) PP-Rohre (psch), HT-Rohre (7m) * Kupferrohre (psch), Tiefspül-WC (1St), Waschtisch (1St), Waschtischbatterie (1St), Duschwanne, Stahl (1St) * Montageelement für WC (1St)	90,45 m² BGF	9.231	**102,06**	
420	**Wärmeversorgungsanlagen**	90,45 m² BGF	9.124	**100,88**	41,2
	• Herstellen (Kosten: 100,0%) Installation Heizkörperversorgungsleitungen und Anbindung an vorhandene Heizungsinstallation im UG, mit Rohr-, Verbindungs- und Befestigungsmaterialien (psch), PE-Xa-Heizungsversorgungsleitung in freigegebenen Schornsteinzug (1St), Rohrdämmung (62m) * Flachheizkörper (3St), Handtuchheizkörper (1St), Thermostate (4St) * Schornstein-Einfassung, Zink-Titanblech (7m), Schürze, Zink-Titanblech (85m)	90,45 m² BGF	9.124	**100,88**	
440	**Elektrische Anlagen**	90,45 m² BGF	3.459	**38,24**	15,6
	• Herstellen (Kosten: 100,0%) Unterverteiler, bestückt (1St), Steckdosen (22St), Schalter/Taster (6St), Herdanschlussdose (1St), Deckenauslässe (15St), Zuleitungen	90,45 m² BGF	3.459	**38,24**	
450	**Kommunikationstechnische Anlagen**	90,45 m² BGF	351	**3,88**	1,6
	• Herstellen (Kosten: 100,0%) TV-Anschlussdose, Leitung (1St) * Rauchmelder EIB (1St) * Datenanschlussdose Cat6, Netzwerkkabel (1St)	90,45 m² BGF	351	**3,88**	
600	**Ausstattung und Kunstwerke**				**100,0**
610	**Allgemeine Ausstattung**	90,45 m² BGF	1.377	**15,22**	100,0
	• Herstellen (Kosten: 100,0%) Duschabtrennung 100x200cm, ESG, Flügeltür mit seitlichem Festfeld (1St)	90,45 m² BGF	1.377	**15,22**	

© BKI Baukosteninformationszentrum

Kostenkennwerte für die Kostengruppen 300 der 2. und 3.Ebene DIN 276 (Übersicht)

KG	Kostengruppe	Menge Einheit	Kosten €	€/Einheit	% an 3+4
300	**Bauwerk – Baukonstruktionen**	**90,45 m² BGF**	**141.248,92**	**1.561,62**	**86,4**
310	**Baugrube / Erdbau**	**–**	**–**	**–**	**–**
311	Herstellung	–	–	–	–
312	Umschließung	–	–	–	–
313	Wasserhaltung	–	–	–	–
314	Vortrieb	–	–	–	–
319	Sonstiges zur KG 310	–	–	–	–
320	**Gründung, Unterbau**	**–**	**–**	**–**	**–**
321	Baugrundverbesserung	–	–	–	–
322	Flachgründungen und Bodenplatten	–	–	–	–
323	Tiefgründungen	–	–	–	–
324	Gründungsbeläge	–	–	–	–
325	Abdichtungen und Bekleidungen	–	–	–	–
326	Dränagen	–	–	–	–
329	Sonstiges zur KG 320	–	–	–	–
330	**Außenwände/Vert. Baukonstrukt., außen**	**16,55 m² AWF**	**11.063,64**	**668,50**	**6,8**
331	Tragende Außenwände	11,20 m²	3.416,96	305,09	2,1
332	Nichttragende Außenwände	–	–	–	–
333	Außenstützen	–	–	–	–
334	Außenwandöffnungen	5,35 m²	3.698,72	691,35	2,3
335	Außenwandbekleidungen, außen	11,20 m²	2.560,27	228,60	1,6
336	Außenwandbekleidungen, innen	9,00 m²	1.387,69	154,19	0,8
337	Element. Außenwandkonstruktionen	–	–	–	–
338	Lichtschutz zur KG 330	–	–	–	–
339	Sonstiges zur KG 330	–	–	–	–
340	**Innenwände/Vert. Baukonstrukt., innen**	**74,31 m² IWF**	**13.106,19**	**176,37**	**8,0**
341	Tragende Innenwände	–	–	–	–
342	Nichttragende Innenwände	34,00 m²	4.536,96	133,44	2,8
343	Innenstützen	–	–	–	–
344	Innenwandöffnungen	1,28 m²	412,15	321,99	0,3
345	Innenwandbekleidungen	106,13 m²	8.157,08	76,86	5,0
346	Elementierte Innenwandkonstruktionen	–	–	–	–
347	Lichtschutz zur KG 340	–	–	–	–
349	Sonstiges zur KG 340	–	–	–	–
350	**Decken/Horizontale Baukonstruktionen**	**72,94 m² DEF**	**21.585,50**	**295,94**	**13,2**
351	Deckenkonstruktionen	72,94 m²	8.983,11	123,16	5,5
352	Deckenöffnungen	–	–	–	–
353	Deckenbeläge	72,94 m²	12.602,39	172,78	7,7
354	Deckenbekleidungen	–	–	–	–
355	Elementierte Deckenkonstruktionen	–	–	–	–
359	Sonstiges zur KG 350	–	–	–	–
360	**Dächer**	**178,46 m² DAF**	**82.397,03**	**461,71**	**50,4**
361	Dachkonstruktionen	91,00 m²	9.337,25	102,61	5,7
362	Dachöffnungen	3,41 m²	7.016,04	2.057,49	4,3
363	Dachbeläge	175,05 m²	48.715,59	278,30	29,8
364	Dachbekleidungen	91,00 m²	14.592,16	160,35	8,9
365	Elementierte Dachkonstruktionen	–	–	–	–
366	Lichtschutz zur KG 360	2,33 m²	2.243,96	963,07	1,4
369	Sonstiges zur KG 360	178,46 m² DAF	492,01	2,76	0,3
370	**Infrastrukturanlagen**	**–**	**–**	**–**	**–**
380	**Baukonstruktive Einbauten**	**–**	**–**	**–**	**–**
390	**Sonst. Maßnahmen für Baukonstrukt.**	**90,45 m² BGF**	**13.096,56**	**144,79**	**8,0**

Umbau

Kostenkennwerte für die Kostengruppen 400 der 2. und 3. Ebene DIN 276 (Übersicht)

KG	Kostengruppe	Menge Einheit	Kosten €	€/Einheit	% an 3+4
400	**Bauwerk – Technische Anlagen**	**90,45 m² BGF**	**22.164,89**	**245,05**	**13,6**
410	**Abwasser-, Wasser-, Gasanlagen**	**90,45 m² BGF**	**9.231,48**	**102,06**	**5,6**
411	Abwasseranlagen	90,45 m² BGF	1.817,94	20,10	1,1
412	Wasseranlagen	90,45 m² BGF	7.005,05	77,45	4,3
413	Gasanlagen	–	–	–	–
419	Sonstiges zur KG 410	90,45 m² BGF	408,50	4,52	0,2
420	**Wärmeversorgungsanlagen**	**90,45 m² BGF**	**9.124,33**	**100,88**	**5,6**
421	Wärmeerzeugungsanlagen	–	–	–	–
422	Wärmeverteilnetze	90,45 m² BGF	5.495,79	60,76	3,4
423	Raumheizflächen	90,45 m² BGF	2.577,60	28,50	1,6
424	Verkehrsheizflächen	–	–	–	–
429	Sonstiges zur KG 420	90,45 m² BGF	1.050,95	11,62	0,6
430	**Raumlufttechnische Anlagen**	**–**	**–**	**–**	**–**
431	Lüftungsanlagen	–	–	–	–
432	Teilklimaanlagen	–	–	–	–
433	Klimaanlagen	–	–	–	–
434	Kälteanlagen	–	–	–	–
439	Sonstiges zur KG 430	–	–	–	–
440	**Elektrische Anlagen**	**90,45 m² BGF**	**3.458,57**	**38,24**	**2,1**
441	Hoch- und Mittelspannungsanlagen	–	–	–	–
442	Eigenstromversorgungsanlagen	–	–	–	–
443	Niederspannungsschaltanlagen	–	–	–	–
444	Niederspannungsinstallationsanlagen	90,45 m² BGF	3.458,57	38,24	2,1
445	Beleuchtungsanlagen	–	–	–	–
446	Blitzschutz- und Erdungsanlagen	–	–	–	–
447	Fahrleitungssysteme	–	–	–	–
449	Sonstiges zur KG 440	–	–	–	–
450	**Kommunikationstechnische Anlagen**	**90,45 m² BGF**	**350,52**	**3,88**	**0,2**
451	Telekommunikationsanlagen	–	–	–	–
452	Such- und Signalanlagen	–	–	–	–
453	Zeitdienstanlagen	–	–	–	–
454	Elektroakustische Anlagen	–	–	–	–
455	Audiovisuelle Medien- u. Antennenanl.	90,45 m² BGF	116,45	1,29	< 0,1
456	Gefahrenmelde- und Alarmanlagen	90,45 m² BGF	52,21	0,58	< 0,1
457	Datenübertragungsnetze	90,45 m² BGF	181,87	2,01	0,1
458	Verkehrsbeeinflussungsanlagen	–	–	–	–
459	Sonstiges zur KG 450	–	–	–	–
460	**Förderanlagen**	**–**	**–**	**–**	**–**
461	Aufzugsanlagen	–	–	–	–
462	Fahrtreppen, Fahrsteige	–	–	–	–
463	Befahranlagen	–	–	–	–
464	Transportanlagen	–	–	–	–
465	Krananlagen	–	–	–	–
466	Hydraulikanlagen	–	–	–	–
469	Sonstiges zur KG 460	–	–	–	–
470	**Nutzungsspez. u. verfahrenstechn. Anl.**	**–**	**–**	**–**	**–**
480	**Gebäude- und Anlagenautomation**	**–**	**–**	**–**	**–**
490	**Sonst. Maßnahmen für techn. Anlagen**	**–**	**–**	**–**	**–**

© **BKI** Baukosteninformationszentrum

Kostenkennwerte für Leistungsbereiche nach STLB (Kosten des Bauwerks nach DIN 276)

LB	Leistungsbereiche	Kosten €	€/m² BGF	€/m³ BRI	% an 3+4
000	Baustellen-, Verkehrssich.- u. Sicherh.einr. inkl. 001	10.798	119,40	59,20	6,6
002	Erdarbeiten	–	–	–	–
006	Spezialtiefbauarbeiten inkl. 005	–	–	–	–
009	Entwässerungskanalarbeiten inkl. 011	–	–	–	–
010	Drän- und Versickerarbeiten	–	–	–	–
012	Mauerarbeiten	–	–	–	–
013	Betonarbeiten	–	–	–	–
014	Natur-, Betonwerksteinarbeiten	–	–	–	–
016	Zimmer- und Holzbauarbeiten	20.053	221,70	109,90	12,3
	Wiederherstellen	10.537	116,50	57,70	6,4
	Herstellen	9.516	105,20	52,10	5,8
017	Stahlbauarbeiten	–	–	–	–
018	Abdichtungsarbeiten	–	–	–	–
020	Dachdeckungsarbeiten	42.968	475,00	235,50	26,3
021	Dachabdichtungsarbeiten	–	–	–	–
022	Klempnerarbeiten	13.589	150,20	74,50	8,3
	Rohbau	**87.407**	**966,40**	**479,00**	**53,5**
	Wiederherstellen	10.537	116,50	57,70	6,4
	Herstellen	76.870	849,90	421,30	47,0
023	Putz- und Stuckarbeiten, Wärmedämmsysteme	–	–	–	–
024	Fliesen- und Plattenarbeiten	4.913	54,30	26,90	3,0
025	Estricharbeiten	–	–	–	–
026	Fenster, Außentüren inkl. 029, 032	3.447	38,10	18,90	2,1
027	Tischlerarbeiten	–	–	–	–
028	Parkett-, Holzpflasterarbeiten	7.131	78,80	39,10	4,4
030	Rollladenarbeiten	2.244	24,80	12,30	1,4
031	Metallbauarbeiten inkl. 035	–	–	–	–
034	Maler- und Lackiererarb. – Beschicht. inkl. 037	4.004	44,30	21,90	2,5
036	Bodenbelagarbeiten	–	–	–	–
038	Vorgehängte hinterlüftete Fassaden	–	–	–	–
039	Trockenbauarbeiten	26.316	290,90	144,20	16,1
	Ausbau	**48.055**	**531,30**	**263,30**	**29,4**
040	Wärmeversorgungsanl. - Betriebseinr. inkl. 041	7.282	80,50	39,90	4,5
042	Gas- u. Wasseranl. – Leitung., Armat. inkl. 043	2.912	32,20	16,00	1,8
044	Abwasseranl. - Leitungen, Abläufe, Armaturen	1.818	20,10	10,00	1,1
045	Gas, Wasser, Entwässerung – Ausstattung inkl. 046	4.501	49,80	24,70	2,8
047	Dämm- und Brandschutzarb. an techn. Anlagen	791	8,70	4,30	0,5
049	Feuerlöschanlagen, Feuerlöschgeräte	–	–	–	–
050	Blitzschutz-/Erdungsanlagen, Überspannungssch.	–	–	–	–
053	Niederspannungsanl. – Kabel inkl. 052, 054	3.459	38,20	19,00	2,1
055	Sicherheits- u. Ersatzstromversorgungsanl.	–	–	–	–
057	Gebäudesystemtechnik	–	–	–	–
058	Leuchten und Lampen inkl. 059	–	–	–	–
060	Such, Signal, Zeit, Anten., akust. Anl. inkl. 064	116	1,30	0,64	< 0,1
061	Kommunikations- u. Übertragungsnetze inkl. 063	234	2,60	1,30	0,1
069	Aufzüge	–	–	–	–
070	Gebäudeautomation	–	–	–	–
075	Raumlufttechnische Anlagen inkl. 078	–	–	–	–
	Gebäudetechnik	**21.114**	**233,40**	**115,70**	**12,9**

6100-1623
Dachgeschosswohnung

LB	Leistungsbereiche	Kosten €	€/m² BGF	€/m³ BRI	% an 3+4
084	Abbruch, Rückbau, Schadstoffsanierung	6.837	75,60	37,50	4,2
	Abbrechen	6.837	75,60	37,50	4,2
	Abbrucharbeiten	**6.837**	**75,60**	**37,50**	**4,2**
	Abbrechen	6.837	75,60	37,50	4,2
	Sonstige Leistungsbereiche	–	–	–	–

Umbau

© BKI Baukosteninformationszentrum

6100-1697
Wohnung
Innenausbau

Kostenkennwerte für die Kosten des Bauwerks (Kostengruppen 300+400 nach DIN 276)

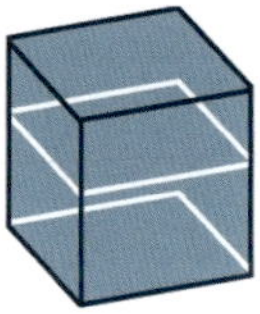

BRI 766 €/m³

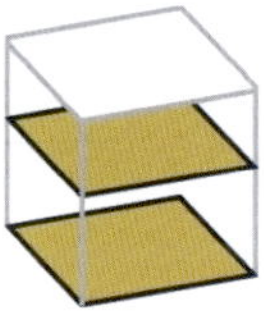

BGF 2.151 €/m²

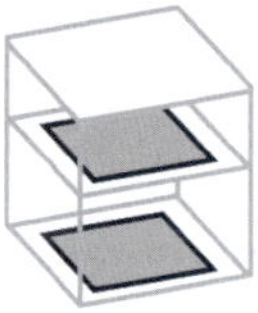

NUF 2.338 €/m²

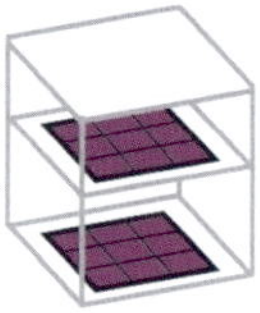

NE 2.338 €/NE

NE: Wohnfläche

Objekt:
Kennwerte: 3.Ebene DIN 276
BRI: 243 m³
BGF: 86 m²
NUF: 80 m²
Bauzeit: 13 Wochen
Bauende: 2020
Standard: hoch
Bundesland: Hamburg
Kreis: Hamburg, Stadt

Datenlieferant*in:
Formwaende GmbH & Co. KG
Stresemannstraße 4
21335 Lüneburg

Bauherr*in:
CT Immobilien GmbH
Christian Thenhausen
Hambergsfeld 3B
21394 Westergellersen

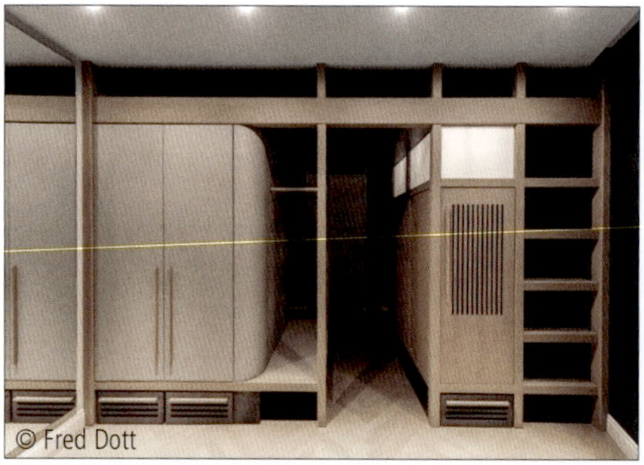

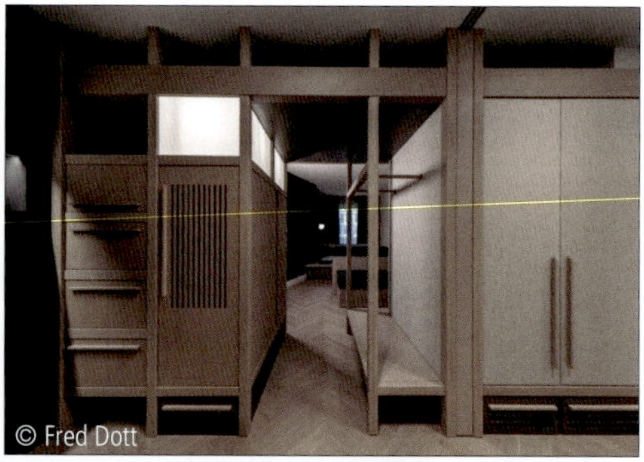

Zeichnungen

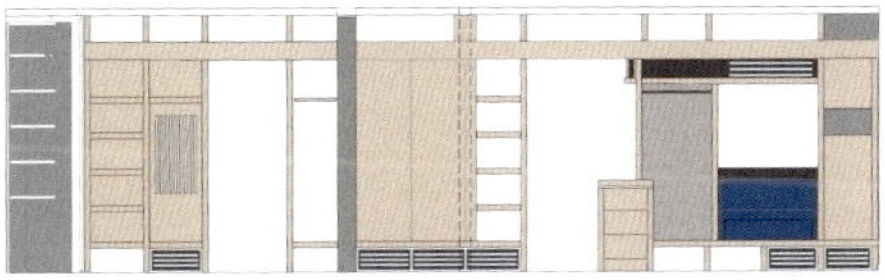

Ansicht A

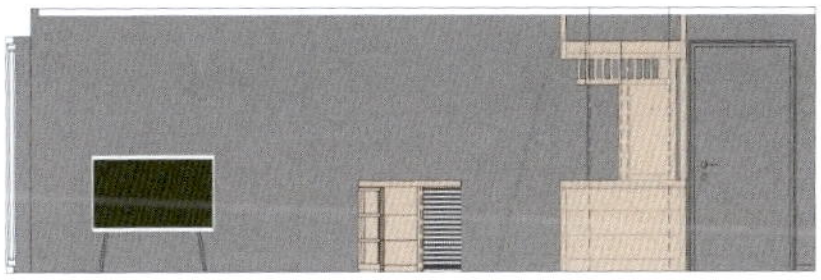

Ansicht B

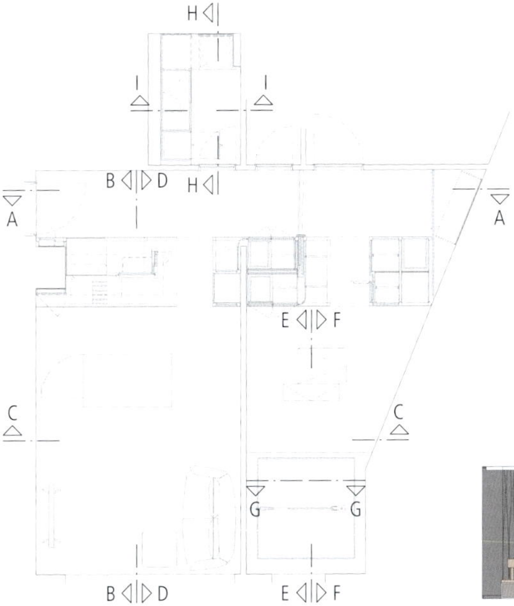

Erdgeschoss

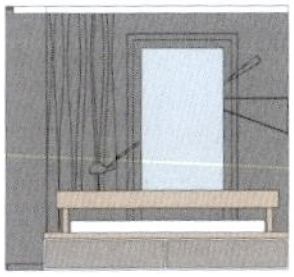

Ansicht G

Ansicht H

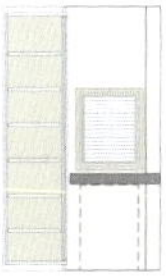

Ansicht I

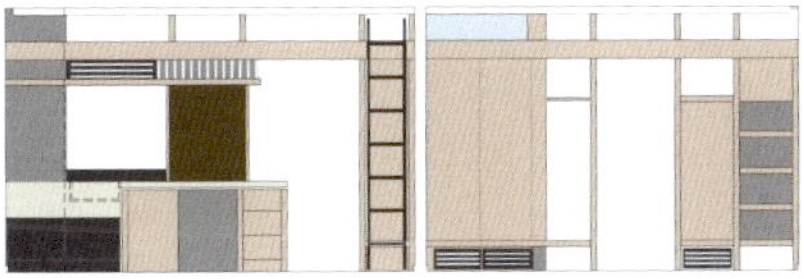

Ansicht C

Ansicht D

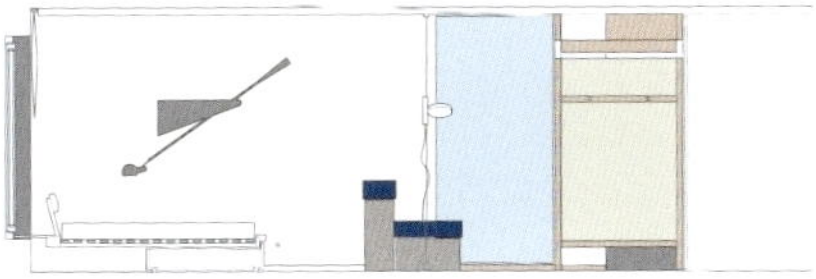

Ansicht E

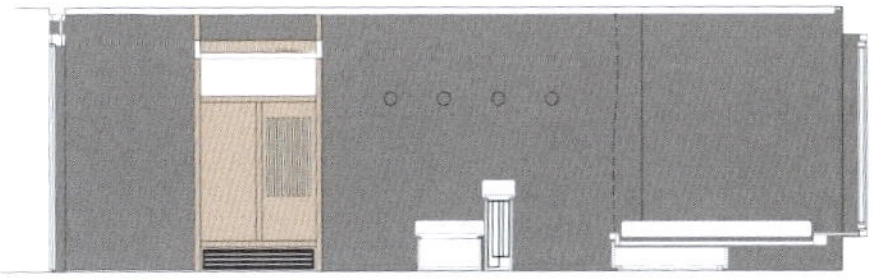

Ansicht F

Objektbeschreibung

Allgemeine Objektinformationen

Die Wohnung liegt im dritten Obergeschoss eines Wohnungsneubaus. Durch die spezielle Bauform bedingt, war die Wohnung verschachtelt angelegt und nur einseitig belichtet. Aus diesem Grund ergab sich der Bauherrenwunsch nach einer Öffnung der gesamten Fläche. Es wurden lediglich die nicht tragenden Wände abgebrochen und durch ein Regalsystem ergänzt, das die Wohnung in zwei Hälften teilt. Auf der einen Seite liegen Eingang, Garderobe, Bad, WC und Hauswirtschaftsraum, auf der anderen Seite öffnen sich Wohn-, Ess-, Schlafzimmer und Küche Richtung Licht. Dabei bleiben immer wieder Blick- und Lichtöffnungen frei, so dass man aus jedem Winkel die gesamte Größe der Wohnung wahrnimmt und das Tageslicht bis in die hintersten Ecken fällt.

Nutzung

1 Obergeschoss
Wohn- und Esszimmer, Küche, Schlafzimmer, Bad, WC, Hauswirtschaftsraum

Nutzeinheiten

Wohnfläche: 80 m²

Markt

Hauptvergabezeit: 3. Quartal 2019
Baubeginn: 3. Quartal 2020
Bauende: 4. Quartal 2020
Konjunkturelle Gesamtlage: Durchschnitt
Regionaler Baumarkt: über Durchschnitt

Baukonstruktion

Die bestehenden GK-Wände mit Türen wurden abgebrochen. An diese Stellen kamen die Einbauschränke und -regale. Im Bad, WC und Hauswirtschaftsraum kamen Oberlichter über den vorhandenen Türen dazu. Die Wände wurden beschichtet. Nach dem Abbruch der Innenwand wurde der Estrich aufgefüllt und der Parkettboden partiell ausgetauscht bzw. ergänzt. Abgehängte Gipskartondecken wurden mit seitlichen Vouten für die Vorhangschienen, eingebaut.

Technische Anlagen

Ab- und Wasserinstallation ist innerhalb der Einbauelemente neu gemacht und an den Bestand angepasst. Das Regalsystem beherbergt einen Großteil der ELT- und die gesamte Küchentechnik. Die Beleuchtung ist teilweise im Regalsystem, teilweise in einer zusätzlich eingebrachten Abhangdecke integriert.

Sonstiges

Wohnung und Bewohner sollen über die Jahre hinweg gemeinsam älter werden und sich je nach Lebensphase und Zeitgeist verändern können. Jeder Zentimeter wird entweder als Stauraum genutzt oder dient als Durchblick und Belichtung. Dabei kann das System wie ein Setzkasten verändert werden. Der Küchenblock, der im Alltag Platz für zwei Personen bietet, lässt sich durch das Entfernen der rollbaren Glas- und Geschirrschränke zu einem bequemen Esstisch für sechs Personen erweitern. Die hierfür notwendigen zusätzlichen Stühle befinden sich direkt im Unterbau des Tisches. In der Flurseite des Regals, genau zwischen Wohn- und Schlafbereich, ist eine bündig und grifflos in der Fläche liegende Schiebetür integriert, die bei Bedarf den Schlafbereich abtrennt. Im Eingang befindet sich eine Garderobe mit kleiner Sitzbank, die über die Spüle hinweg einen Blick in den Wohnbereich freigibt. Gleichermaßen sind große Staufächer im Bettkasten und Sitzhocker sowie hinter der Schiebetür vorhanden. Eine maßgefertigte Leiter bietet Zugang zur Ablage oberhalb des Regals, wo auch sperrige Gegenstände gelagert werden können. Um ein Regal aufzulockern und ein verspieltes Element zu integrieren, wurde ein Fach mittels Leuchte und japanischem Papier in einen Lampion umgewandelt. Die Arbeitsfläche mit integrierter Spüle ist in weißem Terrazzo aus einem Stück gefertigt. Um eine möglichst gute Akustik zu erreichen, sind die Schrankflächen mit Leinenstoff bezogen. Die gesamte Materialpalette wird durch das überall präsente Eichenholz ruhig eingefasst.

© **BKI** Baukosteninformationszentrum

Planungskennwerte für Flächen und Rauminhalte nach DIN 277

Flächen des Grundstücks		Menge Einheit	% an GF
BF	Bebaute Fläche	–	–
UF	Unbebaute Fläche	–	–
GF	Grundstücksfläche	–	–

Grundflächen des Bauwerks		Menge Einheit	% an NUF	% an BGF
NUF	Nutzungsfläche	79,50 m²	100,0	92,0
TF	Technikfläche	–	–	–
VF	Verkehrsfläche	–	–	–
NRF	Netto-Raumfläche	79,50 m²	100,0	92,0
KGF	Konstruktions-Grundfläche	6,90 m²	8,7	8,0
BGF	Brutto-Grundfläche	86,40 m²	108,7	100,0

Brutto-Rauminhalt des Bauwerks		Menge Einheit	BRI/NUF (m)	BRI/BGF (m)
BRI	Brutto-Rauminhalt	242,78 m³	3,05	2,81

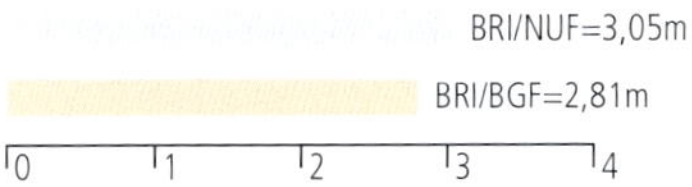

Lufttechnisch behandelte Flächen	Menge Einheit	% an NUF	% an BGF
Entlüftete Fläche	–	–	–
Be- und entlüftete Fläche	–	–	–
Teilklimatisierte Fläche	–	–	–
Klimatisierte Fläche	–	–	–

KG	Kostengruppen (2. Ebene)	Menge Einheit	Menge/NUF	Menge/BGF
310	Baugrube / Erdbau	–	–	–
320	Gründung, Unterbau	–	–	–
330	Außenwände/Vertikale Baukonstruktionen, außen	7,00 m² AWF	0,09	0,08
340	Innenwände/Vertikale Baukonstruktionen, innen	91,76 m² IWF	1,15	1,06
350	Decken/Horizontale Baukonstruktionen	64,00 m² DEF	0,81	0,74
360	Dächer	–	–	–

Kostenkennwerte für die Kostengruppen der 1. Ebene DIN 276

KG	Kostengruppen (1. Ebene)	Einheit	Kosten €	€/Einheit	€/m² BGF	€/m³ BRI	% 300+400
100	Grundstück	m² GF	–	–	–	–	–
200	Vorbereitende Maßnahmen	m² GF	–	–	–	–	–
300	Bauwerk – Baukonstruktionen	m² BGF	169.209	1.958,43	1.958,43	696,96	91,0
400	Bauwerk – Technische Anlagen	m² BGF	16.644	192,64	192,64	68,55	9,0
	Bauwerk 300+400	**m² BGF**	**185.853**	**2.151,07**	**2.151,07**	**765,52**	**100,0**
500	Außenanlagen und Freiflächen	m² AF	–	–	–	–	–
600	Ausstattung und Kunstwerke	m² BGF	15.389	178,11	178,11	63,39	8,3
700	Baunebenkosten	m² BGF	–	–	–	–	–
800	Finanzierung	m² BGF	–	–	–	–	–

KG	Kostengruppe	Menge Einheit	Kosten €	€/Einheit	%
3+4	**Bauwerk**				**100,0**
300	**Bauwerk – Baukonstruktionen**	86,40 m² BGF	169.209	**1.958,43**	91,0

Beschichtung; ESG-Oberlichter, Eckprofile, Beschichtung; Estrichfehlstellen auffüllen, Parkettstäbchen partiell austauschen, GK-Decken, seitliche Voute für Vorhangschiene, Eckprofile an Voute, Beschichtung; Einbauküche, Terrazzoarbeitsplatte, Küchenblock, Kühlschrank/Regal Schrankmodul, Garderobenschrank mit Sitznische, Schrankmodule, mit Schiebetür, Schrankzeile mit Schiebetüren, Fernsehtruhe, Sitztruhe

KG	Kostengruppe	Menge Einheit	Kosten €	€/Einheit	%
400	**Bauwerk – Technische Anlagen**	86,40 m² BGF	16.644	**192,64**	9,0

Anpassungen an Bestandsanlage, Neuinstallation innerhalb Einbauelemente, Rohre; Anpassungen an Bestandsanlage, Neuinstallation innerhalb Einbauelemente, Deckeneinbaustrahler

KG	Kostengruppe	Menge Einheit	Kosten €	€/Einheit	%
600	**Ausstattung und Kunstwerke**	86,40 m² BGF	15.389	**178,11**	8,3

Bett mit Kopfteil, Abdeckung und seitlichen Ablagen, Schubkästen rollbar, Spiegel, Vorhangschienen, Schienenbögen, Transparentstoff, Verdunklungsstoff, Papierrollenhalterungen, WC-Bürstenhalter, Duschkorb

© **BKI** Baukosteninformationszentrum

Kostenkennwerte für die Kostengruppen der 2.Ebene DIN 276

KG	Kostengruppe	Menge Einheit	Kosten €	€/Einheit	%
300	**Bauwerk – Baukonstruktionen**				**100,0**
330	**Außenwände/Vert. Baukonstrukt., außen**	7,00 m² AWF	387	**55,21**	0,2
	Spachtelung, Beschichtung (7m²)				
340	**Innenwände/Vert. Baukonstrukt., innen**	91,76 m² IWF	7.692	**83,82**	4,5
	ESG-Oberlichter in Türrahmen (1m²) * Eckprofile, Spachtelung, Beschichtung (100m²)				
350	**Decken/Horizontale Baukonstruktionen**	64,00 m² DEF	14.920	**233,12**	8,8
	Estrichfehlstellen auffüllen, Parkettstäbchen partiell austauschen (psch) * GK-Decken, seitliche Voute für Vorhangschiene, Eckprofile an Voute, Beschichtung (64m²)				
380	**Baukonstruktive Einbauten**	86,40 m² BGF	143.191	**1.657,31**	84,6
	Einbauküche, Pfosten und Riegel, Eiche massiv, Fronten, Eiche furniert, Terrazzoarbeitsplatte, Rückwand, Naturstein (1St), Küchenblock (1St), Kühlschrank/Regal-Schrankmodul (1St), Garderobenschrank mit Sitznische (1St), Schrankmodule, Pfosten und Riegel, Eiche massiv, Fronten, Eiche furniert (4St), mit Schiebetür (1St), Schrankzeile mit Schiebetüren (1St), Fernsehtruhe (1St), Sitztruhe (1St)				
390	**Sonst. Maßnahmen für Baukonstrukt.**	86,40 m² BGF	3.020	**34,95**	1,8
	Abbruch von GK-Wänden, Türen (psch); Entsorgung, Deponiegebühren * Abdeckungen mit Vlies, Hartfaserplatten (60m²)				
400	**Bauwerk – Technische Anlagen**				**100,0**
410	**Abwasser-, Wasser-, Gasanlagen**	86,40 m² BGF	3.884	**44,96**	23,3
	Anpassungen an Bestandsanlage, Neuinstallation innerhalb Einbauelemente, Rohre, Formstücke (psch)				
440	**Elektrische Anlagen**	86,40 m² BGF	12.759	**147,68**	76,7
	Anpassungen an Bestandsanlage, Neuinstallation innerhalb Einbauelemente (psch) * Deckeneinbaustrahler mit Einbaurahmen, Strahler 90° schwenkbar und 365° drehbar, werkzeuglos wechselbarer Reflektor mit drei unterschiedlichen Ausstrahlungscharakteristiken (10St)				
600	**Ausstattung und Kunstwerke**				**100,0**
610	**Allgemeine Ausstattung**	86,40 m² BGF	15.389	**178,11**	100,0
	Bett mit Kopfteil 200x200cm, Abdeckung und seitlichen Ablagen, Kopfteil in Eiche massiv, Abdeckungen Eiche furniert, Schubkästen 100x100cm, rollbar, mit Leder bezogen (1St), Spiegel 115x245cm, mit verdeckter Aufhängung (1St), Vorhangschienen (21m), Schienenbögen (2St), Transparentstoff (12m), Verdunklungsstoff (20m), Papierrollenhalterungen (2St), WC-Bürstenhalter (2St), Duschkorb (1St)				

Kostenkennwerte für die Kostengruppen 300 der 2. und 3.Ebene DIN 276 (Übersicht)

KG	Kostengruppe	Menge Einheit	Kosten €	€/Einheit	% an 3+4
300	**Bauwerk – Baukonstruktionen**	**86,40 m² BGF**	**169.208,76**	**1.958,43**	**91,0**
310	**Baugrube / Erdbau**	**–**	**–**	**–**	**–**
311	Herstellung	–	–	–	–
312	Umschließung	–	–	–	–
313	Wasserhaltung	–	–	–	–
314	Vortrieb	–	–	–	–
319	Sonstiges zur KG 310	–	–	–	–
320	**Gründung, Unterbau**	**–**	**–**	**–**	**–**
321	Baugrundverbesserung	–	–	–	–
322	Flachgründungen und Bodenplatten	–	–	–	–
323	Tiefgründungen	–	–	–	–
324	Gründungsbeläge	–	–	–	–
325	Abdichtungen und Bekleidungen	–	–	–	–
326	Dränagen	–	–	–	–
329	Sonstiges zur KG 320	–	–	–	–
330	**Außenwände/Vert. Baukonstrukt., außen**	**7,00 m² AWF**	**386,50**	**55,21**	**0,2**
331	Tragende Außenwände	–	–	–	–
332	Nichttragende Außenwände	–	–	–	–
333	Außenstützen	–	–	–	–
334	Außenwandöffnungen	–	–	–	–
335	Außenwandbekleidungen, außen	–	–	–	–
336	Außenwandbekleidungen, innen	7,00 m²	386,50	55,21	0,2
337	Element. Außenwandkonstruktionen	–	–	–	–
338	Lichtschutz zur KG 330	–	–	–	–
339	Sonstiges zur KG 330	–	–	–	–
340	**Innenwände/Vert. Baukonstrukt., innen**	**91,76 m² IWF**	**7.691,55**	**83,82**	**4,1**
341	Tragende Innenwände	–	–	–	–
342	Nichttragende Innenwände	–	–	–	–
343	Innenstützen	–	–	–	–
344	Innenwandöffnungen	0,66 m²	2.944,50	4.461,36	1,6
345	Innenwandbekleidungen	99,58 m²	4.747,05	47,67	2,6
346	Elementierte Innenwandkonstruktionen	–	–	–	–
347	Lichtschutz zur KG 340	–	–	–	–
349	Sonstiges zur KG 340	–	–	–	–
350	**Decken/Horizontale Baukonstruktionen**	**64,00 m² DEF**	**14.919,63**	**233,12**	**8,0**
351	Deckenkonstruktionen	–	–	–	–
352	Deckenöffnungen	–	–	–	–
353	Deckenbeläge	–	2.439,32	–	1,3
354	Deckenbekleidungen	64,00 m²	12.480,31	195,00	6,7
355	Elementierte Deckenkonstruktionen	–	–	–	–
359	Sonstiges zur KG 350	–	–	–	–
360	**Dächer**	**–**	**–**	**–**	**–**
361	Dachkonstruktionen	–	–	–	–
362	Dachöffnungen	–	–	–	–
363	Dachbeläge	–	–	–	–
364	Dachbekleidungen	–	–	–	–
365	Elementierte Dachkonstruktionen	–	–	–	–
366	Lichtschutz zur KG 360	–	–	–	–
369	Sonstiges zur KG 360	–	–	–	–
370	**Infrastrukturanlagen**	**–**	**–**	**–**	**–**
380	**Baukonstruktive Einbauten**	**86,40 m² BGF**	**143.191,45**	**1.657,31**	**77,0**
390	**Sonst. Maßnahmen für Baukonstrukt.**	**86,40 m² BGF**	**3.019,63**	**34,95**	**1,6**

© BKI Baukosteninformationszentrum

Kostenkennwerte für die Kostengruppen 400 der 2. und 3. Ebene DIN 276 (Übersicht)

KG	Kostengruppe	Menge Einheit	Kosten €	€/Einheit	% an 3+4
400	**Bauwerk – Technische Anlagen**	**86,40 m² BGF**	**16.643,74**	**192,64**	**9,0**
410	**Abwasser-, Wasser-, Gasanlagen**	**86,40 m² BGF**	**3.884,41**	**44,96**	**2,1**
411	Abwasseranlagen	86,40 m² BGF	1.417,78	16,41	0,8
412	Wasseranlagen	86,40 m² BGF	2.466,63	28,55	1,3
413	Gasanlagen	–	–	–	–
419	Sonstiges zur KG 410	–	–	–	–
420	**Wärmeversorgungsanlagen**	**–**	**–**	**–**	**–**
421	Wärmeerzeugungsanlagen	–	–	–	–
422	Wärmeverteilnetze	–	–	–	–
423	Raumheizflächen	–	–	–	–
424	Verkehrsheizflächen	–	–	–	–
429	Sonstiges zur KG 420	–	–	–	–
430	**Raumlufttechnische Anlagen**	**–**	**–**	**–**	**–**
431	Lüftungsanlagen	–	–	–	–
432	Teilklimaanlagen	–	–	–	–
433	Klimaanlagen	–	–	–	–
434	Kälteanlagen	–	–	–	–
439	Sonstiges zur KG 430	–	–	–	–
440	**Elektrische Anlagen**	**86,40 m² BGF**	**12.759,33**	**147,68**	**6,9**
441	Hoch- und Mittelspannungsanlagen	–	–	–	–
442	Eigenstromversorgungsanlagen	–	–	–	–
443	Niederspannungsschaltanlagen	–	–	–	–
444	Niederspannungsinstallationsanlagen	86,40 m² BGF	8.434,75	97,62	4,5
445	Beleuchtungsanlagen	86,40 m² BGF	4.324,58	50,05	2,3
446	Blitzschutz- und Erdungsanlagen	–	–	–	–
447	Fahrleitungssysteme	–	–	–	–
449	Sonstiges zur KG 440	–	–	–	–
450	**Kommunikationstechnische Anlagen**	**–**	**–**	**–**	**–**
451	Telekommunikationsanlagen	–	–	–	–
452	Such- und Signalanlagen	–	–	–	–
453	Zeitdienstanlagen	–	–	–	–
454	Elektroakustische Anlagen	–	–	–	–
455	Audiovisuelle Medien- u. Antennenanl.	–	–	–	–
456	Gefahrenmelde- und Alarmanlagen	–	–	–	–
457	Datenübertragungsnetze	–	–	–	–
458	Verkehrsbeeinflussungsanlagen	–	–	–	–
459	Sonstiges zur KG 450	–	–	–	–
460	**Förderanlagen**	**–**	**–**	**–**	**–**
461	Aufzugsanlagen	–	–	–	–
462	Fahrtreppen, Fahrsteige	–	–	–	–
463	Befahranlagen	–	–	–	–
464	Transportanlagen	–	–	–	–
465	Krananlagen	–	–	–	–
466	Hydraulikanlagen	–	–	–	–
469	Sonstiges zur KG 460	–	–	–	–
470	**Nutzungsspez. u. verfahrenstechn. Anl.**	**–**	**–**	**–**	**–**
480	**Gebäude- und Anlagenautomation**	**–**	**–**	**–**	**–**
490	**Sonst. Maßnahmen für techn. Anlagen**	**–**	**–**	**–**	**–**

Kostenkennwerte für Leistungsbereiche nach STLB (Kosten des Bauwerks nach DIN 276)

LB	Leistungsbereiche	Kosten €	€/m² BGF	€/m³ BRI	% an 3+4
000	Baustellen-, Verkehrssich.- u. Sicherh.einr. inkl. 001	1.085	12,60	4,50	0,6
002	Erdarbeiten	–	–	–	–
006	Spezialtiefbauarbeiten inkl. 005	–	–	–	–
009	Entwässerungskanalarbeiten inkl. 011	–	–	–	–
010	Drän- und Versickerarbeiten	–	–	–	–
012	Mauerarbeiten	–	–	–	–
013	Betonarbeiten	–	–	–	–
014	Natur-, Betonwerksteinarbeiten	–	–	–	–
016	Zimmer- und Holzbauarbeiten	–	–	–	–
017	Stahlbauarbeiten	–	–	–	–
018	Abdichtungsarbeiten	–	–	–	–
020	Dachdeckungsarbeiten	–	–	–	–
021	Dachabdichtungsarbeiten	–	–	–	–
022	Klempnerarbeiten	–	–	–	–
	Rohbau	**1.085**	**12,60**	**4,50**	**0,6**
023	Putz- und Stuckarbeiten, Wärmedämmsysteme	–	–	–	–
024	Fliesen- und Plattenarbeiten	–	–	–	–
025	Estricharbeiten	–	–	–	–
026	Fenster, Außentüren inkl. 029, 032	–	–	–	–
027	Tischlerarbeiten	146.136	1.691,40	601,90	78,6
028	Parkett-, Holzpflasterarbeiten	2.439	28,20	10,00	1,3
030	Rollladenarbeiten	–	–	–	–
031	Metallbauarbeiten inkl. 035	–	–	–	–
034	Maler- und Lackiererarb. – Beschicht. inkl. 037	11.890	137,60	49,00	6,4
036	Bodenbelagarbeiten	–	–	–	–
038	Vorgehängte hinterlüftete Fassaden	–	–	–	–
039	Trockenbauarbeiten	5.724	66,30	23,60	3,1
	Ausbau	**166.189**	**1.923,50**	**684,50**	**89,4**
040	Wärmeversorgungsanl. - Betriebseinr. inkl. 041	–	–	–	–
042	Gas- u. Wasseranl. – Leitung., Armat. inkl. 043	2.467	28,50	10,20	1,3
044	Abwasseranl. - Leitungen, Abläufe, Armaturen	1.418	16,40	5,80	0,8
045	Gas, Wasser, Entwässerung – Ausstattung inkl. 046	–	–	–	–
047	Dämm- und Brandschutzarb. an techn. Anlagen	–	–	–	–
049	Feuerlöschanlagen, Feuerlöschgeräte	–	–	–	–
050	Blitzschutz-/Erdungsanlagen, Überspannungssch.	–	–	–	–
053	Niederspannungsanl. – Kabel inkl. 052, 054	8.435	97,60	34,70	4,5
055	Sicherheits- u. Ersatzstromversorgungsanl.	–	–	–	–
057	Gebäudesystemtechnik	–	–	–	–
058	Leuchten und Lampen inkl. 059	4.325	50,10	17,80	2,3
060	Such, Signal, Zeit, Anten., akust. Anl. inkl. 064	–	–	–	–
061	Kommunikations- u. Übertragungsnetze inkl. 063	–	–	–	–
069	Aufzüge	–	–	–	–
070	Gebäudeautomation	–	–	–	–
075	Raumlufttechnische Anlagen inkl. 078	–	–	–	–
	Gebäudetechnik	**16.644**	**192,60**	**68,60**	**9,0**
084	Abbruch, Rückbau, Schadstoffsanierung	1.935	22,40	8,00	1,0
	Abbrucharbeiten	**1.935**	**22,40**	**8,00**	**1,0**
	Sonstige Leistungsbereiche	**–**	**–**	**–**	**–**

© **BKI** Baukosteninformationszentrum

6100-1713
Einfamilienhaus

Modernisierung

Kostenkennwerte für die Kosten des Bauwerks (Kostengruppen 300+400 nach DIN 276)

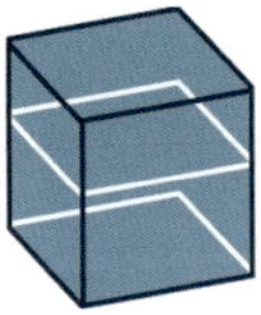

BRI 304 €/m³

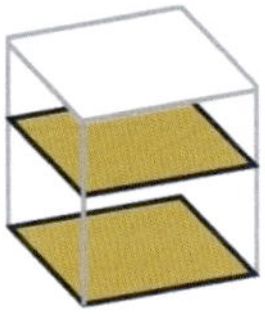

BGF 842 €/m²

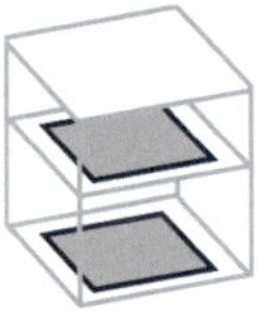

NUF 1.305 €/m²

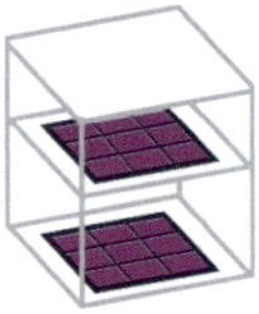

NE 1.294 €/NE

NE: Wohnfläche

Objekt:
Kennwerte: 3. Ebene DIN 276
BRI: 542 m³
BGF: 196 m²
NUF: 126 m²
Bauzeit: 17 Wochen
Bauende: 2023
Standard: mittel
Bundesland: Bayern
Kreis: Rosenheim

Innenarchitekt*in:
Innenarchitekturinsel
Dipl. Ing. Innenarchitektin
Yvonne Habermann
Bernauer Straße 1
83209 Prien am Chiemsee

Ansicht A

Ansicht B

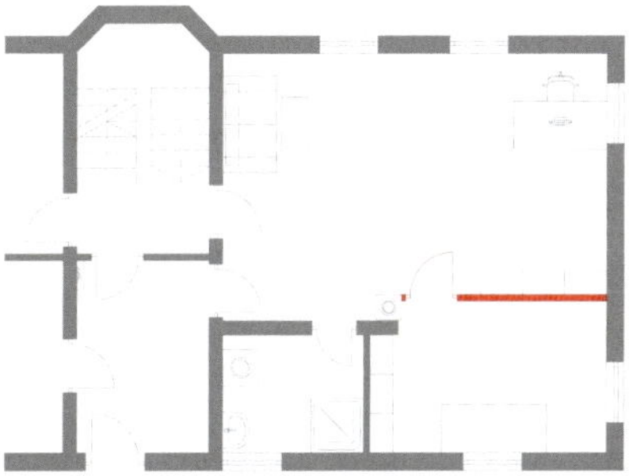

Untergeschoss

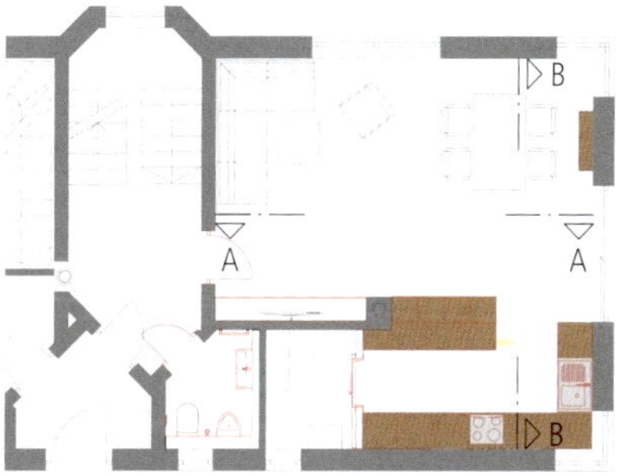

Erdgeschoss

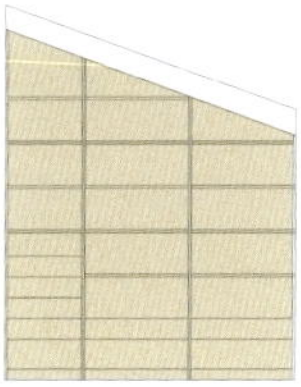

Ansicht C

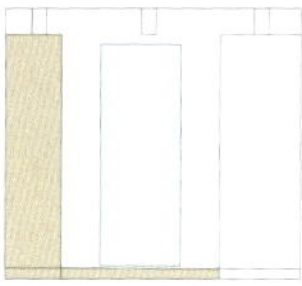

Ansicht D

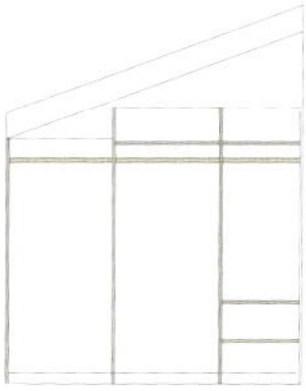

Ansicht E

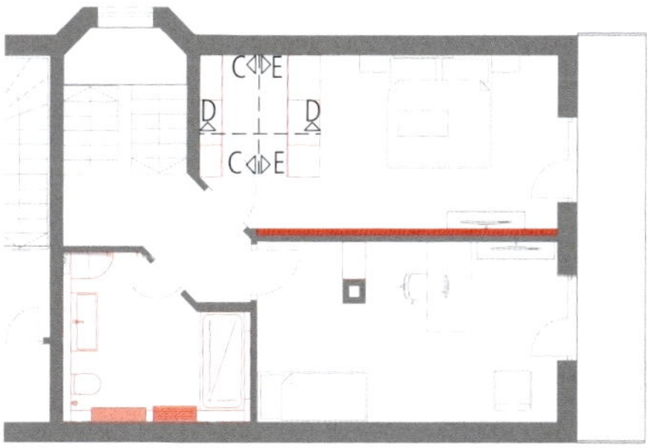

Dachgeschoss

Modernisierung

Objektbeschreibung

Allgemeine Objektinformationen

Modernisierung und Umbau eines Einfamilienhauses. Die Bäder wurden umgebaut und statt einer Badewanne wurde eine begehbare Dusche mit Glastür und integriertem Ablagefach geschaffen. Für die neue Küche wurde eine Wand versetzt, so dass zwei zusätzliche Küchenelemente Platz finden konnten. Das Gäste-WC wurde mit einer eleganten Tapete ausgestattet und alles mit einem stimmigen Lichtkonzept versehen. Hierzu sollte auch Raum geschaffen werden, um in Homeoffice arbeiten zu können.

Nutzung

1 Untergeschoss
Gästezimmer, Werkstatt

1 Erdgeschoss
Wohnen, Küche, WC, Abstellraum

1 Dachgeschoss
Schlafen, Büro, Bad

Nutzeinheiten

Wohneinheiten: 1
Wohnfläche: 127 m^2

Markt

Hauptvergabezeit: 2. Quartal 2023
Baubeginn: 3. Quartal 2023
Bauende: 4. Quartal 2023
Konjunkturelle Gesamtlage: Durchschnitt
Regionaler Baumarkt: unter Durchschnitt

Baubestand

Baujahr: 1996
Bauzustand: gut
Aufwand: mittel
Grundrissänderungen: wenige
Tragwerkseingriffe: keine
Nutzungsänderung: nein
Nutzung während der Bauzeit: nein

Baukonstruktion

Im Keller wurde der alte Teppichboden durch einen Vinylbelag ersetzt. Neue Gipskartonwand teilt die Räume in Werkstatt und Gästezimmer auf. Einige neue Innentüren wurden eingebaut. Die bestehenden Türen mit Zargen wurden geschliffen und beschichtet. In den Bädern wurden Vorsatzschalen aufgestellt und gefliest. Die Trockenbauwand im Obergeschoss zwischen den Zimmern wurde für den Schallschutz ertüchtigt. Die gesamten Wände wurden beschichtet, nur im Gäste-WC kam an eine Wand Vliestapete. Die Böden wurden mit Parkett oder Fliesen belegt. Die Decken wurden beschichtet. Auf die Holzdecken kam ein Lackanstrich. In der Küche wurden Schränke mit allen Elektrogeräten eingebaut. Im Schlafzimmer wurden die Einbauschränke an die Dachschrägen angepasst.

Technische Anlagen

Die Ab- und Wasserleitungen wurden erneuert. Ein Wasserenthärter kam dazu. In Bädern wurden Waschtische mit Unterschrank und Armatur, WCs und Urinal gegen alte Sanitärobjekte ausgetauscht. Alte Badewanne wurde durch große Duschtasse ersetzt. Neue Handtuchheizkörper kamen dazu. Eine Wallbox mit 6m Kabel wurde montiert. Die gesamte Elektroinstallation wurde erneuert und neue Beleuchtung installiert.

Sonstiges

Die Bauherrin wünschte zusätzlich eine Analyse nach Feng Shui, die durch das eingebrachte Farbkonzept widergespiegelt wird.

© **BKI** Baukosteninformationszentrum

Planungskennwerte für Flächen und Rauminhalte nach DIN 277

Flächen des Grundstücks		Menge Einheit	% an GF
BF	Bebaute Fläche	132,02 m²	24,6
UF	Unbebaute Fläche	404,98 m²	75,4
GF	Grundstücksfläche	537,00 m²	100,0

Grundflächen des Bauwerks		Menge Einheit	% an NUF	% an BGF
NUF	Nutzungsfläche	126,29 m²	100,0	64,5
TF	Technikfläche	–	–	–
VF	Verkehrsfläche	41,14 m²	32,6	21,0
NRF	Netto-Raumfläche	167,43 m²	132,6	85,5
KGF	Konstruktions-Grundfläche	28,33 m²	22,4	14,5
BGF	Brutto-Grundfläche	195,76 m²	155,0	100,0

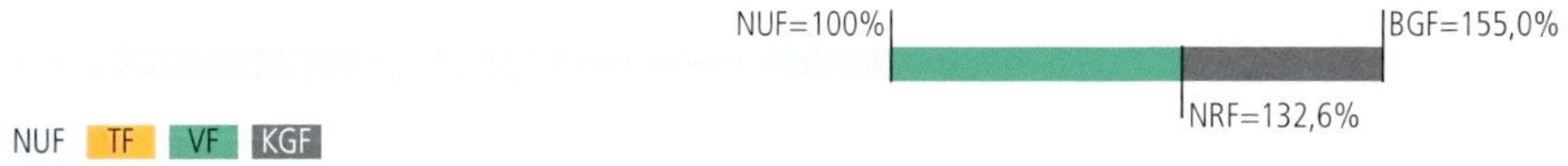

Brutto-Rauminhalt des Bauwerks		Menge Einheit	BRI/NUF (m)	BRI/BGF (m)
BRI	Brutto-Rauminhalt	541,51 m³	4,29	2,77

Lufttechnisch behandelte Flächen	Menge Einheit	% an NUF	% an BGF
Entlüftete Fläche	–	–	–
Be- und entlüftete Fläche	–	–	–
Teilklimatisierte Fläche	–	–	–
Klimatisierte Fläche	–	–	–

KG	Kostengruppen (2. Ebene)	Menge Einheit	Menge/NUF	Menge/BGF
310	Baugrube / Erdbau	–	–	–
320	Gründung, Unterbau	37,43 m² GRF	0,30	0,19
330	Außenwände/Vertikale Baukonstruktionen, außen	77,14 m² AWF	0,61	0,39
340	Innenwände/Vertikale Baukonstruktionen, innen	126,93 m² IWF	1,01	0,65
350	Decken/Horizontale Baukonstruktionen	77,53 m² DEF	0,61	0,40
360	Dächer	77,63 m² DAF	0,62	0,40

Modernisierung

Kostenkennwerte für die Kostengruppen der 1. Ebene DIN 276

KG	Kostengruppen (1. Ebene)	Einheit	Kosten €	€/Einheit	€/m² BGF	€/m³ BRI	% 300+400
100	Grundstück	m² GF	–	–	–	–	–
200	Vorbereitende Maßnahmen	m² GF	–	–	–	–	–
300	Bauwerk – Baukonstruktionen	m² BGF	96.741	494,18	494,18	178,65	58,7
400	Bauwerk – Technische Anlagen	m² BGF	68.119	347,97	347,97	125,80	41,3
	Bauwerk 300+400	**m² BGF**	**164.860**	**842,16**	**842,16**	**304,45**	**100,0**
500	Außenanlagen und Freiflächen	m² AF	–	–	–	–	–
600	Ausstattung und Kunstwerke	m² BGF	4.204	21,48	21,48	7,76	2,6
700	Baunebenkosten	m² BGF	–	–	–	–	–
800	Finanzierung	m² BGF	–	–	–	–	–

KG	Kostengruppe	Menge Einheit	Kosten €	€/Einheit	%
3+4	**Bauwerk**				**100,0**
300	**Bauwerk – Baukonstruktionen**	195,76 m² BGF	96.741	**494,18**	58,7

- Abbrechen (Kosten: 6,4%) 6.229
  Abbruch von Teppichboden; Wandfliesen; GK-Wand, Mauerwerk, Wandfliesen; Bodenfliesen, Deckenleuchtkranz; Einbauküche, Elektrogeräten; Entsorgung, Deponiegebühren
- Wiederherstellen (Kosten: 3,3%) 3.240
  Türen mit Zargen schleifen, vorlackieren, beschichten, Türzarge demontieren, lagern, anpassen, wieder montieren, Tür mit Zarge ausbauen, drehen, anpassen, wieder montieren
- Herstellen (Kosten: 90,2%) 87.272
  Vinylbelag; GK-Vorsatzschalen, Beschichtung, Wandfliesen; Öffnungen zumauern, GK-Wände, Schiebetür, Holztür, GK-Wand als Aufdopplung, GK-Verkofferung für Schiebetür, Malervlies, Beschichtung, Vliestapete, Wandfliesen; Estrich ergänzen, Parkett, Bodenfliesen, Beschichtung, Wandfries; Lackbeschichtung; Einbauküche, Elektrogeräte, Einbaumöbel

KG	Kostengruppe	Menge Einheit	Kosten €	€/Einheit	%
400	**Bauwerk – Technische Anlagen**	195,76 m² BGF	68.119	**347,97**	41,3

- Abbrechen (Kosten: 3,4%) 2.334
  Abbruch von Abwasserleitungen, Wasserleitungen, Badewanne, Waschbecken, WC, Bidet; Heizkörper; Steckdosen, Schalter; Entsorgung, Deponiegebühren
- Wiederherstellen (Kosten: 1,4%) 930
  Heizkörper versetzen; Außensteckdose reparieren
- Herstellen (Kosten: 95,2%) 64.856
  Abwasserleitungen, Kalt- und Warmwasserleitungen, Wasserenthärter, Sanitärobjekte, Installationselemente; Rohrleitungen, Handtuchheizkörper; Wallbox, Elektroinstallation, Beleuchtung; TAE-Steckdose, Antennensteckdose, Koaxialkabel, Datenkabel, Patchpanel, Datenanschlussdose

KG	Kostengruppe	Menge Einheit	Kosten €	€/Einheit	%
600	**Ausstattung und Kunstwerke**	195,76 m² BGF	4.204	**21,48**	2,6

- Abbrechen (Kosten: 2,0%) 83
  Abbruch von Kellerregal; Entsorgung, Deponiegebühren
- Herstellen (Kosten: 98,0%) 4.121
  Duschtrennwand, Lotionsspender, Handtuchhalter, Bürstengarnitur, Wand-Bürstengarnitur, Glashalter für Zahnbürsten, Papierrollenhalter, Wandseifenspender, Haken

© BKI Baukosteninformationszentrum

Kostenkennwerte für die Kostengruppen der 2.Ebene DIN 276

KG	Kostengruppe	Menge Einheit	Kosten €	€/Einheit	%
300	**Bauwerk – Baukonstruktionen**				**100,0**
320	**Gründung, Unterbau**	37,43 m² GRF	3.377	**90,23**	3,5
	• Abbrechen (Kosten: 10,8%) Abbruch von Teppichboden (35m²); Entsorgung, Deponiegebühren	35,11 m² GRF	363	**10,34**	
	• Herstellen (Kosten: 89,2%) Vinylbelag (37m²)	37,43 m² GRF	3.014	**80,53**	
330	**Außenwände/Vert. Baukonstrukt., außen**	77,14 m² AWF	3.138	**40,68**	3,2
	• Abbrechen (Kosten: 11,1%) Abbruch von Wandfliesen (8m²); Entsorgung, Deponiegebühren	7,60 m² AWF	349	**45,87**	
	• Herstellen (Kosten: 88,9%) GK-Vorsatzschalen (3m²), Beschichtung (70m²), Wandfliesen (7m²)	77,14 m² AWF	2.790	**36,16**	
340	**Innenwände/Vert. Baukonstrukt., innen**	126,93 m² IWF	27.017	**212,85**	27,9
	• Abbrechen (Kosten: 7,1%) Abbruch von GK-Wand (9m²), Mauerwerk (5m²) * Wandfliesen (20m²); Entsorgung, Deponiegebühren	34,24 m² IWF	1.925	**56,21**	
	• Wiederherstellen (Kosten: 12,0%) Türen mit Zargen schleifen, vorlackieren, beschichten (11m²), Türzarge demontieren, lagern, anpassen, wieder montieren (2m²), Tür mit Zarge ausbauen, drehen, anpassen, wieder montieren (2m²)	14,45 m² IWF	3.240	**224,24**	
	• Herstellen (Kosten: 80,9%) Öffnungen zumauern (20m²), GK-Wände F30 (23m²) * Schiebetür, Holz (2m²), Holztür, Zarge (4m²) * GK-Vorsatzschalen (14m²), GK-Wand als Aufdopplung, Schallschutzverbesserung (15m²), GK-Verkofferung für Schiebetür (1St), Malervlies (14m²), Beschichtung (195m²), Vliestapete (3m²), Wandfliesen (16m²)	112,48 m² IWF	21.852	**194,27**	
350	**Decken/Horizontale Baukonstruktionen**	77,53 m² DEF	15.286	**197,16**	15,8
	• Abbrechen (Kosten: 17,4%) Abbruch von Bodenfliesen, Fliesenkleber abfräsen (50m²) * Deckenleuchtkranz (18m); Entsorgung, Deponiegebühren	49,85 m² DEF	2.655	**53,27**	
	• Herstellen (Kosten: 82,6%) Estrich ergänzen (psch), Parkett (29m²), Bodenfliesen (21m²) * Beschichtung (78m²), Wandfries (35m)	77,53 m² DEF	12.630	**162,91**	
360	**Dächer**	77,63 m² DAF	3.591	**46,26**	3,7
	• Herstellen (Kosten: 100,0%) Lackbeschichtung (78m²)	77,63 m² DAF	3.591	**46,26**	

Modernisierung

KG	Kostengruppe	Menge Einheit	Kosten €	€/Einheit	%
380	**Baukonstruktive Einbauten**	195,76 m2 BGF	40.255	**205,63**	41,6
	• Abbrechen (Kosten: 2,3%) Abbruch von Einbauküche, Elektrogeräten (psch); Entsorgung, Deponiegebühren	195,76 m2 BGF	938	**4,79**	
	• Herstellen (Kosten: 97,7%) Einbauküche, Elektrogeräte (psch), Ankleideschränke an Dachschräge anpassen (2St), TV-Möbel, Eiche (1St), Regalbretter (3St), mit LED-Beleuchtung (3St), Sitzbank, Eiche (1St), Ablagekästen, Eiche (2St), runde Unterkonstruktion für WC-Spiegel, Spiegel, Beleuchtung (1St), Spiegel (1St), Spiegel mit Rahmen, Eiche (1St)	195,76 m2 BGF	39.317	**200,84**	
390	**Sonst. Maßnahmen für Baukonstrukt.**	195,76 m2 BGF	4.077	**20,83**	4,2
	• Herstellen (Kosten: 100,0%) Baustelleneinrichtungen (4St), Baustromverteiler (psch), Bauschlösser (2St), Baustellen-WC (1St) * Abdeckvlies (psch), Bauendreinigung (psch)	195,76 m2 BGF	4.077	**20,83**	
400	**Bauwerk – Technische Anlagen**				**100,0**
410	**Abwasser-, Wasser-, Gasanlagen**	195,76 m2 BGF	22.918	**117,07**	33,6
	• Abbrechen (Kosten: 6,3%) Abbruch von Abwasserleitungen (psch) * Wasserleitungen, Badewanne, Waschbecken, WC, Bidet (psch); Entsorgung, Deponiegebühren	195,76 m2 BGF	1.435	**7,33**	
	• Herstellen (Kosten: 93,7%) Abwasserleitungen (psch) * Kalt- und Warmwasserleitungen (psch), Wasserenthärter (1St), Waschtische mit Unterschrank, Armatur (2St), Duschtasse, Duscharmatur (1St), WCs (2St), Urinal mit Deckel (1St) * Installationselemente für Waschtisch (1St), für WCs (2St), für Urinal (1St)	195,76 m2 BGF	21.483	**109,74**	
420	**Wärmeversorgungsanlagen**	195,76 m2 BGF	5.556	**28,38**	8,2
	• Abbrechen (Kosten: 6,8%) Abbruch von Heizkörper (psch); Entsorgung, Deponiegebühren	195,76 m2 BGF	378	**1,93**	
	• Wiederherstellen (Kosten: 15,7%) Heizkörper versetzen (psch)	195,76 m2 BGF	871	**4,45**	
	• Herstellen (Kosten: 77,5%) Rohrleitungen, Handtuchheizkörper, Thermostate (2St)	195,76 m2 BGF	4.307	**22,00**	
440	**Elektrische Anlagen**	195,76 m2 BGF	37.954	**193,88**	55,7
	• Abbrechen (Kosten: 1,4%) Abbruch von Steckdosen, Schalter (psch); Entsorgung, Deponiegebühren	195,76 m2 BGF	521	**2,66**	
	• Wiederherstellen (Kosten: 0,2%) Außensteckdose reparieren (1h)	195,76 m2 BGF	59	**0,30**	
	• Herstellen (Kosten: 98,5%) Wallbox mit 6m Kabel (1St), Sicherungen (6St), FI/LS-Schalter (2St), Mantelleitung NYM (259m), Leitungen (295m), Leerrohre (28m), Steckdosen (47St), Taster/Schalter (26St), Steckdosendimmer (13St), Bewegungsmelder (1St), Herdanschlussdose (1St) * Beleuchtung (psch)	195,76 m2 BGF	37.374	**190,92**	

© **BKI** Baukosteninformationszentrum

KG	Kostengruppe	Menge Einheit	Kosten €	€/Einheit	%
450	**Kommunikationstechnische Anlagen**	195,76 m2 BGF	1.691	**8,64**	2,5
	• Herstellen (Kosten: 100,0%) TAE-Steckdose (1St) * Antennensteckdose (1St), Koaxialkabel (39m) * Datenkabel Cat7 (78m), Patchpanel, achtfach (1St), Datenanschlussdose Cat6 (1St)	195,76 m2 BGF	1.691	**8,64**	
600	**Ausstattung und Kunstwerke**				**100,0**
610	**Allgemeine Ausstattung**	195,76 m2 BGF	4.204	**21,48**	100,0
	• Abbrechen (Kosten: 2,0%) Abbruch von Kellerregal (psch); Entsorgung, Deponiegebühren	195,76 m2 BGF	83	**0,42**	
	• Herstellen (Kosten: 98,0%) ESG-Duschtrennwand, h=2,00m (1St), Lotionsspender (1St), Handtuchhalter (1St), Bürstengarnitur (1St), Wand-Bürstengarnitur (1St), Glashalter für Zahnbürsten (1St), Papierrollenhalter (2St), Wand-seifenspender (1St), Haken (2St)	195,76 m2 BGF	4.121	**21,05**	

Kostenkennwerte für die Kostengruppen 300 der 2. und 3.Ebene DIN 276 (Übersicht)

KG	Kostengruppe	Menge Einheit	Kosten €	€/Einheit	% an 3+4
300	**Bauwerk – Baukonstruktionen**	**195,76 m² BGF**	**96.740,98**	**494,18**	**58,7**
310	**Baugrube / Erdbau**	**–**	**–**	**–**	**–**
311	Herstellung	–	–	–	–
312	Umschließung	–	–	–	–
313	Wasserhaltung	–	–	–	–
314	Vortrieb	–	–	–	–
319	Sonstiges zur KG 310	–	–	–	–
320	**Gründung, Unterbau**	**37,43 m² GRF**	**3.377,22**	**90,23**	**2,0**
321	Baugrundverbesserung	–	–	–	–
322	Flachgründungen und Bodenplatten	–	–	–	–
323	Tiefgründungen	–	–	–	–
324	Gründungsbeläge	37,43 m²	3.377,22	90,23	2,0
325	Abdichtungen und Bekleidungen	–	–	–	–
326	Dränagen	–	–	–	–
329	Sonstiges zur KG 320	–	–	–	–
330	**Außenwände/Vert. Baukonstrukt., außen**	**77,14 m² AWF**	**3.138,35**	**40,68**	**1,9**
331	Tragende Außenwände	–	–	–	–
332	Nichttragende Außenwände	–	–	–	–
333	Außenstützen	–	–	–	–
334	Außenwandöffnungen	–	–	–	–
335	Außenwandbekleidungen, außen	–	–	–	–
336	Außenwandbekleidungen, innen	77,14 m²	3.138,35	40,68	1,9
337	Element. Außenwandkonstruktionen	–	–	–	–
338	Lichtschutz zur KG 330	–	–	–	–
339	Sonstiges zur KG 330	–	–	–	–
340	**Innenwände/Vert. Baukonstrukt., innen**	**126,93 m² IWF**	**27.016,51**	**212,85**	**16,4**
341	Tragende Innenwände	–	–	–	–
342	Nichttragende Innenwände	42,78 m²	5.281,66	123,46	3,2
343	Innenstützen	–	–	–	–
344	Innenwandöffnungen	19,84 m²	8.906,25	448,90	5,4
345	Innenwandbekleidungen	214,17 m²	12.828,59	59,90	7,8
346	Elementierte Innenwandkonstruktionen	–	–	–	–
347	Lichtschutz zur KG 340	–	–	–	–
349	Sonstiges zur KG 340	–	–	–	–
350	**Decken/Horizontale Baukonstruktionen**	**77,53 m² DEF**	**15.285,53**	**197,16**	**9,3**
351	Deckenkonstruktionen	–	–	–	–
352	Deckenöffnungen	–	–	–	–
353	Deckenbeläge	49,99 m²	13.339,87	266,85	8,1
354	Deckenbekleidungen	77,53 m²	1.945,67	25,10	1,2
355	Elementierte Deckenkonstruktionen	–	–	–	–
359	Sonstiges zur KG 350	–	–	–	–
360	**Dächer**	**77,63 m² DAF**	**3.591,42**	**46,26**	**2,2**
361	Dachkonstruktionen	–	–	–	–
362	Dachöffnungen	–	–	–	–
363	Dachbeläge	–	–	–	–
364	Dachbekleidungen	77,63 m²	3.591,42	46,26	2,2
365	Elementierte Dachkonstruktionen	–	–	–	–
366	Lichtschutz zur KG 360	–	–	–	–
369	Sonstiges zur KG 360	–	–	–	–
370	**Infrastrukturanlagen**	**–**	**–**	**–**	**–**
380	**Baukonstruktive Einbauten**	**195,76 m² BGF**	**40.254,58**	**205,63**	**24,4**
390	**Sonst. Maßnahmen für Baukonstrukt.**	**195,76 m² BGF**	**4.077,37**	**20,83**	**2,5**

© BKI Baukosteninformationszentrum

Kostenkennwerte für die Kostengruppen 400 der 2. und 3.Ebene DIN 276 (Übersicht)

KG	Kostengruppe	Menge Einheit	Kosten €	€/Einheit	% an 3+4
400	**Bauwerk – Technische Anlagen**	**195,76 m²BGF**	**68.119,50**	**347,97**	**41,3**
410	**Abwasser-, Wasser-, Gasanlagen**	**195,76 m²BGF**	**22.918,11**	**117,07**	**13,9**
411	Abwasseranlagen	195,76 m²BGF	3.148,17	16,08	1,9
412	Wasseranlagen	195,76 m²BGF	19.226,20	98,21	11,7
413	Gasanlagen	–	–	–	–
419	Sonstiges zur KG 410	195,76 m²BGF	543,74	2,78	0,3
420	**Wärmeversorgungsanlagen**	**195,76 m²BGF**	**5.555,78**	**28,38**	**3,4**
421	Wärmeerzeugungsanlagen	–	–	–	–
422	Wärmeverteilnetze	–	–	–	–
423	Raumheizflächen	195,76 m²BGF	5.555,78	28,38	3,4
424	Verkehrsheizflächen	–	–	–	–
429	Sonstiges zur KG 420	–	–	–	–
430	**Raumlufttechnische Anlagen**	**–**	**–**	**–**	**–**
431	Lüftungsanlagen	–	–	–	–
432	Teilklimaanlagen	–	–	–	–
433	Klimaanlagen	–	–	–	–
434	Kälteanlagen	–	–	–	–
439	Sonstiges zur KG 430	–	–	–	–
440	**Elektrische Anlagen**	**195,76 m²BGF**	**37.954,13**	**193,88**	**23,0**
441	Hoch- und Mittelspannungsanlagen	–	–	–	–
442	Eigenstromversorgungsanlagen	–	–	–	–
443	Niederspannungsschaltanlagen	–	–	–	–
444	Niederspannungsinstallationsanlagen	195,76 m²BGF	13.795,90	70,47	8,4
445	Beleuchtungsanlagen	195,76 m²BGF	24.158,23	123,41	14,7
446	Blitzschutz- und Erdungsanlagen	–	–	–	–
447	Fahrleitungssysteme	–	–	–	–
449	Sonstiges zur KG 440	–	–	–	–
450	**Kommunikationstechnische Anlagen**	**195,76 m²BGF**	**1.691,48**	**8,64**	**1,0**
451	Telekommunikationsanlagen	195,76 m²BGF	37,66	0,19	< 0,1
452	Such- und Signalanlagen	–	–	–	–
453	Zeitdienstanlagen	–	–	–	–
454	Elektroakustische Anlagen	–	–	–	–
455	Audiovisuelle Medien- u. Antennenanl.	195,76 m²BGF	535,43	2,74	0,3
456	Gefahrenmelde- und Alarmanlagen	–	–	–	–
457	Datenübertragungsnetze	195,76 m²BGF	1.118,39	5,71	0,7
458	Verkehrsbeeinflussungsanlagen	–	–	–	–
459	Sonstiges zur KG 450	–	–	–	–
460	**Förderanlagen**	**–**	**–**	**–**	**–**
461	Aufzugsanlagen	–	–	–	–
462	Fahrtreppen, Fahrsteige	–	–	–	–
463	Befahranlagen	–	–	–	–
464	Transportanlagen	–	–	–	–
465	Krananlagen	–	–	–	–
466	Hydraulikanlagen	–	–	–	–
469	Sonstiges zur KG 460	–	–	–	–
470	**Nutzungsspez. u. verfahrenstechn. Anl.**	**–**	**–**	**–**	**–**
480	**Gebäude- und Anlagenautomation**	**–**	**–**	**–**	**–**
490	**Sonst. Maßnahmen für techn. Anlagen**	**–**	**–**	**–**	**–**

Modernisierung

Kostenkennwerte für Leistungsbereiche nach STLB (Kosten des Bauwerks nach DIN 276)

LB	Leistungsbereiche	Kosten €	€/m² BGF	€/m³ BRI	% an 3+4
000	Baustellen-, Verkehrssich.- u. Sicherh.einr. inkl. 001	4.077	20,80	7,50	2,5
002	Erdarbeiten	–	–	–	–
006	Spezialtiefbauarbeiten inkl. 005	–	–	–	–
009	Entwässerungskanalarbeiten inkl. 011	–	–	–	–
010	Drän- und Versickerarbeiten	–	–	–	–
012	Mauerarbeiten	–	–	–	–
013	Betonarbeiten	–	–	–	–
014	Natur-, Betonwerksteinarbeiten	–	–	–	–
016	Zimmer- und Holzbauarbeiten	–	–	–	–
017	Stahlbauarbeiten	–	–	–	–
018	Abdichtungsarbeiten	–	–	–	–
020	Dachdeckungsarbeiten	–	–	–	–
021	Dachabdichtungsarbeiten	–	–	–	–
022	Klempnerarbeiten	–	–	–	–
	Rohbau	**4.077**	**20,80**	**7,50**	**2,5**
023	Putz- und Stuckarbeiten, Wärmedämmsysteme	3.737	19,10	6,90	2,3
024	Fliesen- und Plattenarbeiten	9.457	48,30	17,50	5,7
025	Estricharbeiten	1.868	9,50	3,40	1,1
026	Fenster, Außentüren inkl. 029, 032	107	0,55	0,20	< 0,1
027	Tischlerarbeiten	46.415	237,10	85,70	28,2
	Wiederherstellen	1.539	7,90	2,80	0,9
	Herstellen	44.876	229,20	82,90	27,2
028	Parkett-, Holzpflasterarbeiten	3.618	18,50	6,70	2,2
030	Rollladenarbeiten	–	–	–	–
031	Metallbauarbeiten inkl. 035	–	–	–	–
034	Maler- und Lackiererarb. – Beschicht. inkl. 037	10.785	55,10	19,90	6,5
	Wiederherstellen	1.702	8,70	3,10	1,0
	Herstellen	9.083	46,40	16,80	5,5
036	Bodenbelagarbeiten	4.897	25,00	9,00	3,0
038	Vorgehängte hinterlüftete Fassaden	–	–	–	–
039	Trockenbauarbeiten	5.552	28,40	10,30	3,4
	Ausbau	**86.435**	**441,50**	**159,60**	**52,4**
	Wiederherstellen	3.240	16,60	6,00	2,0
	Herstellen	83.194	425,00	153,60	50,5
040	Wärmeversorgungsanl. - Betriebseinr. inkl. 041	5.178	26,50	9,60	3,1
	Wiederherstellen	871	4,40	1,60	0,5
	Herstellen	4.307	22,00	8,00	2,6
042	Gas- u. Wasseranl. – Leitung., Armat. inkl. 043	2.977	15,20	5,50	1,8
044	Abwasseranl. - Leitungen, Abläufe, Armaturen	2.544	13,00	4,70	1,5
045	Gas, Wasser, Entwässerung – Ausstattung inkl. 046	15.962	81,50	29,50	9,7
047	Dämm- und Brandschutzarb. an techn. Anlagen	–	–	–	–
049	Feuerlöschanlagen, Feuerlöschgeräte	–	–	–	–
050	Blitzschutz-/Erdungsanlagen, Überspannungssch.	–	–	–	–
053	Niederspannungsanl. – Kabel inkl. 052, 054	13.275	67,80	24,50	8,1
	Wiederherstellen	59	0,30	0,11	< 0,1
	Herstellen	13.215	67,50	24,40	8,0
055	Sicherheits- u. Ersatzstromversorgungsanl.	–	–	–	–
057	Gebäudesystemtechnik	–	–	–	–
058	Leuchten und Lampen inkl. 059	24.158	123,40	44,60	14,7
060	Such, Signal, Zeit, Anten., akust. Anl. inkl. 064	535	2,70	0,99	0,3

© **BKI** Baukosteninformationszentrum

LB	Leistungsbereiche	Kosten €	€/m² BGF	€/m³ BRI	% an 3+4
061	Kommunikations- u. Übertragungsnetze inkl. 063	1.156	5,90	2,10	0,7
069	Aufzüge	–	–	–	–
070	Gebäudeautomation	–	–	–	–
075	Raumlufttechnische Anlagen inkl. 078	–	–	–	–
	Gebäudetechnik	**65.786**	**336,10**	**121,50**	**39,9**
	Wiederherstellen	930	4,80	1,70	0,6
	Herstellen	64.856	331,30	119,80	39,3
084	Abbruch, Rückbau, Schadstoffsanierung	8.563	43,70	15,80	5,2
	Abbrechen	8.563	43,70	15,80	5,2
	Abbrucharbeiten	**8.563**	**43,70**	**15,80**	**5,2**
	Abbrechen	8.563	43,70	15,80	5,2
	Sonstige Leistungsbereiche	**–**	**–**	**–**	**–**

Modernisierung

6200-0092
Tagespflege
(12 Plätze)

Umbau

Kostenkennwerte für die Kosten des Bauwerks (Kostengruppen 300+400 nach DIN 276)

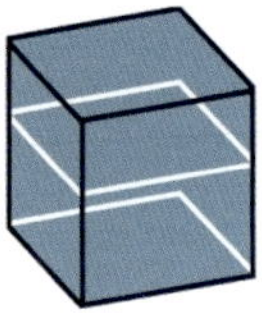

BRI 268 €/m³

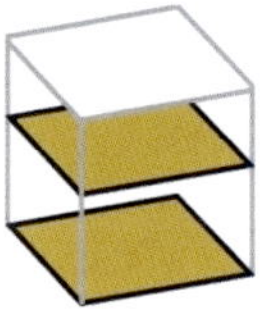

BGF 1.046 €/m²

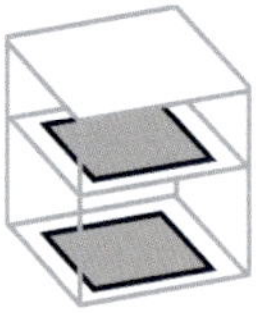

NUF 1.440 €/m²

Objekt:
Kennwerte: 3.Ebene DIN 276
BRI: 1.010 m³
BGF: 259 m²
NUF: 188 m²
Bauzeit: 26 Wochen
Bauende: 2017
Standard: mittel
Bundesland: Brandenburg
Kreis: Oberspreewald-Lausitz

Architekt*in:
mayerwittig Architektur
und Stadtplanung
Hubertstraße 7
03044 Cottbus

Bauherr*in:
Arbeiterwohlfahrt
Regionalverband
Brandenburg Süd e.V.
Rudolf-Breitscheid-Straße 24
03222 Lübbenau

 © **BKI** Baukosteninformationszentrum

Ansicht Nord

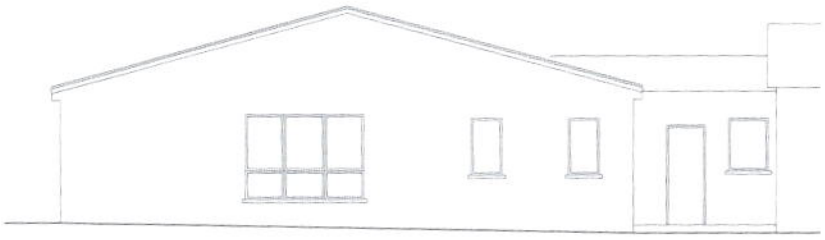

Ansicht Ost

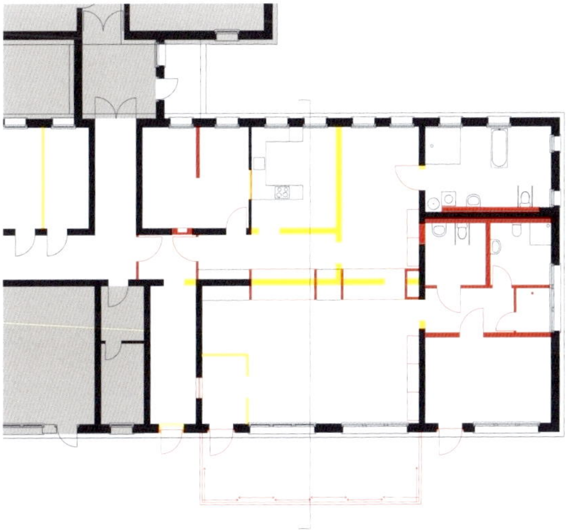

Erdgeschoss

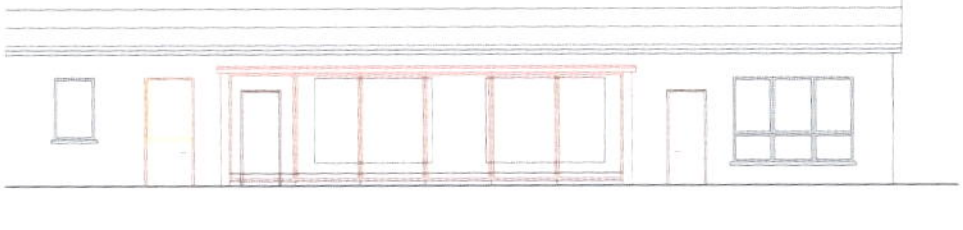

Ansicht Süd

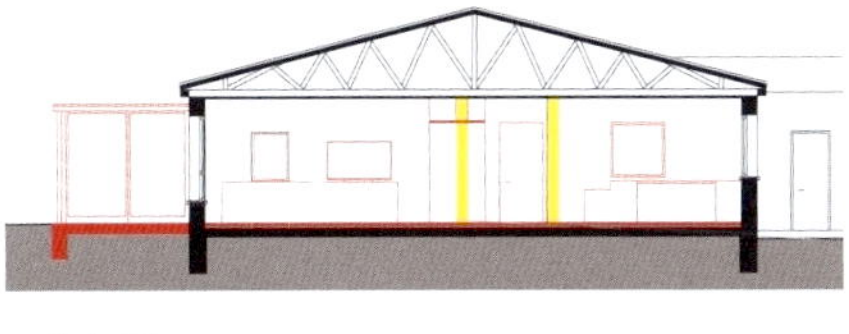

Schnitt

6200-0092
Tagespflege
(12 Plätze)

Umbau

Objektbeschreibung

Allgemeine Objektinformationen

Der ehemalige Kindergarten wurde in den 1980er Jahren mit den damals typischen Raumstrukturen errichtet. Ein Teil des Gebäudes wurde zur Tagespflege umgebaut und umgenutzt. Im Zuge dessen entstand ein neuer großzügiger Aufenthaltsraum mit Küche, Ess- und Wohnbereich sowie dazugehörigen Nebenräumen. Der eingeschossige Baukörper mit Satteldach wurde im Süden um einen verglasten Anbau erweitert und vollständig barrierefrei gestaltet.

Nutzung

1 Erdgeschoss
Tagespflegeeinrichtung mit Küche, Aufenthaltsraum, Wintergarten, Ruheraum, Pflegebad, Personalräume

Nutzeinheiten

Pflegeplätze: 12

Grundstück

Bauraum: Freier Bauraum
Neigung: Ebenes Gelände

Markt

Hauptvergabezeit: 3. Quartal 2016
Baubeginn: 3. Quartal 2016
Bauende: 1. Quartal 2017
Konjunkturelle Gesamtlage: Durchschnitt
Regionaler Baumarkt: Durchschnitt

Baubestand

Baujahr: 1986-1987
Bauzustand: gut
Aufwand: mittel
Grundrissänderungen: umfangreiche
Tragwerkseingriffe: wenige
Nutzungsänderung: ja
Nutzung während der Bauzeit: nein

Baukonstruktion

Das Bestandsgebäude wurde aus Gasbetonsteinen erbaut. Das Satteldach besteht aus einer Flachbinderkonstruktion mit einer Dachdeckung aus Trapezblech. Bautechnische Änderungen wurden im Bereich der Außen- und Innenwände vorgenommen: Die Eingangstür und mehrere Innentüren sind verbreitert worden, wenige Innenwände wurden komplett abgebrochen. Mittels Stahlbetonunterzügen wurden neue Türöffnungen und Durchgänge geschaffen. Die Herstellung neuer Innenwände erfolgte in Trockenbauweise. Wände und Decken haben einen Anstich erhalten. Die Fußböden sind mit Linoleum oder Teppich belegt. Der neue Glasanbau ist vollständig als Pfosten-Riegelkonstruktion in Kunststoff ausgeführt worden. Große Schiebetüren ermöglichen einen barrierefreien Zugang zu Terrasse und Garten.

Technische Anlagen

Die Tagespflege ist an ein konventionelles Verteilernetz für Wasser und Wärme angeschlossen. Die Warmwasserbereitung erfolgt dezentral. Alle Räume werden mittels klassischer Heizkörper beheizt. Innenliegende Bäder wurden mit Einzellüftern ausgestattet. In den allgemein zugänglichen Bereichen kamen LED-Leuchtmittel zum Einsatz.

© **BKI** Baukosteninformationszentrum

Planungskennwerte für Flächen und Rauminhalte nach DIN 277

Flächen des Grundstücks		Menge Einheit	% an GF
BF	Bebaute Fläche	–	–
UF	Unbebaute Fläche	–	–
GF	Grundstücksfläche	–	–

Grundflächen des Bauwerks		Menge Einheit	% an NUF	% an BGF
NUF	Nutzungsfläche	188,36 m²	100,0	72,7
TF	Technikfläche	2,70 m²	1,4	1,0
VF	Verkehrsfläche	26,45 m²	14,0	10,2
NRF	Netto-Raumfläche	217,51 m²	115,5	83,9
KGF	Konstruktions-Grundfläche	41,69 m²	22,1	16,1
BGF	Brutto-Grundfläche	259,20 m²	137,6	100,0

Brutto-Rauminhalt des Bauwerks		Menge Einheit	BRI/NUF (m)	BRI/BGF (m)
BRI	Brutto-Rauminhalt	1.010,20 m³	5,36	3,90

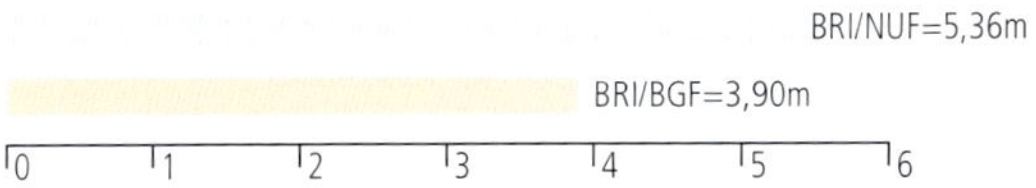

Lufttechnisch behandelte Flächen	Menge Einheit	% an NUF	% an BGF
Entlüftete Fläche	–	–	–
Be- und entlüftete Fläche	–	–	–
Teilklimatisierte Fläche	–	–	–
Klimatisierte Fläche	–	–	–

KG	Kostengruppen (2. Ebene)	Menge Einheit	Menge/NUF	Menge/BGF
310	Baugrube / Erdbau	4,20 m³ BGI	0,02	0,02
320	Gründung, Unterbau	207,60 m² GRF	1,10	0,80
330	Außenwände/Vertikale Baukonstruktionen, außen	379,33 m² AWF	2,01	1,46
340	Innenwände/Vertikale Baukonstruktionen, innen	235,90 m² IWF	1,25	0,91
350	Decken/Horizontale Baukonstruktionen	–	–	–
360	Dächer	203,56 m² DAF	1,08	0,79

Umbau

Kostenkennwerte für die Kostengruppen der 1. Ebene DIN 276

KG	Kostengruppen (1. Ebene)	Einheit	Kosten €	€/Einheit	€/m² BGF	€/m³ BRI	% 300+400
100	Grundstück	m² GF	–	–	–	–	–
200	Vorbereitende Maßnahmen	m² GF	1.682	–	6,49	1,67	0,6
300	Bauwerk – Baukonstruktionen	m² BGF	205.316	792,12	792,12	203,24	75,7
400	Bauwerk – Technische Anlagen	m² BGF	65.901	254,25	254,25	65,24	24,3
	Bauwerk 300+400	**m² BGF**	**271.217**	**1.046,36**	**1.046,36**	**268,48**	**100,0**
500	Außenanlagen und Freiflächen	m² AF	7.372	–	28,44	7,30	2,7
600	Ausstattung und Kunstwerke	m² BGF	2.684	10,36	10,36	2,66	1,0
700	Baunebenkosten	m² BGF	–	–	–	–	–
800	Finanzierung	m² BGF	–	–	–	–	–

KG	Kostengruppe	Menge Einheit	Kosten €	€/Einheit	%
200	**Vorbereitende Maßnahmen**	–	1.682	–	0,6
	• Herstellen (Kosten: 100,0%) Oberbodenarbeiten		1.682		
3+4	**Bauwerk**				**100,0**
300	**Bauwerk – Baukonstruktionen**	259,20 m² BGF	205.316	**792,12**	75,7
	• Abbrechen (Kosten: 9,1%) Abbruch von Beton, Estrich, PVC-Belägen, Terrassenfliesen, Bodenfliesen; Mauerwerk, Kunststofftüren, Fenster, Tapeten; Wandfliesen, WC-Trennwänden, Markisen; Entsorgung, Deponiegebühren		18.614		
	• Wiederherstellen (Kosten: 1,2%) Fenster instandsetzen, Verglasungen ersetzen; VSG-Glasausschnitt		2.562		
	• Herstellen (Kosten: 89,7%) Bodenaushub; Tragschicht, PVC-Beläge, Teppichböden, Bodenfliesen; Alutür, Balkontür, Beschichtung, Wandfliesen, Wintergarten; GK-Wände, Mauerwerk, Holztüren, Kunststofffenster, Tapeten; GK-Decke; Einbauschränke; Schließanlage		184.141		
400	**Bauwerk – Technische Anlagen**	259,20 m² BGF	65.901	**254,25**	24,3
	• Abbrechen (Kosten: 4,5%) Abbruch von Abwasserleitungen, Trinkwasserleitungen, Sanitärobjekten; Heizungsrohren, Heizkörpern; Entsorgung, Deponiegebühren		2.988		
	• Herstellen (Kosten: 95,5%) Gebäudeentwässerung, Kalt- und Warmwasserleitungen, Sanitärobjekte; Heizungsrohre, Heizkörper; Einzelraumlüfter; Elektroinstallation, Beleuchtung, Blitzschutz; Rufanlage, SAT-Parabolspiegel, Datenverkabelung		62.913		
500	**Außenanlagen und Freiflächen**	–	7.372	–	2,7
	• Abbrechen (Kosten: 3,6%) Abbruch von Terrassenfliesen; Entsorgung, Deponiegebühren		265		
	• Herstellen (Kosten: 96,4%) Bodenarbeiten, Pflaster		7.106		
600	**Ausstattung und Kunstwerke**	259,20 m² BGF	2.684	**10,36**	1,0
	• Herstellen (Kosten: 100,0%) Spiegel, Duschabtrennung, Duschvorhangstange		2.684		

© BKI Baukosteninformationszentrum

Kostenkennwerte für die Kostengruppen der 2.Ebene DIN 276

KG	Kostengruppe	Menge Einheit	Kosten €	€/Einheit	%
200	**Vorbereitende Maßnahmen**				**100,0**
210	**Herrichten**	–	1.682	–	100,0
	• Herstellen (Kosten: 100,0%) Oberboden, laden, entsorgen (8m³)	–	1.682	–	
300	**Bauwerk – Baukonstruktionen**				**100,0**
310	**Baugrube / Erdbau**	4,20 m³ BGI	548	**130,42**	0,3
	• Herstellen (Kosten: 100,0%) Bodenaushub, laden, entsorgen (4m³)	4,20 m³ BGI	548	**130,42**	
320	**Gründung, Unterbau**	207,60 m² GRF	43.811	**211,03**	21,3
	• Abbrechen (Kosten: 10,5%) Abbruch von Beton, Estrich (1m²) * PVC-Belägen (314m²), Terrassenfliesen (30m²), Bodenfliesen (18m²); Entsorgung, Deponiegebühren	361,74 m² GRF	4.621	**12,77**	
	• Herstellen (Kosten: 89,5%) Kiestragschicht, d=30cm (27m²), Frostschürze (4m³), Bodenkanal schießen (1m²) * Spachtelung (214m²), PVC-Beläge (120m²), Teppichböden (52m²), Bodenfliesen (32m²), Sauberlaufzone (4m²)	207,60 m² GRF	39.190	**188,78**	
330	**Außenwände/Vert. Baukonstrukt., außen**	379,33 m² AWF	68.891	**181,61**	33,6
	• Abbrechen (Kosten: 1,0%) Abbruch von Mauerwerk (1m²) * Kunststofftüren (4m²), Einzelfenster (2m²) * Tapeten (100m²); Entsorgung, Deponiegebühren	105,56 m² AWF	697	**6,60**	
	• Wiederherstellen (Kosten: 3,0%) Fenster instandsetzen, Beschläge einstellen (32St), Verglasungen durch Wärmeschutzverglasungen ersetzen (3m²)	3,01 m² AWF	2.064	**685,66**	
	• Herstellen (Kosten: 96,0%) Alu-Außentür, ESG-Glasausschnitte (3m²), Balkontür (4m²), Fensterfolien (psch) * Dispersionsbeschichtung (341m²) * Spachtelung (100m²), Wandfliesen (20m²), Malervlies, Dispersionsbeschichtung (80m²) * Wintergarten aus stahlverstärken Kunststoffprofilen, Fest-, Schiebe-, Kippverglasungen, Dachverglasung, Entwässerungsrinnen (28m²)	376,32 m² AWF	66.130	**175,73**	
340	**Innenwände/Vert. Baukonstrukt., innen**	235,90 m² IWF	57.507	**243,78**	28,0
	• Abbrechen (Kosten: 22,3%) Abbruch von Mauerwerk (4m²) * Mauerwerk (79m²) * Türen (24m²) * Wandfliesen (41m²), Vorsatzschalen (8m²), Tapeten (205m²) * WC-Trennwänden (24m²) * Markisen (68m²); Entsorgung, Deponiegebühren	170,69 m² IWF	12.831	**75,17**	
	• Wiederherstellen (Kosten: 0,9%) Türblatt, VSG-Glasausschnitt (1St)	–	497	–	
	• Herstellen (Kosten: 76,8%) GK-Wände, d=10-15cm (72m²), KS-Mauerwerk, d=11,5cm (5m²), Türöffnungen herstellen (7St) * Holztüren (16m²), Kunststofffenster (2m²) * GK-Vorsatzschalen, d=20cm (27m²), Wandfliesen (62m²), Malervlies, Dispersionsbeschichtung (360m²), Tapeten (13m²) * Rammschutz (7m), Holzhandlauf (6m)	235,90 m² IWF	44.178	**187,27**	

KG	Kostengruppe	Menge Einheit	Kosten €	€/Einheit	%
360	**Dächer**	203,56 m² DAF	7.275	**35,74**	3,5
	• Abbrechen (Kosten: 6,4%) Abbruch von Tapeten (200m²); Entsorgung, Deponiegebühren	200,00 m² DAF	464	**2,32**	
	• Herstellen (Kosten: 93,6%) Malervlies, Dispersionsbeschichtung (204m²), GK-Zwischendecke (7m²), Ausgleichsputz (6m²)	203,56 m² DAF	6.810	**33,45**	
380	**Baukonstruktive Einbauten**	259,20 m² BGF	23.011	**88,78**	11,2
	• Herstellen (Kosten: 100,0%) Einbauschränke deckenhoch, t=60cm, als Raumtrennwand (psch)	259,20 m² BGF	23.011	**88,78**	
390	**Sonst. Maßnahmen für Baukonstrukt.**	259,20 m² BGF	4.274	**16,49**	2,1
	• Herstellen (Kosten: 100,0%) Baustelleneinrichtungen (psch) * lastverteilende Deckenabstützungen (17m) * Schutzabdeckungen (psch) * Schließanlage mit Doppelzylindern (10St), Gruppen- und Generalhauptschlüssel (19St), Schlüsselkasten (1St), Schließplan (psch)	259,20 m² BGF	4.274	**16,49**	
400	**Bauwerk – Technische Anlagen**				**100,0**
410	**Abwasser-, Wasser-, Gasanlagen**	259,20 m² BGF	30.252	**116,71**	45,9
	• Abbrechen (Kosten: 4,9%) Abbruch von Abwasserrohren (psch) * Trinkwasserleitungen (psch), Sanitärobjekten (6St); Entsorgung, Deponiegebühren	259,20 m² BGF	1.483	**5,72**	
	• Herstellen (Kosten: 95,1%) HT-Rohre DN40-100 (51m), Bodenablauf DN50 (1St) * Metallverbundrohre DN16-32 (149m), Wasserzähler (2St), Wand-Tiefspül-WCs (3St), Stützklappgriffe (4St), Waschtische (3St), Duschwanne (1St), Durchlauferhitzer (1St), Armaturen * Gasleitung liefern, montieren (psch) * Montageelemente (6St)	259,20 m² BGF	28.769	**110,99**	
420	**Wärmeversorgungsanlagen**	259,20 m² BGF	17.209	**66,39**	26,1
	• Abbrechen (Kosten: 8,7%) Abbruch von Stahlrohren, Heizkörpern (psch); Entsorgung, Deponiegebühren	259,20 m² BGF	1.505	**5,81**	
	• Herstellen (Kosten: 91,3%) Stahl-Heizungsrohre DN15-35 (150m) * Heizkörper (13St), Badheizkörper (1St)	259,20 m² BGF	15.704	**60,59**	
430	**Raumlufttechnische Anlagen**	259,20 m² BGF	947	**3,65**	1,4
	• Herstellen (Kosten: 100,0%) Einraumlüfter 100m³/h (1St), Wickelfalzrohre DN80-100 (6m), Alu-Wetterschutzgitter (1St)	259,20 m² BGF	947	**3,65**	
440	**Elektrische Anlagen**	259,20 m² BGF	16.315	**62,94**	24,8
	• Herstellen (Kosten: 100,0%) Elektroinstallation (psch), LS-Schalter (21St), FI-Schalter (3St), Hauptsicherungsautomat (1St), Steckdosen (53St), Schalter/Taster (28St), Bewegungsmelder (2St), Herdanschlussdose (1St) * Pendelleuchten (8St), Deckenleuchten (7St), Wandleuchten (7St), Tischleuchten (5St), Standleuchten (4St), Schreibtischleuchten (2St), Kronleuchter (1St) * Potenzialausgleich/Blitzschutz (1St)	259,20 m² BGF	16.315	**62,94**	

© **BKI** Baukosteninformationszentrum

KG	Kostengruppe	Menge Einheit	Kosten €	€/Einheit	%
450	**Kommunikationstechnische Anlagen**	259,20 m2 BGF	1.177	**4,54**	1,8
	• Herstellen (Kosten: 100,0%) Lichtrufanlage, Ruftaster (2St) * SAT-Parabolspiegel (1St), Antennenanschlussdosen (2St) * Datenanschlussdosen (6St)	259,20 m2 BGF	1.177	**4,54**	
500	**Außenanlagen und Freiflächen**				**100,0**
530	**Oberbau, Deckschichten**	–	7.372	–	100,0
	• Abbrechen (Kosten: 3,6%) Abbruch von Terrassenfliesen (10m2); Entsorgung, Deponiegebühren	10,00 m2 BFF	265	**26,53**	
	• Herstellen (Kosten: 96,4%) Dynamische Schicht, d=6cm (10m2), Betonpflaster, Lagermaterial (10m2) * Stellplätze, Unterbau, Pflasterung (psch)	–	7.106	–	
600	**Ausstattung und Kunstwerke**				**100,0**
610	**Allgemeine Ausstattung**	259,20 m2 BGF	2.684	**10,36**	100,0
	• Herstellen (Kosten: 100,0%) Spiegel (3St), Duschabtrennung 90x90cm (1St), Duschvorhangstange (1St)	259,20 m2 BGF	2.684	**10,36**	

Umbau

Kostenkennwerte für die Kostengruppen 300 der 2. und 3. Ebene DIN 276 (Übersicht)

KG	Kostengruppe	Menge Einheit	Kosten €	€/Einheit	% an 3+4
300	**Bauwerk – Baukonstruktionen**	**259,20 m² BGF**	**205.316,35**	**792,12**	**75,7**
310	**Baugrube / Erdbau**	**4,20 m³ BGI**	**547,77**	**130,42**	**0,2**
311	Herstellung	4,20 m³ BGI	547,77	130,42	0,2
312	Umschließung	–	–	–	–
313	Wasserhaltung	–	–	–	–
314	Vortrieb	–	–	–	–
319	Sonstiges zur KG 310	–	–	–	–
320	**Gründung, Unterbau**	**207,60 m² GRF**	**43.810,76**	**211,03**	**16,2**
321	Baugrundverbesserung	–	–	–	–
322	Flachgründungen und Bodenplatten	27,00 m²	16.440,64	608,91	6,1
323	Tiefgründungen	–	–	–	–
324	Gründungsbeläge	207,60 m²	27.370,12	131,84	10,1
325	Abdichtungen und Bekleidungen	–	–	–	–
326	Dränagen	–	–	–	–
329	Sonstiges zur KG 320	–	–	–	–
330	**Außenwände/Vert. Baukonstrukt., außen**	**379,33 m² AWF**	**68.891,18**	**181,61**	**25,4**
331	Tragende Außenwände	–	210,01	–	< 0,1
332	Nichttragende Außenwände	–	–	–	–
333	Außenstützen	–	–	–	–
334	Außenwandöffnungen	9,93 m²	11.326,63	1.140,65	4,2
335	Außenwandbekleidungen, außen	341,32 m²	11.422,81	33,47	4,2
336	Außenwandbekleidungen, innen	100,00 m²	5.277,02	52,77	1,9
337	Element. Außenwandkonstruktionen	28,08 m²	40.654,47	1.447,81	15,0
338	Lichtschutz zur KG 330	–	–	–	–
339	Sonstiges zur KG 330	–	–	–	–
340	**Innenwände/Vert. Baukonstrukt., innen**	**235,90 m² IWF**	**57.506,89**	**243,78**	**21,2**
341	Tragende Innenwände	–	3.696,26	–	1,4
342	Nichttragende Innenwände	76,60 m²	17.879,58	233,41	6,6
343	Innenstützen	–	–	–	–
344	Innenwandöffnungen	18,23 m²	7.656,69	420,00	2,8
345	Innenwandbekleidungen	435,34 m²	25.731,01	59,11	9,5
346	Elementierte Innenwandkonstruktionen	–	519,48	–	0,2
347	Lichtschutz zur KG 340	–	596,85	–	0,2
349	Sonstiges zur KG 340	235,90 m² IWF	1.425,61	6,04	0,5
350	**Decken/Horizontale Baukonstruktionen**	**–**	**–**	**–**	**–**
351	Deckenkonstruktionen	–	–	–	–
352	Deckenöffnungen	–	–	–	–
353	Deckenbeläge	–	–	–	–
354	Deckenbekleidungen	–	–	–	–
355	Elementierte Deckenkonstruktionen	–	–	–	–
359	Sonstiges zur KG 350	–	–	–	–
360	**Dächer**	**203,56 m² DAF**	**7.274,83**	**35,74**	**2,7**
361	Dachkonstruktionen	–	–	–	–
362	Dachöffnungen	–	–	–	–
363	Dachbeläge	–	–	–	–
364	Dachbekleidungen	203,56 m²	7.274,83	35,74	2,7
365	Elementierte Dachkonstruktionen	–	–	–	–
366	Lichtschutz zur KG 360	–	–	–	–
369	Sonstiges zur KG 360	–	–	–	–
370	**Infrastrukturanlagen**	**–**	**–**	**–**	**–**
380	**Baukonstruktive Einbauten**	**259,20 m² BGF**	**23.010,70**	**88,78**	**8,5**
390	**Sonst. Maßnahmen für Baukonstrukt.**	**259,20 m² BGF**	**4.273,54**	**16,49**	**1,6**

© BKI Baukosteninformationszentrum
Kostenstand: 2. Quartal 2025, Bundesdurchschnitt, **inkl. 19% MwSt.**

Kostenkennwerte für die Kostengruppen 400 der 2. und 3. Ebene DIN 276 (Übersicht)

KG	Kostengruppe	Menge Einheit	Kosten €	€/Einheit	% an 3+4
400	**Bauwerk – Technische Anlagen**	**259,20 m² BGF**	**65.900,91**	**254,25**	**24,3**
410	**Abwasser-, Wasser-, Gasanlagen**	**259,20 m² BGF**	**30.252,20**	**116,71**	**11,2**
411	Abwasseranlagen	259,20 m² BGF	3.000,42	11,58	1,1
412	Wasseranlagen	259,20 m² BGF	23.198,66	89,50	8,6
413	Gasanlagen	259,20 m² BGF	1.517,22	5,85	0,6
419	Sonstiges zur KG 410	259,20 m² BGF	2.535,88	9,78	0,9
420	**Wärmeversorgungsanlagen**	**259,20 m² BGF**	**17.209,16**	**66,39**	**6,3**
421	Wärmeerzeugungsanlagen	–	–	–	–
422	Wärmeverteilnetze	259,20 m² BGF	11.074,62	42,73	4,1
423	Raumheizflächen	259,20 m² BGF	6.134,53	23,67	2,3
424	Verkehrsheizflächen	–	–	–	–
429	Sonstiges zur KG 420	–	–	–	–
430	**Raumlufttechnische Anlagen**	**259,20 m² BGF**	**947,27**	**3,65**	**0,3**
431	Lüftungsanlagen	259,20 m² BGF	947,27	3,65	0,3
432	Teilklimaanlagen	–	–	–	–
433	Klimaanlagen	–	–	–	–
434	Kälteanlagen	–	–	–	–
439	Sonstiges zur KG 430	–	–	–	–
440	**Elektrische Anlagen**	**259,20 m² BGF**	**16.315,01**	**62,94**	**6,0**
441	Hoch- und Mittelspannungsanlagen	–	–	–	–
442	Eigenstromversorgungsanlagen	–	–	–	–
443	Niederspannungsschaltanlagen	–	–	–	–
444	Niederspannungsinstallationsanlagen	259,20 m² BGF	8.822,85	34,04	3,3
445	Beleuchtungsanlagen	259,20 m² BGF	7.295,17	28,14	2,7
446	Blitzschutz- und Erdungsanlagen	259,20 m² BGF	196,74	0,76	< 0,1
447	Fahrleitungssysteme	–	–	–	–
449	Sonstiges zur KG 440	–	–	–	–
450	**Kommunikationstechnische Anlagen**	**259,20 m² BGF**	**1.177,27**	**4,54**	**0,4**
451	Telekommunikationsanlagen	–	–	–	–
452	Such- und Signalanlagen	259,20 m² BGF	849,92	3,28	0,3
453	Zeitdienstanlagen	–	–	–	–
454	Elektroakustische Anlagen	–	–	–	–
455	Audiovisuelle Medien- u. Antennenanl.	259,20 m² BGF	158,63	0,61	< 0,1
456	Gefahrenmelde- und Alarmanlagen	–	–	–	–
457	Datenübertragungsnetze	259,20 m² BGF	168,32	0,65	< 0,1
458	Verkehrsbeeinflussungsanlagen	–	–	–	–
459	Sonstiges zur KG 450	–	–	–	–
460	**Förderanlagen**	**–**	**–**	**–**	**–**
461	Aufzugsanlagen	–	–	–	–
462	Fahrtreppen, Fahrsteige	–	–	–	–
463	Befahranlagen	–	–	–	–
464	Transportanlagen	–	–	–	–
465	Krananlagen	–	–	–	–
466	Hydraulikanlagen	–	–	–	–
469	Sonstiges zur KG 460	–	–	–	–
470	**Nutzungsspez. u. verfahrenstechn. Anl.**	**–**	**–**	**–**	**–**
480	**Gebäude- und Anlagenautomation**	**–**	**–**	**–**	**–**
490	**Sonst. Maßnahmen für techn. Anlagen**	**–**	**–**	**–**	**–**

6200-0092
Tagespflege
(12 Plätze)

Umbau

Kostenkennwerte für Leistungsbereiche nach STLB (Kosten des Bauwerks nach DIN 276)

LB	Leistungsbereiche	Kosten €	€/m² BGF	€/m³ BRI	% an 3+4
000	Baustellen-, Verkehrssich.- u. Sicherh.einr. inkl. 001	1.260	4,90	1,20	0,5
002	Erdarbeiten	12.500	48,20	12,40	4,6
006	Spezialtiefbauarbeiten inkl. 005	–	–	–	–
009	Entwässerungskanalarbeiten inkl. 011	–	–	–	–
010	Drän- und Versickerarbeiten	–	–	–	–
012	Mauerarbeiten	1.377	5,30	1,40	0,5
013	Betonarbeiten	4.196	16,20	4,20	1,5
014	Natur-, Betonwerksteinarbeiten	–	–	–	–
016	Zimmer- und Holzbauarbeiten	30.428	117,40	30,10	11,2
	Wiederherstellen	497	1,90	0,49	0,2
	Herstellen	29.931	115,50	29,60	11,0
017	Stahlbauarbeiten	–	–	–	–
018	Abdichtungsarbeiten	–	–	–	–
020	Dachdeckungsarbeiten	–	–	–	–
021	Dachabdichtungsarbeiten	–	–	–	–
022	Klempnerarbeiten	–	–	–	–
	Rohbau	**49.761**	**192,00**	**49,30**	**18,3**
	Wiederherstellen	497	1,90	0,49	0,2
	Herstellen	49.264	190,10	48,80	18,2
023	Putz- und Stuckarbeiten, Wärmedämmsysteme	10.581	40,80	10,50	3,9
024	Fliesen- und Plattenarbeiten	17.074	65,90	16,90	6,3
025	Estricharbeiten	906	3,50	0,90	0,3
026	Fenster, Außentüren inkl. 029, 032	54.759	211,30	54,20	20,2
	Wiederherstellen	2.061	8,00	2,00	0,8
	Herstellen	52.697	203,30	52,20	19,4
027	Tischlerarbeiten	–	–	–	–
028	Parkett-, Holzpflasterarbeiten	–	–	–	–
030	Rollladenarbeiten	–	–	–	–
031	Metallbauarbeiten inkl. 035	–	–	–	–
034	Maler- und Lackiererarb. – Beschicht. inkl. 037	24.660	95,10	24,40	9,1
036	Bodenbelagarbeiten	15.168	58,50	15,00	5,6
038	Vorgehängte hinterlüftete Fassaden	–	–	–	–
039	Trockenbauarbeiten	13.945	53,80	13,80	5,1
	Ausbau	**137.094**	**528,90**	**135,70**	**50,5**
	Wiederherstellen	2.061	8,00	2,00	0,8
	Herstellen	135.033	521,00	133,70	49,8
040	Wärmeversorgungsanl. - Betriebseinr. inkl. 041	15.703	60,60	15,50	5,8
042	Gas- u. Wasseranl. – Leitung., Armat. inkl. 043	11.933	46,00	11,80	4,4
044	Abwasseranl. - Leitungen, Abläufe, Armaturen	2.358	9,10	2,30	0,9
045	Gas, Wasser, Entwässerung – Ausstattung inkl. 046	14.458	55,80	14,30	5,3
047	Dämm- und Brandschutzarb. an techn. Anlagen	–	–	–	–
049	Feuerlöschanlagen, Feuerlöschgeräte	–	–	–	–
050	Blitzschutz-/Erdungsanlagen, Überspannungssch.	197	0,76	0,19	< 0,1
053	Niederspannungsanl. – Kabel inkl. 052, 054	8.833	34,10	8,70	3,3
055	Sicherheits- u. Ersatzstromversorgungsanl.	–	–	–	–
057	Gebäudesystemtechnik	–	–	–	–
058	Leuchten und Lampen inkl. 059	7.288	28,10	7,20	2,7
060	Such, Signal, Zeit, Anten., akust. Anl. inkl. 064	992	3,80	0,98	0,4
061	Kommunikations- u. Übertragungsnetze inkl. 063	168	0,65	0,17	< 0,1
069	Aufzüge	–	–	–	–

© BKI Baukosteninformationszentrum

LB	Leistungsbereiche	Kosten €	€/m² BGF	€/m³ BRI	% an 3+4
070	Gebäudeautomation	–	–	–	–
075	Raumlufttechnische Anlagen inkl. 078	736	2,80	0,73	0,3
	Gebäudetechnik	**62.667**	**241,80**	**62,00**	**23,1**
084	Abbruch, Rückbau, Schadstoffsanierung	21.586	83,30	21,40	8,0
	Abbrechen	21.586	83,30	21,40	8,0
	Abbrucharbeiten	**21.586**	**83,30**	**21,40**	**8,0**
	Abbrechen	21.586	83,30	21,40	8,0
	Sonstige Leistungsbereiche	**–**	**–**	**–**	**–**

Gewerbe

7200-0096
Geschäftshaus
Foyer

Umbau

Kostenkennwerte für die Kosten des Bauwerks (Kostengruppen 300+400 nach DIN 276)

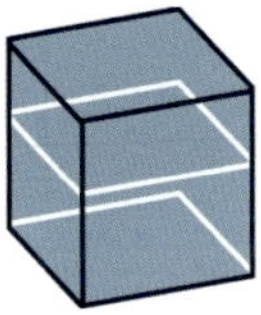

BRI 294 €/m³

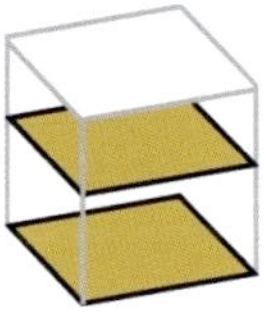

BGF 1.379 €/m²

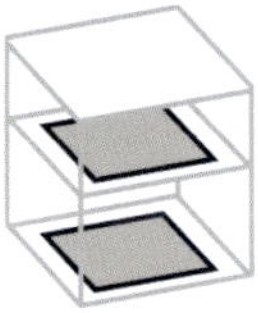

NUF 4.260 €/m²

Objekt:
Kennwerte: 3. Ebene DIN 276
BRI: 1.033 m³
BGF: 220 m²
NUF: 71 m²
Bauzeit: 9 Wochen
Bauende: 2019
Standard: hoch
Bundesland: Sachsen
Kreis: Leipzig, Stadt

Innenarchitekt*in:
Katrin Reinhold
Dipl.-Innenarchitektin
Schnorrstraße 16A
04229 Leipzig

Bauherr*in:
LÖWENSTEIN INVEST ZWEI GmbH
Rabensteinplatz 1
04103 Leipzig

© Lutz Zimmermann

© Lutz Zimmermann

© Lutz Zimmermann

© BKI Baukosteninformationszentrum

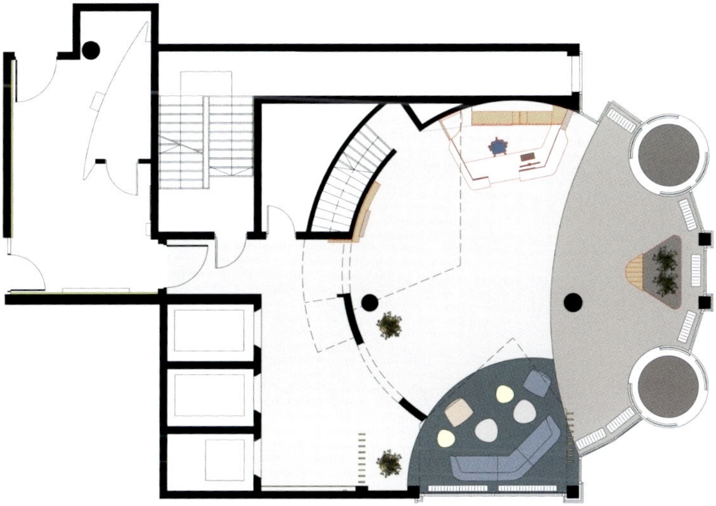

Erdgeschoss

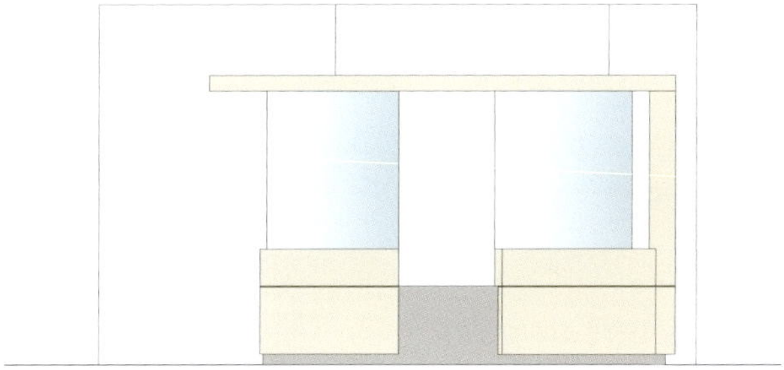

Ansicht Empfangstresen

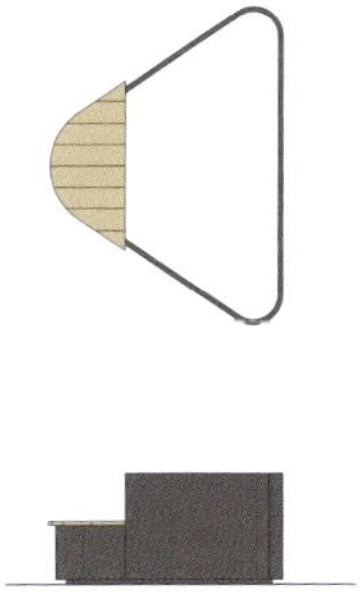

Ansicht/Grundriss Pflanzeninsel

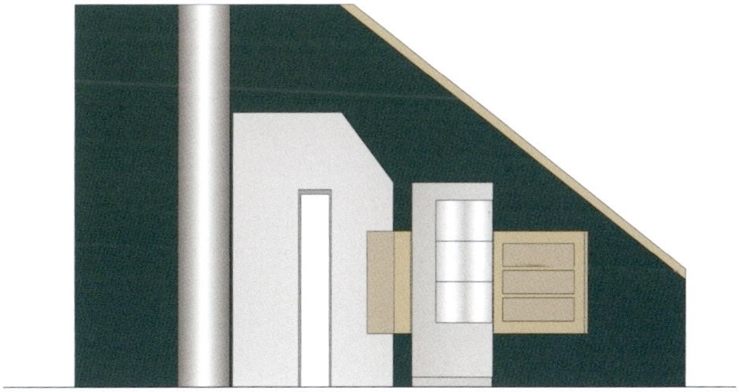

Ansicht Flyerbox

Objektbeschreibung

Allgemeine Objektinformationen

In dem bestehenden Geschäftshaus aus den 90er Jahren wurden das Foyer und der Treppenaufgang zur Galerieebene in einen modernen und visuell einladenden Empfangsbereich umgestaltet.

Nutzung

1 Erdgeschoss
Foyer, Wartezone

1 Obergeschoss
Treppe zu Galerie

Markt

Hauptvergabezeit: 1. Quartal 2019
Baubeginn: 1. Quartal 2019
Bauende: 2. Quartal 2019
Konjunkturelle Gesamtlage: über Durchschnitt
Regionaler Baumarkt: Durchschnitt

Baubestand

Baujahr: 1996
Bauzustand: mittel
Aufwand: hoch
Grundrissänderungen: wenige
Tragwerkseingriffe: wenige
Nutzungsänderung: nein
Nutzung während der Bauzeit: ja

Baukonstruktion

Zentraler Anlaufpunkt ist ein individuell gefertigter Empfangstresen in skulpturaler Form. Vertikale Holzlamellen mit Raumteilerwirkung zonieren den Loungebereich. Loungemöbel sowie ein modulares Sofa sind auf farblich akzentuiertem Teppichboden gruppiert worden. Das Foyer erhielt einen Vinylbodenbelag. Im Zentrum des Eingangsbereiches befindet sich eine Pflanzeninsel mit Sitzmöglichkeit. Eine neue Flyerbox wurde an der Treppenwand zur Galerie platziert.

Technische Anlagen

Im Empfangsdienst wurde Klimatechnik eingebaut. Spielerisch platzierte Einbau-, Aufbau- und Pendelleuchten prägen das Lichtkonzept. Die freistehende Säule wird durch einen Baldachin mit indirekter Beleuchtung inszeniert. Ein raumhohes Digitalbild mit Hinterleuchtung gibt dem Vorraum einen dynamischen, stimmungsvollen Charakter.

© **BKI** Baukosteninformationszentrum

Planungskennwerte für Flächen und Rauminhalte nach DIN 277

Flächen des Grundstücks		Menge Einheit	% an GF
BF	Bebaute Fläche	–	–
UF	Unbebaute Fläche	–	–
GF	Grundstücksfläche	–	–

Grundflächen des Bauwerks		Menge Einheit	% an NUF	% an BGF
NUF	Nutzungsfläche	71,29 m²	100,0	32,4
TF	Technikfläche	0,80 m²	1,1	0,4
VF	Verkehrsfläche	123,75 m²	173,6	56,2
NRF	Netto-Raumfläche	195,84 m²	274,7	88,9
KGF	Konstruktions-Grundfläche	24,39 m²	34,2	11,1
BGF	Brutto-Grundfläche	220,23 m²	308,9	100,0

Brutto-Rauminhalt des Bauwerks		Menge Einheit	BRI/NUF (m)	BRI/BGF (m)
BRI	Brutto-Rauminhalt	1.033,48 m³	14,50	4,69

Lufttechnisch behandelte Flächen	Menge Einheit	% an NUF	% an BGF
Entlüftete Fläche	–	–	–
Be- und entlüftete Fläche	–	–	–
Teilklimatisierte Fläche	–	–	–
Klimatisierte Fläche	–	–	–

KG	Kostengruppen (2. Ebene)	Menge Einheit	Menge/NUF	Menge/BGF
310	Baugrube / Erdbau	–	–	–
320	Gründung, Unterbau	–	–	–
330	Außenwände/Vertikale Baukonstruktionen, außen	75,92 m² AWF	1,07	0,35
340	Innenwände/Vertikale Baukonstruktionen, innen	311,45 m² IWF	4,37	1,41
350	Decken/Horizontale Baukonstruktionen	220,00 m² DEF	3,09	1,00
360	Dächer	–	–	–

Kostenkennwerte für die Kostengruppen der 1.Ebene DIN 276

KG	Kostengruppen (1.Ebene)	Einheit	Kosten €	€/Einheit	€/m² BGF	€/m³ BRI	% 300+400
100	Grundstück	m² GF	–	–	–	–	–
200	Vorbereitende Maßnahmen	m² GF	–	–	–	–	–
300	Bauwerk – Baukonstruktionen	m² BGF	191.109	867,77	867,77	184,92	62,9
400	Bauwerk – Technische Anlagen	m² BGF	112.593	511,25	511,25	108,95	37,1
	Bauwerk 300+400	**m² BGF**	**303.702**	**1.379,02**	**1.379,02**	**293,86**	**100,0**
500	Außenanlagen und Freiflächen	m² AF	–	–	–	–	–
600	Ausstattung und Kunstwerke	m² BGF	29.754	135,11	135,11	28,79	9,8
700	Baunebenkosten	m² BGF	–	–	–	–	–
800	Finanzierung	m² BGF	–	–	–	–	–

KG	Kostengruppe	Menge Einheit	Kosten €	€/Einheit	%
3+4	**Bauwerk**				**100,0**
300	**Bauwerk – Baukonstruktionen**	220,23 m² BGF	191.109	**867,77**	62,9

- Abbrechen (Kosten: 0,7%) — 1.297
  Abbruch von Trockenbauwand; Entsorgung, Deponiegebühren
- Wiederherstellen (Kosten: 2,2%) — 4.143
  Befestigungen von Leuchten entfernen, GK-Decke schließen, Auslässe in GK-Decke schließen, Deckenrisse verfugen, Verstärkungen für Leuchtenabhängungen, Lüftungsgitter lackieren
- Herstellen (Kosten: 97,2%) — 185.669
  Dispersionsbeschichtung, GK-Verkofferung, Fensterfolie, Seitenzugrollos, Sichtschutzvorhang; Säulenfüße lackieren, GK-Beplankung; Ausgleichsspachtelung, Vinylbodenbelag, Sauberlaufzone, Teppichfliesen, Dispersionsbeschichtung, GK-Deckensegel; Raumteiler, Pflanzkübel mit Sitzfläche, Empfangstresenanlage, Winkelelement Fahrkartenschalter, LED-Spann-/Leuchtrahmen, Wegweiser, Flyerbox, Logo

KG	Kostengruppe	Menge Einheit	Kosten €	€/Einheit	%
400	**Bauwerk – Technische Anlagen**	220,23 m² BGF	112.593	**511,25**	37,1

- Abbrechen (Kosten: 3,0%) — 3.380
  Abbruch von Elektroinstallationen; Entsorgung, Deponiegebühren
- Wiederherstellen (Kosten: 0,8%) — 874
  Heizkörper reinigen, beschichten
- Herstellen (Kosten: 96,2%) — 108.339
  Klimaanlage Empfangstresen; Elektroinstallation, Beleuchtung

KG	Kostengruppe	Menge Einheit	Kosten €	€/Einheit	%
600	**Ausstattung und Kunstwerke**	220,23 m² BGF	29.754	**135,11**	9,8

- Herstellen (Kosten: 100,0%) — 29.754
  Modulares Sofaelement, Sessel mit Kufengestell, Sitzpoufs, Tisch, Pflanzgefäße, Granulat, Bepflanzung Solitär; individuelle Wandgestaltung, Wandbild als abstrahierter Verkehrs-Netzplan

© BKI Baukosteninformationszentrum

Kostenkennwerte für die Kostengruppen der 2. Ebene DIN 276

KG	Kostengruppe	Menge Einheit	Kosten €	€/Einheit	%
300	**Bauwerk – Baukonstruktionen**				**100,0**
330	**Außenwände/Vert. Baukonstrukt., außen**	75,92 m² AWF	7.457	**98,22**	3,9
	• Herstellen (Kosten: 100,0%) Dispersionsbeschichtung (43m²), GK-Verkofferung (5m) * Fensterfolie, innen, hochauflösender Digitaldruck, mit Schutzlaminat (5m²) * Seitenzugrollos (15m²), Sichtschutzvorhang, Deckenschienen (psch)	75,92 m² AWF	7.457	**98,22**	
340	**Innenwände/Vert. Baukonstrukt., innen**	311,45 m² IWF	11.766	**37,78**	6,2
	• Abbrechen (Kosten: 11,0%) Abbruch von Trockenbauwand (13m²); Entsorgung, Deponiegebühren	13,00 m² IWF	1.297	**99,79**	
	• Herstellen (Kosten: 89,0%) Dispersionsbeschichtung (374m²), GK-Verkofferung (5m), Säulenfüße lackieren (1m²), GK-Beplankung (8m²)	311,45 m² IWF	10.468	**33,61**	
350	**Decken/Horizontale Baukonstruktionen**	220,00 m² DEF	44.506	**202,30**	23,3
	• Wiederherstellen (Kosten: 9,3%) Befestigungen von Leuchten entfernen, GK-Decke schließen, spachteln (27St), Auslässe in GK-Decke schließen, spachteln (1St), Deckenrisse verfugen, Glasfugendeckstreifen einsetzen (4h), Verstärkungen für Leuchtenabhängungen (16St), Lüftungsgitter reinigen, lackieren (1St)	–	4.143	–	
	• Herstellen (Kosten: 90,7%) Vorhandenen Fliesenboden reinigen, Ausgleichsspachtelung (146m²), Vinylbodenbelag (90m²), Sauberlaufzone, Teppichfliesen, verklebt (39m²), Teppichfliesen, schwimmend verlegt (21m²), Alu-Trennschienen (23m) * Dispersionsbeschichtung (220m²), GK-Deckensegel, oval, asymmetrisch, an Säule (1St), Ausschnitte in GK-Decke vergrößern (35St), Revisionsklappen (5St)	220,00 m² DEF	40.363	**183,47**	
380	**Baukonstruktive Einbauten**	220,23 m² BGF	119.867	**544,28**	62,7
	• Herstellen (Kosten: 100,0%) Raumteiler, vertikale Holzlamellen hintereinander stehend, an Flachstahl (9m²), Pflanzkübel mit Sitzfläche, dreieckig, Sitzfläche Holzabdeckung, Bepflanzung (1St) * Empfangstresenanlage, Freiform, Verglasungen, Decke mit Ausschnitten (1St), Winkelelement Fahrkartenschalter (1St) * LED-Spann-/Leuchtrahmen, Direktdruck, Ausleuchtung (8m²), Wegweiser, Edelstahl, Acrylglas, Vinylfolie, Ausleuchtung (2m²), ohne Ausleuchtung (1m²), Flyerbox (1St), Logo auf Vinylfolie (1St)	220,23 m² BGF	119.867	**544,28**	
390	**Sonst. Maßnahmen für Baukonstrukt.**	220,23 m² BGF	7.514	**34,12**	3,9
	• Herstellen (Kosten: 100,0%) Arbeitsgerüste (4St), Rollgerüste (2St) * Abdeck-/Abklebearbeiten (psch) * provisorische Beleuchtung (1St)	220,23 m² BGF	7.514	**34,12**	
400	**Bauwerk – Technische Anlagen**				**100,0**
420	**Wärmeversorgungsanlagen**	220,23 m² BGF	874	**3,97**	0,8
	• Wiederherstellen (Kosten: 100,0%) Heizkörper reinigen, beschichten (9St)	220,23 m² BGF	874	**3,97**	

Umbau

KG	Kostengruppe	Menge Einheit	Kosten €	€/Einheit	%
430	**Raumlufttechnische Anlagen**	220,23 m²BGF	9.583	**43,51**	8,5
	• Herstellen (Kosten: 100,0%) Klimaanlage für Arbeitsplatz Empfangstresen (psch)	220,23 m²BGF	9.583	**43,51**	
440	**Elektrische Anlagen**	220,23 m²BGF	102.137	**463,77**	90,7
	• Abbrechen (Kosten: 3,3%) Abbruch von Elektroinstallationen (psch); Entsorgung, Deponiegebühren	220,23 m²BGF	3.380	**15,35**	
	• Herstellen (Kosten: 96,7%) Unterverteiler, Schalter/Taster, Steckdosen, Leitungen (psch), DALI-Dimmer (7St) * Einbauleuchten (35St), Aufbauleuchten (14St), Ringleuchten, direkt, indirekt strahlend, Seilabhängungen (3St), LED-Flexschlauch, indirekte Säulenbeleuchtung (1St), Anbauleuchten (4St), Einbaustrahler (5St), Einbaulicht (1St)	220,23 m²BGF	98.756	**448,42**	
600	**Ausstattung und Kunstwerke**				**100,0**
610	**Allgemeine Ausstattung**	220,23 m²BGF	21.076	**95,70**	70,8
	• Herstellen (Kosten: 100,0%) Modulares Sofaelement, Kunstleder (1St), Sessel mit Kufengestell (2St), Sitzpoufs (2St), Tisch, HPL-Platte, D=70cm, auf Metallgestell, h=50cm (1St), Pflanzgefäße, h=120cm, D=50cm, Granulat, Bepflanzung Solitär, h=1,40m (2St),	220,23 m²BGF	21.076	**95,70**	
640	**Künstlerische Ausstattung**	220,23 m²BGF	8.679	**39,41**	29,2
	• Herstellen (Kosten: 100,0%) Individuelle Wandgestaltung, Wandbild als abstrahierter Verkehrs-Netzplan, Entwurf, Konzeption, Ausführung	220,23 m²BGF	8.679	**39,41**	

© **BKI** Baukosteninformationszentrum

Kostenkennwerte für die Kostengruppen 300 der 2. und 3. Ebene DIN 276 (Übersicht)

KG	Kostengruppe	Menge Einheit	Kosten €	€/Einheit	% an 3+4
300	**Bauwerk – Baukonstruktionen**	**220,23 m² BGF**	**191.109,05**	**867,77**	**62,9**
310	**Baugrube / Erdbau**	**–**	**–**	**–**	**–**
311	Herstellung	–	–	–	–
312	Umschließung	–	–	–	–
313	Wasserhaltung	–	–	–	–
314	Vortrieb	–	–	–	–
319	Sonstiges zur KG 310	–	–	–	–
320	**Gründung, Unterbau**	**–**	**–**	**–**	**–**
321	Baugrundverbesserung	–	–	–	–
322	Flachgründungen und Bodenplatten	–	–	–	–
323	Tiefgründungen	–	–	–	–
324	Gründungsbeläge	–	–	–	–
325	Abdichtungen und Bekleidungen	–	–	–	–
326	Dränagen	–	–	–	–
329	Sonstiges zur KG 320	–	–	–	–
330	**Außenwände/Vert. Baukonstrukt., außen**	**75,92 m² AWF**	**7.456,63**	**98,22**	**2,5**
331	Tragende Außenwände	–	–	–	–
332	Nichttragende Außenwände	–	–	–	–
333	Außenstützen	–	–	–	–
334	Außenwandöffnungen	–	–	–	–
335	Außenwandbekleidungen, außen	–	–	–	–
336	Außenwandbekleidungen, innen	43,38 m²	1.170,28	26,98	0,4
337	Element. Außenwandkonstruktionen	5,10 m²	987,77	193,68	0,3
338	Lichtschutz zur KG 330	27,44 m²	5.298,57	193,10	1,7
339	Sonstiges zur KG 330	–	–	–	–
340	**Innenwände/Vert. Baukonstrukt., innen**	**311,45 m² IWF**	**11.765,55**	**37,78**	**3,9**
341	Tragende Innenwände	–	–	–	–
342	Nichttragende Innenwände	–	1.297,24	–	0,4
343	Innenstützen	–	–	–	–
344	Innenwandöffnungen	–	–	–	–
345	Innenwandbekleidungen	373,86 m²	10.468,31	28,00	3,4
346	Elementierte Innenwandkonstruktionen	–	–	–	–
347	Lichtschutz zur KG 340	–	–	–	–
349	Sonstiges zur KG 340	–	–	–	–
350	**Decken/Horizontale Baukonstruktionen**	**220,00 m² DEF**	**44.506,33**	**202,30**	**14,7**
351	Deckenkonstruktionen	–	–	–	–
352	Deckenöffnungen	–	–	–	–
353	Deckenbeläge	150,00 m²	32.254,51	215,03	10,6
354	Deckenbekleidungen	220,00 m²	12.251,81	55,69	4,0
355	Elementierte Deckenkonstruktionen	–	–	–	–
359	Sonstiges zur KG 350	–	–	–	–
360	**Dächer**	**–**	**–**	**–**	**–**
361	Dachkonstruktionen	–	–	–	–
362	Dachöffnungen	–	–	–	–
363	Dachbeläge	–	–	–	–
364	Dachbekleidungen	–	–	–	–
365	Elementierte Dachkonstruktionen	–	–	–	–
366	Lichtschutz zur KG 360	–	–	–	–
369	Sonstiges zur KG 360	–	–	–	–
370	**Infrastrukturanlagen**	**–**	**–**	**–**	**–**
380	**Baukonstruktive Einbauten**	**220,23 m² BGF**	**119.866,62**	**544,28**	**39,5**
390	**Sonst. Maßnahmen für Baukonstrukt.**	**220,23 m² BGF**	**7.513,93**	**34,12**	**2,5**

Kostenkennwerte für die Kostengruppen 400 der 2. und 3. Ebene DIN 276 (Übersicht)

KG	Kostengruppe	Menge Einheit	Kosten €	€/Einheit	% an 3+4
400	**Bauwerk – Technische Anlagen**	**220,23 m² BGF**	**112.592,86**	**511,25**	**37,1**
410	**Abwasser-, Wasser-, Gasanlagen**	**–**	**–**	**–**	**–**
411	Abwasseranlagen	–	–	–	–
412	Wasseranlagen	–	–	–	–
413	Gasanlagen	–	–	–	–
419	Sonstiges zur KG 410	–	–	–	–
420	**Wärmeversorgungsanlagen**	**220,23 m² BGF**	**873,58**	**3,97**	**0,3**
421	Wärmeerzeugungsanlagen	–	–	–	–
422	Wärmeverteilnetze	–	–	–	–
423	Raumheizflächen	220,23 m² BGF	873,58	3,97	0,3
424	Verkehrsheizflächen	–	–	–	–
429	Sonstiges zur KG 420	–	–	–	–
430	**Raumlufttechnische Anlagen**	**220,23 m² BGF**	**9.582,66**	**43,51**	**3,2**
431	Lüftungsanlagen	–	–	–	–
432	Teilklimaanlagen	–	–	–	–
433	Klimaanlagen	220,23 m² BGF	9.582,66	43,51	3,2
434	Kälteanlagen	–	–	–	–
439	Sonstiges zur KG 430	–	–	–	–
440	**Elektrische Anlagen**	**220,23 m² BGF**	**102.136,62**	**463,77**	**33,6**
441	Hoch- und Mittelspannungsanlagen	–	–	–	–
442	Eigenstromversorgungsanlagen	–	–	–	–
443	Niederspannungsschaltanlagen	–	–	–	–
444	Niederspannungsinstallationsanlagen	220,23 m² BGF	36.182,12	164,29	11,9
445	Beleuchtungsanlagen	220,23 m² BGF	65.954,52	299,48	21,7
446	Blitzschutz- und Erdungsanlagen	–	–	–	–
447	Fahrleitungssysteme	–	–	–	–
449	Sonstiges zur KG 440	–	–	–	–
450	**Kommunikationstechnische Anlagen**	**–**	**–**	**–**	**–**
451	Telekommunikationsanlagen	–	–	–	–
452	Such- und Signalanlagen	–	–	–	–
453	Zeitdienstanlagen	–	–	–	–
454	Elektroakustische Anlagen	–	–	–	–
455	Audiovisuelle Medien- u. Antennenanl.	–	–	–	–
456	Gefahrenmelde- und Alarmanlagen	–	–	–	–
457	Datenübertragungsnetze	–	–	–	–
458	Verkehrsbeeinflussungsanlagen	–	–	–	–
459	Sonstiges zur KG 450	–	–	–	–
460	**Förderanlagen**	**–**	**–**	**–**	**–**
461	Aufzugsanlagen	–	–	–	–
462	Fahrtreppen, Fahrsteige	–	–	–	–
463	Befahranlagen	–	–	–	–
464	Transportanlagen	–	–	–	–
465	Krananlagen	–	–	–	–
466	Hydraulikanlagen	–	–	–	–
469	Sonstiges zur KG 460	–	–	–	–
470	**Nutzungsspez. u. verfahrenstechn. Anl.**	**–**	**–**	**–**	**–**
480	**Gebäude- und Anlagenautomation**	**–**	**–**	**–**	**–**
490	**Sonst. Maßnahmen für techn. Anlagen**	**–**	**–**	**–**	**–**

© **BKI** Baukosteninformationszentrum

Kostenkennwerte für Leistungsbereiche nach STLB (Kosten des Bauwerks nach DIN 276)

LB	Leistungsbereiche	Kosten €	€/m² BGF	€/m³ BRI	% an 3+4
000	Baustellen-, Verkehrssich.- u. Sicherh.einr. inkl. 001	4.636	21,10	4,50	1,5
002	Erdarbeiten	–	–	–	–
006	Spezialtiefbauarbeiten inkl. 005	–	–	–	–
009	Entwässerungskanalarbeiten inkl. 011	–	–	–	–
010	Drän- und Versickerarbeiten	–	–	–	–
012	Mauerarbeiten	–	–	–	–
013	Betonarbeiten	–	–	–	–
014	Natur-, Betonwerksteinarbeiten	–	–	–	–
016	Zimmer- und Holzbauarbeiten	–	–	–	–
017	Stahlbauarbeiten	–	–	–	–
018	Abdichtungsarbeiten	–	–	–	–
020	Dachdeckungsarbeiten	–	–	–	–
021	Dachabdichtungsarbeiten	–	–	–	–
022	Klempnerarbeiten	–	–	–	–
	Rohbau	**4.636**	**21,10**	**4,50**	**1,5**
023	Putz- und Stuckarbeiten, Wärmedämmsysteme	–	–	–	–
024	Fliesen- und Plattenarbeiten	–	–	–	–
025	Estricharbeiten	–	–	–	–
026	Fenster, Außentüren inkl. 029, 032	–	–	–	–
027	Tischlerarbeiten	98.202	445,90	95,00	32,3
028	Parkett-, Holzpflasterarbeiten	–	–	–	–
030	Rollladenarbeiten	5.299	24,10	5,10	1,7
031	Metallbauarbeiten inkl. 035	–	–	–	–
034	Maler- und Lackiererarb. – Beschicht. inkl. 037	15.032	68,30	14,50	4,9
	Wiederherstellen	1.673	7,60	1,60	0,6
	Herstellen	13.359	60,70	12,90	4,4
036	Bodenbelagarbeiten	32.255	146,50	31,20	10,6
038	Vorgehängte hinterlüftete Fassaden	–	–	–	–
039	Trockenbauarbeiten	10.043	45,60	9,70	3,3
	Wiederherstellen	3.344	15,20	3,20	1,1
	Herstellen	6.700	30,40	6,50	2,2
	Ausbau	**160.830**	**730,30**	**155,60**	**53,0**
	Wiederherstellen	5.017	22,80	4,90	1,7
	Herstellen	155.813	707,50	150,80	51,3
040	Wärmeversorgungsanl. - Betriebseinr. inkl. 041	–	–	–	–
042	Gas- u. Wasseranl. – Leitung., Armat. inkl. 043	–	–	–	–
044	Abwasseranl. - Leitungen, Abläufe, Armaturen	–	–	–	–
045	Gas, Wasser, Entwässerung – Ausstattung inkl. 046	–	–	–	–
047	Dämm- und Brandschutzarb. an techn. Anlagen	–	–	–	–
049	Feuerlöschanlagen, Feuerlöschgeräte	–	–	–	–
050	Blitzschutz-/Erdungsanlagen, Überspannungssch.	–	–	–	–
053	Niederspannungsanl. – Kabel inkl. 052, 054	32.802	148,90	31,70	10,8
055	Sicherheits- u. Ersatzstromversorgungsanl.	–	–	–	–
057	Gebäudesystemtechnik	–	–	–	–
058	Leuchten und Lampen inkl. 059	66.777	303,20	64,60	22,0
060	Such, Signal, Zeit, Anten., akust. Anl. inkl. 064	–	–	–	–
061	Kommunikations- u. Übertragungsnetze inkl. 063	–	–	–	–
069	Aufzüge	–	–	–	–
070	Gebäudeautomation	–	–	–	–
075	Raumlufttechnische Anlagen inkl. 078	9.583	43,50	9,30	3,2

LB	Leistungsbereiche	Kosten €	€/m2 BGF	€/m3 BRI	% an 3+4
	Gebäudetechnik	**109.161**	**495,70**	**105,60**	**35,9**
084	Abbruch, Rückbau, Schadstoffsanierung	4.677	21,20	4,50	1,5
	Abbrechen	4.677	21,20	4,50	1,5
	Abbrucharbeiten	**4.677**	**21,20**	**4,50**	**1,5**
	Abbrechen	4.677	21,20	4,50	1,5
	Sonstige Leistungsbereiche	**24.397**	**110,80**	**23,60**	**8,0**

© **BKI** Baukosteninformationszentrum

7200-0105
Gründerzentrum
(17 AP)
Gastronomie
(46 Sitzplätze)

Kostenkennwerte für die Kosten des Bauwerks (Kostengruppen 300+400 nach DIN 276)

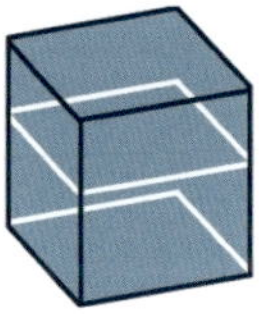

BRI 19 €/m³

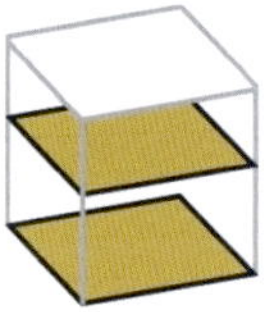

BGF 73 €/m²

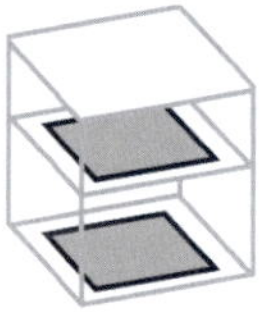

NUF 113 €/m²

Objekt:
Kennwerte: 3. Ebene DIN 276
BRI: 11.863 m³
BGF: 3.112 m²
NUF: 2.016 m²
Bauzeit: 43 Wochen
Bauende: 2023
Standard: hoch
Bundesland: Bayern
Kreis: Bamberg, Stadt

Innenarchitekt*in:
Göhring Innenarchitektur
GmbH
Adolf-Kolping-Straße 19A
96215 Lichtenfels

Bauherr*in:
IGZ Bamberg GmbH
Kronacher Straße 41
96052 Bamberg

© Gerhard Hagen

Erdgeschoss

Obergeschoss

Objektbeschreibung

Allgemeine Objektinformationen

Auf einem ehemaligen US-Kasernengelände ist ein digitales Gründerzentrum entstanden. Im umgenutzten Altbau wurden neben klassischen Büros für Gründer auch verschiedenste Coworking-Flächen wie Projekträume, offene Arbeitsbereiche, informelle und formelle Besprechungsbereiche sowie Gastronomie untergebracht. Im Anbau stehen weitere Büros, Seminar- und Veranstaltungsräume zur Verfügung. Das Innenraum-Konzept soll dabei helfen, dass GründerInnen, Startups und alle Gäste in diesen Räumlichkeiten zukünftig innovative Ideen entwickeln und erfolgreiche Unternehmen gründen.

Nutzung

1 Erdgeschoss
Empfang, Gastronomie, Projekträume, Seminarräume, Eventräume, Catering-Küchen, Besprechungsbereiche, Büros, Haustechnikräume

2 Obergeschosse
Coworkingspaces, Rückzugsmöglichkeiten, Teeküche mir Recreation-Bereich, Besprechungsbereiche, Büros, Haustechnikräume

1 Dachgeschoss
Haustechnikräume, Lagerräume

Nutzeinheiten

Arbeitsplätze: 17
Sitzplätze: 46

Markt

Hauptvergabezeit: 1.Quartal 2022
Baubeginn: 2.Quartal 2022
Bauende: 1.Quartal 2023
Konjunkturelle Gesamtlage: über Durchschnitt
Regionaler Baumarkt: Durchschnitt

Besonderer Kosteneinfluss Markt
Lieferengpässe bedingt durch Folgen der Coronapandemie, der Sperrung des Suezkanals 2021 und des Ukrainekriegs

Baukonstruktion

Der neue Teppichboden schafft eine angenehme Atmosphäre und sorgt für bessere Akustik. Auf den bestehenden Bodenbelag sind Bodenmarkierungen aus PVC-Klebeband angebracht worden. Dachschräge und Kniestock wurden mit OSB-Platten verstärkt. Für eine optimale Organisation wurden Einbauschränke mit Spinden eingebaut. Sitznischen und Garderobenbereiche ermöglichen eine komfortable Nutzung. Für Rückzugsorte wurden Kojen geschaffen. In den Seminarräumen gibt es mobile Tribünen. Bewegung und Produktivität werden durch Schreibtischfahrräder und Laufbänder gefördert. Besprechungstische mit aufbringbarem Tischtennis-Netz können multifunktional genutzt werden. Verschiedene Raumtrenner mit Sitznischen und Pflanzmodulen bieten eine flexible und multifunktionale Lösung für die Raumgestaltung. Akustikwände aus Filzpaneelen verbessern die Raumakustik. Das LED-Logo aus Acrylglas sorgt für eine moderne und stilvolle Präsentation des Gründerzentrums.

Technische Anlagen

An den Decken sind Hänge- und Pendelleuchten angebracht. Die Stehleuchte in Form einer lebensgroßen Pferdenachbildung ist eine individuelle Anfertigung. Leuchten aus Birkenrinde verleihen dem Raum einen natürlichen Charme. Einbauwandleuchten sind als kreatives Designelement in Form eines Vogels ausgeführt.

Sonstiges

In Assoziation an eine Pferdebox wurden bei den Einbaumöbeln die Materialen Stahl und Holz verwendet. Die Cognacfarbe eines Reitersattels oder der wollene Stoff einer Reiterdecke wurde in den ausgesuchten Ausstattungselementen aufgegriffen. Die Seekiefer als kostengünstiges Baumaterial stellt den Startup-Charakter in den Vordergrund.

© BKI Baukosteninformationszentrum

Planungskennwerte für Flächen und Rauminhalte nach DIN 277

Flächen des Grundstücks		Menge Einheit	% an GF
BF	Bebaute Fläche	3.112,00 m²	52,8
UF	Unbebaute Fläche	2.781,00 m²	47,2
GF	Grundstücksfläche	5.893,00 m²	100,0

Grundflächen des Bauwerks		Menge Einheit	% an NUF	% an BGF
NUF	Nutzungsfläche	2.015,50 m²	100,0	64,8
TF	Technikfläche	198,70 m²	9,9	6,4
VF	Verkehrsfläche	338,70 m²	16,8	10,9
NRF	Netto-Raumfläche	2.552,90 m²	126,7	82,0
KGF	Konstruktions-Grundfläche	559,20 m²	27,7	18,0
BGF	Brutto-Grundfläche	3.112,10 m²	154,4	100,0

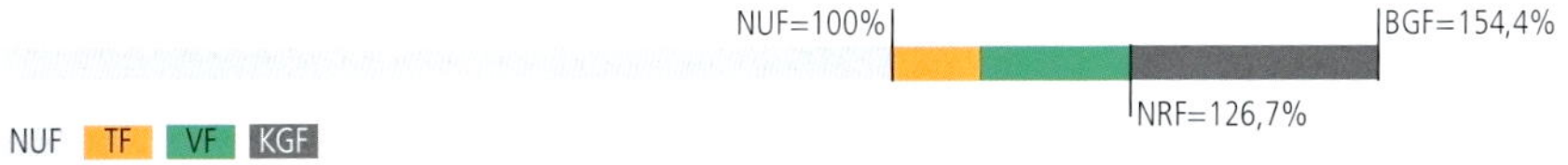

Brutto-Rauminhalt des Bauwerks		Menge Einheit	BRI/NUF (m)	BRI/BGF (m)
BRI	Brutto-Rauminhalt	11.863,01 m³	5,89	3,81

Lufttechnisch behandelte Flächen	Menge Einheit	% an NUF	% an BGF
Entlüftete Fläche	–	–	–
Be- und entlüftete Fläche	–	–	–
Teilklimatisierte Fläche	–	–	–
Klimatisierte Fläche	–	–	–

KG	Kostengruppen (2. Ebene)	Menge Einheit	Menge/NUF	Menge/BGF
310	Baugrube / Erdbau	–	–	–
320	Gründung, Unterbau	–	–	–
330	Außenwände/Vertikale Baukonstruktionen, außen	–	–	–
340	Innenwände/Vertikale Baukonstruktionen, innen	30,00 m² IWF	0,02	0,01
350	Decken/Horizontale Baukonstruktionen	81,98 m² DEF	0,04	0,03
360	Dächer	30,00 m² DAF	0,02	0,01

7200-0105
Gründerzentrum
(17 AP)
Gastronomie
(46 Sitzplätze)

Kostenkennwerte für die Kostengruppen der 1. Ebene DIN 276

KG	Kostengruppen (1. Ebene)	Einheit	Kosten €	€/Einheit	€/m² BGF	€/m³ BRI	% 300+400
100	Grundstück	m² GF	–	–	–	–	–
200	Vorbereitende Maßnahmen	m² GF	–	–	–	–	–
300	Bauwerk – Baukonstruktionen	m² BGF	192.349	61,81	61,81	16,21	84,7
400	Bauwerk – Technische Anlagen	m² BGF	34.757	11,17	11,17	2,93	15,3
	Bauwerk 300+400	**m² BGF**	**227.106**	**72,98**	**72,98**	**19,14**	**100,0**
500	Außenanlagen und Freiflächen	m² AF	–	–	–	–	–
600	Ausstattung und Kunstwerke	m² BGF	255.243	82,02	82,02	21,52	112,4
700	Baunebenkosten	m² BGF	–	–	–	–	–
800	Finanzierung	m² BGF	–	–	–	–	–

KG	Kostengruppe	Menge Einheit	Kosten €	€/Einheit	%
3+4	**Bauwerk**				**100,0**
300	**Bauwerk – Baukonstruktionen**	3.112,10 m² BGF	192.349	**61,81**	84,7

Bodenmarkierungen; Dreischichtparkett als Wandbekleidung; Teppichboden, Teppichfliesen, Dreischichtparkett; Dreischichtparkett als Dachbekleidung; Einbauschränke, Liegekoje, Küchenzeilen, Elektro-Küchengeräte, Kücheninseln mit Thekenaufsatz, Schrankkoje, Empfangstheke, Sitzbank, Spind-Regalelemente, Tribünenmodule, Sitzflächen, Laufbänder, Schreibtischfahrräder, Sprungkästen, LED-Logo, Beschilderungen

KG	Kostengruppe	Menge Einheit	Kosten €	€/Einheit	%
400	**Bauwerk – Technische Anlagen**	3.112,10 m² BGF	34.757	**11,17**	15,3

Beleuchtung, Stehleuchte in Form einer Pferdenachbildung, Einbauwandleuchten in Form eines Vogels

KG	Kostengruppe	Menge Einheit	Kosten €	€/Einheit	%
600	**Ausstattung und Kunstwerke**	3.112,10 m² BGF	255.243	**82,02**	112,4

Büro-Möblierungen, Hochlehner-Polsterbank, Sitzsäcke, Sitzgelegenheiten, Akustikwände, Mikroarbeitsplätze, Wellenvorhänge, Teppich, mobiler Basketballkorb

© **BKI** Baukosteninformationszentrum

Kostenkennwerte für die Kostengruppen der 2.Ebene DIN 276

KG	Kostengruppe	Menge Einheit	Kosten €	€/Einheit	%
300	**Bauwerk – Baukonstruktionen**				**100,0**
320	**Gründung, Unterbau**	–	1.148	–	0,6
	PVC-Klebeband als Bodenmarkierungen (270m), Klebefolien, kreisrund (30St)				
340	**Innenwände/Vert. Baukonstrukt., innen**	30,00 m2 IWF	4.295	**143,17**	2,2
	Wandbekleidung, Dreischichtparkett (30m2)				
350	**Decken/Horizontale Baukonstruktionen**	81,98 m2 DEF	8.845	**107,89**	4,6
	Teppichboden (49m2), Teppichfliesen (18m2), Dreischichtparkett (15m2)				
360	**Dächer**	30,00 m2 DAF	4.295	**143,17**	2,2
	Holzbekleidung, Dreischichtparkett, Dachschräge und Kniestock (30m2)				
380	**Baukonstruktive Einbauten**	3.112,10 m2 BGF	173.766	**55,84**	90,3
	Einbauschränke (2St), Liegekoje (1St), Küchenzeilen (1St), Einbaukühlschränke, Getränkekühlschrank, Geschirrspüler (1St), Kücheninseln mit Thekenaufsatz (2St), Schrankkoje (1St), WC-Schrank (1St), Empfangstheke (1St), Sitzbank (1St), Einhausungen Druckerstationen (2St), Schränke mit Sitznischen (2St), Spind-Regal-Elemente (19St) * Tribünenmodule (13St), Laufbänder mit Tisch und Stehhilfe (2St), Schreibtischfahrräder (2St), Sprungkästen (3St) * LED-Logo (1St), Schilder (150St), Klebefolie auf Türen (33St), Wechselrahmen (8St)				
400	**Bauwerk – Technische Anlagen**				**100,0**
440	**Elektrische Anlagen**	3.112,10 m2 BGF	34.757	**11,17**	100,0
	Hängeleuchten (14St), Pendelleuchten (21St), Stehleuchte in Form einer Pferdenachbildung (1St), Leuchten aus Birkenrinde (2St), Einbauwandleuchten in Form eines Vogels (2St)				
600	**Ausstattung und Kunstwerke**				**100,0**
610	**Allgemeine Ausstattung**	3.112,10 m2 BGF	255.243	**82,02**	100,0
	Doppelarbeitstische (8St), höhenverstellbar (1St), Klapptische (30St), höhenverstellbar, beschreibbar (8St), Tische, stapelbar (18St), auf Stahlgestell mit Rollen (5St), Besprechungstische mit anbringbarem Tischtennis-Netz (2St), Einzelarbeitstische, höhenverstellbar (3St), Raumtrenner auf Rollen (4St), mit Sitznischen (2St), mit Pflanzmodulen (12St), mit Müllklappen (6St), Hochlehner-Polsterbank (1St), Akustikwände, dreiteilig, Filzpaneele (3St), Zweisitzerbank, multifunktional (1St), Schränke (18St), Stehtische (2St), Bistrotische (9St), höhenverstellbar (14St), Bartische (3St), Beistelltische (4St), Sessel (7St), Sofas (4St), Schaukel-Hocker (14St), Satteldrehstühle (10St), Drehstühle (10St), Besucherstühle (24St), Stahlrohrstühle, gepolstert (23St), stapelbar (142St), Stahlrohrbarstühle (20St), Barhocker (7St), Hocker (16St), wippend (3St), multifunktional (33St), Stufenhocker (14St), Baumstammhocker (4St), Turnpferd-Sitzbänke (5St), Holzbank (1St), Tischböcke (2St), Arbeitsplatztrenner (9St), Sitzbälle (7St), Mikroarbeitsplätze (7St), Wellenvorhänge (45m), Deckenträger (66m), Teppich (1St), Tischtrenner (2St), Whiteboards (9St), Aufsatzboxen (10St), Magnethaftplatten (2St), Sitzsäcke (2St), Sitzkissen (6St), mobiler Basketballkorb (1St)				

7200-0105
Gründerzentrum
(17 AP)
Gastronomie
(46 Sitzplätze)

Kostenkennwerte für die Kostengruppen 300 der 2. und 3. Ebene DIN 276 (Übersicht)

KG	Kostengruppe	Menge Einheit	Kosten €	€/Einheit	% an 3+4
300	**Bauwerk – Baukonstruktionen**	**3.112,10 m² BGF**	**192.349,24**	**61,81**	**84,7**
310	**Baugrube / Erdbau**	**–**	**–**	**–**	**–**
311	Herstellung	–	–	–	–
312	Umschließung	–	–	–	–
313	Wasserhaltung	–	–	–	–
314	Vortrieb	–	–	–	–
319	Sonstiges zur KG 310	–	–	–	–
320	**Gründung, Unterbau**	**–**	**1.148,14**	**–**	**0,5**
321	Baugrundverbesserung	–	–	–	–
322	Flachgründungen und Bodenplatten	–	–	–	–
323	Tiefgründungen	–	–	–	–
324	Gründungsbeläge	–	1.148,14	–	0,5
325	Abdichtungen und Bekleidungen	–	–	–	–
326	Dränagen	–	–	–	–
329	Sonstiges zur KG 320	–	–	–	–
330	**Außenwände/Vert. Baukonstrukt., außen**	**–**	**–**	**–**	**–**
331	Tragende Außenwände	–	–	–	–
332	Nichttragende Außenwände	–	–	–	–
333	Außenstützen	–	–	–	–
334	Außenwandöffnungen	–	–	–	–
335	Außenwandbekleidungen, außen	–	–	–	–
336	Außenwandbekleidungen, innen	–	–	–	–
337	Element. Außenwandkonstruktionen	–	–	–	–
338	Lichtschutz zur KG 330	–	–	–	–
339	Sonstiges zur KG 330	–	–	–	–
340	**Innenwände/Vert. Baukonstrukt., innen**	**30,00 m² IWF**	**4.295,19**	**143,17**	**1,9**
341	Tragende Innenwände	–	–	–	–
342	Nichttragende Innenwände	–	–	–	–
343	Innenstützen	–	–	–	–
344	Innenwandöffnungen	–	–	–	–
345	Innenwandbekleidungen	30,00 m²	4.295,19	143,17	1,9
346	Elementierte Innenwandkonstruktionen	–	–	–	–
347	Lichtschutz zur KG 340	–	–	–	–
349	Sonstiges zur KG 340	–	–	–	–
350	**Decken/Horizontale Baukonstruktionen**	**81,98 m² DEF**	**8.844,69**	**107,89**	**3,9**
351	Deckenkonstruktionen	–	–	–	–
352	Deckenöffnungen	–	–	–	–
353	Deckenbeläge	81,98 m²	8.844,69	107,89	3,9
354	Deckenbekleidungen	–	–	–	–
355	Elementierte Deckenkonstruktionen	–	–	–	–
359	Sonstiges zur KG 350	–	–	–	–
360	**Dächer**	**30,00 m² DAF**	**4.295,19**	**143,17**	**1,9**
361	Dachkonstruktionen	–	–	–	–
362	Dachöffnungen	–	–	–	–
363	Dachbeläge	–	–	–	–
364	Dachbekleidungen	30,00 m²	4.295,19	143,17	1,9
365	Elementierte Dachkonstruktionen	–	–	–	–
366	Lichtschutz zur KG 360	–	–	–	–
369	Sonstiges zur KG 360	–	–	–	–
370	**Infrastrukturanlagen**	**–**	**–**	**–**	**–**
380	**Baukonstruktive Einbauten**	**3.112,10 m² BGF**	**173.766,03**	**55,84**	**76,5**
390	**Sonst. Maßnahmen für Baukonstrukt.**	**–**	**–**	**–**	**–**

© BKI Baukosteninformationszentrum
Kostenstand: 2. Quartal 2025, Bundesdurchschnitt, **inkl. 19% MwSt.**

Kostenkennwerte für die Kostengruppen 400 der 2. und 3. Ebene DIN 276 (Übersicht)

KG	Kostengruppe	Menge Einheit	Kosten €	€/Einheit	% an 3+4
400	**Bauwerk – Technische Anlagen**	**3.112,10 m2 BGF**	**34.756,68**	**11,17**	**15,3**
410	**Abwasser-, Wasser-, Gasanlagen**	**–**	**–**	**–**	**–**
411	Abwasseranlagen	–	–	–	–
412	Wasseranlagen	–	–	–	–
413	Gasanlagen	–	–	–	–
419	Sonstiges zur KG 410	–	–	–	–
420	**Wärmeversorgungsanlagen**	**–**	**–**	**–**	**–**
421	Wärmeerzeugungsanlagen	–	–	–	–
422	Wärmeverteilnetze	–	–	–	–
423	Raumheizflächen	–	–	–	–
424	Verkehrsheizflächen	–	–	–	–
429	Sonstiges zur KG 420	–	–	–	–
430	**Raumlufttechnische Anlagen**	**–**	**–**	**–**	**–**
431	Lüftungsanlagen	–	–	–	–
432	Teilklimaanlagen	–	–	–	–
433	Klimaanlagen	–	–	–	–
434	Kälteanlagen	–	–	–	–
439	Sonstiges zur KG 430	–	–	–	–
440	**Elektrische Anlagen**	**3.112,10 m2 BGF**	**34.756,68**	**11,17**	**15,3**
441	Hoch- und Mittelspannungsanlagen	–	–	–	–
442	Eigenstromversorgungsanlagen	–	–	–	–
443	Niederspannungsschaltanlagen	–	–	–	–
444	Niederspannungsinstallationsanlagen	–	–	–	–
445	Beleuchtungsanlagen	3.112,10 m2 BGF	34.756,68	11,17	15,3
446	Blitzschutz- und Erdungsanlagen	–	–	–	–
447	Fahrleitungssysteme	–	–	–	–
449	Sonstiges zur KG 440	–	–	–	–
450	**Kommunikationstechnische Anlagen**	**–**	**–**	**–**	**–**
451	Telekommunikationsanlagen	–	–	–	–
452	Such- und Signalanlagen	–	–	–	–
453	Zeitdienstanlagen	–	–	–	–
454	Elektroakustische Anlagen	–	–	–	–
455	Audiovisuelle Medien- u. Antennenanl.	–	–	–	–
456	Gefahrenmelde- und Alarmanlagen	–	–	–	–
457	Datenübertragungsnetze	–	–	–	–
458	Verkehrsbeeinflussungsanlagen	–	–	–	–
459	Sonstiges zur KG 450	–	–	–	–
460	**Förderanlagen**	**–**	**–**	**–**	**–**
461	Aufzugsanlagen	–	–	–	–
462	Fahrtreppen, Fahrsteige	–	–	–	–
463	Befahranlagen	–	–	–	–
464	Transportanlagen	–	–	–	–
465	Krananlagen	–	–	–	–
466	Hydraulikanlagen	–	–	–	–
469	Sonstiges zur KG 460	–	–	–	–
470	**Nutzungsspez. u. verfahrenstechn. Anl.**	**–**	**–**	**–**	**–**
480	**Gebäude- und Anlagenautomation**	**–**	**–**	**–**	**–**
490	**Sonst. Maßnahmen für techn. Anlagen**	**–**	**–**	**–**	**–**

7200-0105
Gründerzentrum
(17 AP)
Gastronomie
(46 Sitzplätze)

Kostenkennwerte für Leistungsbereiche nach STLB (Kosten des Bauwerks nach DIN 276)

LB	Leistungsbereiche	Kosten €	€/m² BGF	€/m³ BRI	% an 3+4
000	Baustellen-, Verkehrssich.- u. Sicherh.einr. inkl. 001	–	–	–	–
002	Erdarbeiten	–	–	–	–
006	Spezialtiefbauarbeiten inkl. 005	–	–	–	–
009	Entwässerungskanalarbeiten inkl. 011	–	–	–	–
010	Drän- und Versickerarbeiten	–	–	–	–
012	Mauerarbeiten	–	–	–	–
013	Betonarbeiten	–	–	–	–
014	Natur-, Betonwerksteinarbeiten	–	–	–	–
016	Zimmer- und Holzbauarbeiten	–	–	–	–
017	Stahlbauarbeiten	–	–	–	–
018	Abdichtungsarbeiten	–	–	–	–
020	Dachdeckungsarbeiten	–	–	–	–
021	Dachabdichtungsarbeiten	–	–	–	–
022	Klempnerarbeiten	–	–	–	–
	Rohbau	**–**	**–**	**–**	**–**
023	Putz- und Stuckarbeiten, Wärmedämmsysteme	–	–	–	–
024	Fliesen- und Plattenarbeiten	–	–	–	–
025	Estricharbeiten	–	–	–	–
026	Fenster, Außentüren inkl. 029, 032	19.255	6,20	1,60	8,5
027	Tischlerarbeiten	140.699	45,20	11,90	62,0
028	Parkett-, Holzpflasterarbeiten	–	–	–	–
030	Rollladenarbeiten	–	–	–	–
031	Metallbauarbeiten inkl. 035	–	–	–	–
034	Maler- und Lackiererarb. – Beschicht. inkl. 037	–	–	–	–
036	Bodenbelagarbeiten	7.845	2,50	0,66	3,5
038	Vorgehängte hinterlüftete Fassaden	–	–	–	–
039	Trockenbauarbeiten	–	–	–	–
	Ausbau	**167.799**	**53,90**	**14,10**	**73,9**
040	Wärmeversorgungsanl. - Betriebseinr. inkl. 041	–	–	–	–
042	Gas- u. Wasseranl. – Leitung., Armat. inkl. 043	–	–	–	–
044	Abwasseranl. - Leitungen, Abläufe, Armaturen	–	–	–	–
045	Gas, Wasser, Entwässerung – Ausstattung inkl. 046	–	–	–	–
047	Dämm- und Brandschutzarb. an techn. Anlagen	–	–	–	–
049	Feuerlöschanlagen, Feuerlöschgeräte	–	–	–	–
050	Blitzschutz-/Erdungsanlagen, Überspannungssch.	–	–	–	–
053	Niederspannungsanl. – Kabel inkl. 052, 054	–	–	–	–
055	Sicherheits- u. Ersatzstromversorgungsanl.	–	–	–	–
057	Gebäudesystemtechnik	–	–	–	–
058	Leuchten und Lampen inkl. 059	34.757	11,20	2,90	15,3
060	Such, Signal, Zeit, Anten., akust. Anl. inkl. 064	–	–	–	–
061	Kommunikations- u. Übertragungsnetze inkl. 063	–	–	–	–
069	Aufzüge	–	–	–	–
070	Gebäudeautomation	–	–	–	–
075	Raumlufttechnische Anlagen inkl. 078	–	–	–	–
	Gebäudetechnik	**34.757**	**11,20**	**2,90**	**15,3**
084	Abbruch, Rückbau, Schadstoffsanierung	–	–	–	–
	Abbrucharbeiten	**–**	**–**	**–**	**–**
	Sonstige Leistungsbereiche	**24.550**	**7,90**	**2,10**	**10,8**

© BKI Baukosteninformationszentrum

7300-0094
Gastronomie
Werkstattgebäude
(66 Sitzplätze)

Kostenkennwerte für die Kosten des Bauwerks (Kostengruppen 300+400 nach DIN 276)

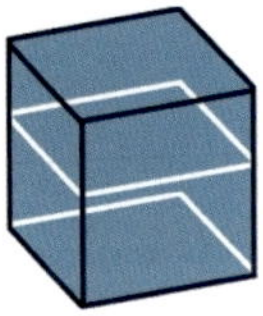

BRI 95 €/m³

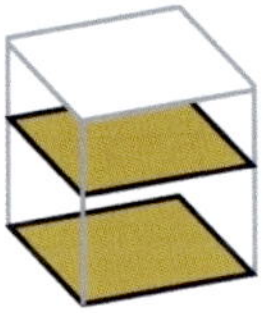

BGF 413 €/m²

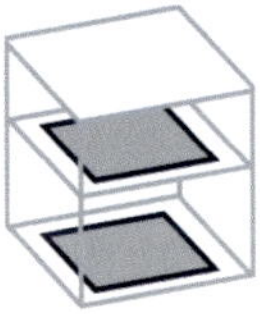

NUF 612 €/m²

Objekt:
Kennwerte: 3. Ebene DIN 276
BRI: 1.454 m³
BGF: 334 m²
NUF: 225 m²
Bauzeit: 30 Wochen
Bauende: 2016
Standard: mittel
Bundesland: Nordrhein-Westfalen
Kreis: Düren

Architekt*in:
FRANKE
Architektur I Innenarchitektur
Oberstraße 135
52349 Düren

Bauherr*in:
Rurtalwerkstätten Lebenshilfe
gemeinnützige GmbH
Veldener Straße 7-9
52349 Düren

© FRANKE Architektur I Innenarchitektur

© FRANKE Architektur I Innenarchitektur

© FRANKE Architektur I Innenarch.

© BKI Baukosteninformationszentrum

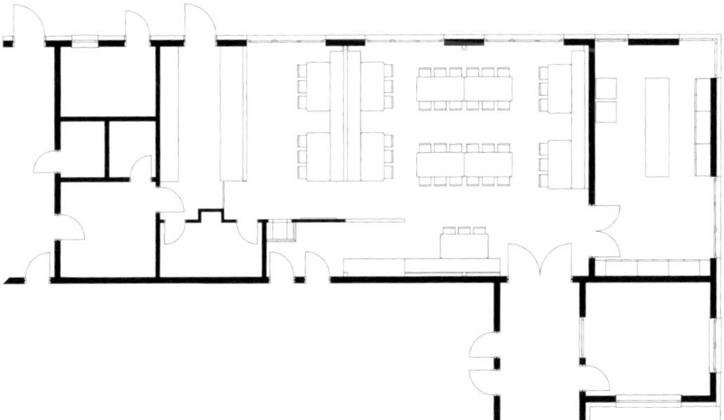
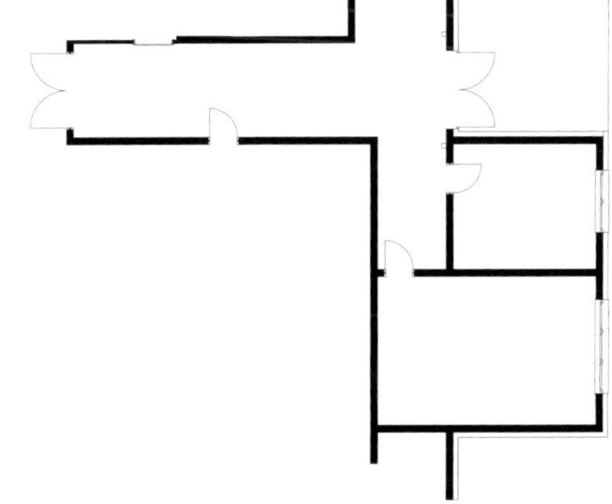

Erdgeschoss

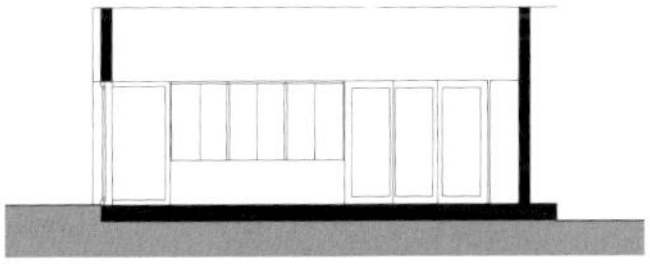

Ansicht Empfang

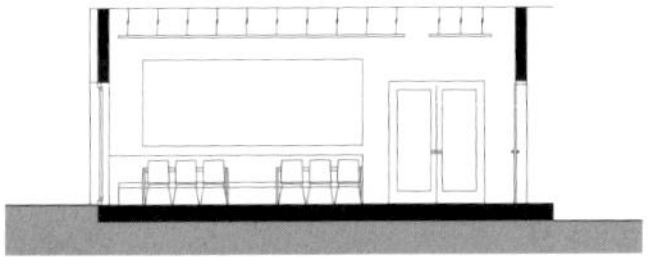

Ansicht Gastronomie

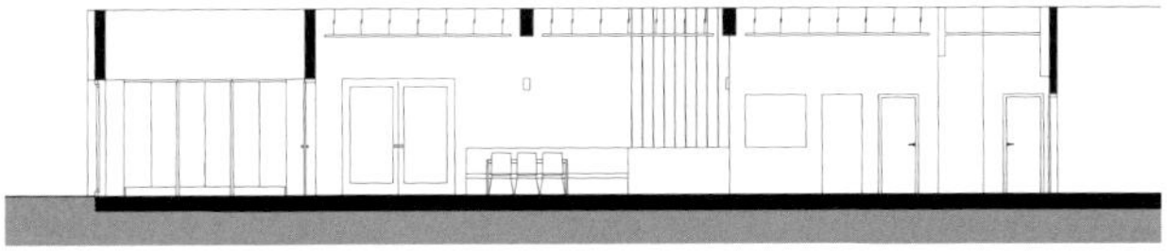

Ansicht Empfang - Gastronomie - Küche

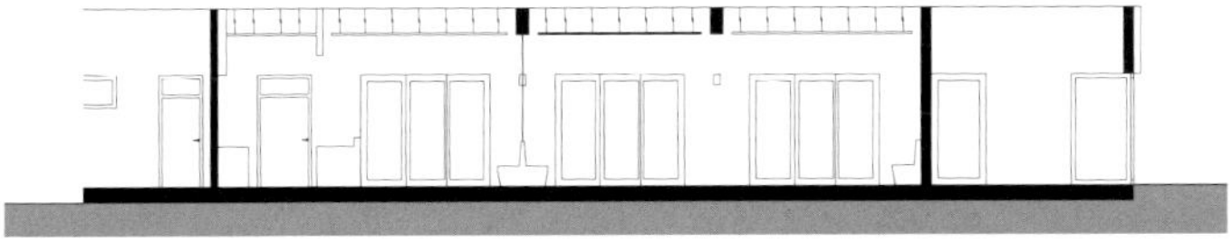

Ansicht Küche - Gastronomie - Empfang

Objektbeschreibung

Allgemeine Objektinformationen

Für das neue Werkstattgebäude wurde, verbunden mit der Innenarchitektur der Mensa, ein Corporate Interior entwickelt und umgesetzt. Das Farb-, Licht- und Materialkonzept setzt sich in den angrenzenden Fluren und Büroräumen fort und bildet einen fließenden Übergang. Die Mensa wird durch raumbildende Ausbauten wie fest installierte Sitzbänke und vertikale Stabstrukturen aus geweißtem, unregelmäßigem Eichenholz in Bereiche gegliedert, die die Orientierung erleichtern sowie struktur- und gestaltbildend wirken.

Nutzung

1 Erdgeschoss
Gastronomiebereich, Eingang mit Garderobe, Büroräume, Flur

Nutzeinheiten

Sitzplätze: 66

Grundstück

Bauraum: Freier Bauraum
Neigung: Ebenes Gelände

Markt

Hauptvergabezeit: 3. Quartal 2015
Baubeginn: 3. Quartal 2015
Bauende: 1. Quartal 2016
Konjunkturelle Gesamtlage: Durchschnitt
Regionaler Baumarkt: Durchschnitt

Baukonstruktion

Die Decke der Mensa wurde mit großflächig abgehängten Akustikdeckenelementen und glatt gespachtelten Randfriesen zwischen der Stahlbeton-Tragstruktur ausgestattet. Alle Fußböden sind mit Industrieparkett aus Eichenholz belegt und die Wände neu beschichtet. Der komplette Innenausbau der Mensa wurde vom Schreiner maßgefertigt.

Technische Anlagen

Mensa, Flure und Büros haben ein neues Lichtkonzept erhalten. Für die neuen Schaltkreise sowie für sämtliche Vorrichtungen in der Küche wurden neue Zuleitungen installiert.

Planungskennwerte für Flächen und Rauminhalte nach DIN 277

Flächen des Grundstücks		Menge Einheit	% an GF
BF	Bebaute Fläche	–	–
UF	Unbebaute Fläche	–	–
GF	Grundstücksfläche	–	–

Grundflächen des Bauwerks		Menge Einheit	% an NUF	% an BGF
NUF	Nutzungsfläche	225,38 m²	100,0	67,4
TF	Technikfläche	–	–	–
VF	Verkehrsfläche	65,16 m²	28,9	19,5
NRF	Netto-Raumfläche	290,54 m²	128,9	86,9
KGF	Konstruktions-Grundfläche	43,65 m²	19,4	13,1
BGF	Brutto-Grundfläche	334,19 m²	148,3	100,0

Brutto-Rauminhalt des Bauwerks		Menge Einheit	BRI/NUF (m)	BRI/BGF (m)
BRI	Brutto-Rauminhalt	1.453,74 m³	6,45	4,35

Lufttechnisch behandelte Flächen	Menge Einheit	% an NUF	% an BGF
Entlüftete Fläche	–	–	–
Be- und entlüftete Fläche	–	–	–
Teilklimatisierte Fläche	–	–	–
Klimatisierte Fläche	–	–	–

KG	Kostengruppen (2. Ebene)	Menge Einheit	Menge/NUF	Menge/BGF
310	Baugrube / Erdbau	–	–	–
320	Gründung, Unterbau	297,42 m² GRF	1,32	0,89
330	Außenwände/Vertikale Baukonstruktionen, außen	116,08 m² AWF	0,52	0,35
340	Innenwände/Vertikale Baukonstruktionen, innen	805,95 m² IWF	3,58	2,41
350	Decken/Horizontale Baukonstruktionen	297,42 m² DEF	1,32	0,89
360	Dächer	–	–	–

7300-0094
Gastronomie
Werkstattgebäude
(66 Sitzplätze)

Kostenkennwerte für die Kostengruppen der 1. Ebene DIN 276

KG	Kostengruppen (1. Ebene)	Einheit	Kosten €	€/Einheit	€/m² BGF	€/m³ BRI	% 300+400
100	Grundstück	m² GF	–	–	–	–	–
200	Vorbereitende Maßnahmen	m² GF	–	–	–	–	–
300	Bauwerk – Baukonstruktionen	m² BGF	93.993	281,26	281,26	64,66	68,1
400	Bauwerk – Technische Anlagen	m² BGF	43.970	131,57	131,57	30,25	31,9
	Bauwerk 300+400	**m² BGF**	**137.963**	**412,83**	**412,83**	**94,90**	**100,0**
500	Außenanlagen und Freiflächen	m² AF	–	–	–	–	–
600	Ausstattung und Kunstwerke	m² BGF	113.538	339,74	339,74	78,10	82,3
700	Baunebenkosten	m² BGF	–	–	–	–	–
800	Finanzierung	m² BGF	–	–	–	–	–

KG	Kostengruppe	Menge Einheit	Kosten €	€/Einheit	%
3+4	**Bauwerk**				**100,0**
300	**Bauwerk – Baukonstruktionen**	334,19 m² BGF	93.993	**281,26**	68,1
	Anhydritestrich, Eichenparkett; Dispersionsbeschichtung, Tapeten, GK-Verkofferung, Wandbeschriftung; Akustikdecke, GK-Decke, Beschichtung, Deckenfries				
400	**Bauwerk – Technische Anlagen**	334,19 m² BGF	43.970	**131,57**	31,9
	Elektroinstallation, Beleuchtung; EDV-Verkabelung				
600	**Ausstattung und Kunstwerke**	334,19 m² BGF	113.538	**339,74**	82,3
	Sitzbänke, Anrichte, Tische, Stühle, Raumteiler, Textilprints, Verdunklungsvorhänge				

Kostenkennwerte für die Kostengruppen der 2.Ebene DIN 276

KG	Kostengruppe	Menge Einheit	Kosten €	€/Einheit	%
300	**Bauwerk – Baukonstruktionen**				**100,0**
320	**Gründung, Unterbau**	297,42 m² GRF	43.758	**147,12**	46,6
	Anhydrit-Fließestrich (248m²), Hochkantlamellenparkett, Eiche (297m²), Holzsockel (173m)				
330	**Außenwände/Vert. Baukonstrukt., außen**	116,08 m² AWF	2.076	**17,89**	2,2
	Dispersionsbeschichtung (98m²), Acrylfugen (100m)				
340	**Innenwände/Vert. Baukonstrukt., innen**	805,95 m² IWF	17.647	**21,90**	18,8
	Dispersionsbeschichtung (611m²), Tapeten, Schutzbeschichtung (20m²), Wandverkofferung, h bis 4,00m (20m), GK-Verkofferung (1St), Wandbeschriftungen (3St)				
350	**Decken/Horizontale Baukonstruktionen**	297,42 m² DEF	29.024	**97,59**	30,9
	Dispersionsbeschichtung (316m²), Akustikdecke, Mineralwolldämmung (99m²), GK-Decke (20m²), Abschottungen, d=15cm (91m), GK-Deckenfries (81m)				
390	**Sonst. Maßnahmen für Baukonstrukt.**	334,19 m² BGF	1.487	**4,45**	1,6
	Schutzabdeckung mit Folie (272m²)				
400	**Bauwerk – Technische Anlagen**				**100,0**
440	**Elektrische Anlagen**	334,19 m² BGF	38.936	**116,51**	88,6
	Schaltschrank (1St), Mantelleitungen NYM (177m), Steckdosen (9St) * LED-Sockelbeleuchtung (5m), Einbauspots (34St), Einbauleuchten, Schienensystem (10m), Lichtschienen, l=260cm (2St), Hängeleuchten (8St), Wandleuchten (6St)				
450	**Kommunikationstechnische Anlagen**	334,19 m² BGF	5.034	**15,06**	11,4
	HDMI-Datenkabel (70m), Simplexkabel Cat7 (64m), Patchpanels (2St), Cat6a Anschlussdosen (38St)				
600	**Ausstattung und Kunstwerke**				**100,0**
610	**Allgemeine Ausstattung**	334,19 m² BGF	113.538	**339,74**	100,0
	Sitzbank, zweiseitig, Eiche, weiß gekalkt, Kunstleder gepolstert (5m), einseitig (9m), Anrichte 3,80x1,00x0,50m, Eiche, weiß gekalkt (1St), Eichetische 90x180cm (11St), Stühle (45St), Raumteiler, Holzstäbe aus Massivholz, Eiche, raumhoch, unregelmäßig gefräst (8m), Glasstreifen, hinterleuchtet, LED-Stripes (2St), Textilprints (3St), Verblendung Küchenzeile (6m), Edelstahlverkleidung (1St), Granit-Thekenplatte (5m), Verdunklungsvorhang, h=3,50m (30m)				

Kostenkennwerte für die Kostengruppen 300 der 2. und 3.Ebene DIN 276 (Übersicht)

KG	Kostengruppe	Menge Einheit	Kosten €	€/Einheit	% an 3+4
300	**Bauwerk – Baukonstruktionen**	**334,19 m² BGF**	**93.992,68**	**281,26**	**68,1**
310	**Baugrube / Erdbau**	**–**	**–**	**–**	**–**
311	Herstellung	–	–	–	–
312	Umschließung	–	–	–	–
313	Wasserhaltung	–	–	–	–
314	Vortrieb	–	–	–	–
319	Sonstiges zur KG 310	–	–	–	–
320	**Gründung, Unterbau**	**297,42 m² GRF**	**43.757,74**	**147,12**	**31,7**
321	Baugrundverbesserung	–	–	–	–
322	Flachgründungen und Bodenplatten	–	–	–	–
323	Tiefgründungen	–	–	–	–
324	Gründungsbeläge	297,42 m²	43.757,74	147,12	31,7
325	Abdichtungen und Bekleidungen	–	–	–	–
326	Dränagen	–	–	–	–
329	Sonstiges zur KG 320	–	–	–	–
330	**Außenwände/Vert. Baukonstrukt., außen**	**116,08 m² AWF**	**2.076,36**	**17,89**	**1,5**
331	Tragende Außenwände	–	–	–	–
332	Nichttragende Außenwände	–	–	–	–
333	Außenstützen	–	–	–	–
334	Außenwandöffnungen	–	–	–	–
335	Außenwandbekleidungen, außen	–	–	–	–
336	Außenwandbekleidungen, innen	116,08 m²	2.076,36	17,89	1,5
337	Element. Außenwandkonstruktionen	–	–	–	–
338	Lichtschutz zur KG 330	–	–	–	–
339	Sonstiges zur KG 330	–	–	–	–
340	**Innenwände/Vert. Baukonstrukt., innen**	**805,95 m² IWF**	**17.647,14**	**21,90**	**12,8**
341	Tragende Innenwände	–	–	–	–
342	Nichttragende Innenwände	–	–	–	–
343	Innenstützen	–	–	–	–
344	Innenwandöffnungen	–	–	–	–
345	Innenwandbekleidungen	805,95 m²	17.647,14	21,90	12,8
346	Elementierte Innenwandkonstruktionen	–	–	–	–
347	Lichtschutz zur KG 340	–	–	–	–
349	Sonstiges zur KG 340	–	–	–	–
350	**Decken/Horizontale Baukonstruktionen**	**297,42 m² DEF**	**29.024,39**	**97,59**	**21,0**
351	Deckenkonstruktionen	–	–	–	–
352	Deckenöffnungen	–	–	–	–
353	Deckenbeläge	–	–	–	–
354	Deckenbekleidungen	297,42 m²	29.024,39	97,59	21,0
355	Elementierte Deckenkonstruktionen	–	–	–	–
359	Sonstiges zur KG 350	–	–	–	–
360	**Dächer**	**–**	**–**	**–**	**–**
361	Dachkonstruktionen	–	–	–	–
362	Dachöffnungen	–	–	–	–
363	Dachbeläge	–	–	–	–
364	Dachbekleidungen	–	–	–	–
365	Elementierte Dachkonstruktionen	–	–	–	–
366	Lichtschutz zur KG 360	–	–	–	–
369	Sonstiges zur KG 360	–	–	–	–
370	**Infrastrukturanlagen**	**–**	**–**	**–**	**–**
380	**Baukonstruktive Einbauten**	**–**	**–**	**–**	**–**
390	**Sonst. Maßnahmen für Baukonstrukt.**	**334,19 m² BGF**	**1.487,05**	**4,45**	**1,1**

© **BKI** Baukosteninformationszentrum

Kostenkennwerte für die Kostengruppen 400 der 2. und 3. Ebene DIN 276 (Übersicht)

KG	Kostengruppe	Menge Einheit	Kosten €	€/Einheit	% an 3+4
400	**Bauwerk – Technische Anlagen**	**334,19 m²BGF**	**43.969,82**	**131,57**	**31,9**
410	**Abwasser-, Wasser-, Gasanlagen**	**–**	**–**	**–**	**–**
411	Abwasseranlagen	–	–	–	–
412	Wasseranlagen	–	–	–	–
413	Gasanlagen	–	–	–	–
419	Sonstiges zur KG 410	–	–	–	–
420	**Wärmeversorgungsanlagen**	**–**	**–**	**–**	**–**
421	Wärmeerzeugungsanlagen	–	–	–	–
422	Wärmeverteilnetze	–	–	–	–
423	Raumheizflächen	–	–	–	–
424	Verkehrsheizflächen	–	–	–	–
429	Sonstiges zur KG 420	–	–	–	–
430	**Raumlufttechnische Anlagen**	**–**	**–**	**–**	**–**
431	Lüftungsanlagen	–	–	–	–
432	Teilklimaanlagen	–	–	–	–
433	Klimaanlagen	–	–	–	–
434	Kälteanlagen	–	–	–	–
439	Sonstiges zur KG 430	–	–	–	–
440	**Elektrische Anlagen**	**334,19 m²BGF**	**38.936,24**	**116,51**	**28,2**
441	Hoch- und Mittelspannungsanlagen	–	–	–	–
442	Eigenstromversorgungsanlagen	–	–	–	–
443	Niederspannungsschaltanlagen	–	–	–	–
444	Niederspannungsinstallationsanlagen	334,19 m²BGF	6.717,66	20,10	4,9
445	Beleuchtungsanlagen	334,19 m²BGF	32.218,60	96,41	23,4
446	Blitzschutz- und Erdungsanlagen	–	–	–	–
447	Fahrleitungssysteme	–	–	–	–
449	Sonstiges zur KG 440	–	–	–	–
450	**Kommunikationstechnische Anlagen**	**334,19 m²BGF**	**5.033,58**	**15,06**	**3,6**
451	Telekommunikationsanlagen	–	–	–	–
452	Such- und Signalanlagen	–	–	–	–
453	Zeitdienstanlagen	–	–	–	–
454	Elektroakustische Anlagen	–	–	–	–
455	Audiovisuelle Medien- u. Antennenanl.	–	–	–	–
456	Gefahrenmelde- und Alarmanlagen	–	–	–	–
457	Datenübertragungsnetze	334,19 m²BGF	5.033,58	15,06	3,6
458	Verkehrsbeeinflussungsanlagen	–	–	–	–
459	Sonstiges zur KG 450	–	–	–	–
460	**Förderanlagen**	**–**	**–**	**–**	**–**
461	Aufzugsanlagen	–	–	–	–
462	Fahrtreppen, Fahrsteige	–	–	–	–
463	Befahranlagen	–	–	–	–
464	Transportanlagen	–	–	–	–
465	Krananlagen	–	–	–	–
466	Hydraulikanlagen	–	–	–	–
469	Sonstiges zur KG 460	–	–	–	–
470	**Nutzungsspez. u. verfahrenstechn. Anl.**	**–**	**–**	**–**	**–**
480	**Gebäude- und Anlagenautomation**	**–**	**–**	**–**	**–**
490	**Sonst. Maßnahmen für techn. Anlagen**	**–**	**–**	**–**	**–**

Kostenkennwerte für Leistungsbereiche nach STLB (Kosten des Bauwerks nach DIN 276)

LB	Leistungsbereiche	Kosten €	€/m² BGF	€/m³ BRI	% an 3+4
000	Baustellen-, Verkehrssich.- u. Sicherh.einr. inkl. 001	–	–	–	–
002	Erdarbeiten	–	–	–	–
006	Spezialtiefbauarbeiten inkl. 005	–	–	–	–
009	Entwässerungskanalarbeiten inkl. 011	–	–	–	–
010	Drän- und Versickerarbeiten	–	–	–	–
012	Mauerarbeiten	–	–	–	–
013	Betonarbeiten	–	–	–	–
014	Natur-, Betonwerksteinarbeiten	–	–	–	–
016	Zimmer- und Holzbauarbeiten	–	–	–	–
017	Stahlbauarbeiten	–	–	–	–
018	Abdichtungsarbeiten	–	–	–	–
020	Dachdeckungsarbeiten	–	–	–	–
021	Dachabdichtungsarbeiten	–	–	–	–
022	Klempnerarbeiten	–	–	–	–
	Rohbau	**–**	**–**	**–**	**–**
023	Putz- und Stuckarbeiten, Wärmedämmsysteme	–	–	–	–
024	Fliesen- und Plattenarbeiten	–	–	–	–
025	Estricharbeiten	9.106	27,20	6,30	6,6
026	Fenster, Außentüren inkl. 029, 032	–	–	–	–
027	Tischlerarbeiten	–	–	–	–
028	Parkett-, Holzpflasterarbeiten	34.459	103,10	23,70	25,0
030	Rollladenarbeiten	–	–	–	–
031	Metallbauarbeiten inkl. 035	–	–	–	–
034	Maler- und Lackiererarb. – Beschicht. inkl. 037	23.515	70,40	16,20	17,0
036	Bodenbelagarbeiten	–	–	–	–
038	Vorgehängte hinterlüftete Fassaden	–	–	–	–
039	Trockenbauarbeiten	26.913	80,50	18,50	19,5
	Ausbau	**93.993**	**281,30**	**64,70**	**68,1**
040	Wärmeversorgungsanl. - Betriebseinr. inkl. 041	–	–	–	–
042	Gas- u. Wasseranl. – Leitung., Armat. inkl. 043	–	–	–	–
044	Abwasseranl. - Leitungen, Abläufe, Armaturen	–	–	–	–
045	Gas, Wasser, Entwässerung – Ausstattung inkl. 046	–	–	–	–
047	Dämm- und Brandschutzarb. an techn. Anlagen	–	–	–	–
049	Feuerlöschanlagen, Feuerlöschgeräte	–	–	–	–
050	Blitzschutz-/Erdungsanlagen, Überspannungssch.	–	–	–	–
053	Niederspannungsanl. – Kabel inkl. 052, 054	17.076	51,10	11,70	12,4
055	Sicherheits- u. Ersatzstromversorgungsanl.	–	–	–	–
057	Gebäudesystemtechnik	–	–	–	–
058	Leuchten und Lampen inkl. 059	26.893	80,50	18,50	19,5
060	Such, Signal, Zeit, Anten., akust. Anl. inkl. 064	–	–	–	–
061	Kommunikations- u. Übertragungsnetze inkl. 063	–	–	–	–
069	Aufzüge	–	–	–	–
070	Gebäudeautomation	–	–	–	–
075	Raumlufttechnische Anlagen inkl. 078	–	–	–	–
	Gebäudetechnik	**43.970**	**131,60**	**30,20**	**31,9**
084	Abbruch, Rückbau, Schadstoffsanierung	–	–	–	–
	Abbrucharbeiten	**–**	**–**	**–**	**–**
	Sonstige Leistungsbereiche	**–**	**–**	**–**	**–**

© BKI Baukosteninformationszentrum

Kultur

9100-0144
Kulturzentrum
(550 Sitzplätze)

Umbau

Kostenkennwerte für die Kosten des Bauwerks (Kostengruppen 300+400 nach DIN 276)

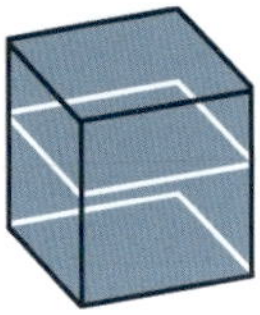

BRI 246 €/m³

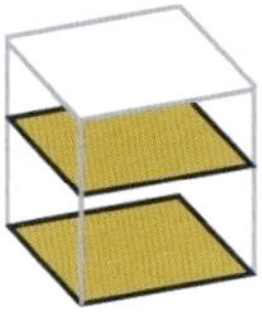

BGF 1.873 €/m²

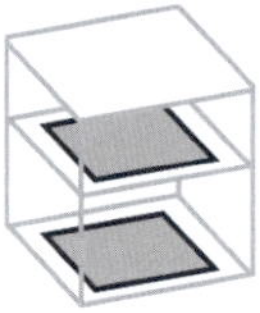

NUF 2.221 €/m²

Objekt:
Kennwerte: 3.Ebene DIN 276
BRI: 9.914 m³
BGF: 1.304 m²
NUF: 1.100 m²
Bauzeit: 48 Wochen
Bauende: 2015
Standard: mittel
Bundesland: Sachsen-Anhalt
Kreis: Salzlandkreis

Architekt*in:
KÖNIG
Architekturbüro
Herderstraße 36
39108 Magdeburg

Bauherr*in:
Stadt Aschersleben
Markt 1
06449 Aschersleben

vorher

nachher

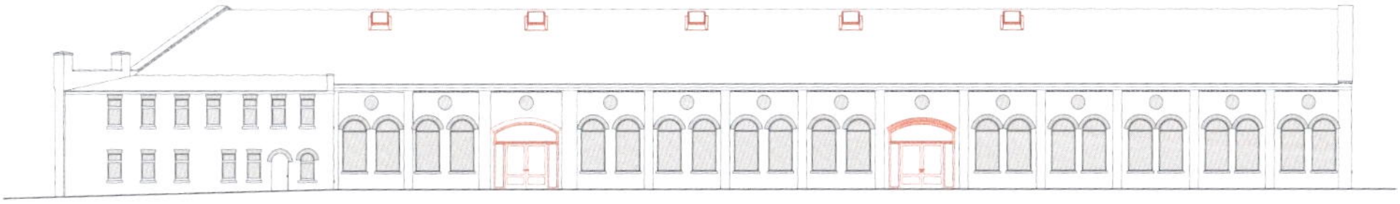

Ansicht West

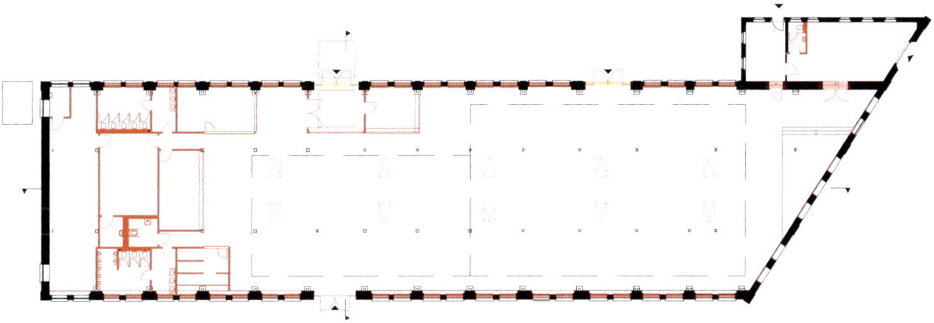

Erdgeschoss

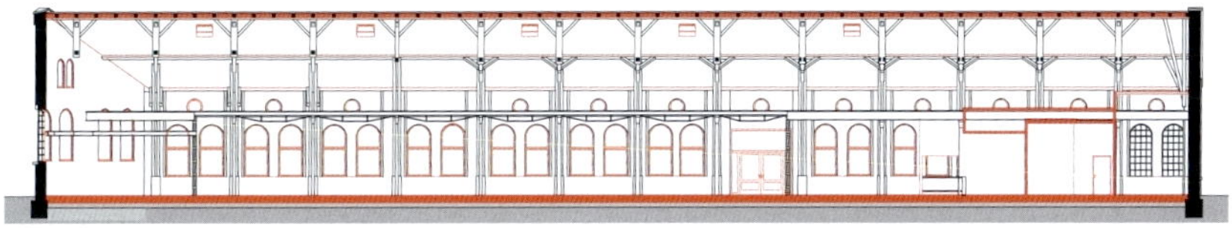

Längsschnitt

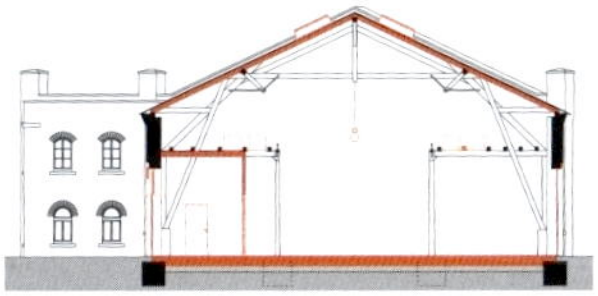

Querschnitt

Ansicht Nord

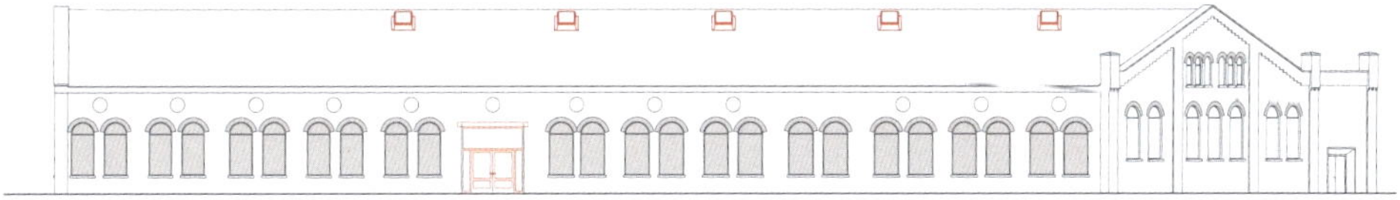

Ansicht Ost

9100-0144
Kulturzentrum
(550 Sitzplätze)

Umbau

Objektbeschreibung

Allgemeine Objektinformationen

Nach fast 30 Jahren Leerstand wurde die ehemalige Hobeleihalle saniert und zu einem Kulturzentrum umgestaltet. Der Charakter des historischen Industriegebäudes konnte trotz technischer Eingriffe und einer Veränderung der Grundrisse erhalten werden. Die Umnutzung zum Kulturzentrum mit Mehrzweckraum für die Ausrichtung von Konzerten, Feiern, Seminaren und Firmenevents wurde in einer umfangreichen Sanierungsmaßnahme realisiert. Das übrige Areal wurde zu einem Berufsschulzentrum umgenutzt bzw. mit Gewerbeflächen besiedelt.

Nutzung

1 Erdgeschoss
Mehrzweckraum, Stuhllager, Personalraum, Sanitärräume, Windfang, Garderoben, Bar, Lager, Technik

1 Obergeschoss
ungenutzt

Besonderer Kosteneinfluss Nutzung
Das Gebäude steht unter Denkmalschutz

Nutzeinheiten

Sitzplätze: 550
Versammlungsraumfläche: 818 m²

Grundstück

Bauraum: Freier Bauraum
Neigung: Ebenes Gelände

Markt

Hauptvergabezeit: 2. Quartal 2015
Baubeginn: 1. Quartal 2015
Bauende: 4. Quartal 2015
Konjunkturelle Gesamtlage: Durchschnitt
Regionaler Baumarkt: Durchschnitt

Baubestand

Bauzustand: schlecht
Aufwand: hoch
Grundrissänderungen: wenige
Tragwerkseingriffe: einige
Nutzungsänderung: ja
Nutzung während der Bauzeit: nein

Baukonstruktion

Das Bestandsgebäude mit Außenwänden aus Naturstein auf einem Stahlbetonboden erhielt im Vorfeld der Sanierung eine Schwammsanierung. Der bestehende Holzdachstuhl wurde statisch ertüchtigt.

Technische Anlagen

Das Kulturzentrum verfügt über eine zentrale Lüftungsanlage. Zusätzlich können die Raumtemperaturen mit Hilfe diverser Kühltechniken reguliert werden. Die Beheizung des Gebäudes erfolgt mittels Radiatoren. Es kamen neue Sanitäranlagen zum Einbau. Dimmbare Beleuchtung sorgt je nach Anlass für eine optimale Ausleuchtung oder eine stimmungsvolle Atmosphäre.

Sonstiges

Die Kosten der Schwammsanierung sind in dieser Dokumentation enthalten und zusätzlich als separate Maßnahme in Objekt 9100-0145 dokumentiert.

Energetische Kennwerte

Gesetzliche Grundlage: EnEV 2013

© BKI Baukosteninformationszentrum

Planungskennwerte für Flächen und Rauminhalte nach DIN 277

Flächen des Grundstücks		Menge Einheit	% an GF
BF	Bebaute Fläche	1.229,74 m²	–
UF	Unbebaute Fläche	–	–
GF	Grundstücksfläche	–	–

Grundflächen des Bauwerks		Menge Einheit	% an NUF	% an BGF
NUF	Nutzungsfläche	1.099,85 m²	100,0	84,3
TF	Technikfläche	67,35 m²	6,1	5,2
VF	Verkehrsfläche	26,72 m²	2,4	2,0
NRF	Netto-Raumfläche	1.193,92 m²	108,6	91,6
KGF	Konstruktions-Grundfläche	110,11 m²	10,0	8,4
BGF	Brutto-Grundfläche	1.304,03 m²	118,6	100,0

Brutto-Rauminhalt des Bauwerks		Menge Einheit	BRI/NUF (m)	BRI/BGF (m)
BRI	Brutto-Rauminhalt	9.914,03 m³	9,01	7,60

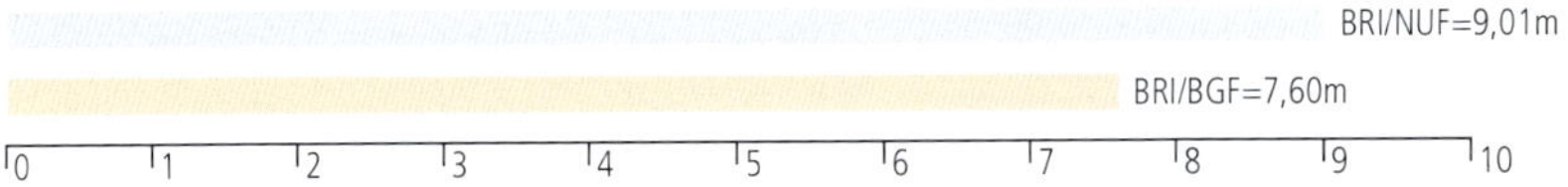

Lufttechnisch behandelte Flächen	Menge Einheit	% an NUF	% an BGF
Entlüftete Fläche	–	–	–
Be- und entlüftete Fläche	–	–	–
Teilklimatisierte Fläche	–	–	–
Klimatisierte Fläche	–	–	–

KG	Kostengruppen (2. Ebene)	Menge Einheit	Menge/NUF	Menge/BGF
310	Baugrube / Erdbau	60,82 m³ BGI	0,06	0,05
320	Gründung, Unterbau	1.109,32 m² GRF	1,01	0,85
330	Außenwände/Vertikale Baukonstruktionen, außen	1.322,96 m² AWF	1,20	1,02
340	Innenwände/Vertikale Baukonstruktionen, innen	570,44 m² IWF	0,52	0,44
350	Decken/Horizontale Baukonstruktionen	701,06 m² DEF	0,64	0,54
360	Dächer	1.283,44 m² DAF	1,17	0,98

9100-0144
Kulturzentrum
(550 Sitzplätze)

Umbau

Kostenkennwerte für die Kostengruppen der 1. Ebene DIN 276

KG	Kostengruppen (1. Ebene)	Einheit	Kosten €	€/Einheit	€/m² BGF	€/m³ BRI	% 300+400
100	Grundstück	m² GF	–	–	–	–	–
200	Vorbereitende Maßnahmen	m² GF	65.992	–	50,61	6,66	2,7
300	Bauwerk – Baukonstruktionen	m² BGF	1.779.317	1.364,48	1.364,48	179,47	72,8
400	Bauwerk – Technische Anlagen	m² BGF	663.478	508,79	508,79	66,92	27,2
	Bauwerk 300+400	**m² BGF**	**2.442.795**	**1.873,27**	**1.873,27**	**246,40**	**100,0**
500	Außenanlagen und Freiflächen	m² AF	16.078	–	12,33	1,62	0,7
600	Ausstattung und Kunstwerke	m² BGF	138.641	106,32	106,32	13,98	5,7
700	Baunebenkosten	m² BGF	–	–	–	–	–
800	Finanzierung	m² BGF	–	–	–	–	–

KG	Kostengruppe	Menge Einheit	Kosten €	€/Einheit	%
200	**Vorbereitende Maßnahmen**	–	65.992	–	2,7

• Herstellen (Kosten: 100,0%) 65.992
Hausanschlüsse

KG	Kostengruppe	Menge Einheit	Kosten €	€/Einheit	%
3+4	**Bauwerk**				**100,0**
300	**Bauwerk – Baukonstruktionen**	1.304,03 m² BGF	1.779.317	**1.364,48**	72,8

• Abbrechen (Kosten: 10,3%) 183.646
Abbruch von Betonsohle, Fundamenten, Linoleum, Fliesen; Holz-Türelement, Putz, Wandfliesen, Metall-, Eisenteilen in Mauerwerkswänden; Naturstein-Mauerwerk, Holzständerwänden, Ziegel-Mauerwerk, Putz, HWL-Platten; Holztreppen, Kanthölzern, Verfüllungen, Einschüben, Stahlträgern, Holzschalungen, Holzbekleidungen, losen Beschichtungen auf Stahlprofilträgern und Konstruktionshölzern; Dachschalung für Öffnungen; Entsorgung, Deponiegebühren

• Wiederherstellen (Kosten: 9,1%) 161.107
Vorhandene Kies/Schotterschicht einebnen; Hausschwammsanierung durch Abflammen, Fluten und Bohrlochtränkung von Mauerwerk; in Kleinflächen: schadhafte vordere Schichten Mauerwerk ausstemmen, Fugen ausräumen, Mauerziegel einsetzen, Holztüre überarbeiten, Steinputzüberarbeitung; Stahlstützen, lose Beschichtungen entfernen, beschichten; Bohrlochtränkung von Konstruktionshölzern, nachträglicher Holzschutz von Konstruktionshölzern und Schalungen im Sprühverfahren; Dachstuhl sanieren: Bauschnittholz, Anschuhungen, Fußpfette

• Herstellen (Kosten: 80,6%) 1.434.564
Stb-Bodenplatte, Abdichtung, Parkett, Estrich, Linoleum, Bodenfliesen, Bodenbeschichtung, Perimeterdämmung, Bitumenbahnen; Holzfenster, Alu-Glas-Elemente, Sanierputz, Wandfliesen; Stürze, GKF-Metallständerwände, Innentüren, Stahltüren, Beschichtungen, WC-Trennwände; Dämmung, Holzschalung, abgehängte GK-Decken, GK-Bekleidungen, Brandschutzdecke; Zwischensparrendämmung, RWA-Lichtkuppeln, Sparschalung, Holzwolleplatten

© BKI Baukosteninformationszentrum

KG	Kostengruppe	Menge Einheit	Kosten €	€/Einheit	%
400	**Bauwerk – Technische Anlagen**	1.304,03 m² BGF	663.478	**508,79**	27,2
	• Wiederherstellen (Kosten: 2,6%) Umsetzen historischer Portalkräne, Kranbremsen demontieren, Übertragungswellen und Kranlaufwerke instandsetzen, Stahlflächen trockeneisstrahlen, lose Beschichtungen entfernen		17.433		
	• Herstellen (Kosten: 97,4%) Gebäudeentwässerung, Kalt- und Warmwasserleitungen, Sanitärobjekte; Fernwärmeanschluss, Heizungsrohre, Heizkörper; Lüftungsanlage, Lüftungskanäle/Leitungen, Einzellüfter; Elektroinstallation, Beleuchtung, Blitzschutzanlage; Hausalarmanlage, EDV-Verkabelung; Feuerlöscher; Automationsstation für Lüftung		646.044		
500	**Außenanlagen und Freiflächen**	–	16.078	**–**	0,7
	• Abbrechen (Kosten: 10,3%) Betonpflaster aufnehmen, lagern		1.650		
	• Wiederherstellen (Kosten: 2,4%) Betonborde höhersetzen		382		
	• Herstellen (Kosten: 87,4%) Stb-Eingangsplatte mit Sauberlaufmatte, Betonpflaster, Betonborde		14.047		
600	**Ausstattung und Kunstwerke**	1.304,03 m² BGF	138.641	**106,32**	5,7
	• Herstellen (Kosten: 100,0%) Klapptische, Stühle, Reihengarderobenständer, Sanitärausstattung, mobile Rampe, Schilder		138.641		

Umbau

Kostenkennwerte für die Kostengruppen der 2. Ebene DIN 276

KG	Kostengruppe	Menge Einheit	Kosten €	€/Einheit	%
200	**Vorbereitende Maßnahmen**				**100,0**
220	**Öffentliche Erschließung**	–	65.992	–	100,0
	• Herstellen (Kosten: 100,0%) Hausanschlüsse Abwasser, Trinkwasser, Fernwärme, Telekommunikation	–	65.992	–	
300	**Bauwerk – Baukonstruktionen**				**100,0**
310	**Baugrube / Erdbau**	60,82 m³BGI	8.742	**143,72**	0,5
	• Herstellen (Kosten: 100,0%) Rohrgrabenaushub (57m³), Handaushub (4m³), Kopflöcher (5St), Sichtschachtungen (3St)	60,82 m³BGI	8.742	**143,72**	
320	**Gründung, Unterbau**	1.109,32 m²GRF	425.518	**383,58**	23,9
	• Abbrechen (Kosten: 7,6%) Abbruch von Betonsohle, d=20cm (46m²), Bruchstein-Fundamenten (32m³) * Linoleum (116m²), Fliesen mit Estrich (7m²); Entsorgung Deponiegebühren	204,22 m²GRF	32.480	**159,04**	
	• Wiederherstellen (Kosten: 2,0%) Vorhandene Kies/Schotterschicht, d=25cm, einebnen, teilweise 6cm Höhe abtragen (1.044m²), Plattendruckversuche (9St)	1.044,43 m²GRF	8.363	**8,01**	
	• Herstellen (Kosten: 90,4%) Stb-Bodenplatte, d=18cm (1.109m²) * Epoxidharzbeschichtung, Hochkantlamellen-Parkett (801m²), Bitumenschweißbahn, Zementestrich, d=60-70mm (62m²), Linoleum (120m²), Bodenbeschichtung, Epoxidharz (98m²), Bodenfliesen (74m²), Fußabstreifer (9m²) * Sauberkeitsschicht, Bitumenschweißbahn (1.044m²), XPS-Wärmedämmung, d=120mm (1.104m²), Dämmstreifen, d=20mm, vertikal (47m²)	1.109,32 m²GRF	384.675	**346,77**	
330	**Außenwände/Vert. Baukonstrukt., außen**	1.322,96 m²AWF	578.313	**437,14**	32,5
	• Abbrechen (Kosten: 3,0%) Abbruch von Holz-Türelement (14m²), eingelagerte Holzfenster, laden (10St) * Kalkzementputz (587m²), Wandfliesen (21m²) * eingelassenen Metallstäben, Eisenteilen in Mauerwerkswänden, loses Material entfernen, Ausbruchstellen schließen (407St); Entsorgung, Deponiegebühren	622,03 m²AWF	17.313	**27,83**	
	• Wiederherstellen (Kosten: 15,6%) Schwammsanierung: Mauerwerk abflammen, fluten (96m²), Bohrlochtränkung, Schwammsperrmittel verpressen (82m²), in Kleinflächen: schadhafte vordere Schichten Ziegel-, Bruchstein-Mauerwerk, ausstemmen, Fugen ausräumen, Mauerziegel einsetzen (138m²), einzelne Mauerziegel austauschen (998St), Mauerwerk verfugen (229m²) * Holztür, Öffnungen schließen, beschichten (6m²), Glasscheiben austauschen (7St) * Steinputzüberarbeitung (psch)	235,67 m²AWF	90.497	**384,00**	
	• Herstellen (Kosten: 81,4%) Rundbogensturz (1St) * Rundbogen-Holzfenster, innen hinter bestehenden Fenstern (203m²), festverglast, D=90cm (16m²), Alu-Glas-Türelemente (18m²), Holztür (2m²), Fensterbänke, innen, Klinkerflachschicht (101m), Holz (60m) * Mörtelfugen auskratzen (459m²), Vorspritzmörtel, Egalisierung, Salzspeicherputz, fertige Oberfläche (754m), Kalk-Pinselputz (303m²), Wandfliesen (13m²) * Stahlrahmen, Alublechbekleidung, Dämmung (4m²), Sandsteinplatten 50x70cm (9St)	1.316,75 m²AWF	470.503	**357,32**	

© BKI Baukosteninformationszentrum

KG	Kostengruppe	Menge Einheit	Kosten €	€/Einheit	%
340	**Innenwände/Vert. Baukonstrukt., innen**	570,44 m² IWF	219.533	**384,85**	12,3
	• Abbrechen (Kosten: 13,4%) Abbruch von Naturstein-Mauerwerk, d=65cm, für Öffnungen (7m²) * Holzständerwänden, Ausmauerungen, d=15-20cm (67m²), Ziegel-Mauerwerk, d=12cm, für Öffnung (2m²) * Putz, HWL-Platten (134m²), Kalkzementputz (55m²), Wandfliesen (10m²); Entsorgung, Deponiegebühren	175,58 m² IWF	29.392	**167,41**	
	• Wiederherstellen (Kosten: 4,1%) Stahlstützen, lose Beschichtungen entfernen durch Trockeneisstrahlen, beschichten, gegen Flugrost (27St)	–	8.944	**–**	
	• Herstellen (Kosten: 82,5%) Stürze (3St) * GF-Metallständerwände, d=15cm (299m²), F90, Rw54dB (112m²) * Alu-Glas-Elemente (12m²), Innentüren, Stahlzargen (21m²), Stahltüren T30/RS (7m²), Holztüren (6m²) * Mörtelfugen auskratzen (114m²), Vorspritzmörtel, Egalisierung, Salzspeicherputz, fertige Oberfläche (152m²), GK-Vorsatzschalen (60m²), Fliesen (123m²), Dispersionsbeschichtung (643m²) * Sanitär-Trennwände (31m²) * Anlegeleiter (1St), Säulenfußbekleidung (1St)	570,44 m² IWF	181.197	**317,64**	
350	**Decken/Horizontale Baukonstruktionen**	701,06 m² DEF	126.644	**180,65**	7,1
	• Abbrechen (Kosten: 52,0%) Abbruch von Holztreppen (17m²), Kanthölzern mit Hausschwammbefall (221m), Verfüllungen, Einschüben (55m²), Stahlträgern (3St) * Holzschalungen (682m²) * Holzbekleidungen (233m²), Putz (54m²), losen Beschichtungen auf Stahlprofilträgern, teilweise gusseisern, Partikelstrahlen, Abwicklungsflächen (160m²), Beschichtungen auf Konstuktionshölzern, dreiseitig (500m²), vierseitig (150m²); Entsorgung, Deponiegebühren	718,06 m² DEF	65.795	**91,63**	
	• Wiederherstellen (Kosten: 4,8%) Bohrlochinjektage an eingemauerten Balkenköpfen mit Holzschutzmittel, sechs bis acht Bohrungen pro Balkenkopf (386St), Bohrwiderstandsmessungen (60St), Zwischendecke, Holzbefestigungskonstruktion sanieren (165St) * nachträglicher Holzschutz für vorhandene, nicht sichtbar bleibende Konstruktionshölzer, Balken und Schalungen reinigen, Holzschutzmittel sprühen, Abwicklungsfläche (158m²)	701,06 m² DEF	6.134	**8,75**	
	• Herstellen (Kosten: 43,2%) Zwischenbalkendämmung, Mineralwolle, d=160mm (65m²) * Einschubtreppe 70x140cm, wärmegedämmt (1St) * Rauspundschalung (65m²) * abgehängte GK-Decken, Abhängehöhen 5-190cm (204m²), mit Weitspannträgern, GK-Bekleidung von unten und oben (63m²), Auflage, Akustikdämmung (65m²), Dispersionsbeschichtung (251m²), GKF-Brandschutzdecke F90 (55m²), Weitspannträger (364m)	322,47 m² DEF	54.715	**169,68**	

KG	Kostengruppe	Menge Einheit	Kosten €	€/Einheit	%
360	**Dächer**	1.283,44 m² DAF	235.386	**183,40**	13,2
	• Abbrechen (Kosten: 16,4%)	776,00 m² DAF	38.666	**49,83**	
	Abbruch von Verfüllungen, Einschüben (55m²), Metallstäben in Sparren (65St), Lichtkuppel-Öffnungen in Dachschalung ausschneiden (15m²) * Holzbekleidungen, Dämmplatten, Putz (66m²), alten Beschichtungen sichtbar bleibender Konstuktionshölzer, Partikelstrahlen, Abwicklungsflächen, dreiseitig (70m²), vierseitig (640m²); Entsorgung, Deponiegebühren				
	• Wiederherstellen (Kosten: 20,0%)	1.165,12 m² DAF	47.169	**40,48**	
	Schwammsanierung: Bohrwiderstandsmessungen in Konstruktionshölzern (133St), Dachstuhl sanieren: Bauschnittholz (203m), Anschuhung, Vertikalbrett (42St), Knotenbleche (660kg), Fußpfette, Kantholz, Bitumenpappe (32m) * Dachrinnen säubern (120m), Rinnenverbinder abdichten (10St), Regenfallrohr nachheften (1St) * nachträglicher Holzschutz für vorhandene, nicht sichtbar bleibende Konstruktionshölzer, Hölzer reinigen, Abwicklungsflächen (1.663m²), Sparren und Dachschalungen mit Holzschutzmittel besprühen, sichtbare Abwicklungsfläche (2.846m²)				
	• Herstellen (Kosten: 63,5%)	1.283,44 m² DAF	149.551	**116,52**	
	Zwischensparrendämmung, Mineralwolle, d=160mm (1.199m²) * RWA-Lichtkuppel-Glaselemente, 1,00x1,50m (10St) * Lichtkuppelauflager, Kanthölzer (34m), Steinwoll-Dämmkeile (50m), Bitumendachbahnen, zweilagig (74m²) * Dampfbremse, Sparschalung, magnesitgebundene Holzwolleplatten, d=15mm, oberflächenfertig (1.268m²) * Absturzsicherungen (15St), Schneefanggitter (16m)				
380	**Baukonstruktive Einbauten**	1.304,03 m² BGF	6.540	**5,02**	0,4
	• Herstellen (Kosten: 100,0%)	1.304,03 m² BGF	6.540	**5,02**	
	Schriftzug "Alte Hobelei" (1St), Flucht- und Rettungsplan (1St), Feuerwehrübersichtsplan (1St), Feuerwehretagenplan (1St)				
390	**Sonst. Maßnahmen für Baukonstrukt.**	1.304,03 m² BGF	178.641	**136,99**	10,0
	• Herstellen (Kosten: 100,0%)	1.304,03 m² BGF	178.641	**136,99**	
	Bauschild (1St), Bauzaun (102m), Baustellen-WC (1St), Baustromverteiler (1St), Bauwasseranschluss (1St) * Schutzgerüste (1.378m²), Raumgerüst (781m²), Arbeitsebenen (345m²), Treppenturm (1St), Fangnetz (100m²) * Abstützungen: Stb-Straßenplatten (4St), Kanthölzer (118m) * Schutzwände, beplankt (371m²), Schutzfolien (311m²), Baureinigung * Schließzylinder (22St)				
400	**Bauwerk – Technische Anlagen**				**100,0**
410	**Abwasser-, Wasser-, Gasanlagen**	1.304,03 m² BGF	88.157	**67,60**	13,3
	• Herstellen (Kosten: 100,0%)	1.304,03 m² BGF	88.157	**67,60**	
	KG-Rohre DN100 (156m), HT-PP-Schallschutzrohre DN50-100 (73m²), Bodenabläufe (6St) * Edelstahl-Druckrohre DN25 (152m), Edelstahlrohre DN15-32 (89m), Mehrschichtverbundrohre DN20-25 (118m), Wasserzähler (2St), Waschtische (8St), Ausgussbecken (1St), Urinale, Steuerung (7St), Wand-Tiefspül-WCs (9St), barrierefreie WC-Anlage (1St), Durchlauferhitzer 5,7kW (3St) * Montageelemente (26St)				
420	**Wärmeversorgungsanlagen**	1.304,03 m² BGF	133.586	**102,44**	20,1
	• Herstellen (Kosten: 100,0%)	1.304,03 m² BGF	133.586	**102,44**	
	Fernwärmestation: Luftabscheider (1St), Schlammabscheider (1St), Plattenwärmetauscher 140kW (1St), Ausdehnungsgefäß 400l (1St) * Stahlrohre DN15-54 (1.127m), Heizungsverteiler, vierfach (1St), Pumpen (3St) * Röhrenradiatoren (26St), Kompaktheizkörper (16St)				

© **BKI** Baukosteninformationszentrum

KG	Kostengruppe	Menge Einheit	Kosten €	€/Einheit	%
430	**Raumlufttechnische Anlagen**	1.304,03 m² BGF	206.218	**158,14**	31,1
	• Herstellen (Kosten: 100,0%) Zu-, Abluftgerät mit Wärmerückgewinnung 11.200m³/h (1St), Luftkanäle, Dämmung (805m²), Wickelfalzrohre DN100-800 (62m), Flexrohre DN100 (15m), Kulissenschalldämpfer (4St), Jalousieklappen (8St), Drallauslässe (18St), Einzelraumlüfter (8St), Druckbegrenzer (2St), Wärmemengenzähler (1St), Messumformer CO_2/Temperatur (4St), Stellantriebe (6St), Kanalrauchmelder (1St)	1.304,03 m² BGF	206.218	**158,14**	
440	**Elektrische Anlagen**	1.304,03 m² BGF	138.083	**105,89**	20,8
	• Herstellen (Kosten: 100,0%) Niederspannungsschaltanlage, Wandlerschrank, bestückt (1St) * Verteiler (2St), Kleinverteiler (2St), Mantelleitungen (4.525m), Schalter/Taster (32St), Steckdosen (75St), Präsenzmelder (8St) * Downlights (18St), An/Einbauleuchten (80St), Pendelleuchten (11St), Wandleuchten (5St), LED-Strahler (5St), Stromschienen (10m), Rettungszeichenleuchten (16St), Notlichteinsätze (17St), Notlichtversorgungsgeräte (4St) * Potenzialausgleichsschiene (1St), Fangleitungen (46m), Fangstangen (13St), Tiefenerder (2St)	1.304,03 m² BGF	138.083	**105,89**	
450	**Kommunikationstechnische Anlagen**	1.304,03 m² BGF	26.103	**20,02**	3,9
	• Herstellen (Kosten: 100,0%) Ruf-Kompaktset (1St) * Hausalarmanlage: Brandmeldecomputer (1St), Analog-Ringmodul (1St), Brandschutzgehäuse (1St), akustische Alarmgeber (6St), mit Bus (9St), elektronische Handmelder (5St), Parallelanzeige (1St), Schlüsselsafe (1St), RWA-Zentrale (1St), Hauptbedienstelle (1St), Nebenstelle (1St), Installationskabel (1.204m) * 19"-Verteilerschrank, 5HE (1St), Datenanschlussdosen (14St), Datenkabel (1.489m)	1.304,03 m² BGF	26.103	**20,02**	
460	**Förderanlagen**	1.304,03 m² BGF	17.433	**13,37**	2,6
	• Wiederherstellen (Kosten: 100,0%) Umsetzen historischer Portalkräne, Kranbremsen demontieren, Übertragungswellen und Kranlaufwerke instandsetzen, manuelle Verschiebung der Kräne mit Brechstangen (167h), Stahlflächen der Portalkrananlagen trockeneisstrahlen, lose Beschichtungen entfernen, Spannweite=6,50m (2St)	1.304,03 m² BGF	17.433	**13,37**	
470	**Nutzungsspez. u. verfahrenstechn. Anl.**	1.304,03 m² BGF	3.102	**2,38**	0,5
	• Herstellen (Kosten: 100,0%) Kühlzelle demontieren, transportieren, einbauen (1St) * Pulver-Mehrzweck-Feuerlöscher (9St)	1.304,03 m² BGF	3.102	**2,38**	
480	**Gebäude- und Anlagenautomation**	1.304,03 m² BGF	49.712	**38,12**	7,5
	• Herstellen (Kosten: 100,0%) Automationsstation für Lüftung (1St), Gateway-Modul (3St), VPN-Router (1St), Patchkabel Cat7 (4St), Anlagenbilderstellung (28St) * Standschrank (1St), Netzableiter (1St), Netzwiederkehrschaltung (1St), Spannungstrafo (1St), Sicherheitstrafo (1St), Motorsteuerung (5St), Netzabgang (2St), Überwachung von: Druck (2St), Temperatur (2St), Filter (3St), Strömung (2St), Klappen (6St), Rauchmelder (1St) * Fernmeldeleitungen (1.596m), Mantelleitungen (130m)	1.304,03 m² BGF	49.712	**38,12**	
490	**Sonst. Maßnahmen für techn. Anlagen**	1.304,03 m² BGF	1.083	**0,83**	0,2
	• Herstellen (Kosten: 100,0%) Baustellenbeleuchtung: Anbauleuchten (8St), Gummischlauchleitungen (180m), Schalter (1St), Steckdose (1St)	1.304,03 m² BGF	1.083	**0,83**	

KG	Kostengruppe	Menge Einheit	Kosten €	€/Einheit	%
500	**Außenanlagen und Freiflächen**				**100,0**
530	**Oberbau, Deckschichten**	53,09 m² BFF	16.078	**302,85**	100,0
	• Abbrechen (Kosten: 10,3%) Betonsteinpflaster aufnehmen, lagern (53m²)	53,09 m² BFF	1.650	**31,07**	
	• Wiederherstellen (Kosten: 2,4%) Hochborde aufnehmen, anheben, wieder versetzen (5m)	–	382	**–**	
	• Herstellen (Kosten: 87,4%) Kieseinbau, d=20cm (53m²), Betonpflaster, lagernd (35m²), Stb-Eingangsplatte C25/30, d=15cm, 3,00x3,00m, Edelstahlrahmen für Sauberlaufzone befahrbar, einbauen, Vollgummi-Sauberlaufmatte (9m²), Türschwellen abdichten (2St), mit Kleinpflaster anarbeiten (2h), Hochborde (16m)	53,09 m² BFF	14.047	**264,59**	
600	**Ausstattung und Kunstwerke**				**100,0**
610	**Allgemeine Ausstattung**	1.304,03 m² BGF	136.782	**104,89**	98,7
	• Herstellen (Kosten: 100,0%) Klapptische (120St), Stühle (550St), Transportwägen (5St), Reihengarderobenständer, l=1,00-1,80m (19St), Anhänger mit Nummern (480St), Händetrockner (2St), Papierhandtuchspender (3St), Seifen-spender (9St), WC-Bürstengarnitur (9St), WC-Papierabroller (1St), Großrollenspender (8St), Stütz-klappgriffe mit IR-WC-Spülauslösung (2St), Rückenstütze (1St), Kosmetikeimer (6St), Spiegel (4St), mobile Rampe, Alublech, 1,00x1,40m (1St)	1.304,03 m² BGF	136.782	**104,89**	
620	**Besondere Ausstattung**	1.304,03 m² BGF	82	**0,06**	< 0,1
	• Herstellen (Kosten: 100,0%) Erste-Hilfe-Koffer (1St)	1.304,03 m² BGF	82	**0,06**	
690	**Sonstige Ausstattung**	1.304,03 m² BGF	1.777	**1,36**	1,3
	• Herstellen (Kosten: 100,0%) Raumschilder (psch), Einzelbuchstaben (11St)	1.304,03 m² BGF	1.777	**1,36**	

© BKI Baukosteninformationszentrum

Kostenkennwerte für die Kostengruppen 300 der 2. und 3. Ebene DIN 276 (Übersicht)

KG	Kostengruppe	Menge Einheit	Kosten €	€/Einheit	% an 3+4
300	**Bauwerk – Baukonstruktionen**	**1.304,03 m² BGF**	**1.779.316,89**	**1.364,48**	**72,8**
310	**Baugrube / Erdbau**	**60,82 m³ BGI**	**8.741,84**	**143,72**	**0,4**
311	Herstellung	60,82 m³ BGI	8.741,84	143,72	0,4
312	Umschließung	–	–	–	–
313	Wasserhaltung	–	–	–	–
314	Vortrieb	–	–	–	–
319	Sonstiges zur KG 310	–	–	–	–
320	**Gründung, Unterbau**	**1.109,32 m² GRF**	**425.517,86**	**383,58**	**17,4**
321	Baugrundverbesserung	–	–	–	–
322	Flachgründungen und Bodenplatten	1.109,32 m²	108.308,84	97,64	4,4
323	Tiefgründungen	–	–	–	–
324	Gründungsbeläge	1.106,34 m²	210.809,57	190,55	8,6
325	Abdichtungen und Bekleidungen	1.155,90 m²	106.399,45	92,05	4,4
326	Dränagen	–	–	–	–
329	Sonstiges zur KG 320	–	–	–	–
330	**Außenwände/Vert. Baukonstrukt., außen**	**1.322,96 m² AWF**	**578.312,80**	**437,14**	**23,7**
331	Tragende Außenwände	229,46 m²	87.278,27	380,36	3,6
332	Nichttragende Außenwände	–	–	–	–
333	Außenstützen	–	–	–	–
334	Außenwandöffnungen	265,33 m²	294.748,43	1.110,90	12,1
335	Außenwandbekleidungen, außen	–	–	–	–
336	Außenwandbekleidungen, innen	1.057,63 m²	182.198,61	172,27	7,5
337	Element. Außenwandkonstruktionen	–	–	–	–
338	Lichtschutz zur KG 330	–	–	–	–
339	Sonstiges zur KG 330	1.322,96 m² AWF	14.087,50	10,65	0,6
340	**Innenwände/Vert. Baukonstrukt., innen**	**570,44 m² IWF**	**219.533,01**	**384,85**	**9,0**
341	Tragende Innenwände	9,14 m²	16.149,24	1.767,26	0,7
342	Nichttragende Innenwände	411,18 m²	66.951,23	162,83	2,7
343	Innenstützen	–	–	–	–
344	Innenwandöffnungen	52,34 m²	53.294,05	1.018,17	2,2
345	Innenwandbekleidungen	917,80 m²	72.806,20	79,33	3,0
346	Elementierte Innenwandkonstruktionen	30,92 m²	5.236,34	169,35	0,2
347	Lichtschutz zur KG 340	–	–	–	–
349	Sonstiges zur KG 340	570,44 m² IWF	5.095,95	8,93	0,2
350	**Decken/Horizontale Baukonstruktionen**	**701,06 m² DEF**	**126.644,49**	**180,65**	**5,2**
351	Deckenkonstruktionen	701,06 m²	15.014,94	21,42	0,6
352	Deckenöffnungen	0,98 m²	1.319,32	1.346,24	< 0,1
353	Deckenbeläge	65,15 m²	22.922,39	351,84	0,9
354	Deckenbekleidungen	701,06 m²	87.387,85	124,65	3,6
355	Elementierte Deckenkonstruktionen	–	–	–	–
359	Sonstiges zur KG 350	–	–	–	–
360	**Dächer**	**1.283,44 m² DAF**	**235.386,02**	**183,40**	**9,6**
361	Dachkonstruktionen	1.199,37 m²	57.060,43	47,58	2,3
362	Dachöffnungen	15,00 m²	29.598,54	1.973,24	1,2
363	Dachbeläge	74,40 m²	8.906,10	119,71	0,4
364	Dachbekleidungen	1.268,44 m²	128.008,66	100,92	5,2
365	Elementierte Dachkonstruktionen	–	–	–	–
366	Lichtschutz zur KG 360	–	–	–	–
369	Sonstiges zur KG 360	1.283,44 m² DAF	11.812,29	9,20	0,5
370	**Infrastrukturanlagen**	**–**	**–**	**–**	**–**
380	**Baukonstruktive Einbauten**	**1.304,03 m² BGF**	**6.540,07**	**5,02**	**0,3**
390	**Sonst. Maßnahmen für Baukonstrukt.**	**1.304,03 m² BGF**	**178.640,81**	**136,99**	**7,3**

9100-0144
Kulturzentrum
(550 Sitzplätze)

Umbau

Kostenkennwerte für die Kostengruppen 400 der 2. und 3. Ebene DIN 276 (Übersicht)

KG	Kostengruppe	Menge Einheit	Kosten €	€/Einheit	% an 3+4
400	**Bauwerk – Technische Anlagen**	**1.304,03 m² BGF**	**663.477,66**	**508,79**	**27,2**
410	**Abwasser-, Wasser-, Gasanlagen**	**1.304,03 m² BGF**	**88.157,01**	**67,60**	**3,6**
411	Abwasseranlagen	1.304,03 m² BGF	29.150,61	22,35	1,2
412	Wasseranlagen	1.304,03 m² BGF	50.031,48	38,37	2,0
413	Gasanlagen	–	–	–	–
419	Sonstiges zur KG 410	1.304,03 m² BGF	8.974,93	6,88	0,4
420	**Wärmeversorgungsanlagen**	**1.304,03 m² BGF**	**133.586,00**	**102,44**	**5,5**
421	Wärmeerzeugungsanlagen	1.304,03 m² BGF	14.652,08	11,24	0,6
422	Wärmeverteilnetze	1.304,03 m² BGF	68.780,48	52,74	2,8
423	Raumheizflächen	1.304,03 m² BGF	50.153,45	38,46	2,1
424	Verkehrsheizflächen	–	–	–	–
429	Sonstiges zur KG 420	–	–	–	–
430	**Raumlufttechnische Anlagen**	**1.304,03 m² BGF**	**206.217,77**	**158,14**	**8,4**
431	Lüftungsanlagen	1.304,03 m² BGF	206.217,77	158,14	8,4
432	Teilklimaanlagen	–	–	–	–
433	Klimaanlagen	–	–	–	–
434	Kälteanlagen	–	–	–	–
439	Sonstiges zur KG 430	–	–	–	–
440	**Elektrische Anlagen**	**1.304,03 m² BGF**	**138.083,07**	**105,89**	**5,7**
441	Hoch- und Mittelspannungsanlagen	–	–	–	–
442	Eigenstromversorgungsanlagen	–	–	–	–
443	Niederspannungsschaltanlagen	1.304,03 m² BGF	11.184,69	8,58	0,5
444	Niederspannungsinstallationsanlagen	1.304,03 m² BGF	62.344,31	47,81	2,6
445	Beleuchtungsanlagen	1.304,03 m² BGF	60.300,96	46,24	2,5
446	Blitzschutz- und Erdungsanlagen	1.304,03 m² BGF	4.253,11	3,26	0,2
447	Fahrleitungssysteme	–	–	–	–
449	Sonstiges zur KG 440	–	–	–	–
450	**Kommunikationstechnische Anlagen**	**1.304,03 m² BGF**	**26.103,31**	**20,02**	**1,1**
451	Telekommunikationsanlagen	–	–	–	–
452	Such- und Signalanlagen	1.304,03 m² BGF	722,63	0,55	< 0,1
453	Zeitdienstanlagen	–	–	–	–
454	Elektroakustische Anlagen	–	–	–	–
455	Audiovisuelle Medien- u. Antennenanl.	–	–	–	–
456	Gefahrenmelde- und Alarmanlagen	1.304,03 m² BGF	19.208,80	14,73	0,8
457	Datenübertragungsnetze	1.304,03 m² BGF	6.171,87	4,73	0,3
458	Verkehrsbeeinflussungsanlagen	–	–	–	–
459	Sonstiges zur KG 450	–	–	–	–
460	**Förderanlagen**	**1.304,03 m² BGF**	**17.433,17**	**13,37**	**0,7**
461	Aufzugsanlagen	–	–	–	–
462	Fahrtreppen, Fahrsteige	–	–	–	–
463	Befahranlagen	–	–	–	–
464	Transportanlagen	–	–	–	–
465	Krananlagen	1.304,03 m² BGF	17.433,17	13,37	0,7
466	Hydraulikanlagen	–	–	–	–
469	Sonstiges zur KG 460	–	–	–	–
470	**Nutzungsspez. u. verfahrenstechn. Anl.**	**1.304,03 m² BGF**	**3.102,42**	**2,38**	**0,1**
480	**Gebäude- und Anlagenautomation**	**1.304,03 m² BGF**	**49.711,51**	**38,12**	**2,0**
490	**Sonst. Maßnahmen für techn. Anlagen**	**1.304,03 m² BGF**	**1.083,40**	**0,83**	**< 0,1**

© BKI Baukosteninformationszentrum

Kostenkennwerte für Leistungsbereiche nach STLB (Kosten des Bauwerks nach DIN 276)

LB	Leistungsbereiche	Kosten €	€/m² BGF	€/m³ BRI	% an 3+4
000	Baustellen-, Verkehrssich.- u. Sicherh.einr. inkl. 001	142.225	109,10	14,30	5,8
002	Erdarbeiten	8.742	6,70	0,88	0,4
006	Spezialtiefbauarbeiten inkl. 005	–	–	–	–
009	Entwässerungskanalarbeiten inkl. 011	17.489	13,40	1,80	0,7
010	Drän- und Versickerarbeiten	–	–	–	–
012	Mauerarbeiten	84.809	65,00	8,60	3,5
	Wiederherstellen	65.089	49,90	6,60	2,7
	Herstellen	19.720	15,10	2,00	0,8
013	Betonarbeiten	161.105	123,50	16,30	6,6
	Wiederherstellen	8.363	6,40	0,84	0,3
	Herstellen	152.742	117,10	15,40	6,3
014	Natur-, Betonwerksteinarbeiten	7.119	5,50	0,72	0,3
016	Zimmer- und Holzbauarbeiten	48.130	36,90	4,90	2,0
	Wiederherstellen	30.967	23,70	3,10	1,3
	Herstellen	17.163	13,20	1,70	0,7
017	Stahlbauarbeiten	–	–	–	–
018	Abdichtungsarbeiten	23.930	18,40	2,40	1,0
020	Dachdeckungsarbeiten	–	–	–	–
021	Dachabdichtungsarbeiten	49.131	37,70	5,00	2,0
022	Klempnerarbeiten	2.593	2,00	0,26	0,1
	Wiederherstellen	2.593	2,00	0,26	0,1
	Rohbau	**545.271**	**418,10**	**55,00**	**22,3**
	Wiederherstellen	107.012	82,10	10,80	4,4
	Herstellen	438.259	336,10	44,20	17,9
023	Putz- und Stuckarbeiten, Wärmedämmsysteme	200.646	153,90	20,20	8,2
	Wiederherstellen	6.653	5,10	0,67	0,3
	Herstellen	193.993	148,80	19,60	7,9
024	Fliesen- und Plattenarbeiten	41.387	31,70	4,20	1,7
025	Estricharbeiten	5.838	4,50	0,59	0,2
026	Fenster, Außentüren inkl. 029, 032	277.904	213,10	28,00	11,4
	Wiederherstellen	1.879	1,40	0,19	< 0,1
	Herstellen	276.024	211,70	27,80	11,3
027	Tischlerarbeiten	48.727	37,40	4,90	2,0
028	Parkett-, Holzpflasterarbeiten	152.940	117,30	15,40	6,3
030	Rollladenarbeiten	–	–	–	–
031	Metallbauarbeiten inkl. 035	37.859	29,00	3,80	1,5
	Wiederherstellen	13.700	10,50	1,40	0,6
	Herstellen	24.159	18,50	2,40	1,0
034	Maler- und Lackiererarb. – Beschicht. inkl. 037	34.418	26,40	3,50	1,4
	Wiederherstellen	12.814	9,80	1,30	0,5
	Herstellen	21.604	16,60	2,20	0,9
036	Bodenbelagarbeiten	21.212	16,30	2,10	0,9
038	Vorgehängte hinterlüftete Fassaden	–	–	–	–
039	Trockenbauarbeiten	216.714	166,20	21,90	8,9
	Ausbau	**1.037.644**	**795,70**	**104,70**	**42,5**
	Wiederherstellen	35.046	26,90	3,50	1,4
	Herstellen	1.002.598	768,80	101,10	41,0
040	Wärmeversorgungsanl. - Betriebseinr. inkl. 041	124.032	95,10	12,50	5,1
042	Gas- u. Wasseranl. – Leitung., Armat. inkl. 043	28.923	22,20	2,90	1,2
044	Abwasseranl. - Leitungen, Abläufe, Armaturen	10.305	7,90	1,00	0,4

9100-0144
Kulturzentrum
(550 Sitzplätze)

Umbau

LB	Leistungsbereiche	Kosten €	€/m² BGF	€/m³ BRI	% an 3+4
045	Gas, Wasser, Entwässerung – Ausstattung inkl. 046	27.579	21,10	2,80	1,1
047	Dämm- und Brandschutzarb. an techn. Anlagen	13.093	10,00	1,30	0,5
049	Feuerlöschanlagen, Feuerlöschgeräte	3.192	2,40	0,32	0,1
050	Blitzschutz-/Erdungsanlagen, Überspannungssch.	4.253	3,30	0,43	0,2
053	Niederspannungsanl. – Kabel inkl. 052, 054	74.869	57,40	7,60	3,1
055	Sicherheits- u. Ersatzstromversorgungsanl.	–	–	–	–
057	Gebäudesystemtechnik	–	–	–	–
058	Leuchten und Lampen inkl. 059	60.301	46,20	6,10	2,5
060	Such, Signal, Zeit, Anten., akust. Anl. inkl. 064	723	0,55	0,07	< 0,1
061	Kommunikations- u. Übertragungsnetze inkl. 063	23.554	18,10	2,40	1,0
069	Aufzüge	–	–	–	–
070	Gebäudeautomation	35.567	27,30	3,60	1,5
075	Raumlufttechnische Anlagen inkl. 078	220.363	169,00	22,20	9,0
	Gebäudetechnik	**626.751**	**480,60**	**63,20**	**25,7**
084	Abbruch, Rückbau, Schadstoffsanierung	183.646	140,80	18,50	7,5
	Abbrechen	183.646	140,80	18,50	7,5
	Abbrucharbeiten	**183.646**	**140,80**	**18,50**	**7,5**
	Abbrechen	183.646	140,80	18,50	7,5
	Sonstige Leistungsbereiche	**49.482**	**37,90**	**5,00**	**2,0**
	Wiederherstellen	36.482	28,00	3,70	1,5
	Herstellen	13.000	10,00	1,30	0,5

© BKI Baukosteninformationszentrum

9100-0157
Bibliothek
Möblierung

Modernisierung

Kostenkennwerte für die Kosten des Bauwerks (Kostengruppen 300+400 nach DIN 276)

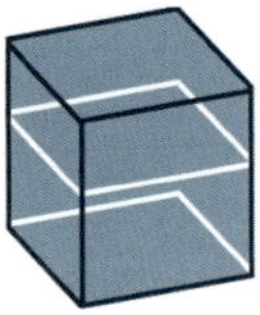
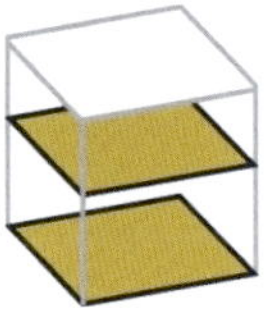
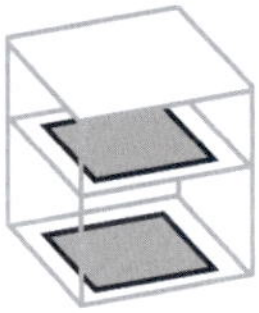

BRI 56€/m³ | BGF 220€/m² | NUF 253€/m²

Objekt:
Kennwerte: 3.Ebene DIN 276
BRI: 1.602 m³
BGF: 409 m²
NUF: 356 m²
Bauzeit: 8 Wochen
Bauende: 2017
Standard: mittel
Bundesland: Nordrhein-Westfalen
Kreis: Düren

Architekt*in:
FRANKE
Architektur I Innenarchitektur
Oberstraße 135
52349 Düren

Bauherr*in:
Stadt Düren
Düren Kultur
Stefan-Schwer-Straße 4-6
52349 Düren

vorher

nachher

nachher

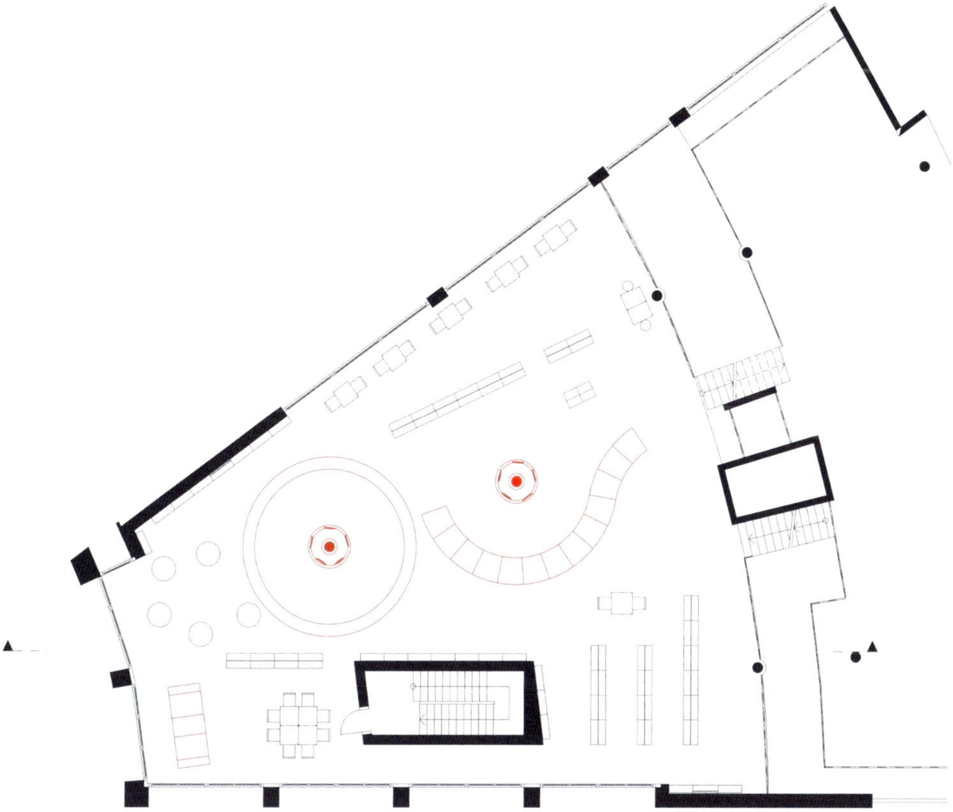

Grundriss

Schnitt

Objektbeschreibung

Allgemeine Objektinformationen

Die Stadtbücherei wurde zu einer Q-Thek umgestaltet, in der neben Büchern auch Kommunikation und Multimedia eine wichtige Rolle spielen. Es wurde ein Gesamtkonzept entwickelt für einen Ort, der zum Chillen, Lernen, Relaxen, Treffen und natürlich auch zum Lesen dient. Entsprechend war es wichtig, den Raum mit einer besonderen Aufenthaltsqualität zu versehen.

Nutzung

1 Obergeschoss
Bibliothek

Markt

Hauptvergabezeit: 1.Quartal 2017
Baubeginn: 1.Quartal 2017
Bauende: 1.Quartal 2017
Konjunkturelle Gesamtlage: Durchschnitt
Regionaler Baumarkt: Durchschnitt

Baubestand

Baujahr: 1987
Bauzustand: gut
Aufwand: niedrig
Grundrissänderungen: wenige
Tragwerkseingriffe: keine
Nutzungsänderung: nein
Nutzung während der Bauzeit: ja

Baukonstruktion

Die Raumstruktur wurde belassen, vorhandene Regalelemente wiederverwendet und neu positioniert. Dadurch entstanden freie Flächen für eine raumbildende, in Einzelteile zerlegbare Sitzschlange. Inseln zur Auslage von Medien und Büchern wurden neu hergestellt. Ein weiteres raumbildendes Element stellt der Leuchtpilz dar, der für alle Q-Theken ein Wiedererkennungsmerkmal ist. Sitzsäcke prägen den Raum. Im Weiteren wurde eine Soundbox installiert, in der man sich beschallen lassen kann, während man liest oder relaxed.

Technische Anlagen

Es wurden nur geringfügige Änderungen an der Elektroinstallation und der Beleuchtung vorgenommen.

Planungskennwerte für Flächen und Rauminhalte nach DIN 277

Flächen des Grundstücks		Menge Einheit	% an GF
BF	Bebaute Fläche	–	–
UF	Unbebaute Fläche	–	–
GF	Grundstücksfläche	–	–

Grundflächen des Bauwerks		Menge Einheit	% an NUF	% an BGF
NUF	Nutzungsfläche	356,04 m²	100,0	87,1
TF	Technikfläche	–	–	–
VF	Verkehrsfläche	–	–	–
NRF	Netto-Raumfläche	356,04 m²	100,0	87,1
KGF	Konstruktions-Grundfläche	52,56 m²	14,8	12,9
BGF	Brutto-Grundfläche	408,60 m²	114,8	100,0

Brutto-Rauminhalt des Bauwerks		Menge Einheit	BRI/NUF (m)	BRI/BGF (m)
BRI	Brutto-Rauminhalt	1.602,18 m³	4,50	3,92

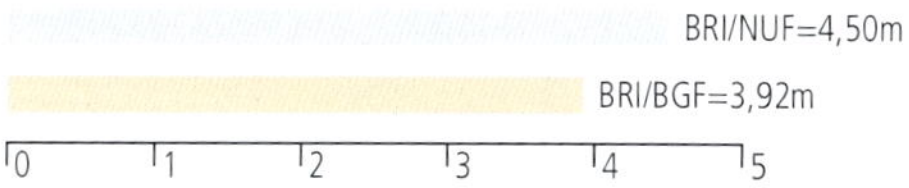

Lufttechnisch behandelte Flächen	Menge Einheit	% an NUF	% an BGF
Entlüftete Fläche	–	–	–
Be- und entlüftete Fläche	–	–	–
Teilklimatisierte Fläche	–	–	–
Klimatisierte Fläche	–	–	–

KG	Kostengruppen (2. Ebene)	Menge Einheit	Menge/NUF	Menge/BGF
310	Baugrube / Erdbau	–	–	–
320	Gründung, Unterbau	–	–	–
330	Außenwände/Vertikale Baukonstruktionen, außen	–	–	–
340	Innenwände/Vertikale Baukonstruktionen, innen	–	–	–
350	Decken/Horizontale Baukonstruktionen	–	–	–
360	Dächer	–	–	–

Modernisierung

Kostenkennwerte für die Kostengruppen der 1. Ebene DIN 276

KG	Kostengruppen (1. Ebene)	Einheit	Kosten €	€/Einheit	€/m² BGF	€/m³ BRI	% 300+400
100	Grundstück	m² GF	–	–	–	–	–
200	Vorbereitende Maßnahmen	m² GF	–	–	–	–	–
300	Bauwerk – Baukonstruktionen	m² BGF	79.227	193,90	193,90	49,45	88,0
400	Bauwerk – Technische Anlagen	m² BGF	10.795	26,42	26,42	6,74	12,0
	Bauwerk 300+400	**m² BGF**	**90.022**	**220,32**	**220,32**	**56,19**	**100,0**
500	Außenanlagen und Freiflächen	m² AF	–	–	–	–	–
600	Ausstattung und Kunstwerke	m² BGF	50.093	122,60	122,60	31,27	55,6
700	Baunebenkosten	m² BGF	–	–	–	–	–
800	Finanzierung	m² BGF	–	–	–	–	–

KG	Kostengruppe	Menge Einheit	Kosten €	€/Einheit	%
3+4	**Bauwerk**				**100,0**
300	**Bauwerk – Baukonstruktionen**	408,60 m² BGF	79.227	**193,90**	88,0

• Herstellen (Kosten: 100,0%) — 79.227
Holz-Einbausitzbank/-Sitzblöcke, Holzstehpulte, Leuchtpilz, LED-Ringbeleuchtung, Ausstellungsinseln, abgehängter Holzbuchstabe

KG	Kostengruppe	Menge Einheit	Kosten €	€/Einheit	%
400	**Bauwerk – Technische Anlagen**	408,60 m² BGF	10.795	**26,42**	12,0

• Herstellen (Kosten: 100,0%) — 10.795
LED-Lichttechnik

KG	Kostengruppe	Menge Einheit	Kosten €	€/Einheit	%
600	**Ausstattung und Kunstwerke**	408,60 m² BGF	50.093	**122,60**	55,6

• Wiederherstellen (Kosten: 5,0%) — 2.519
Holztischplatten für vorhandene Stahlrohr-Tischgestelle

• Herstellen (Kosten: 95,0%) — 47.574
Soundbox, Präsentationstürme, Sitzsäcke, Tisch, Stühle, Barhocker

© BKI Baukosteninformationszentrum

Kostenkennwerte für die Kostengruppen der 2.Ebene DIN 276

KG	Kostengruppe	Menge Einheit	Kosten €	€/Einheit	%
300	**Bauwerk – Baukonstruktionen**				**100,0**
380	**Baukonstruktive Einbauten**	408,60 m² BGF	79.227	**193,90**	100,0
	• Herstellen (Kosten: 100,0%) Holz-Einbausitzbank, HPL, Sitzpolster (1St), Holz-Sitzblöcke (7St), Holzstehpulte (2St) * Leuchtpilz, transluzentes, schallabsorbierendes Gewebe (1St), Deckenring für LED-Beleuchtung (21m), Ausstellungsinseln (2St), Metall-Prospektstützen (10St), abgehängter Holzbuchstabe (1St)	408,60 m² BGF	79.227	**193,90**	
400	**Bauwerk – Technische Anlagen**				**100,0**
440	**Elektrische Anlagen**	408,60 m² BGF	10.795	**26,42**	100,0
	• Herstellen (Kosten: 100,0%) LED-Lichttechnik, Funk-Fernbedienung (2St)	408,60 m² BGF	10.795	**26,42**	
600	**Ausstattung und Kunstwerke**				**100,0**
610	**Allgemeine Ausstattung**	408,60 m² BGF	50.093	**122,60**	100,0
	• Wiederherstellen (Kosten: 5,0%) Holztischplatten 70x70cm für vorhandene Stahlrohr-Tischgestelle (9St)	408,60 m² BGF	2.519	**6,17**	
	• Herstellen (Kosten: 95,0%) Soundbox 305x200x120cm, bestückt mit Abspielgeräten, Verstärker, Einbaustrahler, Sitzkissen, fahrbar (1St), Präsentationstürme 198x58x58cm, fahrbar (4St), Sitzsäcke (7St), Holztischplatte 80x80cm, Stahlrohr-Tischgestell (1St), Stühle (2St), Barhocker (2St)	408,60 m² BGF	47.574	**116,43**	

Kostenkennwerte für die Kostengruppen 300 der 2. und 3.Ebene DIN 276 (Übersicht)

KG	Kostengruppe	Menge Einheit	Kosten €	€/Einheit	% an 3+4
300	**Bauwerk – Baukonstruktionen**	**408,60 m²BGF**	**79.226,77**	**193,90**	**88,0**
310	**Baugrube / Erdbau**	**–**	**–**	**–**	**–**
311	Herstellung	–	–	–	–
312	Umschließung	–	–	–	–
313	Wasserhaltung	–	–	–	–
314	Vortrieb	–	–	–	–
319	Sonstiges zur KG 310	–	–	–	–
320	**Gründung, Unterbau**	**–**	**–**	**–**	**–**
321	Baugrundverbesserung	–	–	–	–
322	Flachgründungen und Bodenplatten	–	–	–	–
323	Tiefgründungen	–	–	–	–
324	Gründungsbeläge	–	–	–	–
325	Abdichtungen und Bekleidungen	–	–	–	–
326	Dränagen	–	–	–	–
329	Sonstiges zur KG 320	–	–	–	–
330	**Außenwände/Vert. Baukonstrukt., außen**	**–**	**–**	**–**	**–**
331	Tragende Außenwände	–	–	–	–
332	Nichttragende Außenwände	–	–	–	–
333	Außenstützen	–	–	–	–
334	Außenwandöffnungen	–	–	–	–
335	Außenwandbekleidungen, außen	–	–	–	–
336	Außenwandbekleidungen, innen	–	–	–	–
337	Element. Außenwandkonstruktionen	–	–	–	–
338	Lichtschutz zur KG 330	–	–	–	–
339	Sonstiges zur KG 330	–	–	–	–
340	**Innenwände/Vert. Baukonstrukt., innen**	**–**	**–**	**–**	**–**
341	Tragende Innenwände	–	–	–	–
342	Nichttragende Innenwände	–	–	–	–
343	Innenstützen	–	–	–	–
344	Innenwandöffnungen	–	–	–	–
345	Innenwandbekleidungen	–	–	–	–
346	Elementierte Innenwandkonstruktionen	–	–	–	–
347	Lichtschutz zur KG 340	–	–	–	–
349	Sonstiges zur KG 340	–	–	–	–
350	**Decken/Horizontale Baukonstruktionen**	**–**	**–**	**–**	**–**
351	Deckenkonstruktionen	–	–	–	–
352	Deckenöffnungen	–	–	–	–
353	Deckenbeläge	–	–	–	–
354	Deckenbekleidungen	–	–	–	–
355	Elementierte Deckenkonstruktionen	–	–	–	–
359	Sonstiges zur KG 350	–	–	–	–
360	**Dächer**	**–**	**–**	**–**	**–**
361	Dachkonstruktionen	–	–	–	–
362	Dachöffnungen	–	–	–	–
363	Dachbeläge	–	–	–	–
364	Dachbekleidungen	–	–	–	–
365	Elementierte Dachkonstruktionen	–	–	–	–
366	Lichtschutz zur KG 360	–	–	–	–
369	Sonstiges zur KG 360	–	–	–	–
370	**Infrastrukturanlagen**	**–**	**–**	**–**	**–**
380	**Baukonstruktive Einbauten**	**408,60 m²BGF**	**79.226,77**	**193,90**	**88,0**
390	**Sonst. Maßnahmen für Baukonstrukt.**	**–**	**–**	**–**	**–**

© BKI Baukosteninformationszentrum
Kostenstand: 2. Quartal 2025, Bundesdurchschnitt, **inkl. 19% MwSt.**

Kostenkennwerte für die Kostengruppen 400 der 2. und 3. Ebene DIN 276 (Übersicht)

KG	Kostengruppe	Menge Einheit	Kosten €	€/Einheit	% an 3+4
400	**Bauwerk – Technische Anlagen**	**408,60 m²BGF**	**10.795,32**	**26,42**	**12,0**
410	**Abwasser-, Wasser-, Gasanlagen**	**–**	**–**	**–**	**–**
411	Abwasseranlagen	–	–	–	–
412	Wasseranlagen	–	–	–	–
413	Gasanlagen	–	–	–	–
419	Sonstiges zur KG 410	–	–	–	–
420	**Wärmeversorgungsanlagen**	**–**	**–**	**–**	**–**
421	Wärmeerzeugungsanlagen	–	–	–	–
422	Wärmeverteilnetze	–	–	–	–
423	Raumheizflächen	–	–	–	–
424	Verkehrsheizflächen	–	–	–	–
429	Sonstiges zur KG 420	–	–	–	–
430	**Raumlufttechnische Anlagen**	**–**	**–**	**–**	**–**
431	Lüftungsanlagen	–	–	–	–
432	Teilklimaanlagen	–	–	–	–
433	Klimaanlagen	–	–	–	–
434	Kälteanlagen	–	–	–	–
439	Sonstiges zur KG 430	–	–	–	–
440	**Elektrische Anlagen**	**408,60 m²BGF**	**10.795,32**	**26,42**	**12,0**
441	Hoch- und Mittelspannungsanlagen	–	–	–	–
442	Eigenstromversorgungsanlagen	–	–	–	–
443	Niederspannungsschaltanlagen	–	–	–	–
444	Niederspannungsinstallationsanlagen	–	–	–	–
445	Beleuchtungsanlagen	408,60 m²BGF	10.795,32	26,42	12,0
446	Blitzschutz- und Erdungsanlagen	–	–	–	–
447	Fahrleitungssysteme	–	–	–	–
449	Sonstiges zur KG 440	–	–	–	–
450	**Kommunikationstechnische Anlagen**	**–**	**–**	**–**	**–**
451	Telekommunikationsanlagen	–	–	–	–
452	Such- und Signalanlagen	–	–	–	–
453	Zeitdienstanlagen	–	–	–	–
454	Elektroakustische Anlagen	–	–	–	–
455	Audiovisuelle Medien- u. Antennenanl.	–	–	–	–
456	Gefahrenmelde- und Alarmanlagen	–	–	–	–
457	Datenübertragungsnetze	–	–	–	–
458	Verkehrsbeeinflussungsanlagen	–	–	–	–
459	Sonstiges zur KG 450	–	–	–	–
460	**Förderanlagen**	**–**	**–**	**–**	**–**
461	Aufzugsanlagen	–	–	–	–
462	Fahrtreppen, Fahrsteige	–	–	–	–
463	Befahranlagen	–	–	–	–
464	Transportanlagen	–	–	–	–
465	Krananlagen	–	–	–	–
466	Hydraulikanlagen	–	–	–	–
469	Sonstiges zur KG 460	–	–	–	–
470	**Nutzungsspez. u. verfahrenstechn. Anl.**	**–**	**–**	**–**	**–**
480	**Gebäude- und Anlagenautomation**	**–**	**–**	**–**	**–**
490	**Sonst. Maßnahmen für techn. Anlagen**	**–**	**–**	**–**	**–**

Kostenkennwerte für Leistungsbereiche nach STLB (Kosten des Bauwerks nach DIN 276)

LB	Leistungsbereiche	Kosten €	€/m² BGF	€/m³ BRI	% an 3+4
000	Baustellen-, Verkehrssich.- u. Sicherh.einr. inkl. 001	–	–	–	–
002	Erdarbeiten	–	–	–	–
006	Spezialtiefbauarbeiten inkl. 005	–	–	–	–
009	Entwässerungskanalarbeiten inkl. 011	–	–	–	–
010	Drän- und Versickerarbeiten	–	–	–	–
012	Mauerarbeiten	–	–	–	–
013	Betonarbeiten	–	–	–	–
014	Natur-, Betonwerksteinarbeiten	–	–	–	–
016	Zimmer- und Holzbauarbeiten	–	–	–	–
017	Stahlbauarbeiten	–	–	–	–
018	Abdichtungsarbeiten	–	–	–	–
020	Dachdeckungsarbeiten	–	–	–	–
021	Dachabdichtungsarbeiten	–	–	–	–
022	Klempnerarbeiten	–	–	–	–
	Rohbau	**–**	**–**	**–**	**–**
023	Putz- und Stuckarbeiten, Wärmedämmsysteme	–	–	–	–
024	Fliesen- und Plattenarbeiten	–	–	–	–
025	Estricharbeiten	–	–	–	–
026	Fenster, Außentüren inkl. 029, 032	–	–	–	–
027	Tischlerarbeiten	79.226	193,90	49,40	88,0
028	Parkett-, Holzpflasterarbeiten	–	–	–	–
030	Rollladenarbeiten	–	–	–	–
031	Metallbauarbeiten inkl. 035	–	–	–	–
034	Maler- und Lackiererarb. – Beschicht. inkl. 037	–	–	–	–
036	Bodenbelagarbeiten	–	–	–	–
038	Vorgehängte hinterlüftete Fassaden	–	–	–	–
039	Trockenbauarbeiten	–	–	–	–
	Ausbau	**79.226**	**193,90**	**49,40**	**88,0**
040	Wärmeversorgungsanl. - Betriebseinr. inkl. 041	–	–	–	–
042	Gas- u. Wasseranl. – Leitung., Armat. inkl. 043	–	–	–	–
044	Abwasseranl. - Leitungen, Abläufe, Armaturen	–	–	–	–
045	Gas, Wasser, Entwässerung – Ausstattung inkl. 046	–	–	–	–
047	Dämm- und Brandschutzarb. an techn. Anlagen	–	–	–	–
049	Feuerlöschanlagen, Feuerlöschgeräte	–	–	–	–
050	Blitzschutz-/Erdungsanlagen, Überspannungssch.	–	–	–	–
053	Niederspannungsanl. – Kabel inkl. 052, 054	–	–	–	–
055	Sicherheits- u. Ersatzstromversorgungsanl.	–	–	–	–
057	Gebäudesystemtechnik	–	–	–	–
058	Leuchten und Lampen inkl. 059	10.795	26,40	6,70	12,0
060	Such, Signal, Zeit, Anten., akust. Anl. inkl. 064	–	–	–	–
061	Kommunikations- u. Übertragungsnetze inkl. 063	–	–	–	–
069	Aufzüge	–	–	–	–
070	Gebäudeautomation	–	–	–	–
075	Raumlufttechnische Anlagen inkl. 078	–	–	–	–
	Gebäudetechnik	**10.795**	**26,40**	**6,70**	**12,0**
084	Abbruch, Rückbau, Schadstoffsanierung	–	–	–	–
	Abbrucharbeiten	**–**	**–**	**–**	**–**
	Sonstige Leistungsbereiche	**–**	**–**	**–**	**–**

© **BKI** Baukosteninformationszentrum

Kostenkennwerte für die Kosten des Bauwerks (Kostengruppen 300+400 nach DIN 276)

Modernisierung

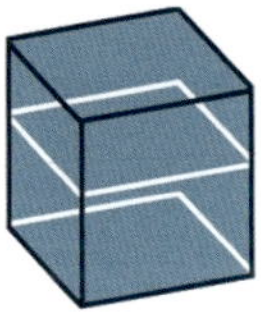

BRI 255 €/m³

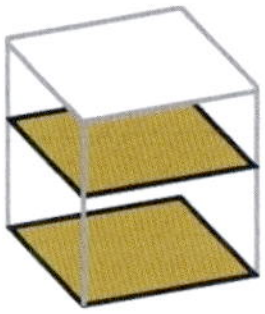

BGF 848 €/m²

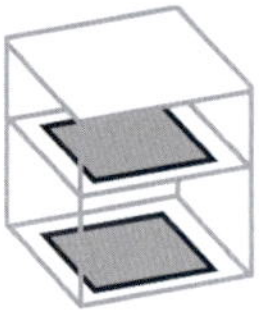

NUF 1.134 €/m²

Objekt:
Kennwerte: 3. Ebene DIN 276
BRI: 1.093 m³
BGF: 329 m²
NUF: 246 m²
Bauzeit: 22 Wochen
Bauende: 2016
Standard: mittel
Bundesland: Nordrhein-Westfalen
Kreis: Köln, Stadt

Architekt*in:
FRANKE
Architektur I Innenarchitektur
Oberstraße 135
52349 Düren

Bauherr*in:
Stadt Köln
Gebäudewirtschaft

vorher

nachher

© **BKI** Baukosteninformationszentrum

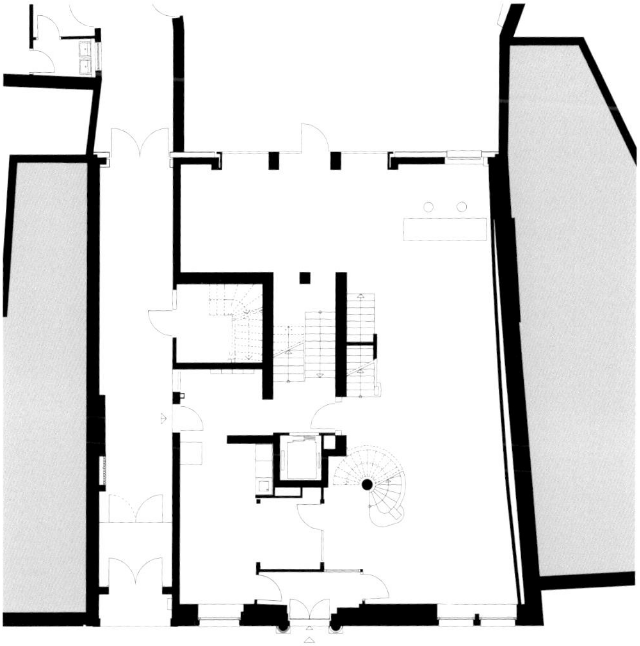

Erdgeschoss

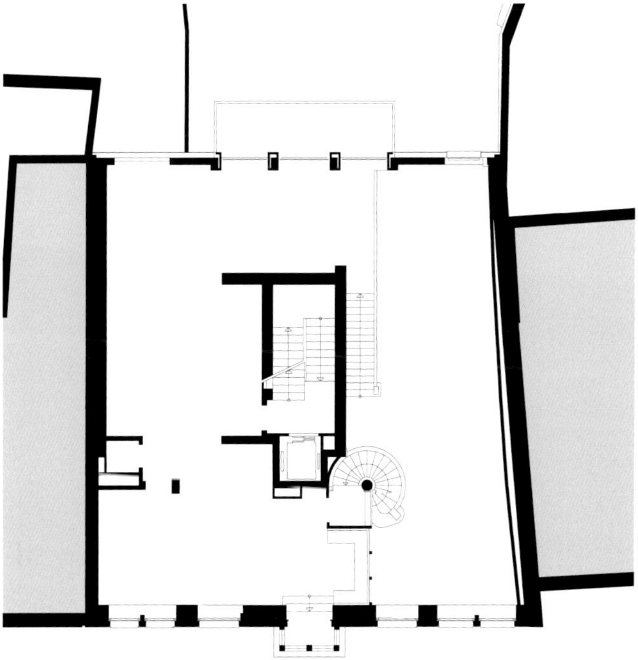

Zwischengeschoss

Objektbeschreibung

Allgemeine Objektinformationen

Die sanierte Stadtteilbibliothek befindet sich im Erd- und Galeriegeschoss eines denkmalgeschützten Gebäudes in der Altstadt. Das aus dem Mittelalter stammende und später barock umgebaute Bürgerhaus wurde im 2. Weltkrieg fast völlig zerstört und ist bis auf seine markante Fassade eine Rekonstruktion. Ursprünglich diente der heutige Bibliotheksbereich als Brauhaus und Gaststätte. Neben Büchern findet man hier heute Bereiche zum Arbeiten, Relaxen, sich Treffen, Kommunizieren, Erzählen und Spielen.

Nutzung

1 Erdgeschoss
Bibliothek

1 Obergeschoss
Bibliothek

Markt

Hauptvergabezeit: 2. Quartal 2017
Baubeginn: 3. Quartal 2016
Bauende: 4. Quartal 2016
Konjunkturelle Gesamtlage: Durchschnitt
Regionaler Baumarkt: über Durchschnitt

Baubestand

Baujahr: 1890
Bauzustand: mittel
Aufwand: mittel
Grundrissänderungen: wenige
Tragwerkseingriffe: keine
Nutzungsänderung: nein
Nutzung während der Bauzeit: ja

Baukonstruktion

Die Raumaufteilung blieb erhalten, es erfolgte eine Neustrukturierung der Bereiche. Historische Bauteile wurden überarbeitet und restauriert. Alle Fenster, auch die mit Sprossenverglasung, sind mit Isolierglas bestmöglich ertüchtigt worden. Sämtliche Oberflächen wurden behandelt, neu beschichtet, lackiert oder offenporig geölt. Die Bodenbeläge wurden vollständig erneuert. Auch bestehendes Mobiliar kam wieder zum Einsatz.

Technische Anlagen

Die EDV-Technik wurde vollständig erneuert. Elektroinstallationen sind angepasst, ertüchtigt und ergänzt worden. Ebenso fanden diverse Brandschutzertüchtigungen statt. Die Heizkörper wurden überprüft, instandgesetzt und teilweise erneuert. In allen Räumen kam ein neues Lichtkonzept zur Ausführung, um adäquate Atmosphäre variieren und schaffen zu können.

© **BKI** Baukosteninformationszentrum

Planungskennwerte für Flächen und Rauminhalte nach DIN 277

Flächen des Grundstücks		Menge Einheit	% an GF
BF	Bebaute Fläche	–	–
UF	Unbebaute Fläche	–	–
GF	Grundstücksfläche	–	–

Grundflächen des Bauwerks		Menge Einheit	% an NUF	% an BGF
NUF	Nutzungsfläche	245,83 m²	100,0	74,8
TF	Technikfläche	–	–	–
VF	Verkehrsfläche	15,61 m²	6,3	4,7
NRF	Netto-Raumfläche	261,44 m²	106,3	79,5
KGF	Konstruktions-Grundfläche	67,26 m²	27,4	20,5
BGF	Brutto-Grundfläche	328,70 m²	133,7	100,0

Brutto-Rauminhalt des Bauwerks		Menge Einheit	BRI/NUF (m)	BRI/BGF (m)
BRI	Brutto-Rauminhalt	1.093,46 m³	4,45	3,33

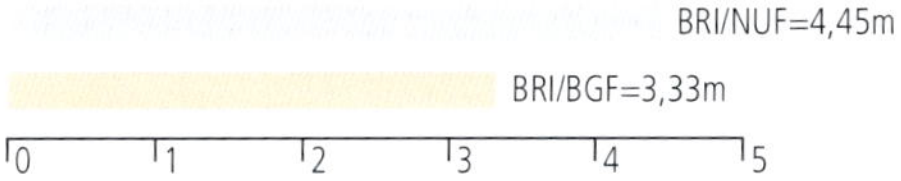

Lufttechnisch behandelte Flächen	Menge Einheit	% an NUF	% an BGF
Entlüftete Fläche	–	–	–
Be- und entlüftete Fläche	–	–	–
Teilklimatisierte Fläche	–	–	–
Klimatisierte Fläche	–	–	–

KG	Kostengruppen (2. Ebene)	Menge Einheit	Menge/NUF	Menge/BGF
310	Baugrube / Erdbau	–	–	–
320	Gründung, Unterbau	–	–	–
330	Außenwände/Vertikale Baukonstruktionen, außen	211,52 m² AWF	0,86	0,64
340	Innenwände/Vertikale Baukonstruktionen, innen	201,31 m² IWF	0,82	0,61
350	Decken/Horizontale Baukonstruktionen	284,44 m² DEF	1,16	0,87
360	Dächer	–	–	–

Modernisierung

Kostenkennwerte für die Kostengruppen der 1. Ebene DIN 276

KG	Kostengruppen (1. Ebene)	Einheit	Kosten €	€/Einheit	€/m² BGF	€/m³ BRI	% 300+400
100	Grundstück	m² GF	–	–	–	–	–
200	Vorbereitende Maßnahmen	m² GF	–	–	–	–	–
300	Bauwerk – Baukonstruktionen	m² BGF	195.279	594,09	594,09	178,59	70,0
400	Bauwerk – Technische Anlagen	m² BGF	83.525	254,11	254,11	76,39	30,0
	Bauwerk 300+400	**m² BGF**	**278.804**	**848,20**	**848,20**	**254,97**	**100,0**
500	Außenanlagen und Freiflächen	m² AF	–	–	–	–	–
600	Ausstattung und Kunstwerke	m² BGF	–	–	–	–	–
700	Baunebenkosten	m² BGF	–	–	–	–	–
800	Finanzierung	m² BGF	–	–	–	–	–

KG	Kostengruppe	Menge Einheit	Kosten €	€/Einheit	%
3+4	**Bauwerk**				**100,0**
300	**Bauwerk – Baukonstruktionen**	328,70 m² BGF	195.279	**594,09**	70,0

- Abbrechen (Kosten: 3,9%) — 7.675
  Abbruch von Holz-Wandbekleidungen; Bodenbelägen, Deckenbekleidungen; Holzsitzbank; Entsorgung, Deponiegebühren
- Wiederherstellen (Kosten: 29,1%) — 56.764
  Holzfenster/-türen schleifen, beschichten, Verglasungen erneuern, Holzbekleidungen schleifen, lackieren, Holz-Fensterläden schleifen, ausbessern, lackieren; Verglasungen erneuern; Holzstufen/-podest, schleifen, ausbessern, lackieren, Stuckdecke Beschichtung erneuern, Holztreppengeländer ausbessern, lackieren
- Herstellen (Kosten: 67,0%) — 130.840
  Glastüranlage; Beschichtung; Geländer, Verglasungen; Treppenpodest, Estrich, Linoleum; Holzsitzbank

KG	Kostengruppe	Menge Einheit	Kosten €	€/Einheit	%
400	**Bauwerk – Technische Anlagen**	328,70 m² BGF	83.525	**254,11**	30,0

- Wiederherstellen (Kosten: 13,0%) — 10.847
  Heizkörper abschleifen, lackieren, Heizkörper austauschen, versetzten; Leuchtmittel durch LED-Leuchtmittel austauschen
- Herstellen (Kosten: 87,0%) — 72.677
  Elektroinstallation, Beleuchtung; EDV-Verkabelung

© **BKI** Baukosteninformationszentrum

Kostenkennwerte für die Kostengruppen der 2.Ebene DIN 276

KG	Kostengruppe	Menge Einheit	Kosten €	€/Einheit	%
300	**Bauwerk – Baukonstruktionen**				**100,0**
330	**Außenwände/Vert. Baukonstrukt., außen**	211,52 m² AWF	38.595	**182,47**	19,8
	• Abbrechen (Kosten: 0,4%) Abbruch von Einbaulüfter (1St); Entsorgung, Deponiegebühren	–	140	**–**	
	• Wiederherstellen (Kosten: 54,8%) Holzfenster schleifen, beschichten (21m²), Verglasungen erneuern (21m²), Holztüren schleifen, lackieren (6m²) * Holzbekleidungen schleifen, lackieren (2m²) * Holz-Fensterläden schleifen, Beschädigungen ausbessern, lackieren (5m²)	28,64 m² AWF	21.141	**738,17**	
	• Herstellen (Kosten: 44,9%) Steine in Verblendmauerwerk ersetzen (psch) * Glastüranlage (6m²) * Malervlies, Dispersions-beschichtung (177m²)	182,88 m² AWF	17.314	**94,68**	
340	**Innenwände/Vert. Baukonstrukt., innen**	201,31 m² IWF	58.240	**289,30**	29,8
	• Abbrechen (Kosten: 1,7%) Abbruch von Ziernägeln in Holzbekleidungen (psch) * Abbruch von Holz-Wandbekleidungen (18m²); Entsorgung, Deponiegebühren	9,05 m² IWF	997	**110,14**	
	• Wiederherstellen (Kosten: 38,2%) Austausch von Verglasungen (9m²), in Windfangelementen (3St), Holztüren schleifen, lackieren (6m²), Stahltüren (2St) * Holzbekleidungen, ausbessern, lackieren (41m²)	35,29 m² IWF	22.257	**630,69**	
	• Herstellen (Kosten: 60,1%) Malervlies, Dispersionsbeschichtung (332m²), Putz (25m²), GK-Bekleidung, zweilagig (9m²) * Stahlgeländer (16m²), VSG Verglasungen (12m²)	166,02 m² IWF	34.986	**210,73**	
350	**Decken/Horizontale Baukonstruktionen**	284,44 m² DEF	84.888	**298,44**	43,5
	• Abbrechen (Kosten: 6,8%) Abbruch von Parkett (120m²), PVC-Bodenbeläge (134m²), Fliesen (12m²) * Holzdeckenbekleidung (25m²); Entsorgung, Deponiegebühren	265,57 m² DEF	5.738	**21,60**	
	• Wiederherstellen (Kosten: 15,7%) Holzstufen schleifen, ausbessern, lackieren (16St) * Holzpodest schleifen, lackieren (3m²) * Stuck-decke Leimfarbenbeschichtung abwaschen, reversible Mineralfarbe auftragen (160m²) * Holz-Treppengeländer schleifen, ausbessern, lackieren (10m), Handlauf (9m)	160,42 m² DEF	13.366	**83,32**	
	• Herstellen (Kosten: 77,5%) Treppenpodest (2m²) * Estrich, Linoleum (276m²), Sauberlaufmatte (3m²) * GK-Decken, Malervlies, Dispersionsbeschichtung (214m²)	280,52 m² DEF	65.785	**234,51**	
380	**Baukonstruktive Einbauten**	328,70 m² BGF	9.656	**29,38**	4,9
	• Abbrechen (Kosten: 8,3%) Abbruch von Holzsitzbank (1St); Entsorgung, Deponiegebühren	328,70 m² BGF	801	**2,44**	
	• Herstellen (Kosten: 91,7%) Holzsitzbank, lackiert (1St)	328,70 m² BGF	8.854	**26,94**	

KG	Kostengruppe	Menge Einheit	Kosten €	€/Einheit	%
390	**Sonst. Maßnahmen für Baukonstrukt.**	328,70 m² BGF	3.900	**11,86**	2,0
	• Herstellen (Kosten: 100,0%) Fahrgerüst (1St) * Vlies (303m²), Schutzabdeckungen für historische Wendeltreppe (psch)	328,70 m² BGF	3.900	**11,86**	
400	**Bauwerk – Technische Anlagen**				**100,0**
420	**Wärmeversorgungsanlagen**	328,70 m² BGF	10.781	**32,80**	12,9
	• Wiederherstellen (Kosten: 100,0%) Heizkörper abschleifen, lackieren (8St), Heizkörper austauschen (1St), Heizkörper versetzt (1St)	328,70 m² BGF	10.781	**32,80**	
440	**Elektrische Anlagen**	328,70 m² BGF	67.232	**204,54**	80,5
	• Wiederherstellen (Kosten: < 0,1%) Leuchtmittel durch LED-Leuchtmittel austauschen (1St)	328,70 m² BGF	67	**0,20**	
	• Herstellen (Kosten: 99,9%) Verteilerschrank (1St), Mantelleitungen (36m), Installationsleitungen (20m), Steckdose, zweifach (1St) * LED-Leuchten (59St), LED-Sicherheitsleuchten (8St), Stehleuchten (2St)	328,70 m² BGF	67.166	**204,34**	
450	**Kommunikationstechnische Anlagen**	328,70 m² BGF	5.512	**16,77**	6,6
	• Herstellen (Kosten: 100,0%) Verteilerschrank (1St), Datenkabel Cat7 (540m), Datenanschlussdosen (24St)	328,70 m² BGF	5.512	**16,77**	

© **BKI** Baukosteninformationszentrum

Kostenkennwerte für die Kostengruppen 300 der 2. und 3.Ebene DIN 276 (Übersicht)

KG	Kostengruppe	Menge Einheit	Kosten €	€/Einheit	% an 3+4
300	**Bauwerk – Baukonstruktionen**	**328,70 m²BGF**	**195.278,73**	**594,09**	**70,0**
310	**Baugrube / Erdbau**	**–**	**–**	**–**	**–**
311	Herstellung	–	–	–	–
312	Umschließung	–	–	–	–
313	Wasserhaltung	–	–	–	–
314	Vortrieb	–	–	–	–
319	Sonstiges zur KG 310	–	–	–	–
320	**Gründung, Unterbau**	**–**	**–**	**–**	**–**
321	Baugrundverbesserung	–	–	–	–
322	Flachgründungen und Bodenplatten	–	–	–	–
323	Tiefgründungen	–	–	–	–
324	Gründungsbeläge	–	–	–	–
325	Abdichtungen und Bekleidungen	–	–	–	–
326	Dränagen	–	–	–	–
329	Sonstiges zur KG 320	–	–	–	–
330	**Außenwände/Vert. Baukonstrukt., außen**	**211,52 m²AWF**	**38.595,14**	**182,47**	**13,8**
331	Tragende Außenwände	–	402,74	–	0,1
332	Nichttragende Außenwände	–	–	–	–
333	Außenstützen	–	–	–	–
334	Außenwandöffnungen	33,11 m²	29.623,05	894,69	10,6
335	Außenwandbekleidungen, außen	–	–	–	–
336	Außenwandbekleidungen, innen	178,41 m²	8.103,55	45,42	2,9
337	Element. Außenwandkonstruktionen	–	–	–	–
338	Lichtschutz zur KG 330	5,48 m²	465,80	85,00	0,2
339	Sonstiges zur KG 330	–	–	–	–
340	**Innenwände/Vert. Baukonstrukt., innen**	**201,31 m²IWF**	**58.239,91**	**289,30**	**20,9**
341	Tragende Innenwände	–	–	–	–
342	Nichttragende Innenwände	–	–	–	–
343	Innenstützen	–	–	–	–
344	Innenwandöffnungen	14,58 m²	18.547,46	1.272,12	6,7
345	Innenwandbekleidungen	373,45 m²	35.563,84	95,23	12,8
346	Elementierte Innenwandkonstruktionen	–	–	–	–
347	Lichtschutz zur KG 340	–	–	–	–
349	Sonstiges zur KG 340	201,31 m²IWF	4.128,59	20,51	1,5
350	**Decken/Horizontale Baukonstruktionen**	**284,44 m²DEF**	**84.888,25**	**298,44**	**30,4**
351	Deckenkonstruktionen	5,94 m²	6.310,26	1.062,33	2,3
352	Deckenöffnungen	–	–	–	–
353	Deckenbeläge	281,80 m²	58.601,75	207,96	21,0
354	Deckenbekleidungen	374,16 m²	17.941,09	47,95	6,4
355	Elementierte Deckenkonstruktionen	–	–	–	–
359	Sonstiges zur KG 350	284,44 m²DEF	2.035,14	7,15	0,7
360	**Dächer**	**–**	**–**	**–**	**–**
361	Dachkonstruktionen	–	–	–	–
362	Dachöffnungen	–	–	–	–
363	Dachbeläge	–	–	–	–
364	Dachbekleidungen	–	–	–	–
365	Elementierte Dachkonstruktionen	–	–	–	–
366	Lichtschutz zur KG 360	–	–	–	–
369	Sonstiges zur KG 360	–	–	–	–
370	**Infrastrukturanlagen**	**–**	**–**	**–**	**–**
380	**Baukonstruktive Einbauten**	**328,70 m²BGF**	**9.655,64**	**29,38**	**3,5**
390	**Sonst. Maßnahmen für Baukonstrukt.**	**328,70 m²BGF**	**3.899,82**	**11,86**	**1,4**

Kostenkennwerte für die Kostengruppen 400 der 2. und 3. Ebene DIN 276 (Übersicht)

KG	Kostengruppe	Menge Einheit	Kosten €	€/Einheit	% an 3+4
400	**Bauwerk – Technische Anlagen**	**328,70 m²BGF**	**83.524,82**	**254,11**	**30,0**
410	**Abwasser-, Wasser-, Gasanlagen**	**–**	**–**	**–**	**–**
411	Abwasseranlagen	–	–	–	–
412	Wasseranlagen	–	–	–	–
413	Gasanlagen	–	–	–	–
419	Sonstiges zur KG 410	–	–	–	–
420	**Wärmeversorgungsanlagen**	**328,70 m²BGF**	**10.780,59**	**32,80**	**3,9**
421	Wärmeerzeugungsanlagen	–	–	–	–
422	Wärmeverteilnetze	–	–	–	–
423	Raumheizflächen	328,70 m²BGF	10.780,59	32,80	3,9
424	Verkehrsheizflächen	–	–	–	–
429	Sonstiges zur KG 420	–	–	–	–
430	**Raumlufttechnische Anlagen**	**–**	**–**	**–**	**–**
431	Lüftungsanlagen	–	–	–	–
432	Teilklimaanlagen	–	–	–	–
433	Klimaanlagen	–	–	–	–
434	Kälteanlagen	–	–	–	–
439	Sonstiges zur KG 430	–	–	–	–
440	**Elektrische Anlagen**	**328,70 m²BGF**	**67.232,38**	**204,54**	**24,1**
441	Hoch- und Mittelspannungsanlagen	–	–	–	–
442	Eigenstromversorgungsanlagen	–	–	–	–
443	Niederspannungsschaltanlagen	–	–	–	–
444	Niederspannungsinstallationsanlagen	328,70 m²BGF	3.730,74	11,35	1,3
445	Beleuchtungsanlagen	328,70 m²BGF	63.501,64	193,19	22,8
446	Blitzschutz- und Erdungsanlagen	–	–	–	–
447	Fahrleitungssysteme	–	–	–	–
449	Sonstiges zur KG 440	–	–	–	–
450	**Kommunikationstechnische Anlagen**	**328,70 m²BGF**	**5.511,85**	**16,77**	**2,0**
451	Telekommunikationsanlagen	–	–	–	–
452	Such- und Signalanlagen	–	–	–	–
453	Zeitdienstanlagen	–	–	–	–
454	Elektroakustische Anlagen	–	–	–	–
455	Audiovisuelle Medien- u. Antennenanl.	–	–	–	–
456	Gefahrenmelde- und Alarmanlagen	–	–	–	–
457	Datenübertragungsnetze	328,70 m²BGF	5.511,85	16,77	2,0
458	Verkehrsbeeinflussungsanlagen	–	–	–	–
459	Sonstiges zur KG 450	–	–	–	–
460	**Förderanlagen**	**–**	**–**	**–**	**–**
461	Aufzugsanlagen	–	–	–	–
462	Fahrtreppen, Fahrsteige	–	–	–	–
463	Befahranlagen	–	–	–	–
464	Transportanlagen	–	–	–	–
465	Krananlagen	–	–	–	–
466	Hydraulikanlagen	–	–	–	–
469	Sonstiges zur KG 460	–	–	–	–
470	**Nutzungsspez. u. verfahrenstechn. Anl.**	**–**	**–**	**–**	**–**
480	**Gebäude- und Anlagenautomation**	**–**	**–**	**–**	**–**
490	**Sonst. Maßnahmen für techn. Anlagen**	**–**	**–**	**–**	**–**

© **BKI** Baukosteninformationszentrum

Kostenkennwerte für Leistungsbereiche nach STLB (Kosten des Bauwerks nach DIN 276)

LB	Leistungsbereiche	Kosten €	€/m² BGF	€/m³ BRI	% an 3+4
000	Baustellen-, Verkehrssich.- u. Sicherh.einr. inkl. 001	3.900	11,90	3,60	1,4
002	Erdarbeiten	–	–	–	–
006	Spezialtiefbauarbeiten inkl. 005	–	–	–	–
009	Entwässerungskanalarbeiten inkl. 011	–	–	–	–
010	Drän- und Versickerarbeiten	–	–	–	–
012	Mauerarbeiten	263	0,80	0,24	< 0,1
013	Betonarbeiten	–	–	–	–
014	Natur-, Betonwerksteinarbeiten	–	–	–	–
016	Zimmer- und Holzbauarbeiten	–	–	–	–
017	Stahlbauarbeiten	–	–	–	–
018	Abdichtungsarbeiten	–	–	–	–
020	Dachdeckungsarbeiten	–	–	–	–
021	Dachabdichtungsarbeiten	–	–	–	–
022	Klempnerarbeiten	–	–	–	–
	Rohbau	**4.163**	**12,70**	**3,80**	**1,5**
023	Putz- und Stuckarbeiten, Wärmedämmsysteme	9.895	30,10	9,00	3,5
024	Fliesen- und Plattenarbeiten	–	–	–	–
025	Estricharbeiten	19.863	60,40	18,20	7,1
026	Fenster, Außentüren inkl. 029, 032	40.567	123,40	37,10	14,6
	Wiederherstellen	28.465	86,60	26,00	10,2
	Herstellen	12.102	36,80	11,10	4,3
027	Tischlerarbeiten	18.718	56,90	17,10	6,7
	Wiederherstellen	7.800	23,70	7,10	2,8
	Herstellen	10.919	33,20	10,00	3,9
028	Parkett-, Holzpflasterarbeiten	–	–	–	–
030	Rollladenarbeiten	–	–	–	–
031	Metallbauarbeiten inkl. 035	–	–	–	–
034	Maler- und Lackiererarb. – Beschicht. inkl. 037	52.811	160,70	48,30	18,9
	Wiederherstellen	22.442	68,30	20,50	8,0
	Herstellen	30.369	92,40	27,80	10,9
036	Bodenbelagarbeiten	32.825	99,90	30,00	11,8
038	Vorgehängte hinterlüftete Fassaden	–	–	–	–
039	Trockenbauarbeiten	10.703	32,60	9,80	3,8
	Ausbau	**185.383**	**564,00**	**169,50**	**66,5**
	Wiederherstellen	58.707	178,60	53,70	21,1
	Herstellen	126.677	385,40	115,80	45,4
040	Wärmeversorgungsanl. - Betriebseinr. inkl. 041	8.838	26,90	8,10	3,2
	Wiederherstellen	8.838	26,90	8,10	3,2
042	Gas- u. Wasseranl. – Leitung., Armat. inkl. 043	–	–	–	–
044	Abwasseranl. - Leitungen, Abläufe, Armaturen	–	–	–	–
045	Gas, Wasser, Entwässerung – Ausstattung inkl. 046	–	–	–	–
047	Dämm- und Brandschutzarb. an techn. Anlagen	410	1,20	0,37	0,1
049	Feuerlöschanlagen, Feuerlöschgeräte	–	–	–	–
050	Blitzschutz-/Erdungsanlagen, Überspannungssch.	–	–	–	–
053	Niederspannungsanl. – Kabel inkl. 052, 054	3.731	11,30	3,40	1,3
055	Sicherheits- u. Ersatzstromversorgungsanl.	–	–	–	–
057	Gebäudesystemtechnik	–	–	–	–
058	Leuchten und Lampen inkl. 059	63.502	193,20	58,10	22,8
	Wiederherstellen	67	0,20	0,06	< 0,1
	Herstellen	63.435	193,00	58,00	22,8

Modernisierung

LB	Leistungsbereiche	Kosten €	€/m² BGF	€/m³ BRI	% an 3+4
060	Such, Signal, Zeit, Anten., akust. Anl. inkl. 064	–	–	–	–
061	Kommunikations- u. Übertragungsnetze inkl. 063	5.102	15,50	4,70	1,8
069	Aufzüge	–	–	–	–
070	Gebäudeautomation	–	–	–	–
075	Raumlufttechnische Anlagen inkl. 078	–	–	–	–
	Gebäudetechnik	**81.582**	**248,20**	**74,60**	**29,3**
	Wiederherstellen	8.904	27,10	8,10	3,2
	Herstellen	72.677	221,10	66,50	26,1
084	Abbruch, Rückbau, Schadstoffsanierung	7.675	23,40	7,00	2,8
	Abbrechen	7.675	23,40	7,00	2,8
	Abbrucharbeiten	**7.675**	**23,40**	**7,00**	**2,8**
	Abbrechen	7.675	23,40	7,00	2,8
	Sonstige Leistungsbereiche	**–**	**–**	**–**	**–**

© BKI Baukosteninformationszentrum

9100-0168
Schauspielhaus
Zweitspielstätte

Kostenkennwerte für die Kosten des Bauwerks (Kostengruppen 300+400 nach DIN 276)

Umbau

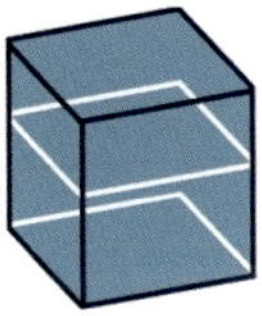

BRI 501 €/m³

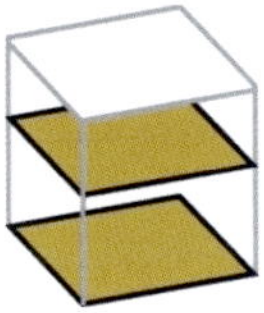

BGF 1.762 €/m²

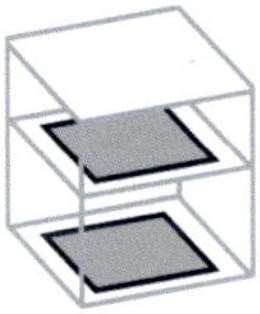

NUF 2.727 €/m²

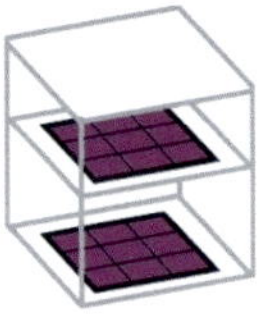

NE 25.374 €/NE

NE: Zuschauerplätze

Objekt:
Kennwerte: 3.Ebene DIN 276
BRI: 10.084 m³
BGF: 2.865 m²
NUF: 1.851 m²
Bauzeit: 70 Wochen
Bauende: 2017
Standard: hoch
Bundesland: Sachsen
Kreis: Leipzig, Stadt

Architekt*in:
Eßmann | Gärtner | Nieper
Architekten GbR
Gabelsbergerstraße 1a
04317 Leipzig

Bauherr*in:
Schauspiel Leipzig
Eigenbetrieb der Stadt Leipzig
Bosestraße 1
04109 Leipzig

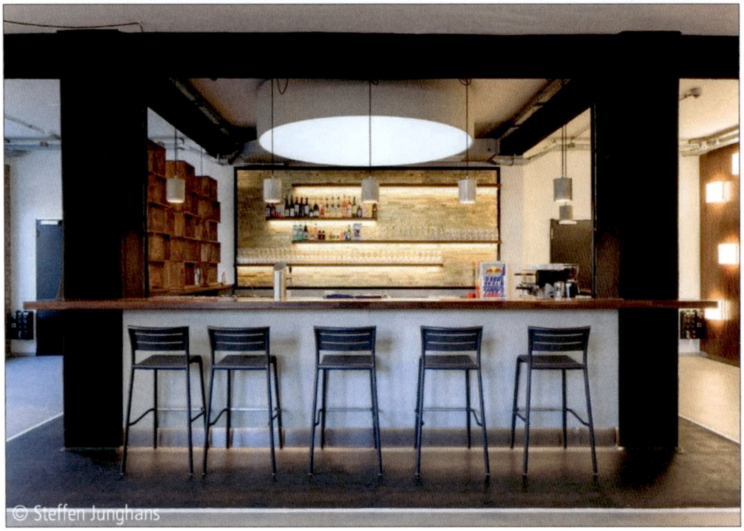

Umbau

Erdgeschoss

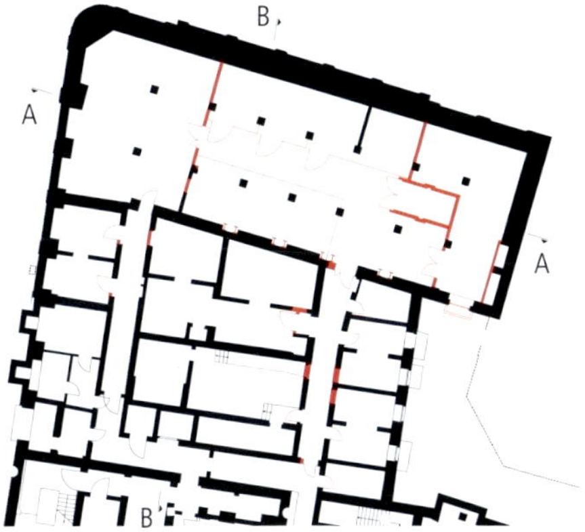

Untergeschoss

Zwischengeschoss

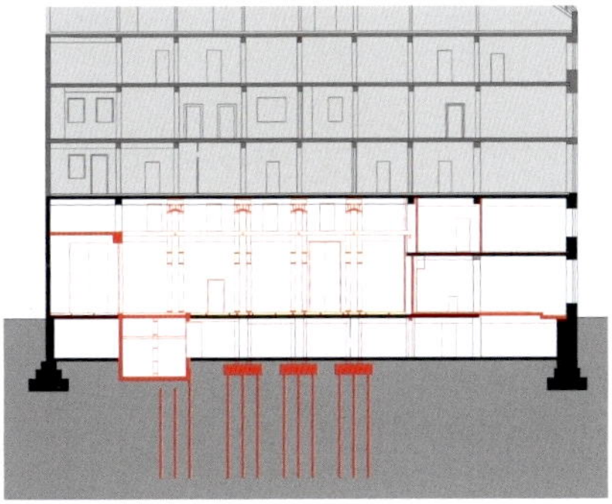

Schnitt A-A

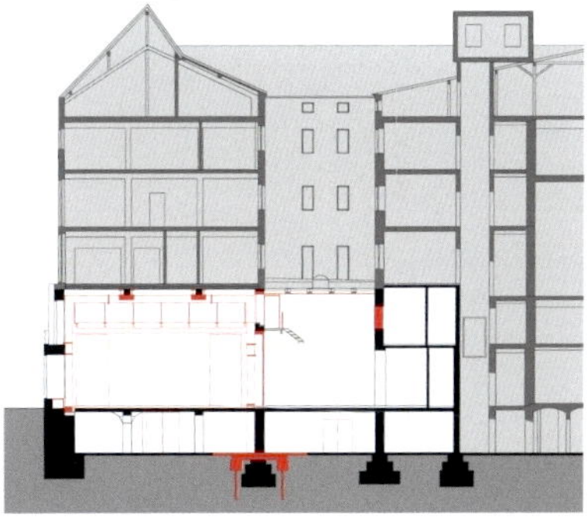

Schnitt B-B

Objekte
3. Ebene
Positionen Neubau
Positionen Altbau

Objektbeschreibung

Allgemeine Objektinformationen

Die ehemalige Diskothek wurde zur Zweitspielstätte des Schauspielhauses um- und ausgebaut. Das Gebäude wurde auf drei Ebenen neugestaltet. Die Spielstätte verfügt über eine flexible Bestuhlung und Szenenfläche. Die baulichen und technischen Bedingungen ermöglichen bis zu 199 Besucherplätze. Die vorhandene Optik mit sichtbarem Rohbau, Betondecken und Ziegelsteinen wurde in der Neugestaltung aufgegriffen und thematisiert. Alle öffentlichen Bereiche inklusive des Eingangs und der WC-Anlage sind barrierefrei zugänglich.

Nutzung

1 Untergeschoss
Technikräume, Lagerräume

1 Erdgeschoss
Szenenfläche, Foyer mit Garderobe, Maske, Sanitärräume

1 Obergeschoss
Technikebene, Büros, Umkleiden

Nutzeinheiten

Zuschauerplätze: 199

Markt

Hauptvergabezeit: 2. Quartal 2016
Baubeginn: 2. Quartal 2016
Bauende: 4. Quartal 2017
Konjunkturelle Gesamtlage: über Durchschnitt
Regionaler Baumarkt: über Durchschnitt

Baubestand

Baujahr: 1902
Bauzustand: gut
Aufwand: hoch
Grundrissänderungen: umfangreiche
Tragwerkseingriffe: umfangreiche
Nutzungsänderung: ja
Nutzung während der Bauzeit: nein

Baukonstruktion

Für die neue Szenenfläche im Erdgeschoss mussten aus der bestehenden Massivbaukonstruktion acht Stahlbetonstützen sowie die Stahlbetondecke abgebrochen werden. Vier Abfangkonstruktionen aus Profilstahlträgern mit neuen Gründungen in Form von Minibohrpfählen wurden eingebracht. Bestehende Innenwände sind größtenteils sichtbar belassen, neue Innenwände entstanden in Trockenbauweise. Zahlreiche Tür- und Fensteröffnungen wurden angepasst und haben Stahlbetonfertigteilstürze und neue Tür- und Fensterelemente erhalten. Die Decken wurden teilweise abgehängt, teilweise verputz und beschichtet oder erhielten nur eine Beschichtung. Als Fußbodenbeläge für die allgemeinen Flächen wurden Vinyl und Linoleum gewählt, im Untergeschoss wurde der Estrich versiegelt. In den Nassräumen sind die Böden mit Fliesen belegt. Die Szenefläche ist mit Dreischichtplatten und farbiger Deckbeschichtung gestaltet.

Technische Anlagen

An die bestehende Heizungsanlage wurden neue Heizkörper angeschlossen. Der neu errichtete Bereich wurde mit einer raumlufttechnischen Anlage mit Wärmerückgewinnung ausgestattet. Im Untergeschoss wurde eine Kälteanlage installiert. Das Schauspielhaus wurde mit einer Gefahrenmelde-/Alarmanlage und Gebäudeautomation ausgerüstet.

Sonstiges

Alle öffentlichen Bereiche sind barrierefrei zugänglich. Auch eine rollstuhlgerechte WC-Anlage ist vorgesehen. Für den Entwurf erzielte das Architekturbüro in einem öffentlichen Verhandlungsverfahren den 1. Platz.

© **BKI** Baukosteninformationszentrum

Planungskennwerte für Flächen und Rauminhalte nach DIN 277

Flächen des Grundstücks		Menge Einheit	% an GF
BF	Bebaute Fläche	–	–
UF	Unbebaute Fläche	–	–
GF	Grundstücksfläche	–	–

Grundflächen des Bauwerks		Menge Einheit	% an NUF	% an BGF
NUF	Nutzungsfläche	1.851,44 m²	100,0	64,6
TF	Technikfläche	62,70 m²	3,4	2,2
VF	Verkehrsfläche	261,00 m²	14,1	9,1
NRF	Netto-Raumfläche	2.175,14 m²	117,5	75,9
KGF	Konstruktions-Grundfläche	689,86 m²	37,3	24,1
BGF	Brutto-Grundfläche	2.865,00 m²	154,7	100,0

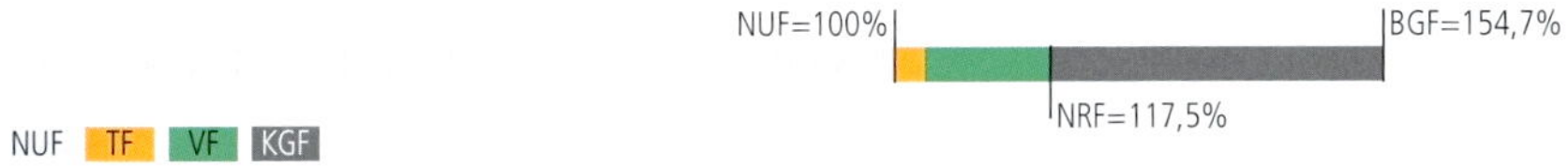

Brutto-Rauminhalt des Bauwerks		Menge Einheit	BRI/NUF (m)	BRI/BGF (m)
BRI	Brutto-Rauminhalt	10.084,20 m³	5,45	3,52

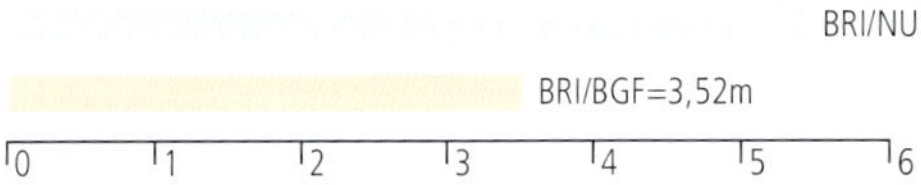

Lufttechnisch behandelte Flächen	Menge Einheit	% an NUF	% an BGF
Entlüftete Fläche	–	–	–
Be- und entlüftete Fläche	–	–	–
Teilklimatisierte Fläche	–	–	–
Klimatisierte Fläche	–	–	–

KG	Kostengruppen (2. Ebene)	Menge Einheit	Menge/NUF	Menge/BGF
310	Baugrube / Erdbau	111,76 m³ BGI	0,06	0,04
320	Gründung, Unterbau	307,08 m² GRF	0,17	0,11
330	Außenwände/Vertikale Baukonstruktionen, außen	763,61 m² AWF	0,41	0,27
340	Innenwände/Vertikale Baukonstruktionen, innen	1.438,65 m² IWF	0,78	0,50
350	Decken/Horizontale Baukonstruktionen	1.868,06 m² DEF	1,01	0,65
360	Dächer	68,93 m² DAF	0,04	0,02

Kostenkennwerte für die Kostengruppen der 1. Ebene DIN 276

KG	Kostengruppen (1. Ebene)	Einheit	Kosten €	€/Einheit	€/m²BGF	€/m³BRI	% 300+400
100	Grundstück	m²GF	–	–	–	–	–
200	Vorbereitende Maßnahmen	m²GF	–	–	–	–	–
300	Bauwerk – Baukonstruktionen	m²BGF	3.498.462	1.221,10	1.221,10	346,93	69,3
400	Bauwerk – Technische Anlagen	m²BGF	1.550.888	541,32	541,32	153,79	30,7
	Bauwerk 300+400	**m²BGF**	**5.049.350**	**1.762,43**	**1.762,43**	**500,72**	**100,0**
500	Außenanlagen und Freiflächen	m²AF	–	–	–	–	–
600	Ausstattung und Kunstwerke	m²BGF	1.962	0,68	0,68	0,19	< 0,1
700	Baunebenkosten	m²BGF	–	–	–	–	–
800	Finanzierung	m²BGF	–	–	–	–	–

KG	Kostengruppe	Menge Einheit	Kosten €	€/Einheit	%
3+4	**Bauwerk**				**100,0**
300	**Bauwerk – Baukonstruktionen**	2.865,00 m²BGF	3.498.462	**1.221,10**	69,3

- Abbrechen (Kosten: 17,7%) 620.816
  Abbruch von Bodenplatten, Fundament; Mauerwerk, Beton, Ringankern, Außentüren, Fenstern, Holzbauteilen; GK-Wänden, Stb-Stützen, Innentüren, Putz, Beschichtungen, Tapeten, Wandfliesen, bewehrten Gipsschalen; Stb-Decken, Estrich, Stahl-Glas-Element, Holzdielen, Unterzügen, Treppen, OSB-Platten, Abdichtung, Teerpappe, Estrich, PVC, Linoleum, Teppich, Spanplatten, Betonhohldielen, Bodenfliesen, Beschichtungen, GK-Decken; Stb-Dach, Vordach, Stahlkonstruktion, Welllichtplatten, Bitumenabdichtung, Dämmung, Blechen; Entsorgung, Deponiegebühren

- Wiederherstellen (Kosten: 0,7%) 24.771
  Fenster reparieren, Außentür-Dichtring aufarbeiten; Rahmenhölzer neu herstellen, Ornamentverglasung verkitten, fehlendes Ornamentglas ersetzen, Beschichtung anschleifen, beschichten; Risse im Estrich vernadeln, verharzen, schließen, Bewehrung entrosten, Korrosionsschutz, mit Mörtel auffüllen, Decke reprofilieren

- Herstellen (Kosten: 81,5%) 2.852.875
  Pumpensümpfe; Bodenaustausch, Bodenplatte, WU-Beton, Stb-Rampe, Stb-Treppenlaufplatte, Stahlträger, Mikropfähle, Versiegelung; Stb-Wände, Stb-Ringanker, Stahlstützen, Außentüren, Drehtür, Fenster, Putz, Klappläden, Lüftungsschacht; Mauerwerk, Stb-Stürze, GK-Wände, Stahlstützen, Innentüren, Rolltore, Putz, Beschichtung, Wandfliesen, WC-Trennwände, Verdunkelungen; Stb-Decken, Stahltreppe, Stahlträger, Stahlrahmen, Estrich, Imprägnierung, Fertigteilestrich, Bühnenboden, Vinyl, Linoleum, Bodenfliesen, Rippenstreckmetall, Putz, abgehängte Decken, Beschichtungen; Vordach, Dachrinne; Vorhangstangen

© BKI Baukosteninformationszentrum

KG	Kostengruppe	Menge Einheit	Kosten €	€/Einheit	%
400	**Bauwerk – Technische Anlagen**	2.865,00 m2 BGF	1.550.888	**541,32**	30,7
	• Abbrechen (Kosten: 6,1%) Abbruch von Abwasserrohren, Bodeneinläufen, Kalt- und Warmwasserleitungen; Heizungsrohren, Heizkörpern; Lüftungsanlage, Lüftungskanälen; Zentralbatteriesystem, Fernmeldeleitungen; Brandmeldekabeln, Rauchmelder, Signalgeber, Handmelder; Aufzug; Network-Control-Modulen, Kabeln an Feldgeräten abklemmen, kürzen; Entsorgung, Deponiegebühren		94.134		
	• Wiederherstellen (Kosten: 2,0%) Abwasser- und Wasserleitungen umbauen; Heizungsrohre umbauen; Austausch von LS-Schaltern		30.357		
	• Herstellen (Kosten: 92,0%) Hebeanlage, Abwasserleitungen, Kalt- und Warmwasserleitungen, Sanitärobjekte; Nassläuferpumpen, Kupferrohre, Heizkörper; Zu- und Abluftgerät mit WRG, Kaltwassergerät, Wickelfalzrohre, Deflektorhaube, Kälteanlage, Edelstahlrohre; Zentralbatteriesystem, Verteiler, Elektroinstallation, Beleuchtung, Blitzschutz; Such- und Signalanlage, Antennenanlage, Gefahrenmelde- und Alarmanlage, Datenübertragungsnetze; Gebäudeautomation		1.426.397		
600	**Ausstattung und Kunstwerke**	2.865,00 m2 BGF	1.962	**0,68**	< 0,1
	• Abbrechen (Kosten: 30,2%) Abbruch von Gardinenleisten, Holzbauteilen; Entsorgung, Deponiegebühren		593		
	• Herstellen (Kosten: 69,8%) Duschabtrennung, Spiegel		1.369		

Kostenkennwerte für die Kostengruppen der 2. Ebene DIN 276

KG	Kostengruppe	Menge Einheit	Kosten €	€/Einheit	%
300	**Bauwerk – Baukonstruktionen**				**100,0**
310	**Baugrube / Erdbau**	111,76 m³BGI	39.824	**356,34**	1,1
	• Herstellen (Kosten: 100,0%)	111,76 m³BGI	39.824	**356,34**	
	Boden BK 3-5, lösen, laden, entsorgen, t=1,60m (68m³), Arbeitsraum mit Liefermaterial verfüllen, verdichten (56m³) * Wasserhaltung im Gebäude, Pumpensümpfe, Gesamtförderleistung 16l/s (8St), Gesamtförderleistung 10l/s (4St)				
320	**Gründung, Unterbau**	307,08 m²GRF	227.638	**741,30**	6,5
	• Abbrechen (Kosten: 4,7%)	166,28 m²GRF	10.680	**64,23**	
	Abbruch von Stb-Bodenplatten, d=25cm, teils mit Estrich (129m²), d=10-25cm (8m²), Stb-Fundament ausstemmen (8m²) * Bodenfliesen (21m²); Entsorgung, Deponiegebühren				
	• Herstellen (Kosten: 95,3%)	307,08 m²GRF	216.958	**706,52**	
	Ortbeton als Bodenaustausch, unbewehrter Beton (46m²) * Stb-Einzelfundamente (18m³), Stb-Bodenplatte (150m²), WU-Beton (13m²), Stb-Rampe (45m²), Stb-Treppenlaufplatte (3m²), Auflagerpolster, Ortbeton (1m³), Stahlträger (54m), Fußpunkt-Träger (3.000kg) * Stahlglieder für Mikropfähle (140m), Bohrungen verpressen für Mikropfähle (140m), Pfahlköpfe (20St) * Versiegelung (307m²) * Sauberkeitsschicht (37m²), PE-Folie (230m²)				
330	**Außenwände/Vert. Baukonstrukt., außen**	763,61 m²AWF	447.558	**586,11**	12,8
	• Abbrechen (Kosten: 10,1%)	1.023,18 m²AWF	45.288	**44,26**	
	Abbruch von Mauerwerk (27m²), Grate, Betonspitzen (68m²) * Betonsockeln, Ringankern, Auffüllungen, Aufkantungen (80m²) * Holztüren (12m²), Holzfenstern (11m²) * Kalkzementputz (285m²), Tapeten (113m²), Holzbauteilen (106m²), Beschichtungen (60m²), Salzausblühungen durch Trockenstrahlen mit Strahlmittel (262m²); Entsorgung, Deponiegebühren				
	• Wiederherstellen (Kosten: 1,9%)	18,25 m²AWF	8.521	**466,89**	
	Fenster demontieren, reparieren, wieder montieren (11m²), Außentür-Dichtring aufarbeiten (7m²)				
	• Herstellen (Kosten: 88,0%)	745,36 m²AWF	393.749	**528,27**	
	Stb-Wände (10m²), Stb-Sturz (1m³), Stb-Ringanker (1m³) * Mauerwerk (49m²) * Stahlstützen (112m), Fußpunkte Träger (1.180kg) * Stahltür (11m²), Holztür, Drehtür-Automatikantrieb (7m²), Holzfenster (5m²), Kunststofffenster (1m²), Oberlicht-Kipp-Beschläge, elektrisch (9St), Drehflügel-Beschläge, elektrisch (2St) * Zementputz (41m²), Dichtungsschlämme (29m²), Bitumendickbeschichtung (31m²), Kalkzementputz (19m²) * Kalkzementputz (324m²), Beschichtungen (629m²), Brandschutzbeschichtung (92m²) * Klappläden (31m²) * Kellerlüftungsschacht (1St), Laufstegabdeckung (11m²)				

© **BKI** Baukosteninformationszentrum

KG	Kostengruppe	Menge Einheit	Kosten €	€/Einheit	%
340	**Innenwände/Vert. Baukonstrukt., innen**	1.438,65 m² IWF	1.312.565	**912,36**	37,5
	• Abbrechen (Kosten: 20,6%)	3.391,14 m² IWF	270.618	**79,80**	
	Abbruch von Mauerwerk (91m²), für Schlitze (18m²), für Auflagertaschen (12m²), Betonbauteilen (7m²) * Mauerwerk (379m²), GK-Trennwänden (342m²) * Stb-Stützen (61m) * Holz-/Metalltüren (218m²) * Kalkzementputz (1.011m²), Beschichtungen (1.877m²), Tapeten (1.092m²), Wandfliesen (258m²), Vorsatzschalen (247m²), Spiegel (60m²), bewehrten Gipsschalen (101m²) * Handlauf (12m); Entsorgung, Deponiegebühren				
	• Wiederherstellen (Kosten: 0,9%)	13,20 m² IWF	11.558	**875,58**	
	Rahmenhölzer neu herstellen, Ornamentverglasung verkitten, fehlendes Ornamentglas ersetzen, Beschichtung anschleifen, beschichten (13m²)				
	• Herstellen (Kosten: 78,5%)	1.425,45 m² IWF	1.030.389	**722,85**	
	Mauerwerk (76m²), Stb-Stürze F90 (131St) * GK-Trennwände (265m²), F90 (191m²), Mauerwerk (126m²) * Stahlstützen (112m), Fußpunkte Träger (1.180kg) * Holztüren (81m²), Stahltüren (58m²), Metallrahmentüren (20m²), Rolltore, Motorantrieb (18m²), Schiebetür (3m²) * Putz (1.165m²), Beschichtung (2.204m²), Wandfliesen (160m²), Brandschutzbeschichtung (92m²), Vorsatzschalen (90m²), mit Akustikplatten (204m²) * WC-Trennwandanlagen (17m²) * Verdunkelungen: Alu-Sandwichplatten (10m²) * Handläufe (2St), Steigtritte (12St), Haltekonstruktionen (32St)				
350	**Decken/Horizontale Baukonstruktionen**	1.868,06 m² DEF	1.149.024	**615,09**	32,8
	• Abbrechen (Kosten: 24,9%)	2.516,58 m² DEF	285.718	**113,53**	
	Abbruch von Stb-Decken, Estrich, Bodenbelag (276m²), Stahl-Glas-Element, Bodenbelag, Holzdielen (25m²), Stb-Unterzügen (15m³), Stb-Treppen (43m²), Holztreppen (2m²) * OSB-Platten (905m²), Teerpappe (526m²), Estrich (852m²), PVC, Linoleum, Teppich (535m²), Spanplatten (117m²), Betonhohldielen (34m²), Bodenfliesen (16m²) * Beschichtungen (1.265m²), durch Trockenstrahlen mit Strahlmittel (54m²), GK-Decken (133m²), bewehrten Gipsschalen (20m²) * Geländer (31m); Entsorgung, Deponiegebühren				
	• Wiederherstellen (Kosten: 0,4%)	5,76 m² DEF	4.693	**814,72**	
	Risse im Estrich vernadeln, verharzen (55m), mit Bindemittel schließen, ausbessern, spachteln (18St) * Bewehrung entrosten, Korrosionsschutz, mit Mörtel auffüllen (31St), Decke reprofilieren (6m²)				
	• Herstellen (Kosten: 74,7%)	1.868,06 m² DEF	858.614	**459,63**	
	Stb-Decken (116m²), Deckenöffnungen einbetonieren (9m²), Stahltreppe (1m²), Stahlträger als Unterzug (5.642kg), Zugstabsystem (515kg), Stahlrahmen (920kg), Stahlträger (1.090kg) * Estrich (356m²), Imprägnierung (170m²), Fertigteilestrich, Schüttdämmung (250m²), Bühnenboden, Lasur (281m²), Vinyl (244m²), Linoleum (110m²), Bodenfliesen (44m²), Granitplatten (2m²), Eingangsmatte (2m²) * Rippenstreckmetall, Putz als Brandschutzbeschichtung (559m²), abgehängte Akustikdecken (284m²), Zementfaserplatten (156m²), Brandschutzplatten (64m²), Beschichtung (1.310m²), Brandschutzbeschichtung (473m²) * Geländer (11m)				

Umbau

KG	Kostengruppe	Menge Einheit	Kosten €	€/Einheit	%
360	**Dächer**	68,93 m2 DAF	61.587	**893,47**	1,8
	• Abbrechen (Kosten: 11,7%) Abbruch von Stb-Dach (19m2), Vordach, Stahlkonstruktion, Welllichtplatten (15m2) * Bitumen-abdichtung (17m2), Dämmung (670kg), Blechen (36m); Entsorgung, Deponiegebühren	50,75 m2 DAF	7.201	**141,89**	
	• Herstellen (Kosten: 88,3%) Vordach: Alu-Rahmen, VSG, Stahlkonstruktion (24m2), Dachrinne (5m) * abgehängte GK-Decke F90, Beschichtung (45m2)	68,93 m2 DAF	54.386	**789,00**	
380	**Baukonstruktive Einbauten**	2.865,00 m2 BGF	27.058	**9,44**	0,8
	• Abbrechen (Kosten: 4,8%) Heizkörperbekleidungen demontieren, lagern (7St)	2.865,00 m2 BGF	1.311	**0,46**	
	• Herstellen (Kosten: 95,2%) Heizkörperbekleidungen: HPL-Platten, Stahlprofile (12St), gelagerte Heizkörperbekleidungen wieder montieren (2St) * Aufhängung für Bühnenvorhänge, Stahlrohre (10St)	2.865,00 m2 BGF	25.747	**8,99**	
390	**Sonst. Maßnahmen für Baukonstrukt.**	2.865,00 m2 BGF	233.208	**81,40**	6,7
	• Herstellen (Kosten: 100,0%) Schutz von Gehwegen (254m2), Schutzzaun (105m), Verkehrseinrichtungen (12St), Warnleuchten (11St), Baustelleneinrichtungen (3St), Baustrom (psch), Bauzaun (22m), Baustellenbeleuchtung (45St) * Arbeitsgerüst (708m2), Arbeitsbühne (3St) * Lastverteilende Stützen/Träger (7.000kg), Verbund-anker (192St), Abstützungen (116m2), Schwerlaststützen (16m2) * Schutzfolie (2.383m2), Schutz von Belägen (350m2), Bauteilen (126m2), Seitenschutz, Geländer (44m), Absturzsicherungen (47m2) * Öff-nungen provisorisch abdecken (13St), provisorische Überdachung (1St), Abwasser-Provisorium (psch)	2.865,00 m2 BGF	233.208	**81,40**	
400	**Bauwerk – Technische Anlagen**				**100,0**
410	**Abwasser-, Wasser-, Gasanlagen**	2.865,00 m2 BGF	169.309	**59,10**	10,9
	• Abbrechen (Kosten: 15,8%) Abbruch von Gusseisen-Rohren (218m), PP-Rohren (60m), KG-Rohren (6St), Bodeneinläufen (8St) * Stahlrohren (481m), Metallrohren (140m), Dämmung (980kg); Entsorgung, Deponiegebühren	2.865,00 m2 BGF	26.760	**9,34**	
	• Wiederherstellen (Kosten: 2,5%) Abwasserleitungen umbauen (psch) * Wasserleitungen umbauen (psch)	2.865,00 m2 BGF	4.189	**1,46**	
	• Herstellen (Kosten: 81,7%) Hebeanlage (1St), HT-Rohre (298m), SML-Rohre (16m) * Edelstahlrohre (749m), Verbundrohre (189m), Waschtische, Armaturen (10St), Ausgussbecken, Aufputz-Wandarmatur (1St), Duschwanne, Einhebel-Brausemischer, Brause-Set (1St), Tiefspül-WCs (7St), WC-Steuerung (1St), WC-Stützgriff (1St), mit Spülauslösung (2St), Urinale, Urinalsteuerungen (4St), Eckventil-Thermostat Set (1St) * Montageelemente (23St)	2.865,00 m2 BGF	138.361	**48,29**	

© **BKI** Baukosteninformationszentrum

KG	Kostengruppe	Menge Einheit	Kosten €	€/Einheit	%
420	**Wärmeversorgungsanlagen**	2.865,00 m² BGF	134.651	**47,00**	8,7
	• Abbrechen (Kosten: 9,2%) Abbruch von Kupferrohren (225m), Metallrohren (75m), Stahlrohren (36m) * Heizkörpern (25St); Entsorgung, Deponiegebühren	2.865,00 m² BGF	12.423	**4,34**	
	• Wiederherstellen (Kosten: 0,6%) Heizungsrohre umbauen (psch)	2.865,00 m² BGF	792	**0,28**	
	• Herstellen (Kosten: 90,2%) Nassläuferpumpen (2St) * Flansch-Absperrventile (2St), Rückschlagklappen (2St), Schmutzfänger (2St), Lufttöpfe (2St), Zeigerthermometer (1St), Manometer (1St), Kupferrohre (642m), Strangabsperrventile (18St) * Plan-Ventilheizkörper (13St), Konvektoren (7St), Röhrenheizkörper (2St), Thermostate (15St), Bodengitter (23St)	2.865,00 m² BGF	121.437	**42,39**	
430	**Raumlufttechnische Anlagen**	2.865,00 m² BGF	413.383	**144,29**	26,7
	• Abbrechen (Kosten: 1,2%) Abbruch von Lüftungsanlage (psch), Haltern, Wandwinkeln (psch), Lüftungskanälen (psch); Entsorgung, Deponiegebühren	2.865,00 m² BGF	4.769	**1,66**	
	• Herstellen (Kosten: 98,8%) Zu- und Abluftgerät 11.320m³/h mit WRG (1St), Kaltwassergerät (1St), Rechteckkanäle (344m²), Wickelfalzrohre (227m), Flexrohre (22m), Deflektorhaube (1St), Quellluftgitter (4St), Quellluftauslässe (8St), Lüftungsgitter (2St) * Kältepumpe 11,98m³/h (1St), Frequenzumrichter (1St), Kühlwasserverteiler (1St), Edelstahlrohre (335m), Blechmantel (93m), Zeigerthermometer (4St)	2.865,00 m² BGF	408.614	**142,62**	
440	**Elektrische Anlagen**	2.865,00 m² BGF	510.291	**178,11**	32,9
	• Abbrechen (Kosten: 5,4%) Abbruch von Zentralbatteriesystem (1St) * Leitungen (7.639m), Fernmeldeleitungen (2.677m), Installationsrohren (729m), LF-Kanälen (634m), Brüstungskanälen (419m), Leerrohren (205m); Entsorgung, Deponiegebühren	2.865,00 m² BGF	27.565	**9,62**	
	• Wiederherstellen (Kosten: 5,0%) 2polige 10A LS-Schalter austauschen gegen 2polige 2A LS-Schalter für Si-Beleuchtungsstromkreise (117St)	2.865,00 m² BGF	25.377	**8,86**	
	• Herstellen (Kosten: 89,6%) Zentralbatteriesystem (1St) * Standverteiler (3St), Unterverteilung (1St) * LS-Schalter (282St), FI-Schutzschalter (21St), Lasttrennschalter (55St), Dämmerungsschalter (1St), Treppenlicht-Zeitschalter (1St), Installationsleitungen (11.848m), Niederspannungskabel (525m), Steckdosen (326St), Schalter/Taster (88St), CEE-Steckdosen (3St) * Leuchten (180St), Downlights (23St), LED-Deckeneinbaustrahler (4St), LED-Sicherheitsleuchten (58St), Rettungszeichenleuchten (26St), Rasterhängeleuchten (14St), Pendelleuchten (2St) * Installationsleitungen (679m), Potenzialausgleichsleitungen (68m)	2.865,00 m² BGF	457.349	**159,63**	

KG	Kostengruppe	Menge Einheit	Kosten €	€/Einheit	%
450	**Kommunikationstechnische Anlagen**	2.865,00 m² BGF	105.634	**36,87**	6,8
	• Abbrechen (Kosten: 6,3%) Abbruch von Brandmeldekabeln (620m), Rauchmelder (60St), Signalgeber (25St), Handmelder (20St); Entsorgung, Deponiegebühren	2.865,00 m² BGF	6.611	**2,31**	
	• Herstellen (Kosten: 93,7%) Rufkompaktset (1St), Zugtaster (3St), Ruftaster (1St) * Koaxialleitungen (324m), Antennensteckdosen (7St) * Einbruchmeldezentrale (1St), IK-Leser mit Tastatur (3St), Passiv-Infrarot-Bewegungsmelder (12St), optischer Alarmgeber (5St), Rauchmelder (2St), Multisensormelder (85St), Warntongeber (48St), Handmelder (13St), Brandmeldekabel (142m) * Datenkabel Cat7 (3.124m), Installationskabel (3.101m), EIB-Busleitungen (200m), 19" Spleisboxen (2St), Anschlussdosen (45St), Daten-Anschluss-boxen (2St)	2.865,00 m² BGF	99.024	**34,56**	
460	**Förderanlagen**	2.865,00 m² BGF	14.418	**5,03**	0,9
	• Abbrechen (Kosten: 100,0%) Abbruch von Aufzug (1St), Entsorgung, Deponiegebühren	2.865,00 m² BGF	14.418	**5,03**	
480	**Gebäude- und Anlagenautomation**	2.865,00 m² BGF	203.201	**70,93**	13,1
	• Abbrechen (Kosten: 0,8%) Abbruch von Network-Control-Modulen (2St), Entsorgung, Deponiegebühren * Kabeln an Feldgeräten abklemmen, kürzen, auf Verteilerdose legen, mit Klemmen sichern, Kabelreste entsorgen (14St)	2.865,00 m² BGF	1.588	**0,55**	
	• Herstellen (Kosten: 99,2%) Anwenderprogramme konvertieren, anpassen (2St), Network Automation-Engine (2St), KNX-Control-panel (1St), DMX-Gateways (2St), DMX-GW-Konfiguratoren (2St), DALI-Gateway (1St), IP-Router (2St), Prozessrechner, Bedienstation (1St) * Standschrank (1St), Haupteinspeisung (1St) * DDC-US: Spannungsversorgungsbaugruppe, Zentraleinheit (1St), DDC-Schaltschrank (1St), Dienstleistungen Datenpunkte (170St), Industrial-Ethernet-Switch (1St) * Installationsleitungen (4.918m), Datenüber-tragungskabel Cat7 (89m)	2.865,00 m² BGF	201.613	**70,37**	
600	**Ausstattung und Kunstwerke**				**100,0**
610	**Allgemeine Ausstattung**	2.865,00 m² BGF	1.962	**0,68**	100,0
	• Abbrechen (Kosten: 30,2%) Abbruch von Gardinenleisten, Sichtblende, Holz (32m), Holzbauteilen (25m); Entsorgung, Deponie-gebühren	2.865,00 m² BGF	593	**0,21**	
	• Herstellen (Kosten: 69,8%) Duschabtrennung, Eckeinstieg, zweiteilig, mit Gleittüren, Duschbecken 90x90cm, h=2,00m, zwei Festfelder, Kunststoffglas (1St), Spiegel (4St)	2.865,00 m² BGF	1.369	**0,48**	

© **BKI** Baukosteninformationszentrum

Kostenkennwerte für die Kostengruppen 300 der 2. und 3.Ebene DIN 276 (Übersicht)

KG	Kostengruppe	Menge Einheit	Kosten €	€/Einheit	% an 3+4
300	**Bauwerk – Baukonstruktionen**	**2.865,00 m² BGF**	**3.498.462,15**	**1.221,10**	**69,3**
310	**Baugrube / Erdbau**	**111,76 m³ BGI**	**39.824,37**	**356,34**	**0,8**
311	Herstellung	111,76 m³ BGI	33.673,39	301,30	0,7
312	Umschließung	–	–	–	–
313	Wasserhaltung	–	6.150,97	–	0,1
314	Vortrieb	–	–	–	–
319	Sonstiges zur KG 310	–	–	–	–
320	**Gründung, Unterbau**	**307,08 m² GRF**	**227.637,95**	**741,30**	**4,5**
321	Baugrundverbesserung	46,00 m²	4.274,68	92,93	< 0,1
322	Flachgründungen und Bodenplatten	210,30 m²	109.186,51	519,19	2,2
323	Tiefgründungen	–	78.759,44	–	1,6
324	Gründungsbeläge	307,08 m²	32.811,05	106,85	0,6
325	Abdichtungen und Bekleidungen	229,73 m²	2.606,29	11,35	< 0,1
326	Dränagen	–	–	–	–
329	Sonstiges zur KG 320	–	–	–	–
330	**Außenwände/Vert. Baukonstrukt., außen**	**763,61 m² AWF**	**447.557,98**	**586,11**	**8,9**
331	Tragende Außenwände	10,04 m²	27.984,57	2.787,31	0,6
332	Nichttragende Außenwände	49,04 m²	11.233,90	229,08	0,2
333	Außenstützen	112,00 m	218.288,61	1.949,01	4,3
334	Außenwandöffnungen	42,01 m²	99.529,33	2.369,18	2,0
335	Außenwandbekleidungen, außen	49,94 m²	10.962,01	219,50	0,2
336	Außenwandbekleidungen, innen	721,60 m²	60.165,39	83,38	1,2
337	Element. Außenwandkonstruktionen	–	–	–	–
338	Lichtschutz zur KG 330	30,68 m²	15.650,39	510,12	0,3
339	Sonstiges zur KG 330	763,61 m² AWF	3.743,77	4,90	< 0,1
340	**Innenwände/Vert. Baukonstrukt., innen**	**1.438,65 m² IWF**	**1.312.564,81**	**912,36**	**26,0**
341	Tragende Innenwände	75,30 m²	76.409,60	1.014,74	1,5
342	Nichttragende Innenwände	581,09 m²	216.555,12	372,67	4,3
343	Innenstützen	112,00 m	226.940,98	2.026,26	4,5
344	Innenwandöffnungen	193,32 m²	381.862,22	1.975,29	7,6
345	Innenwandbekleidungen	2.455,78 m²	374.615,34	152,54	7,4
346	Elementierte Innenwandkonstruktionen	17,44 m²	3.401,25	195,03	< 0,1
347	Lichtschutz zur KG 340	9,69 m²	14.744,80	1.521,65	0,3
349	Sonstiges zur KG 340	1.438,65 m² IWF	18.035,49	12,54	0,4
350	**Decken/Horizontale Baukonstruktionen**	**1.868,06 m² DEF**	**1.149.024,48**	**615,09**	**22,8**
351	Deckenkonstruktionen	117,12 m²	419.400,43	3.580,95	8,3
352	Deckenöffnungen	–	–	–	–
353	Deckenbeläge	682,12 m²	473.268,09	693,82	9,4
354	Deckenbekleidungen	1.868,06 m²	249.866,32	133,76	4,9
355	Elementierte Deckenkonstruktionen	–	–	–	–
359	Sonstiges zur KG 350	1.868,06 m² DEF	6.489,65	3,47	0,1
360	**Dächer**	**68,93 m² DAF**	**61.586,83**	**893,47**	**1,2**
361	Dachkonstruktionen	23,60 m²	51.766,37	2.193,49	1,0
362	Dachöffnungen	–	–	–	–
363	Dachbeläge	–	4.973,40	–	< 0,1
364	Dachbekleidungen	45,33 m²	4.847,04	106,93	< 0,1
365	Elementierte Dachkonstruktionen	–	–	–	–
366	Lichtschutz zur KG 360	–	–	–	–
369	Sonstiges zur KG 360	–	–	–	–
370	**Infrastrukturanlagen**	**–**	**–**	**–**	**–**
380	**Baukonstruktive Einbauten**	**2.865,00 m² BGF**	**27.057,74**	**9,44**	**0,5**
390	**Sonst. Maßnahmen für Baukonstrukt.**	**2.865,00 m² BGF**	**233.208,00**	**81,40**	**4,6**

Kostenkennwerte für die Kostengruppen 400 der 2. und 3.Ebene DIN 276 (Übersicht)

KG	Kostengruppe	Menge Einheit	Kosten €	€/Einheit	% an 3+4
400	**Bauwerk – Technische Anlagen**	**2.865,00 m² BGF**	**1.550.888,14**	**541,32**	**30,7**
410	**Abwasser-, Wasser-, Gasanlagen**	**2.865,00 m² BGF**	**169.308,88**	**59,10**	**3,4**
411	Abwasseranlagen	2.865,00 m² BGF	50.128,76	17,50	1,0
412	Wasseranlagen	2.865,00 m² BGF	112.100,42	39,13	2,2
413	Gasanlagen	–	–	–	–
419	Sonstiges zur KG 410	2.865,00 m² BGF	7.079,70	2,47	0,1
420	**Wärmeversorgungsanlagen**	**2.865,00 m² BGF**	**134.651,48**	**47,00**	**2,7**
421	Wärmeerzeugungsanlagen	2.865,00 m² BGF	2.926,94	1,02	< 0,1
422	Wärmeverteilnetze	2.865,00 m² BGF	82.621,67	28,84	1,6
423	Raumheizflächen	2.865,00 m² BGF	49.102,86	17,14	1,0
424	Verkehrsheizflächen	–	–	–	–
429	Sonstiges zur KG 420	–	–	–	–
430	**Raumlufttechnische Anlagen**	**2.865,00 m² BGF**	**413.383,18**	**144,29**	**8,2**
431	Lüftungsanlagen	2.865,00 m² BGF	301.737,05	105,32	6,0
432	Teilklimaanlagen	–	–	–	–
433	Klimaanlagen	–	–	–	–
434	Kälteanlagen	2.865,00 m² BGF	111.646,12	38,97	2,2
439	Sonstiges zur KG 430	–	–	–	–
440	**Elektrische Anlagen**	**2.865,00 m² BGF**	**510.290,81**	**178,11**	**10,1**
441	Hoch- und Mittelspannungsanlagen	–	–	–	–
442	Eigenstromversorgungsanlagen	2.865,00 m² BGF	63.865,65	22,29	1,3
443	Niederspannungsschaltanlagen	2.865,00 m² BGF	23.596,45	8,24	0,5
444	Niederspannungsinstallationsanlagen	2.865,00 m² BGF	326.828,96	114,08	6,5
445	Beleuchtungsanlagen	2.865,00 m² BGF	88.236,66	30,80	1,7
446	Blitzschutz- und Erdungsanlagen	2.865,00 m² BGF	7.763,08	2,71	0,2
447	Fahrleitungssysteme	–	–	–	–
449	Sonstiges zur KG 440	–	–	–	–
450	**Kommunikationstechnische Anlagen**	**2.865,00 m² BGF**	**105.634,43**	**36,87**	**2,1**
451	Telekommunikationsanlagen	–	–	–	–
452	Such- und Signalanlagen	2.865,00 m² BGF	1.281,65	0,45	< 0,1
453	Zeitdienstanlagen	–	–	–	–
454	Elektroakustische Anlagen	–	–	–	–
455	Audiovisuelle Medien- u. Antennenanl.	2.865,00 m² BGF	2.228,20	0,78	< 0,1
456	Gefahrenmelde- und Alarmanlagen	2.865,00 m² BGF	71.920,59	25,10	1,4
457	Datenübertragungsnetze	2.865,00 m² BGF	30.204,01	10,54	0,6
458	Verkehrsbeeinflussungsanlagen	–	–	–	–
459	Sonstiges zur KG 450	–	–	–	–
460	**Förderanlagen**	**2.865,00 m² BGF**	**14.418,14**	**5,03**	**0,3**
461	Aufzugsanlagen	2.865,00 m² BGF	14.418,14	5,03	0,3
462	Fahrtreppen, Fahrsteige	–	–	–	–
463	Befahranlagen	–	–	–	–
464	Transportanlagen	–	–	–	–
465	Krananlagen	–	–	–	–
466	Hydraulikanlagen	–	–	–	–
469	Sonstiges zur KG 460	–	–	–	–
470	**Nutzungsspez. u. verfahrenstechn. Anl.**	**–**	**–**	**–**	**–**
480	**Gebäude- und Anlagenautomation**	**2.865,00 m² BGF**	**203.201,23**	**70,93**	**4,0**
490	**Sonst. Maßnahmen für techn. Anlagen**	**–**	**–**	**–**	**–**

© **BKI** Baukosteninformationszentrum

Kostenkennwerte für Leistungsbereiche nach STLB (Kosten des Bauwerks nach DIN 276)

LB	Leistungsbereiche	Kosten €	€/m2 BGF	€/m3 BRI	% an 3+4
000	Baustellen-, Verkehrssich.- u. Sicherh.einr. inkl. 001	204.026	71,20	20,20	4,0
002	Erdarbeiten	33.673	11,80	3,30	0,7
006	Spezialtiefbauarbeiten inkl. 005	74.423	26,00	7,40	1,5
009	Entwässerungskanalarbeiten inkl. 011	–	–	–	–
010	Drän- und Versickerarbeiten	–	–	–	–
012	Mauerarbeiten	78.596	27,40	7,80	1,6
013	Betonarbeiten	360.004	125,70	35,70	7,1
014	Natur-, Betonwerksteinarbeiten	–	–	–	–
016	Zimmer- und Holzbauarbeiten	–	–	–	–
017	Stahlbauarbeiten	574.211	200,40	56,90	11,4
018	Abdichtungsarbeiten	9.780	3,40	0,97	0,2
020	Dachdeckungsarbeiten	–	–	–	–
021	Dachabdichtungsarbeiten	–	–	–	–
022	Klempnerarbeiten	–	–	–	–
	Rohbau	**1.334.713**	**465,90**	**132,40**	**26,4**
023	Putz- und Stuckarbeiten, Wärmedämmsysteme	221.807	77,40	22,00	4,4
	Wiederherstellen	1.723	0,60	0,17	< 0,1
	Herstellen	220.084	76,80	21,80	4,4
024	Fliesen- und Plattenarbeiten	42.609	14,90	4,20	0,8
025	Estricharbeiten	100.493	35,10	10,00	2,0
	Wiederherstellen	1.551	0,54	0,15	< 0,1
	Herstellen	98.942	34,50	9,80	2,0
026	Fenster, Außentüren inkl. 029, 032	56.748	19,80	5,60	1,1
	Wiederherstellen	8.521	3,00	0,84	0,2
	Herstellen	48.228	16,80	4,80	1,0
027	Tischlerarbeiten	330.208	115,30	32,70	6,5
	Wiederherstellen	11.558	4,00	1,10	0,2
	Herstellen	318.650	111,20	31,60	6,3
028	Parkett-, Holzpflasterarbeiten	158.672	55,40	15,70	3,1
030	Rollladenarbeiten	15.650	5,50	1,60	0,3
031	Metallbauarbeiten inkl. 035	195.513	68,20	19,40	3,9
034	Maler- und Lackiererarb. – Beschicht. inkl. 037	141.292	49,30	14,00	2,8
036	Bodenbelagarbeiten	33.634	11,70	3,30	0,7
038	Vorgehängte hinterlüftete Fassaden	–	–	–	–
039	Trockenbauarbeiten	280.948	98,10	27,90	5,6
	Wiederherstellen	182	0,06	0,02	< 0,1
	Herstellen	280.765	98,00	27,80	5,6
	Ausbau	**1.577.575**	**550,60**	**156,40**	**31,2**
	Wiederherstellen	23.535	8,20	2,30	0,5
	Herstellen	1.554.040	542,40	154,10	30,8
040	Wärmeversorgungsanl. - Betriebseinr. inkl. 041	103.477	36,10	10,30	2,0
	Wiederherstellen	792	0,28	0,08	< 0,1
	Herstellen	102.685	35,80	10,20	2,0
042	Gas- u. Wasseranl. – Leitung., Armat. inkl. 043	58.798	20,50	5,80	1,2
	Wiederherstellen	2.371	0,83	0,24	< 0,1
	Herstellen	56.427	19,70	5,60	1,1
044	Abwasseranl. - Leitungen, Abläufe, Armaturen	35.879	12,50	3,60	0,7
	Wiederherstellen	1.818	0,63	0,18	< 0,1
	Herstellen	34.062	11,90	3,40	0,7
045	Gas, Wasser, Entwässerung – Ausstattung inkl. 046	29.399	10,30	2,90	0,6

LB	Leistungsbereiche	Kosten €	€/m2 BGF	€/m3 BRI	% an 3+4
047	Dämm- und Brandschutzarb. an techn. Anlagen	65.672	22,90	6,50	1,3
049	Feuerlöschanlagen, Feuerlöschgeräte	–	–	–	–
050	Blitzschutz-/Erdungsanlagen, Überspannungssch.	7.763	2,70	0,77	0,2
053	Niederspannungsanl. – Kabel inkl. 052, 054	303.791	106,00	30,10	6,0
	Wiederherstellen	25.377	8,90	2,50	0,5
	Herstellen	278.414	97,20	27,60	5,5
055	Sicherheits- u. Ersatzstromversorgungsanl.	60.832	21,20	6,00	1,2
057	Gebäudesystemtechnik	–	–	–	–
058	Leuchten und Lampen inkl. 059	88.237	30,80	8,70	1,7
060	Such, Signal, Zeit, Anten., akust. Anl. inkl. 064	3.273	1,10	0,32	< 0,1
061	Kommunikations- u. Übertragungsnetze inkl. 063	95.750	33,40	9,50	1,9
069	Aufzüge	–	–	–	–
070	Gebäudeautomation	201.613	70,40	20,00	4,0
075	Raumlufttechnische Anlagen inkl. 078	360.240	125,70	35,70	7,1
	Gebäudetechnik	**1.414.726**	**493,80**	**140,30**	**28,0**
	Wiederherstellen	30.357	10,60	3,00	0,6
	Herstellen	1.384.368	483,20	137,30	27,4
084	Abbruch, Rückbau, Schadstoffsanierung	714.949	249,50	70,90	14,2
	Abbrechen	714.949	249,50	70,90	14,2
	Abbrucharbeiten	**714.949**	**249,50**	**70,90**	**14,2**
	Abbrechen	714.949	249,50	70,90	14,2
	Sonstige Leistungsbereiche	**7.387**	**2,60**	**0,73**	**0,1**
	Wiederherstellen	1.236	0,43	0,12	< 0,1
	Herstellen	6.151	2,10	0,61	0,1

© BKI Baukosteninformationszentrum

9100-0173
Bibliothek
Lernzentrum

Umbau

Kostenkennwerte für die Kosten des Bauwerks (Kostengruppen 300+400 nach DIN 276)

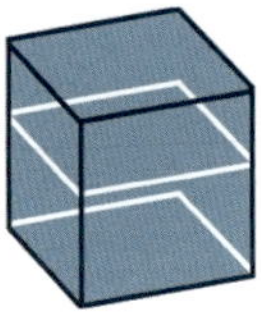

BRI 710 €/m^3

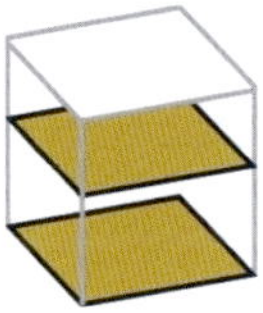

BGF 3.399 €/m^2

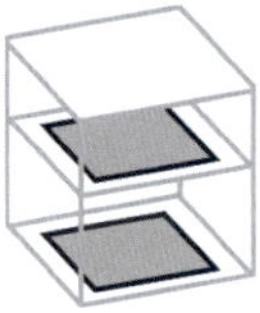

NUF 4.300 €/m^2

Objekt:
Kennwerte: 3. Ebene DIN 276
BRI: 3.638 m^3
BGF: 760 m^2
NUF: 601 m^2
Bauzeit: 52 Wochen
Bauende: 2019
Standard: mittel
Bundesland: Rheinland-Pfalz
Kreis: Mainz, Stadt

Architekt*in:
grüningerarchitekten | BDA
Grüninger · Kunt · Muntermann PartG mbB
Havelstraße 16
64295 Darmstadt
in Kooperation mit
Innenarchitektinnen
Simone Ferrari
Claudia Witte

Bauherr*in:
Johannes Gutenberg-Universität Mainz
Abteilung Immobilien
Ackermannweg 7-11
55128 Mainz

© Lars Gruber Architekturfotografie

© grüningerarchitekten | BDA

© Lars Gruber Architekturfotografie

© Lars Gruber Architekturfotografie

© Lars Gruber Architekturfotografie

© Lars Gruber Architekturfotografie

© **BKI** Baukosteninformationszentrum

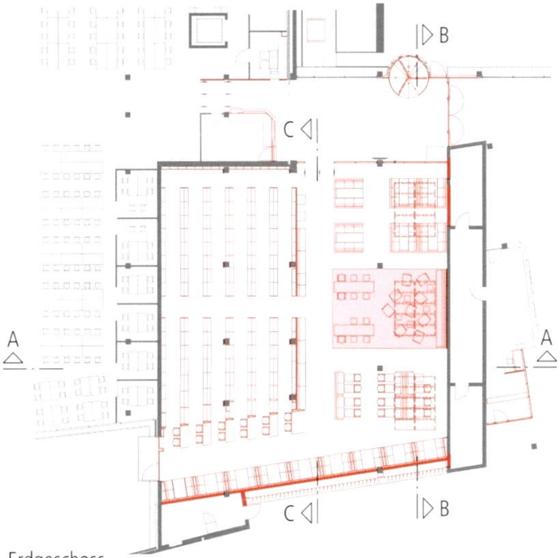

Erdgeschoss

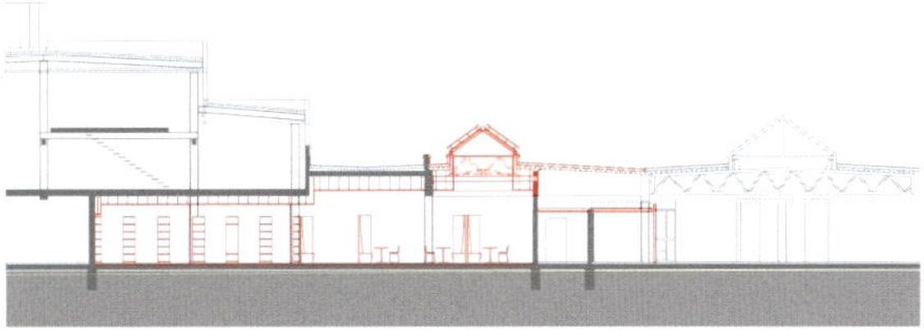

Schnitt A-A

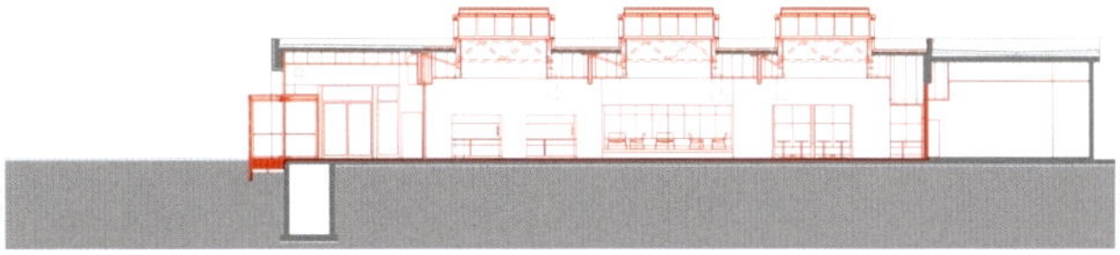

Schnitt B-B

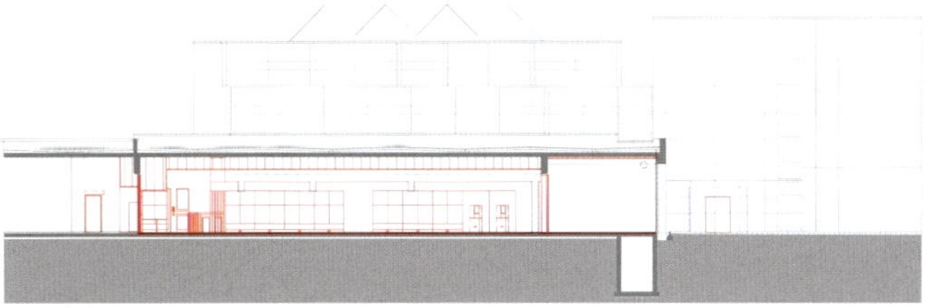

Schnitt C-C

9100-0173
Bibliothek
Lernzentrum

Umbau

Objektbeschreibung

Allgemeine Objektinformationen

Aufgrund des erhöhten Bedarfs an zusätzlichen studentischen Arbeitsplätzen an der Universität wurde in der Fachbereichsbibliothek der Rechts- und Wirtschaftswissenschaften am Standort der ehemaligen Schließfachanlage ein Lernzentrum eingerichtet. Durch die besondere Geometrie des Gebäudes bildeten sich im Inneren des Lernzentrums zwei Flächen, die durch unterschiedliche Raumhöhen gekennzeichnet sind, was maßgeblich für die Verteilung der Funktionsbereiche war. Zudem erfolgte die einzige natürliche Belichtung des Raumes über die Nordfassade des Gebäudes, wodurch die Optimierung der Belichtung ein wesentlicher Bestandteil der Planung wurde. Drei großzügige Oberlichter bringen nun ausreichend Licht in das Lernzentrum und werten den ehemals dunklen Raum deutlich auf. Raumbildende Sitzelemente, die aus unterschiedlich großen gepolsterten Kuben und Nischen bestehen, unterteilen die großzügige Fläche. Diese Lerninseln bieten insgesamt 150 Arbeitsplätze, private Bereiche zum stillen Studieren sowie Arbeitsräume für Gruppen und flexible Begegnungszonen. Durch den Einsatz von ergänzenden Loungemöbel können die Arbeitsplätze individuell ausgerichtet werden.

Nutzung

1 Erdgeschoss
Lernzentrum, Foyer, Infoschalter, Poststelle, Schließfächer, Rückgabeautomat, Lagerräume, Technikraum

Nutzeinheiten

Studierende: 150

Grundstück

Neigung: Ebenes Gelände
Bodenklasse: BK 3 bis BK 5

Markt

Hauptvergabezeit: 3. Quartal 2018
Baubeginn: 1. Quartal 2018
Bauende: 1. Quartal 2019
Konjunkturelle Gesamtlage: über Durchschnitt
Regionaler Baumarkt: Durchschnitt

Baubestand

Baujahr: 1991
Bauzustand: mittel
Aufwand: mittel
Grundrissänderungen: umfangreiche
Tragwerkseingriffe: einige
Nutzungsänderung: ja
Nutzung während der Bauzeit: ja

Baukonstruktion

Das Gebäude wurde in Massivbauweise errichtet. Die Struktur aus Stahlbeton-Stützen und Mauerwerk wurde zur Abtrennung des neuen Lernbereichs aufgegriffen. Es wurde ein neuer Estrich eingebracht und mit textilem Bodenbelag, Bodenfliesen sowie mit Linoleum belegt. Die neu hergestellten Fassadenöffnungen wurden entsprechend der bestehenden Materialität mit Alu-Glas-Elementen als Türen und Pfosten-Riegel-Fassaden ergänzt. Die Innenwände wurden in Mauerwerk mit Ringbalken und Trockenbauweise realisiert. Putz sowie GK-Vorsatzschalen und Bekleidungen wurden eingebaut, alle Wände gespachtelt und beschichtet. Die Innenfassaden sind ebenfalls als Alu-Pfosten-Riegel-Konstruktionen ausgeführt. Abgehängte akustisch wirksame Decken sorgen für eine angenehme Lernatmosphäre. Im bestehenden Flachdach wurden drei Öffnungen hergestellt und Stahl-Fachwerkträger als Auswechslungen eingebaut. Die Kunststoff-Satteldachlichtbänder mit außenliegendem Sonnenschutz erhellen den Lernbereich. Das Dach wurde teilweise neu gedämmt, abgedichtet und mit Kies belegt.

Technische Anlagen

Die Haustechnische Versorgung des Bestandsgebäude wurde ergänzt. Die Beheizung des Gebäudes erfolgt weiterhin über Fernwärme. Im neuen Lernbereich wurden Heizkörper sowie Zu- und Abluftöffnungen im Deckenbereich ergänzt. Zusätzlich sind Deckenkühlgeräte zur Verbesserung der Temperatursituation im Lernzentrum vorgesehen. Im Außenbereich wurde hierfür eine Kältemaschine aufgestellt. Die Elektroinstallation wurde erweitert, neue Beleuchtung und eine Brandmeldeanlage eingebaut. Eine Netzwerkverkabelung mit entsprechenden Anschlussmöglichkeiten gewährleistet ein komfortables Lernen. Die Beleuchtung erhält eine zentrale Steuerungsmöglichkeit.

© **BKI** Baukosteninformationszentrum

Planungskennwerte für Flächen und Rauminhalte nach DIN 277

Flächen des Grundstücks		Menge Einheit	% an GF
BF	Bebaute Fläche	–	–
UF	Unbebaute Fläche	–	–
GF	Grundstücksfläche	–	–

Grundflächen des Bauwerks		Menge Einheit	% an NUF	% an BGF
NUF	Nutzungsfläche	600,51 m²	100,0	79,0
TF	Technikfläche	16,56 m²	2,8	2,2
VF	Verkehrsfläche	68,22 m²	11,4	9,0
NRF	Netto-Raumfläche	685,29 m²	114,1	90,2
KGF	Konstruktions-Grundfläche	74,40 m²	12,4	9,8
BGF	Brutto-Grundfläche	759,69 m²	126,5	100,0

Brutto-Rauminhalt des Bauwerks		Menge Einheit	BRI/NUF (m)	BRI/BGF (m)
BRI	Brutto-Rauminhalt	3.638,08 m³	6,06	4,79

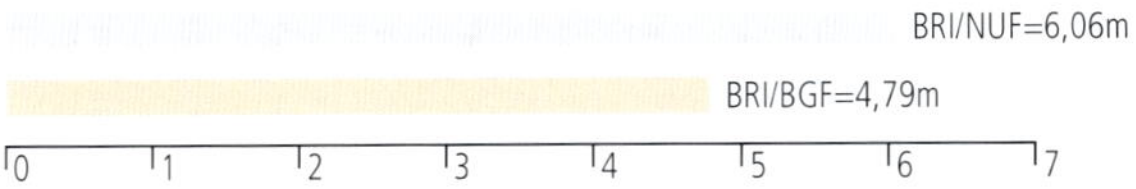

Lufttechnisch behandelte Flächen	Menge Einheit	% an NUF	% an BGF
Entlüftete Fläche	–	–	–
Be- und entlüftete Fläche	–	–	–
Teilklimatisierte Fläche	–	–	–
Klimatisierte Fläche	–	–	–

KG	Kostengruppen (2. Ebene)	Menge Einheit	Menge/NUF	Menge/BGF
310	Baugrube / Erdbau	15,47 m³ BGI	0,03	0,02
320	Gründung, Unterbau	598,98 m² GRF	1,00	0,79
330	Außenwände/Vertikale Baukonstruktionen, außen	82,64 m² AWF	0,14	0,11
340	Innenwände/Vertikale Baukonstruktionen, innen	443,21 m² IWF	0,74	0,58
350	Decken/Horizontale Baukonstruktionen	190,70 m² DEF	0,32	0,25
360	Dächer	685,29 m² DAF	1,14	0,90

Kostenkennwerte für die Kostengruppen der 1. Ebene DIN 276

KG	Kostengruppen (1. Ebene)	Einheit	Kosten €	€/Einheit	€/m² BGF	€/m³ BRI	% 300+400
100	Grundstück	m² GF	–	–	–	–	–
200	Vorbereitende Maßnahmen	m² GF	464	–	0,61	0,13	< 0,1
300	Bauwerk – Baukonstruktionen	m² BGF	1.659.715	2.184,73	2.184,73	456,21	64,3
400	Bauwerk – Technische Anlagen	m² BGF	922.309	1.214,06	1.214,06	253,52	35,7
	Bauwerk 300+400	**m² BGF**	**2.582.024**	**3.398,79**	**3.398,79**	**709,72**	**100,0**
500	Außenanlagen und Freiflächen	m² AF	60.649	–	79,83	16,67	2,3
600	Ausstattung und Kunstwerke	m² BGF	19.741	25,99	25,99	5,43	0,8
700	Baunebenkosten	m² BGF	–	–	–	–	–
800	Finanzierung	m² BGF	–	–	–	–	–

KG	Kostengruppe	Menge Einheit	Kosten €	€/Einheit	%
200	**Vorbereitende Maßnahmen**	–	464	–	< 0,1

- Herstellen (Kosten: 100,0%) 464
  Suchschachtungen

KG	Kostengruppe	Menge Einheit	Kosten €	€/Einheit	%
3+4	**Bauwerk**				**100,0**
300	**Bauwerk – Baukonstruktionen**	759,69 m² BGF	1.659.715	**2.184,73**	64,3

- Abbrechen (Kosten: 10,0%) 165.539
  Abbruch von Estrich, Linoleum, Fliesen; Stb-Wand, Sichtbetonaußenschale für Türöffnung, Metall-Glasfassade, Kiesstreifen, Teilabbruch Beton-Lichtschacht; Stb-Wand, GK-Wandscheiben, Holztür, Holzbekleidung, Metall-Glaselement; KMF-haltiger Dämmung, Metallpaneel-Decken; Trapezblech, Dämmung, Bitumenabdichtung, Kies, Bewuchs, Faserzementplatten, GK-Decken, Abbrechen, Lagern von Welldrahtgitter; Abbruch von Metallspinden, Theke, Aufsichtsloge; Entsorgung, Deponiegebühren

- Wiederherstellen (Kosten: 2,6%) 42.887
  Wandflächen aus Beton oder Putz abbürsten, lose Stellen entfernen, schleifen; Bitumenvoranstrich ausbessern, Attikaabdeckung demontieren, lagern, wieder montieren, Dampfsperre aufschneiden, eindichten, Metall-Lamellendecke demontieren, lagern, wieder einbauen, Dämmauflage entsorgen, Mineralfaserdämmung einbauen

- Herstellen (Kosten: 87,4%) 1.451.289
  Stb-Bodenplatte, Estrich, Teppichboden, Fliesen, Linoleum; Öffnung ausmauern, Alu-Türen, Festverglasungen, Alu-Fenster-Fassade, Karussell-Türanlage, Holzrahmenwände; KS-Mauerwerk, Stb-Ringbalken, GK-Holz-/Metallständerwände, F90-Wand, Stb-Stützen, Holztüren, Stahltür, Innenputz, GK-Vorsatzschalen, GK-Bekleidungen, Beschichtung, Alu-Pfosten-Riegel-Fassaden, OSB-Bodenbelag, Akustikdecken; Stahlträger, Hohlprofil-Fachwerkträger, Alu-Riegelkonstruktion als oberer Abschluss Infoschalter im Gebäude, Satteldachlichtbänder, Dachdämmung, Abdichtung, Kies; Akustikdecken, Kassettendecken, GK-Decken, F90 Bekleidung, Sonnenschutz; Einbaumöbel, Briefkastenanlage

KG	Kostengruppe	Menge Einheit	Kosten €	€/Einheit	%
400	**Bauwerk – Technische Anlagen**	759,69 m²BGF	922.309	**1.214,06**	35,7
	• Abbrechen (Kosten: 2,9%) Abbruch von KMF-haltiger Regenrohrdämmung, Flachdachabläufen; Rohrleitungen, mineralfaserhaltiger Dämmung; Elektroinstallationen; Beleuchtung; Entsorgung, Deponiegebühren		26.666		
	• Wiederherstellen (Kosten: 0,7%) Grundleitung spülen, Videodokumentation, defekte Dachentwässerung instand setzen, Dachabläufe umbauen		6.272		
	• Herstellen (Kosten: 96,4%) Gebäudeentwässerung ergänzen; Fernwärmeanlage ergänzen, Heizkörper; Lüftungsanlage erweitern, Kälteanlage; Elektroinstallation, Beleuchtung, Blitzschutz; Brandmeldeanlage, Rettungswegzentralen; Netzwerkverkabelung; Lichtsteuerung		889.371		
500	**Außenanlagen und Freiflächen**	–	60.649	–	2,3
	• Wiederherstellen (Kosten: 4,1%) Rasengittersteine aufnehmen, lagern, nach Rohrverlegung wieder einbauen; Fahrradanlehnbügel, demontieren, transportieren, wieder einbauen		2.507		
	• Herstellen (Kosten: 95,9%) Rohrgrabenaushub; Entwässerungsrohre einführen in vorhandenen Revisionsschacht, Kälteanlage: Außeneinheiten Wärmepumpen, Protektorwannen, Kältemittelleitungen, Maschinenfundament		58.142		
600	**Ausstattung und Kunstwerke**	759,69 m²BGF	19.741	**25,99**	0,8
	• Abbrechen (Kosten: 0,6%) Abfalleimer demontieren, lagern		116		
	• Herstellen (Kosten: 99,4%) Tische, Sitzkissen, Sitz-/Tischwürfel		19.625		

Umbau

Kostenkennwerte für die Kostengruppen der 2. Ebene DIN 276

KG	Kostengruppe	Menge Einheit	Kosten €	€/Einheit	%
200	**Vorbereitende Maßnahmen**				**100,0**
210	**Herrichten**	–	464	–	100,0
	• Herstellen (Kosten: 100,0%) Suchschachtungen (6h)	–	464	–	
300	**Bauwerk – Baukonstruktionen**				**100,0**
310	**Baugrube / Erdbau**	15,47 m³ BGI	4.167	**269,34**	0,3
	• Herstellen (Kosten: 100,0%) Fundamentaushub BK 3-5, t bis 90cm, teilweise wieder einbauen, laden, entsorgen (15m³)	15,47 m³ BGI	4.167	**269,34**	
320	**Gründung, Unterbau**	598,98 m² GRF	156.354	**261,03**	9,4
	• Abbrechen (Kosten: 33,8%) Bodenplatte aufstemmen, Fundament freilegen (6h) * Abbruch von Zementestrich, Dämmlagen (608m²), Linoleum (535m²), Bodenfliesen (73m²); Entsorgung, Deponiegebühren	607,89 m² GRF	52.919	**87,05**	
	• Herstellen (Kosten: 66,2%) Stb-Bodenplatten, Schalung, Bewehrung (6m²), Wandanschluss, Gewindestäbe einkleben (12St), Frostschürzen, Magerbeton (9m) * Bitumenbahnen (577m²), TSD zweilagig, Zementestrich (563m²), Zementestrich (36m²), textiler Bodenbelag (470m²), Bodenfliesen (69m²), bauseits (52St), Linoleum (15m²) * Sauberkeitsschicht (3m²)	598,98 m² GRF	103.436	**172,69**	
330	**Außenwände/Vert. Baukonstrukt., außen**	82,64 m² AWF	167.519	**2.027,09**	10,1
	• Abbrechen (Kosten: 9,0%) Abbruch von Stb-Außenwand, Mineralwolldämmung (12m²) * Sichtbetonaußenschale (10m²), Perimeterdämmung, Bitumenbeschichtung (1m²) * Metall-Glasfassade (27m²) * Kiesstreifen (1m³), Tiefborden (10m), Teilabbruch Beton-Lichtschacht (1St); Entsorgung, Deponiegebühren	38,63 m² AWF	15.108	**391,09**	
	• Herstellen (Kosten: 91,0%) Fensteröffnung ausmauern, Dämmung ergänzen (1m²) * Flucht-Alu-Rahmentür (6m²), Festverglasungen G90 (2m²) * Beschichtung (22m²) * Alu-Fenster-Fassade, Festverglasungen, Paneele, Karussell-Türanlage, Flucht-Alu-Rahmentür, Motorantrieb (38m²), Giebelwände Lichtbänder, Holzrahmenkonstruktion, Dämmung, OSB-Beplankung, Stahlblech, beschichtet (15m²) * Lichtschachtaufsätze (3St), Gitterrost (1St)	82,64 m² AWF	152.411	**1.844,28**	
340	**Innenwände/Vert. Baukonstrukt., innen**	443,21 m² IWF	280.817	**633,60**	16,9
	• Abbrechen (Kosten: 2,7%) Abbruch von Stb-Wand, für Türöffnung (3m²) * GK-Wandscheiben (2St) * Holztür, Stahlzarge (2m²) * Holzbekleidung (16m²) * Metall-Glaselement mit Schiebetür (23m²); Entsorgung, Deponiegebühren	43,44 m² IWF	7.567	**174,19**	
	• Wiederherstellen (Kosten: 1,0%) Wandflächen aus Beton oder Gipsputz abbürsten, abkehren, lose Stellen entfernen, schleifen (142m²)	141,55 m² IWF	2.902	**20,50**	
	• Herstellen (Kosten: 96,3%) KS-Mauerwerk (123m²), Stb-Ringbalken (9m²), Anschlüsse Mauerwerk/Stb-Wände (33m), F90 Anschlüsse, Trapezblechdach (23m) * Metallständerwände (40m²), F90-Wand (17m²), GK-Holz-/Metallständerwände (21m²) * Stb-Stützen (9m) * Holztüren (4m²), Stahltür (2m²) * Putz (275m²), GK-Vorsatzschalen (97m²), GK/OSB-Vorsatzschalen (22m²), GK-Bekleidung (31m²), Beschichtung (441m²) * Alu-Pfosten-Riegel-Fassaden (53m²), Flucht-Alu-Rahmentür (7m²), Festverglasung F90 (3m²)	443,21 m² IWF	270.348	**609,98**	

© **BKI** Baukosteninformationszentrum

KG	Kostengruppe	Menge Einheit	Kosten €	€/Einheit	%
350	**Decken/Horizontale Baukonstruktionen**	190,70 m2 DEF	35.369	**185,47**	2,1
	• Abbrechen (Kosten: 29,6%)	194,15 m2 DEF	10.455	**53,85**	
	Abbruch von KMF-haltiger Dämmung, Metallpaneel-Decken (194m2); Entsorgung, Deponiegebühren				
	• Herstellen (Kosten: 70,4%)	190,70 m2 DEF	24.914	**130,65**	
	OSB-Bodenplatten, begehbar über frei gespannten Decken (18m2) * GK-Akustikdecken (191m2), GK-Deckensprung (21m2), Beschichtung (212m2)				
360	**Dächer**	685,29 m2 DAF	566.861	**827,18**	34,2
	• Abbrechen (Kosten: 12,7%)	491,82 m2 DAF	72.079	**146,55**	
	Abbruch von Trapezblech, Dämmung, Bitumenbahn (42m2) * Dampfsperre, Dämmung, Bitumenabdichtung (492m2), vertikal (90m2), Schutzlage, Kies, Pflanzenbewuchs (424m2), Faserzementplatten unter Attikablech (28m) * KMF-haltiger Dämmung (364m2), Metallpaneel-Decken (115m2), GK-Decken (70m2); Entsorgung, Deponiegebühren, Abbrechen und Lagern von Welldrahtgitter (29m2)				
	• Wiederherstellen (Kosten: 7,1%)	433,86 m2 DAF	39.985	**92,16**	
	Bitumenvoranstrich ausbessern (424m2), Attikaabdeckung demontieren, lagern, wieder montieren (61m), Dampfsperre aufschneiden, eindichten, Übergang Dämmung (8h) * Metall-Lamellendecke demontieren, lagern, wieder einbauen, KMF-haltige Dämmauflage demontieren, entsorgen (256m2), Deckenauflage, Mineralfaserdämmung (217m2)				
	• Herstellen (Kosten: 80,2%)	521,71 m2 DAF	454.798	**871,74**	
	Wechsel, HEA 260 (6St), Rahmen, vier Hohlprofil-Fachwerkträger (3St), Druckrohraussteifungen (14m), Auflager Trapezdach, Stahlwinkel (47m), Anschluss Wände an Trapezblech, Stahlwinkel (22m), im Gebäude, über Infoschalter: Alu-Riegelkonstruktion (20m2) * drei Kunststoff-Satteldachlichtbänder, zehnteilig, zwei RWAs (49m2) * Bitumenbahnen, EPS-Dämmung, Bitumenabdichtung (382m2), Schutzmatten, Kies (382m2) * GK-Akustikdecken (268m2), Kassettendecken, Mineralplatten (137m2), GK-Decke (67m2), F90 Bekleidung an Fachwerkträgern (44m2), Beschichtung (462m2), Akustik-Deckensegel (10St) * Sonnenschutz (46m2) * Sekuranten (2St), Sicherheitsseil (1St)				
380	**Baukonstruktive Einbauten**	759,69 m2 BGF	296.831	**390,73**	17,9
	• Abbrechen (Kosten: 2,5%)	759,69 m2 BGF	7.412	**9,76**	
	Abbruch von Doppel-Metallspinden (838St) * Theke, Aufsichtsloge, Tischplatte, Thekenüberbau (psch), Holz-Glas-Thekenaufbau (6m2), Unterschränken (2St); Entsorgung, Deponiegebühren				
	• Herstellen (Kosten: 97,5%)	759,69 m2 BGF	289.419	**380,97**	
	Podest, Holz/Holzwerkstoff, Linoleum, zwei Treppenstufen (1St) * Arbeitskojen, Holz/Holzwerkstoff, zwei Sitzbänke, je 3er Sitzplätze, Rücken-, Sitzpolster, Stoffbezug, drei Wände, MDF-Tischplatten, HPL (6St), Sitzbankkojen, zwei Wangen, Rückwand (6St), Sitzbänke in Nischen (18St), MDF-Tischplatten, HPL, ein Tischbein (9St), Rückwände Sitzbänke, Holz-UK, beidseitig MDF, HPL (33m2), 8er Sitzbank (1St), 6er Sitzbank (1St), 8er Sitzbank auf Podest (1St), Tische, unterschiedlich hohe Wangen, an Podest (2St), Arbeitstheken: Anschlusswange, Tischfläche, MDF-Platten, HPL (6St), Aufsichtsloge: Thekenaufbau, Holz-Glas-Konstruktion, Festverglasungen, Schiebefenster, Ganzglastür (1St), Arbeitsplatten Furnierspanplatten (2St)* Briefkastenanlage, Postverteilerfächer (1St)				

© **BKI** Baukosteninformationszentrum

KG	Kostengruppe	Menge Einheit	Kosten €	€/Einheit	%
390	**Sonst. Maßnahmen für Baukonstrukt.**	759,69 m² BGF	151.797	**199,81**	9,1
	• Herstellen (Kosten: 100,0%) Baustelleneinrichtungen (8St), Baustraße (423m²), Sanitärcontainer (1St), Bauzaun (148m) * Fassadengerüst (126m²), Rollgerüste (2St), Gerüsttreppenturm (1St) * Decke abstützen: Kanthölzer (19St), Stahlstützen (25St), Abhangdecke sichern (1St) * Staub-/Schallschutzwände (270m²), Staubschutzfolie (73m²), Witterungsschutz von Dachöffnungen (42m²), von Fassadenöffnungen (18m²), Böden schützen (168m²), Baureinigung* behelfsmäßiger Dachrand (48m)	759,69 m² BGF	151.797	**199,81**	
400	**Bauwerk – Technische Anlagen**				**100,0**
410	**Abwasser-, Wasser-, Gasanlagen**	759,69 m² BGF	14.275	**18,79**	1,5
	• Abbrechen (Kosten: 3,8%) Abbruch von KMF-haltiger Regenrohrdämmung (12m²), Flachdachabläufen (6St), Blechbekleidungen an Dacheinläufen (2h); Entsorgung, Deponiegebühren	759,69 m² BGF	547	**0,72**	
	• Wiederherstellen (Kosten: 43,9%) Grundleitung spülen, Videodokumentation (psch), Instandsetzung der defekten Dachentwässerung (3h), Umbau der Dachabläufe (14h)	759,69 m² BGF	6.272	**8,26**	
	• Herstellen (Kosten: 52,2%) Gussrohre (17m), Grundleitungsanschlüsse (4St), Flachdachabläufe (6St), Anschluss von Dacheinläufen (4St), Anschluss an Bestandsleitungen (2St), Rohrdämmung Regenwasserleitungen (17m), Bodenablauf (1St)	759,69 m² BGF	7.456	**9,81**	
420	**Wärmeversorgungsanlagen**	759,69 m² BGF	64.765	**85,25**	7,0
	• Abbrechen (Kosten: 2,1%) Abbruch von Rohrleitungen (9h)	759,69 m² BGF	1.378	**1,81**	
	• Herstellen (Kosten: 97,9%) Ergänzung Fernwärmeanlage: Kombi-/Absperrventile (2St), Kugelhähne (16St), Füll-Entleerungshähne (14St), Stellantriebe (2St), Lufttöpfe (2St), Kabelzuglisten (40St), Heizleitungen anschließen (7h), Einregulierung Heizungsanlage (1St) * Stahlrohre (108m), Alu-Verbundrohre (17St), Heizkörperanschlüsse umbauen (26h), Anschlüsse herstellen (34h) * Stahl-Röhrenheizkörper (8St), Radiavektoren (2St), Thermostate (10St)	759,69 m² BGF	63.387	**83,44**	
430	**Raumlufttechnische Anlagen**	759,69 m² BGF	225.510	**296,84**	24,5
	• Abbrechen (Kosten: 3,8%) Abbruch von mineralfaserhaltiger Dämmung (384m²); Entsorgung, Deponiegebühren	759,69 m² BGF	8.633	**11,36**	
	• Herstellen (Kosten: 96,2%) Wickelfalzrohre (213m), Flexrohre (66m), Rechteckblechkanäle (198m²), Formstückblechkanäle (103m²), Schalldämpfer (16St), Volumenstromregler (17St), Dralldurchlässe (23St), Tellerventile (8St), Schlitzschienen (16St), Dämmung (543m²) * Kälteanlage: Inneneinheiten, Deckenkassette (12St), Kupferrohre (406m), KM-Rohrverteiler, bauseits (18St), Trafo-Stellantrieb (1St), Comfort-Controller (1St)	759,69 m² BGF	216.877	**285,48**	

© **BKI** Baukosteninformationszentrum

KG	Kostengruppe	Menge Einheit	Kosten €	€/Einheit	%
440	**Elektrische Anlagen**	759,69 m2 BGF	407.514	**536,42**	44,2
	• Abbrechen (Kosten: 4,0%) Abbruch von Kabel/Leitungen (1.596m), Leitungskanälen (291m), Installationsrohren (293m), Brandschutzkanal (16m2), Kabelrinnen (45m), Unterverteiler (1St), Verteiler (1St), Abklemmen von Kabel/Leitungen (64St) * Lichtbändern (11St), Anbauleuchten (26St), Strahlern (8St), Pendelleuchten (7St); Entsorgung, Deponiegebühren	759,69 m2 BGF	16.109	**21,20**	
	• Herstellen (Kosten: 96,0%) Standschränke (2St), Verteiler (2St), Mantelleitungen (11.523m), Fernmeldekabel (482m), Bodentank (1St), Kommunikations-Stele (1St), Steckdosen (138St), Schalter/Taster (23St), DALI-Lichtsteuerung (1St), Bewegungsmelder (2St), Präsenzmelder (9St) * Lichtkanalsystem (37St), Einbauleuchten (30St), Downlights (25St), Außenleuchten (6St), Hängeleuchten (12St), Sicherheitsleuchten (21St) * Kombiableiter (7St), Rundleiter (56m), Potenzialausgleichsschienen (3St), Erdkabel (128m)	759,69 m2 BGF	391.405	**515,22**	
450	**Kommunikationstechnische Anlagen**	759,69 m2 BGF	162.034	**213,29**	17,6
	• Herstellen (Kosten: 100,0%) Brandmeldeanlage: RWA-Modulzentralen, KNX (3St), Notstromakkus (6St), Touchbildschirm (1St), KNX-Interface (1St), Kleinverteiler (2St), RWA-Auslösetaster (2St), Wetterstation (1St), Programmierung (1St), Rettungswegzentralen (2St), Brandmeldekabel (985m), Steuerleitungen (2.779m), Sicherheitskabel (1.288m) * Netzwerkschrank (1St), Staubfilter (1St), Rangierpanels (10St), Rangierverteiler (4St), Patchfelder (2St), Datenanschlussdosen (120St), HDMI/USB3.0, Anschlussdosen (18St), Datenkabel (3.313m), LWL-Kabel (328m), Datenkabel (90St), Fernmeldekabel (187m), WLAN-Access-Points (4St)	759,69 m2 BGF	162.034	**213,29**	
480	**Gebäude- und Anlagenautomation**	759,69 m2 BGF	9.853	**12,97**	1,1
	• Herstellen (Kosten: 100,0%) Steuertableau (1St), Meldegeräte (19St), Befehlsgeräte (23St), Rangierverteiler (1St), Netzgerät (1St), Binäreingänge, achtfach (2St), Schaltaktor, achtfach (1St), DALI-Eingangskontroller (1St), Multifunktion-Zeitrelais (2St), Leitungsschutzschalter (1St) * Bus-Leitungen (678m)	759,69 m2 BGF	9.853	**12,97**	
490	**Sonst. Maßnahmen für techn. Anlagen**	759,69 m2 BGF	38.359	**50,49**	4,2
	• Herstellen (Kosten: 100,0%) Baustelleneinrichtungen (3St), Baustromverteiler (2St), Gummischlauchleitungen (92m), befahr bare Kabelbrücken (15St), Baubeleuchtung (37St), Leitungen umverlegen (200m) * Rollgerüst (1St), Montagegerüste (2St) * Schutz EDV-Schränke während Bauphase (2St) * Strom- und ELA-Anschluss für provisorische Aufsicht im Empfang (psch)	759,69 m2 BGF	38.359	**50,49**	
500	**Außenanlagen und Freiflächen**				**100,0**
510	**Erdbau**	–	4.569	**–**	7,5
	• Herstellen (Kosten: 100,0%) Rohrgrabenaushub (14m3), Aushub für Hauseinführung (15h)	–	4.569	–	
530	**Oberbau, Deckschichten**	4,12 m2 BFF	461	**111,83**	0,8
	• Wiederherstellen (Kosten: 100,0%) Rasengittersteine aufnehmen, lagern, nach Rohrverlegung wieder einbauen, Splittbett, mit Oberboden verfüllen (4m2)	4,12 m2 BFF	461	**111,83**	

KG	Kostengruppe	Menge Einheit	Kosten €	€/Einheit	%
550	**Technische Anlagen**	–	53.572	**–**	88,3
	• Herstellen (Kosten: 100,0%) KG-Rohre (36m), einführen in vorhandenen Revisionsschacht (psch) * Kälteanlage: Außeneinheiten Wärmepumpen, Protektorwannen (2St), Kältemittelleitungen, gedämmt (psch), Maschinenfundament, Stb-Bodenplatte (2m²), Frostschürzen (6m)	–	53.572	**–**	
560	**Einbauten Außenanlagen u. Freiflächen**	–	2.046	**–**	3,4
	• Wiederherstellen (Kosten: 100,0%) Fahrradanlehnbügel demontieren, transportieren, wieder einbauen (6St)	–	2.046	**–**	
600	**Ausstattung und Kunstwerke**				**100,0**
610	**Allgemeine Ausstattung**	759,69 m²BGF	19.741	**25,99**	100,0
	• Abbrechen (Kosten: 0,6%) Abfalleimer demontieren, lagern (1h)	759,69 m²BGF	116	**0,15**	
	• Herstellen (Kosten: 99,4%) Tische 70x60x73cm, Holz-/Holzwerkstoff, HPL-Beschichtung (12St), Sitzkissen 50x50x10cm, Kaltschaum (8St), Sitz-/Tischwürfel 45x45x45cm, MDF, HPL-Beschichtung (4St), Leichtmetall-Blenden an Stahlregalen, b=7-11cm (7St)	759,69 m²BGF	19.625	**25,83**	

© **BKI** Baukosteninformationszentrum

Kostenkennwerte für die Kostengruppen 300 der 2. und 3.Ebene DIN 276 (Übersicht)

KG	Kostengruppe	Menge Einheit	Kosten €	€/Einheit	% an 3+4
300	**Bauwerk – Baukonstruktionen**	**759,69 m² BGF**	**1.659.714,53**	**2.184,73**	**64,3**
310	**Baugrube / Erdbau**	**15,47 m³ BGI**	**4.166,71**	**269,34**	**0,2**
311	Herstellung	15,47 m³ BGI	4.166,71	269,34	0,2
312	Umschließung	–	–	–	–
313	Wasserhaltung	–	–	–	–
314	Vortrieb	–	–	–	–
319	Sonstiges zur KG 310	–	–	–	–
320	**Gründung, Unterbau**	**598,98 m² GRF**	**156.354,43**	**261,03**	**6,1**
321	Baugrundverbesserung	–	–	–	–
322	Flachgründungen und Bodenplatten	5,78 m²	4.327,06	748,63	0,2
323	Tiefgründungen	–	–	–	–
324	Gründungsbeläge	598,98 m²	151.795,35	253,42	5,9
325	Abdichtungen und Bekleidungen	2,50 m²	232,02	92,81	< 0,1
326	Dränagen	–	–	–	–
329	Sonstiges zur KG 320	–	–	–	–
330	**Außenwände/Vert. Baukonstrukt., außen**	**82,64 m² AWF**	**167.518,87**	**2.027,09**	**6,5**
331	Tragende Außenwände	0,15 m²	6.895,85	45.972,35	0,3
332	Nichttragende Außenwände	–	–	–	–
333	Außenstützen	–	–	–	–
334	Außenwandöffnungen	7,69 m²	25.068,12	3.259,83	1,0
335	Außenwandbekleidungen, außen	–	2.452,98	–	< 0,1
336	Außenwandbekleidungen, innen	22,00 m²	1.390,57	63,21	< 0,1
337	Element. Außenwandkonstruktionen	52,95 m²	129.941,57	2.454,04	5,0
338	Lichtschutz zur KG 330	–	–	–	–
339	Sonstiges zur KG 330	82,64 m² AWF	1.769,76	21,42	< 0,1
340	**Innenwände/Vert. Baukonstrukt., innen**	**443,21 m² IWF**	**280.816,74**	**633,60**	**10,9**
341	Tragende Innenwände	132,45 m²	48.650,24	367,31	1,9
342	Nichttragende Innenwände	78,29 m²	12.790,27	163,37	0,5
343	Innenstützen	9,20 m	10.615,22	1.153,83	0,4
344	Innenwandöffnungen	6,29 m²	6.626,88	1.053,56	0,3
345	Innenwandbekleidungen	441,03 m²	35.680,68	80,90	1,4
346	Elementierte Innenwandkonstruktionen	63,55 m²	166.453,44	2.619,25	6,4
347	Lichtschutz zur KG 340	–	–	–	–
349	Sonstiges zur KG 340	–	–	–	–
350	**Decken/Horizontale Baukonstruktionen**	**190,70 m² DEF**	**35.369,04**	**185,47**	**1,4**
351	Deckenkonstruktionen	–	–	–	–
352	Deckenöffnungen	–	–	–	–
353	Deckenbeläge	18,12 m²	790,46	43,62	< 0,1
354	Deckenbekleidungen	190,70 m²	34.578,57	181,32	1,3
355	Elementierte Deckenkonstruktionen	–	–	–	–
359	Sonstiges zur KG 350	–	–	–	–
360	**Dächer**	**685,29 m² DAF**	**566.861,23**	**827,18**	**22,0**
361	Dachkonstruktionen	83,12 m²	158.954,88	1.912,35	6,2
362	Dachöffnungen	48,72 m²	69.135,63	1.419,04	2,7
363	Dachbeläge	424,20 m²	139.200,19	328,15	5,4
364	Dachbekleidungen	729,46 m²	161.623,53	221,57	6,3
365	Elementierte Dachkonstruktionen	–	–	–	–
366	Lichtschutz zur KG 360	46,32 m²	36.668,45	791,63	1,4
369	Sonstiges zur KG 360	685,29 m² DAF	1.278,54	1,87	< 0,1
370	**Infrastrukturanlagen**	**–**	**–**	**–**	**–**
380	**Baukonstruktive Einbauten**	**759,69 m² BGF**	**296.830,74**	**390,73**	**11,5**
390	**Sonst. Maßnahmen für Baukonstrukt.**	**759,69 m² BGF**	**151.796,78**	**199,81**	**5,9**

Kostenkennwerte für die Kostengruppen 400 der 2. und 3. Ebene DIN 276 (Übersicht)

KG	Kostengruppe	Menge Einheit	Kosten €	€/Einheit	% an 3+4
400	**Bauwerk – Technische Anlagen**	**759,69 m² BGF**	**922.309,27**	**1.214,06**	**35,7**
410	**Abwasser-, Wasser-, Gasanlagen**	**759,69 m² BGF**	**14.274,80**	**18,79**	**0,6**
411	Abwasseranlagen	759,69 m² BGF	14.274,80	18,79	0,6
412	Wasseranlagen	–	–	–	–
413	Gasanlagen	–	–	–	–
419	Sonstiges zur KG 410	–	–	–	–
420	**Wärmeversorgungsanlagen**	**759,69 m² BGF**	**64.765,47**	**85,25**	**2,5**
421	Wärmeerzeugungsanlagen	759,69 m² BGF	8.120,06	10,69	0,3
422	Wärmeverteilnetze	759,69 m² BGF	29.118,08	38,33	1,1
423	Raumheizflächen	759,69 m² BGF	27.527,33	36,23	1,1
424	Verkehrsheizflächen	–	–	–	–
429	Sonstiges zur KG 420	–	–	–	–
430	**Raumlufttechnische Anlagen**	**759,69 m² BGF**	**225.509,89**	**296,84**	**8,7**
431	Lüftungsanlagen	759,69 m² BGF	131.481,07	173,07	5,1
432	Teilklimaanlagen	–	–	–	–
433	Klimaanlagen	–	–	–	–
434	Kälteanlagen	759,69 m² BGF	94.028,80	123,77	3,6
439	Sonstiges zur KG 430	–	–	–	–
440	**Elektrische Anlagen**	**759,69 m² BGF**	**407.513,73**	**536,42**	**15,8**
441	Hoch- und Mittelspannungsanlagen	–	–	–	–
442	Eigenstromversorgungsanlagen	–	–	–	–
443	Niederspannungsschaltanlagen	–	–	–	–
444	Niederspannungsinstallationsanlagen	759,69 m² BGF	272.221,10	358,33	10,5
445	Beleuchtungsanlagen	759,69 m² BGF	127.823,99	168,26	5,0
446	Blitzschutz- und Erdungsanlagen	759,69 m² BGF	7.468,63	9,83	0,3
447	Fahrleitungssysteme	–	–	–	–
449	Sonstiges zur KG 440	–	–	–	–
450	**Kommunikationstechnische Anlagen**	**759,69 m² BGF**	**162.033,80**	**213,29**	**6,3**
451	Telekommunikationsanlagen	–	–	–	–
452	Such- und Signalanlagen	–	–	–	–
453	Zeitdienstanlagen	–	–	–	–
454	Elektroakustische Anlagen	–	–	–	–
455	Audiovisuelle Medien- u. Antennenanl.	–	–	–	–
456	Gefahrenmelde- und Alarmanlagen	759,69 m² BGF	107.155,73	141,05	4,2
457	Datenübertragungsnetze	759,69 m² BGF	54.878,07	72,24	2,1
458	Verkehrsbeeinflussungsanlagen	–	–	–	–
459	Sonstiges zur KG 450	–	–	–	–
460	**Förderanlagen**	**–**	**–**	**–**	**–**
461	Aufzugsanlagen	–	–	–	–
462	Fahrtreppen, Fahrsteige	–	–	–	–
463	Befahranlagen	–	–	–	–
464	Transportanlagen	–	–	–	–
465	Krananlagen	–	–	–	–
466	Hydraulikanlagen	–	–	–	–
469	Sonstiges zur KG 460	–	–	–	–
470	**Nutzungsspez. u. verfahrenstechn. Anl.**	**–**	**–**	**–**	**–**
480	**Gebäude- und Anlagenautomation**	**759,69 m² BGF**	**9.852,52**	**12,97**	**0,4**
490	**Sonst. Maßnahmen für techn. Anlagen**	**759,69 m² BGF**	**38.359,09**	**50,49**	**1,5**

© BKI Baukosteninformationszentrum

Kostenkennwerte für Leistungsbereiche nach STLB (Kosten des Bauwerks nach DIN 276)

LB	Leistungsbereiche	Kosten €	€/m² BGF	€/m³ BRI	% an 3+4
000	Baustellen-, Verkehrssich.- u. Sicherh.einr. inkl. 001	159.023	209,30	43,70	6,2
002	Erdarbeiten	5.504	7,20	1,50	0,2
006	Spezialtiefbauarbeiten inkl. 005	–	–	–	–
009	Entwässerungskanalarbeiten inkl. 011	–	–	–	–
010	Drän- und Versickerarbeiten	–	–	–	–
012	Mauerarbeiten	52.099	68,60	14,30	2,0
	Wiederherstellen	12.001	15,80	3,30	0,5
	Herstellen	40.097	52,80	11,00	1,6
013	Betonarbeiten	21.922	28,90	6,00	0,8
014	Natur-, Betonwerksteinarbeiten	–	–	–	–
016	Zimmer- und Holzbauarbeiten	–	–	–	–
017	Stahlbauarbeiten	131.064	172,50	36,00	5,1
018	Abdichtungsarbeiten	–	–	–	–
020	Dachdeckungsarbeiten	–	–	–	–
021	Dachabdichtungsarbeiten	91.894	121,00	25,30	3,6
	Wiederherstellen	3.975	5,20	1,10	0,2
	Herstellen	87.920	115,70	24,20	3,4
022	Klempnerarbeiten	5.822	7,70	1,60	0,2
	Wiederherstellen	5.738	7,60	1,60	0,2
	Herstellen	84	0,11	0,02	< 0,1
	Rohbau	**467.328**	**615,20**	**128,50**	**18,1**
	Wiederherstellen	21.714	28,60	6,00	0,8
	Herstellen	445.614	586,60	122,50	17,3
023	Putz- und Stuckarbeiten, Wärmedämmsysteme	1.420	1,90	0,39	< 0,1
024	Fliesen- und Plattenarbeiten	14.174	18,70	3,90	0,5
025	Estricharbeiten	44.248	58,20	12,20	1,7
026	Fenster, Außentüren inkl. 029, 032	223.107	293,70	61,30	8,6
027	Tischlerarbeiten	277.239	364,90	76,20	10,7
028	Parkett-, Holzpflasterarbeiten	–	–	–	–
030	Rollladenarbeiten	36.668	48,30	10,10	1,4
031	Metallbauarbeiten inkl. 035	196.641	258,80	54,10	7,6
034	Maler- und Lackiererarb. – Beschicht. inkl. 037	32.313	42,50	8,90	1,3
	Wiederherstellen	2.902	3,80	0,80	0,1
	Herstellen	29.411	38,70	8,10	1,1
036	Bodenbelagarbeiten	40.806	53,70	11,20	1,6
038	Vorgehängte hinterlüftete Fassaden	–	–	–	–
039	Trockenbauarbeiten	175.746	231,30	48,30	6,8
	Wiederherstellen	18.271	24,10	5,00	0,7
	Herstellen	157.475	207,30	43,30	6,1
	Ausbau	**1.042.363**	**1.372,10**	**286,50**	**40,4**
	Wiederherstellen	21.173	27,90	5,80	0,8
	Herstellen	1.021.190	1.344,20	280,70	39,5
040	Wärmeversorgungsanl. - Betriebseinr. inkl. 041	59.559	78,40	16,40	2,3
042	Gas- u. Wasseranl. - Leitung., Armat. inkl. 043	417	0,55	0,11	< 0,1
044	Abwasseranl. - Leitungen, Abläufe, Armaturen	11.074	14,60	3,00	0,4
	Wiederherstellen	6.272	8,30	1,70	0,2
	Herstellen	4.802	6,30	1,30	0,2
045	Gas, Wasser, Entwässerung – Ausstattung inkl. 046	–	–	–	–
047	Dämm- und Brandschutzarb. an techn. Anlagen	34.533	45,50	9,50	1,3
049	Feuerlöschanlagen, Feuerlöschgeräte	–	–	–	–

Umbau

LB	Leistungsbereiche	Kosten €	€/m² BGF	€/m³ BRI	% an 3+4
050	Blitzschutz-/Erdungsanlagen, Überspannungssch.	7.469	9,80	2,10	0,3
053	Niederspannungsanl. – Kabel inkl. 052, 054	257.921	339,50	70,90	10,0
055	Sicherheits- u. Ersatzstromversorgungsanl.	–	–	–	–
057	Gebäudesystemtechnik	–	–	–	–
058	Leuchten und Lampen inkl. 059	126.016	165,90	34,60	4,9
060	Such, Signal, Zeit, Anten., akust. Anl. inkl. 064	3.172	4,20	0,87	0,1
061	Kommunikations- u. Übertragungsnetze inkl. 063	157.767	207,70	43,40	6,1
069	Aufzüge	–	–	–	–
070	Gebäudeautomation	9.852	13,00	2,70	0,4
075	Raumlufttechnische Anlagen inkl. 078	198.846	261,70	54,70	7,7
	Gebäudetechnik	**866.627**	**1.140,80**	**238,20**	**33,6**
	Wiederherstellen	6.272	8,30	1,70	0,2
	Herstellen	860.354	1.132,50	236,50	33,3
084	Abbruch, Rückbau, Schadstoffsanierung	192.205	253,00	52,80	7,4
	Abbrechen	192.205	253,00	52,80	7,4
	Abbrucharbeiten	**192.205**	**253,00**	**52,80**	**7,4**
	Abbrechen	192.205	253,00	52,80	7,4
	Sonstige Leistungsbereiche	**13.501**	**17,80**	**3,70**	**0,5**

© BKI Baukosteninformationszentrum

9100-0184
Friedenskirche
(290 Sitzplätze)

Modernisierung

Kostenkennwerte für die Kosten des Bauwerks (Kostengruppen 300+400 nach DIN 276)

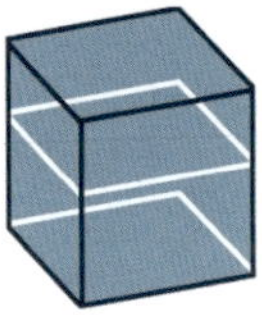

BRI 160 €/m^3

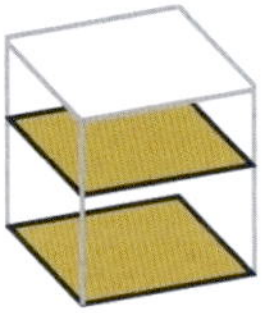

BGF 1.576 €/m^2

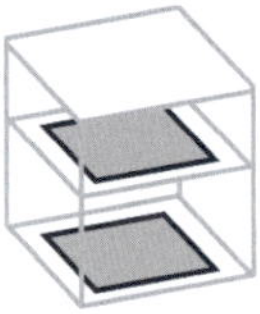

NUF 1.995 €/m^2

Objekt:
Kennwerte: 1.Ebene DIN 276
BRI: 5.134 m^3
BGF: 520 m^2
NUF: 411 m^2
Bauzeit: 35 Wochen
Bauende: 2019
Standard: hoch
Bundesland: Bremen
Kreis: Bremen, Stadt

Architekt*in:
ulrich TILGNER
thomas GROTZ
Architekten GmbH
Konsul-Smidt-Straße 8d
28217 Bremen

Bauherr*in:
Bremische
Evangelische Kirche
Franziuseck 2-4
28199 Bremen

vorher

nachher

© **BKI** Baukosteninformationszentrum

Längsschnitt

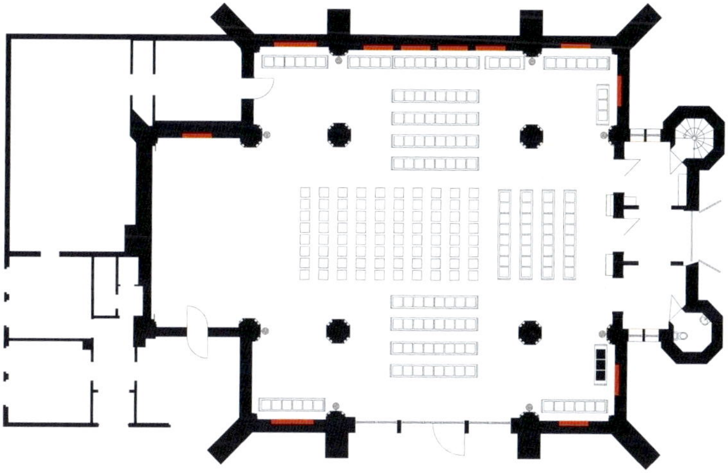

Grundriss

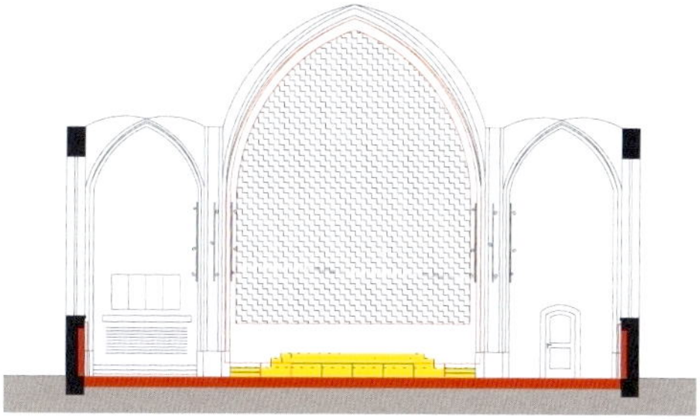

Querschnitt

Objektbeschreibung

Allgemeine Objektinformationen

Die Friedenskirche wurde als neogotischer Backsteinbau zwischen 1867 und 1869 errichtet. Über der Vierung befand sich bis 1939 ein rund 45m hoher Turm, welcher von zwei niedrigeren, achteckigen Fialtürmen flankiert. Letztere bestehen bis heute. Im Jahr 1944 wurde das Gemeindehaus zerstört und die Kirche durch Brandbomben schwer beschädigt. Der Wiederaufbau der Kirche erfolgte zwischen 1948 und 1949, der Wiederaufbau des Gemeindehauses rund 20 Jahre später. Seitdem dient es den Gemeindemitgliedern als Ort der Zusammenkunft und ist Organisationsstätte diverser Veranstaltungen.

Nutzung

1 Erdgeschoss
Kirchensaal, Foyer, Mehrzweckräume, Sanitärräume, Technikraum

1 Obergeschoss
Kirchsaal, Nebenräume, Empore

Nutzeinheiten

Sitzplätze: 290

Markt

Hauptvergabezeit: 1.Quartal 2019
Baubeginn: 2.Quartal 2019
Bauende: 4.Quartal 2019
Konjunkturelle Gesamtlage: über Durchschnitt
Regionaler Baumarkt: über Durchschnitt

Baubestand

Baujahr: 1869
Bauzustand: schlecht
Aufwand: mittel
Grundrissänderungen: wenige
Tragwerkseingriffe: wenige
Nutzungsänderung: nein
Nutzung während der Bauzeit: nein

Baukonstruktion

Es handelt sich um eine aus Backstein erbaute Kirche. Die Stahlfaserbetonsohle mit Installationskanälen ist neu hergestellt. Wände wurden ausgebessert und beschichtet. Öffnungen und Nischen wurden ausgemauert. Die Holzkonstruktion der stufenartigen Orgelempore wird durch neue Stahlträger abgefangen und ist mit einer abgehängten Decke bekleidet. Es wurden akustisch wirksame Paneele in das Geländer eingebaut. Die Fußböden bestehen aus Heizestrich und fugenlosen Kautschukbelägen.

Technische Anlagen

Die alten Rippenheizkörper in den Nischen sind durch Wandflächenheizungen ersetzt. Eine Fußbodenheizung wurde verlegt. Die Lautsprecher sind neu installiert worden und die Beleuchtung wurde erweitert.

Sonstiges

Angegliedert an die Kirche findet sich ein Gemeindezentrum mit Café und Saal.

© **BKI** Baukosteninformationszentrum

Planungskennwerte für Flächen und Rauminhalte nach DIN 277

Flächen des Grundstücks		Menge Einheit	% an GF
BF	Bebaute Fläche	–	–
UF	Unbebaute Fläche	–	–
GF	Grundstücksfläche	–	–

Grundflächen des Bauwerks		Menge Einheit	% an NUF	% an BGF
NUF	Nutzungsfläche	410,83 m²	100,0	79,0
TF	Technikfläche	9,22 m²	2,2	1,8
VF	Verkehrsfläche	20,52 m²	5,0	3,9
NRF	Netto-Raumfläche	440,57 m²	107,2	84,8
KGF	Konstruktions-Grundfläche	79,22 m²	19,3	15,2
BGF	Brutto-Grundfläche	519,79 m²	126,5	100,0

Brutto-Rauminhalt des Bauwerks		Menge Einheit	BRI/NUF (m)	BRI/BGF (m)
BRI	Brutto-Rauminhalt	5.134,00 m³	12,50	9,88

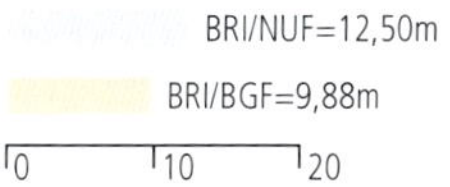

Kostenkennwerte für die Kostengruppen der 1. Ebene DIN 276

KG	Kostengruppen (1. Ebene)	Einheit	Kosten €	€/Einheit	€/m² BGF	€/m³ BRI	% 300+400
100	Grundstück	m² GF	–	–	–	–	–
200	Vorbereitende Maßnahmen	m² GF	–	–	–	–	–
300	Bauwerk – Baukonstruktionen	m² BGF	617.515	1.188,01	1.188,01	120,28	75,4
400	Bauwerk – Technische Anlagen	m² BGF	201.908	388,44	388,44	39,33	24,6
	Bauwerk 300+400	**m² BGF**	**819.423**	**1.576,45**	**1.576,45**	**159,61**	**100,0**
500	Außenanlagen und Freiflächen	m² AF	–	–	–	–	–
600	Ausstattung und Kunstwerke	m² BGF	52.505	101,01	101,01	10,23	6,4
700	Baunebenkosten	m² BGF	–	–	–	–	–
800	Finanzierung	m² BGF	–	–	–	–	–

KG	Kostengruppe	Menge Einheit	Kosten €	€/Einheit	%
3+4	**Bauwerk**				**100,0**
300	**Bauwerk – Baukonstruktionen**	519,79 m² BGF	617.515	**1.188,01**	75,4

- Abbrechen
  Abbruch von Podest, Sohle, textile Rückwand
- Wiederherstellen
  Wände ausbessern und beschichten Freilegen der Maßwerkfenster, Fenster: Ertüchtigung alter Lüftungsflügel, Fenster gereinigt, teilw. repariert und malermäßig ausgebessert; Aufarbeiten der Innentüren; Deckengewölbe ausgebessert und beschichtet, Sandsteinauflager der Empore: alte Inschriften entfernt und neue durch einen Steinmetz erstellt, Geländer lackiert; Orgel gestrichen
- Herstellen
  Stahlfaserbetonsohle mit Installationskanälen, Abdichtung, Dämmung, Estrich, fugenloser Kautschuk-Bodenbelag; Ausmauerung der alten Heizkörpernischen, Fenster: Einbau eines Lüftungsflügels; Stahlträger zur Abfangung der Empore, mit abgehängter Decke verkleidet, akustisch wirksame Paneele in Geländern

KG	Kostengruppe	Menge Einheit	Kosten €	€/Einheit	%
400	**Bauwerk – Technische Anlagen**	519,79 m² BGF	201.908	**388,44**	24,6

- Abbrechen
  Abbruch von alten Versorgungsleitungen, Rippenheizkörper, Leuchten
- Wiederherstellen
  Wärmeversorgung an vorhandene Gas-Brennwerttherme anschließen
- Herstellen
  Fußbodenheizung, Wandflächenheizung, Beleuchtung, Lautsprecheranlage

KG	Kostengruppe	Menge Einheit	Kosten €	€/Einheit	%
600	**Ausstattung und Kunstwerke**	519,79 m² BGF	52.505	**101,01**	6,4

- Wiederherstellen
  Aufarbeitung von Bänken
- Herstellen
  Einbaumöbel, Projektionsfläche bzw. Leinwand, Bühneneinbaumöbel

© BKI Baukosteninformationszentrum

9100-0189
Veranstaltungssaal
(110 Sitzplätze)

Modernisierung

Kostenkennwerte für die Kosten des Bauwerks (Kostengruppen 300+400 nach DIN 276)

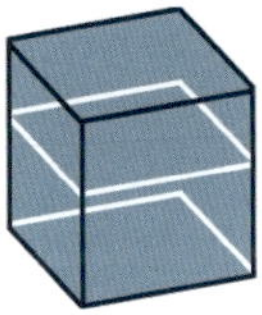

BRI 1.259 €/m³

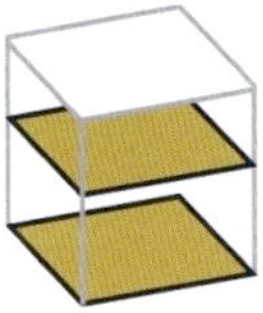

BGF 9.852 €/m²

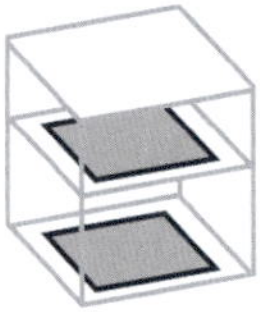

NUF 12.842 €/m²

Objekt:
Kennwerte: 1.Ebene DIN 276
BRI: 1.686 m³
BGF: 215 m²
NUF: 165 m²
Bauzeit: 39 Wochen
Bauende: 2019
Standard: hoch
Bundesland: Schleswig-Holstein
Kreis: Lübeck, Stadt

Architekt*in:
Heske Hochgürtel Lohse
Architekten PartGmbB
Fischstraße 11
23552 Lübeck

Bauherr*in:
Hansestadt Lübeck
23552 Lübeck

Planung Sonstiges:
Planung Akustik:
Müller-BBM GmbH
Helmut-A.-Müller-Str. 1-5
82152 Planegg/München

© Stephan Baumann, bild_raum

Grundriss

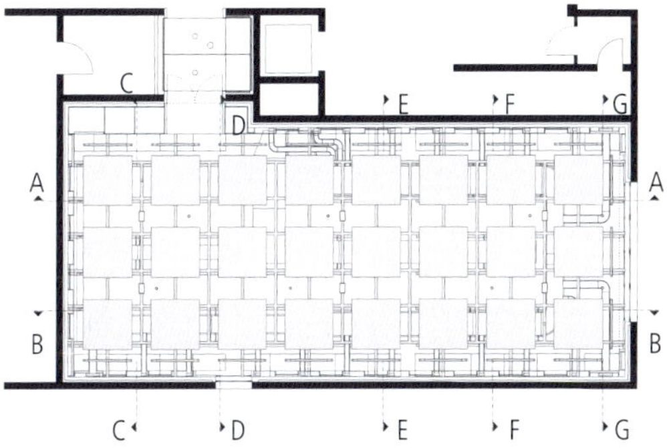

Deckenspiegel

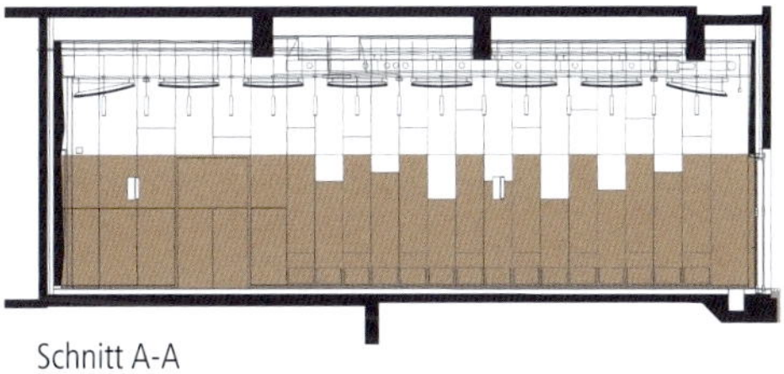
Schnitt A-A

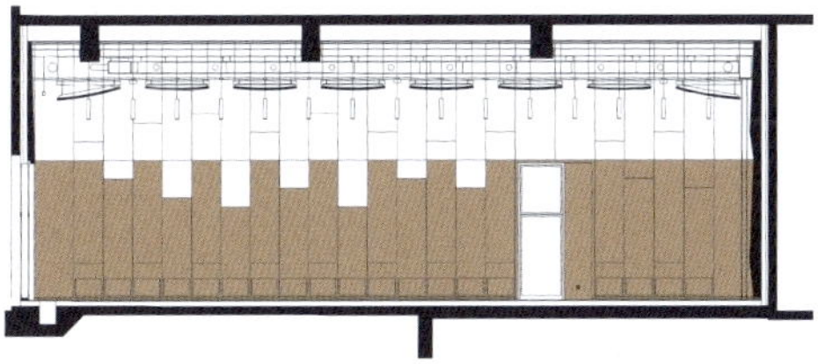
Schnitt B-B

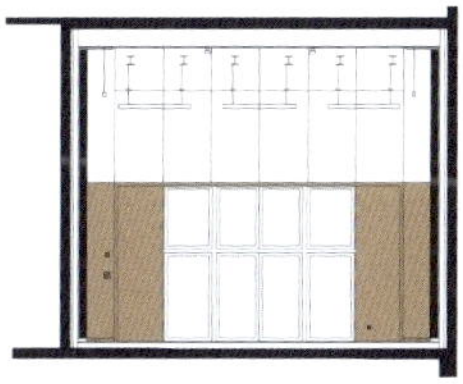
Schnitt C-C

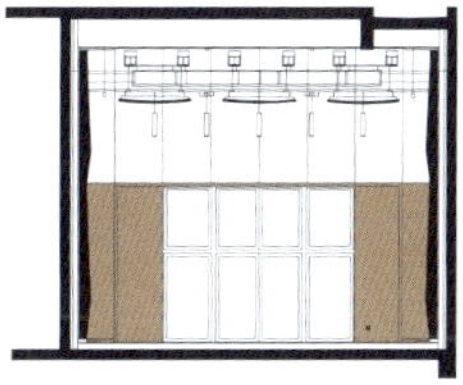
Schnitt D-D

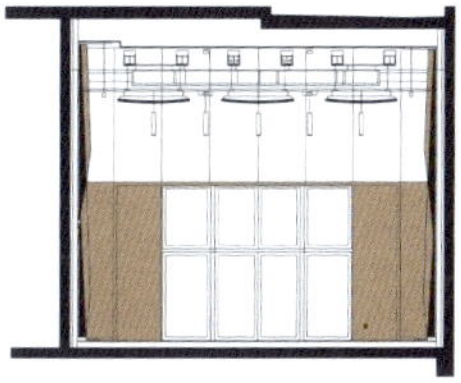
Schnitt E-E

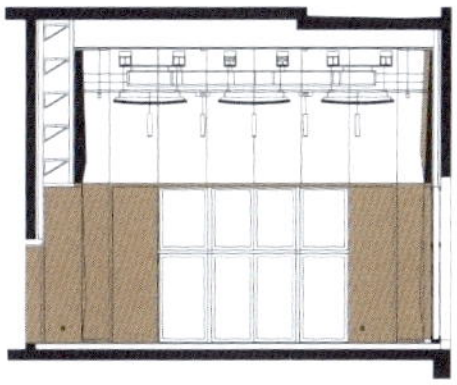
Schnitt F-F

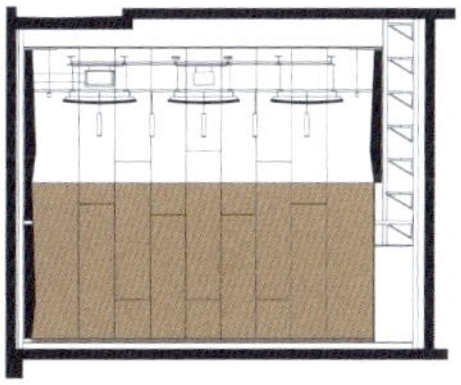
Schnitt G-G

Objektbeschreibung

Allgemeine Objektinformationen

In der 1992-94 errichteten Musik- und Kongresshalle befindet sich der Orchesterprobensaal, der dem Philharmonischen Orchester bisher als Probenraum diente. Die vollständige Erneuerung der technischen Ausstattung sowie seiner außergewöhnlichen Innenraumgestaltung ließ ihn zum Kleinen Saal aufsteigen. Der gestalterisch und funktional in zwei Ebenen geteilte Raum gewährleistet mittels der geneigten, diffus schallreflektierenden Holzelemente im unteren Bereich und der resonanzabsorbierenden Wandbekleidung im oberen Raumteil eine perfekt abgestimmte Schallentwicklung für die Musiker.

Nutzung

1 Erdgeschoss
Orchesterproben- und Veranstaltungssaal, Vorraum

Nutzeinheiten

Sitzplätze: 110

Grundstück

Bauraum: Freier Bauraum

Markt

Hauptvergabezeit: 4. Quartal 2018
Baubeginn: 4. Quartal 2018
Bauende: 3. Quartal 2019
Konjunkturelle Gesamtlage: über Durchschnitt
Regionaler Baumarkt: über Durchschnitt

Baubestand

Baujahr: 1994
Bauzustand: mittel
Aufwand: hoch
Grundrissänderungen: keine
Tragwerkseingriffe: keine
Nutzungsänderung: nein
Nutzung während der Bauzeit: nein

Baukonstruktion

Der bestehende Probenraum wurde zunächst vollständig entkernt. Das bestehende Raum-in-Raum Prinzip mit vor den Beton gemauerter Kalksandstein-Vorsatzschale wurde erhalten. Im Bereich der Akustik erhielt er eine offene Decke zur Vergrößerung des Raumvolumens. Akustikelemente in Form von rasterförmig angeordneten Deckensegeln wurden in Trockenbauweise eingebaut. Zudem haben die Fenster Akustikvorhänge und -rollos erhalten. Die neuen Wandelemente sind in präziser Handwerkskunst in Holzbauweise hergestellt worden. Um die Anforderungen der Versammlungsstättenverordnung zu erfüllen, erfolgten Eingriffe in die Fassade. Die Fluchttüren wurden in Aluminium ausgeführt. Der Fußboden ist mit Stäbchenparkett belegt.

Technische Anlagen

Der bestehende Heizkreisverteiler wurde komplett zur Kühlung des Raumes umgerüstet. Die Beheizung erfolgt ausschließlich über die Lüftungsanlage. Ergänzend zur akustischen Funktionalität der Wandelemente sind diese ein wesentlicher Bestandteil des neuen Kühlungs- und Lüftungskonzeptes. Sie beherbergen sowohl die von der Decke hinabgeführten Lüftungskanäle als auch eine rückseitige Kälteaktivierung mittels Kapillarkühlmatten. Für die Beleuchtung des Raumes wurden Langfeld- und Pendelleuchten gewählt. Lüftung und Beleuchtung sind digital steuerbar. Im Zuge der Renovierungsarbeiten wurde der Raum mit einer neuen Sicherheitstechnik ausgestattet.

© **BKI** Baukosteninformationszentrum

Planungskennwerte für Flächen und Rauminhalte nach DIN 277

Flächen des Grundstücks		Menge Einheit	% an GF
BF	Bebaute Fläche	–	–
UF	Unbebaute Fläche	–	–
GF	Grundstücksfläche	–	–

Grundflächen des Bauwerks		Menge Einheit	% an NUF	% an BGF
NUF	Nutzungsfläche	165,30 m²	100,0	76,7
TF	Technikfläche	–	–	–
VF	Verkehrsfläche	9,80 m²	5,9	4,5
NRF	Netto-Raumfläche	175,10 m²	105,9	81,3
KGF	Konstruktions-Grundfläche	40,37 m²	24,4	18,7
BGF	Brutto-Grundfläche	215,47 m²	130,4	100,0

Brutto-Rauminhalt des Bauwerks		Menge Einheit	BRI/NUF (m)	BRI/BGF (m)
BRI	Brutto-Rauminhalt	1.686,14 m³	10,20	7,83

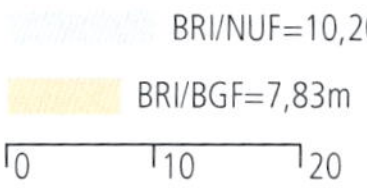

9100-0189
Veranstaltungssaal
(110 Sitzplätze)

Modernisierung

Kostenkennwerte für die Kostengruppen der 1. Ebene DIN 276

KG	Kostengruppen (1. Ebene)	Einheit	Kosten €	€/Einheit	€/m² BGF	€/m³ BRI	% 300+400
100	Grundstück	m² GF	–	–	–	–	–
200	Vorbereitende Maßnahmen	m² GF	–	–	–	–	–
300	Bauwerk – Baukonstruktionen	m² BGF	1.029.427	4.777,59	4.777,59	610,52	48,5
400	Bauwerk – Technische Anlagen	m² BGF	1.093.357	5.074,29	5.074,29	648,44	51,5
	Bauwerk 300+400	**m² BGF**	**2.122.784**	**9.851,88**	**9.851,88**	**1.258,96**	**100,0**
500	Außenanlagen und Freiflächen	m² AF	–	–	–	–	–
600	Ausstattung und Kunstwerke	m² BGF	–	–	–	–	–
700	Baunebenkosten	m² BGF	–	–	–	–	–
800	Finanzierung	m² BGF	–	–	–	–	–

KG	Kostengruppe	Menge Einheit	Kosten €	€/Einheit	%
3+4	**Bauwerk**				**100,0**
300	**Bauwerk – Baukonstruktionen**	215,47 m² BGF	1.029.427	**4.777,59**	48,5

- Abbrechen
  Abbruch von Bodenbelägen, Estrich; Wandbekleidung; abgehängten Decken; Einbauschränken; Entsorgung, Deponiegebühren

- Herstellen
  Estrich, Stäbchen-Parkett; akustische Wandbekleidung mit raumhohen Holzelementen, Alu-Fluchttüranlage, Akustikvorhänge und -rollos; Akustik-Deckensegel in Trockenbauweise mit Stahl-Unterkonstruktion; Einbauschränke

KG	Kostengruppe	Menge Einheit	Kosten €	€/Einheit	%
400	**Bauwerk – Technische Anlagen**	215,47 m² BGF	1.093.357	**5.074,29**	51,5

- Abbrechen
  Abbruch von Heizkörpern; Lüftungskanälen; Elektroinstallation, Beleuchtung; Entsorgung, Deponiegebühren

- Wiederherstellen
  Anschluss an die Bestandsleitung unter Verwendung der alten Heizkreisverteiler für die Kühlung

- Herstellen
  Lüftungs- und Kühlungsanlage integriert in Wandbekleidung; Lüftungsanlage im Deckenbereich mit digitaler Steuerung; Elektroinstallation, Beleuchtung mit Langfeld- und Pendelleuchten mit digitaler Steuerung; Beschallungsanlage

© BKI Baukosteninformationszentrum

9100-0213
Stadtbücherei

Modernisierung

Kostenkennwerte für die Kosten des Bauwerks (Kostengruppen 300+400 nach DIN 276)

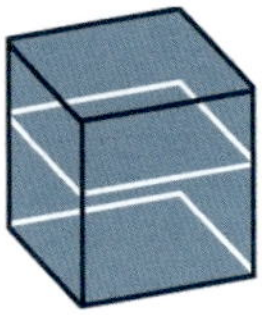

BRI 446 €/m³

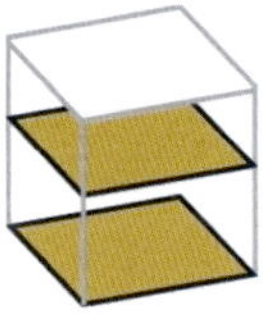

BGF 1.653 €/m²

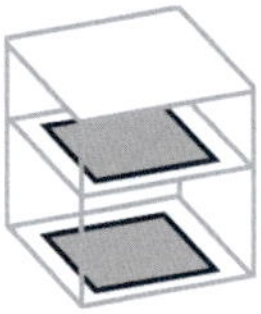

NUF 2.186 €/m²

Objekt:
Kennwerte: 3. Ebene DIN 276
BRI: 3.691 m³
BGF: 995 m²
NUF: 752 m²
Bauzeit: 35 Wochen
Bauende: 2021
Standard: mittel
Bundesland: Nordrhein-Westfalen
Kreis: Gütersloh

Innenarchitekt*in:
UKW Innenarchitekten PartGmbB
Baackesweg 77
47804 Krefeld

© Jens Kirchner

© BKI Baukosteninformationszentrum

Zeichnungen

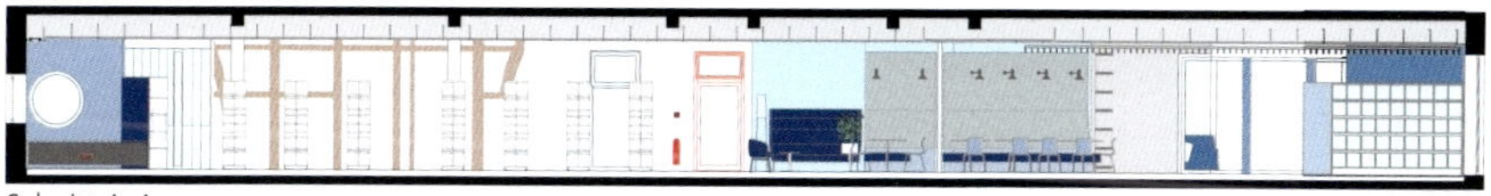

Schnitt A-A

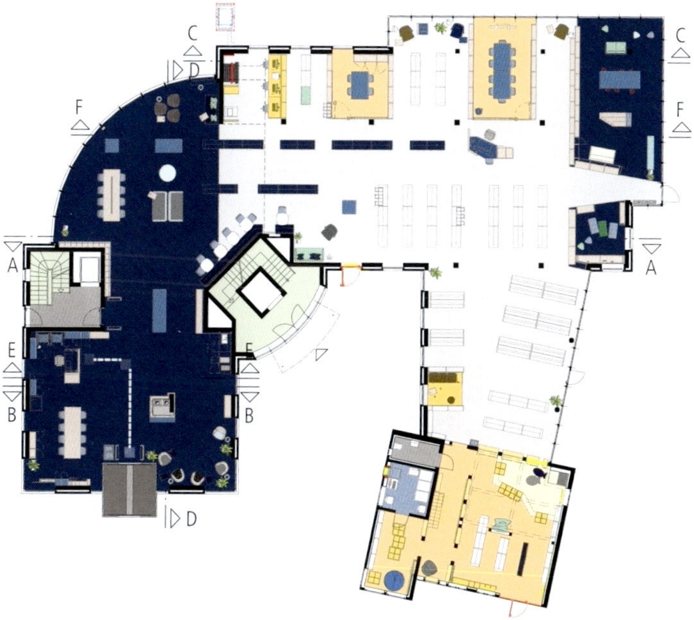

Erdgeschoss

Untergeschoss

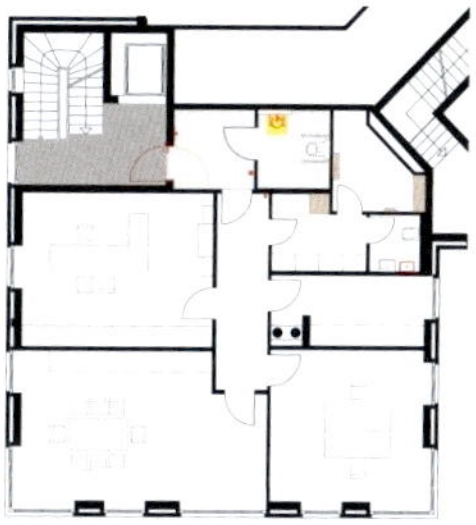

Obergeschoss

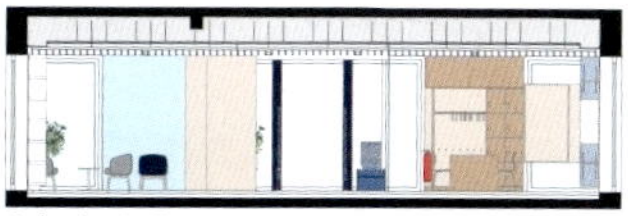

Schnitt B-B

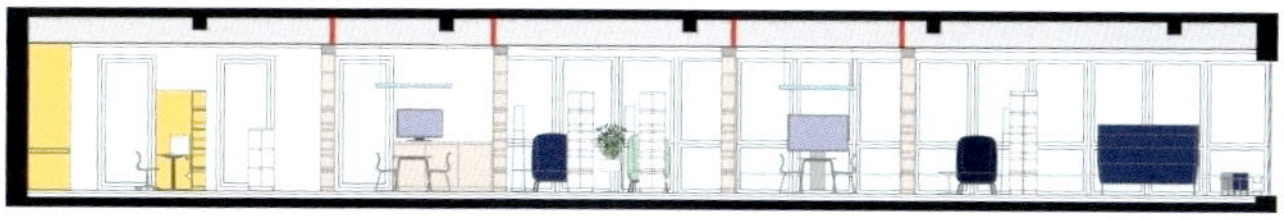

Schnitt C-C

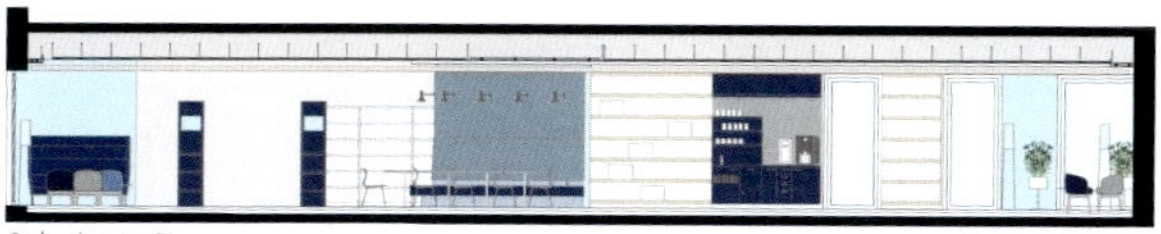

Schnitt D-D

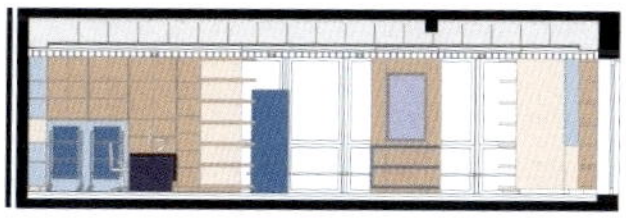

Schnitt E-E

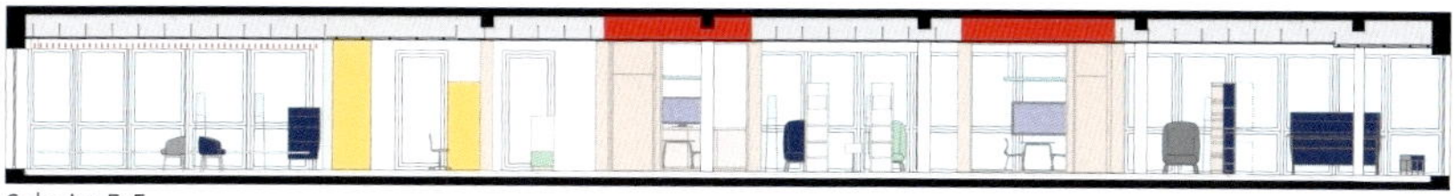

Schnitt F-F

Modernisierung

Objektbeschreibung

Allgemeine Objektinformationen

Die etwa 730m² große Stadtbücherei setzt sich zusammen aus einem aus den 90ern stammenden Neubau und einem historischen Fachwerkhaus. Die Bibliothek wurde modernisiert und das Angebot um Ruhe- und Arbeitszonen, Gruppenarbeitsräume, einen Gamingbereich und einen Makerspace erweitert. Die Bibliotheksfläche ist mit teilweise verschiebbaren Regalanlagen auch für größere Veranstaltungen nutzbar. Zudem wurde die technische Infrastruktur erneuert und für das „Open-Library-Konzept" optimiert. Der leitende Gedanke des Innenraum-Konzepts beruht auf einer funktionsbezogenen Zonierung und Farbgestaltung, die die Orientierung der Besuchenden im Raum erleichtert.

Nutzung

1 Untergeschoss
WCs, Zugang Tiefgarage

1 Erdgeschoss
Bibliothek mit Café, Gruppenräume, Jugend- und Kinderbereich, Gamingraum, Lagerräume

1 Obergeschoss
Kinderbereich, Sondernutzung Lesenetz, Büroräume, barrierefreies WC

Markt

Hauptvergabezeit: 4. Quartal 2020
Baubeginn: 4. Quartal 2020
Bauende: 3. Quartal 2021
Konjunkturelle Gesamtlage: Durchschnitt
Regionaler Baumarkt: unter Durchschnitt

Baubestand

Baujahr: 90er Jahre
Bauzustand: gut
Aufwand: mittel
Grundrissänderungen: wenige
Tragwerkseingriffe: wenige
Nutzungsänderung: nein
Nutzung während der Bauzeit: nein

Baukonstruktion

Im Erdgeschoss wurde der Bodenbelag mit blauem Kautschuk im Eingangs-, Jugend- und Gamingbereich, einem hellen cradle-to-cradle Gussboden im Medienbereich und Parkettboden im Kinderbereich erneuert. Der Zugang erfolgt über eine Glas-Doppelschiebetüranlage. Die vorhandenen Glasfasertapeten wurden gespachtelt und beschichtet. In Teilbereichen wurde eine neue Holzlamellendecke abgehängt, hinter der die Haustechnik zurücktritt. Der Innenausbau der Bibliothek besteht aus hochwertigen Tischlerarbeiten, darunter zwei eingestellte Gruppenräume und diverse Bibliotheksmöbel. Ein SB-Café lädt zum Verweilen ein. Das neue Lesenetz des Kinderbereichs im Fachwerkgebälk ist ein besonderes Highlight. Im zweigeschossigen Bereich darf nun über den Köpfen der Anwesenden gespielt und geschmökert werden. Der Zugang erfolgt über eine Treppe und einen Kletterturm aus Birke-Multiplexplatten.

Technische Anlagen

Die Haustechnik des Bestandsgebäudes wurde ergänzt. In der Bücherei wurden Heizkörper sowie Luftöffnungen und Leitungen im Deckenbereich ergänzt. Zusätzlich sind Deckenkühlgeräte zur Sicherung einer guten Temperatursituation eingebaut. Im Außenbereich ist hierfür eine Kältemaschine aufgestellt. Die Elektroinstallation wurde erweitert, ein neues Beleuchtungskonzept umgesetzt. Zur Ausstattung gehören ein digitales Media-Präsentationssystem sowie Brandmeldeanlage, Einbruchmeldeanlage, Buchsicherungssysteme, Bezahlterminals und ein Zutrittskontrollsystem für die Open-Library Nutzung. Eine Netzwerkverkabelung ist eingerichtet. Die Steuerung einzelner Komponenten erfolgt über eine Gebäudeautomation.

Sonstiges

Das Objekt ist barrierefrei ausgeführt.

© **BKI** Baukosteninformationszentrum

Planungskennwerte für Flächen und Rauminhalte nach DIN 277

Flächen des Grundstücks		Menge Einheit	% an GF
BF	Bebaute Fläche	867,00 m²	46,6
UF	Unbebaute Fläche	995,00 m²	53,4
GF	Grundstücksfläche	1.862,00 m²	100,0

Grundflächen des Bauwerks		Menge Einheit	% an NUF	% an BGF
NUF	Nutzungsfläche	752,40 m²	100,0	75,6
TF	Technikfläche	–	–	–
VF	Verkehrsfläche	120,30 m²	16,0	12,1
NRF	Netto-Raumfläche	872,70 m²	116,0	87,7
KGF	Konstruktions-Grundfläche	121,90 m²	16,2	12,3
BGF	Brutto-Grundfläche	994,60 m²	132,2	100,0

Brutto-Rauminhalt des Bauwerks		Menge Einheit	BRI/NUF (m)	BRI/BGF (m)
BRI	Brutto-Rauminhalt	3.690,90 m³	4,91	3,71

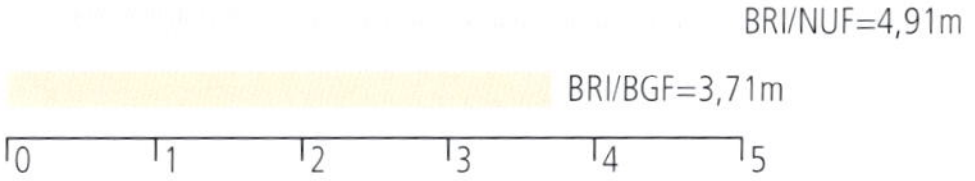

Lufttechnisch behandelte Flächen	Menge Einheit	% an NUF	% an BGF
Entlüftete Fläche	–	–	–
Be- und entlüftete Fläche	–	–	–
Teilklimatisierte Fläche	–	–	–
Klimatisierte Fläche	–	–	–

KG	Kostengruppen (2. Ebene)	Menge Einheit	Menge/NUF	Menge/BGF
310	Baugrube / Erdbau	–	–	–
320	Gründung, Unterbau	–	–	–
330	Außenwände/Vertikale Baukonstruktionen, außen	367,99 m² AWF	0,49	0,37
340	Innenwände/Vertikale Baukonstruktionen, innen	323,57 m² IWF	0,43	0,33
350	Decken/Horizontale Baukonstruktionen	786,29 m² DEF	1,05	0,79
360	Dächer	–	–	–

Modernisierung

Kostenkennwerte für die Kostengruppen der 1. Ebene DIN 276

KG	Kostengruppen (1. Ebene)	Einheit	Kosten €	€/Einheit	€/m² BGF	€/m³ BRI	% 300+400
100	Grundstück	m² GF	–	–	–	–	–
200	Vorbereitende Maßnahmen	m² GF	–	–	–	–	–
300	Bauwerk – Baukonstruktionen	m² BGF	942.962	948,08	948,08	255,48	57,3
400	Bauwerk – Technische Anlagen	m² BGF	701.484	705,29	705,29	190,06	42,7
	Bauwerk 300+400	**m² BGF**	**1.644.446**	**1.653,37**	**1.653,37**	**445,54**	**100,0**
500	Außenanlagen und Freiflächen	m² AF	51.368	50,96	51,65	13,92	3,1
600	Ausstattung und Kunstwerke	m² BGF	333.802	335,61	335,61	90,44	20,3
700	Baunebenkosten	m² BGF	–	–	–	–	–
800	Finanzierung	m² BGF	–	–	–	–	–

KG	Kostengruppe	Menge Einheit	Kosten €	€/Einheit	%
3+4	**Bauwerk**				**100,0**
300	**Bauwerk – Baukonstruktionen**	994,60 m² BGF	942.962	**948,08**	57,3

- Abbrechen (Kosten: 2,1%) 19.867
  Abbruch von Mauerwerk im Gefach für Öffnung, Verglasung, Kunststofffenster; Gefach in Innenwänden, Holztür, Stahlzarge; Teppichboden, Mineralfaserplatten

- Wiederherstellen (Kosten: 5,0%) 47.087
  Rundbogenfenster neu verleisten, Fensterbänke lackieren, Tapeten säubern, beschichten; Holzfachwerk nachschleifen, Zargen beschichten, Türdichtungen erneuern, Schlupftürelement austauschen; Bodenfliesen ausstemmen, Estrichrisse schließen, bauseitige Fliesen verlegen, Eichendielen aufarbeiten, Deckenfriese reinigen, beschichten, Putz säubern, beschichten, Deckenplatten Rasterdecke, herausnehmen, lagern, wieder einsetzen

- Herstellen (Kosten: 92,9%) 876.009
  Glas-Schiebetür, Holz-Glas-Türelement, Alu-Glas-Türelement, Buch-Rückgabeöffnung, Beschichtung, Rollos; Holztür; Gussboden, Kautschukbelag, Parkett, abgehängte Holzlamellendecke, Akustik-Rasterdecken, Deckensegel; Regale, Spielgerät/Lesenetz, Bibliotheks-Einbaumöbel

KG	Kostengruppe	Menge Einheit	Kosten €	€/Einheit	%
400	**Bauwerk – Technische Anlagen**	994,60 m² BGF	701.484	**705,29**	42,7

- Abbrechen (Kosten: 2,0%) 14.117
  Abbruch von Sanitärobjekten, Außenzapfstelle, Stahlrohren; Heizungsleitungen, Heizkörpern; Luftauslässen; Elektroinstallationen, Beleuchtung; EDV-Wandschrank

- Wiederherstellen (Kosten: 0,7%) 4.809
  Warmwassergerät reparieren; Heizkörper, Wärmetauscher, entlüften; GK-Decke öffnen, Lüftungsrohre dämmen, alte Drallauslässe neu montieren, Rohrleitungen dämmen, Lüftungsrohranschlüsse abdichten

- Herstellen (Kosten: 97,3%) 682.558
  Schmutzwasseranschluss, Sanitärobjekte; Pumpe, Heizkörper; Kälteanlage; Elektroinstallation, Beleuchtung; Türsprechanlage, Ruf-Kompaktset, digitale Funksysteme, digitales Media-Präsentationssystem, Monitore, HD-Player, Raumbuchungssystem, Brandmeldeanlage, Einbruchmeldeanlage, Buchsicherungssysteme, Bezahlterminals, Zutrittskontrolle Open-Library, Datenübertragungsnetz; Feuerlöscher; Gebäudeautomation

© BKI Baukosteninformationszentrum

KG	Kostengruppe	Menge Einheit	Kosten €	€/Einheit	%
500	**Außenanlagen und Freiflächen**	1.008,00 m² AF	51.368	**50,96**	3,1
	• Herstellen (Kosten: 100,0%) Einhausung Kühlgerät; Außeneinheit Kälte-/Klimagerät, Heizmatte, Hebepumpen; mobile Pflanztröge, Personenleitsystem		51.368		
600	**Ausstattung und Kunstwerke**	994,60 m² BGF	333.802	**335,61**	20,3
	• Herstellen (Kosten: 100,0%) Möblierung, Bepflanzung; Bibliothekseinrichtungen; Graffiti, Folierung; Feuerwehrpläne, Flucht- und Rettungspläne, taktiles Leitsystem, Beschilderungen		333.802		

Modernisierung

Kostenkennwerte für die Kostengruppen der 2. Ebene DIN 276

KG	Kostengruppe	Menge Einheit	Kosten €	€/Einheit	%
300	**Bauwerk – Baukonstruktionen**				**100,0**
330	**Außenwände/Vert. Baukonstrukt., außen**	367,99 m² AWF	62.104	**168,77**	6,6
	• Abbrechen (Kosten: 4,4%)	8,78 m² AWF	2.719	**309,71**	
	Abbruch von Gefachmauerwerk für 24h-Rückgabe, Öffnung erstellen (1St) * bodentiefer Festverglasung, Holz (5m²), bodentiefem Kunststofffenster, Oberlicht, Sonnenschutz (3m²); Entsorgung, Deponiegebühren				
	• Wiederherstellen (Kosten: 2,8%)	54,95 m² AWF	1.726	**31,41**	
	Vorhandenes Rundbogenfenster neu verleisten, vorh. Schaum entfernen, Steinwolle einbringen, Leisten und Dichtbänder montieren (3m²), Fensterbänke abwaschen, anschleifen, weiß lackieren (8m) * Glasfasertapete säubern, Dispersionsbeschichtung (44m²)				
	• Herstellen (Kosten: 92,8%)	313,04 m² AWF	57.659	**184,19**	
	Glas-Doppelschiebetür, Antrieb, Fluchttür (7m²), Holz-Glas-Türelement, einflüglig, Fluchttür (5m²), Alu-Glas-Türelement, einflüglig, Oberlicht, Antipanikschloss (3m²), E-Türöffner (2St) * Öffnung herstellen in Innenwandbekleidung, Gipsfaserplatten, Rahmen V2A (1St), Glasfasertapete spachteln, Dispersionsbeschichtung (213m²), Tapete (32m²) * Kettenzugrollos (4St)				
340	**Innenwände/Vert. Baukonstrukt., innen**	323,57 m² IWF	68.322	**211,15**	7,2
	• Abbrechen (Kosten: 8,1%)	11,79 m² IWF	5.502	**466,70**	
	Abbruch von Gefachmauerwerk, Fachwerk schleifen (10m²) * Brandschutztür (2m²); Entsorgung, Deponiegebühren				
	• Wiederherstellen (Kosten: 43,3%)	165,59 m² IWF	29.587	**178,68**	
	Türkloben demontieren, Holznagel kürzen, Stellen nachschleifen, Material für Lesenetz an Fachwerk montieren (14h) * OTS ersetzen (1St), Zargen überarbeiten (3St), Türabsenkdichtung einbauen (1St), Zargendichtung (1St), Türdichtung (4m), Griffgarnituren ersetzen (3St) * Glasfasertapete säubern, Dispersionsbeschichtung (145m²) * Schlupftürelement austauschen (1St), Laufwägen ersetzen (7St)				
	• Herstellen (Kosten: 48,6%)	123,27 m² IWF	33.232	**269,59**	
	Glas-Doppelschiebetür, Fluchttür (7m²), Holztür T30 RS, Drehflügelantrieb (2m²) * Glasfasertapete spachteln (113m²), an Säulen (10St), Dispersionsbeschichtung (138m²) * Kettenzugrollo, Textilscreen, 2,03x2,99m (1St), 2,15x2,99m (1St)				

© BKI Baukosteninformationszentrum

KG	Kostengruppe	Menge Einheit	Kosten €	€/Einheit	%
350	**Decken/Horizontale Baukonstruktionen**	786,29 m2 DEF	326.793	**415,61**	34,7
	• Abbrechen (Kosten: 3,6%) Abbruch von Teppichboden (702m2) * Mineralfaserplatten (60m2); Entsorgung, Deponiegebühren	701,75 m2 DEF	11.645	**16,59**	
	• Wiederherstellen (Kosten: 3,5%) Fliesen ausstemmen, Estrichrisse schließen, Bodenfliesen verlegen (8h), Dielen reinigen, Pflegeöl (11m2), Estrichöffnungen schließen (6m2) * GK-Deckenfriese neu beschichten (232m2), Putz säubern, Dispersionsbeschichtung (53m2), Einlegeplatten Rasterdecke herausnehmen, lagern, wieder einsetzen (19h), Leinwandöffnung vergrößern: Decke öffnen, UK verstärken, Decke schließen (1St), Lüfteröffnungen herstellen, verschließen (4m2)	–	11.520	–	
	• Herstellen (Kosten: 92,9%) Untergrund spachteln, Gussboden, naturharzgebunden (340m2), Untergrund spachteln (374m2), Kautschukbelag (267m2), Parkett (107m2), Bodentanks belegen (40St) * Unterkonstruktion, in Stahlbetondecke verankert, Holzlamellen Esche furniert (200m2), Akustik-Rasterdecke (60m2), Akustikdeckenplatten in vorh. UK (52m2), Akustikschotts, Deckenhohlraum (28m), Akustik-Deckensegel (5St)	722,96 m2 DEF	303.628	**419,98**	
380	**Baukonstruktive Einbauten**	994,60 m2 BGF	454.031	**456,50**	48,1
	• Wiederherstellen (Kosten: 0,9%) Holzsitzbänke auf Heizkörpern ersetzen, Holzwerkstoff (40m), Lenkrollen austauschen (16St) * Litfaßsäule werkseitig neu beschichten (1St)	994,60 m2 BGF	4.254	**4,28**	
	• Herstellen (Kosten: 99,1%) Doppelregale, HPL, Kopfseiten melaminbeschichtet (14St), Kinderwandregal (1St) * Lesenetz, Zugangsturm, Treppe, Multiplex (psch), raumbildende Möbel, Regalreihen, Festverglasungen, Holztüren (2St), Großmöbel, überdachte Einhausung, sechs Wandregale (1St), winkelförmiges Doppelregal (1St), Ausleihtheke (1St), Informationstheke (1St), Rückraumschrank (1St), Gaming-Großmöbel, Regale (1St), Schließfachschrank, Garderobe (1St), Sideboard (1St), Wandregale (7St), PC-Arbeitsplätze (3St), Sideboard (1St), Bestsellermöbel (1St), Arbeitstisch (1St), Themenmöbel (2St), Zeitschriftenmöbel (1St), Zeitungsregal (1St), Stauraumkorpus, Glasvitrine (1St), Bilderbuchtröge (5St), Kopiereinhausung (1St), Wandbekleidung, Hörstation (1St), Wandeinhausungen (2St), Stützeneinhausung, Nischen für Monitore, Regal (1St), Café-Sitzbank, Rückenpolster (2St), Sitzbänke (2St), Teeküche (1St) * Frontkasten mit Beleuchtung (1St), Frontpräsentation Regale, Stahlblech (63St), Beschriftungswürfel (231St), Fachbodenschilder (419St), CD-DVD-Einteiler, Stahlblech (62St)	994,60 m2 BGF	449.777	**452,22**	
390	**Sonst. Maßnahmen für Baukonstrukt.**	994,60 m2 BGF	31.713	**31,88**	3,4
	• Herstellen (Kosten: 100,0%) Baustelleneinrichtung (psch), Bauzaun (67m), Baustellen-WCs (2St) * Treppengerüst (psch) * Feuchtemessung Wasserschaden (3h) * Container (1St) * Schutz von Böden (714m2), Filzpappen (60m2), Folien, Abdeckpapier (58m2), Erstreinigung (272m2), Feinreinigung (807m2), Nachreinigung (psch) * Tür demontieren, entsorgen, Wand einbauen, wieder ausbauen (9h) * Schließzylinder, Schlösser (25St)	994,60 m2 BGF	31.713	**31,88**	

Modernisierung

KG	Kostengruppe	Menge Einheit	Kosten €	€/Einheit	%
400	**Bauwerk – Technische Anlagen**				**100,0**
410	**Abwasser-, Wasser-, Gasanlagen**	994,60 m²BGF	7.054	**7,09**	1,0
	• Abbrechen (Kosten: 10,1%) Abbruch von Waschtisch (1St), Spültisch (1St), Außenzapfstelle (1St), Stahlrohren (2m); Entsorgung, Deponiegebühren	994,60 m²BGF	716	**0,72**	
	• Wiederherstellen (Kosten: 5,7%) Warmwassergerät reparieren (4h)	994,60 m²BGF	399	**0,40**	
	• Herstellen (Kosten: 84,2%) PP-Rohre (9m), Schmutzwasseranschluss (1St) * Stahlrohre (10m), Waschtische (2St), WC-Sitz (1St), Zapfhahnwasserzähler (1St), Küchenanschluss (1St)	994,60 m²BGF	5.939	**5,97**	
420	**Wärmeversorgungsanlagen**	994,60 m²BGF	17.607	**17,70**	2,5
	• Abbrechen (Kosten: 11,5%) Heizungsleitungen außer Betrieb nehmen (1St), Abbruch von Rohren (6m) * Heizkörpern (4St); Entsorgung, Deponiegebühren	994,60 m²BGF	2.022	**2,03**	
	• Wiederherstellen (Kosten: 5,4%) Heizgruppe, Heizkörper, Wärmetauscher entlüften (1St)	994,60 m²BGF	950	**0,96**	
	• Herstellen (Kosten: 83,1%) Umwälzpumpe (1St) * Kupferrohre (8m), Anschlüsse an vorh. Leitungen (3St), Druckproben (2St) * Plattenheizkörper (3St)	994,60 m²BGF	14.635	**14,71**	
430	**Raumlufttechnische Anlagen**	994,60 m²BGF	71.646	**72,03**	10,2
	• Abbrechen (Kosten: 2,1%) Abbruch von Luftauslässen (11h); Entsorgung, Deponiegebühren	994,60 m²BGF	1.520	**1,53**	
	• Wiederherstellen (Kosten: 4,8%) GK-Decke öffnen, Rohre dämmen (11h), vorh. Drallauslässe neu montieren, Rohrleitungen dämmen (22St), Rohranschlüsse abdichten (4h)	994,60 m²BGF	3.460	**3,48**	
	• Herstellen (Kosten: 93,0%) Rohrventilatoren (2St), Wickelfalzrohre (21m), Luftleitungen (20m), ovales Rohr (6m), Dralleinlässe (2St), Volumenstrombegrenzer (2St) * Deckenkassetten (9St), Kältemittelleitungen (232m), Kältemittel (12kg), PVC-Hartrohre (83m), Außenwanddurchführungen (3St), Steuerung (1St), Diagnoseeinheiten (2St)	994,60 m²BGF	66.666	**67,03**	
440	**Elektrische Anlagen**	994,60 m²BGF	249.336	**250,69**	35,5
	• Abbrechen (Kosten: 3,2%) Freischalten von Unterverteilern (2St), Bedientableau (1St), Abbruch von Elektroinstallation (750m²), Schaltrelais (1St), Steuerung (1St) * Downlights (71St), Einlegeleuchten (76St), Einbaustrahler (28St), Lichtrohrsystem (1St); Entsorgung, Deponiegebühren	994,60 m²BGF	7.985	**8,03**	
	• Herstellen (Kosten: 96,8%) Sicherungen (43St), Installationsleitungen (2.746m), Steckdosen (140St), Taster, Schalter (25St), Bewegungswächter (30St) * Pendelleuchten (60St), Einbaustrahler (59St), Hängeleuchten (8St), Aufbau-Downlights (28St), Wandleuchten (12St), Aufbauleuchten (10St), Bodeneinbauleuchten (2St), Sicherheitsleuchten (46St) * Erdungsanschlüsse (10St), Potenzialausgleichsschiene (1St)	994,60 m²BGF	241.351	**242,66**	

© BKI Baukosteninformationszentrum

KG	Kostengruppe	Menge Einheit	Kosten €	€/Einheit	%
450	**Kommunikationstechnische Anlagen**	994,60 m²BGF	318.871	**320,60**	45,5
	• Abbrechen (Kosten: 0,6%) Abbruch von EDV-Wandschrank (1St); Entsorgung, Deponiegebühren	994,60 m²BGF	1.874	**1,88**	
	• Herstellen (Kosten: 99,4%) Türsprechanlage (1St), Ruf-Kompaktset (1St) * digitale Funksysteme (2St), Antennenkabel (60m), Deckenlautsprecher (5St), Induktionsschleife, Hörgeräteträger (135m), Hörstationen (12St) * Projektor (1St), Leinwand (1St), Media-Präsentationssystem (1St), Audio-Video-Sender (1St), Präsentationssystem (1St), Schaufenster-Monitor (1St), HD-Player (3St), Displays (3St), PC (1St), Raumbuchungssysteme (2St) * Brandmeldezentrale (1St), Signalgeber (14St), Brandmeldekabel (1.650m), Einbruchmeldeanlage (1St), Bewegungsmelder (10St), Türwächter (1St), Buchsicherung (2St), Verbuchungstechnik (5St), Selbstverbucher (2St), 24h-Rückgabe-Box (1St), Bezahlterminals (3St), RFID-Dropbox (1St), Zutrittskontrolle (1St), Videokameras (19St), Audiosystem (1St), Lautsprecher (6St) * Verteilerschrank (1St), Datenleitung (3.500m), Datenanschlussdosen (50St)	994,60 m²BGF	316.996	**318,72**	
470	**Nutzungsspez. u. verfahrenstechn. Anl.**	994,60 m²BGF	1.912	**1,92**	0,3
	• Herstellen (Kosten: 100,0%) Schaum-Aufladelöscher (8St), CO_2-Dauerdrucklöscher (1St)	994,60 m²BGF	1.912	**1,92**	
480	**Gebäude- und Anlagenautomation**	994,60 m²BGF	33.473	**33,65**	4,8
	• Herstellen (Kosten: 100,0%) Spannungsversorgung (1St), Aktoren, vier-/achtfach (11St), DALI-Gateways, zweifach (3St), Binäreingänge, achtfach (1St), Tastsensoren ein-/dreifach (10St) * EIB-Komponenten anlegen (43St), Parametrierung (258St), Programmierung Gebäudefunktionen, Datenpunkte (120St), Vergabe Adressen (233St), Gruppenadressen (140St), Präsenzmelder (15St), Wetterzentrale (1St) * Fernmeldeleitungen (950m), Busleitung (450m), Steuerleitungen (95m), Schlauchleitungen (150m)	994,60 m²BGF	33.473	**33,65**	
490	**Sonst. Maßnahmen für techn. Anlagen**	994,60 m²BGF	1.585	**1,59**	0,2
	• Herstellen (Kosten: 100,0%) Baustelleneinrichtung (1St) * Arbeitsbühnen (2St)	994,60 m²BGF	1.585	**1,59**	
500	**Außenanlagen und Freiflächen**				**100,0**
540	**Baukonstruktionen**	1.008,00 m²AF	9.090	**9,02**	17,7
	• Herstellen (Kosten: 100,0%) Einhausung Kühlgerät, Alu-Winkelrahmen, Alu-Streckgitterfüllung (11m²)	1.008,00 m²AF	9.090	**9,02**	
550	**Technische Anlagen**	1.008,00 m²AF	33.829	**33,56**	65,9
	• Herstellen (Kosten: 100,0%) Außeneinheit Kälte-/Klimagerät (1St), Auffang-, Rückhaltesystem (1St), Heizmatte, Steuerung (1St), Hebepumpen (3St), Metallkanalrinne (3m)	1.008,00 m²AF	33.829	**33,56**	
560	**Einbauten Außenanlagen u. Freiflächen**	1.008,00 m²AF	8.449	**8,38**	16,4
	• Herstellen (Kosten: 100,0%) Mobile Pflanztröge, Stahlblech, je drei Pflanztöpfe (5St), Personenleitsystem, zwei Poller, ein Gurt (1St)	1.008,00 m²AF	8.449	**8,38**	

Modernisierung

KG	Kostengruppe	Menge Einheit	Kosten €	€/Einheit	%
600	**Ausstattung und Kunstwerke**				**100,0**
610	**Allgemeine Ausstattung**	994,60 m² BGF	150.047	**150,86**	45,0
	• Herstellen (Kosten: 100,0%)	994,60 m² BGF	150.047	**150,86**	
	Sofas (5St), Sessel (5St), drehbar (5St), hohe Lehne (3St), Hängesessel (1St), Stühle, Sitzpolster (39St), Stapelstühle, Stahlrohr, Sitzschale (78St), Drehstühle (5St), PP-Stühle (10St), Hocker (1St), höhenverstellbar (6St), Sitzhocker, Handschlaufe (5St), Sitze, Kaltschaumblock, Holzgestell (3St), Stuhlwägen (3St), Kissenwagen (psch), Sitzsäcke (3St), Arbeitstisch (1St), klappbar (3St), Bistrotische (9St), Beistelltische (11St), PC-Pult (1St), Rollcontainer (2St), Stehleuchten (9St), LED-Scheinwerfer (4St), mobile Steckdosenelemente (10St), Pflanztröge (10St), Pflanzeinsätze, Bepflanzung (21St), mobile Garderobe (1St), Bücherkörbe 22l (15St), Rollkörbe 43l (8St), Müllbehälter 65l (3St), Papierkörbe (5St), Schirmständer (1St), Sanitärausstattungen (8St)				
620	**Besondere Ausstattung**	994,60 m² BGF	125.028	**125,71**	37,5
	• Herstellen (Kosten: 100,0%)	994,60 m² BGF	125.028	**125,71**	
	Mobiles Makermöbel 188x90x70cm, Oberfläche HPL, aufgesetzte Glasvitrine, abschließbar (1St), Nonbookregale auf Rollen, Oberfläche HPL (8St), Doppelregale auf Rollen, Oberfläche HPL, 214x179x54cm (3St), 214x327,5x54cm (3St), Bücherwägen (5St), Zeitschriftenboxen 32x26,5x28,2cm, Metall (9St), Rednerpult (1St), mobile Themenmöbel (2St), mobiler Lesetisch, Holzfurnier (1St), mobile Bilderbuchtröge, MDF (4St), Mediasteps (4St)				
630	**Informationstechnische Ausstattung**	994,60 m² BGF	35.499	**35,69**	10,6
	• Herstellen (Kosten: 100,0%)	994,60 m² BGF	35.499	**35,69**	
	Server (2St), WLAN-Access-Point (1St), All-in-One-PC (1St), mobile Festplatten (2St), 23"-Monitore (3St), 55"-Monitore (2St), 55"-Monitor, Rollgestell (1St), Spielkonsolen (3St), 3D-Drucker (1St), RFID-Konvertierungsstationen, mobile Offline- oder Onlinekonvertierung, gemietet (3St)				
640	**Künstlerische Ausstattung**	994,60 m² BGF	5.228	**5,26**	1,6
	• Herstellen (Kosten: 100,0%)	994,60 m² BGF	5.228	**5,26**	
	Wand- und Fenstergestaltung, Graffiti, Folierung (16m²)				
690	**Sonstige Ausstattung**	994,60 m² BGF	18.000	**18,10**	5,4
	• Herstellen (Kosten: 100,0%)	994,60 m² BGF	18.000	**18,10**	
	Feuerwehrpläne (1St), Flucht- und Rettungspläne, Acryldruck (6St), Klebefolie (1St), Aushänge Brandschutzordnung (3St), taktiles Leitsystem, Leitlinien, Aufmerksamkeitsfelder (1St), Aluschilder, doppelseitig Digitaldruck (1St), Verkehrszeichenschild, Digitaldruck, reflektierende Folie (3St), Schriftzug, Acrylglas (1St), Folien-Schriftzüge, Orientierungsplan (91St), Aufkleber (79St), Sichtschutzfolien (2St), Folie, Digitaldruck (1St)				

© **BKI** Baukosteninformationszentrum

Kostenkennwerte für die Kostengruppen 300 der 2. und 3.Ebene DIN 276 (Übersicht)

KG	Kostengruppe	Menge Einheit	Kosten €	€/Einheit	% an 3+4
300	**Bauwerk – Baukonstruktionen**	**994,60 m² BGF**	**942.962,35**	**948,08**	**57,3**
310	**Baugrube / Erdbau**	**–**	**–**	**–**	**–**
311	Herstellung	–	–	–	–
312	Umschließung	–	–	–	–
313	Wasserhaltung	–	–	–	–
314	Vortrieb	–	–	–	–
319	Sonstiges zur KG 310	–	–	–	–
320	**Gründung, Unterbau**	**–**	**–**	**–**	**–**
321	Baugrundverbesserung	–	–	–	–
322	Flachgründungen und Bodenplatten	–	–	–	–
323	Tiefgründungen	–	–	–	–
324	Gründungsbeläge	–	–	–	–
325	Abdichtungen und Bekleidungen	–	–	–	–
326	Dränagen	–	–	–	–
329	Sonstiges zur KG 320	–	–	–	–
330	**Außenwände/Vert. Baukonstrukt., außen**	**367,99 m² AWF**	**62.104,18**	**168,77**	**3,8**
331	Tragende Außenwände	–	–	–	–
332	Nichttragende Außenwände	–	1.615,22	–	< 0,1
333	Außenstützen	–	–	–	–
334	Außenwandöffnungen	27,15 m²	32.168,71	1.184,85	2,0
335	Außenwandbekleidungen, außen	–	–	–	–
336	Außenwandbekleidungen, innen	340,84 m²	25.003,28	73,36	1,5
337	Element. Außenwandkonstruktionen	–	–	–	–
338	Lichtschutz zur KG 330	9,04 m²	3.316,97	366,92	0,2
339	Sonstiges zur KG 330	–	–	–	–
340	**Innenwände/Vert. Baukonstrukt., innen**	**323,57 m² IWF**	**68.321,54**	**211,15**	**4,2**
341	Tragende Innenwände	–	1.500,02	–	< 0,1
342	Nichttragende Innenwände	–	5.312,36	–	0,3
343	Innenstützen	–	–	–	–
344	Innenwandöffnungen	15,26 m²	22.652,52	1.484,44	1,4
345	Innenwandbekleidungen	282,56 m²	11.305,46	40,01	0,7
346	Elementierte Innenwandkonstruktionen	25,75 m²	24.888,43	966,54	1,5
347	Lichtschutz zur KG 340	12,50 m²	2.662,74	213,02	0,2
349	Sonstiges zur KG 340	–	–	–	–
350	**Decken/Horizontale Baukonstruktionen**	**786,29 m² DEF**	**326.793,07**	**415,61**	**19,9**
351	Deckenkonstruktionen	–	–	–	–
352	Deckenöffnungen	–	–	–	–
353	Deckenbeläge	742,12 m²	195.540,49	263,49	11,9
354	Deckenbekleidungen	633,81 m²	131.252,60	207,09	8,0
355	Elementierte Deckenkonstruktionen	–	–	–	–
359	Sonstiges zur KG 350	–	–	–	–
360	**Dächer**	**–**	**–**	**–**	**–**
361	Dachkonstruktionen	–	–	–	–
362	Dachöffnungen	–	–	–	–
363	Dachbeläge	–	–	–	–
364	Dachbekleidungen	–	–	–	–
365	Elementierte Dachkonstruktionen	–	–	–	–
366	Lichtschutz zur KG 360	–	–	–	–
369	Sonstiges zur KG 360	–	–	–	–
370	**Infrastrukturanlagen**	**–**	**–**	**–**	**–**
380	**Baukonstruktive Einbauten**	**994,60 m² BGF**	**454.030,89**	**456,50**	**27,6**
390	**Sonst. Maßnahmen für Baukonstrukt.**	**994,60 m² BGF**	**31.712,67**	**31,88**	**1,9**

Modernisierung

Kostenkennwerte für die Kostengruppen 400 der 2. und 3. Ebene DIN 276 (Übersicht)

KG	Kostengruppe	Menge Einheit	Kosten €	€/Einheit	% an 3+4
400	**Bauwerk – Technische Anlagen**	**994,60 m² BGF**	**701.483,62**	**705,29**	**42,7**
410	**Abwasser-, Wasser-, Gasanlagen**	**994,60 m² BGF**	**7.053,58**	**7,09**	**0,4**
411	Abwasseranlagen	994,60 m² BGF	775,49	0,78	< 0,1
412	Wasseranlagen	994,60 m² BGF	6.278,09	6,31	0,4
413	Gasanlagen	–	–	–	–
419	Sonstiges zur KG 410	–	–	–	–
420	**Wärmeversorgungsanlagen**	**994,60 m² BGF**	**17.607,12**	**17,70**	**1,1**
421	Wärmeerzeugungsanlagen	994,60 m² BGF	3.187,50	3,20	0,2
422	Wärmeverteilnetze	994,60 m² BGF	4.702,02	4,73	0,3
423	Raumheizflächen	994,60 m² BGF	9.717,59	9,77	0,6
424	Verkehrsheizflächen	–	–	–	–
429	Sonstiges zur KG 420	–	–	–	–
430	**Raumlufttechnische Anlagen**	**994,60 m² BGF**	**71.645,77**	**72,03**	**4,4**
431	Lüftungsanlagen	994,60 m² BGF	20.713,76	20,83	1,3
432	Teilklimaanlagen	–	–	–	–
433	Klimaanlagen	–	–	–	–
434	Kälteanlagen	994,60 m² BGF	50.932,02	51,21	3,1
439	Sonstiges zur KG 430	–	–	–	–
440	**Elektrische Anlagen**	**994,60 m² BGF**	**249.336,15**	**250,69**	**15,2**
441	Hoch- und Mittelspannungsanlagen	–	–	–	–
442	Eigenstromversorgungsanlagen	–	–	–	–
443	Niederspannungsschaltanlagen	–	–	–	–
444	Niederspannungsinstallationsanlagen	994,60 m² BGF	57.172,16	57,48	3,5
445	Beleuchtungsanlagen	994,60 m² BGF	191.915,93	192,96	11,7
446	Blitzschutz- und Erdungsanlagen	994,60 m² BGF	248,06	0,25	< 0,1
447	Fahrleitungssysteme	–	–	–	–
449	Sonstiges zur KG 440	–	–	–	–
450	**Kommunikationstechnische Anlagen**	**994,60 m² BGF**	**318.870,71**	**320,60**	**19,4**
451	Telekommunikationsanlagen	–	–	–	–
452	Such- und Signalanlagen	994,60 m² BGF	3.870,38	3,89	0,2
453	Zeitdienstanlagen	–	–	–	–
454	Elektroakustische Anlagen	994,60 m² BGF	28.463,18	28,62	1,7
455	Audiovisuelle Medien- u. Antennenanl.	994,60 m² BGF	46.870,00	47,12	2,9
456	Gefahrenmelde- und Alarmanlagen	994,60 m² BGF	213.361,30	214,52	13,0
457	Datenübertragungsnetze	994,60 m² BGF	26.305,85	26,45	1,6
458	Verkehrsbeeinflussungsanlagen	–	–	–	–
459	Sonstiges zur KG 450	–	–	–	–
460	**Förderanlagen**	**–**	**–**	**–**	**–**
461	Aufzugsanlagen	–	–	–	–
462	Fahrtreppen, Fahrsteige	–	–	–	–
463	Befahranlagen	–	–	–	–
464	Transportanlagen	–	–	–	–
465	Krananlagen	–	–	–	–
466	Hydraulikanlagen	–	–	–	–
469	Sonstiges zur KG 460	–	–	–	–
470	**Nutzungsspez. u. verfahrenstechn. Anl.**	**994,60 m² BGF**	**1.912,38**	**1,92**	**0,1**
480	**Gebäude- und Anlagenautomation**	**994,60 m² BGF**	**33.473,17**	**33,65**	**2,0**
490	**Sonst. Maßnahmen für techn. Anlagen**	**994,60 m² BGF**	**1.584,73**	**1,59**	**< 0,1**

© **BKI** Baukosteninformationszentrum

Kostenkennwerte für Leistungsbereiche nach STLB (Kosten des Bauwerks nach DIN 276)

LB	Leistungsbereiche	Kosten €	€/m² BGF	€/m³ BRI	% an 3+4
000	Baustellen-, Verkehrssich.- u. Sicherh.einr. inkl. 001	7.640	7,70	2,10	0,5
002	Erdarbeiten	–	–	–	–
006	Spezialtiefbauarbeiten inkl. 005	–	–	–	–
009	Entwässerungskanalarbeiten inkl. 011	–	–	–	–
010	Drän- und Versickerarbeiten	–	–	–	–
012	Mauerarbeiten	–	–	–	–
013	Betonarbeiten	–	–	–	–
014	Natur-, Betonwerksteinarbeiten	–	–	–	–
016	Zimmer- und Holzbauarbeiten	–	–	–	–
017	Stahlbauarbeiten	–	–	–	–
018	Abdichtungsarbeiten	–	–	–	–
020	Dachdeckungsarbeiten	–	–	–	–
021	Dachabdichtungsarbeiten	–	–	–	–
022	Klempnerarbeiten	–	–	–	–
	Rohbau	**7.640**	**7,70**	**2,10**	**0,5**
023	Putz- und Stuckarbeiten, Wärmedämmsysteme	3.364	3,40	0,91	0,2
024	Fliesen- und Plattenarbeiten	1.569	1,60	0,43	< 0,1
	Wiederherstellen	1.569	1,60	0,43	< 0,1
025	Estricharbeiten	114.424	115,00	31,00	7,0
	Wiederherstellen	1.986	2,00	0,54	0,1
	Herstellen	112.438	113,00	30,50	6,8
026	Fenster, Außentüren inkl. 029, 032	41.211	41,40	11,20	2,5
	Wiederherstellen	1.642	1,70	0,44	< 0,1
	Herstellen	39.570	39,80	10,70	2,4
027	Tischlerarbeiten	479.446	482,00	129,90	29,2
	Wiederherstellen	30.769	30,90	8,30	1,9
	Herstellen	448.678	451,10	121,60	27,3
028	Parkett-, Holzpflasterarbeiten	14.747	14,80	4,00	0,9
030	Rollladenarbeiten	5.980	6,00	1,60	0,4
031	Metallbauarbeiten inkl. 035	22.406	22,50	6,10	1,4
034	Maler- und Lackiererarb. – Beschicht. inkl. 037	31.298	31,50	8,50	1,9
	Wiederherstellen	6.211	6,20	1,70	0,4
	Herstellen	25.086	25,20	6,80	1,5
036	Bodenbelagarbeiten	55.013	55,30	14,90	3,3
038	Vorgehängte hinterlüftete Fassaden	–	–	–	–
039	Trockenbauarbeiten	40.228	40,40	10,90	2,4
	Wiederherstellen	4.910	4,90	1,30	0,3
	Herstellen	35.318	35,50	9,60	2,1
	Ausbau	**809.688**	**814,10**	**219,40**	**49,2**
	Wiederherstellen	47.087	47,30	12,80	2,9
	Herstellen	762.601	766,70	206,60	46,4
040	Wärmeversorgungsanl. - Betriebseinr. inkl. 041	15.309	15,40	4,10	0,9
	Wiederherstellen	950	0,96	0,26	< 0,1
	Herstellen	14.359	14,40	3,90	0,9
042	Gas- u. Wasseranl. – Leitung., Armat. inkl. 043	3.291	3,30	0,89	0,2
044	Abwasseranl. - Leitungen, Abläufe, Armaturen	776	0,78	0,21	< 0,1
045	Gas, Wasser, Entwässerung – Ausstattung inkl. 046	2.272	2,30	0,62	0,1
	Wiederherstellen	399	0,40	0,11	< 0,1
	Herstellen	1.872	1,90	0,51	0,1

Modernisierung

LB	Leistungsbereiche	Kosten €	€/m² BGF	€/m³ BRI	% an 3+4
047	Dämm- und Brandschutzarb. an techn. Anlagen	7.227	7,30	2,00	0,4
	Wiederherstellen	3.127	3,10	0,85	0,2
	Herstellen	4.100	4,10	1,10	0,2
049	Feuerlöschanlagen, Feuerlöschgeräte	1.997	2,00	0,54	0,1
050	Blitzschutz-/Erdungsanlagen, Überspannungssch.	248	0,25	0,07	< 0,1
053	Niederspannungsanl. – Kabel inkl. 052, 054	51.126	51,40	13,90	3,1
055	Sicherheits- u. Ersatzstromversorgungsanl.	–	–	–	–
057	Gebäudesystemtechnik	–	–	–	–
058	Leuchten und Lampen inkl. 059	189.977	191,00	51,50	11,6
060	Such, Signal, Zeit, Anten., akust. Anl. inkl. 064	45.819	46,10	12,40	2,8
061	Kommunikations- u. Übertragungsnetze inkl. 063	267.447	268,90	72,50	16,3
069	Aufzüge	–	–	–	–
070	Gebäudeautomation	33.473	33,70	9,10	2,0
075	Raumlufttechnische Anlagen inkl. 078	67.689	68,10	18,30	4,1
	Wiederherstellen	333	0,33	0,09	< 0,1
	Herstellen	67.356	67,70	18,20	4,1
	Gebäudetechnik	**686.651**	**690,40**	**186,00**	**41,8**
	Wiederherstellen	4.809	4,80	1,30	0,3
	Herstellen	681.842	685,50	184,70	41,5
084	Abbruch, Rückbau, Schadstoffsanierung	33.984	34,20	9,20	2,1
	Abbrechen	33.984	34,20	9,20	2,1
	Abbrucharbeiten	**33.984**	**34,20**	**9,20**	**2,1**
	Abbrechen	33.984	34,20	9,20	2,1
	Sonstige Leistungsbereiche	**106.484**	**107,10**	**28,90**	**6,5**

© **BKI** Baukosteninformationszentrum

9100-0215
Stiftsgebäude
Gemeindesaal
(120 Sitzplätze)
Pfarrbüros (6 AP)

Umbau

Kostenkennwerte für die Kosten des Bauwerks (Kostengruppen 300+400 nach DIN 276)

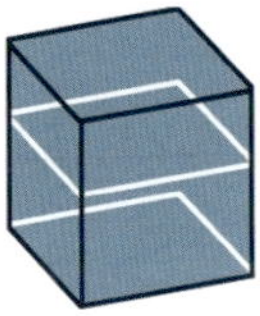

BRI 572 €/m³

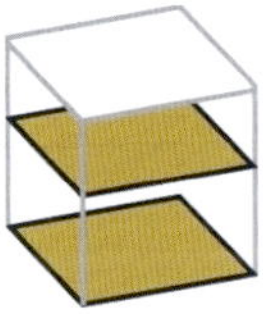

BGF 2.112 €/m²

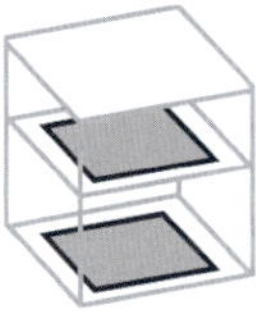

NUF 3.085 €/m²

Objekt:
Kennwerte: 3. Ebene DIN 276
BRI: 9.784 m³
BGF: 2.650 m²
NUF: 1.814 m²
Bauzeit: 174 Wochen
Bauende: 2021
Standard: hoch
Bundesland: Hessen
Kreis: Schwalm-Eder-Kreis

Architekt*in:
Bieling Architekten AG
Baunsbergstraße 37
34131 Kassel

Bauherr*in:
Katholische Domgemeinde
St. Peter
Dr.-Jestädt-Platz 11
34560 Fritzlar

vorher

© Bieling Architekten AG

nachher

© Bieling Architekten AG

vorher

© Bieling Architekten AG

nachher

© Bieling Architekten AG

© Bieling Architekten AG

© BKI Baukosteninformationszentrum

Ansicht West

Ansicht Ost

Erdgeschoss

1. Obergeschoss

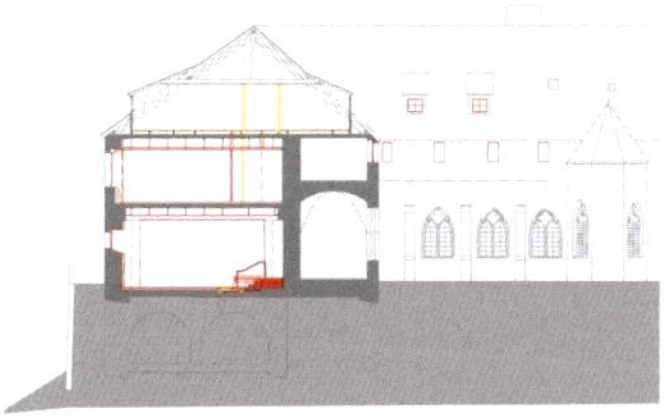

Schnitt A-A

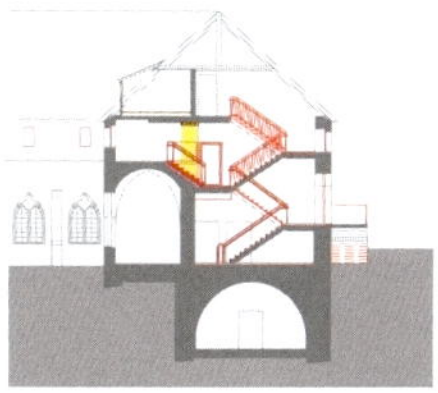

Schnitt B-B

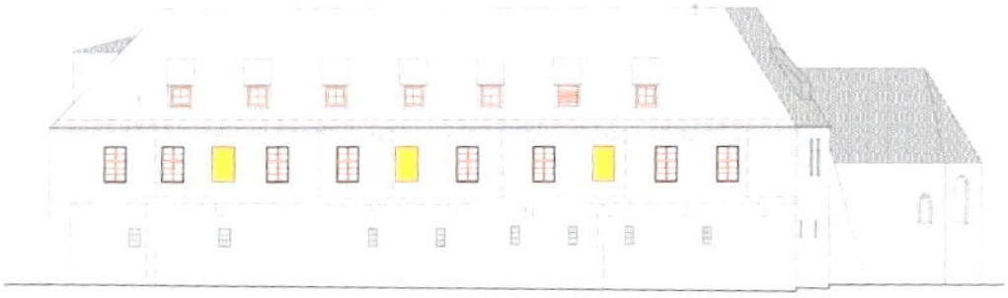

Ansicht Süd

9100-0215
Stiftsgebäude
Gemeindesaal
(120 Sitzplätze)
Pfarrbüros (6 AP)

Umbau

Objektbeschreibung

Allgemeine Objektinformationen

Das historische Stiftsgebäude am Kreuzgang des Doms beherbergt das Dommuseum mit dem Domschatz sowie die Stiftsbibliothek und wurde bis 2007 als Alten- und Pflegeheim genutzt. Im Jahr 2011 wurde die Unterbringung eines Gemeindesaals und Büros für die Kirchengemeinde beschlossen. Mit finanzieller Unterstützung durch das Bistum Fulda wurde das Stiftsgebäude grundsaniert und in Teilen umgebaut. Die Süd- und Westflügel wurden vollständig entkernt und nehmen zukünftig die Räume für die Stiftsgemeinde auf.

Nutzung

1 Untergeschoss
Technik, Lapidarium

1 Erdgeschoss
Ausstellungsräume Museum, Domladen, Medien-/Sozialraum

1 Obergeschoss
Büros, Gemeindesaal, Jugendräume, Teeküche, Bibliothek

1 Dachgeschoss
Technik, BMZ, Lagerraum

Nutzeinheiten

Arbeitsplätze: 6
Sitzplätze: 120

Grundstück

Bauraum: Beengter Bauraum
Neigung: Geneigtes Gelände
Bodenklasse: BK 3 bis BK 5

Markt

Hauptvergabezeit: 3. Quartal 2019
Baubeginn: 2. Quartal 2018
Bauende: 4. Quartal 2021
Konjunkturelle Gesamtlage: Durchschnitt
Regionaler Baumarkt: unter Durchschnitt

Besonderer Kosteneinfluss Markt
- Fördermittel des Landesamts für Denkmalpflege Hessen
- Bauzeit teilweise unter Corona-Maßnahmen

Baubestand

Baujahr: 1323/1955
Bauzustand: mittel
Aufwand: hoch
Grundrissänderungen: umfangreiche
Tragwerkseingriffe: einige
Nutzungsänderung: ja
Nutzung während der Bauzeit: nein

Baukonstruktion

Die Fassade und das Dach wurden vollständig nach denkmalpflegerischen Vorgaben saniert. Die Eingriffe beschränkten sich dabei auf die Erneuerung der Dachgauben und Dachfenster sowie das Aufbrechen und Schließen von einzelnen Öffnungen in der Fassade. Ergänzungen der historischen Bausubstanz wurden vorwiegend als Mauerwerkskonstruktionen vorgenommen, kaputte Natursteine wurden ersetzt. Die Putzarbeiten an der Fassade wurden mit durchgefärbten Sanden im Trockenstrahlverfahren ohne Anstriche ausgeführt. Die Fenster und Eingangstüren wurden ausgetauscht. Im Innenbereich bekamen die Wände und Böden neue Beläge. Die Toilettenanlagen wurden saniert. Im OG trennen jetzt Trockenbauwände die Verwaltungsräume. Die Linoleumböden des nicht ausgebauten Dachgeschosses wurden entfernt, gedämmt und mit Spanplatten belegt.

Technische Anlagen

Die existierende Gas-Luftheizung des Doms wurde um eine Gas-Brennwertheizung mit minimaler Größe ergänzt. Die Temperierung der Museumsräume arbeitet mit einer feuchtegesteuerten Lüftung und einer Wandheizung zur Begrenzung der Feuchte- und Temperaturschwankungen. Der Personenaufzug wurde erneuert. Durch eine Hebebühne kann der Niveauunterschied zum Museum barrierefrei überwunden werden. Die Brandmeldeanlage wurde instandgesetzt und erweitert sowie eine neue Video-Überwachungsanlage eingebaut.

Sonstiges

Das Dommuseum wurde umgestaltet und erhielt eine neue Ausstellungsausstattung. Der Zugang zum Dommuseum erfolgt über einen neuen barrierefreien Eingang und einen neu gestalteten Vorhof. Die Räume der Museumsbibliothek werden direkt aus dem allgemein zugänglichen Treppenhaus erschlossen.

Planungskennwerte für Flächen und Rauminhalte nach DIN 277

Flächen des Grundstücks		Menge Einheit	% an GF
BF	Bebaute Fläche	1.043,00 m²	21,4
UF	Unbebaute Fläche	3.835,00 m²	78,6
GF	Grundstücksfläche	4.878,00 m²	100,0

Grundflächen des Bauwerks		Menge Einheit	% an NUF	% an BGF
NUF	Nutzungsfläche	1.813,79 m²	100,0	68,5
TF	Technikfläche	97,38 m²	5,4	3,7
VF	Verkehrsfläche	299,36 m²	16,5	11,3
NRF	Netto-Raumfläche	2.210,53 m²	121,9	83,4
KGF	Konstruktions-Grundfläche	439,03 m²	24,2	16,6
BGF	Brutto-Grundfläche	2.649,56 m²	146,1	100,0

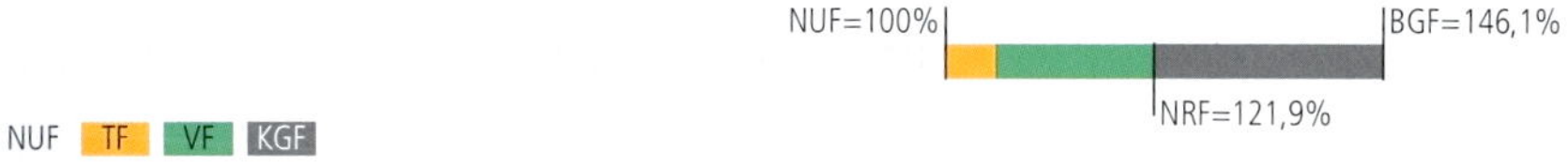

Brutto-Rauminhalt des Bauwerks		Menge Einheit	BRI/NUF (m)	BRI/BGF (m)
BRI	Brutto-Rauminhalt	9.784,00 m³	5,39	3,69

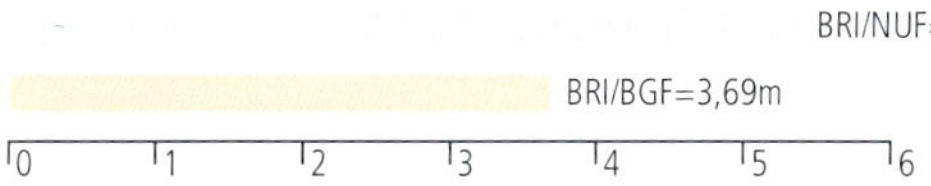

Lufttechnisch behandelte Flächen	Menge Einheit	% an NUF	% an BGF
Entlüftete Fläche	–	–	–
Be- und entlüftete Fläche	–	–	–
Teilklimatisierte Fläche	–	–	–
Klimatisierte Fläche	–	–	–

KG	Kostengruppen (2. Ebene)	Menge Einheit	Menge/NUF	Menge/BGF
310	Baugrube / Erdbau	226,23 m³ BGI	0,13	0,09
320	Gründung, Unterbau	299,63 m² GRF	0,17	0,11
330	Außenwände/Vertikale Baukonstruktionen, außen	1.411,35 m² AWF	0,78	0,53
340	Innenwände/Vertikale Baukonstruktionen, innen	1.176,00 m² IWF	0,65	0,44
350	Decken/Horizontale Baukonstruktionen	1.462,98 m² DEF	0,81	0,55
360	Dächer	1.142,17 m² DAF	0,63	0,43

9100-0215
Stiftsgebäude
Gemeindesaal
(120 Sitzplätze)
Pfarrbüros (6 AP)

Umbau

Kostenkennwerte für die Kostengruppen der 1. Ebene DIN 276

KG	Kostengruppen (1. Ebene)	Einheit	Kosten €	€/Einheit	€/m² BGF	€/m³ BRI	% 300+400
100	Grundstück	m² GF	–	–	–	–	–
200	Vorbereitende Maßnahmen	m² GF	–	–	–	–	–
300	Bauwerk – Baukonstruktionen	m² BGF	3.802.270	1.435,06	1.435,06	388,62	67,9
400	Bauwerk – Technische Anlagen	m² BGF	1.793.887	677,05	677,05	183,35	32,1
	Bauwerk 300+400	**m² BGF**	**5.596.157**	**2.112,11**	**2.112,11**	**571,97**	**100,0**
500	Außenanlagen und Freiflächen	m² AF	115.126	84,03	43,45	11,77	2,1
600	Ausstattung und Kunstwerke	m² BGF	5.451	2,06	2,06	0,56	< 0,1
700	Baunebenkosten	m² BGF	–	–	–	–	–
800	Finanzierung	m² BGF	–	–	–	–	–

KG	Kostengruppe	Menge Einheit	Kosten €	€/Einheit	%
3+4	**Bauwerk**				**100,0**
300	**Bauwerk – Baukonstruktionen**	2.649,56 m² BGF	3.802.270	**1.435,06**	67,9

- Abbrechen (Kosten: 13,8%) 524.149
  Abbruch von Stb-Bodenplatte, Stb-Treppen, Bodenbelägen; Stahl-Schiebetor, Rolltor, Türen, Fenstern, Putz, Holzschindelbekleidung, Tapeten; Innenwänden, Türen, Innenputz, Beschichtungen, Wandfliesen, Sanitärtrennwänden; Holzbalken, Dämmung, Estrich, Holzböden, Stroh-Lehm-Kiesgemisch, Natursteinbelägen, Linoleum; Rippendecken, Schilfrohrmatten, Holzdecken, GK-Bekleidung; Dachflächenfenstern, Dachziegeln, Betondachsteinen, Dachentwässerung; Möblierungen, Wandtresor; Entsorgung, Deponiegebühren

- Wiederherstellen (Kosten: 6,4%) 243.659
  Mauerwerk austauschen, Verfugungen erneuern; Aufzugtüren verbreitern, Putz instandsetzen, Schadstellen spachteln, Beschichtung erneuern, Putzunebenheiten ausgleichen; Deckenbalken auswechseln, Rauspundschalung erneuern, Balkenköpfe reparieren; GK-Platten ergänzen, Notleuchten austauschen; Firstpfette auswechseln, Dachziegel austauschen

- Herstellen (Kosten: 79,8%) 3.034.462
  Stb-Bodenplatte, Stb-Treppen; Öffnungen herstellen, Holzfenster, Haustüren, Stahlschiebetor, Oberputz, Schieferdeckung, Alu-Pfosten-Riegelfassade; Mauerwerk, GK-Wände, Holztüren, Glastüren, Putz, Malervlies, Beschichtung, Wandfliesen, Sanitärtrennwände; Fachwerkträger, Treppen, Estrich, Linoleum, Naturwerkstein, Bodenfliesen, GK-Bekleidung, Geländer; Dachsparren, Ziegeldeckung, Dachentwässerung; Möblierung; Schließanlage

© BKI Baukosteninformationszentrum

KG	Kostengruppe	Menge Einheit	Kosten €	€/Einheit	%
400	**Bauwerk – Technische Anlagen**	2.649,56 m²BGF	1.793.887	**677,05**	32,1
	• Abbrechen (Kosten: 3,2%) Abbruch von Abwasserleitungen, Wasserleitungen; Heizungsanlage, Heizleitungen, Heizkörpern; Elektroinstallation, Beleuchtungen; Antennenanlage, Brandmeldeanlage, Verkabelung; Aufzugsanlage, Versorgungsfahrstuhl; Entsorgung, Deponiegebühren		57.828		
	• Wiederherstellen (Kosten: 1,6%) Außenzapfstelle erneuern; Gussofen reparieren; Elektroinstallation instandsetzen, neu verkabeln, Außenbeleuchtung instandsetzen; Schachtgrube instandsetzen		29.148		
	• Herstellen (Kosten: 95,2%) Gebäudeentwässerung, Kalt- und Warmwasserleitungen, Sanitärobjekte, Durchlauferhitzer; Gasbrennwertgeräte, Heizleitungen, Heizkörper, Wandheizung; Lüftungsanlage; Elektroinstallation, Schaltschränke, Beleuchtung, Sicherheitsleuchten, Blitzschutz; Türsprechanlage, Videoüberwachung, Brandmeldeanlage, Datenverkabelung; Personenaufzug, hydraulische Hebebühne; Gebäudeautomation		1.706.911		
500	**Außenanlagen und Freiflächen**	1.370,00 m²AF	115.126	**84,03**	2,1
	• Wiederherstellen (Kosten: 9,9%) Natursteinblock sanieren, mit Bruchsteinen ergänzen; Pollerleuchte demontieren, wieder anschließen		11.355		
	• Herstellen (Kosten: 90,1%) Erdkabel, Datenkabel, Maststrahler, Außenbeleuchtung		103.771		
600	**Ausstattung und Kunstwerke**	2.649,56 m²BGF	5.451	**2,06**	< 0,1
	• Herstellen (Kosten: 100,0%) Sanitärausstattung		5.451		

Kostenkennwerte für die Kostengruppen der 2. Ebene DIN 276

KG	Kostengruppe	Menge Einheit	Kosten €	€/Einheit	%
300	**Bauwerk – Baukonstruktionen**				**100,0**
310	**Baugrube / Erdbau**	226,23 m³ BGI	30.965	**136,87**	0,8
	• Herstellen (Kosten: 100,0%) Bodenaushub im Gebäude, laden, abfahren (86m³), Grabenaushub (140m³)	226,23 m³ BGI	30.965	**136,87**	
320	**Gründung, Unterbau**	299,63 m² GRF	234.749	**783,46**	6,2
	• Abbrechen (Kosten: 13,9%) Abbruch von Stb-Bodenplatte (16m³), Stb-Treppenpodest (10m²), Stb-Treppen (4m²) * Naturwerkstein (171m²), Bodenfliesen (36m²), PVC (32m²), Bodenfliesen, Estrich (72m²); Entsorgung, Deponiegebühren	310,42 m² GRF	32.574	**104,94**	
	• Herstellen (Kosten: 86,1%) Stb-Bodenplatte (110m²), Stb-Treppen (10m²), Stb-Sockel (6m) * Dämmung, Estrich (101m²), Naturwerkstein, Sandstein (282m²), als Tritt-/Setzstufen (11m²), Sauberlaufmatte (2m²), Trittplatte (1St), Messingscheiben (31St) * Sauberkeitsschicht (109m²)	299,63 m² GRF	202.174	**674,75**	
330	**Außenwände/Vert. Baukonstrukt., außen**	1.411,35 m² AWF	1.108.572	**785,47**	29,2
	• Abbrechen (Kosten: 7,3%) Abbruch von Stahl-Schiebetor (2m²), Rolltor (4m²), Holztüren (12m²), Holzfenstern (31m²) * losem Putz- und Fugenmörtel, Reinigung (850m²), Holzschindelbekleidung (143m²) * Tapeten (228m²); Entsorgung, Deponiegebühren	1.042,69 m² AWF	80.963	**77,65**	
	• Wiederherstellen (Kosten: 16,3%) Kleineisenteile entfernen (362St), lose Mörtelstücke abnehmen (409St), Mauerwerk austauschen (44m²), Fugenmörtel ersetzen (170m), Mauersteine austauschen (318St), Mauerwerksinjektionen (30St), Vierungssteine ergänzen (57St), Fehlstellen mit Steinersatz/Originalsteinen ausbessern (974St), Strumpfanker einbauen (30St), horizontales Zugband (1St) * Putz verfestigen (7m²)	734,93 m² AWF	180.250	**245,26**	
	• Herstellen (Kosten: 76,4%) Türöffnungen herstellen (4m²), Stahl-Türstürze (16St), Notausstieg ausmauern (2m³), Fensterlaibungen, Bruchsteinmauerwerk (15m²) * Holzfenster (96m²), Haustüren (15m²), Stahlschiebetor (11m²) * Oberputz (850m²), Schieferbekleidung (154m²) * Kalkdämmputz (927m²), Kalkfeinputz (854m²), Kalk-Gipsputz (87m²), Kalk-Zementputz (107m²), Beschichtung (358m²), Wandfliesen (8m²) * Alu-Pfosten-Riegelfassade (9m²) * Kellerlichtschacht (1St), Fenstergitter (1St), Schachtabdeckung (1St)	1.411,35 m² AWF	847.359	**600,39**	

© BKI Baukosteninformationszentrum

KG	Kostengruppe	Menge Einheit	Kosten €	€/Einheit	%
340	**Innenwände/Vert. Baukonstrukt., innen**	1.176,00 m² IWF	897.349	**763,05**	23,6
	• Abbrechen (Kosten: 26,1%)	2.203,95 m² IWF	234.556	**106,43**	
	Abbruch von Mauerwerk (103m²), Natursteinwänden (7m²) * Leichtbetonwänden (1.263m²), GK-Wänden (36m²), Ziegelmauerwerk (23m²) * Holztüren (104m²), Stahltüren (20m²) * Tapeten (337m²), Putz (214m²), Beschichtungen (500m²), Wandfliesen (65m²), GK-Vorsatzschalen (142m²) * Sanitärtrennwänden (18m²) * Handläufen (128m); Entsorgung, Deponiegebühren				
	• Wiederherstellen (Kosten: 3,2%)	224,91 m² IWF	28.869	**128,36**	
	Aufzugtüren verbreitern, neuen Sturz einbauen, verputzen (3St) * Altputze entfernen, Schadstellen spachteln, Sanierputz, Malervlies, Beschichtung (126m²), Beschichtungen entfernen, Haftputz, Putzträgerplatten, Sanierputz Q2 (49m²), Unebenheiten spachteln, Gipsputz Q2 (50m²)				
	• Herstellen (Kosten: 70,6%)	1.113,05 m² IWF	633.924	**569,54**	
	Ziegelmauerwerk (13m²), Türöffnungen herstellen (51m²) * GK-Wände (419m²), Porenbeton-Mauerwerk (71m²) * Holztüren (76m²), Ganzglastüren (5m²), Brandschutztüren (8m²), elektromechanisches Drehtürsystem (1St) * Kalk-Gipsputz (324m²), GK-Vorsatzschalen (187m²), Malervlies (922m²), Beschichtung (1.990m²), Wandfliesen (16m²) * Sanitärtrennwände (22m²) * Treppenhandlauf (22m)				
350	**Decken/Horizontale Baukonstruktionen**	1.462,98 m² DEF	738.043	**504,48**	19,4
	• Abbrechen (Kosten: 19,1%)	1.272,68 m² DEF	141.168	**110,92**	
	Abbruch von Holzbalken (161m), Dämmung (196m²) * Zementestrich (539m²), Holzböden (388m²), Dämmung, Stroh-Lehm-Kiesgemisch, Handarbeit (469m²), Linoleum (942m²), Werksteinbelägen (161m²), Bodenfliesen (96m²), PVC (27m²), Natursteinbelägen (18m²), Küchenpodest (2m²) * Rippendecken, Schilfrohrmatten (811m²), Holzdecken (73m²), Tapeten (54m²), GK-Bekleidung (22m²); Entsorgung, Deponiegebühren				
	• Wiederherstellen (Kosten: 1,9%)	65,70 m² DEF	13.668	**208,03**	
	Deckenbalken reparieren, auswechseln, Rauspundschalung erneuern, Balkenköpfe reparieren (40m²) * Akustikplatten entfernen, GK-Platten ergänzen, Revisionsklappen, Lichtleisten, Notleuchten austauschen (26m²)				
	• Herstellen (Kosten: 79,0%)	1.437,00 m² DEF	583.207	**405,85**	
	Fachwerkträger (16St), Treppenkonstruktion (psch) * Schüttung, Dämmung, Spanplatten (683m²), Trockenestrich (54m²), Schüttung (34m³), Dämmung, Estrich (394m²), Linoleum (389m²), Kautschuk (98m²), Naturwerkstein (80m²) Bodenfliesen (27m²) * Gipsputz (324m²), GK-Bekleidung (289m²), Akustikbekleidung, Dämmung (214m²), GK-Brandschutzdecke (15m²), Beschichtung (1.437m²) * Stahlblech-/Glasgeländer (7m²), Stabgeländer (18m), Stahlgeländer (36m²), Handlauf (19m)				

9100-0215
Stiftsgebäude
Gemeindesaal
(120 Sitzplätze)
Pfarrbüros (6 AP)

Umbau

KG	Kostengruppe	Menge Einheit	Kosten €	€/Einheit	%
360	**Dächer**	1.142,17 m² DAF	300.266	**262,89**	7,9
	• Abbrechen (Kosten: 10,0%) Betontrennschnitt (3m²) * Abbruch von Dachflächenfenstern (6m²) * Ziegeldeckung (280m²), Betonsteindeckung (45m²), Dachrinnen (144m), Regenfallrohren (68m) * Dachhaken (9St); Entsorgung, Deponiegebühren	474,17 m² DAF	30.034	**63,34**	
	• Wiederherstellen (Kosten: 7,0%) Firstpfette erneuern (psch) * einzelne Dachziegel austauschen (1.142m²)	1.142,17 m² DAF	20.873	**18,27**	
	• Herstellen (Kosten: 83,0%) Dachsparren (5m), Stahlträger (psch), Dachöffnungen schließen (15St) * Biberschwanzziegel (567m²), Dachrinnen (144m), Regenfallrohre (68m) * GK-Kehlbalkenbekleidung (14m²), GK-Verkofferung (1m²) * Schneefanggitter (212m), Leiterhaken (184St)	566,78 m² DAF	249.359	**439,96**	
380	**Baukonstruktive Einbauten**	2.649,56 m² BGF	18.277	**6,90**	0,5
	• Abbrechen (Kosten: 26,6%) Abbruch von Vitrinen (54m²), Einbaumöbeln (1t), Wandtresor (1St); Entsorgung, Deponiegebühren	2.649,56 m² BGF	4.854	**1,83**	
	• Herstellen (Kosten: 73,4%) Möbel einbauen (psch), Unterbau aus Sandstein (2St) * Informationstafel (1St), Türbeschriftungsschilder (10St), Fluchtwegpläne (12St), Edelstahl-Schriftzug (1St)	2.649,56 m² BGF	13.423	**5,07**	
390	**Sonst. Maßnahmen für Baukonstrukt.**	2.649,56 m² BGF	474.050	**178,92**	12,5
	• Herstellen (Kosten: 100,0%) Baustelleneinrichtung (1St), Bürocontainer (4St), Bauzaun (112m), Baustromverteiler (2St), Bauwasser (1St), Autokran (1St), Baustellen-WC (334Wo), Beleuchtung (63St) * Fassadengerüst (1.583m²), Treppenturmaufgänge (4St), Dachfanggerüst (183m), Gerüstschutznetze (998m²), Wetterschutzdach (140m) * Unterfangung, Fundament (5m), Einbau Spannanker (4St) * Entsorgung von Bauschutt (116t) * Staubschutzwände (55m²), Schutzabdeckungen (1.760m²), Dachflächen (45m²), Baureinigung (psch) * Schließanlage (psch)	2.649,56 m² BGF	474.050	**178,92**	
400	**Bauwerk – Technische Anlagen**				**100,0**
410	**Abwasser-, Wasser-, Gasanlagen**	2.649,56 m² BGF	100.773	**38,03**	5,6
	• Abbrechen (Kosten: 6,6%) Abbruch von Gussrohren (41m), Entlüftungsrohren (11St) * Stahlrohren (239m), Leitungen (165m); Entsorgung, Deponiegebühren	2.649,56 m² BGF	6.614	**2,50**	
	• Wiederherstellen (Kosten: 0,3%) Außenzapfstelle erneuern (1St)	2.649,56 m² BGF	335	**0,13**	
	• Herstellen (Kosten: 93,1%) Gussrohre (48m), PP-Rohre (45m), KG-Rohre (4m), Bodenablauf (1St) * Verbundrohre (154m), Edelstahlrohre (20m), Alu-Systemrohre (25m), HD-Druckrohre (25m), Waschtische (5St), Tiefspül-WCs (7St), Urinal (1St), Ausgussbecken (2St), Durchlauferhitzer (5St), Kleinspeicher (1St), Heizbänder (30m), Außenwasserhahn (1St) * Edelstahlrohre (33m) * Montageelemente (16St)	2.649,56 m² BGF	93.824	**35,41**	

© **BKI** Baukosteninformationszentrum

KG	Kostengruppe	Menge Einheit	Kosten €	€/Einheit	%
420	**Wärmeversorgungsanlagen**	2.649,56 m² BGF	358.316	**135,24**	20,0
	• Abbrechen (Kosten: 8,2%)	2.649,56 m² BGF	29.441	**11,11**	
	Abbruch von Heizungsanlage (psch) * Heizleitungen (psch) * Heizkörpern (psch); Entsorgung, Deponiegebühren				
	• Wiederherstellen (Kosten: 0,7%)	2.649,56 m² BGF	2.457	**0,93**	
	Gussofen reparieren, Verschraubungen erneuern (29h)				
	• Herstellen (Kosten: 91,1%)	2.649,56 m² BGF	326.417	**123,20**	
	Gasbrennwertgeräte (2St), Umwälzpumpen (5St), Regelgerät (1St), Hocheffizienzkreiselpumpe (1St), Entsalzungsmodul (1St), Neutralisationseinrichtung (1St), Siederohre (45m) * C-Stahl-Rohre (1.558m), Verteilerschränke (3St), Ventile (32St), Rückschlagklappen (4St), Schmutzfänger (4St) * Kompaktheizkörper (27St), Wandheizung (1.341m)				
430	**Raumlufttechnische Anlagen**	2.649,56 m² BGF	151.455	**57,16**	8,4
	• Herstellen (Kosten: 100,0%)	2.649,56 m² BGF	151.455	**57,16**	
	Zu-/Abluftgerät (1St), Wickelfalzrohre (150m), Brandschutzklappen (15St), Heizregister (3St), Luftentfeuchter (1St), Ventilatoren (6St), Volumenstromregler (18St), Kanalluftfilter (1St), Kanalschalldämpfer (9St), Kleinlüfter (1St), Luftdurchlässe (27St)				
440	**Elektrische Anlagen**	2.649,56 m² BGF	633.297	**239,02**	35,3
	• Abbrechen (Kosten: 0,2%)	2.649,56 m² BGF	1.003	**0,38**	
	Abbruch von Elektroinstallation (9h); Entsorgung, Deponiegebühren * Ausbauen und Lagern von Strahlern (2St)				
	• Wiederherstellen (Kosten: 3,7%)	2.649,56 m² BGF	23.430	**8,84**	
	Elektroinstallation instandsetzen, Steuerung Außenstrom umsetzen, neu verkabeln, Raumfühler neu verkabeln, Installationen in Abbruchwänden umlegen, anschließen (280h) * Außenbeleuchtung instandsetzen (4h)				
	• Herstellen (Kosten: 96,1%)	2.649,56 m² BGF	608.863	**229,80**	
	Schaltschränke (9St), Mantelleitungen (11.817m), Brandmeldekabel (6.222m), Installationskabel (1.255m), Starkstromkabel (822m), Steckdosen (135St), Schalter/Taster (126St), Präsenz-/Bewegungsmelder (27St), Bodentanks (4St), Energiesäule (1St) * Strahler (139St), Anbauleuchten (103St), Einbauleuchten (120St), LED-Strips (11m), Wireless-Touch-Zentrale(1St), Sicherheitsleuchten (47St), Rettungszeichen-Leuchten (30St) * Überspannungsableiter (6St), Erdringleitung (571m)				
450	**Kommunikationstechnische Anlagen**	2.649,56 m² BGF	308.559	**116,46**	17,2
	• Abbrechen (Kosten: 1,1%)	2.649,56 m² BGF	3.332	**1,26**	
	Abbruch von Antennenanlage (1St) * Brandmeldeanlage, Verkabelung (39h); Entsorgung, Deponiegebühren				
	• Herstellen (Kosten: 98,9%)	2.649,56 m² BGF	305.227	**115,20**	
	Gegensprechanlage, Videokamera (2St), Video-Innenstationen (3St), Notrufset (1St) * Brandmeldezentrale (1St), Feuerwehrbediensystem (1St), PVC-Ansaugrohre (353m), Rauchansaugsysteme (8St), Melder (153St), Video-Überwachungssystem (1St), Kameras (25St), Workstation (1St), Überfall-Handtaster (1St) * Netzwerkschränke (2St), Datenkabel (3.333m), Module Cat6A (276St)				

KG	Kostengruppe	Menge Einheit	Kosten €	€/Einheit	%
460	**Förderanlagen**	2.649,56 m²BGF	143.800	**54,27**	8,0
	• Abbrechen (Kosten: 12,1%) Abbruch der Aufzugsanlage (1St), Versorgungsfahrstuhl (1St), Schachtkopfträger (psch); Entsorgung, Deponiegebühren	2.649,56 m²BGF	17.437	**6,58**	
	• Wiederherstellen (Kosten: 2,0%) Schachtgrube nach Wasserschaden instandsetzen (psch)	2.649,56 m²BGF	2.926	**1,10**	
	• Herstellen (Kosten: 85,8%) Personenaufzug (1St), Schachtentrauchungssystem (1St), Notrufleitsystem (1St) * hydraulische Hebebühne (1St)	2.649,56 m²BGF	123.437	**46,59**	
480	**Gebäude- und Anlagenautomation**	2.649,56 m²BGF	97.689	**36,87**	5,4
	• Herstellen (Kosten: 100,0%) Automationsstation (1St), Bediengerät (1St), Ein-Ausgabe-Module (3St), Sensoren/Aktoren (31St), Transformator (1St), Überspannungsschutz (1St) * Standschrank (1St), Wandschrank (1St), Sicherungsautomaten (4St), Phasenüberwachungen (2St), Steuerungen (28St), Netzwiederkehrschaltungen (2St), Elektroerhitzer (1St)	2.649,56 m²BGF	97.689	**36,87**	
500	**Außenanlagen und Freiflächen**				**100,0**
540	**Baukonstruktionen**	1.370,00 m²AF	10.940	**7,99**	9,5
	• Wiederherstellen (Kosten: 100,0%) Natursteinblock sanieren, mit Bruchsteinen ergänzen, Trass-Natursteinmörtel (9t), Kern mit Beton hinterfüllen (1m³), mit Betonsteinen hintermauern (48St)	1.370,00 m²AF	10.940	**7,99**	
550	**Technische Anlagen**	1.370,00 m²AF	87.793	**64,08**	76,3
	• Wiederherstellen (Kosten: 0,5%) Pollerleuchte demontieren, lagern, wieder anschließen (5h)	1.370,00 m²AF	415	**0,30**	
	• Herstellen (Kosten: 99,5%) Erdkabel (350m), Datenkabel (490m), Maststrahler (8St), Strahler (15St), Pollerleuchten (12St), Bodeneinbaustrahler (10St)	1.370,00 m²AF	87.378	**63,78**	
590	**Sonst. Maßnahmen für Außenanlagen u. Freiflächen**	1.370,00 m²AF	16.393	**11,97**	14,2
	• Herstellen (Kosten: 100,0%) Entsorgung von Baustellenabfällen (2t), Bauschutt (7t); Deponiegebühren * Schutzabdeckungen von Wegen (44m), Grünflächen, Seekieferplatten (81m)	1.370,00 m²AF	16.393	**11,97**	
600	**Ausstattung und Kunstwerke**				**100,0**
610	**Allgemeine Ausstattung**	2.649,56 m²BGF	5.451	**2,06**	100,0
	• Herstellen (Kosten: 100,0%) WC-Bürstengarnituren (7St), WC-Papierhalter (7St), Wandspiegel (4St), Seifenspender (4St), Hygieneabfallsammler, Hygienebeutelspender (3St), Handtuchspender (4St), Abfallbehälter (3St), Haltegriffe (5St)	2.649,56 m²BGF	5.451	**2,06**	

© **BKI** Baukosteninformationszentrum

Kostenkennwerte für die Kostengruppen 300 der 2. und 3.Ebene DIN 276 (Übersicht)

KG	Kostengruppe	Menge Einheit	Kosten €	€/Einheit	% an 3+4
300	**Bauwerk – Baukonstruktionen**	**2.649,56 m² BGF**	**3.802.269,94**	**1.435,06**	**67,9**
310	**Baugrube / Erdbau**	**226,23 m³ BGI**	**30.964,79**	**136,87**	**0,6**
311	Herstellung	226,23 m³ BGI	30.964,79	136,87	0,6
312	Umschließung	–	–	–	–
313	Wasserhaltung	–	–	–	–
314	Vortrieb	–	–	–	–
319	Sonstiges zur KG 310	–	–	–	–
320	**Gründung, Unterbau**	**299,63 m² GRF**	**234.748,68**	**783,46**	**4,2**
321	Baugrundverbesserung	–	–	–	–
322	Flachgründungen und Bodenplatten	119,96 m²	64.481,21	537,52	1,2
323	Tiefgründungen	–	–	–	–
324	Gründungsbeläge	299,63 m²	166.429,03	555,45	3,0
325	Abdichtungen und Bekleidungen	108,56 m²	3.838,44	35,36	< 0,1
326	Dränagen	–	–	–	–
329	Sonstiges zur KG 320	–	–	–	–
330	**Außenwände/Vert. Baukonstrukt., außen**	**1.411,35 m² AWF**	**1.108.572,07**	**785,47**	**19,8**
331	Tragende Außenwände	746,07 m²	279.409,80	374,51	5,0
332	Nichttragende Außenwände	–	–	–	–
333	Außenstützen	–	–	–	–
334	Außenwandöffnungen	121,27 m²	235.934,35	1.945,53	4,2
335	Außenwandbekleidungen, außen	960,95 m²	316.094,23	328,94	5,6
336	Außenwandbekleidungen, innen	1.281,08 m²	240.481,15	187,72	4,3
337	Element. Außenwandkonstruktionen	9,00 m²	20.193,75	2.243,75	0,4
338	Lichtschutz zur KG 330	–	–	–	–
339	Sonstiges zur KG 330	1.411,35 m² AWF	16.458,81	11,66	0,3
340	**Innenwände/Vert. Baukonstrukt., innen**	**1.176,00 m² IWF**	**897.348,50**	**763,05**	**16,0**
341	Tragende Innenwände	64,62 m²	146.266,04	2.263,48	2,6
342	Nichttragende Innenwände	489,85 m²	226.271,41	461,92	4,0
343	Innenstützen	–	–	–	–
344	Innenwandöffnungen	88,22 m²	239.579,34	2.715,70	4,3
345	Innenwandbekleidungen	2.131,07 m²	261.062,55	122,50	4,7
346	Elementierte Innenwandkonstruktionen	22,25 m²	13.141,99	590,65	0,2
347	Lichtschutz zur KG 340	–	–	–	–
349	Sonstiges zur KG 340	1.176,00 m² IWF	11.027,17	9,38	0,2
350	**Decken/Horizontale Baukonstruktionen**	**1.462,98 m² DEF**	**738.042,67**	**504,48**	**13,2**
351	Deckenkonstruktionen	193,01 m²	75.554,77	391,46	1,4
352	Deckenöffnungen	–	–	–	–
353	Deckenbeläge	1.276,75 m²	416.956,81	326,58	7,5
354	Deckenbekleidungen	1.462,98 m²	209.552,67	143,24	3,7
355	Elementierte Deckenkonstruktionen	–	–	–	–
359	Sonstiges zur KG 350	1.462,98 m² DEF	35.978,42	24,59	0,6
360	**Dächer**	**1.142,17 m² DAF**	**300.266,42**	**262,89**	**5,4**
361	Dachkonstruktionen	–	10.432,16	–	0,2
362	Dachöffnungen	–	3.290,46	–	< 0,1
363	Dachbeläge	1.142,17 m²	238.687,68	208,98	4,3
364	Dachbekleidungen	15,18 m²	2.344,65	154,46	< 0,1
365	Elementierte Dachkonstruktionen	–	–	–	–
366	Lichtschutz zur KG 360	–	–	–	–
369	Sonstiges zur KG 360	1.142,17 m² DAF	45.511,48	39,85	0,8
370	**Infrastrukturanlagen**	**–**	**–**	**–**	**–**
380	**Baukonstruktive Einbauten**	**2.649,56 m² BGF**	**18.276,77**	**6,90**	**0,3**
390	**Sonst. Maßnahmen für Baukonstrukt.**	**2.649,56 m² BGF**	**474.050,06**	**178,92**	**8,5**

© **BKI** Baukosteninformationszentrum

9100-0215
Stiftsgebäude
Gemeindesaal
(120 Sitzplätze)
Pfarrbüros (6 AP)

Umbau

Kostenkennwerte für die Kostengruppen 400 der 2. und 3. Ebene DIN 276 (Übersicht)

KG	Kostengruppe	Menge Einheit	Kosten €	€/Einheit	% an 3+4
400	**Bauwerk – Technische Anlagen**	**2.649,56 m²BGF**	**1.793.887,30**	**677,05**	**32,1**
410	**Abwasser-, Wasser-, Gasanlagen**	**2.649,56 m²BGF**	**100.772,80**	**38,03**	**1,8**
411	Abwasseranlagen	2.649,56 m²BGF	14.995,83	5,66	0,3
412	Wasseranlagen	2.649,56 m²BGF	57.087,49	21,55	1,0
413	Gasanlagen	2.649,56 m²BGF	20.182,62	7,62	0,4
419	Sonstiges zur KG 410	2.649,56 m²BGF	8.506,87	3,21	0,2
420	**Wärmeversorgungsanlagen**	**2.649,56 m²BGF**	**358.315,54**	**135,24**	**6,4**
421	Wärmeerzeugungsanlagen	2.649,56 m²BGF	107.300,35	40,50	1,9
422	Wärmeverteilnetze	2.649,56 m²BGF	146.754,27	55,39	2,6
423	Raumheizflächen	2.649,56 m²BGF	104.260,94	39,35	1,9
424	Verkehrsheizflächen	–	–	–	–
429	Sonstiges zur KG 420	–	–	–	–
430	**Raumlufttechnische Anlagen**	**2.649,56 m²BGF**	**151.454,89**	**57,16**	**2,7**
431	Lüftungsanlagen	2.649,56 m²BGF	151.454,89	57,16	2,7
432	Teilklimaanlagen	–	–	–	–
433	Klimaanlagen	–	–	–	–
434	Kälteanlagen	–	–	–	–
439	Sonstiges zur KG 430	–	–	–	–
440	**Elektrische Anlagen**	**2.649,56 m²BGF**	**633.296,86**	**239,02**	**11,3**
441	Hoch- und Mittelspannungsanlagen	–	–	–	–
442	Eigenstromversorgungsanlagen	–	–	–	–
443	Niederspannungsschaltanlagen	–	–	–	–
444	Niederspannungsinstallationsanlagen	2.649,56 m²BGF	316.316,77	119,38	5,7
445	Beleuchtungsanlagen	2.649,56 m²BGF	276.547,04	104,37	4,9
446	Blitzschutz- und Erdungsanlagen	2.649,56 m²BGF	40.433,05	15,26	0,7
447	Fahrleitungssysteme	–	–	–	–
449	Sonstiges zur KG 440	–	–	–	–
450	**Kommunikationstechnische Anlagen**	**2.649,56 m²BGF**	**308.558,55**	**116,46**	**5,5**
451	Telekommunikationsanlagen	–	–	–	–
452	Such- und Signalanlagen	2.649,56 m²BGF	28.136,69	10,62	0,5
453	Zeitdienstanlagen	–	–	–	–
454	Elektroakustische Anlagen	–	–	–	–
455	Audiovisuelle Medien- u. Antennenanl.	2.649,56 m²BGF	96,52	0,04	< 0,1
456	Gefahrenmelde- und Alarmanlagen	2.649,56 m²BGF	245.732,48	92,74	4,4
457	Datenübertragungsnetze	2.649,56 m²BGF	34.592,86	13,06	0,6
458	Verkehrsbeeinflussungsanlagen	–	–	–	–
459	Sonstiges zur KG 450	–	–	–	–
460	**Förderanlagen**	**2.649,56 m²BGF**	**143.799,95**	**54,27**	**2,6**
461	Aufzugsanlagen	2.649,56 m²BGF	111.076,02	41,92	2,0
462	Fahrtreppen, Fahrsteige	–	–	–	–
463	Befahranlagen	–	–	–	–
464	Transportanlagen	–	–	–	–
465	Krananlagen	–	–	–	–
466	Hydraulikanlagen	2.649,56 m²BGF	32.723,92	12,35	0,6
469	Sonstiges zur KG 460	–	–	–	–
470	**Nutzungsspez. u. verfahrenstechn. Anl.**	**–**	**–**	**–**	**–**
480	**Gebäude- und Anlagenautomation**	**2.649,56 m²BGF**	**97.688,68**	**36,87**	**1,7**
490	**Sonst. Maßnahmen für techn. Anlagen**	**–**	**–**	**–**	**–**

© BKI Baukosteninformationszentrum

Kostenkennwerte für Leistungsbereiche nach STLB (Kosten des Bauwerks nach DIN 276)

LB	Leistungsbereiche	Kosten €	€/m² BGF	€/m³ BRI	% an 3+4
000	Baustellen-, Verkehrssich.- u. Sicherh.einr. inkl. 001	306.588	115,70	31,30	5,5
002	Erdarbeiten	34.803	13,10	3,60	0,6
006	Spezialtiefbauarbeiten inkl. 005	–	–	–	–
009	Entwässerungskanalarbeiten inkl. 011	–	–	–	–
010	Drän- und Versickerarbeiten	–	–	–	–
012	Mauerarbeiten	155.173	58,60	15,90	2,8
	Wiederherstellen	45.763	17,30	4,70	0,8
	Herstellen	109.410	41,30	11,20	2,0
013	Betonarbeiten	163.182	61,60	16,70	2,9
014	Natur-, Betonwerksteinarbeiten	454.146	171,40	46,40	8,1
	Wiederherstellen	140.577	53,10	14,40	2,5
	Herstellen	313.569	118,30	32,00	5,6
016	Zimmer- und Holzbauarbeiten	138.443	52,30	14,10	2,5
	Wiederherstellen	11.081	4,20	1,10	0,2
	Herstellen	127.361	48,10	13,00	2,3
017	Stahlbauarbeiten	235.352	88,80	24,10	4,2
018	Abdichtungsarbeiten	–	–	–	–
020	Dachdeckungsarbeiten	155.372	58,60	15,90	2,8
	Wiederherstellen	17.539	6,60	1,80	0,3
	Herstellen	137.834	52,00	14,10	2,5
021	Dachabdichtungsarbeiten	–	–	–	–
022	Klempnerarbeiten	81.056	30,60	8,30	1,4
	Rohbau	**1.724.115**	**650,70**	**176,20**	**30,8**
	Wiederherstellen	214.959	81,10	22,00	3,8
	Herstellen	1.509.156	569,60	154,20	27,0
023	Putz- und Stuckarbeiten, Wärmedämmsysteme	473.517	178,70	48,40	8,5
	Wiederherstellen	16.503	6,20	1,70	0,3
	Herstellen	457.014	172,50	46,70	8,2
024	Fliesen- und Plattenarbeiten	31.222	11,80	3,20	0,6
025	Estricharbeiten	169.863	64,10	17,40	3,0
026	Fenster, Außentüren inkl. 029, 032	346.776	130,90	35,40	6,2
027	Tischlerarbeiten	13.961	5,30	1,40	0,2
028	Parkett-, Holzpflasterarbeiten	–	–	–	–
030	Rollladenarbeiten	–	–	–	–
031	Metallbauarbeiten inkl. 035	–	–	–	–
034	Maler- und Lackiererarb. – Beschicht. inkl. 037	195.717	73,90	20,00	3,5
	Wiederherstellen	4.960	1,90	0,51	< 0,1
	Herstellen	190.758	72,00	19,50	3,4
036	Bodenbelagarbeiten	53.364	20,10	5,50	1,0
038	Vorgehängte hinterlüftete Fassaden	–	–	–	–
039	Trockenbauarbeiten	240.234	90,70	24,60	4,3
	Wiederherstellen	7.237	2,70	0,74	0,1
	Herstellen	232.997	87,90	23,80	4,2
	Ausbau	**1.524.656**	**575,40**	**155,80**	**27,2**
	Wiederherstellen	28.700	10,80	2,90	0,5
	Herstellen	1.495.956	564,60	152,90	26,7
040	Wärmeversorgungsanl. - Betriebseinr. inkl. 041	293.575	110,80	30,00	5,2
	Wiederherstellen	2.457	0,93	0,25	< 0,1
	Herstellen	291.118	109,90	29,80	5,2

9100-0215
Stiftsgebäude
Gemeindesaal
(120 Sitzplätze)
Pfarrbüros (6 AP)

Umbau

LB	Leistungsbereiche	Kosten €	€/m² BGF	€/m³ BRI	% an 3+4
042	Gas- u. Wasseranl. – Leitung., Armat. inkl. 043	71.926	27,10	7,40	1,3
	Wiederherstellen	335	0,13	0,03	< 0,1
	Herstellen	71.591	27,00	7,30	1,3
044	Abwasseranl. - Leitungen, Abläufe, Armaturen	6.993	2,60	0,71	0,1
045	Gas, Wasser, Entwässerung – Ausstattung inkl. 046	6.479	2,40	0,66	0,1
047	Dämm- und Brandschutzarb. an techn. Anlagen	50.848	19,20	5,20	0,9
049	Feuerlöschanlagen, Feuerlöschgeräte	–	–	–	–
050	Blitzschutz-/Erdungsanlagen, Überspannungssch.	40.355	15,20	4,10	0,7
053	Niederspannungsanl. – Kabel inkl. 052, 054	292.295	110,30	29,90	5,2
	Wiederherstellen	23.347	8,80	2,40	0,4
	Herstellen	268.948	101,50	27,50	4,8
055	Sicherheits- u. Ersatzstromversorgungsanl.	–	–	–	–
057	Gebäudesystemtechnik	–	–	–	–
058	Leuchten und Lampen inkl. 059	276.000	104,20	28,20	4,9
	Wiederherstellen	83	0,03	< 0,01	< 0,1
	Herstellen	275.917	104,10	28,20	4,9
060	Such, Signal, Zeit, Anten., akust. Anl. inkl. 064	28.137	10,60	2,90	0,5
061	Kommunikations- u. Übertragungsnetze inkl. 063	263.746	99,50	27,00	4,7
069	Aufzüge	127.407	48,10	13,00	2,3
	Wiederherstellen	2.926	1,10	0,30	< 0,1
	Herstellen	124.481	47,00	12,70	2,2
070	Gebäudeautomation	97.689	36,90	10,00	1,7
075	Raumlufttechnische Anlagen inkl. 078	132.893	50,20	13,60	2,4
	Gebäudetechnik	**1.688.343**	**637,20**	**172,60**	**30,2**
	Wiederherstellen	29.148	11,00	3,00	0,5
	Herstellen	1.659.194	626,20	169,60	29,6
084	Abbruch, Rückbau, Schadstoffsanierung	581.977	219,70	59,50	10,4
	Abbrechen	581.977	219,70	59,50	10,4
	Abbrucharbeiten	**581.977**	**219,70**	**59,50**	**10,4**
	Abbrechen	581.977	219,70	59,50	10,4
	Sonstige Leistungsbereiche	**77.067**	**29,10**	**7,90**	**1,4**

© BKI Baukosteninformationszentrum

9700-0038
Kolumbarium

Kostenkennwerte für die Kosten des Bauwerks (Kostengruppen 300+400 nach DIN 276)

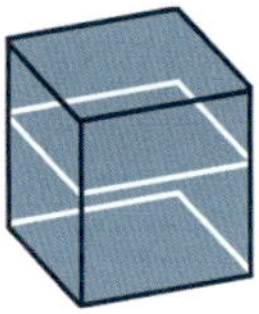

BRI 298 €/m³

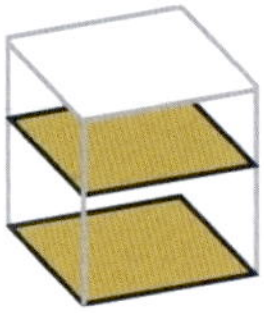

BGF 2.127 €/m²

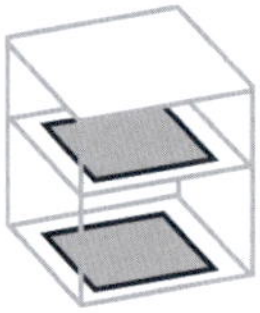

NUF 2.784 €/m²

Umbau

Objekt:
Kennwerte: 3. Ebene DIN 276
BRI: 6.850 m³
BGF: 960 m²
NUF: 733 m²
Bauzeit: 39 Wochen
Bauende: 2022
Standard: hoch
Bundesland: Niedersachsen
Kreis: Osnabrück

Architekt*in:
B-WERK ARCHITEKTEN BDA
Adam-Opel-Straße 3
48480 Spelle

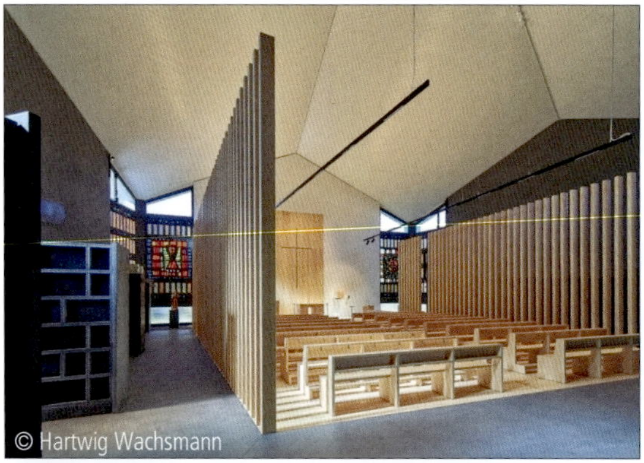

© Hartwig Wachsmann

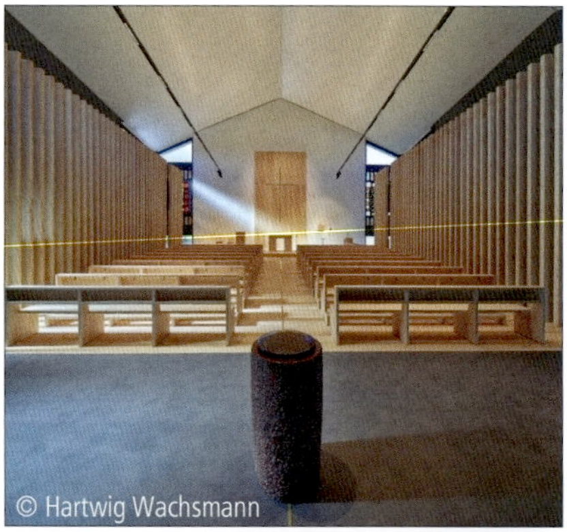

© Hartwig Wachsmann

© Hartwig Wachsmann

© Hartwig Wachsmann

 © **BKI** Baukosteninformationszentrum Kostenstand: 2. Quartal 2025, Bundesdurchschnitt, **inkl. 19% MwSt.**

Ansicht Süd-West

Ansicht Nord-Ost

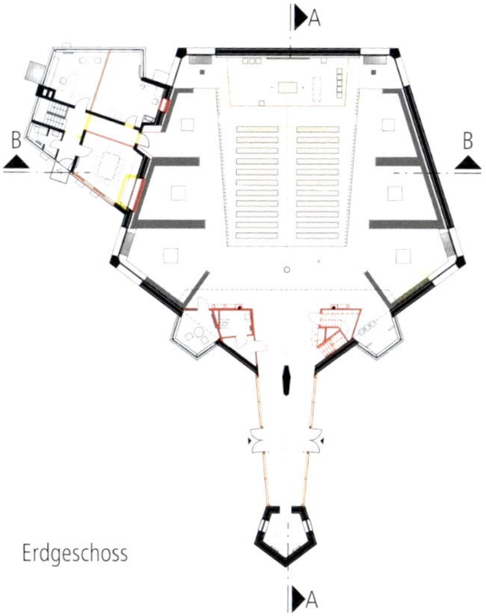

Erdgeschoss

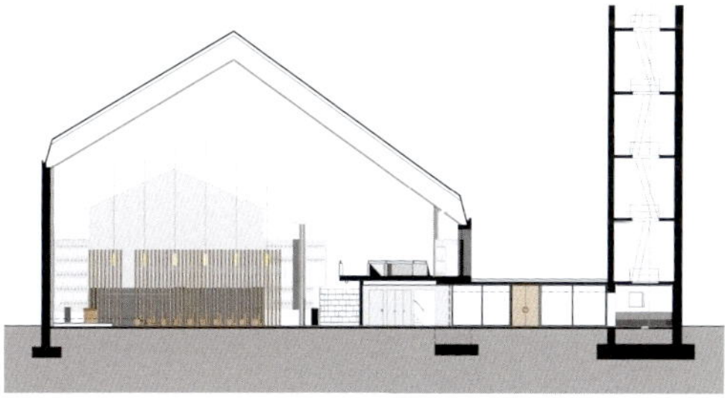

Schnitt A-A

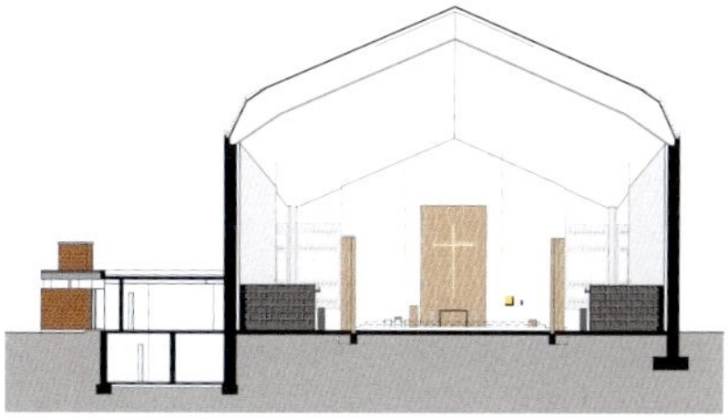

Schnitt B-B

Objektbeschreibung

Allgemeine Objektinformationen

Die katholische Kirche aus dem Jahr 1965 wurde zu einem Kolumbarium mit Feierraum umgebaut. Die äußere Hülle blieb erhalten, während der Innenraum neu strukturiert wurde. Die Kolumbariumswände mit 1.400 Urnenkammern bilden sechs Höfe mit Sitzinsel und umschließen den zentralen Gottesdienstraum mit 130 Sitzplätzen. Semitransparente Stelenreihen trennen die Bereiche voneinander und schaffen gleichzeitig eine Durchlässigkeit.

Nutzung

1 Untergeschoss
Kellerräume, Heizraum, Öllager

1 Erdgeschoss
Kolumbarium, Eingangsbereich/Vorzone, Feierraum, Gesprächsräume, Andachtsraum, Sakristei, Ewiges Grab, Büro, Flur, WCs

1 Obergeschoss
Orgelboden

Nutzeinheiten

Sitzplätze: 130

Grundstück

Bauraum: Freier Bauraum
Neigung: Ebenes Gelände
Bodenklasse: BK 2 bis BK 5

Markt

Hauptvergabezeit: 1.Quartal 2021
Baubeginn: 2.Quartal 2021
Bauende: 1.Quartal 2022
Konjunkturelle Gesamtlage: über Durchschnitt
Regionaler Baumarkt: Durchschnitt

Baubestand

Baujahr: 1965
Bauzustand: gut
Aufwand: hoch
Grundrissänderungen: einige
Tragwerkseingriffe: wenige
Nutzungsänderung: ja
Nutzung während der Bauzeit: nein

Baukonstruktion

Die Außenabmessungen des Massivbaus aus zweischaligem Mauerwerk sind nicht verändert worden. Lediglich im Eingangsbereich und im Gesprächsraum sind Brüstungswände durch Glasfassaden ersetzt worden. Die künstlerisch gestaltete Betonfenster mit Glasausfachung wurden gereinigt. Der neue Ausbau des Kolumbariumbereichs erfolgte mit Urnenwänden aus eingefärbten Sichtbeton-Fertigteilen und Sichtestrich mit Hartkorneinstreuung. Der Feierraum wird durch hohe Holzstelen definiert und ist komplett aus Weißtannenholz gestaltet. Der Treppenaufgang wurde unter die Empore verlegt.

Technische Anlagen

Die ursprüngliche Warmluftheizung der Kirche ist erhalten geblieben. Im Feierraum wurde zusätzlich eine Fußbodenheizung unter den Holzdielen eingebaut. Das WC im Nebentrakt ist erneuert und durch ein barrierefreies WC unter der Empore ergänzt. Die Elektroinstallation und die Beleuchtung wurden neu installiert. Der Feierraum verfügt über eine Beschallungsanlage mit induktiver Höranlage, Projektor und Liedanzeigetafel.

© **BKI** Baukosteninformationszentrum

Planungskennwerte für Flächen und Rauminhalte nach DIN 277

Flächen des Grundstücks		Menge Einheit	% an GF
BF	Bebaute Fläche	–	–
UF	Unbebaute Fläche	–	–
GF	Grundstücksfläche	–	–

Grundflächen des Bauwerks		Menge Einheit	% an NUF	% an BGF
NUF	Nutzungsfläche	733,38 m²	100,0	76,4
TF	Technikfläche	39,24 m²	5,4	4,1
VF	Verkehrsfläche	99,06 m²	13,5	10,3
NRF	Netto-Raumfläche	871,68 m²	118,9	90,8
KGF	Konstruktions-Grundfläche	88,32 m²	12,0	9,2
BGF	Brutto-Grundfläche	960,00 m²	130,9	100,0

Brutto-Rauminhalt des Bauwerks		Menge Einheit	BRI/NUF (m)	BRI/BGF (m)
BRI	Brutto-Rauminhalt	6.850,00 m³	9,34	7,14

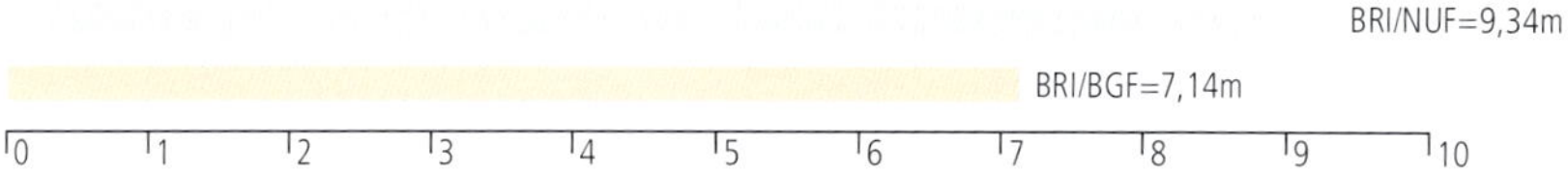

Lufttechnisch behandelte Flächen	Menge Einheit	% an NUF	% an BGF
Entlüftete Fläche	–	–	–
Be- und entlüftete Fläche	–	–	–
Teilklimatisierte Fläche	–	–	–
Klimatisierte Fläche	–	–	–

KG	Kostengruppen (2. Ebene)	Menge Einheit	Menge/NUF	Menge/BGF
310	Baugrube / Erdbau	36,10 m³ BGI	0,05	0,04
320	Gründung, Unterbau	588,06 m² GRF	0,80	0,61
330	Außenwände/Vertikale Baukonstruktionen, außen	715,87 m² AWF	0,98	0,75
340	Innenwände/Vertikale Baukonstruktionen, innen	277,04 m² IWF	0,38	0,29
350	Decken/Horizontale Baukonstruktionen	172,76 m² DEF	0,24	0,18
360	Dächer	822,20 m² DAF	1,12	0,86

Umbau

Kostenkennwerte für die Kostengruppen der 1. Ebene DIN 276

KG	Kostengruppen (1. Ebene)	Einheit	Kosten €	€/Einheit	€/m² BGF	€/m³ BRI	% 300+400
100	Grundstück	m² GF	–	–	–	–	–
200	Vorbereitende Maßnahmen	m² GF	–	–	–	–	–
300	Bauwerk – Baukonstruktionen	m² BGF	1.674.610	1.744,39	1.744,39	244,47	82,0
400	Bauwerk – Technische Anlagen	m² BGF	366.872	382,16	382,16	53,56	18,0
	Bauwerk 300+400	**m² BGF**	**2.041.482**	**2.126,54**	**2.126,54**	**298,03**	**100,0**
500	Außenanlagen und Freiflächen	m² AF	12.415	–	12,93	1,81	0,6
600	Ausstattung und Kunstwerke	m² BGF	36.998	38,54	38,54	5,40	1,8
700	Baunebenkosten	m² BGF	–	–	–	–	–
800	Finanzierung	m² BGF	–	–	–	–	–

KG	Kostengruppe	Menge Einheit	Kosten €	€/Einheit	%
3+4	**Bauwerk**				**100,0**
300	**Bauwerk – Baukonstruktionen**	960,00 m² BGF	1.674.610	**1.744,39**	82,0

- Abbrechen (Kosten: 4,7%) 79.170
  Abbruch von Stb-Bodenplatte, Stb-Schachtabdeckplatten, Verbundestrich, Natursteinbelag, Altarpodest, Teppich; Brüstungsmauerwerk, Stahl-Oberlichtern, Ziegelverblendschale, Akustikbeschichtung; Mauerwerk, Holztüren, Stahl-Glastüren, Beschichtung, Wandfliesen; Hohlkörperdecke, Estrich, Linoleum/PVC, Bodenfliesen, Holzbekleidung, Holztreppe, Stahlgeländer; Einbauschrank, Altar, Tabernakel, Apostelleuchtern, Weihwasserbecken, Kreuz, Taufbecken; Entsorgung, Deponiegebühren

- Wiederherstellen (Kosten: 5,0%) 83.953
  Stb-Bodenplatte egalisieren, Stb-Schachtabdeckplatten austauschen; Stahlstützen instandsetzen, Oberlicht-Motorantriebe erneuern, Eingangstüren instandsetzen, Türschwellen erneuern, Putzflächen ausbessern, schalldurchlässige Beschichtung erneuern, GK-Vorsatzschale verankern, Stahlstützen neu beschichten; Stahlzargen neu beschichten; Stahl-Treppengeländer überarbeiten; Holzdecke neu beschichten; Tresortür überarbeiten, neu beschichten, Triumpfkreuz umarbeiten

- Herstellen (Kosten: 90,3%) 1.511.487
  Stb-Streifenfundamente, Stb-Bodenplatte, Abdichtung, Zement-Sichtestrich, Holzdielen, Altarpodest, Teppich, Bodenfliesen; Alu-Pfosten-Riegelfassaden, Kalkzementputz, Akustikbeschichtung; KS-Mauerwerk, GK-Brüstungen/-Wände, Holztüren, Glastürblatt, Stahlgittertür, Zementputz, Beschichtung, Wandfliesen; Stb-Treppe, Stb-Decke, Epoxidharzbeschichtung, GK-Decken, Akustikdecken; Holzstelen als Raumteiler, Kirchenbänke, Einbaumöbel, Urnenwände, Sakraleinbaumöbel, Infotafel

© BKI Baukosteninformationszentrum

KG	Kostengruppe	Menge Einheit	Kosten €	€/Einheit	%
400	**Bauwerk – Technische Anlagen**	960,00 m² BGF	366.872	**382,16**	18,0
	• Abbrechen (Kosten: 1,5%) Abbruch von Abwasserleitungen, Wasserleitungen, Sanitärobjekten; Heizleitungen, Heizkörpern; Entsorgung, Deponiegebühren		5.471		
	• Wiederherstellen (Kosten: 2,0%) Zuluftkanal überprüfen, Brandschutzklappen warten; Blitzschutzanlage überprüfen, Durchgangswiderstand über Dach verbessern, mangelhafte Ableitungen richten; Orgelgehäuse reinigen, Zungenpfeifen stimmen		7.262		
	• Herstellen (Kosten: 96,5%) Gebäudeentwässerung, Kalt- und Warmwasserleitungen, Sanitärobjekte, Durchlauferhitzer; Festwert-Regelstation, Heizungssteuerung, Heizungsrohre, Hohlraum-Fußbodenheizung, Heizkörper, Elektro-Konvektoren; dezentrales Lüftungsgerät, Einzelraumlüfter; Elektroinstallation, Beleuchtung, Erdung; Sprechanlage, audiovisuelle Anlagen, Datennetzwerk		354.139		
500	**Außenanlagen und Freiflächen**	–	12.415	**–**	0,6
	• Abbrechen (Kosten: 1,8%) Aufnehmen und Lagern von Betonplatten		220		
	• Herstellen (Kosten: 98,2%) Grabenaushub; Gebäudeentwässerung, Türöffnersäule; Wiederherrichtung Außenanlagen		12.195		
600	**Ausstattung und Kunstwerke**	960,00 m² BGF	36.998	**38,54**	1,8
	• Herstellen (Kosten: 100,0%) Sitzinseln, Sitzhocker, mobiler Aufstieg, Sanitärausstattung; Sedilien, Kredenztisch, Bodenleuchter, Handleuchter, Osterkerzenständer; Funkmikrofone, Mikrofonständer, Head-Set		36.998		

Umbau

Kostenkennwerte für die Kostengruppen der 2. Ebene DIN 276

KG	Kostengruppe	Menge Einheit	Kosten €	€/Einheit	%
300	**Bauwerk – Baukonstruktionen**				**100,0**
310	**Baugrube / Erdbau**	36,10 m^3 BGI	10.623	**294,27**	0,6
	• Herstellen (Kosten: 100,0%) Außenwände freilegen, verfüllen (22m^3), Sockel freilegen (3m^3), Grabenaushub, verfüllen, im Gebäude (6m^3), Erdaushub unter Sohlplatte, abfahren, für Ewiges Grab (5m^3)	36,10 m^3 BGI	10.623	**294,27**	
320	**Gründung, Unterbau**	588,06 m^2 GRF	251.495	**427,67**	15,0
	• Abbrechen (Kosten: 15,7%) Abbruch von Stb-Bodenplatte (20m^2), Stb-Schachtabdeckplatten (4m^2) * Verbundestrich, Naturstein-belag (376m^2), Altarpodest, Stb-Platte, Verbundestrich, Natursteinbelag, drei Steigungen (91m^2), Teppich (10m^2), Sauberlaufmatten (2m^2); Entsorgung, Deponiegebühren	478,32 m^2 GRF	39.390	**82,35**	
	• Wiederherstellen (Kosten: 3,6%) Stb-Bodenplatte egalisieren, fräsen, schleifen (542m^2), schadhafte Stb-Schachtabdeckplatten austauschen (4St)	541,56 m^2 GRF	9.040	**16,69**	
	• Herstellen (Kosten: 80,7%) Stb-Streifenfundamente im Gebäude für Holzstelen (7m^3), Stb-Bodenplatte (6m^2), Aufbeton (4m^2) * Bitumenabdichtung (588m^2), Zement-Sichtestrich, Hartkorneinstreuung (354m^2), Zementestrich (28m^2), Holzdielen (147m^2), als Altarpodest (42m^2), als Altarstufen (18m), Kopffriese (86St), Teppich (10m^2), Bodenfliesen (9m^2), Epoxidharzbeschichtung (6m^2), Stahlabdeckungen (5m^2), Sauberlauf-matten (4m^2), Gitterroste (2m^2)	588,06 m^2 GRF	203.065	**345,31**	
330	**Außenwände/Vert. Baukonstrukt., außen**	715,87 m^2 AWF	155.113	**216,68**	9,3
	• Abbrechen (Kosten: 10,9%) Abbruch von Brüstungsmauerwerk, Innenbekleidung (52m^2), Stb-Sockel (17m) * Stahl-Oberlichtern (11m^2) * Ziegelverblendschale (2m^2) * Akustikbeschichtung (123m^2), Vormauerung (11m^2), Wand-fliesen (4m^2); Entsorgung, Deponiegebühren	201,25 m^2 AWF	16.847	**83,71**	
	• Wiederherstellen (Kosten: 18,7%) Stahlstützen instandsetzen (23m) * Oberlicht-Motorantriebe erneuern, defekte Scherengestänge ersetzen (13m^2), Eingangstüren instandsetzen, Beschläge erneuern (13m^2), rostige Türschwellen erneuern (4m) * losen Putz erneuern (21h) * Putzflächen prüfen, Fehlstellen ausbessern (286m^2), schalldurchlässige Beschichtung erneuern (162m^2), GK-Vorsatzschale verankern (123m^2), Nikotin-flecken entfernen (1m^2), Stahlstützen neu beschichten (2m^2)	600,25 m^2 AWF	29.015	**48,34**	
	• Herstellen (Kosten: 70,4%) Alu-Pfosten-Riegelfassaden (61m^2) * Bitumendickbeschichtung (18m^2), Sockelabdichtung (18m^2), Fensterlaibung, Verblendmauerwerk (3m) * Zementputz (26m^2), Kalkzementputz (71m^2), Silikat-beschichtung (338m^2), Spachtelung, Silikat-Strukturbeschichtung (123m^2) * Glasblenden (2St), Blend-schutz, innen (psch) * Stahl-Treppenhandlauf (3m)	530,48 m^2 AWF	109.251	**205,95**	

© **BKI** Baukosteninformationszentrum

KG	Kostengruppe	Menge Einheit	Kosten €	€/Einheit	%
340	**Innenwände/Vert. Baukonstrukt., innen**	277,04 m² IWF	128.961	**465,49**	7,7
	• Abbrechen (Kosten: 3,3%) Abbruch von Mauerwerk (19m²) * Holztüren (17m²), Stahl-Glastüren (11m²) * Beschichtung (16m²), Wandfliesen (8m²); Entsorgung, Deponiegebühren	58,99 m² IWF	4.315	**73,15**	
	• Wiederherstellen (Kosten: 5,1%) Stahlzargen prüfen, lose Beschichtung entfernen, neu beschichten (10m²) * Putzflächen prüfen, Schadstellen markieren, Fehlstellen ausbessern (181m²), schalldurchlässige Beschichtung reinigen, lose Partikel entfernen, neu beschichten (24m²)	112,15 m² IWF	6.611	**58,95**	
	• Herstellen (Kosten: 91,5%) KS-Mauerwerk (34m²), Türöffnung herstellen (2m²) * KS-Mauerwerk (82m²), GK-Brüstungswände Q3 (33m²), GK-Wände Q3 (24m²) * Holztüren (14m²), Holztürblätter (6m²), Stahltüren T30 RS (5m²), Ganzglastürblatt (2m²), Stahlgittertür (2m²) * Zementputz (168m²), Kalkzementputz (33m²), Silikatbeschichtung (456m²), Wandfliesen (14m²), Spiegel, fliesengleich (1m²) * Stahl-Treppenhandläufe (12m)	265,04 m² IWF	118.034	**445,35**	
350	**Decken/Horizontale Baukonstruktionen**	172,76 m² DEF	76.281	**441,54**	4,6
	• Abbrechen (Kosten: 12,5%) Abbruch von Hohlkörperdecke, Estrich (15m²) * Linoleum/PVC (72m²), Verbundestrich, Bodenfliesen (13m²) * Holzbekleidung (10m²) * Holzwangentreppe, Stahlgeländer (5m²), Holzbalkenkonstruktion, Auflagebretter, Einschubtreppe, Umwehrung (2m²) * Holz-Brüstungsbekleidung, Holz-Brüstungsaufsätze (20m); Entsorgung, Deponiegebühren	92,64 m² DEF	9.527	**102,84**	
	• Wiederherstellen (Kosten: 0,7%) Putzflächen prüfen, schadhafte Beschichtung entfernen, neu beschichten (3m²) * Stahl-Treppengeländer überarbeiten, lose Beschichtung entfernen, Schadstellen entrosten, neu beschichten (6m²)	–	545	**–**	
	• Herstellen (Kosten: 86,8%) Stb-Treppe, oberseitig SB3 (7m²), Stb-Decke (3m²), Holzbalkendecke (2m²) * TSD, Zementestrich (15m²), Epoxidharzbeschichtung (89m²), Linoleum (79m²), Bodenfliesen (4m²), Sauberlaufmatte (1m²) * GK-Decken Q3 (47m²), GK-Akustikdecke (3m²), Silikatbeschichtung (91m²), Akustik-Rasterdecke (9m²) * Stahl-Brüstungsaufsätze (31m)	185,35 m² DEF	66.209	**357,21**	
360	**Dächer**	822,20 m² DAF	59.831	**72,77**	3,6
	• Wiederherstellen (Kosten: 49,2%) Holzdecke abbürsten, Fehlstellen schließen, neu beschichten (670m²), Schattenfugen überarbeiten, neu beschichten (12m²)	682,32 m² DAF	29.444	**43,15**	
	• Herstellen (Kosten: 50,8%) Stahlunterzüge (10m) * GK-Decke Q3 (47m²), GK-Akustikdecke (7m²), Lichtvouten (22m), Akustik-Rasterdecke (76m²), Silikatbeschichtung (64m²)	139,88 m² DAF	30.388	**217,24**	

Umbau

KG	Kostengruppe	Menge Einheit	Kosten €	€/Einheit	%
380	**Baukonstruktive Einbauten**	960,00 m² BGF	924.066	**962,57**	55,2
	• Abbrechen (Kosten: 1,0%) Abbruch von Einbauschrank (1St) * Altar, Tabernakel (psch), Apostelleuchtern, Weihwasserbecken, Kreuz, Taufbecken (psch); Entsorgung, Deponiegebühren	960,00 m² BGF	9.092	**9,47**	
	• Wiederherstellen (Kosten: 1,0%) Tresortür überarbeiten, neu beschichten (1St) * Triumpfkreuz umarbeiten zu Kubus für Ewiges Grab (1St)	960,00 m² BGF	9.299	**9,69**	
	• Herstellen (Kosten: 98,0%) Holzstelen (86St), Kirchenbänke (73m), Hochschränke (7St), mit Einbauspüle (1St), Ankleidetisch, Unter-/Oberschränke (1St), Waschtischschrank (1St), Wandvorlagen mit Ablagen (2St), Kniebänke (22m), Eckbank (1St), Garderobenleiste (1St), Möbeleinbauleuchten (3St) * Stb-Sockel (2m³), Stb-Urnenwände, einseitig Urnenkammern (25m), beidseitig Urnenkammern (20m), Altarrückwand mit Kreuz (psch), Altar (1St), Ambo (1St), Tabernakel (1St), Standsockel für Heiligenfiguren (2St), Urnenstele (1St), Ewiges Licht (1St), Opferkerzenregal, Opferstock (1St), Apostelleuchter (12St), Stahlkonsole für Pieta (1St) * Infowand (1St), Magnettafel (1St)	960,00 m² BGF	905.676	**943,41**	
390	**Sonst. Maßnahmen für Baukonstrukt.**	960,00 m² BGF	68.241	**71,08**	4,1
	• Herstellen (Kosten: 100,0%) Baustelleneinrichtung (psch), Bauzaun (88m), Baustellen-WC (7Wo), Bauwasseranschluss (psch), Baustromverteiler (1St), Kabel (202m), Lichtleisten (20St), Scheinwerfer (4St) * Innenraumgerüste (psch), Raupenarbeitsbühnen (psch), Rollgerüste (psch) * Schuttcontainer (7m³) * Schutzabdeckungen (355m²), Türflügel beidseitig schützen (4St), Fensteröffnung schließen (1St), Bauendreinigung (psch), Fensterreinigung (185m²), Reinigung Urnenwände (psch)	960,00 m² BGF	68.241	**71,08**	
400	**Bauwerk – Technische Anlagen**				**100,0**
410	**Abwasser-, Wasser-, Gasanlagen**	960,00 m² BGF	32.381	**33,73**	8,8
	• Abbrechen (Kosten: 8,6%) Abbruch von Abwasserleitungen (9m) * Stahl-/Kupferleitungen (39m), Wachtischen (3St), WC (1St); Entsorgung, Deponiegebühren	960,00 m² BGF	2.770	**2,89**	
	• Herstellen (Kosten: 91,4%) PP-Rohre (36m), PVC-Rohre (15m), PE-Rohre (4m) * Edelstahlrohre (58m), PE-Druckrohre (41m), Kupferrohre (2m), Wand-WCs (2St), Waschtische (3St), Ausgussbecken (1St), Durchlauferhitzer (3St) * Montageelemente (3St)	960,00 m² BGF	29.611	**30,85**	
420	**Wärmeversorgungsanlagen**	960,00 m² BGF	49.830	**51,91**	13,6
	• Abbrechen (Kosten: 5,4%) Abbruch von Heizleitungen (65m) * Heizkörpern (5St); Entsorgung, Deponiegebühren	960,00 m² BGF	2.701	**2,81**	
	• Herstellen (Kosten: 94,6%) Festwert-Regelstation (1St), Nassläuferpumpe (1St), Ausdehnungsgefäß (1St), Heizungssteuerung: Kleinverteiler (1St), Ethernet-Thermostat (1St), Ethernet-Switch (1St) * C-Stahlrohre (108m) * Hohlraum-Fußbodenheizung, Kupferrohre (340m), Alu-Wärmeverteiler (1.652St), Heizkreisverteiler (1St), Stellantriebe (3St), Kompaktheizkörper (4St), Elektro-Wandkonvektoren (4St)	960,00 m² BGF	47.129	**49,09**	

© BKI Baukosteninformationszentrum

KG	Kostengruppe	Menge Einheit	Kosten €	€/Einheit	%
430	**Raumlufttechnische Anlagen**	960,00 m² BGF	10.479	**10,92**	2,9
	• Wiederherstellen (Kosten: 4,1%) Zuluftkanal überprüfen (3h), Brandschutzklappen warten (2St)	960,00 m² BGF	428	**0,45**	
	• Herstellen (Kosten: 95,9%) Lüftungsgerät mit WRG (1St), Einzelraumlüfter (1St), Hygrostat (1St), Wickelfalzrohre (13m), Alu-Flexrohr (1m), Abluftventile (5St), Außenluftblende (1St), Wetterschutzgitter (1St)	960,00 m² BGF	10.051	**10,47**	
440	**Elektrische Anlagen**	960,00 m² BGF	181.819	**189,39**	49,6
	• Wiederherstellen (Kosten: 2,7%) Blitzschutzanlage prüfen (psch), Durchgangswiderstand über Dach verbessern: Fang-/Ableitungen erneuern (59m), Leitungshalter ergänzen (73St), Oberflächenerder ergänzen (8m), mangelhafte Ableitungen richten, neu befestigen (8m)	960,00 m² BGF	4.958	**5,16**	
	• Herstellen (Kosten: 97,3%) Zählerverteilung (1St), Wandverteiler (1St), Mantelleitungen (2.472m), Starkstromkabel (438m), Steuerleitungen (27m), Installationskabel (20m), DALI-Steuergeräte (3St), Steckdosen (71St), Bodentanks (3St), Schalter/Taster/Dimmer (16St), Geräteanschlussdosen (9St), Jalousieaktoren (6St), Präsenzmelder (5St) * Ein-/Anbauleuchten (51St), Stromschienen-Strahler (26St), Lichtbänder (7St), Hängeleuchten (2St), Einbaudownlights (2St), Pendelleuchten (2St) * Tiefenerder (69m), Oberflächenerder (23m)	960,00 m² BGF	176.861	**184,23**	
450	**Kommunikationstechnische Anlagen**	960,00 m² BGF	71.425	**74,40**	19,5
	• Herstellen (Kosten: 100,0%) Bus-Haustelefone (2St), Klingeltaster (1St), Gong (1St) * Audio-Controller (1St), Verstärker (1St), Master-Steuereinheit (1St), Touchpanel (1St), DALI-Gateway (1St), Lautsprecherkabel (242m), Lautsprecher (2St), Zwei-Wege-Linienstrahler (2St), Mikrofonkabel (233m), Mikrofone (2St), Touch-Monitor-PC (1St), Projektor (1St), Anzeigetafel (1St), induktive Höranlage, Ringschleife (60m) * Netzwerkschrank (1St), Rangierfelder (2St), Datenkabel (795m), Fernmeldekabel (286m), LWL-Kabel (65m), Datenanschlussdosen (19St)	960,00 m² BGF	71.425	**74,40**	
470	**Nutzungsspez. u. verfahrenstechn. Anl.**	960,00 m² BGF	1.876	**1,95**	0,5
	• Wiederherstellen (Kosten: 100,0%) Orgel aushausen, Gehäuse teilweise reinigen, Datenlogger prüfen, Zungenpfeifen stimmen (1St)	960,00 m² BGF	1.876	**1,95**	
490	**Sonst. Maßnahmen für techn. Anlagen**	960,00 m² BGF	19.062	**19,86**	5,2
	• Herstellen (Kosten: 100,0%) Baustelleneinrichtung (psch) * Montagegerüste (psch), Hubarbeitsbühne (11d), Lastverteilungsplatten (45m²), Hubsteiger (1d)	960,00 m² BGF	19.062	**19,86**	
500	**Außenanlagen und Freiflächen**				**100,0**
510	**Erdbau**	23,12 m³ EBR	3.205	**138,64**	25,8
	• Herstellen (Kosten: 100,0%) Grabenaushub, lagern, verfüllen (23m³)	23,12 m³ EBR	3.205	**138,64**	
530	**Oberbau, Deckschichten**	–	220	–	1,8
	• Abbrechen (Kosten: 100,0%) Aufnehmen und Lagern von Betonplatten (17m)	8,42 m² BFF	220	**26,11**	

Umbau

KG	Kostengruppe	Menge Einheit	Kosten €	€/Einheit	%
550	**Technische Anlagen**	–	5.174	–	41,7
	• Herstellen (Kosten: 100,0%) PVC-Rohre (47m), PP-Kontrollschächte (2St) * Standsäule, Türöffner (1St)	–	5.174	–	
590	**Sonst. Maßnahmen für Außenanlagen u. Freiflächen**	–	3.816	–	30,7
	• Herstellen (Kosten: 100,0%) Wiederherrichtung Außenanlagen (psch)	–	3.816	–	
600	**Ausstattung und Kunstwerke**				**100,0**
610	**Allgemeine Ausstattung**	960,00 m² BGF	23.474	**24,45**	63,4
	• Herstellen (Kosten: 100,0%) Sitzinseln 100x100x45cm, MDF, lackiert, Sitzpolsteraufsätze (6St), 50x50x48cm (2St), Namensfräsungen (6St), Sitzhocker (psch), mobiler Aufstieg, drei Stufen, Handlauf, für Urnenkammern (1St), WC-Bürstengarnituren (2St), WC-Papierhalter (2St), Ersatzrollenhalter (2St), Doppelhaken (2St), Seifenspender (2St), Papierhandtuchspender (2St), Papierkorb (2St), Abfallbehälter (1St)	960,00 m² BGF	23.474	**24,45**	
620	**Besondere Ausstattung**	960,00 m² BGF	8.511	**8,87**	23,0
	• Herstellen (Kosten: 100,0%) Sedilien 48x48x48cm, Holz, geölt, Filzleinlagen, Buchablage (6St), 48x52x63cm, mit Rückenlehne (1St), Kredenztisch 70x48x75cm, Holz, geölt (1St), Bodenleuchter (2St), Handleuchter (2St), Osterkerzenständer (1St)	960,00 m² BGF	8.511	**8,87**	
630	**Informationstechnische Ausstattung**	960,00 m² BGF	5.012	**5,22**	13,5
	• Herstellen (Kosten: 100,0%) Funkmikrofone (3St), Mikrofonständer (3St), Head-Set (1St)	960,00 m² BGF	5.012	**5,22**	

© **BKI** Baukosteninformationszentrum

Kostenkennwerte für die Kostengruppen 300 der 2. und 3. Ebene DIN 276 (Übersicht)

KG	Kostengruppe	Menge Einheit	Kosten €	€/Einheit	% an 3+4
300	**Bauwerk – Baukonstruktionen**	**960,00 m² BGF**	**1.674.610,05**	**1.744,39**	**82,0**
310	**Baugrube / Erdbau**	**36,10 m³ BGI**	**10.623,09**	**294,27**	**0,5**
311	Herstellung	36,10 m³ BGI	10.623,09	294,27	0,5
312	Umschließung	–	–	–	–
313	Wasserhaltung	–	–	–	–
314	Vortrieb	–	–	–	–
319	Sonstiges zur KG 310	–	–	–	–
320	**Gründung, Unterbau**	**588,06 m² GRF**	**251.494,59**	**427,67**	**12,3**
321	Baugrundverbesserung	–	–	–	–
322	Flachgründungen und Bodenplatten	541,56 m²	24.150,23	44,59	1,2
323	Tiefgründungen	–	–	–	–
324	Gründungsbeläge	588,06 m²	227.344,36	386,60	11,1
325	Abdichtungen und Bekleidungen	–	–	–	–
326	Dränagen	–	–	–	–
329	Sonstiges zur KG 320	–	–	–	–
330	**Außenwände/Vert. Baukonstrukt., außen**	**715,87 m² AWF**	**155.112,83**	**216,68**	**7,6**
331	Tragende Außenwände	–	–	–	–
332	Nichttragende Außenwände	–	11.993,99	–	0,6
333	Außenstützen	23,20 m	1.324,99	57,11	< 0,1
334	Außenwandöffnungen	90,00 m²	89.986,32	999,85	4,4
335	Außenwandbekleidungen, außen	–	7.040,93	–	0,3
336	Außenwandbekleidungen, innen	625,87 m²	37.524,98	59,96	1,8
337	Element. Außenwandkonstruktionen	–	–	–	–
338	Lichtschutz zur KG 330	–	5.536,40	–	0,3
339	Sonstiges zur KG 330	715,87 m² AWF	1.705,22	2,38	< 0,1
340	**Innenwände/Vert. Baukonstrukt., innen**	**277,04 m² IWF**	**128.960,59**	**465,49**	**6,3**
341	Tragende Innenwände	36,61 m²	11.979,16	327,21	0,6
342	Nichttragende Innenwände	140,35 m²	39.863,20	284,03	2,0
343	Innenstützen	–	–	–	–
344	Innenwandöffnungen	29,64 m²	35.593,70	1.200,87	1,7
345	Innenwandbekleidungen	494,80 m²	32.793,42	66,28	1,6
346	Elementierte Innenwandkonstruktionen	–	–	–	–
347	Lichtschutz zur KG 340	–	–	–	–
349	Sonstiges zur KG 340	277,04 m² IWF	8.731,11	31,52	0,4
350	**Decken/Horizontale Baukonstruktionen**	**172,76 m² DEF**	**76.280,50**	**441,54**	**3,7**
351	Deckenkonstruktionen	12,59 m²	27.132,68	2.155,10	1,3
352	Deckenöffnungen	–	–	–	–
353	Deckenbeläge	172,76 m²	22.477,40	130,11	1,1
354	Deckenbekleidungen	103,68 m²	12.837,41	123,82	0,6
355	Elementierte Deckenkonstruktionen	–	1.070,68	–	< 0,1
359	Sonstiges zur KG 350	172,76 m² DEF	12.762,33	73,87	0,6
360	**Dächer**	**822,20 m² DAF**	**59.831,18**	**72,77**	**2,9**
361	Dachkonstruktionen	–	4.569,98	–	0,2
362	Dachöffnungen	–	–	–	–
363	Dachbeläge	–	–	–	–
364	Dachbekleidungen	822,20 m²	55.261,21	67,21	2,7
365	Elementierte Dachkonstruktionen	–	–	–	–
366	Lichtschutz zur KG 360	–	–	–	–
369	Sonstiges zur KG 360	–	–	–	–
370	**Infrastrukturanlagen**	**–**	**–**	**–**	**–**
380	**Baukonstruktive Einbauten**	**960,00 m² BGF**	**924.065,95**	**962,57**	**45,3**
390	**Sonst. Maßnahmen für Baukonstrukt.**	**960,00 m² BGF**	**68.241,31**	**71,08**	**3,3**

Umbau

Kostenkennwerte für die Kostengruppen 400 der 2. und 3. Ebene DIN 276 (Übersicht)

KG	Kostengruppe	Menge Einheit	Kosten €	€/Einheit	% an 3+4
400	**Bauwerk – Technische Anlagen**	**960,00 m² BGF**	**366.871,90**	**382,16**	**18,0**
410	**Abwasser-, Wasser-, Gasanlagen**	**960,00 m² BGF**	**32.381,39**	**33,73**	**1,6**
411	Abwasseranlagen	960,00 m² BGF	8.819,34	9,19	0,4
412	Wasseranlagen	960,00 m² BGF	21.984,37	22,90	1,1
413	Gasanlagen	–	–	–	–
419	Sonstiges zur KG 410	960,00 m² BGF	1.577,67	1,64	< 0,1
420	**Wärmeversorgungsanlagen**	**960,00 m² BGF**	**49.830,30**	**51,91**	**2,4**
421	Wärmeerzeugungsanlagen	960,00 m² BGF	7.365,64	7,67	0,4
422	Wärmeverteilnetze	960,00 m² BGF	13.634,54	14,20	0,7
423	Raumheizflächen	960,00 m² BGF	28.830,12	30,03	1,4
424	Verkehrsheizflächen	–	–	–	–
429	Sonstiges zur KG 420	–	–	–	–
430	**Raumlufttechnische Anlagen**	**960,00 m² BGF**	**10.478,63**	**10,92**	**0,5**
431	Lüftungsanlagen	960,00 m² BGF	10.478,63	10,92	0,5
432	Teilklimaanlagen	–	–	–	–
433	Klimaanlagen	–	–	–	–
434	Kälteanlagen	–	–	–	–
439	Sonstiges zur KG 430	–	–	–	–
440	**Elektrische Anlagen**	**960,00 m² BGF**	**181.819,09**	**189,39**	**8,9**
441	Hoch- und Mittelspannungsanlagen	–	–	–	–
442	Eigenstromversorgungsanlagen	–	–	–	–
443	Niederspannungsschaltanlagen	–	–	–	–
444	Niederspannungsinstallationsanlagen	960,00 m² BGF	110.635,10	115,24	5,4
445	Beleuchtungsanlagen	960,00 m² BGF	56.237,56	58,58	2,8
446	Blitzschutz- und Erdungsanlagen	960,00 m² BGF	14.946,43	15,57	0,7
447	Fahrleitungssysteme	–	–	–	–
449	Sonstiges zur KG 440	–	–	–	–
450	**Kommunikationstechnische Anlagen**	**960,00 m² BGF**	**71.424,94**	**74,40**	**3,5**
451	Telekommunikationsanlagen	–	–	–	–
452	Such- und Signalanlagen	960,00 m² BGF	1.600,41	1,67	< 0,1
453	Zeitdienstanlagen	–	–	–	–
454	Elektroakustische Anlagen	–	–	–	–
455	Audiovisuelle Medien- u. Antennenanl.	960,00 m² BGF	53.389,02	55,61	2,6
456	Gefahrenmelde- und Alarmanlagen	–	–	–	–
457	Datenübertragungsnetze	960,00 m² BGF	16.435,51	17,12	0,8
458	Verkehrsbeeinflussungsanlagen	–	–	–	–
459	Sonstiges zur KG 450	–	–	–	–
460	**Förderanlagen**	**–**	**–**	**–**	**–**
461	Aufzugsanlagen	–	–	–	–
462	Fahrtreppen, Fahrsteige	–	–	–	–
463	Befahranlagen	–	–	–	–
464	Transportanlagen	–	–	–	–
465	Krananlagen	–	–	–	–
466	Hydraulikanlagen	–	–	–	–
469	Sonstiges zur KG 460	–	–	–	–
470	**Nutzungsspez. u. verfahrenstechn. Anl.**	**960,00 m² BGF**	**1.875,80**	**1,95**	**< 0,1**
480	**Gebäude- und Anlagenautomation**	**–**	**–**	**–**	**–**
490	**Sonst. Maßnahmen für techn. Anlagen**	**960,00 m² BGF**	**19.061,75**	**19,86**	**0,9**

© BKI Baukosteninformationszentrum

Kostenkennwerte für Leistungsbereiche nach STLB (Kosten des Bauwerks nach DIN 276)

LB	Leistungsbereiche	Kosten €	€/m² BGF	€/m³ BRI	% an 3+4
000	Baustellen-, Verkehrssich.- u. Sicherh.einr. inkl. 001	67.989	70,80	9,90	3,3
002	Erdarbeiten	11.807	12,30	1,70	0,6
006	Spezialtiefbauarbeiten inkl. 005	–	–	–	–
009	Entwässerungskanalarbeiten inkl. 011	2.486	2,60	0,36	0,1
010	Drän- und Versickerarbeiten	–	–	–	–
012	Mauerarbeiten	35.138	36,60	5,10	1,7
	Wiederherstellen	8.122	8,50	1,20	0,4
	Herstellen	27.016	28,10	3,90	1,3
013	Betonarbeiten	653.852	681,10	95,50	32,0
	Wiederherstellen	1.004	1,00	0,15	< 0,1
	Herstellen	652.848	680,00	95,30	32,0
014	Natur-, Betonwerksteinarbeiten	1.467	1,50	0,21	< 0,1
016	Zimmer- und Holzbauarbeiten	869	0,90	0,13	< 0,1
017	Stahlbauarbeiten	10.026	10,40	1,50	0,5
018	Abdichtungsarbeiten	27.909	29,10	4,10	1,4
020	Dachdeckungsarbeiten	–	–	–	–
021	Dachabdichtungsarbeiten	–	–	–	–
022	Klempnerarbeiten	–	–	–	–
	Rohbau	**811.543**	**845,40**	**118,50**	**39,8**
	Wiederherstellen	9.126	9,50	1,30	0,4
	Herstellen	802.416	835,90	117,10	39,3
023	Putz- und Stuckarbeiten, Wärmedämmsysteme	21.413	22,30	3,10	1,0
	Wiederherstellen	5.675	5,90	0,83	0,3
	Herstellen	15.738	16,40	2,30	0,8
024	Fliesen- und Plattenarbeiten	7.295	7,60	1,10	0,4
025	Estricharbeiten	79.803	83,10	11,70	3,9
026	Fenster, Außentüren inkl. 029, 032	89.285	93,00	13,00	4,4
	Wiederherstellen	4.436	4,60	0,65	0,2
	Herstellen	84.849	88,40	12,40	4,2
027	Tischlerarbeiten	250.152	260,60	36,50	12,3
	Wiederherstellen	1.120	1,20	0,16	< 0,1
	Herstellen	249.032	259,40	36,40	12,2
028	Parkett-, Holzpflasterarbeiten	70.339	73,30	10,30	3,4
030	Rollladenarbeiten	2.710	2,80	0,40	0,1
031	Metallbauarbeiten inkl. 035	116.582	121,40	17,00	5,7
	Wiederherstellen	13.380	13,90	2,00	0,7
	Herstellen	103.202	107,50	15,10	5,1
034	Maler- und Lackiererarb. – Beschicht. inkl. 037	80.818	84,20	11,80	4,0
	Wiederherstellen	44.413	46,30	6,50	2,2
	Herstellen	36.405	37,90	5,30	1,8
036	Bodenbelagarbeiten	13.713	14,30	2,00	0,7
038	Vorgehängte hinterlüftete Fassaden	–	–	–	–
039	Trockenbauarbeiten	60.285	62,80	8,80	3,0
	Wiederherstellen	5.802	6,00	0,85	0,3
	Herstellen	54.483	56,80	8,00	2,7
	Ausbau	**792.395**	**825,40**	**115,70**	**38,8**
	Wiederherstellen	74.827	77,90	10,90	3,7
	Herstellen	717.568	747,50	104,80	35,1
040	Wärmeversorgungsanl. - Betriebseinr. inkl. 041	45.664	47,60	6,70	2,2
042	Gas- u. Wasseranl. – Leitung., Armat. inkl. 043	8.657	9,00	1,30	0,4

9700-0038
Kolumbarium

Umbau

LB	Leistungsbereiche	Kosten €	€/m² BGF	€/m³ BRI	% an 3+4
044	Abwasseranl. - Leitungen, Abläufe, Armaturen	4.422	4,60	0,65	0,2
045	Gas, Wasser, Entwässerung – Ausstattung inkl. 046	11.710	12,20	1,70	0,6
047	Dämm- und Brandschutzarb. an techn. Anlagen	6.778	7,10	0,99	0,3
049	Feuerlöschanlagen, Feuerlöschgeräte	–	–	–	–
050	Blitzschutz-/Erdungsanlagen, Überspannungssch.	14.946	15,60	2,20	0,7
	Wiederherstellen	4.958	5,20	0,72	0,2
	Herstellen	9.989	10,40	1,50	0,5
053	Niederspannungsanl. – Kabel inkl. 052, 054	109.556	114,10	16,00	5,4
055	Sicherheits- u. Ersatzstromversorgungsanl.	–	–	–	–
057	Gebäudesystemtechnik	–	–	–	–
058	Leuchten und Lampen inkl. 059	56.238	58,60	8,20	2,8
060	Such, Signal, Zeit, Anten., akust. Anl. inkl. 064	54.989	57,30	8,00	2,7
061	Kommunikations- u. Übertragungsnetze inkl. 063	16.436	17,10	2,40	0,8
069	Aufzüge	–	–	–	–
070	Gebäudeautomation	–	–	–	–
075	Raumlufttechnische Anlagen inkl. 078	8.581	8,90	1,30	0,4
	Wiederherstellen	428	0,45	0,06	< 0,1
	Herstellen	8.153	8,50	1,20	0,4
	Gebäudetechnik	**337.977**	**352,10**	**49,30**	**16,6**
	Wiederherstellen	5.386	5,60	0,79	0,3
	Herstellen	332.591	346,40	48,60	16,3
084	Abbruch, Rückbau, Schadstoffsanierung	84.641	88,20	12,40	4,1
	Abbrechen	84.641	88,20	12,40	4,1
	Abbrucharbeiten	**84.641**	**88,20**	**12,40**	**4,1**
	Abbrechen	84.641	88,20	12,40	4,1
	Sonstige Leistungsbereiche	**14.926**	**15,50**	**2,20**	**0,7**
	Wiederherstellen	1.876	2,00	0,27	< 0,1
	Herstellen	13.050	13,60	1,90	0,6

© BKI Baukosteninformationszentrum

Kosten der 3.Ebene DIN 276

B

Kostenkennwerte für die Kostengruppen 200 der 3.Ebene DIN 276

KG Kostengruppe	Menge Einheit	Kosten €	€/Einheit	%
211 Sicherungsmaßnahmen				
1300-0324 Gründerzentrum (20 AP)				
• Herstellen (Kosten: 100,0%) Suchschachtung (1St)	4.654,00 m^2 GF	393	**0,08**	12,8
5100-0132 Sporthalle, Sozialtrakt Innenbereich				
• Herstellen (Kosten: 100,0%) Suchschachtungen (4St)	2.160,56 m^2 GF	364	**0,17**	46,4
9100-0173 Bibliothek, Lernzentrum				
• Herstellen (Kosten: 100,0%) Suchschachtungen (6h)	–	464	**–**	100,0
213 Altlastenbeseitigung				
5100-0132 Sporthalle, Sozialtrakt Innenbereich				
• Herstellen (Kosten: 100,0%) Entsorgung von kontaminiertem Bauschutt (1t); Deponiegebühren	2.160,56 m^2 GF	420	**0,19**	53,6
214 Herrichten der Geländeoberfläche				
1300-0324 Gründerzentrum (20 AP)				
• Herstellen (Kosten: 100,0%) Gelände abräumen von Bewuchs, anfallende Stoffe entsorgen (55m^2)	4.654,00 m^2 GF	2.691	**0,58**	87,2
6200-0092 Tagespflege (12 Plätze)				
• Herstellen (Kosten: 100,0%) Oberboden BK 3-4 abtragen, laden, entsorgen (8m^3)	–	1.682	**–**	100,0

© **BKI** Baukosteninformationszentrum

Kostenkennwerte für die Kostengruppen 200 der 3. Ebene DIN 276

KG	Kostengruppe	Menge Einheit	Kosten €	€/Einheit	%
221	**Abwasserentsorgung**				
	9100-0144 Kulturzentrum (550 Sitzplätze)				
	• Herstellen (Kosten: 100,0%) Hausanschluss Abwasser	–	7.275	–	11,0
222	**Wasserversorgung**				
	9100-0144 Kulturzentrum (550 Sitzplätze)				
	• Herstellen (Kosten: 100,0%) Hausanschluss Trinkwasser, Stilllegung Altanschluss	–	8.628	–	13,1
224	**Fernwärmeversorgung**				
	9100-0144 Kulturzentrum (550 Sitzplätze)				
	• Herstellen (Kosten: 100,0%) Hausanschluss Fernwärme, Erschließungskostenbeitrag	–	49.718	–	75,3
226	**Telekommunikation**				
	9100-0144 Kulturzentrum (550 Sitzplätze)				
	• Herstellen (Kosten: 100,0%) Hausanschluss Telekommunikation	–	370	–	0,6

Kostenkennwerte für die Kostengruppen 300 der 3.Ebene DIN 276

KG	Kostengruppe	Menge Einheit	Kosten €	€/Einheit	%
311	**Herstellung**				
	1300-0324 Gründerzentrum (20 AP)				
	• Herstellen (Kosten: 100,0%) Baugrubenaushub BK 3-5, t bis 2,50m, laden, abfahren, entsorgen (40m³), Arbeitsräume verfüllen, Kies-Sand-Gemisch 0/32mm (17m³), Füllstoff liefern, einbauen (7m³), Planum (23m²)	39,65 m³BGI	7.825	**197,36**	90,9
	5100-0132 Sporthalle, Sozialtrakt Innenbereich				
	• Herstellen (Kosten: 100,0%) Bodenaushub im Gebäude BK 3-5, t bis 180cm, Handaushub, lagern, verfüllen (15m³), Rohrgrabenaushub BK 3-4, t bis 75cm (6m³), Planum (8m²)	20,84 m³BGI	8.519	**408,79**	54,3
	6100-1434 Gästewohnung				
	• Herstellen (Kosten: 100,0%) Baugrubenaushub BK 3-5, t bis 2,50m, im Gebäude, teilweise Handaushub, abfahren (20m³)	20,00 m³BGI	1.375	**68,75**	100,0
	6200-0092 Tagespflege (12 Plätze)				
	• Herstellen (Kosten: 100,0%) Bodenaushub BK 3-4, abtragen, laden, entsorgen (4m³)	4,20 m³BGI	548	**130,42**	100,0
	9100-0144 Kulturzentrum (550 Sitzplätze)				
	• Herstellen (Kosten: 100,0%) Rohrgrabenaushub (57m³), Handaushub (4m³), Kopflöcher (5St), Sichtschachtungen (3St)	60,82 m³BGI	8.742	**143,72**	100,0
	9100-0168 Schauspielhaus, Zweitspielstätte				
	• Herstellen (Kosten: 100,0%) Boden BK 3-5, lösen, laden, entsorgen, t=1,60m (68m³), Arbeitsraum mit Liefermaterial verfüllen, verdichten, d=15-20cm (56m³)	111,76 m³BGI	33.673	**301,30**	84,6
	9100-0173 Bibliothek, Lernzentrum				
	• Herstellen (Kosten: 100,0%) Fundamentaushub BK 3-5, t bis 90cm, teilweise wieder einbauen, laden, entsorgen (15m³)	15,47 m³BGI	4.167	**269,34**	100,0
	9100-0215 Stiftsgebäude, Gemeindesaal, Pfarrbüros				
	• Herstellen (Kosten: 100,0%) Bodenaushub im Gebäude, t bis 0,75m, Handarbeit, laden, abfahren (86m³), Grabenaushub, wieder verfüllen (140m³)	226,23 m³BGI	30.965	**136,87**	100,0

© **BKI** Baukosteninformationszentrum

KG	Kostengruppe	Menge Einheit	Kosten €	€/Einheit	%
	9700-0038 Kolumbarium				
	• Herstellen (Kosten: 100,0%)	36,10 m^3BGI	10.623	**294,27**	100,0
	Außenwände freilegen, Boden BK 2-5, t=3,50m, lagern, verfüllen (22m^3), Sockel freilegen, t=40cm (3m^3), Grabenaushub, t=80cm, lagern, verfüllen, im Gebäude (6m^3), Erdaushub unter Sohlplatte, abfahren, für Ewiges Grab (5m^3)				
312	**Umschließung**				
	5100-0132 Sporthalle, Sozialtrakt Innenbereich				
	• Herstellen (Kosten: 100,0%)	11,20 m^2	7.161	**639,40**	45,7
	Baugrubenverbau (11m^2), Stahlverankerungen (3St)				
313	**Wasserhaltung**				
	1300-0324 Gründerzentrum (20 AP)				
	• Herstellen (Kosten: 100,0%)	–	787	–	9,1
	Baugrube abpumpen (psch)				
	9100-0168 Schauspielhaus, Zweitspielstätte				
	• Herstellen (Kosten: 100,0%)	–	6.151	–	15,4
	Wasserhaltung für Baugruben im Gebäude für Aushubsohle, Pumpensümpfe nach Freigabe räumen, Förderhöhe bis 4,00m, Gesamtförderleistung 16l/s (8St), Gesamtförderleistung 10l/s (4St)				

Kostenkennwerte für die Kostengruppen 300 der 3.Ebene DIN 276

KG	Kostengruppe	Menge Einheit	Kosten €	€/Einheit	%
321	**Baugrundverbesserung**				
	9100-0168 Schauspielhaus, Zweitspielstätte				
	• Herstellen (Kosten: 100,0%) Ortbeton als Bodenaustausch, unbewehrter Beton C12/15 (46m²)	46,00 m²	4.275	**92,93**	1,9
322	**Flachgründungen und Bodenplatten**				
	1300-0324 Gründerzentrum (20 AP)				
	• Abbrechen (Kosten: 1,4%) Abbruch von gemauerten Schächten, Mauerresten, Fundamentteilen (1m³); Entsorgung, Deponiegebühren	–	195	**–**	1,3
	• Herstellen (Kosten: 98,6%) Unterfangung, Beton C25/30, unbewehrt (4m³), Stb-Fundamentplatte C25/30, WU, d=30cm, Schalung, Bewehrung (14m²), Fertigfundament (1St)	13,97 m²	14.156	**1.013,35**	92,7
	5100-0132 Sporthalle, Sozialtrakt Innenbereich				
	• Abbrechen (Kosten: 27,6%) Abbruch von Stb-Bodenplatte, d=15cm (18m²), Rohrgräben b bis 1,00m (16m); Entsorgung, Deponiegebühren	18,40 m²	8.880	**482,61**	11,8
	• Wiederherstellen (Kosten: 29,2%) Stb-Bodenfläche säubern, Beschädigungen ausbessern, Grundierung, Abdichtung (102m²), Hohlkehle profilieren (104m)	101,77 m²	9.394	**92,30**	12,5
	• Herstellen (Kosten: 43,2%) Stb-Bodenplatte C25/30, d=15cm, Schalung, Bewehrung (25m²), Stb-Schachtgrube, d=30cm (3m²)	25,48 m²	13.910	**545,91**	18,5
	6100-1434 Gästewohnung				
	• Herstellen (Kosten: 100,0%) Betonbodenplatte C20/25, d=15cm, Schalung (10m²), Stb-Treppe C20/25, Laufbreite 80cm, 14 Stg, Schalung, Bewehrung (4m²), Stahlwangentreppe, Laufbreite 85cm, 5 Stg, Gitterroststufen, Gitterrostpodest, Stahlgeländer, senkrechte Füllstäbe (2m²)	15,84 m²	7.309	**461,45**	57,8
	6200-0092 Tagespflege (12 Plätze)				
	• Abbrechen (Kosten: 3,0%) Abbruch von Beton, Estrich für Bodenkanal 20x40cm (1m²); Entsorgung, Deponiegebühren	1,00 m²	497	**497,39**	1,1
	• Herstellen (Kosten: 97,0%) Kiestragschicht 0/16mm, d=30cm (27m²), Frostschürze C20/25, unbewehrt (4m³), Bodenkanal 20x40cm schießen, Beton, Estrich (1m²)	27,00 m²	15.943	**590,47**	36,4

© **BKI** Baukosteninformationszentrum

KG	Kostengruppe	Menge Einheit	Kosten €	€/Einheit	%
	9100-0144 Kulturzentrum (550 Sitzplätze)				
	• Abbrechen (Kosten: 28,1%)	81,82 m²	30.461	**372,29**	7,2
	Abbruch von Betonsohle, d=20cm (46m²), Schneidarbeiten (278m), Bruchstein-Fundamenten (32m³); Entsorgung Deponiegebühren				
	• Herstellen (Kosten: 71,9%)	1.109,32 m²	77.848	**70,18**	18,3
	Stb-Bodenplatte, d=18cm (1.109m²), Bewegungsfugen (295m), Futterrohre, Dichtungseinsätze für Mehrfachrohre (12St)				
	9100-0168 Schauspielhaus, Zweitspielstätte				
	• Abbrechen (Kosten: 7,6%)	144,94 m²	8.314	**57,36**	3,7
	Abbruch von Stb-Bodenplatten, d=25cm, teils mit Estrich (129m²), d=10-25cm (8m²), Stb-Fundament ausstemmen (8m²); Entsorgung, Deponiegebühren				
	• Herstellen (Kosten: 92,4%)	210,30 m²	100.873	**479,66**	44,3
	Stb-Einzelfundamente C25/30, Schalung, Bewehrung (18m³), Stb-Bodenplatte C25/30, d=25cm (150m²), WU-Beton, d=25cm (13m²), Stb-Rampe C25/30, d=18-22cm (45m²), Stb-Treppenlaufplatte C25/30, d=18-22cm (3m²), Auflagerpolster, Ortbeton C25/30 (1m³), Stahlträger HEM220 (54m), Fußpunkt-Träger HEM220 (3.000kg)				
	9100-0173 Bibliothek, Lernzentrum				
	• Abbrechen (Kosten: 8,1%)	–	351	**–**	0,2
	Bodenplatte aufstemmen, Fundament freilegen (6h)				
	• Herstellen (Kosten: 91,9%)	5,78 m²	3.976	**687,85**	2,5
	Stb-Bodenplatten C20/25, d=30cm, Schalung, Bewehrung (6m²), Wandanschluss, Gewindestäbe einkleben (12St), Frostschürzen, Magerbeton 15x80cm (9m)				
	9100-0215 Stiftsgebäude, Gemeindesaal, Pfarrbüros				
	• Abbrechen (Kosten: 28,5%)	94,64 m²	18.384	**194,26**	7,8
	Abbruch von Stb-Bodenplatte, d=20cm (16m³), Stb-Treppenpodest, d=17cm (10m²), Stb-Treppen, 3x1,50x0,35m, 7x1,10x0,28m (4m²), Betonboden schneiden, d=25cm (3m²); Entsorgung, Deponiegebühren				
	• Herstellen (Kosten: 71,5%)	119,96 m²	46.097	**384,27**	19,6
	Stb-Bodenplatte C25/30, d=16cm, Schalung, Bewehrung (110m²), Stb-Treppen C25/30, d=18-20cm (10m²), Stb-Sockel, b=1,25m, h=0,40m (6m)				

KG	Kostengruppe	Menge Einheit	Kosten €	€/Einheit	%
	9700-0038 Kolumbarium				
	• Abbrechen (Kosten: 19,6%) Abbruch von Stb-Bodenplatte, d=16cm, b=40cm (19m²), d=28cm, 80x80cm, für Ewiges Grab (1m²), Stb-Schachtabdeckplatten (4m²); Entsorgung, Deponiegebühren	24,05 m²	4.731	**196,70**	1,9
	• Wiederherstellen (Kosten: 37,4%) Stb-Bodenplatte egalisieren, fräsen, schleifen (542m²), schadhafte Stb-Schachtabdeckplatten austauschen (4St)	541,56 m²	9.040	**16,69**	3,6
	• Herstellen (Kosten: 43,0%) Fundamentaushub, Stb-Streifenfundamente 40x60cm, Bewehrung, im Gebäude, für Holzstelen (7m³), Stb-Bodenplatte, d=16cm, b=50cm (6m²), Aufbeton, d=6cm (4m²)	–	10.380	–	4,1
323	**Tiefgründungen**				
	9100-0168 Schauspielhaus, Zweitspielstätte				
	• Herstellen (Kosten: 100,0%) Stahlglieder für Mikropfähle (140m), Bohrungen verpressen für Mikropfähle (140m), Pfahlköpfe (20St)	–	78.759	–	34,6
324	**Gründungsbeläge**				
	5100-0132 Sporthalle, Sozialtrakt Innenbereich				
	• Abbrechen (Kosten: 26,2%) Abbruch von Estrich mit Belag (70m²), Linoleum (126m²); Entsorgung, Deponiegebühren	195,48 m²	10.701	**54,74**	14,3
	• Wiederherstellen (Kosten: 10,7%) Estrich abschleifen, Haftgrund aufbringen, spachteln (121m²), Risse mit Epoxidharz schließen (26m)	121,14 m²	4.374	**36,11**	5,8
	• Herstellen (Kosten: 63,1%) Zementestrich CT-F5, d=6cm, Folie (76m²), EPS-Wärmedämmung WLG 035, d=20mm (20m²), Abdichtung mit zementärer Dichtschlämme, Bodenfliesen 10x10cm (60m²), Hohlkehlsockel (139m), Spachtelung, Linoleum, Erstpflege (131m²), Holzsockel (167m), in Schacht: Grundierung, Bitumendickbeschichtung (11m²), Sandfüllung (3m³)	191,30 m²	25.794	**134,84**	34,4
	6100-1434 Gästewohnung				
	• Herstellen (Kosten: 100,0%) Bodenfliesen 20x20cm (9m²)	9,32 m²	2.939	**315,31**	23,2

© BKI Baukosteninformationszentrum

KG	Kostengruppe	Menge Einheit	Kosten €	€/Einheit	%
	6100-1713 Einfamilienhaus				
	• Abbrechen (Kosten: 10,8%) Abbruch von Teppichboden (35m²); Entsorgung, Deponiegebühren	35,11 m²	363	**10,34**	10,8
	• Herstellen (Kosten: 89,2%) Vinylbelag (37m²), Vinylsockel (32m)	37,43 m²	3.014	**80,53**	89,2
	6200-0092 Tagespflege (12 Plätze)				
	• Abbrechen (Kosten: 15,1%) Abbruch von PVC-Belägen (314m²), Terrassenfliesen (30m²), Bodenfliesen (18m²); Entsorgung, Deponiegebühren	361,74 m²	4.123	**11,40**	9,4
	• Herstellen (Kosten: 84,9%) Grundierung, Spachtelung (214m²), PVC-Beläge (120m²), PVC-Sockel (109m), Teppichböden (52m²), Teppichsockel (40m), Bodenfliesen 97x97mm (32m²), Fliesensockel (37m), Sauberlaufzone, Winkelrahmen (4m²)	207,60 m²	23.248	**111,98**	53,1
	7200-0105 Gründerzentrum (17 AP), Gastronomie				
	PVC-Klebeband, b=50mm, als Bodenmarkierungen (270m), Klebefolien, kreisrund (30St)	–	1.148	–	100,0
	7300-0094 Gastronomie Werkstattgebäude (66 Sitzplätze)				
	Anhydrit-Fließestrich CA-C20F5, d=75mm (248m²), Dehnfugen (30m), Grundierung (297m²), Hochkantlamellenparkett 10x8x160mm, Eiche (297m²), Holzsockel 25x20mm (155m), 26x6mm (18m), Korkdehnungsfugen (35m)	297,42 m²	43.758	**147,12**	100,0
	9100-0144 Kulturzentrum (550 Sitzplätze)				
	• Abbrechen (Kosten: 1,0%) Abbruch von Linoleum (116m²), Fliesen mit Estrich (7m²); Entsorgung, Deponiegebühren	122,40 m²	2.019	**16,49**	0,5
	• Herstellen (Kosten: 99,0%) Untergrund fräsen, schleifen, spachteln, Epoxidharzbeschichtung, Hochkantlamellen-Parkett, d=23mm, Hartwachsöl (801m²), Holzsockel (153m), Bitumenschweißbahn, EPS-TSD, Zementestrich CT-F4, armiert, d=60-70mm (62m²), faserverstärkte Ausgleichsmasse, d=20-25mm (59m²), Linoleum (120m²), auf Stufen (3m²), Bodenbeschichtung, Epoxidharz (98m²), Abdichtung, Bodenfliesen 30x30cm (74m²), Sauberlaufzone, Einbaurahmen, Fußabstreifer (9m²)	1.106,34 m²	208.791	**188,72**	49,1

KG	Kostengruppe	Menge Einheit	Kosten €	€/Einheit	%
	9100-0168 Schauspielhaus, Zweitspielstätte				
	• Abbrechen (Kosten: 7,2%) Abbruch von Bodenfliesen (21m²), Entsorgung, Deponiegebühren	21,34 m²	2.366	**110,89**	1,0
	• Herstellen (Kosten: 92,8%) Spachtelung, Grundierung, Versiegelung (307m²)	307,08 m²	30.445	**99,14**	13,4
	9100-0173 Bibliothek, Lernzentrum				
	• Abbrechen (Kosten: 34,6%) Abbruch von Zementestrich, Dämmlagen, d=10cm (608m²), Linoleum (535m²), Bodenfliesen (73m²); Entsorgung, Deponiegebühren	607,89 m²	52.567	**86,47**	33,6
	• Herstellen (Kosten: 65,4%) Bitumenbahnen (577m²), EPS-TSD WLG 035, d=20mm, Mineralwoll-TSD WLG 035, d=10mm, Zementestrich CT-C40-F6, d=55mm (563m²), Zementestrich, d=70mm (36m²), Spachtelung, textiler Bodenbelag (470m²), Teppichsockel (43m), Bodenfliesen 30x60cm (69m²), bauseits 30x30cm (52St), Linoleum (15m²), PVC-Sockel (17m)	598,98 m²	99.228	**165,66**	63,5
	9100-0215 Stiftsgebäude, Gemeindesaal, Pfarrbüros				
	• Abbrechen (Kosten: 8,5%) Abbruch von Naturwerkstein, d=30mm (171m²), Bodenfliesen, d=15mm (36m²), PVC-Belägen (32m²), Bodenfliesen, Gussasphaltestrich, d=6cm (72m²), Fliesensockel (11m), Holzsockel (82m); Entsorgung, Deponiegebühren	310,42 m²	14.190	**45,71**	6,0
	• Herstellen (Kosten: 91,5%) EPS-Dämmung WLS 035, d=100mm, Zementestrich, d=65mm, Glasfaserbewehrung (101m²), Ausgleichsmörtel (10m³), Naturwerkstein 90x30x3cm, Sandstein imprägniert (282m²), Natursteinsockel (180m), Natursteinstufen, l=1,40m, Tritt-/Setzstufen (11m²), Sauberlaufmatte 1,95x0,98m (2m²), Trittplatte 99x20x2cm, roter Sandstein (1St), Stufenmarkierungen, Messingscheiben, D=20mm (31St), Messingstreifen (6m)	299,63 m²	152.239	**508,09**	64,9

© **BKI** Baukosteninformationszentrum

KG	Kostengruppe	Menge Einheit	Kosten €	€/Einheit	%
	9700-0038 Kolumbarium				
	• Abbrechen (Kosten: 15,2%)	478,32 m²	34.659	**72,46**	13,8
	Abbruch von Verbundestrich, Natursteinbelag, d=5-7cm (376m²), Altarpodest, h=47cm, Stb-Platte, d=13-16cm, Verbundestrich, Natursteinbelag, d=6cm, drei Steigungen (91m²), Trennschnitte (51m), Teppich (10m²), Sauberlaufmatten (2m²), Lüftungsrosten 30x30cm (2St); Entsorgung, Deponiegebühren				
	• Herstellen (Kosten: 84,8%)	588,06 m²	192.685	**327,66**	76,6
	Bitumenabdichtung (588m²), Zement-Sichtestrich, d=60-70mm, geglättet, Hartkorneinstreuung, Imprägnierung (354m²), Zementestrich, d=50mm (28m²), Holzdielen, geölt, Holz-UK 3x5cm (147m²), als Altarpodest, Holz-UK 6x22cm, Mineralwolldämmung, d=220mm (42m²), als Altarstufen (18m), Kopffriese 20x20cm (82St), 20x100-260cm (4St), Teppich (10m²), Holzsockel (8m), Bodenfliesen (9m²), Fliesensockel (13m), Epoxidharzbeschichtung (6m²), Stahlabdeckungen, d=25mm (5m²), Sauberlaufmatten (4m²), Gitterroste (2m²), Messingleitprofil (37m)				
325	**Abdichtungen und Bekleidungen**				
	1300-0324 Gründerzentrum (20 AP)				
	• Herstellen (Kosten: 100,0%)	22,50 m²	921	**40,92**	6,0
	Sauberkeitsschicht C25/30, d=5cm (23m²)				
	5100-0132 Sporthalle, Sozialtrakt Innenbereich				
	• Herstellen (Kosten: 100,0%)	4,50 m²	215	**47,77**	0,3
	Sauberkeitsschicht C8/10mm, d=5cm, Folie (5m²)				
	6100-1434 Gästewohnung				
	• Herstellen (Kosten: 100,0%)	10,00 m²	354	**35,36**	2,8
	Sauberkeitsschicht, Kiessand, d=5-10cm (10m²)				
	9100-0144 Kulturzentrum (550 Sitzplätze)				
	• Wiederherstellen (Kosten: 7,9%)	1.044,43 m²	8.363	**8,01**	2,0
	Vorhandene Kies/Schotterschicht, d=25cm, einebnen, teilweise 6cm Höhe abtragen (1.044m²), Plattendruckversuche (9St)				
	• Herstellen (Kosten: 92,1%)	1.155,90 m²	98.037	**84,81**	23,0
	Sauberkeitsschicht C12/15, d=5-10cm, Bitumenschweißbahn (1.044m²), XPS-Wärmedämmung WLG 035, d=120mm (1.104m²), Dämmstreifen, d=20mm, vertikal (47m²)				
	9100-0168 Schauspielhaus, Zweitspielstätte				
	• Herstellen (Kosten: 100,0%)	210,30 m²	2.606	**12,39**	1,1
	Sauberkeitsschicht, d=10cm (37m²), Trennlage PE-Folie (230m²)				

KG	Kostengruppe	Menge Einheit	Kosten €	€/Einheit	%
	9100-0173 Bibliothek, Lernzentrum				
	• Herstellen (Kosten: 100,0%) Sauberkeitsschicht C12/15, d=10cm (3m²)	2,50 m²	232	**92,81**	0,1
	9100-0215 Stiftsgebäude, Gemeindesaal, Pfarrbüros				
	• Herstellen (Kosten: 100,0%) Sauberkeitsschicht, d=15cm (109m²)	108,56 m²	3.838	**35,36**	1,6
329	**Sonstiges zur KG 320**				
	5100-0132 Sporthalle, Sozialtrakt Innenbereich				
	• Abbrechen (Kosten: 11,0%) Abbruch von Schachtabdeckung mit Rahmen (1m²); Entsorgung, Deponiegebühren	195,48 m² GRF	193	**0,99**	0,3
	• Herstellen (Kosten: 89,0%) Alu-Schachtabdeckung 1,00x1,00m, Stb-Füllung C35/45, Bewehrung (1m²)	191,30 m² GRF	1.558	**8,15**	2,1
	6100-1434 Gästewohnung				
	• Herstellen (Kosten: 100,0%) Stahl-Brüstungsgeländer, senkrechte Füllstäbe (4m²)	15,84 m² GRF	2.055	**129,72**	16,2

© **BKI** Baukosteninformationszentrum

KG	Kostengruppe	Menge Einheit	Kosten €	€/Einheit	%
331	**Tragende Außenwände**				
	1300-0245 Kontorhaus Bürogeschoss				
	• Wiederherstellen (Kosten: 100,0%) Fensterlaibungen ergänzen mit Porenbetonsteinen (psch)	–	830	–	0,9
	1300-0324 Gründerzentrum (20 AP)				
	• Abbrechen (Kosten: 5,0%) Abbruch von Mauerwerk, d=40cm (4m²); Entsorgung, Deponiegebühren	3,91 m²	3.784	**967,89**	2,6
	• Herstellen (Kosten: 95,0%) Stb-Wand C25/30, WU, d=24cm, Schalung, Bewehrung (106m²)	105,92 m²	72.387	**683,41**	50,3
	3100-0023 Dermatologische Praxis (8 AP)				
	• Abbrechen (Kosten: 100,0%) Abbruch von Mauerwerk für Fenstereinbau, laden, entsorgen (1m²)	0,50 m²	375	**749,19**	7,5
	4400-0324 Kindertagesstätte (6 Gruppen, 125 Kinder)				
	Kernbohrungen in Stb-Wand, d=25cm, D bis 150mm (15St)	–	2.086	–	6,4
	5100-0132 Sporthalle, Sozialtrakt Innenbereich				
	• Wiederherstellen (Kosten: 13,7%) Stb-Wände, Beschädigungen ausbessern (6m²)	6,16 m²	1.931	**313,50**	6,5
	• Herstellen (Kosten: 86,3%) Aussteifungsträger auf Wandkrone U120, verzinkt (50kg)	–	12.116	–	41,0
	6100-1434 Gästewohnung				
	• Herstellen (Kosten: 100,0%) Holzrahmenwände, FJI-Träger, Zellulosedämmung WLG 040, d=200mm, Dampfbremse, Lattung als Installationsebene, innenseitig vor Bestandswand (63m²), Fensteröffnungen herstellen, Ziegelmauerwerk, d=50cm, drei Sturzträger HEA100/HEB140 (18m²), Stb-Wände C25/30, d=25cm, Schalung, Bewehrung (8m²), Winkelstützmauer, h=1,25m (5m²)	30,53 m²	23.692	**776,03**	49,9
	6100-1623 Dachgeschosswohnung				
	• Herstellen (Kosten: 100,0%) Gaubenwände, KVH, Dämmung WLG 035, OSB-Schalung, d=25mm, beidseitig (11m²)	11,20 m²	3.417	**305,09**	30,9

KG	Kostengruppe	Menge Einheit	Kosten €	€/Einheit	%
	6200-0092 Tagespflege (12 Plätze)				
	• Abbrechen (Kosten: 100,0%) Abbruch von Ziegelmauerwerk, d=36cm (1m²); Entsorgung, Deponiegebühren	1,00 m²	210	**210,01**	0,3
	9100-0144 Kulturzentrum (550 Sitzplätze)				
	• Wiederherstellen (Kosten: 97,0%) Schwammsanierung: Putz abbrechen, Mörtelfugen ausräumen, reinigen, Mauerwerk abflammen, fluten (96m²), Bohrlochtränkung, Schwammsperrmittel verpressen (82m²), Mauersanierung in Kleinflächen: schadhafte vordere Schichten von Ziegel-, Bruchstein-Mauerwerk, ausstemmen, Fugen ausräumen, Mauerziegel, d=11,5cm, einsetzen (138m²), einzelne Mauerziegel austauschen (998St), Mauerwerkspfeiler abbrechen, neu aufmauern (8m), Mauerwerk verfugen (229m²)	229,46 m²	84.681	**369,04**	14,6
	• Herstellen (Kosten: 3,0%) Rundbogensturz, t=50cm, l=2,00m, Ziegelmauerwerk (1St), KS-Mauerwerkspfeiler, für Türöffnung (1m)	–	2.597	–	0,4
	9100-0158 Bibliothek				
	• Abbrechen (Kosten: 34,7%) Abbruch von Einbaulüfter (1St); Entsorgung, Deponiegebühren	–	140	–	0,4
	• Herstellen (Kosten: 65,3%) Steine in Verblendmauerwerk ersetzen (psch)	–	263	–	0,7
	9100-0168 Schauspielhaus, Zweitspielstätte				
	• Abbrechen (Kosten: 57,2%) Abbruch von Mauerwerk, d=20-50cm (27m²), Stahlteilen (800kg), Eisenteilen (650St), Grate, Betonspitzen (68m²); Entsorgung, Deponiegebühren	94,62 m²	16.007	**169,17**	3,6
	• Herstellen (Kosten: 42,8%) Stb-Wände C25/30, d=20-30cm, Schalung, Bewehrung (10m²), Stb-Sturz C25/30 (1m³), Stb-Ringanker C25/30 (1m³), Ankerschienen (12St)	10,04 m²	11.978	**1.193,01**	2,7
	9100-0173 Bibliothek, Lernzentrum				
	• Abbrechen (Kosten: 94,6%) Abbruch von Stb-Außenwand, d=30cm, Mineralwolldämmung, d=40-60mm, für Türöffnung 3,61x3,32m (12m²); Entsorgung, Deponiegebühren	11,99 m²	6.523	**544,05**	3,9
	• Herstellen (Kosten: 5,4%) Fensteröffnung ausmauern 50x30cm, Bitumendickbeschichtung, Perimeterdämmung WLG 035, d=80mm, ergänzen, an Bestand anarbeiten (1m²)	0,15 m²	373	**2.485,04**	0,2

© BKI Baukosteninformationszentrum

KG	Kostengruppe	Menge Einheit	Kosten €	€/Einheit	%
	9100-0215 Stiftsgebäude, Gemeindesaal, Pfarrbüros				
	• Wiederherstellen (Kosten: 63,6%) Kleineisenteile entfernen (362St), lose Mörtelstücke abnehmen (409St), Mauerwerk austauschen (44m²), geschädigten Fugenmörtel auskratzen, erneuern (170m), Mauersteine austauschen (318St), Mauerwerksinjektionen (30St), Vierungssteine mit Profilierungen ergänzen (32St), ohne Profilierungen (25St), Fehlstellen mit Steinersatz/Originalsteinen ausbessern (974St), Strumpfanker einbauen (30St), horizontales Zugband (1St), Fehlstellen ausmauern (42St)	728,07 m²	177.647	**244,00**	16,0
	• Herstellen (Kosten: 36,4%) Türöffnungen herstellen, in Mauerwerk, d=150cm, Stahlstürze 5x HEB140 (2m²), d bis 90cm, Sturz (2m²), Fensteröffnungen herstellen, in Mauerwerk, Stürze (32m), Stahlträger für Türstürze, b=1,80m (12St), b=3,10m (4St), Notausstieg ausmauern (2m³), Mauerdurchbrüche schließen, Ziegelmauerwerk, t=25cm, bis 2m² (3St), Fensterlaibungen, Bruchsteinmauerwerk (15m²), Dämmung Gaubenwände (18m²)	746,07 m²	101.763	**136,40**	9,2
332	**Nichttragende Außenwände**				
	9100-0168 Schauspielhaus, Zweitspielstätte				
	• Abbrechen (Kosten: 86,8%) Abbruch von Betonsockeln, Ringankern, Auffüllungen, Aufkantungen (80m²); Entsorgung, Deponiegebühren	79,85 m²	9.750	**122,11**	2,2
	• Herstellen (Kosten: 13,2%) Mauerwerk, d=11,5cm (49m²)	49,04 m²	1.484	**30,25**	0,3
	9100-0213 Stadtbücherei				
	• Abbrechen (Kosten: 100,0%) Abbruch von Gefachmauerwerk für Öffnung 53x44cm, d=15cm (1St); Entsorgung, Deponiegebühren	0,23 m²	1.615	**7.022,68**	2,6
	9700-0038 Kolumbarium				
	• Abbrechen (Kosten: 100,0%) Abbruch von Brüstungsmauerwerk, d=28-36,5cm, Innenbekleidung (52m²), Stb-Sockel (17m); Entsorgung, Deponiegebühren	51,70 m²	11.994	**231,99**	7,7
333	**Außenstützen**				
	1300-0245 Kontorhaus Bürogeschoss				
	• Wiederherstellen (Kosten: 100,0%) Betonsanierung Stb-Stützen (psch)	–	3.964	**–**	4,2

Objekte | 3. Ebene | Positionen Neubau | Positionen Altbau

KG	Kostengruppe	Menge Einheit	Kosten €	€/Einheit	%
	9100-0168 Schauspielhaus, Zweitspielstätte				
	• Herstellen (Kosten: 100,0%) Stahlstützen HEM450 (112m), Fußpunkte Träger HEM450 (1.180kg)	112,00 m	218.289	**1.949,01**	48,8
	9700-0038 Kolumbarium				
	• Wiederherstellen (Kosten: 100,0%) Stahlstützen instandsetzen, entrosten, Korrosionsschutz auftragen (23m)	23,20 m	1.325	**57,11**	0,9
334	**Außenwandöffnungen**				
	1200-0001 Gerichtsgebäude - Eingangsbereich				
	• Wiederherstellen (Kosten: 100,0%) Historische Fensterelemente aufarbeiten, lackieren (16h)	23,47 m²	1.666	**70,97**	28,6
	1300-0245 Kontorhaus Bürogeschoss				
	• Wiederherstellen (Kosten: 100,0%) Fenster ausbauen, Verglasung erneuern, Rahmen schleifen, beschichten, Fenster einbauen (39m²), Fensterbänke aus Naturstein, ausbauen, aufarbeiten, einbauen (25St), Fensterbank ersetzen (1St)	38,75 m²	25.927	**669,08**	27,4
	1300-0324 Gründerzentrum (20 AP)				
	• Herstellen (Kosten: 100,0%) Alutür, Ud=1,3W/m²K, barrierefrei, bodentiefe Glasfüllung (4m²), Alufenster, Drehkipp, Uw=1,3W/m²K, perforierte Blechbekleidung (1m²), Fensterumrandung außen, Cortenstahl (5m), Beschichtung best. Holzfenster (71m²), best. Fensterbänke (15m²), Briefkastenanlage, zehn Briefkästen, frontseitige Entnahme (1St)	76,21 m²	19.435	**255,02**	13,5
	2200-0053 Seminarräume (343 Sitzplätze)				
	• Wiederherstellen (Kosten: 88,2%) Holzfensterbänke, innen, HPL-beschichtet ausbauen, kürzen, wieder einbauen (40St), Alu-Fensterelemente 2,26x2,00m, dreiteilig, wieder einbauen (9m²)	9,04 m²	10.479	**1.159,19**	41,0
	• Herstellen (Kosten: 11,8%) Fensterbank, b=28cm, innen (14m)	3,86 m²	1.402	**363,19**	5,5
	3100-0023 Dermatologische Praxis (8 AP)				
	• Herstellen (Kosten: 100,0%) Festverglasung F30, Metallrahmen (1m²), Fensterbank außen, Naturstein (1St)	1,34 m²	4.025	**3.003,78**	80,8

© **BKI** Baukosteninformationszentrum

KG	Kostengruppe	Menge Einheit	Kosten €	€/Einheit	%
	3100-0026 Kinderarztpraxis				
	• Abbrechen (Kosten: 9,5%) Abbruch von Fenstern (38m²), Fensterbänken (15m); Entsorgung, Deponiegebühren	37,61 m²	2.567	**68,24**	8,1
	• Herstellen (Kosten: 90,5%) Kunststofffenster, Zweifachverglasung, Uw=1,1W/m²K, Drehkipp (10m²), Dreh (4m²), festverglast (4m²), dreiteilig, Dreh, festverglast, Brüstungsverglasung (13m²), fünfteilig, Dreh, festverglast, Brüstungsverglasung (6m²), Fensterbänke innen (18m), außen, Kupfer (12m)	37,61 m²	24.440	**649,84**	77,2
	3100-0030 Gemeinschaftspraxis				
	• Herstellen (Kosten: 100,0%) GK-Bekleidung an Laibungen (13St)	–	4.392	–	100,0
	4400-0324 Kindertagesstätte (6 Gruppen, 125 Kinder)				
		–	4.142	–	12,7
	Fensterbänke innen, Oberfläche Kunststoff, Ausladung 15 bis 25cm, Einzellänge 1,15m (25m), Fensterbänke innen, Multiplex 22mm, Oberfläche wasserfest endlackiert, Ausladung 25cm, Einzellänge 1,15m (5m)				
	5100-0132 Sporthalle, Sozialtrakt Innenbereich				
	• Wiederherstellen (Kosten: 100,0%) Entrosten, abschleifen, spachteln, beschichten von Stahlfensterflügel, -rahmen (24m²), von Stahltüren mit Zargen (23m²), Stahlfenster ertüchtigen (5m²), Glasoberlicht erneuern (1m²)	51,61 m²	4.363	**84,54**	14,8
	6100-1308 Dreizimmerwohnung				
	• Abbrechen (Kosten: 30,0%) Abbruch von Fensterbänken (psch); Entsorgung, Deponiegebühren	–	125	–	3,1
	• Wiederherstellen (Kosten: 70,0%) Beschädigte Holzfensterbänke ausbauen, entsorgen, neue Fensterbänke anfertigen, in Fensterbekleidung einpassen, MDF, Sichtkanten gerundet, weiß grundiert, 110x35x4cm (2St), Fensterbank kürzen (1St)	–	291	–	7,2

KG	Kostengruppe	Menge Einheit	Kosten €	€/Einheit	%
	6100-1428 Eigentumswohnung				
	• Abbrechen (Kosten: 1,9%) Abbruch von Fensterbrüstungen (13St); Entsorgung, Deponiegebühren	–	126	–	0,8
	• Wiederherstellen (Kosten: 76,5%) Fenster instandsetzen (25St), lackieren (57m²), historische Fensterfutter ausbessern, lackieren (75m)	57,00 m²	5.086	**89,23**	31,1
	• Herstellen (Kosten: 21,6%) Fensterbänke, Holz, innen, Lackierung (9m)	–	1.433	–	8,8
	6100-1434 Gästewohnung				
	• Herstellen (Kosten: 100,0%) Holzfenster, Ug=1,1W/m²K, sechsteilig, Festverglasungen, Außenfensterbank (9m²), mit zwei Öffnungsflügeln (8m²), einteilig, Drehkipp (1m²), Holzhaustür, Oberfläche beschichtet, sechs Glasfelder, Ug=0,6W/m²K (2m²)	20,67 m²	22.063	**1.067,40**	46,5
	6100-1465 Dachgeschosswohnung				
	• Wiederherstellen (Kosten: 100,0%) Gaubenfenster ausbauen, schleifen, Schadstellen ausbessern, lackieren (psch)	–	846	–	24,2
	6100-1609 Dachgeschosswohnung mit Turmzimmer				
	• Abbrechen (Kosten: 2,9%) Abbruch von Fenstern (20m²); Entsorgung, Deponiegebühren	19,71 m²	999	**50,66**	2,5
	• Herstellen (Kosten: 97,1%) Holzfenster, Ug=0,7W/m²K, Drehkipp, ein-/zweiflüglig (11m²), mit Sonnenschutzglas, UG=0,6W/m²K (5m²), Holzfenstertür (2m²), mit Sonnenschutzglas, Aufsatzrollladen (2m²), Reed-Kontakte (psch), abschließbare Oliven (14St), Insektenschutz-Spannrahmen (7m²), Insektenschutz-Drehtüren (2m²), Glasbausteine (1m²), Absturzsicherung, l=1,47m, herausnehmbar (1St), Fensterbänke, außen, Alu (10St), innen, Holz (psch), Austritt, Alu-Riffelblech (1St)	19,71 m²	33.444	**1.696,81**	84,9
	6100-1623 Dachgeschosswohnung				
	• Herstellen (Kosten: 100,0%) Kunststofffenster, Ug=0,6W/m²K, zweiflüglig, Dreh, Drehkipp (5m²), Insektenschutzspannrahmen (2St), Fensterbänke, Titanzink, außen (4St), Regalbrett, innen (1St)	5,35 m²	3.699	**691,35**	33,4

© **BKI** Baukosteninformationszentrum

KG	Kostengruppe	Menge Einheit	Kosten €	€/Einheit	%
	6200-0092 Tagespflege (12 Plätze)				
	• Abbrechen (Kosten: 2,2%)	5,56 m²	254	**45,72**	0,4
	Abbruch von Kunststofftüren mit Zargen (4m²), Einzelfenster (2m²); Entsorgung, Deponiegebühren				
	• Wiederherstellen (Kosten: 18,2%)	3,01 m²	2.064	**685,66**	3,0
	Fenster instandsetzen, Dichtung, Beschläge einstellen (32St), Verglasungen durch Wärmeschutzverglasungen Ug=1,1W/m²K ersetzen (3m²), Innenfensterbänke anpassen (psch)				
	• Herstellen (Kosten: 79,5%)	6,92 m²	9.008	**1.301,77**	13,1
	Alu-Außentür, einflüglig, ESG-Glasausschnitte Uw=1,3W/m²K (3m²), Balkontür, Zweifachverglasung, Drehkipp (4m²), Fensterfolien (psch)				
	9100-0144 Kulturzentrum (550 Sitzplätze)				
	• Abbrechen (Kosten: 0,7%)	13,99 m²	1.956	**139,84**	0,3
	Abbruch von Holz-Türelement, Stichbogenoberlicht (14m²), eingelagerte Holzfenster laden (10St); Entsorgung, Deponiegebühren				
	• Wiederherstellen (Kosten: 0,7%)	6,21 m²	2.016	**324,65**	0,3
	Holztür, zweiflüglig, vorhandene Öffnungen sowie Glasscheiben schließen, Füllung, Kiefer, grundieren, Tür malermäßig sanieren (6m²), defekte Glasscheiben austauschen, 34x30cm, Floatglas, d=4mm (7St)				
	• Herstellen (Kosten: 98,7%)	259,12 m²	290.776	**1.122,19**	50,3
	Rundbogen-Holzfenster, als Doppelanlage, innen hinter bestehenden, historischen Metall-Sprossenfenstern (203m²), festverglast, D=90cm (16m²), Alu-Glas-Türelemente, Stichbogen-Oberlicht (8m²), mit geradem Oberlicht (10m²), Holztür, Stichbogen (2m²), Fensterbänke, innen, Klinkerflachschicht, Sichtmauerwerk (101m), Holz (60m)				
	9100-0158 Bibliothek				
	• Wiederherstellen (Kosten: 68,8%)	26,93 m²	20.374	**756,56**	52,8
	Holzfenster schleifen, neu verkitten, beschichten (21m²), Verglasungen erneuern, Ug=1,1W/m²K (15m²), Butzenglasscheiben (6m²), Holztüren schleifen, lackieren (6m²)				
	• Herstellen (Kosten: 31,2%)	6,18 m²	9.249	**1.496,58**	24,0
	Glastüranlage, Türe, einflüglig, Festverglasung, Oberlicht, ESG-Glas (6m²)				

KG	Kostengruppe	Menge Einheit	Kosten €	€/Einheit	%
	9100-0168 Schauspielhaus, Zweitspielstätte				
	• Abbrechen (Kosten: 1,4%)	22,95 m^2	1.344	**58,56**	0,3
	Abbruch von Holz-Außentüren (12m²), Holzfenstern, Fensterbänken, innen, Hartholz (11m²); Entsorgung, Deponiegebühren				
	• Wiederherstellen (Kosten: 8,6%)	18,25 m^2	8.521	**466,89**	1,9
	Fenster demontieren, reparieren, wieder montieren (11m²), Außentür-Dichtring aufarbeiten (7m²)				
	• Herstellen (Kosten: 90,1%)	23,76 m^2	89.665	**3.773,76**	20,0
	Stahltür, Uw=1,9W/m²K, zweiflüglig (11m²), Holztür, zweiflüglig, VSG-Glasfüllung, mit Drehtür-Automatikantrieb (7m²), Holzfenster (5m²), Kunststofffenster (1m²), Fensterbänke, innen, Holz (9St), außen, Alu (2St), Oberlicht-Kipp-Beschläge, Bedienung elektrisch, am Oberlichtflügel (9St), Drehflügel-Beschläge, Bedienung elektrisch, an zweiflügligem Stulpflügel (2St)				
	9100-0173 Bibliothek, Lernzentrum				
	• Herstellen (Kosten: 100,0%)	7,69 m^2	25.068	**3.259,83**	15,0
	Fluchttür, Alu-Rahmentür T30 DS, zweiflüglig, Antipanik-Druckstange (6m²), G90 Festverglasungen (2m²)				
	9100-0213 Stadtbücherei				
	• Abbrechen (Kosten: 3,4%)	8,55 m^2	1.104	**129,13**	1,8
	Abbruch von bodentiefer Festverglasung, Holz (5m²), bodentiefem Kunststofffenster, festverglast, Oberlicht, Sonnenschutz Alulamellen (3m²); Entsorgung, Deponiegebühren				
	• Wiederherstellen (Kosten: 3,8%)	11,35 m^2	1.209	**106,52**	1,9
	Vorhandenes Rundbogenfenster neu verleisten, Leisten demontieren, neue Leisten nach Schablone fertigen, alten Schaum entfernen, Steinwolle einbringen, Leisten und Dichtbänder montieren (3m²), Fensterbänke abwaschen, schleifen, weiß lackieren (8m)				
	• Herstellen (Kosten: 92,8%)	15,80 m^2	29.856	**1.889,60**	48,1
	Glas-Doppelschiebetür, Fluchtwegantrieb, Feuerwehrschlüsselschalter (7m²), Holz-Glas-Türelement 1,8W/m²K, einflüglig, beidseitig Festverglasung, Brüstungsbereiche geschlossen, als Fluchttür (5m²), Alu-Glas-Türelement 1,8W/m²K, einflüglig, Oberlicht festverglast, Antipanikschloss (3m²), E-Türöffner (2St), Türfeststeller (1St)				

© **BKI** Baukosteninformationszentrum

KG	Kostengruppe	Menge Einheit	Kosten €	€/Einheit	%
	9100-0215 Stiftsgebäude, Gemeindesaal, Pfarrbüros				
	• Abbrechen (Kosten: 1,3%) Abbruch von Stahl-Schiebetor 1,00x2,13m (2m²), Rolltor 1,65x2,13m (4m²), Holztüren 1,00x2,00m, Umfassungszargen (12m²), Holzfenstern (31m²); Entsorgung, Deponiegebühren	50,12 m²	3.072	**61,30**	0,3
	• Herstellen (Kosten: 98,7%) Holzfenster, Uw=1,7W/m²K, einflüglig (75m²), zweiflüglig (19m²), dreiflüglig (2m²), Haustüren, Festverglasung, nach historischem Vorbild, Motorschloss, Selbstverriegelung (4m²), in Spitzbogenform, Drehflügelantrieb, zweiflüglig (6m²), einflüglig, mit Oberlicht (3m²), Nebeneingangstür (2m²), Stahlschiebetor T30, zweiflüglig, Motor, Alubekleidung (11m²), Deckleisten (60m), Alu-Laibungsbekleidung (15m), Alu-Fensterbänke, Unterkonstruktion (46St), Sichtschutzfolien (19St)	121,27 m²	232.862	**1.920,19**	21,0
	9700-0038 Kolumbarium				
	• Abbrechen (Kosten: 2,9%) Abbruch von Stahl-Oberlichtern, h=50cm (11m²); Entsorgung, Deponiegebühren	11,00 m²	2.611	**237,40**	1,7
	• Wiederherstellen (Kosten: 9,6%) Oberlicht-Motorantriebe erneuern, defekte Scherengestänge ersetzen (13m²), Eingangstüren instandsetzen, defektes Riegelschloss austauschen, Treibriegel ergänzen, Feststellkolben erneuern (11m²), rostige Türschwellen abbrechen, Beton wegstemmen, Edelstahlschwellen einbauen, Estrich ergänzen (4m), Nebeneingangstür ertüchtigen, Beschläge ausbauen, Panikbeschlag einbauen (2m²)	26,80 m²	8.613	**321,37**	5,6
	• Herstellen (Kosten: 87,5%) Alu-Pfosten-Riegelfassaden, VSG, Ug=1,0W/m²K, acht Festverglasungen, zwei Verbundpaneele (48m²), sechs Festverglasungen, zwei Drehkippflügel, Sonnenschutzverglasung, ein Verbundpaneel (13m²), Natursteinschwellen (2St), Holzfensterbänke innen (2m), Drehtürantrieb (1St)	68,91 m²	78.762	**1.142,97**	50,8
335	**Außenwandbekleidungen, außen**				
	1300-0324 Gründerzentrum (20 AP)				
	• Abbrechen (Kosten: 1,4%) Abbruch von Dämmung (19m²); Entsorgung, Deponiegebühren	18,60 m²	556	**29,87**	0,4
	• Herstellen (Kosten: 98,6%) Noppenbahn (8m²), Gewebearmierung, Fassadenbeschichtung, Cortenoptik (110m²), Laibungen, Alublech (4m), WDVS WLG 035, d=100mm (17m²)	126,72 m²	38.868	**306,73**	27,0
	3100-0023 Dermatologische Praxis (8 AP)				
	• Herstellen (Kosten: 100,0%) Anarbeiten der Putzflächen und des WDVS im Laibungsbereich (1m²), Alu-Abschlussblech WDVS, horizontal (1St)	1,34 m²	364	**271,35**	7,3

KG	Kostengruppe	Menge Einheit	Kosten €	€/Einheit	%
	5100-0132 Sporthalle, Sozialtrakt Innenbereich				
	• Herstellen (Kosten: 100,0%) Graffitischutzbeschichtung (172m²)	172,38 m²	2.038	**11,82**	6,9
	6100-1609 Dachgeschosswohnung mit Turmzimmer				
	• Herstellen (Kosten: 100,0%) Fassadenbeschichtung, Loggia (14m²)	13,95 m²	127	**9,09**	0,3
	6100-1623 Dachgeschosswohnung				
	• Herstellen (Kosten: 100,0%) Gaubenseiten, Vordeckung (11m²), Stehfalzbekleidung, Titanzink (4St), Stirnseitenbekleidungen (2St)	11,20 m²	2.560	**228,60**	23,1
	6200-0092 Tagespflege (12 Plätze)				
	• Herstellen (Kosten: 100,0%) Grundierung, Dispersionsbeschichtung (341m²), an Laibungen (73m), an Sockel (61m)	341,32 m²	11.423	**33,47**	16,6
	9100-0168 Schauspielhaus, Zweitspielstätte				
	• Herstellen (Kosten: 100,0%) Zementputz (41m²), Dichtungsschlämme (29m²), Voranstrich, Bitumendickbeschichtung, Noppenbahn (31m²), Kalkzementputz (19m²)	49,94 m²	10.962	**219,50**	2,4
	9100-0173 Bibliothek, Lernzentrum				
	• Abbrechen (Kosten: 100,0%) Abbruch von Sichtbetonaußenschale für Türöffnung, 3,15x3,02m (10m²), Perimeterdämmung, Bitumendickbeschichtung (1m²); Entsorgung, Deponiegebühren	10,96 m²	2.453	**223,81**	1,5
	9100-0215 Stiftsgebäude, Gemeindesaal, Pfarrbüros				
	• Abbrechen (Kosten: 23,2%) Entfernen von losem Putz- und Fugenmörtel, b=4-9cm, t bis 14cm, Reinigung mit Druckluft (850m²), Holzschindelbekleidung an Gaubenwänden (143m²); Entsorgung, Deponiegebühren	992,57 m²	73.358	**73,91**	6,6
	• Wiederherstellen (Kosten: 0,8%) Putz verfestigen (7m²)	6,86 m²	2.603	**379,39**	0,2
	• Herstellen (Kosten: 76,0%) Putz-Ausgleichsschicht, Oberputz (850m²), Reinigung mit Dampf (1.160m²), Trockenreinigung, Nassreinigung der Fassade (psch), Verfugung Natursteinmauerwerk an Strebepfeilern (44m²), Putzanschlüsse an Fenster-/Türgewände (55St), hinterlüftete Gaubenbekleidung, Unterkonstruktion, Schalung, Abdichtung, Schieferbekleidung (154m²), Bleieinfassungen, d=1,5mm, Dachgauben (225m)	954,09 m²	240.134	**251,69**	21,7

© **BKI** Baukosteninformationszentrum

KG	Kostengruppe	Menge Einheit	Kosten €	€/Einheit	%
	9700-0038 Kolumbarium				
	• Abbrechen (Kosten: 3,7%) Abbruch von Ziegelverblendschale, d=11,5cm (2m²); Entsorgung, Deponiegebühren	2,00 m²	261	**130,57**	0,2
	• Wiederherstellen (Kosten: 34,2%) Losen Putz abstemmen, neu verputzen (21h)	–	2.405	–	1,6
	• Herstellen (Kosten: 62,1%) Bitumendickbeschichtung, Noppenbahn (18m²), Sockelabdichtung, Bitumenbahnen (18m²), Fensterlaibung, Verblendmauerwerk (3m)	–	4.375	–	2,8
336	**Außenwandbekleidungen, innen**				
	1200-0001 Gerichtsgebäude - Eingangsbereich				
	• Herstellen (Kosten: 100,0%) Grundierung, Spachtelung, Dispersionsbeschichtung (72m²)	72,00 m²	4.167	**57,88**	71,4
	1200-0002 Gerichtsgebäude - Gerichtssaal				
	• Abbrechen (Kosten: 6,6%) Abbruch von Tapeten (37m²); Entsorgung, Deponiegebühren	37,00 m²	469	**12,69**	6,6
	• Wiederherstellen (Kosten: 55,1%) Historische Wandvertäfelung aufarbeiten, Fehlstellen ausbessern (23m²), Fensterbänke unterfüttern (5h)	23,00 m²	3.894	**169,30**	55,1
	• Herstellen (Kosten: 38,3%) Grundierung, Spachtelung, Malervlies, Silikonharz-Beschichtung (37m²)	37,00 m²	2.708	**73,20**	38,3
	1300-0245 Kontorhaus Bürogeschoss				
	• Abbrechen (Kosten: 4,5%) Abbruch von Tapeten (218m²), Dispersionsbeschichtung (79m²)	296,87 m²	2.599	**8,76**	2,7
	• Wiederherstellen (Kosten: 30,6%) Löcher und Unebenheiten schließen, Spachtelung (395m²)	395,13 m²	17.499	**44,29**	18,5
	• Herstellen (Kosten: 64,9%) Kunststoffspachtelung, GK-Bekleidung, Malervlies, Dispersionsbeschichtung, zweifach (323m²), in Heizkörpernischen (72m²), in Laibungen (291m), Kalkzementputz in Heizkörpernischen (29St)	395,13 m²	37.180	**94,10**	39,3
	1300-0312 Büro (7 AP)				
	• Herstellen (Kosten: 100,0%) Überholungsbeschichtung, Acrylfugen (77m²), Laibungen streichen (86m)	76,67 m²	1.384	**18,06**	100,0

KG	Kostengruppe	Menge Einheit	Kosten €	€/Einheit	%
	1300-0324 Gründerzentrum (20 AP)				
	• Abbrechen (Kosten: 1,5%) Abbruch von Tapete (34m²); Entsorgung, Deponiegebühren	33,82 m²	128	**3,78**	< 0,1
	• Herstellen (Kosten: 98,5%) Gewebearmierung (29m²), Innenputz Q2 (2m²), Spachtelung, Malervlies, Dispersionsbeschichtung (192m²), Lasur (27m²)	219,38 m²	8.133	**37,07**	5,6
	2200-0053 Seminarräume (343 Sitzplätze)				
	• Abbrechen (Kosten: 4,6%) Abbruch von Wandputz, Beschichtung (43m²); Entsorgung, Deponiegebühren	42,72 m²	633	**14,82**	2,5
	• Wiederherstellen (Kosten: 22,0%) Wandputzstreifen, h=15cm nach Abbruch Sockelleisten ausbessern, begradigen, verputzen (284m)	–	3.003	**–**	11,7
	• Herstellen (Kosten: 73,4%) Kalkzementputz, Glasfaserarmierung (55m²), Dispersionsbeschichtung (575m²), an Laibungen, t=35cm (436m), t=50cm (624m)	1.094,75 m²	10.037	**9,17**	39,3
	3100-0020 Arztpraxis für Dermatologie				
	• Abbrechen (Kosten: 14,9%) Abbruch von Tapete und anhaftenden Kleberrückständen (43m²); Entsorgung, Deponiegebühren	43,32 m²	243	**5,62**	14,9
	• Herstellen (Kosten: 85,1%) Untergrund mit Spachtelmasse egalisieren, abschleifen, Grundierung, Malervlies, Dispersionsbeschichtung (43m²)	43,32 m²	1.386	**32,00**	85,1
	3100-0022 Orthopädiepraxis (10 AP)				
	• Abbrechen (Kosten: 19,0%) Abbruch von Tapeten (94m²), in Laibungen (56m); Entsorgung, Deponiegebühren	93,50 m²	692	**7,41**	19,0
	• Herstellen (Kosten: 81,0%) Spachtelung, Malervlies, Beschichtung (94m²), in Laibungen (56m)	93,50 m²	2.945	**31,50**	81,0
	3100-0023 Dermatologische Praxis (8 AP)				
	• Herstellen (Kosten: 100,0%) Anarbeiten der Putzflächen und des WDVS im Laibungsbereich (1m²)	1,34 m²	217	**161,61**	4,3
	3100-0026 Kinderarztpraxis				
	• Herstellen (Kosten: 100,0%) Spachtelung Q3, Glasgewebe, desinfektionsmittelbeständige Beschichtung (7m²), GK-Bekleidung an Fenstern (13St)	6,50 m²	4.654	**715,95**	14,7

© **BKI** Baukosteninformationszentrum

KG	Kostengruppe	Menge Einheit	Kosten €	€/Einheit	%
	4400-0324 Kindertagesstätte (6 Gruppen, 125 Kinder)				
		250,46 m²	26.405	**105,43**	80,9
	Gipsputz (232m²), in Fensterlaibungen (289m), Kalkzementputz (34m²), Malervlies (203m²), Dispersionsbeschichtung (235m²), Reinacrylatbeschichtung als Schlussbeschichtung (49m²), Flächenabdichtung, Wandfliesen (15m²), Spiegel, flächenbündig (1m²), GK-Vorsatzschalen, doppelt beplankt (40m²), GK-Verkofferungen (31m²)				
	5100-0132 Sporthalle, Sozialtrakt Innenbereich				
	• Herstellen (Kosten: 100,0%)	121,00 m²	9.080	**75,05**	30,8
	Grundierung, Spachtelung, Latexbeschichtung (100m²), Abdichtung mit zementärer Dichtschlämme, Wandfliesen 10x10cm (11m²), Brandschutzbekleidung F90 (10m²), Dämmung (psch)				
	6100-1308 Dreizimmerwohnung				
	• Abbrechen (Kosten: 12,4%)	13,37 m²	452	**33,81**	11,2
	Abbruch von Dekorpaneelen (8m²), Wandfliesen, Bad (6m²); Entsorgung, Deponiegebühren				
	• Wiederherstellen (Kosten: 36,0%)	27,35 m²	1.308	**47,81**	32,3
	Wandflächen spachteln, schleifen, Dispersionsanstrich (27m²), fehlende Füllung in Brüstungsbekleidung ergänzen, Ausführung wie Bestand, Sägeschnitte mit 2K-Spachtelmasse verfüllen und schleifen (1St)				
	• Herstellen (Kosten: 51,6%)	3,44 m²	1.875	**545,08**	46,3
	Kalkzementputz (2m²), Fehlstellen beiputzen, bis 0,25m² (4St), Wandschlitze verputzen, Oberfläche an Bestand anarbeiten, Breite bis 10cm (9m), Breite bis 25cm (1m), Flächenabdichtung (2m²), Wandfliesen 60x30cm (3m²), GK-Rohrkasten, dreiseitig (3m), Untergrund aufdoppeln, d=4cm (2m²)				
	6100-1428 Eigentumswohnung				
	• Abbrechen (Kosten: 7,9%)	170,00 m²	771	**4,53**	4,7
	Abbruch von Tapeten (170m²); Entsorgung, Deponiegebühren				
	• Herstellen (Kosten: 92,1%)	170,00 m²	8.926	**52,50**	54,6
	Grundierung, Spachtelung, Malervlies (170m²)				
	6100-1434 Gästewohnung				
	• Herstellen (Kosten: 100,0%)	52,20 m²	1.681	**32,20**	3,5
	GK-Bekleidung, zweilagig (52m²), in Laibungen (5m), Beschichtung (48m²), Wandfliesen 10x10cm (4m²)				
	6100-1465 Dachgeschosswohnung				
	• Herstellen (Kosten: 100,0%)	14,00 m²	2.654	**189,61**	75,8
	Grundierung, Silikatbeschichtung (14m²), Lattenbekleidungen für Heizkörper (6St)				

KG	Kostengruppe	Menge Einheit	Kosten €	€/Einheit	%
	6100-1609 Dachgeschosswohnung mit Turmzimmer				
	• Herstellen (Kosten: 100,0%)	37,00 m²	3.357	**90,72**	8,5
	Trockenputz (19m²), Innenputz (4m²), GK-Vorsatzschalen, doppelt beplankt, Dämmung, d=40mm, d=12,5cm (3m²), Bekleidung von Holzbalken (7St), Abdichtung, Wandfliesen (2m²), Dispersionsbeschichtung (35m²)				
	6100-1623 Dachgeschosswohnung				
	• Herstellen (Kosten: 100,0%)	9,00 m²	1.388	**154,19**	12,5
	GK-Bekleidung, Q3, Beschichtung (9m²)				
	6100-1697 Wohnung, Innenausbau				
		7,00 m²	387	**55,21**	100,0
	Spachtelung, Beschichtung (7m²)				
	6100-1713 Einfamilienhaus				
	• Abbrechen (Kosten: 11,1%)	7,60 m²	349	**45,87**	11,1
	Abbruch von Wandfliesen (8m²); Entsorgung, Deponiegebühren				
	• Herstellen (Kosten: 88,9%)	77,14 m²	2.790	**36,16**	88,9
	GK-Vorsatzschalen, d=20-30cm (3m²), Dispersionsbeschichtung (70m²), Wandfliesen (7m²)				
	6200-0092 Tagespflege (12 Plätze)				
	• Abbrechen (Kosten: 4,4%)	100,00 m²	232	**2,32**	0,3
	Abbruch von Tapeten (100m²); Entsorgung, Deponiegebühren				
	• Herstellen (Kosten: 95,6%)	100,00 m²	5.045	**50,45**	7,3
	Spachtelung (100m²), Wandfliesen 10x10cm (20m²), an Laibungen (6m), Fliesensockel (27m), Malervlies, Dispersionsbeschichtung (80m²), an Laibungen (6m)				
	7200-0096 Geschäftshaus, Foyer				
	• Herstellen (Kosten: 100,0%)	43,38 m²	1.170	**26,98**	15,7
	Dispersionsbeschichtung (39m²), getönt (4m²), GK-Verkofferung, Q3 (5m)				
	7300-0094 Gastronomie Werkstattgebäude (66 Sitzplätze)				
		116,08 m²	2.076	**17,89**	100,0
	Dispersionsbeschichtung (98m²), Acrylfugen (100m)				

© **BKI** Baukosteninformationszentrum

KG	Kostengruppe	Menge Einheit	Kosten €	€/Einheit	%
	9100-0144 Kulturzentrum (550 Sitzplätze)				
	• Abbrechen (Kosten: 7,3%)	608,04 m²	13.333	**21,93**	2,3
	Abbruch von Kalkzementputz (587m²), Wandfliesen (21m²); Entsorgung, Deponiegebühren				
	• Wiederherstellen (Kosten: 2,1%)	–	3.800	**–**	0,7
	Steinputzüberarbeitung Eingangsportal, Eisenteile entfernen, Steinputz herstellen (psch)				
	• Herstellen (Kosten: 90,6%)	1.057,63 m²	165.066	**156,07**	28,5
	Mörtelfugen auskratzen (459m²), Vorspritzmörtel, Egalisierungsschicht, Salzspeicherputz, glatt gerieben, fertige Oberfläche (754m²), Kalk-Pinselputz (303m²), Wandfliesen (13m²)				
	9100-0158 Bibliothek				
	• Wiederherstellen (Kosten: 3,7%)	1,71 m²	301	**176,07**	0,8
	Holzbekleidungen schleifen, lackieren (2m²)				
	• Herstellen (Kosten: 96,3%)	176,70 m²	7.802	**44,16**	20,2
	Spachtelung, Malervlies, Dispersionsbeschichtung (177m²)				
	9100-0168 Schauspielhaus, Zweitspielstätte				
	• Abbrechen (Kosten: 30,2%)	825,76 m²	18.187	**22,02**	4,1
	Abbruch von Kalkzementputz (285m²), Tapeten (113m²), Holzbauteilen (106m²), Beschichtungen (60m²), Salzausblühungen durch Trockenstrahlen mit Strahlmittel (262m²); Entsorgung, Deponiegebühren				
	• Herstellen (Kosten: 69,8%)	721,60 m²	41.978	**58,17**	9,4
	Kalkzementputz (324m²), an Laibungen (416m), Grundierung, Dispersionsbeschichtung (558m²), an Laibungen (406m), Silikatbeschichtung (71m²), Grundierung, Brandschutzbeschichtung an Stürzen, Überzugslack (92m²)				
	9100-0173 Bibliothek, Lernzentrum				
	• Herstellen (Kosten: 100,0%)	22,00 m²	1.391	**63,21**	0,8
	GK-Vorsatzschale, d=5,5cm, dreiseitig, doppelt beplankt, Q3 (10m²), GK-Laibung, doppelt beplankt (4m²), Dispersions-Silikatbeschichtung (22m²)				
	9100-0213 Stadtbücherei				
	• Wiederherstellen (Kosten: 2,1%)	43,60 m²	517	**11,86**	0,8
	Glasfasertapete prüfen, säubern, Dispersionsbeschichtung (44m²)				
	• Herstellen (Kosten: 97,9%)	297,24 m²	24.486	**82,38**	39,4
	Herstellen von Öffnung 53x44x33cm, in Innenwandbekleidung, Gipsfaserbekleidung, zweilagig, Ecke dämmen, winddicht anschließen, Rahmen V2A (1St), vorh. Glasfasertapete spachteln, Q3, Dispersionsbeschichtung (213m²), an Laibungen (53m²), Tapete (32m²), Heizkörperverstärkung mit GK-Bekleidung, zweilagig (8m²), OSB-Platte, d=12mm, Dampfbremse, GK-Platte, d=12,5mm (2m²), GK-Verkofferung (2m²)				

KG	Kostengruppe	Menge Einheit	Kosten €	€/Einheit	%
	9100-0215 Stiftsgebäude, Gemeindesaal, Pfarrbüros				
	• Abbrechen (Kosten: 1,9%) Abbruch von Tapeten (228m²), Laibungsputz, b=60-105cm (17m²); Entsorgung, Deponiegebühren	228,37 m²	4.533	**19,85**	0,4
	• Herstellen (Kosten: 98,1%) Putzträger, verdübelt (381m²), Kalkdämmputz (927m²), Kalkfeinputz (854m²), Kalk-Gipsputz (87m²), Kalk-Zementputz (107m²), Dispersionsspachtelung Q3 (61m²), Dispersionsbeschichtung (358m²), Wandfliesen 30x60cm (8m²)	1.281,08 m²	235.949	**184,18**	21,3
	9700-0038 Kolumbarium				
	• Abbrechen (Kosten: 5,3%) Abbruch von Akustikbeschichtung (123m²), Vormauerung, Ziegel, d=11,5cm (11m²), Wandfliesen (4m²); Entsorgung, Deponiegebühren	138,55 m²	1.980	**14,29**	1,3
	• Wiederherstellen (Kosten: 44,4%) Putzflächen prüfen, Schadstellen markieren, Fehlstellen ausbessern, Löcher schließen, Risse verfüllen (286m²), schalldurchlässige Beschichtung reinigen, lose Partikel entfernen, neu beschichten (162m²), GK-Vorsatzschale an Außenwand verankern, Öffnungen schließen, Sockelbereich ergänzen, h=80cm (123m²), Nikotinflecken entfernen (1m²), Stahlstützen reinigen, lose Beschichtung entfernen, Schadstellen ausbessern, neu beschichten (2m²)	573,45 m²	16.672	**29,07**	10,7
	• Herstellen (Kosten: 50,3%) Zementputz (26m²), Kalkzementputz, Gewebeeinlage (71m²), Silikatbeschichtung (338m²), Spachtelung, Silikat-Strukturbeschichtung (123m²)	461,57 m²	18.873	**40,89**	12,2
337	**Elementierte Außenwandkonstruktionen**				
	6200-0092 Tagespflege (12 Plätze)				
	• Herstellen (Kosten: 100,0%) Wintergarten aus stahlverstärken Kunststoffprofilen, Fest-, Schiebe-, Kippverglasungen Uw=1,3W/m²K, Dachverglasung matt, Entwässerungsrinnen (28m²)	28,08 m²	40.654	**1.447,81**	59,0
	7200-0096 Geschäftshaus, Foyer				
	• Herstellen (Kosten: 100,0%) Fensterfolie, innen, hochauflösender Digitaldruck 3,40x1,50m, mit Schutzlaminat (5m²)	5,10 m²	988	**193,68**	13,2

© BKI Baukosteninformationszentrum

KG	Kostengruppe	Menge Einheit	Kosten €	€/Einheit	%
	9100-0173 Bibliothek, Lernzentrum				
	• Abbrechen (Kosten: 4,2%) Abbruch von Metall-Glasfassade, Kipp-Oberlicht (27m²); Entsorgung, Deponiegebühren	26,64 m²	5.399	**202,68**	3,2
	• Herstellen (Kosten: 95,8%) Alu-Fenster-Fassade, Uw=1,1W/m²K, Zweifachverglasung, vier Festverglasungen, sechs Blindpaneele, Karussell-Türanlage, VSG, dreiflüglig, D=3,16m, Alu-Dachkonstruktion, gedämmt, wasserdicht außen, Staubdach, Spanplatte, innen, Flucht-Alu-Rahmentür, einflüglig, Antipanik-Druckstange, Motorantrieb, barrierefrei (38m²), Giebelwände Satteldachlichtbänder, Holzrahmenkonstruktion10x16cm, Mineralwolldämmung WLG 035, d=160mm, Dampfsperre, beidseitig OSB-Beplankung, d=18mm, Stahlblech, beschichtet (15m²)	52,95 m²	124.542	**2.352,07**	74,3
	9100-0215 Stiftsgebäude, Gemeindesaal, Pfarrbüros				
	• Herstellen (Kosten: 100,0%) Alu-Pfosten-Riegelfassade 2,50x3,60m, VSG, zwei feststehende Felder, Oberlicht, Türelement als Holztüre, OTS (9m²)	9,00 m²	20.194	**2.243,75**	1,8
338	**Lichtschutz zur KG 330**				
	1300-0245 Kontorhaus Bürogeschoss				
	• Wiederherstellen (Kosten: 24,2%) Lamellen-Raffstores ertüchtigen (psch)	–	1.606	–	1,7
	• Herstellen (Kosten: 75,8%) Lamellen-Raffstores, Aluminium, Motorantrieb, Funksteuerung (8m²)	8,34 m²	5.032	**603,41**	5,3
	6100-1609 Dachgeschosswohnung mit Turmzimmer				
	• Herstellen (Kosten: 100,0%) Aufsatzrollladen, Motorantrieb (2m²)	1,76 m²	1.117	**634,56**	2,8
	7200-0096 Geschäftshaus, Foyer				
	• Herstellen (Kosten: 100,0%) Seitenzugrollos 2,20x3,38m (15m²), Sichtschutzvorhang, l=3,70m, Deckenschienen (psch)	27,44 m²	5.299	**193,10**	71,1
	9100-0158 Bibliothek				
	• Wiederherstellen (Kosten: 100,0%) Holz-Fensterläden schleifen, Beschädigungen ausbessern, lackieren (5m²)	5,48 m²	466	**85,00**	1,2
	9100-0168 Schauspielhaus, Zweitspielstätte				
	• Herstellen (Kosten: 100,0%) Klappläden, Holzwerkstoffplatten (31m²)	30,68 m²	15.650	**510,12**	3,5

KG	Kostengruppe	Menge Einheit	Kosten €	€/Einheit	%
	9100-0213 Stadtbücherei				
	• Herstellen (Kosten: 100,0%) Kettenzugrollos, Textilscreen 1,25x2,51m (3St), 2,22x2,66m (1St)	9,04 m²	3.317	**366,92**	5,3
	9700-0038 Kolumbarium				
	• Herstellen (Kosten: 100,0%) Glasblenden 120x124cm, 2xVSG, PVB-Folien, vier Punkthalter (2St), Blendschutz, innen (psch)	–	5.536	**–**	3,6
339	**Sonstiges zur KG 330**				
	1300-0324 Gründerzentrum (20 AP)				
	• Herstellen (Kosten: 100,0%) Befestigungsschienen im Aufzugsschacht (15m)	295,59 m² AWF	715	**2,42**	0,5
	6100-1609 Dachgeschosswohnung mit Turmzimmer				
	• Herstellen (Kosten: 100,0%) Holzhandlauf, D=40mm, Edelstahl-Wandhalter (4m)	56,71 m² AWF	349	**6,15**	0,9
	9100-0144 Kulturzentrum (550 Sitzplätze)				
	• Abbrechen (Kosten: 14,4%) Abbruch von eingelassenen Metallstäben, Eisenteilen in Mauerwerkswänden, loses Material entfernen, Ausbruchstellen schließen (407St); Entsorgung, Deponiegebühren	622,03 m² AWF	2.024	**3,25**	0,3
	• Herstellen (Kosten: 85,6%) Historisches Fenster demontieren, Stahlrahmenkonstruktion in Fensterlaibung einbauen, beidseitig Alublechbekleidung, d=2mm, lackiert, Dämmung, Ausschnitt für Lüftungsöffnung (4m²), Abdeckung, Vorlage Mauerwerkspfeiler, Sandsteinplatten 50x70cm, d=7-8cm (9St)	1.316,75 m² AWF	12.064	**9,16**	2,1
	9100-0168 Schauspielhaus, Zweitspielstätte				
	• Herstellen (Kosten: 100,0%) Kellerlüftungsschacht, Betonfertigteil mit Bodenplatte, b=175cm, h=150cm, t=50cm, Gitterrost, befahrbar (1St), Gitterrost als Laufstegabdeckung (11m²)	745,36 m² AWF	3.744	**5,02**	0,8
	9100-0173 Bibliothek, Lernzentrum				
	• Abbrechen (Kosten: 41,4%) Abbruch von Kiesstreifen (1m³), Tiefborden (10m), Teilabbruch Beton-Lichtschacht, 110x65x130cm, h=50cm (1St); Entsorgung, Deponiegebühren	38,63 m² AWF	732	**18,96**	0,4
	• Herstellen (Kosten: 58,6%) Lichtschachtaufsätze 101x35x43cm (3St), Pressgitterrost 101x43cm (1St)	82,64 m² AWF	1.037	**12,55**	0,6

© **BKI** Baukosteninformationszentrum

KG	Kostengruppe	Menge Einheit	Kosten €	€/Einheit	%
	9100-0215 Stiftsgebäude, Gemeindesaal, Pfarrbüros				
	• Herstellen (Kosten: 100,0%)	1.411,35 m² AWF	16.459	**11,66**	1,5
	Alu-Steigleiter, b=0,50m, l=3,00m (1St), Kellerlichtschacht (1St), Fenstergitter (1St), Schachtabdeckung, Gitterrost für Notausstieg, 1,15x0,75m (1St)				
	9700-0038 Kolumbarium				
	• Herstellen (Kosten: 100,0%)	530,48 m² AWF	1.705	**3,21**	1,1
	Treppenhandlauf, Flachstahl 40x6mm, Beschichtung (3m)				

Kostenkennwerte für die Kostengruppen 300 der 3.Ebene DIN 276

KG	Kostengruppe	Menge Einheit	Kosten €	€/Einheit	%
341	**Tragende Innenwände**				
	1300-0324 Gründerzentrum (20 AP)				
	• Abbrechen (Kosten: 93,7%) Abbruch von Stb-Wänden, beidseitig verputzt, für Türöffnungen im Bestand, d=25cm, Betonsägearbeiten (29m²); Entsorgung, Deponiegebühren	28,79 m²	17.241	**598,84**	13,4
	• Herstellen (Kosten: 6,3%) KS-Mauerwerk, d=22-24cm (4m²), Schalung für Türöffnungen (2St)	3,63 m²	1.163	**320,48**	0,9
	3100-0023 Dermatologische Praxis (8 AP)				
	• Herstellen (Kosten: 100,0%) Stahlträger für neue Maueröffnung halbseitig einsetzen, ausmauern, nach Trocknungszeit andere Seite einsetzen, ausmauern, Stahlträger mit Putzträger ummanteln (3St)	5,33 m²	1.342	**251,78**	2,4
	3100-0026 Kinderarztpraxis				
	• Abbrechen (Kosten: 100,0%) Abbruch von Innenwand, d=24cm, für Türöffnung, Betonsägearbeiten (7m²); Entsorgung, Deponiegebühren	6,62 m²	8.599	**1.298,90**	6,1
	3100-0030 Gemeinschaftspraxis				
	• Abbrechen (Kosten: 61,4%) Abbruch von Betonwänden (13m²); Entsorgung, Deponiegebühren	12,65 m²	8.208	**648,87**	4,2
	• Wiederherstellen (Kosten: 7,4%) Grundierung an Stahlbauteilen prüfen, Schadstellen ausbessern, Grund- und Schlussbeschichtung (14St)	–	984	–	0,5
	• Herstellen (Kosten: 31,3%) Stahlträger IPE 240, l=3,20m (2St)	–	4.179	–	2,1
	4400-0324 Kindertagesstätte (6 Gruppen, 125 Kinder)				
	Schließen von Türdurchbrüchen in KS-Mauerwerk, d=24cm (3m²), Kernbohrungen in Stb-Wand, d=50cm, D bis 150mm (5St), Durchbrüche in KS-Mauerwerk, d=24cm, herstellen, nach Leitungsinstallation wieder schließen, bis 20x20cm (2St), bis 30x30cm (1St), bis 40x40cm (2St)	–	4.427	–	1,3

© BKI Baukosteninformationszentrum

KG	Kostengruppe	Menge Einheit	Kosten €	€/Einheit	%
	5100-0132 Sporthalle, Sozialtrakt Innenbereich				
	• Abbrechen (Kosten: 79,1%)	26,31 m²	30.167	**1.146,60**	18,9
	Abbruch von Stb-Fertigteilwänden, d=15-17,5cm (26m²), Beton schneiden, d=15-35cm (62m), PCB-Fugen (284m); Entsorgung, Deponiegebühren				
	• Herstellen (Kosten: 20,9%)	21,02 m²	7.955	**378,44**	5,0
	KS-Mauerwerk, d=11,5cm (21m²)				
	6100-1308 Dreizimmerwohnung				
	• Abbrechen (Kosten: 16,7%)	1,00 m²	153	**153,25**	1,0
	Abbruch von Rundbogen einer Wandöffnung, Sturz freilegen, Öffnungsbreite 146cm, Wanddicke 24cm (1m²); Entsorgung, Deponiegebühren				
	• Herstellen (Kosten: 83,3%)	3,58 m²	766	**214,22**	4,8
	Verputzen von Wandöffnung, Sturz und Laibungen nach Abbruch von Rundbogen, Beiputz zu angrenzenden Wandflächen, Öffnungsmaß 146x245cm, Wanddicke 24cm (4m²)				
	6100-1428 Eigentumswohnung				
	• Abbrechen (Kosten: 4,3%)	10,50 m²	476	**45,34**	0,8
	Abbruch von Mauerwerk, d=11,5cm (11m²); Entsorgung, Deponiegebühren				
	• Wiederherstellen (Kosten: 52,8%)	66,01 m²	5.817	**88,12**	9,5
	Wandschlitze schließen (191m), Fehlstellen verputzen (66m²)				
	• Herstellen (Kosten: 42,9%)	–	4.728	**–**	7,7
	Öffnung herstellen, Träger IPE140 einbauen (1St), Türöffnungen schließen (2St)				
	6100-1434 Gästewohnung				
	• Herstellen (Kosten: 100,0%)	36,36 m²	9.043	**248,72**	29,0
	Holzrahmenwände, FJI-Träger, Zellulosedämmung WLG 040, d=200mm, einseitig Holzfaserdämmung WLS 043, d=40mm, einseitig OSB-Schalung, d=20mm, Lattung als Installationsebene (34m²), Türöffnung herstellen, Tonnengewölbe abbrechen, Laibungen beimauern (3m²)				
	6100-1465 Dachgeschosswohnung				
	• Abbrechen (Kosten: 61,8%)	7,33 m²	1.269	**173,08**	6,7
	Abbruch von Drempelwänden (7m²); Entsorgung, Deponiegebühren				
	• Herstellen (Kosten: 38,2%)	–	784	**–**	4,2
	Mauerwerkswände schließen (psch)				
	6100-1609 Dachgeschosswohnung mit Turmzimmer				
	• Herstellen (Kosten: 100,0%)	–	1.248	**–**	1,8
	Kernbohrungen, D=40-120mm (13St)				

KG	Kostengruppe	Menge Einheit	Kosten €	€/Einheit	%
	6200-0092 Tagespflege (12 Plätze)				
	• Abbrechen (Kosten: 100,0%) Abbruch von Mauerwerk (4m²); Entsorgung, Deponiegebühren	4,03 m²	3.696	**917,19**	6,4
	9100-0144 Kulturzentrum (550 Sitzplätze)				
	• Abbrechen (Kosten: 68,3%) Abbruch von Naturstein-Mauerwerk, d=65cm, für Öffnungen (7m²), Schneidearbeiten bis d=65cm (18m); Entsorgung, Deponiegebühren	6,92 m²	11.025	**1.593,44**	5,0
	• Herstellen (Kosten: 31,7%) Stürze einbauen, 5x HEA120, verbolzt, l=1,15-2,15m (2St), Sturz, l=1,01m (1St)	9,14 m²	5.124	**560,76**	2,3
	9100-0168 Schauspielhaus, Zweitspielstätte				
	• Abbrechen (Kosten: 41,0%) Abbruch von Mauerwerk, d bis 62cm (91m²), für Schlitze (18m²), für Auflagertaschen (12m²), Eisenteilen (500St), Betonbauteilen (7m²); Entsorgung, Deponiegebühren	128,92 m²	31.365	**243,29**	2,4
	• Herstellen (Kosten: 59,0%) Mauerwerk, d=24cm (63m²), d bis 60cm (13m²), Stb-Stürze F90, Öffnung bis 1,01m (79St), bis 2,01m (44St), bis 1,51m (8St), Ankerschienen (58m)	75,30 m²	45.044	**598,20**	3,4
	9100-0173 Bibliothek, Lernzentrum				
	• Abbrechen (Kosten: 3,3%) Abbruch von Stb-Wand, d=25cm, für Türöffnung (3m²); Entsorgung, Deponiegebühren	2,53 m²	1.584	**626,16**	0,6
	• Herstellen (Kosten: 96,7%) KS-Mauerwerk, d=20cm (68m²), d=25cm (55m²), Stb-Ringbalken 25x40cmm Schalung, Bewehrung (9m²), Anschlüsse Mauerwerk an Stahlbetonwände, verzinkte Anschluss-schienen, Edelstahlanker (33m), F90 Anschlüsse an Trapezblechdach (23m), Brandschotts (54St)	132,45 m²	47.066	**355,35**	16,8
	9100-0213 Stadtbücherei				
	• Wiederherstellen (Kosten: 100,0%) Türkloben an Holzfachwerk demontieren, lagern, Holznagel kürzen, Stelle nachschleifen, raue Stelle an Riegel schleifen, Kanten fasen, Nagelspitze entfernen, bauseitiges Lesenetz montieren (14h)	–	1.500	**–**	2,2

© **BKI** Baukosteninformationszentrum

KG	Kostengruppe	Menge Einheit	Kosten €	€/Einheit	%
	9100-0215 Stiftsgebäude, Gemeindesaal, Pfarrbüros				
	• Abbrechen (Kosten: 38,2%) Abbruch von Mauerwerk, d=36cm (103m²), Natursteinwänden, d=36cm (7m²), Pfeiler abstemmen, b=40cm (4m); Entsorgung, Deponiegebühren	110,19 m²	55.841	**506,77**	6,2
	• Wiederherstellen (Kosten: 4,3%) Aufzugtüren beidseitig verbreitern, neuen Sturz einbauen, verputzen (3St)	–	6.276	–	0,7
	• Herstellen (Kosten: 57,5%) Ziegelmauerwerk, d=24cm (13m²), Türöffnungen herstellen, Natursteinmauerwerk, d=30-40cm, Stürze (10m²), d=50-60cm (10m²), d=95cm (30m²), Türöffnungen herstellen, Ziegelmauerwerk, d=35cm (1m²), Durchgänge verbreitern, d=30cm (1m²), Wandanschlüsse (40m), Öffnungen schließen (5St)	64,62 m²	84.150	**1.302,22**	9,4
	9700-0038 Kolumbarium				
	• Abbrechen (Kosten: 22,3%) Abbruch von Mauerwerk, d=24cm (19m²), Trennschnitte (11m); Entsorgung, Deponiegebühren	19,20 m²	2.675	**139,33**	2,1
	• Herstellen (Kosten: 77,7%) KS-Mauerwerk, d=17,5cm (34m²), Fertigteilstürze (2St), Türöffnung herstellen, Mauerwerk, d=24cm, Laibungsschnitte, Beton-Fertigteilsturz (2m²), Auflagertaschen herstellen, ausmauern (8St)	36,61 m²	9.304	**254,14**	7,2
342	**Nichttragende Innenwände**				
	1300-0245 Kontorhaus Bürogeschoss				
	• Abbrechen (Kosten: 6,9%) Abbruch von Ziegelmauerwerk, d=12,5cm (psch), GK-Wänden (psch); Entsorgung, Deponiegebühren	–	5.762	–	2,1
	• Herstellen (Kosten: 93,1%) GK-Metallständerwände, d=10cm, Mineralwolldämmung WLS 032 (557m²), F90, d=12,5cm (88m²)	644,63 m²	77.276	**119,88**	27,7
	1300-0312 Büro (7 AP)				
	• Abbrechen (Kosten: 53,9%) Abbruch von Trockenbauwänden (145m²); Entsorgung, Deponiegebühren	145,00 m²	3.522	**24,29**	2,9
	• Herstellen (Kosten: 46,1%) GK-Metallständerwände, d=15cm, OSB-Verstärkung, mit Wasser- und Abwasseranschlüssen (7m²), d=10cm (7m²)	14,21 m²	3.013	**212,05**	2,5

KG	Kostengruppe	Menge Einheit	Kosten €	€/Einheit	%
	1300-0324 Gründerzentrum (20 AP)				
	• Herstellen (Kosten: 100,0%) GK-Wände, d=22-25cm (46m²), d=10cm (16m²), d=15cm (13m²), F30 (8m²), für Installationen (12m²), KS-Mauerwerk, d=11,5cm (7m²), KS-Sturz, d=11,5, h=25cm (1St)	102,71 m²	17.984	**175,10**	13,9
	2200-0053 Seminarräume (343 Sitzplätze)				
	• Abbrechen (Kosten: 59,0%) Abbruch von GK-Wänden, d bis 15cm, doppelt beplankt, mit Tapeten, Beschichtung (1.374m²); Entsorgung, Deponiegebühren	1.373,83 m²	31.379	**22,84**	9,0
	• Herstellen (Kosten: 41,0%) GK-Wände, d=15cm (182m²), mit OSB-Einlage (35m²)	216,91 m²	21.771	**100,37**	6,3
	3100-0020 Arztpraxis für Dermatologie				
	• Abbrechen (Kosten: 24,8%) Abbruch von Innenwänden aus Gipsdielen, Porenbeton, d=100mm (88m²), GK-Wänden, einlagig beplankt (34m²); Entsorgung, Deponiegebühren	121,72 m²	7.454	**61,24**	11,7
	• Herstellen (Kosten: 75,2%) GK-Metallständerwände, d=100mm, beidseitig doppelt beplankt, Spachtelung Q3, Mineralwolldämmung, d=40mm, Schalldämmung Rw mind. 42dB (170m²), d=310mm, mit Versprung auf 100er-Wand (6m²), 90°-Rundungen in GK-Wänden, Radius 600mm (2St), Anschlüsse von GK-Wand zur Fensterfassade, schalldämmend, Stahlblech, lackiert, b=320 und 560mm (2St)	176,29 m²	22.599	**128,19**	35,6
	3100-0022 Orthopädiepraxis (10 AP)				
	• Abbrechen (Kosten: 18,0%) Abbruch von GK-Metallständerwänden (128m²); Entsorgung, Deponiegebühren	127,53 m²	5.396	**42,31**	5,6
	• Herstellen (Kosten: 82,0%) GK-Metallständerwände, d=10cm, Mineralwolldämmung WLS 032 (151m²), im Grundriss gerundet (32m²), halbhoch (11m²)	194,39 m²	24.570	**126,40**	25,7
	3100-0023 Dermatologische Praxis (8 AP)				
	• Abbrechen (Kosten: 3,5%) Abbruch von Mauerwerk für Türöffnung: beidseitig einschneiden, Mauerwerk öffnen (2m²)	2,00 m²	172	**86,12**	0,3
	• Herstellen (Kosten: 96,5%) GK-Metallständerwände, Spachtelung Q2 (9m²), Schließen von Türöffnungen in Bestandswänden, Einpassen einer Metallunterkonstruktion, GK-Beplankung, einlagig, Mineralwolldämmung, Spachtelung Q2 (6m²)	15,04 m²	4.789	**318,42**	8,7

© **BKI** Baukosteninformationszentrum

KG	Kostengruppe	Menge Einheit	Kosten €	€/Einheit	%
	3100-0026 Kinderarztpraxis				
	• Abbrechen (Kosten: 1,7%) Abbruch von Porenbeton-Drempelwand (1St); Entsorgung, Deponiegebühren	–	776	–	0,6
	• Herstellen (Kosten: 98,3%) GK-Wände, d=10cm, beidseitig doppelt beplankt (140m²), in Bogenform (66m²), GK-Doppelständerwand (10m²), GK-Drempelwand (30m²)	245,83 m²	44.928	**182,76**	31,8
	3100-0030 Gemeinschaftspraxis				
	• Abbrechen (Kosten: 11,7%) Abbruch von Metallständerwänden, beidseitig doppelt beplankt, Dämmung (69m²); Entsorgung, Deponiegebühren	69,00 m²	9.234	**133,82**	4,7
	• Herstellen (Kosten: 88,3%) GK-Metallständerwände F90, beidseitig doppelt beplankt (285m²), Glasbausteinwände (30m²), Brandschotts (8St)	315,40 m²	69.657	**220,85**	35,7
	4400-0324 Kindertagesstätte (6 Gruppen, 125 Kinder)				
	GK-Metallständerwände, d=12,5cm, beidseitig doppelt beplankt, Spachtelung Q3, Mineralwolldämmung, d=60mm (616m²), d=25cm, als Doppelständerwand (21m²), d=12,5cm, F90 (17m²), Schließen von Türdurchbrüchen in KS-Mauerwerk, d=11,5cm (2m²), Verstärkungen aus BSH-Platten, d=25mm (418m), zusätzlich verstärkte Ständer (30St), Durchbrüche in GK-Wänden, herstellen, nach Leitungsinstallation wieder schließen, bis 20x20cm (37St), bis 40x40cm (64St)	655,26 m²	94.715	**144,55**	28,4
	5100-0132 Sporthalle, Sozialtrakt Innenbereich				
	• Abbrechen (Kosten: 2,0%) Abbruch von Holztrennwänden (42m²); Entsorgung, Deponiegebühren	41,57 m²	534	**12,84**	0,3
	• Herstellen (Kosten: 98,0%) Metallständerwände, d=10cm, beidseitig einfach beplankt, Mineralwolldämmung, d=60mm (80m²), Installationswände, d=32,5cm (13m²), Gasbeton-Mauerwerk, d=10cm, F90 (1m²), Revisionsöffnungen (17St)	94,11 m²	26.518	**281,77**	16,6
	6100-1308 Dreizimmerwohnung				
	• Abbrechen (Kosten: 10,5%) Abbruch von Mauerwerk, d=11,5cm, für Wandöffnung 81x250cm, Abfangung der darüberliegenden Wand, Trennschnitte (2m²); Entsorgung, Deponiegebühren	2,03 m²	198	**97,71**	1,3
	• Herstellen (Kosten: 89,5%) GK-Metallständerwand, d=100mm, beidseitig doppelt beplankt, Oberfläche Q2 (3m²), Sturzträger IPE 140, für neue Wandöffnung, Auflager vermauern, Verputzen von Wandöffnung, Sturz und Laibungen, Öffnungsmaß 81x250cm, l=1,05m (2m²)	5,03 m²	1.679	**334,04**	10,6

KG	Kostengruppe	Menge Einheit	Kosten €	€/Einheit	%
	6100-1428 Eigentumswohnung				
	• Herstellen (Kosten: 100,0%) Trockenbauwände, OSB-Platten (10m²)	10,00 m²	3.901	**390,14**	6,4
	6100-1434 Gästewohnung				
	• Herstellen (Kosten: 100,0%) GK-Metallständerwände, beidseitig doppelt beplankt, Mineralwolldämmung WLG 040, d=80mm (13m²)	13,26 m²	687	**51,84**	2,2
	6100-1609 Dachgeschosswohnung mit Turmzimmer				
	• Herstellen (Kosten: 100,0%) GK-Ständerwände 53dB, d=12,5cm, beidseitig doppelt beplankt, Dämmung, d=60mm (33m²), GKF-Ständerwand, d=12,5cm, beidseitig doppelt beplankt, Dämmung, d=60mm (6m²), Laibungen in Nischen (41m), Türsturz einbauen (psch)	38,58 m²	13.180	**341,63**	18,7
	6100-1623 Dachgeschosswohnung				
	• Herstellen (Kosten: 100,0%) GK-Metallständerwände, d=10-15cm (34m²)	34,00 m²	4.537	**133,44**	34,6
	6100-1713 Einfamilienhaus				
	• Abbrechen (Kosten: 15,0%) Abbruch von GK-Wand (9m²), Mauerwerk, d bis 28cm (5m²); Entsorgung, Deponiegebühren	14,02 m²	794	**56,66**	2,9
	• Herstellen (Kosten: 85,0%) Öffnungen zumauern (20m²), GK-Wände F30 (23m²)	42,78 m²	4.487	**104,89**	16,6
	6200-0092 Tagespflege (12 Plätze)				
	• Abbrechen (Kosten: 30,1%) Abbruch von Mauerwerk mit Putz, d=24cm (53m²), d=13cm (26m²); Entsorgung, Deponiegebühren	79,00 m²	5.387	**68,19**	9,4
	• Herstellen (Kosten: 69,9%) GK-Metallständerwände, d=10cm, beidseitig doppelt beplankt, Mineralwolldämmung WLG 040, d=40mm (50m²), d=15cm (22m²), KS-Mauerwerk, d=11,5cm (5m²), Türöffnungen herstellen (7St), Revisionsöffnungen (5St)	76,60 m²	12.492	**163,09**	21,7
	7200-0096 Geschäftshaus, Foyer				
	• Abbrechen (Kosten: 100,0%) Abbruch von Trockenbauwand (13m²); Entsorgung, Deponiegebühren	13,00 m²	1.297	**99,79**	11,0

© **BKI** Baukosteninformationszentrum

KG	Kostengruppe	Menge Einheit	Kosten €	€/Einheit	%
	9100-0144 Kulturzentrum (550 Sitzplätze)				
	• Abbrechen (Kosten: 17,7%) Abbruch von Holzständerwänden, Ausmauerungen, d=15-20cm (67m²), Ziegel-Mauerwerk, d=12cm, für Öffnung (2m²); Entsorgung, Deponiegebühren	69,16 m²	11.882	**171,81**	5,4
	• Herstellen (Kosten: 82,3%) GKF-Metallständerwände, d=15cm, beidseitig doppelt beplankt, Mineralwolldämmung, d=80mm (299m²), GKF-Metallständerwände F90, d=15cm, beidseitig doppelt beplankt, Mineralwolldämmung, d=60mm, Rw 54dB (112m²), Weitspannträger (64m)	411,18 m²	55.069	**133,93**	25,1
	9100-0168 Schauspielhaus, Zweitspielstätte				
	• Abbrechen (Kosten: 37,8%) Abbruch von Mauerwerk (379m²), GK-Trennwänden (342m²), Eisenteilen (262St); Entsorgung, Deponiegebühren	721,16 m²	81.785	**113,41**	6,2
	• Herstellen (Kosten: 62,2%) GK-Trennwände, d=15cm (175m²), F90 (191m²), d=20cm (79m²), d=12,5cm (11m²), Mauerwerk, d=17,5cm (89m²), d bis 50cm (37m²)	581,09 m²	134.770	**231,93**	10,3
	9100-0173 Bibliothek, Lernzentrum				
	• Abbrechen (Kosten: 2,6%) Abbruch von GK-Wandscheiben (2St); Entsorgung, Deponiegebühren	–	326	**–**	0,1
	• Herstellen (Kosten: 97,4%) Metallständerwände, d=20cm, beidseitig beplankt, OSB, d=12mm mit GK, d=12,5mm (32m²), schräg zulaufend, d=16-37cm (8m²), F90, d=16cm, Mineralwolldämmung, d=80mm, beidseitig doppelt beplankt (17m²), GK-Holzständerwand, d=10cm, beidseitig doppelt beplankt (17m²), als Metallständerwand (4m²), als Türsturz, h=1,25 (1m²)	78,29 m²	12.464	**159,20**	4,4
	9100-0213 Stadtbücherei				
	• Abbrechen (Kosten: 100,0%) Abbruch von Gefachmauerwerk, d=20cm, Fachwerk abbürsten, schleifen (10m²); Entsorgung, Deponiegebühren	9,64 m²	5.312	**551,07**	7,8
	9100-0215 Stiftsgebäude, Gemeindesaal, Pfarrbüros				
	• Abbrechen (Kosten: 58,9%) Abbruch von Leichtbetonwänden, d=12-15cm (1.263m²), GK-Wänden (36m²), Ziegelmauerwerk, d=24cm (23m²); Entsorgung, Deponiegebühren	1.322,78 m²	133.285	**100,76**	14,9
	• Herstellen (Kosten: 41,1%) GK-Wände, Mineralwolldämmung, d=12,5cm, doppelt beplankt (419m²), Porenbeton-Mauerwerk, d=11,5-30cm (71m²), Wandanschlüsse (37m), Stürze (4m), Durchbrüche schließen, 24x24x10cm (17St), Wanddurchbruch vergrößern, Sturz höher setzen (psch)	489,85 m²	92.986	**189,83**	10,4

KG	Kostengruppe	Menge Einheit	Kosten €	€/Einheit	%
	9700-0038 Kolumbarium				
	• Herstellen (Kosten: 100,0%) KS-Mauerwerk, d=11,5cm (78m²), d=24cm (4m²), Fertigteilstürze (2St), GK-Brüstungswände Q3, beidseitig doppelt beplankt, Stahl-Unterkonstruktion, QR50-80 (33m²), GK-Wände Q3, d=12,5cm, R'w=59dB, beidseitig doppelt beplankt, Mineralwolldämmung, d=60mm (24m²)	140,35 m²	39.863	**284,03**	30,9
343	**Innenstützen**				
	1300-0324 Gründerzentrum (20 AP)				
	• Herstellen (Kosten: 100,0%) Stahlstützen HEA160, mit KS ausmauern (5m)	5,40 m	3.381	**626,03**	2,6
	5100-0132 Sporthalle, Sozialtrakt Innenbereich				
	• Herstellen (Kosten: 100,0%) Stabilisierungsträger HEA120, verzinkt (150kg)	5,40 m	2.375	**439,84**	1,5
	9100-0168 Schauspielhaus, Zweitspielstätte				
	• Abbrechen (Kosten: 3,7%) Abbruch von Stb-Stützen, D=42cm, h=4,00m (32m), 50x50cm, h=3,60m (29m); Entsorgung, Deponiegebühren	61,00 m	8.458	**138,66**	0,6
	• Herstellen (Kosten: 96,3%) Stahlstützen HEM450 (112m), Fußpunkte Träger HEM450 (1.180kg)	112,00 m	218.483	**1.950,74**	16,6
	9100-0173 Bibliothek, Lernzentrum				
	• Herstellen (Kosten: 100,0%) Stb-Stützen 40x25cm, l=1,10m, Schalung, Bewehrung (6m), l=3,70 (4m)	9,20 m	10.615	**1.153,83**	3,8
344	**Innenwandöffnungen**				
	1200-0002 Gerichtsgebäude - Gerichtssaal				
	• Wiederherstellen (Kosten: 100,0%) Eingangstür innenseitig aufarbeiten, patinieren, furnierte Sperrholzplatte, d=8mm aufbringen (2m²)	2,24 m²	3.214	**1.434,85**	19,6
	1300-0245 Kontorhaus Bürogeschoss				
	• Herstellen (Kosten: 100,0%) Holztüren, zweiflüglig, Stahlzargen (9m²), einflüglig (26m²), einflüglig, Holzblockzarge (4m²)	38,74 m²	51.530	**1.330,15**	18,5

© BKI Baukosteninformationszentrum

KG	Kostengruppe	Menge Einheit	Kosten €	€/Einheit	%
	1300-0324 Gründerzentrum (20 AP)				
	• Herstellen (Kosten: 100,0%) Holztüren, Stahlzargen (27m²), Klapptür, vierflüglig (10m²), T30/RS (5m²), Schiebetür, zweiflüglig (4m²), Alu-Windfangtür, einflüglig, barrierefrei, bodentiefe Glasfüllung (4m²), Bodentürpuffer, Edelstahl (12St), Wandtürpuffer, Edelstahl (4St)	49,65 m²	39.673	**799,05**	30,8
	2200-0053 Seminarräume (343 Sitzplätze)				
	• Abbrechen (Kosten: 1,2%) Abbruch von Holztüren (125m²); Entsorgung, Deponiegebühren	125,29 m²	2.285	**18,24**	0,7
	• Wiederherstellen (Kosten: 4,6%) Holzzargen austauschen (4St), reparieren (2St)	12,90 m²	9.089	**704,55**	2,6
	• Herstellen (Kosten: 94,2%) Schiebetorelemente, b=2,22-3,25m, h=2,73m, obere Führungsschienen, Stahlrahmenkonstruktion Rechteckrohre 60x20x2mm, Stahlblechbekleidung, d=1mm, beidseitig vernietet, EPS-Dämmung, d=60mm, Oberfläche kaltgewalzt, blank (88m²), Brandschutztüren T30-RS, zweiflüglig, Vollspantüren, Umfassungszargen (10m²), Holztüren, Vollspaneinlage, Blockzargen, einflüglig (14m²), zweiflüglig (8m²), Führungsschienen, U-Stahlprofile 40x35x5mm (816kg), Polyurethanrad, d=100mm, Führungsrollen, d=25mm (24St), Bodenbuchse, Stopper (24St), Fluchttürsicherungen, Motorantrieb (3St), Magnetkontakte (10St)	120,93 m²	186.040	**1.538,41**	53,5
	3100-0020 Arztpraxis für Dermatologie				
	• Abbrechen (Kosten: 8,4%) Abbruch von Holztüren mit Stahlzargen (10m²), Innenfenster, Holz (9m²); Entsorgung, Deponiegebühren	9,24 m²	902	**97,59**	1,4
	• Wiederherstellen (Kosten: 3,6%) Überholungsbeschichtungen auf Holztüren (7m²), Stahlzargen (2St)	7,09 m²	383	**54,00**	0,6
	• Herstellen (Kosten: 88,0%) Holztüren, Röhrenspaneinlage, Oberfläche Weißlack, Stahlzargen, Lackbeschichtung (11m²), als schalldämmende Türen, 37dB (11m²), Edelstahl-Rosetten-Garnituren (11St)	21,56 m²	9.445	**438,08**	14,9
	3100-0022 Orthopädiepraxis (10 AP)				
	• Wiederherstellen (Kosten: 2,5%) Stahlzarge an Bestandstür tauschen (1St)	–	1.005	**–**	1,1
	• Herstellen (Kosten: 97,5%) Holztüren, einflüglig, Stahlzargen (26m²), mit Oberlicht (15m²)	40,59 m²	38.761	**954,93**	40,6

Objekte
3. Ebene
Positionen Neubau
Positionen Altbau

KG	Kostengruppe	Menge Einheit	Kosten €	€/Einheit	%
	3100-0023 Dermatologische Praxis (8 AP)				
	• Wiederherstellen (Kosten: 21,7%) Stahlumfassungszargen reinigen, grundieren, deckend beschichten (36St), Bestandstüren kürzen, einhängen, auf Gangbarkeit prüfen, Dichtungen wieder einsetzen, Bänder teilweise ersetzen (psch)	64,04 m²	3.140	**49,03**	5,7
	• Herstellen (Kosten: 78,3%) Holztüren, Oberfläche HPL, Stahlumfassungszargen, Beschichtung (4St), Profildoppelzylinder für elektromechanisches Schließsystem (4St), elektromechanische Schlüssel (10St), WC-Drückergarnituren, Edelstahl (6St)	7,82 m²	11.346	**1.450,85**	20,7
	3100-0026 Kinderarztpraxis				
	• Abbrechen (Kosten: 2,2%) Abbruch von Türanlagen T30 (4m²); Entsorgung, Deponiegebühren	4,25 m²	807	**189,84**	0,6
	• Herstellen (Kosten: 97,8%) Alu-Glas-Türelement T30, einflüglige Tür, vier Festfelder, Feststellanlage, elektrischer Türöffner (7m²), Holztüren, beschichtet, Stahlzargen (6m²), mit Vollspaneinlage (17m²), Glastüren, Stahlzargen (4m²), Innenverglasung, fest (1m²), Stahlzargen lackieren (14St)	35,96 m²	35.055	**974,83**	24,8
	3100-0030 Gemeinschaftspraxis				
	• Abbrechen (Kosten: 3,3%) Abbruch von Türen, Stahlzargen (14m²), Türanlage T30 (4m²); Entsorgung, Deponiegebühren	18,04 m²	1.230	**68,20**	0,6
	• Herstellen (Kosten: 96,7%) Glas-Eingangselement, fünfteilig, Drehflügel, Festverglasungen, Ug=4,9W/m²K, Panikschloss (7m²), Zimmertüren, Stahlzargen (20m²), Glastüren, Stahlzargen (4m²), Durchreichen 50x50cm (1m²)	30,23 m²	35.695	**1.180,78**	18,3
	4400-0324 Kindertagesstätte (6 Gruppen, 125 Kinder)				
	Holztüren, Oberfläche HPL, Lichtausschnitte 20x150cm, Klarglas VSG, Stahlzargen, Oberfläche beschichtet, Drückergarnitur Edelstahl (66m²), als T30 RS (82m²), Schiebetür, Oberfläche HPL, vor der Wand laufend, Stahlzarge (2m²), Holzinnenfenster, feststehend, Klarglas VSG (3m²), Stahlrahmen-Türelement, zweiflüglig, Blockzarge, Panikfunktion, elektrischer Türöffner, Drückergarnitur Edelstahl, Stangengriff, Verglasung VSG, OTS (5m²), Schließanlage mit Generalhauptschlüssel, Gruppenschlüssel und Einzelschlüsseln, Schließplan, bis sieben Gruppen (1St), Schließzylinder (71St), Überströmgitter (30St)	157,51 m²	121.898	**773,90**	36,5

© **BKI** Baukosteninformationszentrum

KG	Kostengruppe	Menge Einheit	Kosten €	€/Einheit	%
	5100-0132 Sporthalle, Sozialtrakt Innenbereich				
	• Abbrechen (Kosten: 1,7%) Abbruch von Türen (30m²); Entsorgung, Deponiegebühren	30,10 m²	933	**31,00**	0,6
	• Wiederherstellen (Kosten: 14,7%) Holztüren mit Zargen abschleifen, spachteln, beschichten (23m²), ertüchtigen (20m²), Beschädigungen ausbessern (28m²), Türdichtungen (29m), Türblätter kürzen (6St), Obentürschließer nachrüsten (5St), Drückergarnituren, Schlösser (4St), Stoßbleche, Edelstahl (16St)	70,72 m²	8.308	**117,48**	5,2
	• Herstellen (Kosten: 83,7%) Holztüren, einflüglig, Oberfläche HPL, Vollspaneinlage, Stahlumfassungszargen, Beschichtung (32m²), T30 (2m²), Obentürschließer (5St), Drückergarnituren (16St), Türstopper (14St)	34,02 m²	47.310	**1.390,67**	29,6
	6100-1308 Dreizimmerwohnung				
	• Wiederherstellen (Kosten: 100,0%) Verglasung von Zimmertüren erneuern, durch Einsetzen von VSG 6mm mit matter Folie, verkitten, Verleistung anpassen (3St), historische Holzrahmentüren für Wechsel der Schlagrichtung umbauen, Aussparung und Löcher mit Holz verschließen, verspachteln, neuen Schlosskasten und Beschläge einbauen, eine Bestandstür, eine Altbautür (3m²), Verglasung von Eingangstür freilegen (1St), Türen gang- und schließbar machen (13m²), Drückergarnituren erneuern (6St), Türzarge ausbessern (1St)	12,78 m²	3.995	**312,60**	25,3
	6100-1428 Eigentumswohnung				
	• Abbrechen (Kosten: 1,3%) Abbruch von Türen, Zargen (15St); Entsorgung, Deponiegebühren	–	165	–	0,3
	• Wiederherstellen (Kosten: 87,5%) Türen instandsetzen, Türblätter anpassen (15St), lackieren (44m²)	44,34 m²	11.279	**254,37**	18,4
	• Herstellen (Kosten: 11,2%) Türelement, Glasausschnitte, Drückergarnitur (2m²)	2,03 m²	1.448	**713,08**	2,4
	6100-1434 Gästewohnung				
	• Herstellen (Kosten: 100,0%) Holz-Glastür, Oberlicht (3m²), Holzfenster, Ug=0,5 W/m²K, Festverglasung/Drehkipp (2m²), Holzschiebetür, Oberfläche lackiert (2m²)	6,11 m²	7.064	**1.156,21**	22,7
	6100-1465 Dachgeschosswohnung				
	• Wiederherstellen (Kosten: 100,0%) Türen anpassen (2h), schleifen, Schadstellen ausbessern, lackieren (1St)	–	532	–	2,8

KG	Kostengruppe	Menge Einheit	Kosten €	€/Einheit	%
	6100-1609 Dachgeschosswohnung mit Turmzimmer				
	• Wiederherstellen (Kosten: 0,4%) Wohnungstür innenseitig abschleifen, reinigen, beschichten, Weißlack (2m²)	1,88 m²	103	**54,81**	0,1
	• Herstellen (Kosten: 99,6%) Holzzargen, Holztürblätter, Oberfläche Weißlack (3m²), als Schallschutztüren 37dB (8m²), Tür-Oberlicht (1m²), Kippfenster (1m²), Drückergarnituren (6St)	11,77 m²	24.777	**2.105,13**	35,2
	6100-1623 Dachgeschosswohnung				
	• Herstellen (Kosten: 100,0%) Tür, HPL-beschichtet (1m²)	1,28 m²	412	**321,99**	3,1
	6100-1697 Wohnung, Innenausbau				
	 ESG-Oberlichter in Türrahmen (1m²)	0,66 m²	2.944	**4.461,36**	38,3
	6100-1713 Einfamilienhaus				
	• Wiederherstellen (Kosten: 36,4%) Türen mit Zargen schleifen, vorlackieren, beschichten (11m²), Türzarge demontieren, lagern, anpassen, wieder montieren (2m²), Tür mit Zarge ausbauen, drehen, anpassen, wieder montieren (2m²)	14,45 m²	3.240	**224,24**	12,0
	• Herstellen (Kosten: 63,6%) Schiebetür, Holz (2m²), Holztür, Zarge (4m²), Drückergarnituren (2St)	5,39 m²	5.666	**1.051,20**	21,0
	6200-0092 Tagespflege (12 Plätze)				
	• Abbrechen (Kosten: 10,6%) Abbruch von Türen mit Zargen (24m²); Entsorgung, Deponiegebühren	24,20 m²	808	**33,38**	1,4
	• Wiederherstellen (Kosten: 6,5%) Türblatt, Glasausschnitt herstellen, VSG, d=6mm (1St)	–	497	**–**	0,9
	• Herstellen (Kosten: 82,9%) Holztüren, Röhrenspaneinlage, Oberfläche Weißlack, Holzzargen, Beschläge (16m²), Kunststofffenster, festverglast (2m²), Wandtürpuffer (5St)	18,23 m²	6.351	**348,37**	11,0
	9100-0144 Kulturzentrum (550 Sitzplätze)				
	• Herstellen (Kosten: 100,0%) Alu-Glas-Türelement (6m²), Alu-Glas-Fensterelement (6m²), Innentürblätter, Stahlzargen (21m²), Stahltüren T30RS (7m²), Holztüren, HPL-beschichtet (6m²)	52,34 m²	53.294	**1.018,17**	24,3

© **BKI** Baukosteninformationszentrum

KG	Kostengruppe	Menge Einheit	Kosten €	€/Einheit	%
	9100-0158 Bibliothek				
	• Abbrechen (Kosten: 1,1%)	–	212	–	0,4
	Abbruch von Ziernägeln in Holzbekleidungen, Löcher schließen (psch); Entsorgung, Deponiegebühren				
	• Wiederherstellen (Kosten: 98,9%)	14,58 m²	18.335	**1.257,54**	31,5
	Austausch von Verglasungen, VSG (8m²), in Windfangelementen (3St), in Türen (1m²), Holztüren, -rahmen schleifen, lackieren (6m²), Stahltüren (2St)				
	9100-0168 Schauspielhaus, Zweitspielstätte				
	• Abbrechen (Kosten: 1,4%)	218,30 m²	5.495	**25,17**	0,4
	Abbruch von Holz-/Metalltüren, Zargen (218m²); Entsorgung, Deponiegebühren				
	• Wiederherstellen (Kosten: 3,0%)	13,20 m²	11.558	**875,58**	0,9
	Rahmenhölzer neu herstellen, Ornamentverglasung reinigen, verkitten, fehlendes Ornamentglas, ESG, ersetzen, Beschichtung anschleifen, grundieren, beschichten (13m²)				
	• Herstellen (Kosten: 95,5%)	180,12 m²	364.809	**2.025,37**	27,8
	Holztüren, Holzzargen (61m²), T30 (20m²), Stahltüren T30 RS, Stahlzargen (26m²), zweiflüglig (32m²), Metallrahmentüren, Metallzargen (13m²), T30 (7m²), Rolltore, Stahl, Motorantrieb (18m²), Schiebetür (3m²), Beschichtung Stahltüren, Zargen (333m²), Bodentürpuffer (9St), Wandpuffer (9St)				
	9100-0173 Bibliothek, Lernzentrum				
	• Abbrechen (Kosten: 3,4%)	1,85 m²	224	**120,88**	< 0,1
	Abbruch von Holztür, Stahlzarge (2m²); Entsorgung, Deponiegebühren				
	• Herstellen (Kosten: 96,6%)	6,29 m²	6.403	**1.018,01**	2,3
	Holztüren, HPL-beschichtet, Stahlzargen (4m²), Stahltür T30-RS, Stahlzarge, beschichtet (2m²), Bodentürpuffer (4St)				
	9100-0213 Stadtbücherei				
	• Abbrechen (Kosten: 0,8%)	2,15 m²	190	**88,39**	0,3
	Abbruch von Brandschutztür, Stahlzarge, Holztürblatt (2m²); Entsorgung, Deponiegebühren				
	• Wiederherstellen (Kosten: 7,1%)	5,90 m²	1.601	**271,28**	2,3
	Obentürschließer ersetzen (1St), Türzargen überarbeiten, beschichten (3St), Einbauen von Türabsenkdichtung (1St), Stahlzargenabdichtung (1St), Türdichtung (4m), Wechselgarnitur ersetzen (2St), WC-Garnitur ersetzen (1St)				
	• Herstellen (Kosten: 92,1%)	9,36 m²	20.862	**2.228,84**	30,5
	Glas-Doppelschiebetür, Fluchtwegantrieb (7m²), Holztür, Stahlzarge T30 RS, beschichtet, automatischer Drehflügelantrieb (2m²)				

KG	Kostengruppe	Menge Einheit	Kosten €	€/Einheit	%
	9100-0215 Stiftsgebäude, Gemeindesaal, Pfarrbüros				
	• Abbrechen (Kosten: 5,8%) Abbruch von Holztüren, teilweise verglast, Umfassungszargen (104m²), Stahltüren (20m²), Türanschlag in Naturstein, t=10cm (3m); Entsorgung, Deponiegebühren	124,00 m²	13.935	**112,38**	1,6
	• Herstellen (Kosten: 94,2%) Holztüren, Röhrenspaneinlage, Stahlzargen (23m²), mit Oberlicht (13m²), Ganzglastüren, Blockzargen (5m²), Blockrahmentüren, Massivholzrahmen (40m²), Brandschutztüren T30 RS (8m²), elektromechanisches Drehtürsystem (1St), Automatik-Drehtürantriebe (2St), Obentürschließer (12St), Türschließer, verdeckt (6St), externe Rauchschalterzentrale (3St), Drückergarnituren (40St), Paniktürverschlüsse (9St), Bodentürstopper (17St), Beschichtung Stahlzargen (26St), Folienbeklebungen (4St)	88,22 m²	225.644	**2.557,75**	25,1
	9700-0038 Kolumbarium				
	• Abbrechen (Kosten: 3,1%) Abbruch von Holztüren (17m²), Stahl-Glastüren (11m²); Entsorgung, Deponiegebühren	27,89 m²	1.105	**39,61**	0,9
	• Wiederherstellen (Kosten: 1,3%) Stahlzargen prüfen, lose Beschichtung entfernen, neu beschichten (10m²)	10,06 m²	468	**46,49**	0,4
	• Herstellen (Kosten: 95,6%) Holztüren, Röhrenspaneinlage, Oberfläche HPL, Stahlzargen (9m²), mit Schallschutzeinlage (2m²), mit Vollspaneinlage (2m²), Holztürblätter, Röhrenspaneinlage, Oberfläche HPL (6m²), Stahltüren T30 RS, pulverbeschichtet, Stahlzargen (5m²), Ganzglastürblatt (2m²), Stahlgittertür, Flachstahlrahmen 60x12mm, horizontale Füllstäbe 60x4mm, Kastenschloss (2m²)	29,64 m²	34.021	**1.147,81**	26,4
345	**Innenwandbekleidungen**				
	1200-0001 Gerichtsgebäude - Eingangsbereich				
	• Herstellen (Kosten: 100,0%) Grundierung, Spachtelung, Dispersionsbeschichtung (161m²)	160,66 m²	10.855	**67,56**	100,0
	1200-0002 Gerichtsgebäude - Gerichtssaal				
	• Abbrechen (Kosten: 7,0%) Abbruch von Tapeten (73m²); Entsorgung, Deponiegebühren	73,00 m²	926	**12,69**	5,6
	• Wiederherstellen (Kosten: 52,7%) Historische Wandvertäfelung aufarbeiten, Fehlstellen ausbessern (47m²)	47,00 m²	6.954	**147,95**	42,4
	• Herstellen (Kosten: 40,3%) Grundierung, Spachtelung, Malervlies, Silikonharz-Beschichtung (73m²)	73,00 m²	5.316	**72,82**	32,4

© **BKI** Baukosteninformationszentrum

KG	Kostengruppe	Menge Einheit	Kosten €	€/Einheit	%
	1300-0228 Bürogebäude, Eingangsbereiche				
		198,42 m²	211.811	**1.067,49**	78,7
	Wandbekleidungen, raumhoch, schuppenförmig, geteilt in sechs horizontale Bänder übereinander, Einzelelemente 60x120cm, Vorderseite Mineralwerkstoff, Rückseite Trockenbau, Oberfläche Q2, Türüberbauten, Edelstahl-Sockelblenden (151m²), Türanschlüsse mit Metallschwertern, d=8mm, einbrennlackiert (99m), Wandbekleidungen, raumhoch, Oberfläche Mineralwerkstoff, Edelstahl-Sockelblenden (48m²)				
	1300-0245 Kontorhaus Bürogeschoss				
	• Herstellen (Kosten: 100,0%)	1.289,34 m²	73.303	**56,85**	26,3
	Grundierung, Dispersionsbeschichtung (1.254m²), Malervlies (973m²), GK-Vorsatzschalen, d=7,5cm (202m²), Grundierung, Wandfliesen 45x45cm (36m²)				
	1300-0312 Büro (7 AP)				
	• Abbrechen (Kosten: 3,7%)	11,00 m²	855	**77,75**	0,7
	Abbruch von Putz (11m²); Entsorgung, Deponiegebühren				
	• Herstellen (Kosten: 96,3%)	270,28 m²	22.440	**83,02**	18,5
	MDF-Bekleidung (75m²), GKB-Platten (24m²), Faserplatten (16m²), Überholungsbeschichtung, Acrylfugen (155m²)				
	1300-0324 Gründerzentrum (20 AP)				
	• Abbrechen (Kosten: 0,8%)	99,00 m²	374	**3,78**	0,3
	Abbruch von Tapete (99m²); Entsorgung, Deponiegebühren				
	• Herstellen (Kosten: 99,2%)	790,51 m²	44.935	**56,84**	34,8
	GK-Vorsatzschalen (50m²), GK-Bekleidungen (36m²), Innenputz Q2 (30m²), Spachtelung, Malervlies, Dispersionsbeschichtung (747m²), Latexbeschichtung (21m²), Wandbekleidung, Linoleum (19m²), Spiegel, fliesenbündig (3m²)				

KG	Kostengruppe	Menge Einheit	Kosten €	€/Einheit	%
	2200-0053 Seminarräume (343 Sitzplätze)				
	• Abbrechen (Kosten: 7,1%)	153,00 m²	6.894	**45,06**	2,0
	Abbruch von GK-Verkofferungen, d=4cm, doppelt beplankt (61m²), Wandputz, Tapeten, Beschichtung (93m²), Trennschnitte (324m); Entsorgung, Deponiegebühren				
	• Wiederherstellen (Kosten: 18,8%)	262,30 m²	18.240	**69,54**	5,2
	Altputz ausbessern, d=20mm, Oberflächen glätten, spachteln (262m²), Schlitze schließen (75m)				
	• Herstellen (Kosten: 74,1%)	2.854,80 m²	71.958	**25,21**	20,7
	GK-Vorsatzschalen, einlagig (56m²), GK-Verkofferung Stützen, d=60cm (7m), Laibungen, d bis 25cm (76m), Elektroschlitze schließen (171m), Grundierung, Fleckspachtelung (728m²), Dispersionsbeschichtung (967m²), Überholungsbeschichtung auf Bestandsputz (1.134m²), an Stützen, Abwicklung bis 1,00m (96m), Spachtelung, Glasfasertapete (119m²), Eckschienen (807m)				
	3100-0020 Arztpraxis für Dermatologie				
	• Abbrechen (Kosten: 16,9%)	65,21 m²	2.965	**45,47**	4,7
	Abbruch von Tapete und anhaftenden Kleberrückständen (62m²), Wandfliesen (3m²), Rohrverkleidungen (3St), Pfeilerverkleidung, asbesthaltig (1St); Entsorgung, Deponiegebühren				
	• Herstellen (Kosten: 83,1%)	342,06 m²	14.620	**42,74**	23,0
	Grundierung, Malervlies, Dispersionsbeschichtung (335m²), GK-Stahlstützenbekleidung F90, h=2,68m (5m²), HPL-Bekleidung hinter Waschtisch, winkelförmig, Ablage 100mm (2m²), Untergrund mit Spachtelmasse egalisieren, abschleifen (62m²), GK-Schachtverkleidung F90, freistehend, d=100mm, dreiseitig, zweilagig beplankt, Abwicklung 40/120/40cm (6m²), GK-Verkofferungen, zwei-/dreiseitig, einlagig beplankt, Abwicklung bis 90cm (13m²)				
	3100-0022 Orthopädiepraxis (10 AP)				
	• Abbrechen (Kosten: 2,2%)	97,66 m²	552	**5,65**	0,6
	Abbruch von Tapeten (98m²), an Stütze (5m); Entsorgung, Deponiegebühren				
	• Herstellen (Kosten: 97,8%)	648,32 m²	24.206	**37,34**	25,3
	Spachtelung, Grundierung, Malervlies, Beschichtung (668m²), in Laibungen (66m), an Stütze (5m), GK-Vorsatzschalen, d=7,5cm (53m²), Wandfliesen 30x60cm (13m²)				
	3100-0023 Dermatologische Praxis (8 AP)				
	• Herstellen (Kosten: 100,0%)	1.340,00 m²	27.814	**20,76**	50,8
	Reinacrylatbeschichtung (1.340m²), Untergrund vollflächig glätten, Zwischenschliff, Oberfläche Q3 (201m²), Acrylfugen (953m)				

© **BKI** Baukosteninformationszentrum

KG	Kostengruppe	Menge Einheit	Kosten €	€/Einheit	%
	3100-0026 Kinderarztpraxis				
	• Herstellen (Kosten: 100,0%)	604,30 m2	50.919	**84,26**	36,1
	Spachtelung Q3, Glasgewebe, desinfektionsmittelbeständige Beschichtung (588m2), Wandfliesen (17m2), GK-Verkofferungen (37m), GKF-Verkofferungen, F90, an Stützen (48m), F90-Bekleidungen (1St), Trockenputz (12m2), GK-Vorsatzschale (7m2), mit Ablagen (1St), Revisionsklappen (9St)				
	3100-0030 Gemeinschaftspraxis				
	• Abbrechen (Kosten: 2,5%)	–	1.647	–	0,8
	Abbruch von F90 Bekleidung (50m), Wandfliesen (8m2); Entsorgung, Deponiegebühren				
	• Herstellen (Kosten: 97,5%)	844,50 m2	64.399	**76,26**	33,0
	Grundierung, Spachtelung, Glasvlies (822m2), an Laibungen (54m), Trockenputz, Wandfliesen (23m2), GK-Vorsatzschalen (8m2), GK-Verkofferungen (79m), F90 (1St)				
	4400-0324 Kindertagesstätte (6 Gruppen, 125 Kinder)				
		1.862,31 m2	104.383	**56,05**	31,3
	Gipsputz (872m2), Kalkzementputz (128m2), Malervlies (1.444m2), Dispersionsbeschichtung (1.674m2), Reinacrylatbeschichtung als Schlussbeschichtung (346m2), Flächenabdichtung (176m2), Wandfliesen (171m2), Mosaikfliesen (9m2), als Bordüre, zweireihig (101m), Spiegel, flächenbündig (3m2), GK-Vorsatzschalen, doppelt beplankt (41m2), GK-Verkofferungen (32m2), Revisionsklappen (19St)				
	5100-0132 Sporthalle, Sozialtrakt Innenbereich				
	• Herstellen (Kosten: 100,0%)	435,46 m2	35.684	**81,94**	22,3
	GK-Vorsatzschalen, d=150-250mm, einseitig beplankt, Mineralwolldämmung, d=60mm (32m2), als Brandschutzbekleidung F30-F90 (19m2), Grundierung, Spachtelung, Latexbeschichtung (296m2), Abdichtung mit zementärer Dichtschlämme (53m2), Wandfliesen 10x10cm (133m2), Kristallspiegel, fliesenbündig (6m2)				

KG	Kostengruppe	Menge Einheit	Kosten €	€/Einheit	%
	6100-1308 Dreizimmerwohnung				
	• Abbrechen (Kosten: 12,9%) Abbruch von Wandfliesen (17m²), Fliesenspiegel Küche (14m²); Entsorgung, Deponiegebühren	30,82 m²	1.165	**37,79**	7,4
	• Wiederherstellen (Kosten: 47,8%) Wandflächen spachteln, schleifen, Dispersionsanstrich (156m²), freigelegten Fliesenspiegel reinigen (14m²), Fliesen ausbessern: 22 Wandfliesen, 13 Einleger und 8 Eckfliesen, Dickbett (1m²), Türumrahmung erneuern, Holz (6m)	171,63 m²	4.311	**25,12**	27,3
	• Herstellen (Kosten: 39,2%) Kalkzementputz (7m²), Fehlstellen beiputzen, bis 0,25m² (23St), Wandschlitze verputzen, Oberfläche an Bestand anarbeiten, Breite bis 10cm (52m), Breite bis 25cm (6m), Flächenabdichtung (4m²), Wandfliesen 60x30cm (7m²), GK-Vorwandinstallation (1m²), Untergrund aufdoppeln, d=1cm (1m²), Duschtasse untermauern (1St)	6,81 m²	3.537	**519,37**	22,4
	6100-1428 Eigentumswohnung				
	• Abbrechen (Kosten: 8,3%) Abbruch von Tapeten (445m²), Heizkörperbekleidungen (5St); Entsorgung, Deponiegebühren	445,00 m²	2.787	**6,26**	4,5
	• Wiederherstellen (Kosten: 2,5%) Historische Wandfliesen aufarbeiten (10h)	–	850	**–**	1,4
	• Herstellen (Kosten: 89,1%) Grundierung, Spachtelung, Malervlies, Beschichtung (430m²), Spachtelung, Abdichtung, Wandfliesen (16m²), Fliesensockel (14m), Vorsatzschalen, raumhoch (6m²), für Rohrleitungen (14m)	446,00 m²	29.799	**66,81**	48,7
	6100-1434 Gästewohnung				
	• Herstellen (Kosten: 100,0%) Holzbekleidung, Unterkonstruktion (38m²), GK-Bekleidung, zweilagig (31m²), GK-Vorsatzschalen (2m²), Beschichtung (39m²), Wandfliesen 10x10cm (18m²)	94,79 m²	3.896	**41,10**	12,5
	6100-1465 Dachgeschosswohnung				
	• Abbrechen (Kosten: 13,9%) Abbruch von Vorwänden (13m²); Entsorgung, Deponiegebühren	13,08 m²	2.256	**172,50**	12,0
	• Herstellen (Kosten: 86,1%) GK-Vorwände, d=130mm (14m²), Schallschutzwand, Mineralwolldämmung WLG 040, d=40-100mm (11m²), Schlitze verputzen (18m), Grundierung, Silikatbeschichtung (111m²), Beschichtung mit Magnetfarbe (1m²)	111,25 m²	13.965	**125,52**	74,3

© **BKI** Baukosteninformationszentrum

KG	Kostengruppe	Menge Einheit	Kosten €	€/Einheit	%
	6100-1609 Dachgeschosswohnung mit Turmzimmer				
	• Abbrechen (Kosten: 6,7%) Abbruch von GK-Vorsatzschalen (psch); Entsorgung, Deponiegebühren	–	2.078	–	3,0
	• Herstellen (Kosten: 93,3%) Innenputz (86m²), Schornsteintiefenimprägnierung (1St), Abdichtung (17m²), Wandfliesen (26m²), GK-Vorsatzschalen, d=12,5cm, doppelt beplankt, Dämmung, d=40mm (55m²), GK-Verkofferungen, zwei-dreiseitig, doppelt beplankt, Dämmung, d=40mm (18m), Dispersionsbeschichtung (139m²)	165,56 m²	28.992	**175,11**	41,2
	6100-1623 Dachgeschosswohnung				
	• Herstellen (Kosten: 100,0%) GK-Bekleidung (15m²), Beschichtung (95m²), Abdichtung, Wandfliesen 60x30cm (12m²)	106,13 m²	8.157	**76,86**	62,2
	6100-1697 Wohnung, Innenausbau				
	Eckprofile, Spachtelung, Beschichtung (100m²)	99,58 m²	4.747	**47,67**	61,7
	6100-1713 Einfamilienhaus				
	• Abbrechen (Kosten: 8,8%) Abbruch von Wandfliesen (20m²); Entsorgung, Deponiegebühren	20,22 m²	1.130	**55,90**	4,2
	• Herstellen (Kosten: 91,2%) GK-Vorsatzschalen, d=11,5-15cm (14m²), GK-Wand als Aufdopplung zur Schallschutzverbesserung, d=11,5cm (15m²), GK-Verkofferung für Schiebetür (1St), Spachtelung (32m²), Malervlies (14m²), Dispersionsbeschichtung (195m²), Vliestapete (3m²), Wandfliesen (16m²)	214,17 m²	11.698	**54,62**	43,3
	6200-0092 Tagespflege (12 Plätze)				
	• Abbrechen (Kosten: 7,1%) Abbruch von Wandfliesen (41m²), Vorsatzschalen (8m²), Tapeten (205m²); Entsorgung, Deponiegebühren	245,98 m²	1.822	**7,41**	3,2
	• Herstellen (Kosten: 92,9%) GK-Vorsatzschalen, d=20cm, doppelt beplankt, Mineralwolldämmung WLG 040, d=40mm (27m²), Spachtelung (439m²), Wandfliesen 10x10cm (62m²), an Laibungen (14m), Malervlies, Dispersionsbeschichtung (360m²), an Laibungen (34m), Tapeten (13m²)	435,34 m²	23.909	**54,92**	41,6
	7200-0096 Geschäftshaus, Foyer				
	• Herstellen (Kosten: 100,0%) Dispersionsbeschichtung (116m²), getönt (257m²), GK-Verkofferung, Q3 (5m), Säulenfüße lackieren, h=30cm, D=66cm (1m²), GK-Beplankung, Q3 (8m²)	373,86 m²	10.468	**28,00**	89,0

KG	Kostengruppe	Menge Einheit	Kosten €	€/Einheit	%
	7200-0105 Gründerzentrum (17 AP), Gastronomie				
		30,00 m²	4.295	**143,17**	100,0
	Wandbekleidung, Dreischichtparkett, Eiche geölt, vollflächig verklebt (30m²)				
	7300-0094 Gastronomie Werkstattgebäude (66 Sitzplätze)				
		805,95 m²	17.647	**21,90**	100,0
	Dispersionsbeschichtung (611m²), Acrylfugen (185m), Tapeten, Schutzbeschichtung (20m²), Wandverkofferung, zweiseitig, h bis 4,00m (20m), GK-Verkofferung, Geschirrwagen (1St), Wandbeschriftungen (3St)				
	9100-0144 Kulturzentrum (550 Sitzplätze)				
	• Abbrechen (Kosten: 8,9%)	199,00 m²	6.485	**32,59**	3,0
	Abbruch von Putz, HWL-Platten (134m²), Kalkzementputz (55m²), Wandfliesen (10m²); Entsorgung, Deponiegebühren				
	• Wiederherstellen (Kosten: 12,3%)	–	8.944	**–**	4,1
	Stahlstützen, lose Beschichtungen entfernen durch Trockeneisstrahlen, farblos beschichten, gegen Flugrost (24St), farbig lackieren (3St)				
	• Herstellen (Kosten: 78,8%)	917,80 m²	57.377	**62,52**	26,1
	Mörtelfugen auskratzen (114m²), Vorspritzmörtel, Egalisierungsschicht, Salzspeicherputz, glatt gerieben, fertige Oberfläche (152m²), GK-Vorsatzschalen (60m²), Wandfliesen (123m²), Dispersionsbeschichtung (643m²), Stahlzargen beschichten (15St)				
	9100-0158 Bibliothek				
	• Abbrechen (Kosten: 2,2%)	18,09 m²	784	**43,35**	1,3
	Abbruch von Holz-Wandbekleidungen (18m²); Entsorgung, Deponiegebühren				
	• Wiederherstellen (Kosten: 11,0%)	41,41 m²	3.922	**94,71**	6,7
	Holzbekleidungen schleifen, Beschädigungen ausbessern, lackieren (41m²)				
	• Herstellen (Kosten: 86,8%)	332,04 m²	30.857	**92,93**	53,0
	Spachtelung, Malervlies, Dispersionsbeschichtung (332m²), Putz (25m²), GK-Bekleidung, zweilagig (9m²)				

© **BKI** Baukosteninformationszentrum

KG	Kostengruppe	Menge Einheit	Kosten €	€/Einheit	%
	9100-0168 Schauspielhaus, Zweitspielstätte				
	• Abbrechen (Kosten: 37,9%)	4.645,51 m²	141.887	**30,54**	10,8
	Abbruch von Kalkzementputz (1.011m²), Beschichtungen (1.877m²), Tapeten (1.092m²), Wandfliesen (258m²), Vorsatzschalen (247m²), Spiegel (60m²), bewehrten Gipsschalen (101m²), Stahlteilen (1.896kg); Entsorgung, Deponiegebühren				
	• Herstellen (Kosten: 62,1%)	2.455,78 m²	232.728	**94,77**	17,7
	Kalkzementputz (1.165m²), Spachtelung (1.743m²), Grundierung (1.296m²), Dispersionsbeschichtung (2.204m²), Wandfliesen (160m²), Grundierung, Brandschutzbeschichtung an Stürzen, Überzugslack (92m²), Vorsatzschalen (90m²), mit Akustikplatten (204m²)				
	9100-0173 Bibliothek, Lernzentrum				
	• Abbrechen (Kosten: 2,1%)	16,00 m²	745	**46,59**	0,3
	Abbruch von Holzbekleidung (16m²); Entsorgung, Deponiegebühren				
	• Wiederherstellen (Kosten: 8,1%)	141,55 m²	2.902	**20,50**	1,0
	Wandflächen aus Beton oder Gipsputz abbürsten, abkehren, lose Stellen entfernen, grundieren, spachteln, schleifen (142m²)				
	• Herstellen (Kosten: 89,8%)	441,03 m²	32.033	**72,63**	11,4
	Gipsputz (250m²), Innenputz, mehrlagig (25m²), GK-Vorsatzschalen, d=10cm, doppelt beplankt, einseitig, Q3 (81m²), d=7,5cm, dreiseitig (16m²), dreiseitig beplankt, OSB, d=12mm, GK, d=12,5mm (22m²), GK-Schacht 30x40cm, zweiseitig doppelt beplankt (4m²), GK-Bekleidung, zweilagig, einseitig (18m²), GK-Abkofferung (13m²), Dispersions-Silikatbeschichtung (441m²)				
	9100-0213 Stadtbücherei				
	• Wiederherstellen (Kosten: 14,1%)	144,98 m²	1.598	**11,02**	2,3
	Glasfasertapete prüfen, säubern, Dispersionsbeschichtung (145m²)				
	• Herstellen (Kosten: 85,9%)	137,58 m²	9.708	**70,56**	14,2
	vorh. Glasfasertapete spachteln, Q3 (113m²), an Stützen (10St), Dispersionsbeschichtung (138m²)				

KG	Kostengruppe	Menge Einheit	Kosten €	€/Einheit	%
	9100-0215 Stiftsgebäude, Gemeindesaal, Pfarrbüros				
	• Abbrechen (Kosten: 11,2%) Abbruch von Tapeten (337m²), Putz (145m²), in Laibungen, t bis 105cm (69m²), Dispersionsbeschichtung (500m²), Mineralwolldämmung (79kg), Wandfliesen (65m²), GK-Vorsatzschalen, d=12mm (95m²), mit Holz-Unterkonstruktion (47m²); Entsorgung, Deponiegebühren	1.258,29 m²	29.197	**23,20**	3,3
	• Wiederherstellen (Kosten: 8,7%) Altputze entfernen, Schadstellen spachteln, Sanierputz, Malervlies, Dispersionsbeschichtung (126m²), nichttragende Beschichtungen entfernen, Haftputz, Putzträgerplatten, Sanierputz Q2 (49m²), Unebenheiten spachteln, Eckschutzschienen, Gipsputz, t=5mm, Q2 (50m²)	224,91 m²	22.593	**100,45**	2,5
	• Herstellen (Kosten: 80,2%) Grundierung, Kalk-Gipsputz, armiert, Q3 (324m²), an Laibungen (64m), GK-Vorsatzschalen (145m²), mit OSB verstärkt (24m²), mit Feuerschutzplatten (18m²), Wandanschlüsse (46m), Nische 1,71x0,80m, t=23cm (1St), GK-Verkofferungen, Abwicklung 50cm (18m), Malervlies (922m²), Dispersionsbeschichtung (1.990m²), in Laibungen, t<80cm (250m), Abdichtung, Wandfliesen 30x60cm (16m²)	2.005,16 m²	209.273	**104,37**	23,3
	9700-0038 Kolumbarium				
	• Abbrechen (Kosten: 1,6%) Abbruch von Beschichtung (16m²), Wandfliesen (8m²); Entsorgung, Deponiegebühren	23,80 m²	535	**22,48**	0,4
	• Wiederherstellen (Kosten: 18,7%) Putzflächen prüfen, Schadstellen markieren, Fehlstellen ausbessern (181m²), schalldurchlässige Beschichtung reinigen, lose Partikel entfernen, neu beschichten (24m²)	204,18 m²	6.144	**30,09**	4,8
	• Herstellen (Kosten: 79,6%) Zement-Ausgleichsputz (62m²), Zementputz (168m²), Kalkzementputz, Gewebeeinlage (33m²), GK-Vorsatzschalen (12m²), KS-Vormauerungen, d=11,5cm (2m²), Silikatbeschichtung (456m²), Wandfliesen (14m²), Spiegel, fliesengleich (1m²)	470,80 m²	26.115	**55,47**	20,3
346	**Elementierte Innenwandkonstruktionen**				
	1300-0228 Bürogebäude, Eingangsbereiche				
	Trockenbauwand, im Grundriss gerundet, mit Holztür und Stahlzarge, schuppenförmige Wandbekleidung, geteilt in sechs horizontale Bänder übereinander, Vorderseite Mineralwerkstoff, Rückseite Trockenbau, Oberfläche Q2, Edelstahl-Sockelblende (24m²), Trockenbauwand, Vorderseite Mineralwerkstoff, Rückseite Trockenbau, Oberfläche Q2, Einbau von Bildschirm in Edelstahlrahmen, rückseitig Verkabelungs- und Revisionsmöglichkeiten, Deckenanschluss mit Schattenfuge, Edelstahl-Sockelblende (7m²), gebogene Glaswand, h=1,80m (4m²)	34,53 m²	57.218	**1.657,07**	21,3

© **BKI** Baukosteninformationszentrum

KG	Kostengruppe	Menge Einheit	Kosten €	€/Einheit	%
	1300-0245 Kontorhaus Bürogeschoss				
	• Herstellen (Kosten: 100,0%) Glastrennwände, d=10mm, Türen (134m²)	134,43 m²	71.146	**529,24**	25,5
	1300-0312 Büro (7 AP)				
	• Herstellen (Kosten: 100,0%) Stahl-Glaselemente, Sprossenrahmen aus Flach- und Vierkantstahl, ESG: Trennwandelemente, zwölfteilig, Schallschutzfolie (21m²), Türelemente, Flügel dreiteilig, Schallschutzfolie, absenkbare Bodendichtung (8m²)	39,77 m²	91.500	**2.300,74**	75,4
	1300-0324 Gründerzentrum (20 AP)				
	• Herstellen (Kosten: 100,0%) Sanitärtrennwände, Vollspanplatten, Oberfläche HPL, Vorderwände mit Tür (11m²), mit Seitenwand (5m²), Urinal-Sichtschutztrennwand (1m²)	17,19 m²	4.260	**247,83**	3,3
	3100-0020 Arztpraxis für Dermatologie				
	• Herstellen (Kosten: 100,0%) Glaswand ESG 12mm, als Ganzglassystem in flächenbündigen Boden- und Deckenprofilen, mattierter Sichtschutzstreifen im unteren Bereich, Logo ausgespart, h=2,60cm (8m²)	7,80 m²	5.098	**653,56**	8,0
	3100-0023 Dermatologische Praxis (8 AP)				
	• Herstellen (Kosten: 100,0%) Trennwände für Wechselkabinen, h=2,00m, vier Türen, Mittelwand (14m²), Dreier-Kabinenanlage, Durchgänge mit Vorhängen (10m²)	24,09 m²	6.189	**256,91**	11,3
	4400-0324 Kindertagesstätte (6 Gruppen, 125 Kinder)				
	WC-Trennwände, HPL-Vollkernplatten, d=13mm, h=1,40m, zehn Türen (23m²), h=2,00m, eine Tür (3m²)	26,00 m²	8.427	**324,11**	2,5
	6100-1434 Gästewohnung				
	• Herstellen (Kosten: 100,0%) Holz-Fensterwand, achtteilig, sieben Festverglasungen, Drehkipptür (13m²)	13,25 m²	10.456	**789,15**	33,6
	6200-0092 Tagespflege (12 Plätze)				
	• Abbrechen (Kosten: 100,0%) Abbruch von WC-Trennwänden mit Türen (24m²); Entsorgung, Deponiegebühren	23,50 m²	519	**22,11**	0,9

KG	Kostengruppe	Menge Einheit	Kosten €	€/Einheit	%
	9100-0144 Kulturzentrum (550 Sitzplätze)				
	• Herstellen (Kosten: 100,0%) Sanitär-Trennwände, Vollspanplatten (31m²), Türen (8St)	30,92 m²	5.236	**169,35**	2,4
	9100-0168 Schauspielhaus, Zweitspielstätte				
	• Herstellen (Kosten: 100,0%) WC-Trennwandanlagen: Vorderfronten, Türen, Trennwände (17m²)	17,44 m²	3.401	**195,03**	0,3
	9100-0173 Bibliothek, Lernzentrum				
	• Abbrechen (Kosten: 2,8%) Abbruch von Metall-Glaselement mit Schiebetür (23m²); Entsorgung, Deponiegebühren	23,06 m²	4.687	**203,27**	1,7
	• Herstellen (Kosten: 97,2%) Alu-Pfosten-Riegel-Fassaden, ein- bis sechsteilig, Festverglasungen, Oberlichter Blindpaneel, zwei Eckpaneel, eine Alu-Rahmentür (53m²), Unterkonstruktion Innenfassade, Stahl-Hohlprofile 100x100x6,3mm (49m), Alu-Rahmentür T30-RS, zweiflüglig, Feststellanlage, OTS, Rauchmelder (7m²), Festverglasung F90 (3m²), Sichtschutzfolie (7m²)	63,55 m²	161.766	**2.545,49**	57,6
	9100-0213 Stadtbücherei				
	• Wiederherstellen (Kosten: 100,0%) Schlupftürelement in mobiler Trennwand austauschen, 1,21x3,00m (1St), Laufwägen demontieren, entsorgen, neue Laufwägen einbauen (7St)	25,75 m²	24.888	**966,54**	36,4
	9100-0215 Stiftsgebäude, Gemeindesaal, Pfarrbüros				
	• Abbrechen (Kosten: 4,0%) Abbruch von Sanitärtrennwänden (18m²); Entsorgung, Deponiegebühren	17,83 m²	531	**29,78**	< 0,1
	• Herstellen (Kosten: 96,0%) WC-Sanitärtrennwände, fünf Kabinen, h=2,30-2,50m (22m²)	22,25 m²	12.611	**566,79**	1,4
347	**Lichtschutz zur KG 340**				
	6200-0092 Tagespflege (12 Plätze)				
	• Abbrechen (Kosten: 100,0%) Abbruch von Markisen (68m²); Entsorgung, Deponiegebühren	67,50 m²	597	**8,84**	1,0
	9100-0168 Schauspielhaus, Zweitspielstätte				
	• Herstellen (Kosten: 100,0%) Verdunkelungen: Alu-Sandwichplatten, beschichtet, abnehmbar (10m²)	9,69 m²	14.745	**1.521,65**	1,1

© **BKI** Baukosteninformationszentrum

KG	Kostengruppe	Menge Einheit	Kosten €	€/Einheit	%
	9100-0213 Stadtbücherei				
	• Herstellen (Kosten: 100,0%)	12,50 m²	2.663	**213,02**	3,9
	Kettenzugrollo, Textilscreen, Seilverspannung, 2,03x2,99m (1St), 2,15x2,99m (1St)				
349	**Sonstiges zur KG 340**				
	3100-0022 Orthopädiepraxis (10 AP)				
	• Herstellen (Kosten: 100,0%)	234,98 m² IWF	1.019	**4,34**	1,1
	Prallschutz für Sonografiegeräte (6St)				
	6200-0092 Tagespflege (12 Plätze)				
	• Herstellen (Kosten: 100,0%)	235,90 m² IWF	1.426	**6,04**	2,5
	Rammschutz, Hartholzbohlen (7m), Holzhandlauf (6m)				
	9100-0144 Kulturzentrum (550 Sitzplätze)				
	• Herstellen (Kosten: 100,0%)	570,44 m² IWF	5.096	**8,93**	2,3
	Sprossenanlegeleiter, l=3,55m (1St), Säulenfußbekleidung, Eicherahmen mit Revisionsklappe für Trafo, Nut für LED-Leuchte, Glasscheiben, d=35mm (1St)				
	9100-0158 Bibliothek				
	• Herstellen (Kosten: 100,0%)	166,02 m² IWF	4.129	**24,87**	7,1
	Stahlgeländer als Rahmenkonstruktion (16m²), VSG Verglasungen (12m²)				
	9100-0168 Schauspielhaus, Zweitspielstätte				
	• Abbrechen (Kosten: 9,0%)	3.391,14 m² IWF	1.626	**0,48**	0,1
	Abbruch von Stahlhandlauf (12m); Entsorgung, Deponiegebühren				
	• Herstellen (Kosten: 91,0%)	1.425,45 m² IWF	16.409	**11,51**	1,3
	Handläufe, Edelstahl (2St), Steigtritte, Edelstahl (12St), Griffstangen, Edelstahl (2St), Haltekonstruktionen für Versatzkästen, Stahlblech (32St)				
	9100-0215 Stiftsgebäude, Gemeindesaal, Pfarrbüros				
	• Abbrechen (Kosten: 16,0%)	2.203,95 m² IWF	1.768	**0,80**	0,2
	Abbruch von Handläufen (128m); Entsorgung, Deponiegebühren				
	• Herstellen (Kosten: 84,0%)	1.113,05 m² IWF	9.260	**8,32**	1,0
	Treppenhandlauf, Eiche (22m), Brüstungsabdeckungen 90x20x3cm, Naturstein (8St)				
	9700-0038 Kolumbarium				
	• Herstellen (Kosten: 100,0%)	265,04 m² IWF	8.731	**32,94**	6,8
	Treppenhandläufe, Flachstahl 40x6mm, Beschichtung (12m)				

Kostenkennwerte für die Kostengruppen 300 der 3.Ebene DIN 276

KG	Kostengruppe	Menge Einheit	Kosten €	€/Einheit	%
351	**Deckenkonstruktionen**				
	1300-0245 Kontorhaus Bürogeschoss				
	• Wiederherstellen (Kosten: 100,0%) Betonsanierung Stb-Decke (psch)	–	3.964	–	1,4
	1300-0324 Gründerzentrum (20 AP)				
	• Herstellen (Kosten: 100,0%) Stb-Deckenplatte C25/30, d=20cm, Schalung, Bewehrung (8m²), Stahlträger HEA200 (7m), HEA100 (9m), Ausmauerung mit KS	8,45 m²	16.572	**1.961,16**	15,7
	3100-0026 Kinderarztpraxis				
	• Herstellen (Kosten: 100,0%) Glaswoll-Zwischenbalkendämmung WLG 035, d=160mm, Dampfsperre (160m²), Stahlträger 2xIPE 240, l=3,20m (1St)	159,63 m²	10.818	**67,77**	9,9
	4400-0324 Kindertagesstätte (6 Gruppen, 125 Kinder)				
	Kernbohrungen in Stb-Decke, d=22cm, herstellen, nach Leitungsinstallation wieder schließen, D bis 100mm (8St), bis 150mm (1St), bis 200mm (6St), Deckendurchbruch 100x40cm (1St)	–	3.532	–	1,4
	6100-1434 Gästewohnung				
	• Herstellen (Kosten: 100,0%) Holzbalkendecke, KVH, Mineralwolldämmung, d=140mm, oberseitig OSB-Schalung, d=20mm (10m²), Stahlwangentreppe, Laufbreite 117cm, 7 Stg (2m²), Abfangträger HEA100 (2m), Stahl-Spindeltreppe, D=120cm, Laufbreite 55cm, 13 Stg, Standrohr, l=2,50m, Holzstufen, Austrittspodest (2m²)	13,24 m²	13.298	**1.004,35**	39,0
	6100-1609 Dachgeschosswohnung mit Turmzimmer				
	• Herstellen (Kosten: 100,0%) Schlafebenen, KVH, OSB-Platten, d=30mm (14m²), eingestemmte halbgewendelte Wangentreppe mit Zwischenpodest, 14Stg, b=80cm, Wangen, Verbundwerkstoff beschichtet, Tritt-/Setzstufen/Podest, Eiche, durchgehende Lamelle, geölt (4m²), Stufen vor Tür, 2Stg, b=95cm, Unterkonstruktion, Fertigparkett, Winkelschienen an Stufenvorderkante (1m²), OSB-Platte, d=28mm, im Dachspitz (5m²)	23,16 m²	13.070	**564,35**	12,9

© **BKI** Baukosteninformationszentrum

KG	Kostengruppe	Menge Einheit	Kosten €	€/Einheit	%
	6100-1623 Dachgeschosswohnung				
	• Wiederherstellen (Kosten: 100,0%)	72,94 m²	8.983	**123,16**	41,6
	Deckenbalken einseitig verstärken, mit U 160 rostschutzgrundiert, l=4,50m (3St), mit KVH 10x24cm (3St), zweiseitig verstärken, mit U 160 rostschutzgrundiert, l=9,50m (1St), Deckenbalken zur Aufnahme Unterboden ausgleichen (73m²), Schüttung und Stakung in Teilbereichen ausbauen, lagern, nach Verstärkung der Deckenbalken wieder einbauen (39m²)				
	9100-0144 Kulturzentrum (550 Sitzplätze)				
	• Abbrechen (Kosten: 52,8%)	72,13 m²	7.926	**109,89**	6,3
	Abbruch von Holztreppen (17m²), Kanthölzern mit Hausschwammbefall (221m), Verfüllungen, Einschüben (55m²), Stahlträger freistemmen, ausbauen (3St); Entsorgung, Deponiegebühren				
	• Wiederherstellen (Kosten: 30,9%)	701,06 m²	4.635	**6,61**	3,7
	Bohrlochinjektage an eingemauerten Balkenköpfen mit Holzschutzmittel, sechs bis acht Bohrungen pro Balkenkopf (386St), Bohrwiderstandsmessungen (60St), Zwischendecke, Holzbefestigungskonstruktion sanieren (165St)				
	• Herstellen (Kosten: 16,3%)	65,15 m²	2.453	**37,66**	1,9
	Dämmung zwischen bestehenden Deckenbalken, Mineralwolle WLG 035, d=160mm (65m²), Kantholz 8x16cm, für Wechsel (1m³)				
	9100-0158 Bibliothek				
	• Wiederherstellen (Kosten: 75,9%)	3,92 m²	4.792	**1.222,55**	5,6
	Holzstufen schleifen, Beschädigungen ausbessern, lackieren (4m²)				
	• Herstellen (Kosten: 24,1%)	2,02 m²	1.518	**751,42**	1,8
	Treppenpodest, Eiche (2m²)				
	9100-0168 Schauspielhaus, Zweitspielstätte				
	• Abbrechen (Kosten: 26,2%)	346,31 m²	110.069	**317,83**	9,6
	Abbruch von Stb-Decken, Estrich, Bodenbelag, d bis 30cm (276m²), Stahl-Glas-Element, Putz, Gefällebeton, d=6,5-10cm, Steinzeugbelag, Dämmung, d bis 24cm, punktuelle Aufmauerungen 24x24x50cm, Holzdielen (25m²), Stb-Unterzügen 50x50cm (15m³), Eisenteilen (1.153St), Stb-Treppen (43m²), Holztreppen (2m²); Entsorgung, Deponiegebühren				
	• Herstellen (Kosten: 73,8%)	126,00 m²	309.331	**2.455,01**	26,9
	Stb-Decken C25/30, d=18-22cm, Schalung, Bewehrung (116m²), Stb-Über-/Unterzüge C25/30 (2m³), Deckenöffnungen einbetonieren (9m²), Stahltreppe, Gitterrost-Trittstufen (1m²), Stahlträger HEB200 als Unterzug, l=2,50-3,50m (1.292kg), HEB300, l=1,05m (2.140kg), HEM280, l=1,00m (1.710kg), HEA100, l=0,65-1,25m (500kg), Zugstabsystem, l=4,50-11,50m (515kg), Stahlrahmen HEM200 (920kg), Stahlträger HEB180 (590kg), HEA200 (410kg)				

KG	Kostengruppe	Menge Einheit	Kosten €	€/Einheit	%
	9100-0215 Stiftsgebäude, Gemeindesaal, Pfarrbüros				
	• Abbrechen (Kosten: 15,6%) Abbruch von Holzbalken 10-14x10cm (161m), Mineralwolldämmung (196m²), Treppenstufenüberstand, d=3,5cm, abschneiden (14m); Entsorgung, Deponiegebühren	196,21 m²	11.757	**59,92**	1,6
	• Wiederherstellen (Kosten: 10,3%) Deckenbalken reparieren, auswechseln, Rauspundschalung erneuern, Balkenköpfe reparieren (40m²)	39,72 m²	7.747	**195,04**	1,0
	• Herstellen (Kosten: 74,2%) Fachwerkträger HEA120, l=9,80m (2St), l=17,20m (1St), l=1,40-1,70m (11St), HEA160, l=6,00m (2St), Treppenkonstruktion (psch), Deckendurchbrüche 30x30x20cm schließen (45St)	153,29 m²	56.051	**365,65**	7,6
	9700-0038 Kolumbarium				
	• Abbrechen (Kosten: 21,7%) Abbruch von Hohlkörperdecke, d=27cm, Estrich, d=8cm, Trennschnitte, Kernbohrungen (15m²); Entsorgung, Deponiegebühren	14,74 m²	5.876	**398,62**	7,7
	• Herstellen (Kosten: 78,3%) Stb-Treppe C25/30, d=18cm, oberseitig SB3, Laufbreite 110cm, 18 Steigungen, Zwischenpodest, Schalung, Bewehrung (7m²), Stb-Decke C25/30, d=18cm (3m²), Stb-Unterzug C25/30, 17,5x17,5cm, l=5,10m (1St), Holzbalkendecke, KVH 8x20cm, OSB-Schalung (2m²)	12,59 m²	21.257	**1.688,40**	27,9
352	**Deckenöffnungen**				
	2200-0053 Seminarräume (343 Sitzplätze)				
	• Herstellen (Kosten: 100,0%) Deckendurchbrüche schließen (2St)	–	645	**–**	0,4
	9100-0144 Kulturzentrum (550 Sitzplätze)				
	• Herstellen (Kosten: 100,0%) Einschubtreppe 70x140cm, Holz, dreiteilig klappbar, zweiseitig Handläufe, Deckel wärmegedämmt (1St)	0,98 m²	1.319	**1.346,24**	1,0
353	**Deckenbeläge**				
	1200-0001 Gerichtsgebäude - Eingangsbereich				
	• Herstellen (Kosten: 100,0%) Podestboden: Unterkonstruktion KVH 78x60mm, Mineralwolldämmung, d=83mm, OSB-Platte, d=22mm, Trittschalldämmung, d=4mm, Fertigparkett, d=19mm, Eiche (24m²)	24,00 m²	13.486	**561,90**	76,0

© **BKI** Baukosteninformationszentrum

KG	Kostengruppe	Menge Einheit	Kosten €	€/Einheit	%
	1200-0002 Gerichtsgebäude - Gerichtssaal				
	• Abbrechen (Kosten: 23,1%) Abbruch von PVC-Bodenbelag (91m²), Podest (2h); Entsorgung, Deponiegebühren	91,10 m²	8.213	**90,16**	10,6
	• Herstellen (Kosten: 76,9%) Vorhandenen Estrich abschleifen, Stabparkett, mehrschichtig, d=11mm (91m²), Holzsockel (40m), Podest, l=7,46m (1St), Parkettboden ausfräsen, Fußbodenintarsien, b=40mm, einlegen, leimen (8m)	91,00 m²	27.394	**301,03**	35,3
	1300-0245 Kontorhaus Bürogeschoss				
	• Abbrechen (Kosten: 0,4%) Abbruch von Bodenfliesen (psch), Estrich (psch); Entsorgung, Deponiegebühren	–	775	**–**	0,3
	• Wiederherstellen (Kosten: 2,4%) Estrichrisse schließen (45m)	–	4.207	**–**	1,5
	• Herstellen (Kosten: 97,1%) Grundierung, Flächenhohlboden, d=28mm (668m²), d=32mm (19m²), Teppichboden (429m²), Vinyl (207m²), Linoleum (26m²), MDF-Sockelleisten (468m), Bodenfliesen 45x45cm (29m²), Sockelfliesen (60m), Revisionsöffnungen 60x60cm (9St)	699,70 m²	168.219	**240,42**	61,1
	1300-0312 Büro (7 AP)				
	• Herstellen (Kosten: 100,0%) Haftgrundierung, Teppichboden (228m²), Einfassprofile (39m), Übergangsprofile (6St)	228,00 m²	15.390	**67,50**	79,1
	1300-0324 Gründerzentrum (20 AP)				
	• Abbrechen (Kosten: 2,6%) Abbruch von Ausgleichsmasse, d=3cm (101m²); Entsorgung, Deponiegebühren	101,34 m²	1.252	**12,36**	1,2
	• Herstellen (Kosten: 97,4%) Ausgleichsmasse, d bis 10cm (223m²), Risse verharzen, vernadeln (70m), Zementestrich, TSD 30mm (50m²), Spachtelung (376m²), Teppichfliesen (190m²), Linoleum (189m²), Sockelleisten, Holz (293m), Sauberlaufmatte, Rauhaarrips (2m²)	381,16 m²	46.728	**122,60**	44,3

KG	Kostengruppe	Menge Einheit	Kosten €	€/Einheit	%
	2200-0053 Seminarräume (343 Sitzplätze)				
	• Abbrechen (Kosten: 11,1%) Abbruch von Linoleum, Textilbelägen (1.374m²), Ausgleichsspachtel (230m²), Holzsockel, h=15cm (965m), Zementestrich in Streifen, b=20cm (9m²), Estrichränder aufbrechen (265m), Estrichschnitte (41m); Entsorgung, Deponiegebühren	1.374,23 m²	16.808	**12,23**	9,8
	• Wiederherstellen (Kosten: < 0,1%) Estrichrisse durch Verharzen sanieren (4m)	–	65	**–**	< 0,1
	• Herstellen (Kosten: 88,8%) EPS-Dämmung, d=20mm (450m), Kunstharzestrich, d=50mm in Streifen, b bis 50cm (296m), Estrichübergänge verharzen (530m), Untergründe spachteln, anschleifen, Linoleum, d=3,2mm, Pflege (1.382m²), Alu-Sockelleisten (537m), Aussparungen Bodentanks (118St)	1.381,72 m²	134.195	**97,12**	78,6
	3100-0020 Arztpraxis für Dermatologie				
	• Abbrechen (Kosten: 9,5%) Abbruch von Nadelvliesboden, Kleberreste (76m²), Profilsockel mit Nadelvlies (40m), Teppichboden (53m²), Estrich, Dämmung, Bodenfliesen (10m²), Sockelfliesen (12m); Entsorgung, Deponiegebühren	138,52 m²	2.096	**15,13**	5,2
	• Wiederherstellen (Kosten: 10,3%) Fehlstellen im Estrich im Bereich von demontierten Zwischenwänden mit Ausgleichsmasse schließen, Dämmschichten ergänzen (36m), Fugen und Risse im Estrich schließen (20m), Estrich neutralisieren	136,12 m²	2.286	**16,80**	5,7
	• Herstellen (Kosten: 80,2%) Trittschalldämmung 40-5mm, WLG 040, Zementestrich, d=90mm (9m²), Grundierung, Spachtelung (136m²), PVC-Belag (123m²), Kautschukbelag (13m²), Holzsockel 50x16mm, Lackbeschichtung (131m)	136,12 m²	17.789	**130,69**	44,5
	3100-0022 Orthopädiepraxis (10 AP)				
	• Abbrechen (Kosten: 0,6%) Abbruch von Bodenfliesen (4m²); Entsorgung, Deponiegebühren	4,29 m²	236	**55,09**	0,3
	• Wiederherstellen (Kosten: 2,2%) Fliesenbelag aufarbeiten (5m²), Estrich ergänzen (psch)	4,92 m²	850	**172,82**	1,1
	• Herstellen (Kosten: 97,2%) Spachtelung, Grundierung, Linoleum (312m²), Sockel, Linoleum, h=100mm (313m)	312,45 m²	37.569	**120,24**	47,0

© **BKI** Baukosteninformationszentrum

KG	Kostengruppe	Menge Einheit	Kosten €	€/Einheit	%
	3100-0023 Dermatologische Praxis (8 AP)				
	• Wiederherstellen (Kosten: 6,9%) Estrichrisse und Fugen mit Folie, Dämmung und Schnellestrich schließen (39m)	449,85 m2	2.855	**6,35**	3,4
	• Herstellen (Kosten: 93,1%) Unterboden grundieren, spachteln, Vinylbelag (450m2), Holzsockel (340m)	449,85 m2	38.652	**85,92**	46,7
	3100-0026 Kinderarztpraxis				
	• Abbrechen (Kosten: 2,9%) Abbruch von Textilbelägen, unter bereits abgebrochenem Laminat (65m2), Bodenfliesen (15m2); Entsorgung, Deponiegebühren	80,00 m2	1.173	**14,66**	1,1
	• Herstellen (Kosten: 97,1%) Estrichschlitze, b=10,5cm, durch Abbruch entstanden, mit Beton verschließen (91m), Estrichfugen an den Ergänzungen erweitern, Estrichklammern einlegen, mit Epoxidharz vergießen (115m2), Linoleum (152m2), Linoleumsockel (106m), Ausgleichsspachtelung, PVC-Belag (102m2), PVC-Sockel (107m), Bodenfliesen (4m2)	257,84 m2	39.291	**152,38**	35,9
	3100-0030 Gemeinschaftspraxis				
	• Abbrechen (Kosten: 6,1%) Abbruch von Laminatböden, Holzsockel (112m2), Teppichböden (65m2), Bodenfliesen (7m2); Entsorgung, Deponiegebühren	119,12 m2	4.140	**34,76**	3,4
	• Herstellen (Kosten: 93,9%) Estrichfugen schließen (115m2), Grundierung, Spachtelung (285m2), Granitfliesen 60x10cm (151m2), Granitsockel (106m), Vinyl (135m2), Vinylsockel (107m), Bodenfliesen (6m2)	292,42 m2	63.449	**216,98**	52,7
	4400-0324 Kindertagesstätte (6 Gruppen, 125 Kinder)				
	EPS-Wärmedämmung WLG 035, d=170mm (475m2), d=80mm (356m2), d=150mm (158m2), Zementestrich CT-F5, d=50mm (672m2), als Heizestrich, d=65mm (158m2), Zementestrich CT-C30-F5-T60, d=60mm, Trennlage (51m2), Spachtelung, Linoleumbelag, Grundreinigung, Entfernen LPX-Beschichtung, neue Grundbeschichtung, Rutschhemmung R9, Ersteinpflege (674m2), Holzsockel mit Wischleisten (586m), Flächenabdichtung (142m2), Bodenfliesen (173m2), Mosaikbodenfliesen (2m2), Rillenplatten, auf Trittstufen (32m), Fliesensockel (118m), Epoxidharzbeschichtung (53m2), Sauberlaufmatte, bodenbündig (13m2)	896,84 m2	143.364	**159,85**	57,5

KG	Kostengruppe	Menge Einheit	Kosten €	€/Einheit	%
	6100-1308 Dreizimmerwohnung				
	• Abbrechen (Kosten: 13,4%) Abbruch von Laminatboden (39m²), Teppich (13m²), Holzdielen (9m²), PVC (7m²); Entsorgung, Deponiegebühren	67,80 m²	1.583	**23,35**	10,7
	• Wiederherstellen (Kosten: 27,8%) Dielenboden, Pitch-Pine, mehrfach schleifen, polieren, ölen (62m²), fehlende Sockelstücke bei Fensterbekleidungen ergänzen, 12x16cm, Nadelholz (4St)	61,50 m²	3.285	**53,41**	22,1
	• Herstellen (Kosten: 58,8%) Dielenboden, Pitch-Pine (9m²), Holzsockel 19x115mm, "Hamburger Profil", geklebt, punktuell alle 2m mit Schrauben befestigt, Schraubenköpfe versenkt (70m), Holzscheuerleiste 8x28mm, "Hamburger Scheuerleiste" (70m), Entkopplungsplatten, Spachtelung, Flächenabdichtung (3m²), Bodenfliesen 60x30cm (2m²), GK-Rohrkasten über Fußboden, 25x25cm, Hohlraum mit Mineralwolle ausfüllen (2m), Holzschwelle im Türbereich als Heizrohrbekleidung (1St)	63,33 m²	6.953	**109,78**	46,8
	6100-1428 Eigentumswohnung				
	• Abbrechen (Kosten: 5,1%) Abbruch von PVC- und Teppichböden (123m²), Kunstrasen (psch); Entsorgung, Deponiegebühren	123,00 m²	1.284	**10,44**	2,6
	• Wiederherstellen (Kosten: 53,3%) Holzdielen schleifen, versiegeln (102m²), Parkett schleifen, versiegeln (75m²), Holzsockelleisten ergänzen, lackieren (179m)	177,04 m²	13.365	**75,49**	26,6
	• Herstellen (Kosten: 41,6%) Dämmplatten, d=30-40mm, Estrich (14m²), Spachtelung, Abdichtung, Bodenfliesen (28m²), Holzsockel (166m), Holzschwellen, Eiche (2St)	28,00 m²	10.428	**372,43**	20,8
	6100-1434 Gästewohnung				
	• Herstellen (Kosten: 100,0%) Massivholzdielen, geölt (10m²), auf Holzunterkonstruktion, Zelluloseeinblasdämmung (24m²), Holzsockel (40m), XPS-Dämmung, d=200mm, Trockenestrich, d=20mm, Bodenfliesen 20x20cm (7m²), Bodenfliesen auf Stufen (2m²)	42,87 m²	15.264	**356,04**	44,7
	6100-1465 Dachgeschosswohnung				
	• Abbrechen (Kosten: 18,4%) Abbruch von Bodenfliesen (12m²); Entsorgung, Deponiegebühren	12,00 m²	1.035	**86,25**	12,9
	• Wiederherstellen (Kosten: 18,1%) Parkett ausbessern, versiegeln (psch)	–	1.018	**–**	12,7
	• Herstellen (Kosten: 63,4%) Grundierung, Spachtelung, Fertigparkett (12m²)	12,00 m²	3.561	**296,78**	44,5

© **BKI** Baukosteninformationszentrum

KG	Kostengruppe	Menge Einheit	Kosten €	€/Einheit	%
	6100-1609 Dachgeschosswohnung mit Turmzimmer				
	• Abbrechen (Kosten: 13,5%) Abbruch von Fußbodenaufbauten (psch); Entsorgung, Deponiegebühren	105,73 m²	8.466	**80,07**	8,4
	• Herstellen (Kosten: 86,5%) PS-Dämmausgleichsestrich, d=60mm, PE-Folie, OSB-Platten (82m²), Gipsfaser-Trockenestrichplatten, d=18mm (115m²), Gefälleestrich, d i.M 45mm (1m²), Fertigparkett (82m²), MDF-Sockel (110m), Abdichtung, Bodenfliesen (21m²), Fliesensockel (25m), Teppichboden, bauseits (13m²), Stahl-Kaminblech 48,5x145x1cm mit Ausschnitt (1St), Terrassenfliesen (3m²)	119,08 m²	54.203	**455,18**	53,5
	6100-1623 Dachgeschosswohnung				
	• Abbrechen (Kosten: 9,5%) Abbruch von Dielenboden (73m²); Entsorgung, Deponiegebühren	72,94 m²	1.202	**16,49**	5,6
	• Herstellen (Kosten: 90,5%) OSB-Platten, d=25cm (73m²), Dreischicht-Fertigparkett (44m²), Leistensockel (40m), Abdichtung, Bodenfliesen 60x30cm (3m²)	72,94 m²	11.400	**156,29**	52,8
	6100-1697 Wohnung, Innenausbau				
	Estrichfehlstellen auffüllen, Parkettstäbchen partiell austauschen (psch)	–	2.439	**–**	16,3
	6100-1713 Einfamilienhaus				
	• Abbrechen (Kosten: 16,1%) Abbruch von Bodenfliesen, Fliesenkleber abfräsen (50m²); Entsorgung, Deponiegebühren	49,85 m²	2.148	**43,09**	14,1
	• Herstellen (Kosten: 83,9%) Estrich ergänzen (psch), Parkett (29m²), Leistensockel (15m), Bodenfliesen (21m²), Fliesensockel (20m)	49,99 m²	11.192	**223,88**	73,2
	7200-0096 Geschäftshaus, Foyer				
	• Herstellen (Kosten: 100,0%) vorhandenen Fliesenboden reinigen, Risse, Arbeitsfugen schließen, Ausgleichsspachtelung, an Übergänge Renovierungsspachtel (146m²), Vinylbodenbelag (90m²), Sauberlaufzone, Teppichfliesen, verklebt (39m²), Teppichfliesen 50x50cm, schwimmend verlegt (21m²), Alu-Trennschienen (23m)	150,00 m²	32.255	**215,03**	72,5
	7200-0105 Gründerzentrum (17 AP), Gastronomie				
	Teppichboden (49m²), Teppichfliesen 50x50cm (18m²), Dreischichtparkett, Eiche geölt, vollflächig verklebt (15m²)	81,98 m²	8.845	**107,89**	100,0

© **BKI** Baukosteninformationszentrum

KG	Kostengruppe	Menge Einheit	Kosten €	€/Einheit	%
	9100-0144 Kulturzentrum (550 Sitzplätze)				
	• Abbrechen (Kosten: 89,1%) Abbruch von Holzschalungen, d=4cm, erschütterungsarm, ohne Untergrund-beschädigungen (682m²)	681,74 m²	20.432	**29,97**	16,1
	• Herstellen (Kosten: 10,9%) Rauspundschalung, d=24mm (65m²)	65,15 m²	2.490	**38,22**	2,0
	9100-0158 Bibliothek				
	• Abbrechen (Kosten: 7,6%) Abbruch von Parkett (120m²), PVC-Bodenbeläge (134m²), Fliesen (12m²), Holzsockel (1m); Entsorgung, Deponiegebühren	265,57 m²	4.473	**16,84**	5,3
	• Wiederherstellen (Kosten: 2,5%) Holzpodest schleifen, lackieren (2m²), Holzstufen (1m²)	3,30 m²	1.441	**436,66**	1,7
	• Herstellen (Kosten: 89,9%) Trockenestrich, Linoleum (276m²), Holzsockel (205m), Sauberlaufmatte (3m²)	278,50 m²	52.688	**189,19**	62,1
	9100-0168 Schauspielhaus, Zweitspielstätte				
	• Abbrechen (Kosten: 28,7%) Abbruch von OSB-Platten (905m²), Abdichtung, Teerpappe (526m²), Zementestrich (852m²), PVC, Linoleum, Teppich (535m²), Sockelleisten (351m), Spanplatten (117m²), Betonhohldielen (34m²), Bodenfliesen (16m²); Entsorgung, Deponiegebühren	2.170,27 m²	135.670	**62,51**	11,8
	• Wiederherstellen (Kosten: 0,4%) Risse im Estrich vernadeln, verharzen (55m), mit Bindemittel schließen, ausbessern, spachteln (18St)	–	1.734	**–**	0,2
	• Herstellen (Kosten: 71,0%) Untergrund kugelstrahlen, Zementestrich (356m²), Tiefenimprägnierung (170m²), Kunst-harzestrich als Höhenausgleich, Fertigteilestrich: Gipsfaserplatten, Zementbauplatten, Schüttdämmung (250m²), Bühnenboden: Lagerhölzer, Dämmung, d=100mm, Dampf-sperre, Dreischichtplatten, Bühnenlasur (281m²), Sockelleisten (80m), Vinyl (244m²), Linoleum (110m²), MDF-Sockelleisten (375m), Abdichtung, Bodenfliesen (44m²), Fliesen-sockel (72m), Granitplatten (2m²), Eingangsmatte (2m²)	682,12 m²	335.864	**492,38**	29,2
	9100-0173 Bibliothek, Lernzentrum				
	• Herstellen (Kosten: 100,0%) OSB-Bodenplatten, d=22mm, begehbarer Bodenbelag über frei gespannten Decken (18m²)	18,12 m²	790	**43,62**	2,2

© **BKI** Baukosteninformationszentrum

KG	Kostengruppe	Menge Einheit	Kosten €	€/Einheit	%
	9100-0213 Stadtbücherei				
	• Abbrechen (Kosten: 5,1%)	701,75 m^2	10.001	**14,25**	3,1
	Abbruch von Teppichboden, Teppichsockel (702m^2); Entsorgung, Deponiegebühren				
	• Wiederherstellen (Kosten: 2,1%)	24,66 m^2	4.120	**167,08**	1,3
	Fliesen ausstemmen, Klebereste entfernen, Estrichrisse verharzen, verdübeln, bauseitige Bodenfliesen verlegen, Bodenfliesen in Türschwelle neu verlegen, Edelstahlschiene einbauen (8h), Fliesensockel instandsetzen (3h), Eichendielen reinigen, mit Pflegemittel auffrischen (11m^2), Estrichöffnungen schließen (6m^2)				
	• Herstellen (Kosten: 92,8%)	722,96 m^2	181.419	**250,94**	55,5
	Untergrund schleifen, spachteln, Gussboden, naturharzgebunden (340m^2), Bodentanks belegen (11St), Holzwerkstoff-Sockel (95m), Untergrund schleifen, spachteln, grundieren (374m^2), Kautschukbelag (267m^2), Bodentanks belegen (20St), Parkett (107m^2), Bodentanks belegen (9St), Sauberlaufmatten (9m^2)				
	9100-0215 Stiftsgebäude, Gemeindesaal, Pfarrbüros				
	• Abbrechen (Kosten: 22,6%)	1.272,68 m^2	94.195	**74,01**	12,8
	Abbruch von Zementestrich, d=6cm (539m^2), Holzböden, d=10cm, Handarbeit (388m^2), Dämmung, Stroh-Lehm-Kiesgemisch, d=10cm, Handarbeit (469m^2), Linoleum (962m^2), Werkstein-Treppenbelägen (161m^2), Bodenfliesen (96m^2), PVC-Belägen (27m^2), Natursteinbelägen (18m^2), Dielen (7m^2), Küchenpodest, Beton, d=10cm (2m^2), Holzsockeln (337m), Fliesensockeln (119m), Trittstufen (8m); Entsorgung, Deponiegebühren				
	• Herstellen (Kosten: 77,4%)	1.276,75 m^2	322.762	**252,80**	43,7
	Holzunterkonstruktion 6x18cm, Ausgleichsschüttung, d=30mm, Mineralwolldämmung WLG 035, d=180mm, Spanplatten (683m^2), Trockenestrich, Abdichtung (54m^2), Ausgleichsschüttung, Leichtbeton (34m^3), EPS-Dämmung WLG 040, d=30-50mm, Zementestrich, d=65mm (394m^2), Linoleum (389m^2), Kautschuk (98m^2), PVC-Belag (40m^2), Holzsockel (347m), Naturwerkstein, imprägniert (40m^2), als Tritt-/Setzstufen, b=130-150cm (40m^2), Natursteinsockel (39m), an Stufen (25St), Bodenfliesen (27m^2), Fliesensockel (25m)				
	9700-0038 Kolumbarium				
	• Abbrechen (Kosten: 5,8%)	85,24 m^2	1.298	**15,23**	1,7
	Abbruch von Linoleum/PVC (72m^2), Verbundestrich, Bodenfliesen (13m^2); Entsorgung, Deponiegebühren				
	• Herstellen (Kosten: 94,2%)	172,76 m^2	21.179	**122,59**	27,8
	Mineralwoll-TSD, d=25mm, Zementestrich, d=50mm (15m^2), Alu-Estrichwinkel 55x55-250mm (52m), Epoxidharzbeschichtung (89m^2), Linoleum (79m^2), Holzsockel (55m), Bodenfliesen (4m^2), Fliesensockel (6m), Sauberlaufmatte (1m^2)				

KG	Kostengruppe	Menge Einheit	Kosten €	€/Einheit	%
354	**Deckenbekleidungen**				
	1200-0001 Gerichtsgebäude - Eingangsbereich				
	• Herstellen (Kosten: 100,0%) Grundierung, Spachtelung, Dispersionsbeschichtung (76m²)	76,06 m²	4.251	**55,88**	24,0
	1200-0002 Gerichtsgebäude - Gerichtssaal				
	• Abbrechen (Kosten: 12,6%) Abbruch von Abhangdecke 60x60cm, Holzunterkonstruktion (90m²); Entsorgung, Deponiegebühren	90,00 m²	5.310	**58,99**	6,8
	• Herstellen (Kosten: 87,4%) Akustikdecke, d=40mm, Abhängehöhe 15cm (90m²)	90,00 m²	36.752	**408,35**	47,3
	1300-0228 Bürogebäude, Eingangsbereiche				
	GK-Decke, Abhängehöhe 75cm, am Rand mit umlaufender Voute für LED-Lichtleiste, in Wandbekleidung verdeckt eingebaut, lichtes Maß Wandabstand 12cm, Höhe der Voute 15cm (28m²)	28,30 m²	11.028	**389,70**	100,0
	1300-0245 Kontorhaus Bürogeschoss				
	• Abbrechen (Kosten: 8,3%) Abbruch von Leim- und Dispersionsbeschichtung (474m²); Entsorgung, Deponiegebühren	473,98 m²	8.119	**17,13**	2,9
	• Wiederherstellen (Kosten: 30,0%) Unebenheiten schließen, Decke spachteln (700m²)	699,70 m²	29.416	**42,04**	10,7
	• Herstellen (Kosten: 61,7%) Reinigung, Grundierung (668m²), Kunststoffspachtelung (474m²), GK-Decken (195m²), Mineralwolldämmung WLG 035, d=20mm (143m²), Malervlies (135m²), Dispersionsbeschichtung, zweifach (525m²)	699,70 m²	60.586	**86,59**	22,0
	1300-0312 Büro (7 AP)				
	• Herstellen (Kosten: 100,0%) Überholungsbeschichtung, Acrylfugen (286m²)	285,60 m²	4.070	**14,25**	20,9
	1300-0324 Gründerzentrum (20 AP)				
	• Herstellen (Kosten: 100,0%) GK-Decken, Abhänghöhe bis 50cm (294m²), imprägnierte Gipsplatten (25m²), Akustikdecken, gelochte Gipsplatten, Abhänghöhe 20-40cm (65m²), Mineralfaserdecke (13m²), Malervlies, Dispersionsbeschichtung (209m²), Latexbeschichtung (23m²), Lasur (4m²)	401,22 m²	40.876	**101,88**	38,8

© **BKI** Baukosteninformationszentrum

KG	Kostengruppe	Menge Einheit	Kosten €	€/Einheit	%
	2200-0053 Seminarräume (343 Sitzplätze)				
	• Wiederherstellen (Kosten: 46,1%) Innenputz auf Unterzügen ausbessern, dreiseitig, Abwicklung bis 65cm (16m), bis 1,40m (87m)	131,80 m²	8.732	**66,25**	5,1
	• Herstellen (Kosten: 53,9%) Deckenschlitze schließen, b=12-25cm (380m)	378,00 m²	10.213	**27,02**	6,0
	3100-0020 Arztpraxis für Dermatologie				
	• Abbrechen (Kosten: 6,5%) Abbruch von Mineralfaser-Unterdecke, Unterkonstruktion (41m²), Mineralfaserdecke, abgehängt (12m²); Entsorgung, Deponiegebühren	52,17 m²	1.153	**22,10**	2,9
	• Herstellen (Kosten: 93,5%) GK-Decke, Abhängehöhe 32,5cm, Spachtelung Q3, Mineralwolldämmung, d=40mm (124m²), als GK-Akustikdecke, gelocht (10m²), Grundierung, Dispersionsbeschichtung (132m²), Aussparungen für Downlights (54St), für Lüftungsauslässe (38St)	134,09 m²	16.644	**124,13**	41,6
	3100-0022 Orthopädiepraxis (10 AP)				
	• Herstellen (Kosten: 100,0%) Abgehängte Rasterdecken, 30x180cm (189m²), 62,5x62,5cm (15m²), GK-Unterdecke, einlagig, d=12,5mm (127m²), Beschichtungen (190m²), Revisionsklappen 200x200cm (4St)	312,40 m²	41.221	**131,95**	51,6
	3100-0023 Dermatologische Praxis (8 AP)				
	• Abbrechen (Kosten: 11,2%) Abbruch von Mineralfaserdecke (298m²); Entsorgung, Deponiegebühren	298,17 m²	4.639	**15,56**	5,6
	• Wiederherstellen (Kosten: 2,4%) Verschließen von Leuchtenausschnitten 20x20cm in Gipskartondecken, Spachtelung Q2 (50St)	311,51 m²	1.010	**3,24**	1,2
	• Herstellen (Kosten: 86,3%) GK-Decken, Metallunterkonstruktion (312m²), Dispersionsbeschichtung (540m²), Acrylfugen (380m), Leuchtenausschnitte 20x20cm (50St)	540,00 m²	35.643	**66,01**	43,0
	3100-0026 Kinderarztpraxis				
	• Herstellen (Kosten: 100,0%) Dampfsperre, GKF-Decke F90, doppelt beplankt (163m²), GK-Unterdecke, Q3 (160m²), F90-Bekleidung für Stahlträger, Q3 (1St), GK Verkofferungen, entlang Rundungen, Q3 (42m), GKF-Trägerbekleidung F90 (4m), Dispersionsbeschichtung (228m²)	162,93 m²	58.167	**357,01**	53,1

KG	Kostengruppe	Menge Einheit	Kosten €	€/Einheit	%
	3100-0030 Gemeinschaftspraxis				
	• Herstellen (Kosten: 100,0%) Alu-Paneeldecken 117x12,5mm, hochglanz, Unterkonstruktion, Mineralwolldämmung ($175m^2$), matt ($118m^2$)	293,00 m^2	52.702	**179,87**	43,8
	4400-0324 Kindertagesstätte (6 Gruppen, 125 Kinder)				
	Akustikdecken, Mineralfaserplatten 15mm ($788m^2$), Verstärkungen für Aufbauleuchten (288St), Decken-/Wandanschlüsse (783m), Gardinengraben mit vertikaler GK-Deckenschürze als Abschluss Akustikdecke, h=50cm, horizontaler OSB/GK-Bekleidung Gardinengraben (95m), Unterdecke mit Hygieneplatten ($27m^2$), Gipsputz ($102m^2$), Dispersionsbeschichtung ($76m^2$)	890,49 m^2	63.296	**71,08**	25,4
	6100-1308 Dreizimmerwohnung				
	• Wiederherstellen (Kosten: 72,9%) Deckenflächen spachteln, schleifen, Malervlies, Dispersionsanstrich ($63m^2$)	63,33 m^2	2.204	**34,80**	14,8
	• Herstellen (Kosten: 27,1%) GK-Decke, Abhängehöhe 10cm, einlagig beplankt, Oberfläche Q2, Unterkonstruktion ($3m^2$), Fehlstellen beiputzen, bis 0,25m^2 (12St), Rohrkasten 520/170x600mm, für Revisionszwecke mit Magnetschnäppern gehalten (1St)	6,16 m^2	819	**132,89**	5,5
	6100-1428 Eigentumswohnung				
	• Abbrechen (Kosten: 4,2%) Abbruch von Tapeten ($205m^2$), abgehängter Decke ($4m^2$); Entsorgung, Deponiegebühren	209,00 m^2	1.052	**5,04**	2,1
	• Wiederherstellen (Kosten: 49,6%) Profilierten Deckenstuck reinigen, restaurieren, Fehlstellen ergänzen, Risse schließen ($93m^2$)	93,43 m^2	12.462	**133,38**	24,8
	• Herstellen (Kosten: 46,2%) Grundierung, Spachtelung, Malervlies, Beschichtung ($201m^2$), an Hohlkehlen (150m), GK-Deckenbekleidung, Holzbalken, Mineralwolldämmung ($7m^2$)	201,00 m^2	11.590	**57,66**	23,1
	6100-1434 Gästewohnung				
	• Herstellen (Kosten: 100,0%) GK-Bekleidung, zweilagig, Beschichtung ($8m^2$), XPS-Dämmung WLS 037, d=120mm ($6m^2$)	14,33 m^2	519	**36,24**	1,5

© BKI Baukosteninformationszentrum

KG	Kostengruppe	Menge Einheit	Kosten €	€/Einheit	%
	6100-1465 Dachgeschosswohnung				
	• Abbrechen (Kosten: 12,6%) Abbruch von Kunststoff-Deckenbekleidung (8m²); Entsorgung, Deponiegebühren	8,00 m²	301	**37,60**	3,8
	• Wiederherstellen (Kosten: 31,4%) Deckenputz, Schadstellen ausbessern (8m²), spachteln (9m)	8,00 m²	751	**93,88**	9,4
	• Herstellen (Kosten: 56,1%) Grundierung, Silikatbeschichtung (57m²)	57,00 m²	1.342	**23,55**	16,8
	6100-1609 Dachgeschosswohnung mit Turmzimmer				
	• Herstellen (Kosten: 100,0%) GKF-Decken (25m²), zwischen Balkenlage mit Dämmauflage (25m²), F30 Stahlträger-Bekleidung, d=20mm (3m), GK-Deckenschürzen, h=44cm (16m), Revisionsklappen (2St), Dispersionsbeschichtung (60m²)	60,40 m²	11.318	**187,39**	11,2
	6100-1697 Wohnung, Innenausbau				
		64,00 m²	12.480	**195,00**	83,7
	GK-Decken, Abhängehöhe 7,5cm, seitliche Voute für Vorhangschiene, Eckprofile an Voute, Spachtelung, Anschlussfugen versiegeln, Beschichtung (64m²)				
	6100-1713 Einfamilienhaus				
	• Abbrechen (Kosten: 26,1%) Abbruch von Deckenleuchtkranz (18m); Entsorgung, Deponiegebühren	28,83 m²	507	**17,59**	3,3
	• Herstellen (Kosten: 73,9%) Dispersionsbeschichtung (78m²), Wandfries, h=6cm (35m)	77,53 m²	1.439	**18,55**	9,4
	7200-0096 Geschäftshaus, Foyer				
	• Wiederherstellen (Kosten: 33,8%) Befestigungen von Leuchten entfernen, GK-Decke schließen, spachteln, Q3 (27St), Auslässe in GK-Decke schließen, spachteln, Q3 (1St), Deckenrisse verfugen, Glasfugendeckstreifen einsetzen, spachteln Q3 (4h), Verstärkungen für Leuchtenabhängungen (16St), Lüftungsgitter reinigen, grundieren, lackieren (1St)	–	4.143	**–**	9,3
	• Herstellen (Kosten: 66,2%) Dispersionsbeschichtung (220m²), GK-Deckensegel, oval, asymmetrisch, an Säule, Q3 (1St), Ausschnitte in GK-Decke vergrößern (35St), Revisionsklappen (5St)	220,00 m²	8.109	**36,86**	18,2

KG	Kostengruppe	Menge Einheit	Kosten €	€/Einheit	%
	7300-0094 Gastronomie Werkstattgebäude (66 Sitzplätze)				
		297,42 m²	29.024	**97,59**	100,0
	Grundierung, Dispersionsbeschichtung (316m²), Akustikdecke, gerade Lochung, Mineralwolldämmung, d=200mm (99m²), GK-Decke, einfach beplankt (20m²), Abschottungen, senkrecht, d=15cm (91m), GK-Deckenfries, b=20cm (81m), Leuchtenaussparungen (4St), Acrylfugen (100m)				
	9100-0144 Kulturzentrum (550 Sitzplätze)				
	• Abbrechen (Kosten: 42,8%)	701,06 m²	37.437	**53,40**	29,6
	Abbruch von Holzbekleidungen, d=4cm, erschütterungsarm, ohne Untergrundbeschädigungen (233m²), Putz (54m²), losen Beschichtungen auf Stahlprofilträgern, teilweise gusseisern, Partikelstrahlen, Abwicklungsflächen (160m²), Beschichtungen auf Holzkonstruktionen, dreiseitig (500m²), vierseitig (150m²)				
	• Wiederherstellen (Kosten: 1,7%)	701,06 m²	1.499	**2,14**	1,2
	Nachträglicher Holzschutz für vorhandene, nicht sichtbar bleibende Holzkonstruktionen, Holzbalken und Schalungen reinigen, mit Holzschutzmittel besprühen, sichtbare Abwicklungsfläche (158m²)				
	• Herstellen (Kosten: 55,4%)	321,47 m²	48.452	**150,72**	38,3
	Abgehängte GK-Decken, Abhängehöhen 5-190cm (204m²), mit Weitspannträgern, GK-Bekleidung von unten und oben (63m²), Auflage, Akustikdämmung WLG 035, d=40mm (65m²), Spachtelung, Dispersionsbeschichtung (251m²), GKF-Brandschutzdecke F90, 2x20mm (55m²), Weitspannträger (364m)				
	9100-0158 Bibliothek				
	• Abbrechen (Kosten: 7,1%)	25,00 m²	1.265	**50,60**	1,5
	Abbruch von Holzdeckenbekleidung (25m²); Entsorgung, Deponiegebühren				
	• Wiederherstellen (Kosten: 28,4%)	160,42 m²	5.097	**31,77**	6,0
	Stuckdecke Leimfarbenbeschichtung abwaschen, reversible Mineralfarbe auftragen (160m²)				
	• Herstellen (Kosten: 64,5%)	213,74 m²	11.579	**54,17**	13,6
	GK-Decken, Spachtelung, Malervlies, Dispersionsbeschichtung (214m²)				

© **BKI** Baukosteninformationszentrum

KG	Kostengruppe	Menge Einheit	Kosten €	€/Einheit	%
	9100-0168 Schauspielhaus, Zweitspielstätte				
	• Abbrechen (Kosten: 14,9%) Abbruch von Beschichtungen (1.265m²), durch Trockenstrahlen mit Strahlmittel (54m²), abgehängten GK-Decken (133m²), bewehrten Gipsschalen (20m²), Eisenteilen (173St); Entsorgung, Deponiegebühren	1.470,07 m²	37.184	**25,29**	3,2
	• Wiederherstellen (Kosten: 1,2%) Bewehrung freilegen, entrosten, Korrosionsschutz aufbringen, mit Mörtel auffüllen (31St), Decke reprofilieren (6m²)	5,76 m²	2.959	**513,70**	0,3
	• Herstellen (Kosten: 83,9%) Putzträger, Rippenstreckmetall, Mineralfaserspritzputz als Brandschutzbeschichtung (559m²), abgehängte Akustikdecken (284m²), Fries, b=10cm (303m), Zementfaserplatten F90 (156m²), Brandschutzplatten L90, 80x25cm (64m²), Dispersionsbeschichtung (1.310m²), Grundierung, Brandschutzbeschichtung auf Träger, Überzugslack (473m²)	1.868,06 m²	209.723	**112,27**	18,3
	9100-0173 Bibliothek, Lernzentrum				
	• Abbrechen (Kosten: 30,2%) Abbruch von KMF-haltiger Dämmung, Metallpaneel-Decken (194m²); Entsorgung, Deponiegebühren	194,15 m²	10.455	**53,85**	29,6
	• Herstellen (Kosten: 69,8%) GK-Akustikdecken, Mineralwollauflage, d=40mm (191m²), GK-Deckensprung, h=74cm (21m²), Beschichtung (212m²)	190,70 m²	24.124	**126,50**	68,2
	9100-0213 Stadtbücherei				
	• Abbrechen (Kosten: 1,3%) Abbruch von Mineralfaserplatten (60m²); Entsorgung, Deponiegebühren	60,40 m²	1.644	**27,21**	0,5
	• Wiederherstellen (Kosten: 5,6%) GK-Deckenfriese prüfen, reinigen, Dispersionsbeschichtung (232m²), Putz prüfen, säubern, Dispersionsbeschichtung (53m²), Einlegeplatten aus abgehängter Rasterdecke herausnehmen, lagern (10h), wieder einsetzen (9h), Leinwandöffnung vergrößern, UK verstärken, Decke schließen (1St), Lüfteröffnungen herstellen, verschließen (4m²)	321,85 m²	7.400	**22,99**	2,3
	• Herstellen (Kosten: 93,1%) Holz-Unterkonstruktion, mit Gewindestangen in Stahlbetondecke verankern, Holzlamellen, 10x2-2,5cm, Tischlerplatte, d=19mm, Esche furniert (200m²), Revisionsöffnungen (5St), Akustik-Rasterdecke, Abhanghöhe 50cm (60m²), Akustikdeckenplatten in bestehende UK einhängen (52m²), Akustikschotts 54x7cm, in Deckenhohlraum (28m), Akustik-Deckensegel 120x160cm (5St)	311,96 m²	122.209	**391,74**	37,4

KG	Kostengruppe	Menge Einheit	Kosten €	€/Einheit	%
	9100-0215 Stiftsgebäude, Gemeindesaal, Pfarrbüros				
	• Abbrechen (Kosten: 16,8%) Abbruch von Rippendecken, Schilfrohrmatten, d=30mm (811m²), Holzdecken, Unterkonstruktion (73m²), Tapeten (54m²), GK-Bekleidung (22m²); Entsorgung, Deponiegebühren	959,62 m²	35.216	**36,70**	4,8
	• Wiederherstellen (Kosten: 2,8%) Akustikplatten entfernen, GK-Platten ergänzen, Revisionsklappen, Lichtleisten, Notleuchten austauschen (26m²)	25,98 m²	5.921	**227,91**	0,8
	• Herstellen (Kosten: 80,4%) Gipsputz, d=5mm (324m²), GK-Bekleidung, d=12,5mm (289m²), Akustikbekleidung, Mineralwolldämmung (214m²), Spachtelung Q3 (361m²), GK-Brandschutzdecke (15m²), Schattenfugen (167m), Lichtleistenausschnitte, b=6cm (168m), Revisionsklappen 40x40cm (37St), GK-Verkofferung (4m²), Deckenfries (423m), Malervlies (407m²), Dispersionsbeschichtung (1.437m²), Blechbekleidungen 350x450x4mm (2St)	1.437,00 m²	168.415	**117,20**	22,8
	9700-0038 Kolumbarium				
	• Abbrechen (Kosten: 2,9%) Abbruch von Holzbekleidung (10m²); Entsorgung, Deponiegebühren	10,18 m²	378	**37,16**	0,5
	• Wiederherstellen (Kosten: 0,5%) Putzflächen prüfen, Schadstellen markieren, schadhafte Beschichtung entfernen, neu beschichten (3m²)	2,71 m²	63	**23,19**	< 0,1
	• Herstellen (Kosten: 96,6%) GK-Decken Q3, Abhängehöhe 8-31cm (47m²), GK-Akustikdecke, Abhängehöhe 31cm (3m²), Silikatbeschichtung (91m²), Akustik-Rasterdecke, Abhängehöhe 46cm (9m²), Schattenfugen (46m), GK-Verkofferungen, h=31cm (8m)	100,97 m²	12.396	**122,77**	16,3
355	**Elementierte Deckenkonstruktionen**				
	6100-1609 Dachgeschosswohnung mit Turmzimmer				
	• Herstellen (Kosten: 100,0%) Treppenschränke zu Schlafebenen, Holzwerkstoffplatten, beschichtet, je 11 Stg 20x21cm, b=60cm, Antrittspodest, sechs Schranktüren, vier Schubfächer, Stufen/Podest mit Holzbelag (3m²)	2,78 m²	14.091	**5.068,75**	13,9
	9700-0038 Kolumbarium				
	• Abbrechen (Kosten: 100,0%) Abbruch von Holzwangentreppe, b=120cm, beidseitig Stahlgeländer (5m²), Holzbalkenkonstruktion, Auflagebretter, Einschubtreppe, Umwehrung (2m²); Entsorgung, Deponiegebühren	7,40 m²	1.071	**144,69**	1,4

© BKI Baukosteninformationszentrum

KG	Kostengruppe	Menge Einheit	Kosten €	€/Einheit	%
359	Sonstiges zur KG 350				
	4400-0324 Kindertagesstätte (6 Gruppen, 125 Kinder)				
		995,39 m2 DEF	39.068	**39,25**	15,7
	Balkongeländer, Flachstahl-Profilkonstruktion, Füllstäbe, D=12mm (45m), Stahlgeländer mit Flachstahl als Treppenwangen, Rahmenkonstruktion mit zwei vertikalen Rahmen, Flachstahlpfosten 40x10mm, Füllstäbe Stabstahl, D=12mm, Rundholz-Handlauf (17m), Holzhandlauf (10m)				
	6100-1434 Gästewohnung				
	• Herstellen (Kosten: 100,0%)	42,87 m2 DEF	5.044	**117,67**	14,8
	Stahl-Brüstungsgeländer, Ober-/Untergurt, d=16mm, senkrechte Füllstäbe, D=12mm, Rundrohrhandlauf, D=42mm (5m), als Steigungsgeländer (1St)				
	6100-1609 Dachgeschosswohnung mit Turmzimmer				
	• Wiederherstellen (Kosten: 100,0%)	–	143	–	0,1
	Loggiageländer säubern, lackieren (psch)				
	9100-0158 Bibliothek				
	• Wiederherstellen (Kosten: 100,0%)	160,42 m2 DEF	2.035	**12,69**	2,4
	Holz-Treppengeländer schleifen, Beschädigungen ausbessern, lackieren (10m), Handlauf (9m), Geländerstäbe begradigen (psch)				
	9100-0168 Schauspielhaus, Zweitspielstätte				
	• Abbrechen (Kosten: 43,1%)	2.516,58 m2 DEF	2.794	**1,11**	0,2
	Abbruch von Geländer, Stahl, h=1,00m (31m); Entsorgung, Deponiegebühren				
	• Herstellen (Kosten: 56,9%)	1.868,06 m2 DEF	3.695	**1,98**	0,3
	Geländer, Stahl, h=1,00m (11m)				
	9100-0215 Stiftsgebäude, Gemeindesaal, Pfarrbüros				
	• Herstellen (Kosten: 100,0%)	1.437,00 m2 DEF	35.978	**25,04**	4,9
	Stahlblechgeländer, VSG-Verglasung, beidseitig Handlauf (7m2), Stabgeländer, Stahl, grundiert, h=1,00m (18m), Flachstahlgeländer an Blechwangen (36m2), Rohrhandlauf, d=3,5cm (19m)				

KG	Kostengruppe	Menge Einheit	Kosten €	€/Einheit	%
	9700-0038 Kolumbarium				
	• Abbrechen (Kosten: 7,1%) Abbruch von Holz-Brüstungsbekleidung, h=100cm, Holzabdeckungen, b=25cm, Holz-Brüstungsaufsätze (20m); Entsorgung, Deponiegebühren	92,64 m² DEF	904	**9,76**	1,2
	• Wiederherstellen (Kosten: 3,8%) Stahl-Treppengeländer überarbeiten, lose Beschichtung entfernen, Schadstellen entrosten, neu beschichten (6m²)	–	482	**–**	0,6
	• Herstellen (Kosten: 89,1%) Brüstungsaufsätze, h=34cm, Flachstahl 50x6mm, Pfosten, drei Horizontalgurte, Beschichtung (20m), h=12cm, ein Horizontalgurt, teilweise gebogen (11m)	185,35 m² DEF	11.376	**61,38**	14,9

© **BKI** Baukosteninformationszentrum

Kostenkennwerte für die Kostengruppen 300 der 3. Ebene DIN 276

KG	Kostengruppe	Menge Einheit	Kosten €	€/Einheit	%
361	**Dachkonstruktionen**				
	1300-0324 Gründerzentrum (20 AP)				
	• Herstellen (Kosten: 100,0%) Stb-Flachdach C25/30, d=20cm, Schalung, Bewehrung (8m²)	8,44 m²	4.927	**583,80**	39,1
	3100-0026 Kinderarztpraxis				
	• Herstellen (Kosten: 100,0%) Glaswolle-Zwischensparrendämmung WLG 035, d=160mm (229m²), Sparrenwechsel 6x18cm (2St)	229,31 m²	9.156	**39,93**	12,5
	6100-1434 Gästewohnung				
	• Herstellen (Kosten: 100,0%) Holzdachkonstruktion im Dachraum: Holzrahmen-Steildächer, FJI-Träger, Zellulosedämmung WLG 040, d=200mm, beidseitig OSB-Schalung, d=20mm (34m²), Holzbalken-Flachdach, ESP-Dämmung WLG 040, d=200mm, OSB-Schalung, d=19mm (21m²)	56,51 m²	8.591	**152,03**	90,3
	6100-1609 Dachgeschosswohnung mit Turmzimmer				
	• Wiederherstellen (Kosten: 36,6%) Holzbalken bebeilen, Holzschutzmittel auftragen (psch), Dachgaube: Dachfläche aufdecken, Blech entfernen, Balken abbrechen, neuen Balken zuschneiden, anpassen, Rinne, Kehle erstellen, Dach eindecken (1St), Kopfband ändern (1St)	127,21 m²	8.730	**68,63**	8,5
	• Herstellen (Kosten: 63,4%) Zwischensparrendämmung, Mineralfaser WLG 035, d=200mm (63m²), Zwischensparrendämmung, Mineralfaser WLG 035, d=200mm, und Sparren auffüllen, d=80mm (65m²), Wechsel einbauen, Füllhölzer 14x8cm (3St), Balken, KVH 10x20cm anlaschen (3St)	127,21 m²	15.120	**118,86**	14,8
	6100-1623 Dachgeschosswohnung				
	• Wiederherstellen (Kosten: 16,6%) Mittelpfetten einseitig verstärken, U 100 (2St), zwei Stiele stellen, Sparren verstärken (4h)	–	1.554	**–**	1,9
	• Herstellen (Kosten: 83,4%) Zwischensparrendämmung WLG 035, d=120mm (91m²), Gaubendächer, KVH, Holzschalung (15m²), Stirnbretter (50m)	91,00 m²	7.784	**85,53**	9,4

KG	Kostengruppe	Menge Einheit	Kosten €	€/Einheit	%
	9100-0144 Kulturzentrum (550 Sitzplätze)				
	• Abbrechen (Kosten: 5,5%)	70,13 m2	3.149	**44,90**	1,3
	Abbruch von Verfüllungen, Einschüben (55m2), überflüssigen Metallstäben in Sparren (65St), Lichtkuppel-Öffnungen in Dachschalung, d=4cm, ausschneiden (15m2); Entsorgung, Deponiegebühren				
	• Wiederherstellen (Kosten: 49,1%)	1.165,12 m2	28.025	**24,05**	11,9
	Schwammsanierung: Bohrwiderstandsmessungen in Konstruktionshölzern (133St), Dachstuhl sanieren: Bauschnittholz (203m), Anschuhung, Vertikalbrett, l=60cm (42St), Knotenbleche (660kg), Scheiben an Bolzen, neu einbauen (170St), Sparrenpfettenanker (90St), Fußpfette sanieren: Kantholz 20x20cm, Bitumenpappe auf Mauerwerk (32m)				
	• Herstellen (Kosten: 45,4%)	1.199,37 m2	25.887	**21,58**	11,0
	Zwischensparrendämmung, Mineralwolle WLG 035, d=160mm (1.199m2)				
	9100-0168 Schauspielhaus, Zweitspielstätte				
	• Abbrechen (Kosten: 4,3%)	34,25 m2	2.228	**65,04**	3,6
	Abbruch von Stb-Dach, d=25cm (19m2), Vordach, Stahlkonstruktion, Welllichtplatten (15m2); Entsorgung, Deponiegebühren				
	• Herstellen (Kosten: 95,7%)	23,60 m2	49.539	**2.099,10**	80,4
	Vordach: Alu-Rahmen, VSG, Stahlkonstruktion, Längsträger IPE140, Querträger HEA180, Stütze HEA140 (24m2), Dachrinne (5m)				
	9100-0173 Bibliothek, Lernzentrum				
	• Abbrechen (Kosten: 4,4%)	41,96 m2	7.069	**168,47**	1,2
	Abbruch von Trapezblech, Mineralwolldämmung, Bitumenbahn (42m2); Entsorgung, Deponiegebühren				
	• Herstellen (Kosten: 95,6%)	83,12 m2	151.886	**1.827,31**	26,8
	Wechsel, HEA 260, l=5,05-5,25m, Querschnitt gedämmt (6St), Rahmen 3,32x4,30x1,00m vier Fachwerkträger aus Stahl-Hohlprofilen 180/100/4mm (3St), Druckrohraussteifungen 76,1x4mm, l=2,45-2,65m (14m), Auflager Trapezdach, Stahlwinkel 100/100mm (47m), Anschluss Wände an Trapezblech, Stahlwinkel 200/200/16mm (22m), Verlängerungen 200/500/16mm (24St), Sickendämmung (4m2), im Gebäude, über Infoschalter: Alu-Riegelkonstruktion 5,20x3,55m + 2,83x0,50m, fünfteilig, Blindpaneele (20m2)				

© **BKI** Baukosteninformationszentrum

KG	Kostengruppe	Menge Einheit	Kosten €	€/Einheit	%
	9100-0215 Stiftsgebäude, Gemeindesaal, Pfarrbüros				
	• Abbrechen (Kosten: 13,0%) Betontrennschnitt Garagendach, t=25cm (3m²)	2,62 m²	1.356	**517,59**	0,5
	• Wiederherstellen (Kosten: 32,0%) Firstpfette ausbauen, erneuern (psch)	–	3.334	–	1,1
	• Herstellen (Kosten: 55,0%) Dachsparren 8x18cm (5m), Stahlträger HEA180, l=6,52m, Rechteckrohr-Stütze 120x120mm (psch), Dachöffnungen 55x78cm schließen (15St)	–	5.742	–	1,9
	9700-0038 Kolumbarium				
	• Herstellen (Kosten: 100,0%) Stahlunterzüge HEB200, l=5,20m (1St), HEA120, l=1,90m (2St), HEA140, l=0,90m (1St)	–	4.570	–	7,6
362	**Dachöffnungen**				
	2200-0053 Seminarräume (343 Sitzplätze)				
	• Wiederherstellen (Kosten: 3,2%) Wartung von Dachflächenfenstern (67m²), Reparatur der Griffe, Getriebe (psch)	67,34 m²	8.299	**123,24**	2,1
	• Herstellen (Kosten: 96,8%) Alu-Öffnungsflügel bis 0,75x1,00m (27St), Nachrüstung mit Tandem-Spindelantrieben (29St), Flügelsicherungen (9St), Motorantriebe (2St)	18,15 m²	248.768	**13.706,24**	61,9
	3100-0026 Kinderarztpraxis				
	• Abbrechen (Kosten: 2,1%) Abbruch von Dachflächenfenstern (5m²); Entsorgung, Deponiegebühren	4,68 m²	177	**37,71**	0,2
	• Herstellen (Kosten: 97,9%) Dachflächenfenster 114x118cm, Holzkern, kunststoffumhüllt, Isolierverglasung, Uw=1,2W/m²K, Eindeckrahmen (4m²), 55x118cm (1m²)	4,68 m²	8.239	**1.760,51**	11,3
	6100-1609 Dachgeschosswohnung mit Turmzimmer				
	• Abbrechen (Kosten: 9,1%) Abbruch von Lichtkuppeln 80x80cm (2m²); Entsorgung, Deponiegebühren	1,92 m²	1.236	**643,79**	1,2
	• Herstellen (Kosten: 90,9%) Kunststoff-Flachdachfenster 60x90cm bis100x100cm (3m²), Randbohlen 24x14cm für Bohlenkranz (15m)	2,99 m²	12.339	**4.126,83**	12,1

KG	Kostengruppe	Menge Einheit	Kosten €	€/Einheit	%
	6100-1623 Dachgeschosswohnung				
	• Abbrechen (Kosten: 0,3%) Abbruch von Dachausstieg (1St); Entsorgung, Deponiegebühren	–	22	–	< 0,1
	• Herstellen (Kosten: 99,7%) Wohndachfenster, Holzkern, kunststoffumhüllt, Uw=1,0W/m²K, Klapp-/Schwingfenster, 66x118cm, Alu-Eindeckrahmen (2m²), 55x78cm, Schwingfenster (1m²), als Wohn- und Ausstiegsfenster, Dauerlüftungsklappe, 55x118cm (1m²)	3,41 m²	6.994	**2.050,90**	8,5
	9100-0144 Kulturzentrum (550 Sitzplätze)				
	• Herstellen (Kosten: 100,0%) RWA-Lichtkuppel-Glaselemente, 1,00x1,50m, Verbundrahmen (10St)	15,00 m²	29.599	**1.973,24**	12,6
	9100-0173 Bibliothek, Lernzentrum				
	• Herstellen (Kosten: 100,0%) Drei glasfaserverstärkte Kunststoff-Satteldachlichtbänder Uw1,4W/m²K, 4,06x2,03m, zehnteilig, acht Festverglasungen, zwei RWA, Motorantrieb (49m²), Traufbekleidung innen, l=4,05m, Stahlblech beschichtet (6St)	48,72 m²	69.136	**1.419,04**	12,2
	9100-0215 Stiftsgebäude, Gemeindesaal, Pfarrbüros				
	• Abbrechen (Kosten: 100,0%) Abbruch von Dachflächenfenstern 55x78cm (6m²); Entsorgung, Deponiegebühren	6,43 m²	3.290	**511,74**	1,1
363	**Dachbeläge**				
	1300-0324 Gründerzentrum (20 AP)				
	• Wiederherstellen (Kosten: 8,2%) Fallrohr versetzen (1St)	–	631	–	5,0
	• Herstellen (Kosten: 91,8%) Bitumenschweißbahn, Polymerbitumen-Schweißbahn (20m²), Kappleiste Wandanschluss, Alu (4m), Dämmkeil EPS 50/50mm (15m), Gefälledämmung, d i. M. 40mm (8m²), Attika-Tropfblech, Cortenstahlblech (16m), Tropfblech, Einlaufblech, Titanzink (1m), Dachrinne, kastenförmig, Titanzink (1m)	20,22 m²	7.039	**348,11**	55,9
	3100-0026 Kinderarztpraxis				
	• Herstellen (Kosten: 100,0%) Dachdeckung aufnehmen, lagern, nach Einbau Dachflächenfenster beidecken (4St)	–	920	–	1,3

© BKI Baukosteninformationszentrum

KG	Kostengruppe	Menge Einheit	Kosten €	€/Einheit	%
	5100-0132 Sporthalle, Sozialtrakt Innenbereich				
	• Wiederherstellen (Kosten: 9,0%) Trapezblech entrosten (psch)	–	815	–	1,8
	• Herstellen (Kosten: 91,0%) EPS-Dämmung (9m²), Bitumenabdichtung (17m²), Strangentlüfter (7St)	17,00 m²	8.210	**482,97**	18,5
	6100-1609 Dachgeschosswohnung mit Turmzimmer				
	• Abbrechen (Kosten: 28,8%) Abbruch von Dachschalung, Bitumenbahnen (4St), Dunstrohr, Öffnung vergrößern (1St); Entsorgung, Deponiegebühren	8,67 m²	3.888	**448,50**	3,8
	• Wiederherstellen (Kosten: 1,5%) Bestands-Dunstrohr eindichten (1St), Dachziegel austauschen (2St)	–	199	–	0,2
	• Herstellen (Kosten: 69,8%) Flachdachfenster eindichten, zweilagig, zusätzlich mit Flüssigkunststoff (4St), Dachhaut öffnen, Dunstrohre montieren, eindichten (6St), Öffnung herstellen für F90-Schacht, eindichten (1St), Titanzink-Bekleidung, Gaubenlaibungen (psch)	–	9.431	–	9,2
	6100-1623 Dachgeschosswohnung				
	• Abbrechen (Kosten: 9,3%) Abbruch von Dachziegeln, Dachlattung (160m²), Dachfirst (35m²), Bitumenbelag (2m²), Dachrinnen, Fallrohren (60m), Blechanschlüssen (45m); Entsorgung, Deponiegebühren	159,75 m²	4.509	**28,23**	5,5
	• Herstellen (Kosten: 90,7%) PUR-Dämmung WLS 021, d=100mm, Unterdeckbahnen, Lattung, Dachziegel, verklammert (160m²), Grade, belüftet (31m), First, belüftet (3m), Dachschalung, d=24mm, Vordeckung, Stehfalzdeckung, Zink (15m²), Traufbleche, Dachrinnen, Titanzink (50m), Fallrohre DN100, Titanzink (20m)	175,05 m²	44.206	**252,53**	53,7
	9100-0144 Kulturzentrum (550 Sitzplätze)				
	• Wiederherstellen (Kosten: 29,1%) Mit Unrat gefüllte Dachrinnen säubern, Unrat entsorgen (120m), Rinnenverbinder abdichten, Flüssigkunststoff (10St), Regenfallrohr, Schwanenhals, nachheften, vernieten (1St)	–	2.593	–	1,1
	• Herstellen (Kosten: 70,9%) Lichtkuppelauflager, Kanthölzer 16x16cm (34m), Steinwoll-Dämmkeile (50m), Dachabdichtung, zweilagig, Bitumendachbahnen (74m²)	74,40 m²	6.313	**84,86**	2,7
	9100-0168 Schauspielhaus, Zweitspielstätte				
	• Abbrechen (Kosten: 100,0%) Abbruch von Bitumenabdichtung (17m²), Dämmung (670kg), Blechen (36m); Entsorgung, Deponiegebühren	16,50 m²	4.973	**301,42**	8,1

KG	Kostengruppe	Menge Einheit	Kosten €	€/Einheit	%
	9100-0173 Bibliothek, Lernzentrum				
	• Abbrechen (Kosten: 34,0%) Abbruch von Dampfsperre, PS-Dämmung, d=120mm, Bitumenabdichtung, zweilagig (492m²), an vertikalen Bauteilen (90m²), Schutzlage, Kiesschüttung, d=5cm, Pflanzenbewuchs (424m²), Faserzementplatten unter Attikablech (28m); Entsorgung, Deponiegebühren	491,82 m²	47.300	**96,17**	8,3
	• Wiederherstellen (Kosten: 7,0%) Bitumenvoranstrich ausbessern (424m²), Attikaabdeckung demontieren, b=30cm, lagern, wieder montieren (61m), Dampfsperre aufschneiden, eindichten, Übergang Dämmung (8h)	424,20 m²	9.713	**22,90**	1,7
	• Herstellen (Kosten: 59,0%) Dampfsperre, Bitumenbahnen, EPS-Dämmung WLG 035, d=120mm, Bitumenabdichtung, zweilagig (382m²), an vertikalen Bauteilen (134m), Gummigranulatmatten, Rollkiesschüttung 16/32mm, d=5cm (382m²)	382,11 m²	82.188	**215,09**	14,5
	9100-0215 Stiftsgebäude, Gemeindesaal, Pfarrbüros				
	• Abbrechen (Kosten: 10,6%) Abbruch von Dach-/Konterlattung (325m²), Ziegeldeckung (280m²), Betonsteindeckung (45m²), Wandanschlussblechen, b=65cm (225m), Dachrinnen (144m), Regenfallrohren (68m); Entsorgung, Deponiegebühren, Ausbau und Lagern von Regenfallrohren (63m)	325,06 m²	25.230	**77,62**	8,4
	• Wiederherstellen (Kosten: 7,3%) Einzelne Dachziegel austauschen (1.142m²)	1.142,17 m²	17.539	**15,36**	5,8
	• Herstellen (Kosten: 82,1%) Traglattung 40x60mm, Biberschwanzziegel, Doppeldeckung (522m²), Lagermaterial (45m²), Firstziegel (42m), Ortgangziegel (194m), Traufschalung, b=33cm (39m), Traufbleche, Zink (78m), Traufstreifen, PVC (157m), Lüftungsleisten (39m), Abschlussbleche, Abtropfkante, Zink (194m), Kehlbleche, b=60cm (25m), Ziegel anpassen an Dachgauben (225m), Gaubenanschluss, Blei, d=1,5mm (9m), Dachrinnen DN70-100 (144m), Regenfallrohre DN100 (68m)	566,78 m²	195.919	**345,67**	65,2

© **BKI** Baukosteninformationszentrum

KG	Kostengruppe	Menge Einheit	Kosten €	€/Einheit	%
364	**Dachbekleidungen**				
	2200-0053 Seminarräume (343 Sitzplätze)				
	• Abbrechen (Kosten: 7,3%) Abbruch von Akustik-Lochplatten (96m²), GK-Platten an Dachschräge (131m²), Holzwolle-Leichtbauplatten (35m²); Entsorgung, Deponiegebühren	261,35 m²	8.034	**30,74**	2,0
	• Wiederherstellen (Kosten: 5,4%) Innenputz an Dachbekleidung ausbessern (17m²), Risse schließen (79St), Deckenputz ergänzen nach Abbruch der Wände, b bis 50cm (37m), Einzelputzschäden bis 400cm² (79St), Schlitze schließen (77m)	17,00 m²	5.950	**350,00**	1,5
	• Herstellen (Kosten: 87,4%) Dispersionsbeschichtung (1.703m²), GK-Bekleidungen Holzpfetten, dreiseitig, Abwicklung 60cm (152m), schallabsorbierende Akustikpaneele an Dachschrägen (378m²), Beschichtung Wachslasur an Holzbalken (128m²)	1.830,88 m²	96.698	**52,82**	24,0
	3100-0026 Kinderarztpraxis				
	• Herstellen (Kosten: 100,0%) Dampfsperre (228m²), GK-Bekleidung, Holzunterkonstruktion (205m²), F90-Bekleidung für Stahlträger, Q3 (17m), GK-Laibungen für Dachflächenfenster (4St), Spachtelung Q3, Glasgewebe, desinfektionsmittelbeständige Beschichtung (228m²), Bekleidung, Giebelüberstände, Fassadenplatten, d=6mm (3m²)	231,20 m²	44.552	**192,70**	60,9
	5100-0132 Sporthalle, Sozialtrakt Innenbereich				
	• Abbrechen (Kosten: 21,4%) Abbruch von abgehängten Decken mit Dämmung (255m²); Entsorgung, Deponiegebühren	255,44 m²	7.555	**29,58**	17,1
	• Herstellen (Kosten: 78,6%) GK-Decken, Abhängehöhe bis 60cm, Mineralwolldämmung, d=60mm (163m²), als F30, beidseitig doppelt beplankt, Mineralwolldämmung, d=50mm (26m²), Grundierung, Latexbeschichtung (185m²)	185,27 m²	27.728	**149,66**	62,6
	6100-1434 Gästewohnung				
	• Herstellen (Kosten: 100,0%) GK-Bekleidung, zweilagig, Beschichtung (40m²)	40,34 m²	925	**22,94**	9,7
	6100-1465 Dachgeschosswohnung				
	• Wiederherstellen (Kosten: 22,3%) Dachschrägen verputzen (9m)	–	295	**–**	9,5
	• Herstellen (Kosten: 77,7%) Grundierung, Silikatbeschichtung (43m²)	43,00 m²	1.029	**23,92**	33,2

Objekte | 3. Ebene | Positionen Neubau | Positionen Altbau

KG	Kostengruppe	Menge Einheit	Kosten €	€/Einheit	%
	6100-1609 Dachgeschosswohnung mit Turmzimmer				
	• Abbrechen (Kosten: 1,6%) Abbruch von Dachbekleidungen (psch); Entsorgung, Deponiegebühren	–	773	–	0,8
	• Herstellen (Kosten: 98,4%) Dampfsperre (127m²), GKF-Bekleidung, d=12,5mm (80m²), Laibungen (54m), GK-Bekleidung an Sparren und Pfetten (17m²), GKF-Decken (44m²), Revisionsklappen (2St), GK-Bekleidungen über Drempel (7St), Dispersionsbeschichtung (148m²)	148,07 m²	47.976	**324,01**	46,9
	6100-1623 Dachgeschosswohnung				
	• Herstellen (Kosten: 100,0%) Dampfsperre (91m²), Unterkonstruktion, GK-Bekleidung, Q3, Beschichtung (77m²)	91,00 m²	14.592	**160,35**	17,7
	6100-1713 Einfamilienhaus				
	• Herstellen (Kosten: 100,0%) Lackbeschichtung (78m²)	77,63 m²	3.591	**46,26**	100,0
	6200-0092 Tagespflege (12 Plätze)				
	• Abbrechen (Kosten: 6,4%) Abbruch von Tapeten (200m²); Entsorgung, Deponiegebühren	200,00 m²	464	**2,32**	6,4
	• Herstellen (Kosten: 93,6%) Spachtelung, Malervlies, Dispersionsbeschichtung (204m²), GK-Zwischendecke, d=10cm, Weitspannträger, beidseitig einfach beplankt (7m²), Ausgleichsputz (6m²)	203,56 m²	6.810	**33,45**	93,6
	7200-0105 Gründerzentrum (17 AP), Gastronomie				
	Holzbekleidung, Dreischichtparkett, Eiche geölt, vollflächig verklebt, Unterkonstruktion OSB-Platten (30m²)	30,00 m²	4.295	**143,17**	100,0

© BKI Baukosteninformationszentrum

KG	Kostengruppe	Menge Einheit	Kosten €	€/Einheit	%
	9100-0144 Kulturzentrum (550 Sitzplätze)				
	• Abbrechen (Kosten: 27,7%) Abbruch von Holzbekleidungen, d=4cm, erschütterungsarm, ohne Untergrundbeschädigungen, Dämmplatten, Putz (66m²), vorhandene, sichtbar bleibende Holzkonstruktionen von alten Beschichtungen befreien, Partikelstrahlen, Abwicklungsflächen, dreiseitig (70m²), vierseitig (640m²); Entsorgung, Deponiegebühren	776,00 m²	35.517	**45,77**	15,1
	• Wiederherstellen (Kosten: 12,9%) Nachträglicher Holzschutz für vorhandene, nicht sichtbar bleibende Holzkonstruktionen, Konstruktionshölzer reinigen, Abwicklungsflächen (1.663m²), Sparren und Dachschalungen mit Holzschutzmittel besprühen, sichtbare Abwicklungsfläche (2.846m²)	1.165,12 m²	16.551	**14,21**	7,0
	• Herstellen (Kosten: 59,3%) Dampfbremse, Sparschalung, magnesitgebundene Holzwolleplatten, d=15mm, oberflächenfertig (1.268m²)	1.268,44 m²	75.941	**59,87**	32,3
	9100-0168 Schauspielhaus, Zweitspielstätte				
	• Herstellen (Kosten: 100,0%) abgehängte GK-Decke F90, Beschichtung (45m²)	45,33 m²	4.847	**106,93**	7,9
	9100-0173 Bibliothek, Lernzentrum				
	• Abbrechen (Kosten: 11,0%) Abbruch von KMF-haltiger Dämmung (364m²), Metallpaneel-Decken (115m²), GK-Decken (70m²), Scheinunterzug 80x40cm (6m); Entsorgung, Deponiegebühren, Abbrechen und Lagern von Welldrahtgitter (29m²)	464,72 m²	17.710	**38,11**	3,1
	• Wiederherstellen (Kosten: 18,7%) Metall-Lamellendecke demontieren, lagern, wieder einbauen, KMF-haltige Dämmauflage demontieren, entsorgen (256m²), Deckenauflage, Mineralfaserdämmung, d=30mm (217m²)	256,47 m²	30.272	**118,03**	5,3
	• Herstellen (Kosten: 70,3%) GK-Akustikdecken, Mineralwollauflage, d=40mm (268m²), Kassettendecken, vlieskaschierte Mineralplatten (137m²), GK-Decke Q3 (67m²), GK-Abkofferungen, h=34-125cm (98m²), GK-Laibungen, Oberlicht (79m²), F90 Bekleidung an Fachwerkträgern, d=20mm, zweilagig (44m²), Grundierung, Beschichtung (462m²), Akustik-Deckensegel, D=80cm (12St), D=120cm (10St)	472,99 m²	113.641	**240,26**	20,0
	9100-0215 Stiftsgebäude, Gemeindesaal, Pfarrbüros				
	• Herstellen (Kosten: 100,0%) GK-Kehlbalkenbekleidung, d=12mm (14m²), GK-Verkofferung, d=20mm (1m²)	15,18 m²	2.345	**154,46**	0,8

KG	Kostengruppe	Menge Einheit	Kosten €	€/Einheit	%
	9700-0038 Kolumbarium				
	• Wiederherstellen (Kosten: 53,3%) Holzdecke reinigen, abbürsten, Fehlstellen schließen, neu beschichten (670m²), Schattenfugen überarbeiten, b=30-50cm, Beschichtung entfernen, neu beschichten (12m²)	682,32 m²	29.444	**43,15**	49,2
	• Herstellen (Kosten: 46,7%) GK-Decke Q3, Abhängehöhe 8-53cm (47m²), GK-Akustikdecke, Abhängehöhe 8cm (7m²), Lichtvouten (22m), Akustik-Rasterdecke, Abhängehöhe 22cm (76m²), GK-Deckenabschlüsse, h=22cm (23m), Silikatbeschichtung (64m²), Schattenfugen (118m), GK-Stahlträgerbekleidungen F30, dreiseitig (10m)	139,88 m²	25.818	**184,57**	43,2
366	**Lichtschutz zur KG 360**				
	2200-0053 Seminarräume (343 Sitzplätze)				
	• Herstellen (Kosten: 100,0%) Lamellen-Sonnenschutzgitter 2,20x2,40x0,12m, außenliegend, umlaufendes Randprofil, Alu-Lamellen 45° (21m²), Unterkonstruktion, Edelstahlprofile 40x40x4mm, befestigt mit Schwerlasthaken (24St)	21,12 m²	32.189	**1.524,09**	8,0
	6100-1465 Dachgeschosswohnung				
	• Herstellen (Kosten: 100,0%) Schiebeladen, innenliegend, Führungsschiene (2m²)	2,16 m²	1.779	**823,82**	57,4
	6100-1609 Dachgeschosswohnung mit Turmzimmer				
	• Herstellen (Kosten: 100,0%) Solar-Hitzeschutzmarkisen, vier Funk-Wandschalter (3m²)	2,99 m²	2.704	**904,33**	2,6
	6100-1623 Dachgeschosswohnung				
	• Herstellen (Kosten: 100,0%) Außen-Rollladen, Motorantrieb, Steuerzentrale (3St)	2,33 m²	2.244	**963,07**	2,7
	9100-0173 Bibliothek, Lernzentrum				
	• Herstellen (Kosten: 100,0%) Sonnenschutz Satteldachlichtbänder, Alu-Kassetten, Tuchwelle, Polyestertuch, halbtransparent, Reißverschlussführung, Motorantrieb, Steuerung (46m²)	46,32 m²	36.668	**791,63**	6,5
369	**Sonstiges zur KG 360**				
	2200-0053 Seminarräume (343 Sitzplätze)				
	• Herstellen (Kosten: 100,0%) Treppen für Fensterausstieg (2St)	1.849,03 m² DAF	2.264	**1,22**	0,6

© BKI Baukosteninformationszentrum

KG	Kostengruppe	Menge Einheit	Kosten €	€/Einheit	%
	3100-0026 Kinderarztpraxis				
	• Herstellen (Kosten: 100,0%) Dachkonsolenausbau für drei bauseitige Klima-Außengeräte, einen bauseitigen Wärmetauscher: Aluguss-Laufsteg, b=50cm, l=1,50m (2St), Arbeitsroste, Alu-Laufrost, b=25cm, Haltebügel (6m), Sicherheitsgeschirr, Sicherheitsdachhaken (1St)	233,99 m2 DAF	10.133	**43,30**	13,8
	6100-1623 Dachgeschosswohnung				
	• Abbrechen (Kosten: 1,3%) Abbruch von Laufsteg (1m); Entsorgung, Deponiegebühren	159,75 m2 DAF	6	**0,04**	< 0,1
	• Herstellen (Kosten: 98,7%) Schneefanggitter, verzinkt (12m), Laufrost, verzinkt (1m)	178,46 m2 DAF	486	**2,72**	0,6
	9100-0144 Kulturzentrum (550 Sitzplätze)				
	• Herstellen (Kosten: 100,0%) Absturzsicherungen (15St), Sicherungsseil (60m), Sicherungsösen (10St), Schneefanggitter (16m)	1.283,44 m2 DAF	11.812	**9,20**	5,0
	9100-0173 Bibliothek, Lernzentrum				
	• Herstellen (Kosten: 100,0%) Sekuranten (2St), Sicherheitsseil, l=13,00m (1St)	521,71 m2 DAF	1.279	**2,45**	0,2
	9100-0215 Stiftsgebäude, Gemeindesaal, Pfarrbüros				
	• Abbrechen (Kosten: 0,3%) Abbruch von Sicherheitsdachhaken (9St); Entsorgung, Deponiegebühren	474,17 m2 DAF	158	**0,33**	< 0,1
	• Herstellen (Kosten: 99,7%) Schneefanggitter, Stahl (212m), Leiterhaken, Stahl (184St)	566,78 m2 DAF	45.354	**80,02**	15,1

Kostenkennwerte für die Kostengruppen 300 der 3.Ebene DIN 276

KG	Kostengruppe	Menge Einheit	Kosten €	€/Einheit	%
381	Allgemeine Einbauten				

1200-0001 Gerichtsgebäude - Eingangsbereich

	Menge Einheit	Kosten €	€/Einheit	%
• Herstellen (Kosten: 100,0%)	136,87 m^2 BGF	36.774	**268,68**	19,2

Holz-Einbauschrankelement, BxHxT 599x236x70cm, Spanplatte, d=22mm, fünfteilig, Schranktüren, Push-To-Open Beschläge, Einlegeböden, (1St), Schiebemulde, BxHxT 201x140x36cm, Spanplatte, d=22mm, rückseitig Stahlblech, d=4mm zur Durchschusshemmung, (1St), Holz-Schließfach-Schrankelement, BxHxT 234x155x45cm, 24 Schließfächer (1St), Schreibtische, Spanplatte, d=40mm, Oberfläche HPL, Eckausführung (2St), Holzregal, BxHxT 190x71x30cm, Spanplatte, d=22mm, vierteilig, Einlegeböden (1St), Installationswand, BxHxT 538x72x15cm, Spanplatte, d=22mm (1St)

1300-0228 Bürogebäude, Eingangsbereiche

	Menge Einheit	Kosten €	€/Einheit	%
	470,00 m^2 BGF	277.064	**589,50**	100,0

Gebogene Sitzschlange, teilweise um bauseitige Stütze angeordnet: Sitzhöhe 50cm, Stütze mit einem umlaufenden Rückenpolster verkleidet, h=110cm, Sockelausführung aus Holzwerkstoffplatten mit rückseitig siebgedruckten Glasplatten in Weißglas, Schattenfugen 10mm zu Fußboden und Polster, Sitzpolster, d=5cm, aus Kaltschaum, Vlies, und Stoffbespannung mit Kappnähten, Stahl-Unterkonstruktion mit Tischlerplatten (6m), Sitzschlange, Sitzhöhe 80cm, eine Stirnseite an Stütze grenzend (5m), mit integriertem Korpus für Druckerstation, Regalboden, Drehflügeltür (8m), Sitzschlange, Sitzhöhe 50cm, unterschiedliche Sitzbreiten (9m), mit zylinderförmiger Rückenlehne, h=110cm, Druckerstation unterhalb der Sitzfläche, Korpus mit Vollauszug (7m), gebogene, stoffbezogene Rückenteile für Sitzschlangen, anschließende Wände raumhoch mit Stoff bezogen, Unterkonstruktion gepolstert (30m^2)
Empfangstheke mit Unterbaumobiliar, ellipsenförmig gerundet: Holzkonstruktion, melaminbeschichtet, sichtbare Oberflächen Mineralwerkstoff 13mm, Fachböden HPL-beschichtet, Edelstahl-Sockelblende, schräge Thekenfront, Arbeitsfläche mit Anschlussdosen, unter der Tischplatte: CPU-Einheiten, hängend, Container mit Auszügen, offenes Schrankelement, offener Fachboden, Vollauszug für Drucker, Verkabelungswanne, Tiefe Arbeitsfläche 52-75cm, Tiefe Ablagefläche 15-35cm, Gesamtlänge Empfangstheke 627cm (1St)
Bar, im Grundriss gerundet: Holzkonstruktion, melaminbeschichtet, raumseitige Oberflächen und Theke Mineralwerkstoff 13mm, Edelstahl-Sockelblende, senkrechte Thekenfront, Einbau von bauseitigen Kühlvitrinen, Gastro-Spülmaschine, Getränkezapftechnik, Kühlzügen, Waschbecken, Höhe Thekenplatte 120cm, Tiefe 35cm, vier Zylinder für Utensilien, D=100mm, bündig in Thekenplatte eingelassen, Gesamtlänge der Bar 925cm (1St)
Einbauschrank 293x320x45cm: Korpusse Spanplatte, sichtbare Flächen Mineralwerkstoff, Fachböden Tischlerplatte HPL-beschichtet, Edelstahl-Sockelblende, zwei Ebenen übereinander gestellt mit je zwei Drehflügeltüren, untere Schränke abschließbar, obere Schränke Tipp-on-Beschläge (1St)

© BKI Baukosteninformationszentrum

KG	Kostengruppe	Menge Einheit	Kosten €	€/Einheit	%
	1300-0245 Kontorhaus Bürogeschoss				
	• Herstellen (Kosten: 100,0%)	813,69 m2 BGF	9.934	**12,21**	89,3
	Waschtischmöbel 90x80x49cm (3St), 110x80x49cm (1St), Möbeltür, zweiflüglig, 110x270cm (1St)				
	1300-0312 Büro (7 AP)				
	• Herstellen (Kosten: 100,0%)	277,35 m2 BGF	50.965	**183,76**	95,6
	Empfangstheke (1St), Küchen (2St), Aktenregal (psch), TV-Schrank (1St), Garderoben (4St)				
	3100-0020 Arztpraxis für Dermatologie				
	• Herstellen (Kosten: 100,0%)	160,72 m2 BGF	70.261	**437,16**	100,0
	Küchenkombinationen für Teeküche, Behandlungs- und Arztzimmer mit Spülen und Geräten (7St), alle folgenden Möbelteile und Einbauten in HPL hochglänzend: Empfangstresen, winkelförmig, 267+220cm, Ecke gerundet, Thekenblatt, Tisch, Seiten und Rückwand, Unterschrank mit Vollauszügen und Nische für Drucker, Ablageregal mit 20 Fächern, Schränke mit Drehtüren, Aktenvernichter, in Arbeitsplatte eingebaut, Tastaturauszüge, Tresenablage Glas, dreiteilig (1St), winkelförmige Bank mit Rücklehne (1St), Garderobe mit Ablagebrett, Kleiderstange (1St), Box für Wartezimmer (1St)				
	3100-0022 Orthopädiepraxis (10 AP)				
	• Herstellen (Kosten: 100,0%)	411,75 m2 BGF	109.964	**267,06**	100,0
	Empfangstresen (1St), Bänke Wartebereiche (2St), Garderobe (1St), Türeinfassungen, HPL (4St), Sidebord (1St), Personalküche (psch), Wandbekleidungen, HPL (14St), Staumöbel (2St), Büroeinrichtungen (2St), Waschtische mit Unterschrank und Wandpaneel (2St), Einbauschränke (2St)				
	3100-0023 Dermatologische Praxis (8 AP)				
	• Herstellen (Kosten: 100,0%)	601,10 m2 BGF	170.411	**283,50**	99,7
	Empfangstresenanlage mit deckenhoher Umbauung in Form einer Ellipse, innenseitig mit an Wandkontur angepassten Schreibtischen und Schubunterschränken, Fächerregalen, Außenmaß der Gesamtanlage LxBxH 750x360x279cm, gebogene Wandsegmente aus rückseitig geschlitzter MDF, d=100mm, Oberfläche lackiert, Möbel aus Dekorplatten, melaminharzbeschichtet (1St), Einbaumöbel mit Oberfläche HPL: Teeküchen, Gesamtbreite 230cm, Unterschränke, Arbeitsplatte 260x60cm, Hängeschränke, Elektrogeräte (2St), Schiebetüranlage, dreiflüglig, verschließbar (1St), Schiebetürenschrank (1St), Akten-Hochschrankmodule (12St), Prospektmodule 120x90cm (8St), Hochschränke (8St), Unterschränke (13St), mit Schubläden (4St), Hängeschränke (30St), Garderobenschränke (4St), Garderoben mit Zeitschriftenregal, Garderobenstange, Hutablage, Spiegel (2St), Tresenkorpus 120x60x95cm, zwei Drehtüren (1St), Druckerschrank (2St), PC-Schrank (1St), Aufsatzschrank 60cm (1St), Regale (3St), Sideboard (1St), Tischplatten (5St), Schreibtisch-/Arbeits-/Waschtischplatten (7St), WT-Unterschränke (4St), Glasvitrinen in Trockenbaudurchbrüchen, als Würfel, LED-Beleuchtung, herausnehmbare Acrylglasscheibe (4St), Abweisbohlen, Eiche massiv (12m)				

KG	Kostengruppe	Menge Einheit	Kosten €	€/Einheit	%
	4400-0324 Kindertagesstätte (6 Gruppen, 125 Kinder)				
		995,39 m² BGF	80.666	**81,04**	100,0
	Einbaumöbel Multiplex, Oberfläche HPL: Oberregalmodule, drei Fächer, Trennscheibe Plexiglas, unterseitig Kleiderhaken, BxHxT 62x30x25cm (16St), 82x30x25cm, vier Fächer (12St), 101x30x25cm, fünf Fächer (1St), Sitzbankmodule, Edelstahlstangen als Schuhablage, bodenstehend, BxHxT 62x35x40cm (11St), 101x35x40cm (1St), wandhängend, 62x25x40cm (16St), 82x25x40cm (20St), 101x25x40cm (1St), Wickeltisch mit Treppe, 105x180x90cm, Unterschrank, Tisch (1St), als Doppel-Wickeltisch 105x306x90cm (1St), Treppe für Wickeltisch (1St), Kinderküche mit Buffet, L-förmig, Schenkellängen 2,25+3,35m, Spanplatte beschichtet, Multiplex, HPL, Elektrogeräte (1St), Einbau-Bainmaries (4St), Küchenzeile, b=1,90m, Einbaugeräte (1St)				
	5100-0132 Sporthalle, Sozialtrakt Innenbereich				
	• Wiederherstellen (Kosten: 100,0%)	324,88 m² BGF	9.980	**30,72**	59,3
	Umkleidebänke überarbeiten (12St), gelagerte Umkleidebänke wieder einbauen (16St)				
	6100-1308 Dreizimmerwohnung				
	• Abbrechen (Kosten: 60,3%)	77,81 m² BGF	421	**5,42**	60,3
	Abbruch von Einbauküche mit Ober- und Unterschränken (5m); Entsorgung, Deponiegebühren				
	• Herstellen (Kosten: 39,7%)	77,81 m² BGF	278	**3,57**	39,7
	Verkleidung für Stromzähler, 180/200x620mm, MDF, mit Magnetschnäppern gehalten (1St)				
	6100-1428 Eigentumswohnung				
	• Abbrechen (Kosten: 0,5%)	259,19 m² BGF	40	**0,16**	0,5
	Abbruch von Einbauschrank (1St); Entsorgung, Deponiegebühren				
	• Herstellen (Kosten: 99,5%)	259,19 m² BGF	7.853	**30,30**	99,5
	Einbauküche, Korpus Holz, Ober-/Unterschränke, Türen, Schubladen (1St), Spüle (1St), Backofen (1St), Kochfeld (1St), Ablufthaube (1St)				
	6100-1465 Dachgeschosswohnung				
	• Herstellen (Kosten: 100,0%)	171,22 m² BGF	103.139	**602,37**	100,0
	Einbauküche, Korpus Holz, Hochschränke, Ober-/Unterschränke, Türen, Schubladen, Glasspritzschutz (1St), Schiefer-Arbeitsplatte (1St), Spülen (2St), Geschirrspüler (1St), Kühlschrank (1St), Gefrierschrank (1St), Ablufthaube (1St), Kochfeld (1St), Backofen (1St), Einbauschränke (4St), Regale (psch)				

© **BKI** Baukosteninformationszentrum

KG	Kostengruppe	Menge Einheit	Kosten €	€/Einheit	%

6100-1609 Dachgeschosswohnung mit Turmzimmer

• Herstellen (Kosten: 100,0%)	198,25 m²BGF	26.592	**134,13**	100,0

Schlafzimmer-Einbauschrank und Einbauschreibtisch, Schiebetüren, Drehtüren, Schubladen, Holzwerkstoffplatten, beschichtet (1St), Einbauregale, Unterschrank in Trockenbauwänden, Holzwerkstoffplatten, beschichtet (psch), Holzkonstruktion, Waschmaschinenüberbau/Wickeltisch (psch), Einbaurahmen für Spiegelschrank (1St)

6100-1697 Wohnung, Innenausbau

	86,40 m²BGF	143.191	**1.657,31**	100,0

Einbauküche, Pfosten und Riegel in Eiche massiv, Fronten in Eiche furniert, Terrazzoarbeitsplatte, Rückwand im Herdbereich aus Naturstein (1St), Küchenblock (1St), Kühlschrank/Regal-Schrankmodul mit Leiter (1St), Garderobenschrank, Leinenstoff bezogen, mit Sitznische, Sitzpolster (1St), Schrankmodule, Pfosten und Riegel in Eiche massiv, Fronten in Eiche furniert (4St), mit Schiebetür 140x254cm, zweiläufig Vollkern, mit Leder bezogen (1St), Schrankzeile mit Schiebetüren (1St), Fernsehtruhe 116x94x36cm, Sitzpolster (1St), Sitztruhe 70x50cm, Seiten mit Leder, Sitzpolster mit Stoff (1St)

6100-1713 Einfamilienhaus

• Abbrechen (Kosten: 2,3%)	195,76 m²BGF	938	**4,79**	2,3

Abbruch von Einbauküche, Elektrogeräten (psch); Entsorgung, Deponiegebühren

• Herstellen (Kosten: 97,7%)	195,76 m²BGF	39.317	**200,84**	97,7

Einbauküche, Elektrogeräte (psch), Ankleideschränke an Dachschräge anpassen, 2,172x1,772-2,55x0,42m, drei offene Teile, fünf Schubladen, Fachböden, Tablarauszug, Eiche furniert, geölt (1St), 2,20x1,76-2,04x0,60m, drei Korpusse, weiß beschichtet mit ABS-Kante, Rückwand MDF-Platte (1St), TV-Möbel 160x61x40cm, Eiche (1St), Regalbretter 100x25cm, LED-Beleuchtung (3St), 70x30cm, Eiche (3St), Sitzbank 70x45cm, Eiche (1St), Ablagekästen 30x30cm, Eiche (2St), runde UK, Spiegel, Beleuchtung (1St), Spiegel 160x60cm (1St), Spiegel mit Rahmen, 100x70cm, Eiche (1St)

6200-0092 Tagespflege (12 Plätze)

• Herstellen (Kosten: 100,0%)	259,20 m²BGF	23.011	**88,78**	100,0

Einbauschränke deckenhoch, t=60cm, als Raumtrennwand, mit Schließfächern, offener Garderobe, Kleiderstange, Einlegeböden, Metallbeschlägen (psch)

7200-0096 Geschäftshaus, Foyer

• Herstellen (Kosten: 100,0%)	220,23 m²BGF	33.936	**154,09**	28,3

Raumteiler, l=1,40m, h=3,42m, neun vertikale Holzlamellen 20x5cm, HPL-beschichtet, Holzdekor, mit Abstand hintereinander stehend, oben und unten an Flachstahl, b=14cm, beschichtet, befestigt (5m²), h=2,80m (4m²), Pflanzkübel mit Sitzfläche 212/232cm, h=40-70cm, dreieckig mit gerundeten Ecken, HPL-beschichtet, Sitzfläche Holzabdeckung, lackiert (1St), Bepflanzung: Solitär, h=2m (1St), Unterbepflanzung (psch), Pflanzarbeiten, Folien, Wasserstandsanzeiger (psch)

KG	Kostengruppe	Menge Einheit	Kosten €	€/Einheit	%
	7200-0105 Gründerzentrum (17 AP), Gastronomie				
		3.112,10 m2 BGF	122.086	**39,23**	70,3
	Einbauschränke mit Spinden, Sitznischen, Garderobennische, Spanplatten, Fronten Seekiefer, Sperrholz, BxHxT 3,47x 3,31x1,57m (1St), BxHxT 3,47x3,14x1,38m (1St), Liegekoje, Seekiefer, BxHxT 2,173x1,37x2,50m (1St), Küchenzeilen, Unterschränke, Arbeitsplatte, Spülbecken, Armatur, BxHxT 4,83x2,09x0,90m (1St), Einbaukühlschränke, Getränkekühlschrank, Geschirrspüler, Regale, BxHxT 4,95x2,12x0,60m (1St), Kücheninseln mit Thekenaufsatz (2St), Schrankkoje 1,80x2,27x0,64m (1St), WC-Schrank 4,43x2,13x0,52m (1St), Empfangstheke (1St), Sitzbank, l=10,40m (1St), Einhausungen Druckerstationen, U-förmig, aufgesetzte Deckplatte, BxHxT 2,00x2,50x0,80m (1St), BxHxT 1,88x2,27x0,64m (1St), Schränke mit Sitznischen (2St), Spind-Regal-Elemente, BxHxT 0,40x1,16x0,40m (19St)				
	9100-0157 Bibliothek, Möblierung				
	• Herstellen (Kosten: 100,0%)	408,60 m2 BGF	33.905	**82,98**	42,8
	Holz-Einbausitzbank, Segmentbögen, HPL, beschichtet, Sitzpolster (1St), Holz-Sitzblöcke (7St), Holzstehpulte mit Tablet-Sicherung (2St)				
	9100-0158 Bibliothek				
	• Abbrechen (Kosten: 8,3%)	328,70 m2 BGF	801	**2,44**	8,3
	Abbruch von Holzsitzbank (1St); Entsorgung, Deponiegebühren				
	• Herstellen (Kosten: 91,7%)	328,70 m2 BGF	8.854	**26,94**	91,7
	Holzsitzbank, 400x50cm, lackiert (1St)				
	9100-0168 Schauspielhaus, Zweitspielstätte				
	• Abbrechen (Kosten: 10,0%)	2.865,00 m2 BGF	1.311	**0,46**	4,8
	Heizkörperbekleidungen demontieren, lagern (7St)				
	• Herstellen (Kosten: 90,0%)	2.865,00 m2 BGF	11.775	**4,11**	43,5
	Heizkörperbekleidungen: HPL-Platten, Stahlprofile (12St), gelagerte Heizkörperbekleidungen wieder montieren (2St)				
	9100-0173 Bibliothek, Lernzentrum				
	• Abbrechen (Kosten: 17,9%)	759,69 m2 BGF	6.247	**8,22**	2,1
	Abbruch von Doppel-Metallspinden 55x40x180cm (838St)				
	• Herstellen (Kosten: 82,1%)	759,69 m2 BGF	28.683	**37,76**	9,7
	Podest 7,40x5,88x0,38m, Holz/Holzwerkstoff, Linoleum, zwei Treppenstufen, Dämmung, Unterkonstruktion (1St)				

© BKI Baukosteninformationszentrum

KG	Kostengruppe	Menge Einheit	Kosten €	€/Einheit	%
	9100-0213 Stadtbücherei				
	• Herstellen (Kosten: 100,0%)	994,60 m² BGF	43.440	**43,68**	9,6
	Doppelregale, b=54cm, HPL, Kopfseiten melaminbeschichtet, h=205cm (9St), h=166cm (2St), h=127-140cm (2St), h=140cm, Vorrichtung für höhenverstellbaren Monitor (1St), Kinderwandregal (1St), Ersatzfachböden, HPL, l=87,5cm (14St), l=107,5cm (14St)				
	9100-0215 Stiftsgebäude, Gemeindesaal, Pfarrbüros				
	• Abbrechen (Kosten: 62,4%)	2.649,56 m² BGF	4.854	**1,83**	26,6
	Abbruch von Vitrinen, verglast (54m²), Einbaumöbeln (1t), Wandtresor 30x20x20cm (1St); Entsorgung, Deponiegebühren				
	• Herstellen (Kosten: 37,6%)	2.649,56 m² BGF	2.925	**1,10**	16,0
	Möbel einbauen (psch), Unterbau aus Sandstein 75x28x10cm (2St)				
	9700-0038 Kolumbarium				
	• Abbrechen (Kosten: < 0,1%)	960,00 m² BGF	151	**0,16**	< 0,1
	Abbruch von Einbauschrank 200x270x40cm (1St); Entsorgung, Deponiegebühren				
	• Wiederherstellen (Kosten: < 0,1%)	960,00 m² BGF	58	**0,06**	< 0,1
	Tresortür überarbeiten, lose Beschichtung entfernen, Schadstellen entrosten, neu beschichten (1St)				
	• Herstellen (Kosten: 99,9%)	960,00 m² BGF	209.079	**217,79**	22,6
	Holzstelen 10x20cm, h=5,00m, geölt, freistehend, als Raumteiler, Stahlschwerter 40x100mm, Fußplatten (86St), Kirchenbänke, Holz, geölt, Kniebänke, Armauflagen (73m), Haken (108St), Einbaumöbel, MDF, lackiert: Hochschränke, b=62cm (4St), b=124cm (2St), b=162cm (1St), b=166cm, mit Einbauspüle (1St), Ankleidetisch, HPL-Ablagefläche 227x100cm, Unter-/Oberschränke, Frontauszüge, Stiftablage (1St), Unterschrank mit Waschtisch, Abfallsystem (1St), Wandvorlage 165x297cm, mit zwei Regalböden, Geldbox (1St), mit Ablagebord (1St), Kniebänke (22m), Eckbank mit Rückenlehne, Filzauflage, l=5,23m (1St), Garderobenleiste 160x20cm (1St), LED-Möbeleinbauleuchten, l=83cm (3St)				
382	**Besondere Einbauten**				
	1200-0001 Gerichtsgebäude - Eingangsbereich				
	• Herstellen (Kosten: 100,0%)	136,87 m² BGF	155.219	**1.134,06**	80,8
	Pförtnerloge: Alu-Pfosten-Riegel-Elemente, 14-teilig, Wand-/Deckenelemente durchschusshemmende Verglasungen, d=56mm, durchschusshemmende System-Paneelfüllungen, Alublenden (21m²), Stahl-Türelement 2,53x1,80m, Drehtür einflüglig, Seitenteile feststehend (5m²), Stahl-Glasabtrennungen (2m²), Bodentürschließer (1St)				

KG	Kostengruppe	Menge Einheit	Kosten €	€/Einheit	%
	1200-0002 Gerichtsgebäude - Gerichtssaal				
	• Abbrechen (Kosten: 6,0%) Abbruch von Gerichtssaaltisch (psch); Entsorgung, Deponiegebühren	130,75 m²BGF	1.586	**12,13**	6,0
	• Herstellen (Kosten: 94,0%) Richterpult, LxBxH 490x100x75cm, Stützwangen Spanplatte, doppelt, d=76mm, Installationsebene, Hohlraum 80mm, Tischplatte, d=38mm, furniert (1St), Beteiligtentische, LxBxH 200x75x75cm (2St)	130,75 m²BGF	24.772	**189,46**	94,0
	5100-0132 Sporthalle, Sozialtrakt Innenbereich				
	• Herstellen (Kosten: 100,0%) Sportgeräte (psch)	324,88 m²BGF	6.854	**21,10**	40,7
	7200-0096 Geschäftshaus, Foyer				
	• Herstellen (Kosten: 100,0%) Empfangstresenanlage, Freiform, Arbeitsfläche aus Mineralwerkstoffplatten, Frontflächen gebogen, HPL-beschichtet, Tresenplatte, Dekor Holzoptik, Festverglasungen, ein Schiebeelement, ESG, d=8mm, Decke mit Ausschnitten für Klimagerät, Lüftung, Beleuchtung, lackiert (1St), Winkelelement Fahrkartenschalter 167x68x56cm (1St)	220,23 m²BGF	63.572	**288,66**	53,0
	7200-0105 Gründerzentrum (17 AP), Gastronomie				
	Tribünenmodule auf Stahlgestell, mit Rollen, dreistufig, für bis zu drei Personen, BxTxH 0,75x1,38x0,89m (12St), Tribüne mit zwei Ebenen, Sitzflächen mit Rückenlehne, Aufsatzregal, Seekiefer Sperrholz, Unterkonstruktion Spanplatten, BxTxH 3,35x2,84x2,20m (1St), Laufbänder mit Tisch und Stehhilfe, Seitenwände Buchenholz (2St), Schreibtischfahrräder (2St), Sprungkästen, Kiefer, dreiteilig (3St)	3.112,10 m²BGF	32.399	**10,41**	18,6
	9100-0157 Bibliothek, Möblierung				
	• Herstellen (Kosten: 100,0%) Stützenummantelung, Leuchtpilz, h=450cm, D=300cm, transluzentes, schallabsorbierendes Gewebe, innenliegende Alu-Stützkonstruktion (1St), Deckenring, b=45cm, für LED-Beleuchtung (21m), Ausstellungsinseln, h=30cm, D=160cm, HPL (2St), Metall-Prospektstützen, h=80-100cm (10St), abgehängter Holzbuchstabe (1St)	408,60 m²BGF	45.322	**110,92**	57,2
	9100-0168 Schauspielhaus, Zweitspielstätte				
	• Herstellen (Kosten: 100,0%) Aufhängung für Bühnenvorhänge, Stahlrohre, D=48,2mm, l=3,00m (6St), l=3,70m (2St), l=12,00m (1St), l=3,20m (1St)	2.865,00 m²BGF	13.972	**4,88**	51,6

© BKI Baukosteninformationszentrum

KG	Kostengruppe	Menge Einheit	Kosten €	€/Einheit	%
	9100-0173 Bibliothek, Lernzentrum				
	• Abbrechen (Kosten: 0,5%)	759,69 m² BGF	1.165	**1,53**	0,4
	Abbruch von Theke, Aufsichtsloge, Tischplatte, Thekenüberbau (psch), Holz-Glas-Thekenaufbau (6m²), Unterschränken (2St); Entsorgung, Deponiegebühren				
	• Herstellen (Kosten: 99,5%)	759,69 m² BGF	245.769	**323,51**	82,8
	Arbeitskojen 2,20x2,20x1,88m, Holz/Holzwerkstoff, zwei Sitzbänke, je drei Sitzplätze, zweiteilige Rückenpolster, Sitzpolster, Stoffbezug, drei Wände, Sockel, Linoleum, MDF-Tischplatten, HPL (6St), Sitzbankkojen 1,80x0,735x2,29m, zwei Wangen, Rückwand, 2er Sitzplätze, Rückenpolster, Sitzpolster (6St), Sitzbänke in Nischen, je 2er Sitzplätze, Rückenpolster, h=1,82m, zweiteilig, Sitzpolster, Stoffbezug (18St), MDF-Tischplatten 1,40x0,925m, HPL, ein Tischbein (9St), Rückwände Sitzbänke, Holz-UK, beidseitig MDF, HPL (33m²), 8er Sitzbänke (1St), 6er Sitzbänke (1St), 8er Sitzbank auf Podest (1St), Tische 3,00x0,80m, unterschiedlich hohe Wangen, an Podest (2St), Arbeitstheken: Anschlusswange, h=2,29m, schräg zulaufend, Tischfläche 1,63x0,60m, Wange, h=1,10m, MDF-Platten, HPL (6St), Aufsichtsloge: Thekenaufbau, Holz-Glas-Konstruktion, h=1,78m, l=5,50m, Festverglasungen, Schiebefenster, Ganzglastür (1St), Arbeitsplatten Furnierspanplatten 1,11x0,30m (2St)				
	9100-0213 Stadtbücherei				
	• Wiederherstellen (Kosten: 0,9%)	994,60 m² BGF	3.303	**3,32**	0,7
	Holzsitzbänke auf Heizkörpern ersetzen, Holzwerkstoff, HPL (40m), Lenkrollen austauschen (16St)				
	• Herstellen (Kosten: 99,1%)	994,60 m² BGF	371.825	**373,84**	81,9
	Lesenetz, zwischen Balken, an Bestand-Holzbalkendecke, Zugangsturm, Treppe, Birke Multiplex (psch), raumbildende Möbel, zwei raumhohe Regalreihen, Front Festverglasung, Holztür, innenseitig Whiteboard, 391,5x3,70m (1St), 4,04x5,86m (1St), Großmöbel, überdachte Einhausung, sechs Wandregale, 195x215x278cm, MDF (1St), winkelförmiges Doppelregal, Schenkel L=8,55m+3,05m, h=2,11m (1St), Ausleihtheke (1St), Informationstheke (1St), Rückraumschrank (1St), Gaming-Großmöbel mit Regalen (1St), Schließfachschrank, Garderobe (1St), Wandregale, MDF, im Gefach (2St), an Fachwerk (5St), PC-Arbeitsplätze (3St), Sideboards (2St), Bestsellermöbel (1St), Arbeitstisch (1St), Themenmöbel (2St), Zeitschriftenmöbel (1St), Zeitungsregal (1St), Stauraumkorpus, beleuchtete Glasvitrine (1St), Bilderbuchtröge (5St), Kopiereinhausung (1St), Wandbekleidung mit Hörstation (1St), Wandeinhausungen Gates (2St), Stützeneinhausung, Nischen für Monitore, Regal (1St), Café-Sitzbank, l=5,10+1,10m, raumhohe Rückenpolster (2St), Sitzbänke, l=1,95m (2St), Küchenzeile, Teeküche (1St)				

Objekte
3. Ebene
Positionen Neubau
Positionen Altbau

KG	Kostengruppe	Menge Einheit	Kosten €	€/Einheit	%
	9700-0038 Kolumbarium				
	• Abbrechen (Kosten: 1,3%) Abbruch von Altar, Tabernakel (psch), Apostelleuchtern, Weihwasserbecken, Kreuz, Taufbecken (psch), Kreuzverankerungen (2St); Entsorgung, Deponiegebühren	960,00 m² BGF	8.941	**9,31**	1,0
	• Wiederherstellen (Kosten: 1,3%) Triumpfkreuz umarbeiten zu Kubus für Ewiges Grab (1St)	960,00 m² BGF	9.240	**9,63**	1,0
	• Herstellen (Kosten: 97,4%) Stb-Sockel C25/30, h=24cm, Schalung, Bewehrung (2m³), Stahl-Abfangungen, D=48mm, l=80cm (8St), Stb-Urnenwände C50/60, Sichtbeton, farbig, h=2,27m, t=41cm, einseitig Urnenkammern (25m), t=78cm, beidseitig Urnenkammern (20m), Altarrückwand, Holzbekleidung mit Kreuz (psch), Altar 143x86x97cm, Holz, geölt (1St), Ambo 50x48x119cm, Holz, geölt (1St), Tabernakel 45x65x48cm, Stahl (1St), Standsockel 45x45x100cm, für Heiligenfiguren (2St), Urnenstele (1St), Ewiges Licht, Halterung (1St), Opferkerzenregal, Opferstock (1St), Geldbox (1St), Apostelleuchter (12St), Stahlkonsole für Pieta (1St)	960,00 m² BGF	693.135	**722,02**	75,0
386	**Orientierungs- und Informationssysteme**				
	1300-0245 Kontorhaus Bürogeschoss				
	• Herstellen (Kosten: 100,0%) Messingschilder (3St)	813,69 m² BGF	1.189	**1,46**	10,7
	1300-0312 Büro (7 AP)				
	• Herstellen (Kosten: 100,0%) Firmenlogo (1St)	277,35 m² BGF	2.332	**8,41**	4,4
	2200-0053 Seminarräume (343 Sitzplätze)				
	• Abbrechen (Kosten: 16,6%) Abbruch von Türschildern (16St); Entsorgung, Deponiegebühren	2.236,69 m² BGF	407	**0,18**	16,6
	• Wiederherstellen (Kosten: 60,8%) Wegweiser neu beschriften (24St)	2.236,69 m² BGF	1.492	**0,67**	60,8
	• Herstellen (Kosten: 22,7%) Flucht- und Rettungspläne (4St)	2.236,69 m² BGF	557	**0,25**	22,7
	3100-0023 Dermatologische Praxis (8 AP)				
	• Herstellen (Kosten: 100,0%) Flucht- und Rettungswegeplan A3, Aluminiumklapprahmen (1St)	601,10 m² BGF	450	**0,75**	0,3

© **BKI** Baukosteninformationszentrum

KG	Kostengruppe	Menge Einheit	Kosten €	€/Einheit	%
	7200-0096 Geschäftshaus, Foyer				
	• Herstellen (Kosten: 100,0%)	220,23 m² BGF	22.359	**101,53**	18,7
	LED-Spann-/Leuchtrahmen 250x305x12cm, hochauflösender Direktdruck, LED-Ausleuchtung auf Rückwand (8m²), Wegweiser 210x90x8cm, Edelstahl gebürstet, Acrylglas, Hochleistungs-Vinylfolie, ablösbar, LED-Ausleuchtung auf Rückwand (2m²), 70x50x1,5cm, Edelstahl gebürstet, Acrylglas, Hochleistungs-Vinylfolie, ablösbar (1m²), Flyerbox, HPL, gebogener Wand folgend, 201x80x6-20cm, Winkelelement 100x80x6cm (1St), Logo auf Vinylfolie (1St)				
	7200-0105 Gründerzentrum (17 AP), Gastronomie				
		3.112,10 m² BGF	19.281	**6,20**	11,1
	LED-Logo 1,791x2,65m, Acrylglas (1St), Schilder 15x15cm, Seekiefer (88St), mit Stahlblech (62St), Klebefolie auf Türen (33St), Wechselrahmen 30x42cm (8St)				
	9100-0144 Kulturzentrum (550 Sitzplätze)				
	• Herstellen (Kosten: 100,0%)	1.304,03 m² BGF	6.540	**5,02**	100,0
	Schriftzug "Alte Hobelei" (1St), Flucht- und Rettungsplan (1St), Feuerwehrübersichtsplan (1St), Feuerwehretagenplan (1St)				
	9100-0213 Stadtbücherei				
	• Wiederherstellen (Kosten: 2,7%)	994,60 m² BGF	950	**0,96**	0,2
	Litfaßsäule, D=0,80m, h=2,00m, demontieren, werkseitig neu beschichten, Holzsockel abschleifen, beschichten (1St)				
	• Herstellen (Kosten: 97,3%)	994,60 m² BGF	34.513	**34,70**	7,6
	Frontkasten mit Beleuchtung 328x45x10cm, Buchstaben ausgeschnitten, hinterlegt, durchgesteckt, Acrylglas, Frontseite foliert (1St), Frontpräsentation Regale, Stahlblech beschichtet 35x24,7x19cm (23St), 16x24,7x19cm (40St), Beschriftungswürfel, Korpus Holzwerkstoff, beschichtet, Klarsicht-Acryltasche 6x24,8-26,5x28,2cm (210St), 21x24,8-26,5x28,2cm (21St), Fachbodenschilder 12x15x2,8cm, Stahlblech beschichtet (419St), CD-DVD-Einteiler, Stahlblech (62St)				
	9100-0215 Stiftsgebäude, Gemeindesaal, Pfarrbüros				
	• Herstellen (Kosten: 100,0%)	2.649,56 m² BGF	10.497	**3,96**	57,4
	Informationstafel 84x118cm (1St), Türbeschriftungsschilder (10St), Fluchtwegpläne (12St), Edelstahl-Schriftzug (1St)				
	9700-0038 Kolumbarium				
	• Herstellen (Kosten: 100,0%)	960,00 m² BGF	3.461	**3,61**	0,4
	Infowand 95x237x8cm, MDF, HPL-Magnettafel, zwei Regalnischen (1St), HPL-Magnettafel 235x124cm (1St), Folienbeschriftungen (psch)				

KG	Kostengruppe	Menge Einheit	Kosten €	€/Einheit	%
389	Sonstiges zur KG 380				
	9100-0173 Bibliothek, Lernzentrum				
	• Herstellen (Kosten: 100,0%) Briefkastenanlage 260x198cm, Stahlblech, 94 Postverteilfächer, Rückseite offen, Vorderseite mit Entnahmetür (1St)	759,69 m2BGF	14.967	**19,70**	5,0

Kostenkennwerte für die Kostengruppen 300 der 3.Ebene DIN 276

KG	Kostengruppe	Menge Einheit	Kosten €	€/Einheit	%
391	**Baustelleneinrichtung**				
	1200-0001 Gerichtsgebäude - Eingangsbereich				
	• Herstellen (Kosten: 100,0%) Baustelleneinrichtungen (psch)	136,87 m2BGF	1.844	**13,47**	8,0
	1300-0245 Kontorhaus Bürogeschoss				
	• Herstellen (Kosten: 100,0%) Baustromverteiler (1St), Baustromanschluss (1St), Gewerbestrom (1.267kWh), Baubeleuchtung (psch)	813,69 m2BGF	3.817	**4,69**	3,6
	1300-0324 Gründerzentrum (20 AP)				
	• Herstellen (Kosten: 100,0%) Baustelleneinrichtung (psch), Bauzaun (42m), Baustellen-WC (1St), Baustrom (1St), Verkehrsschilder Baustelleneinfahrt (3St)	454,70 m2BGF	20.345	**44,74**	60,5
	2200-0053 Seminarräume (343 Sitzplätze)				
	• Herstellen (Kosten: 100,0%) Baustelleneinrichtung, Hauptgewerk (1St), Nebengewerke (2St), Bauzaun (67m), Einrichten einer Halteverbotszone, Warnleuchte, Barke (1St), Bautür (1St)	2.236,69 m2BGF	13.375	**5,98**	12,7
	3100-0020 Arztpraxis für Dermatologie				
	• Herstellen (Kosten: 100,0%) Baustelleneinrichtungen der Gewerke (2St), Baustromkasten (1St), Bauschuttrutsche, staubdicht, aus Kunststoffrohren Innendurchmesser 60cm	160,72 m2BGF	7.806	**48,57**	48,5
	3100-0023 Dermatologische Praxis (8 AP)				
	• Herstellen (Kosten: 100,0%) Baustelleneinrichtung (1St), Schließanlage während der Bauzeit, vier Schließzylinder (1St), Baustromverteiler (1St)	601,10 m2BGF	1.228	**2,04**	5,0
	3100-0026 Kinderarztpraxis				
	• Herstellen (Kosten: 100,0%) Baustelleneinrichtung (1St), Verkehrssicherung (1St), Autokran (3h)	254,49 m2BGF	2.412	**9,48**	20,0
	3100-0030 Gemeinschaftspraxis				
	• Herstellen (Kosten: 100,0%) Baustrom (1St), Bauwasser (1St), Abstützvorrichtung (1St)	313,75 m2BGF	1.038	**3,31**	14,9

KG	Kostengruppe	Menge Einheit	Kosten €	€/Einheit	%
	4400-0324 Kindertagesstätte (6 Gruppen, 125 Kinder)				
		995,39 m²BGF	21.128	**21,23**	52,4
	Baustelleneinrichtung, Hauptgewerk (1St), Nebengewerke (2St), Herrichten von vorhandenem Müllraum zum Baubesprechungsraum (1St), Bautreppe zum Müllraum (1St), Bauzaun (70m), Baustellen-WC (1St), Bauschild (1St), Transportrampen (7St), Baustromverteiler (1St)				
	5100-0132 Sporthalle, Sozialtrakt Innenbereich				
	• Herstellen (Kosten: 100,0%)	324,88 m²BGF	17.406	**53,58**	31,1
	Baustelleneinrichtung Hauptgewerk (1St), Nebengewerke (5St), Bauzaun (112m), Baustellen-WC (1St)				
	6100-1308 Dreizimmerwohnung				
	• Herstellen (Kosten: 100,0%)	77,81 m²BGF	1.992	**25,60**	100,0
	Baustelleneinrichtungen, Einzelgewerke (3St), Baustellen-WC (1St), Bauwasser, Baustrom				
	6100-1428 Eigentumswohnung				
	• Herstellen (Kosten: 100,0%)	259,19 m²BGF	4.165	**16,07**	50,0
	Baustelleneinrichtung, Hauptgewerk (1St), Nebengewerke (3St), Verkehrssicherung (1St), Baustrom (1St), Bauwasser (1St), Baustellen-WC (1St)				
	6100-1609 Dachgeschosswohnung mit Turmzimmer				
	• Herstellen (Kosten: 100,0%)	198,25 m²BGF	8.029	**40,50**	21,6
	Baustelleneinrichtung Hauptgewerk (1St), Nebengewerke (4St), Kran (1St), Hochlogistik (3h), Baustellen-WC (1St)				
	6100-1623 Dachgeschosswohnung				
	• Herstellen (Kosten: 100,0%)	90,45 m²BGF	425	**4,70**	3,2
	Baustelleneinrichtungen (psch)				
	6100-1713 Einfamilienhaus				
	• Herstellen (Kosten: 100,0%)	195,76 m²BGF	2.912	**14,87**	71,4
	Baustelleneinrichtungen (4St), Baustromverteiler (psch), Bauschlösser (2St), Baustellen-WC (1St)				
	6200-0092 Tagespflege (12 Plätze)				
	• Herstellen (Kosten: 100,0%)	259,20 m²BGF	1.262	**4,87**	29,5
	Baustelleneinrichtungen (psch)				

© **BKI** Baukosteninformationszentrum

KG	Kostengruppe	Menge Einheit	Kosten €	€/Einheit	%
	9100-0144 Kulturzentrum (550 Sitzplätze)				
	• Herstellen (Kosten: 100,0%)	1.304,03 m² BGF	24.361	**18,68**	13,6
	Bauschild (1St), Bauzaun, h=2,00m (102m), Baustellen-WC (1St), Baustromverteiler (1St), Bauwasseranschluss (1St)				
	9100-0168 Schauspielhaus, Zweitspielstätte				
	• Herstellen (Kosten: 100,0%)	2.865,00 m² BGF	76.366	**26,65**	32,7
	Schutz von Gehwegen (254m²), Schutzzaun (105m), Verkehrszeichen (19St), Verkehrseinrichtungen (12St), Warnleuchten (11St), Baustelleneinrichtungen (3St), Baustrom (psch), Leitungen H07RN-F (510m), Bauzaun (22m), Baustellenbeleuchtung (45St)				
	9100-0173 Bibliothek, Lernzentrum				
	• Herstellen (Kosten: 100,0%)	759,69 m² BGF	80.726	**106,26**	53,2
	Baustelleneinrichtung Hauptgewerk (1St), Nebengewerke (7St), Baustraße: Oberboden abtragen, lagern, Geotextil, Kies-Schotter-Tragschicht 0/45mm, d=20cm, einbauen, nach Bauende ausbauen, Oberboden wieder einbauen (423m²), Sanitärcontainer (1St), Trinkwasserzuleitungen (65m), Begleitheizung, Rohrdämmung (30m), Trinkwasseranschlüsse (2St), Baustellenschild (1St), Bauzaun (148m), Bautüren, einflüglig (2St), zweiflüglig (1St)				
	9100-0213 Stadtbücherei				
	• Herstellen (Kosten: 100,0%)	994,60 m² BGF	6.055	**6,09**	19,1
	Baustelleneinrichtung (psch), Bauzaun (67m), Baustellen-WCs (2St)				
	9100-0215 Stiftsgebäude, Gemeindesaal, Pfarrbüros				
	• Herstellen (Kosten: 100,0%)	2.649,56 m² BGF	75.663	**28,56**	16,0
	Baustelleneinrichtung (1St), Bürocontainer (4St), Bauzaun (112m), Tor (1St), Baustromverteiler (2St), Bauwasser (1St), Autokran (1St), Baustellen-WC (334Wo), Baustellenbeleuchtung (60St), Baustrahler (3St)				
	9700-0038 Kolumbarium				
	• Herstellen (Kosten: 100,0%)	960,00 m² BGF	18.448	**19,22**	27,0
	Baustelleneinrichtung (psch), Bauzaun (88m), Bautür, zweiflüglig (1St), Baustellen-WC (7Wo), Bauwasseranschluss (psch), Baustromverteiler (1St), Kabel (202m), Lichtleisten (20St), Scheinwerfer (4St)				
392	**Gerüste**				
	1200-0001 Gerichtsgebäude - Eingangsbereich				
	• Herstellen (Kosten: 100,0%)	136,87 m² BGF	13.556	**99,04**	58,7
	Rollgerüst (1St)				

KG	Kostengruppe	Menge Einheit	Kosten €	€/Einheit	%
	1300-0324 Gründerzentrum (20 AP)				
	• Herstellen (Kosten: 100,0%) Arbeits- und Schutzgerüst, Lastklasse 3 (132m²), Konsolen (8St)	454,70 m² BGF	10.377	**22,82**	30,8
	2200-0053 Seminarräume (343 Sitzplätze)				
	• Herstellen (Kosten: 100,0%) Raumgerüst mit Absetzpodesten (328m³), Rollgerüst, h=5,00m (psch), Absturzsicherung (45m), Materialaufzug, h=18,00m, Traglast 500kg (2St), fahrbare Arbeitsbühnen (2St), Dachschutzwand, Schutznetz (50m)	2.236,69 m² BGF	56.693	**25,35**	53,9
	3100-0020 Arztpraxis für Dermatologie				
	• Herstellen (Kosten: 100,0%) Arbeitsbühne (1St), fahrbares Raumgerüst (1St)	160,72 m² BGF	1.604	**9,98**	10,0
	3100-0026 Kinderarztpraxis				
	• Herstellen (Kosten: 100,0%) Arbeitsgerüste Lastklasse 3, als Doppelturm auf dem Dach aufstellen (54m²), als Versorgungsturm (1St), Hubsteiger (8h)	254,49 m² BGF	7.124	**27,99**	59,2
	4400-0324 Kindertagesstätte (6 Gruppen, 125 Kinder)				
		995,39 m² BGF	3.651	**3,67**	9,1
	Raumgerüst, Lastklasse 3 (1St)				
	5100-0132 Sporthalle, Sozialtrakt Innenbereich				
	• Herstellen (Kosten: 100,0%) Rollgerüst (1St)	324,88 m² BGF	288	**0,89**	0,5
	6100-1609 Dachgeschosswohnung mit Turmzimmer				
	• Herstellen (Kosten: 100,0%) Doppelbockgerüst (1St), Balkonschrägschutz (1St)	198,25 m² BGF	4.025	**20,30**	10,8
	6100-1623 Dachgeschosswohnung				
	• Herstellen (Kosten: 100,0%) Fassadengerüst, Lastklasse 3, Dachdeckerfanggerüst (1St), Balkonüberbau, Gitterträger (1St)	90,45 m² BGF	10.373	**114,68**	79,2
	7200-0096 Geschäftshaus, Foyer				
	• Herstellen (Kosten: 100,0%) Arbeitsgerüste (4St), Rollgerüste (2St)	220,23 m² BGF	4.636	**21,05**	61,7

© **BKI** Baukosteninformationszentrum

KG	Kostengruppe	Menge Einheit	Kosten €	€/Einheit	%
	9100-0144 Kulturzentrum (550 Sitzplätze)				
	• Herstellen (Kosten: 100,0%)	1.304,03 m² BGF	87.311	**66,95**	48,9
	Arbeits-/Schutzgerüste, Lastklasse 4 (1.378m²), Raumgerüst, Lastklasse 3 (781m²), Arbeitsebenen auf vorhandenen Tragkonstruktionen (345m²), umsetzen (345m²), Treppenturm, Lastklasse 3 (1St), Arbeitsbühnen (7St), Fangnetz (100m²), Fahrgerüst (1St), Scherenhubbühne (1St), Hubsteiger (1St)				
	9100-0158 Bibliothek				
	• Herstellen (Kosten: 100,0%)	328,70 m² BGF	1.518	**4,62**	38,9
	Fahrgerüst (1St)				
	9100-0168 Schauspielhaus, Zweitspielstätte				
	• Herstellen (Kosten: 100,0%)	2.865,00 m² BGF	30.153	**10,52**	12,9
	Arbeitsgerüst, Lastklasse 4, h bis 4m (708m²), Arbeitsbühne, fahrbar, h bis 4m (3St), Gerüste (2St), h über 3,50m (psch)				
	9100-0173 Bibliothek, Lernzentrum				
	• Herstellen (Kosten: 100,0%)	759,69 m² BGF	9.514	**12,52**	6,3
	Fassadengerüst, Lastklasse 3 (126m²), Rollgerüste, Lastklasse 3 (2St), Gerüsttreppenturm, Lastklasse 3, oberste Lage 5,50m (1St)				
	9100-0213 Stadtbücherei				
	• Herstellen (Kosten: 100,0%)	994,60 m² BGF	285	**0,29**	0,9
	Treppengerüst (psch)				
	9100-0215 Stiftsgebäude, Gemeindesaal, Pfarrbüros				
	• Herstellen (Kosten: 100,0%)	2.649,56 m² BGF	227.573	**85,89**	48,0
	Fassadengerüst, Lastklasse 4 (1.583m²), Konsolverbreiterungen, b= 30cm (560m), Treppenturmaufgänge, h=15,00m (4St), Dachfanggerüst, h=2,00m (183m), Gerüstschutznetze (998m²), Wetterschutzdach (140m), fahrbare Gerüste (3St)				
	9700-0038 Kolumbarium				
	• Herstellen (Kosten: 100,0%)	960,00 m² BGF	28.059	**29,23**	41,1
	Innenraumgerüste, Wandhöhen bis 10,70m (psch), Raupenarbeitsbühnen, Raumhöhe bis 17,30m (psch), Rollgerüste (psch)				

KG	Kostengruppe	Menge Einheit	Kosten €	€/Einheit	%
393	**Sicherungsmaßnahmen**				
	5100-0132 Sporthalle, Sozialtrakt Innenbereich				
	• Herstellen (Kosten: 100,0%) Unterfangung einer Stb-Innenwand, d=10cm, durch Stb-Wand C12/15, d bis 30cm, h=2,00m, Schalung, Bewehrung (2m³), Stabilisierung Lüftungsöffnungen als Stahlkonstruktion aus HEB160, U140, verzinkt (500kg)	324,88 m² BGF	13.363	**41,13**	23,9
	6100-1609 Dachgeschosswohnung mit Turmzimmer				
	• Herstellen (Kosten: 100,0%) Dachkonstruktion abfangen, Deckenstützen (psch)	198,25 m² BGF	464	**2,34**	1,2
	6200-0092 Tagespflege (12 Plätze)				
	• Herstellen (Kosten: 100,0%) Lastverteilende Deckenabstützungen (17m)	259,20 m² BGF	564	**2,17**	13,2
	9100-0144 Kulturzentrum (550 Sitzplätze)				
	• Herstellen (Kosten: 100,0%) Abstützungen für Dachsanierung: Stb-Straßenplatten 3,00x1,00x0,20m (4St), Kanthölzer (118m)	1.304,03 m² BGF	17.163	**13,16**	9,6
	9100-0168 Schauspielhaus, Zweitspielstätte				
	• Herstellen (Kosten: 100,0%) Lastverteilende Stützen HEA140, HEA120, Formstahl, l=3,00m (5.000kg), l bis 0,40m (200kg), Träger HEA160, l bis 1,20m (2.000kg), Kopf- und Fußplatten, Blech (1.000kg), Verbundanker (192St), Abstützungen (116m²), Schwerlaststützen, h bis 3,50m (16m²)	2.865,00 m² BGF	67.049	**23,40**	28,8
	9100-0173 Bibliothek, Lernzentrum				
	• Herstellen (Kosten: 100,0%) Decke abstützen: Kanthölzer (19St), Stahlstützen (25St), Abhangdecke gegen herunterfallen sichern, Abhänger (1St)	759,69 m² BGF	2.348	**3,09**	1,5
	9100-0215 Stiftsgebäude, Gemeindesaal, Pfarrbüros				
	• Herstellen (Kosten: 100,0%) Unterfangung, Fundament 0,80x0,30x1,00m, Handschachtung (5m), Einbau/Rückbau der Spannanker zur Kantholzsicherung (4St)	2.649,56 m² BGF	5.801	**2,19**	1,2

© BKI Baukosteninformationszentrum

KG	Kostengruppe	Menge Einheit	Kosten €	€/Einheit	%
394	**Abbruchmaßnahmen**				
	1200-0001 Gerichtsgebäude - Eingangsbereich				
	• Abbrechen (Kosten: 100,0%) Abbruch von Pförtnerloge (1St), Podestboden (9m²), Büromöbeln (16h); Entsorgung, Deponiegebühren	136,87 m² BGF	3.331	**24,34**	14,4
	1300-0245 Kontorhaus Bürogeschoss				
	• Abbrechen (Kosten: 100,0%) Abbruch von GK-Wänden, Schlackewänden, GK-Decken, Sanitärobjekten, Teppichböden, Putz, Fliesen (psch); Entsorgung, Deponiegebühren	813,69 m² BGF	88.433	**108,68**	84,2
	3100-0023 Dermatologische Praxis (8 AP)				
	• Abbrechen (Kosten: 100,0%) Abbruch von Trockenbauwänden, GK-Decken, Türen, Zargen, Teppich, Linoleum, Einbaumöbeln (psch); Entsorgung, Deponiegebühren	601,10 m² BGF	14.491	**24,11**	59,3
	6100-1609 Dachgeschosswohnung mit Turmzimmer				
	• Abbrechen (Kosten: 100,0%) Entkernung von Wohnung (psch)	198,25 m² BGF	20.538	**103,60**	55,2
	6100-1623 Dachgeschosswohnung				
	• Abbrechen (Kosten: 100,0%) Abbruch von Gauben (2St); Entsorgung, Deponiegebühren	90,45 m² BGF	1.097	**12,13**	8,4
	6100-1697 Wohnung, Innenausbau				
	Abbruch von GK-Wänden, Türen (psch); Entsorgung, Deponiegebühren	86,40 m² BGF	1.935	**22,40**	64,1
395	**Instandsetzungen**				
	9100-0213 Stadtbücherei				
	• Herstellen (Kosten: 100,0%) Feuchtemessung des Bodens nach Wasserschaden, Probebohrung, vergießen mit Schnellestrich (3h)	994,60 m² BGF	366	**0,37**	1,2
396	**Materialentsorgung**				
	2200-0053 Seminarräume (343 Sitzplätze)				
	• Herstellen (Kosten: 100,0%) Bauschuttentsorgung (15m³); Deponiegebühren	2.236,69 m² BGF	5.371	**2,40**	5,1

KG	Kostengruppe	Menge Einheit	Kosten €	€/Einheit	%
	3100-0023 Dermatologische Praxis (8 AP)				
	• Herstellen (Kosten: 100,0%) Laden und Entsorgen von Sperrmüll (psch)	601,10 m² BGF	1.920	**3,19**	7,9
	3100-0030 Gemeinschaftspraxis				
	• Herstellen (Kosten: 100,0%) Container für Bauschutt (2St)	313,75 m² BGF	1.298	**4,14**	18,6
	4400-0324 Kindertagesstätte (6 Gruppen, 125 Kinder)				
		995,39 m² BGF	1.280	**1,29**	3,2
	Entsorgung Baustellenabfall (14m³)				
	5100-0132 Sporthalle, Sozialtrakt Innenbereich				
	• Herstellen (Kosten: 100,0%) Entsorgung von Mauerwerk (1t), Müllcontainer (2St), Bauschuttentsorgung (28m³); Deponiegebühren	324,88 m² BGF	4.054	**12,48**	7,2
	9100-0144 Kulturzentrum (550 Sitzplätze)				
	• Herstellen (Kosten: 100,0%) Bauabfälle aufnehmen, entsorgen (1.145m²)	1.304,03 m² BGF	1.281	**0,98**	0,7
	9100-0213 Stadtbücherei				
	• Herstellen (Kosten: 100,0%) Container 10m³ (1St)	994,60 m² BGF	943	**0,95**	3,0
	9100-0215 Stiftsgebäude, Gemeindesaal, Pfarrbüros				
	• Herstellen (Kosten: 100,0%) Entsorgung von Bauschutt, Müll, schadstoffbelastet (88t), unbelastet (28t), Behälter bereitstellen (22St); Deponiegebühren	2.649,56 m² BGF	61.021	**23,03**	12,9
	9700-0038 Kolumbarium				
	• Herstellen (Kosten: 100,0%) Schuttcontainer (7m³); Entsorgung, Deponiegebühren	960,00 m² BGF	297	**0,31**	0,4

© **BKI** Baukosteninformationszentrum

KG	Kostengruppe	Menge Einheit	Kosten €	€/Einheit	%
397	**Zusätzliche Maßnahmen**				
	1200-0001 Gerichtsgebäude - Eingangsbereich				
	• Abbrechen (Kosten: 56,0%) Sicht-/Staubschutzwände errichten, nach Abbrucharbeiten entsorgen (16m²); Entsorgung, Deponiegebühren	136,87 m² BGF	2.449	**17,90**	10,6
	• Herstellen (Kosten: 44,0%) Natursteinböden mit Vlies und Schutzfolie abdecken (200m²), Baureinigung (psch)	136,87 m² BGF	1.928	**14,09**	8,3
	1200-0002 Gerichtsgebäude - Gerichtssaal				
	• Herstellen (Kosten: 100,0%) Schutzabdeckungen Vlies (25m²), Folie (psch)	130,75 m² BGF	3.852	**29,46**	100,0
	1300-0228 Bürogebäude, Eingangsbereiche				
	Natursteinboden mit Hartfaserplatten und Schutzfolie abdecken (375m²)	470,00 m² BGF	7.558	**16,08**	100,0
	1300-0245 Kontorhaus Bürogeschoss				
	• Herstellen (Kosten: 100,0%) Schutzabdeckungen von Bodenbelag (218m²), Staubschutzwand (31m²), Bauendreinigung (psch)	813,69 m² BGF	12.754	**15,67**	12,1
	1300-0312 Büro (7 AP)				
	• Herstellen (Kosten: 100,0%) Schutzabdeckung (psch)	277,35 m² BGF	1.399	**5,05**	100,0
	1300-0324 Gründerzentrum (20 AP)				
	• Herstellen (Kosten: 100,0%) Staubschutzwand (8m²), Türöffnung mit Holz, Wärmedämmung verschließen (4m²), Öffnungen abkleben (25m²), Schutzfolie (120m²)	454,70 m² BGF	1.422	**3,13**	4,2
	2200-0053 Seminarräume (343 Sitzplätze)				
	• Abbrechen (Kosten: 3,3%) Schutzabdeckung der Böden mit Malervlies entsorgen (92m²), Abbau Staubschutzwand (47m²); Entsorgung, Deponiegebühren	2.236,69 m² BGF	977	**0,44**	0,9
	• Herstellen (Kosten: 96,7%) Schutzwand zur Absturzsicherung aufbauen, vorhalten, abbauen (20m), Schutzabdeckung mit Malervlies, Kartonagen (389m²), Folien an Oberlichtern (1.172m²), Bauzwischenreinigung Räume (3.273m²), Bauendreinigung (3.803m²), Fensterreinigung (552m²), Türen (40St)	2.236,69 m² BGF	28.783	**12,87**	27,4

KG	Kostengruppe	Menge Einheit	Kosten €	€/Einheit	%
	3100-0020 Arztpraxis für Dermatologie				
	• Herstellen (Kosten: 100,0%)	160,72 m² BGF	6.694	**41,65**	41,6
	Schwarzbereich, Vier-Kammer-Schleuse, Unterdruck und Folienwände (psch), Abdeckungen für Böden (154m²), für sonstige Beläge (134m²), Aufzug mit Hartfaserplatten schützen (9m²), Staubschutzwand Eingangsbereich (psch), Baureinigung (psch)				
	3100-0022 Orthopädiepraxis (10 AP)				
	• Herstellen (Kosten: 100,0%)	411,75 m² BGF	1.062	**2,58**	100,0
	Schutzabdeckungen für Böden, Türen, Fenster (205m²)				
	3100-0023 Dermatologische Praxis (8 AP)				
	• Herstellen (Kosten: 100,0%)	601,10 m² BGF	6.789	**11,29**	27,8
	Bauteilschutz mit Rohfilzpappe (450m²), Malerfilz (8m²), Presspappe (8m²), Baugrobreinigung (psch), Baufeinreinigung (psch)				
	3100-0026 Kinderarztpraxis				
	• Herstellen (Kosten: 100,0%)	254,49 m² BGF	2.504	**9,84**	20,8
	Bodenbeläge schützen, Abdeckvlies (228m²), Bauzwischenreinigung (1St), Bauendreinigung (1St)				
	3100-0030 Gemeinschaftspraxis				
	• Herstellen (Kosten: 100,0%)	313,75 m² BGF	4.631	**14,76**	66,5
	Schutzabdeckungen für Böden (335m²), für Fenster (10m²), für Heizkörper (7St), für Treppenhaus (psch), für Aufzug (psch), Zwischenreinigung (1St), Endreinigung (1St)				
	4400-0324 Kindertagesstätte (6 Gruppen, 125 Kinder)				
		995,39 m² BGF	14.256	**14,32**	35,4
	Boden schützen mit Papier (617m²), mit Abdeckvlies (200m²), mit Hartfaserplatten (167m²), Schutzfolie für Fenster (151m²), Terrassentüren schützen, Einhausung, vierseitig (2St), Grobreinigung (800m²), Bauendreinigung (1St)				
	5100-0132 Sporthalle, Sozialtrakt Innenbereich				
	• Herstellen (Kosten: 100,0%)	324,88 m² BGF	20.867	**64,23**	37,3
	Schutzabdeckungen von Bodenbelägen (60m²), staubdichter Schutz an Türen (6St), an Schleusen (4St), an Wänden (45m), Nebelgerät (1St), Schutzkleidung (psch), Gebäudereinigung (psch)				
	6100-1428 Eigentumswohnung				
	• Herstellen (Kosten: 100,0%)	259,19 m² BGF	4.170	**16,09**	50,0
	Schutzabdeckungen für Böden (75m²), Grobreinigungen (10St), Bauendreinigung (psch)				

© **BKI** Baukosteninformationszentrum

KG	Kostengruppe	Menge Einheit	Kosten €	€/Einheit	%
	6100-1465 Dachgeschosswohnung				
	• Herstellen (Kosten: 100,0%) Schutzabdeckungen für Böden (73m²), Grobreinigung (psch)	171,22 m² BGF	2.386	**13,93**	100,0
	6100-1609 Dachgeschosswohnung mit Turmzimmer				
	• Herstellen (Kosten: 100,0%) Parkett abdecken (88m²), Treppenhaus reinigen (4h)	198,25 m² BGF	863	**4,35**	2,3
	6100-1623 Dachgeschosswohnung				
	• Herstellen (Kosten: 100,0%) Dachfläche mit Bauplanen abdecken (160m²), Schutzmaßnahmen für Boden, Fenster, Tür (psch)	90,45 m² BGF	1.202	**13,29**	9,2
	6100-1697 Wohnung, Innenausbau				
	Abdeckungen mit Vlies, Hartfaserplatten (60m²)	86,40 m² BGF	1.085	**12,55**	35,9
	6100-1713 Einfamilienhaus				
	• Herstellen (Kosten: 100,0%) Abdeckvlies (psch), Bauendreinigung (psch)	195,76 m² BGF	1.166	**5,95**	28,6
	6200-0092 Tagespflege (12 Plätze)				
	• Herstellen (Kosten: 100,0%) Schutzabdeckungen auf Böden (16m²), an Fenstern, Türen, Wänden (psch)	259,20 m² BGF	257	**0,99**	6,0
	7200-0096 Geschäftshaus, Foyer				
	• Herstellen (Kosten: 100,0%) Abdeck-/Abklebearbeiten (psch)	220,23 m² BGF	2.055	**9,33**	27,4
	7300-0094 Gastronomie Werkstattgebäude (66 Sitzplätze)				
	Schutzabdeckung Böden mit Folie (272m²)	334,19 m² BGF	1.487	**4,45**	100,0
	9100-0144 Kulturzentrum (550 Sitzplätze)				
	• Herstellen (Kosten: 100,0%) Schutzwände mit Tür, Holz-Unterkonstruktion, einseitig beplankt (371m²), umsetzen (189m²), Schutzfolien (311m²), Baureinigung von historischen Metall-Sprossenfenstern, Bodenflächen, Wandfliesen, neuen Holzfenstern, Türen, Alu-Glaselementen	1.304,03 m² BGF	46.908	**35,97**	26,3

KG	Kostengruppe	Menge Einheit	Kosten €	€/Einheit	%
	9100-0158 Bibliothek				
	• Herstellen (Kosten: 100,0%)	328,70 m² BGF	2.382	**7,25**	61,1
	Bodenflächen abdecken, Malervlies (303m²), Schutzabdeckungen für historische Wendeltreppe (psch)				
	9100-0168 Schauspielhaus, Zweitspielstätte				
	• Herstellen (Kosten: 100,0%)	2.865,00 m² BGF	56.780	**19,82**	24,3
	Schutzfolie (2.383m²), Staubschutzwand (5m²), Schutz von Belägen (350m²), Bauteilen (126m²), Leitungen (96m²), Seitenschutz, Geländer (44m), Absturzsicherungen (47m²), Abdeckungen aus Holz (7St), Schutz aus Holzwerkstoffen (65m²)				
	9100-0173 Bibliothek, Lernzentrum				
	• Herstellen (Kosten: 100,0%)	759,69 m² BGF	57.804	**76,09**	38,1
	Staub-/Schallschutzwände, Holz-Ständer-Konstruktion, OSB-Beplankung, Folienabdichtung, Luftpolster-Wärmeschutzfolie (270m²), Staubschutzfolie (73m²), Witterungsschutz von Dachöffnungen (42m²), von Fassadenöffnungen (18m²), Böden schützen (168m²), Reinigen von Bodenbelägen (963m²), Alu-Glas-Fassaden (97m²), Oberlichtern (38m²), Sonnenschutz (50m²), Regalen (1.412m²), Möbeln (411m²), Fachwerkträgern (33m²), Leuchten				
	9100-0213 Stadtbücherei				
	• Herstellen (Kosten: 100,0%)	994,60 m² BGF	12.531	**12,60**	39,5
	Schutz von Gussboden (340m²), Kautschukboden (374m²), Filzpappen für Teppichboden (60m²), Folien, Abdeckpapier (58m²), Erstreinigung Böden (272m²), Feinreinigung: Böden, Einrichtungsgegenstände (731m²), Treppenhaus (53m²), WCs (23m²), Nachreinigung: Medienbereich (psch), Bauabschlussreinigung (340m²)				
	9100-0215 Stiftsgebäude, Gemeindesaal, Pfarrbüros				
	• Herstellen (Kosten: 100,0%)	2.649,56 m² BGF	61.026	**23,03**	12,9
	Staubschutzwände, Latten/Folien (55m²), Sicherung Schachttüren (4St), historische Balken schützen (14m), Schutzabdeckungen an Fenstern, Folien (403m²), Bodenflächen, Folien (68m²), Vlies (1.652m²), Dachflächen, Folie (45m²), Baureinigung (psch), Grundreinigung Dachboden (429m²), Zwischenreinigung (169h), Luftentfeuchter (3St)				
	9700-0038 Kolumbarium				
	• Herstellen (Kosten: 100,0%)	960,00 m² BGF	21.437	**22,33**	31,4
	Schutzabdeckungen mit Verbundkarton (230m²), mit Holzwerkstoff (125m²), Eckschutzwinkel, Pappe, l=2,00m (16St), Türflügel beidseitig schützen, mit OSB-Platten (3St), mit Polsterfolie (1St), Fensteröffnung schließen mit Schaltafeln (1St), Bauendreinigung (psch), Fensterreinigung, innen (185m²), außen (psch), Reinigung Urnenwände (psch), Ersatz-Wand-/Bodenfliesen (104St), Ersatz-Akustik-Rasterdeckenplatten (22St)				

© BKI Baukosteninformationszentrum

KG	Kostengruppe	Menge Einheit	Kosten €	€/Einheit	%
398	Provisorische Baukonstruktionen				
	1300-0324 Gründerzentrum (20 AP)				
	• Herstellen (Kosten: 100,0%) Temporärer Verbau für Betonpumpe (3m²), provisorische Regenentwässerung, Fallrohr (psch)	454,70 m² BGF	1.502	**3,30**	4,5
	7200-0096 Geschäftshaus, Foyer				
	• Herstellen (Kosten: 100,0%) Provisorische Beleuchtung (1St)	220,23 m² BGF	822	**3,73**	10,9
	9100-0144 Kulturzentrum (550 Sitzplätze)				
	• Herstellen (Kosten: 100,0%) PE-Druckrohr, provisorisch verschließen (10St)	1.304,03 m² BGF	706	**0,54**	0,4
	9100-0168 Schauspielhaus, Zweitspielstätte				
	• Herstellen (Kosten: 100,0%) Öffnungen provisorisch abdecken (13St), provisorische Überdachung (1St), Abwasser-Provisorium (psch)	2.865,00 m² BGF	2.860	**1,00**	1,2
	9100-0173 Bibliothek, Lernzentrum				
	• Herstellen (Kosten: 100,0%) Behelfsmäßiger Dachrand an Dachöffnungen: Kanthölzer umlaufend, Anschlussbahn Dampfsperre nach oben führen, liefern, montieren, rückbauen (48m)	759,69 m² BGF	1.405	**1,85**	0,9
	9100-0213 Stadtbücherei				
	• Herstellen (Kosten: 100,0%) Dielentür zur Sichtung von Bodendetails demontieren, entsorgen, provisorische Wand einbauen, vor Einbau des neuen Elements demontieren (9h)	994,60 m² BGF	1.055	**1,06**	3,3
399	Sonstiges zur KG 390				
	6100-1609 Dachgeschosswohnung mit Turmzimmer				
	• Herstellen (Kosten: 100,0%) Bekleidung von neu verlegten Wasserleitungen im darunterliegenden Geschoss an der Decke: GK-Decken, Mineralwollauflage, Rohrdämmung Abwasserrohr, Entlüftungsöffnungen (psch), GK-Abkofferung (psch), Dispersionsbeschichtung	198,25 m² BGF	3.262	**16,46**	8,8
	6200-0092 Tagespflege (12 Plätze)				
	• Herstellen (Kosten: 100,0%) Schließanlage mit Doppelzylindern (10St), Gruppen- und Generalhauptschlüssel (19St), Schlüsselkasten (1St), Schließplan (psch)	259,20 m² BGF	2.190	**8,45**	51,3

KG	Kostengruppe	Menge Einheit	Kosten €	€/Einheit	%
	9100-0144 Kulturzentrum (550 Sitzplätze)				
	• Herstellen (Kosten: 100,0%) Schließanlagen-Zylinder (22St)	1.304,03 m² BGF	911	**0,70**	0,5
	9100-0213 Stadtbücherei				
	• Herstellen (Kosten: 100,0%) Schließanlage mit Doppelzylinder (15St), Halbzylinder (4St), Blindzylinder (1St), Elektro-Türöffner (1St), Vorhangschlösser (4St)	994,60 m² BGF	10.478	**10,54**	33,0
	9100-0215 Stiftsgebäude, Gemeindesaal, Pfarrbüros				
	• Herstellen (Kosten: 100,0%) Schließanlage: Doppelzylinder (7St), Schlüsselschalter (2St), Transponder-Schlüssel-anhänger, Gravuren (100St), digitale Schließanlage, 30 Zylinder, Blindzylinder (1St)	2.649,56 m² BGF	42.966	**16,22**	9,1

© **BKI** Baukosteninformationszentrum

Kostenkennwerte für die Kostengruppen 400 der 3.Ebene DIN 276

KG	Kostengruppe	Menge Einheit	Kosten €	€/Einheit	%
411	**Abwasseranlagen**				
	1300-0245 Kontorhaus Bürogeschoss				
	• Wiederherstellen (Kosten: 19,3%) Abwasserleitung instandsetzen (psch)	813,69 m2 BGF	1.063	**1,31**	3,0
	• Herstellen (Kosten: 80,7%) Abwasserinstallation (psch)	813,69 m2 BGF	4.448	**5,47**	12,4
	1300-0324 Gründerzentrum (20 AP)				
	• Abbrechen (Kosten: 1,1%) Abbruch von Schmutzwasserleitungen DN100, Formstücke (17m); Entsorgung, Deponiegebühren	454,70 m2 BGF	143	**0,31**	0,2
	• Herstellen (Kosten: 98,9%) Abflussrohre DN70-100, Formstücke (27m), DN50-110, schallgedämmt (65m), Dachentlüftungshaube DN100 (1St), Flachdachablauf (1St), Notablauf (1St), Wasserfangkasten, Stahl (1St), Fallrohr, rechteckig, Zinkblech (8m), Standrohr (1St)	454,70 m2 BGF	12.425	**27,33**	19,1
	2200-0053 Seminarräume (343 Sitzplätze)				
	• Abbrechen (Kosten: 15,7%) Abbruch von SML-Rohren, Formstücken (15m), HT-Rohren DN70 (5m), Ablaufventilen, Röhrensifons (11St); Entsorgung, Deponiegebühren	2.236,69 m2 BGF	715	**0,32**	2,8
	• Herstellen (Kosten: 84,3%) Gussrohre DN80, Formstücke (16St), HT-Rohre DN70 (16m), Verschließen Abwasserleitungen (2St), Beschichtung Rohre DN50-250 (65m)	2.236,69 m2 BGF	3.838	**1,72**	14,8
	3100-0020 Arztpraxis für Dermatologie				
	• Abbrechen (Kosten: 2,5%) Abbruch von Abwasseranschlüssen und -rohren (psch); Entsorgung, Deponiegebühren	160,72 m2 BGF	140	**0,87**	0,6
	• Herstellen (Kosten: 97,5%) PP-Rohre DN50-100, Formstücke, Rohrdämmung (11m), Anschlüsse an Bestandsrohre, Formteile (3St), Ändern oder Umleiten von Abwasserrohren, Übergänge zu neuen Leitungen herstellen (3St), Ummantelung von unverkleideten Rohren im Wandbereich (9m), Brandabschottungen DN50-100 (5St), Brandschutzmanschetten (4St)	160,72 m2 BGF	5.524	**34,37**	22,2

KG	Kostengruppe	Menge Einheit	Kosten €	€/Einheit	%
	3100-0022 Orthopädiepraxis (10 AP)				
	• Abbrechen (Kosten: 0,7%) Abbruch von Abwasserleitungen (psch); Entsorgung, Deponiegebühren	411,75 m² BGF	55	**0,13**	0,2
	• Herstellen (Kosten: 99,3%) HT-Rohre DN40-50, Formstücke (64m), Geruchsverschlüsse DN32 (11St)	411,75 m² BGF	8.299	**20,16**	24,3
	3100-0023 Dermatologische Praxis (8 AP)				
	• Herstellen (Kosten: 100,0%) Hebeanlage (1St), HT-Rohre, Formstücke (psch), Sifon (1St)	601,10 m² BGF	976	**1,62**	6,1
	3100-0026 Kinderarztpraxis				
	• Herstellen (Kosten: 100,0%) HT-Abwasserrohre für WC- und Waschtischanlagen, Anschluss an vorhandenes Abwasserrohrsystem (2St), für bauseitige Waschtischanlagen (7St), für bauseitige Klimageräte (10St), HT-Abwasserrohre DN100, demontieren, umverlegen, Rohre, Formstücke, Rohrdämmung (2St), Abwasserrohr DN100 zurückbauen in GK-Wand neu verlegen mit innenliegende Automatik-Fallrohr-Entlüftungsanlage, Brandschutzmanschetten (1St), Brandschutzbandage für Hauptstrang	254,49 m² BGF	14.740	**57,92**	30,8
	3100-0030 Gemeinschaftspraxis				
	• Wiederherstellen (Kosten: 31,8%) Abwasserleitungen DN100 umverlegen, Rohrdämmung, Brandschotts (psch)	313,75 m² BGF	6.158	**19,63**	12,1
	• Herstellen (Kosten: 68,2%) Sifonanschlüsse an Abwasserrohrsystem (10St), Abwasseranschlüsse für Waschtisch-Anlagen (7St), für WC-Räume (2St), für Teeküche/Labor (1St), Rohrentlüftungen über Dach, Brandschotts (4St)	313,75 m² BGF	13.181	**42,01**	25,8
	4400-0324 Kindertagesstätte (6 Gruppen, 125 Kinder)				
	Fettabscheider 400l, Freiaufstellung, Absaugleitung (1St), Abwasserhebeanlage, Nutzvolumen bis 130l (1St), Probenahmerohr DN100 (1St), Anschlusskasten (1St), HT-Abwasserrohre DN50-100, Formstücke (54m), SML-Rohre DN50-100, Formstücke (35m), KML-Rohre DN50-100, Formstücke (29m), PE-Druckrohr (10m), Rapid-Verbindungen (151St), Abwasseranschlüsse (49St), Bodenabläufe DN100 mit Geruchsverschluss (5St), Brandschutzsets (6St)	995,39 m² BGF	66.184	**66,49**	31,4

© BKI Baukosteninformationszentrum

KG	Kostengruppe	Menge Einheit	Kosten €	€/Einheit	%
	5100-0132 Sporthalle, Sozialtrakt Innenbereich				
•	Abbrechen (Kosten: 12,4%)	324,88 m2 BGF	1.826	**5,62**	1,3
	Abbruch von Rohrdämmung bis DN80 (77m), Abwasserleitungen DN50-100 (9m), Bodenabläufen (6St); Entsorgung, Deponiegebühren				
•	Herstellen (Kosten: 87,6%)	324,88 m2 BGF	12.850	**39,55**	8,8
	PP-Rohre DN50-100, Formstücke (83m), Anschlüsse an Grundleitungen DN100 (10St), Bodenabläufe DN100 (5St)				
	6100-1308 Dreizimmerwohnung				
•	Herstellen (Kosten: 100,0%)	77,81 m2 BGF	426	**5,47**	6,2
	HT-Rohre DN50-100, Formstücke, Anschlüsse an Bestand (8m)				
	6100-1428 Eigentumswohnung				
•	Herstellen (Kosten: 100,0%)	259,19 m2 BGF	917	**3,54**	3,6
	Abwasserrohre DN50-100, schallgedämmt, Formstücke (170m), Sifon (1St)				
	6100-1434 Gästewohnung				
•	Herstellen (Kosten: 100,0%)	100,41 m2 BGF	1.492	**14,86**	8,9
	HT-Rohre DN100, Formstücke (psch), Sifon (1St)				
	6100-1465 Dachgeschosswohnung				
•	Herstellen (Kosten: 100,0%)	171,22 m2 BGF	270	**1,58**	10,6
	HT-Rohre DN50, Formstücke (4m)				
	6100-1609 Dachgeschosswohnung mit Turmzimmer				
•	Herstellen (Kosten: 100,0%)	198,25 m2 BGF	2.651	**13,37**	11,1
	PP-MD-Rohre DN100, ab 2.OG, als Unterzug bis zur Therme, Strang zum Gästebad 3.OG, drei Brandschotts, DN50 Anschluss bodenebene Dusche (psch), DN70, an Dachhaube anschließen (1St)				
	6100-1623 Dachgeschosswohnung				
•	Herstellen (Kosten: 100,0%)	90,45 m2 BGF	1.818	**20,10**	19,7
	PP-Rohre, Formstücke, Rohrdämmung (psch), HT-Rohre DN100, Formstücke (7m)				
	6100-1697 Wohnung, Innenausbau				
		86,40 m2 BGF	1.418	**16,41**	36,5
	Anpassungen an Bestandsanlage, Neuinstallation innerhalb Einbauelemente, Rohre, Formstücke (psch)				

KG	Kostengruppe	Menge Einheit	Kosten €	€/Einheit	%
	6100-1713 Einfamilienhaus				
	• Abbrechen (Kosten: 19,2%) Abbruch von Abwasserleitungen (psch); Entsorgung, Deponiegebühren	195,76 m² BGF	604	**3,09**	2,6
	• Herstellen (Kosten: 80,8%) Abwasserleitungen, Formstücke (psch)	195,76 m² BGF	2.544	**13,00**	11,1
	6200-0092 Tagespflege (12 Plätze)				
	• Abbrechen (Kosten: 21,4%) Abbruch von Abwasserrohren (psch); Entsorgung, Deponiegebühren	259,20 m² BGF	641	**2,47**	2,1
	• Herstellen (Kosten: 78,6%) HT-Rohre DN40-100, Formstücke (51m), Sifons (2St), Bodenablauf DN50 (1St)	259,20 m² BGF	2.359	**9,10**	7,8
	9100-0144 Kulturzentrum (550 Sitzplätze)				
	• Herstellen (Kosten: 100,0%) KG-Rohre DN100, Formstücke (156m), HT-PP-Schallschutzrohre DN50-100, Formstücke (73m), Bodenabläufe (6St)	1.304,03 m² BGF	29.151	**22,35**	33,1
	9100-0168 Schauspielhaus, Zweitspielstätte				
	• Abbrechen (Kosten: 12,5%) Abbruch von Gusseisen-Rohren DN bis 110 (218m), PP-Rohren DN bis 110 (60m), KG-Rohren DN bis 300 (6St), Bodeneinläufen DN150 (8St); Entsorgung, Deponiegebühren	2.865,00 m² BGF	6.246	**2,18**	3,7
	• Wiederherstellen (Kosten: 3,6%) Abwasserleitungen DN100 umbauen (psch)	2.865,00 m² BGF	1.818	**0,63**	1,1
	• Herstellen (Kosten: 83,9%) Hebeanlage (1St), HT-Rohre, schalldämmend, Formstücke (298m), SML-Rohre, Formstücke (16m), Rohrabschottungen R90 DN50-150 (57St)	2.865,00 m² BGF	42.065	**14,68**	24,8
	9100-0173 Bibliothek, Lernzentrum				
	• Abbrechen (Kosten: 3,8%) Abbruch von KMF-haltiger Regenrohrdämmung, d=50mm (12m²), Flachdachabläufen (6St), Blechbekleidungen an Dacheinläufen (2h); Entsorgung, Deponiegebühren	759,69 m² BGF	547	**0,72**	3,8
	• Wiederherstellen (Kosten: 43,9%) Grundleitung spülen, Videodokumentation (psch), Instandsetzung der defekten Dachentwässerung (3h), Umbau der Dachabläufe (14h)	759,69 m² BGF	6.272	**8,26**	43,9
	• Herstellen (Kosten: 52,2%) Gussrohre DN100, Formstücke, Rohrdämmung (17m), Grundleitungsanschlüsse (4St), Flachdachabläufe (6St), Anschluss von Dacheinläufen (4St), Anschluss an Bestandsleitungen (2St), Rohrdämmung Regenwasserleitungen (17m), Bodenablauf (1St), Revisionsplan (1St)	759,69 m² BGF	7.456	**9,81**	52,2

© **BKI** Baukosteninformationszentrum

KG	Kostengruppe	Menge Einheit	Kosten €	€/Einheit	%
	9100-0213 Stadtbücherei				
	• Herstellen (Kosten: 100,0%) PP-Rohre DN50, Formstücke (9m), Schmutzwasseranschluss (1St)	994,60 m² BGF	775	**0,78**	11,0
	9100-0215 Stiftsgebäude, Gemeindesaal, Pfarrbüros				
	• Abbrechen (Kosten: 8,2%) Abbruch von Gussrohren DN80-100 (41m), Entlüftungsrohren (11St); Entsorgung, Deponiegebühren	2.649,56 m² BGF	1.227	**0,46**	1,2
	• Herstellen (Kosten: 91,8%) Gussrohre DN50-100, Formstücke, Rohrdämmung (48m), PP-Rohre DN50-110 (41m), KG-Rohre DN110 (4m), Gummimanschetten DN50-100 (73St), Rohrbelüfter DN70 (2St), Bodenablauf (1St)	2.649,56 m² BGF	13.769	**5,20**	13,7
	9700-0038 Kolumbarium				
	• Abbrechen (Kosten: 10,3%) Abbruch von Abwasserleitungen (9m); Entsorgung, Deponiegebühren	960,00 m² BGF	907	**0,94**	2,8
	• Herstellen (Kosten: 89,7%) PP-Rohre DN50-100, Formstücke (36m), PVC-Rohre DN100, Formstücke (15m), PE-Rohre DN56-100, Formstücke (4m), Rohrschotts (6St), Kernbohrungen (6St), Sifons (8St)	960,00 m² BGF	7.913	**8,24**	24,4
412	**Wasseranlagen**				
	1300-0245 Kontorhaus Bürogeschoss				
	• Herstellen (Kosten: 100,0%) Kupferrohre DN15-22, Formstücke, Rohrdämmung (176m), Absperrhähne (2St), Durchlauferhitzer (2St), Wand-Tiefspül-WCs (6St), Waschtische 45x35cm (4St), Urinale (3St), Duschwanne 100x140cm (1St), Ausgussbecken (1St)	813,69 m² BGF	24.946	**30,66**	69,4
	1300-0324 Gründerzentrum (20 AP)				
	• Abbrechen (Kosten: 0,3%) Abbruch von Wasserleitungen (23m); Entsorgung, Deponiegebühren	454,70 m² BGF	143	**0,31**	0,2
	• Herstellen (Kosten: 99,7%) Verbundrohre, Formstücke, Rohrdämmung (97m), Hygienespülung (psch), Einbauwaschtischanlage, zwei Becken (2St), Armaturen mit Händetrockner (4St), Waschtisch, barrierefrei (1St), Tiefspül-WCs (4St), Stützklappgriffe (2St), Rückenstütze (1St), WC-Steuerung (1St), Urinal, Steuerung (1St), Durchlauferhitzer 5,7kW (1St)	454,70 m² BGF	44.011	**96,79**	67,7

KG	Kostengruppe	Menge Einheit	Kosten €	€/Einheit	%
	2200-0053 Seminarräume (343 Sitzplätze)				
	• Abbrechen (Kosten: 6,3%) Abbruch von Kupferrohren DN18-25, Formstücken, Rohrdämmung (71m), Waschtischen (18St); Entsorgung, Deponiegebühren	2.236,69 m² BGF	1.342	**0,60**	5,2
	• Herstellen (Kosten: 93,7%) Edelstahlrohre DN54-76, Formstücke, Rohrdämmung (11m), Anschluss an Altbau (1St), Probeentnahmeventile (4St), Beschichtung Rohre bis DN30 (26m), Brandschotts DN50 (1St)	2.236,69 m² BGF	20.048	**8,96**	77,3
	3100-0020 Arztpraxis für Dermatologie				
	• Abbrechen (Kosten: 1,8%) Abbruch von WC-Anlage (1St), Wasseranschlüssen und -rohren (psch); Entsorgung, Deponiegebühren	160,72 m² BGF	293	**1,82**	1,2
	• Herstellen (Kosten: 98,2%) Wasserzähler (2St), Kupferrohre NW15, Formstücke, Rohrdämmung (30m), Anschlüsse an Bestandsrohre, Formteile (2St), Wand-Tiefspül-WCs (1St), barrierefrei (1St), Waschbecken (2St), Waschtischplatte 800x500x12mm, Unterbaubecken, Mineralwerkstoff (1St), Durchlauferhitzer 24kW (1St), 3,5kW (1St), Spülbeckenanschlüsse (4St), Untertischspeicher 5l (1St), Brandschutzschalen (7St), Armaturen	160,72 m² BGF	16.058	**99,91**	64,6
	3100-0022 Orthopädiepraxis (10 AP)				
	• Abbrechen (Kosten: 0,8%) Abbruch von Trinkwasserleitungen (10m), Doppelwaschtisch (1St); Entsorgung, Deponiegebühren	411,75 m² BGF	209	**0,51**	0,6
	• Wiederherstellen (Kosten: 1,3%) Waschtische demontieren, lagern, wieder einbauen (2St)	411,75 m² BGF	342	**0,83**	1,0
	• Herstellen (Kosten: 97,8%) Mehrschichtverbundrohre DN15-32, Formstücke, Rohrdämmung (126m), Kugelhähne (4St), Trinkwasserhähne (2St), Durchlauferhitzer (5St), Waschtische (5St), Handwaschbecken (5St), Wand-Tiefspül-WCs (2St), Wandstützgriffe (2St)	411,75 m² BGF	25.071	**60,89**	73,3

© BKI Baukosteninformationszentrum

KG	Kostengruppe	Menge Einheit	Kosten €	€/Einheit	%
	3100-0023 Dermatologische Praxis (8 AP)				
	• Abbrechen (Kosten: 2,5%) Abbruch von Bodenanschluss (1St), Wasseranschluss (1St); Entsorgung, Deponiegebühren	601,10 m² BGF	365	**0,61**	2,3
	• Wiederherstellen (Kosten: 8,5%) Vorhandene Kalt- und Warmwasserleitungen und Installationen prüfen (psch)	601,10 m² BGF	1.237	**2,06**	7,8
	• Herstellen (Kosten: 88,9%) Mehrschichtverbundrohre DN16-25, Formstücke, Rohrdämmung (72m), Klein-Durchlauferhitzer (4St), WW-Untertischboiler 5l (3St), Aufsatzwaschtisch (1St), Einbauwaschtische (4St), Ausgussbecken (1St), Urinal (1St), Waschbecken demontieren, umsetzen, Wasseranschlüsse verlegen (1St), Anschluss Küchenzeile legen (1St), Armaturen	601,10 m² BGF	12.882	**21,43**	81,0
	3100-0026 Kinderarztpraxis				
	• Abbrechen (Kosten: 3,3%) Abbruch von Sanitärinstallationen Bad, Küche und WC (psch); Entsorgung Deponiegebühren	254,49 m² BGF	985	**3,87**	2,1
	• Herstellen (Kosten: 96,7%) Rohre und Formteile für Waschtischanlagen mit Handtuchhaltern (2St), für WC-Anlagen mit WC-Papierhalter (2St), für Teeküche und Labor, mit Spülmaschinenanschluss, Sterilisationsgerätanschluss (2St), Anschlüsse für bauseitige Möbel-Waschtischanlagen (7St), Kaltwasserrohre demontieren und umverlegen in Zwischendecken und GK-Wänden (4St), mit Brandschutzmanschette (1St), Brandschutzbandage am Hauptstrang	254,49 m² BGF	29.136	**114,49**	60,8
	3100-0030 Gemeinschaftspraxis				
	• Abbrechen (Kosten: 6,4%) Abbruch von Sanitärobjekten, Rohrleitungen (psch); Entsorgung, Deponiegebühren	313,75 m² BGF	1.824	**5,81**	3,6
	• Wiederherstellen (Kosten: 20,4%) bestehende Kalt- und Warmwasserleitungen umverlegen, Zähler, Brandschotts (psch)	313,75 m² BGF	5.848	**18,64**	11,5
	• Herstellen (Kosten: 73,2%) Kalt- und Warmwasseranschlüsse für Waschtisch-Anlagen (7St), für Teeküche/Labor (1St), Waschtische (2St), WCs (2St)	313,75 m² BGF	20.964	**66,82**	41,1
	4400-0324 Kindertagesstätte (6 Gruppen, 125 Kinder)				
	Kupferrohre DN15-35, Formstücke, Rohrdämmung (900m), Strangregulierventile (4St), Freistrom-Absperrventile (2St), Magnetventile (2St), Probenahmeventile (2St), Strömungswächter (3St), Doppelwaschtische (4St), Waschtische (5St), barrierefrei (1St), Handwaschbecken (4St), Kinder-WCs, wandhängend (9St), Baby-Stand-WCs (4St), Tiefspül-WCs (3St), barrierefrei (1St), Duschwanne (1St), Bodeneinlauf Duschlandschaft (1St), Ausgussbecken (4St), Druckproben (4St), Anlage spülen (5St), Kernbohrungen (82St), Brandabschottungen DN50-100 (13St), Brandschutzmanschetten (11St), Armaturen	995,39 m² BGF	128.741	**129,34**	61,1

KG	Kostengruppe	Menge Einheit	Kosten €	€/Einheit	%
	5100-0132 Sporthalle, Sozialtrakt Innenbereich				
	• Abbrechen (Kosten: 6,2%) Abbruch von Trinkwasserleitungen DN15-65 (141m), Rohrdämmung DN15-32 (32m), Waschtischen (9St), Duschen (4St), WC´s (2St); Entsorgung, Deponiegebühren	324,88 m² BGF	7.592	**23,37**	5,2
	• Herstellen (Kosten: 93,8%) PE-Rohre DN12-32, Formstücke, Rohrdämmung (286m), Brandschotts (15St), Zirkulationspumpe (1St), Absperrventile (7St), Filteranlage (1St), Tiefspül-WCs (4St), barrierefrei (1St), Waschtische (10St), barrierefrei (1St), Stützklappgriffe (2St), Rückenstütze (1St), Duschwannen (2St), Ausgussbecken (2St), Duscharmaturen (14St), Armaturen	324,88 m² BGF	114.505	**352,45**	78,6
	6100-1308 Dreizimmerwohnung				
	• Abbrechen (Kosten: 6,5%) Abbruch von Versorgungsleitungen, auf Putz, bis Oberfläche Wand/Boden trennen (psch), Sanitärobjekten (3St), Armaturen; Entsorgung, Deponiegebühren	77,81 m² BGF	337	**4,33**	4,9
	• Wiederherstellen (Kosten: 3,8%) UP-Ventil im Badezimmer freistemmen, Ventiloberteil erneuern (1St)	77,81 m² BGF	199	**2,56**	2,9
	• Herstellen (Kosten: 89,7%) Kupferrohre DN15-22, Formstücke, Rohrdämmung, Anschlüsse an Bestand (19m), Schlitze in Mauerwerk (3m), Waschtisch (1St), Wand-Tiefspül-WC (1St), Duschwanne 120x75x6,5cm (1St), Armaturen	77,81 m² BGF	4.658	**59,87**	67,4
	6100-1428 Eigentumswohnung				
	• Abbrechen (Kosten: 10,1%) Abbruch von Sanitärobjekten (psch); Entsorgung, Deponiegebühren	259,19 m² BGF	2.325	**8,97**	9,0
	• Herstellen (Kosten: 89,9%) Kupferrohre DN15-22, Formstücke, Rohrdämmung (48m), Anschlüsse an Bestandsrohre, Formteile (6St), Zähler (4St), Wand-Tiefspül-WCs (2St), Waschtische (3St), Handwaschbecken (1St), Duschwanne (1St), Badewanne (1St), Brausegarnituren (2St), Armaturen	259,19 m² BGF	20.785	**80,19**	80,7
	6100-1434 Gästewohnung				
	• Herstellen (Kosten: 100,0%) Metallverbundrohre DN15-20, Formstücke, Rohrdämmung (62m), Wasserzähler (1St), Wand-WC (1St), Waschtisch, Wandarmatur (1St), Duschwanne, Thermostat, Duschgarnitur (1St), Elektro-Durchlauferhitzer 21/24kW (1St)	100,41 m² BGF	14.887	**148,26**	88,7
	6100-1465 Dachgeschosswohnung				
	• Herstellen (Kosten: 100,0%) Mehrschichtverbundrohre DN16, Formstücke (16m), Warmwasserspeicher 10l (1St)	171,22 m² BGF	2.266	**13,24**	89,4

© BKI Baukosteninformationszentrum

KG	Kostengruppe	Menge Einheit	Kosten €	€/Einheit	%
	6100-1609 Dachgeschosswohnung mit Turmzimmer				
	• Herstellen (Kosten: 100,0%)	198,25 m2 BGF	20.621	**104,01**	86,3
	Kaltwasserstrang ab 2.OG, Edelstahl DN25 als Unterzug zum neuen Standort Therme verlegen, Strang in Gästebad verlängern, Rohrdämmung (1St), Gartensprengleitung, Gartensprengwasserzähler (1St), Absperr-Wasserzähler (1St), Waschmaschinenanschluss (1St), Küchenspülenanschluss (1St), Möbel-Waschtisch (1St), Handwaschbecken (1St), WCs (2St), Duschrinne (1St), Brauseset mit Regendusche (1St), Badewanne (1St), Außenarmatur (1St)				
	6100-1623 Dachgeschosswohnung				
	• Herstellen (Kosten: 100,0%)	90,45 m2 BGF	7.005	**77,45**	75,9
	Kupferrohre, Formstücke, Rohrdämmung (psch), Tiefspül-WC (1St), Waschtisch (1St), Waschtischbatterie (1St), Duschwanne, Stahl, 100x80cm (1St), Brauseset (1St), Kopfbrause (1St), UP-Thermostat (1St)				
	6100-1697 Wohnung, Innenausbau				
		86,40 m2 BGF	2.467	**28,55**	63,5
	Anpassungen an Bestandsanlage, Neuinstallation innerhalb Einbauelemente, Rohre, Formstücke (psch)				
	6100-1713 Einfamilienhaus				
	• Abbrechen (Kosten: 4,3%)	195,76 m2 BGF	831	**4,24**	3,6
	Abbruch von Wasserleitungen, Badewanne, Waschbecken, WC, Bidet (psch); Entsorgung, Deponiegebühren				
	• Herstellen (Kosten: 95,7%)	195,76 m2 BGF	18.395	**93,97**	80,3
	Kalt- und Warmwasserleitungen, Formstücke (psch), Wasserenthärter (1St), Waschtische mit Unterschrank, Armatur (2St), Duschtasse 1,70x0,80m, Duscharmartur (1St), WCs, wandhängend, spülrandlos, Sitz mit Deckel, Betätigungstasten (2St), Urinal mit Deckel, Betätigungstaste (1St)				
	6200-0092 Tagespflege (12 Plätze)				
	• Abbrechen (Kosten: 3,6%)	259,20 m2 BGF	841	**3,24**	2,8
	Abbruch von Trinkwasserleitungen (psch), Sanitärobjekten mit Montageelementen (6St); Entsorgung, Deponiegebühren				
	• Herstellen (Kosten: 96,4%)	259,20 m2 BGF	22.358	**86,26**	73,9
	Metallverbundrohre DN16-32, Formstücke (149m), Wasserzähler (2St), Wand-Tiefspül-WCs (3St), Stützklappgriffe (4St), Waschtische (3St), Duschwanne 90x90cm (1St), Brausearmatur (1St), Durchlauferhitzer (1St), Armaturen (4St)				

KG	Kostengruppe	Menge Einheit	Kosten €	€/Einheit	%
	9100-0144 Kulturzentrum (550 Sitzplätze)				
	• Herstellen (Kosten: 100,0%)	1.304,03 m² BGF	50.031	**38,37**	56,8
	Edelstahl-Druckrohre DN25, Formstücke (152m), Rohrdurchführung, Dichtungseinsatz (1St), Edelstahlrohre DN15-32, Formstücke, Rohrdämmung (89m), Mehrschichtverbundrohre DN20-25, Formstücke (118m), Wasserzähler (2St), Ventile (12St), Rückspülfilter (1St), Waschtische (8St), Ausgussbecken (1St), Urinale, elektronische Steuerung (7St), Wand-Tiefspül-WCs (9St), barrierefreie WC-Anlage (1St), Durchlauferhitzer 5,7kW (3St), Armaturen				
	9100-0168 Schauspielhaus, Zweitspielstätte				
	• Abbrechen (Kosten: 18,3%)	2.865,00 m² BGF	20.513	**7,16**	12,1
	Abbruch von Stahlrohren (481m), Metallrohren (140m), Dämmung (980kg); Entsorgung, Deponiegebühren				
	• Wiederherstellen (Kosten: 2,1%)	2.865,00 m² BGF	2.371	**0,83**	1,4
	Wasserleitungen umbauen (psch)				
	• Herstellen (Kosten: 79,6%)	2.865,00 m² BGF	89.216	**31,14**	52,7
	Edelstahlrohre, Formstücke, Rohrdämmung (749m), Verbundrohre, Formstücke, Rohrdämmung (189m), Absperrventile (31St), Zirkulations-Regulierventil (7St), Waschtische (10St), Ausgussbecken (1St), Duschwanne, Einhebel-Brausemischer, Brause-Set (1St), Tiefspül-WCs (7St), WC-Steuerung (1St), WC-Stützgriff (1St), mit Spülauslösung (2St), Urinale, Urinalsteuerungen (4St), Armaturen				
	9100-0213 Stadtbücherei				
	• Abbrechen (Kosten: 11,4%)	994,60 m² BGF	716	**0,72**	10,1
	Abbruch von Waschtisch (1St), Spültisch (1St), Außenzapfstelle (1St), Stahlrohren (2m); Entsorgung, Deponiegebühren				
	• Wiederherstellen (Kosten: 6,4%)	994,60 m² BGF	399	**0,40**	5,7
	Warmwassergerät reparieren (4h)				
	• Herstellen (Kosten: 82,2%)	994,60 m² BGF	5.163	**5,19**	73,2
	Stahlrohre, Formstücke (10m), Waschtische (2St), WC-Sitz (1St), Zapfhahnwasserzähler (1St), Küchenanschluss (1St), Außenzapfstelle (1St)				

© BKI Baukosteninformationszentrum

KG	Kostengruppe	Menge Einheit	Kosten €	€/Einheit	%
	9100-0215 Stiftsgebäude, Gemeindesaal, Pfarrbüros				
	• Abbrechen (Kosten: 9,4%) Abbruch von Stahlrohren DN15-32 (239m), Leitungen, Kupfer, Guss (165m), Trennen der Wasserleitungen; Entsorgung, Deponiegebühren	2.649,56 m2 BGF	5.387	**2,03**	5,3
	• Wiederherstellen (Kosten: 0,6%) Außenzapfstelle erneuern (1St)	2.649,56 m2 BGF	335	**0,13**	0,3
	• Herstellen (Kosten: 90,0%) Verbundrohre DN20-25, Formstücke, Rohrdämmung (154m), Edelstahlrohre DN35-42, Formstücke (20m), Alu-Systemrohre DN25, Verbinder (25m), HD-Druckrohre (25m), Waschtische (5St), Tiefspül-WCs (7St), Stützklappgriff (1St), Urinal (1St), Ausgussbecken (2St), Waschtischmischer (5St), Rückspülfilter (1St), Durchlauferhitzer 3,5kW (5St), Kleinspeicher 5l (1St), Heizbänder (30m), Außenwasserhahn (1St)	2.649,56 m2 BGF	51.365	**19,39**	51,0
	9700-0038 Kolumbarium				
	• Abbrechen (Kosten: 8,5%) Abbruch von Stahl-/Kupferleitungen bis DN40, Rohrdämmung (39m), Waschtischen (3St), WC (1St); Entsorgung, Deponiegebühren	960,00 m2 BGF	1.864	**1,94**	5,8
	• Herstellen (Kosten: 91,5%) Edelstahlrohre DN12-25, Formstücke, Rohrdämmung (58m), PE-Druckrohre DN15-26, Formstücke (41m), Kupferrohre DN12, Formstücke (2m), Absperrventile (8St), Druckminderer-/Filtereinheit (1St), Wand-WC (1St), barrierefrei, Spülautomatik (1St), Waschtische (2St), barrierefrei (1St), Ausgussbecken (1St), Durchlauferhitzer 6,5kW (2St), 13,5kW (1St)	960,00 m2 BGF	20.121	**20,96**	62,1
413	**Gasanlagen**				
	5100-0132 Sporthalle, Sozialtrakt Innenbereich				
	• Herstellen (Kosten: 100,0%) Kupferrohr DN25, Beschichtung (6m), Gaszähler (1St), Strömungswächter (1St), Absperrhahn (1St)	324,88 m2 BGF	3.158	**9,72**	2,2
	6100-1308 Dreizimmerwohnung				
	• Herstellen (Kosten: 100,0%) Kupferrohre DN15-22, Formstücke (6m), Gassteckdose 1/2", Gasschlauch (1St)	77,81 m2 BGF	748	**9,61**	10,8
	6200-0092 Tagespflege (12 Plätze)				
	• Herstellen (Kosten: 100,0%) Gasleitung liefern, montieren (psch)	259,20 m2 BGF	1.517	**5,85**	5,0

© BKI Baukosteninformationszentrum

KG	Kostengruppe	Menge Einheit	Kosten €	€/Einheit	%
	9100-0215 Stiftsgebäude, Gemeindesaal, Pfarrbüros				
	• Herstellen (Kosten: 100,0%)	2.649,56 m²BGF	20.183	**7,62**	20,0
	Edelstahlrohre DN54-108, Formstücke (33m), Gas-Kugelhähne (5St), Kapselfedermanometer (1St)				
419	**Sonstiges zur KG 410**				
	1300-0245 Kontorhaus Bürogeschoss				
	• Herstellen (Kosten: 100,0%)	813,69 m²BGF	5.463	**6,71**	15,2
	Montageelemente für Wand-WCs (6St), für Waschtische (4St), für Urinale (3St), für Ausgussbecken (1St)				
	1300-0324 Gründerzentrum (20 AP)				
	• Herstellen (Kosten: 100,0%)	454,70 m²BGF	8.251	**18,15**	12,7
	Montageelemente für Waschtische (5St), für WCs (4St), für Stützklappgriffe (2St), für Urinal (1St)				
	3100-0020 Arztpraxis für Dermatologie				
	• Herstellen (Kosten: 100,0%)	160,72 m²BGF	2.827	**17,59**	11,4
	Montageelemente für WCs (2St), für Waschtisch (1St)				
	3100-0022 Orthopädiepraxis (10 AP)				
	• Abbrechen (Kosten: 100,0%)	411,75 m²BGF	205	**0,50**	0,6
	Abbruch von Urinalmodulen (3St); Entsorgung, Deponiegebühren				
	3100-0023 Dermatologische Praxis (8 AP)				
	• Herstellen (Kosten: 100,0%)	601,10 m²BGF	444	**0,74**	2,8
	Montageelement für Urinal (1St)				
	3100-0026 Kinderarztpraxis				
	• Herstellen (Kosten: 100,0%)	254,49 m²BGF	3.067	**12,05**	6,4
	Montageelemente für WCs und Waschbecken (6St)				
	3100-0030 Gemeinschaftspraxis				
	• Herstellen (Kosten: 100,0%)	313,75 m²BGF	3.063	**9,76**	6,0
	Montageelemente für WC´s (2St), für Waschtische (4St)				
	4400-0324 Kindertagesstätte (6 Gruppen, 125 Kinder)				
		995,39 m²BGF	15.848	**15,92**	7,5
	Montageelemente für Waschtische (19St), barrierefrei (1St), für Kinder-WCs (12St), für WCs (2St), barrierefrei (2St)				

© BKI Baukosteninformationszentrum

KG	Kostengruppe	Menge Einheit	Kosten €	€/Einheit	%
	5100-0132 Sporthalle, Sozialtrakt Innenbereich				
	• Herstellen (Kosten: 100,0%) Montageelemente für Waschtische (11St), für Wand-WC´s (5St), für Stützklappgriffe (2St), für Ausgussbecken (1St)	324,88 m2 BGF	5.815	**17,90**	4,0
	6100-1308 Dreizimmerwohnung				
	• Herstellen (Kosten: 100,0%) Montageelement für WC (1St)	77,81 m2 BGF	546	**7,02**	7,9
	6100-1428 Eigentumswohnung				
	• Herstellen (Kosten: 100,0%) Montageelemente für Wand-WCs (2St), für Waschtische (2St)	259,19 m2 BGF	1.724	**6,65**	6,7
	6100-1434 Gästewohnung				
	• Herstellen (Kosten: 100,0%) Montageelement für WC (1St)	100,41 m2 BGF	407	**4,06**	2,4
	6100-1609 Dachgeschosswohnung mit Turmzimmer				
	• Herstellen (Kosten: 100,0%) Montagelemente für WCs (2St)	198,25 m2 BGF	618	**3,12**	2,6
	6100-1623 Dachgeschosswohnung				
	• Herstellen (Kosten: 100,0%) Montageelement für WC (1St)	90,45 m2 BGF	408	**4,52**	4,4
	6100-1713 Einfamilienhaus				
	• Herstellen (Kosten: 100,0%) Installationselemente für Waschtisch (1St), für WCs (2St), für Urinal (1St)	195,76 m2 BGF	544	**2,78**	2,4
	6200-0092 Tagespflege (12 Plätze)				
	• Herstellen (Kosten: 100,0%) Montageelemente für WCs (1St), barrierefrei (3St), für Waschtisch (1St), barrierefrei (1St)	259,20 m2 BGF	2.536	**9,78**	8,4
	9100-0144 Kulturzentrum (550 Sitzplätze)				
	• Herstellen (Kosten: 100,0%) Montageelemente für Waschtische (7St), für WCs (9St), für Urinale (7St), für Ausgussbecken (1St), für Stütz-, Haltegriff (2St)	1.304,03 m2 BGF	8.975	**6,88**	10,2

KG	Kostengruppe	Menge Einheit	Kosten €	€/Einheit	%
	9100-0168 Schauspielhaus, Zweitspielstätte				
	• Herstellen (Kosten: 100,0%) Montageelemente für Waschtische (11St), Dusche (1St), WCs (7St), Urinale (4St)	2.865,00 m² BGF	7.080	**2,47**	4,2
	9100-0215 Stiftsgebäude, Gemeindesaal, Pfarrbüros				
	• Herstellen (Kosten: 100,0%) Montageelemente für Waschtische (6St), für WCs (7St), für Urinal (1St), für Ausgussbecken (1St), für Haltegriffe (1St)	2.649,56 m² BGF	8.507	**3,21**	8,4
	9700-0038 Kolumbarium				
	• Herstellen (Kosten: 100,0%) Montageelemente für Wand-WCs (2St), für Waschtische (1St)	960,00 m² BGF	1.578	**1,64**	4,9

© **BKI** Baukosteninformationszentrum

Kostenkennwerte für die Kostengruppen 400 der 3. Ebene DIN 276

KG	Kostengruppe	Menge Einheit	Kosten €	€/Einheit	%
421	**Wärmeerzeugungsanlagen**				
	3100-0026 Kinderarztpraxis				
	• Herstellen (Kosten: 100,0%) Bauseitige Heizungsanlagen-Messeinrichtungen umverlegen, Vor- und Rücklaufleitungen, l=1,50m, Revisionsöffnungen einbauen (2St)	254,49 m² BGF	2.358	**9,26**	14,9
	3100-0030 Gemeinschaftspraxis				
	• Wiederherstellen (Kosten: 100,0%) Heizungsanlagen umverlegen, Revisionsöffnungen (psch)	313,75 m² BGF	2.354	**7,50**	14,4
	4400-0324 Kindertagesstätte (6 Gruppen, 125 Kinder)				
	Frischwassermodul für Durchfluss-Wassererwärmung, Erwärmungsleistung 85kW, Plattenwärmeübertrager, Warmwasserleitung 24l/min, Pufferspeicher 800l (1St)	995,39 m² BGF	14.835	**14,90**	11,2
	5100-0132 Sporthalle, Sozialtrakt Innenbereich				
	• Abbrechen (Kosten: 5,3%) Abbruch von Warmwasserspeicher 750l (1St); Entsorgung, Deponiegebühren	324,88 m² BGF	1.010	**3,11**	1,3
	• Herstellen (Kosten: 94,7%) Wassererwärmer, Plattenwärmetauscher, Steuerung (1St), Warmwasserspeicher 368l, 60kW (1St), Neutralisationsanlage (1St)	324,88 m² BGF	17.945	**55,24**	22,9
	6100-1428 Eigentumswohnung				
	• Wiederherstellen (Kosten: 100,0%) Heizungsanlage abstellen, entlüften, in Betrieb nehmen (1St)	259,19 m² BGF	2.317	**8,94**	23,9
	6100-1609 Dachgeschosswohnung mit Turmzimmer				
	• Wiederherstellen (Kosten: 3,8%) Gaszähler demontieren, lagern, wieder montieren, Kupferanschlussleitung zur Therme (1St)	198,25 m² BGF	527	**2,66**	0,6
	• Herstellen (Kosten: 96,2%) Gastherme 25kW (1St), Kupfer-Gasleitungen DN25, Brandschutzdämmung (1St), Steuerung, Bedienung per App (1St), Montageeinheit für Gaszweirohrzähler (1St)	198,25 m² BGF	13.380	**67,49**	15,2
	9100-0144 Kulturzentrum (550 Sitzplätze)				
	• Herstellen (Kosten: 100,0%) Fernwärmestation: Luftabscheider (1St), Schlammabscheider (1St), Ventile (10St), Plattenwärmetauscher 140kW (1St), Ausdehnungsgefäß 400l (1St), Wärmemengenzähler (1St), Druckbegrenzer (2St), Absperrklappen (2St)	1.304,03 m² BGF	14.652	**11,24**	11,0

KG	Kostengruppe	Menge Einheit	Kosten €	€/Einheit	%
	9100-0168 Schauspielhaus, Zweitspielstätte				
	• Herstellen (Kosten: 100,0%)	2.865,00 m² BGF	2.927	**1,02**	2,2
	Nassläuferpumpen, Förderstrom 2,52m³/h, Leistungsaufnahme 124W (1St), Förderstrom 1,83m³/h, Leistungsaufnahme 56W (1St)				
	9100-0173 Bibliothek, Lernzentrum				
	• Herstellen (Kosten: 100,0%)	759,69 m² BGF	8.120	**10,69**	12,5
	Ergänzung bestehender Fernwärmeanlage: Kombi-/Absperrventile (2St), Kugelhähne (16St), Füll-Entleerungshähne (14St), Stellantriebe (2St), Lufttöpfe (2St), Kabelzuglisten (40St), Heizleitungen anschließen (7h), Einregulierung Heizungsanlage, Druckprobe (1St)				
	9100-0213 Stadtbücherei				
	• Wiederherstellen (Kosten: 29,8%)	994,60 m² BGF	950	**0,96**	5,4
	Heizgruppe, Heizkörper, Wärmetauscher, entlüften, wieder befüllen (1St)				
	• Herstellen (Kosten: 70,2%)	994,60 m² BGF	2.237	**2,25**	12,7
	Umwälzpumpe (1St), Revisionsunterlagen (1St), Einweisung (1St)				
	9100-0215 Stiftsgebäude, Gemeindesaal, Pfarrbüros				
	• Abbrechen (Kosten: 11,6%)	2.649,56 m² BGF	12.437	**4,69**	3,5
	Abbruch von Heizungsanlage (psch); Entsorgung, Deponiegebühren				
	• Wiederherstellen (Kosten: 2,3%)	2.649,56 m² BGF	2.457	**0,93**	0,7
	Gussofen reparieren, schweißen, Verschraubungen erneuern (29h)				
	• Herstellen (Kosten: 86,1%)	2.649,56 m² BGF	92.406	**34,88**	25,8
	Gasbrennwertgeräte 80kW, digitale Steuerung (2St), Kaskadenunit (1St), Umwälzpumpen (5St), Regelungserweiterung (1St), Regelgerät (1St), Pumpengruppen (2St), Hocheffizienz-kreiselpumpe (1St), hydraulische Weiche (1St), Entsalzungsmodul (1St), Neutralisations-einrichtung (1St), Ausdehnungsgefäße (4St), Siederohre DN70 (45m)				
	9700-0038 Kolumbarium				
	• Herstellen (Kosten: 100,0%)	960,00 m² BGF	7.366	**7,67**	14,8
	Festwert-Regelstation (1St), Nassläuferpumpe (1St), Ausdehnungsgefäß 50l (1St), Rück-schlagventil (1St), Kugelhähne (6St), Entleerungsventile (10St), Kappenventil (1St), Heizungssteuerung: Kleinverteiler (1St), Ethernet-Thermostat (1St), Ethernet-Switch (1St)				
422	**Wärmeverteilnetze**				
	1200-0001 Gerichtsgebäude - Eingangsbereich				
	• Herstellen (Kosten: 100,0%)	136,87 m² BGF	2.818	**20,59**	30,6
	Kupferrohre DN15, Formstücke (1m)				

© **BKI** Baukosteninformationszentrum

KG	Kostengruppe	Menge Einheit	Kosten €	€/Einheit	%
	1300-0245 Kontorhaus Bürogeschoss				
	• Herstellen (Kosten: 100,0%) Kupferrohre DN15-22, Formstücke (psch)	813,69 m² BGF	7.826	**9,62**	29,8
	1300-0324 Gründerzentrum (20 AP)				
	• Abbrechen (Kosten: 4,3%) Abbruch von Kupferrohren (62m); Entsorgung, Deponiegebühren	454,70 m² BGF	454	**1,00**	1,6
	• Herstellen (Kosten: 95,7%) C-Stahlrohre DN15, Formstücke (152m), Heizungsrohre beschichten (34m)	454,70 m² BGF	10.195	**22,42**	36,4
	2200-0053 Seminarräume (343 Sitzplätze)				
	• Abbrechen (Kosten: 19,1%) Abbruch von Heizleitungen, Heizkreise entleeren, absperren (3St); Entsorgung, Deponiegebühren	2.236,69 m² BGF	1.659	**0,74**	4,8
	• Herstellen (Kosten: 80,9%) Heizleitungen DN15-18, Formstücke, Rohrdämmung (89m), Dichtheitsprüfung (3St)	2.236,69 m² BGF	7.042	**3,15**	20,3
	3100-0020 Arztpraxis für Dermatologie				
	• Wiederherstellen (Kosten: 1,9%) Kunstharzbeschichtung auf Heizungsrohren DN10-20 (10m)	160,72 m² BGF	71	**0,44**	0,4
	• Herstellen (Kosten: 98,1%) Anpassen oder Verlegen von Vor- und Rücklaufleitungen an Heizkörpern (6St)	160,72 m² BGF	3.688	**22,94**	23,1
	3100-0026 Kinderarztpraxis				
	• Herstellen (Kosten: 100,0%) Heizungsleitungen für Heizkörper, Leitungen neu befüllen (3St), Brandschutzbandage	254,49 m² BGF	1.108	**4,35**	7,0
	3100-0030 Gemeinschaftspraxis				
	• Herstellen (Kosten: 100,0%) Vor- und Rücklaufleitungen, Rohrleitungsnetz befüllen (psch)	313,75 m² BGF	748	**2,38**	4,6
	4400-0324 Kindertagesstätte (6 Gruppen, 125 Kinder)				
	Heizungsverteiler, vier Abgänge (1St), fünf Abgänge (5St), sieben Abgänge (2St), Heizungsregler (1St), Umwälzpumpen (2St), Kupferrohre DN15-35, Formstücke, Rohrdämmung (624m), Durchgangsregelventile mit Stellantrieb (2St), Muffen-Absperrventile (13St), Thermoantriebe (24St), Regelmodule (2St), Raumfühler (9St), Druckproben (4St), Kernbohrungen (88St), Brandschutzschalen (152m)	995,39 m² BGF	78.778	**79,14**	59,5

KG	Kostengruppe	Menge Einheit	Kosten €	€/Einheit	%
	5100-0132 Sporthalle, Sozialtrakt Innenbereich				
	• Abbrechen (Kosten: 9,2%) Abbruch von Heizleitungen DN15-32 (111m), Rohrdämmung DN15-32 (87m); Entsorgung, Deponiegebühren	324,88 m² BGF	4.123	**12,69**	5,3
	• Wiederherstellen (Kosten: 7,6%) Rohrbefestigungen erneuern (62St), Anschlüsse an Heizleitungen herstellen DN12-32 (22St)	324,88 m² BGF	3.390	**10,44**	4,3
	• Herstellen (Kosten: 83,2%) C-Strahlrohre, Formstücke, Rohrdämmung (178m), Beschichtung (50m), Brandschotts (2St), Pumpen (3St), Schmutzfänger DN15-25 (2St), Rückschlagventil DN15 (1St), Anschlussgruppe (1St), Ausdehnungsgefäß 250l (1St)	324,88 m² BGF	37.140	**114,32**	47,4
	6100-1308 Dreizimmerwohnung				
	• Abbrechen (Kosten: 7,2%) Abbruch von Kupferrohren DN12-20 (46m); Entsorgung, Deponiegebühren	77,81 m² BGF	273	**3,51**	3,8
	• Herstellen (Kosten: 92,8%) Kupferrohre DN12-20, Formstücke, Montage freiliegend auf Wandflächen, in Stangen (48m), Schlitze in Mauerwerk (5m), Anschluss an Gastherme (1St)	77,81 m² BGF	3.510	**45,11**	48,3
	6100-1428 Eigentumswohnung				
	• Wiederherstellen (Kosten: 8,5%) Heizungsleitungen reinigen, lackieren (20m)	259,19 m² BGF	126	**0,49**	1,3
	• Herstellen (Kosten: 91,5%) Kupferrohre DN12-20, Formstücke, Rohrdämmung (7m), Anschlüsse an Bestandsrohre, Formstücke (3St)	259,19 m² BGF	1.366	**5,27**	14,1
	6100-1465 Dachgeschosswohnung				
	• Herstellen (Kosten: 100,0%) Kupferrohre DN15, Formstücke, Rohrdämmung (6m)	171,22 m² BGF	3.370	**19,68**	68,1
	6100-1609 Dachgeschosswohnung mit Turmzimmer				
	• Herstellen (Kosten: 100,0%) Edelstahl-Rohre DN20, Rohrdämmung, Brandschutzschale ab Therme als Unterzug (1St)	198,25 m² BGF	1.128	**5,69**	1,3
	6100-1623 Dachgeschosswohnung				
	• Herstellen (Kosten: 100,0%) Installation Heizkörperversorgungsleitungen und Anbindung an vorhandene Heizungsinstallation im UG, mit Rohr-, Verbindungs- und Befestigungsmaterialien (psch), PE-Xa-Heizungsversorgungsleitung in freigegebenen Schornsteinzug (1St), Rohrdämmung (62m), Strangabsperrventil (1St), Strangregulierventil (1St)	90,45 m² BGF	5.496	**60,76**	60,2

© BKI Baukosteninformationszentrum

KG	Kostengruppe	Menge Einheit	Kosten €	€/Einheit	%
	6200-0092 Tagespflege (12 Plätze)				
	• Abbrechen (Kosten: 13,6%) Abbruch von Stahlrohren, Heizkörpern (psch); Entsorgung, Deponiegebühren	259,20 m² BGF	1.505	**5,81**	8,7
	• Herstellen (Kosten: 86,4%) Stahl-Heizungsrohre DN15-35, Formstücke, Rohrdämmung (150m)	259,20 m² BGF	9.570	**36,92**	55,6
	9100-0144 Kulturzentrum (550 Sitzplätze)				
	• Herstellen (Kosten: 100,0%) Stahlrohre DN15-54, Formstücke, Rohrdämmung (1.127m), Heizungsverteiler, vierfach (1St), Kugelhähne (22St), Hocheffizienzpumpen (3St), Strangregulierventile (2St), Strangdifferenzdruckregler (2St), Brandschutzabschottungen (7m)	1.304,03 m² BGF	68.780	**52,74**	51,5
	9100-0168 Schauspielhaus, Zweitspielstätte				
	• Abbrechen (Kosten: 13,1%) Abbruch von Kupferrohren (225m), Metallrohren (75m), Stahlrohren (36m); Entsorgung, Deponiegebühren	2.865,00 m² BGF	10.859	**3,79**	8,1
	• Herstellen (Kosten: 86,9%) Flansch-Absperrventile (2St), Rückschlagklappen (2St), Schmutzfänger (2St), Lufttöpfe (2St), Zeigerthermometer (1St), Manometer (1St), Kupferrohre, Formstücke, Rohrdämmung (642m), Strangabsperrventile (18St)	2.865,00 m² BGF	71.763	**25,05**	53,3
	9100-0173 Bibliothek, Lernzentrum				
	• Abbrechen (Kosten: 4,7%) Abbruch von bereits montierten Rohrleitungen (9h)	759,69 m² BGF	1.378	**1,81**	2,1
	• Herstellen (Kosten: 95,3%) Stahlrohre, Formstücke (108m), Rohrdämmung (180m), Brandschutzrohrdurchführungen (9St), Alu-Verbundrohre (17St), Heizkörperanschlüsse umbauen (26h), Anschlüsse herstellen (34h), Kernlochbohrungen (15St)	759,69 m² BGF	27.740	**36,51**	42,8
	9100-0213 Stadtbücherei				
	• Abbrechen (Kosten: 30,9%) Heizungsleitungen außer Betrieb nehmen (1St), Abbruch von Rohren (6m), Armaturen (2St), Heizkörper-Anbindeleitungen (3St); Entsorgung, Deponiegebühren	994,60 m² BGF	1.452	**1,46**	8,2
	• Herstellen (Kosten: 69,1%) Kupferrohre, Formstücke, Rohrdämmung (8m), Anschlüsse an vorhandene Leitungen (3St), Druckproben (2St), Spülen, entleeren (2St)	994,60 m² BGF	3.250	**3,27**	18,5

KG	Kostengruppe	Menge Einheit	Kosten €	€/Einheit	%
	9100-0215 Stiftsgebäude, Gemeindesaal, Pfarrbüros				
	• Abbrechen (Kosten: 8,8%) Abbruch von Heizleitungen (psch); Entsorgung, Deponiegebühren	2.649,56 m² BGF	12.945	**4,89**	3,6
	• Herstellen (Kosten: 91,2%) C-Stahl-Rohre DN12-32, Formstücke, Rohrdämmung (1.558m), Fühlertaschen (22St), Messfühler (12St), Entleerarmaturen (20St), Verteilerschränke (3St), Absperrventile (16St), Strangregulierventile (14St), Rückschlagklappen (4St), Schmutzfänger (4St), Dreiwegeventile (2St), Luftabscheider DN100 (8St)	2.649,56 m² BGF	133.810	**50,50**	37,3
	9700-0038 Kolumbarium				
	• Abbrechen (Kosten: 19,0%) Abbruch von Heizleitungen, Rohrdämmung (65m); Entsorgung, Deponiegebühren	960,00 m² BGF	2.596	**2,70**	5,2
	• Herstellen (Kosten: 81,0%) C-Stahlrohre DN12-25, Formstücke, Rohrdämmung (108m)	960,00 m² BGF	11.038	**11,50**	22,2
423	**Raumheizflächen**				
	1200-0001 Gerichtsgebäude - Eingangsbereich				
	• Herstellen (Kosten: 100,0%) Röhrenheizkörper (2St), Planheizkörper (1St), Thermostatventile (3St)	136,87 m² BGF	6.378	**46,60**	69,4
	1300-0245 Kontorhaus Bürogeschoss				
	• Abbrechen (Kosten: 44,0%) Abbruch von Heizkörpern (18St); Entsorgung, Deponiegebühren	813,69 m² BGF	8.101	**9,96**	30,9
	• Herstellen (Kosten: 56,0%) Heizkörper (16St), Badheizkörper (2St), Thermostate (18St)	813,69 m² BGF	10.322	**12,69**	39,3
	1300-0324 Gründerzentrum (20 AP)				
	• Abbrechen (Kosten: 7,2%) Abbruch von Plattenheizkörpern (18St); Entsorgung, Deponiegebühren	454,70 m² BGF	1.260	**2,77**	4,5
	• Herstellen (Kosten: 92,8%) Plattenheizkörper, Thermostate (19St), Heizkörper beschichten (3St)	454,70 m² BGF	16.130	**35,47**	57,5

© **BKI** Baukosteninformationszentrum

KG	Kostengruppe	Menge Einheit	Kosten €	€/Einheit	%
	2200-0053 Seminarräume (343 Sitzplätze)				
	• Abbrechen (Kosten: 0,7%) Abbruch von Heizungskonvektoren (2St), Flachheizkörpern (4St); Entsorgung, Deponiegebühren	2.236,69 m^2 BGF	176	**0,08**	0,5
	• Wiederherstellen (Kosten: 19,9%) Stahl-Heizkörper demontieren, lagern, einbauen (71St), Flachheizkörper demontieren, lagern, Anschlussdichtungen erneuern, einbauen (71St)	2.236,69 m^2 BGF	5.173	**2,31**	14,9
	• Herstellen (Kosten: 79,4%) Konvektoren, h=28cm, l=1,80-2,00m (5St), Planheizkörper (1St), Thermostatköpfe mit eingebauten Messelementen (71St), Heizkörperverschraubungen DN15 (59St)	2.236,69 m^2 BGF	20.612	**9,22**	59,5
	3100-0020 Arztpraxis für Dermatologie				
	• Abbrechen (Kosten: 10,7%) Abbruch von Heizkörpern (7St); Entsorgung, Deponiegebühren	160,72 m^2 BGF	1.306	**8,12**	8,2
	• Herstellen (Kosten: 89,3%) Flachheizkörper in Planausführung, Standkonsolen, Thermostatventile (7St), als Vertikalheizkörper (2St)	160,72 m^2 BGF	10.866	**67,61**	68,2
	3100-0022 Orthopädiepraxis (10 AP)				
	• Wiederherstellen (Kosten: 100,0%) Heizkörper demontieren, lagern, wieder einbauen (1St)	411,75 m^2 BGF	171	**0,42**	100,0
	3100-0026 Kinderarztpraxis				
	• Abbrechen (Kosten: 1,5%) Abbruch von Heizkörperanschlüssen, Vor- und Rücklaufleitungen (1St); Entsorgung, Deponiegebühren	254,49 m^2 BGF	184	**0,72**	1,2
	• Wiederherstellen (Kosten: 25,2%) Bauseitige Heizkörper, Beschichtung prüfen, Schadstellen entrosten, Flächen anschleifen, säubern, Heizkörper lackieren (17St), Heizkörper wieder montieren (15St)	254,49 m^2 BGF	3.131	**12,30**	19,7
	• Herstellen (Kosten: 73,3%) Plattenheizkörper, Thermostate (5St), bauseitige Heizungsleitungen demontieren, umverlegen, neue Heizkörper liefern, montieren (3St)	254,49 m^2 BGF	9.089	**35,71**	57,3

KG	Kostengruppe	Menge Einheit	Kosten €	€/Einheit	%
	3100-0030 Gemeinschaftspraxis				
	• Abbrechen (Kosten: 8,0%) Ausbauen und lagern von Heizkörpern (7St), Abbruch von Rohrleitungen (psch); Entsorgung, Deponiegebühren	313,75 m²BGF	1.062	**3,38**	6,5
	• Wiederherstellen (Kosten: 59,5%) Grundierung an Heizkörpern prüfen, Schadstellen ausbessern, Grund- und Schlussbeschichtung (17St), Heizungsleitungen umverlegen, neue Heizkörper montieren (6St)	313,75 m²BGF	7.891	**25,15**	48,2
	• Herstellen (Kosten: 32,5%) Plattenheizkörper (3St), lagernd, montieren (15St)	313,75 m²BGF	4.312	**13,74**	26,3
	4400-0324 Kindertagesstätte (6 Gruppen, 125 Kinder)				
		995,39 m²BGF	38.821	**39,00**	29,3
	PE-Xa-Rohre für Fußbodenheizung, Noppenplatte als Rohrträger, Wärme-/Trittschalldämmung (195m²), Anbindeleitungen (50m), Plattenheizkörper (41St)				
	5100-0132 Sporthalle, Sozialtrakt Innenbereich				
	• Abbrechen (Kosten: 22,1%) Abbruch von Heizkörpern (16St); Entsorgung, Deponiegebühren	324,88 m²BGF	2.923	**9,00**	3,7
	• Herstellen (Kosten: 77,9%) Röhrenradiatoren, Thermostatventile, Thermostatköpfe (9St)	324,88 m²BGF	10.285	**31,66**	13,1
	6100-1308 Dreizimmerwohnung				
	• Abbrechen (Kosten: 6,9%) Kombitherme außer Betrieb nehmen, Heizungsanlage entleeren (psch), Abbruch von Heizkörpern (4St); Entsorgung, Deponiegebühren	77,81 m²BGF	239	**3,08**	3,3
	• Wiederherstellen (Kosten: 3,7%) Thermostatventile und -köpfe erneuern, alte Thermostate entsorgen (5St), Demontage von Heizkörper, lagern, wieder montieren (1St)	77,81 m²BGF	128	**1,64**	1,8
	• Herstellen (Kosten: 89,5%) Flachrohrheizkörper 2200x485x99mm, Vertikalstruktur, einreihig (2St), Heizwand 1.000x237x53mm (1St), Flachheizkörper 405x1.105x66mm (1St)	77,81 m²BGF	3.121	**40,12**	42,9

© BKI Baukosteninformationszentrum

KG	Kostengruppe	Menge Einheit	Kosten €	€/Einheit	%
	6100-1428 Eigentumswohnung				
	• Abbrechen (Kosten: 6,9%) Abbruch von Heizkörpern (7St); Entsorgung, Deponiegebühren	259,19 m2 BGF	406	**1,57**	4,2
	• Wiederherstellen (Kosten: 15,2%) Historische Guss-Heizkörper reinigen, lackieren (5St)	259,19 m2 BGF	894	**3,45**	9,2
	• Herstellen (Kosten: 77,9%) Planheizkörper (2St), Röhrenradiator (1St), Badheizkörper (1St), Elektro-Fußbodenheizung, Touchthermostat (1St)	259,19 m2 BGF	4.583	**17,68**	47,3
	6100-1434 Gästewohnung				
	• Herstellen (Kosten: 100,0%) Infrarot-Heizpaneele (3St), elektronische Funk-Raumthermostate (2St), Funkempfänger (3St)	100,41 m2 BGF	6.296	**62,70**	100,0
	6100-1465 Dachgeschosswohnung				
	• Herstellen (Kosten: 100,0%) Heizkörper, Thermostatkopf (1St)	171,22 m2 BGF	1.580	**9,23**	31,9
	6100-1609 Dachgeschosswohnung mit Turmzimmer				
	• Herstellen (Kosten: 100,0%) Fußbodenheizung: EPS-Verlegeplatte WLG 035, d=30mm, Abdeckfolie (115m2), PE-Xc-Rohre (960m), Heizkreisverteiler, Verteilerschränke (2St), Stellantriebe (8St), Raumregler, smart (8St), Transformatoren (2St), BUS/Funk-Hybridlösung (2St), Heizungsleitungen (25m), Heizkörper (1St), dreiseitig verglaster Gaskamineinsatz, Fernbedienung, Anbauwand isolieren, Kamineinsatz mit Brandschutzplatten ummauern, verputzen, Kabelschächte isolieren, Abgasrohr 200/130mm in F90 Kanal 30x30cm (psch)	198,25 m2 BGF	72.507	**365,73**	82,1
	6100-1623 Dachgeschosswohnung				
	• Herstellen (Kosten: 100,0%) Flachheizkörper (3St), Handtuchheizkörper (1St), Thermostate (4St)	90,45 m2 BGF	2.578	**28,50**	28,2
	6100-1713 Einfamilienhaus				
	• Abbrechen (Kosten: 6,8%) Abbruch von Heizkörper (psch); Entsorgung, Deponiegebühren	195,76 m2 BGF	378	**1,93**	6,8
	• Wiederherstellen (Kosten: 15,7%) Heizkörper versetzen (psch)	195,76 m2 BGF	871	**4,45**	15,7
	• Herstellen (Kosten: 77,5%) Rohrleitungen, Handtuchheizkörper, Thermostate (2St)	195,76 m2 BGF	4.307	**22,00**	77,5

KG	Kostengruppe	Menge Einheit	Kosten €	€/Einheit	%
	6200-0092 Tagespflege (12 Plätze)				
	• Herstellen (Kosten: 100,0%) Ventilheizkörper (13St), Badheizkörper (1St)	259,20 m² BGF	6.135	**23,67**	35,6
	7200-0096 Geschäftshaus, Foyer				
	• Wiederherstellen (Kosten: 100,0%) Heizkörper reinigen, grundieren, beschichten (9St)	220,23 m² BGF	874	**3,97**	100,0
	9100-0144 Kulturzentrum (550 Sitzplätze)				
	• Herstellen (Kosten: 100,0%) Röhrenradiatoren (26St), Kompaktheizkörper (16St), Thermostatventile (35St)	1.304,03 m² BGF	50.153	**38,46**	37,5
	9100-0158 Bibliothek				
	• Wiederherstellen (Kosten: 100,0%) Heizkörper abschleifen, Beschädigungen ausbessern, lackieren (8St), Heizkörper austauschen (1St), Heizkörper versetzt (1St)	328,70 m² BGF	10.781	**32,80**	100,0
	9100-0168 Schauspielhaus, Zweitspielstätte				
	• Abbrechen (Kosten: 3,2%) Abbruch von Heizkörpern (25St), Entsorgung, Deponiegebühren	2.865,00 m² BGF	1.564	**0,55**	1,2
	• Wiederherstellen (Kosten: 1,6%) Heizungsrohre umbauen (psch)	2.865,00 m² BGF	792	**0,28**	0,6
	• Herstellen (Kosten: 95,2%) Plan-Ventilheizkörper (13St), Konvektoren (7St), Röhrenheizkörper (2St), Thermostate (15St), Bodengitter (23St)	2.865,00 m² BGF	46.747	**16,32**	34,7
	9100-0173 Bibliothek, Lernzentrum				
	• Herstellen (Kosten: 100,0%) Stahl-Röhrenheizkörper (8St), Radiavektoren (2St), Thermostate (10St)	759,69 m² BGF	27.527	**36,23**	42,5
	9100-0213 Stadtbücherei				
	• Abbrechen (Kosten: 5,9%) Abbruch von Heizkörpern (4St); Entsorgung, Deponiegebühren	994,60 m² BGF	570	**0,57**	3,2
	• Herstellen (Kosten: 94,1%) Plattenheizkörper, Thermostate (3St)	994,60 m² BGF	9.148	**9,20**	52,0

© **BKI** Baukosteninformationszentrum

KG	Kostengruppe	Menge Einheit	Kosten €	€/Einheit	%
	9100-0215 Stiftsgebäude, Gemeindesaal, Pfarrbüros				
	• Abbrechen (Kosten: 3,9%) Abbruch von Heizkörpern (psch); Entsorgung, Deponiegebühren	2.649,56 m² BGF	4.060	**1,53**	1,1
	• Herstellen (Kosten: 96,1%) Kompaktheizkörper, Thermostatventile (27St), Wandheizung, Kupferrohre 18-22x1,0mm, Formstücke, einputzen (1.341m), Halteschienen, l=1,00m (840St), Heizungsverteiler für 2-4 Gruppen (3St), Stellantriebe (10St), hydraulische Abgleiche (11St)	2.649,56 m² BGF	100.201	**37,82**	28,0
	9700-0038 Kolumbarium				
	• Abbrechen (Kosten: 0,4%) Abbruch von Plattenheizkörpern (5St); Entsorgung, Deponiegebühren	960,00 m² BGF	105	**0,11**	0,2
	• Herstellen (Kosten: 99,6%) Hohlraum-Fußbodenheizung, Kupferrohre DN15, Formstücke (340m), Alu-Wärmeverteiler (1.652St), Heizkreisverteiler, drei Heizkreise, Verteilerschrank (1St), Stellantriebe (3St), Kompaktheizkörper (4St), Elektro-Wandkonvektoren 1,0-1,5kW (4St)	960,00 m² BGF	28.725	**29,92**	57,6
429	**Sonstiges zur KG 420**				
	5100-0132 Sporthalle, Sozialtrakt Innenbereich				
	• Herstellen (Kosten: 100,0%) PP-Abgasleitung DN100 (3m), Dachdurchführung (1St)	324,88 m² BGF	1.502	**4,62**	1,9
	6100-1609 Dachgeschosswohnung mit Turmzimmer				
	• Herstellen (Kosten: 100,0%) AZ-Dachdurchführung, D=60/100mm (1St), Abgasanschluss an bauseitige Dachhaube (1St)	198,25 m² BGF	754	**3,80**	0,9
	6100-1623 Dachgeschosswohnung				
	• Herstellen (Kosten: 100,0%) Schornstein-Einfassung, Zink-Titanblech (7m), Schürze, Zink-Titanblech (85m)	90,45 m² BGF	1.051	**11,62**	11,5

Kostenkennwerte für die Kostengruppen 400 der 3. Ebene DIN 276

KG	Kostengruppe	Menge Einheit	Kosten €	€/Einheit	%
431	**Lüftungsanlagen**				
	1200-0001 Gerichtsgebäude - Eingangsbereich				
	• Herstellen (Kosten: 100,0%)	136,87 m² BGF	26.384	**192,77**	70,6
	Zu- und Abluftgerät 450m³/h, mit WRG (1St), Wickelfalzrohre DN100-150, Formstücke, Dämmung (42m), Schalldämpfer DN200 (4St), Brandschutzklappen DN160 (4St), Lüftungsgitter (2St), Wetterschutzgitter (2St), Kanalrauchmelder (1St), Kernbohrungen (psch)				
	1300-0245 Kontorhaus Bürogeschoss				
	• Herstellen (Kosten: 100,0%)	813,69 m² BGF	78.578	**96,57**	98,1
	Zentrale Lüftungsgeräte 1.585m³/h (1St), 795m³/h (1St), Rohrventilatoren DN100 (2St), Stahlblechkanäle (82m²), Wickelfalzrohre DN100-250, Formstücke (74m), Kältedämmung (18m²), Schlitzein-/auslässe (24m), Konstantvolumenregler (10St), Telefonieschalldämpfer DN100-250 (16St)				
	1300-0324 Gründerzentrum (20 AP)				
	• Herstellen (Kosten: 100,0%)	454,70 m² BGF	6.046	**13,30**	21,8
	Einzelraumlüfter (1St), Rohrventilator DN100, Rückluftsperrklappe (1St), Wickelfalzrohre DN100-125, Formstücke (35m), Alu-Flexrohre DN80-100 (6m), Drehzahl-Potentiometer (1St), Nachlaufschalter (1St), Tellerventile (2St), Dachentlüftungshaube DN100 (1St), Lüftungsgitter beschichten (3m²)				
	3100-0020 Arztpraxis für Dermatologie				
	• Herstellen (Kosten: 100,0%)	160,72 m² BGF	27.809	**173,03**	100,0
	Kompaktlüftungsgerät mit WRG (1St), Zu- und Abluftleitungen, Formstücke, Telefonieschalldämpfer (60m), Rohrschalldämpfer DN250 (4St), Dralldurchlässe (11St), Anschlusskästen (11St), Wetterschutzgitter (2St), Kondensatpumpe (1St), Einzelraumlüfter (2St), Ventilatoreinsätze (2St), Brandschutzklappen (2St)				
	3100-0023 Dermatologische Praxis (8 AP)				
	• Abbrechen (Kosten: 87,0%)	601,10 m² BGF	4.178	**6,95**	87,0
	Abbruch von Lüfterkasten und Lüftungsleitungen (1St), Lüftungsgeräten (psch); Entsorgung, Deponiegebühren				
	• Herstellen (Kosten: 13,0%)	601,10 m² BGF	624	**1,04**	13,0
	Tellerventil (1St), offene Rohranschlüsse fachgerecht mit Wickelfalz-Enddeckel verschließen, nach Rückbauarbeiten Lüfterkasten (8St)				

© **BKI** Baukosteninformationszentrum

KG	Kostengruppe	Menge Einheit	Kosten €	€/Einheit	%
	3100-0026 Kinderarztpraxis				
	• Herstellen (Kosten: 100,0%)	254,49 m²BGF	6.388	**25,10**	100,0
	Rohrventilatoren DN150 (2St), Aluflexrohre DN150 (12m), Abluftventile (4St), Einbauventilatoren (2St), Entlüftungs-Deckenanschlüsse, Rohrsystem, Deckenventile (4St), Brandschutzklappen F90 (4St)				
	3100-0030 Gemeinschaftspraxis				
	• Herstellen (Kosten: 100,0%)	313,75 m²BGF	3.384	**10,79**	100,0
	Entlüftungsanlagen: Rohrventilator, Alu-Flexrohr, Formstücke, Luftdurchlässe (2St), Einbauventilatoren (2St)				
	4400-0324 Kindertagesstätte (6 Gruppen, 125 Kinder)				
		995,39 m²BGF	19.537	**19,63**	100,0
	Abluftanlage, Volumenstrom 1.400m³/h (1St), Tellerventile (18St), Telefonieschalldämpfer (8St), Kulissenschalldämpfer (2St), Drosselklappen (18St), Wickelfalzrohre DN100-200, Formstücke (114m), Alu-Flexschlauch DN100 (15m), Brandschutzklappen (8St)				
	6100-1609 Dachgeschosswohnung mit Turmzimmer				
	• Herstellen (Kosten: 100,0%)	198,25 m²BGF	267	**1,35**	100,0
	Einzelraumlüfter (1St)				
	6200-0092 Tagespflege (12 Plätze)				
	• Herstellen (Kosten: 100,0%)	259,20 m²BGF	947	**3,65**	100,0
	Einraumlüfter 100m³/h (1St), Wickelfalzrohre DN80-100, Formstücke (6m), Alu-Wetterschutzgitter 20x20cm (1St)				
	9100-0144 Kulturzentrum (550 Sitzplätze)				
	• Herstellen (Kosten: 100,0%)	1.304,03 m²BGF	206.218	**158,14**	100,0
	Zu-, Abluftgerät mit Wärmerückgewinnung 11.200m³/h (1St), Luftkanäle, Dämmung (514m²), Formstücke (291m²), Wickelfalzrohre DN100-800, Formstücke, Rohrdämmung (62m), Flexrohre DN100 (15m), Kulissenschalldämpfer (4St), Jalousieklappen (8St), Drallauslässe, Lüftungsgitter (18St), Einzelraumlüfter (8St), Druckbegrenzer (2St), Wärmemengenzähler (1St), Messumformer CO_2/Temperatur (4St), Stellantriebe (6St), Kanalrauchmelder (1St)				

KG	Kostengruppe	Menge Einheit	Kosten €	€/Einheit	%
	9100-0168 Schauspielhaus, Zweitspielstätte				
	• Abbrechen (Kosten: 1,6%) Abbruch von Lüftungsanlage (psch), Haltern, Wandwinkeln (psch), Lüftungskanälen (psch); Entsorgung, Deponiegebühren	2.865,00 m² BGF	4.769	**1,66**	1,2
	• Herstellen (Kosten: 98,4%) Zu- und Abluftgerät 11.320m³/h mit WRG (1St), Kaltwassergerät mit Kanalanschluss 30kW (1St), Rechteckkanäle, Rohrdämmung (344m²), Formstücke (247m²), Wickelfalzrohre DN100-800, Formstücke, Rohrdämmung (227m), Flexrohre DN100-200 (22m), Deflektorhaube DN800 (1St), Quellluftgitter (4St), Quellluftauslässe (8St), Lüftungsgitter (2St), Drallluftauslässe (7St), Volumenstromregler (27St), Schalldämpfer (35St), Brandschutzklappen (28St)	2.865,00 m² BGF	296.968	**103,65**	71,8
	9100-0173 Bibliothek, Lernzentrum				
	• Abbrechen (Kosten: 6,6%) Abbruch von mineralfaserhaltiger Dämmung (384m²); Entsorgung, Deponiegebühren	759,69 m² BGF	8.633	**11,36**	3,8
	• Herstellen (Kosten: 93,4%) Wickelfalzrohre DN100-400, Formstücke (213m), Flexrohre DN125-250 (66m), Rechteckblechkanäle (198m²), Formstückblechkanäle (103m²), Kanalschalldämpfer (6St), Telefonieschalldämpfer (10St), Brandschutzklappen (6St), Volumenstromregler (17St), Dralldurchlässe (23St), Tellerventile (8St), Schlitzschienen Zuluft, l=1,20m (4St), Abluft (2St), Schlitzschienen, Brandschutzklappen (10St), Wärmedämmung (543m²)	759,69 m² BGF	122.848	**161,71**	54,5
	9100-0213 Stadtbücherei				
	• Abbrechen (Kosten: 7,3%) Abbruch von Luftauslässen (11h), Abluftanschlüsse verschließen (5h); Entsorgung, Deponiegebühren	994,60 m² BGF	1.520	**1,53**	2,1
	• Wiederherstellen (Kosten: 16,7%) GK-Decke öffnen, Lüftungsrohre dämmen (11h), vorh. Drallauslässe neu montieren, Rohrleitungen dämmen (22St), Steinwollmatten (9m²), Lüftungsrohranschlüsse abdichten (4h)	994,60 m² BGF	3.460	**3,48**	4,8
	• Herstellen (Kosten: 76,0%) Rohrventilatoren (2St), Multifunktionsregler, Anzeige (2St), Ausschalter (2St), Rohrschalldämpfer (4St), Wickelfalzrohre DN100-200, Formstücke (21m), Luftleitungen (20m), ovales Rohr, Formstücke (6m), Dralleinlässe (2St), Volumenstrombegrenzer (2St), Lüftungsleitungen isolieren (7h)	994,60 m² BGF	15.734	**15,82**	22,0

© **BKI** Baukosteninformationszentrum

KG	Kostengruppe	Menge Einheit	Kosten €	€/Einheit	%
	9100-0215 Stiftsgebäude, Gemeindesaal, Pfarrbüros				
	• Herstellen (Kosten: 100,0%)	2.649,56 m²BGF	151.455	**57,16**	100,0
	Zu-/Abluftgerät, Volumenstrom 3.000m³/h, wetterfest, Stahlunterkonstruktion (1St), Dachhaube DN250 (1St), Wickelfalzrohre DN125-400, Rohrdämmung (150m), Volumenstromregler (18St), Brandschutzklappen (15St), Zuluftventile (15St), Dralluftdurchlässe (12St), Segeltuchstutzen (16St), Kanalschalldämpfer (9St), Rohrventilatoren (5St), Heizregister (3St), Kondensationsluftentfeuchter (1St), Kanalventilator (1St), Kanalluftfilter (1St), Kleinlüfter (1St), Wetterschutzgitter (5St)				
	9700-0038 Kolumbarium				
	• Wiederherstellen (Kosten: 4,1%)	960,00 m²BGF	428	**0,45**	4,1
	Zuluftkanal überprüfen, reinigen (3h), Brandschutzklappen warten (2St)				
	• Herstellen (Kosten: 95,9%)	960,00 m²BGF	10.051	**10,47**	95,9
	Lüftungsgerät, Volumenstrom 100m³/h, mit WRG, Fernbedienung (1St), Einzelraumlüfter 60m³/h (1St), Hygrostat (1St), Wickelfalzrohre DN80-100, Formstücke, Rohrdämmung (13m), Alu-Flexrohr DN80 (1m), Abluftventile (5St), Außenluftblende (1St), Wetterschutzgitter (1St)				
432	**Teilklimaanlagen**				
	1300-0245 Kontorhaus Bürogeschoss				
	• Herstellen (Kosten: 100,0%)	813,69 m²BGF	1.504	**1,85**	1,9
	Vorbereitung für Klimageräte: Steuerleitung (16m), Kupferleitungen DN10 (16m), DN16 (16m), Rohrabschottungen R90 (3St)				
	3100-0022 Orthopädiepraxis (10 AP)				
	• Herstellen (Kosten: 100,0%)	411,75 m²BGF	16.306	**39,60**	100,0
	Split-Klimagerät 3,5kW, innen (1St), außen (1St), Tauwasserpumpe (1St), Kältemittel-Doppelleitungen 6-10mm (74m), 18-22mm (23m)				
	5100-0132 Sporthalle, Sozialtrakt Innenbereich				
	• Herstellen (Kosten: 100,0%)	324,88 m²BGF	89.611	**275,83**	100,0
	Zu- und Abluftanlage, Volumenstrom 3.000m³/h, Wärmerückgewinnung, Be- und Entfeuchtung (1St), Nacherhitzer (1St), Rechteckkanäle, Formstücke, Dämmung (283m²), Wickelfalzrohre DN100-180, Formstücke (53m), Telefonieschalldämpfer (16St), Luftdurchlässe (40St), Brandschutzklappe (1St), Einzelraumlüfter 80m³/h (1St), Maschinenfundament (1St), Betonsockel C25/30, unbewehrt, d=15cm (1m²)				

KG	Kostengruppe	Menge Einheit	Kosten €	€/Einheit	%
433	**Klimaanlagen**				
	1300-0324 Gründerzentrum (20 AP)				
	• Herstellen (Kosten: 100,0%) Klimasplit-Gerät Umluftkühlung, Multisplit-Außeneinheit (1St), Deckenkassette-Innengeräte (2St), Kältemittelleitungen (47m), Kondensatschlauch (28m), Abwasserleitung DN50 (9m)	454,70 m² BGF	21.678	**47,67**	78,2
	7200-0096 Geschäftshaus, Foyer				
	• Herstellen (Kosten: 100,0%) Klimaanlage für Arbeitsplatz Empfangstresen (psch)	220,23 m² BGF	9.583	**43,51**	100,0
434	**Kälteanlagen**				
	1200-0001 Gerichtsgebäude - Eingangsbereich				
	• Herstellen (Kosten: 100,0%) Split-Klimagerät (1St), Kondensator 3kW (1St), Kältemittelleitungen (psch), Kältemittel (psch), Kondensatleitungen DN22, Kupfer (25m)	136,87 m² BGF	10.984	**80,25**	29,4
	2200-0053 Seminarräume (343 Sitzplätze)				
	• Abbrechen (Kosten: 100,0%) Abbruch von Kälteleitungen, Absaugung Kältemittel (1St); Entsorgung, Deponiegebühren	2.236,69 m² BGF	3.069	**1,37**	100,0
	9100-0168 Schauspielhaus, Zweitspielstätte				
	• Herstellen (Kosten: 100,0%) Kältepumpe 11,98m³/h (1St), Frequenzumrichter (1St), Kühlwasserverteiler (1St), Edelstahlrohre DN15-65, Formstücke, Rohrdämmung (335m), Blechmantel DN65 (93m), Zeigerthermometer (4St), Flansch-Absperrventile (10St), Strangregulierventil (1St), Differenzdruckregler (1St)	2.865,00 m² BGF	111.646	**38,97**	27,0
	9100-0173 Bibliothek, Lernzentrum				
	• Herstellen (Kosten: 100,0%) Kälteanlage: Inneneinheiten, Deckenkassette 5,6-6,3kW (12St), Einzelverteilersets (11St), Kupferrohre DN10-42, Formstücke, Rohrdämmung (406m), KM-Rohrverteiler, bauseits (18St), Durchflussregler (1St), Differenzdruckregler (1St), Trafo-Stellantrieb (1St), Comfort-Controller (1St), Brandschutzdurchführungen (8St), vorhandenes Maschinenfundament erweitern (psch)	759,69 m² BGF	94.029	**123,77**	41,7

© BKI Baukosteninformationszentrum

KG	Kostengruppe	Menge Einheit	Kosten €	€/Einheit	%
	9100-0213 Stadtbücherei				
	• Herstellen (Kosten: 100,0%) Deckenkassetten (9St), Kupfer-Kältemittelleitungen DN6-28 (232m), Kältemittel (12kg), PVC-Hartrohre DN25 (83m), Außenwanddurchführungen (3St), Steuerung (1St), Fernbedienungs-Diagnoseeinheiten (2St)	994,60 m²BGF	50.932	**51,21**	71,1

Kostenkennwerte für die Kostengruppen 400 der 3.Ebene DIN 276

KG	Kostengruppe	Menge Einheit	Kosten €	€/Einheit	%
442	**Eigenstromversorgungsanlagen**				
	1300-0245 Kontorhaus Bürogeschoss				
	• Herstellen (Kosten: 100,0%) Prüfen der Zentrale von Sicherheitsbeleuchtung (psch), Sicherheitsmodul (1St), Aufschalten auf Bestandszentrale (psch)	813,69 m² BGF	5.070	**6,23**	4,8
	2200-0053 Seminarräume (343 Sitzplätze)				
	• Herstellen (Kosten: 100,0%) Stromkreisumschaltungen (4St), MSE/USV Notstrom-Batterien (7St), Drei-Phasenüberwachung (2St)	2.236,69 m² BGF	10.330	**4,62**	1,7
	5100-0132 Sporthalle, Sozialtrakt Innenbereich				
	• Herstellen (Kosten: 100,0%) Stromversorgung für Notrufsystem (1St), Notstrom-Akku (1St)	324,88 m² BGF	1.884	**5,80**	2,4
	9100-0168 Schauspielhaus, Zweitspielstätte				
	• Abbrechen (Kosten: 4,7%) Abbruch von Zentralbatteriesystem (1St), Entsorgung, Deponiegebühren	2.865,00 m² BGF	3.033	**1,06**	0,6
	• Herstellen (Kosten: 95,3%) Zentralbatteriesystem, Nennbetriebsdauer 3h, Wiederaufladezeit 12h (1St), Verteiler (2St), DLS/3PH-Bus-Module (6St)	2.865,00 m² BGF	60.832	**21,23**	11,9
443	**Niederspannungsschaltanlagen**				
	9100-0144 Kulturzentrum (550 Sitzplätze)				
	• Herstellen (Kosten: 100,0%) Installationsverteiler (1St), NH-Sicherungslasttrennschalter (1St), Blitzstromableiter (1St), Sicherungsleisten (7St), Dämmerungsschalter 2.3kW (1St), Zeitschaltuhr (1St), Zählermesssatzschrank (1St), Zählermesssatztafel (1St), Wandlerschrank (1St)	1.304,03 m² BGF	11.185	**8,58**	8,1
	9100-0168 Schauspielhaus, Zweitspielstätte				
	• Herstellen (Kosten: 100,0%) Standverteiler (3St), Unterverteilung (1St), UES-Ableiter, vierpolig (3St), Spannungsfreischaltungen (2St), Metallschrank (1St)	2.865,00 m² BGF	23.596	**8,24**	4,6

© **BKI** Baukosteninformationszentrum

KG	Kostengruppe	Menge Einheit	Kosten €	€/Einheit	%
444	**Niederspannungsinstallationsanlagen**				

1200-0001 Gerichtsgebäude - Eingangsbereich

	Menge Einheit	Kosten €	€/Einheit	%
• Herstellen (Kosten: 100,0%)	136,87 m²BGF	9.964	**72,80**	45,9

Mantelleitungen NHXMH (242m), J-H(ST)H (26m), Leerrohre (41m), Steckdosen (16St), Schalter (2St)

1200-0002 Gerichtsgebäude - Gerichtssaal

	Menge Einheit	Kosten €	€/Einheit	%
• Herstellen (Kosten: 100,0%)	130,75 m²BGF	14.176	**108,42**	33,0

Mantelleitungen NYM-J (325m), Leerrohre (75m), Tischsteckdosen, dreifach (3St), Steckdosen (7St), Schalter (1St)

1300-0228 Bürogebäude, Eingangsbereiche

	Menge Einheit	Kosten €	€/Einheit	%
	470,00 m²BGF	28.930	**61,55**	20,9

Verkabelung, integriert in die Unterkonstruktion der Wandverkleidung, vor Montage der Bekleidung steckerfertig aufgebaut, Kanalsysteme in horizontalen und vertikalen Achsen (200m), Steuereinheiten mit Netzwerkteilen (4St), mit Dalidimmcontrollern (4St)

1300-0245 Kontorhaus Bürogeschoss

	Menge Einheit	Kosten €	€/Einheit	%
• Herstellen (Kosten: 100,0%)	813,69 m²BGF	61.991	**76,18**	59,2

Unterverteiler (2St), Kleinverteiler mit Netzüberwachung, Sicherungsblock (1St), FI-Schalter (psch), LS-Schalter (psch), Mantelleitungen NYM-J (3.203m), Kabel J-Y(St)Y (144m), Kabel NHXH-J, E30 (58m), Kabelkanäle, 60x110mm (118m), Schalter, Taster (47St), Bodendosen (41St), Steckdosen (91St), Dimmer (5St), Herdanschlussdosen (2St)

1300-0312 Büro (7 AP)

	Menge Einheit	Kosten €	€/Einheit	%
• Abbrechen (Kosten: 34,9%)	277,35 m²BGF	6.220	**22,43**	12,9

Abbruch von Elektroinstallation (psch); Entsorgung, Deponiegebühren

	Menge Einheit	Kosten €	€/Einheit	%
• Herstellen (Kosten: 65,1%)	277,35 m²BGF	11.615	**41,88**	24,0

Elektroinstallation (psch), Kabelkanäle (5m), Bodendosen (psch), Steckdosen (8St), Jalousieschalter/Taster (9St), Jalousiewippe (18St), Universalwippen (10St), Taster (2St), Aufputzgehäuse (16St)

KG	Kostengruppe	Menge Einheit	Kosten €	€/Einheit	%
	1300-0324 Gründerzentrum (20 AP)				
	• Abbrechen (Kosten: 2,0%) Abbruch von Verteiler (1St), Leitungen (130m), Schaltern, Steckdosen (39St); Entsorgung, Deponiegebühren	454,70 m² BGF	782	**1,72**	1,1
	• Herstellen (Kosten: 98,0%) Verteiler (1St), Lastschalter (1St), LS-Schalter (17St), Sicherungssockel, dreipolig (6St), FI-Schalter (36St), DALI-Steuergeräte (4St), Überspannungsschutz (1St), Erdkabel NYY (2.331m), Mantelleitungen NYM (2.111m), Leerrohre (55m), Stahlblechkanal (38m), Wechselschalter (17St), Taster mit Leuchte (2St), Steckdosen (63St), Präsenzmelder (7St), Infrarot-Bewegungsmelder (2St)	454,70 m² BGF	38.679	**85,06**	53,8
	2200-0053 Seminarräume (343 Sitzplätze)				
	• Abbrechen (Kosten: 11,8%) Abbruch von UP-Installationsgeräten (692St), Kabel, Leitungen (14.113m), Datenkabel (1.887m), Stromschienensystemen (152m), Stromkreisabgängen (141St), LCN-Busgeräte (101St), Unterflur-Gerätedosen (280St), Anschlussdosen (37St); Entsorgung, Deponiegebühren	2.236,69 m² BGF	44.135	**19,73**	7,4
	• Herstellen (Kosten: 88,2%) Verteiler (2St), Unterverteiler (10St), Lasttrennschalter (15St), FI-Schutzschalter (78St), LS-Schalter (194St), Sensormodule (10St), Mantelleitungen NYM-J (13.793m), NHXH (608m), Kabelgitterrinnen (538m), Schutzrohre (241m), Steckdosen (179St), Versorgungseinheiten IP20, Balancer (103St), Taster (89St), Tastenumsetzer (28St), Relaisbausteine (24St), Verbindungsdosen (460St), Sensormodule (38St), Brandschotts (53St), Revisionsabdeckungen (84St)	2.236,69 m² BGF	330.972	**147,97**	55,5
	3100-0020 Arztpraxis für Dermatologie				
	• Abbrechen (Kosten: 2,5%) Abbruch von Elektroinstallationen (psch); Entsorgung, Deponiegebühren	160,72 m² BGF	637	**3,96**	1,2
	• Herstellen (Kosten: 97,5%) Sicherungsschrank mit Feldverteiler, komplett bestückt (1St), Zuleitungen zur Sicherungsverteilung (47St), Ausschaltungen UP, ein Deckenauslass (21St), Serienschaltung (1St), Jalousieschalter (1St), Schlüsselschalter (1St), Schukosteckdosen UP (87St), Dimmer (1St), Stromanschlüsse (4St)	160,72 m² BGF	24.415	**151,91**	47,9
	3100-0022 Orthopädiepraxis (10 AP)				
	• Abbrechen (Kosten: 11,5%) Abbruch von Elektroinstallation (psch); Entsorgung, Deponiegebühren	411,75 m² BGF	3.237	**7,86**	6,0
	• Herstellen (Kosten: 88,5%) Hauptschalter (2St), Hauptsicherungsautomaten E50 (6St), FI-Schalter (15St), LS-Schalter (81St), Mantelleitungen NYM-J (2.476m), Schalter/Taster (52St), Steckdosen (168St), CEE-Steckdosen (19St), Brandschotts E50 (10St)	411,75 m² BGF	24.945	**60,58**	45,9

© **BKI** Baukosteninformationszentrum

KG	Kostengruppe	Menge Einheit	Kosten €	€/Einheit	%
	3100-0023 Dermatologische Praxis (8 AP)				
	• Abbrechen (Kosten: 7,6%) Abbruch von nicht mehr benötigten Installationen, Leitungsrückbau, Umverlegungen (psch); Entsorgung, Deponiegebühren	601,10 m2 BGF	2.088	**3,47**	4,2
	• Herstellen (Kosten: 92,4%) Elektroinstallation mit Neuverlegung von Leitungen, Setzen von neuen Schaltern, Steckdosen und Netzwerkanschlüssen, Umbau von Lichtschaltungen wegen veränderter Raumsituation, Einbau Überspannungsschutz in alle Unterverteilungen (psch)	601,10 m2 BGF	25.273	**42,04**	50,4
	3100-0026 Kinderarztpraxis				
	• Herstellen (Kosten: 100,0%) Zähleranlage (1St), Unterverteileranlage (1St), für bauseitige Klimageräte, Untervert eiler erweitern, Steigleitung verstärken, zehn Innen- und zwei Außengeräte anschließen, Reparaturschalter montieren (1St), Mantelleitungen (80m), Kabelkanäle (20m), Leerrohre (10m), Schalter, Taster (38St), Steckdosen, Kinderschutz (78St), Jalousiesteuerung, Funk (1St), Handsender (3St), Jalousieschalter (3St), Rollladenschalter (3St), Bewegungsmelder (2St), Brandschutzschotts (8St)	254,49 m2 BGF	57.124	**224,47**	74,8
	3100-0030 Gemeinschaftspraxis				
	• Abbrechen (Kosten: 2,1%) Abbruch von Unterverteilern, Elektroinstallationen (psch); Entsorgung, Deponiegebühren	313,75 m2 BGF	914	**2,91**	1,5
	• Herstellen (Kosten: 97,9%) Zähleranlage, Hauptzähler (1St), Unterverteiler, bestückt (1St), Verstärker (1St) Mantelleitungen, Schalter, Steckdosen (psch)	313,75 m2 BGF	42.283	**134,77**	71,6
	4400-0324 Kindertagesstätte (6 Gruppen, 125 Kinder)				
	Standverteiler IP54 (1St), Netzabgänge (126St), FI-LS Schalter (21St), LS-Schalter (49St), Stromstoßschalter (8St), Schütze (3St), Multifunktionsrelais (8St), Schaltrelais (9St), Mantelleitungen (6.049m), Leerrohre (54m), Schalter/Taster (85St), Steckdosen (211St), CEE-Steckdosen (5St), Präsenzmelder (18St), Geräteanschlussdosen (4St), Geräteeinbaudosen in BRK (8St), Sammelhalterungen (885St), Heizungsverkabelung (psch)	995,39 m2 BGF	105.253	**105,74**	69,7

KG	Kostengruppe	Menge Einheit	Kosten €	€/Einheit	%
	5100-0132 Sporthalle, Sozialtrakt Innenbereich				
	• Abbrechen (Kosten: 0,9%) Abbruch von Elektroverteiler, 50 Stromkreise abklemmen (1St); Entsorgung, Deponiegebühren	324,88 m²BGF	480	**1,48**	0,6
	• Herstellen (Kosten: 99,1%) Zählerschrank, Fundament (1St), Hauptschalter (1St), LS-Schalter (59St), FI-Schalter (2St), Mantelleitungen NHXMH-J (1.776m), Leerrohre DN20-32 (185m), Kabelkanäle (108m), Brandschotts (10St), Präsenzmelder (17St), Steckdosen (20St), Schalter (8St)	324,88 m²BGF	53.154	**163,61**	67,3
	6100-1308 Dreizimmerwohnung				
	• Abbrechen (Kosten: 1,9%) Abbruch von Elektroinstallation (psch); Entsorgung, Deponiegebühren	77,81 m²BGF	148	**1,90**	1,8
	• Herstellen (Kosten: 98,1%) Sicherungsverteilung, dreireihig, auf Putz, mit Hauptschalter 63A, drei FI-Schutzschaltern zweipolig, zwölf Sicherungsautomaten (1St), Hauptzuleitung (1St), Ausschaltungen (9St), Wechselschaltung (1St), Steckdosen, einfach (16St), zweifach (15St), dreifach (4St), Anschluss Gastherme (1St), Mantelleitungen NYM	77,81 m²BGF	7.468	**95,97**	93,2
	6100-1428 Eigentumswohnung				
	• Herstellen (Kosten: 100,0%) Unterverteiler, bestückt (1St), Kabelkanäle 65x130mm (2St), Elektroinstallation (psch), Steckdosen (98St), Schalter (23St), Anschlüsse für Sonnenschutzantriebe (4St), für Elektro-Fußbodenheizung (2St), Herdanschluss (1St), Anschluss an Bestandsleitungen (psch)	259,19 m²BGF	16.300	**62,89**	94,9
	6100-1434 Gästewohnung				
	• Herstellen (Kosten: 100,0%) Kleinverteiler (2St), FI-Schalter (2St), LS-Schalter (1St), Drehstromzähler (1St), Sicherungen (9St), Mantelleitungen NYM (301m), Schalter (47St), Steckdosen (40St), Herdanschlussdosen (4St), CEE-Steckdose (1St)	100,41 m²BGF	4.820	**48,00**	55,3
	6100-1465 Dachgeschosswohnung				
	• Herstellen (Kosten: 100,0%) SL-Schalter (5St), FI-Schalter (1St), Mantelleitungen NYM-J (164m), Installationsleitungen H05VV5 (12m), Hohlwanddosen (28St), Steckdosen (24St), Schalter (3St), Dimmer (1St)	171,22 m²BGF	8.151	**47,61**	57,3

© **BKI** Baukosteninformationszentrum

KG	Kostengruppe	Menge Einheit	Kosten €	€/Einheit	%
	6100-1609 Dachgeschosswohnung mit Turmzimmer				
	• Abbrechen (Kosten: 2,8%) Abbruch von Elektroinstallationen (psch); Entsorgung, Deponiegebühren	198,25 m2 BGF	793	**4,00**	2,5
	• Wiederherstellen (Kosten: 3,1%) Ändern von Leitungsführung (9h), Schalter (psch), Schalterdose (1h)	198,25 m2 BGF	873	**4,41**	2,8
	• Herstellen (Kosten: 94,2%) Unterverteilung (1St), Kleinverteiler (1St), FI-Schutzschalter (3St), Sicherungen (21St), Lasttrennschalter (1St), Mantelleitung (18m), Erdkabel zur Terrasse (psch), Installationsrohre (50m), Einziehdrähte (100m), Leerrohr (2m), Steckdosen (21St), mit Kinderschutz (90St), geschaltete Steckdosen (3St), Dimmer (6St), Schalter (26St), Decken-/Wandauslässe (30St), Stromkreiszuleitungen (13St), Herdanschlussdose (1St), Jalousieanschlüsse (4St), Anschlussarbeiten	198,25 m2 BGF	26.924	**135,81**	85,9
	6100-1623 Dachgeschosswohnung				
	• Herstellen (Kosten: 100,0%) Unterverteiler, bestückt (1St), Steckdosen (22St), Schalter/Taster (6St), Herdanschlussdose (1St), Deckenauslässe (15St), Zuleitungen	90,45 m2 BGF	3.459	**38,24**	100,0
	6100-1697 Wohnung, Innenausbau				
	Anpassungen an Bestandsanlage, Neuinstallation innerhalb Einbauelemente (psch)	86,40 m2 BGF	8.435	**97,62**	66,1
	6100-1713 Einfamilienhaus				
	• Abbrechen (Kosten: 3,8%) Abbruch von Steckdosen, Schalter (psch); Entsorgung, Deponiegebühren	195,76 m2 BGF	521	**2,66**	1,4
	• Wiederherstellen (Kosten: 0,4%) Außensteckdose reparieren (1h)	195,76 m2 BGF	59	**0,30**	0,2
	• Herstellen (Kosten: 95,8%) Wallbox mit 6m Kabel (1St), Sicherungen (6St), FI/LS-Schalter (2St), Mantelleitung NYM (259m), Leitungen (295m), Leerrohre (28m), Steckdosen (47St), Taster/Schalter (26St), Steckdosendimmer (13St), Bewegungsmelder (1St), Herdanschlussdose (1St)	195,76 m2 BGF	13.215	**67,51**	34,8
	6200-0092 Tagespflege (12 Plätze)				
	• Herstellen (Kosten: 100,0%) Elektroinstallation (psch), LS-Schalter (21St), FI-Schalter (3St), Hauptsicherungsautomat 35A (1St), Steckdosen (53St), Schalter/Taster (28St), Bewegungsmelder (2St), Herdanschlussdose (1St)	259,20 m2 BGF	8.823	**34,04**	54,1

Objekte
3. Ebene
Positionen Neubau
Positionen Altbau

KG	Kostengruppe	Menge Einheit	Kosten €	€/Einheit	%
	7200-0096 Geschäftshaus, Foyer				
	• Abbrechen (Kosten: 9,3%) Abbruch von Elektroinstallationen (psch); Entsorgung, Deponiegebühren	220,23 m² BGF	3.380	**15,35**	3,3
	• Herstellen (Kosten: 90,7%) Unterverteiler, Schalter/Taster, Steckdosen, Leitungen (psch), DALI-Dimmer, Potentiometer mit Netzteil (7St)	220,23 m² BGF	32.802	**148,94**	32,1
	7300-0094 Gastronomie Werkstattgebäude (66 Sitzplätze)				
	Schaltschrank (1St), Mantelleitungen NYM (177m), Kabelkanäle (8m), Steckdosen (9St)	334,19 m² BGF	6.718	**20,10**	17,3
	9100-0144 Kulturzentrum (550 Sitzplätze)				
	• Herstellen (Kosten: 100,0%) Verteiler (2St), Kleinverteiler (2St), Hauptschalter (4St), LS-Schalter (80St), FI-Schalter (7St), Fernschalter (9St), Überspannungsableiter (4St), Mantelleitungen (4.525m), Leerrohre (196m), Kabelrinnen (182m), Schalter/Taster (32St), Steckdosen (64St), CEE-Steckdosen (11St), Edelstahl-Unterputzkästen (3St), Präsenzmelder (8St), Feldverteiler (1St), M-Bus-Wandler-Zähler (1St)	1.304,03 m² BGF	62.344	**47,81**	45,1
	9100-0158 Bibliothek				
	• Herstellen (Kosten: 100,0%) Verteilerschrank (1St), Mantelleitungen NYM-J (36m), Installationsleitungen J-Y(ST)Y (20m), Steckdose, zweifach (1St)	328,70 m² BGF	3.731	**11,35**	5,5
	9100-0168 Schauspielhaus, Zweitspielstätte				
	• Abbrechen (Kosten: 7,5%) Abbruch von Leitungen (7.639m), Fernmeldeleitungen (2.677m), Installationsrohren bis DN40 (729m), LF-Kanälen, halogenfrei (634m), Brüstungskanälen (419m), Leerrohren (205m); Entsorgung, Deponiegebühren	2.865,00 m² BGF	24.532	**8,56**	4,8
	• Wiederherstellen (Kosten: 7,8%) 2polige 10A LS-Schalter austauschen gegen 2polige 2A LS-Schalter für Si-Beleuchtungsstromkreise (117St)	2.865,00 m² BGF	25.377	**8,86**	5,0
	• Herstellen (Kosten: 84,7%) LS-Schalter (282St), FI-Schutzschalter (21St), Lasttrennschalter (55St), REG-Schnittstelle (1St), Dämmerungsschalter (1St), Treppenlicht-Zeitschalter (1St), Installationsleitungen NHXMH-J (11.215m), NYY-J (387m), NYCWY (246m), Niederspannungskabel (525m), Leerrohre (792m), Kabelrinnen (502m), Steckdosen (326St), Schalter/Taster (88St), Geräte-Anschlussdosen (6St), CEE-Steckdosen (3St), Präsenzmelder (20St), Schlüsseltaster (3St), LED-Signallichter (3St)	2.865,00 m² BGF	276.920	**96,66**	54,3

© BKI Baukosteninformationszentrum

KG	Kostengruppe	Menge Einheit	Kosten €	€/Einheit	%
	9100-0173 Bibliothek, Lernzentrum				
	• Abbrechen (Kosten: 5,3%)	759,69 m² BGF	14.300	**18,82**	3,5
	Abbruch von Kabel/Leitungen (1.596m), Leitungskanälen (291m), Installationsrohren (293m), Brandschutzkanal (16m²), Kabelrinnen (45m), Unterverteiler (1St), Verteiler (1St), Abklemmen von Kabel/Leitungen (64St); Entsorgung, Deponiegebühren				
	• Herstellen (Kosten: 94,7%)	759,69 m² BGF	257.921	**339,51**	63,3
	Standschränke (2St), Verteiler (2St), Kompaktleistungsschalter (2St), Trennschalter (4St), Überspannungsschutzgeräte (2St) Überspannungsschutz (19St), Leitungsschutzschalter (227St), Drehstromzähler (4St), FI-Schalter (21St), Netzwächter (2St), Zeitrelais (1St), Mantelleitungen (11.523m), Fernmeldekabel (482m), Installationsrohre (525m), Leitungskanäle (106m), Kabelrinnen (63m), Bodentank (1St), Fensterbankkanal (16m), Kommunikations-Stele (1St), Steckdosen (138St), Schalter/Taster (23St), DALI-Lichtsteuerung (1St), Bewegungsmelder (2St), DALI-Präsenzmelder (9St)				
	9100-0213 Stadtbücherei				
	• Abbrechen (Kosten: 10,6%)	994,60 m² BGF	6.046	**6,08**	2,4
	Freischalten von Unterverteilern (2St), Bedientableau (1St), Abbruch von Elektroinstallation (750m²), Schaltrelais (1St), SPS-Steuerung (1St); Entsorgung, Deponiegebühren				
	• Herstellen (Kosten: 89,4%)	994,60 m² BGF	51.126	**51,40**	20,5
	FI-Schutzschalter (4St), Sicherungen (37St), Überspannungsableiter (2St), Installationsleitungen (2.746m), Leerrohre (100m), Installationskanäle (69m), Unterflur-Leerdosen (7St), Geräteeinsätze, fußbodeneben (16St), Steckdosen (140St), Taster, Schalter (25St), Bewegungswächter (30St), DALI-Potentiometer (1St)				
	9100-0215 Stiftsgebäude, Gemeindesaal, Pfarrbüros				
	• Abbrechen (Kosten: 0,2%)	2.649,56 m² BGF	705	**0,27**	0,1
	Abbruch von Elektroinstallation (9h); Entsorgung, Deponiegebühren				
	• Wiederherstellen (Kosten: 7,3%)	2.649,56 m² BGF	23.099	**8,72**	3,6
	Elektroinstallation instandsetzen, Steuerung Außenstrom umsetzen, neu verkabeln, Raumfühler neu verkabeln, Installationen von Abbruchwänden umlegen, anschließen (280h)				
	• Herstellen (Kosten: 92,5%)	2.649,56 m² BGF	292.513	**110,40**	46,2
	Schaltschränke (9St), Installationsschütze (62St), FI/LS-Schutzschalter (25St), Spannungsversorgung (2St), Linienkoppler (1St), KNX-Binärausgänge (13St), Gateways (3t), Drehstromzähler (1St), Mantelleitungen (11.817m), Brandmeldekabel (6.222m), Installationskabel (1.255m), Starkstromkabel (822m), Leerrohre (2.323m), Kabeltrassen (209m), Kabelkanäle (63m), Steckdosen (135St), Schalter/Taster (110St), KNX-Taster (16St), Präsenz-/Bewegungsmelder (27St), Bodentanks (4St), Energiesäule (1St)				

KG	Kostengruppe	Menge Einheit	Kosten €	€/Einheit	%
	9700-0038 Kolumbarium				
	• Herstellen (Kosten: 100,0%)	960,00 m²BGF	110.635	**115,24**	60,8
	Zählerverteilung, bestückt (1St), Wandverteiler, bestückt (1St), Mantelleitungen (2.472m), Starkstromkabel (438m), Steuerleitungen (27m), Installationskabel (20m), Leerrohre (130m), Kabelkanäle (30m), Kabelrinnen (9m), Ringraumdichtungen (8St), DALI-Steuergeräte (3St), Steckdosen (71St), Bodentanks (3St), Schalter/Taster (13St), DALI-Dimmer (3St), Geräteanschlussdosen (9St), Jalousieaktoren (6St), Präsenzmelder (5St)				
445	**Beleuchtungsanlagen**				
	1200-0001 Gerichtsgebäude - Eingangsbereich				
	• Herstellen (Kosten: 100,0%)	136,87 m²BGF	11.737	**85,75**	54,1
	LED-Pendelleuchte, l=6,0m (1St), LED-Wandleuchten (8St)				
	1200-0002 Gerichtsgebäude - Gerichtssaal				
	• Abbrechen (Kosten: 3,3%)	130,75 m²BGF	952	**7,28**	2,2
	Abbruch von Deckenbeleuchtung (psch); Entsorgung, Deponiegebühren				
	• Herstellen (Kosten: 96,7%)	130,75 m²BGF	27.815	**212,74**	64,8
	Deckeneinbauleuchten (22St), LED-Lichtbänder am Podest/Richterpult (12m)				
	1300-0228 Bürogebäude, Eingangsbereiche				
		470,00 m²BGF	109.237	**232,42**	79,1
	LED-Lichtlinien: Platinen mit Durchkontaktierung nach hinten zur Wärmeabführung, LED 0,3W, Lichtfarbe 4.200K, Lichtleistung 1.200lm/m, Leistung 9,9W/m, Raster 30mm, Spannung 24V, Linienlänge 7m (400m), Aluprofile 35x35mm mit diffuser Abdeckung und Endkappen (400m), Montageblech, Edelstahl, pulverbeschichtet, aufgekantet, zur Aufnahme der Aluprofile (400m), LED-Lichtleiste, gebogen, an Oberkante der stoffbespannten Wände, nach oben in Lichtvoute strahlend (12m)				
	1300-0245 Kontorhaus Bürogeschoss				
	• Herstellen (Kosten: 100,0%)	813,69 m²BGF	37.119	**45,62**	35,4
	LED-Downlights (16St), LED-Strahler (12St), Anbauleuchten (5St), Pendelleuchten (psch), Piktogrammleuchten (9St), Sicherheitsleuchten (14St)				
	1300-0312 Büro (7 AP)				
	• Herstellen (Kosten: 100,0%)	277,35 m²BGF	30.486	**109,92**	63,1
	Schienensystem (65m), Downlights (28St), Arbeitsplatzbeleuchtung (8St), Pendelleuchten (5St), LED-Unterbauleuchten (5St), LED-Lichtband (10m)				

© **BKI** Baukosteninformationszentrum

KG	Kostengruppe	Menge Einheit	Kosten €	€/Einheit	%
	1300-0324 Gründerzentrum (20 AP)				
	• Abbrechen (Kosten: 0,1%) Abbruch von Leuchten (3St); Entsorgung, Deponiegebühren	454,70 m² BGF	47	**0,10**	< 0,1
	• Herstellen (Kosten: 99,9%) Deckenleuchten (25St), LED-Lichtvoute, dimmbar (36m), LED-Einbauleuchten (22St), LED-Wandleuchten (6St), LED-Einlegeleuchten (3St), Rettungszeichenleuchten (4St), LED-Downlight (1St)	454,70 m² BGF	31.975	**70,32**	44,5
	2200-0053 Seminarräume (343 Sitzplätze)				
	• Abbrechen (Kosten: 5,3%) Demontage Sicherheitsbeleuchtungen, lagern (3St), Abbruch von Pendelleuchten (252St), Wandanbauleuchten (34St); Entsorgung, Deponiegebühren	2.236,69 m² BGF	10.913	**4,88**	1,8
	• Herstellen (Kosten: 94,7%) LED-Leuchten (211St), Sicherheitsleuchten (31St), Deckenleuchten (22St), LED-Rettungszeichenleuchten (17St)	2.236,69 m² BGF	196.095	**87,67**	32,9
	3100-0020 Arztpraxis für Dermatologie				
	• Herstellen (Kosten: 100,0%) LED-Einbaustrahler, rund, dreh- und schwenkbar, 6,6-9,8W (55St), LED-Flächenleuchten, rund, D=30cm, 17W (24St), Linienlampe als Spiegelleuchte, LED 9W (1St), LED-Flexbänder als Lichtlinien, l=100cm, dimmbar, 4,8W/m (10St), 9,6W/m (6St), Netzteile, dimmbar (30St), starr (6St), LED-Treiber (5St)	160,72 m² BGF	25.914	**161,24**	50,8
	3100-0022 Orthopädiepraxis (10 AP)				
	• Herstellen (Kosten: 100,0%) LED-Spots (22St), LED-Lichtbänder (58m), Deckeneinbauleuchten (13St), Anbauleuchten (6St), Einlegeleuchten (4St)	411,75 m² BGF	26.207	**63,65**	48,2
	3100-0023 Dermatologische Praxis (8 AP)				
	• Herstellen (Kosten: 100,0%) Leuchten versetzen, mit neuer Einspeisung (50St), LED-Deckenaufbaustrahler (14St), Pendelleuchten (3St), LED-Rettungszeichenleuchten (10St), Einbaudownlights (2St)	601,10 m² BGF	22.766	**37,87**	45,4
	3100-0026 Kinderarztpraxis				
	• Herstellen (Kosten: 100,0%) LED-Deckeneinbaustrahler (25St), LED-Akzentleuchten (42St), Arbeitsplatzbeleuchtung (3St), LED-Downlights (8St), LED-Flutlichtstrahler (5St)	254,49 m² BGF	18.092	**71,09**	23,7

KG	Kostengruppe	Menge Einheit	Kosten €	€/Einheit	%
	3100-0030 Gemeinschaftspraxis				
	• Herstellen (Kosten: 100,0%) LED-Deckeneinbaustrahler (85St), LED-Akzentleuchten (42St), LED-Arbeitsplatz-beleuchtung (3St)	313,75 m² BGF	14.718	**46,91**	24,9
	4400-0324 Kindertagesstätte (6 Gruppen, 125 Kinder)				
	LED-Deckenleuchten (153St), LED-Hängeleuchten, dimmbar (23St), LED-Einbauleuchten (7St), Einbaustrahler (25St), Feuchtraum-Anbauleuchten (13St), Lichtbänder, Tragschienen, gependelt, bauseits, einbauen (23St)	995,39 m² BGF	43.925	**44,13**	29,1
	5100-0132 Sporthalle, Sozialtrakt Innenbereich				
	• Herstellen (Kosten: 100,0%) LED-Lichtbänder (20m), LED-Anbauleuchten (33St), LED-Downlights (14St), Sicherheits-leuchten (7St), Rettungszeichenleuchten (6St)	324,88 m² BGF	20.057	**61,74**	25,4
	6100-1308 Dreizimmerwohnung				
	• Herstellen (Kosten: 100,0%) NV-Einbaudownlights, D=80mm, Leuchtmittel, 12V/35W (3St), Trafo (1St), Öffnungen in GK-Decke (3St)	77,81 m² BGF	305	**3,91**	3,8
	6100-1428 Eigentumswohnung				
	• Wiederherstellen (Kosten: 34,8%) Bauseitige Leuchten, montieren, anschließen, LED-Leuchtmittel (5St)	259,19 m² BGF	253	**0,97**	1,5
	• Herstellen (Kosten: 65,2%) LED Einbauleuchten (4St)	259,19 m² BGF	473	**1,82**	2,8
	6100-1434 Gästewohnung				
	• Herstellen (Kosten: 100,0%) LED-Wandleuchten (16St), LED-Deckeneinbauleuchten (15St)	100,41 m² BGF	3.903	**38,87**	44,7
	6100-1465 Dachgeschosswohnung				
	• Herstellen (Kosten: 100,0%) LED-Lichtband (1St), LED-Leuchten (2St)	171,22 m² BGF	6.070	**35,45**	42,7
	6100-1609 Dachgeschosswohnung mit Turmzimmer				
	• Herstellen (Kosten: 100,0%) Einbauspots (30St), Klemmleuchte (1St), Wandleuchte (1St)	198,25 m² BGF	2.687	**13,56**	8,6

© **BKI** Baukosteninformationszentrum

KG	Kostengruppe	Menge Einheit	Kosten €	€/Einheit	%
	6100-1697 Wohnung, Innenausbau				
		86,40 m² BGF	4.325	**50,05**	33,9
	Deckeneinbaustrahler mit Einbaurahmen, Strahler 90° schwenkbar und 365° drehbar, werkzeuglos wechselbarer Reflektor mit drei unterschiedlichen Ausstrahlungscharakteristiken (10St)				
	6100-1713 Einfamilienhaus				
•	Herstellen (Kosten: 100,0%) Beleuchtung (psch)	195,76 m² BGF	24.158	**123,41**	63,7
	6200-0092 Tagespflege (12 Plätze)				
•	Herstellen (Kosten: 100,0%) Pendelleuchten (8St), Deckenleuchten (7St), Wandleuchten (7St), Tischleuchten (5St), Standleuchten (4St), Schreibtischleuchten (2St), Kronleuchter (1St)	259,20 m² BGF	7.295	**28,14**	44,7
	7200-0096 Geschäftshaus, Foyer				
•	Herstellen (Kosten: 100,0%) Einbauleuchten, D=23,6cm (35St), Aufbauleuchten (14St), Ringleuchten, D=1,20-1,50m, direkt, indirekt strahlend, Seilabhängungen (3St), LED-Flexschlauch, indirekte Säulenbeleuchtung (1St), Anbauleuchten (4St), Einbaustrahler (5St), Einbaulicht, l=2,00m (1St)	220,23 m² BGF	65.955	**299,48**	64,6
	7200-0105 Gründerzentrum (17 AP), Gastronomie				
		3.112,10 m² BGF	34.757	**11,17**	100,0
	Hängeleuchten (14St), Pendelleuchten (21St), Stehleuchte in Form einer lebensgroßen Pferdenachbildung (1St), Leuchte aus Birkenrinde (2St), Einbauwandleuchte in Form eines Vogels (2St), LED-Glühbirnen (66St)				
	7300-0094 Gastronomie Werkstattgebäude (66 Sitzplätze)				
		334,19 m² BGF	32.219	**96,41**	82,7
	LED-Sockelbeleuchtung (5m), Einbauspots (9St), zweiflammig (25St), Einbauleuchten, Schienensystem (10m), Lichtschienen, l=260cm (2St), Hängeleuchten (8St), Wandleuchten (6St)				
	9100-0144 Kulturzentrum (550 Sitzplätze)				
•	Herstellen (Kosten: 100,0%) Anbauleuchten (68St), Downlights (18St), Pendelleuchten (11St), Einbauleuchten (12St), Wandleuchte (1St), LED-Wandleuchten (4St), Auflageleuchten, LED-Strahler (5St), für Stromschienensystem (10m), LED-Ambientebeleuchtung (1St), Einzelbatterie-Rettungszeichenleuchten (16St), Notlichteinsätze (17St), Notlichtversorgungsgeräte (4St), Überwachungsstation (1St)	1.304,03 m² BGF	60.301	**46,24**	43,7

KG	Kostengruppe	Menge Einheit	Kosten €	€/Einheit	%
	9100-0157 Bibliothek, Möblierung				
	• Herstellen (Kosten: 100,0%) LED-Lichttechnik für Leuchtpilz, Funk-Fernbedienung (1St), für Ringbeleuchtung (1St)	408,60 m² BGF	10.795	**26,42**	100,0
	9100-0158 Bibliothek				
	• Wiederherstellen (Kosten: 0,1%) Leuchtmittel durch LED-Leuchtmittel austauschen (1St)	328,70 m² BGF	67	**0,20**	< 0,1
	• Herstellen (Kosten: 99,9%) LED-Deckenleuchten (34St), LED-Wandleuchten (19St), LED-Sicherheitsleuchten (8St), LED-Pendelleuchten (6St), Stehleuchten (2St), Funkdimmer (11St)	328,70 m² BGF	63.435	**192,99**	94,4
	9100-0168 Schauspielhaus, Zweitspielstätte				
	• Herstellen (Kosten: 100,0%) Feuchtraumleuchten (87St), Deckenleuchten (86St), Einbaudownlights (23St), LED-Deckeneinbaustrahler (4St), LED-Sicherheitsleuchten (58St), Rettungszeichenleuchten (26St), Rasterhängeleuchten (14St), Wandleuchten (7St), Pendelleuchten (2St)	2.865,00 m² BGF	88.237	**30,80**	17,3
	9100-0173 Bibliothek, Lernzentrum				
	• Abbrechen (Kosten: 1,4%) Abbruch von Lichtbändern (11St), Anbauleuchten (26St), Strahlern (8St), Pendelleuchten (7St); Entsorgung, Deponiegebühren	759,69 m² BGF	1.808	**2,38**	0,4
	• Herstellen (Kosten: 98,6%) Lichtkanalsystem, l=1,35-8,00m (37St), Einbauleuchten, rahmenlos (18St), Einbauleuchten (12St), Downlights (25St), Außenleuchten (6St), Pendelleuchten (6St), Hängeleuchten (6St), Verteiler, Sicherheitsbeleuchtung (1St), Piktogrammleuchten (6St), Rettungszeichenleuchte (1St), Bereitschaftsleuchten (10St), als Flächenscheinwerfer (4St)	759,69 m² BGF	126.016	**165,88**	30,9
	9100-0213 Stadtbücherei				
	• Abbrechen (Kosten: 1,0%) Abbruch von Einbau-Downlights (71St), Rastereinlegeleuchten (76St), Halogeneinbaustrahlern (28St), Lichtrohrsystem (1St); Entsorgung, Deponiegebühren	994,60 m² BGF	1.939	**1,95**	0,8
	• Herstellen (Kosten: 99,0%) Pendelleuchten (60St), Einbaustrahler (59St), Hängeleuchten (8St), Aufbau-Downlights (28St), Wandleuchten (12St), Aufbauleuchten (10St), Bodeneinbauleuchten (2St), Sicherheitsleuchten (46St), Notlichtzentrale (1St), Phasenüberwachung (2St), Fernmeldetableau (1St)	994,60 m² BGF	189.977	**191,01**	76,2

© **BKI** Baukosteninformationszentrum

KG	Kostengruppe	Menge Einheit	Kosten €	€/Einheit	%
	9100-0215 Stiftsgebäude, Gemeindesaal, Pfarrbüros				
	• Abbrechen (Kosten: 0,1%) Ausbauen und Lagern von Strahlern (2St)	2.649,56 m² BGF	298	**0,11**	< 0,1
	• Wiederherstellen (Kosten: 0,1%) Außenbeleuchtung instandsetzen (4h)	2.649,56 m² BGF	332	**0,13**	< 0,1
	• Herstellen (Kosten: 99,8%) Stromschienenstrahler (94St), Stromschienen (118m), Anbauleuchten (57St), Strahler, Niederspannungsschienen (45St), Einbauleuchten (41St), Wannenleuchten (33St), LED-Deckeneinbauspots (35St), LED-Einbaudownlights (32St), Bodeneinbauleuchten (12St), LED-Pendelleuchten (8St), Spiegelleuchten (3St), Außen-Anbauleuchten (2St), LED-Strips (11m), Wireless-Touch-Zentrale(1St), Sicherheitsleuchten (47St), Rettungszeichen-Leuchten (30St)	2.649,56 m² BGF	275.917	**104,14**	43,6
	9700-0038 Kolumbarium				
	• Herstellen (Kosten: 100,0%) LED-Einbauleuchten (40St), LED-Stromschienen-Strahler, mit Weichzeichenlinsen (24St), mit Zoom-Vorsatz (2St), Stromschienen, l=4m (18St), l=1m (6St), LED-Lichtbänder (7St), LED-Steuerungen (2St), LED-Wandleuchten (4St), Feuchtraum-Wannenleuchten (3St), Hängeleuchten, l=1,13m, Seilabhängungen, l=2m (2St), LED-Einbaudownlights (2St), Anbauleuchten (2St), LED-Pendelleuchten (2St), LED-Unterbauleuchten (2St)	960,00 m² BGF	56.238	**58,58**	30,9
446	**Blitzschutz- und Erdungsanlagen**				
	1300-0245 Kontorhaus Bürogeschoss				
	• Herstellen (Kosten: 100,0%) Potenzialausgleichsschienen (2St), Erdungsschellen (30St), Erdungsanschlüsse (2St)	813,69 m² BGF	578	**0,71**	0,6
	1300-0324 Gründerzentrum (20 AP)				
	• Herstellen (Kosten: 100,0%) Brandschutzleitungen (62m), Potenzialausgleiche (4St)	454,70 m² BGF	390	**0,86**	0,5
	2200-0053 Seminarräume (343 Sitzplätze)				
	• Herstellen (Kosten: 100,0%) Mantelleitungen NYM-J (335m), Erdungsklemmenträger (158St), Erdungsanschluss Datendosen (158St)	2.236,69 m² BGF	4.167	**1,86**	0,7
	3100-0026 Kinderarztpraxis				
	• Herstellen (Kosten: 100,0%) Erdungsanlage, Potenzialausgleichsschiene (1St), Erdungen Türzargen (14St)	254,49 m² BGF	1.146	**4,50**	1,5

KG	Kostengruppe	Menge Einheit	Kosten €	€/Einheit	%
	3100-0030 Gemeinschaftspraxis				
	• Herstellen (Kosten: 100,0%)	313,75 m² BGF	1.145	**3,65**	1,9
	Erdungsanlage, Potenzialausgleichsschiene (1St), Türzargenerdungen (14St)				
	4400-0324 Kindertagesstätte (6 Gruppen, 125 Kinder)				
		995,39 m² BGF	1.852	**1,86**	1,2
	Mantelleitungen NYM (278m), Potenzialausgleichsschienen (3St), Potenzialausgleichsdosen (3St)				
	5100-0132 Sporthalle, Sozialtrakt Innenbereich				
	• Herstellen (Kosten: 100,0%)	324,88 m² BGF	3.383	**10,41**	4,3
	Fangstangen (2St), Fangleitung, Stahl, D=8mm (5m), Ableitungen (5St), Anschlussklemmen (6St), Potenzialausgleichsschienen (2St)				
	6100-1308 Dreizimmerwohnung				
	• Herstellen (Kosten: 100,0%)	77,81 m² BGF	94	**1,21**	1,2
	Potenzialausgleich, Bad (1St)				
	6100-1428 Eigentumswohnung				
	• Herstellen (Kosten: 100,0%)	259,19 m² BGF	159	**0,61**	0,9
	Potenzialausgleichsschienen (2St)				
	6100-1609 Dachgeschosswohnung mit Turmzimmer				
	• Herstellen (Kosten: 100,0%)	198,25 m² BGF	71	**0,36**	0,2
	Potenzialausgleich (1St)				
	6200-0092 Tagespflege (12 Plätze)				
	• Herstellen (Kosten: 100,0%)	259,20 m² BGF	197	**0,76**	1,2
	Potenzialausgleich/Blitzschutz (1St)				
	9100-0144 Kulturzentrum (550 Sitzplätze)				
	• Herstellen (Kosten: 100,0%)	1.304,03 m² BGF	4.253	**3,26**	3,1
	Potenzialausgleichsschiene (1St), Aderleitungen (66m), Fangleitungen (46m), Ableitungen (19m), Fangstangen, l=2,00-3,00m, Betonsockel (13St), Tiefenerder (2St)				
	9100-0168 Schauspielhaus, Zweitspielstätte				
	• Herstellen (Kosten: 100,0%)	2.865,00 m² BGF	7.763	**2,71**	1,5
	Installationsleitungen NHMH-J (679m), Potenzialausgleichsleitungen (68m), Potenzialausgleichsschienen (14St)				

© BKI Baukosteninformationszentrum

KG	Kostengruppe	Menge Einheit	Kosten €	€/Einheit	%
	9100-0173 Bibliothek, Lernzentrum				
	• Herstellen (Kosten: 100,0%)	759,69 m² BGF	7.469	**9,83**	1,8
	Kombiableiter (7St), Rundleiter, Edelstahl (56m), Potenzialausgleichsschienen (3St), Erdungsbandrohrschellen (9St), Erdkabel (128m), NYM-Kabel (48m)				
	9100-0213 Stadtbücherei				
	• Herstellen (Kosten: 100,0%)	994,60 m² BGF	248	**0,25**	< 0,1
	Erdungsanschlüsse (10St), Potenzialausgleichsschiene (1St)				
	9100-0215 Stiftsgebäude, Gemeindesaal, Pfarrbüros				
	• Herstellen (Kosten: 100,0%)	2.649,56 m² BGF	40.433	**15,26**	6,4
	Überspannungsableiter (6St), Potenzialausgleichsschienen (5St), Erdungsschienenset (1St), Erdringleitungen, Edelstahl (571m), Stangenhalter (45St)				
	9700-0038 Kolumbarium				
	• Wiederherstellen (Kosten: 33,2%)	960,00 m² BGF	4.958	**5,16**	2,7
	Blitzschutzanlage prüfen (psch), Durchgangswiderstand über Dach verbessern: Fang-/Ableitungen erneuern (59m), Leitungshalter ergänzen (73St), Klemmen ersetzen (16St), Oberflächenerder ergänzen (8m), mangelhafte Ableitungen richten, neu befestigen (8m)				
	• Herstellen (Kosten: 66,8%)	960,00 m² BGF	9.989	**10,40**	5,5
	Tiefenerder, Edelstahl, D=20mm, l=1,50m (69m), Oberflächenerder, Edelstahl, D=10mm (23m), Erdungsschellen (17St), Verbinder (17St), Erdungsanschlüsse (6St), Potenzialausgleichsschiene (1St)				

Kostenkennwerte für die Kostengruppen 400 der 3.Ebene DIN 276

KG	Kostengruppe	Menge Einheit	Kosten €	€/Einheit	%
451	**Telekommunikationsanlagen**				
	1200-0002 Gerichtsgebäude - Gerichtssaal				
	• Herstellen (Kosten: 100,0%) Fernmeldekabel J-H(ST)H (90m), Abzweigkästen (30St)	130,75 m²BGF	4.286	**32,78**	56,8
	1300-0312 Büro (7 AP)				
	• Herstellen (Kosten: 100,0%) Telefonleitung (psch)	277,35 m²BGF	778	**2,80**	4,5
	1300-0324 Gründerzentrum (20 AP)				
	• Herstellen (Kosten: 100,0%) Fernmeldeleitungen (228m)	454,70 m²BGF	542	**1,19**	1,7
	3100-0026 Kinderarztpraxis				
	• Herstellen (Kosten: 100,0%) Umbau des Telefonübergabepunktes zum Technikraum, Leitungsverlängerungen (1St), Fernmeldeleitungen (59m)	254,49 m²BGF	1.325	**5,21**	5,8
	3100-0030 Gemeinschaftspraxis				
	• Wiederherstellen (Kosten: 100,0%) Umbau vom Telefonübergabepunkt zum Technikraum (1St)	313,75 m²BGF	1.095	**3,49**	13,0
	4400-0324 Kindertagesstätte (6 Gruppen, 125 Kinder)				
	Telefonanlage bis 30 Nutzer (1St), DECT-Basisstationen indoor (4St), Systemtelefone, schnurgebunden (3St), Vermittlungstelefon, schnurgebunden (1St), Systemtelefone, schnurlos (7St), Türfreisprech-Hinterbaueinheit für Briefkastenanlage (1St)	995,39 m²BGF	11.455	**11,51**	59,9
	5100-0132 Sporthalle, Sozialtrakt Innenbereich				
	• Herstellen (Kosten: 100,0%) Fernmeldeleitungen J-H(ST)H (204m), Datenanschlussdosen (4St)	324,88 m²BGF	2.603	**8,01**	4,5
	6100-1308 Dreizimmerwohnung				
	• Herstellen (Kosten: 100,0%) Telefonanschlussdose (1St)	77,81 m²BGF	91	**1,17**	17,0

© **BKI** Baukosteninformationszentrum

KG	Kostengruppe	Menge Einheit	Kosten €	€/Einheit	%
	6100-1428 Eigentumswohnung				
	• Herstellen (Kosten: 100,0%) Telefonanschlussdose (1St)	259,19 m² BGF	91	**0,35**	3,3
	6100-1465 Dachgeschosswohnung				
	• Herstellen (Kosten: 100,0%) Fernmeldekabel J-Y(ST)Y (10m), Anschlussdosen (3St)	171,22 m² BGF	151	**0,88**	2,1
	6100-1713 Einfamilienhaus				
	• Herstellen (Kosten: 100,0%) TAE-Steckdose (1St)	195,76 m² BGF	38	**0,19**	2,2
452	**Such- und Signalanlagen**				
	1200-0001 Gerichtsgebäude - Eingangsbereich				
	• Herstellen (Kosten: 100,0%) Gegensprechanlage (1St), Steuereinheit (1St), Mikrofon (1St), Lautsprecher (1St)	136,87 m² BGF	12.763	**93,25**	43,5
	1300-0245 Kontorhaus Bürogeschoss				
	• Herstellen (Kosten: 100,0%) Nebensignalgerät mit Tischaufsteller (1St), Ruftasten (2St)	813,69 m² BGF	635	**0,78**	1,4
	1300-0324 Gründerzentrum (20 AP)				
	• Herstellen (Kosten: 100,0%) Video-Freisprechstationen (9St), BUS-Kamera (1St), Transformator (1St), Bus-Video-Netzgerät (1St), Bus-Video-Verteiler (9St), BUS-Tastenmodule mit Namensschildtasche (4St), BUS-Türlautsprecher-Modul (1St), Türcodeschloss (1St), Türöffner-Relais (1St)	454,70 m² BGF	10.657	**23,44**	34,0
	3100-0020 Arztpraxis für Dermatologie				
	• Herstellen (Kosten: 100,0%) Sprechanlage, Oberteil Edelstahl matt, Unterteil mit Schukosteckdose, zweifach (1St)	160,72 m² BGF	1.873	**11,65**	28,7
	3100-0022 Orthopädiepraxis (10 AP)				
	• Herstellen (Kosten: 100,0%) Notrufsets (4St)	411,75 m² BGF	2.448	**5,95**	13,0
	3100-0026 Kinderarztpraxis				
	• Herstellen (Kosten: 100,0%) Video-Gegensprechanlage, Verblendung mit Briefeinwurf, Goldbeschichtung: Türstation mit Farbkamera, Lautsprecher (1St), Video-Wohnungsstationen (3St), bauseitige Anlage demontieren, neue Anlage auf Bussystem umverdrahten (1St), Bussteuerung	254,49 m² BGF	13.501	**53,05**	58,6

KG	Kostengruppe	Menge Einheit	Kosten €	€/Einheit	%
	5100-0132 Sporthalle, Sozialtrakt Innenbereich				
	• Herstellen (Kosten: 100,0%) Installationskabel J-H(ST)H (143m), Notruf, Netzteil, Läutewerk (1St), Notruftaster (4St)	324,88 m² BGF	2.021	**6,22**	3,5
	6100-1609 Dachgeschosswohnung mit Turmzimmer				
	• Wiederherstellen (Kosten: 14,9%) Türsprechstelle versetzten (1St)	198,25 m² BGF	61	**0,31**	0,3
	• Herstellen (Kosten: 85,1%) Freisprechanlage, Wohnungssprechstellen (2St), Verkabelung zweite Sprechstelle (1St)	198,25 m² BGF	348	**1,76**	1,6
	6200-0092 Tagespflege (12 Plätze)				
	• Herstellen (Kosten: 100,0%) Lichtrufanlage, Ruftaster (2St)	259,20 m² BGF	850	**3,28**	72,2
	9100-0144 Kulturzentrum (550 Sitzplätze)				
	• Herstellen (Kosten: 100,0%) Ruf-Kompaktset für barrierefreies WC (1St), Installationskabel J-Y(St)Y (47m)	1.304,03 m² BGF	723	**0,55**	2,8
	9100-0168 Schauspielhaus, Zweitspielstätte				
	• Herstellen (Kosten: 100,0%) Rufkompaktset: Zugtaster mit LED-Beruhigungslampe, Abstelltaster, Dienstzimmereinheit mit LED-Rufmeldelampe, Schallgeber, Zimmer-Signalleuchte (1St), Zugtaster mit LED-Beruhigungslampe (3St), Ruftaster (1St)	2.865,00 m² BGF	1.282	**0,45**	1,2
	9100-0213 Stadtbücherei				
	• Herstellen (Kosten: 100,0%) Bus-Türsprechanlage, Tasten-, Lautsprechermodul, Eingangs-Controller, Innenstation, Aufschaltung auf Telefonanlage (1St), Ruf-Kompaktset für barrierefreies WC (1St)	994,60 m² BGF	3.870	**3,89**	1,2
	9100-0215 Stiftsgebäude, Gemeindesaal, Pfarrbüros				
	• Herstellen (Kosten: 100,0%) Türstationen mit Klingeltaster, Gegensprechanlage, Videokamera (2St), Video-Innenstationen (3St), Sprechanlage in Telefonanlage einbinden (psch), Video-Steuergerät, Netzgerät (1St), Schaltgerät, Schaltaktor (1St), Notrufset für barrierefreies WC (1St)	2.649,56 m² BGF	28.137	**10,62**	9,1
	9700-0038 Kolumbarium				
	• Herstellen (Kosten: 100,0%) Bus-Haustelefone (2St), Netzgerät, Tischkonsole (1St), Klingeltaster (1St), Gong (1St)	960,00 m² BGF	1.600	**1,67**	2,2

© **BKI** Baukosteninformationszentrum

KG	Kostengruppe	Menge Einheit	Kosten €	€/Einheit	%
454	**Elektroakustische Anlagen**				
	3100-0026 Kinderarztpraxis				
	• Herstellen (Kosten: 100,0%) Einbaulautsprecher (1St)	254,49 m²BGF	111	**0,44**	0,5
	5100-0132 Sporthalle, Sozialtrakt Innenbereich				
	• Herstellen (Kosten: 100,0%) Elektroakustische Anlage, 19"-Schrank (1St), Audio-Schnittstellen (2St), Funkempfänger (1St), Wandlautsprecher (20St), ballwurfsicher (4St)	324,88 m²BGF	31.776	**97,81**	55,0
	6100-1465 Dachgeschosswohnung				
	• Herstellen (Kosten: 100,0%) Koaxkabel (28m), Anschlussdose (1St), Einbauradio (1St), Lautsprecher (1St)	171,22 m²BGF	355	**2,07**	4,9
	9100-0213 Stadtbücherei				
	• Herstellen (Kosten: 100,0%) Digitale Funksysteme, Mikrofone, Stative (2St), Antennenbooster (1St), Antennensplitter (1St), Antennenkabel (60m), Deckeneinbaulautsprecher (5St), digitaler Soundprozessor, Verstärker (2St), Kupferflachbandkabel, Induktionsschleife für Hörgeräteträger (135m), Programmierung (psch), Hörstationen: Headboxen (3St), CD-Boxen (3St), Designboxen (3St), Streamboxen (3St), Kopfhörer (3St)	994,60 m²BGF	28.463	**28,62**	8,9
455	**Audiovisuelle Medien- und Antennenanlagen**				
	2200-0053 Seminarräume (343 Sitzplätze)				
	• Herstellen (Kosten: 100,0%) LCN-Module (44St)	2.236,69 m²BGF	5.635	**2,52**	2,8
	3100-0022 Orthopädiepraxis (10 AP)				
	• Herstellen (Kosten: 100,0%) Sat-Anlage, digital (1St), Koaxialkabel (220m), Beamerhalterung (1St), Umschaltmatrix, achtfach (1St), Antennendosen (6St)	411,75 m²BGF	2.507	**6,09**	13,3
	3100-0026 Kinderarztpraxis				
	• Herstellen (Kosten: 100,0%) Koaxialkabel (42m), Sat-Antennenanschlussdose (1St)	254,49 m²BGF	233	**0,92**	1,0
	6100-1308 Dreizimmerwohnung				
	• Herstellen (Kosten: 100,0%) TV-BK-Antennendosen (3St), Antennenverteiler, dreifach (1St)	77,81 m²BGF	442	**5,68**	83,0

KG	Kostengruppe	Menge Einheit	Kosten €	€/Einheit	%
	6100-1428 Eigentumswohnung				
	• Abbrechen (Kosten: 21,8%) Abbruch von Antennenanlage (1St); Entsorgung, Deponiegebühren	259,19 m² BGF	311	**1,20**	11,2
	• Herstellen (Kosten: 78,2%) Antennenverteiler, achtfach (1St), TV-BK-Antennendosen (7St), Antennenkabel (psch)	259,19 m² BGF	1.116	**4,30**	40,3
	6100-1434 Gästewohnung				
	• Herstellen (Kosten: 100,0%) Koaxialkabel (100m), Antennenanschlussdosen (2St)	100,41 m² BGF	122	**1,21**	41,2
	6100-1465 Dachgeschosswohnung				
	• Herstellen (Kosten: 100,0%) Koaxkabel (20m), Antennenanschlussdosen (3St)	171,22 m² BGF	286	**1,67**	3,9
	6100-1609 Dachgeschosswohnung mit Turmzimmer				
	• Abbrechen (Kosten: 3,7%) Abbruch von Sat-Schüssel (psch); Entsorgung, Deponiegebühren	198,25 m² BGF	159	**0,80**	0,7
	• Herstellen (Kosten: 96,3%) Sat-Anlage (psch), Sat-Kabel verlegen (5St), Antennenanschlussdosen, Kabel (6St), Kabelzuleitung, UG bis DG (psch), Netzwerkanschlusskabel (1St)	198,25 m² BGF	4.124	**20,80**	18,7
	6100-1623 Dachgeschosswohnung				
	• Herstellen (Kosten: 100,0%) TV-Anschlussdose, Leitung (1St)	90,45 m² BGF	116	**1,29**	33,2
	6100-1713 Einfamilienhaus				
	• Herstellen (Kosten: 100,0%) Antennensteckdose (1St), Koaxialkabel (39m)	195,76 m² BGF	535	**2,74**	31,7
	6200-0092 Tagespflege (12 Plätze)				
	• Herstellen (Kosten: 100,0%) SAT-Parabolspiegel, D=80cm (1St), Antennenanschlussdosen (2St)	259,20 m² BGF	159	**0,61**	13,5
	9100-0168 Schauspielhaus, Zweitspielstätte				
	• Herstellen (Kosten: 100,0%) Koaxialleitungen (324m), Antennensteckdosen (7St)	2.865,00 m² BGF	2.228	**0,78**	2,1

© **BKI** Baukosteninformationszentrum

KG	Kostengruppe	Menge Einheit	Kosten €	€/Einheit	%
	9100-0213 Stadtbücherei				
	• Herstellen (Kosten: 100,0%)	994,60 m²BGF	46.870	**47,12**	14,7
	Projektor (1St), Leinwand, Steuerung (1St), digitales Media-Präsentationssystem (1St), Audio-Video-Sender (1St), multimediales Touchpanel (1St), KNX/EIB Interface (1St), Netzwerk-Switch, 16 Port (1St), drahtloses Präsentationssystem (1St), Schaufenster-Monitor (1St), Multizonen HD-Player (3St), Displays 43" (2St), 55" (1St), All-in-One-PC (1St), elektrische Wandhalterungen (2St), Programmierung (psch), Raumbuchungssysteme: 10" Displays, als Türschild (2St)				
	9100-0215 Stiftsgebäude, Gemeindesaal, Pfarrbüros				
	• Abbrechen (Kosten: 100,0%)	2.649,56 m²BGF	97	**0,04**	< 0,1
	Abbruch von Antennenanlage, l=2,00m (1St); Entsorgung, Deponiegebühren				
	9700-0038 Kolumbarium				
	• Herstellen (Kosten: 100,0%)	960,00 m²BGF	53.389	**55,61**	74,7
	Audio-Controller (1St), Verstärker (1St), Master-Steuereinheit (1St), Touchpanel (1St), DALI-Gateway (1St), POE-Switch (1St), Lautsprecherkabel (242m), Lautsprecher (2St), Zwei-Wege-Linienstrahler (2St), Mikrofonkabel (233m), Richtantennen (2St), Antennenverstärker (1St), Antennensplitter (1St), Schwanenhals-Mikrofone (2St), Touch-Monitor-PC (1St), Audio-Interface (1St), LED-Projektor (1St), Liedanzeigetafel (1St), induktive Höranlage, Ringschleife (60m), Ringschleifen-Verstärker (1St)				
456	**Gefahrenmelde- und Alarmanlagen**				
	1200-0001 Gerichtsgebäude - Eingangsbereich				
	• Wiederherstellen (Kosten: 23,4%)	136,87 m²BGF	3.674	**26,84**	12,5
	Einbaugeräte demontieren, prüfen, Wiedereinbau in Bedien- und Steuertableau: Schiebetoranlage (2St), Speed-Gate (2St), Sprech-/Gegensprechstellen (2St), Notschließer (1St), Schrankanlage (1St), Überwachung Nebentüren (1St)				
	• Herstellen (Kosten: 76,6%)	136,87 m²BGF	12.043	**87,99**	41,0
	Bedien- und Steuertableau, bestückt (1St)				
	1200-0002 Gerichtsgebäude - Gerichtssaal				
	• Abbrechen (Kosten: 64,3%)	130,75 m²BGF	895	**6,85**	11,9
	Abbruch von Brandmelder (5h); Entsorgung, Deponiegebühren				
	• Herstellen (Kosten: 35,7%)	130,75 m²BGF	497	**3,80**	6,6
	Montage von Brandmelder (3h)				

KG	Kostengruppe	Menge Einheit	Kosten €	€/Einheit	%
	1300-0245 Kontorhaus Bürogeschoss				
	• Herstellen (Kosten: 100,0%) Meldergruppensoftware (psch), Aufschalten auf Bestands-Brandmeldeanlage (psch), Brandmeldekabel J-YY (756m), JE-H(St)H (35m), optische Rauchmelder (68St), Meldersockelsirenen (38St), Druckknopfmelder (4St), Blitzleuchten (2St), Türkontrollgerät (1St), ID-Schlüsselanhänger (50St)	813,69 m2 BGF	27.189	**33,41**	62,0
	1300-0324 Gründerzentrum (20 AP)				
	• Herstellen (Kosten: 100,0%) Loop-Interface (1St), Modul E7A (1St), optisch thermischer Melder (18St), Sockelsirenen (14St), Handmelder (2St), Thermodifferenzialmelder (1St), Meldesockel (19St), Brandmeldekabel (241m)	454,70 m2 BGF	11.212	**24,66**	35,8
	2200-0053 Seminarräume (343 Sitzplätze)				
	• Herstellen (Kosten: 100,0%) RWA-Zentralen (3St), Brandmeldekabel (2.005m), Brandmeldemodul (1St), Smart Relais (3St), Ringbus-Module (5St), Multisensormelder (59St), Rauchmelder mit Reflektor (2St), optische (17St), Blitzlampe (1St), Handmelder, Glasscheibe (10St), Handmelder Elektronikmodule (3St), Loop-Sirenen (10St), Sockelsirenen (10St), Meldebezeichnungsschilder (89St), Feuerwehr-Laufkarten (34St), digitale Schließzylinder (4St)	2.236,69 m2 BGF	127.258	**56,90**	63,3
	3100-0023 Dermatologische Praxis (8 AP)				
	• Herstellen (Kosten: 100,0%) Funkkoppler (2St), Funk-Rauchmelder mit integriertem Alarmgeber (6St), Funksockel (3St), Fernmeldekabel (30m), Netz- und Auslösegerät (1St), optischer Rauchmelder (1St), Druckknopfmelder Funk, rot (1St)	601,10 m2 BGF	11.584	**19,27**	88,6
	5100-0132 Sporthalle, Sozialtrakt Innenbereich				
	• Abbrechen (Kosten: 1,3%) Demontieren von Steuerzentrale, lagern (1St)	324,88 m2 BGF	269	**0,83**	0,5
	• Herstellen (Kosten: 98,7%) Brandmeldezentrale (1St), Display (1St), Brandmeldeleitungen J-H(ST)H (1.239m), JE-H(ST)H (485m)	324,88 m2 BGF	21.113	**64,99**	36,5
	6100-1609 Dachgeschosswohnung mit Turmzimmer				
	• Herstellen (Kosten: 100,0%) Funk-Alarmzentrale (1St), Bus-LCD-Bedienteil (1St), BUS-Innensirene (1St), Bus-Module (18St), Netzwerk-Videorekorder (1St), Festplatte (1St), Netzwerk-Kamera (1St), Verkabelung Fensterkontakte (18St), Rauchmelder (8St)	198,25 m2 BGF	10.117	**51,03**	45,9

© **BKI** Baukosteninformationszentrum

KG	Kostengruppe	Menge Einheit	Kosten €	€/Einheit	%
	6100-1623 Dachgeschosswohnung				
	• Herstellen (Kosten: 100,0%) Rauchmelder EIB (1St)	90,45 m²BGF	52	**0,58**	14,9
	9100-0144 Kulturzentrum (550 Sitzplätze)				
	• Herstellen (Kosten: 100,0%) Hausalarmanlage: Brandmeldecomputer (1St), Analog-Ringmodul (1St), Brandschutzgehäuse (1St), akustische Alarmgeber (6St), mit Bus (9St), elektronische Handmelder (5St), Parallelanzeige (1St), Rohrtresor, Schlüsselsafe (1St), RWA-Zentrale (1St), Hauptbedienstelle (1St), Nebenstelle (1St), Regenfühler (1St), Windwächter (1St), Installationskabel (1.204m)	1.304,03 m²BGF	19.209	**14,73**	73,6
	9100-0168 Schauspielhaus, Zweitspielstätte				
	• Abbrechen (Kosten: 9,2%) Abbruch von Brandmeldekabeln (620m), Rauchmelder (60St), Signalgeber (25St), Handmelder (20St); Entsorgung, Deponiegebühren	2.865,00 m²BGF	6.611	**2,31**	6,3
	• Herstellen (Kosten: 90,8%) Einbruchmeldezentrale (1St), Netz-/Ladeteil 12V DC/32Ah (1St), IK-Leser mit Tastatur (3St), ID-Schlüsselanhänger (20St), Universal-Reedkontakte (3St), Passiv-Infrarot-Bewegungsmelder (12St), I/O-Module (4St), Feuerwehrlaufkarten (37St), optischer Alarmgeber (5St), Rauchmelder (2St), Multisensormelder (85St), Warntongeber (48St), Handmelder (13St), Brandmeldekabel (142m)	2.865,00 m²BGF	65.310	**22,80**	61,8
	9100-0173 Bibliothek, Lernzentrum				
	• Herstellen (Kosten: 100,0%) Brandmeldeanlage: RWA-Modulzentralen, KNX (3St), Notstromakkus (6St), Touchbildschirm (1St), KNX-Interface (1St), Kleinverteiler, bestückt (2St), RWA-Auslösetaster (2St), Wetterstation (1St), Programmierung (1St), Rettungswegzentralen (2St), Türterminal-Gehäuse (2St), Terminal-Anschlussplatinen (2St), Verteiler (2St), Brandmeldekabel (985m), Steuerleitungen (2.779m), Sicherheitskabel (1.288m), Brandschutzkanal (psch)	759,69 m²BGF	107.156	**141,05**	66,1

KG	Kostengruppe	Menge Einheit	Kosten €	€/Einheit	%
	9100-0213 Stadtbücherei				
	• Herstellen (Kosten: 100,0%) Brandmeldezentrale (1St), Mehrfachsensormelder (48St), Handmelder (5St), Schlüsseldepot (1St), Freischaltelement (1St), akustisch/optische Signalgeber (14St), Feuerwehrlaufkarten (10St), Brandmeldekabel (1.650m), Einbruchmeldeanlage (1St), Touchcenter (1St), Leser mit Tastatur (1St), Transponder, Schlüssel (5St), Blitzleuchte (1St), akustischer Signalgeber (1St), Bewegungsmelder (8St), Deckenmelder (2St), Türwächter, Exitalarm (1St), Buchsicherung; Einzelgateanlagen (2St), Verbuchungstechnik, Theken (2St), Büros (5St), Selbstverbucher (2St), 24h-Rückgabebox (1St), Steuerungsbox (1St), EC-Kartenterminals (2St), Münzterminal (1St), RFID-Tags (24.000St), Transponder-Etiketten (28St), Ringetiketten (7St), RFID-Dropbox (1St), Benutzerausweise (10.000St), Zutrittskontrolle Open Library: Zutrittsterminal (1St), Videokameras (19St), Audiosystem (1St), Lautsprecher (6St)	994,60 m² BGF	213.361	**214,52**	66,9
	9100-0215 Stiftsgebäude, Gemeindesaal, Pfarrbüros				
	• Abbrechen (Kosten: 1,3%) Abbruch von Brandmeldeanlage, Verkabelung (39h); Entsorgung, Deponiegebühren	2.649,56 m² BGF	3.235	**1,22**	1,0
	• Herstellen (Kosten: 98,7%) Brandmeldezentrale (1St), Feuerwehrbedienssystem (1St), PVC-Ansaugrohre (353m), Rauchansaugsysteme (8St), Brandrauchmelder (132St), linear (6St), Druckknopfmelder (16St), Bewegungsmelder (5St), Farb-Touch-Panel (1St), Kameras (25St), Workstation (1St), Tischmonitore (2St), Video-Überwachungssystem (1St), Überfall-Handtaster (1St), Ein-/Ausgangsmodule (2St), Linienauswertmodule (3St), Sperrelement (1St), Energieversorgungen (3St), Blitzleuchte (1St)	2.649,56 m² BGF	242.497	**91,52**	78,6
457	**Datenübertragungsnetze**				
	1200-0001 Gerichtsgebäude - Eingangsbereich				
	• Herstellen (Kosten: 100,0%) Datenkabel Cat7 (93m), Datenanschlussdosen (6St)	136,87 m² BGF	862	**6,30**	2,9
	1200-0002 Gerichtsgebäude - Gerichtssaal				
	• Herstellen (Kosten: 100,0%) Datenkabel (179m), Datenanschlussdosen Cat6 (4St), Switch, 4-Port (1St), Patch Panel Cat6 (1St)	130,75 m² BGF	1.869	**14,29**	24,8
	1300-0245 Kontorhaus Bürogeschoss				
	• Herstellen (Kosten: 100,0%) Netzwerkschränke (2St), Rangierpanels (9St), Datenkabel S/ST100 (1.748m), Datendosen RJ-45, zweifach (26St), einfach (2St)	813,69 m² BGF	16.016	**19,68**	36,5

© **BKI** Baukosteninformationszentrum

KG	Kostengruppe	Menge Einheit	Kosten €	€/Einheit	%
	1300-0312 Büro (7 AP)				
	• Herstellen (Kosten: 100,0%) Datenkabel Cat7 (25m), TV-, Video-, Netzwerkinstallation (psch)	277,35 m² BGF	16.367	**59,01**	95,5
	1300-0324 Gründerzentrum (20 AP)				
	• Herstellen (Kosten: 100,0%) Datenkabel Cat7 (1.042m), Datendosen 2xRJ45 (25St), 1xRJ45 (3St), Patchfelder 19", 24 Ports (3St), Patchkabel Cat6/7 (53St), Cat6a (9St), Accesspoints, bauseits, montieren (9St)	454,70 m² BGF	8.930	**19,64**	28,5
	2200-0053 Seminarräume (343 Sitzplätze)				
	• Wiederherstellen (Kosten: 10,1%) Bodentanks instand setzen, bestücken mit RJ45-Modulen (30St), Anschlussdosen 6A (15St), Elektroinstallationskanal neu verkabeln (57m)	2.236,69 m² BGF	6.909	**3,09**	3,4
	• Herstellen (Kosten: 89,9%) RJ45-Module (770St), Datenkabel-J-Y(St) (14.492m), Patchkabel Cat6a (618m), Kabelführungsplatten 19" (7St), Anschlussdosen (146St), Abdeckrahmen (38St)	2.236,69 m² BGF	61.301	**27,41**	30,5
	3100-0020 Arztpraxis für Dermatologie				
	• Herstellen (Kosten: 100,0%) Datendosen Cat6, zweifach (13St), Datenleitung (psch), Patchfelder 12x8(8) E-DAT, 12 Ports (3St), Telefonanschlüsse Cat6 (6St)	160,72 m² BGF	4.663	**29,01**	71,3
	3100-0022 Orthopädiepraxis (10 AP)				
	• Herstellen (Kosten: 100,0%) Serverschrank (1St), Datenkabel Cat7 (2.525m), Patchverteiler (3St), Datenanschlussdosen (40St), HDMI-Anschlussdosen (2St), Kabel (2St), Not-Ausschalter EDV (1St)	411,75 m² BGF	13.854	**33,65**	73,7
	3100-0023 Dermatologische Praxis (8 AP)				
	• Herstellen (Kosten: 100,0%) Fehlerbehaftete Netzwerkanschlüsse beidseitig überprüfen, neu patchen (35St)	601,10 m² BGF	1.489	**2,48**	11,4
	3100-0026 Kinderarztpraxis				
	• Herstellen (Kosten: 100,0%) Verteilerschrank 19" (1St), 24-Port Panels (2St), Datenkabel Cat7 (118m), Datendosen RJ45 (16St)	254,49 m² BGF	7.871	**30,93**	34,2
	3100-0030 Gemeinschaftspraxis				
	• Herstellen (Kosten: 100,0%) EDV-Unterverteilschrank (1St), 24-Port Panel Cat6 (2St), Modul-Trägerplatten (16St), Moduleinsätze (64St), EDV-Anschlussdosen (16St)	313,75 m² BGF	7.337	**23,38**	87,0

KG	Kostengruppe	Menge Einheit	Kosten €	€/Einheit	%
	4400-0324 Kindertagesstätte (6 Gruppen, 125 Kinder)				
		995,39 m² BGF	7.664	**7,70**	40,1
	19"-Stand-Verteilerschrank 18HE (1St), 19"-Verteilerfelder 1HE (2St), Steckdosenleisten, sechsfach (2St), Datenkabel (638m), Datenanschlussdosen, einfach (15St), zweifach (3St), dreifach (3St)				
	6100-1428 Eigentumswohnung				
	• Herstellen (Kosten: 100,0%)	259,19 m² BGF	1.252	**4,83**	45,2
	Patchpanel Cat6, acht Steckplätze (1St), Datenanschlussdosen Cat6 (8St)				
	6100-1434 Gästewohnung				
	• Herstellen (Kosten: 100,0%)	100,41 m² BGF	174	**1,73**	58,8
	Datenkabel Cat7 (100m), Datenanschlussdosen Cat6 (2St)				
	6100-1465 Dachgeschosswohnung				
	• Herstellen (Kosten: 100,0%)	171,22 m² BGF	6.468	**37,77**	89,1
	Datenkabel Cat5 (128m), Datenanschlussdosen (6St), Splitter, vierfach (1St)				
	6100-1609 Dachgeschosswohnung mit Turmzimmer				
	• Herstellen (Kosten: 100,0%)	198,25 m² BGF	7.251	**36,57**	32,9
	Netzwerkschrank (1St), Patchpanel 24 Port (2St), Datenanschlussdosen Cat6, einfach, Netzwerkkabel, Leerrohre (13St), zweifach (6St), Kabelzuleitungen, UG bis DG (psch)				
	6100-1623 Dachgeschosswohnung				
	• Herstellen (Kosten: 100,0%)	90,45 m² BGF	182	**2,01**	51,9
	Datenanschlussdose Cat6, Netzwerkkabel, Leerrohr (1St)				
	6100-1713 Einfamilienhaus				
	• Herstellen (Kosten: 100,0%)	195,76 m² BGF	1.118	**5,71**	66,1
	Datenkabel Cat7 (78m), Patchpanel, achtfach (1St), Datenanschlussdose Cat6 (1St)				
	6200-0092 Tagespflege (12 Plätze)				
	• Herstellen (Kosten: 100,0%)	259,20 m² BGF	168	**0,65**	14,3
	Datenanschlussdosen (6St)				
	7300-0094 Gastronomie Werkstattgebäude (66 Sitzplätze)				
		334,19 m² BGF	5.034	**15,06**	100,0
	HDMI-Datenkabel (70m), Simplexkabel Cat7 (64m), Leerrohre M32 (6m), Patchpanels (2St), Cat6a Anschlussdosen (2St), Doppeldosen (36St)				

© **BKI** Baukosteninformationszentrum

KG	Kostengruppe	Menge Einheit	Kosten €	€/Einheit	%
	9100-0144 Kulturzentrum (550 Sitzplätze)				
	• Herstellen (Kosten: 100,0%) 19"-Verteilerschrank, 5HE (1St), Patchfelder, 24 Ports (2St), Datenanschlussdosen (14St), Datenkabel (1.489m)	1.304,03 m² BGF	6.172	**4,73**	23,6
	9100-0158 Bibliothek				
	• Herstellen (Kosten: 100,0%) Verteilerschrank, bestückt (1St), Datenkabel Cat7 (540m), Datenanschlussdosen (24St), Brandschotts (4St)	328,70 m² BGF	5.512	**16,77**	100,0
	9100-0168 Schauspielhaus, Zweitspielstätte				
	• Herstellen (Kosten: 100,0%) Datenkabel Cat7 (3.124m), Installationskabel J-H(ST)H (3.101m), EIB-Busleitungen (200m), Patchpanels 19" (3St), Spleisboxen 19" (2St), Anschlussdosen (45St), Daten-Anschlussboxen (2St)	2.865,00 m² BGF	30.204	**10,54**	28,6
	9100-0173 Bibliothek, Lernzentrum				
	• Herstellen (Kosten: 100,0%) Netzwerkschrank (1St), Staubfilter, Sockeleinbau (1St), Rangierpanels, 1HE (10St), Rangierverteiler 1HE (4St), Modulträger 24 Ports (4St), Anschlusseinheiten (74St), Patchfelder (2St), Datenanschlussdosen Cat6 (120St), HDMI/USB3.0, Anschlussdosen (18St), HDMI-Anschluss-Kabel (6St), D-Link-Switch (1St), Datenkabel (3.313m), LWL-Kabel (328m), konfektioniertes Datenkabel (90St), Fernmeldekabel (187m), WLAN-Access-Points (4St)	759,69 m² BGF	54.878	**72,24**	33,9
	9100-0213 Stadtbücherei				
	• Abbrechen (Kosten: 7,1%) Abbruch von EDV-Wandschrank (1St); Entsorgung, Deponiegebühren	994,60 m² BGF	1.874	**1,88**	0,6
	• Herstellen (Kosten: 92,9%) Verteilerschrank 19", 42HE (1St), Patchpanels Cat6 (5St), Datenleitung (3.500m), Datenanschlussdosen Cat6, 2xRJ45 (50St), Messen von neuen Anschlüssen (100St), bestehenden Anschlüssen (94St)	994,60 m² BGF	24.431	**24,56**	7,7
	9100-0215 Stiftsgebäude, Gemeindesaal, Pfarrbüros				
	• Herstellen (Kosten: 100,0%) Netzwerkschrank (1St), EDV-Schrank 42HE (1St), Datenkabel Cat7 (3.333m), Schalter (2St), Module Cat6A (276St), Belüftungseinheit (1St), 19"Beleuchtungseinheit (1St)	2.649,56 m² BGF	34.593	**13,06**	11,2
	9700-0038 Kolumbarium				
	• Herstellen (Kosten: 100,0%) Netzwerkschrank (1St), 19"-Rangierfelder (2St), POE-Switch (1St), Datenkabel (795m), Fernmeldekabel (286m), LWL-Kabel (65m), Datenanschlussdosen 2xRJ45 (8St), 1xRJ45 (3St)	960,00 m² BGF	16.436	**17,12**	23,0

Kostenkennwerte für die Kostengruppen 400 der 3. Ebene DIN 276

KG	Kostengruppe	Menge Einheit	Kosten €	€/Einheit	%
461	**Aufzugsanlagen**				
	1300-0324 Gründerzentrum (20 AP)				
	• Herstellen (Kosten: 100,0%) Personenaufzug, neun Personen, Nennlast 675kg, zwei Haltestellen, Förderhöhe 3,82m, Aufzugstür-Edelstahlschwelle, l=130cm, t=25cm (1St)	454,70 m² BGF	66.149	**145,48**	100,0
	9100-0168 Schauspielhaus, Zweitspielstätte				
	• Abbrechen (Kosten: 100,0%) Abbruch von Aufzug (1St), Entsorgung, Deponiegebühren	2.865,00 m² BGF	14.418	**5,03**	100,0
	9100-0215 Stiftsgebäude, Gemeindesaal, Pfarrbüros				
	• Abbrechen (Kosten: 15,7%) Abbruch von Aufzugsanlage (1St), Versorgungsfahrstuhl (1St), Schachtkopfträger (psch); Entsorgung, Deponiegebühren	2.649,56 m² BGF	17.437	**6,58**	12,1
	• Wiederherstellen (Kosten: 2,6%) Schachtgrube nach Wasserschaden instandsetzen (psch)	2.649,56 m² BGF	2.926	**1,10**	2,0
	• Herstellen (Kosten: 81,7%) Personenaufzug, Nutzlast 630kg (1St), Schachtentrauchungssystem (1St), Notrufleitsystem GSM (1St)	2.649,56 m² BGF	90.713	**34,24**	63,1
465	**Krananlagen**				
	9100-0144 Kulturzentrum (550 Sitzplätze)				
	• Wiederherstellen (Kosten: 100,0%) Umsetzen historischer Portalkräne, Kranbremsen demontieren, Übertragungswellen und Kranlaufwerke instandsetzen, manuelle Verschiebung der Kräne mit Brechstangen (167h), Stahlflächen der Portalkrananlagen trockeneisstrahlen, lose Beschichtungen entfernen, Spannweite=6,50m (2St)	1.304,03 m² BGF	17.433	**13,37**	100,0
466	**Hydraulikanlagen**				
	9100-0215 Stiftsgebäude, Gemeindesaal, Pfarrbüros				
	• Herstellen (Kosten: 100,0%) Hydraulische Hebebühne 1,53x1,23m, Hubhöhe 53cm, Nutzlast 300kg (1St)	2.649,56 m² BGF	32.724	**12,35**	22,8

© BKI Baukosteninformationszentrum

Kostenkennwerte für die Kostengruppen 400 der 3. Ebene DIN 276

KG	Kostengruppe	Menge Einheit	Kosten €	€/Einheit	%
471	**Küchentechnische Anlagen**				
	9100-0144 Kulturzentrum (550 Sitzplätze)				
	• Herstellen (Kosten: 100,0%) Kühlzelle demontieren, transportieren, einbauen (1St)	1.304,03 m²BGF	1.939	**1,49**	62,5
474	**Feuerlöschanlagen**				
	3100-0023 Dermatologische Praxis (8 AP)				
	• Herstellen (Kosten: 100,0%) Bio-Schaum-Aufladefeuerlöscher (3St)	601,10 m²BGF	759	**1,26**	100,0
	5100-0132 Sporthalle, Sozialtrakt Innenbereich				
	• Herstellen (Kosten: 100,0%) Feuerlöscher 11kg (1St)	324,88 m²BGF	353	**1,09**	100,0
	9100-0144 Kulturzentrum (550 Sitzplätze)				
	• Herstellen (Kosten: 100,0%) Pulver-Mehrzweck-Feuerlöscher (9St)	1.304,03 m²BGF	1.163	**0,89**	37,5
	9100-0213 Stadtbücherei				
	• Herstellen (Kosten: 100,0%) Schaum-Aufladelöscher 6l (8St), CO_2-Dauerdrucklöscher 5kg (1St), Brandschutzkennzeichen (17St)	994,60 m²BGF	1.912	**1,92**	100,0
476	**Weitere nutzungsspezifische Anlagen**				
	9700-0038 Kolumbarium				
	• Wiederherstellen (Kosten: 100,0%) Orgel aushausen, Gehäuse teilweise reinigen, Datenlogger prüfen, Zungenpfeifen stimmen (1St)	960,00 m²BGF	1.876	**1,95**	100,0

Kostenkennwerte für die Kostengruppen 400 der 3. Ebene DIN 276

KG	Kostengruppe	Menge Einheit	Kosten €	€/Einheit	%
481	**Automationseinrichtungen**				
	9100-0144 Kulturzentrum (550 Sitzplätze)				
	• Herstellen (Kosten: 100,0%) Automationsstation für Lüftung (1St), Gateway-Modul, 32 Zähler, M-Bus (3St), VPN-Router (1St), Patchkabel Cat7 (4St), Anlagenbilderstellung (28St), Inbetriebnahme	1.304,03 m² BGF	21.766	**16,69**	43,8
	9100-0168 Schauspielhaus, Zweitspielstätte				
	• Abbrechen (Kosten: 0,3%) Abbruch von Network-Control-Modulen (2St), Entsorgung, Deponiegebühren	2.865,00 m² BGF	235	**0,08**	0,1
	• Herstellen (Kosten: 99,7%) Anwenderprogramme konvertieren, anpassen (2St), Network Automation-Engine (2St), KNX-Controlpanel (1St), DMX-Gateways (2St), DMX-GW-Konfiguratoren (2St), KNX-Spannungsversorgung (1St), KNX-Binärausgänge (9St), DALI-Gateway (1St), IP-Router (2St), Prozessrechner, Bedienstation (1St), Kombifühler (3St), Zwei-Phasen-Frostschutzwächter (1St), Rauchauslöseeinrichtungen (2St), Flachmonitor für Leitrechner (1St), DDC-Hardware (2St)	2.865,00 m² BGF	89.388	**31,20**	44,0
	9100-0173 Bibliothek, Lernzentrum				
	• Herstellen (Kosten: 100,0%) Steuertableau (1St), Meldegeräte (19St), Befehlsgeräte (23St), Rangierverteiler (1St), Netzgerät (1St), Binäreingänge, achtfach (2St), Schaltaktor, achtfach (1St), DALI-Eingangskontroller (1St), Mulitfunktions-Zeitrelais (2St), Leitungsschutzschalter (1St)	759,69 m² BGF	6.469	**8,52**	65,7
	9100-0213 Stadtbücherei				
	• Herstellen (Kosten: 100,0%) KNX/EIB Spannungsversorgung (1St), Schnittstellen (2St), Schaltaktoren, vierfach (2St), Jalousieaktoren, achtfach (9St), DALI-Gateways, zweifach (3St), Binäreingänge, achtfach (1St), Tastsensoren, einfach (5St), dreifach (5St)	994,60 m² BGF	14.136	**14,21**	42,2
	9100-0215 Stiftsgebäude, Gemeindesaal, Pfarrbüros				
	• Herstellen (Kosten: 100,0%) Automationsstation (1St), Bediengerät (1St), Ein-Ausgabe-Module (3St), Anzeige- und Bediengerät (1St), Dreiwegeventile (2St), Rauchmelder (1St), Stellantrieb (1St), Kanalrauchmelder (1St), Strömungswächter (2St), Messwertgeber (16St), Lufterhitzer-Thermostat (1St), Präsenzmelder (3St), Temperaturwächter (1St), Differenzdruckwächter (4St), Temperatursensor (1St), Netzgerät (1St), Transformator (1St), Koppelrelais (40St), Überspannungsschutz (1St), Reparaturschalter (7St)	2.649,56 m² BGF	66.544	**25,12**	68,1

© BKI Baukosteninformationszentrum

KG	Kostengruppe	Menge Einheit	Kosten €	€/Einheit	%
482	Schaltschränke, Automationsschwerpunkte				
	9100-0144 Kulturzentrum (550 Sitzplätze)				
	• Herstellen (Kosten: 100,0%)	1.304,03 m²BGF	14.927	**11,45**	30,0
	Standschrank (1St), Einspeisung 400VAC (1St), Netzableiter (1St), Phasenlampe (1St), Netzwiederkehrschaltung (1St), Spannungstrafo (1St), Sicherheitstrafo (1St), Motorsteuerung (5St), Netzabgang (2St), Schrankbeleuchtung (1St), Überwachung von: Druck (2St), Temperatur (2St), Filter (3St), Strömung (2St), Klappen (6St), Rauchmelder (1St)				
	9100-0168 Schauspielhaus, Zweitspielstätte				
	• Herstellen (Kosten: 100,0%)	2.865,00 m²BGF	16.682	**5,82**	8,2
	Standschrank (1St), Schrankbeleuchtung (2St), Schranklüfter (1St), Haupteispeisung (1St), Phasenkontrolllampen (3St), Anschaltungen für Brandschutzklappe (28St), für Kanalrauchmelder (2St), Motorbaugruppen (6St), Überwachungsbaugruppen (3St), Spannungsversorgungen (2St), Sammelstörmeldebaugruppe (1St)				
	9100-0215 Stiftsgebäude, Gemeindesaal, Pfarrbüros				
	• Herstellen (Kosten: 100,0%)	2.649,56 m²BGF	31.145	**11,75**	31,9
	Standschrank 80x180x40cm (1St), Wandschrank 80x80x40cm (1St), Sicherungsautomaten (4St), Netz-ÜS-Ableiter (2St), Phasenüberwachungen (2St), Schaltschrankbeleuchtungen (2St), Netzabgänge (9St), Steuerungen (28St), Netzwiederkehrschaltungen (2St), Elektroerhitzer (1St), Überwachungen (15St), Leistungssteller (3St), Aufschaltungen (44St)				
483	Automationsmanagement				
	5100-0132 Sporthalle, Sozialtrakt Innenbereich				
	• Herstellen (Kosten: 100,0%)	324,88 m²BGF	7.803	**24,02**	49,0
	Schaltschrank (1St), Funktionscontroller Hygienespülungen, Bedienbox (1St), Rauchmelder (6St), Multisensormelder (3St), Infrarot-Präsenzmelder (2St), Raumfeuchtewächter (1St)				
	9100-0168 Schauspielhaus, Zweitspielstätte				
	• Herstellen (Kosten: 100,0%)	2.865,00 m²BGF	48.880	**17,06**	24,1
	DDC-US: Spannungsversorgungsbaugruppe, Zentraleinheit, 8 Port Ethernet Switch, Ein-/Ausgabeebene, Handbedienebene auf E/A-Modul (1St), DDC-Schaltschrank (1St), Dienstleistungen Datenpunkte (170St), Anlagenschemas (8St), Industrial-Ethernet-Switch (1St), Patchkabel Cat6 (3m)				
	9100-0213 Stadtbücherei				
	• Herstellen (Kosten: 100,0%)	994,60 m²BGF	15.635	**15,72**	46,7
	EIB-Komponenten anlegen (43St), Parametrierung (258St), Programmierung der Gebäudefunktionen je Datenpunkte (120St), Vergabe physikalischer Adressen (233St), Gruppenadressen (140St), Präsenzmelder (15St), Wetterzentrale (1St), Wettersensor (1St)				

KG	Kostengruppe	Menge Einheit	Kosten €	€/Einheit	%
484	**Kabel, Leitungen und Verlegesysteme**				
	5100-0132 Sporthalle, Sozialtrakt Innenbereich				
	• Herstellen (Kosten: 100,0%) Installationsleitungen JH(ST)H (155m), NHXMH-J (30m), Systemkabel (125m), Panzerrohre (131m)	324,88 m² BGF	8.137	**25,05**	51,0
	9100-0144 Kulturzentrum (550 Sitzplätze)				
	• Herstellen (Kosten: 100,0%) J-Y(St)Y Fernmeldeleitungen (1.596m), Mantelleitungen NYM (130m), Installationsrohre (141m), Kabelpritschen (29m)	1.304,03 m² BGF	13.018	**9,98**	26,2
	9100-0168 Schauspielhaus, Zweitspielstätte				
	• Abbrechen (Kosten: 2,8%) Kabeln an Feldgeräten abklemmen, kürzen, auf Verteilerdose legen, mit Klemmen sichern, Kabelreste entsorgen (14St)	2.865,00 m² BGF	1.353	**0,47**	0,7
	• Herstellen (Kosten: 97,2%) Installationsleitungen J-H(St)H (3.047m), NHXMH-J (1.871m), Datenübertragungskabel Cat7 (89m), Leerrohre (77m), Kabelrinnen (10m)	2.865,00 m² BGF	46.663	**16,29**	23,0
	9100-0173 Bibliothek, Lernzentrum				
	• Herstellen (Kosten: 100,0%) Bus-Leitungen (678m)	759,69 m² BGF	3.383	**4,45**	34,3
	9100-0213 Stadtbücherei				
	• Herstellen (Kosten: 100,0%) Fernmeldeleitungen (950m), Busleitung (450m), Steuerleitungen (95m), Schlauchleitungen (150m)	994,60 m² BGF	3.701	**3,72**	11,1

© **BKI** Baukosteninformationszentrum

Kostenkennwerte für die Kostengruppen 400 der 3.Ebene DIN 276

KG	Kostengruppe	Menge Einheit	Kosten €	€/Einheit	%
491	Baustelleneinrichtung				
	2200-0053 Seminarräume (343 Sitzplätze)				
	• Herstellen (Kosten: 100,0%)	2.236,69 m² BGF	15.068	**6,74**	90,9
	Baustrom bereitstellen, Endverteilerschrank (1St), LS-Schalter (4St), HO7RN-F Gummischlauchleitung (670m), Baubeleuchtung (26St), Leuchtstofflampen (18St), Rettungszeichenleuchten (4St)				
	4400-0324 Kindertagesstätte (6 Gruppen, 125 Kinder)				
		995,39 m² BGF	5.762	**5,79**	74,5
	Baustelleneinrichtungen Technikgewerke (2St), Materialcontainer (1St)				
	5100-0132 Sporthalle, Sozialtrakt Innenbereich				
	• Herstellen (Kosten: 100,0%)	324,88 m² BGF	8.872	**27,31**	77,6
	Baustelleneinrichtung (psch), Bauwasser (psch), PE-Druckrohre DN32 (14m), Bauheizung 15kW (psch)				
	6100-1308 Dreizimmerwohnung				
	• Herstellen (Kosten: 100,0%)	77,81 m² BGF	144	**1,85**	100,0
	Baustelleneinrichtung, Einzelgewerk (1St)				
	9100-0144 Kulturzentrum (550 Sitzplätze)				
	• Herstellen (Kosten: 100,0%)	1.304,03 m² BGF	1.083	**0,83**	100,0
	Baustellenbeleuchtung: Anbauleuchten (8St), Gummischlauchleitungen (180m), Schalter (1St), Steckdose (1St)				
	9100-0173 Bibliothek, Lernzentrum				
	• Herstellen (Kosten: 100,0%)	759,69 m² BGF	32.856	**43,25**	85,7
	Baustelleneinrichtungen (3St), Baustromverteiler (2St), Gummischlauchleitungen (92m), befahrbare Kabelbrücken (15St), Baubeleuchtung, Anbauleuchten (37St), Leitungen umverlegen (200m)				
	9100-0213 Stadtbücherei				
	• Herstellen (Kosten: 100,0%)	994,60 m² BGF	950	**0,96**	60,0
	Baustelleneinrichtung (1St)				
	9700-0038 Kolumbarium				
	• Herstellen (Kosten: 100,0%)	960,00 m² BGF	98	**0,10**	0,5
	Baustelleneinrichtung (psch)				

KG	Kostengruppe	Menge Einheit	Kosten €	€/Einheit	%
492	**Gerüste**				
	2200-0053 Seminarräume (343 Sitzplätze)				
	• Herstellen (Kosten: 100,0%) Rollgerüste 0,75x2,60m, h bis 4,00m (5St)	2.236,69 m² BGF	1.510	**0,68**	9,1
	4400-0324 Kindertagesstätte (6 Gruppen, 125 Kinder)				
	Gerüststellung für Elektroarbeiten (1St), Rollgerüste (2St)	995,39 m² BGF	1.974	**1,98**	25,5
	9100-0173 Bibliothek, Lernzentrum				
	• Herstellen (Kosten: 100,0%) Rollgerüst (1St), Montagegerüste (2St)	759,69 m² BGF	2.125	**2,80**	5,5
	9100-0213 Stadtbücherei				
	• Herstellen (Kosten: 100,0%) Arbeitsbühnen (2St)	994,60 m² BGF	635	**0,64**	40,0
	9700-0038 Kolumbarium				
	• Herstellen (Kosten: 100,0%) Montagegerüste, Montagehöhe bis 3,50m (psch), Hubarbeitsbühne (11d), Lastverteilungsplatten (45m²), Hubsteiger (1d)	960,00 m² BGF	18.964	**19,75**	99,5
494	**Abbruchmaßnahmen**				
	1200-0001 Gerichtsgebäude - Eingangsbereich				
	• Abbrechen (Kosten: 100,0%) Abbruch von Heizungsrohren (25m), Heizkörpern (3St), Kabel (55m), Leuchten (9St); Entsorgung, Deponiegebühren	136,87 m² BGF	928	**6,78**	13,5
	6100-1609 Dachgeschosswohnung mit Turmzimmer				
	• Abbrechen (Kosten: 100,0%) Abbruch von Wandtherme, Heizkörper, Badausstattung, Wasser- und Heizungsleitungen; Entsorgung, Deponiegebühren	198,25 m² BGF	1.823	**9,20**	84,0
496	**Materialentsorgung**				
	5100-0132 Sporthalle, Sozialtrakt Innenbereich				
	• Herstellen (Kosten: 100,0%) Entsorgung von Bauschutt (2t), von PVC-Rohren (1t); Deponiegebühren	324,88 m² BGF	2.564	**7,89**	22,4

© **BKI** Baukosteninformationszentrum

KG	Kostengruppe	Menge Einheit	Kosten €	€/Einheit	%
	6100-1428 Eigentumswohnung				
	• Herstellen (Kosten: 100,0%)	259,19 m2 BGF	121	**0,47**	100,0
	Aufnehmen und Entsorgen von Bauschutt (psch); Entsorgung, Deponiegebühren				
497	**Zusätzliche Maßnahmen**				
	9100-0173 Bibliothek, Lernzentrum				
	• Herstellen (Kosten: 100,0%)	759,69 m2 BGF	2.458	**3,24**	6,4
	Schutz der EDV-Schränke während der Bauphase (2St)				
498	**Provisorische technische Anlagen**				
	1200-0001 Gerichtsgebäude - Eingangsbereich				
	• Herstellen (Kosten: 100,0%)	136,87 m2 BGF	5.919	**43,25**	86,5
	Provisorische Pförtneranlage (1St)				
	3100-0030 Gemeinschaftspraxis				
	• Herstellen (Kosten: 100,0%)	313,75 m2 BGF	779	**2,48**	100,0
	Provisorien für vorhandene Medienleitungen, Sprechanlagenleitungen, Klingel- und Türöffnerinstallationen, Telefonleitungen, TV-Leitungen				
	6100-1609 Dachgeschosswohnung mit Turmzimmer				
	• Herstellen (Kosten: 100,0%)	198,25 m2 BGF	348	**1,76**	16,0
	Baustellenfassungen, LED-Lampen (16St)				
	9100-0173 Bibliothek, Lernzentrum				
	• Herstellen (Kosten: 100,0%)	759,69 m2 BGF	920	**1,21**	2,4
	Strom- und ELA-Anschluss für provisorische Aufsicht im Empfang (psch)				

Kostenkennwerte für die Kostengruppen 500 der 3.Ebene DIN 276

KG	Kostengruppe	Menge Einheit	Kosten €	€/Einheit	%
511	**Herstellung**				
	1300-0324 Gründerzentrum (20 AP)				
	• Herstellen (Kosten: 100,0%) Rohrgrabenaushub BK 2-5, t bis1,50m, lagern (13m³), mit Lieferkies verfüllen (7m³), Handaushub BK 2-5, wieder einbauen (1m³), Kanalgraben, wieder verfüllen (5m³)	18,66 m³EBR	4.507	**241,54**	100,0
	5100-0132 Sporthalle, Sozialtrakt Innenbereich				
	• Herstellen (Kosten: 100,0%) Start-/Zwischengruben (2St), Verdrängungsbohrung DN90 (132m)	–	21.737	–	100,0
	9100-0173 Bibliothek, Lernzentrum				
	• Herstellen (Kosten: 100,0%) Rohrgrabenaushub (14m³), Aushub für Hauseinführung (15h)	–	4.569	–	100,0
	9700-0038 Kolumbarium				
	• Herstellen (Kosten: 100,0%) Grabenaushub BK 2-5, t bis 160cm, lagern, verfüllen (23m³)	23,12 m³EBR	3.205	**138,64**	100,0

© **BKI** Baukosteninformationszentrum

Kostenkennwerte für die Kostengruppen 500 der 3.Ebene DIN 276

KG	Kostengruppe	Menge Einheit	Kosten €	€/Einheit	%
531	**Wege**				
	1300-0324 Gründerzentrum (20 AP)				
	• Abbrechen (Kosten: 3,1%) Abbruch von Betonpflaster (9m²), Betonbord (7m); Entsorgung, Deponiegebühren	8,75 m²	271	**30,92**	2,1
	• Wiederherstellen (Kosten: 13,5%) Abstemmen von loser und gebrochener Betondecke, entsorgen, neue Betondecke einbauen, d=5-10cm, unbewehrt (10m²)	10,00 m²	1.180	**118,04**	9,1
	• Herstellen (Kosten: 83,5%) Schottertragschicht 0/45mm, d=30cm, Betonpflaster (33m²), Einfassung, Stahlband (22m), Planum (50m²)	33,35 m²	7.320	**219,49**	56,3
	9100-0173 Bibliothek, Lernzentrum				
	• Wiederherstellen (Kosten: 100,0%) Rasengittersteine 40x60x10cm aufnehmen, lagern, nach Rohrverlegung wieder einbauen, Splittbett mit Oberboden verfüllen (4m²)	4,12 m²	461	**111,83**	100,0
532	**Straßen**				
	1300-0324 Gründerzentrum (20 AP)				
	• Abbrechen (Kosten: 11,6%) Betonfläche einschneiden, entsorgen (4m²)	3,90 m²	341	**87,35**	2,6
	• Wiederherstellen (Kosten: 88,4%) Reparatur von vorhandenem Natursteinpflaster, befahrbar, Bettung, Fugensplitt, Neubeschaffung von Pflastersteinen passend zum Bestandspflaster (20m²)	20,00 m²	2.596	**129,81**	20,0
533	**Plätze, Höfe, Terrassen**				
	6200-0092 Tagespflege (12 Plätze)				
	• Abbrechen (Kosten: 17,0%) Abbruch von Terrassenfliesen (10m²); Entsorgung, Deponiegebühren	10,00 m²	265	**26,53**	3,6
	• Herstellen (Kosten: 83,0%) Dynamische Schicht, d=6cm (10m²), Betonpflaster, Lagermaterial (10m²)	10,00 m²	1.295	**129,48**	17,6

KG	Kostengruppe	Menge Einheit	Kosten €	€/Einheit	%
	9100-0144 Kulturzentrum (550 Sitzplätze)				
	• Abbrechen (Kosten: 10,3%) Betonsteinpflaster aufnehmen, lagern (53m²)	53,09 m²	1.650	**31,07**	10,3
	• Wiederherstellen (Kosten: 2,4%) Hochborde aufnehmen, anheben, wieder versetzen (5m)	–	382	–	2,4
	• Herstellen (Kosten: 87,4%) Kieseinbau, d=20cm (53m²), Betonpflaster, lagernd (35m²), PE-Folie, Stb-Eingangsplatte C25/30, d=15cm, 3,00x3,00m, mit Entwässerungsablauf, Edelstahlrahmen für Sauberlaufzone, befahrbar, einbauen, Vollgummi-Sauberlaufmatte (9m²), Türschwellen abdichten (2St), mit Kleinpflaster anarbeiten (2h), Hochborde (16m)	53,09 m²	14.047	**264,59**	87,4
534	**Stellplätze**				
	6200-0092 Tagespflege (12 Plätze)				
	• Herstellen (Kosten: 100,0%) Stellplätze, Unterbau, Pflasterung (psch)	–	5.812	–	78,8
539	**Sonstiges zur KG 530**				
	1300-0324 Gründerzentrum (20 AP)				
	• Herstellen (Kosten: 100,0%) Flusskies 16/32mm, d=10cm, Geotextil (8m²), Pressrost, l=1,30m, b=0,66m, als Fußabstreifer (1St)	33,35 m² BFF	1.294	**38,79**	9,9
	9700-0038 Kolumbarium				
	• Abbrechen (Kosten: 100,0%) Aufnehmen und Lagern von Betonplatten 50x50cm (17m)	8,42 m² BFF	220	**26,11**	100,0

© BKI Baukosteninformationszentrum

Kostenkennwerte für die Kostengruppen 500 der 3.Ebene DIN 276

KG	Kostengruppe	Menge Einheit	Kosten €	€/Einheit	%
542	**Schutzkonstruktionen**				
	9100-0213 Stadtbücherei				
	• Herstellen (Kosten: 100,0%) Einhausung Kühlgerät, h=1,99m, Alu-Winkelrahmen, Alu-Streckgitterfüllung, Pfosten (11m²)	10,87 m²	9.090	**836,24**	100,0
543	**Wandkonstruktionen**				
	1300-0324 Gründerzentrum (20 AP)				
	• Wiederherstellen (Kosten: 100,0%) Natursteinmauer reparieren, lose vorhandene Steine abtragen, mit Mörtel befestigen, Reste sauber abtragen, nach Bedarf entsorgen, Steine vor Wiedereinbau reinigen (1m²)	1,00 m²	114	**114,11**	100,0
	9100-0215 Stiftsgebäude, Gemeindesaal, Pfarrbüros				
	• Wiederherstellen (Kosten: 100,0%) Natursteinblock sanieren, mit Bruchsteinen ergänzen, Trass-Natursteinmörtel (9t), Kern mit Beton hinterfüllen (1m³), mit Betonsteinen hintermauern (48St)	–	10.940	–	100,0

Kostenkennwerte für die Kostengruppen 500 der 3. Ebene DIN 276

KG	Kostengruppe	Menge Einheit	Kosten €	€/Einheit	%
551	**Abwasseranlagen**				
	1300-0324 Gründerzentrum (20 AP)				
	• Abbrechen (Kosten: 14,1%) Abbruch von Grundleitungen, Formstücke (12m), KG-Rohren DN bis 150 (6St), Schacht DN500, t bis 2,00m (1St), Aussparungen in Regenentwässerung (2St); Entsorgung, Deponiegebühren	–	1.245	–	14,1
	• Herstellen (Kosten: 85,9%) PVC-Abwasserleitungen DN100-150, Formstücke, Sandbett (31m), Kontrollschächte DN500, t bis 1,50m (2St), Entwässerungsrinne DN100 (2m), Einlaufkasten DN100 (1St)	–	7.616	–	85,9
	6100-1434 Gästewohnung				
	• Herstellen (Kosten: 100,0%) KG-Rohre DN100 (17m)	–	231	–	100,0
	9100-0173 Bibliothek, Lernzentrum				
	• Herstellen (Kosten: 100,0%) KG-Rohre DN100, Formstücke (36m), einführen in vorhandenen Revisionsschacht (psch)	–	3.086	–	5,8
	9700-0038 Kolumbarium				
	• Herstellen (Kosten: 100,0%) PVC-Rohre DN100, Formstücke (47m), PP-Kontrollschächte DN400, t=1,25m (2St)	–	3.609	–	69,8
555	**Raumlufttechnische Anlagen**				
	9100-0173 Bibliothek, Lernzentrum				
	• Herstellen (Kosten: 100,0%) Kälteanlage: Außeneinheiten Wärmepumpen, Protektorwannen (2St), Kältemittelleitungen, gedämmt (psch), Maschinenfundament, Stb-Bodenplatte, d=15cm (2m²), Frostschürzen 80x15cm (6m)	–	50.486	–	94,2
	9100-0213 Stadtbücherei				
	• Herstellen (Kosten: 100,0%) Außeneinheit Kälte-/Klimagerät (1St), Grundgestell (1St), Auffang-, Rückhaltesystem (1St), Hochleistungs-Heizmatte, Steuerung (1St), Hebepumpen (3St), Metallkanalrinne (3m)	1.008,00 m² AF	33.829	**33,56**	100,0

© **BKI** Baukosteninformationszentrum

KG	Kostengruppe	Menge Einheit	Kosten €	€/Einheit	%
556	**Elektrische Anlagen**				
	9100-0215 Stiftsgebäude, Gemeindesaal, Pfarrbüros				
	• Wiederherstellen (Kosten: 0,5%) Pollerleuchte demontieren, lagern, wieder anschließen (5h)	1.370,00 m2 AF	415	**0,30**	0,5
	• Herstellen (Kosten: 99,5%) Erdkabel (350m), Datenkabel (490m), PVC-Warnband (500m), Maststrahler, Erdmasten, Kabelübergangskästen (8St), Strahler (7St), mit Bügel (8St), Pollerleuchten, h=65cm (12St), Bodeneinbaustrahler (10St)	1.370,00 m2 AF	87.378	**63,78**	99,5
	9700-0038 Kolumbarium				
	• Herstellen (Kosten: 100,0%) Standsäule, Türöffner (1St)	–	1.565	**–**	30,2

Kostenkennwerte für die Kostengruppen 500 der 3.Ebene DIN 276

KG	Kostengruppe	Menge Einheit	Kosten €	€/Einheit	%
561	**Allgemeine Einbauten**				
	1300-0324 Gründerzentrum (20 AP)				
	• Herstellen (Kosten: 100,0%) Fahrradanlehnbügel, Flachstahl (5St), Abfallbehälter (1St), Holzauflage aus Terrassendielen, l=2,30m (1St)	–	4.391	–	100,0
	9100-0173 Bibliothek, Lernzentrum				
	• Wiederherstellen (Kosten: 100,0%) Fahrradanlehnbügel, l=2,00m, demontieren, transportieren, wieder einbauen (6St)	–	2.046	–	100,0
	9100-0213 Stadtbücherei				
	• Herstellen (Kosten: 100,0%) Mobile Pflanztröge 123x40x41cm, Stahlblech, je drei Pflanztöpfe (5St), Personenleitsystem, zwei Poller, Gurt (1St)	1.008,00 m² AF	8.449	**8,38**	100,0

© **BKI** Baukosteninformationszentrum

Kostenkennwerte für die Kostengruppen 500 der 3.Ebene DIN 276

KG	Kostengruppe	Menge Einheit	Kosten €	€/Einheit	%
571	**Vegetationstechnische Bodenbearbeitung**				
	1300-0324 Gründerzentrum (20 AP)				
	• Herstellen (Kosten: 100,0%) Füllstoff, Kies-Sand-Gemisch 0/16mm, d=30-50cm (30m³), Oberboden, d=4-6cm, liefern, einbauen (27m²)	27,00 m²	1.812	**67,11**	81,8
573	**Pflanzflächen**				
	5100-0132 Sporthalle, Sozialtrakt Innenbereich				
	• Abbrechen (Kosten: 100,0%) Roden von Sträuchern, D=10-15cm (12m²); Entsorgung, Deponiegebühren	12,00 m²	351	**29,23**	100,0
574	**Rasen- und Saatflächen**				
	1300-0324 Gründerzentrum (20 AP)				
	• Herstellen (Kosten: 100,0%) Rasenansaat, Gebrauchsrasen (27m²)	27,00 m²	404	**14,95**	18,2

Kostenkennwerte für die Kostengruppen 500 der 3. Ebene DIN 276

KG	Kostengruppe	Menge Einheit	Kosten €	€/Einheit	%
595	**Instandsetzungen**				
	9700-0038 Kolumbarium				
	• Herstellen (Kosten: 100,0%) Wiederherrichtung Außenanlagen (psch)	–	3.816	–	100,0
596	**Materialentsorgung**				
	5100-0132 Sporthalle, Sozialtrakt Innenbereich				
	• Herstellen (Kosten: 100,0%) Entsorgung von Grüngut (psch); Deponiegebühren	1.000,00 m^2 AF	299	**0,30**	6,0
	9100-0215 Stiftsgebäude, Gemeindesaal, Pfarrbüros				
	• Herstellen (Kosten: 100,0%) Entsorgung von Baustellenabfällen (2t), Bauschutt (7t); Deponiegebühren	1.370,00 m^2 AF	1.443	**1,05**	8,8
597	**Zusätzliche Maßnahmen**				
	5100-0132 Sporthalle, Sozialtrakt Innenbereich				
	• Herstellen (Kosten: 100,0%) Schutzabdeckungen für Pflasterbelag (100m^2), für Rasenfläche (200m^2)	1.000,00 m^2 AF	4.683	**4,68**	94,0
	9100-0215 Stiftsgebäude, Gemeindesaal, Pfarrbüros				
	• Herstellen (Kosten: 100,0%) Schutzabdeckungen von Wegen, b=1,40m (44m), von Grünflächen, Geovlies, Seekieferplatten (81m)	1.370,00 m^2 AF	14.949	**10,91**	91,2

© BKI Baukosteninformationszentrum

Kostenkennwerte für die Kostengruppen 600 der 3.Ebene DIN 276

KG	Kostengruppe	Menge Einheit	Kosten €	€/Einheit	%
642	**Künstlerische Gestaltung des Bauwerks**				
	7200-0096 Geschäftshaus, Foyer				
	• Herstellen (Kosten: 100,0%)	220,23 m² BGF	8.679	**39,41**	100,0
	Individuelle Wandgestaltung, Wandbild als abstrahierter Verkehrs-Netzplan, Entwurf, Konzeption, Ausführung (32m²)				
	9100-0213 Stadtbücherei				
	• Herstellen (Kosten: 100,0%)	994,60 m² BGF	5.228	**5,26**	100,0
	Wand- und Fenstergestaltung, Graffiti, Folierung (16m²)				

Positionen für Neubau

C

001

Kosten:
Stand 2. Quartal 2025
Bundesdurchschnitt

Nr.	Kurztext / Stichworte					Kostengruppe
▶	▷	**ø brutto €**	◁	◀	[Einheit]	Ausf.-Dauer	Positionsnummer
▶	▷	**ø netto €**	◁	◀			

1 Standgerüst erstellen, innen LK3 — KG **392**

Standgerüst, LK3; H1; erstellen; innen

▶	▷	ø	◁	◀	Einheit	Ausf.-Dauer	Positionsnummer
5€	6€	**6€**	7€	8€	[m²]	0,11 h/m²	001.000.076
4€	5€	**5€**	6€	7€			

2 Standgerüst abbauen, innen LK3 — KG **392**

Standgerüst, LK3; H1; abbauen; innen

▶	▷	ø	◁	◀	Einheit	Ausf.-Dauer	Positionsnummer
4€	5€	**5€**	6€	7€	[m²]	0,07 h/m²	001.000.077
3€	4€	**5€**	5€	6€			

3 Standgerüst, Gebrauchsüberlassung — KG **392**

Gebrauchsüberlassung, Standgerüst, LK 3; H1; je Woche

▶	▷	ø	◁	◀	Einheit	Ausf.-Dauer	Positionsnummer
0,3€	0,4€	**0,4€**	0,4€	0,5€	[m²Wo]	–	001.000.078
0,2€	0,3€	**0,3€**	0,4€	0,4€			

4 Raumgerüst erstellen, LK3 — KG **392**

Raumgerüst, LK3; H1; erstellen, Seitenschutz einseitig/zweiseitig/umlaufend

▶	▷	ø	◁	◀	Einheit	Ausf.-Dauer	Positionsnummer
5€	6€	**7€**	8€	9€	[m³]	0,08 h/m³	001.000.079
4€	5€	**6€**	6€	7€			

5 Raumgerüst abbauen, LK3 — KG **392**

Raumgerüst, LK3; H1; abbauen, Seitenschutz einseitig/zweiseitig/umlaufend

▶	▷	ø	◁	◀	Einheit	Ausf.-Dauer	Positionsnummer
4€	4€	**5€**	6€	7€	[m³]	0,05 h/m³	001.000.080
3€	4€	**4€**	5€	6€			

6 Raumgerüst, Gebrauchsüberlassung — KG **392**

Gebrauchsüberlassung Raumgerüst, LK 3; H1; je Woche

▶	▷	ø	◁	◀	Einheit	Ausf.-Dauer	Positionsnummer
0,2€	0,4€	**0,4€**	0,6€	1,0€	[m³Wo]	–	001.000.048
0,2€	0,3€	**0,4€**	0,5€	0,8€			

7 Fahrgerüst erstellen, LK3 — KG **392**

Fahrgerüst, LK3; erstellen

▶	▷	ø	◁	◀	Einheit	Ausf.-Dauer	Positionsnummer
171€	214€	**238€**	271€	318€	[St]	1,50 h/St	001.000.084
144€	180€	**200€**	228€	268€			

8 Fahrgerüst entfernen, LK3 — KG **392**

Fahrgerüst, LK3; entfernen

▶	▷	ø	◁	◀	Einheit	Ausf.-Dauer	Positionsnummer
89€	112€	**124€**	141€	166€	[St]	0,70 h/St	001.000.085
75€	94€	**104€**	119€	140€			

▶ min
▷ von
ø Mittel
◁ bis
◀ max

Nr.	Kurztext / Stichworte					Kostengruppe
▶	▷	**ø brutto €**	◁	◀	[Einheit]	Ausf.-Dauer	Positionsnummer
▶	▷	**ø netto €**	◁	◀			

9 Fahrgerüst, Gebrauchsüberlassung KG **392**

Gebrauchsüberlassung, Fahrgerüst LK3; je Woche

31€	39€	**43€**	50€	58€	[StWo]	–	001.000.086
26€	33€	**36€**	42€	49€			

10 Gerüsttreppe erstellen, Treppenturm KG **392**

Treppenturm, Gerüst; Breite über 0,50-0,75m; erstellen, Klasse A/B

1.514€	1.887€	**2.073€**	2.384€	2.799€	[St]	⏱ 9,00h/St	001.000.096
1.272€	1.586€	**1.742€**	2.004€	2.352€			

11 Gerüsttreppe abbauen, Treppenturm KG **392**

Treppenturm, Gerüst; Breite über 0,50-0,75m; abbauen, Klasse A/B

571€	714€	**793€**	904€	1.063€	[St]	⏱ 3,00h/St	001.000.097
480€	600€	**666€**	760€	893€			

12 Treppenturm, Gebrauchsüberlassung KG **392**

Gebrauchsüberlassung, Treppenturm, Gerüst; je Woche

129€	161€	**179€**	204€	240€	[StWo]	–	001.000.098
108€	135€	**151€**	172€	202€			

13 Stundensatz, Facharbeiter/-in

Stundenlohnarbeiten, Vorarbeiter/-in, Facharbeiter/-in und Gleichgestellte; Gerüstbau

68€	79€	**84€**	90€	105€	[h]	⏱ 1,00h/h	001.000.052
57€	66€	**70€**	75€	88€			

14 Stundensatz, Helfer/-in

Stundenlohnarbeiten für Werker/-in, Helfer/-in und Gleichgestellte; Gerüstbau

50€	66€	**74€**	79€	91€	[h]	⏱ 1,00h/h	001.000.053
42€	56€	**62€**	66€	76€			

012

Kosten:
Stand 2. Quartal 2025
Bundesdurchschnitt

▶ min
▷ von
ø Mittel
◁ bis
◀ max

Nr.	Kurztext / Stichworte						Kostengruppe
▶	▷	**ø brutto €**	◁	◀	[Einheit]	Ausf.-Dauer	Positionsnummer
▶	▷	**ø netto €**	◁	◀			

1 Querschnittsabdichtung, Mauerwerk bis 15cm KG **342**

Querschnittsabdichtung, Wand, W4-E; Bitumen-Dachdichtungsbahn G200DD; Dicke bis 15cm; gegen Bodenfeuchte und nicht-drückendes Wasser

1€	4€	**4€**	5€	8€	[m]	⏱ 0,04 h/m	012.000.093
1€	3€	**3€**	4€	6€			

2 Dämmstein, Mauerwerk, 15cm KG **342**

Dämmelement; Dämmstein; Dicke 15cm; in Mauerwerk

38€	51€	**67€**	81€	106€	[m]	⏱ 0,12 h/m	012.000.137
32€	43€	**57€**	68€	89€			

3 Dämmstein, KS-Mauerwerk, 11,5cm KG **342**

Dämmstein; KS-ISO-Kimmstein, RDK 1,2; Wanddicke 11,5cm, Steinhöhe 13,5cm

34€	40€	**43€**	48€	60€	[m]	⏱ 0,14 h/m	012.000.207
28€	34€	**36€**	40€	50€			

4 Innenwand, Mauerziegel, 11,5cm KG **342**

Innenwand; Mz, SFK 20, RDK 1,6; 2DF 240x115x113mm; M 10

76€	94€	**97€**	102€	116€	[m²]	⏱ 0,60 h/m²	012.000.071
63€	79€	**81€**	86€	97€			

5 Innenwand, Mauerziegel, 24cm KG **342**

Innenwand; Mz, SFK 20, RDK 1,7; 2DF 240x240x113mm; M 10

106€	118€	**124€**	131€	146€	[m²]	⏱ 0,65 h/m²	012.000.139
89€	100€	**105€**	110€	123€			

6 Innenwand, HLz-Planstein 11,5cm, 8DF KG **342**

Innenwand; HLz, SFK 8, RDK 0,8; 8 DF 498x115x249mm; Dünnbettmörtel

62€	79€	**86€**	92€	111€	[m²]	⏱ 0,40 h/m²	012.000.199
53€	67€	**72€**	77€	93€			

7 Innenwand, HLz-Planstein 17,5cm, 12DF KG **342**

Innenwand; HLz, SFK 12, RDK 0,9; 12 DF 498x175x249mm; Dünnbettmörtel

84€	102€	**107€**	122€	155€	[m²]	⏱ 0,45 h/m²	012.000.140
71€	86€	**90€**	103€	130€			

8 Ausmauerung Fachwerk, HLz KG **342**

Ausmauerung Fachwerk; HLz; 3/4DF Dicke 17,5/24,0cm; M 10; inkl. Maueranker, Anschluss an Gebälk

88€	127€	**135€**	148€	222€	[m²]	⏱ 1,00 h/m²	012.000.045
74€	107€	**114€**	124€	187€			

Nr.	Kurztext / Stichworte					Kostengruppe
▶	▷	ø brutto €	◁	◀	[Einheit] Ausf.-Dauer	Positionsnummer
▶	▷	ø netto €	◁	◀		

9 Innenwand, KS L 17,5cm, 3DF KG **341**

Innenwand, nichttragend/tragend; KS L, SFK 12/20, RDK 1,4/1,8/2,0; 3DF, 240x175x113mm; für Putzauftrag

87€	102€	**107€**	119€	143€	[m2]	⏱ 0,30h/m2	012.000.201
73€	86€	**90€**	100€	120€			

10 Innenwand, KS L 11,5cm, bis 3DF KG **342**

Innenwand, nichttragend/tragend; KS L/KS, SFK 12/20, RDK 1,4/1,8/2,0; bis 3DF, 240x115x113mm; für späteren Putzauftrag

76€	86€	**91€**	100€	118€	[m2]	⏱ 0,40h/m2	012.000.200
64€	72€	**76€**	84€	99€			

11 Innenwand, KS Sichtmauerwerk 11,5cm, beidseitig KG **342**

Innenwand; KS Vm/KS Vb; Wanddicke 11,5cm, SFK 12/20, RDK 1,8; zweiseitiges Sichtmauerwerk

122€	149€	**160€**	163€	190€	[m2]	⏱ 0,38h/m2	012.000.184
103€	125€	**134€**	137€	160€			

12 Innenwand, Glasbausteine, nichttragend KG **342**

Innenwand, nichttragend; Glasbausteine; 190x80x190mm; Sichtmauerwerk; inkl. Bewehrungsstahl

171€	326€	**377€**	498€	681€	[m2]	⏱ 1,60h/m2	012.000.007
144€	274€	**317€**	418€	572€			

13 Innenwand, Porenbeton Planbauplatte 10cm, nichttragend KG **342**

Innenwand, nichttragend; Porenbeton-Planbauplatte; 624x100x249 mm; Dünnbettmörtel

90€	93€	**96€**	117€	130€	[m2]	⏱ 0,30h/m2	012.000.155
76€	78€	**81€**	98€	109€			

14 Innenwand, Porenbeton 17,5cm, nichttragend KG **342**

Innenwand, nichttragend; Porenbeton-Planstein; 249x175x249mm; Dünnbettmörtel

77€	95€	**102€**	111€	127€	[m2]	⏱ 0,35h/m2	012.000.079
64€	79€	**86€**	93€	106€			

15 Innenwand, Wandbauplatte, Leichtbeton, bis 10cm KG **342**

Innenwand, nichttragend; Wandbauplatte, Leichtbeton, RDK 0,80-1,4, F30 A; Dicke 5-10cm; mit Dickbettfuge; Sanitär-Vormauerungen

81€	121€	**124€**	132€	147€	[m2]	⏱ 0,28h/m2	012.000.133
68€	102€	**104€**	111€	124€			

16 Innenwand, Gipswandbauplatte, 10cm, nichttragend KG **342**

Innenwand, nichttragend; Gipswandbauplatten, A1, F180/EI180; Wanddicke 10cm, Format 666x500mm

72€	84€	**89€**	95€	108€	[m2]	⏱ 0,25h/m2	012.000.205
61€	71€	**75€**	80€	90€			

Objekte
3. Ebene
Positionen Neubau
Positionen Altbau

Nr.	Kurztext / Stichworte						Kostengruppe
▶	▷	**ø brutto €**	◁	◀	[Einheit]	Ausf.-Dauer	Positionsnummer
▶	▷	**ø netto €**	◁	◀			

17 Innenwand, Lehmstein 11,5cm, nichttragend KG **342**

Wand, tragend/nichttragend; Lehmstein, WLS 066; NF 240x115x71mm; Lehm-Mauermörtel/Kalkmörtel

92€	138€	**158€**	170€	199€	[m²]	⏱ 0,28h/m²	012.000.167
77€	116€	**133€**	143€	167€			

18 Brüstungsmauerwerk, Breite 17,5cm KG **359**

Mauerwerksbrüstung; Mz/HLz; 3DF 240x175x113mm, Höhe bis 1,00m

86€	97€	**105€**	111€	123€	[m²]	⏱ 0,44h/m²	012.000.122
72€	81€	**88€**	93€	103€			

Kosten:
Stand 2. Quartal 2025
Bundesdurchschnitt

19 Öffnungen, Mauerwerk bis 17,5cm, 1,01x2,13m KG **341**

Öffnungen anlegen; Mauerwerk; beim Aufmauern; als Tür-/Fensteröffnung

35€	48€	**54€**	62€	82€	[St]	⏱ 0,27h/St	012.000.100
30€	41€	**45€**	52€	69€			

20 Öffnungen, Mauerwerk bis 2,50m² KG **341**

Öffnungen anlegen; Mauerwerk; Größe über 2,5m²; Türöffnung

10€	14€	**15€**	19€	25€	[m²]	⏱ 0,12h/m²	012.000.185
9€	11€	**13€**	16€	21€			

21 Öffnungen schließen, Mauerwerk KG **340**

Öffnungen schließen; HLz, SFK 12, RDK 1,8; 2DF 240x115x113mm; M 2,5

116€	153€	**170€**	196€	249€	[m²]	⏱ 1,10h/m²	012.000.115
98€	129€	**143€**	165€	209€			

22 Aussparung schließen, bis 0,25m² KG **340**

Aussparung schließen; HLz, SFK 12, RDK 1,8; 2DF 240x115x113mm; waagrecht/senkrecht, M 2,5

25€	54€	**65€**	79€	116€	[St]	⏱ 0,30h/St	012.000.103
21€	45€	**55€**	67€	98€			

23 Schachtwand, Kalksandsteine KG **342**

Schachtwand EI30/EI60/EI90; KS L, SFK 12, RDK 1,8; 2-3DF 240x115/175x113mm; Mauerwerk, Dünnbettmörtel

64€	103€	**119€**	144€	197€	[m²]	⏱ 0,42h/m²	012.000.068
54€	87€	**100€**	121€	166€			

24 Öffnung überdecken, Ziegelsturz KG **342**

Fertigteilsturz; Ziegelflachsturz; Höhe 71/113mm; Öffnungen

32€	36€	**38€**	42€	52€	[m]	⏱ 0,25h/m	012.000.069
27€	30€	**32€**	36€	44€			

▶ min
▷ von
ø Mittel
◁ bis
◀ max

© BKI Baukosteninformationszentrum

Nr.	Kurztext / Stichworte						Kostengruppe
▶	▷	**ø brutto €**	◁	◀	[Einheit]	Ausf.-Dauer	Positionsnummer
▶	▷	**ø netto €**	◁	◀			
25	**Öffnung überdecken, KS-Sturz, 17,5cm**						KG **341**
	Fertigteilsturz; Kalksandstein; Dicke 17,5cm; Öffnungen						
34€	48€	**53€**	67€	90€	[m]	⏱ 0,30h/m	012.000.075
28€	40€	**45€**	56€	76€			
26	**Öffnung überdecken, Betonsturz, 24cm**						KG **341**
	Fertigteilsturz; Stahlbeton; Dicke 24cm; Öffnungen						
40€	84€	**101€**	119€	150€	[m]	⏱ 0,35h/m	012.000.070
34€	71€	**85€**	100€	126€			
27	**Öffnung überdecken, Flachbogen/Segmentbogen**						KG **342**
	Flachbogen/Segmentbogen; KS/VMz; Länge 2,0m, Dicke 24cm; Öffnungen						
254€	280€	**305€**	345€	398€	[St]	⏱ 1,55h/St	012.000.074
214€	236€	**256€**	290€	335€			
28	**Laibung beimauern, Sichtmauerwerk**						KG **330**
	Laibungen beimauern, Sichtmauerwerk; VMz; NF, 240x115x71mm						
14€	19€	**20€**	23€	29€	[m]	⏱ 0,80h/m	012.000.051
12€	16€	**17€**	19€	24€			
29	**Glattstrich, Laibungen/Brüstungen**						KG **330**
	Glattstrich, Laibungen, Brüstungen; Kalkzementputz						
7€	10€	**12€**	15€	20€	[m]	⏱ 0,12h/m	012.000.189
6€	9€	**10€**	12€	17€			
30	**Schlitze herstellen, Mauerwerk**						KG **341**
	Schlitz herstellen; Tiefe bis 10cm; ohne schließen; in Mauerwerk						
16€	22€	**25€**	29€	36€	[m]	⏱ 0,20h/m	012.000.012
13€	19€	**21€**	24€	30€			
31	**Schlitze schließen, Mauerwerk**						KG **341**
	Schlitz schließen; Untergrund Ziegel-/KS-Mauerwerk; Innenwand						
10€	23€	**29€**	30€	43€	[m]	⏱ 0,20h/m	012.000.191
9€	20€	**24€**	25€	36€			
32	**Deckenanschluss, Mauerwerkswand**						KG **342**
	Deckenanschlussfuge; MW, A1; Dicke 11,5cm; mit MW verstopfen, beidseitig versiegeln						
13€	19€	**21€**	22€	28€	[m]	⏱ 0,20h/m	012.000.014
11€	16€	**18€**	18€	24€			

Nr.	Kurztext / Stichworte						Kostengruppe
►	▷	ø brutto €	◁	◄	[Einheit]	Ausf.-Dauer	Positionsnummer
►	▷	ø netto €	◁	◄			

33 Deckenanschlussfuge rauchdicht KG **342**

Deckenanschlussfuge; Fugendichtmaterial; Decke bis 24cm; rauchdicht, beidseitig elastisch versiegeln

4€	7€	**9€**	10€	13€	[m]	⏱ 0,10h/m	012.000.158
3€	6€	**8€**	9€	11€			

34 Deckenanschluss gleitend, ohne Brandschutz KG **342**

Deckenanschluss gleitend; Einbauhöhe bis 2,75m, Mauerdicke 11,5/17,5/24cm; mit Anker

6€	11€	**12€**	13€	16€	[m]	⏱ 0,12h/m	012.000.194
5€	9€	**10€**	11€	13€			

Kosten:
Stand 2. Quartal 2025
Bundesdurchschnitt

35 Deckenanschluss gleitend, mit Brandschutz KG **342**

Deckenanschluss gleitend; Einbauhöhe bis 2,75m, Mauerdicke 11,5/17,5/24cm; mit Anker

37€	61€	**63€**	70€	87€	[m]	⏱ 0,16h/m	012.000.210
31€	52€	**53€**	59€	73€			

36 Maueranker, beim Aufmauern einlegen KG **341**

Maueranschluss, Flachanker; HTA 25/15-D/28/15 Stahl, verzinkt/rostfrei

1€	3€	**3€**	4€	5€	[St]	⏱ 0,04h/St	012.000.064
1€	2€	**3€**	4€	5€			

37 Mauerwerk verzahnen KG **341**

Maueranschluss, Verzahnung; KS-L, Format 2DF; Höhe bis 2,75m; Innenwand, nichttragend

13€	18€	**22€**	23€	29€	[m]	⏱ 0,20h/m	012.000.050
11€	15€	**18€**	19€	24€			

38 Vormauerung, Porenbeton, Sanitärbereich KG **342**

Vormauerung; Porenbeton-Planstein, SFK 4, RDK 0,55; Dicke 11,5/15,0cm; Dünnbettmörtel; Sanitärbereich

78€	121€	**136€**	153€	189€	[m²]	⏱ 0,90h/m²	012.000.015
66€	102€	**114€**	129€	159€			

39 Badewanne einmauern, Leichtbeton KG **342**

Badewanne einmauern; Leichtbeton-Bauplatte, NM II; 1,70x0,55m, Plattendicke 7cm; Rohdecke/schwimmenden Estrich

146€	199€	**215€**	248€	328€	[St]	⏱ 1,70h/St	012.000.042
123€	168€	**180€**	208€	275€			

40 Ausmauerung, Fachwerk 11,5cm KG **342**

Ausmauerung Holzfachwerk; HLz; 2DF 240x115x113mm; M 2,5; inkl. Maueranker, Gebälkanschluss, Geschosshöhe bis 3,00m

77€	112€	**133€**	141€	159€	[m²]	⏱ 0,85h/m²	012.000.085
65€	94€	**112€**	118€	133€			

► min
▷ von
ø Mittel
◁ bis
◄ max

© BKI Baukosteninformationszentrum

Nr.	Kurztext / Stichworte						Kostengruppe
▶	▷	ø brutto €	◁	◀	[Einheit]	Ausf.-Dauer	Positionsnummer
▶	▷	ø netto €	◁	◀			

41 Kernbohrung, Mauerwerk, DN100, Länge bis 250mm — KG **342**

Kernbohrung Mauerwerk; HLz/KS; DN100, Tiefe 200-250mm; waagrecht/schräg; Wand/Decke; Bohrkern entsorgen

27€	41€	**47€**	49€	56€	[St]	⏱ 0,60h/St	012.000.063
23€	34€	**39€**	41€	47€			

42 Stahlzarge, Einbau — KG **344**

Stahleck-/Stahlumfassungszarge, einbauen; 885x2.130mm,MW 195mm; Schattennut, ohne/einseitig/beidseitig; Mauerwerk/Stahlbeton; ohne Lieferung

192€	247€	**290€**	309€	354€	[St]	⏱ 2,00h/St	012.000.038
161€	208€	**244€**	260€	297€			

43 Umfassungszarge, Stahl — KG **344**

Stahlumfassungszarge, einbauen; 885x2.130mm, 195mm; Schattennut, ohne/einseitig/beidseitig; Mauerwerk/Stahlbeton

179€	266€	**305€**	323€	407€	[St]	⏱ 2,20h/St	012.000.039
150€	223€	**256€**	272€	342€			

44 Stahltüre, T30, einflüglig — KG **344**

Brandschutztürelement, T30; Stahl; 885x2.130mm, MW 195mm

618€	729€	**781€**	832€	928€	[St]	⏱ 3,00h/St	012.000.040
520€	613€	**657€**	699€	780€			

45 Gurtwicklerkasten, Kunststoff — KG **338**

Rollladengurtwicklerkasten; Kunststoff, ungedämmt/gedämmt; Gurtlänge bis 6,00/12,0m, Höhe 24,8cm, Dicke 17,5/24,0cm; laibungsbündig einbauen

17€	26€	**28€**	35€	49€	[St]	⏱ 0,20h/St	012.000.126
14€	22€	**24€**	30€	41€			

46 Bodenbelag, Ziegelpflaster, Vormauerziegel — KG **324**

Pflasterdecke; Pflasterziegel/Pflasterklinker; 115x240x50mm; im Verband, in Sand-/Mörtelbett; innen/außen

71€	98€	**115€**	131€	158€	[m²]	⏱ 0,80h/m²	012.000.060
60€	82€	**97€**	110€	133€			

47 Stundensatz, Facharbeiter/-in

Stundenlohnarbeiten, Vorarbeiter/-in, Facharbeiter/-in und Gleichgestellte; Mauerarbeiten

72€	82€	**87€**	93€	105€	[h]	⏱ 1,00h/h	012.000.128
61€	69€	**74€**	79€	88€			

48 Stundensatz, Helfer/-in

Stundenlohnarbeiten für Werker/-in, Helfer/-in und Gleichgestellte; Mauerarbeiten

56€	72€	**80€**	82€	89€	[h]	⏱ 1,00h/h	012.000.129
47€	61€	**67€**	69€	75€			

Nr.	Kurztext / Stichworte					Kostengruppe
▶	▷	**ø brutto €**	◁	◀	[Einheit]	Ausf.-Dauer	Positionsnummer
▶	▷	**ø netto €**	◁	◀		

▶	▷	ø	◁	◀	[Einheit]	Ausf.-Dauer	Positionsnummer
1	**Innenwand, Ortbeton, C25/30, bis 25cm**						KG **341**
Innenwand, Ortbeton; Stahlbeton C25/30, XC1, WO; Dicke über 15-25cm, Höhe bis 3m; Sichtbeton Klasse SB2							
191€	220€	**240€**	265€	306€	[m³]	⏱ 0,70h/m³	013.000.244
160€	185€	**202€**	223€	257€			
2	**Schalung, Wand, rau**						KG **331**
Schalung Wand, rau; Betonoberfläche sichtbar							
49€	56€	**59€**	63€	80€	[m²]	⏱ 0,70h/m²	013.000.013
41€	47€	**50€**	53€	67€			
3	**Schalung, Wand, glatt**						KG **331**
Schalung Wand, glatt; GF-Schalungsplatte,scharfkantig/gefast/Dreikantleiste; Betonoberfläche sichtbar							
36€	55€	**63€**	72€	97€	[m²]	⏱ 0,80h/m²	013.000.060
30€	46€	**53€**	61€	82€			
4	**Schalung, Wand, SB3**						KG **331**
Schalung, Wand; scharfkantig/gefast/Dreikantleiste; Sichtbeton Klasse SB3							
61€	81€	**87€**	91€	102€	[m²]	⏱ 0,85h/m²	013.000.204
51€	68€	**73€**	76€	86€			
5	**Schalung, Dreiecksleiste**						KG **331**
Eck-/Kantenausbildung; Dreiecksleiste, Holz/Kunststoff, glatt, nichtsaugend; 15x15mm							
4€	7€	**8€**	10€	13€	[m]	⏱ 0,60h/m	013.000.066
4€	6€	**6€**	8€	11€			
6	**Wandschalung, Türe 1.010mm**						KG **341**
Wandschalung, Aussparung; glatte, nichtsaugende Schalung; 1.010x2.000/2.130mm, Dicke 20/25cm; als Türöffnung, inkl. Sturzausbildung							
84€	146€	**168€**	204€	297€	[St]	⏱ 1,70h/St	013.000.176
70€	122€	**141€**	171€	250€			
7	**Wandschalung, Türe 1.135mm**						KG **341**
Schalung, Türöffnung; glatte, nichtsaugende Schalung; 1.135x2.000/2.130mm, Dicke 20/25cm							
88€	153€	**180€**	208€	335€	[St]	⏱ 1,70h/St	013.000.177
74€	128€	**151€**	175€	281€			
8	**Wandschalung, Fenster bis 4,00m²**						KG **331**
Schalung Fenster; glatte, nichtsaugende Schalung; A bis 4,00m², Dicke 20/25cm							
97€	226€	**333€**	350€	479€	[St]	⏱ 2,40h/St	013.000.101
81€	190€	**280€**	294€	402€			

013

Kosten:
Stand 2. Quartal 2025
Bundesdurchschnitt

▶ min
▷ von
ø Mittel
◁ bis
◀ max

Nr.	Kurztext / Stichworte						Kostengruppe
▶	▷	ø brutto €	◁	◀	[Einheit]	Ausf.-Dauer	Positionsnummer
▶	▷	ø netto €	◁	◀			

9 Wandschalung, Stirnfläche KG **331**

Wandschalung; rau/glatt; nicht sichtbar/sichtbar bleibend; freie Wandenden

20€	28€	**33€**	38€	47€	[m]	⏱ 0,16h/m	013.000.188
16€	23€	**28€**	32€	39€			

10 Aussparung, bis 0,10m², Betonbauteile KG **351**

Aussparung, Betonbauteile; A bis 0,10m²

21€	48€	**58€**	79€	130€	[St]	⏱ 0,30h/St	013.000.077
18€	40€	**49€**	66€	109€			

11 Öffnung, über 2,5m², Wand KG **351**

Öffnung, Ortbetonwand; Größe über 2,5m²; inkl. Sturzausbildung, Sichtbeton

90€	104€	**109€**	118€	142€	[m²]	⏱ 0,85h/m²	013.000.205
76€	87€	**91€**	99€	119€			

12 Kernbohrung, Stb-Decke, Durchmesser 140-160 mm KG **351**

Kernbohrung, Decke; Stahlbeton; Durchmesser 140-160mm; inkl. Bauschuttentsorgung

266€	313€	**355€**	405€	444€	[St]	⏱ 2,85h/St	013.000.226
224€	263€	**298€**	340€	373€			

13 Kernbohrung, Stahlschnitte, 16-28mm KG **351**

Kernbohrung, Stahlschnitte; Durchmesser 16-28mm; Mehrpreis Schnitte Stabstahl

5€	6€	**7€**	8€	9€	[St]	⏱ 0,05h/St	013.000.228
4€	5€	**6€**	7€	8€			

14 Stb-Fertigteilsturz, Breite 11,5cm KG **331**

Fertigteilsturz; Stahlbeton; Sturzbreite 11,5cm Öffnungsbreite max. 1,01m; inkl. Bewehrung

40€	71€	**73€**	83€	96€	[m]	⏱ 0,30h/m	013.000.210
34€	59€	**62€**	69€	81€			

15 Stb-Fertigteil, Treppenpodest KG **351**

Fertigteiltreppenpodest; Stahlbeton, XC1, WO; Verkehrslast 3,5/5,0kN/m²; Sichtbeton

1.189€	2.261€	**2.711€**	3.254€	4.818€	[St]	⏱ 1,80h/St	013.000.213
999€	1.900€	**2.278€**	2.735€	4.049€			

16 Stb-Fertigteil, Treppe, einläufig, 7 Stufen KG **351**

Fertigteiltreppe, einläufig; Stahlbeton, XC1, WO; 7 Stufen, Stg. 17,5x28,0cm, Breite 100cm; Betonoberfläche sichtbar, einläufig

1.058€	1.727€	**1.898€**	2.103€	2.989€	[St]	⏱ 1,40h/St	013.000.033
889€	1.451€	**1.595€**	1.767€	2.512€			

Nr.	Kurztext / Stichworte						Kostengruppe
▶	▷	ø brutto €	◁	◀	[Einheit]	Ausf.-Dauer	Positionsnummer
▶	▷	ø netto €	◁	◀			

17 Gefällebeton, C12/15, XC4/XF1 — KG **361**

Aufbeton; Beton C12/15, unbewehrt, XC4/XF1; Dicke 10cm; herstellen von Gefälle, Betonoberfläche nicht sichtbar

35€	43€	**46€**	49€	55€	[m2]	⏱ 0,25h/m2	013.000.071
30€	36€	**38€**	41€	47€			

18 Elektrogerätedose — KG **444**

Elektrogerätedose; IP 3X; Einbauhöhe 53mm; in Ortbeton

7€	15€	**18€**	23€	38€	[St]	⏱ 0,10h/St	013.000.079
6€	13€	**15€**	19€	32€			

Kosten:
Stand 2. Quartal 2025
Bundesdurchschnitt

19 Elektroleerrohr, flexibel, DN25 — KG **444**

Elektroleerrohr; flexibel; DN25; in Schalung von Ortbetonbauteilen

5€	12€	**14€**	29€	57€	[m]	⏱ 0,10h/m	013.000.045
4€	10€	**12€**	24€	48€			

20 Leuchten-Einbaugehäuse/-Eingießtopf — KG **445**

Leuchten-Einbaugehäuse; in Stahlbetonbauteil; ohne Lieferung

71€	121€	**134€**	146€	189€	[St]	⏱ 0,30h/St	013.000.158
59€	102€	**113€**	123€	159€			

21 Wandschlitz, Beton — KG **341**

Schalung Wandschlitz; Schalmaterial nichtsaugend; waagrecht/senkrecht

15€	32€	**39€**	47€	71€	[m]	⏱ 0,40h/m	013.000.130
12€	27€	**33€**	40€	59€			

22 Deckenschlitz, Beton — KG **351**

Schalung Deckenschlitz; Schalmaterial nichtsaugend; waagrecht/senkrecht

15€	33€	**39€**	47€	71€	[m]	⏱ 0,42h/m	013.000.159
12€	27€	**32€**	40€	59€			

23 Wandaussparung schließen — KG **341**

Aussparung schließen, Wand; Beton C25/30; Dicke 200-250mm; waagrecht/senkrecht; inkl. Bewehrung und Schalung

76€	164€	**220€**	261€	330€	[m2]	⏱ 1,20h/m2	013.000.063
64€	138€	**184€**	219€	277€			

24 Deckendurchbruch schließen, bis 250cm2 — KG **351**

Aussparungen/Durchbrüche schließen; Ortbeton C20/25; Dicke 25cm, bis 250cm2; Betondecke

25€	39€	**45€**	53€	73€	[St]	⏱ 0,40h/St	013.000.165
21€	33€	**38€**	44€	62€			

▶ min
▷ von
ø Mittel
◁ bis
◀ max

© BKI Baukosteninformationszentrum

Nr.	Kurztext / Stichworte					Kostengruppe
▶	▷	ø brutto €	◁	◀	[Einheit] Ausf.-Dauer	Positionsnummer
▶	▷	ø netto €	◁	◀		

25 Betonstahlmatten, BSt B500A/B500B — KG **351**

Betonstahlmatten; Bst 500A/500B; Lagermatte/Listenmatte

▶	▷	ø	◁	◀	Einheit	Ausf.-Dauer	Positionsnummer
1.743€	2.310€	**2.591€**	2.812€	3.424€	[t]	⏱ 0,18h/t	013.000.219
1.465€	1.941€	**2.178€**	2.363€	2.878€			

26 Bewehrungszubehör, Abstandshalter — KG **351**

Bewehrungszubehör, Abstandshalterböcke; Stahl, Kunststoff

▶	▷	ø	◁	◀	Einheit	Ausf.-Dauer	Positionsnummer
3€	4€	**5€**	6€	8€	[kg]	⏱ 0,05h/kg	013.000.049
3€	4€	**4€**	5€	7€			

27 Ankerschiene 28/15 — KG **331**

Ankerschiene; nicht rostender Stahl; HTA 28/15/HMS

▶	▷	ø	◁	◀	Einheit	Ausf.-Dauer	Positionsnummer
20€	30€	**34€**	45€	84€	[m]	⏱ 0,20h/m	013.000.055
17€	25€	**29€**	38€	71€			

28 TSD-Element, Bodenplatte/Treppenlauf gerade — KG **351**

Trittschalldämmelement; gerader Treppenlauf, Podest

▶	▷	ø	◁	◀	Einheit	Ausf.-Dauer	Positionsnummer
161€	186€	**199€**	203€	226€	[St]	⏱ 0,35h/St	013.000.222
135€	157€	**167€**	171€	190€			

29 Stundensatz, Facharbeiter/-in

Stundenlohnarbeiten, Vorarbeiterin, Facharbeiter/-in und Gleichgestellte; Betonbau

▶	▷	ø	◁	◀	Einheit	Ausf.-Dauer	Positionsnummer
68€	82€	**88€**	92€	102€	[h]	⏱ 1,00h/h	013.000.160
57€	69€	**74€**	77€	86€			

30 Stundensatz, Helfer/-in

Stundenlohnarbeiten für Werker/-in, Helfer/-in und Gleichgestellte; Betonbau

▶	▷	ø	◁	◀	Einheit	Ausf.-Dauer	Positionsnummer
63€	73€	**79€**	81€	86€	[h]	⏱ 1,00h/h	013.000.161
53€	61€	**66€**	68€	73€			

014

Kosten:
Stand 2. Quartal 2025
Bundesdurchschnitt

Nr.	**Kurztext** / Stichworte						Kostengruppe
▶	▷	**ø brutto €**	◁	◀	[Einheit]	Ausf.-Dauer	Positionsnummer
▶	▷	**ø netto €**	◁	◀			
1	**Unterboden reinigen**						KG **324**
Untergrund reinigen; Staub, grobe Verschmutzungen; aufnehmen, entsorgen							
2€	3€	**4€**	4€	6€	[m²]	⏱ 0,03 h/m²	014.000.001
2€	3€	**3€**	4€	5€			
2	**Voranstrich, Natursteinbelag**						KG **353**
Grundierung, Natursteinbelag; Voranstrich; für Fliesenbelag							
1€	3€	**4€**	5€	9€	[m²]	⏱ 0,05 h/m²	014.000.086
1€	3€	**3€**	4€	8€			
3	**Innenbelag, Terrazzoplatten**						KG **353**
Bodenbelag, Kunststeinplatten; Terrazzo; Mörtel 30mm; einschichtig im Mörtelbett, inkl. Fugenmörtel; Innenbereich							
157€	184€	**192€**	193€	233€	[m²]	⏱ 1,50 h/m²	014.000.045
132€	155€	**161€**	162€	195€			
4	**Innenbelag, Betonwerkstein**						KG **353**
Bodenbelag, Betonwerksteinplatten; fein geschliffen; Mörtel 30mm; einschichtig Dickbett, inkl. Fugenmörtel; Innenbereich							
132€	148€	**153€**	170€	208€	[m²]	⏱ 1,10 h/m²	014.000.026
111€	125€	**128€**	143€	175€			
5	**Innenbelag, Naturwerkstein, Granit**						KG **353**
Bodenbelag, Naturwerksteinplatten; Granit, poliert; Plattendicke bis 30mm; im Dünnbett, inkl. Fugenmörtel; Innenbereich							
183€	224€	**240€**	254€	305€	[m²]	⏱ 1,10 h/m²	014.000.061
154€	188€	**201€**	214€	256€			
6	**Innenbelag, Naturwerkstein, Marmor**						KG **353**
Bodenbelag, Naturwerksteinplatten; Marmor, poliert; Plattendicke 10mm; im Dünnbett, inkl. Fugenmörtel; Innenbereich							
197€	241€	**241€**	267€	307€	[m²]	⏱ 1,10 h/m²	014.000.062
165€	203€	**203€**	224€	258€			
7	**Innenbelag, Naturwerkstein, Kalkstein**						KG **353**
Bodenbelag, Naturwerksteinplatten; Kalkstein, gebürstet; Plattendicke 10mm; im Dünnbett, inkl. Fugenmörtel; Innenbereich							
151€	182€	**206€**	223€	251€	[m²]	⏱ 1,10 h/m²	014.000.063
127€	153€	**173€**	187€	211€			
8	**Innenbelag, Naturwerkstein, Solnhofer Kalkstein**						KG **353**
Bodenbelag, Solnhofer Naturwerkstein; Kalkstein, gebürstet; Plattendicke 10mm; im Dickebett, inkl. Fugenmörtel; Innenbereich							
142€	209€	**221€**	237€	279€	[m²]	⏱ 1,20 h/m²	024.000.043
119€	175€	**185€**	199€	235€			

▶ min
▷ von
ø Mittel
◁ bis
◀ max

Nr.	Kurztext / Stichworte					Kostengruppe
▶	▷	ø brutto €	◁	◀	[Einheit] Ausf.-Dauer	Positionsnummer
▶	▷	ø netto €	◁	◀		

9 Innenbelag, Naturwerkstein, Schiefer KG **353**

Bodenbelag, Naturwerksteinplatten; Schiefer, spaltrau; Plattendicke 10mm; im Mittelbett, inkl. Fugenmörtel; Innenbereich

121€	155€	**171€**	178€	196€	[m²]	⏱ 1,10h/m²	014.000.055
102€	130€	**143€**	149€	164€			

10 Innenbelag, Naturwerkstein, Travertin KG **353**

Bodenbelag, Naturwerksteinplatten; Travertin, geschliffen; Plattendicke 10mm; im Mörtelbett, inkl. Fugenmörtel; Innenbereich

181€	232€	**258€**	310€	331€	[m²]	⏱ 1,20h/m²	014.000.056
152€	195€	**217€**	260€	278€			

11 Innenbelag, Naturwerkstein, Kalkstein, R10 KG **353**

Bodenbelag, Naturwerksteinplatten; Kalkstein, R10; Plattendicke 20mm; im Mörtelbett, inkl. Fugenmörtel; Innenbereich

197€	220€	**236€**	250€	299€	[m²]	⏱ 1,10h/m²	014.000.059
165€	185€	**198€**	210€	252€			

12 Sockel, Naturwerkstein, magmatisches Gestein KG **353**

Sockelleiste, Naturwerkstein; magmatisches Gestein, feingeschliffen; Plattendicke bis 15mm; auf Dünnbettmörtel, inkl. Verfugung; Innenbereich

23€	34€	**39€**	48€	68€	[m]	⏱ 0,25h/m	014.000.023
19€	29€	**33€**	41€	57€			

13 Randplatte, Naturwerkstein, innen KG **353**

Randplatte, Naturwerkstein; Plattenbreite 280mm; im Dünnbett inkl. Verfugung; Innenbereich

88€	112€	**126€**	139€	161€	[m]	⏱ 0,40h/m	014.000.032
74€	94€	**106€**	117€	135€			

14 Randplatte, Naturwerkstein, Treppenauge, innen KG **353**

Randplatte, Naturwerkstein; Plattenbreite 280mm; im Dünnbett inkl. Verfugung; Treppenauge, innen

90€	133€	**156€**	175€	217€	[m]	⏱ 0,60h/m	014.000.033
76€	112€	**131€**	147€	182€			

15 Bodenprofil, Bewegungsfugen, Plattenbelag KG **353**

Bewegungsfugenprofil; Aluminium, E6/C0; Plattendicke 10mm; Fuge mit Kautschukprofil füllen

34€	62€	**72€**	78€	101€	[m]	⏱ 0,14h/m	014.000.035
29€	52€	**60€**	66€	85€			

16 Trennschiene, Messing KG **353**

Trennschiene; Messing, matt/poliert; Werkstein-Bodenbelag, Innenbereich

31€	35€	**36€**	40€	46€	[m]	⏱ 0,12h/m	014.000.036
26€	29€	**30€**	34€	39€			

Nr.	Kurztext / Stichworte						Kostengruppe
►	▷	ø brutto €	◁	◄	[Einheit]	Ausf.-Dauer	Positionsnummer
►	▷	ø netto €	◁	◄			

17 Trennschiene, nichtrostender Stahl KG **353**

Trennschiene; Stahl, nichtrostend; Werkstein-Bodenbelag, Innenbereich

28€	40€	**45€**	53€	71€	[m]	⏱ 0,12h/m	014.000.038
24€	34€	**38€**	44€	60€			

18 Treppenbelag, Naturwerkstein, Tritt-/Setzstufe KG **353**

Tritt- und Setzstufe; Naturstein; 1.000x290x175mm; mit Zementmörtel verlegen; Stahlbetonuntergrund

174€	200€	**214€**	238€	285€	[m]	⏱ 0,60h/m	014.000.021
146€	168€	**180€**	200€	239€			

Kosten:
Stand 2. Quartal 2025
Bundesdurchschnitt

19 Stufengleitschutzprofil, Treppe KG **353**

Stufengleitschutzprofil; Kunststoff, rutschhemmend; Breite 20mm; in Stufenvorderkante; Naturstein-/Betonwerksteinstufe

27€	31€	**32€**	33€	37€	[m]	⏱ 0,20h/m	014.000.022
23€	26€	**27€**	28€	31€			

20 Rillenfräsung, Stufenkante KG **353**

Rillenfräsung, Stufenkante; Naturstein/Betonwerkstein; 4 parallele Rillen; als taktiles Erkennungsmerkmal

38€	42€	**46€**	60€	66€	[m]	⏱ 0,20h/m	014.000.060
32€	35€	**39€**	50€	55€			

21 Aufmerksamkeitsstreifen, Stufenkante, PU-Einzelrippen KG **353**

Aufmerksamkeitsstreifen, Stufenkante; Polyurethan; dreireihig; geklebte Einzelrippen, als taktiles Erkennungsmerkmal

–	49€	**53€**	68€	–	[m]	⏱ 0,35h/m	014.000.064
–	41€	**45€**	57€	–			

22 Bohrung, Plattenbelag KG **353**

Bohrungen, Naturwerksteinplatten; Durchmesser 25mm; Boden-/Wandbelag

20€	26€	**31€**	33€	44€	[St]	⏱ 0,20h/St	014.000.028
17€	21€	**26€**	28€	37€			

23 Ausklinkung, Plattenbelag KG **353**

Ausklinkung Plattenbelag; Naturwerkstein/Betonwerkstein; Boden-/Wandbelag

15€	26€	**30€**	39€	58€	[St]	⏱ 0,18h/St	014.000.029
13€	22€	**25€**	33€	49€			

24 Kanten bearbeiten, Plattenbelag KG **353**

Naturwerkstein/Betonwerkstein; als eckige Fase; Boden-/Wandbelag

10€	16€	**19€**	26€	36€	[m]	⏱ 0,18h/m	014.000.030
8€	13€	**16€**	22€	30€			

► min
▷ von
ø Mittel
◁ bis
◄ max

© **BKI** Baukosteninformationszentrum

Nr.	Kurztext / Stichworte						Kostengruppe
▶	▷	ø brutto €	◁	◀	[Einheit]	Ausf.-Dauer	Positionsnummer
▶	▷	ø netto €	◁	◀			

25 Rundschnittbogen, Plattenbelag KG **353**

Rundschnitt, Naturwerksteinplatten; Boden-/Wandbelag

48€	59€	**69€**	78€	104€	[m]	⏱ 0,50 h/m	014.000.049
40€	50€	**58€**	66€	88€			

26 Fries, Plattenbelag KG **353**

Friesplatte; Naturwerkstein; Breite 280mm, Länge 500mm, Dicke 20mm; Dünnbettmörtel, inkl. Verfugung; Innenbereich

64€	111€	**126€**	142€	177€	[m]	⏱ 0,40 h/m	014.000.034
54€	93€	**106€**	120€	149€			

27 Trittschalldämmung, Randstreifen, MW KG **353**

Trittschalldämmung; Mineralwolle DES-sh; Dicke 25mm

10€	13€	**15€**	17€	20€	[m²]	⏱ 0,60 h/m²	014.000.042
9€	11€	**13€**	14€	17€			

28 Erstreinigung, Bodenbelag KG **353**

Erstreinigung, Bodenbelag; Naturwerksteinplatten

6€	17€	**20€**	23€	38€	[m²]	⏱ 0,25 h/m²	014.000.050
5€	14€	**16€**	19€	32€			

29 Fußabstreifer, Rahmen/Reinstreifen KG **324**

Fußabstreifer; Stahl, Aluminium; bis 225/1.500mm, Höhe 25mm

4.258€	4.825€	**5.677€**	6.528€	7.664€	[St]	⏱ 1,00 h/St	014.000.046
3.578€	4.055€	**4.770€**	5.486€	6.440€			

30 Betonwerksteinbeläge fluatieren KG **353**

Betonwerkstein, Oberflächenbehandlung; Fluatieren; inkl. Vorreinigung

5€	7€	**8€**	11€	15€	[m²]	⏱ 0,10 h/m²	014.000.041
5€	6€	**6€**	9€	13€			

31 Natursteinbelag hydrophobieren KG **353**

Naturwerkstein, Oberflächenbehandlung, nachträglich; Hydrophobieren

8€	17€	**20€**	23€	29€	[m²]	⏱ 0,10 h/m²	014.000.040
7€	14€	**17€**	20€	25€			

32 Naturwerksteinfläche bearbeiten KG **335**

Naturwerksteinoberfläche überarbeiten; bearbeiten

137€	181€	**204€**	210€	272€	[m²]	⏱ 2,00 h/m²	014.000.002
115€	152€	**172€**	176€	229€			

Nr.	Kurztext / Stichworte						Kostengruppe
▶	▷	ø brutto €	◁	◀	[Einheit]	Ausf.-Dauer	Positionsnummer
▶	▷	ø netto €	◁	◀			

33 Oberfläche, laserstrukturiert, Mehrpreis KG **353**

Oberflächenstrukturgestaltung, Naturstein; Lasern bis Anforderung mind. R10

▶	▷	ø	◁	◀	Einheit	Ausf.-Dauer	Positionsnummer
–	50€	**55€**	66€	–	[m²]	0,10h/m²	014.000.065
–	42€	**46€**	55€	–			

34 Fensterbank, Naturwerkstein, innen KG **334**

Fensterbank, Naturwerkstein, innen; gefast; Breite 250mm, Dicke 25mm; Mörtelbett, verfugen

▶	▷	ø	◁	◀	Einheit	Ausf.-Dauer	Positionsnummer
46€	74€	**83€**	90€	118€	[m]	0,42h/m	014.000.087
39€	62€	**70€**	76€	99€			

35 Fensterbank, Betonwerkstein, innen KG **334**

Fensterbank, Betonwerkstein, innen; gefast; Breite 250mm, Dicke 50mm; Mörtelbett, verfugen

▶	▷	ø	◁	◀	Einheit	Ausf.-Dauer	Positionsnummer
46€	72€	**81€**	89€	118€	[m]	0,42h/m	014.000.009
39€	60€	**68€**	75€	99€			

36 Leitsystem, innen, Rippenfliesen, Edelstahl, 3 Rippen KG **353**

Bodenindikator, Rippenfliesen; Edelstahl auf Naturstein; 122x600mm, Dicke bis 12mm, Rippenanzahl 3; als taktiles Blindenleitsystem; Innenbereich

▶	▷	ø	◁	◀	Einheit	Ausf.-Dauer	Positionsnummer
–	196€	**217€**	278€	–	[m]	0,25h/m	014.000.066
–	164€	**183€**	234€	–			

37 Leitsystem, Rippenfliese/Begleitstreifen, Edelstahl, 200mm KG **353**

Bodenindikator, Rippenfliesen/Begleitstreifen; Edelstahl auf Feinsteinzeug; 200x600mm, Rippenzahl 3; als taktiles Blindenleitsystem; Innenbereich

▶	▷	ø	◁	◀	Einheit	Ausf.-Dauer	Positionsnummer
–	262€	**301€**	383€	–	[m]	0,27h/m	014.000.072
–	220€	**253€**	321€	–			

38 Leitsystem, Rippenfliese/Begleitstreifen, Edelstahl, 400mm KG **353**

Bodenindikator, Rippenfliesen/Begleitstreifen; Edelstahl auf Feinsteinzeug; 400x600mm, Rippenzahl 3; als taktiles Blindenleitsystem; Innenbereich

▶	▷	ø	◁	◀	Einheit	Ausf.-Dauer	Positionsnummer
–	276€	**333€**	416€	–	[m]	0,30h/m	014.000.073
–	232€	**279€**	349€	–			

39 Kontraststreifen, Noppenfliesen, Edelstahl, 300mm KG **353**

Kontraststreifen, Leitsystem; Edelstahl auf Noppenfliese; Dicke 12mm; als taktiles Blindenleitsystem; Innenbereich

▶	▷	ø	◁	◀	Einheit	Ausf.-Dauer	Positionsnummer
–	71€	**80€**	102€	–	[m]	0,16h/m	014.000.068
–	60€	**67€**	86€	–			

40 Kontraststreifen, Noppenfliesen, Edelstahl, 600mm KG **353**

Kontraststreifen, Leitsystem; Edelstahl auf Noppenfliese; Dicke 12mm; als taktiles Blindenleitsystem; Innenbereich

▶	▷	ø	◁	◀	Einheit	Ausf.-Dauer	Positionsnummer
–	74€	**83€**	106€	–	[m]	0,18h/m	014.000.069
–	62€	**70€**	89€	–			

Kosten:
Stand 2. Quartal 2025
Bundesdurchschnitt

▶ min
▷ von
ø Mittel
◁ bis
◀ max

© BKI Baukosteninformationszentrum

Nr.	Kurztext / Stichworte					Kostengruppe
▶	▷	**ø brutto €**	◁	◀	[Einheit]	Ausf.-Dauer	Positionsnummer
▶	▷	**ø netto €**	◁	◀			

41 Edelstahlrippen, 16mm, Streifen, dreireihig KG **353**

Edelstahlrippen,Streifen; 280x16mm, dreireihig; geklebt, Einzelrippen, als Aufmerksamkeits-/Leitstreifen

–	271€	**316€**	391€	–	[m]	⏱ 0,25h/m	014.000.074
–	228€	**265€**	329€	–			

42 Kunststoffrippen, 16mm, Streifen, dreireihig KG **353**

Kunststoffrippen, Streifen; 295x16mm, dreireihig; geklebt, als Aufmerksamkeits-/Leitstreifen

–	73€	**82€**	103€	–	[m]	⏱ 0,25h/m	014.000.076
–	61€	**69€**	86€	–			

43 Aufmerksamkeitsfeld, 600x600, Noppenfliesen, Edelstahl KG **353**

Bodenindikator, Noppenfliesen; Edelstahl auf Fliese; 300x300mm, Feld 600x600mm; als Aufmerksamkeitsfeld; Innenbereich

–	388€	**446€**	566€	–	[St]	⏱ 0,35h/St	014.000.070
–	326€	**375€**	476€	–			

44 Aufmerksamkeitsfeld, 600x600, Noppen, Edelstahl KG **353**

Aufmerksamkeitsfeld, Einzelnoppen; Edelstahl, rutschhemmend; Feld 600x600mm, 145 Noppen; diagonal verleget

–	689€	**783€**	994€	–	[St]	⏱ 1,00h/St	014.000.078
–	579€	**658€**	835€	–			

45 Aufmerksamkeitsfeld, 900x900, Noppen, Edelstahl KG **353**

Bodenindikator, Einzelnoppen; Edelstahl, rutschhemmend; Feld 900x900mm, 313 Noppen; diagonal verleget

–	1.480€	**1.609€**	2.075€	–	[St]	⏱ 1,80h/St	014.000.079
–	1.244€	**1.352€**	1.744€	–			

46 Stundensatz, Facharbeiter/-in

Stundenlohnarbeiten, Vorarbeiter/-in, Facharbeiter/-in und Gleichgestellte; Natur-, Betonwerksteinarbeiten

68€	82€	**90€**	94€	101€	[h]	⏱ 1,00h/h	014.000.053
57€	69€	**75€**	79€	85€			

47 Stundensatz, Helfer/-in

Stundenlohnarbeiten für Werker/-in, Helfer/-in und Gleichgestellte; Natur-, Betonwerksteinarbeiten

57€	68€	**75€**	77€	86€	[h]	⏱ 1,00h/h	014.000.054
48€	57€	**63€**	65€	72€			

016

Kosten:
Stand 2. Quartal 2025
Bundesdurchschnitt

Nr.	Kurztext / Stichworte						Kostengruppe
►	▷	ø brutto €	◁	◄	[Einheit]	Ausf.-Dauer	Positionsnummer
►	▷	ø netto €	◁	◄			
1	**Lieferung, Bauschnittholz, Nadelholz, C24**						KG **361**
Bauschnittholz, liefern; Nadelholz, GK 0, C24; 6x12cm, Länge bis 8,00m; allseitig egalisiert/gehobelt, geschliffen							
490€	674€	**730€**	829€	1.171€	[m3]	–	016.001.127
412€	566€	**613€**	697€	984€			
2	**Lieferung, Bauschnittholz, Eiche, D30**						KG **361**
Bauschnittholz, liefern; Eiche GK 0, D30, LS10; Länge bis 6,00m; allseitig egalisiert/gehobelt, geschliffen							
1.823€	2.008€	**2.154€**	2.177€	2.362€	[m3]	–	016.000.058
1.532€	1.688€	**1.810€**	1.829€	1.985€			
3	**Lieferung, Konstruktionsvollholz Si, C24**						KG **361**
Konstruktionsvollholz Si, C24; Nadelholz, GK 0, C24, S10TS, herzfrei; Breite 6x10cm, Höhe 6-30cm, Länge bis 6,00m; egalisiert, auf Fertigmaß gehobelt, gefast							
659€	804€	**847€**	924€	1.156€	[m3]	–	016.000.002
554€	676€	**712€**	777€	972€			
4	**Lieferung, Holzstütze, Nadelholz, BSH, GL24h**						KG **333**
Brettschichtholz, liefern, Holzstütze; Nadelholz GL24h, gehobelt; Stützen 20x20cm. Lamellendicke bis 45mm							
1.125€	1.365€	**1.410€**	1.454€	1.668€	[m3]	–	016.000.056
945€	1.147€	**1.185€**	1.222€	1.402€			
5	**Hobeln, Bauschnittholz**						KG **361**
Bauschnittholz hobeln; allseitig							
2€	5€	**6€**	8€	13€	[m]	⏱ 0,08h/m	016.000.006
2€	4€	**5€**	7€	11€			
6	**Fasen, Holzbauteil**						KG **361**
Holzbauteil, Fasen; Bauschnittholz							
0,5€	1,9€	**2,6€**	2,9€	4,9€	[m]	⏱ 0,04h/m	016.001.115
0,4€	1,6€	**2,2€**	2,5€	4,1€			
7	**Schleifen, Holzbauteil**						KG **361**
Holzbauteile, Schleifen; Bauschnittholz							
8€	17€	**24€**	29€	55€	[m2]	⏱ 0,10h/m2	016.001.117
7€	14€	**20€**	24€	46€			
8	**Dampfbremse, unbelüftetes Dach, sd>100m**						KG **364**
Dampfbremse, diffusionssperrend; PE-Folie; sd-Wert größer 100m; verkleben/verschweißen; Dach							
9€	16€	**19€**	25€	38€	[m2]	⏱ 0,08h/m2	016.001.195
8€	14€	**16€**	21€	32€			

► min
▷ von
ø Mittel
◁ bis
◄ max

Nr.	**Kurztext** / Stichworte						Kostengruppe
▶	▷	**ø brutto €**	◁	◀	[Einheit]	Ausf.-Dauer	Positionsnummer
▶	▷	**ø netto €**	◁	◀			
9	**Abdichtungsanschluss verkleben, Dampfbremsbahn**						KG **363**
Abdichtungsanschluss; Dampfbremsbahn auf Holzwerkstoff							
4€	9€	**11€**	14€	21€	[m]	⏱ 0,10 h/m	016.000.113
3€	7€	**10€**	12€	17€			
10	**Trennlage, Bitumenbahn**						KG **361**
Trennlage; Bitumenbahn G200DD; unter Holzwände							
2€	4€	**5€**	7€	13€	[m]	⏱ 0,08 h/m	016.000.047
1€	3€	**4€**	6€	11€			
11	**Nivellierschwelle, Wandelemente**						KG **331**
Nivellierschwelle; Nadelholz C24; Querschnitt 60x160mm; inkl. Befestigungsmaterial und Quellmörtel; auf Stahlbetonbodenplatte							
18€	27€	**30€**	35€	49€	[m]	⏱ 0,11 h/m	016.001.143
15€	23€	**25€**	29€	41€			
12	**Innenbekleidung, Trockenbereich, OSB/3, 15mm**						KG **336**
Innenbekleidung; OSB/3, Flachpressplatte; Dicke 15mm; genagelt; Trockenbereich							
22€	31€	**35€**	37€	43€	[m²]	⏱ 0,20 h/m²	016.000.084
18€	26€	**29€**	31€	36€			
13	**Innenbekleidung, Feuchtebereich, OSB/4, 22mm**						KG **336**
Innenbekleidung; OSB/4, Flachpressschalung; Dicke bis 22mm; Flachpressschalung							
32€	41€	**46€**	50€	59€	[m²]	⏱ 0,22 h/m²	016.000.075
27€	35€	**38€**	42€	50€			
14	**Innenbekleidung, Laibung, OSB-Platten**						KG **336**
Innenbekleidung, Laibung; OSB/3; Tiefe 300mm; auf Holz UK; Trockenbereich							
–	24€	**29€**	37€	–	[m]	⏱ 0,35 h/m	016.001.169
–	20€	**24€**	31€	–			
15	**Innenbekleidung, Dreischichtplatte, 26mm**						KG **336**
Innenbekleidung; Dreischicht Massivholzplatte; Dicke 26; verschraubt, Sichtklasse A, Holzuntergrund							
55€	76€	**79€**	89€	106€	[m²]	⏱ 0,38 h/m²	016.000.096
46€	64€	**67€**	74€	89€			
16	**Installationsebene, Wand, GK, Holzlattung, gedämmt**						KG **345**
Installationsebene; GK Typ A; Plattendicke 12,5mm; auf Holzwand; innen							
47€	56€	**66€**	66€	73€	[m²]	⏱ 0,70 h/m²	016.001.201
39€	47€	**55€**	56€	61€			

Nr.	Kurztext / Stichworte						Kostengruppe
▶	▷	**ø brutto €**	◁	◀	[Einheit]	Ausf.-Dauer	Positionsnummer
▶	▷	**ø netto €**	◁	◀			

17 Innenbekleidung, Lehmbauplatte, 16mm — KG **336**

Innenbekleidung; Lehmbauplatten; Dicke 16mm; einlagig; Trockenbereich

–	40€	**47€**	60€	–	[m2]	⏱ 0,40h/m2	016.001.221
–	33€	**40€**	50€	–			

18 Innenwand, nichttragend, Holzrahmen, 10cm, MW, beplankt — KG **342**

Innenwand, Holzrahmenkonstruktion, nichttragend; Nadelholz, S10, C24, Mineralfaserdämmung, WLG 040; Dicke 10cm; beplankt

89€	93€	**93€**	96€	101€	[m2]	⏱ 0,65h/m2	016.000.023
75€	78€	**78€**	80€	85€			

Kosten:
Stand 2. Quartal 2025
Bundesdurchschnitt

19 Innenwand, nichttragend, Holzrahmen, 10cm, WF, beplankt — KG **342**

Innenwand, Holzrahmenkonstruktion, nichttragend; Nadelholz, S10, C24, Holzfaserdämmung, WLG 040; Dicke 10cm; beplankt

94€	106€	**107€**	109€	117€	[m2]	⏱ 0,65h/m2	016.001.175
79€	89€	**90€**	92€	99€			

20 Türöffnung, Innenwand, Holztafel, 1.000x2.000mm — KG **340**

Türöffnung; Holz-Innenwand; 1.000x2.000mm; in Holzrahmenkonstruktion

42€	56€	**65€**	82€	116€	[St]	⏱ 1,10h/St	016.000.104
36€	47€	**55€**	69€	98€			

21 Ausschnitt, Holzplatte, bis 2,5m — KG **345**

Ausschnitt Holzplatte; Dicke bis 20mm; einlagig

12€	20€	**27€**	28€	34€	[St]	⏱ 0,10h/St	016.001.157
10€	17€	**22€**	23€	28€			

22 Ausschnitt, Schalterdose, Holzplatte — KG **345**

Ausschnitt Schalterdose; Holzwerkstoffplatte; Plattendicke 20mm, Durchmesser 68/74mm

10€	15€	**16€**	19€	27€	[St]	⏱ 0,03h/St	016.001.123
8€	12€	**13€**	16€	23€			

23 Innenwand, nicht tragend, Brettsperrholz, 80mm — KG **341**

Innenwand, Brettsperrholz; Nadelholz; Dicke 80mm; tragend, aussteifend

91€	107€	**119€**	130€	151€	[m2]	⏱ 0,20h/m2	016.001.190
76€	90€	**100€**	109€	127€			

24 Öffnung, Massivholzelement, bis 0,5m2 — KG **351**

Öffnung herstellen; Holzmassiv-/Brettstapeldecke; Größe bis 0,5m2

50€	62€	**71€**	83€	99€	[St]	⏱ 0,70h/St	016.001.112
42€	52€	**60€**	70€	84€			

▶ min
▷ von
ø Mittel
◁ bis
◀ max

© **BKI** Baukosteninformationszentrum

Nr.	**Kurztext** / Stichworte						Kostengruppe
▶	▷	**ø brutto €**	◁	◀	[Einheit]	Ausf.-Dauer	Positionsnummer
▶	▷	**ø netto €**	◁	◀			

25 Öffnung, Holztafelbauteil, Öffnung bis 2,5m² — KG **351**

Öffnung herstellen; Holzrahmenkonstruktion; Größe bis 2,5m²; rechteckige Öffnung; inkl. Füllhölzer

36€	59€	**59€**	64€	80€	[St]	⏱ 1,10h/St	016.001.161
30€	49€	**50€**	54€	67€			

26 Deckenschalung, OSB bis 25mm — KG **363**

Deckenschaltung; OSB-Platten; Dicke 25mm; auf Holzuntergrund

24€	32€	**35€**	39€	45€	[m²]	⏱ 0,20h/m²	016.001.099
20€	27€	**30€**	32€	38€			

27 Fußboden, Bretter, gespundet, gehobelt, 28mm — KG **353**

Bodenbelag; Bretter gespundet, gehobelt; Dicke 28mm; sichtbar auf Holzbalkenlage; innen

53€	59€	**64€**	73€	82€	[m²]	⏱ 0,24h/m²	016.001.168
44€	50€	**54€**	62€	69€			

28 Wangentreppe, Holz, gerade, Setzstufe — KG **352**

Wangentreppe, Holz; Eiche; Stufen 15St, Stg.175x280mm, Breite 800mm; einläufig, mit/ohne Setzstufe; zwischen Gebälk/Betondecke

9.135€	11.805€	**13.351€**	14.212€	16.513€	[St]	⏱ 20,00h/St	016.001.146
7.676€	9.920€	**11.219€**	11.943€	13.877€			

29 Einschubtreppe, gedämmt — KG **352**

Einschubtreppe, Holz; Hartholzstufen; Öffnung Breite 600x700mm; gedämmt, mit/ohne einseitigem Handlauf; Gebälk/Holzplattenschalung

950€	1.759€	**1.942€**	3.475€	6.129€	[St]	⏱ 3,80h/St	016.001.096
798€	1.478€	**1.632€**	2.920€	5.150€			

30 Einschubtreppe, EI30 — KG **352**

Einschubtreppe, Holz; Hartholzstufen; Treppenöffnung 700x1.400mm; zweiteilig, einseitiger Handlauf

820€	1.162€	**1.300€**	1.927€	3.062€	[St]	⏱ 5,00h/St	016.000.049
689€	976€	**1.093€**	1.619€	2.573€			

31 Scherentreppe, Aluminium — KG **359**

Scherentreppe, Aluminium; Hartholzstufen; Öffnungsbreite 600/700mm; zwei-/dreiteilig, mit/ohne einseitigem Handlauf, mit/ohne Schutzgeländer; Gebälk/Holzplattenschalung

1.217€	2.370€	**2.545€**	2.788€	3.513€	[St]	⏱ 2,50h/St	016.001.095
1.022€	1.992€	**2.139€**	2.343€	2.952€			

32 Verbindung, Balkenschuh — KG **361**

Balkenschuh, Balkenträger, Sparrenpfettenanker; inkl. Bohr- und Stemmarbeiten

4€	14€	**17€**	29€	64€	[St]	⏱ 0,20h/St	016.000.157
4€	12€	**14€**	25€	53€			

Nr.	Kurztext / Stichworte						Kostengruppe
►	▷	ø brutto €	◁	◄	[Einheit]	Ausf.-Dauer	Positionsnummer
►	▷	ø netto €	◁	◄			

33 Verbindung, Winkel, verzinkt KG **361**

Winkelverbinder; Stahl, feuerverzinkt; Durchmesser 4mm, Länge 90/105; mit/ohne Rippenverstärkung

3€	5€	**6€**	8€	13€	[St]	⏱ 0,02h/St	016.001.125
2€	5€	**5€**	7€	11€			

34 Stundensatz, Facharbeiter/-in

Stundenlohnarbeiten, Vorarbeiter/-in, Facharbeiter/-in und Gleichgestellte; Holzbau

80€	87€	**90€**	94€	100€	[h]	⏱ 1,00h/h	016.000.147
67€	73€	**76€**	79€	84€			

35 Stundensatz, Helfer/-in

Stundenlohnarbeiten für Werker/-in, Helfer/-in und Gleichgestellte; Holzbau

66€	74€	**78€**	79€	84€	[h]	⏱ 1,00h/h	016.000.148
55€	62€	**65€**	66€	71€			

Kosten:
Stand 2. Quartal 2025
Bundesdurchschnitt

► min
▷ von
ø Mittel
◁ bis
◄ max

Nr.	Kurztext / Stichworte				[Einheit]	Ausf.-Dauer	Kostengruppe
▶	▷	**ø brutto €**	◁	◀	[Einheit]	Ausf.-Dauer	Positionsnummer
▶	▷	**ø netto €**	◁	◀			

1 Handlauf, Rohrprofil, feuerverzinkt KG **359**

Handlauf; Stahlrohr, S235JR, feuerverzinkt; Durchmesser 42,5mm, Wanddicke 2,0mm

97€	113€	**122€**	129€	143€	[m]	⏱ 0,30h/m	017.000.009
81€	95€	**103€**	109€	121€			

2 Profilstahl-Konstruktion, Profile UNP/UPE, feuerverzinkt KG **351**

Stahlträger, Walzprofil UNP/UPE; S235JR, feuerverzinkt; Deckenkonstruktion; inkl. Kopfplatten, Bohrungen, Verschraubungsmittel

4€	5€	**6€**	7€	9€	[kg]	⏱ 0,02h/kg	017.000.001
3€	5€	**5€**	6€	7€			

3 Profilstahl-Konstruktion, Profile IPE, feuerverzinkt KG **351**

Stahlträger, IPE; S235JR, feuerverzinkt; Deckenkonstruktion

5€	6€	**7€**	7€	9€	[kg]	⏱ 0,02h/kg	017.000.016
4€	5€	**6€**	6€	7€			

4 Profilstahl-Konstruktion, Profile HEA 160, feuerverzinkt KG **351**

Stahlträger, HEA 160, Walzprofil; S235JR, feuerverzinkt; Stahlprofil 30,4 kg/m; Deckenkonstruktion; inkl. Kopfplatten, Bohrungen, Verbindungsmittel

4€	5€	**6€**	7€	9€	[kg]	⏱ 0,02h/kg	017.000.017
3€	4€	**5€**	6€	8€			

5 Stahlstütze, Rohrprofilkonstruktion KG **333**

Stütze; Stahl S235JR; innen/außen; inkl. Kopf- u. Fußplatte, Verbindungsmittel, Bohrungen

9€	21€	**22€**	24€	31€	[kg]	–	017.000.028
7€	18€	**18€**	20€	26€			

6 Stahlstütze, Rohrprofil, rund KG **333**

Stahlstütze; Rundstahl, S235 J2, grundiert/beschichtet; Durchmesser 114,3mm; Deckenkonstruktion; inkl. Kopfplatten, Bohrungen, Verbindungsmittel

5€	8€	**10€**	11€	15€	[kg]	⏱ 0,20h/kg	017.000.003
4€	7€	**8€**	9€	12€			

7 Stahlstütze, Rohrprofil, eckig KG **333**

Stahlstütze; S235 J2, grundiert/beschichtet; 100x100mm; Deckenkonstruktion; inkl. Kopfplatten, Bohrungen, Verbindungsmittel

6€	9€	**11€**	12€	16€	[kg]	⏱ 0,20h/kg	017.000.026
5€	8€	**9€**	10€	13€			

8 Stahlstütze, HEA-Profil KG **333**

Stahlstütze; Rundstahl, S235 J2, grundiert/beschichtet; HEA 100; Deckenkonstruktion; inkl. Kopfplatten, Bohrungen, Verbindungsmittel

5€	8€	**9€**	11€	15€	[kg]	⏱ 0,20h/kg	017.000.027
4€	7€	**8€**	10€	13€			

017

Kosten:
Stand 2. Quartal 2025
Bundesdurchschnitt

▶ min
▷ von
ø Mittel
◁ bis
◀ max

Nr.	Kurztext / Stichworte						Kostengruppe
▶	▷	**ø brutto €**	◁	◀	[Einheit]	Ausf.-Dauer	Positionsnummer
▶	▷	**ø netto €**	◁	◀			

9 Fußplatte, Stahlblech KG **351**

Einbauteile, Hilfskonstruktionen, Stahl; S235JR; inkl. Steifungen, Bohrungen, Verbindungsmittel

6€	9€	**10€**	15€	22€	[kg]	⏱ 0,02h/kg	017.000.005
5€	8€	**9€**	13€	18€			

10 Bohrungen, Stahlblech, Durchmesser bis 30mm KG **359**

Bohrung Stahl; Stahlblech; Durchmesser bis 30mm; Stahlblech, Stege, Flansche

8€	15€	**15€**	16€	23€	[St]	⏱ 0,20h/St	017.000.010
7€	12€	**12€**	14€	19€			

11 Verzinken, Stahlprofile KG **333**

Feuerverzinkung; Stahlkonstruktion, Korrosivitätskategorie; inkl. Entrostung

0,9€	1,3€	**1,6€**	1,8€	2,5€	[kg]	⏱ 0,01h/kg	017.000.004
0,7€	1,1€	**1,4€**	1,5€	2,1€			

12 Brandschutzbeschichtung, R30, Stahlbauteile KG **333**

Brandschutzbeschichtung R30; Stahlbauteile; reinigen, entrosten; Stahlträger/Fachwerkbinder/Stützen

78€	104€	**110€**	117€	137€	[m²]	⏱ 0,30h/m²	017.000.013
66€	88€	**93€**	98€	116€			

13 Brandschutzbeschichtung, Stahlbauteile, Decklack KG **333**

Brandschutzbeschichtung F30/F60/F90; Überzugslack; Stahlträger/Fachwerkbinder/Stützen

17€	36€	**38€**	53€	72€	[m²]	⏱ 0,20h/m²	017.000.014
14€	30€	**32€**	45€	60€			

14 Stundensatz, Facharbeiter/-in

Stundenlohnarbeiten, Vorarbeiter/-in, Facharbeiter/-in und Gleichgestellte; Stahlbau

87€	94€	**97€**	100€	107€	[h]	⏱ 1,00h/h	017.000.022
73€	79€	**82€**	84€	90€			

15 Stundensatz, Helfer/-in

Stundenlohnarbeiten für Werker/-in, Helfer/-in und Gleichgestellte; Stahlbau

62€	70€	**75€**	78€	84€	[h]	⏱ 1,00h/h	017.000.023
52€	59€	**63€**	65€	70€			

023

Kosten:
Stand 2. Quartal 2025
Bundesdurchschnitt

▶ min
▷ von
ø Mittel
◁ bis
◀ max

Nr.	Kurztext / Stichworte						Kostengruppe
▶	▷	**ø brutto €**	◁	◀	[Einheit]	Ausf.-Dauer	Positionsnummer
▶	▷	**ø netto €**	◁	◀			

1 Schutzabdeckung — KG **397**

Fenster abkleben; vorhalten, nach Beendigung entfernen, entsorgen

3€	5€	**7€**	8€	12€	[m2]	⏱ 0,02 h/m2	023.000.188
2€	5€	**6€**	7€	10€			

2 Untergrund prüfen — KG **335**

Untergrund prüfen; Klopfprobe/Hohlstellensonde; verputzte Wandflächen

0,3€	1,0€	**1,2€**	1,5€	2,5€	[m2]	⏱ 0,01 h/m2	023.000.048
0,3€	0,8€	**1,0€**	1,3€	2,1€			

3 Haftbrücke, Betonfläche, für Gipsputze — KG **336**

Haftbrücke; organisch gebundenen, quarzgefüllt, wasserverdünnbar; für Gipsputze; Betonflächen

2€	5€	**6€**	9€	15€	[m2]	⏱ 0,05 h/m2	023.000.003
2€	4€	**5€**	8€	13€			

4 Haftbrücke, Betonfläche, für Kalk-/Kalkzementputz — KG **336**

Haftbrücke; mineralisch, kunststoffvergütet; für Kalk- und Kalkzementputze; Betonflächen

3€	7€	**9€**	11€	15€	[m2]	⏱ 0,05 h/m2	023.000.078
2€	6€	**8€**	9€	13€			

5 Spritzbewurf, Putzgrund — KG **335**

Spritzbewurf, Putzgrundvorbereitung; MG P III/CS IV; netzförmig aufbringen; Ziegelmauerwerk

4€	8€	**10€**	12€	18€	[m2]	⏱ 0,08 h/m2	023.000.008
3€	7€	**9€**	10€	15€			

6 Aufbrennsperre, Putzuntergrund — KG **335**

Aufbrennsperre; Regulierung der Saugfähigkeit; auf Putzgrund

0,7€	2,5€	**3,3€**	4,1€	5,7€	[m2]	⏱ 0,05 h/m2	023.000.079
0,6€	2,1€	**2,8€**	3,4€	4,8€			

7 Tiefgrund, sandende Untergründe — KG **335**

Tiefgrund; verfestigen sandende Untergründe

1€	3€	**3€**	4€	5€	[m2]	⏱ 0,05 h/m2	023.000.080
1€	2€	**3€**	3€	5€			

8 Fluatieren, Wände — KG **335**

Untergrundvorbereitung, Fluatieren; Schalölresten entfernen; Wand; inkl. Nachwäsche mit Wasser

0,8€	2,2€	**2,8€**	4,1€	6,5€	[m2]	⏱ 0,10 h/m2	023.000.062
0,7€	1,8€	**2,4€**	3,5€	5,5€			

Nr.	Kurztext / Stichworte						Kostengruppe
▶	▷	**ø brutto €**	◁	◀	[Einheit]	Ausf.-Dauer	Positionsnummer
▶	▷	**ø netto €**	◁	◀			

9 Installationsschlitz schließen, spachteln KG **345**

Installationsschlitz schließen; Mineralwolle, verzinkter Putzträger, Grundputz; Spachteln; Wand

7€	16€	**20€**	28€	49€	[m]	⏱ 0,20h/m	023.000.051
6€	14€	**17€**	24€	41€			

10 Putzarmierung, Glasfasergewebe, innen, Teilbereich KG **345**

Putzarmierung, Innenwand; Glasfasergewebe; Breite bis 200mm; in Teilbereichen einbetten

2€	3€	**4€**	5€	5€	[m]	⏱ 0,10h/m	023.000.082
2€	3€	**3€**	4€	5€			

11 Putzarmierung, Glasfasergewebe KG **345**

Putzarmierung, Innenwand; Glasfasergewebe; vollflächig, einbetten; Innenwand

4€	9€	**11€**	15€	22€	[m²]	⏱ 0,20h/m²	023.000.057
4€	8€	**9€**	13€	18€			

12 Putzträger, Metallgittergewebe KG **345**

Putzträger; Metallgittergewebe; nachträglich verschlossener Schlitze; Beton- und Mauerwerk

10€	18€	**21€**	27€	39€	[m²]	⏱ 0,14h/m²	023.000.010
9€	15€	**18€**	22€	33€			

13 Putzträger, Metallgittergewebe, über 250mm KG **345**

Putzträger; Metallgittergewebe; breite über 250m; überdecken nachträglich verschlossener Schlitze; Beton- und Mauerwerk

24€	50€	**65€**	73€	99€	[m]	⏱ 0,10h/m	023.000.132
20€	42€	**55€**	62€	84€			

14 Putzträger verzinkt, Fachwerk KG **345**

Putzträger; Verzinkt; mit Bitumenbahn; Fachwerk-Holzbalken

5€	12€	**15€**	17€	23€	[m]	⏱ 0,15h/m	023.000.059
4€	10€	**13€**	14€	19€			

15 Ausgleichsputz, bis 10mm KG **345**

Ausgleichsputz; MG P II; Dicke 5-10mm, Höhe bis 3,00m

7€	14€	**17€**	20€	30€	[m²]	⏱ 0,20h/m²	023.000.047
6€	11€	**14€**	17€	25€			

16 Ausgleichsputz, bis 20mm KG **345**

Ausgleichsputz; MG P II; Dicke 10-20mm

10€	20€	**23€**	27€	36€	[m²]	⏱ 0,22h/m²	023.000.009
8€	17€	**19€**	22€	30€			

Kosten:
Stand 2. Quartal 2025
Bundesdurchschnitt

Nr.	Kurztext / Stichworte					Kostengruppe
▶	▷	**ø brutto €**	◁	◀	[Einheit]	Ausf.-Dauer	Positionsnummer
▶	▷	**ø netto €**	◁	◀			

Nr.	▶	▷	ø	◁	◀	[Einheit]	Ausf.-Dauer	Positionsnummer
17	**Glattstrich, Fensteranschlussfolie, Laibung**							KG **335**
	Glattstrich Fensterlaibungen; für überputzbare Anschlussfolie							
	6€	13€	**18€**	21€	30€	[m]	⏱ 0,15h/m	023.000.145
	5€	11€	**15€**	18€	25€			
18	**Unterputzprofil, verzinkt, innen**							KG **345**
	Unterputzprofil; Stahl, verzinkt; Putzdicke bis 15mm; Innenraum							
	5€	8€	**10€**	11€	16€	[m]	⏱ 0,08h/m	023.000.011
	4€	7€	**8€**	10€	14€			
19	**Kantenprofil, Aluminium**							KG **345**
	Kantenprofil; Aluminium							
	5€	8€	**10€**	12€	15€	[m]	⏱ 0,06h/m	023.000.173
	4€	7€	**9€**	10€	13€			
20	**Kantenprofil, Kunststoff**							KG **345**
	Kantenprofil; Kunststoff; anbringen mit Ansetzmörtel							
	4€	9€	**11€**	13€	18€	[m]	⏱ 0,10h/m	023.000.087
	3€	7€	**9€**	11€	15€			
21	**Kantenprofil, nichtrostender Stahl**							KG **345**
	Kantenprofil; nichtrostender Stahl							
	6€	13€	**15€**	17€	21€	[m]	⏱ 0,06h/m	023.000.086
	5€	11€	**13€**	14€	18€			
22	**Abschlussprofil, innen, verzinkt**							KG **345**
	Abschlussprofil; Stahl, verzinkt; Dicke bis 15mm; Innenwand							
	3€	9€	**11€**	13€	17€	[m]	⏱ 0,09h/m	023.000.014
	2€	7€	**9€**	11€	14€			
23	**Abschlussprofil, innen, nichtrostender Stahl**							KG **345**
	Abschlussprofil; Edelstahl; Dicke bis 15mm; Innenwand							
	9€	15€	**16€**	21€	29€	[m]	⏱ 0,09h/m	023.000.088
	8€	13€	**13€**	18€	24€			
24	**Kalkzementputz, Innenwand, einlagig, Q3, abgezogen**							KG **345**
	Innenputz, einlagig; Dicke 10mm; Q3-abgezogen; Innenwand							
	22€	27€	**29€**	31€	36€	[m²]	⏱ 0,20h/m²	023.000.133
	19€	23€	**24€**	26€	30€			

▶ min
▷ von
ø Mittel
◁ bis
◀ max

© **BKI** Baukosteninformationszentrum

Nr.	Kurztext / Stichworte						Kostengruppe
►	▷	**ø brutto €**	◁	◀	[Einheit]	Ausf.-Dauer	Positionsnummer
►	▷	**ø netto €**	◁	◀			

25 Mehrdicke, 5mm, Putz — KG **345**

Mehrdicke, Innenputz, einlagig; Dicke bis 5mm; Innenwand

4€	7€	**8€**	10€	13€	[m²]	⏱ 0,07h/m²	023.000.135
3€	6€	**7€**	8€	11€			

26 Mehrdicke, 10mm, Putz — KG **345**

Mehrdicke, Innenputz, einlagig; Dicke bis 10mm; Innenwand

5€	10€	**11€**	13€	18€	[m²]	⏱ 0,09h/m²	023.000.136
4€	9€	**9€**	11€	15€			

27 Laibung, Putz, innen, 150-250mm — KG **336**

Laibungen verputzen; Innenputz; tiefe über 150-250mm; Q2-abgezogen

7€	12€	**14€**	17€	25€	[m]	⏱ 0,14h/m	023.000.137
6€	10€	**11€**	14€	21€			

28 Laibung, Putz´, innen, 400-650mm — KG **336**

Laibung verputzen; Innenputz; tiefe über 400-650mm; Q2-abgezogen

23€	31€	**35€**	37€	39€	[m]	⏱ 0,25h/m	023.000.174
19€	26€	**30€**	31€	33€			

29 Kalk-Gipsputz, Innenwand, einlagig, Q2 — KG **345**

Innenputz, einlagig; Kalk-Gipsputz; Dicke 15mm; Q2-geglättet/gefilzt; Innenwand

17€	22€	**24€**	26€	31€	[m²]	⏱ 0,22h/m²	023.000.015
15€	18€	**20€**	22€	26€			

30 Kalk-Gipsputz, Innenwand, einlagig, Q2, gerieben — KG **345**

Innenputz, einlagig; Kalk-Gipsputz; Dicke 15mm; Q2-geglättet; Innenwand

17€	23€	**23€**	25€	29€	[m²]	⏱ 0,20h/m²	023.000.090
14€	19€	**19€**	21€	24€			

31 Ebenheit, Mehrpreis Q3 — KG **345**

Mehrpreis, Innenputz; erhöhte Anforderung an Ebenheit, Q3-geglättet/gefilzt

5€	6€	**6€**	6€	7€	[m²]	⏱ 0,05h/m²	023.000.091
4€	5€	**5€**	5€	6€			

32 Kalk-Gipsputz, Innenwand, einlagig, Q3 — KG **345**

Innenputz, einlagig; Kalk-Gipsputz; Dicke 15mm; Q3-eben abgezogen/gefilzt/geglättet; Betonwand/KS-Mauerwerk

21€	27€	**30€**	35€	43€	[m²]	⏱ 0,25h/m²	023.000.018
18€	23€	**25€**	30€	36€			

Kosten:
Stand 2. Quartal 2025
Bundesdurchschnitt

Nr.	Kurztext / Stichworte						Kostengruppe
▶	▷	ø brutto €	◁	◀	[Einheit]	Ausf.-Dauer	Positionsnummer
▶	▷	ø netto €	◁	◀			
33	**Kalkzementputz, Innenwand, einlagig, Q2, abgezogen**						KG **345**
Innenputz, einlagig; Kalk-Zementputz, CS II/III; Dicke 15mm; Q3-abgezogen; Innenwand							
22€	29€	**31€**	34€	41€	[m²]	⏱ 0,22h/m²	023.000.019
18€	24€	**26€**	29€	34€			
34	**Kalkzementputz, innen, einlagig, Q2, gefilzt**						KG **345**
Innenputz, einlagig; Kalk-Zementputz, CS II/III; Dicke 15mm; Q2-gefilzt; Innenwand							
18€	26€	**29€**	35€	44€	[m²]	⏱ 0,22h/m²	023.000.165
15€	22€	**24€**	29€	37€			
35	**Kalkzementputz, Innenwand, zweilagig, Q2, gefilzt**						KG **345**
Innenputz, zweilagig; Kalk-Zementputz, CS II/III; Dicke 15mm; Q3-gefilzt; Innenwand							
22€	28€	**31€**	35€	49€	[m²]	⏱ 0,36h/m²	023.000.096
19€	23€	**26€**	29€	41€			
36	**Gipsputz, Innenwand, einlagig, Q2, gefilzt**						KG **345**
Innenputz, einlagig; Gipsputz B1; Dicke 15mm, Höhe bis 3,00m; Q2, gefilzt; Innenwand							
17€	23€	**26€**	28€	35€	[m²]	⏱ 0,20h/m²	023.000.039
14€	20€	**21€**	24€	29€			
37	**Gipsputz, Innenwand, einlagig, Q2, geglättet**						KG **345**
Innenputz, einlagig; Gipsputz B1; Dicke bis 15mm; Q2, geglättet; Innenwand							
17€	22€	**25€**	26€	30€	[m²]	⏱ 0,20h/m²	023.000.056
14€	19€	**21€**	22€	25€			
38	**Gipsputz B2, Treppenwangen, Q2, gefilzt**						KG **345**
Innenputz, Treppenwangen; Gipsmörtel B2; Dicke 15mm; Q2-gefilzt							
7€	14€	**19€**	25€	34€	[m]	⏱ 0,18h/m	023.000.205
6€	12€	**16€**	21€	29€			
39	**Lehmputz, Innenwand, einlagig, gefilzt**						KG **345**
Innenputz; Lehmputz bis 1,2mm; Dicke 10mm; Maschinenputz, einlagig; Innenwand/Decke							
31€	37€	**39€**	41€	47€	[m²]	⏱ 0,25h/m²	023.000.040
26€	31€	**33€**	35€	39€			
40	**Lehmputz, Innenwand, zweilagig**						KG **345**
Innenputz; Lehmputz 3mm; Dicke 10mm; zweilagig, gerieben; Innenwand							
53€	68€	**69€**	73€	79€	[m²]	⏱ 0,42h/m²	023.000.186
45€	57€	**58€**	61€	66€			

▶ min
▷ von
ø Mittel
◁ bis
◀ max

© BKI Baukosteninformationszentrum

Nr.	Kurztext / Stichworte						Kostengruppe
▶	▷	**ø brutto €**	◁	◀	[Einheit]	Ausf.-Dauer	Positionsnummer
▶	▷	**ø netto €**	◁	◀			
41	**Putzsystem, Innenwand, schallabsorbierend**						KG **345**
Putzsystem; feinkörnig, schallabsorbierend; inkl. Haftbrücke							
–	103€	**127€**	159€	–	[m²]	⏱ 0,40h/m²	023.000.214
–	87€	**106€**	133€	–			
42	**Beiputzen, Tür-/Türzarge**						KG **345**
Stahlzarge nachträglich beiputzen; Gipsputz/Gips-Kalkputz; Dicke 15mm							
8€	15€	**17€**	20€	29€	[m]	⏱ 0,10h/m	023.000.058
7€	12€	**14€**	17€	24€			
43	**Einbaukästen einputzen**						KG **345**
Einbaukästen einputzen; Gipsmörtel B1; Dicke 15mm; Q2; Heizkreisverteiler, Sicherungskästen							
32€	58€	**69€**	77€	92€	[St]	⏱ 0,10h/St	023.000.210
27€	49€	**58€**	65€	77€			
44	**Stuckprofil, innen**						KG **345**
Stuckprofil innen; poliert, mehrfach profiliert; Breite bis 150mm; als Gesims							
57€	84€	**100€**	146€	197€	[m]	⏱ 0,50h/m	023.000.041
48€	71€	**84€**	122€	166€			
45	**Trennschnitt, Wand/Deckenübergang**						KG **335**
Kellenschnitt; zwischen Wand und Decke							
1€	2€	**3€**	4€	5€	[m]	⏱ 0,01h/m	023.000.163
1€	2€	**2€**	3€	4€			
46	**Decke, spachteln, ganzflächig**						KG **354**
Decke, spachteln; Q2 für Raufasertapete; auf Stb-Ortbetondecke; Höhe bis 3,50m							
6€	12€	**15€**	17€	22€	[m²]	⏱ 0,08h/m²	023.000.201
5€	10€	**13€**	14€	19€			
47	**Putzsystem, Decke, schallabsorbierend**						KG **354**
Akustikputz, einlagig; MG P III; Dicke 10mm; Decke							
–	111€	**159€**	169€	–	[m²]	⏱ 0,50h/m²	023.000.055
–	93€	**133€**	142€	–			
48	**Kalk-Gipsputz, Decken, einlagig, Q2, gefilzt**						KG **354**
Innenputz, einlagig; Kalk-Gipsputz; Dicke 15mm; Q2-gefilzt; Decke							
20€	25€	**27€**	30€	38€	[m²]	⏱ 0,25h/m²	023.000.025
17€	21€	**23€**	26€	32€			

Kosten:
Stand 2. Quartal 2025
Bundesdurchschnitt

Nr.	Kurztext / Stichworte						Kostengruppe
►	▷	ø brutto €	◁	◀	[Einheit]	Ausf.-Dauer	Positionsnummer
►	▷	ø netto €	◁	◀			
49	**Kalk-Gipsputz, Decken, einlagig, Q3, geglättet**						KG **354**
Innenputz, einlagig; Kalk-Gipsputz; Dicke 15mm; Q3-geglättet; Decke							
21€	29€	**32€**	37€	48€	[m²]	⏱ 0,25 h/m²	023.000.102
18€	24€	**27€**	31€	41€			
50	**Innendämmung, Mineralschaumplatte**						KG **336**
Wärmedämmung, innen; Mineralschaum, WLG040, A1; Dicke 50/50mm; Nische, Kleinfläche, Bauteilflanken							
55€	68€	**74€**	79€	88€	[m²]	⏱ 0,65 h/m²	023.000.192
46€	57€	**62€**	67€	74€			
51	**Verblendmauerwerk, Klinkerriemchen**						KG **335**
Sparverblendung, Klinkerriemchen; VMz/KMz; im Verband, geklebt, inkl. Verfugen							
180€	204€	**218€**	233€	254€	[m²]	⏱ 0,90 h/m²	023.000.189
151€	172€	**183€**	195€	213€			
52	**Dämmung, Kellerdecke, MW 035, bis 140mm**						KG **354**
Wärmedämmung, Kellerdecke; Mineralwolle-Platte, WLG 035; bis 140mm							
90€	95€	**102€**	112€	139€	[m²]	⏱ 0,32 h/m²	023.000.149
76€	80€	**86€**	94€	117€			
53	**Mehrschichtplatte WW-C, EPS, Decke, 75mm**						KG **335**
Wärmedämmung; Holzwolle-Mehrschichtplatte mit PS-Dämmkern, WLG 040, E; 75mm; Stb-Bauteile							
43€	61€	**69€**	82€	108€	[m²]	⏱ 0,33 h/m²	023.000.151
36€	51€	**58€**	69€	91€			
54	**Stundensatz, Facharbeiter/-in**						
Stundenlohnarbeiten, Vorarbeiter/-in, Facharbeiter/-in, Gleichgestellte; Putzarbeiten							
67€	79€	**84€**	88€	99€	[h]	⏱ 1,00 h/h	023.000.153
56€	66€	**70€**	74€	83€			
55	**Stundensatz, Helfer/-in**						
Stundenlohnarbeiten für Werker/-in, Helfer/-in und Gleichgestellte; Putzarbeiten							
53€	69€	**76€**	79€	86€	[h]	⏱ 1,00 h/h	023.000.154
45€	58€	**64€**	66€	72€			

► min
▷ von
ø Mittel
◁ bis
◀ max

© BKI Baukosteninformationszentrum

Nr.	Kurztext / Stichworte						Kostengruppe
▶	▷	ø brutto €	◁	◀	[Einheit]	Ausf.-Dauer	Positionsnummer
▶	▷	ø netto €	◁	◀			
1	**Feuchtemessung**						KG **353**
Feuchtemessung, Fliesenuntergrund; Messung mit CM-Prüfinstrument							
45€	57€	**61€**	67€	77€	[St]	⏱ 0,25h/St	024.000.061
38€	48€	**51€**	56€	65€			
2	**Untergrund prüfen, Haftzugfestigkeit**						KG **353**
Fliesenuntergrund prüfen; Haftzugfestigkeit; inkl. Protokollierung							
31€	38€	**40€**	45€	51€	[St]	⏱ 0,50h/St	024.000.066
26€	32€	**33€**	38€	43€			
3	**Haftbrücke, Fliesenbelag**						KG **353**
Haftbrücke, Fliesenbelag; Wand-/Bodenfläche; für Fliesenbelag							
2€	5€	**5€**	7€	10€	[m²]	⏱ 0,05h/m²	024.000.005
2€	4€	**4€**	6€	9€			
4	**Voranstrich, Fliesenbelag**						KG **353**
Grundierung, Fliesenbelag; Voranstrich; für Fliesenbelag							
1€	3€	**4€**	5€	7€	[m²]	⏱ 0,05h/m²	024.000.004
1€	3€	**3€**	4€	6€			
5	**Verbundabdichtung, Wand**						KG **345**
Verbundabdichtung, Wand; Kunstharz, Polymerdispersion; Einwirkungsklasse: W1-I; zweilagig streichen; Inkl. Untergrundvorbereitung							
14€	22€	**25€**	29€	40€	[m²]	⏱ 0,20h/m²	024.000.007
12€	18€	**21€**	24€	34€			
6	**Verbundabdichtung, Boden**						KG **353**
Verbundabdichtung, Boden; Kunstharz, Polymerdispersion; Einwirkungsklasse W1-I; zweilagig streichen; Inkl. Untergrundvorbereitung							
12€	20€	**24€**	28€	37€	[m²]	⏱ 0,20h/m²	024.000.008
10€	17€	**20€**	23€	31€			
7	**Verbundabdichtung, Kunststoffbahn, Boden**						KG **353**
Verbundabdichtung, Boden; PE-Folie beidseitig vlieskaschiert; Einwirkungsklasse W2-I; Boden							
18€	21€	**24€**	27€	30€	[m²]	⏱ 0,20h/m²	024.000.067
15€	18€	**20€**	22€	25€			
8	**Verbundabdichtung, Kunststoffbahn, Wand**						KG **345**
Verbundabdichtung, Wand; PE-Folie beidseitig vlieskaschiert; Einwirkungsklasse W2-I; Wand							
19€	24€	**26€**	29€	32€	[m²]	⏱ 0,20h/m²	024.000.068
16€	20€	**22€**	25€	27€			

024

Kosten:
Stand 2. Quartal 2025
Bundesdurchschnitt

▶ min
▷ von
ø Mittel
◁ bis
◀ max

Nr.	Kurztext / Stichworte						Kostengruppe
►	▷	**ø brutto €**	◁	◄	[Einheit]	Ausf.-Dauer	Positionsnummer
►	▷	**ø netto €**	◁	◄			
9	**Verbundabdichtung, Reaktionsharz**						KG **353**
Abdichtung; Kunstharz; Einwirkungsklasse W3-I; Wand-/Bodenfläche							
31€	38€	**43€**	51€	55€	[m2]	⏱ 0,25h/m2	024.000.011
26€	32€	**36€**	43€	46€			
10	**Verbundabdichtung, Dichtungsschlämme**						KG **353**
Verbundabdichtung; Dichtungsschlämme; Einwirkungsklasse: W0-I; Wand-/Bodenfläche							
22€	27€	**31€**	36€	39€	[m2]	–	024.000.124
18€	22€	**26€**	30€	33€			
11	**Innenecken, Verbundabdichtung, Dichtband**						KG **353**
Abdichtung, Übergang Wand/Boden; Dichtband mit Randgewebe; Breite 12cm							
6€	11€	**13€**	15€	22€	[m]	⏱ 0,10h/m	024.000.009
5€	9€	**11€**	13€	19€			
12	**Dichtmanschette, Rohre**						KG **353**
Abdichtung, Rohrdurchdringung; Durchmesser bis 42mm; Wand-/Bodenbereich							
6€	11€	**13€**	15€	21€	[St]	⏱ 0,16h/St	024.000.010
5€	9€	**11€**	13€	18€			
13	**Dichtmanschette, Bodenablauf**						KG **324**
Abdichtung, Bodenablauf; Dichtmanschetten; Durchmesser bis 100mm							
16€	27€	**33€**	39€	53€	[St]	⏱ 0,18h/St	024.000.012
14€	23€	**28€**	33€	45€			
14	**Revisionstür, 30x30**						KG **345**
Revisionsöffnung; Aluminiumrahmen; 30x30cm; Aussparung herstellen							
28€	55€	**66€**	89€	127€	[St]	⏱ 0,20h/St	024.000.062
24€	46€	**56€**	75€	106€			
15	**Duschwannenelement, PS-Verbundelement**						KG **353**
Duschwannen-Element; Polystyrol-Hartschaum extrudiert mit Spezialbeschichtung; Tiefe 40mm; bodengleich einbauen							
344€	475€	**525€**	634€	836€	[St]	⏱ 2,50h/St	024.000.048
289€	399€	**441€**	532€	703€			
16	**Auffütterung, XPS-Platte, armiert**						KG **345**
Auffütterung; Polystyrol-Hartschaumplatten, extrudiert, WL 035, Dicke 10mm; Dünnbettverfahren							
46€	71€	**80€**	104€	155€	[m2]	⏱ 0,35h/m2	024.000.006
39€	60€	**67€**	87€	131€			

Nr.	Kurztext / Stichworte						Kostengruppe
▶	▷	ø brutto €	◁	◀	[Einheit]	Ausf.-Dauer	Positionsnummer
▶	▷	ø netto €	◁	◀			
17	**Trennschiene, Aluminium**						KG **353**
Trennschiene; Aluminium; Höhe 6mm; in Fliesenbelag; Abschluss/Übergang							
14€	19€	**21€**	25€	34€	[m]	⏱ 0,10h/m	024.000.018
11€	16€	**18€**	21€	28€			
18	**Trennschiene, Messing**						KG **353**
Trennschiene; Messing; Höhe 6mm; in Fliesenbelag; Abschluss/Übergang							
16€	24€	**27€**	31€	41€	[m]	⏱ 0,10h/m	024.000.017
13€	20€	**23€**	26€	35€			
19	**Trennschiene, nichtrostender Stahl**						KG **353**
Trennschiene; Edelstahl; Höhe 6mm; in Fliesenbelag; Abschluss/Übergang							
18€	26€	**30€**	38€	57€	[m]	⏱ 0,10h/m	024.000.019
15€	22€	**25€**	32€	48€			
20	**Eckschutzschiene, Aluminium**						KG **345**
Eckschutzschiene; Aluminium; Höhe 6mm; in Wandfliesenbelag; Außenecken							
18€	22€	**23€**	27€	34€	[m]	⏱ 0,12h/m	024.000.050
15€	18€	**19€**	23€	28€			
21	**Eckschutzschiene, nichtrostender Stahl**						KG **345**
Eckschutzschiene; Edelstahl; in Wandfliesenbelag; Außenecken							
14€	25€	**30€**	37€	55€	[m]	⏱ 0,12h/m	024.000.020
12€	21€	**25€**	31€	46€			
22	**Eckschutzschiene, Kunststoff**						KG **345**
Fliesenschiene; Kunststoff; in Wandfliesenbelag; Außenecken							
10€	14€	**15€**	18€	27€	[m]	⏱ 0,12h/m	024.000.021
8€	12€	**13€**	15€	22€			
23	**Wandfliesen, 10x10**						KG **345**
Wandbelag, Fliesen; Steinzeug/Feinsteinzeug; 10x10cm; Dünnbettverfahren, inkl. Verfugung							
70€	89€	**98€**	105€	132€	[m²]	⏱ 0,90h/m²	024.000.022
59€	75€	**82€**	88€	111€			
24	**Wandfliesen, 10x20**						KG **345**
Wandbelag, Fliesen; Steinzeug/Feinsteinzeug; 10x20cm; Dünnbettverfahren, inkl. Verfugung							
91€	105€	**115€**	126€	145€	[m²]	⏱ 0,90h/m²	024.000.069
76€	88€	**97€**	106€	122€			

Kosten:
Stand 2. Quartal 2025
Bundesdurchschnitt

▶ min
▷ von
ø Mittel
◁ bis
◀ max

© **BKI** Baukosteninformationszentrum

Nr.	Kurztext / Stichworte					Kostengruppe
►	▷	ø brutto €	◁	◀	[Einheit] Ausf.-Dauer	Positionsnummer
►	▷	ø netto €	◁	◀		

25 Wandfliesen, 20x20 KG **345**

Wandbelag, Fliesen; Steinzeug/Feinsteinzeug; 20x20cm; Dünnbettverfahren, inkl. Verfugung

69€	81€	**87€**	99€	135€	[m2]	⏱ 0,80h/m2	024.000.023
58€	68€	**73€**	83€	113€			

26 Wandfliesen, 30x60 KG **345**

Wandbelag, Fliesen; Steinzeug/Feinsteinzeug; 30x60cm; Dünnbettverfahren, inkl. Verfugung

93€	113€	**122€**	130€	147€	[m2]	⏱ 0,95h/m2	024.000.125
78€	95€	**103€**	109€	124€			

27 Wandfliesen, 60x60 KG **345**

Wandbelag, Fliesen; Steinzeug/Feinsteinzeug; 60x60cm; Dünnbettverfahren, inkl. Verfugung

140€	159€	**166€**	179€	204€	[m2]	⏱ 1,00h/m2	024.000.126
118€	133€	**140€**	151€	172€			

28 Wandfliesen, Laibung KG **345**

Wandbelag, Fliesen; Steinzeug/Feinsteinzeug; bis 30cm; Dünnbettmörtel, inkl. Verfugung; in Laibung

–	23€	**27€**	35€	–	[m]	⏱ 0,25h/m	024.000.122
–	19€	**23€**	29€	–			

29 Wandbelag, Glasmosaik KG **345**

Wandbelag; Glas-Mittelmosaik; 5x5cm, Dicke 3,0mm; Dünnbettmörtel, inkl. Verfugung

214€	245€	**258€**	297€	328€	[m2]	⏱ 1,10h/m2	024.000.080
180€	206€	**217€**	249€	275€			

30 Sockelfliesen, Fliesenbelag KG **353**

Sockelfliesenbelag; Steinzeug/Feinsteinzeug, glasiert/unglasiert; Dünnbettverfahren, inkl. Verfugung

14€	23€	**27€**	30€	40€	[m]	⏱ 0,14h/m	024.000.026
12€	20€	**22€**	25€	33€			

31 Kehlsockel, Fliesenbelag KG **353**

Hohlkehlsockel, Fliesenbelag; Steinzeug/Feinsteinzeug; Dünnbettverfahren, inkl. Verfugung

23€	39€	**45€**	50€	62€	[m]	⏱ 0,18h/m	024.000.027
19€	33€	**38€**	42€	52€			

32 Bordüre, Fliesen KG **345**

Wandbelag, Bordüre; Steinzeug/Feinsteinzeug; Dünnbettverfahren, inkl. Verfugung

16€	27€	**31€**	35€	46€	[m]	⏱ 0,10h/m	024.000.028
14€	23€	**26€**	30€	39€			

Nr.	Kurztext / Stichworte					Kostengruppe
▶	▷	ø brutto €	◁	◀	[Einheit] Ausf.-Dauer	Positionsnummer
▶	▷	ø netto €	◁	◀		

Kosten:
Stand 2. Quartal 2025
Bundesdurchschnitt

33 Bodenfliesen, 10x10 — KG 353

Bodenbelag, Fliesen; Steinzeug/Feinsteinzeug; 10x10cm; Dünnbettverfahren; inkl. Verfugung

82€	119€	**138€**	154€	187€	[m²]	⏱ 1,00 h/m²	024.000.029
69€	100€	**116€**	129€	157€			

34 Bodenfliesen, 10x20 — KG 353

Bodenbelag, Fliesen; Steinzeug/Feinsteinzeug; 10x20cm; Dünnbettverfahren; inkl. Verfugung

80€	99€	**111€**	128€	139€	[m²]	⏱ 0,90 h/m²	024.000.085
67€	83€	**93€**	107€	117€			

35 Bodenfliesen, 20x20 — KG 353

Bodenbelag, Fliesen; Steinzeug/Feinsteinzeug; 20x20cm; Dünnbettverfahren; inkl. Verfugung

75€	97€	**108€**	120€	148€	[m²]	⏱ 0,80 h/m²	024.000.031
63€	82€	**90€**	101€	124€			

36 Bodenfliesen, 30x30 — KG 353

Bodenbelag, Fliesen; Steinzeug/Feinsteinzeug; 30x30cm; Dünnbettverfahren; inkl. Verfugung

70€	93€	**100€**	113€	142€	[m²]	⏱ 0,70 h/m²	024.000.032
58€	78€	**84€**	95€	119€			

37 Bodenfliesen, 30x60 — KG 353

Bodenbelag, Fliesen; Steinzeug/Feinsteinzeug; 30x60cm; Dünnbettverfahren; inkl. Verfugung

78€	94€	**100€**	117€	126€	[m²]	⏱ 0,65 h/m²	024.000.088
65€	79€	**84€**	98€	106€			

38 Bodenfliesen, 60x60 — KG 353

Bodenbelag, Fliesen; Steinzeug/Feinsteinzeug; 60x60cm; Dünnbettverfahren; inkl. Verfugung

99€	136€	**155€**	165€	229€	[m²]	⏱ 0,70 h/m²	024.000.127
83€	115€	**130€**	139€	192€			

39 Bodenfliesen, 20x20, strukturiert — KG 353

Bodenbelag, Fliesen; Steinzeug/Feinsteinzeug, strukturiert, frostbeständig; 20x20cm; Dünnbettverfahren; inkl. Verfugung

93€	106€	**120€**	140€	149€	[m²]	⏱ 0,80 h/m²	024.000.089
78€	89€	**101€**	117€	125€			

40 Bodenfliesen, 30x30, strukturiert — KG 353

Bodenbelag, Fliesen; Steingut/Steinzeug/Feinsteinzeug, strukturiert, frostbeständig; 30x30cm; Dünnbettverfahren; inkl. Verfugung

96€	110€	**122€**	141€	155€	[m²]	⏱ 0,80 h/m²	024.000.090
81€	92€	**103€**	119€	130€			

▶ min
▷ von
ø Mittel
◁ bis
◀ max

© BKI Baukosteninformationszentrum

Nr.	Kurztext / Stichworte						Kostengruppe
▶	▷	ø brutto €	◁	◀	[Einheit]	Ausf.-Dauer	Positionsnummer
▶	▷	ø netto €	◁	◀			

41 Bodenfliesen, 30x30, R11 KG **353**

Bodenbelag, Fliesen, Großküche; Feinsteinzeug/Keramik, Ia, unglasiert, profiliert, R12, frostbeständig; 30x30cm; Dünnbettverfahren, inkl. öl- und säurebeständige Verfugung

104€	120€	**129€**	134€	146€	[m²]	⏱ 0,75h/m²	024.000.114
87€	101€	**108€**	112€	122€			

42 Bodenfliesen, Großküche, 30x30, R12, V4 KG **353**

Bodenbelag, Fliesen; Feinsteinzeug/Keramik, unglasiert, profiliert, R12, frostbeständig; 30x30cm; Dünnbettverfahren, öl- und säurebeständige Verfugung

111€	139€	**146€**	162€	190€	[m²]	⏱ 0,75h/m²	024.000.092
93€	117€	**123€**	136€	160€			

43 Bodenfliesen, Gewerbe, 30x30, Rüttelverlegung KG **353**

Bodenbelag, Fliesen, Gewerbe; Feinsteinzeug/Keramik, Ia, unglasiert, profiliert, R12, frostbeständig; 30x30cm; Rüttelverlegung, inkl. öl- und säurebeständige Verfugung

109€	122€	**139€**	151€	170€	[m²]	⏱ 0,75h/m²	024.000.095
92€	102€	**116€**	127€	143€			

44 Treppenbelag, Tritt- und Setzstufe KG **353**

Stufenbelag, Fliesen; Feinsteinzeug/Keramik, BIa, R11, frostbeständig; Dickbett-/Dünnbettmörtel, inkl. Verfugung

151€	183€	**188€**	200€	223€	[m]	⏱ 1,30h/m	024.000.034
127€	153€	**158€**	168€	187€			

45 Sockelfliesenbeläge, Treppen KG **353**

Sockelfliesen, Treppe; Feinsteinzeug/Keramik, frostbeständig; Dickbett-/Dünnbettmörtel, inkl. Verfugung

24€	33€	**37€**	43€	53€	[m]	⏱ 0,20h/m	024.000.035
20€	28€	**31€**	36€	45€			

46 Bodenfliesen, BIa-Feinsteinzeug, bis 20x20 KG **353**

Wand-/Bodenbelag, Fliesen; Feinsteinzeug, BIas, frostbeständig; 15x15cm/20x20cm; Dünnbettmörtel, inkl. Verfugung; Innen-/Außenbereich

76€	94€	**101€**	119€	148€	[m²]	⏱ 0,70h/m²	024.000.053
64€	79€	**85€**	100€	124€			

47 Bodenfliesen, BIIa/BIIb-Steinzeug, glasiert, bis 20x20 KG **353**

Wand-/Bodenbelag, Fliesen; Steinzeug, frostbeständig; 15x15cm/20x20cm; Dünnbettmörtel, inkl. Verfugung; Innen-/Außenbereich

68€	96€	**110€**	120€	151€	[m²]	⏱ 0,70h/m²	024.000.054
57€	81€	**93€**	101€	127€			

48 Begleitstreifen, Kontraststreifen, Steinzeug, innen KG **353**

Begleitstreifen, kontrastreich; Steinzeug, R11; 300x300mm, Dicke 12mm; zum Leitsystem, im Dünnbett; Innenbereich

–	88€	**98€**	125€	–	[m]	⏱ 0,24h/m	024.000.116
–	74€	**83€**	105€	–			

Nr.	Kurztext / Stichworte					Kostengruppe
▶	▷	ø brutto €	◁	◀	[Einheit] Ausf.-Dauer	Positionsnummer
▶	▷	ø netto €	◁	◀		

Kosten:
Stand 2. Quartal 2025
Bundesdurchschnitt

49 Aufmerksamkeitsfeld, Noppenfliesen, Steinzeug, innen — KG 353

Bodenindikator, Noppenfliese; Steinzeug, R10; 300x300mm, Dicke 14mm, Feldfläche 900x900mm; als taktiles Aufmerksamkeitsfeld, im Dünnbett

▶	▷	ø	◁	◀	Einheit	Ausf.-Dauer	Positionsnummer
–	295€	**339€**	424€	–	[St]	⏱ 0,70h/St	024.000.117
–	248€	**285€**	356€	–			

50 Leitsystem, Rippenfliesen, Steinzeug, innen — KG 353

Bodenindikator, Rippenfliese; Steinzeug, R11; 300x300mm, Dicke 14mm; als taktiles Blindenleitsystem, im Dünnbett in Reihe verlegen; Innenbereich

▶	▷	ø	◁	◀	Einheit	Ausf.-Dauer	Positionsnummer
–	108€	**126€**	160€	–	[m]	⏱ 0,22h/m	024.000.115
–	91€	**106€**	134€	–			

51 Wandfliesen, BIII-Steingut, glasiert, bis 20x20 — KG 345

Wandbelag, Fliesen; Steingut, BIII, nicht frostbeständig; bis 20x20cm; Dünnbettmörtel, inkl.Verfugung

▶	▷	ø	◁	◀	Einheit	Ausf.-Dauer	Positionsnummer
71€	90€	**103€**	110€	129€	[m²]	⏱ 0,75h/m²	024.000.055
60€	76€	**87€**	93€	109€			

52 Wandfliesen, BIIa/BIIb-Steinzeug, glasiert, bis 20x20 — KG 345

Wand-/Bodenbelag, Fliesen; Steinzeug, BIIa/BIIb frostbeständig; bis 20x20cm; Dünnbettmörtel, inkl. Verfugung; Innen-/Außenbereich

▶	▷	ø	◁	◀	Einheit	Ausf.-Dauer	Positionsnummer
73€	103€	**114€**	123€	141€	[m²]	⏱ 0,70h/m²	024.000.119
62€	87€	**96€**	103€	118€			

53 Duschwannenträger einfliesen — KG 345

Duschwannenträger einfliesen; Wandfliesen; inkl. Zuschnitt, Verfugung

▶	▷	ø	◁	◀	Einheit	Ausf.-Dauer	Positionsnummer
46€	60€	**70€**	89€	129€	[St]	⏱ 0,25h/St	024.000.098
39€	50€	**59€**	75€	108€			

54 Badewannenträger einfliesen — KG 345

Badewannenträger einfliesen; Wandfliesen; inkl. Zuschnitt, Verfugung

▶	▷	ø	◁	◀	Einheit	Ausf.-Dauer	Positionsnummer
99€	119€	**129€**	169€	213€	[St]	⏱ 0,40h/St	024.000.064
83€	100€	**109€**	142€	179€			

55 Badewannenträger einfliesen, geschwungen — KG 345

Badewannenträger geschwungen, einfliesen; Wandfliesen; inkl. Zuschnitt, Verfugung

▶	▷	ø	◁	◀	Einheit	Ausf.-Dauer	Positionsnummer
–	117€	**130€**	183€	–	[St]	⏱ 0,55h/St	024.000.100
–	98€	**110€**	154€	–			

56 Gehrungsschnitt, Fliesen — KG 353

Gehrungsschnitt; Fliesen; alle Winkel

▶	▷	ø	◁	◀	Einheit	Ausf.-Dauer	Positionsnummer
8€	16€	**19€**	23€	33€	[m]	⏱ 0,20h/m	024.000.047
7€	13€	**16€**	19€	27€			

▶ min
▷ von
ø Mittel
◁ bis
◀ max

© BKI Baukosteninformationszentrum

Nr.	Kurztext / Stichworte						Kostengruppe
▶	▷	ø brutto €	◁	◀	[Einheit]	Ausf.-Dauer	Positionsnummer
▶	▷	ø netto €	◁	◀			

57 Untergrund reinigen, Boden KG **353**

Untergrund reinigen; Staub, Schmutz; abkehren, entsorgen

1€	2€	**2€**	3€	5€	[m²]	⏱ 0,04 h/m²	024.000.001
0,9€	1,6€	**1,8€**	2,4€	4,0€			

58 Mattenrahmen, Edelstahl, 200x200 KG **353**

Fußabstreifer, Einbaurahmen; Edelstahl; Stegbreite 5mm, 2.000x2.000mm; höhen-/fluchtgenau eingepasst

500€	786€	**934€**	1.042€	1.626€	[St]	⏱ 0,50 h/St	024.000.037
420€	660€	**785€**	875€	1.366€			

59 Sauberlaufsystem, Rahmen, über 2,00m KG **353**

Fußabstreiferanlage; Rahmen Aluminium/Messing, Reinstreifen Gummiprofil; Anlagengröße über 2,00m²; Innen-/Außenbereich

1.570€	2.251€	**2.707€**	2.813€	3.095€	[St]	⏱ 1,40 h/St	024.000.039
1.319€	1.892€	**2.275€**	2.364€	2.601€			

60 Elastische Verfugung, Fliesen, Silikon KG **345**

Fuge, elastisch, Fliesenbelag; Silikon; hinterlegen der Hohlräume

5€	8€	**9€**	10€	15€	[m]	⏱ 0,06 h/m	024.000.040
5€	6€	**7€**	8€	13€			

61 Elastoplastische Verfugung, Fliesen, Acryl KG **345**

Fuge, elastoplastisch, Fliesenbelag; Acryl-Dichtstoff; hinterlegen der Hohlräume

8€	11€	**12€**	16€	17€	[m]	⏱ 0,06 h/m	024.000.102
7€	9€	**10€**	13€	14€			

62 Elastische Verfugung, Fliesen, chemisch beständig KG **345**

Fuge, elastisch, Fliesenbelag; chemisch beständig; hinterlegen der Hohlräume

10€	13€	**13€**	17€	19€	[m]	⏱ 0,06 h/m	024.000.103
9€	11€	**11€**	14€	16€			

63 Bewegungsfugen, Fliesenbelag, Profil KG **345**

Bewegungsfuge, Fliesenbelag; PVC

28€	34€	**38€**	43€	47€	[m]	⏱ 0,14 h/m	024.000.105
24€	28€	**32€**	36€	39€			

64 Randstreifen abschneiden KG **353**

Randdämmstreifen abschneiden; entsorgen; Bodenbelag

0,5€	1,4€	**1,8€**	2,5€	4,1€	[m]	⏱ 0,01 h/m	024.000.049
0,4€	1,2€	**1,5€**	2,1€	3,4€			

Nr.	Kurztext / Stichworte						Kostengruppe
▶	▷	**ø brutto €**	◁	◀	[Einheit]	Ausf.-Dauer	Positionsnummer
▶	▷	**ø netto €**	◁	◀			

65 Rundschnitte, Fliesen KG **353**

Rundschnitte, Fliesen; herstellen, Restmaterial entsorgen

16€	20€	**22€**	25€	28€	[m]	⏱ 0,22h/m	024.000.106
14€	17€	**19€**	21€	24€			

66 Fliesen anarbeiten, Einbauten KG **353**

Fliesen an Einbauten anarbeiten; Bauschutt entsorgen

29€	35€	**39€**	43€	49€	[m]	⏱ 0,35h/m	024.000.107
25€	30€	**33€**	36€	41€			

Kosten:
Stand 2. Quartal 2025
Bundesdurchschnitt

67 Fliesen anarbeiten, Stützen KG **353**

Fliesen an Stützen anarbeiten; Bauschutt entsorgen

31€	37€	**39€**	45€	50€	[m]	⏱ 0,33h/m	024.000.108
26€	31€	**33€**	38€	42€			

68 Stundensatz, Facharbeiter/-in

Stundenlohnarbeiten, Vorarbeiter/-in, Facharbeiter/-in, und Gleichgestellte; Fliesenarbeiten

72€	84€	**88€**	92€	101€	[h]	⏱ 1,00h/h	024.000.059
61€	70€	**74€**	77€	85€			

69 Stundensatz, Helfer/-in

Stundenlohnarbeiten für Werker/-in, Helfer/-in und Gleichgestellte; Fliesenarbeiten

54€	68€	**74€**	79€	93€	[h]	⏱ 1,00h/h	024.000.060
45€	57€	**62€**	67€	79€			

▶ min
▷ von
ø Mittel
◁ bis
◀ max

© BKI Baukosteninformationszentrum

025

Kosten:
Stand 2. Quartal 2025
Bundesdurchschnitt

Nr.	**Kurztext** / Stichworte						Kostengruppe
►	▷	**ø brutto €**	◁	◄	[Einheit]	Ausf.-Dauer	Positionsnummer
►	▷	**ø netto €**	◁	◄			
1	**Untergrundreinigung, Estricharbeiten**						KG **353**
Untergrund reinigen; Staub, grobe Verschmutzungen, losen Teile; abkehren, aufnehmen, entsorgen							
0,7€	1,3€	**1,7€**	2,4€	3,8€	[m²]	⏱ 0,02 h/m²	025.000.001
0,5€	1,1€	**1,4€**	2,0€	3,2€			
2	**Untergrundvorbereitung, Kugelstrahlen**						KG **353**
Untergrundvorbereitung Verbundestrich; Kugelstrahlen, inkl. Absaugen							
3€	6€	**7€**	9€	12€	[m²]	⏱ 0,03 h/m²	025.000.064
3€	5€	**6€**	8€	10€			
3	**Estrich abstellen, bis 70mm**						KG **353**
Estrich abstellen; Dicke bis 70mm							
6€	10€	**12€**	14€	23€	[m]	⏱ 0,10 h/m	025.000.035
5€	8€	**10€**	12€	19€			
4	**Voranstrich, Abdichtung**						KG **353**
Voranstrich, Abdichtung; Bitumen-Voranstrich/Bitumen-Emulsion; 300g/m²; vollflächig auftragen							
2€	3€	**4€**	5€	7€	[m²]	⏱ 0,04 h/m²	025.000.002
1€	3€	**4€**	4€	6€			
5	**Bodenabdichtung, Bodenfeuchte, Bitumenbahn**						KG **324**
Bodenabdichtung, gegen Bodenfeuchte; Bitumenschweißbahn G 200 S4+Al; vollflächig verkleben; Betonbodenplatten							
12€	17€	**19€**	21€	25€	[m²]	⏱ 0,12 h/m²	025.000.003
10€	14€	**16€**	17€	21€			
6	**Trockenschüttung, 10mm**						KG **353**
Ausgleichsschüttung; gebundene Form; Dicke 10mm; Rohdecke							
5€	6€	**6€**	6€	7€	[m²]	⏱ 0,03 h/m²	024.000.051
4€	5€	**5€**	5€	6€			
7	**Trockenschüttung, Rohdecke**						KG **353**
Ausgleichsschüttung, Mehrhöhe; druckstabil und selbstklebend; zwischen Versorgungsleitungen							
131€	167€	**200€**	220€	245€	[m³]	⏱ 0,18 h/m³	025.000.028
110€	141€	**168€**	185€	206€			
8	**Trittschalldämmung MW 15-5mm DES**						KG **353**
Trittschalldämmung, DES; Mineralwolle; Dicke 15-5mm; unter Estrich							
5€	7€	**8€**	10€	14€	[m²]	⏱ 0,04 h/m²	025.000.047
4€	6€	**7€**	8€	12€			

► min
▷ von
ø Mittel
◁ bis
◄ max

Nr.	Kurztext / Stichworte					Kostengruppe
►	▷	**ø brutto €**	◁	◀	[Einheit] Ausf.-Dauer	Positionsnummer
►	▷	**ø netto €**	◁	◀		

9 Trittschalldämmung MW 30-5mm DES — KG **353**

Trittschalldämmung, DES; Mineralwolle; Dicke 30-5mm; unter Estrich

7€	12€	**14€**	17€	22€	[m²]	⏱ 0,05h/m²	025.000.048
6€	10€	**12€**	14€	19€			

10 Trittschalldämmung WF 21-1mm, DES, sh — KG **353**

Trittschalldämmung, DES; Holzfaser; Dicke 21-1mm; unter Estrich

–	17€	**20€**	26€	–	[m²]	⏱ 0,05h/m²	025.000.085
–	14€	**17€**	21€	–			

11 Trittschalldämmung EPS 30-3mm 045 DES sm — KG **353**

Trittschalldämmung, DES; EPS-Hartschaumplatte; Dicke 30-3mm; unter Estrich

5€	8€	**9€**	15€	24€	[m²]	⏱ 0,04h/m²	025.000.051
4€	6€	**8€**	13€	20€			

12 Wärmedämmung, Estrich WF bis 40mm DEO — KG **353**

Wärmedämmung, DEO; Holzwolle; 40mm; unter Estrich

–	18€	**21€**	27€	–	[m²]	⏱ 0,08h/m²	025.000.088
–	15€	**18€**	22€	–			

13 Wärmedämmung, Estrich EPS 40mm DEO — KG **353**

Wärmedämmung, DEO; EPS-Hartschaumplatte; Dicke 40mm; unter Estrich

9€	11€	**14€**	16€	20€	[m²]	⏱ 0,05h/m²	025.000.042
7€	10€	**12€**	14€	17€			

14 Wärmedämmung, Estrich EPS 80mm DEO — KG **353**

Wärmedämmung, DEO; EPS-Hartschaumplatte; Dicke 80mm; unter Estrich

11€	14€	**16€**	20€	26€	[m²]	⏱ 0,07h/m²	025.000.044
9€	12€	**13€**	17€	22€			

15 Wärmedämmung, Estrich EPS 100mm DEO — KG **353**

Wärmedämmung, DEO; EPS-Hartschaumplatte; Dicke 100mm; unter Estrich

14€	18€	**19€**	23€	29€	[m²]	⏱ 0,07h/m²	025.000.045
12€	15€	**16€**	19€	24€			

16 Wärmedämmung, Estrich PUR 20mm DEO — KG **353**

Wärmedämmung, DEO; PUR-Hartschaumplatte, alukaschiert; Dicke 20mm; unter Estrich

12€	15€	**18€**	20€	24€	[m²]	⏱ 0,05h/m²	025.000.053
10€	12€	**15€**	17€	20€			

Kosten:
Stand 2. Quartal 2025
Bundesdurchschnitt

Nr.	Kurztext / Stichworte						Kostengruppe
▶	▷	**ø brutto €**	◁	◀	[Einheit]	Ausf.-Dauer	Positionsnummer
▶	▷	**ø netto €**	◁	◀			
17	**Wärmedämmung, Estrich PUR 60mm DEO**						KG **353**
Wärmedämmung, DEO; PUR-Hartschaumplatte, alukaschiert; Dicke 60mm; unter Estrich							
21€	26€	**32€**	35€	45€	[m²]	⏱ 0,08h/m²	025.000.055
17€	22€	**27€**	29€	37€			
18	**Wärmedämmung, Estrich PUR 80mm DEO**						KG **353**
Wärmedämmung, DEO; PUR-Hartschaumplatte, alukaschiert; Dicke 80mm; unter Estrich							
23€	29€	**37€**	41€	52€	[m²]	⏱ 0,08h/m²	025.000.056
19€	24€	**31€**	34€	43€			
19	**Wärmedämmung, Estrich EPB bis 40mm DEO**						KG **353**
Wärmedämmung; expandierte Perlite; 40mm; zweilagig; unter Estrich							
19€	23€	**23€**	25€	29€	[m²]	⏱ 0,08h/m²	025.000.009
16€	19€	**19€**	21€	24€			
20	**Wärmedämmung, Estrich CG bis 70mm DEO**						KG **353**
Wärmedämmung, DEO; Schaumglas-Dämmplatte; Dicke 70mm; vollflächig eingebettet in Heißbitumen; unter Estrich							
38€	66€	**72€**	77€	87€	[m²]	⏱ 0,14h/m²	025.000.010
32€	56€	**61€**	65€	73€			
21	**Trennlage, Dämmung, Estrich**						KG **353**
Trennlage; PE-Folie 0,8mm; auf Dämmschicht							
1,0€	1,6€	**1,8€**	2,7€	4,6€	[m²]	⏱ 0,03h/m²	025.000.011
0,8€	1,3€	**1,5€**	2,3€	3,8€			
22	**Trennlage, Dämmung, Gussasphalt**						KG **353**
Trennlage; Rippen-/Rohfilzpappe; auf Dämmschicht							
1€	2€	**2€**	3€	4€	[m²]	⏱ 0,03h/m²	025.000.012
1,0€	1,7€	**2,0€**	2,4€	3,2€			
23	**Randdämmstreifen, Polystyrol**						KG **353**
Randdämmstreifen; Polystyrol; Höhe 40mm, Tiefe 12mm; an Wänden							
0,8€	1,6€	**2,0€**	3,2€	5,4€	[m]	⏱ 0,02h/m	025.000.023
0,7€	1,4€	**1,7€**	2,7€	4,5€			
24	**Estrich, CT C25 F4 S45**						KG **353**
Estrich; Zementestrich C25 F4 S45; Dicke 45mm; schwimmend; auf Dämmschicht							
21€	25€	**26€**	28€	33€	[m²]	⏱ 0,20h/m²	025.000.013
18€	21€	**22€**	24€	28€			

▶ min
▷ von
ø Mittel
◁ bis
◀ max

© BKI Baukosteninformationszentrum

Nr.	Kurztext / Stichworte						Kostengruppe
▶	▷	ø brutto €	◁	◀	[Einheit]	Ausf.-Dauer	Positionsnummer
▶	▷	ø netto €	◁	◀			
25	**Heizestrich, CT C25 F4 S65 H45**						KG **353**
Heizestrich; Zementestrich C25 F4-S65 H45; Dicke 65mm; schwimmend; auf Dämmschicht							
23€	29€	**31€**	33€	39€	[m²]	⏱ 0,25h/m²	025.000.034
19€	24€	**26€**	28€	33€			
26	**Estrich, CT C40 F7, modifiziert**						KG **353**
Estrich, kunststoffmodifiziert; Zementestrich C40 F7 S45; Dicke 45mm; schwimmend; auf Dämmschicht							
34€	39€	**43€**	46€	52€	[m²]	⏱ 0,30h/m²	025.000.019
28€	33€	**36€**	39€	44€			
27	**Estrich, CA C25 S45**						KG **353**
Estrich; Calciumsulfatestrich C25 F4 S45; Dicke 45mm; schwimmend; auf Dämmschicht							
22€	27€	**29€**	31€	36€	[m²]	⏱ 0,20h/m²	025.000.014
18€	22€	**24€**	26€	30€			
28	**Heizestrich, CA C25 S65 H45**						KG **353**
Heizestrich; Calciumsulfatestrich C25 F4 S65 H45; Dicke 65mm; schwimmend; auf Dämmschicht							
27€	31€	**33€**	35€	40€	[m²]	⏱ 0,22h/m²	025.000.016
23€	26€	**27€**	29€	34€			
29	**Estrich, CAF C25 F4 S45**						KG **353**
Estrich; Calciumsulfat-Fließestrich C25 F4 S50; Dicke 50mm; schwimmend; auf Dämmschicht							
22€	26€	**28€**	31€	37€	[m²]	⏱ 0,20h/m²	025.000.030
18€	22€	**23€**	26€	31€			
30	**Heizestrich, CAF C25 F4 S65 H45**						KG **353**
Heizestrich; Calciumsulfat-Fließestrich C25 F4 S65 H45; Dicke 65mm; schwimmend; auf Dämmschicht; inkl. Auf- und Abheizen							
24€	30€	**33€**	34€	38€	[m²]	⏱ 0,25h/m²	025.000.029
20€	26€	**28€**	29€	32€			
31	**Estrich, AS IC10 S25**						KG **353**
Estrich; Gussasphalt IC10 S25; Dicke 25mm; schwimmend; auf Dämmschicht							
41€	51€	**56€**	60€	71€	[m²]	⏱ 0,35h/m²	025.000.015
34€	43€	**47€**	51€	60€			
32	**Estrich, CT C25 F4 V45**						KG **353**
Verbundestrich; Zementestrich C25 F4 V45; Dicke 45mm							
21€	24€	**27€**	27€	29€	[m²]	⏱ 0,20h/m²	025.000.022
17€	20€	**22€**	23€	25€			

Nr.	Kurztext / Stichworte						Kostengruppe
▶	▷	ø brutto €	◁	◀	[Einheit]	Ausf.-Dauer	Positionsnummer
▶	▷	ø netto €	◁	◀			
33	**Estrich glätten, maschinell**						KG **324**
Estrichoberfläche, glätten; Abscheiben, Flügelglätten; maschinell							
2€	4€	**6€**	7€	10€	[m²]	⏱ 0,02 h/m²	025.000.021
2€	4€	**5€**	6€	8€			
34	**Estrichbewehrung, Gitter**						KG **324**
Estrichbewehrung; Betonstahlgitter; Maschenweite 50x50-75x74mm							
4€	6€	**7€**	8€	10€	[m²]	⏱ 0,08 h/m²	025.000.081
4€	5€	**6€**	7€	8€			
35	**Gerätesockel, Sichtbeton**						KG **353**
Gerätesockel, Ortbeton; C20/25, XC1; Randschalung, Kanten gefast, sichtbar, geglättet							
105€	173€	**210€**	239€	319€	[m²]	⏱ 1,40 h/m²	025.000.037
88€	145€	**176€**	200€	268€			
36	**Sinterschicht abschleifen, Boden**						KG **353**
Estrichoberfläche, schleifen; Calciumsulfatestrich; abschleifen, absaugen, abfahren, entsorgen							
2€	3€	**3€**	4€	5€	[m²]	⏱ 0,04 h/m²	025.000.017
2€	2€	**3€**	3€	4€			
37	**Scheinfugen schneiden, schließen**						KG **353**
Scheinfuge; Kunstharz, Zwei-Komponenten-Polyurethan-Masse; 1/3 Estrichtiefe, Fugenbreite 5mm							
12€	16€	**17€**	21€	30€	[m]	⏱ 0,12 h/m	025.000.073
10€	14€	**15€**	18€	25€			
38	**Bewegungsfuge, elastische Dichtmasse**						KG **353**
Bewegungsfuge, Estrich; Dichtstoff, plastoelastisch, öl-, säurebeständig							
6€	10€	**11€**	13€	19€	[m]	⏱ 0,12 h/m	025.000.020
5€	8€	**10€**	11€	16€			
39	**Bewegungsfuge, Metallprofil**						KG **353**
Bewegungsfugenprofil, Fliesenbelag; Aluminium, elastische Kunststoffeinlage							
45€	79€	**91€**	98€	164€	[m]	⏱ 0,20 h/m	025.000.038
38€	66€	**77€**	83€	138€			
40	**Randwinkel, Stahl**						KG **353**
Randwinkel, Estrichabstellung; Stahl, ungleichmäßig; mit Schrauben befestigen							
37€	81€	**90€**	119€	180€	[m]	⏱ 0,15 h/m	025.000.074
31€	68€	**76€**	100€	151€			

Kosten:
Stand 2. Quartal 2025
Bundesdurchschnitt

▶ min
▷ von
ø Mittel
◁ bis
◀ max

© BKI Baukosteninformationszentrum

Nr.	Kurztext / Stichworte						Kostengruppe
▶	▷	**ø brutto €**	◁	◀	[Einheit]	Ausf.-Dauer	Positionsnummer
▶	▷	**ø netto €**	◁	◀			

41 Beschichtung, Polyurethanharz, Estrich KG **353**

Estrichoberfläche, Beschichten; Mehrkomponenten-Polyurethanharz; Zwischen- und Deckbeschichtung, inkl. Grundierung

30€	38€	**44€**	59€	73€	[m²]	⏱ 0,14 h/m²	025.000.078
25€	32€	**37€**	50€	61€			

42 Beschichtung, Epoxidharz, Estrich KG **353**

Estrichoberfläche, Beschichten; Mehrkomponenten-Polyurethanharz

15€	31€	**38€**	41€	65€	[m²]	⏱ 0,12 h/m²	025.000.024
12€	26€	**32€**	34€	55€			

43 Aussparung, Mattenrahmen KG **353**

Aussparung, Fußmatte; Größe bis 1.000/1.200mm, Höhe 15-20mm

37€	85€	**122€**	127€	161€	[St]	⏱ 0,30 h/St	025.000.075
31€	71€	**103€**	106€	135€			

44 Markierung, Messstellen KG **353**

Estrich-Messstelle; für Restfeuchtigkeitsprüfung/Höhenkontrolle

4€	8€	**9€**	11€	14€	[St]	⏱ 0,10 h/St	025.000.059
4€	7€	**7€**	9€	12€			

45 Messung, Feuchte, Estrich KG **353**

Restfeuchtemessung, Estrich; Calciumcarbid-Messgerät

40€	58€	**62€**	73€	90€	[St]	⏱ 0,50 h/St	025.000.060
33€	49€	**52€**	62€	76€			

46 Stundensatz, Facharbeiter/-in

Stundenlohnarbeiten Vorarbeiter/-in, Facharbeiter/-in und Gleichgestellte; Estricharbeiten

71€	81€	**86€**	92€	106€	[h]	⏱ 1,00 h/h	025.000.061
60€	68€	**72€**	77€	89€			

47 Stundensatz, Helfer/-in

Stundenlohnarbeiten für Werker/-in, Helfer/-in und Gleichgestellte; Estricharbeiten

61€	69€	**72€**	76€	84€	[h]	⏱ 1,00 h/h	025.000.062
51€	58€	**60€**	64€	71€			

Nr.	Kurztext / Stichworte						Kostengruppe
►	▷	ø brutto €	◁	◄	[Einheit]	Ausf.-Dauer	Positionsnummer
►	▷	ø netto €	◁	◄			

1 Türblatt, einflüglig, Röhrenspan, HPL, 625x2.000/2.125 KG **344**

Türblatt; Röhrenspan, Schichtpressstoffplatten; 625x2.000/2.125mm, Dicke 42 mm; einflüglig; Klimaklasse II

180€	395€	**444€**	518€	657€	[St]	⏱ 0,10h/St	027.000.058
151€	332€	**373€**	436€	552€			

2 Türblatt, einflüglig, Röhrenspan, HPL, 750x2.000/2.125 KG **344**

Türblatt; Röhrenspan, Schichtpressstoffplatten; 750x2.000/2.125mm, Dicke 42mm; einflüglig; Klimaklasse II

227€	298€	**508€**	591€	749€	[St]	⏱ 0,10h/St	027.000.059
190€	250€	**427€**	497€	629€			

3 Türblatt, einflüglig, Röhrenspan, HPL, 875x2.000/2.125 KG **344**

Türblatt; Röhrenspan, Schichtpressstoffplatten; 875x2.000/2.125mm, Dicke 42mm; einflüglige; Klimaklasse II

247€	344€	**549€**	624€	854€	[St]	⏱ 0,10h/St	027.000.060
207€	289€	**461€**	525€	717€			

4 Türblatt, einflüglig, Röhrenspan, HPL, 1.000x2.000/2.125 KG **344**

Türblatt; Röhrenspan, Schichtpressstoffplatten; 1.000x2.000/2.125mm, Dicke 42mm; einflüglig; Klimaklasse II

276€	393€	**616€**	632€	889€	[St]	⏱ 0,15h/St	027.000.061
232€	330€	**518€**	531€	747€			

5 Türblatt, einflüglig, Röhrenspan, HPL, 1.125x2.000/2.125 KG **344**

Türblatt; Röhrenspan, Schichtpressstoffplatten; 1.125x2.000/2.125mm, Dicke 42mm; einflüglig; Klimaklasse II

286€	403€	**627€**	664€	969€	[St]	⏱ 0,15h/St	027.000.062
240€	339€	**527€**	558€	814€			

6 Innentür, rauchdicht, S200-C5, einflüglig, 875x2.000/2.125 KG **344**

Rauchschutztürelement; Holztüre, Stahlumfassungszarge; 875x2.000/2.125mm; einflüglig; Klimaklasse II

554€	897€	**1.018€**	1.318€	1.745€	[St]	⏱ 2,80h/St	027.000.049
466€	754€	**855€**	1.108€	1.466€			

7 Innentür, rauchdicht, S200-C5, einflüglig, 1.000x2.000/2.125 KG **344**

Rauchschutztürelement; Holztüre, Stahlumfassungszarge; 1.000x2.000/2.125mm; einflüglig; Klimaklasse II

1.056€	1.416€	**1.529€**	1.726€	3.024€	[St]	⏱ 2,80h/St	027.000.050
887€	1.190€	**1.285€**	1.450€	2.541€			

8 Innentür, rauchdicht, S200-C5, zweiflüglig KG **344**

Rauchschutztürelement; Holztüre, Stahlumfassungszarge; zweiflüglig; Klimaklasse II

4.333€	6.013€	**6.583€**	7.158€	8.607€	[St]	⏱ 8,00h/St	027.000.002
3.641€	5.053€	**5.532€**	6.015€	7.233€			

027

Kosten:
Stand 2. Quartal 2025
Bundesdurchschnitt

► min
▷ von
ø Mittel
◁ bis
◄ max

Nr.	Kurztext / Stichworte						Kostengruppe
▶	▷	ø brutto €	◁	◀	[Einheit]	Ausf.-Dauer	Positionsnummer
▶	▷	ø netto €	◁	◀			

9 Innentür, EI2 30-SaC5, einflüglig 1.000x2.000/2.125 KG **344**

Brandschutztürelement, EI2 30-SaC5; Holztüre, Stahlumfassungszarge; 1.000x2.000/2.125mm; einflüglig; Klimaklasse II

1.841€	2.805€	**3.028€**	3.591€	5.169€	[St]	⏱ 3,00h/St	027.000.053
1.547€	2.357€	**2.545€**	3.018€	4.344€			

10 Innentür, Röhrenspan, einflüglig, 875x2.000/2.125 KG **344**

Innentürelement; Röhrenspan; 875x2.000/2.125mm; einflüglig; Klimaklasse I

527€	789€	**886€**	1.088€	1.484€	[St]	⏱ 1,50h/St	027.000.055
443€	663€	**745€**	914€	1.247€			

11 Innentür, Röhrenspan, einflüglig, 1.000x2.000/2.125 KG **344**

Innentürelement; Röhrenspan; 1.000x2.000/2.125mm; einflüglig; Klimaklasse I

583€	878€	**990€**	1.245€	1.709€	[St]	⏱ 1,50h/St	027.000.056
490€	738€	**832€**	1.046€	1.436€			

12 Innentürelement, Röhrenspan, einflüglig, 1.125x2.000/2.125 KG **344**

Innentürelement; Röhrenspan; 1.125x2.000/2.125mm; einflüglig; Klimaklasse I

899€	1.274€	**1.332€**	1.367€	1.895€	[St]	⏱ 1,50h/St	027.000.057
756€	1.070€	**1.120€**	1.149€	1.593€			

13 Innentür, zweiflüglig, Röhrenspan KG **344**

Innentürelement; Röhrenspan; Türblattdicke 40mm; zweiflüglig; Klimaklasse I

1.902€	2.850€	**3.165€**	3.924€	5.251€	[St]	⏱ 4,00h/St	027.000.006
1.599€	2.395€	**2.660€**	3.297€	4.413€			

14 Türblatt, einflüglig, Vollspan, 875x2.000/2.125 KG **344**

Türblatt; Vollspan, Schichtpressstoffplatten; 875x2.000/2.125mm, Dicke 50mm; einflüglig; Klimaklasse II

332€	551€	**651€**	782€	978€	[St]	⏱ 0,20h/St	027.000.063
279€	463€	**547€**	657€	822€			

15 Türblatt, einflüglig, Vollspan, 1.000x2.000/2.125 KG **344**

Türblatt; Vollspan, Schichtpressstoffplatten; 1.000x2.000/2.125mm, Dicke 50mm; einflüglig; Klimaklasse II

373€	572€	**710€**	920€	1.179€	[St]	⏱ 0,20h/St	027.000.064
314€	481€	**596€**	773€	991€			

16 Türblatt, Vollspan, zweiflüglig KG **344**

Türblatt; Vollspan, Schichtpressstoffplatten; 1.125x2.000/2.125mm; zweiflüglig; Klimaklasse II

1.193€	1.508€	**1.701€**	1.719€	2.279€	[St]	⏱ 0,30h/St	027.000.037
1.002€	1.267€	**1.429€**	1.445€	1.915€			

Kosten:
Stand 2. Quartal 2025
Bundesdurchschnitt

Nr.	Kurztext / Stichworte						Kostengruppe
▶	▷	**ø brutto €**	◁	◀	[Einheit]	Ausf.-Dauer	Positionsnummer
▶	▷	**ø netto €**	◁	◀			
17	**Schiebetürelement, innen, einflüglig, 1.510x2.135**						KG **344**
Schiebetürelement; Holztür-/Glastürblatt; Wanddicke 100-150mm, Ständertiefe 75-100mm; einflüglig							
1.007€	1.611€	**1.825€**	2.229€	3.195€	[St]	⏱ 2,40h/St	027.000.021
846€	1.354€	**1.534€**	1.873€	2.685€			
18	**Schiebetürelement, innen, zweiflüglig**						KG **344**
Schiebetürelement; Holztür-/Glastürblatt; Wanddicke 100-150mm; zweiflüglig							
–	1.858€	**2.214€**	2.534€	–	[St]	⏱ 2,90h/St	027.000.104
–	1.561€	**1.861€**	2.129€	–			
19	**Raumspartürblatt, barrierefrei, einflüglig**						KG **344**
Raumspartürblatt, barrierefrei; Rühren-/Vollspan; Türblattdicke 41mm; einflüglig, Türblatt zweiteilig; in Wohnungen							
–	1.826€	**2.174€**	2.718€	–	[St]	⏱ 1,30h/St	027.000.135
–	1.535€	**1.827€**	2.284€	–			
20	**Ganzglas-Türblatt, innen**						KG **344**
Ganzglastürblatt; ESG; Türblattdicke 8-10mm; Einbau in bauseitige Zarge							
625€	958€	**1.143€**	1.513€	2.153€	[St]	⏱ 0,20h/St	027.000.016
525€	805€	**961€**	1.272€	1.809€			
21	**Stahleckzarge, innen, 875x2.000/2.125**						KG **344**
Stahleckzarge; 875x2.000/2.125mm; einflüglig; Mauerwerkswand							
194€	230€	**247€**	280€	322€	[St]	⏱ 1,20h/St	027.000.098
163€	193€	**208€**	235€	270€			
22	**Stahleckzarge, innen, 1.000x2.000/2.125**						KG **344**
Stahleckzarge; 1.000x2.000/2.125mm; einflüglig; Mauerwerkswand							
196€	232€	**260€**	296€	324€	[St]	⏱ 1,30h/St	027.000.099
165€	195€	**218€**	249€	273€			
23	**Stahl-Umfassungszarge, innen, 1.000x2.000/2.125**						KG **344**
Stahlumfassungszarge; 1.000x2.000/2.125mm; einflüglig; KS-Mauerwerkswand							
280€	399€	**447€**	493€	603€	[St]	⏱ 1,10h/St	027.000.070
235€	336€	**376€**	414€	506€			
24	**Holz-Umfassungszarge, innen, 750x2.000/2.125**						KG **344**
Holzumfassungszarge; 750x2.000/2.125mm; einflüglig; Innenwand							
238€	306€	**333€**	391€	492€	[St]	⏱ 1,10h/St	027.000.065
200€	257€	**280€**	328€	413€			

▶ min
▷ von
ø Mittel
◁ bis
◀ max

© **BKI** Baukosteninformationszentrum

Nr.	Kurztext / Stichworte					Kostengruppe
▶	▷	ø brutto €	◁	◀	[Einheit] Ausf.-Dauer	Positionsnummer
▶	▷	ø netto €	◁	◀		

25 Holz-Umfassungszarge, innen, 1.000x2.000/2.125 KG **344**

Holzumfassungszarge; 1.000x2.000/2.125mm; einflüglige; Innenwand

463€	524€	**574€**	588€	649€	[St]	⏱ 1,10h/St	027.000.067
389€	440€	**482€**	494€	545€			

26 Holz-Umfassungszarge, Oberlicht KG **344**

Holzumfassungszarge mit Oberlicht; ESG 8mm/VSG 8mm; Türblattdicke 42mm; Innenwand

507€	792€	**952€**	1.251€	1.647€	[St]	⏱ 1,40h/St	027.000.009
426€	665€	**800€**	1.051€	1.384€			

27 Stahl-Umfassungszarge, mit Oberlicht KG **344**

Stahlumfassungszarge, Oberlicht; 875x2.400/145mm; einflüglige; KS-Mauerwerkswand

434€	589€	**605€**	751€	991€	[St]	⏱ 1,40h/St	027.000.083
365€	495€	**508€**	631€	833€			

28 Anschlagschiene, Aluminium, Tür KG **344**

Anschlagschiene, Tür; Aluminium; bis 40x40x3mm; inkl. Abstandhalter, Klemmanker und Dichtungsprofil

36€	42€	**46€**	51€	58€	[St]	⏱ 0,30h/St	027.000.108
30€	35€	**39€**	43€	48€			

29 Anschlagschiene, Messing, Tür KG **344**

Anschlagschiene, Tür; Messing; bis 40x40x3mm; inkl. Abstandhalter, Klemmanker und Dichtungsprofil

47€	58€	**63€**	71€	81€	[St]	⏱ 0,30h/St	027.000.109
40€	48€	**53€**	59€	68€			

30 Fensterbank, innen, Holz; über 875 bis 1.500mm KG **344**

Fensterbank, innen; Holz; Länge über 875 bis 1.500mm

111€	149€	**168€**	204€	262€	[St]	⏱ 0,30h/St	027.000.073
94€	125€	**141€**	171€	220€			

31 Fensterbank, innen, Holz; über 1.500 bis 2.500mm KG **344**

Fensterbank, innen; Holz; Länge über 1.500 bis 2.500mm

193€	273€	**324€**	351€	409€	[St]	⏱ 0,35h/St	027.000.074
162€	229€	**273€**	295€	344€			

32 Holz-/Abdeckleisten, Fichte KG **344**

Deckleisten; Fichte, Klasse J2; 20x50mm, Länge 2,80m; unsichtbar befestigen; gehobelt, feingeschliffen, Kanten gefast

23€	36€	**44€**	54€	79€	[m]	⏱ 0,10h/m	027.000.023
19€	31€	**37€**	46€	67€			

Nr.	Kurztext / Stichworte					Kostengruppe
►	▷	**ø brutto €**	◁	◄	[Einheit]	Ausf.-Dauer	Positionsnummer
►	▷	**ø netto €**	◁	◄			

33 Verfugung, elastisch — KG **344**

Verfugung, elastisch; Silikon-/Acryldichtmasse; glatt gestrichen

►	▷	ø	◁	◄	Einheit	Ausf.-Dauer	Positionsnummer
8€	10€	**11€**	14€	22€	[m]	⏱ 0,05h/m	027.000.017
7€	8€	**9€**	11€	18€			

34 Unterkonstruktion, Innenwandbekleidung — KG **345**

Unterkonstruktion Innenwandbekleidung; Nadelholz, S10; 50x30mm; Mauerwerk

►	▷	ø	◁	◄	Einheit	Ausf.-Dauer	Positionsnummer
41€	49€	**64€**	70€	97€	[m²]	⏱ 0,35h/m²	027.000.025
34€	42€	**54€**	58€	81€			

Kosten:
Stand 2. Quartal 2025
Bundesdurchschnitt

35 Innenwandbekleidung, Sperrholz — KG **345**

Innenwandbekleidung; Sperrholzplatte, Sichtseite A-Qualität; Dicke 15mm; sichtbar verschrauben; Auf Holzunterkonstruktion

►	▷	ø	◁	◄	Einheit	Ausf.-Dauer	Positionsnummer
137€	230€	**254€**	287€	394€	[m²]	⏱ 0,35h/m²	027.000.026
115€	193€	**214€**	241€	331€			

36 Innenwandbekleidung, Dekorspanplatte, mit UK — KG **345**

Innenwandbekleidung; Holzspanplatten V 100, E1, Stahlblechstütze, verzinkt; sichtbar verschrauben; inkl. Holzunterkonstruktion

►	▷	ø	◁	◄	Einheit	Ausf.-Dauer	Positionsnummer
189€	266€	**266€**	292€	335€	[m²]	⏱ 0,55h/m²	027.000.119
158€	223€	**223€**	246€	281€			

37 Schalung, Spanplatten — KG **344**

Schalung; Spanplatten, P7; Dicke 22mm; NF-Profil

►	▷	ø	◁	◄	Einheit	Ausf.-Dauer	Positionsnummer
43€	100€	**122€**	141€	203€	[m²]	⏱ 0,30h/m²	027.000.027
36€	84€	**103€**	119€	171€			

38 Unterkonstruktion, Trennwand — KG **346**

Unterkonstruktion Trennwand; Stahlblechstützen, verzinkt; Höhe bis 3,00m, Dicke 100mm; für einlagige/zweilagige Beplankung

►	▷	ø	◁	◄	Einheit	Ausf.-Dauer	Positionsnummer
–	122€	**140€**	163€	–	[m²]	⏱ 0,40h/m²	027.000.048
–	102€	**118€**	137€	–			

39 Büro-Trennwand, Tragprofile/Paneele — KG **346**

Trennwand mit Glasfüllung, EI30, E30; Dekorspanplatte/beschichtete Stahlblechpaneele; Breite 900/1.200mm

►	▷	ø	◁	◄	Einheit	Ausf.-Dauer	Positionsnummer
205€	247€	**312€**	419€	708€	[m²]	⏱ 1,40h/m²	027.000.029
172€	208€	**262€**	352€	595€			

40 Mobile Trennwandanlage, 20-25m² — KG **346**

Trennwandelement, beweglich; Stahlkonstruktion; A=20-25m²; beidseitig beplankt

►	▷	ø	◁	◄	Einheit	Ausf.-Dauer	Positionsnummer
–	206€	**285€**	320€	–	[St]	⏱ 25,00h/St	027.000.078
–	173€	**240€**	269€	–			

► min
▷ von
ø Mittel
◁ bis
◄ max

© BKI Baukosteninformationszentrum

Nr.	Kurztext / Stichworte						Kostengruppe
▶	▷	ø brutto €	◁	◀	[Einheit]	Ausf.-Dauer	Positionsnummer
▶	▷	ø netto €	◁	◀			

41 Trennwand, Spanplatten/HPL, Rahmen KG **346**

Sanitärtrennwand; Metallrohr, Holzspanplatten, wasserfest, fäulnissicher; Dicke 40mm

–	282€	**321€**	364€	–	[m²]	⏱ 1,70 h/m²	027.000.137
–	237€	**270€**	306€	–			

42 Trennwandanlage, Spanplatten/Melamin KG **346**

Sanitärtrennwand; Holzspanplatten, melaninharzbeschichtet, Metallrohr

–	267€	**308€**	327€	–	[m²]	⏱ 1,70 h/m²	027.000.138
–	225€	**259€**	275€	–			

43 WC-Schamwand Urinale KG **346**

WC-Schamwand; Ausführung und Oberflächen im System der WC-Trennwandanlagen

177€	285€	**335€**	546€	847€	[St]	⏱ 1,40 h/St	027.000.081
149€	240€	**282€**	459€	712€			

44 Garderobenleiste KG **381**

Garderobenleiste; Holz/Stahl, Einzel-/Doppelhaken; Durchmesser 42mm

80€	170€	**210€**	231€	327€	[m]	⏱ 0,40 h/m	027.000.038
67€	143€	**177€**	194€	275€			

45 Garderobenschrank KG **381**

Garderobenschrank-Wertschrank; HPL-Vollkernplatten, Türbänder aus Edelstahl; Tiefe 525mm, Breite 300mm; Sicherheits-Zylinder-Hebel-Schloss/Münzpfandschloss als Hauptschließanlage

440€	676€	**784€**	861€	1.091€	[St]	⏱ 0,55 h/St	027.000.082
370€	568€	**659€**	723€	916€			

46 Einbauküche, melaminharzbeschichtet KG **381**

Einbaumöblierung, Küche; Spanplatte, beschichtet; Höhe 860mm, Tiefe 630mm, Arbeitsplatte 3.000x630mm; Unterschränke, Oberschränke

2.229€	4.808€	**5.936€**	7.074€	9.485€	[St]	⏱ 7,50 h/St	027.000.042
1.873€	4.040€	**4.988€**	5.944€	7.971€			

47 Gardinen-/Vorhangschiene KG **381**

Vorhangschiene; Kunststoff-U-Profile, Tischlerplatte mit Deckfurnier; 1/2/3 Gardinenläufe

56€	68€	**91€**	100€	119€	[m]	⏱ 0,20 h/m	027.000.040
47€	58€	**76€**	84€	100€			

48 Unterschrank, Küche, bis 600mm KG **381**

Einbaumöblierung, Unterschrank; Spanplatte, beschichtet; 600x600mm, Höhe 860mm; melaminharzbeschichtet; Kochfeld

293€	582€	**718€**	883€	1.249€	[St]	⏱ 0,60 h/St	027.000.043
246€	489€	**603€**	742€	1.050€			

Nr.	Kurztext / Stichworte						Kostengruppe
►	▷	ø brutto €	◁	◄	[Einheit]	Ausf.-Dauer	Positionsnummer
►	▷	ø netto €	◁	◄			

49	**Oberschrank, Küche**						KG **381**
Einbaumöblierung, Oberschrank; Spanplatte, beschichtet; 600x450mm, Höhe 700mm; melaminharzbeschichtet							
234€	376€	**403€**	468€	589€	[St]	⏱ 1,00h/St	027.000.044
197€	316€	**339€**	393€	495€			

50	**Treppenstufe, Holz**						KG **353**
Treppenstufe/Tritt- und Setzstufe; Eiche massiv, gehobelt, geschliffen; 42mm; schallentkoppelt							
110€	207€	**256€**	358€	661€	[St]	⏱ 0,14h/St	027.000.045
92€	174€	**215€**	301€	555€			

Kosten:
Stand 2. Quartal 2025
Bundesdurchschnitt

51	**Handlauf-Profil, Holz**						KG **359**
Handlauf; Massivholz, geschliffen, poliert, natur/transparent lackiert; Durchmesser 30/40mm							
46€	79€	**88€**	110€	155€	[m]	⏱ 0,25h/m	027.000.046
39€	66€	**74€**	93€	130€			

52	**Geländer, gerade, Rundstabholz**						KG **359**
Geländer; Hartholz, Rundstab, geschliffen, poliert, lackiert; Durchmesser 42,4mm							
325€	516€	**568€**	668€	905€	[m]	⏱ 0,70h/m	027.000.047
273€	433€	**477€**	561€	761€			

53	**Stundensatz, Facharbeiter/-in**						
Stundenlohnarbeiten Vorarbeiter/-in, Facharbeiter/-in und Gleichgestellte; Tischlerarbeiten							
73€	87€	**95€**	99€	111€	[h]	⏱ 1,00h/h	027.000.079
61€	73€	**80€**	84€	93€			

54	**Stundensatz, Helfer/-in**						
Stundenlohnarbeiten für Werker/-in, Helfer/-in und Gleichgestellte; Tischlerarbeiten							
55€	66€	**72€**	78€	88€	[h]	⏱ 1,00h/h	027.000.080
46€	55€	**60€**	65€	74€			

► min
▷ von
ø Mittel
◁ bis
◄ max

© **BKI** Baukosteninformationszentrum

Kosten:
Stand 2. Quartal 2025
Bundesdurchschnitt

▶ min
▷ von
ø Mittel
◁ bis
◀ max

Nr.	Kurztext / Stichworte					Kostengruppe
▶	▷	**ø brutto €**	◁	◀	[Einheit] Ausf.-Dauer	Positionsnummer
▶	▷	**ø netto €**	◁	◀		
1	**Untergrund reinigen**					KG **353**
Untergrund, reinigen; Staub, Verschmutzungen, lose Teile; abkehren, entsorgen; inkl. Deponiegebühr						
0,6€	1,2€	**1,4€**	2,2€	3,8€	[m²] ⏱ 0,02 h/m²	028.000.001
0,5€	1,0€	**1,2€**	1,8€	3,2€		
2	**Untergrund, CA-Estrich anschleifen**					KG **353**
Untergrund schleifen; Calciumsulfatestrich; abschleifen, absaugen; inkl. Entsorgung und Deponiegebühr						
2€	4€	**4€**	5€	7€	[m²] ⏱ 0,03 h/m²	028.000.029
2€	3€	**3€**	4€	6€		
3	**Untergrund prüfen, Haftzugfestigkeit**					KG **353**
Untergrund prüfen; Estrich, Decke; Haftzugfestigkeit; inkl. Protokollierung						
32€	39€	**41€**	46€	52€	[St] ⏱ 0,50 h/St	028.000.067
27€	32€	**34€**	38€	44€		
4	**Untergrund vorstreichen, Haftgrund**					KG **353**
Untergrund vorstreichen; vollflächig; inkl. Reinigung						
2€	3€	**4€**	5€	6€	[m²] ⏱ 0,03 h/m²	028.000.004
2€	3€	**3€**	4€	5€		
5	**Untergrund spachteln, 3mm**					KG **353**
Untergrund spachteln; Dicke 3mm; vollflächig						
5€	8€	**9€**	13€	20€	[m²] ⏱ 0,06 h/m²	028.000.081
4€	7€	**8€**	11€	17€		
6	**Trennlage, Baumwollfilz**					KG **353**
Trittschallunterlage; Baumwollfilz; 5mm; einlagig						
2€	4€	**5€**	6€	8€	[m²] ⏱ 0,03 h/m²	028.000.006
2€	4€	**4€**	5€	7€		
7	**Unterlage, PE-Folie**					KG **353**
Trittschallunterlage; PE-Folie 0,2mm; einlagig verlegen; zwischen Bodenbelag und Zement-/Calciumsulfatestrich						
–	2€	**4€**	6€	–	[m²] ⏱ 0,03 h/m²	028.000.048
–	2€	**4€**	5€	–		
8	**Unterlage, Rippenpappe**					KG **353**
Trittschallunterlage; Wellpappe, 5mm; einlagig						
3€	5€	**6€**	7€	9€	[m²] ⏱ 0,04 h/m²	028.000.049
3€	4€	**5€**	6€	8€		

Nr.	Kurztext / Stichworte						Kostengruppe
▶	▷	**ø brutto €**	◁	◀	[Einheit]	Ausf.-Dauer	Positionsnummer
▶	▷	**ø netto €**	◁	◀			
9	**Unterlage, Korkschrotpappe**						KG **353**
Trenn-/Unterlage; Korkschrotpappe, 3mm; einlagig							
–	10€	**15€**	18€	–	[m2]	⏱ 0,05h/m2	028.000.050
–	8€	**12€**	15€	–			
10	**Schüttung, Perlite**						KG **353**
Schüttung; Perlite; gerade abziehen							
–	7€	**9€**	13€	–	[m2]	⏱ 0,06h/m2	028.000.051
–	5€	**8€**	11€	–			
11	**Trittschalldämmung, Mineralwolle, 10-2 mm**						KG **353**
Trittschalldämmung; Mineralwolle, A2; Dicke: 10-2mm; einlagig; unter Belag/Unterboden							
–	9€	**12€**	16€	–	[m2]	⏱ 0,05h/m2	028.000.052
–	7€	**10€**	13€	–			
12	**Unterboden, Holzspanplatte P2, 28mm**						KG **353**
Unterboden; Holzspanplatte, P2; Dicke 28mm; NF-Profil							
–	43€	**51€**	67€	–	[m2]	⏱ 0,26h/m2	028.000.053
–	36€	**43€**	56€	–			
13	**Blindboden, Nadelholz**						KG **353**
Blindboden; Nadelholz, S10, einseitig gehobelt; Dicke 24mm; gespundene Schalung; inkl. chemischem Holzschutz							
34€	53€	**67€**	69€	80€	[m2]	⏱ 0,45h/m2	028.000.025
29€	45€	**56€**	58€	67€			
14	**Dielenbodenbelag, Fichte, 24mm**						KG **353**
Dielenbodenbelag, Massivholz; Fichte, künstlich getrocknet; Dicke 24mm; gehobelt, geschliffen							
225€	250€	**272€**	296€	318€	[m2]	⏱ 0,95h/m2	028.000.078
189€	210€	**228€**	249€	267€			
15	**Dielenbodenbelag, Lärche, 24mm**						KG **353**
Dielenbodenbelag, Massivholz; Lärche, künstlich getrocknet; Dicke 24mm; gehobelt, geschliffen							
228€	253€	**278€**	300€	322€	[m2]	⏱ 0,95h/m2	028.000.070
191€	212€	**233€**	252€	271€			
16	**Dielenbodenbelag, Ahorn, 22mm**						KG **353**
Dielenbodenbelag, Massivholz; Ahorn, künstlich getrocknet; Dicke 22mm; gehobelt, geschliffen							
250€	271€	**301€**	328€	352€	[m2]	⏱ 0,95h/m2	028.000.079
210€	228€	**253€**	276€	296€			

Kosten:
Stand 2. Quartal 2025
Bundesdurchschnitt

Nr.	Kurztext / Stichworte						Kostengruppe
▶	▷	**ø brutto €**	◁	◀	[Einheit]	Ausf.-Dauer	Positionsnummer
▶	▷	**ø netto €**	◁	◀			
17	**Dielenbodenbelag, Esche, 22mm**						KG **353**
Dielenbodenbelag, Massivholz; Esche, künstlich getrocknet; Dicke 22mm; gehobelt, geschliffen							
205€	222€	**250€**	270€	292€	[m²]	⏱ 0,95 h/m²	028.000.080
172€	187€	**210€**	227€	246€			
18	**Dielenbodenbelag, Eiche, 22mm**						KG **353**
Dielenbodenbelag, Massivholz; Eiche, künstlich getrocknet; Dicke 22mm; gehobelt, geschliffen							
192€	208€	**234€**	252€	276€	[m²]	⏱ 0,95 h/m²	028.000.007
161€	175€	**196€**	212€	232€			
19	**Lamellenparkett, Eiche, bis 22mm, roh**						KG **353**
Vollholz, Lamellenparkett; Eiche; Dicke 15-25mm, Breite 18mm Länge 120-160mm; verkleben; auf Calciumsulfatestrich							
61€	73€	**79€**	86€	107€	[m²]	⏱ 0,45 h/m²	028.000.008
51€	62€	**66€**	72€	90€			
20	**Stabparkett, Eiche, 22mm**						KG **353**
Vollholz, Stabparkett; Eiche, künstlich getrocknet; Dicke 14-22mm; NF-Profil, verkleben, schleifen							
121€	143€	**157€**	169€	193€	[m²]	⏱ 0,70 h/m²	028.000.034
102€	121€	**132€**	142€	162€			
21	**Stabparkett, Buche, 22mm**						KG **353**
Vollholz, Stabparkett; Buche, künstlich getrocknet; Dicke 14-22mm; NF-Profil, verkleben, schleifen							
115€	153€	**161€**	178€	216€	[m²]	⏱ 0,70 h/m²	028.000.035
96€	129€	**135€**	149€	182€			
22	**Vollholzparkett, Hochkantlamellen, Eiche, bis 12 mm**						KG **353**
Lamellenparkett; Eiche, künstlich getrocknet; Dicke 10-12mm; NF-Profil, verkleben, schleifen							
79€	94€	**100€**	106€	116€	[m²]	⏱ 0,60 h/m²	028.000.032
67€	79€	**84€**	89€	98€			
23	**Vollholzparkett, Hochkantlamellen, 22mm**						KG **353**
Lamellenparkett, Vollholz, künstlich getrocknet; Dicke 22mm, Breite 18mm; verkleben, inkl. schleifen, versiegeln							
89€	102€	**108€**	113€	125€	[m²]	⏱ 0,65 h/m²	028.000.031
74€	85€	**91€**	95€	105€			
24	**Fertigparkett, Ahorn, 14mm, versiegelt**						KG **353**
Fertigparkett, werksseitig versiegelt; Ahorn; Dicke 14mm; verkleben							
88€	115€	**127€**	131€	144€	[m²]	⏱ 0,40 h/m²	028.000.013
74€	96€	**107€**	110€	121€			

▶ min
▷ von
ø Mittel
◁ bis
◀ max

© BKI Baukosteninformationszentrum

Nr.	Kurztext / Stichworte					Kostengruppe
▶	▷	ø brutto €	◁	◀	[Einheit]	Ausf.-Dauer	Positionsnummer
▶	▷	ø netto €	◁	◀			

25 Fertigparkett, Eiche 14mm, versiegelt KG **353**

Fertigparkett, werksseitig versiegelt; Eiche; Dicke 14mm; verkleben

120€	134€	**147€**	170€	185€	[m²]	⏱ 0,40 h/m²	028.000.058
101€	112€	**123€**	143€	155€			

26 Fertigparkett, Esche, 14mm, versiegelt KG **353**

Fertigparkett, werksseitig versiegelt; Esche; Dicke 14mm; verkleben

114€	126€	**137€**	157€	174€	[m²]	⏱ 0,40 h/m²	028.000.059
96€	106€	**115€**	132€	146€			

27 Fertigparkett, Buche, 14mm, versiegelt KG **353**

Fertigparkett, werksseitig versiegelt; Buche; Dicke 14mm; verkleben

108€	120€	**132€**	151€	167€	[m²]	⏱ 0,40 h/m²	028.000.060
91€	101€	**111€**	127€	140€			

28 Lamparkett, Eiche, 10mm KG **353**

Lamparkett; Eiche, künstlich getrocknet; Dicke 10mm; verkleben, schleifen

89€	132€	**179€**	202€	254€	[m²]	⏱ 0,65 h/m²	028.000.036
75€	111€	**151€**	170€	213€			

29 Lamparkett, Ahorn, 10mm KG **353**

Lamparkett; Ahorn, künstlich getrocknet; Dicke 10mm; verkleben, schleifen

–	132€	**186€**	209€	–	[m³]	⏱ 0,65 h/m³	028.000.061
–	111€	**157€**	175€	–			

30 Lamparkett, Esche, 10mm KG **353**

Lamparkett; Esche, künstlich getrocknet; Dicke 10mm; verkleben, schleifen

–	126€	**176€**	198€	–	[m²]	⏱ 0,65 h/m²	028.000.062
–	106€	**148€**	167€	–			

31 Mosaikparkett, Eiche, 8mm KG **353**

Mosaikparkett; Eiche, künstlich getrocknet; Dicke 8mm; verkleben, schleifen

65€	83€	**94€**	104€	136€	[m²]	⏱ 0,50 h/m²	028.000.037
55€	70€	**79€**	87€	115€			

32 Mosaikparkett, Esche, 8mm KG **353**

Mosaikparkett; Buche, künstlich getrocknet; Dicke 8mm; verkleben, schleifen

–	108€	**126€**	138€	–	[m²]	⏱ 0,50 h/m²	028.000.063
–	91€	**106€**	116€	–			

Nr.	Kurztext / Stichworte						Kostengruppe
▶	▷	ø brutto €	◁	◀	[Einheit]	Ausf.-Dauer	Positionsnummer
▶	▷	ø netto €	◁	◀			
33	**Mosaikparkett, Buche, 8mm**						KG **353**
Mosaikparkett; Buche, künstlich getrocknet; Dicke 8mm; verkleben, schleifen							
–	107€	**118€**	137€	–	[m²]	⏱ 0,50 h/m²	028.000.064
–	90€	**99€**	115€	–			
34	**Holzpflaster, bis 50mm**						KG **353**
Holzpflasterbelag; parallel zu den Längswänden,inkl. schleifen, verlegen; auf Zementestrich							
115€	135€	**137€**	144€	154€	[m²]	⏱ 0,85 h/m²	028.000.044
96€	113€	**115€**	121€	129€			
35	**Vollholzparkett schleifen**						KG **353**
Oberflächenbearbeitung, schleifen; Vollholzparkett; Schleifkörnung bis 180							
13€	19€	**21€**	22€	29€	[m²]	⏱ 0,15 h/m²	028.000.010
11€	16€	**18€**	19€	24€			
36	**Vollholzparkett beschichten**						KG **353**
Oberflächenbearbeitung; Öl-Kunstharzsiegel/Wasserlack/PU-Wassersiegel; imprägnieren, antirutschend wachsen, inkl Zwischenschliff							
16€	22€	**25€**	30€	40€	[m²]	⏱ 0,20 h/m²	028.000.011
14€	18€	**21€**	25€	33€			
37	**Vollholzparkett schleifen und versiegeln**						KG **353**
Oberflächenbearbeitung; Spezialwachs/Öl-Kunstharz-Siegel/ Wasserlack/PU-Wassersiegel; schleifen, entstauben, rutschhemmend versiegeln							
15€	34€	**41€**	45€	59€	[m²]	⏱ 0,30 h/m²	028.000.012
13€	29€	**35€**	38€	49€			
38	**Stufenbelag, Fertigparkett, Eiche**						KG **353**
Fertigparkett, Stufenbelag; Eiche, versiegelt; Dicke 11-15mm; NF-Profil, verklebt; auf Calciumsulfatestrich							
–	53€	**79€**	89€	–	[m²]	⏱ 0,50 h/m²	028.000.066
–	45€	**66€**	75€	–			
39	**Randstreifen abschneiden**						KG **353**
Randstreifen abschneiden; Rippenpappe/Mineralwolle/Polystyrol; aufnehmen, laden, entsorgen; inkl. Deponiegebühr							
0,5€	0,7€	**0,8€**	1,0€	1,5€	[m]	⏱ 0,01 h/m	028.000.023
0,4€	0,6€	**0,6€**	0,8€	1,2€			
40	**Randabschluss, Korkstreifen, Dehnfuge**						KG **353**
Randabschluss; Korkstreifen; Breite 10mm; oberflächengleich							
5€	9€	**11€**	13€	19€	[m]	⏱ 0,10 h/m	028.000.020
4€	8€	**9€**	11€	16€			

Kosten:
Stand 2. Quartal 2025
Bundesdurchschnitt

▶ min
▷ von
ø Mittel
◁ bis
◀ max

© **BKI** Baukosteninformationszentrum

Nr.	Kurztext / Stichworte						Kostengruppe
▶	▷	ø brutto €	◁	◀	[Einheit]	Ausf.-Dauer	Positionsnummer
▶	▷	ø netto €	◁	◀			
41	**Sockelleiste, Buche**						KG **353**
Sockelleiste; Buche, lackiert, Viertelstab-Profil, gerundet; 16x16mm; befestigen mit Nägel							
12€	16€	**17€**	21€	26€	[m]	⏱ 0,08h/m	028.000.014
10€	13€	**14€**	17€	22€			
42	**Sockelleiste, Eiche**						KG **353**
Sockelleiste; Eiche, Rechteckprofil, lackiert; Ecken mit Gehrungsschnitt, befestigen mit Senkkopf-Schrauben							
12€	18€	**20€**	23€	30€	[m]	⏱ 0,08h/m	028.000.015
10€	15€	**17€**	19€	26€			
43	**Eckausbildung, vorgefertigt, Sockelleiste**						KG **353**
Sockelleiste, Eckausbildung; mit vorgefertigten Innen- und Außenecken							
0,6€	2,3€	**2,9€**	3,8€	5,3€	[St]	⏱ 0,02h/St	028.000.045
0,5€	1,9€	**2,4€**	3,2€	4,4€			
44	**Parkettbelag anarbeiten, gerade**						KG **353**
Anschluss Parkettbelag; Stabparkett/Fertigparkett; Randfries, raumhohe Fenster, Treppenaugen							
8€	15€	**18€**	20€	28€	[m]	⏱ 0,25h/m	028.000.017
7€	13€	**15€**	17€	23€			
45	**Parkettbelag anarbeiten, rund**						KG **353**
Parkettbelag anabeiten; Stabparkett/Fertigparkett; Radius 2.500mm; gekrümmte Bauteile							
13€	19€	**20€**	20€	29€	[m]	⏱ 0,28h/m	028.000.018
11€	16€	**17€**	17€	25€			
46	**Aussparung, Parkett**						KG **353**
Öffnung/Aussparung herstellen; Parkett; rechteckig							
25€	44€	**51€**	59€	78€	[St]	⏱ 0,30h/St	028.000.027
21€	37€	**43€**	50€	65€			
47	**Heizkörperrosetten, Parkett**						KG **353**
Heizrohrrosette; Metall; in Boden befestigt							
3€	4€	**5€**	7€	13€	[St]	⏱ 0,01h/St	028.000.069
2€	3€	**4€**	6€	11€			
48	**Übergangsprofil/Abdeckschiene, nichtrostender Stahl**						KG **353**
Übergangsprofil; Edelstahl; Belagwechsel							
21€	31€	**36€**	39€	49€	[m]	⏱ 0,12h/m	028.000.039
17€	26€	**30€**	33€	42€			

Nr.	Kurztext / Stichworte						Kostengruppe
►	▷	ø brutto €	◁	◄	[Einheit]	Ausf.-Dauer	Positionsnummer
►	▷	ø netto €	◁	◄			
49	**Übergangsprofil/Abdeckschiene; Messing**						KG **353**
Übergangsprofil; Messing; Belagwechsel							
20€	33€	**38€**	46€	63€	[m]	⏱ 0,12 h/m	028.000.041
17€	28€	**32€**	39€	53€			
50	**Verfugung, elastisch, Silikon**						KG **353**
Fuge, elastisch; Silikondichtstoff; glatt gestrichen; inkl. Anschlussarbeiten, Hinterstopfmaterial							
7€	10€	**11€**	13€	15€	[m]	⏱ 0,05 h/m	028.000.022
6€	8€	**9€**	11€	13€			
51	**Erstpflege, Parkettbelag**						KG **353**
Erstpflege, Parkett; Pflegemittel Oberflächeneigenschaft R9/R11							
3€	5€	**6€**	9€	14€	[m²]	⏱ 0,03 h/m²	028.000.024
2€	4€	**5€**	7€	11€			
52	**Schutzabdeckung, Platten/Folie**						KG **353**
Schutzabdeckung; vollflächig abdecken; Bodenfläche; inkl. Entfernen und Entsorgen							
4€	6€	**7€**	8€	9€	[m²]	⏱ 0,05 h/m²	028.000.030
3€	5€	**6€**	6€	8€			
53	**Schutzabdeckung Verbundfolie**						KG **353**
Schutzabdeckung; Verbundfolie; vollflächig abdecken, abkleben; Bodenbelag; inkl. Entfernen, Entsorgen							
1€	4€	**5€**	6€	8€	[m²]	⏱ 0,04 h/m²	028.000.047
0,9€	3,2€	**4,3€**	5,3€	7,0€			
54	**Stundensatz, Facharbeiter/-in**						
Stundenlohnarbeiten, Vorarbeiter/-in, Facharbeiter/-in und Gleichgestellte; Parkettarbeiten							
73€	82€	**86€**	89€	97€	[h]	⏱ 1,00 h/h	028.000.042
62€	69€	**72€**	75€	81€			
55	**Stundensatz, Helfer/-in**						
Stundenlohnarbeiten für Werker/-in, Helfer/-in und Gleichgestellte; Parkettarbeiten							
58€	67€	**71€**	76€	82€	[h]	⏱ 1,00 h/h	028.000.043
49€	56€	**60€**	63€	69€			

Kosten:
Stand 2. Quartal 2025
Bundesdurchschnitt

► min
▷ von
ø Mittel
◁ bis
◄ max

© BKI Baukosteninformationszentrum

029

Kosten:
Stand 2. Quartal 2025
Bundesdurchschnitt

▶ min
▷ von
ø Mittel
◁ bis
◀ max

Nr.	**Kurztext** / Stichworte						Kostengruppe
▶	▷	**ø brutto €**	◁	◀	[Einheit]	Ausf.-Dauer	Positionsnummer
▶	▷	**ø netto €**	◁	◀			
1	**Fenstergriff, Aluminium**						KG **334**
Fensterolive; Aluminium; Vier-Punkt-Kugelrastung, unsichtbar befestigt; Verschraubung M5							
23€	39€	**44€**	51€	68€	[St]	⏱ 0,28h/St	029.000.013
19€	33€	**37€**	43€	57€			
2	**Fenstergriff, Aluminium, abschließbar**						KG **334**
Fenstergriff, abschließbar; Aluminium, naturfarbig; Dreh-Kipp-Griff; inkl. Rosette, 3 Schlüssel							
35€	76€	**94€**	114€	175€	[St]	⏱ 0,30h/St	029.000.040
30€	64€	**79€**	96€	147€			
3	**Drückergarnitur, Wohnungstür, Metall**						KG **344**
Drückergarnitur; Edelstahl/Aluminium; Rosette oval/eckig, mit Hochhaltefeder; innen; Normalgarnitur/Wechselgarnitur							
190€	272€	**300€**	332€	413€	[St]	⏱ 0,30h/St	029.000.004
160€	229€	**252€**	279€	347€			
4	**Drückergarnitur, Objekttür, Aluminium**						KG **344**
Drückergarnitur; Aluminium; Rosette oval/eckig mit Hochhaltefeder; Feuer-/Rauchschutztür; Normalgarnitur/Wechselgarnitur							
74€	109€	**130€**	152€	197€	[St]	⏱ 0,30h/St	029.000.007
63€	92€	**109€**	128€	166€			
5	**Drückergarnitur, niro**						KG **344**
Drückergarnitur Objektbereich; Edelstahl, matt, gebürstet/spiegelpoliert; Rosette oval/eckig, mit Hochhaltefeder; für Feuer-/Rauchschutztür							
124€	245€	**292€**	368€	522€	[St]	⏱ 0,30h/St	029.000.008
105€	206€	**245€**	309€	438€			
6	**Drückergarnitur, Objekttür, niro, barrierefrei**						KG **344**
Wechselgarnitur; Edelstahl, gebürstet/spiegelpoliert; Anordnung unten, für Handbetätigung Rollstuhl; Langschild							
–	489€	**550€**	676€	–	[St]	⏱ 0,30h/St	029.000.041
–	411€	**462€**	568€	–			
7	**Drückergarnitur, Objekttür, niro, Ellenbogenbetätigung**						KG **344**
Drückergarnitur; Edelstahl, gebürstet/spiegelpoliert; Hand-und Ellenbogenbetätigung							
–	527€	**606€**	733€	–	[St]	⏱ 0,30h/St	029.000.042
–	443€	**509€**	616€	–			
8	**Türdrückergarnitur, provisorisch**						KG **344**
Türdrückergarnitur, provisorisch; einbauen, vorhalten, demontieren							
–	20€	**35€**	53€	–	[St]	⏱ 0,20h/St	029.000.034
–	17€	**29€**	45€	–			

Nr.	Kurztext / Stichworte						Kostengruppe
▶	▷	ø brutto €	◁	◀	[Einheit]	Ausf.-Dauer	Positionsnummer
▶	▷	ø netto €	◁	◀			

9 Bad-/WC-Garnitur, Objektbereich, Aluminium KG **344**

Bad-WC-Garnitur, beidseitiger Drücker; Aluminium, eloxiert/anodisiert; Rosette oval/eckig; inkl. beidseitiger Drücker

45€	88€	**107€**	127€	167€	[St]	⏱ 0,35h/St	029.000.015
38€	74€	**90€**	107€	141€			

10 Bad-/WC-Garnitur, Objektbereich, Edelstahl KG **344**

Bad-WC-Garnitur; Edelstahl matt gebürstet/Spiegelpoliert; Türdicke 42mm; Metallrosette mit/ohne Hochhaltefeder; inkl. beidseitiger Drücker

73€	193€	**215€**	253€	358€	[St]	⏱ 0,50h/St	029.000.016
61€	163€	**180€**	213€	301€			

11 Stoßgriff, Tür, Aluminium KG **344**

Türstange; Aluminium; Durchmesser 200mm; verdeckt verschraubt

182€	387€	**488€**	700€	1.050€	[St]	⏱ 0,60h/St	029.000.017
153€	326€	**410€**	588€	883€			

12 Obentürschließer, einflüglige Tür KG **344**

Obentürschließer; einflüglige Tür; Basisschließer, Normalgestänge; für Rauch-/Feuerschutztür

308€	443€	**479€**	614€	973€	[St]	⏱ 1,50h/St	029.000.009
259€	372€	**402€**	516€	817€			

13 Obentürschließer, zweiflüglige Tür KG **344**

Obentürschließer; zweiflüglige Türanlage; Größe 2-6; für zweiflügliges Türblatt, Normalmontage Türblatt/Bandseite; Schließgeschwindigkeit und Endschlag regulierbar, inkl. Montageplatte

627€	970€	**1.181€**	1.435€	1.923€	[St]	⏱ 2,00h/St	029.000.018
527€	815€	**993€**	1.206€	1.616€			

14 Bodentürschließer, einflüglige Tür KG **344**

Bodentürschließer; Edelstahl/Aluminium, eloxiert/Messing, matt; Größe 3, Bauhöhe 42mm; einflüglige Pendel- und Anschlagtür, Schließgeschwindigkeit einstellbar; innen

656€	711€	**794€**	885€	996€	[St]	⏱ 2,00h/St	029.000.019
551€	598€	**667€**	743€	837€			

15 Obentürschließer Innentür ohne Anforderung KG **344**

Obentürschließer, Innentür; Geschwindigkeit einstellbar, Gleitschiene

242€	283€	**311€**	316€	391€	[St]	⏱ 0,50h/St	027.000.114
203€	238€	**262€**	265€	329€			

16 Türantrieb, kraftbetätigte Tür, einflüglig KG **344**

Türantrieb, automatisch; für einflüglige Tür, barrierefrei, geräuscharm; Innen- und Außentüren

3.999€	5.797€	**6.584€**	7.667€	9.782€	[St]	⏱ 2,50h/St	029.000.035
3.360€	4.871€	**5.533€**	6.443€	8.220€			

Nr.	Kurztext / Stichworte					Kostengruppe
►	▷	ø brutto €	◁	◄	[Einheit] Ausf.-Dauer	Positionsnummer
►	▷	ø netto €	◁	◄		

17 Türantrieb, kraftbetätigte Tür, zweiflüglig KG **344**

Türantrieb, automatisch; für zweiflüglige Tür, barrierefrei geräuscharm; Innen- und Außentüren

4.152€	7.203€	**8.470€**	9.973€	12.985€	[St]	⏱ 3,00h/St	029.000.036
3.489€	6.053€	**7.118€**	8.381€	10.912€			

18 Sensorleiste, Türblatt KG **344**

Sensorleiste, Türflügel; Türflügelbreite 1.125mm, je Flügel 2 Sensorleisten; Absicherung des Schwenkbereich

708€	955€	**1.046€**	1.198€	1.555€	[St]	⏱ 1,00h/St	029.000.047
595€	803€	**879€**	1.007€	1.307€			

Kosten:
Stand 2. Quartal 2025
Bundesdurchschnitt

19 Fingerschutz, Türkante KG **344**

Fingerschutz Türkante; Aluminium, eloxiert/farbbeschichtet RAL-....., feuerhemmend; Länge bis 2.500mm

128€	240€	**286€**	350€	466€	[St]	⏱ 0,30h/St	029.000.037
108€	202€	**241€**	294€	391€			

20 Türöffner elektrisch KG **344**

Türöffner elektrisch; mit Riegelschaltkontakt für Antriebsabschaltung

121€	219€	**244€**	334€	615€	[St]	⏱ 0,30h/St	029.000.048
102€	184€	**205€**	280€	517€			

21 Fluchttürsicherung, elektrische Verriegelung KG **344**

Fluchttürsicherung; Steuerung beleuchteter Nottaste für Betriebszustand Tür, Alarm, Voralarm, Störung

1.176€	1.662€	**1.986€**	2.048€	2.577€	[St]	⏱ 1,50h/St	029.000.049
988€	1.397€	**1.669€**	1.721€	2.166€			

22 Türstopper, Wandmontage KG **344**

Türstopper, Wandmontage; Metall, poliert/gebürstet mit Gummipuffer; rund/eckig, geschraubt; Außen-/Innenbereich

26€	48€	**54€**	66€	97€	[St]	⏱ 0,10h/St	029.000.010
22€	40€	**46€**	56€	81€			

23 Türstopper, Bodenmontage KG **344**

Türstopper, Bodenmontage; Metall, poliert/gebürstet mit Gummipuffer; rund/eckig, geschraubt; Außen-/Innenbereich

21€	41€	**46€**	61€	94€	[St]	⏱ 0,15h/St	029.000.011
18€	34€	**39€**	51€	79€			

24 Türspion, Aluminium KG **344**

Türspion; Aluminium; Durchmesser 15mm; inkl. Deckklappe

18€	38€	**45€**	74€	108€	[St]	⏱ 0,15h/St	029.000.020
15€	32€	**38€**	62€	91€			

► min
▷ von
ø Mittel
◁ bis
◄ max

© BKI Baukosteninformationszentrum

Nr.	Kurztext / Stichworte						Kostengruppe
▶	▷	ø brutto €	◁	◀	[Einheit]	Ausf.-Dauer	Positionsnummer
▶	▷	ø netto €	◁	◀			

25 Lüftungsprofil, Fenster KG **334**

Lüftungsprofil; Aluminium u. Kunststoff, G2; schallgedämmt; Voll-/Hohlprofil-Fensterrahmen

131€	249€	**293€**	329€	476€	[St]	⏱ 0,35h/St	029.000.022
110€	209€	**246€**	276€	400€			

26 Lüftungsgitter, Türblatt KG **344**

Lüftungsgitter; Aluminium u. Kunststoff; stufenlos regulierbar, verschließbar; Holztürblatt; inkl. beidseitiger Verfugung

42€	66€	**78€**	100€	172€	[St]	⏱ 0,15h/St	029.000.026
35€	55€	**65€**	84€	145€			

27 Halb-Schließzylinder KG **344**

Profil-Halbzylinder; Messing, matt vernickelt; verschieden-/gleichschließend

34€	71€	**86€**	112€	170€	[St]	⏱ 0,13h/St	029.000.002
29€	60€	**73€**	94€	143€			

28 Doppel-Schließzylinder KG **344**

Profil-Doppelzylinder; Messing, matt vernickelt; verschieden-/gleichschließend

41€	86€	**102€**	137€	238€	[St]	⏱ 0,15h/St	029.000.001
34€	72€	**86€**	116€	200€			

29 Profilzylinderverlängerung, je 5mm KG **344**

Profilzylinder, Verlängerung; je Seite und angefangene 5mm

3€	7€	**8€**	10€	14€	[St]	–	029.000.038
3€	6€	**7€**	9€	12€			

30 Profilblindzylinder KG **344**

Profil-Blindzylinder; Messing, matt vernickelt; inkl. Stulpschraube M5 vernickelt

15€	26€	**30€**	44€	69€	[St]	⏱ 0,15h/St	029.000.003
13€	21€	**25€**	37€	58€			

31 Generalhaupt-, Generalschlüssel KG **344**

Generalhauptschlüssel; Profilzylinder; Schließanlage

10€	18€	**21€**	28€	43€	[St]	–	029.000.027
9€	15€	**17€**	23€	37€			

32 Gruppen-, Hauptschlüssel KG **344**

Gruppen-, Hauptschlüssel; Profilzylinder; für Schließanlage

6€	12€	**14€**	19€	28€	[St]	–	029.000.028
5€	10€	**12€**	16€	24€			

Nr.	Kurztext / Stichworte						Kostengruppe
▶	▷	ø brutto €	◁	◀	[Einheit]	Ausf.-Dauer	Positionsnummer
▶	▷	ø netto €	◁	◀			

33 Schlüsselschrank, wandhängend KG **344**

Schlüsselschrank, wandhängend; Aluminium/Kunststoff; Türöffnung über 90°; inkl. zwei Schlüssel

137€	371€	**504€**	591€	1.167€	[St]	⏱ 0,80h/St	029.000.024
115€	312€	**424€**	496€	981€			

34 Absenkdichtung, Tür KG **344**

Bodendichtung; Druckplatte, PVC-Dichtprofil, Befestigungswinkel

91€	170€	**198€**	300€	457€	[St]	⏱ 0,20h/St	029.000.031
76€	142€	**166€**	252€	384€			

Kosten:
Stand 2. Quartal 2025
Bundesdurchschnitt

35 WC-Schild, taktil, Kunststoff KG **344**

WC-Schild, taktil; Polyamid; 200x100, Dicke 3mm; Brailleschrift

–	65€	**75€**	93€	–	[St]	⏱ 0,10h/St	029.000.043
–	55€	**63€**	78€	–			

36 WC-Schild, taktil, Aluminium KG **344**

WC-Schild, taktil; Aluminium, eloxiert; 150x150mm; Brailleschrift

–	88€	**98€**	124€	–	[St]	⏱ 0,10h/St	029.000.051
–	74€	**83€**	104€	–			

37 Handlaufbeschriftung, taktil, Alu, 36,5/43, Blinden-/Profilschrift KG **359**

Handlaufbeschriftung taktil; Aluminium, eloxiert; HxL 36,5x43mm, bis 5 Zeichen; mit Braille, Profilschrift, geklebt; Innen-/Außenbereich

–	68€	**79€**	98€	–	[St]	⏱ 0,10h/St	029.000.044
–	57€	**66€**	82€	–			

38 Handlaufbeschriftung, taktil, Alu, 36,5/108, Blinden-/Profilschrift KG **359**

Handlaufbeschriftung taktil; Aluminium, eloxiert; HxL 36,5x108mm, bis 8 Zeichen; mit Braille, Profilschrift, geklebt; Innen-/Außenbereich

–	77€	**92€**	115€	–	[St]	⏱ 0,10h/St	029.000.045
–	65€	**77€**	97€	–			

39 Handlaufbeschriftung, taktil, Alu, 36,5/173, Blinden-/Profilschrift KG **359**

Handlaufbeschriftung taktil; Aluminium, eloxiert; HxL 36,5x173mm, bis 12 Zeichen; mit Braille, Profilschrift, geklebt; Innen-/Außenbereich

–	116€	**134€**	169€	–	[St]	⏱ 0,10h/St	029.000.046
–	98€	**112€**	142€	–			

▶ min
▷ von
ø Mittel
◁ bis
◀ max

© BKI Baukosteninformationszentrum

031

Kosten:
Stand 2. Quartal 2025
Bundesdurchschnitt

▶ min
▷ von
ø Mittel
◁ bis
◀ max

Nr.	Kurztext / Stichworte						Kostengruppe
▶	▷	**ø brutto €**	◁	◀	[Einheit]	Ausf.-Dauer	Positionsnummer
▶	▷	**ø netto €**	◁	◀			
1	**Handlauf, Stahl, außen, verzinkt, Rundrohr: 33,7**						KG **359**
Handlauf; Stahl S 235 JR+AR 2,0mm; Durchmesser 33,7mm; Wandmontage; Außenbereich							
54€	71€	**75€**	82€	97€	[m]	⏱ 0,35h/m	031.000.045
45€	60€	**63€**	69€	81€			
2	**Handlauf, Stahl, außen, verzinkt, Rundrohr: 42,4**						KG **359**
Handlauf; Stahl S 235 JR+AR 2,0mm; Durchmesser 42,4mm; Wandmontage; Außenbereich							
69€	95€	**103€**	118€	141€	[m]	⏱ 0,35h/m	031.000.046
58€	80€	**87€**	99€	119€			
3	**Handlauf, nichtrostend, Rundrohr 33,7**						KG **359**
Handlauf; Edelstahl 2,0mm; Durchmesser 33,7mm; Wandmontage; Außenbereich							
66€	116€	**161€**	177€	237€	[m]	⏱ 0,35h/m	031.000.047
55€	97€	**135€**	149€	199€			
4	**Handlauf, nichtrostend, Rundrohr 42,4**						KG **359**
Handlauf; Edelstahl 2,0mm; Durchmesser 42,4mm; Wandmontage; Außenbereich							
76€	142€	**169€**	186€	232€	[m]	⏱ 0,35h/m	031.000.048
64€	119€	**142€**	156€	195€			
5	**Handlauf, nichtrostend, Rundrohr 48,3**						KG **359**
Handlauf; Edelstahl 2,0mm; Durchmesser 48,3mm; Wandmontage; Außenbereich							
108€	156€	**195€**	253€	323€	[m]	⏱ 0,35h/m	031.000.049
91€	131€	**164€**	212€	271€			
6	**Handlauf, Stahl, gebogen**						KG **359**
Handlauf gebogen, komplett; Stahl S235JR+AR, verzinkt; Durchmesser 25/33,7/42,4/60mm; Außen-/Innenbereich							
168€	205€	**227€**	256€	289€	[m]	⏱ 0,40h/m	031.000.004
141€	172€	**191€**	215€	243€			
7	**Handlauf, Holz, rund**						KG **359**
Handlauf; Eiche, geschliffen, poliert; Durchmesser 25-60mm; Innenbereich							
54€	112€	**131€**	146€	201€	[m]	⏱ 0,32h/m	031.000.002
45€	94€	**110€**	123€	169€			
8	**Handlaufhalter, Stahl, Wand**						KG **359**
Handlaufhalter, Flachstahl; Stahl S235JR, beschichtet/feuerverzinkt; Durchmesser 12/16mm; Wandmontage							
53€	82€	**101€**	126€	162€	[St]	⏱ 0,30h/St	031.000.006
45€	69€	**85€**	106€	136€			

Nr.	Kurztext / Stichworte						Kostengruppe
▶	▷	ø brutto €	◁	◀	[Einheit]	Ausf.-Dauer	Positionsnummer
▶	▷	ø netto €	◁	◀			
9	**Handlauf, Enden**						KG **359**
Handlauf-Endstück; Stahl/Edelstahl; Durchmesser 25/33,7/42,4/60mm; flache Kappe/gewölbte Kappe/gekröpfte 90°							
21€	35€	**39€**	40€	55€	[St]	⏱ 0,20h/St	031.000.007
18€	29€	**33€**	34€	46€			
10	**Handlauf, Bogenstück**						KG **359**
Handlaufbogen, Eck-/Übergangswinkel; Stahl/Edelstahl/Holz; 30/45/90°							
36€	66€	**81€**	83€	109€	[St]	⏱ 0,25h/St	031.000.008
31€	56€	**68€**	69€	92€			
11	**Handlauf, Ecken/Gehrungen**						KG **359**
Handlauf-Eckstück; Stahl/Edelstahl/Holz; 30/45/90°							
35€	58€	**69€**	72€	83€	[St]	⏱ 0,20h/St	031.000.009
29€	49€	**58€**	61€	69€			
12	**Brüstungs-/Treppengeländer, Flachstahlfüllung**						KG **359**
Treppengeländer; Stahlkonstruktion, Handlauf Rundrohr, Flachstabstahl; Gesamthöhe 1,10m, Handlauf 42,4mm; Innenbereich							
394€	548€	**623€**	709€	930€	[m]	⏱ 2,50h/m	031.000.010
331€	460€	**523€**	596€	781€			
13	**Brüstungs-/Treppengeländer, Lochblechfüllung**						KG **359**
Treppengeländer; Stahlkonstruktion, Rundrohr, Flachstabstahl; Gesamthöhe 1,10m, Handlauf 33,7mm; Normalraum/Nassraum							
364€	451€	**500€**	551€	655€	[m]	⏱ 2,30h/m	031.000.011
306€	379€	**420€**	463€	550€			
14	**Geländerausfachung, Stahlseil, nichtrostend**						KG **359**
Geländerausfachung; Edelstahlseil; Durchmesser 4mm; Spiralseil/Litzenseil; inkl. Spannschloss und Seilfixierung							
18€	28€	**36€**	37€	44€	[m]	⏱ 0,15h/m	031.000.012
15€	23€	**30€**	31€	37€			
15	**Brüstung, VSG-Ganzglas/Edelstahl**						KG **359**
Brüstung; VSG, Edelstahlhandlauf gebürstet, Edelstahlklemmen; Höhe 1.200mm							
1.410€	1.696€	**1.880€**	1.884€	2.165€	[m]	⏱ 5,50h/m	031.000.013
1.185€	1.425€	**1.580€**	1.583€	1.820€			
16	**Stahl-Umfassungszarge, 750x2.000/2.125**						KG **344**
Stahlumfassungszarge; brandverzinkt/grundiert; 750x2.000/2.125mm, MW 145mm, Tiefe 115mm							
267€	339€	**369€**	428€	536€	[St]	⏱ 1,10h/St	031.000.051
224€	285€	**310€**	360€	451€			

Nr.	Kurztext / Stichworte						Kostengruppe
▶	▷	**ø brutto €**	◁	◀	[Einheit]	Ausf.-Dauer	Positionsnummer
▶	▷	**ø netto €**	◁	◀			
17	**Stahl-Umfassungszarge, 875x2.000/2.125**						KG **344**
Stahlumfassungszarge; brandverzinkt/grundiert; 875x2.000/2.125mm, MW 145mm, Tiefe 115mm							
268€	346€	**392€**	453€	569€	[St]	⏱ 1,10h/St	031.000.052
226€	290€	**330€**	381€	478€			
18	**Stahl-Umfassungszarge, 1.000x2.000/2.125**						KG **344**
Stahlumfassungszarge; brandverzinkt/grundiert; 1.000x2.000/2.125mm, MW 145mm, Tiefe 115mm							
295€	461€	**541€**	616€	763€	[St]	⏱ 1,10h/St	031.000.053
248€	387€	**455€**	518€	642€			
19	**Stahltür, einflüglig, 1.000x2.130**						KG **344**
Metalltürelement; Stahl; 1.000x2.130mm, Dicke 50mm; einflüglig, gefalzt/flächenbündig; Normalraum/Nassraum							
783€	1.453€	**1.737€**	2.458€	3.691€	[St]	⏱ 2,40h/St	031.000.015
658€	1.221€	**1.459€**	2.065€	3.101€			
20	**Stahltür, zweiflüglig**						KG **344**
Metalltürelement; Stahl; Dicke 50mm; zweiflüglig, gefalzt/flächenbündig; Normalraum/Nassraum							
2.113€	3.246€	**3.878€**	4.943€	7.400€	[St]	⏱ 3,40h/St	031.000.016
1.776€	2.728€	**3.259€**	4.154€	6.218€			
21	**Stahltür, Rauchschutz, 1.000x2.000/2.125**						KG **344**
Rauchschutztürelement; Stahl; 1.000x2.000/2.125mm, MW 230mm, Türblattdicke 50mm; einflüglig							
1.916€	2.464€	**3.258€**	3.423€	3.819€	[St]	⏱ 2,80h/St	031.000.056
1.610€	2.071€	**2.738€**	2.876€	3.209€			
22	**Stahltür, Rauchschutz, 1.250x2.000/2.125**						KG **344**
Rauchschutztürelement; Stahl; 1.250x2.000/2.125mm, MW 230mm, Türblattdicke 50mm; einflüglig							
2.648€	3.458€	**4.119€**	4.696€	5.506€	[St]	⏱ 2,90h/St	031.000.057
2.226€	2.906€	**3.461€**	3.946€	4.627€			
23	**Stahltür, Rauchschutz, zweiflügelig**						KG **344**
Rauchschutztürelement; Stahl; 2.100x2.130mm, Türblattdicke 50mm, MW 230mm; zweiflüglig, gefalzt/flächenbündig							
6.655€	8.381€	**9.244€**	11.464€	15.045€	[St]	⏱ 3,90h/St	031.000.040
5.593€	7.043€	**7.768€**	9.634€	12.643€			
24	**Stahltür, Brandschutz, EI2 30, 1.000x2.125**						KG **344**
Brandschutztürelement, EI2 30; Stahl; 1.000x2.000/2.125mm, MW 230mm, Türdicke 50mm; einflüglig							
1.245€	1.611€	**1.775€**	2.100€	2.739€	[St]	⏱ 3,40h/St	031.000.059
1.046€	1.354€	**1.491€**	1.765€	2.302€			

Kosten:
Stand 2. Quartal 2025
Bundesdurchschnitt

▶ min
▷ von
ø Mittel
◁ bis
◀ max

© **BKI** Baukosteninformationszentrum

Nr.	Kurztext / Stichworte						Kostengruppe
▶	▷	ø brutto €	◁	◀	[Einheit]	Ausf.-Dauer	Positionsnummer
▶	▷	ø netto €	◁	◀			

25 Stahltür, Brandschutz, EI2 30, 1.250x2.125 KG **344**

Brandschutztürelement, EI2 30; Stahl; 1.250x2.000/2.125mm, MW 230mm, Türdicke 50mm; einflüglig

1.756€	2.429€	**2.639€**	3.394€	4.868€	[St]	⏱ 3,60h/St	031.000.061
1.475€	2.041€	**2.217€**	2.852€	4.091€			

26 Stahltür, Brandschutz, EI2 90, 1.000x2.125 KG **344**

Brandschutztürelement, EI2 90; Stahl; 1.000x2.000/2.125mm, MW 230mm, Türdicke 50mm; einflüglig

2.318€	3.122€	**4.101€**	4.666€	4.955€	[St]	⏱ 3,40h/St	031.000.063
1.948€	2.623€	**3.447€**	3.921€	4.164€			

27 Stahltür, Brandschutz, EI2 30, zweiflüglig KG **344**

Brandschutztürelement, EI2 30; Stahl; 2.100x2.130mm, Türblattdicke 50mm, MW230mm; zweiflüglig

2.763€	4.076€	**4.657€**	5.154€	6.741€	[St]	⏱ 5,40h/St	031.000.041
2.322€	3.425€	**3.913€**	4.331€	5.665€			

28 Rohrrahmentür, Glasfüllung, EI2 30-S200C5, zweiflüglig, mehrteilig KG **344**

Brandschutztür EI2 30, mit Glasfüllung; Stahl, Verglasung T-30 RS; 2.100x2.130mm; zweiflüglig; Innenraum

8.441€	13.132€	**14.827€**	16.819€	20.703€	[St]	⏱ 5,20h/St	031.000.042
7.093€	11.035€	**12.460€**	14.133€	17.397€			

29 Stahlrahmen, Rolltor, grundiert KG **334**

Stahlrahmen, Rolltor; Rostschutz, grundiert; einteilig

3.194€	3.784€	**4.050€**	4.538€	5.129€	[St]	⏱ 3,60h/St	031.000.032
2.684€	3.180€	**3.403€**	3.814€	4.310€			

30 Rollgitteranlage, elektrisch KG **334**

Rollgitteranlage; Flachstahl/Aluminium, Führungsschiene Aluminium; WK 1; elektromechanischer Antrieb

7.294€	9.258€	**10.101€**	11.335€	13.421€	[St]	⏱ 9,00h/St	031.000.076
6.129€	7.780€	**8.488€**	9.525€	11.278€			

31 Deckenabschluss, Flachstahl KG **353**

Deckenabschluss; Flachstahl; verschraubt; schützend grundiert/verzinkt

77€	135€	**154€**	181€	240€	[m]	⏱ 0,35h/m	031.000.025
65€	114€	**129€**	152€	202€			

32 Estrichabschluss, Winkelstahl KG **353**

Randabschlusswinkel; Flachstahl; verschraubt; Stahlbetondeckenrand; schützend beschichtet

81€	137€	**161€**	180€	230€	[m]	⏱ 0,40h/m	031.000.026
68€	115€	**135€**	151€	193€			

Kosten:
Stand 2. Quartal 2025
Bundesdurchschnitt

Nr.	Kurztext / Stichworte						Kostengruppe
▶	▷	ø brutto €	◁	◀	[Einheit]	Ausf.-Dauer	Positionsnummer
▶	▷	ø netto €	◁	◀			
33	**Stahltreppe, gerade, einläufig, innen, Trittbleche**						KG **351**
Stahltreppe, einläufig; S235JR, verzinkt; 17,2x28cm, 16 Stufen; freitragend							
2.438€	5.431€	**6.927€**	8.656€	12.281€	[St]	⏱ 7,50h/St	031.000.029
2.048€	4.564€	**5.821€**	7.274€	10.320€			
34	**Stahltreppe, gerade, mehrläufig, innen, Trittbleche**						KG **351**
Stahltreppe, mehrläufig; S235JR+AR; 16Stg, 17,2x28cm; freitragend; 1 Geschoss							
5.447€	11.023€	**12.829€**	13.617€	17.401€	[St]	⏱ 8,50h/St	031.000.044
4.577€	9.263€	**10.780€**	11.443€	14.622€			
35	**Spindeltreppe, Stahl, 100cm, innen, Trittroste**						KG **351**
Spindeltreppe; Stahlrohr, feuerverzinkt; inkl. Bohrungen, verzinkte Verbindungsmittel; 1 Geschoss							
5.585€	6.897€	**7.455€**	7.916€	9.833€	[St]	⏱ 7,50h/St	031.000.077
4.693€	5.796€	**6.265€**	6.652€	8.263€			
36	**Spindeltreppe, Stahl, Trittroste, 2 Geschosse**						KG **351**
Spindeltreppe; Stahlrohr, feuerverzinkt; 2 Geschosse							
6.092€	8.728€	**9.909€**	11.238€	14.567€	[St]	⏱ 10,00h/St	031.000.030
5.119€	7.335€	**8.327€**	9.444€	12.241€			
37	**Kellertrennwandsystem, verzinkte Metalllamellen**						KG **346**
Kellertrennwandsystem; Stahlprofile, verzinkt; 50cm Bodenabstand; Raumhöhe bis 2,70m							
44€	58€	**65€**	70€	79€	[m²]	⏱ 0,25h/m²	031.000.078
37€	49€	**54€**	59€	67€			
38	**Kellertrennwandsystem, Systemtür**						KG **346**
Kellertrennwandsystem; Stahlprofile, verzinkt; 800x2.000mm; 50cm Bodenabstand							
–	223€	**259€**	383€	–	[St]	⏱ 0,10h/St	031.000.081
–	187€	**218€**	322€	–			
39	**Stundensatz, Facharbeiter/-in**						
Stundenlohnarbeiten, Vorarbeiter/-in, Facharbeiter/-in und Gleichgestellte; Metallbauarbeiten							
79€	87€	**90€**	94€	101€	[h]	⏱ 1,00h/h	031.000.064
66€	73€	**76€**	79€	85€			
40	**Stundensatz, Helfer/-in**						
Stundenlohnarbeiten Werker/-in, Helfer/-in und Gleichgestellte; Metallbauarbeiten							
59€	68€	**73€**	75€	86€	[h]	⏱ 1,00h/h	031.000.065
49€	57€	**61€**	63€	72€			

▶ min
▷ von
ø Mittel
◁ bis
◀ max

© **BKI** Baukosteninformationszentrum

032

Kosten:
Stand 2. Quartal 2025
Bundesdurchschnitt

Nr.	**Kurztext** / Stichworte						Kostengruppe
▶	▷	**ø brutto €**	◁	◀	[Einheit]	Ausf.-Dauer	Positionsnummer
▶	▷	**ø netto €**	◁	◀			
1	**Verglasung, Floatglas, 4mm**						KG **334**
Einscheiben-Verglasung; Floatglas; Dicke 4mm; beidseitig versiegeln							
–	73€	**83€**	98€	–	[m²]	⏱ 0,47 h/m²	032.000.021
–	61€	**69€**	82€	–			
2	**Verglasung, Floatglas, 8mm**						KG **334**
Einscheiben-Verglasung; Floatglas; Dicke 8mm; beidseitig versiegeln							
113€	126€	**131€**	140€	168€	[m²]	⏱ 0,47 h/m²	032.000.023
95€	106€	**110€**	117€	141€			
3	**Verglasung, ESG-Glas, 4mm**						KG **334**
Sicherheitsverglasung; Einscheiben-Verglasung; Dicke 4mm; inkl. Glasabdichtung, Glashalteleisten; Innenbereich							
120€	146€	**155€**	188€	221€	[m²]	⏱ 0,50 h/m²	032.000.024
101€	123€	**130€**	158€	186€			
4	**Verglasung, ESG-Glas, 8mm**						KG **334**
Sicherheitsverglasung; Einscheiben-Verglasung; Dicke 8mm; inkl. Glasabdichtung, Glashalteleisten; Innenbereich							
141€	184€	**201€**	215€	240€	[m²]	⏱ 0,50 h/m²	032.000.026
118€	154€	**169€**	180€	201€			
5	**Verglasung, ESG-Glas,10mm**						KG **334**
Sicherheitsverglasung; Einscheiben-Verglasung; Dicke 10mm; inkl. Glasabdichtung, Glashalteleisten; Innenbereich							
210€	244€	**271€**	274€	308€	[m²]	⏱ 0,50 h/m²	032.000.027
177€	205€	**228€**	230€	259€			
6	**Verglasung, VSG-Glas, 8mm**						KG **334**
Verbundsicherheitsverglasung; Widerstandsklasse A 1; Größe 1,0-2,0m², Dicke 8mm; zweiseitige Befestigung; inkl. Glashalteleisten, Dichtstoff							
120€	173€	**205€**	237€	291€	[m²]	⏱ 0,70 h/m²	032.000.029
101€	146€	**172€**	199€	245€			
7	**Verglasung, VSG-Glas, 10mm**						KG **334**
Verbundsicherheitsverglasung; Widerstandsklasse A 1; Größe 1,0-2,0m², Dicke 10mm; zweiseitige Befestigung; inkl. Glashalteleisten, Dichtstoff							
199€	221€	**249€**	283€	318€	[m²]	⏱ 0,75 h/m²	032.000.030
167€	186€	**209€**	238€	267€			
8	**Isolierverglasung, Pfosten-Riegel-Fassade**						KG **337**
Isolierverglasung; Floatglas, Ug=0,5/0,6/0,7/1,1; Dicke 4/6mm; zweifach/dreifach Verglasung; Pfosten-Riegelverglasung; SKL 2 30-34dB							
310€	459€	**514€**	549€	631€	[m²]	⏱ 1,40 h/m²	032.000.002
260€	386€	**432€**	462€	530€			

▶ min
▷ von
ø Mittel
◁ bis
◀ max

Nr.	Kurztext / Stichworte						Kostengruppe
▶	▷	ø brutto €	◁	◀	[Einheit]	Ausf.-Dauer	Positionsnummer
▶	▷	ø netto €	◁	◀			

9 Zweifach-Isolierverglasung, 1,1W/(m²K), Einzelfenster — KG **334**

Zweifachisolierverglasung; Ug-Wert 1,1 W/(m²K); inkl. Befestigung, beidseitige Versiegelung; Außenfenster

161€	192€	**196€**	206€	233€	[m²]	⏱ 0,60h/m²	032.000.033
135€	161€	**165€**	173€	196€			

10 Zweifach-Isolierverglasung, 0,9W/(m²K), Türen — KG **334**

Zweifachisolierverglasung; Ug-Wert: 0,9 W/(m²K), Schallschutz 30-34dB; inkl. Befestigung und beidseitige Versiegelung; Türen

–	254€	**273€**	327€	–	[m²]	⏱ 0,60h/m²	032.000.034
–	213€	**229€**	275€	–			

11 Duschabtrennung, Glas — KG **412**

Duschwand; ESG; bis 12 mm; Seitenteil und Drehtür; in Aluprofil

1.759€	2.323€	**2.528€**	2.812€	3.191€	[St]	⏱ 3,00h/St	032.000.018
1.479€	1.952€	**2.125€**	2.363€	2.681€			

12 Ganzglastürblatt, bis 2,2m² — KG **344**

Ganzglastür; ESG, Klarglas/satiniert; Dicke 10/12mm; in bauseitige Spezialzarge/ohne Zarge

760€	1.068€	**1.294€**	1.461€	1.823€	[St]	⏱ 0,20h/St	032.000.019
639€	897€	**1.087€**	1.228€	1.532€			

13 Brandschutzverglasung, Innenwände — KG **346**

Brandschutzverglasung, EI30/EI60/EI90; Verbundglas; innen

272€	600€	**646€**	697€	918€	[m²]	⏱ 0,80h/m²	032.000.006
229€	504€	**543€**	586€	771€			

14 Brandschutzglas, EI30 Fenster — KG **344**

Brandschutzglas, EI30 Fenster; Verbundglas, mehrschichtig; Dicke 16mm; innen/außen; inkl. Glashalteleiste, Glasdichtung

608€	624€	**699€**	779€	982€	[m²]	⏱ 0,60h/m²	032.000.037
511€	524€	**587€**	655€	825€			

15 Profilbauverglasung, einschalig — KG **332**

Profilbauverglasung; U-förmig, Klar-/Ornamentglas; Dicke 6/7mm; einschalig; Innenbereich

111€	126€	**132€**	137€	157€	[m²]	⏱ 2,10h/m²	032.000.036
93€	105€	**111€**	115€	132€			

16 Geländerfüllung, VSG-Glas — KG **359**

Sicherheitsverglasung; VSG, Rahmen: Aluminium/Stahl; nach TRAV oder Zulassung; zweiseitige Befestigung; inkl. Befestigung mit Glashalteleisten, Dichtstoff

201€	327€	**369€**	405€	534€	[m²]	⏱ 0,70h/m²	032.000.013
169€	275€	**310€**	341€	449€			

Nr.	Kurztext / Stichworte						Kostengruppe
►	▷	ø brutto €	◁	◄	[Einheit]	Ausf.-Dauer	Positionsnummer
►	▷	ø netto €	◁	◄			

17 Sichtschutzfolie, geklebt KG **334**

Sichtschutzfolie; PVC, matt, UV- und kratzbeständig; Dicke 80nm; innen aufkleben

59€	97€	**114€**	150€	201€	[m²]	⏱ 0,15h/m²	032.000.039
50€	81€	**96€**	126€	169€			

18 Stundensatz, Facharbeiter/-in

Stundenlohnarbeiten, Vorarbeiter/-in, Facharbeiter/-in und Gleichgestellte; Verglasungsarbeiten

70€	85€	**91€**	95€	103€	[h]	⏱ 1,00h/h	032.000.016
59€	72€	**76€**	80€	87€			

19 Stundensatz, Helfer/-in

Stundenlohnarbeiten Werker/-in, Helfer/-in und Gleichgestellte; Verglasungsarbeiten

54€	65€	**77€**	82€	94€	[h]	⏱ 1,00h/h	032.000.017
46€	54€	**64€**	69€	79€			

Kosten:
Stand 2. Quartal 2025
Bundesdurchschnitt

► min
▷ von
ø Mittel
◁ bis
◄ max

© BKI Baukosteninformationszentrum

Nr.	Kurztext / Stichworte						Kostengruppe
▶	▷	**ø brutto €**	◁	◀	[Einheit]	Ausf.-Dauer	Positionsnummer
▶	▷	**ø netto €**	◁	◀			

1 Baureinigung, während Bauzeit KG **397**

Bauzwischenreinigung; entfernen, grober Bauverschmutzung; inkl. Entsorgung

1€	2€	**3€**	3€	5€	[m²]	⏱ 0,05 h/m²	033.000.018
0,9€	2,0€	**2,5€**	2,8€	4,2€			

2 Treppen/Podeste reinigen KG **397**

Treppen reinigen; Beton-/Malerrückstände; mit Spatel, abkehren, saugen, mit Reinigungsmittel abschrubben; inkl. Nachwischen Treppengeländer, Brüstung, Handläufe

0,7€	1,8€	**2,3€**	2,7€	3,9€	[m²]	⏱ 0,04 h/m²	033.000.019
0,6€	1,5€	**1,9€**	2,3€	3,3€			

3 Bodenbelag reinigen, Hartbeläge KG **397**

Bodenbelag reinigen; Hartbelag; mit Reinigungs- und Pflegemitteln; inkl. Sockelleisten

0,8€	1,6€	**2,0€**	2,9€	4,2€	[m²]	⏱ 0,04 h/m²	033.000.001
0,7€	1,4€	**1,7€**	2,4€	3,6€			

4 Bodenbelag reinigen, Parkett, Holzdielen KG **397**

Bodenbelag reinigen; Parkett beschichtet; mit Reinigungs- und Pflegemitteln; inkl. Sockelleisten

0,6€	1,8€	**2,3€**	3,5€	6,5€	[m²]	⏱ 0,05 h/m²	033.000.003
0,5€	1,5€	**1,9€**	2,9€	5,5€			

5 Bodenbelag reinigen, Fliesen/Platten KG **397**

Bodenbelag reinigen; Fliesen/Platten; mit Reinigungsmittel wischen; inkl. Sockelleisten

1,0€	1,8€	**2,2€**	3,9€	6,9€	[m²]	⏱ 0,04 h/m²	033.000.004
0,8€	1,5€	**1,9€**	3,3€	5,8€			

6 Bodenbelag reinigen, Teppich KG **397**

Bodenbelag reinigen; Teppich; mit Vakuum-/Bürstsaugen; inkl. Sockel

0,4€	1,5€	**1,6€**	2,5€	4,2€	[m²]	⏱ 0,03 h/m²	033.000.005
0,3€	1,2€	**1,3€**	2,1€	3,5€			

7 Decke reinigen, Metalldecke KG **397**

Decke reinigen; Metall; mit/ohne Akustiklochung; Innenbereich; inkl. Einbauleuchten, Rauchmelder

0,8€	2,1€	**2,8€**	3,3€	4,9€	[m²]	⏱ 0,05 h/m²	033.000.022
0,7€	1,8€	**2,4€**	2,8€	4,1€			

8 Decke reinigen, Gipsplatten, beschichtet KG **397**

Decke reinigen; Gipsplatten; beschichtet; inkl. Einbauleuchten, Rauchmelder

2€	3€	**3€**	4€	5€	[m²]	⏱ 0,06 h/m²	033.000.024
1€	2€	**3€**	3€	5€			

Kosten:
Stand 2. Quartal 2025
Bundesdurchschnitt

▶ min
▷ von
ø Mittel
◁ bis
◀ max

Nr.	Kurztext / Stichworte						Kostengruppe
▶	▷	**ø brutto €**	◁	◀	[Einheit]	Ausf.-Dauer	Positionsnummer
▶	▷	**ø netto €**	◁	◀			
9	**Decke reinigen, Akustikdecke**						KG **397**
	Decke reinigen; Akustikdecke, Gipsplatte Typ A						
2€	3€	**4€**	5€	7€	[m²]	⏱ 0,01 h/m²	033.000.034
2€	2€	**4€**	4€	6€			
10	**Glasflächen reinigen, Fassadenelemente**						KG **397**
	Glasflächen reinigen; Fassadenelement; nass wischen, trocken ledern, polieren; außen/innen; inkl. Schutz- und Abdeckblechen						
3€	5€	**6€**	10€	14€	[m²]	⏱ 0,10 h/m²	033.000.007
2€	4€	**5€**	8€	12€			
11	**Wandflächen reinigen, beschichtet**						KG **397**
	Wandbelag reinigen; Gipskarton; gestrichen; Innenbereich						
1€	3€	**3€**	4€	5€	[m²]	⏱ 0,05 h/m²	033.000.021
1€	2€	**3€**	3€	4€			
12	**Wandbelag reinigen, Fliesen**						KG **397**
	Wandbelag reinigen; Fliesen/Platten; mit Reinigungsmitteln; Entfernen von Zementschleier, Aufklebern						
0,6€	1,4€	**1,7€**	3,2€	6,5€	[m²]	⏱ 0,03 h/m²	033.000.008
0,5€	1,2€	**1,4€**	2,7€	5,5€			
13	**Türen reinigen**						KG **397**
	Türen reinigen; Metall/Holz/Schichtstoff; mit Reinigungs- und Pflegemitteln; Entfernen von Verunreinigungen und Aufklebern						
1€	5€	**6€**	8€	13€	[St]	⏱ 0,10 h/St	033.000.010
1€	4€	**5€**	7€	11€			
14	**Heizkörper reinigen**						KG **397**
	Einrichtung reinigen; Heizkörper; mit Reinigungs- und Pflegemitteln; inkl. Armaturen, Zuleitungen						
1€	2€	**3€**	3€	4€	[m²]	⏱ 0,04 h/m²	033.000.011
0,9€	1,8€	**2,4€**	2,7€	3,4€			
15	**Waschtisch/Duschwanne reinigen**						KG **397**
	Einrichtung reinigen; Waschtisch/Duschwanne; mit Reinigungs- und Pflegemitteln; inkl. Armaturen, Zu- und Abläufen						
1€	4€	**5€**	8€	11€	[St]	⏱ 0,10 h/St	033.000.012
0,9€	3,7€	**4,3€**	6,3€	9,3€			
16	**WC-Schüssel/Urinal reinigen**						KG **397**
	Einrichtung reinigen; WC-Schüssel/Urinal, Keramik; mit Reinigungs- und Pflegemitteln; inkl. Armaturen, Zu- und Abläufen						
2€	5€	**5€**	7€	11€	[St]	⏱ 0,08 h/St	033.000.013
2€	4€	**4€**	6€	9€			

Nr.	Kurztext / Stichworte						Kostengruppe
▶	▷	ø brutto €	◁	◀	[Einheit]	Ausf.-Dauer	Positionsnummer
▶	▷	ø netto €	◁	◀			

17 Handläufe reinigen KG **397**

Einrichtung reinigen; Rohrleitungen/Handläufe; mit Reinigungs- und Pflegemitteln

0,4€	1,0€	**1,2€**	1,6€	2,3€	[m]	⏱ 0,02h/m	033.000.014
0,4€	0,8€	**1,0€**	1,3€	1,9€			

18 Geländer reinigen KG **397**

Einrichtung reinigen; Geländer, Stahl/Holz; mit Reinigungs- und Pflegemitteln

0,7€	1,8€	**2,4€**	3,2€	5,1€	[m]	⏱ 0,04h/m	033.000.016
0,5€	1,6€	**2,0€**	2,7€	4,3€			

Kosten:
Stand 2.Quartal 2025
Bundesdurchschnitt

19 Teeküche reinigen KG **397**

Einbaumöblierung reinigen; Teeküche; innen und außen; inkl. Elektrogeräten, Belägen, Griffen

35€	53€	**59€**	85€	118€	[St]	⏱ 0,90h/St	033.000.026
30€	45€	**50€**	71€	99€			

20 Einbauschrank reinigen KG **397**

Einbaumöblierung reinigen; Einbauschränke; innen und außen

12€	14€	**19€**	23€	29€	[St]	⏱ 0,20h/St	033.000.027
10€	12€	**16€**	20€	24€			

21 Einzelfenster reinigen KG **397**

Fenster reinigen; nass wischen mit Reinigungsmitteln, trocken ledern; Innen-/Außenflächen; inkl. Entfernen aller Aufkleber

1€	6€	**8€**	10€	17€	[St]	⏱ 0,12h/St	033.000.020
1€	5€	**6€**	9€	14€			

22 Aufzugsanlage reinigen KG **397**

Aufzugsanlage einigen; Reinigungsmittel; bis zur vollständigen schmutzfreie Oberfläche; inkl. Haltestellen

41€	58€	**71€**	84€	103€	[St]	⏱ 11,00h/St	033.000.030
35€	49€	**60€**	71€	87€			

23 Stundensatz, Facharbeiter/-in

Stundenlohnarbeiten Vorarbeiter/-in, Facharbeiter/-in und Gleichgestellte; Baureinigungsarbeiten

45€	53€	**56€**	64€	76€	[h]	⏱ 1,00h/h	033.000.028
38€	44€	**47€**	54€	64€			

24 Stundensatz. Helfer/-in

Stundenlohnarbeiten Werker/-in, Helfer/-in und Gleichgestellte; Baureinigungsarbeiten

35€	43€	**46€**	51€	59€	[h]	⏱ 1,00h/h	033.000.029
29€	37€	**39€**	43€	49€			

▶ min
▷ von
ø Mittel
◁ bis
◀ max

© BKI Baukosteninformationszentrum

034

Kosten:
Stand 2. Quartal 2025
Bundesdurchschnitt

Nr.	**Kurztext** / Stichworte						Kostengruppe
▶	▷	**ø brutto €**	◁	◀	[Einheit]	Ausf.-Dauer	Positionsnummer
▶	▷	**ø netto €**	◁	◀			
1	**Bauteile abdecken, abkleben**						KG **397**
Bauteile; Folie; abdecken und abkleben							
2€	3€	**4€**	6€	10€	[m²]	⏱ 0,03 h/m²	034.000.080
1€	3€	**3€**	5€	8€			
2	**Boden abdecken, Vlies**						KG **397**
Abdeckarbeiten; Vlies; vollflächig abdecken und abkleben; Boden							
0,7€	2,2€	**2,8€**	3,9€	6,2€	[m²]	⏱ 0,03 h/m²	034.000.049
0,6€	1,9€	**2,4€**	3,3€	5,2€			
3	**Boden abdecken, Platten**						KG **397**
Abdeckarbeiten; Hartfaserplatte; vollflächig abdecken; Boden							
2€	4€	**5€**	6€	10€	[m²]	⏱ 0,08 h/m²	034.000.050
2€	3€	**4€**	5€	9€			
4	**Untergrund reinigen**						KG **345**
Untergrund reinigen; Staub, Schmutz, lose Teile; abkehren, entsorgen; Wand-, Deckenfläche							
0,6€	1,7€	**2,2€**	3,0€	5,5€	[m²]	⏱ 0,03 h/m²	034.000.004
0,5€	1,4€	**1,9€**	2,5€	4,6€			
5	**Riss schließen/Übergänge spachteln**						KG **345**
Riss schließen; Spachtelmasse; Übergänge beispachteln							
4€	7€	**9€**	12€	18€	[m]	⏱ 0,07 h/m	034.000.008
3€	6€	**8€**	10€	15€			
6	**Stoßfuge schließen, Fertigteildecke**						KG **354**
Stoßfuge schließen; Zementmörtel kunststoffmodifiziert; auffüllen, beispachteln; Betonfertigteildecke							
5€	8€	**9€**	12€	16€	[m]	⏱ 0,08 h/m	034.000.066
4€	7€	**8€**	10€	14€			
7	**Spachtelung, Gipsplatten**						KG **345**
Spachtelung; Fugen füllen, spachteln, schleifen; Gipsfaser-/Gipskartonflächen							
5€	8€	**10€**	11€	14€	[m²]	⏱ 0,10 h/m²	034.000.012
4€	7€	**8€**	9€	12€			
8	**Spachtelung, Teilflächen bis 30%**						KG **345**
Spachtelung; Teilflächen; Wand-/Deckenflächen; Q2							
2€	4€	**5€**	8€	14€	[m²]	⏱ 0,06 h/m²	034.000.009
2€	4€	**4€**	6€	12€			

▶ min
▷ von
ø Mittel
◁ bis
◀ max

Nr.	**Kurztext** / Stichworte						Kostengruppe
▶	▷	**ø brutto €**	◁	◀	[Einheit]	Ausf.-Dauer	Positionsnummer
▶	▷	**ø netto €**	◁	◀			

9 Spachtelung, Betonflächen KG **345**

Spachtelung; vollflächig; Decken-/Wandflächen; Q3

5€	11€	**13€**	16€	23€	[m²]	⏱ 0,14 h/m²	034.000.010
4€	9€	**11€**	13€	19€			

10 Grundierung, Gipsplatten KG **345**

Grundierung; Gipsfaser-/Gipskarton-/Wand-/Deckenflächen

1€	2€	**3€**	3€	4€	[m²]	⏱ 0,03 h/m²	034.000.013
1€	2€	**2€**	3€	4€			

11 Grundierung, Betonflächen, innen KG **345**

Grundierung; Grundbeschichtungsstoff, wasserverdünnbar; Betonflächen innen

0,8€	2,8€	**3,6€**	4,4€	6,8€	[m²]	⏱ 0,03 h/m²	034.000.014
0,7€	2,4€	**3,1€**	3,7€	5,7€			

12 Erstbeschichtung, innen, Dispersion, sb KG **345**

Erstbeschichtung; Dispersionsfarbe, lösemittel-/weichmacherfrei; auf mineralischer Untergrund; Decken-/Wandflächen, innen; weiß

4€	7€	**8€**	9€	13€	[m²]	⏱ 0,12 h/m²	034.000.016
3€	6€	**7€**	8€	11€			

13 Erstbeschichtung, innen, Putz rau, Dispersion sb KG **345**

Erstbeschichtung; Dispersionsfarbe, lösemittel-/weichmacherfrei; Putzuntergrund; Decken-/Wandflächen, innen; weiß

6€	8€	**9€**	11€	16€	[m²]	⏱ 0,13 h/m²	034.000.084
5€	7€	**8€**	10€	13€			

14 Erstbeschichtung, innen, Dispersion, wb KG **345**

Erstbeschichtung; Dispersionsfarbe, lösemittel-/weichmacherfrei; auf Beton/Putz/Tapete; Decken-/Wandflächen, innen; Nassabriebklasse 3, weiß

5€	8€	**8€**	10€	16€	[m²]	⏱ 0,12 h/m²	034.000.017
4€	6€	**7€**	9€	13€			

15 Erstbeschichtung, innen, Putz rau, Dispersion wb KG **345**

Erstbeschichtung; Dispersionsfarbe, lösemittel-/weichmacherfrei; auf Beton/Putz/Tapete; Decken-/Wandflächen, innen; weiß

6€	9€	**10€**	12€	17€	[m²]	⏱ 0,13 h/m²	034.000.087
5€	7€	**8€**	10€	14€			

16 Erstbeschichtung, Raufasertapete, Dispersion wb KG **345**

Erstbeschichtung; Dispersionsfarbe, lösemittel-/und weichmacherfrei, Nassabriebbeständigkeit Klasse 2/3; weiß; streichen, rollen; Wand-/Deckenfläche

4€	6€	**7€**	8€	9€	[m²]	⏱ 0,10 h/m²	037.000.005
4€	5€	**6€**	6€	8€			

Nr.	Kurztext / Stichworte						Kostengruppe
▶	▷	**ø brutto €**	◁	◀	[Einheit]	Ausf.-Dauer	Positionsnummer
▶	▷	**ø netto €**	◁	◀			

17 Erstbeschichtung, Glasgewebe, Dispersion KG **345**

Erstbeschichtung; Dispersionsfarbe, lösemittel-/und weichmacherfrei,Nassabriebbeständigkeit Klasse 2/3; Wand-/Deckenfläche

8€	9€	**10€**	10€	12€	[m2]	⏱ 0,14h/m2	037.000.008
6€	8€	**8€**	8€	10€			

18 Erstbeschichtung, Dispersion, wb, lineare Bauteile KG **345**

Erstbeschichtung; Dispersionsfarbe, lösemittel-/weichmacherfrei, Pfeiler, Stützen, Lisenen; Nassabriebklasse 3

1€	2€	**3€**	3€	4€	[m]	⏱ 0,03h/m	034.000.076
1€	2€	**3€**	3€	3€			

19 Erstbeschichtung, Dispersions-Silikatfarbe, innen, weiß KG **345**

Erstbeschichtung; Dispersions-Silikatfarbe, lösemittel-/weichmacherfrei; Grund-, Zwischen-, Schlussbeschichtung; Wandfläche; weiß

5€	8€	**9€**	11€	15€	[m2]	⏱ 0,14h/m2	034.000.018
4€	7€	**7€**	9€	13€			

20 Erstbeschichtung, Silikatfarbe, Putzflächen, innen KG **345**

Erstbeschichtung; Silikatfarbe, pigmentiert, mineralisch; Grund-, Zwischen-, Schlussbeschichtung; Wand-/Deckenfläche; Nassabriebbeständigkeit 3

6€	9€	**10€**	13€	18€	[m2]	⏱ 0,18h/m2	034.000.070
5€	8€	**9€**	11€	15€			

21 Erstbeschichtung, Silikatfarbe, innen, linear KG **345**

Erstbeschichtung; Silikatfarbe, pigmentiert, mineralisch, Körnung fein; Grund-, Zwischen-, Schlussbeschichtung; weiß/farbig

2€	3€	**3€**	4€	5€	[m]	⏱ 0,08h/m	034.000.071
2€	3€	**3€**	3€	4€			

22 Erstbeschichtung, Dispersions-Silikatfarbe, Sichtbeton innen, linear KG **345**

Erstbeschichtung; Dispersion-Silikatfarbe, lösemittel-/weichmacherfrei; Breite bis 15/30/60cm; Grund-, Zwischen-, Schlussbeschichtung; Laibungen, Pfeiler, Stützen

2€	3€	**3€**	4€	4€	[m]	⏱ 0,07h/m	034.000.069
2€	3€	**3€**	3€	3€			

23 Erstbeschichtung, Dispersion, Sichtmauerwerk, innen KG **345**

Erstbeschichtung; Dispersionsfarbe, lösemittel-/weichmacherfrei, weiß/farbig; Grund-, Zwischen-, Schlussbeschichtung; KS-/Ziegel-Sichtmauerwerk

5€	8€	**8€**	9€	11€	[m2]	⏱ 0,18h/m2	034.000.021
4€	6€	**7€**	8€	10€			

24 Erstbeschichtung, Kalkfarbe, innen KG **345**

Erstbeschichtung; Kalkfarbe; Grund-, Zwischen-, Schlussbeschichtung; Wand-/Deckenflächen

7€	13€	**13€**	16€	21€	[m2]	⏱ 0,20h/m2	034.000.072
6€	11€	**11€**	13€	18€			

Kosten:
Stand 2. Quartal 2025
Bundesdurchschnitt

▶ min
▷ von
ø Mittel
◁ bis
◀ max

© BKI Baukosteninformationszentrum

Nr.	Kurztext / Stichworte						Kostengruppe
▶	▷	ø brutto €	◁	◀	[Einheit]	Ausf.-Dauer	Positionsnummer
▶	▷	ø netto €	◁	◀			
25	**Streichputz, innen**						KG **345**
Streichputz, innen; einkörnig/grobkörnig; Zwischen- und Schlussbeschichtung							
8€	15€	**17€**	19€	23€	[m²]	⏱ 0,22h/m²	034.000.081
7€	12€	**15€**	16€	19€			
26	**Bodenbeschichtung, innen, Beton, Acryl**						KG **324**
Bodenbeschichtung; Acryllack, Grundierung; inkl. Versiegelung							
16€	21€	**23€**	26€	33€	[m²]	⏱ 0,18h/m²	034.000.026
13€	18€	**20€**	22€	27€			
27	**Bodenbeschichtung, innen, Beton, Epoxid**						KG **324**
Bodenbeschichtung; Zweikomponenten Epoxidharz; inkl. Versiegelung							
16€	28€	**32€**	45€	65€	[m²]	⏱ 0,18h/m²	034.000.027
14€	24€	**27€**	37€	55€			
28	**Beschichtung, Beton, ölbeständig**						KG **324**
Beschichtung; Zweikomponenten Beschichtungsstoff, heizölbeständig; Untergrund bauseits gereinigt; Betonfläche							
12€	25€	**32€**	46€	71€	[m²]	⏱ 0,18h/m²	034.000.028
10€	21€	**27€**	38€	59€			
29	**Abschlussstrich, Sockelstreifen, innen**						KG **345**
Schlussbeschichtung; Volltonfarbe; Sockelbegrenzung; Putz/Tapete							
2€	5€	**6€**	7€	10€	[m]	⏱ 0,08h/m	034.000.051
2€	4€	**5€**	6€	8€			
30	**Erstbeschichtung, Holzleisten**						KG **364**
Erstbeschichtung, Holzleisten; Acrylharzlack							
6€	9€	**12€**	12€	17€	[m]	⏱ 0,10h/m	034.000.029
5€	8€	**10€**	10€	14€			
31	**Erstbeschichtung, Stützen/Balken**						KG **364**
Erstbeschichtung, Holzstützen/Balken; Acrylharzlack							
13€	18€	**18€**	19€	23€	[m]	⏱ 0,10h/m	034.000.105
11€	15€	**15€**	16€	19€			
32	**Erstbeschichtung, Laibung/Bretter**						KG **364**
Erstbeschichtung, Laibung/Bretter; Acrylharzlack; Firstbrett/Ortgangbrett							
13€	15€	**16€**	17€	20€	[m]	⏱ 0,10h/m	034.000.106
11€	13€	**13€**	14€	17€			

Nr.	Kurztext / Stichworte						Kostengruppe
▶	▷	ø brutto €	◁	◀	[Einheit]	Ausf.-Dauer	Positionsnummer
▶	▷	ø netto €	◁	◀			
33	**Erstbeschichtung, Geländer**						KG **364**
Erstbeschichtung, Holzgeländer; Acrylharzlack; Holzleisten							
11€	18€	**21€**	25€	36€	[m]	⏱ 0,12 h/m	034.000.107
9€	15€	**18€**	21€	31€			
34	**Erstbeschichtung, Holzfenster, deckend**						KG **334**
Beschichtung; Acrylharzlackfarbe; Zwischen-, Schlussbeschichtung, allseitig; Holzfenster/-türen; Inkl. Untergrundvorbereitung							
31€	40€	**44€**	50€	62€	[m²]	⏱ 0,60 h/m²	034.000.030
26€	33€	**37€**	42€	52€			
35	**Schlussbeschichtung, Holzfenster/Tür**						KG **334**
Schlussbeschichtung; Acrylharzlackfarbe; Schlussbeschichtung innen und außen; Holzfenster-/Tür							
13€	17€	**20€**	23€	27€	[m²]	⏱ 0,20 h/m²	034.000.031
11€	15€	**17€**	19€	23€			
36	**Holzimprägnierung, holzverfärbende Pilze**						KG **335**
Imprägnierung; Holzimprägniermittel, bläueschützend; allseitig aufbringen; Holzbauteile im Außenbereich							
2€	5€	**6€**	8€	10€	[m²]	⏱ 0,08 h/m²	034.000.034
2€	4€	**5€**	7€	8€			
37	**Erstbeschichtung, Lasur, Holzbauteil maßhaltig, innen**						KG **345**
Erstbeschichtung; Alkydharzlasur, Holzbauteil maßhaltig; d=20cm							
14€	20€	**23€**	26€	35€	[m²]	⏱ 0,22 h/m²	034.000.020
12€	17€	**19€**	22€	29€			
38	**Erstbeschichtung, Stahlflächen, außen**						KG **359**
Erstbeschichtung Stahlflächen; Alkydharzlack; Grund-, Zwischen- und Schlussbeschichtung; außen							
19€	31€	**44€**	52€	66€	[m²]	⏱ 0,30 h/m²	034.000.065
16€	26€	**37€**	44€	56€			
39	**Erstbeschichtung, Stahlprofil verzinkt, innen**						KG **359**
Erstbeschichtung; Grundbeschichtungsstoff, Alkydharzlack; Grund-, und Schlussbeschichtung; Geländerprofile im Innenbereich							
18€	30€	**34€**	51€	55€	[m²]	⏱ 0,18 h/m²	034.000.104
15€	25€	**28€**	43€	46€			
40	**Erstbeschichtung, Metallgeländer, innen**						KG **359**
Erstbeschichtung, Stahlgeländer; Alkydharzlack; Grund-, Zwischen- und Schlussbeschichtung; innen							
22€	40€	**46€**	52€	71€	[m]	⏱ 0,40 h/m	034.000.108
18€	33€	**38€**	44€	60€			

Kosten:
Stand 2. Quartal 2025
Bundesdurchschnitt

▶ min
▷ von
ø Mittel
◁ bis
◀ max

© BKI Baukosteninformationszentrum

Nr.	Kurztext / Stichworte						Kostengruppe
▶	▷	ø brutto €	◁	◀	[Einheit]	Ausf.-Dauer	Positionsnummer
▶	▷	ø netto €	◁	◀			

41 Schlussbeschichtung, grundierter Röhrenheizkörper KG **423**
Schlussbeschichtung, Heizkörper; Alkydharzlack; inkl. Halterungen, Anschlussleitungen

14€	21€	**22€**	24€	29€	[m²]	⏱ 0,20h/m²	034.000.038
12€	18€	**18€**	20€	25€			

42 Erstbeschichtung, Heizungsrohrleitung KG **422**
Erstbeschichtung, Metallrohre/Heizungsrohre; Grundbeschichtungsstoff, Heizkörperlack; deckend beschichten

4€	7€	**8€**	12€	25€	[m]	⏱ 0,06h/m	034.000.037
3€	6€	**6€**	10€	21€			

43 Erstbeschichtung, Stahlblech, längenorientiert KG **461**
Erstbeschichtung, Profilstahl; Alkydharzlack; Abwicklung bis 500mm; Grund-, Zwischen- und Schlussbeschichtung; Innenbereich

9€	14€	**17€**	24€	37€	[m]	⏱ 0,10h/m	034.000.041
7€	12€	**14€**	20€	31€			

44 Erstbeschichtung, Stahlblech, flächig KG **345**
Beschichtung, Stahlflächen; Alkydharzlack; Grund-, Zwischen- und Schlussbeschichtung; Innenbereich

23€	35€	**40€**	53€	79€	[m²]	⏱ 0,30h/m²	034.000.042
19€	29€	**33€**	44€	66€			

45 Erstbeschichtung, Lüftungsrohr, Stahl KG **431**
Erstbeschichtung, Lüftungsrohr; Alkydharzlack; Grund-, Zwischen- und Schlussbeschichtung

22€	29€	**35€**	45€	62€	[m²]	⏱ 0,28h/m²	034.000.043
18€	24€	**30€**	38€	52€			

46 Erstbeschichtung, Stahlzarge KG **344**
Erstbeschichtung, Stahlzargen; Alkydharzlack; Schlussbeschichtung; Innenbereich

8€	15€	**18€**	23€	32€	[m]	⏱ 0,25h/m	034.000.044
7€	13€	**15€**	19€	27€			

47 Brandschutzbeschichtung, R30, Stahlbauteile KG **361**
Brandschutzbeschichtung EI30; Grundbeschichtung, Decklack; Grund-, Zwischen- und Schlussbeschichtung; Stahlkonstruktionen, innen

35€	86€	**102€**	125€	175€	[m²]	⏱ 0,50h/m²	034.000.045
29€	72€	**86€**	105€	147€			

48 Decklack, Brandschutzbeschichtungen, Stahlteile KG **333**
Brandschutzbeschichtung; Decklack; Stahlträger/Fachwerkbinder/Stützen

16€	18€	**20€**	27€	34€	[m²]	⏱ 0,15h/m²	034.000.046
13€	15€	**17€**	23€	29€			

Nr.	Kurztext / Stichworte						Kostengruppe
▶	▷	ø brutto €	◁	◀	[Einheit]	Ausf.-Dauer	Positionsnummer
▶	▷	ø netto €	◁	◀			
49	**Fugenabdichtung, Acryl**						KG **345**
Verfugung, plastoelastisch; Einkomponenten Acryldichtstoff; Fugenbreite bis 8/12mm; Hinterfüllen							
2€	4€	**5€**	6€	12€	[m]	⏱ 0,04h/m	034.000.047
2€	3€	**4€**	5€	10€			
50	**Fugenabdichtung elastisch, Silikon**						KG **345**
Verfugung, elastisch; Einkomponenten Silikondichtstoff; Fugenbreite bis 8/12mm; Hinterfüllen							
3€	6€	**7€**	8€	10€	[m]	⏱ 0,05h/m	034.000.048
3€	5€	**6€**	7€	8€			
51	**Folienbeschriftung, geklebt**						KG **345**
Beschriftung; selbstklebende Folie; geklebt; Türblatt/Glaswände/Wandfläche mit Farbbeschichtung							
13€	17€	**20€**	24€	30€	[St]	⏱ 0,10h/St	034.000.052
11€	14€	**17€**	20€	25€			
52	**Markierung, Kunststofffolie**						KG **353**
Markierung; Kunststofffolie, rutschhemmend, UV-beständig; Innenbereich							
6€	9€	**12€**	17€	24€	[m]	⏱ 0,08h/m	034.000.054
5€	8€	**10€**	14€	20€			
53	**PKW-Stellplatzmarkierung, Farbe**						KG **324**
Stellplatzmarkierung; Zwei-Komponenten-Markierungsfarbe; Breite 120mm; Beton-/Gussasphaltbelag							
7€	11€	**17€**	22€	31€	[m]	⏱ 0,15h/m	034.000.061
6€	9€	**14€**	19€	26€			
54	**Stundensatz, Facharbeiter/-in**						
Stundenlohnarbeiten, Vorarbeiter/-in, Facharbeiter/-in und Gleichgestellte; Maler- und Lackierarbeiten							
67€	80€	**85€**	89€	97€	[h]	⏱ 1,00h/h	034.000.078
56€	67€	**72€**	75€	82€			
55	**Stundensatz, Helfer/-in**						
Stundenlohnarbeiten für Werker/-in, Helfer/-in und Gleichgestellte; Maler- und Lackierarbeiten							
43€	59€	**64€**	71€	84€	[h]	⏱ 1,00h/h	034.000.079
36€	50€	**54€**	59€	71€			

Kosten:
Stand 2.Quartal 2025
Bundesdurchschnitt

▶ min
▷ von
ø Mittel
◁ bis
◀ max

© **BKI** Baukosteninformationszentrum

036

Kosten:
Stand 2. Quartal 2025
Bundesdurchschnitt

▶ min
▷ von
ø Mittel
◁ bis
◀ max

Nr.	**Kurztext** / Stichworte						Kostengruppe
▶	▷	**ø brutto €**	◁	◀	[Einheit]	Ausf.-Dauer	Positionsnummer
▶	▷	**ø netto €**	◁	◀			
1	**Randstreifen abschneiden**						KG **353**
Randstreifen abschneiden; Rippenpappe/Mineralwolle/Polystyrol; aufnehmen, laden, entsorgen							
0,4€	0,6€	**0,7€**	1,1€	1,9€	[m]	⏱ 0,01 h/m	036.000.069
0,3€	0,5€	**0,6€**	1,0€	1,6€			
2	**Untergrund prüfen, Oberflächenzugfestigkeit**						KG **353**
Fliesenuntergrund prüfen; Haftzugfestigkeit; inkl. Protokollierung							
31€	38€	**41€**	46€	51€	[St]	⏱ 0,50 h/St	036.000.068
26€	32€	**35€**	39€	43€			
3	**Sinterschicht abschleifen, Calciumsulfatestrich**						KG **353**
Sinterschicht abschleifen; Calciumsulfatestrich; schleifen, absaugen, entsorgen							
1€	3€	**3€**	4€	6€	[m²]	⏱ 0,05 h/m²	036.000.044
0,9€	2,1€	**2,6€**	3,3€	4,8€			
4	**Untergrund reinigen**						KG **353**
Untergrund reinigen; Staub, Verschmutzungen, lose Teile; reinigen, Schutt aufnehmen, entsorgen							
0,5€	1,1€	**1,4€**	2,1€	3,6€	[m²]	⏱ 0,04 h/m²	036.000.002
0,4€	0,9€	**1,1€**	1,8€	3,0€			
5	**Boden kugelstrahlen**						KG **353**
Boden kugelstrahlen; Zementestrich; inkl. Absaugen							
3€	5€	**6€**	8€	12€	[m²]	⏱ 0,10 h/m²	036.000.007
3€	4€	**5€**	7€	10€			
6	**Voranstrich, Bodenbelag**						KG **353**
Voranstrich; Haftgrund; vollflächig aufbringen für Bodenbelag							
1€	3€	**3€**	4€	7€	[m²]	⏱ 0,05 h/m²	036.000.005
0,8€	2,2€	**2,6€**	3,5€	5,9€			
7	**Voranstrich, Bodenbelag, leitfähig**						KG **353**
Voranstrich; elektrisch leitfähig; vollflächig aufbringen für Bodenbelag							
1€	3€	**4€**	6€	8€	[m²]	⏱ 0,08 h/m²	036.000.070
1,0€	2,9€	**3,5€**	4,8€	6,7€			
8	**Voranstrich, Treppenstufe, Dispersion**						KG **353**
Voranstrich; Dispersion; vollflächig aufbringen für Bodenbelag auf Treppenstufen							
–	3€	**5€**	7€	–	[m]	⏱ 0,06 h/m	036.000.082
–	3€	**4€**	6€	–			

Nr.	Kurztext / Stichworte					Kostengruppe
▶ ▷	**ø brutto €**	◁ ◀		[Einheit]	Ausf.-Dauer	Positionsnummer
▶ ▷	**ø netto €**	◁ ◀				

9 Untergrund spachteln, Estrich, bis 3mm — KG **353**

Ausgleichsspachtelung; Spachtelmasse; Dicke 5mm; Zementestrich/.....; inkl. Reinigen der Estrichfläche

▶	▷	ø	◁	◀	Einheit	Ausf.-Dauer	Positionsnummer
–	5€	**7€**	9€	–	[m²]	0,08h/m²	036.000.052
–	4€	**6€**	8€	–			

10 Untergrund spachteln, Trittstufe, bis 3mm — KG **353**

Ausgleichsspachtelung; Spachtelmasse; Dicke 5/10mm; Treppenstufen, Beton; inkl. Reinigen der Betonfläche

▶	▷	ø	◁	◀	Einheit	Ausf.-Dauer	Positionsnummer
–	5€	**9€**	13€	–	[m]	0,12h/m	036.000.053
–	5€	**7€**	11€	–			

11 Unterlage, Bodenbelag, Filz — KG **353**

Unterlage; Filz; Dicke 7mm; lose

▶	▷	ø	◁	◀	Einheit	Ausf.-Dauer	Positionsnummer
–	14€	**17€**	21€	–	[m²]	0,12h/m²	036.000.054
–	12€	**14€**	18€	–			

12 Unterlage, Bodenbelag, Schaumstoff — KG **353**

Unterlage Bodenbelag; Schaumstoff; Dicke 6mm; verklebt

▶	▷	ø	◁	◀	Einheit	Ausf.-Dauer	Positionsnummer
–	10€	**13€**	18€	–	[m²]	0,12h/m²	036.000.055
–	9€	**11€**	15€	–			

13 Textiler Belag, Nadelvlies — KG **353**

Textilbelag; Nadelvlies, feinfasrig meliert, B1; Dicke 6mm; geklebt; Calciumsulfatestrich

▶	▷	ø	◁	◀	Einheit	Ausf.-Dauer	Positionsnummer
38€	46€	**49€**	57€	75€	[m²]	0,18h/m²	036.000.015
32€	38€	**41€**	48€	63€			

14 Textiler Belag, Kugelgarn — KG **353**

Textilbelag; Kugelgarn - Struktur 21; Dicke 5,5mm; vollflächig geklebt; Anwendungsbereich gewerblich

▶	▷	ø	◁	◀	Einheit	Ausf.-Dauer	Positionsnummer
49€	63€	**68€**	91€	126€	[m²]	0,18h/m²	036.000.072
41€	53€	**57€**	76€	106€			

15 Textiler Belag, Naturhaar-Polyamidgemisch — KG **353**

Textilbelag; Natur-Kunstfasergemisch; Dicke 5mm; vollflächig geklebt; Anwendungsbereich privat

▶	▷	ø	◁	◀	Einheit	Ausf.-Dauer	Positionsnummer
51€	69€	**72€**	78€	97€	[m²]	0,18h/m²	036.000.074
43€	58€	**60€**	66€	81€			

16 Textiler Belag, Tuftingteppich — KG **353**

Textilbelag; Velours, vollsynthetisch, B1; Dicke 4mm; geklebt; Calciumsulfatestrich

▶	▷	ø	◁	◀	Einheit	Ausf.-Dauer	Positionsnummer
61€	68€	**71€**	78€	97€	[m²]	0,18h/m²	036.000.017
51€	57€	**59€**	65€	81€			

Nr.	Kurztext / Stichworte						Kostengruppe
▶	▷	**ø brutto €**	◁	◀	[Einheit]	Ausf.-Dauer	Positionsnummer
▶	▷	**ø netto €**	◁	◀			
17	**Textiler Belag, Kunstfaser/Web-Teppich**						KG **353**
Textilbelag; Tuftingteppich, vollsynthetisch, feinfasrig meliert; Dicke 8mm; geklebt; Calciumsulfatestrich							
49€	58€	**60€**	65€	78€	[m2]	⏱ 0,18h/m2	036.000.016
41€	49€	**51€**	55€	66€			
18	**Textiler Belag, Naturfaser/Wolle/Sisal**						KG **353**
Textilbelag; Wolle, E; geklebt; Calciumsulfatestrich							
89€	96€	**100€**	107€	116€	[m2]	⏱ 0,18h/m2	036.000.018
75€	81€	**84€**	90€	97€			
19	**Korkunterlage, Linoleum**						KG **353**
Dämmunterlage; Kork; Dicke 2mm; verkleben; auf Zementestrich							
21€	25€	**27€**	29€	35€	[m2]	⏱ 0,12h/m2	036.000.019
17€	21€	**22€**	24€	29€			
20	**Linoleumbelag, 2,0mm**						KG **353**
Bodenbelag; Linoleum, Cfl-s1; Dicke 2,0mm; verlegen, verkleben; auf Calciumsulfatestrich							
39€	44€	**49€**	55€	66€	[m2]	⏱ 0,17h/m2	036.000.058
33€	37€	**41€**	47€	56€			
21	**Linoleumbelag, 2,5mm**						KG **353**
Bodenbelag; Linoleum, Cfl-s1; Dicke 2,5mm; verklebt; auf Calciumsulfatestrich							
32€	48€	**52€**	60€	80€	[m2]	⏱ 0,17h/m2	036.000.020
27€	40€	**44€**	51€	67€			
22	**Linoleumbelag, über 2,5mm**						KG **353**
Bodenbelag; Linoleum, Cfl-s1; Dicke 3,2/4,0mm; verklebt							
43€	54€	**59€**	65€	81€	[m2]	⏱ 0,17h/m2	036.000.021
36€	46€	**49€**	55€	68€			
23	**Linoleumbelag, Fliesen**						KG **353**
Bodenbelag; Linoleumfliesen, Cfl-s1; 50x50cm, Dicke 2,5mm; verlegen, verkleben; auf Calciumsulfatestrich							
–	79€	**97€**	112€	–	[m2]	⏱ 0,28h/m2	036.000.059
–	66€	**81€**	94€	–			
24	**Linoleumbahnen, verschweißen**						KG **353**
Linoleumbelag verschweißen; Schweißschnur; Dicke 4mm; fräsen, thermisch verschweißen							
1€	3€	**4€**	5€	8€	[m2]	⏱ 0,02h/m2	036.000.022
1€	3€	**3€**	5€	7€			

Kosten:
Stand 2. Quartal 2025
Bundesdurchschnitt

▶ min
▷ von
ø Mittel
◁ bis
◀ max

© BKI Baukosteninformationszentrum

Nr.	Kurztext / Stichworte					Kostengruppe
▶	▷	**ø brutto €**	◁	◀	[Einheit] Ausf.-Dauer	Positionsnummer
▶	▷	**ø netto €**	◁	◀		

25 Bodenbelag, PVC, 2,0mm KG **353**

Bodenbelag; PVC-Bahnen, gewerblich geeignet, Bfl-s1; Dicke 2,0mm; mit Dispersionskleber verlegen; auf Zementestrich

31€	42€	**46€**	54€	70€	[m²]	⏱ 0,17 h/m²	036.000.060
26€	35€	**39€**	46€	58€			

26 Bodenbelag, PVC, 2,5mm KG **353**

Bodenbelag; PVC-Bahnen, gewerblich geeignet, Bfl-s1; Dicke 2,5mm; mit Dispersionskleber verlegen; auf Zementestrich

37€	53€	**56€**	64€	86€	[m²]	⏱ 0,17 h/m²	036.000.083
31€	45€	**47€**	54€	72€			

27 Bodenbelag, PVC, 3,0mm KG **353**

Bodenbelag; PVC-Bahnen, gewerblich geeignet, Bfl-s1; Dicke 3mm; mit Dispersionskleber; auf Zementestrich

40€	57€	**64€**	71€	90€	[m²]	⏱ 0,17 h/m²	036.000.023
33€	48€	**54€**	60€	75€			

28 Bodenbelag, PVC, Schaumstoff, 4,5mm KG **353**

Bodenbelag; PVC-Bahnen, Stuhlrolleneignung Typ W; Dicke 4 bis 4,5mm; Fußbodenheizung geeignet

43€	59€	**69€**	78€	97€	[m²]	⏱ 0,20 h/m²	036.000.075
36€	50€	**58€**	66€	81€			

29 PVC-Bahnen verschweißen KG **353**

PVC-Belag verschweißen; Schweißschnur; Dicke 4,0mm; fräsen, thermisch verschweißen

1€	2€	**3€**	3€	4€	[m²]	⏱ 0,03 h/m²	036.000.024
1€	2€	**2€**	3€	3€			

30 Bodenbelag, Kautschuk, 2,0mm KG **353**

Bodenbelag; Kautschuk, gewerblich geeignet, Bfl-s1; Dicke 2,0mm; mit Dispersionskleber; Stuhlrollen geeignet, Fußbodenheizung geeignet

53€	71€	**78€**	83€	100€	[m²]	⏱ 0,18 h/m²	036.000.061
44€	60€	**65€**	70€	84€			

31 Bodenbelag, Kautschuk, 3,0mm KG **353**

Bodenbelag; Kautschuk, gewerblich geeignet, Bfl-s1; Dicke 3,0mm; mit Dispersionskleber verlegen; Zementestrich; Stuhlrollen und Fußbodenheizung geeignet

72€	90€	**100€**	112€	132€	[m²]	⏱ 0,18 h/m²	036.000.062
61€	75€	**84€**	94€	111€			

32 Bodenbelag, Kautschukplatten, bis 3,2mm KG **353**

Bodenbelag; Kautschukplatten, gewerblich geeignet, Bfl-s1; Dicke 2,7-3,2 mm; mit Dispersionskleber; Zementestrich

73€	91€	**98€**	114€	146€	[m²]	⏱ 0,20 h/m²	036.000.025
61€	76€	**82€**	96€	123€			

Nr.	Kurztext / Stichworte						Kostengruppe
▶	▷	**ø brutto €**	◁	◀	[Einheit]	Ausf.-Dauer	Positionsnummer
▶	▷	**ø netto €**	◁	◀			

33 Bodenbelag, Naturkorkparkett, 12mm — KG **353**

Bodenbelag; Naturkork, Wohnraum geeignet, E; Dicke über 4-10 mm; mit Dispersionskleber; auf Zementestrich

52€	68€	**77€**	87€	102€	[m2]	⏱ 0,24h/m2	036.000.026
44€	57€	**64€**	73€	86€			

34 Bodenbelag, Laminat, schwimmend, 7,2mm — KG **353**

Bodenbelag; Laminat; Dicke 7,2mm; schwimmend, kleben, Stuhlrollengeeignet, Zigarettenglutbeständig; auf Zementestrich

42€	51€	**58€**	65€	76€	[m2]	⏱ 0,30h/m2	036.000.063
35€	43€	**48€**	55€	64€			

35 Bodenbelag, Laminat, schwimmend 8,3mm — KG **353**

Bodenbelag; Laminat; Dicke 8,3mm; schwimmend, kleben, Stuhlrollengeeignet, Zigarettenglutbeständig; auf Zementestrich

46€	60€	**61€**	68€	82€	[m2]	⏱ 0,30h/m2	036.000.064
38€	50€	**51€**	57€	69€			

36 Bodenbeläge verlegen — KG **353**

Bodenbelag verlegen, bauseitig gestellt; verkleben; auf Zementestrich

16€	21€	**24€**	26€	38€	[m2]	⏱ 0,18h/m2	036.000.046
14€	18€	**20€**	22€	32€			

37 Treppenstufe, elastischer Bodenbelag — KG **353**

Treppenstufenbelag, elastisch; Stg 17,5x28,0cm; verkleben, inkl. Kantenschutzprofil; auf Stahlbeton

33€	66€	**74€**	81€	127€	[St]	⏱ 0,35h/St	036.000.027
28€	55€	**62€**	68€	107€			

38 Treppenstufe, textiler Belag — KG **353**

Treppenstufenbelag; Textil; Stg 17,5x28,0cm; verkleben, inkl. Kantenschutzprofil; auf Stahlbeton

38€	57€	**64€**	72€	96€	[St]	⏱ 0,35h/St	036.000.028
32€	48€	**54€**	60€	80€			

39 Treppenstufe, Laminat — KG **353**

Treppenstufenbelag; Laminat; Stufe 17,5cm; verkleben, inkl. Kantenschutzprofil; auf Stahlbeton

–	40€	**47€**	51€	–	[St]	⏱ 0,25h/St	036.000.065
–	34€	**40€**	43€	–			

40 Treppenkante, Kunststoffprofil — KG **353**

Treppenkantenprofil; Kunststoff; Schenkellänge bis 45mm; verkleben

20€	28€	**30€**	33€	41€	[m]	⏱ 0,15h/m	036.000.029
17€	23€	**25€**	28€	34€			

Kosten:
Stand 2. Quartal 2025
Bundesdurchschnitt

▶ min
▷ von
ø Mittel
◁ bis
◀ max

© BKI Baukosteninformationszentrum

Nr.	Kurztext / Stichworte					Kostengruppe
▶	▷	**ø brutto €**	◁	◀	[Einheit]	Ausf.-Dauer	Positionsnummer
▶	▷	**ø netto €**	◁	◀			

41 Treppenkante, Aluminiumprofil — KG **353**

Treppenkantenprofil; Aluminium; Schenkellänge bis 45mm; verkleben

▶	▷	ø	◁	◀	Einheit	Ausf.-Dauer	Positionsnummer
–	30€	**38€**	48€	–	[m]	⏱ 0,19h/m	036.000.066
–	26€	**32€**	40€	–			

42 Treppenkante, Messingprofil — KG **353**

Treppenkantenprofil; Messing; Schenkellänge bis 45mm; verkleben

▶	▷	ø	◁	◀	Einheit	Ausf.-Dauer	Positionsnummer
38€	54€	**61€**	76€	87€	[m]	⏱ 0,19h/m	036.000.076
32€	45€	**51€**	64€	73€			

43 Fußabstreifer, Reinstreifen — KG **324**

Fußabstreiferanlage; Reinstreifen Gummiprofil, Aluminiumrahmen; dämmend; aufrollbar

▶	▷	ø	◁	◀	Einheit	Ausf.-Dauer	Positionsnummer
828€	1.487€	**1.817€**	2.009€	2.836€	[St]	⏱ 0,15h/St	036.000.030
696€	1.249€	**1.526€**	1.688€	2.383€			

44 Fußabstreifer, Kokosfasermatte — KG **324**

Fußabstreifer; Kokosmatte, PVC-kaschiert; in Aussparung

▶	▷	ø	◁	◀	Einheit	Ausf.-Dauer	Positionsnummer
172€	276€	**282€**	303€	381€	[m²]	⏱ 0,10h/m²	036.000.043
145€	232€	**237€**	254€	320€			

45 Fußabstreifer, Nadelvlies, Alu-Rahmen — KG **324**

Fußabstreifer; Nadelvlies; in Alu-Rahmen

▶	▷	ø	◁	◀	Einheit	Ausf.-Dauer	Positionsnummer
466€	737€	**814€**	909€	1.135€	[m²]	⏱ 0,10h/m²	036.000.077
392€	620€	**684€**	764€	954€			

46 Rohrdurchführung anarbeiten, Bodenbelag — KG **353**

Rohrdurchführung, anarbeiten; Rohrdimension DN42

▶	▷	ø	◁	◀	Einheit	Ausf.-Dauer	Positionsnummer
3€	6€	**7€**	9€	13€	[St]	⏱ 0,05h/St	036.000.031
3€	5€	**6€**	8€	11€			

47 Bodenbelag anarbeiten, Stützen — KG **353**

Bodenbelag anarbeiten, Stützen

▶	▷	ø	◁	◀	Einheit	Ausf.-Dauer	Positionsnummer
–	10€	**16€**	20€	–	[St]	⏱ 0,08h/St	036.000.067
–	8€	**13€**	17€	–			

48 Trennschiene, Aluminium — KG **353**

Trennschiene Bodenbelag; Aluminium; Material-Übergang

▶	▷	ø	◁	◀	Einheit	Ausf.-Dauer	Positionsnummer
16€	19€	**20€**	21€	21€	[m]	⏱ 0,08h/m	036.000.078
14€	16€	**17€**	18€	20€			

Nr.	Kurztext / Stichworte						Kostengruppe
▶	▷	ø brutto €	◁	◀	[Einheit]	Ausf.-Dauer	Positionsnummer
▶	▷	ø netto €	◁	◀			

49 Trennschiene, nichtrostender Stahl — KG **353**

Trennschiene Bodenbelag; Edelstahl; Material-Übergang

20€	26€	**28€**	30€	36€	[m]	⏱ 0,08h/m	036.000.079
17€	22€	**23€**	25€	30€			

50 Abdeckschiene, Metall — KG **353**

Abdeckschiene; L-Metallprofil; Profilhöhe 3mm; bündig anarbeiten

13€	21€	**23€**	28€	39€	[m]	⏱ 0,15h/m	036.000.032
11€	18€	**19€**	23€	32€			

51 Übergangsprofil, Aluminium — KG **353**

Übergangsprofil; Metall; Belagwechsel unter Türe

14€	20€	**23€**	24€	29€	[m]	⏱ 0,15h/m	036.000.048
12€	17€	**19€**	20€	25€			

52 Dehnfugenprofil, Aluminium — KG **353**

Bewegungsfugenprofil; Aluminium; bündig anarbeiten

25€	41€	**48€**	61€	88€	[m]	⏱ 0,20h/m	036.000.033
21€	35€	**41€**	51€	74€			

53 Verfugung, elastisch, Silikon — KG **353**

Fuge, elastisch; Silikon-Dichtstoff; hinterlegen der Hohlräume

4€	6€	**7€**	9€	14€	[m]	⏱ 0,04h/m	036.000.034
3€	5€	**6€**	7€	11€			

54 Sockelausbildung, Holzleiste — KG **353**

Sockelleiste; Holzprofil, stoßfest farblos lackiert; 60x16mm; Senkkopfschraube

10€	15€	**17€**	21€	33€	[m]	⏱ 0,08h/m	036.000.035
8€	13€	**15€**	18€	28€			

55 Sockelausbildung, textiler Belag — KG **353**

Sockelleiste, textiler Belag; PVC-Profil, Nadelvlies/Velours/Bouclé; Höhe 60mm; Senkkopfschraube

6€	8€	**10€**	13€	20€	[m]	⏱ 0,04h/m	036.000.036
5€	7€	**8€**	11€	17€			

56 Sockelausbildung, Sporthalle — KG **353**

Sockelleiste, Sportbodenbelag; Eiche, transparent beschichtet; 70x30mm; Senkkopfschraube

–	73€	**87€**	111€	–	[m]	⏱ 0,10h/m	036.000.037
–	61€	**73€**	93€	–			

Kosten:
Stand 2.Quartal 2025
Bundesdurchschnitt

▶ min
▷ von
ø Mittel
◁ bis
◀ max

© BKI Baukosteninformationszentrum

Nr.	Kurztext / Stichworte						Kostengruppe
▶	▷	**ø brutto €**	◁	◀	[Einheit]	Ausf.-Dauer	Positionsnummer
▶	▷	**ø netto €**	◁	◀			

57 Sockelausbildung, PVC — KG **353**

Sockelleiste; PVC, weich; Höhe 60mm; Senkkopfschraube

5€	8€	**9€**	11€	16€	[m]	⏱ 0,04h/m	036.000.038
4€	7€	**7€**	9€	13€			

58 Sockelausbildung, Lino-/Kautschuk — KG **353**

Sockelleiste; Linoleum; Höhe 60mm; Senkkopfschraube

7€	14€	**16€**	24€	39€	[m]	⏱ 0,08h/m	036.000.039
6€	12€	**14€**	20€	33€			

59 Sockelausbildung, Aluminiumprofil, unterschnitten — KG **353**

Sockelleiste, unterschnitten; Aluminium; Profildicke 13mm, Höhe 85mm; Befestigung Senkkopfschraube

20€	25€	**27€**	27€	34€	[m]	⏱ 0,12h/m	036.000.081
17€	21€	**23€**	23€	28€			

60 Erstpflege, Bodenbelag — KG **324**

Erstpflege Bodenbelag; Pflegemittel

1€	3€	**4€**	7€	15€	[m²]	⏱ 0,02h/m²	036.000.040
1€	3€	**3€**	6€	12€			

61 Schutzabdeckung, Bodenbelag, Hartfaserplatte — KG **397**

Schutzabdeckung Bodenbelag; Hartfaserplatte; vollflächig abdecken, abkleben; inkl. Entfernen, Entsorgen

7€	9€	**9€**	10€	12€	[m²]	⏱ 0,10h/m²	036.000.041
6€	7€	**8€**	9€	10€			

62 Schutzabdeckung, Kunststofffolie — KG **397**

Schutzabdeckung Bodenbelag; PE-Folie, 0,5mm; vollflächig abdecken; inkl. Entfernen, Entsorgen

3€	4€	**4€**	5€	6€	[m²]	⏱ 0,03h/m²	036.000.049
3€	3€	**4€**	4€	5€			

63 Stundensatz, Facharbeiter/-in

Stundenlohnarbeiten, Vorarbeiter/-in, Facharbeiter/-in und Gleichgestellte; Bodenbelagarbeiten

71€	83€	**87€**	90€	100€	[h]	⏱ 1,00h/h	036.000.050
60€	70€	**73€**	75€	84€			

64 Stundensatz, Helfer/-in

Stundenlohnarbeiten für Werker/-in, Helfer/-in und Gleichgestellte; Bodenbelagarbeiten

57€	67€	**69€**	72€	80€	[h]	⏱ 1,00h/h	036.000.051
48€	56€	**58€**	61€	67€			

037

Kosten:
Stand 2. Quartal 2025
Bundesdurchschnitt

▶ min
▷ von
ø Mittel
◁ bis
◀ max

Nr.	Kurztext / Stichworte						Kostengruppe
▶	▷	**ø brutto €**	◁	◀	[Einheit]	Ausf.-Dauer	Positionsnummer
▶	▷	**ø netto €**	◁	◀			
1	**Schutzabdeckung, Boden, Folie**						KG **397**
Bodenflächen abdecken; Folie; überlappt, staubdicht abkleben							
2€	3€	**3€**	3€	4€	[m²]	⏱ 0,04 h/m²	037.000.030
2€	2€	**3€**	3€	3€			
2	**Schutzabdeckung, Boden, Pappe**						KG **397**
Bodenflächen abdecken; Pappe/Karton; überlappt, staubdicht abkleben							
3€	4€	**5€**	6€	9€	[m²]	⏱ 0,04 h/m²	037.000.031
2€	4€	**4€**	5€	8€			
3	**Vorbehandlung, Putz, Armiervlies**						KG **345**
Haarrissüberdeckung; Armiervlies, Spachtelung; grundieren, tapezieren, feinspachteln; Innenwand/Decke							
5€	9€	**11€**	13€	18€	[m²]	⏱ 0,12 h/m²	037.000.020
4€	7€	**9€**	11€	15€			
4	**Untergrundvorbehandlung, Tapete, bis 30%**						KG **345**
Spachtelung, Grundierung; für Tapezierarbeiten; Wand/Decke, Untergrund: Putz/Gipskarton							
1€	3€	**4€**	6€	9€	[m²]	⏱ 0,06 h/m²	037.000.001
1€	2€	**3€**	5€	8€			
5	**Gipsplattenflächen vorbehandeln, spachteln/grundieren**						KG **345**
Wand-/Deckenfläche vorbehandeln, Tapezierung; GK-Platten; spachteln, schleifen							
0,9€	1,8€	**2,0€**	2,5€	3,5€	[m²]	⏱ 0,02 h/m²	037.000.033
0,8€	1,6€	**1,7€**	2,1€	3,0€			
6	**Raufasertapete, fein/weiß, Decke**						KG **345**
Tapezieren; Raufasertapete, Körnung fein, weiß; Decke							
6€	8€	**9€**	10€	14€	[m²]	⏱ 0,12 h/m²	037.000.035
5€	7€	**7€**	9€	12€			
7	**Raufasertapete, grob/weiß, Decke**						KG **345**
Tapezieren; Raufasertapete, Körnung grob, weiß; Decke							
7€	9€	**11€**	14€	17€	[m²]	⏱ 0,12 h/m²	037.000.036
6€	8€	**9€**	12€	15€			
8	**Raufasertapete, fein/weiß, Wand**						KG **345**
Tapezieren; Raufasertapete, Körnung fein, weiß; Wand							
6€	9€	**10€**	13€	19€	[m²]	⏱ 0,12 h/m²	037.000.037
5€	7€	**8€**	11€	16€			

Nr.	Kurztext / Stichworte						Kostengruppe
▶	▷	**ø brutto €**	◁	◀	[Einheit]	Ausf.-Dauer	Positionsnummer
▶	▷	**ø netto €**	◁	◀			

9 Raufasertapete, lineare Bauteile — KG **345**

Tapezieren, lineare Bauteile; Raufasertapete; Breite bis 15/30/60cm; Laibungen/Pfeiler/Stützen/Lisenen

1€	2€	**3€**	3€	5€	[m]	⏱ 0,06h/m	037.000.029
1€	2€	**2€**	3€	4€			

10 Raufasertapete, Dispersion — KG **345**

Tapezieren, Beschichtung; Raufasertapete, Dispersionsfarbe; Körnung fein/mittel/grob; Wand/Decke bis 2,75m

10€	13€	**14€**	16€	21€	[m²]	⏱ 0,24h/m²	037.000.006
9€	11€	**11€**	14€	18€			

11 Glasgewebe, fein, Wand — KG **345**

Tapezieren; Glasgewebe, fein; Wand

8€	12€	**14€**	15€	17€	[m²]	⏱ 0,14h/m²	037.000.039
7€	10€	**12€**	12€	15€			

12 Glasgewebe, grob, Wand — KG **345**

Tapezieren; Glasgewebe, grob; Wand

9€	14€	**16€**	17€	21€	[m²]	⏱ 0,14h/m²	037.000.040
8€	11€	**13€**	15€	17€			

13 Glasgewebe, fein, Decke — KG **354**

Tapezieren; Glasgewebe, fein; Decke

10€	14€	**17€**	18€	22€	[m²]	⏱ 0,14h/m²	037.000.041
8€	12€	**14€**	15€	18€			

14 Prägetapete, Wand — KG **345**

Tapezieren; Prägetapete; Wand

17€	25€	**30€**	38€	47€	[m²]	⏱ 0,15h/m²	037.000.017
15€	21€	**25€**	32€	40€			

15 Tapezieren, Kleinflächen — KG **345**

Tapezieren von Kleinflächen; bis 2,50m²; Nischenrückflächen, Pfeiler, Stützen, Lisenen

3€	4€	**5€**	5€	6€	[m²]	⏱ 0,05h/m²	037.000.010
3€	4€	**4€**	4€	5€			

16 Fugenabdichtung, Acryl, anstrichverträglich — KG **345**

Dehnungsfuge; Acryldispersionsdichtstoff; inkl. Flankenvorbehandlung, Hinterfüllung

2€	4€	**4€**	7€	10€	[m]	⏱ 0,10h/m	037.000.012
2€	3€	**4€**	6€	9€			

039

Kosten:
Stand 2. Quartal 2025
Bundesdurchschnitt

► min
▷ von
ø Mittel
◁ bis
◄ max

Nr.	Kurztext / Stichworte						Kostengruppe
►	▷	**ø brutto €**	◁	◄	[Einheit]	Ausf.-Dauer	Positionsnummer
►	▷	**ø netto €**	◁	◄			

1 Unterdecke, abgehängt, Mineralfaserplatte 15mm — KG **354**

Rasterdecke, abgehängt; Mineralfaserplatten, glatt/gelocht; Dicke 15mm, 62,5x62,5cm; verschrauben

34€	49€	**56€**	61€	81€	[m²]	⏱ 0,50 h/m²	039.000.001
29€	41€	**47€**	52€	68€			

2 Wandanschluss, Decke, Mineralplatte — KG **354**

Randanschluss, Rasterdecke; Wandwinkel, L-förmig, beschichtet; 25x20mm; sichtbar; Stahlbeton/Mauerwerk

6€	8€	**8€**	9€	10€	[m]	⏱ 0,10 h/m	039.000.002
5€	6€	**7€**	7€	9€			

3 Anschnitt, schräg, Mineralplatte — KG **354**

Randausbildung, Zuschnitt, Mineralwolledecke; Mineralwolleplatte; gerade/schräge

9€	14€	**16€**	22€	30€	[m]	⏱ 0,20 h/m	039.000.003
8€	12€	**13€**	18€	25€			

4 Metall-Kassettendecke, abgehängt — KG **354**

Metallkassettendecke, abgehängt; Metall, einbrennlackiert; 312,5x312,5mm/600x600mm/625x625mm, Blechdicke 0,6mm, MW 40mm; abklappbar/abnehmbar; Abhanghöhe bis 1,00m

87€	100€	**107€**	113€	125€	[m²]	⏱ 0,65 h/m²	039.000.004
73€	84€	**90€**	95€	105€			

5 Metall-Paneeldecke, abgehängt — KG **354**

Metallpaneeldecke, abgehängt; Metall, einbrennlackiert, Mineralwolle, A1; Modulbreite 200mm, Blech 0,6mm, MW 40mm; abklappbar/abnehmbar; Abhanghöhe bis 1,00m

81€	103€	**109€**	116€	137€	[m²]	⏱ 0,70 h/m²	039.000.094
68€	87€	**91€**	97€	115€			

6 Unterdecke, abgehängt, Gipsplatten, einlagig — KG **354**

Decke abgehängt; Gipsplatte Typ A, Metallunterkonstruktion, ohne Dämmung/Mineralwolle; Platte 12,5mm; Oberfläche Q2; Stahlbetondecke; Abhanghöhe bis 0,50m

52€	65€	**70€**	76€	97€	[m²]	⏱ 0,52 h/m²	039.000.005
44€	55€	**58€**	64€	82€			

7 Unterdecke, abgehängt, Gips-Lochplatten — KG **354**

Akustikdecke, abgehängt; Gipsplatte Typ A gelocht, Metallunterkonstruktion; Platte 12,5mm; Oberfläche Q2; Stahlbetondecke; Abhanghöhe bis 0,50m

83€	101€	**108€**	114€	125€	[m²]	⏱ 0,80 h/m²	039.000.095
69€	85€	**91€**	95€	105€			

Nr.	Kurztext / Stichworte						Kostengruppe
▶	▷	**ø brutto €**	◁	◀	[Einheit]	Ausf.-Dauer	Positionsnummer
▶	▷	**ø netto €**	◁	◀			

8 Akustikdecke, abgehängt, Gips-Kassettenplatten KG **354**

Decke, abgehängt; Gipskassettenplatten, gelocht, Metallunterkonstruktion; Platten 12,5mm; ohne Dämmung, einlagig, Oberfläche Q2; Stahlbetondecke; Abhanghöhe bis 0,50m

–	90€	**100€**	120€	–	[m²]	⏱ 0,75h/m²	039.000.096
–	75€	**84€**	101€	–			

9 Unterdecke, abgehängt, GK/GF, zweilagig KG **354**

Decke, abgehängt; Gipsplatte, Trägerrost; 12,5mm, Mineralwolle 40mm; zweilagig, Oberfläche Q2; Stahlbetondecke; Abhanghöhe bis 0,50m

72€	96€	**103€**	119€	149€	[m²]	⏱ 0,60h/m²	039.000.006
61€	80€	**86€**	100€	125€			

10 Unterdecke, abgehängt, Zementplatten, Feuchtraum KG **354**

Decke, abgehängt; Zementplatten, Abhänger; Platte 12,5mm; Oberfläche Q2; Feuchtraum

–	131€	**141€**	153€	–	[m²]	⏱ 0,70h/m²	039.000.098
–	110€	**119€**	129€	–			

11 Unterdecke, abgehängt, F90A/EI90, selbsttragend KG **354**

Unterdecke F90A/EI90; Brandschutz-Bauplatten; selbsttragende abgehängte Decke, Oberfläche Q2; innen

130€	183€	**209€**	250€	342€	[m²]	⏱ 0,75h/m²	039.000.075
109€	154€	**175€**	210€	288€			

12 Verstärkung, Unterkonstruktion, Unterdecke KG **354**

Verstärkung, Unterkonstruktion; OSB-Holzplattenstreifen

9€	14€	**16€**	23€	29€	[m²]	⏱ 0,04h/m²	039.000.050
8€	12€	**13€**	19€	25€			

13 Weitspannträger, Unterdecke KG **354**

Decke, Weitspannträger; Unterkonstruktion, freitragende Decke

23€	28€	**31€**	32€	38€	[m²]	⏱ 0,08h/m²	039.000.076
20€	24€	**26€**	27€	32€			

14 Wandanschluss, Schattennutprofil, Unterdecke KG **354**

Randanschluss; Schattennut-Profil; Breite 15mm, Tiefe 12,5mm; anspachteln, feinschleifen; Abgehängte Decke

8€	17€	**19€**	23€	33€	[m]	⏱ 0,16h/m	039.000.009
7€	14€	**16€**	19€	28€			

15 Verblendung, Deckensprung, Unterdecke KG **354**

Deckensprung-Verblendung; GK-Platten; Höhe 400-800mm, Dicke 12,5mm; Oberfläche Q2

32€	52€	**61€**	74€	99€	[m]	⏱ 0,14h/m	039.000.010
27€	44€	**51€**	62€	83€			

Nr.	Kurztext / Stichworte						Kostengruppe
►	▷	ø brutto €	◁	◀	[Einheit]	Ausf.-Dauer	Positionsnummer
►	▷	ø netto €	◁	◀			

16 Öffnungen/Ausschnitte, bis DN200, Unterdecke KG **354**

Aussparung, Einbauleuchten; GP-/GF-/Mineralfaser-Decke; DN200; abgehängte Decke

8€	15€	**19€**	22€	27€	[St]	⏱ 0,20h/St	039.000.011
7€	13€	**16€**	19€	23€			

17 Öffnungen/Ausschnitte, bis 80x80mm KG **354**

Aussparung, Einbauleuchten; GP-/GF-/Mineralfaser-Decke; 80x80mm; abgehängte Decke

–	24€	**29€**	40€	–	[St]	⏱ 0,30h/St	039.000.099
–	20€	**24€**	34€	–			

18 Aussparung, Langfeldleuchte, Unterdecke KG **354**

Aussparung, Langfeldleuchte; Breite 150, Länge 2.000mm; abgehängte Decke

12€	27€	**32€**	38€	53€	[m]	⏱ 0,25h/m	039.000.012
10€	23€	**27€**	32€	44€			

19 Bekleidung Dachschräge, Gipsplatte, MW-Dämmung KG **354**

Bekleidung, Dachgeschoss; Gipsplatten; Platte 12,5mm, Mineralwolle bis 180mm; Oberfläche Q2

83€	93€	**104€**	126€	135€	[m²]	⏱ 0,75h/m²	039.000.102
70€	78€	**87€**	106€	114€			

20 Bekleidung DG, Zementplatte, Feuchtraum, Holz-UK KG **354**

Bekleidung, Dachgeschoss; Zementplatte; Platte 12,5mm; Oberfläche Q2; Feuchtraum

111€	122€	**137€**	164€	175€	[m²]	⏱ 0,80h/m²	039.000.104
93€	102€	**115€**	138€	147€			

21 Montagewand, Holz-UK, 110mm, Gipsplatten, zweilagig, MW 40mm, EI30 KG **342**

Montagewand, EI30; Holz, GK, Mineralwolle; Dicke 110mm, Plattendicke 12,5mm, MW 40mm; beidseitig doppelt beplankt, Oberfläche Q2

108€	119€	**124€**	135€	158€	[m²]	⏱ 0,40h/m²	039.000.078
91€	100€	**104€**	114€	133€			

22 Montagewand, Metall-UK, 100mm, Gipsfaserplatten zweilagig, MW 40mm KG **342**

Montagewand; Stahl, GF, Mineralwolle; Wanddicke 100mm, Platte 12,5mm, Mineralwolle 40mm; beidseitig doppelt beplankt, Oberfläche Q2

–	99€	**118€**	134€	–	[m²]	⏱ 0,90h/m²	039.000.108
–	83€	**99€**	113€	–			

23 Montagewand, Metall-UK, 150mm, Gipsplatten zweilagig, MW 40mm, EI30 KG **342**

Montagewand, EI 30; Stahl, Gipsplatten; Dicke 150mm, Plattendicke 12,5mm, Mineralwolle 40mm; beidseitig doppelt beplankt, Oberfläche Q2

82€	110€	**118€**	134€	170€	[m²]	⏱ 0,65h/m²	039.000.017
68€	92€	**99€**	113€	143€			

Kosten:
Stand 2. Quartal 2025
Bundesdurchschnitt

► min
▷ von
ø Mittel
◁ bis
◀ max

© BKI Baukosteninformationszentrum

Nr.	Kurztext / Stichworte						Kostengruppe
▶	▷	**ø brutto €**	◁	◀	[Einheit]	Ausf.-Dauer	Positionsnummer
▶	▷	**ø netto €**	◁	◀			

24 Montagewand, Metall-UK, 100mm, Gipsplatten DF zweilagig, MW 50mm, EI90 KG **342**

Montagewand, EI 90; Stahl, GKF/GKFi; Dicke 100mm, Plattendicke 12,5mm, Mineralwolle 50mm; beidseitig doppelt beplankt, Oberfläche Q2

89€	116€	**128€**	147€	190€	[m2]	⏱ 0,65 h/m2	039.000.018
74€	97€	**108€**	124€	160€			

25 Montagewand, Metall-UK, 125mm, Zementplatten, doppellagig, Feuchtraum KG **342**

Montagewand; Metall, Zementplatten; Wanddicke 125, Platte 12,5mm, Mineralwolle 50mm; doppellagig, beidseitig, Oberfläche Q2; Feuchtraum

–	168€	**182€**	211€	–	[m2]	⏱ 0,90 h/m2	039.000.110
–	141€	**153€**	178€	–			

26 Montagewand, Gipsplatten, Brandwand, 100mm KG **342**

Montagewand, Brandwand, tragend; Gipsplatte, Stahlblech, F90A/EI 90-M; Wanddicke 166mm, Platte 20+12,5mm, Mineralwolle 80mm; beidseitig, doppelt beplankt, Oberfläche Q2

–	236€	**281€**	322€	–	[m2]	⏱ 1,70 h/m2	039.000.114
–	198€	**236€**	271€	–			

27 Montagewand, Gipsplatten, Sicherheitswand, einbruchhemmend KG **342**

Montagewand, Sicherheitswand WK3; Gipsplatten, Stahlblech, Mineralwolle, F90A/EI 90-M; Wanddicke 152mm, Platte 12,5mm; beidseitig, doppelt beplankt, Oberfläche Q2

–	196€	**221€**	249€	–	[m2]	⏱ 1,75 h/m2	039.000.115
–	164€	**186€**	209€	–			

28 Montagewand, Metall-UK, 200mm, Gips doppellagig, doppeltes Ständerwerk KG **342**

Montagewand, EI 90; Stahl, Gipsplatten, Mineralwolle; Dicke 200mm, Plattendicke 12,5mm, MW 40mm; doppeltes Ständerwerk, beidseitig, Oberfläche Q2; verschrauben, verfugen

113€	137€	**145€**	160€	192€	[m2]	⏱ 0,80 h/m2	039.000.019
95€	115€	**122€**	134€	161€			

29 Montagewand, Metall-UK, 125mm, Gips einlagig, doppeltes Ständerwerk, MW80mm KG **342**

Montagewand, EI 30; Stahl, Gipsplatten, Mineralwolle; Dicke 125mm, Plattendicke 12,5mm, MW 80mm; beidseitig, einlagig beplankt, Oberfläche Q2

110€	120€	**125€**	128€	137€	[m2]	⏱ 0,75 h/m2	039.000.015
92€	101€	**105€**	108€	115€			

30 Montagewand, Metall-UK, 100mm, Gips einlagig, Schallschutz KG **342**

Montagewand; Metallprofile, Gipsplatten, Mineralwolle; Wanddicke 100mm, Platte 12,5mm, MW 60mm; einlagig, Oberfläche Q2, Schallschutz

–	90€	**96€**	115€	–	[m2]	⏱ 0,70 h/m2	039.000.117
–	75€	**80€**	97€	–			

Nr.	Kurztext / Stichworte						Kostengruppe
▶	▷	**ø brutto €**	◁	◀	[Einheit]	Ausf.-Dauer	Positionsnummer
▶	▷	**ø netto €**	◁	◀			

Kosten:
Stand 2. Quartal 2025
Bundesdurchschnitt

31 Montagewand, Metall-UK, 100mm, Gips-Hartplatten, Schall-/Brandschutz KG **342**

Montagewand; Metallprofile, Hartgips-Platten, Mineralwolle, EI 30; Wanddicke 100mm, Platten 12,5mm, MW 60mm; verspachteln, Oberfläche Q2, Schall-/Brandschutz

–	93€	**104€**	123€	–	[m²]	⏱ 0,70h/m²	039.000.119
–	78€	**88€**	103€	–			

32 Anschluss, Montagewand, Dachschräge KG **342**

Randanschluss, Montagewand; GK-Platten; GK-Platte 12,5mm

11€	13€	**15€**	17€	19€	[m]	⏱ 0,20h/m	039.000.070
9€	11€	**13€**	14€	16€			

33 Anschluss, gleitend, Montagewand KG **342**

Wandanschluss, gleitend; Montagewand; bis 20mm; inkl. Profilschienen

11€	23€	**26€**	29€	40€	[m]	⏱ 0,30h/m	039.000.026
10€	19€	**22€**	25€	33€			

34 Ecken, Kantenprofil, Montagewand KG **342**

Eckausbildung; Eck-/Kantenprofil; rechtwinklig; Montagewand

8€	11€	**13€**	16€	24€	[m]	⏱ 0,18h/m	039.000.053
7€	10€	**11€**	14€	20€			

35 Montagewand, freies Wandende KG **342**

Montagewand freie Wandenden; Oberfläche Q2; Leichtbauwand; inkl. der Eck-/Kantenprofile

11€	22€	**26€**	33€	46€	[m]	⏱ 0,30h/m	039.000.062
9€	18€	**22€**	28€	39€			

36 Türöffnung, Montagewand KG **344**

Öffnungen herstellen; Ständerwand, GK-Platten; BxH 750x2.000mm/1.000x2.125mm, Dicke 75-150mm; Montagewand; als Türöffnung

46€	79€	**93€**	115€	166€	[St]	⏱ 0,50h/St	039.000.020
39€	66€	**78€**	97€	140€			

37 Fensteröffnung, Montagewand KG **344**

Öffnung herstellen; GK-Platten; BxH 750x2.000mm/1.000x2.125mm, Dicke 75-150mm; Montagewand; Als Fensteröffnung

42€	92€	**115€**	163€	235€	[St]	⏱ 0,50h/St	039.000.072
36€	77€	**96€**	137€	197€			

38 Türzargen, Aluminium beschichtet KG **344**

Umfassungszarge; Aluminium, E6/C00/PUR-beschichtet; Breite 625-1.000mm, Höhe 2.130mm; ein-/dreiteilig, nachträglich einbauen

168€	251€	**279€**	366€	608€	[St]	⏱ 1,10h/St	039.000.021
141€	211€	**234€**	307€	511€			

▶ min
▷ von
ø Mittel
◁ bis
◀ max

© BKI Baukosteninformationszentrum

Nr.	Kurztext / Stichworte						Kostengruppe
▶	▷	ø brutto €	◁	◀	[Einheit]	Ausf.-Dauer	Positionsnummer
▶	▷	ø netto €	◁	◀			

39 Türzargen, Umfassungszarge, einbauen KG **344**

Umfassungszarge; Stahl/Aluminium; Breite 625-1.000mm, Höhe 2.130mm; ein-/dreiteilig, nachträglich einbauen

56€	90€	**102€**	142€	207€	[St]	⏱ 0,75h/St	039.000.022
47€	75€	**86€**	120€	174€			

40 Revisionsklappe 30x30 KG **345**

Revisionsöffnung; Einbau- und Klapprahmen aus Aluminium; 30x30cm; einlagig/zweilagig beplankt, GK/GF; inkl. Herstellen der Aussparung und flächenbündiger Beplankung und Verspachtelung

50€	91€	**104€**	130€	172€	[St]	⏱ 0,26h/St	039.000.142
42€	77€	**88€**	109€	145€			

41 Revisionsklappe 40x60 KG **345**

Revisionsöffnung; Einbau- und Klapprahmen aus Aluminium, F0; 40x60cm; einlagig/zweilagig beplankt, GK/GF

75€	104€	**119€**	159€	218€	[St]	⏱ 0,28h/St	039.000.089
63€	88€	**100€**	134€	183€			

42 Revisionsöffnung/-klappe, eckig, Brandschutz EI90 KG **345**

Revisionsklappe, EI 90; Aluminium; HxB 500x500mm; Beplankung und Verspachtelung; Wand; EI 90

358€	527€	**582€**	673€	869€	[St]	⏱ 0,55h/St	039.000.025
301€	443€	**489€**	565€	730€			

43 Montagewand, Verstärkung UK, Mehrschichtholz-Plattenstreifen KG **342**

Unterkonstruktion, Verstärkung, Traverse; OSB-Holzplattenstreifen; Breite 250mm; Oberschrankhöhe

12€	24€	**27€**	32€	45€	[m]	⏱ 0,12h/m	039.000.048
10€	20€	**23€**	27€	38€			

44 Tragständer/Traverse, wandhängende Lasten KG **342**

Tragständer/Traverse; Stahl, verzinkt; Lasten bis 1,5kN/m; befestigen mit Gewindestangen, U-Scheibe, Stahlmutter M12 selbstschneidende Schrauben; Wandhohlraum

48€	76€	**84€**	85€	129€	[St]	⏱ 0,20h/St	039.000.073
41€	63€	**71€**	71€	108€			

45 Vorsatzschale, Feuchträume KG **345**

Vorsatzschale; Stahlblechprofile, Mineralfaser, WLG 040, GK-Platten; Höhe 2,75m, d=62,5/75/87,5/112,5mm, Platte d=12,5m, Dämmung 40mm; freistehend, einseitig, ein-/zweilagig beplankt, Oberfläche Q2; Nassbereich

68€	83€	**87€**	102€	132€	[m²]	⏱ 0,40h/m²	039.000.029
57€	70€	**73€**	86€	111€			

46 Vorsatzschale, Ablage/Schmalseiten KG **345**

Vorsatzschale; Gipsplatten Typ H2; Platten 2x 12,5 mm; Qualitätsstufe Q2

8€	13€	**15€**	16€	19€	[m]	⏱ 0,08h/m	039.000.151
7€	11€	**12€**	14€	16€			

Nr.	Kurztext / Stichworte						Kostengruppe
▶	▷	**ø brutto €**	◁	◀	[Einheit]	Ausf.-Dauer	Positionsnummer
▶	▷	**ø netto €**	◁	◀			

47 Schachtwand, Gipsplatten, EI 90 — KG **342**

Schachtwand, nicht tragend; Stahlprofilen, GK-Brandschutzplatten; Oberfläche Q2; verschraubt, verspachteln, schleifen

76€	97€	**107€**	135€	183€	[m²]	⏱ 0,55h/m²	039.000.056
64€	81€	**90€**	113€	154€			

48 Verkofferung/Bekleidung, Rohrleitungen, Abw. 800mm — KG **345**

Rohrbekleidung; Metall-/Holzunterkonstruktion, GK/GF Platten, Mineralfaser; Platte 12,5mm; Oberfläche Q2

69€	90€	**100€**	116€	159€	[m]	⏱ 0,40h/m	039.000.032
58€	76€	**84€**	98€	133€			

Kosten:
Stand 2. Quartal 2025
Bundesdurchschnitt

49 Kabelkanal EI30, einlagig, Feuerschutzplatte GM-F — KG **345**

Kabelkanal EI30; Feuerschutz-Gipsplatten GM-F; Bekleidung zwei-/drei-/ vierseitig, Ecken verklammert

–	126€	**144€**	180€	–	[m²]	⏱ 1,10h/m²	039.000.137
–	106€	**121€**	152€	–			

50 Installationskanal EI90, Feuerschutzplatte GM-F — KG **345**

Kabelkanal EI90; Feuerschutz-Gipsplatten GM-F; Dicke 2x20mm; Bekleidung zwei-/drei-/vierseitig, Ecken verklammert

–	180€	**207€**	259€	–	[m²]	⏱ 1,40h/m²	039.000.139
–	151€	**174€**	218€	–			

51 Trockenputz, Gipsverbundplatte — KG **345**

Innenwandbekleidung; GK-Verbundplatte mit Wärmedämmung, Mineralwolle/Polystyrol; Plattendicke 12,5mm, Dämmung 40/60/80mm; Oberfläche Q2

50€	67€	**74€**	85€	107€	[m²]	⏱ 0,35h/m²	039.000.033
42€	57€	**62€**	72€	90€			

52 Unterkonstruktion, Holz, Grund- und Traglattung — KG **345**

Untergrundausgleich; Lattung; fluchtgenau, Unebenheiten ausgleichen; Betonwände/Holzbalken/Mauerwerk

13€	16€	**17€**	18€	21€	[m²]	⏱ 0,12h/m²	039.000.041
11€	13€	**14€**	15€	18€			

▶ min
▷ von
ø Mittel
◁ bis
◀ max

53 Gipsplatten-/Gipsfaser-Bekleidung, einlagig, auf UK — KG **364**

Bekleidung einlagig; Dicke 12,5mm; Oberfläche Q2; sichtbar befestigen

27€	37€	**39€**	43€	53€	[m²]	⏱ 0,32h/m²	039.000.035
23€	31€	**33€**	36€	44€			

54 Gipsplatten-/Gipsfaser-Bekleidung, doppelt, auf UK — KG **364**

Bekleidung zweilagig; GF-Platten/GK-Platten; Dicke 2x 12,5mm, Einbauhöhe bis 3,00m; Oberfläche Q2; sichtbare Befestigungsmittel

60€	70€	**75€**	79€	88€	[m²]	⏱ 0,44h/m²	039.000.036
50€	59€	**63€**	67€	74€			

© BKI Baukosteninformationszentrum

Nr.	Kurztext / Stichworte						Kostengruppe
▶	▷	ø brutto €	◁	◀	[Einheit]	Ausf.-Dauer	Positionsnummer
▶	▷	ø netto €	◁	◀			

55 Gipsplatten-Bekleidung, EI90, einseitig, auf UK — KG **364**

Bekleidung; GF-Platten/GK-Platten; Dicke 12,5mm; Oberfläche Q2; sichtbar befestigen, F90-B

77€	127€	**153€**	167€	239€	[m²]	⏱ 0,50 h/m²	039.000.037
64€	107€	**129€**	141€	201€			

56 Gipsplatten-Bekleidung, Holzstütze, R30 — KG **364**

Bekleidung, Holzstützen; Gipsplatten; Dicke 15mm; Oberfläche Q2

–	95€	**105€**	122€	–	[m²]	⏱ 0,90 h/m²	039.000.123
–	80€	**88€**	102€	–			

57 Gipsplatten-Bekleidung, Metallstütze, R90 — KG **364**

Bekleidung, Metallstützen; Gipsplatten; Platte 20mm; Oberfläche Q2

–	156€	**172€**	194€	–	[m²]	⏱ 1,30 h/m²	039.000.124
–	131€	**144€**	163€	–			

58 Gipsplatten-Bekleidung, Holzträger, R90 — KG **364**

Bekleidung Holzbalken; Gipsplatte; Platte 1x25mm; Oberfläche Q2

–	113€	**127€**	159€	–	[m²]	⏱ 0,60 h/m²	039.000.125
–	95€	**107€**	134€	–			

59 Gipsplatten-Bekleidung, Stahlträger, R30 — KG **364**

Bekleidung, Stahlträger; Gipsplatten; Dicke 1x20mm; Oberfläche Q2

–	84€	**98€**	115€	–	[m²]	⏱ 0,60 h/m²	039.000.126
–	70€	**83€**	97€	–			

60 Laibung, Fenster, Gipsfaserplatte — KG **336**

Laibungen Fenster; GF-Platten; Dicke 12,5mm; Oberfläche Q2

24€	29€	**31€**	35€	46€	[m]	⏱ 0,18 h/m	039.000.080
20€	24€	**26€**	30€	39€			

61 Laibung, Dachfenster, Gipsverbundplatte, 20mm — KG **364**

Laibungsbekleidung; Verbundplatte, Gips/Polystyrol-Hartschaum; Dicke 20cm; Oberfläche Q2; Dachfenster

38€	57€	**68€**	94€	125€	[m]	⏱ 0,35 h/m	039.000.082
32€	48€	**58€**	79€	105€			

62 Imprägnierung, Gipsplatte — KG **342**

Gipsbauplatte imprägniert, GKBi; Typ H2; 12,5mm; imprägniert; Nassräume

3€	5€	**6€**	7€	11€	[m²]	⏱ 0,04 h/m²	039.000.042
3€	4€	**5€**	6€	9€			

Kosten:
Stand 2. Quartal 2025
Bundesdurchschnitt

Nr.	Kurztext / Stichworte						Kostengruppe
▶	▷	ø brutto €	◁	◀	[Einheit]	Ausf.-Dauer	Positionsnummer
▶	▷	ø netto €	◁	◀			
63	**Dampfsperre, Trockenbau**						KG **364**
Dampfbremse; Dampfbremsbahn; sd bis 2,30m; verlegen, wind- und luftdicht mit Klebeband abdichten							
7€	10€	**12€**	18€	33€	[m²]	⏱ 0,03 h/m²	039.000.040
6€	9€	**10€**	15€	27€			
64	**Dämmschicht, bis 60mm, zwischen UK**						KG **342**
Wärmedämmung; Mineralwolle/Zellulosedämmplatte, WLG 035; bis 60mm; einlagig; zwischen Holzkonstruktion							
10€	14€	**16€**	22€	32€	[m²]	⏱ 0,10 h/m²	039.000.067
9€	12€	**14€**	18€	27€			
65	**Doppelboden, Plattenbelag/Unterkonstruktion**						KG **353**
Doppelboden; Mineralfaserplatten/Stahlwanne, Füllung aus Leichtbeton/Stahlprofilen; LxB 600x600mm; mit nivellierbaren Stahlstützen							
142€	239€	**267€**	326€	490€	[m²]	⏱ 0,70 h/m²	039.000.055
119€	201€	**224€**	274€	412€			
66	**Revisionsöffnung, Doppelboden**						KG **353**
Revisionsöffnungen; 600x600mm; fußbodeneben einbauen; für Doppelboden-System							
66€	113€	**120€**	146€	188€	[St]	⏱ 0,20 h/St	039.000.140
55€	95€	**100€**	123€	158€			
67	**Fuge, Doppelboden**						KG **353**
Fuge, Doppelboden; Metallprofil							
–	23€	**26€**	31€	–	[m]	⏱ 0,20 h/m	039.000.135
–	19€	**21€**	26€	–			
68	**Trockenestrich, Spanplatten, 25mm, einlagig**						KG **353**
Trockenestrich; Spanplatten, zementgebunden; Dicke 25 mm; einlagig; unter Belag							
41€	56€	**59€**	68€	83€	[m²]	⏱ 0,30 h/m²	039.000.159
34€	47€	**50€**	57€	70€			
69	**Trockenestrich, GF-Platten, 18mm, einlagig**						KG **353**
Trockenestrich; GF-Platten, Klasse A1; Dicke 18; einlagig einbauen; Beton/Holzbalkendecke/Fußbodenheizung							
38€	51€	**57€**	57€	91€	[m²]	⏱ 0,30 h/m²	039.000.043
32€	43€	**48€**	48€	77€			
70	**Trockenestrich, GF-Platten, 25mm, einlagig**						KG **353**
Trockenestrich; GF-Platten, Klasse A1; Dicke 18; einlagig einbauen; Beton/Holzbalkendecke/Fußbodenheizung							
41€	50€	**55€**	63€	81€	[m²]	⏱ 0,30 h/m²	039.000.157
34€	42€	**46€**	53€	68€			

▶ min
▷ von
ø Mittel
◁ bis
◀ max

© **BKI** Baukosteninformationszentrum

Nr.	Kurztext / Stichworte						Kostengruppe
▶	▷	ø brutto €	◁	◀	[Einheit]	Ausf.-Dauer	Positionsnummer
▶	▷	ø netto €	◁	◀			

71 Ausgleichschicht, Mineralstoff, Trockenestrich KG **353**

Ausgleichsschüttung, Nivellierschicht; Mineralstoff 0/2, gebrochen; Dicke bis 30cm; einbauen, verdichten; unter Trockenestrich

18€	25€	**29€**	33€	42€	[m²]	⏱ 0,15h/m²	039.000.049
15€	21€	**24€**	27€	36€			

72 Urinaltrennwand, Schichtstoff-Verbundelemente KG **342**

Urinaltrennwand, wandhängend; HPL-Vollkernplatten/ESG-Sicherheitsglas mit Siebdruck-Oberfläche; 900x450mm; beidseitig beplankt

177€	303€	**372€**	397€	544€	[St]	⏱ 0,75h/St	039.000.083
149€	255€	**313€**	334€	457€			

73 Verfugung, Acryl-Dichtstoff überstreichbar KG **342**

Fugenabdichtung, überstreichbar; Acryldispersionsdichtstoff; inkl. Flankenvorbehandlung; Gipsplatten/Gipsfaserplatten

2€	5€	**5€**	8€	16€	[m]	⏱ 0,05h/m	039.000.045
2€	4€	**5€**	7€	14€			

74 Spachtelung, Gipsplatten, erhöhte Qualität Q3 KG **345**

Spachtelung Q3; GK-Platten; Wand

6€	11€	**13€**	16€	22€	[m²]	⏱ 0,10h/m²	039.000.061
5€	9€	**11€**	14€	19€			

75 Gipsplatten-Bekleidung anarbeiten, Installationsdurchführung KG **342**

Anarbeiten, Bekleidung; GK-Platten; bis 0,10/0,50m²; rechteckig/rund

10€	23€	**28€**	37€	55€	[St]	⏱ 0,12h/St	039.000.074
8€	19€	**24€**	31€	46€			

76 Stundensatz, Facharbeiter/-in

Stundenlohnarbeiten Vorarbeiter/-in, Facharbeiter/-in und Gleichgestellte; Trockenbau

65€	82€	**89€**	96€	120€	[h]	⏱ 1,00h/h	039.000.084
55€	69€	**74€**	81€	101€			

77 Stundensatz, Helfer/-in

Stundenlohnarbeiten für Werker/-in, Helfer/-in und Gleichgestellte; Trockenbau

58€	70€	**76€**	80€	91€	[h]	⏱ 1,00h/h	039.000.085
49€	59€	**64€**	67€	76€			

Kosten:
Stand 2. Quartal 2025
Bundesdurchschnitt

► min
▷ von
ø Mittel
◁ bis
◄ max

Nr.	Kurztext / Stichworte				[Einheit]	Ausf.-Dauer	Kostengruppe / Positionsnummer
►	▷	**ø brutto €**	◁	◄			
►	▷	**ø netto €**	◁	◄			
1	**Strangregulierventil, DN15**						KG **421**
Strangregulierungsventil; Rotguss/Grauguss; PN 6/10/16, DN15							
102€	119€	**123€**	130€	147€	[St]	⏱ 0,20h/St	041.000.009
86€	100€	**103€**	109€	124€			
2	**Überströmventil, DN15**						KG **421**
Überströmventil; Messing/Rotguss/Grauguss; PN 3/6/10, DN15; eck/gerade Ausführung							
59€	106€	**134€**	147€	194€	[St]	⏱ 0,35h/St	041.000.010
50€	89€	**112€**	124€	163€			
3	**Schmutzfänger, DN40**						KG **421**
Schmutzfänger; Grauguss; DN40							
106€	145€	**160€**	229€	306€	[St]	⏱ 0,30h/St	041.000.011
89€	122€	**135€**	192€	257€			
4	**Schnellentlüfter, DN10**						KG **421**
Schnellentlüfter/Schwimmerentlüfter; Messing/Grauguss; DN10							
18€	48€	**55€**	75€	139€	[St]	⏱ 0,10h/St	041.000.012
15€	41€	**46€**	63€	117€			
5	**Absperrventil, Guss, DN20**						KG **422**
Absperrventil; Rotguss/Grauguss; DN20, PN 6/10/16							
66€	86€	**89€**	103€	131€	[St]	⏱ 0,32h/St	041.000.034
55€	73€	**75€**	86€	110€			
6	**Absperrventil, Guss, DN32**						KG **422**
Absperrventil; Rotguss/Grauguss; DN32, PN 6/10/16							
106€	146€	**159€**	197€	259€	[St]	⏱ 0,40h/St	041.000.036
89€	123€	**133€**	166€	218€			
7	**Badheizkörper/Handtuchheizkörper, beschichtet**						KG **423**
Badheizkörper/Handtuchheizkörper; Stahl; 1.800x600x40mm							
613€	990€	**1.077€**	1.246€	1.980€	[St]	⏱ 1,80h/St	041.000.015
515€	832€	**905€**	1.047€	1.664€			
8	**Rohrleitung, Kupfer, DN15**						KG **422**
Rohrleitung; Kupfer; DN15, Rohrstärke 1mm; inkl. Befestigung							
17€	24€	**26€**	30€	37€	[m]	⏱ 0,15h/m	041.000.110
15€	20€	**22€**	25€	31€			

Nr.	Kurztext / Stichworte						Kostengruppe
▶	▷	ø brutto €	◁	◀	[Einheit]	Ausf.-Dauer	Positionsnummer
▶	▷	ø netto €	◁	◀			
9	**Rohrleitung, Kupfer, DN25**						KG **422**
	Rohrleitung; Kupfer; DN25, Rohrstärke 1mm; inkl. Befestigung						
32€	37€	**38€**	44€	52€	[m]	⏱ 0,20h/m	041.000.112
27€	31€	**32€**	37€	43€			
10	**Rohrleitung, C-Stahlrohr, DN15**						KG **422**
	Rohrleitung; C-Stahlrohr; DN15; in Stangen; inkl. Fittings						
22€	26€	**26€**	28€	31€	[m]	⏱ 0,18h/m	041.000.001
18€	22€	**22€**	24€	26€			
11	**Rohrleitung, C-Stahlrohr, DN25**						KG **422**
	Rohrleitung; C-Stahlrohr; DN25; in Stangen; inkl. Fittings						
31€	36€	**37€**	40€	46€	[m]	⏱ 0,25h/m	041.000.018
26€	30€	**31€**	34€	38€			
12	**Rohrleitung, Stahlrohr, DN65**						KG **422**
	Rohrleitung; Stahlrohr; DN65; inkl. Befestigung						
44€	53€	**57€**	64€	83€	[m]	⏱ 0,40h/m	041.000.022
37€	45€	**48€**	54€	69€			
13	**Rohrleitung, Stahlrohr, DN150**						KG **422**
	Rohrleitung; Stahlrohr; DN150; inkl. Befestigung						
91€	101€	**115€**	122€	128€	[m]	⏱ 0,55h/m	041.000.025
76€	85€	**97€**	102€	107€			
14	**Rohrleitung, PE-X 20mm, Fußbodenheizung**						KG **422**
	Rohrleitung, Fußbodenheizung; Polyethylen PE-X, sauerstoffdicht; Außendurchmesser 20mm; Verlegesystem Typ A						
14€	17€	**19€**	21€	24€	[m]	⏱ 0,14h/m	041.000.069
12€	14€	**16€**	18€	20€			
15	**Rohrleitung, PE-X 25mm, Fußbodenheizung**						KG **422**
	Rohrleitung, Fußbodenheizung; Polyethylen PE-X, sauerstoffdicht; Außendurchmesser 25mm; Verlegesystem Typ A						
21€	22€	**26€**	28€	32€	[m]	⏱ 0,14h/m	041.000.070
17€	19€	**22€**	24€	27€			
16	**Rohrleitung, Verbundrohr, 16mm, Fußbodenheizung**						KG **422**
	Rohrleitung, Fußbodenheizung; Mehrschichtverbundwerkstoff (PE, AL,PE); Außendurchmesser 16mm; Verlegeabstand 100mm; Verlegesystem Typ A						
26€	29€	**30€**	30€	32€	[m]	⏱ 0,14h/m	041.000.071
22€	24€	**25€**	25€	27€			

Kosten:
Stand 2. Quartal 2025
Bundesdurchschnitt

Nr.	**Kurztext** / Stichworte						Kostengruppe
▶	▷	**ø brutto €**	◁	◀	[Einheit]	Ausf.-Dauer	Positionsnummer
▶	▷	**ø netto €**	◁	◀			
17	**Rohrleitung, Verbundrohr, 20mm, Fußbodenheizung**						KG **422**
Rohrleitung, Fußbodenheizung; Mehrschichtverbundwerkstoff (PE, AL,PE); Außendurchmesser 20mm; Verlegeabstand 100mm; Verlegesystem Typ A							
30€	35€	**39€**	43€	47€	[m]	⏱ 0,14h/m	041.000.072
25€	30€	**33€**	36€	39€			
18	**Röhrenheizkörper, Stahl, h=500**						KG **423**
Röhrenheizkörper, 1 Glied; Stahlrohr; Höhe 500mm; inkl. Anschlussarbeiten							
11€	13€	**19€**	23€	24€	[St]	⏱ 0,12h/St	041.000.003
10€	11€	**16€**	19€	20€			
19	**Röhrenheizkörper, Stahl, h=600**						KG **423**
Röhrenheizkörper, 1 Glied; Stahlrohr; Höhe 600mm; inkl. Anschlussarbeiten							
19€	21€	**27€**	29€	35€	[St]	⏱ 0,15h/St	041.000.026
16€	17€	**23€**	24€	29€			
20	**Röhrenheizkörper, Stahl, h=900**						KG **423**
Röhrenheizkörper, 1 Glied; Stahlrohr; Höhe 900mm; inkl. Anschlussarbeiten							
20€	22€	**31€**	38€	41€	[St]	⏱ 0,18h/St	041.000.027
16€	19€	**26€**	32€	34€			
21	**Kompaktheizkörper, Stahl, H=500, L=bis 700, Typ 11**						KG **423**
Kompaktheizkörper; Stahl; Höhe 500mm, Länge bis 700mm; inkl. Montageset, Anschlussarbeiten							
193€	222€	**241€**	270€	314€	[St]	⏱ 1,00h/St	041.000.083
162€	187€	**203€**	227€	264€			
22	**Kompaktheizkörper, Stahl, H=500, L=bis 700, Typ 22**						KG **423**
Kompaktheizkörper; Stahl; Höhe 500mm, Länge bis 700mm; inkl. Montageset, Anschlussarbeiten							
217€	249€	**271€**	303€	352€	[St]	⏱ 1,00h/St	041.000.084
182€	209€	**228€**	255€	296€			
23	**Kompaktheizkörper, Stahl, H=500, L=bis 700, Typ 33**						KG **423**
Kompaktheizkörper; Stahl; Höhe 500mm, Länge bis 700mm; inkl. Montageset, Anschlussarbeiten							
304€	349€	**379€**	425€	493€	[St]	⏱ 1,00h/St	041.000.085
255€	293€	**319€**	357€	414€			
24	**Kompaktheizkörper, Stahl, H=500, L=1.400-2.100, Typ 11**						KG **423**
Kompaktheizkörper; Stahl; Höhe 500mm, Länge 1.400-2.100mm; inkl. Montageset, Anschlussarbeiten							
487€	560€	**608€**	681€	791€	[St]	⏱ 1,30h/St	041.000.089
409€	470€	**511€**	573€	665€			

▶ min
▷ von
ø Mittel
◁ bis
◀ max

© BKI Baukosteninformationszentrum

Nr.	Kurztext / Stichworte						Kostengruppe
▶	▷	ø brutto €	◁	◀	[Einheit]	Ausf.-Dauer	Positionsnummer
▶	▷	ø netto €	◁	◀			

25 Kompaktheizkörper, Stahl, H=500, L=1.400-2.100, Typ 22 KG **423**

Kompaktheizkörper; Stahl; Höhe 500mm, Länge 1.400-2.100mm; inkl. Montageset, Anschlussarbeiten

549€	632€	**687€**	769€	893€	[St]	⏱ 1,30h/St	041.000.090
462€	531€	**577€**	646€	750€			

26 Kompaktheizkörper, Stahl, H=600, L=700-1.400, Typ 11 KG **423**

Kompaktheizkörper; Stahl; Höhe 600mm, Länge 700-1.400mm; inkl. Montageset, Anschlussarbeiten

388€	446€	**485€**	533€	591€	[St]	⏱ 1,10h/St	041.000.095
326€	375€	**407€**	448€	497€			

27 Kompaktheizkörper, Stahl, H=600, L=700-1.400, Typ 33 KG **423**

Kompaktheizkörper; Stahl; Höhe 600mm, Länge 700-1.400mm; inkl. Montageset, Anschlussarbeiten

556€	639€	**695€**	778€	903€	[St]	⏱ 1,10h/St	041.000.097
467€	537€	**584€**	654€	759€			

28 Kompaktheizkörper, Stahl, H=600, L=1.400-2.100, Typ 11 KG **423**

Kompaktheizkörper; Stahl; Höhe 600mm, Länge 1.400-2.100mm; inkl. Montageset, Anschlussarbeiten

503€	579€	**629€**	704€	818€	[St]	⏱ 1,30h/St	041.000.098
423€	486€	**529€**	592€	687€			

29 Kompaktheizkörper, Stahl, H=900, L=bis 700, Typ 22 KG **423**

Kompaktheizkörper; Stahl; Höhe 900mm, Länge bis 700mm; inkl. Montageset, Anschlussarbeiten

320€	368€	**400€**	448€	520€	[St]	⏱ 1,00h/St	041.000.102
269€	309€	**336€**	376€	437€			

30 Kompaktheizkörper, Stahl, H=900, L=700-1.400, Typ 11 KG **423**

Kompaktheizkörper; Stahl; Höhe 900mm, Länge 700-1.400mm; inkl. Montageset, Anschlussarbeiten

465€	535€	**581€**	640€	709€	[St]	⏱ 1,10h/St	041.000.104
391€	450€	**489€**	538€	596€			

31 Kompaktheizkörper, Stahl, H=900, L=700-1.400, Typ 22 KG **423**

Kompaktheizkörper; Stahl; Höhe 900mm, Länge 700-1.400mm; inkl. Montageset, Anschlussarbeiten

635€	730€	**794€**	889€	1.032€	[St]	⏱ 1,10h/St	041.000.105
534€	614€	**667€**	747€	867€			

32 Radiavektoren, Profilrohre, H=140, L=bis 700 KG **423**

Radiavektor; Pulvereinbrennlackierung; Höhe 140mm, Länge bis 700mm; inkl. Anschlussarbeiten

551€	779€	**845€**	1.000€	1.103€	[St]	⏱ 1,60h/St	041.000.005
463€	655€	**710€**	840€	927€			

Kosten:
Stand 2. Quartal 2025
Bundesdurchschnitt

Nr.	**Kurztext** / Stichworte						Kostengruppe
▶	▷	**ø brutto €**	◁	◀	[Einheit]	Ausf.-Dauer	Positionsnummer
▶	▷	**ø netto €**	◁	◀			
33	**Radiavektoren, Profilrohre, H=140, L=1.400-2.100**						KG **423**
Radiavektor; Pulvereinbrennlackierung; Höhe 140mm, Länge 1.400-2.100mm; inkl. Anschlussarbeiten							
891€	1.343€	**1.393€**	1.755€	2.167€	[St]	⏱ 1,72h/St	041.000.047
749€	1.128€	**1.171€**	1.474€	1.821€			
34	**Radiavektoren, Profilrohre, H=280, L=700-1400**						KG **423**
Radiavektor; Pulvereinbrennlackierung; Höhe 280mm, Länge 700-1.400mm; inkl. Anschlussarbeiten							
742€	1.277€	**1.488€**	1.831€	2.354€	[St]	⏱ 1,64h/St	041.000.051
623€	1.073€	**1.250€**	1.539€	1.978€			
35	**Thermostatventil, DN15**						KG **423**
Thermostatventil; Rotguss; DN15, PN 6/10							
17€	25€	**31€**	37€	45€	[St]	⏱ 0,10h/St	041.000.006
14€	21€	**26€**	31€	38€			
36	**Heizkörperverschraubung, DN15**						KG **423**
Heizkörperverschraubung; Anschlussmontageeinheit; DN15; Unterputz-Anschluss; inkl. Kugelhahnblock							
19€	24€	**28€**	29€	37€	[St]	⏱ 0,10h/St	041.000.008
16€	20€	**23€**	25€	31€			
37	**Heizkörper ausbauen/wieder einbauen**						KG **423**
Heizkörper ausbauen/wieder einbauen							
39€	61€	**75€**	99€	194€	[St]	⏱ 1,00h/St	041.000.053
32€	51€	**63€**	83€	163€			
38	**Verteiler Heizungswasser**						KG **422**
Heizkreisverteiler; Stahl; 4/6/10/16bar; Boden-/Wandmontage; für Pumpenwarmwasserheizungen							
302€	451€	**520€**	612€	791€	[St]	⏱ 1,20h/St	041.000.007
254€	379€	**437€**	514€	665€			
39	**Deckenstrahlplatte, Stahlblech beschichtet/Stahlrohre**						KG **423**
Deckenstrahlplatte; Stahl; Wasser/Klimakaltwasser; mit Wärmedämmung; Decke; inkl. Aufhängekonstruktion							
3.246€	4.374€	**4.636€**	5.152€	7.745€	[St]	⏱ 5,00h/St	041.000.135
2.728€	3.676€	**3.896€**	4.329€	6.508€			
40	**Heizkreisverteiler, Fußbodenheizung, 5 Heizkreise**						KG **422**
Heizkreisverteiler, Fußboden; Edelstahl/Messing; DN25, PN6/PN10							
250€	359€	**399€**	433€	497€	[St]	⏱ 1,06h/St	041.000.059
210€	302€	**335€**	364€	418€			

▶ min
▷ von
ø Mittel
◁ bis
◀ max

© **BKI** Baukosteninformationszentrum

Nr.	Kurztext / Stichworte						Kostengruppe
►	▷	ø brutto €	◁	◄	[Einheit]	Ausf.-Dauer	Positionsnummer
►	▷	ø netto €	◁	◄			

41 Verteilerschrank, Fußbodenheizung, Unterputz KG **422**

Verteilerschrank Fußbodenheizung; Stahl, lackiert; Höhe 700-850mm, Tiefe 110-160mm; Unterputz

670€	680€	**761€**	815€	876€	[St]	⏱ 1,20h/St	041.000.058
563€	572€	**639€**	684€	736€			

42 Verteilerschrank, Fußbodenheizung, Aufputz KG **422**

Verteilerschrank Fußbodenheizung; Stahl, lackiert; Höhe 750mm, Breite 150mm; Aufputz

652€	658€	**699€**	742€	746€	[St]	⏱ 1,00h/St	041.000.057
548€	553€	**587€**	624€	627€			

43 Umlenkungsbogen, Heizleitung KG **422**

Umlenkungsbogen, Heizkreisrohre; Kunststoff; 90° Umlenkung zur Rohreinführung Verteilerkasten

3€	4€	**5€**	6€	7€	[St]	⏱ 0,10h/St	041.000.113
3€	4€	**4€**	5€	6€			

44 Tacker/EPS-Systemträger, Fußbodenheizung KG **422**

Wärmedämmung, Fußbodenheizung; Systemplatte, Polystyrol-Hartschaum, WLG 040, B1; Rohdecke

10€	11€	**13€**	15€	18€	[m²]	⏱ 0,10h/m²	041.000.077
8€	9€	**11€**	12€	15€			

45 Noppen/EPS-Systemträger, Fußbodenheizung KG **422**

Wärmedämmung, Fußbodenheizung; Systemplatte, Polystyrol-Hartschaum, WLG 040, B1; Rohdecke

12€	14€	**15€**	16€	19€	[m²]	⏱ 0,10h/m²	041.000.078
10€	12€	**12€**	14€	16€			

46 Noppen-Systemträger, Dämmung, Fußbodenheizung KG **422**

Rohrträgerplatte, Fußbodenheizung; Polystyrol Hartschaum, WLG 040, Klasse E; Unterlage für schwimmenden Estrich; inkl. Wärme- und Trittschalldämmung

18€	25€	**26€**	30€	37€	[m²]	⏱ 0,10h/m²	041.000.079
15€	21€	**22€**	25€	31€			

47 Noppen-Systemträger, Fußbodenheizung KG **422**

Rohrträgerplatte, Fußbodenheizung; Kunststoff; Dicke bis 1,0mm; unter schwimmenden Estrich; ohne Dämmung

13€	17€	**20€**	23€	28€	[m²]	⏱ 0,08h/m²	041.000.080
11€	15€	**16€**	19€	23€			

48 Fußbodenheizung, EPS 40 Dämmung KG **422**

Polystyrol-Dämmplatten 0,040 W/(mK); EPS; 40mm; unter Systemplatten der Fußbodenheizung

9€	9€	**11€**	14€	15€	[m²]	⏱ 0,20h/m²	041.000.140
7€	8€	**9€**	12€	13€			

Nr.	Kurztext / Stichworte					Kostengruppe
►	▷	ø brutto €	◁	◄	[Einheit]	Ausf.-Dauer	Positionsnummer
►	▷	ø netto €	◁	◄			

49 Fußbodenheizung, EPS 50 Dämmung — KG **422**

Polystyrol-Dämmplatten 0,040 W/(mK); EPS; 50mm; unter Systemplatten der Fußbodenheizung

►	▷	ø	◁	◄	Einheit	Ausf.-Dauer	Positionsnummer
11€	12€	**15€**	20€	21€	[m²]	⏱ 0,20h/m²	041.000.141
9€	10€	**13€**	17€	18€			

50 Fußbodenheizung, Typ A, Träger/PE-X Rohr, 100 — KG **423**

Fußbodenheizung, Verlegesystem Typ A; Rohrmaterial PE-X, sauerstoffdicht; Außendurchmesser 17mm, Stärke 2mm; Verlegeabstand 100mm, inkl. Trägersystem

►	▷	ø	◁	◄	Einheit	Ausf.-Dauer	Positionsnummer
38€	41€	**42€**	45€	50€	[m²]	⏱ 1,20h/m²	041.000.016
32€	34€	**35€**	38€	42€			

51 Anbindeleitung, PE-X 17mm, Fußbodenheizung — KG **423**

Anbindeleitung Fußbodenheizung; Polyethylen PE-X, sauerstoffdicht; Außendurchmesser 17mm; Verlegesystem Typ A

►	▷	ø	◁	◄	Einheit	Ausf.-Dauer	Positionsnummer
4€	6€	**6€**	7€	8€	[m]	⏱ 0,10h/m	041.000.074
3€	5€	**5€**	6€	7€			

52 Schutzummantelung, Fußbodenheizrohr — KG **423**

Fußbodenheizrohr, Schutzummantelung; flexibel; Bereich von Dehn-/Bewegungsfugen

►	▷	ø	◁	◄	Einheit	Ausf.-Dauer	Positionsnummer
2€	4€	**4€**	5€	7€	[St]	⏱ 0,10h/St	041.000.115
2€	3€	**4€**	4€	6€			

53 Ummantelung, Anbindeleitung — KG **423**

Ummantelung, Anbindeleitung; flexibel; als Überschub, zur Reduzierung Heizleistung

►	▷	ø	◁	◄	Einheit	Ausf.-Dauer	Positionsnummer
2€	3€	**4€**	5€	7€	[m]	⏱ 0,10h/m	041.000.116
2€	3€	**3€**	5€	6€			

54 Funktionsheizen, Fußbodenheizung — KG **423**

Fußbodenheizung Auf- und Abheizen; gemäß Aufheizprotokoll Estrichhersteller; inkl. Protokoll

►	▷	ø	◁	◄	Einheit	Ausf.-Dauer	Positionsnummer
2€	2€	**3€**	4€	6€	[m²]	⏱ 0,16h/m²	041.000.117
1€	2€	**2€**	3€	5€			

55 Belegreifheizen, Fußbodenheizung — KG **423**

Belegreifeheizen, Fußbodenheizung; nach abgeschlossenem Funktionsheizen, vor dem belegen des Estrichs

►	▷	ø	◁	◄	Einheit	Ausf.-Dauer	Positionsnummer
0,4€	0,5€	**0,6€**	0,9€	4,1€	[m²]	–	041.000.118
0,3€	0,4€	**0,5€**	0,7€	3,5€			

56 Einregulierung/Inbetriebnahme, Fußbodenheizung — KG **423**

Fußbodenheizung, Einregulierung; Einstellung der erf. Wassermenge für die einzelnen Heizkreise; Inbetriebnahme und Erstellen eines Einstellprotokolls

►	▷	ø	◁	◄	Einheit	Ausf.-Dauer	Positionsnummer
359€	457€	**1.251€**	3.325€	5.707€	[psch]	–	041.000.119
302€	384€	**1.051€**	2.794€	4.796€			

Kosten:
Stand 2. Quartal 2025
Bundesdurchschnitt

► min
▷ von
ø Mittel
◁ bis
◄ max

© BKI Baukosteninformationszentrum

Nr.	Kurztext / Stichworte						Kostengruppe
▶	▷	**ø brutto €**	◁	◀	[Einheit]	Ausf.-Dauer	Positionsnummer
▶	▷	**ø netto €**	◁	◀			
57	**Messung, Feuchte, Fußbodenheizung**						KG **353**
Restfeuchtemessung, Estrich; Calciumcarbid-Messgerät							
62€	71€	**86€**	108€	122€	[St]	⏱ 0,50h/St	041.000.120
52€	60€	**72€**	91€	103€			
58	**Abgleichventil, hydraulisch DN15**						KG **422**
Abgleichventil hydraulisch; Messing/Rotguss; DN15							
143€	148€	**196€**	240€	294€	[St]	⏱ 0,25h/St	041.000.123
120€	124€	**165€**	202€	247€			
59	**Abgleichventil, hydraulisch DN20**						KG **422**
Abgleichventil hydraulisch; Messing/Rotguss; DN20							
146€	215€	**229€**	263€	324€	[St]	⏱ 0,27h/St	041.000.136
123€	181€	**192€**	221€	272€			
60	**Abgleichventil, hydraulisch DN25**						KG **422**
Abgleichventil hydraulisch; Messing/Rotguss; DN25							
164€	215€	**235€**	274€	333€	[St]	⏱ 0,30h/St	041.000.124
137€	181€	**198€**	230€	280€			
61	**Hydraulischer Abgleich**						KG **421**
Hydraulischer Abgleich; Einstellen aller Ventile und Armaturen; Erstellung eines Protokolls							
585€	688€	**696€**	845€	998€	[St]	⏱ 2,80h/St	041.000.134
492€	578€	**585€**	710€	839€			

Nr.	Kurztext / Stichworte						Kostengruppe
►	▷	ø brutto €	◁	◄	[Einheit]	Ausf.-Dauer	Positionsnummer
►	▷	ø netto €	◁	◄			

1 Handwaschbecken, Keramik KG **412**

Handwaschbecken; Sanitärporzellan; inkl. Befestigung, Schallschutzset

132€	216€	**226€**	256€	361€	[St]	⏱ 0,90h/St	045.000.001
111€	182€	**190€**	215€	303€			

2 Waschtisch, Keramik 600x500 KG **412**

Waschtisch; Sanitärporzellan; 600x500mm; inkl. Befestigung, Schallschutzset

214€	347€	**422€**	507€	685€	[St]	⏱ 1,20h/St	045.000.027
180€	292€	**355€**	426€	575€			

3 Waschbecken, barrierefrei KG **412**

Waschbecken, barrierefrei; Sanitärporzellan, wasserabweisender Beschichtung; Breite über 500 bis 550mm, Ausladung über 450mm bis 500mm; unterfahrbar

358€	406€	**478€**	645€	884€	[St]	⏱ 1,25h/St	045.000.037
301€	341€	**402€**	542€	743€			

4 Ablaufventil Waschtisch KG **412**

Ablaufventil für Waschtisch oder Waschbecken; Chrom; DN32

20€	44€	**51€**	81€	135€	[St]	⏱ 0,10h/St	045.000.076
17€	37€	**43€**	68€	113€			

5 Raumsparsiphon, Waschtisch, unterfahrbar KG **412**

Raumsparsiphon, Waschtisch; Messing, verchromt; 1 1/4x DN32; Geruchsverschluss, Kasten, Abdeckung; Wandanschluss

87€	98€	**112€**	135€	168€	[St]	⏱ 0,15h/St	045.000.062
73€	82€	**94€**	113€	141€			

6 UP-Siphon, Waschtisch KG **412**

UP-Siphon; Kunststoff; 1 1/4"; verstellbar; Wandeinbau

38€	54€	**58€**	70€	101€	[St]	⏱ 0,15h/St	045.000.075
32€	46€	**49€**	59€	85€			

7 Einhebel-Mischbatterie, Standmontage KG **412**

Einhand-Waschtischbatterie; inkl. Schnellmontagesystem

216€	305€	**348€**	447€	646€	[St]	⏱ 0,80h/St	045.000.002
182€	256€	**293€**	376€	543€			

8 Waschtisch-Armatur, berührungslos KG **412**

Waschtischarmatur, berührungslos; Messing, verchromt; Ausladung über 100-150mm; elektronisch gesteuert

525€	700€	**874€**	1.181€	1.662€	[St]	⏱ 1,30h/St	045.000.063
441€	588€	**735€**	992€	1.396€			

► min
▷ von
ø Mittel
◁ bis
◄ max

Nr.	Kurztext / Stichworte						Kostengruppe
▶	▷	**ø brutto €**	◁	◀	[Einheit]	Ausf.-Dauer	Positionsnummer
▶	▷	**ø netto €**	◁	◀			

9 Thermostatarmatur Waschtisch KG **412**

Thermostatarmatur Waschtisch; Messing, verchromt; DN15

385€	513€	**642€**	866€	1.251€	[St]	⏱ 1,00h/St	045.000.064
324€	431€	**539€**	728€	1.052€			

10 Spiegel, Kristallglas KG **610**

Spiegel; Kristallglas; 600x400mm; inkl. Befestigungsmaterial

48€	71€	**84€**	109€	138€	[St]	⏱ 0,45h/St	045.000.019
40€	60€	**71€**	92€	116€			

11 Spiegel, hochkant, für Waschtisch KG **412**

Spiegel; Kristallglas; Höhe 1.000mm, Breite 500 bis 600mm; rahmenlos, poliert, versiegelt; Magnetaufhängung

111€	126€	**148€**	193€	237€	[St]	⏱ 0,48h/St	045.000.065
93€	106€	**124€**	162€	199€			

12 Badewanne, Stahl KG **412**

Badewanne; Stahl; 170x80cm

448€	683€	**740€**	859€	1.314€	[St]	⏱ 1,80h/St	045.000.003
377€	574€	**622€**	722€	1.104€			

13 Thermostatarmatur, Badewanne KG **412**

Thermostatarmatur; Messing; Wandeinbaubatterie/Wandbatterie

478€	638€	**797€**	1.076€	1.554€	[St]	⏱ 1,20h/St	045.000.069
402€	536€	**670€**	904€	1.306€			

14 WC, wandhängend KG **412**

Tiefspül-WC; Sanitärporzellan; Wandmontage

307€	442€	**447€**	526€	730€	[St]	⏱ 1,80h/St	045.000.005
258€	372€	**375€**	442€	614€			

15 WC, barrierefrei KG **412**

WC, barrierefrei; Sanitärporzellan, wasserabweisender Beschichtung; Wasserbedarf 6l; spülrandlos, wandhängend barrierefreie Ausführung, inkl. WC-Sitz

539€	705€	**784€**	868€	1.281€	[St]	⏱ 2,00h/St	045.000.038
453€	592€	**659€**	730€	1.077€			

16 Hygiene-Spül-WC, barrierefrei KG **412**

Hygiene-Spül-WC, barrierefrei; Sanitärporzellan, weiß, spülrandlos; Spülwasserbedarf 6l; wandhängend, inkl. Sitz, Deckel und Ventilator

4.930€	5.889€	**6.847€**	8.217€	9.929€	[St]	⏱ 3,00h/St	045.000.039
4.143€	4.948€	**5.754€**	6.905€	8.343€			

Kosten:
Stand 2. Quartal 2025
Bundesdurchschnitt

Nr.	Kurztext / Stichworte						Kostengruppe
▶	▷	ø brutto €	◁	◀	[Einheit]	Ausf.-Dauer	Positionsnummer
▶	▷	ø netto €	◁	◀			
17	**Betätigungsplatte WC**						KG **412**
Betätigungsplatte für ein Wand WC							
78€	113€	**121€**	184€	293€	[St]	⏱ 0,30 h/St	045.000.077
66€	95€	**102€**	154€	246€			
18	**WC-Spülkasten, mit Betätigungsplatte**						KG **412**
WC-Spülkasten; Kunststoff; 3/6l; Unterputz, Wandmontage; inkl. Betätigungsplatte							
268€	299€	**340€**	398€	487€	[St]	⏱ 0,85 h/St	045.000.006
225€	251€	**286€**	334€	409€			
19	**WC-Betätigung, berührungslos**						KG **412**
WC-Spülarmatur, elektronisch gesteuert; Geräuschverhalten Gruppe I, mit Prüfzeichen, elektronischer Auslösung; Spüldauer einstellbar							
602€	744€	**885€**	1.063€	1.372€	[St]	⏱ 0,80 h/St	045.000.070
506€	625€	**744€**	893€	1.153€			
20	**Notruf, barrierefreies WC**						KG **452**
Notruf, barrierefreies WC; Kompaktset, Signalleuchte, Zugtaster, Abstelltaster, Meldeeinheit							
632€	887€	**1.065€**	1.247€	1.493€	[St]	⏱ 1,20 h/St	045.000.074
531€	745€	**895€**	1.048€	1.254€			
21	**WC-Sitz**						KG **412**
WC-Sitz; inkl. Deckel und Scharniere							
71€	135€	**151€**	182€	258€	[St]	⏱ 0,20 h/St	045.000.007
60€	113€	**127€**	153€	217€			
22	**WC-Bürste**						KG **610**
WC-Bürstengarnitur; inkl. Befestigungsmaterial							
8€	51€	**89€**	94€	116€	[St]	⏱ 0,20 h/St	045.000.008
7€	43€	**75€**	79€	98€			
23	**WC-Toilettenpapierhalter**						KG **610**
Toilettenpapierhalter; Nylon; Wandmontage							
41€	78€	**92€**	108€	143€	[St]	⏱ 0,20 h/St	045.000.017
35€	66€	**77€**	91€	120€			
24	**Duschwanne, Stahl 90x90**						KG **412**
Duschwanne; Stahl; 90x90x6cm							
297€	460€	**528€**	571€	759€	[St]	⏱ 1,40 h/St	045.000.030
250€	387€	**443€**	480€	638€			

▶ min
▷ von
ø Mittel
◁ bis
◀ max

© **BKI** Baukosteninformationszentrum

Nr.	Kurztext / Stichworte					Kostengruppe
▶	▷	ø brutto €	◁	◀	[Einheit]	Ausf.-Dauer	Positionsnummer
▶	▷	ø netto €	◁	◀			

25 Duschwanne, Stahl 100x100 KG **412**

Duschwanne; Stahl; 100x100x6cm

328€	475€	**568€**	653€	856€	[St]	⏱ 1,40h/St	045.000.031
276€	400€	**477€**	549€	720€			

26 Einhebelmischarmatur, Dusche KG **412**

Einhandmischarmatur, Dusche; Metall, verchromt; DN15; Wandmontage

290€	554€	**660€**	734€	929€	[St]	⏱ 0,80h/St	045.000.010
244€	466€	**555€**	616€	781€			

27 Brausegarnitur für Dusche KG **412**

Brausegarnitur für Dusche

99€	130€	**135€**	156€	191€	[St]	⏱ 0,50h/St	045.000.078
83€	109€	**113€**	131€	161€			

28 Thermostatarmatur, Dusche KG **412**

Thermostat-Wandeinbaubatterie; aus Messing, verchromt

413€	551€	**689€**	950€	1.370€	[St]	⏱ 1,00h/St	045.000.071
347€	463€	**579€**	799€	1.152€			

29 Duschabtrennung, Kunststoff KG **610**

Duschabtrennung; Kunststoff; 80x80x200cm; Drehtür/Schiebetür; inkl. Wandanschlussprofil

1.109€	1.223€	**1.287€**	1.347€	1.485€	[St]	⏱ 2,00h/St	045.000.041
932€	1.027€	**1.082€**	1.132€	1.248€			

30 Urinal, Keramik KG **412**

Urinal; Sanitärporzellan; unsichtbar befestigen

273€	346€	**400€**	427€	505€	[St]	⏱ 1,50h/St	045.000.011
229€	291€	**336€**	359€	424€			

31 Installationselement, Urinal KG **419**

Urinal Montageelement; selbsttragender Montagerahmen; inkl. Anschlussgarnitur, Befestigungsmaterial

304€	348€	**373€**	426€	493€	[St]	⏱ 1,30h/St	045.000.012
255€	293€	**313€**	358€	415€			

32 Urinalarmatur, elektronisch KG **412**

Urinalarmatur, elektronisch; Fertigmontageset

280€	373€	**466€**	644€	928€	[St]	–	045.000.013
235€	314€	**392€**	541€	780€			

Kosten:
Stand 2. Quartal 2025
Bundesdurchschnitt

Nr.	**Kurztext** / Stichworte						Kostengruppe
▶	▷	**ø brutto €**	◁	◀	[Einheit]	Ausf.-Dauer	Positionsnummer
▶	▷	**ø netto €**	◁	◀			
33	**Ausgussbecken, Stahl**						KG **412**
Ausgussbecken; Stahl; 500x350mm; Wandmontage; inkl. Klapprost							
123€	151€	**165€**	216€	272€	[St]	⏱ 1,20h/St	045.000.021
103€	127€	**139€**	181€	228€			
34	**Seifenspender, Wandmontage**						KG **610**
Seifenspender; Kunststoff/Stahl; 0,5/0,75l; Wandmontage							
96€	149€	**173€**	242€	352€	[St]	⏱ 0,40h/St	045.000.022
81€	125€	**145€**	204€	296€			
35	**Papierhandtuchspender, Wandmontage**						KG **610**
Papierhandtuchspender; Kunststoff/Stahl; 300St; Wandmontage							
39€	82€	**102€**	143€	227€	[St]	⏱ 0,35h/St	045.000.023
33€	69€	**86€**	120€	190€			
36	**Einhandmischer, Spültisch**						KG **412**
Einhandmischbatterie, Spültisch; verchromt; DN15							
55€	279€	**371€**	515€	790€	[St]	⏱ 0,70h/St	045.000.024
46€	235€	**312€**	432€	664€			
37	**Installationselement, WC**						KG **419**
Installationselement, WC; Stahlrahmen; Unterputz, Wandmontage; inkl. Betätigungsplatte							
309€	368€	**410€**	444€	498€	[St]	⏱ 1,00h/St	045.000.026
259€	309€	**344€**	373€	419€			
38	**Installationselement, barrierefreies WC, mit Stützgriffen**						KG **419**
Installationselement, barrierefreies WC; höhenverstellbar bis 200mm, Einbauhöhe über 1.000 bis 1.200mm, Breite 850 bis 1.000mm; für Metallständerwand, Vorwandmontage, mit Stützgriffe, inkl. Einbauspülkasten							
698€	860€	**1.074€**	1.289€	1.504€	[St]	⏱ 1,30h/St	045.000.042
587€	722€	**903€**	1.083€	1.264€			
39	**Installationselement, Hygiene-Spül-WC**						KG **419**
Installationselement, Hygiene-Spül-WC, barrierefrei; höhenverstellbar bis 200mm, Einbauhöhe über 1.000 bis 1.200mm, Breite 850 bis 1.000mm; für Metallständerwand, Vorwandmontage, inkl. Einbauspülkasten; Wandmontage							
387€	470€	**553€**	664€	763€	[St]	⏱ 1,30h/St	045.000.044
325€	395€	**465€**	558€	641€			
40	**Installationselement, Waschtisch**						KG **419**
Installationselement, Waschtisch; Stahlrahmen; Ablauf DN40/50; Wandmontage							
72€	139€	**185€**	219€	293€	[St]	⏱ 0,90h/St	045.000.025
60€	117€	**155€**	184€	246€			

▶ min
▷ von
ø Mittel
◁ bis
◀ max

© BKI Baukosteninformationszentrum

Nr.	Kurztext / Stichworte						Kostengruppe
▶	▷	ø brutto €	◁	◀	[Einheit]	Ausf.-Dauer	Positionsnummer
▶	▷	ø netto €	◁	◀			

41 Installationselement, barrierefreier Waschtisch, mit Stützgriffen KG **419**

Installationselement, barrierefreier Waschtisch; höhenverstellbar bis 200mm, Einbauhöhe über 1.000 bis 1.200mm, Breite 850 bis 1.000mm; für Metallständerwand, Vorwandmontage, mit Stützgriffe, inkl. Einbauspülkasten

498€	619€	**711€**	853€	974€	[St]	⏱ 1,20h/St	045.000.047
418€	520€	**597€**	717€	819€			

42 Installationselement Dusche KG **419**

Installationselement Dusche; höhenverstellbar

770€	873€	**1.027€**	1.212€	1.335€	[St]	⏱ 1,00h/St	045.000.072
647€	734€	**863€**	1.018€	1.122€			

43 Installationselement, Stützgriff KG **419**

Installationselement, Stützgriff; höhenverstellbar bis 200mm, Einbauhöhe über 1.000 bis 1.200mm, Breite 850 bis 1.000mm; für Metallständerwand, Vorwandmontage

231€	302€	**355€**	427€	487€	[St]	⏱ 1,30h/St	045.000.048
194€	254€	**299€**	358€	409€			

44 Unterkonstruktion Stützgriff/Sitz KG **419**

Unterkonstruktion Stützgriff/Sitz; wandhängend, für Metallständerwand, Vorwandmontage, inkl. Befestigungsmaterial

103€	134€	**158€**	190€	216€	[St]	⏱ 1,30h/St	045.000.049
86€	113€	**133€**	159€	182€			

45 Haltegriff, Edelstahl, 600mm KG **412**

Haltegriff; Edelstahl, gebürstet; Länge 600mm, Durchmesser 32mm, Wandabstand 50mm; inkl. Befestigung

109€	156€	**168€**	215€	276€	[St]	⏱ 0,30h/St	045.000.034
91€	131€	**141€**	181€	232€			

46 Haltegriff, Kunststoff, 300mm KG **412**

Haltegriff; Kunststoff; Länge 300mm; rund, mit Rosette und Schrauben verdeckt befestigen

113€	162€	**197€**	235€	326€	[St]	⏱ 0,30h/St	045.000.052
95€	136€	**166€**	197€	274€			

47 Duschhandlauf, Edelstahl, 600mm KG **412**

Duschhandlauf; Messing, verchromt; Durchmesser 32mm, 90° Winkel

404€	580€	**654€**	742€	964€	[St]	⏱ 0,40h/St	045.000.035
340€	487€	**550€**	624€	810€			

48 Haltegriffkombination, BW-Duschbereich KG **412**

Winkelgriff, Brausehalter; Kunststoff, weiß, Kunststoffrosette; Länge senkrecht 1.000 bis 1.300mm, Länge waagrecht 600 bis 1.000mm; stufenlos neigbar, höhenverstellbar

494€	632€	**790€**	948€	1.659€	[St]	⏱ 0,45h/St	045.000.053
415€	531€	**664€**	797€	1.394€			

Nr.	Kurztext / Stichworte						Kostengruppe
▶	▷	ø brutto €	◁	◀	[Einheit]	Ausf.-Dauer	Positionsnummer
▶	▷	ø netto €	◁	◀			

49 Duschsitz, klappbar KG **412**

Duschsitz; Kunststoffrahmen mit Stahlkern; klappbar, Arretierung und Fallbremse, inkl. Befestigungsmaterial

443€	535€	**576€**	577€	670€	[St]	⏱ 0,15h/St	045.000.054
372€	450€	**484€**	485€	563€			

50 WC-Rückenstütze KG **412**

WC-Rückenstütze; Kunststoff, weiß; Ausladung 650 bis 700mm

352€	454€	**514€**	536€	618€	[St]	⏱ 0,10h/St	045.000.055
296€	381€	**432€**	450€	519€			

51 Stützgriff, fest, WC mit Spülauslösung KG **412**

Stützgriff, WC; Kunststoff, weiß; Ausladung 850mm, belastbar bis 100kg; fest, mit Spülauslösung manuell, inkl. Befestigung mit Flansch, Schrauben

729€	818€	**889€**	978€	1.111€	[St]	⏱ 0,35h/St	045.000.057
612€	687€	**747€**	822€	934€			

52 Stützgriff, klappbar, WC KG **412**

Stützgriff, WC; Kunststoff, weiß; Ausladung 850mm, belastbar bis 100kg; klappbar, Arretierung und Fallbremse, inkl. Befestigungsmaterial

556€	684€	**855€**	1.026€	1.172€	[St]	⏱ 0,35h/St	045.000.058
467€	575€	**719€**	862€	985€			

53 Stützgriff, klappbar, Waschtisch KG **412**

Stützgriff, Waschtisch; Kunststoff, weiß; Ausladung 600mm, belastbar bis 100kg; klappbar, Arretierung und Fallbremse, inkl. Befestigungsmaterial

558€	634€	**697€**	760€	837€	[St]	⏱ 0,42h/St	045.000.061
469€	533€	**586€**	639€	703€			

54 Stundensatz, Obermonteur/-in Sanitär

Stundenlohnarbeiten Obermonteur/-in Sanitär; Verrechnungssatz für die Arbeitskraft inkl. aller Aufwendungen; Nachweis und Anmeldung gemäß VOB/B

64€	73€	**75€**	81€	88€	[h]	⏱ 1,00h/h	045.000.079
54€	61€	**63€**	68€	74€			

55 Stundensatz, Helfer/-in Sanitär

Stundenlohnarbeiten für Helfer/-in Sanitär; Verrechnungssatz für die Arbeitskraft inkl. aller Aufwendungen; Nachweis und Anmeldung gemäß VOB/B

57€	63€	**65€**	66€	74€	[h]	⏱ 1,00h/h	045.000.080
48€	53€	**55€**	55€	62€			

Kosten:
Stand 2. Quartal 2025
Bundesdurchschnitt

▶ min
▷ von
ø Mittel
◁ bis
◀ max

© BKI Baukosteninformationszentrum

Kosten:
Stand 2. Quartal 2025
Bundesdurchschnitt

Nr.	Kurztext / Stichworte						Kostengruppe
▶	▷	ø brutto €	◁	◀	[Einheit]	Ausf.-Dauer	Positionsnummer
▶	▷	ø netto €	◁	◀			
1	**Kompaktdämmhülse, Rohrleitung DN15**						KG **422**
Kompaktdämmhülse, Rohrleitung; Polyethylen, Gittergewebe, WLG 040, B2; DN15, Dicke 13mm; Rohfußboden							
9€	11€	**12€**	13€	15€	[m]	⏱ 0,05 h/m	047.000.005
8€	9€	**10€**	11€	12€			
2	**Kompaktdämmhülse, Rohrleitung DN20**						KG **422**
Kompaktdämmhülse, Rohrleitung; Polyethylen, Gittergewebe, WLG 040, B2; DN20, Dicke 13mm; Rohfußboden							
12€	14€	**19€**	20€	26€	[m]	⏱ 0,05 h/m	047.000.016
10€	11€	**16€**	17€	21€			
3	**Kompaktdämmhülse, Rohrleitung DN25**						KG **422**
Kompaktdämmhülse, Rohrleitung; Polyethylen, Gittergewebe, WLG 040, B2; DN25, Dicke 20mm; Rohfußboden							
13€	16€	**23€**	24€	31€	[m]	⏱ 0,05 h/m	047.000.017
11€	14€	**19€**	20€	26€			
4	**Wärmedämmung, Rohrleitung, DN15**						KG **422**
Rohrdämmung; Mineralfaserschalen, alukaschiert; DN15, Dicke 20mm							
15€	25€	**29€**	29€	39€	[m]	⏱ 0,30 h/m	047.000.006
13€	21€	**25€**	25€	33€			
5	**Rohrdämmung, MW-alukaschiert, DN20**						KG **422**
Rohrdämmung; Mineralwolle, alukaschiert; DN20, Dicke 20mm; Heizungsrohre							
17€	32€	**33€**	40€	53€	[m]	⏱ 0,30 h/m	047.000.015
14€	27€	**27€**	34€	45€			
6	**Rohrdämmung, MW-alukaschiert, DN25**						KG **422**
Rohrdämmung; Mineralwolle, alukaschiert; DN25, Dicke 30mm; Heizungsrohre							
29€	36€	**38€**	46€	57€	[m]	⏱ 0,30 h/m	047.000.008
24€	30€	**32€**	39€	48€			
7	**Rohrdämmung, MW-alukaschiert, DN32**						KG **422**
Rohrdämmung; Mineralwolle, alukaschiert; DN32, Dicke 40mm; Heizungsrohre							
31€	42€	**48€**	56€	67€	[m]	⏱ 0,30 h/m	047.000.009
26€	35€	**41€**	47€	56€			
8	**Rohrdämmung, MW-alukaschiert, DN50**						KG **422**
Rohrdämmung; Mineralwolle, alukaschiert; DN50, Dicke 50mm; Heizungsrohre							
40€	45€	**51€**	62€	75€	[m]	⏱ 0,30 h/m	047.000.011
34€	38€	**43€**	52€	63€			

▶ min
▷ von
ø Mittel
◁ bis
◀ max

Nr.	Kurztext / Stichworte						Kostengruppe
▶	▷	ø brutto €	◁	◀	[Einheit]	Ausf.-Dauer	Positionsnummer
▶	▷	ø netto €	◁	◀			

9 Brandschutzabschottung, R90, DN20 KG **422**

Brandschutzabschottung, Rohrleitung, R90; Mineralfaser, nicht brennbar/brennbar; DN20, Länge 1,00m; Wanddurchbruch

47€	53€	**58€**	58€	65€	[St]	⏱ 0,40h/St	047.000.018
39€	45€	**49€**	49€	54€			

10 Brandschutzabschottung, R90, DN32 KG **422**

Brandschutzabschottung, Rohrleitung, R90; Mineralfaser, nicht brennbar/brennbar; DN32, Länge 1,00m; Wanddurchbruch

63€	75€	**79€**	89€	105€	[St]	⏱ 0,40h/St	047.000.020
53€	63€	**66€**	75€	88€			

11 Körperschalldämmung, Abwasserrohre KG **422**

Körperschalldämmung, Abwasserrohre, Weichpropylen; PE, hochflexibel, geschlossenzellig, B2; DN50-150, Dicke 4mm; Abwasserrohre; diffusionsdichte Außenhaut

13€	17€	**17€**	19€	24€	[m]	⏱ 0,20h/m	047.000.030
11€	14€	**14€**	16€	20€			

12 Wärmedämmschalen für Armaturen und Pumpen, DN25 KG **422**

Wärmedämmschalen für Armaturen und Pumpen; Polyethylen, WLS 034, B1; DN25, LxBxH 145x80x130mm

30€	37€	**40€**	42€	46€	[St]	⏱ 0,10h/St	047.000.026
25€	31€	**34€**	35€	39€			

13 Wärmedämmschalen für Armaturen und Pumpen, DN32 KG **422**

Wärmedämmschalen für Armaturen und Pumpen; Polyethylen, WLS 034, B1; DN32, LxBxH 195x137x203mm

33€	38€	**42€**	44€	47€	[St]	⏱ 0,10h/St	047.000.027
28€	32€	**35€**	37€	39€			

14 Wärmedämmschalen für Armaturen und Pumpen, DN50 KG **422**

Wärmedämmschalen für Armaturen und Pumpen; Polyethylen, WLS 034, B1; DN50, LxBxH 212x182x253mm

47€	52€	**60€**	61€	64€	[St]	⏱ 0,10h/St	047.000.029
40€	44€	**50€**	51€	54€			

Kosten:
Stand 2. Quartal 2025
Bundesdurchschnitt

Nr.	Kurztext / Stichworte						Kostengruppe
▶	▷	**ø brutto €**	◁	◀	[Einheit]	Ausf.-Dauer	Positionsnummer
▶	▷	**ø netto €**	◁	◀			
1	**Gitterrinne, Stahl, 200mm**						KG **444**
Gitterrinne; Stahl, feuerverzinkt; LxB 3.000x200mm; Zwischendecken, Hohlräume							
37€	44€	**47€**	52€	60€	[m]	⏱ 0,20h/m	053.000.001
31€	37€	**39€**	44€	51€			
2	**Kabelrinne, Stahl, 200mm**						KG **444**
Kabelrinne; Stahl, verzinkt; Höhe 60mm, Breite 200mm, Dicke 1mm, Belastung 2.400N/m; inkl. Verbinder-Set							
34€	48€	**54€**	70€	109€	[m]	⏱ 0,25h/m	053.000.007
29€	40€	**45€**	58€	91€			
3	**Kabelrinne, Stahl, 400mm**						KG **444**
Kabelrinne; Stahl, verzinkt; Höhe 60mm, Breite 400mm, Dicke 1mm, Belastung 2.400N/m; inkl. Verbinder-Set							
51€	70€	**73€**	99€	144€	[m]	⏱ 0,40h/m	053.000.009
43€	59€	**62€**	83€	121€			
4	**Elektroinstallationsrohr, 16mm**						KG **444**
Elektroinstallationsrohr, einwandig; Panzerrohr; 16mm; in Beton; inkl. Muffen							
3€	5€	**6€**	7€	11€	[m]	⏱ 0,10h/m	053.000.020
2€	4€	**5€**	6€	9€			
5	**Elektroinstallationsrohr, 25mm**						KG **444**
Elektroinstallationsrohr, einwandig; Panzerrohr; 25mm; in Beton; inkl. Muffen							
5€	10€	**11€**	14€	18€	[m]	⏱ 0,10h/m	053.000.021
4€	8€	**9€**	11€	15€			
6	**Elektroinstallationsrohr, 32mm**						KG **444**
Elektroinstallationsrohr, einwandig; Panzerrohr; 32mm; in Beton; inkl. Muffen							
10€	14€	**17€**	17€	22€	[m]	⏱ 0,10h/m	053.000.074
8€	12€	**14€**	14€	19€			
7	**Leitungsführungskanal PVC 15x15mm**						KG **444**
Leitungsführungskanal; PVC-U, weiß; Breite 15mm, Höhe 15mm; Beton/Mauerwerk/Installationswand; inkl. Verbindungsstücke, Formstücke, Befestigungsmaterial							
4€	7€	**9€**	16€	27€	[m]	⏱ 0,04h/m	053.000.035
3€	6€	**7€**	14€	23€			
8	**Leitungsführungskanal PVC 30x30mm**						KG **444**
Leitungsführungskanal; PVC-U, grau; Breite 30mm, Höhe30mm; Beton/Mauerwerk/Installationswand; inkl. Verbindungsstücke, Formstücke, Befestigungsmaterial							
7€	12€	**14€**	23€	32€	[m]	⏱ 0,04h/m	053.000.036
6€	10€	**12€**	19€	27€			

▶ min
▷ von
ø Mittel
◁ bis
◀ max

Nr.	Kurztext / Stichworte					Kostengruppe
▶ ▷	ø brutto €	◁ ◀	[Einheit]	Ausf.-Dauer		Positionsnummer
▶ ▷	ø netto €	◁ ◀				

9 Installationsleitung, NYM-J 3x1,5mm² KG **444**

Installationsleitung; NYM-J; 3x1,5mm², Cu-Zahl 43; in Kabelrinne/Kanal/Rohr/Montagewand

0,7€	2,1€	**3,0€**	3,7€	5,4€	[m]	⏱ 0,07h/m	053.000.047
0,6€	1,8€	**2,5€**	3,1€	4,5€			

10 Installationsleitung, NYM-J 3x2,5mm² KG **444**

Installationsleitung; NYM-J; 3x2,5mm², Cu-Zahl 72; in Kabelrinne/Kanal/Rohr/Montagewand

3€	4€	**4€**	5€	6€	[m]	⏱ 0,09h/m	053.000.048
3€	4€	**4€**	4€	5€			

11 Installationsleitung, NYM-J 3x1,5mm², AD KG **444**

Installationsleitung; NYM-J; 3x1,5mm², Cu-Zahl 43; inkl. Befestigung

5€	5€	**6€**	8€	9€	[m]	⏱ 0,07h/m	053.000.062
4€	4€	**5€**	7€	7€			

12 Installationsleitung, NYM-J 3x2,5mm², AD KG **444**

Installationsleitung, abgehängter Decke; NYM-J; 3x2,5mm², Cu-Zahl 72; inkl. Befestigung

5€	6€	**7€**	9€	10€	[m]	⏱ 0,09h/m	053.000.063
4€	5€	**6€**	8€	8€			

13 Installationsleitung, NYM-J 1x16mm², uP KG **444**

Installationsleitung, Unterputz; NYM-J; 1x16mm², Cu-Zahl 154; inkl. Befestigung

4€	4€	**5€**	7€	7€	[m]	⏱ 0,04h/m	053.000.055
3€	4€	**4€**	6€	6€			

14 Installationsleitung, NYM-J 3x2,5mm², uP KG **444**

Installationsleitung, Unterputz; NYM-J; 3x2,5mm², Cu-Zahl 72; inkl. Befestigung

5€	5€	**6€**	8€	9€	[m]	⏱ 0,05h/m	053.000.056
4€	4€	**5€**	7€	7€			

15 Geräteeinbaukanal, 130x60mm KG **444**

Geräteeinbaukanal; PVC-U, weiß; Breite 130mm, Höhe 60mm; Beton/Mauerwerk/Installationswand; inkl. Verbindungsstücke, Formstücke, Befestigungsmaterial

23€	38€	**47€**	50€	60€	[m]	⏱ 0,08h/m	053.000.043
19€	32€	**39€**	42€	51€			

16 Sockelleistenkanal, 70x20mm KG **444**

Sockelleistenkanal; PVC-U, weiß; Breite 70mm, Höhe 20mm; Beton/Mauerwerk/Installationswand; inkl. Verbindungsstücke, Formstücke, Befestigungsmaterial

10€	21€	**24€**	29€	39€	[m]	⏱ 0,08h/m	053.000.069
8€	18€	**20€**	24€	32€			

Kosten:
Stand 2. Quartal 2025
Bundesdurchschnitt

Nr.	**Kurztext** / Stichworte						Kostengruppe
▶	▷	**ø brutto €**	◁	◀	[Einheit]	Ausf.-Dauer	Positionsnummer
▶	▷	**ø netto €**	◁	◀			
17	**Potenzialausgleichsschiene, Stahl, verzinkt**						KG **446**
Potenzialausgleichsschiene; Stahl verzinkt							
25€	51€	**60€**	94€	159€	[St]	⏱ 0,60h/St	053.000.006
21€	43€	**50€**	79€	134€			
18	**Tastschalter, Aus-/Wechselschalter, einpolig, uP**						KG **444**
Ausschalter; 250V, 10A; Unterputzmontage; inkl. Steck- und Verbindungsklemmen							
27€	37€	**37€**	42€	50€	[St]	⏱ 0,18h/St	054.000.001
23€	31€	**31€**	35€	42€			
19	**Tastschalter, Aus-/Wechselschalter, zweipolig, uP**						KG **444**
Wechselschalter; 250V, 10A; Unterputz; inkl. Steck- und Verbindungsklemmen							
21€	27€	**29€**	33€	40€	[St]	⏱ 0,18h/St	054.000.002
18€	22€	**25€**	28€	33€			
20	**Tastschalter, Serienschalter, uP**						KG **444**
Serienschalter, Gerätedose; einpolig, weiß; 10A, 250V; inkl. Wippe mit Symbol, Kontrolllampe							
25€	36€	**40€**	47€	69€	[St]	⏱ 0,18h/St	054.000.014
21€	30€	**33€**	40€	58€			
21	**Tastschalter, Taster, Kontrolllicht, uP**						KG **444**
Taster, Gerätedose; einpolig, weiß; 10A, 250V; inkl. Wippe mit Symbol, Kontrolllampe							
20€	38€	**49€**	87€	126€	[St]	⏱ 0,18h/St	054.000.016
17€	32€	**41€**	73€	106€			
22	**Verbindungs-/Abzweigdose, Abzweig, uP**						KG **444**
Abzweigdose mit Deckel; Kunststoff; Durchmesser 70mm, Installationstiefe 65mm; Mauerwerk							
20€	23€	**25€**	27€	33€	[St]	⏱ 0,22h/St	054.000.018
17€	19€	**21€**	23€	27€			
23	**Verbindungs-/Abzweigkasten, uP 100x100mm**						KG **444**
Abzweigkasten mit Deckel; Polystyrol; Durchmesser 100x100mm; Mauerwerk							
27€	29€	**29€**	30€	30€	[St]	⏱ 0,24h/St	054.000.019
23€	24€	**24€**	25€	26€			
24	**Gerätedose, uP**						KG **444**
Gerätedose; Kunststoff, halogenfrei, schwarz; Durchmesser 60mm, Tiefe 40mm, IP20; unter Putz; Mauerwerk							
8€	17€	**20€**	52€	97€	[St]	⏱ 0,30h/St	054.000.047
7€	14€	**17€**	44€	82€			

▶ min
▷ von
ø Mittel
◁ bis
◀ max

© BKI Baukosteninformationszentrum

Nr.	**Kurztext** / Stichworte						Kostengruppe
►	▷	**ø brutto €**	◁	◀	[Einheit]	Ausf.-Dauer	Positionsnummer
►	▷	**ø netto €**	◁	◀			

25 Schutzkontaktsteckdose, 16A, 250V, uP, IP44, Deckel KG **444**

Schutzkontaktsteckdose; reinweiß; 16 A, 250V, IP 44; Unterputz; inkl. Abdeckrahmen mit Beschriftungsfeld, Klappdeckel

25€	32€	**35€**	39€	47€	[St]	⏱ 0,28h/St	054.000.025
21€	27€	**30€**	33€	39€			

26 Bewegungsmelder KG **444**

Bewegungsmelder mit Dämmerungsschalter; Ultraschall/Infrarot/Radar/Optisch; Wand/Decken/Eckenmontage

145€	239€	**281€**	333€	453€	[St]	⏱ 1,80h/St	053.000.070
122€	201€	**236€**	280€	381€			

27 Stundensatz, Monteur/-in Elektro

Stundensatz Monteur/-in Elektro; Verrechnungssatz für die Arbeitskraft inkl. aller Aufwendungen; Nachweis und Anmeldung gemäß VOB/B

68€	77€	**80€**	82€	92€	[h]	⏱ 1,00h/h	053.000.072
58€	64€	**68€**	69€	77€			

28 Stundensatz, Helfer/-in Elektro

Stundensatz Helfer/-in Elektro; Verrechnungssatz für die Arbeitskraft inkl. aller Aufwendungen; Nachweis und Anmeldung gemäß VOB/B

52€	58€	**61€**	64€	72€	[h]	⏱ 1,00h/h	053.000.073
44€	48€	**51€**	54€	61€			

Kosten:
Stand 2. Quartal 2025
Bundesdurchschnitt

Nr.	**Kurztext** / Stichworte						Kostengruppe
▶	▷	**ø brutto €**	◁	◀	[Einheit]	Ausf.-Dauer	Positionsnummer
▶	▷	**ø netto €**	◁	◀			

1 Installationskleinverteiler, uP, 755x348x94,5mm KG **444**

Installationskleinverteiler; Kunststoffkasten, Rahmen und Tür Stahlblech, reinweiß; Höhe 755mm, Breite 348mm, Tiefe 94,5mm, 4 Verteiler, IP 30

269€	374€	**423€**	511€	706€	[St]	⏱ 1,00h/St	054.000.037
226€	314€	**355€**	430€	594€			

2 Zählerschrank, uP, Multimediafeld KG **444**

Zählerschrank, Multimediafeld; Kunststoffkasten, Rahmen und Tür Stahlblech, reinweiß; Höhe 1100mm, Breite 1050mm, Tiefe 205mm, 7 Verteiler, IP44; Unterputz

1.527€	2.263€	**2.454€**	3.081€	4.201€	[St]	⏱ 0,85h/St	054.000.038
1.283€	1.902€	**2.062€**	2.589€	3.530€			

3 Fehlerstromschutzschalter, 25A, vierpolig KG **444**

Fehlerstromschutzschalter, Reiheneinbaugerät; fingersicher; Fehlstrom A, 25A, Schutzschalter 30, Pole 3+N, 6kA; inkl. Aufnahmevorrichtung für Beschriftungsschild

49€	69€	**80€**	90€	108€	[St]	⏱ 0,45h/St	054.000.043
41€	58€	**67€**	76€	91€			

4 Fehlerstromschutzschalter 63A, vierpolig KG **444**

Fehlerstromschutzschalter, Reiheneinbaugerät; fingersicher; Fehlstrom A, 63A, Schutzschalter 30, Pole 3+N, 6kA; inkl. Aufnahmevorrichtung für Beschriftungsschild

125€	146€	**153€**	177€	218€	[St]	⏱ 0,50h/St	054.000.044
105€	123€	**128€**	148€	183€			

5 Leitungsschutzschalter 6kA, dreipolig B16A KG **444**

Leitungsschutzschalter, Reiheneinbaugerät; fingersicher; 230/400V AC, 6kA, 3 Pole, Schutzschalter B, 20A; inkl. Aufnahmevorrichtung für Beschriftungsschild

42€	58€	**62€**	69€	89€	[St]	⏱ 0,65h/St	054.000.039
35€	48€	**52€**	58€	75€			

6 Sicherungssockel, dreipolig KG **444**

Sicherungssockel; Baugröße D02; 63A, 3 Pole; Neutralleiterklemme; inkl. Abdeckung, auf Tragschiene, Sicherungseinsatz

50€	71€	**78€**	97€	135€	[St]	⏱ 0,30h/St	054.000.045
42€	60€	**65€**	81€	114€			

7 Lasttrennschalter, 63A KG **444**

Lasttrennschalter, Berührungsschutz; Anschlussquerschnitt 16mm²; 63A, 400V AC

77€	121€	**158€**	200€	260€	[St]	⏱ 0,45h/St	054.000.046
65€	102€	**133€**	168€	219€			

▶ min
▷ von
ø Mittel
◁ bis
◀ max

058

Kosten:
Stand 2. Quartal 2025
Bundesdurchschnitt

Nr.	**Kurztext** / Stichworte						Kostengruppe
▶	▷	**ø brutto €**	◁	◀	[Einheit]	Ausf.-Dauer	Positionsnummer
▶	▷	**ø netto €**	◁	◀			

1 Anbauleuchte, LED, Feuchtraum KG **445**

Wannenleuchte; Polyester, Plexiglas; 1x36W; Schutzklasse 2; Feuchtraum; inkl. Leuchtmittel

172€	179€	**199€**	219€	224€	[St]	⏱ 0,35 h/St	058.000.003
145€	150€	**167€**	184€	188€			

2 Einbauleuchte, LED, 39W KG **445**

Einbauleuchte; LED 39W; rechteckig, Schutzklasse 1

182€	194€	**215€**	234€	243€	[St]	⏱ 0,60 h/St	058.000.020
153€	163€	**181€**	197€	204€			

3 Pendelleuchte, LED 47W, bis 598mm KG **445**

Hängeleuchte, LED; Abdeckung Stahlblech, pulverbeschichtet, Alu-Ramen, eloxiert, Diffusor Kunststoff; Abmessung bis 598mm; LED 47W, Lichtfarbe 830 weiß, IP40, Schutzklasse I

310€	348€	**371€**	496€	516€	[St]	⏱ 0,50 h/St	058.000.023
260€	292€	**312€**	417€	433€			

4 Pendelleuchte, LED 47W, bis 1.198mm KG **445**

Hängeleuchte, LED; Abdeckung Stahlblech, pulverbeschichtet, Alu-Ramen, eloxiert, Diffusor Kunststoff; Abmessung bis 1.198mm; LED 47W, Lichtfarbe 830 weiß, IP40, Schutzklasse I; inkl. Befestigungsmaterial

378€	397€	**473€**	519€	533€	[St]	⏱ 0,55 h/St	058.000.024
317€	334€	**397€**	436€	448€			

5 Einbaudownlight, LED, 9W KG **445**

Einbaudownlight; Aluring, Metallreflektor; LED 9W; inkl. Leuchtmittel

66€	69€	**79€**	85€	89€	[St]	⏱ 0,30 h/St	058.000.017
56€	58€	**66€**	72€	75€			

6 Einbaudownlight, LED, 17,8W KG **445**

Einbaudownlight; Aluring, Metallreflektor; LED 17,8W; inkl. Leuchtmittel

69€	75€	**92€**	95€	100€	[St]	⏱ 0,40 h/St	058.000.018
58€	63€	**77€**	80€	84€			

▶ min
▷ von
ø Mittel
◁ bis
◀ max

061

Kosten:
Stand 2. Quartal 2025
Bundesdurchschnitt

Nr.	**Kurztext** / Stichworte						Kostengruppe
►	▷	**ø brutto €**	◁	◄	[Einheit]	Ausf.-Dauer	Positionsnummer
►	▷	**ø netto €**	◁	◄			
1	**Installationsleitung, symmetrisch J-Y(St)Y 4x2x0,8mm, BS**						KG **444**
Installationsleitung; Leitungstyp J-Y(St)Y; Ader-/Leiterzahl 4x2x0,8mm; Verlegung mit Metallbügel/Bügelschelle							
5€	7€	**7€**	7€	8€	[m]	⏱ 0,09 h/m	061.000.002
4€	5€	**6€**	6€	7€			
2	**Kombiableiter, vierpolig**						KG **444**
Kombiableiter; vierpolig							
1.019€	1.035€	**1.232€**	1.565€	1.590€	[St]	⏱ 0,30 h/St	061.000.006
856€	870€	**1.036€**	1.315€	1.336€			
3	**Installationsleitung, symmetrisch J-Y(St)Y 2x2x0,8mm, KR/K/R/MW**						KG **444**
Installationsleitung; Leitungstyp J-Y(St)Y; Ader-/Leiterzahl 2x2x0,8mm; Verlegung in Kabelrinne/Kanal/Rohr/Montagewand							
4€	5€	**6€**	7€	8€	[m]	⏱ 0,03 h/m	061.000.008
3€	4€	**5€**	6€	6€			
4	**Installationsleitung, symmetrisch J-Y(St)Y 4x2x0,8mm, KR/K/R/MW**						KG **444**
Installationsleitung; Leitungstyp J-Y(St)Y; Ader-/Leiterzahl 4x2x0,8mm; Verlegung in Kabelrinne/Kanal/Rohr/Montagewand							
6€	7€	**8€**	10€	10€	[m]	⏱ 0,03 h/m	061.000.009
5€	6€	**7€**	9€	9€			
5	**Installationsleitung, symmetrisch J-Y(St)Y 4x2x0,8mm, AD**						KG **444**
Installationsleitung; Leitungstyp J-Y(St)Y; Ader-/Leiterzahl 4x2x0,8mm; Verlegung oberhalb Unterdecke							
6€	7€	**9€**	11€	11€	[m]	⏱ 0,05 h/m	061.000.013
5€	6€	**7€**	9€	9€			
6	**Installationsleitung, symmetrisch J-Y(St)Y 4x2x0,8mm, uP**						KG **444**
Installationsleitung; Leitungstyp J-Y(St)Y; Ader-/Leiterzahl 4x2x0,8mm; Verlegung unter Putz							
5€	6€	**7€**	9€	9€	[m]	⏱ 0,04 h/m	061.000.016
4€	5€	**6€**	8€	8€			
7	**TAE-Dose**						KG **451**
TAE-Dose; dreifach, NFN, Cat3; Unterputz; Abdeckrahmen mit Beschriftungsfeld							
69€	79€	**88€**	94€	99€	[St]	⏱ 0,68 h/St	061.000.020
58€	66€	**74€**	79€	83€			
8	**Türstation**						KG **452**
Türstation; reinweiß, RAL 9010; einschl. Klemmen, Abdeckrahmen und Beschriftung							
139€	158€	**188€**	239€	253€	[St]	⏱ 0,52 h/St	061.000.021
116€	133€	**158€**	201€	213€			

► min
▷ von
ø Mittel
◁ bis
◄ max

Nr.	Kurztext / Stichworte						Kostengruppe
▶	▷	**ø brutto €**	◁	◀	[Einheit]	Ausf.-Dauer	Positionsnummer
▶	▷	**ø netto €**	◁	◀			

9 Klingeltaster KG **452**

Klingeltaster; IP44; reinweiß, RAL 9010; einschl. Wippe mit Symbol, anteilig Abdeckrahmen

111€	120€	**137€**	144€	151€	[St]	⏱ 0,59 h/St	061.000.022
93€	100€	**115€**	121€	127€			

10 Koaxial-Installationsleitung, KR/K/R KG **455**

Installationsleitung; dreifach geschirmt, PVC-Außenmantel; Innen: d=1,13mm, Cu-Draht, Außen: 6,9mm; koaxial; in vorhandener Kabelrinne/Kanal/Rohr

4€	4€	**5€**	5€	6€	[m]	⏱ 0,03 h/m	061.000.023
3€	4€	**4€**	4€	5€			

11 SAT-Anschlussdose koaxial, Enddose UP KG **455**

SAT-Anschlussdose koaxial; als Enddose; Unterputz

38€	45€	**53€**	68€	71€	[St]	⏱ 0,19 h/St	061.000.024
32€	38€	**45€**	57€	60€			

12 Datenkabel 4x2xAWG23, halogenfrei KG **457**

Datenkabel; halogenfrei; 4x2xAWG23; in vorhandenem Rohr/Unterflurkanal

5€	6€	**7€**	9€	9€	[m]	⏱ 0,03 h/m	061.000.025
4€	5€	**6€**	8€	8€			

13 Datenanschlussdose Cat6A KG **457**

Datenanschlussdose; Cat6A; Unterputz

23€	31€	**35€**	37€	44€	[St]	⏱ 0,08 h/St	061.000.026
20€	26€	**30€**	31€	37€			

063

Kosten:
Stand 2. Quartal 2025
Bundesdurchschnitt

Nr.	Kurztext / Stichworte						Kostengruppe
▶	▷	**ø brutto €**	◁	◀	[Einheit]	Ausf.-Dauer	Positionsnummer
▶	▷	**ø netto €**	◁	◀			
1	**Brandmeldezentrale, bis 4 Ringe-/Linien**						KG **456**
Brandmeldezentrale; bis 4 Ringe-/Linien; mit Grenzwert-Linien oder Ringbustechnik							
2.189€	3.466€	**4.088€**	4.904€	6.939€	[St]	⏱ 6,80 h/St	063.000.002
1.839€	2.913€	**3.435€**	4.121€	5.831€			
2	**Brandmeldezentrale, ab 5 Ringe-/Linien**						KG **456**
Brandmeldezentrale; ab 5 Ringe-/Linien; mit Grenzwert-Linien oder Ringbustechnik							
8.051€	9.940€	**11.020€**	12.645€	15.406€	[St]	⏱ 7,80 h/St	063.000.003
6.766€	8.353€	**9.260€**	10.626€	12.946€			
3	**Feuerwehr - Schlüsseldepot**						KG **456**
Feuerwehr - Schlüsseldepot; Gehäuse, Stahl; Meldeanlagenbauteilklasse FSD1/FSD2/FSD3; UP/in WDVS/in Montagesäule							
1.892€	2.355€	**2.550€**	3.081€	4.046€	[St]	⏱ 1,50 h/St	063.000.004
1.590€	1.979€	**2.143€**	2.589€	3.400€			
4	**Notruf, für barrierefreies WC**						KG **452**
Notruf für barrierefreies WC; als Kompakt-Set							
632€	887€	**1.065€**	1.247€	1.493€	[St]	⏱ 1,20 h/St	063.000.001
531€	745€	**895€**	1.048€	1.254€			
5	**Rauchmelder, Ionisation**						KG **456**
Rauchmelder, Ionisation; mit interner Batterie/mit externer Energieversorgung; bis 4m/über 4m/über 6m							
349€	392€	**435€**	476€	523€	[St]	⏱ 0,35 h/St	063.000.006
294€	330€	**365€**	400€	440€			
6	**Rauchwarnmelder, optisch**						KG **456**
Rauchwarnmelder, optisch; mit interner Batterie/mit externer Energieversorgung; bis 4m/über 4m/über 6m							
36€	69€	**80€**	97€	137€	[St]	⏱ 0,35 h/St	063.000.007
30€	58€	**67€**	82€	116€			
7	**Rauchwarnmelder, Funkvernetzte**						KG **456**
Rauchwarnmelder, Funkvernetzte; mit interner Batterie/mit externer Energieversorgung; bis 4m/über 4m/über 6m							
99€	151€	**177€**	204€	260€	[St]	⏱ 0,35 h/St	063.000.008
83€	127€	**149€**	172€	219€			
8	**Wärme-Differenzialmelder**						KG **456**
Wärme-Differenzialmelder; Gehäuse aus Kunststoff/Metall; Temperaturerfassung mit Halbleitern; bis 4m/über 4m/über 6m							
77€	107€	**121€**	147€	193€	[St]	⏱ 0,35 h/St	063.000.009
65€	90€	**102€**	124€	162€			

▶ min
▷ von
ø Mittel
◁ bis
◀ max

Nr.	Kurztext / Stichworte						Kostengruppe
▶	▷	**ø brutto €**	◁	◀	[Einheit]	Ausf.-Dauer	Positionsnummer
▶	▷	**ø netto €**	◁	◀			

9 Kombinierter Rauch-/Wärmemelder KG **456**

Kombinierter Rauch-/Wärmemelder; als optischen Rauchmelder und Thermodifferenzialmelder

155€	209€	**263€**	277€	316€	[St]	⏱ 0,50h/St	063.000.010
130€	176€	**221€**	233€	265€			

10 Handfeuermelder, Aufputz KG **456**

Handfeuermelder; Gehäuse aus Isolierstoff/Druckguss; für Innenräume oder im freien; in Aufputzausführung

99€	136€	**155€**	178€	236€	[St]	⏱ 0,30h/St	063.000.011
83€	115€	**130€**	150€	199€			

11 Signalgeber, akustisch KG **456**

Signalgeber akustisch; Gehäuse aus Kunststoff/Stahl/Leichtmetall; als elektronischer Schallgeber; für Decken/Wandmontage; bis/ab 3,5m

107€	186€	**219€**	250€	307€	[St]	⏱ 0,40h/St	063.000.012
90€	156€	**184€**	210€	258€			

12 Signalgeber, akustisch/optisch KG **456**

Signalgeber akustisch/optisch; Gehäuse aus Kunststoff/Stahl/Leichtmetall; als elektronischer Schallgeber und Blitzleuchte; für Decken/Wandmontage; bis/ab 3,5m

277€	346€	**367€**	409€	502€	[St]	⏱ 0,50h/St	063.000.013
233€	291€	**308€**	344€	421€			

13 Feuerwehr-Bedienfeld KG **456**

Feuerwehr-Bedienfeld; einschließlich Schließzylinder; Einbau: Aufputz/Unterputz

527€	732€	**817€**	1.358€	1.948€	[St]	⏱ 1,50h/St	063.000.016
443€	615€	**686€**	1.141€	1.637€			

14 Überfallmelder, Handtaster, Aufputz KG **456**

Überfallmelder; Gehäuse aus Kunststoff; als Handtaster in Aufputzausführung; Anschluss: in Linientechnik/in Bustechnik/direkt an Zentrale

85€	100€	**107€**	115€	130€	[St]	⏱ 0,65h/St	063.000.017
72€	84€	**90€**	96€	109€			

15 Rauchauslöseeinrichtung, Aufputz KG **456**

Rauchauslöseeinrichtung; Montage an Wand; in Aufputzausführung

1.009€	1.359€	**1.543€**	1.807€	2.314€	[St]	⏱ 2,15h/St	063.000.021
848€	1.142€	**1.297€**	1.518€	1.945€			

Kosten:
Stand 2. Quartal 2025
Bundesdurchschnitt

► min
▷ von
ø Mittel
◁ bis
◀ max

Nr.	**Kurztext** / Stichworte							Kostengruppe
►	▷	**ø brutto €**	◁	◀	[Einheit]	Ausf.-Dauer		Positionsnummer
►	▷	**ø netto €**	◁	◀				

1 Dezentrales Fassaden-Lüftungsgerät bis 45m³/h KG **431**

Dezentrales Fassen-Lüftungsgerät zur Be- und Entlüftung mit Wärmerückgewinnung als Geräteeinheit; bis 45 m³/h; für Wohnungen oder Einzelräumen

635€	1.185€	**1.389€**	1.395€	1.945€	[St]	⏱ 3,50h/St	075.000.058
534€	996€	**1.167€**	1.172€	1.634€			

2 Brandschutz Absperrvorrichtung, K90, DN100 KG **431**

Brandschutz-Deckenschott; K90; DN100; verfüllen mit MGIII; Decke

238€	300€	**314€**	347€	407€	[St]	⏱ 1,60h/St	075.000.020
200€	252€	**264€**	292€	342€			

3 Be- und Entlüftungsgerät, bis 5.000m³/h KG **431**

Be- und Entlüftungsgerät; mit Anlagenbestandteilen; bis 5.000m³/h; mit Heizregister, Kühlregister, Luftbefeuchter, Wärmerückgewinner

6.866€	11.180€	**12.959€**	15.490€	24.650€	[St]	⏱ 3,50h/St	075.000.001
5.770€	9.395€	**10.890€**	13.017€	20.715€			

4 Abluftrohrventilator, Einbaugerät KG **431**

Abluftgerät als Radialrohrventilator/Axialrohrventilator; Kunststoff, B2; DN75/80, bis 10.000m³/h; Unterputz; Nassraum, Wand und Decke

2.081€	2.974€	**3.469€**	4.168€	5.052€	[St]	⏱ 2,00h/St	075.000.003
1.749€	2.499€	**2.915€**	3.502€	4.245€			

5 Kanalventilator KG **431**

Kanalventilator für Kanalanschluss; aus verzinktem Stahlblech mit schallabsorbierender Innenauskleidung; Motor und Laufrad herausnehmbar; mit systemgebundenem Zubehör sowie Verbindungs- und Befestigungsmaterial

2.105€	3.115€	**3.661€**	4.264€	5.686€	[St]	⏱ 1,80h/St	075.000.059
1.769€	2.617€	**3.077€**	3.583€	4.778€			

6 Schalldämpfer, flach, runder Anschluss KG **431**

Flachschalldämpfer; Aluminium, mineralfaserfrei, A2; DN100, L 500mm, BxH 195x120mm

153€	181€	**206€**	213€	240€	[St]	⏱ 1,00h/St	075.000.033
128€	152€	**174€**	179€	202€			

7 Wetterschutzgitter, Außenluft-/Fortluft KG **431**

Außenluft-/Fortluftgitter; Aluminium; Dicke 2mm; in Maueröffnung/Fassadenbekleidung

190€	350€	**384€**	512€	710€	[St]	⏱ 1,00h/St	075.000.006
159€	294€	**322€**	430€	596€			

8 Formstücke, verzinkt, Luftleitung KG **431**

Formstück, Übergangsstück; Stahl, verzinkt; rechteckig auf rund und oval

88€	107€	**125€**	148€	179€	[m²]	⏱ 0,40h/m²	075.000.011
74€	90€	**105€**	124€	151€			

Nr.	Kurztext / Stichworte						Kostengruppe
▶	▷	**ø brutto €**	◁	◀	[Einheit]	Ausf.-Dauer	Positionsnummer
▶	▷	**ø netto €**	◁	◀			
9	**Luftleitung, Wickelfalz, verzinkt, DN125**						KG **431**
Wickelfalzrohr; aus Stahl, verzinkt; DN125							
25€	31€	**34€**	46€	62€	[m]	⏱ 0,20h/m	075.000.021
21€	26€	**28€**	38€	52€			
10	**Luftleitung, Wickelfalz, verzinkt, DN200**						KG **431**
Wickelfalzrohr; aus Stahl, verzinkt; DN200							
37€	46€	**50€**	57€	73€	[m]	⏱ 0,32h/m	075.000.024
31€	39€	**42€**	48€	61€			
11	**Luftleitung, Wickelfalz, verzinkt, DN500**						KG **431**
Wickelfalzrohr; aus Stahl, verzinkt; DN500							
78€	87€	**99€**	111€	120€	[m]	⏱ 0,47h/m	075.000.030
66€	73€	**83€**	94€	101€			
12	**Luftleitung, Aluminium, flexibel, DN100**						KG **431**
Elastische Luftleitung, flexibel; Aluminium, zweilagig gestaucht; DN100, Länge 1,25m, ausziehbar bis 5,00m							
14€	24€	**27€**	37€	50€	[m]	⏱ 0,10h/m	075.000.032
12€	20€	**23€**	31€	42€			
13	**Rohrbogen, Luftleitung**						KG **431**
Rohrbogen; Wickelfalzrohr, verzinkt; alle Winkelgrade							
18€	27€	**32€**	41€	54€	[St]	⏱ 0,10h/St	075.000.018
15€	23€	**27€**	34€	45€			
14	**Drallauslass, Decke**						KG **431**
Drallauslass; Stahl, verzinkt; für Zu-und Abluft; Decke							
140€	474€	**702€**	776€	1.106€	[St]	⏱ 0,90h/St	075.000.015
118€	399€	**590€**	652€	929€			
15	**Tellerventil, Zu-/Abluft**						KG **431**
Zu- und Abluftventil; Stahl; DN100; Wand/Decken							
33€	76€	**90€**	125€	193€	[St]	⏱ 0,20h/St	075.000.036
28€	64€	**75€**	105€	162€			
16	**Drosselklappe, 200x200mm**						KG **431**
Drosselklappe; Stahl, verzinkt; 200x200mm; eckig							
67€	80€	**98€**	118€	128€	[St]	⏱ 0,20h/St	075.000.040
56€	68€	**82€**	99€	107€			

Nr.	Kurztext / Stichworte						Kostengruppe
▶	▷	**ø brutto €**	◁	◀	[Einheit]	Ausf.-Dauer	Positionsnummer
▶	▷	**ø netto €**	◁	◀			

Kosten:
Stand 2. Quartal 2025
Bundesdurchschnitt

17 Lüftungsgerät mit WRG, zentral, Bypass, Feuerstättenfunktion — KG **431**

Lüftungsgerät mit Wärmerückgewinnung; Volumen 300m³/h, BxHxT 750x750x469mm; zentrales Lüftungsgerät

3.790€	4.849€	**5.146€**	5.514€	6.112€	[St]	⏱ 6,50h/St	075.000.041
3.185€	4.075€	**4.324€**	4.634€	5.136€			

18 Außenwanddurchlass, DN110 — KG **431**

Außenwandluftdurchlass; Teleskoprohr; DN110, Rohr 305-535mm

146€	163€	**219€**	264€	287€	[St]	⏱ 1,00h/St	075.000.042
123€	137€	**184€**	222€	241€			

19 Lüftungsgerät für Abluft — KG **431**

Lüftungsgerät; LxBxT 242x242x100mm; Wände/Decke

319€	339€	**347€**	370€	394€	[St]	⏱ 2,00h/St	075.000.044
268€	285€	**292€**	311€	331€			

20 KWL-Lüftungsgerät, in Außenwand, bis 100m³/h mit WRG — KG **431**

Lüftungsgerät mit Wärmerückgewinnung; Luftvolumenstrom bis 100m³/h, Wärmerückgewinnungsgrad mind 85%; Außenwandmontage hängend, inkl. Befestigungsmaterial

2.613€	2.860€	**3.178€**	3.623€	3.785€	[St]	⏱ 1,35h/St	075.000.045
2.196€	2.403€	**2.670€**	3.044€	3.181€			

21 VRF-Außengerät, Heizen/Kühlen, 15kW — KG **434**

Klima-Außengerät; mit Wärmetauscher, Ventilator, Wärmedämmung, Abscheider; Gehäuse aus verzinktem Stahl; inkl. Verdrahtung und Bedieneinheit

8.565€	9.072€	**12.729€**	17.296€	17.919€	[St]	⏱ 2,10h/St	075.000.050
7.197€	7.624€	**10.697€**	14.534€	15.058€			

22 VRF-Innenwandgerät, Heizen/Kühlen, 3,5kW — KG **434**

Klima-Innengerät; mit Wärmetauscher, Ventilator, Leitlamellen, Kondensatwanne; Gehäuse aus verzinktem Stahl; inkl. Verdrahtung und Bedieneinheit

1.397€	1.579€	**2.183€**	2.795€	2.877€	[St]	⏱ 1,80h/St	075.000.053
1.174€	1.327€	**1.834€**	2.349€	2.418€			

23 Zubehörmontage, VRF-Anlage — KG **434**

Montage Zubehör Klima; mit Rohrleitungen; mit Rohrleitungsdämmung

1.749€	2.064€	**2.428€**	3.164€	3.498€	[psch]	⏱ 1,30h/psch	075.000.056
1.470€	1.734€	**2.040€**	2.659€	2.939€			

24 Inbetriebnahme, VRF-Anlage — KG **434**

Inbetriebnahme Kälteanlage

405€	689€	**770€**	1.016€	1.436€	[psch]	⏱ 1,50h/psch	075.000.057
340€	579€	**647€**	854€	1.207€			

▶ min
▷ von
ø Mittel
◁ bis
◀ max

© BKI Baukosteninformationszentrum

Nr.	Kurztext / Stichworte						Kostengruppe
▶	▷	ø brutto €	◁	◀	[Einheit]	Ausf.-Dauer	Positionsnummer
▶	▷	ø netto €	◁	◀			

25 Stundensatz, Monteur/-in Lüftung/Kälte

Stundensatz Monteur/-in Lüftung/Kälte; Verrechnungssatz für die Arbeitskraft inkl. aller Aufwendungen; Nachweis und Anmeldung gemäß VOB/B

74€	87€	**93€**	105€	124€	[h]	⏱ 1,00h/h	075.000.060
62€	73€	**78€**	88€	105€			

26 Stundensatz, Helfer/-in Lüftung/Kälte

Stundensatz Helfer/-in Lüftung/Kälte; Verrechnungssatz für die Arbeitskraft inkl. aller Aufwendungen; Nachweis und Anmeldung gemäß VOB/B

58€	69€	**73€**	75€	80€	[h]	⏱ 1,00h/h	075.000.061
49€	58€	**61€**	63€	67€			

Positionen für Altbau

D

312

Kosten:
Stand 2. Quartal 2025
Bundesdurchschnitt

Nr.	Kurztext / Stichworte						Kostengruppe
▶	▷	**ø brutto €**	◁	◀	[Einheit]	Ausf.-Dauer	Positionsnummer
▶	▷	**ø netto €**	◁	◀			
1	**Ziegelpflaster abbrechen, Außenbereich**						KG **394**
Ziegelpflaster abbrechen; außen; Bauschutt entsorgen							
31€	39€	**43€**	52€	54€	[m²]	⏱ 0,30h/m²	312.000.138
26€	33€	**36€**	43€	46€			
2	**Innenwand abbrechen, Gipswandbauplatte, 10cm**						KG **394**
Innenwand abbrechen; Gipswandbauplatte; Dicke 10cm; Bauschutt entsorgen							
54€	62€	**72€**	88€	94€	[m²]	⏱ 0,25h/m²	312.000.139
45€	52€	**60€**	74€	79€			
3	**Innenmauerwerk abbrechen, Porenbeton, 17,5cm**						KG **394**
Innenwand abbrechen; Porenbeton; Dicke bis 17,5cm; Bauschutt entsorgen							
36€	64€	**75€**	92€	102€	[m²]	⏱ 0,50h/m²	312.000.140
31€	54€	**63€**	77€	86€			
4	**Innenmauerwerk abbrechen, 11,5cm**						KG **394**
Innenwand abbrechen; Mauerwerk, beidseitig verputzt; Dicke 11,5cm; Bauschutt entsorgen							
36€	46€	**57€**	69€	85€	[m²]	⏱ 0,50h/m²	312.000.141
31€	39€	**48€**	58€	71€			
5	**Innenmauerwerk abbrechen, 24cm**						KG **394**
Innenwand abbrechen; Mauerwerk, beidseitig verputzt; Dicke bis 24cm; inkl. Sicherungsmaßnahmen; Bauschutt entsorgen							
43€	74€	**85€**	105€	107€	[m²]	⏱ 0,50h/m²	312.000.142
36€	63€	**71€**	88€	90€			
6	**Fachwerksausfachung abbrechen, Mauerwerk**						KG **394**
Fachwerksausfachung abbrechen; Mauerwerk; Balken reinigen; Bauschutt entsorgen							
45€	62€	**65€**	84€	109€	[m²]	⏱ 0,55h/m²	312.000.144
37€	52€	**55€**	70€	91€			
7	**Deckengewölbe abbrechen, Steine entsorgen**						KG **394**
Deckengewölbe abbrechen; Steine; Dicke bis 25cm; inkl. Sicherungsmaßnahmen; Steine reinigen, lagern, Bauschutt entsorgen							
80€	93€	**98€**	124€	130€	[m²]	⏱ 1,70h/m²	312.000.251
67€	78€	**82€**	104€	109€			
8	**Sandfüllung ausbauen, Gewölbedecke**						KG **394**
Sandfüllung ausbauen; Dicke i.M. 8cm; Bauschutt entsorgen							
22€	28€	**33€**	42€	42€	[m²]	⏱ 0,20h/m²	312.000.146
19€	24€	**28€**	35€	35€			

▶ min
▷ von
ø Mittel
◁ bis
◀ max

Nr.	Kurztext / Stichworte						Kostengruppe
▶	▷	**ø brutto €**	◁	◀	[Einheit]	Ausf.-Dauer	Positionsnummer
▶	▷	**ø netto €**	◁	◀			

9 Decke abbrechen, Kappendecke KG **394**

Kappendecke abbrechen; Dicke bis 25cm; inkl. Sicherungsmaßnahmen; Bauschutt entsorgen

108€	137€	**144€**	180€	192€	[m²]	⏱ 1,70h/m²	312.000.147
91€	115€	**121€**	151€	161€			

10 Decke abbrechen, Ziegelhohlkörper KG **394**

Decke abbrechen; Ziegelhohlkörper, Aufbeton; Dicke 21cm; inkl. Sicherungsmaßnahmen; Bauschutt entsorgen

73€	94€	**100€**	123€	134€	[m²]	⏱ 0,70h/m²	312.000.148
61€	79€	**84€**	104€	113€			

11 Decke abbrechen, Stb-Hohldielen KG **394**

Decke abbrechen; Stb-Hohldielen, Aufbeton; Dicke 15cm; inkl. Sicherungsmaßnahmen; Bauschutt entsorgen

78€	96€	**107€**	130€	138€	[m²]	⏱ 0,70h/m²	312.000.149
65€	81€	**90€**	109€	116€			

12 Schlitz herstellen, Mauerwerk, 5x3cm KG **394**

Schlitz herstellen; Mauerwerk, verputzt; bis MZ 12N/mm², Breite bis 5cm, Tiefe bis 3cm; Bauschutt entsorgen

7€	14€	**16€**	21€	23€	[m]	⏱ 0,15h/m	312.000.173
6€	12€	**14€**	17€	19€			

13 Schlitz herstellen, Mauerwerk, 10x5cm KG **394**

Schlitz herstellen; Mauerwerk, verputzt; bis MZ 12N/mm², Breite bis 10cm, Tiefe bis 5cm; Bauschutt entsorgen

9€	18€	**21€**	25€	27€	[m]	⏱ 0,15h/m	312.000.174
8€	15€	**17€**	21€	23€			

14 Schlitz herstellen, Mauerwerk, 30x15cm KG **394**

Schlitz herstellen; Mauerwerk, verputzt; bis MZ 12N/mm², Breite bis 30cm, Tiefe bis 10cm; Bauschutt entsorgen

23€	61€	**70€**	83€	87€	[m]	⏱ 0,20h/m	312.000.176
19€	51€	**59€**	69€	73€			

15 Schlitz schließen, Mauerwerk, 5x3cm KG **395**

Schlitz, schließen; Mauerwerk verputzt; Breite bis 5cm, Tiefe bis 3cm; Bauschutt entsorgen

9€	12€	**14€**	16€	21€	[m]	⏱ 0,08h/m	312.000.177
7€	10€	**11€**	14€	18€			

16 Schlitz schließen, Mauerwerk, 10x5cm KG **395**

Schlitz, schließen; Mauerwerk verputzt; Breite bis 10cm, Tiefe bis 5cm; Bauschutt entsorgen

11€	16€	**20€**	24€	31€	[m]	⏱ 0,08h/m	312.000.178
10€	14€	**17€**	20€	26€			

Nr.	Kurztext / Stichworte						Kostengruppe
▶	▷	ø brutto €	◁	◀	[Einheit]	Ausf.-Dauer	Positionsnummer
▶	▷	ø netto €	◁	◀			
17	**Schlitz schließen, Mauerwerk, 30x10cm**						KG **395**
Schlitz, schließen; Mauerwerk verputzt; Breite bis 30cm, Tiefe bis 10cm; Bauschutt entsorgen							
16€	25€	**30€**	37€	56€	[m]	⏱ 0,08h/m	312.000.179
13€	21€	**25€**	31€	47€			
18	**Schlitz schließen, gedämmt, Mauerwerk, 10x5cm**						KG **395**
Schlitz, schließen; Mauerwerk, mit Dämmung; Breite bis 10cm, Tiefe bis 5cm; Bauschutt entsorgen							
18€	26€	**32€**	37€	40€	[m]	⏱ 0,08h/m	312.000.180
15€	22€	**27€**	31€	33€			
19	**Schlitz schließen, gedämmt, Mauerwerk, 30x15cm**						KG **395**
Schlitz, schließen; Mauerwerk, mit Dämmung; Breite bis 30cm, Tiefe bis 15cm; Bauschutt entsorgen							
38€	50€	**56€**	68€	79€	[m]	⏱ 0,08h/m	312.000.181
32€	42€	**47€**	57€	67€			
20	**Wanddurchbruch, bis 100cm², 20cm**						KG **394**
Wanddurchbruch nachträglich herstellen; Mz bis 12N/mm²; bis 100cm², Dicke bis 20cm; Bauschutt entsorgen							
21€	32€	**38€**	47€	60€	[St]	⏱ 0,35h/St	312.000.195
18€	27€	**32€**	40€	50€			
21	**Wanddurchbruch, bis 500cm², 20cm**						KG **394**
Wanddurchbruch nachträglich herstellen; Mz bis 12N/mm²; 100-500cm², Dicke bis 20cm; Bauschutt entsorgen							
33€	46€	**56€**	68€	71€	[St]	⏱ 0,50h/St	312.000.196
28€	39€	**47€**	57€	60€			
22	**Wanddurchbruch, bis 2.500cm², 20cm**						KG **394**
Wanddurchbruch nachträglich herstellen; Mz bis 12N/mm²; 1.000-2.500cm², Dicke bis 20cm; Bauschutt entsorgen							
43€	82€	**100€**	122€	136€	[St]	⏱ 0,90h/St	312.000.198
36€	69€	**84€**	103€	114€			
23	**Wanddurchbruch, bis 100cm², 40cm**						KG **394**
Wanddurchbruch nachträglich herstellen; Mz bis 12N/mm²; bis 100cm², Dicke bis 40cm; Bauschutt entsorgen							
36€	48€	**56€**	107€	120€	[St]	⏱ 0,50h/St	312.000.199
31€	41€	**47€**	90€	101€			
24	**Wanddurchbruch, bis 500cm², 40cm**						KG **394**
Wanddurchbruch nachträglich herstellen; Mz bis 12N/mm²; 100-500cm², Dicke bis 40cm; Bauschutt entsorgen							
46€	65€	**78€**	94€	142€	[St]	⏱ 0,75h/St	312.000.200
39€	55€	**65€**	79€	120€			

Kosten:
Stand 2. Quartal 2025
Bundesdurchschnitt

▶ min
▷ von
ø Mittel
◁ bis
◀ max

© **BKI** Baukosteninformationszentrum

Nr.	Kurztext / Stichworte						Kostengruppe
▶	▷	ø brutto €	◁	◀	[Einheit]	Ausf.-Dauer	Positionsnummer
▶	▷	ø netto €	◁	◀			

25 Wanddurchbruch, bis 2.500cm², 40cm KG **394**

Wanddurchbruch nachträglich herstellen; Mz bis 12N/mm²; 1.000-2500cm², Dicke bis 40cm; Bauschutt entsorgen

89€	123€	**150€**	177€	202€	[St]	⏱ 1,40h/St	312.000.202
74€	103€	**126€**	149€	170€			

26 Wanddurchbruch schließen, bis 100cm², 20cm KG **395**

Wanddurchbruch schließen; Mörtel, Steinmaterial; bis 100cm², Dicke bis 20cm

23€	35€	**43€**	53€	59€	[St]	⏱ 0,25h/St	312.000.203
19€	30€	**36€**	45€	49€			

27 Wanddurchbruch schließen, bis 500cm², 20cm KG **395**

Wanddurchbruch schließen; Mörtel, Steinmaterial; 100-500cm², Dicke bis 20cm

38€	48€	**55€**	68€	82€	[St]	⏱ 0,50h/St	312.000.204
32€	40€	**47€**	57€	69€			

28 Wanddurchbruch schließen, bis 2.500cm², 20cm KG **395**

Wanddurchbruch schließen; Mörtel, Steinmaterial; 1.000-2.500cm², Dicke bis 20cm

69€	98€	**110€**	133€	153€	[St]	⏱ 1,00h/St	312.000.206
58€	82€	**92€**	112€	128€			

29 Wanddurchbruch schließen, bis 100cm², 40cm KG **395**

Wanddurchbruch schließen; Mörtel, Steinmaterial; 100cm², Dicke bis 40cm

37€	59€	**69€**	85€	100€	[St]	⏱ 0,30h/St	312.000.207
31€	50€	**58€**	71€	84€			

30 Wanddurchbruch schließen, bis 500cm², 40cm KG **395**

Wanddurchbruch schließen; Mörtel, Steinmaterial; 100-500cm², Dicke bis 40cm

51€	82€	**97€**	118€	124€	[St]	⏱ 0,70h/St	312.000.208
43€	69€	**81€**	99€	105€			

31 Wanddurchbruch schließen, bis 2.500cm², 40cm KG **395**

Wanddurchbruch schließen; Mörtel, Steinmaterial; 1.000-2.500cm², Dicke bis 40cm

82€	119€	**142€**	174€	184€	[St]	⏱ 1,20h/St	312.000.210
69€	100€	**120€**	146€	155€			

32 Deckendurchbruch, bis 100cm², 20cm KG **394**

Deckendurchbruch nachträglich herstellen; Ziegelhohlkörper; bis 100cm², Dicke bis 20cm; inkl. Deckenabstützung; nichttragender Bereich; Bauschutt entsorgen

42€	65€	**67€**	82€	94€	[St]	⏱ 0,45h/St	312.000.211
35€	55€	**57€**	69€	79€			

Nr.	Kurztext / Stichworte							Kostengruppe
▶	▷	ø brutto €	◁	◀		[Einheit]	Ausf.-Dauer	Positionsnummer
▶	▷	ø netto €	◁	◀				

33 Deckendurchbruch, bis 500cm², 20cm — KG **394**

Deckendurchbruch nachträglich herstellen; Ziegelhohlkörper; 100-500cm², Dicke bis 20cm; inkl. Deckenabstützung; nichttragender Bereich; Bauschutt entsorgen

▶	▷	ø	◁	◀	Einheit	Ausf.-Dauer	Positionsnummer
46€	73€	**82€**	102€	113€	[St]	⏱ 0,60h/St	312.000.212
39€	61€	**69€**	86€	95€			

34 Deckendurchbruch, bis 500cm², 30cm — KG **394**

Deckendurchbruch nachträglich herstellen; Ziegelhohlkörper; 100-500cm², Dicke bis 30cm; inkl. Deckenabstützung; nichttragender Bereich; Bauschutt entsorgen

▶	▷	ø	◁	◀	Einheit	Ausf.-Dauer	Positionsnummer
55€	76€	**92€**	112€	116€	[St]	⏱ 0,75h/St	312.000.214
46€	64€	**77€**	94€	97€			

Kosten:
Stand 2. Quartal 2025
Bundesdurchschnitt

35 Deckendurchbruch schließen, bis 100cm², 20cm — KG **395**

Deckendurchbruch schließen; Ziegeldecke; bis 100cm², Dicke bis 20cm; mit Mörtel und Schalung

▶	▷	ø	◁	◀	Einheit	Ausf.-Dauer	Positionsnummer
29€	39€	**46€**	56€	60€	[St]	⏱ 0,35h/St	312.000.215
25€	33€	**38€**	47€	51€			

36 Deckendurchbruch schließen, bis 500cm², 20cm — KG **395**

Deckendurchbruch schließen; Ziegeldecke; 100-500cm², Dicke bis 20cm; mit Mörtel und Schalung

▶	▷	ø	◁	◀	Einheit	Ausf.-Dauer	Positionsnummer
56€	72€	**82€**	96€	99€	[St]	⏱ 0,60h/St	312.000.216
47€	60€	**69€**	81€	83€			

37 Deckendurchbruch schließen, bis 1.000cm², 20cm — KG **395**

Deckendurchbruch schließen; Ziegeldecke; 500-1.000cm², Dicke bis 20cm; mit Mörtel und Schalung

▶	▷	ø	◁	◀	Einheit	Ausf.-Dauer	Positionsnummer
87€	103€	**121€**	148€	151€	[St]	⏱ 0,90h/St	312.000.217
73€	87€	**102€**	124€	127€			

38 Deckendurchbruch schließen, bis 500cm², 30cm — KG **395**

Deckendurchbruch schließen; Ziegeldecke; 100-500cm², Dicke bis 30cm; mit Mörtel und Schalung

▶	▷	ø	◁	◀	Einheit	Ausf.-Dauer	Positionsnummer
71€	101€	**117€**	142€	148€	[St]	⏱ 0,80h/St	312.000.218
60€	85€	**98€**	119€	125€			

▶ min
▷ von
ø Mittel
◁ bis
◀ max

39 Baustelleneinrichtung, Bohren/Sägen — KG **391**

Baustelleneinrichtung; Bohrer, Sägen; einrichten, vorhalten, abbauen

▶	▷	ø	◁	◀	Einheit	Ausf.-Dauer	Positionsnummer
–	209€	**243€**	294€	–	[psch]	⏱ 1,50h/psch	312.000.219
–	175€	**204€**	247€	–			

40 Bohreinrichtung umsetzen — KG **391**

Bohreinrichtung umsetzen; geschossweise

▶	▷	ø	◁	◀	Einheit	Ausf.-Dauer	Positionsnummer
–	88€	**101€**	125€	–	[psch]	⏱ 1,25h/psch	312.000.220
–	74€	**85€**	105€	–			

© BKI Baukosteninformationszentrum

Nr.	Kurztext / Stichworte						Kostengruppe
▶	▷	ø brutto €	◁	◀	[Einheit]	Ausf.-Dauer	Positionsnummer
▶	▷	ø netto €	◁	◀			

41 Mauerwerk schneiden, Wand, Mz bis 36cm KG **394**

Mauerwerksschnitt herstellen; Ziegelwand; Tiefe bis 36cm; einseitig; Bauschutt entsorgen

45€	61€	**70€**	85€	91€	[m]	⏱ 1,30h/m	312.000.221
38€	52€	**59€**	72€	76€			

42 Mauerwerk schneiden, Wand, KS bis 17,5cm KG **394**

Mauerwerksschnitt herstellen; Kalksandstein; Tiefe bis 17,5cm; zweiseitig; Bauschutt entsorgen

35€	50€	**60€**	73€	75€	[m]	⏱ 0,85h/m	312.000.222
29€	42€	**51€**	61€	63€			

43 Mauerwerk schneiden, Wand, KS bis 24cm KG **394**

Mauerwerksschnitt herstellen; Kalksandstein; Tiefe bis 24cm; zweiseitig; Bauschutt entsorgen

78€	96€	**109€**	132€	143€	[m]	⏱ 1,00h/m	312.000.223
66€	80€	**91€**	111€	120€			

44 Kernbohrung, Mauerwerk, 10-50mm KG **394**

Kernbohrung; Ziegelwand; Durchmesser 10-50mm; Diamantbohrkronen; Bauschutt entsorgen

138€	189€	**225€**	272€	288€	[m]	⏱ 0,90h/m	312.000.224
116€	159€	**189€**	229€	242€			

45 Kernbohrung, Mauerwerk, 85-110mm KG **394**

Kernbohrung; Ziegelwand; Durchmesser 85-110mm; Diamantbohrkronen; Bauschutt entsorgen

175€	235€	**284€**	349€	368€	[m]	⏱ 2,00h/m	312.000.226
147€	198€	**238€**	293€	309€			

46 Kernbohrung, Mauerwerk, 115-130mm KG **394**

Kernbohrung; Ziegelwand; Durchmesser 115-130mm; Diamantbohrkronen; Bauschutt entsorgen

209€	276€	**341€**	406€	417€	[m]	⏱ 2,40h/m	312.000.227
175€	232€	**287€**	341€	350€			

47 Kernbohrung, Mauerwerk, 150-200mm KG **394**

Kernbohrung; Ziegelwand; Durchmesser 150-200mm; Diamantbohrkronen; Bauschutt entsorgen

304€	365€	**429€**	519€	557€	[m]	⏱ 3,30h/m	312.000.229
256€	306€	**360€**	436€	468€			

48 Innenwand, HLz 11,5cm, nichttragend KG **342**

Mauerwerk, nichttragend; Hochlochziegel; Dicke 11,5cm; innen; für Putzauftrag

76€	88€	**94€**	102€	117€	[m²]	⏱ 0,40h/m²	312.000.241
64€	74€	**79€**	85€	98€			

Nr.	Kurztext / Stichworte						Kostengruppe
►	▷	ø brutto €	◁	◄	[Einheit]	Ausf.-Dauer	Positionsnummer
►	▷	ø netto €	◁	◄			

49 Innenwand, KS 11,5cm, nichttragend KG **342**

Mauerwerk, nichttragend; Kalksandstein; Dicke 11,5cm; innen; für Putzauftrag

89€	100€	**104€**	111€	123€	[m²]	⏱ 0,40h/m²	312.000.242
75€	84€	**88€**	93€	103€			

50 Innenwand, KS 17,5cm, tragend KG **341**

Mauerwerk, tragend; Kalksandstein; Dicke 17,5cm; innen; für Putzauftrag

101€	122€	**130€**	135€	166€	[m²]	⏱ 0,30h/m²	312.000.243
85€	102€	**109€**	113€	140€			

Kosten:
Stand 2. Quartal 2025
Bundesdurchschnitt

51 Innenwand, PP 11,5cm, nichttragend KG **342**

Mauerwerk; Porenbetonstein; 11,5cm; nichttragend, Dünnbettmörtel; innen; für Dünnputzauftrag

74€	94€	**102€**	111€	134€	[m²]	⏱ 0,30h/m²	312.000.245
62€	79€	**86€**	93€	113€			

52 Ausmauerung, Fachwerk 11,5cm KG **342**

Ausmauerung Holzfachwerk; HLz; 2DF 240x115x113mm; MG III; inkl. Maueranker, Gebälkanschluss

112€	151€	**168€**	200€	257€	[m²]	⏱ 0,85h/m²	312.000.247
94€	127€	**141€**	168€	216€			

53 Stundensatz, Facharbeiter/-in

Stundenlohnarbeiten, Vorarbeiter/-in, Facharbeiter/-in und Gleichgestellte; Mauerarbeiten

81€	89€	**93€**	98€	109€	[h]	⏱ 1,00h/h	312.000.249
68€	74€	**78€**	82€	91€			

54 Stundensatz, Helfer/-in

Stundenlohnarbeiten für Werker/-in, Helfer/-in und Gleichgestellte; Mauerarbeiten

72€	79€	**84€**	85€	89€	[h]	⏱ 1,00h/h	312.000.250
60€	67€	**70€**	72€	75€			

► min
▷ von
ø Mittel
◁ bis
◄ max

© **BKI** Baukosteninformationszentrum

313

Kosten:
Stand 2. Quartal 2025
Bundesdurchschnitt

Nr.	Kurztext / Stichworte						Kostengruppe
▶	▷	ø brutto €	◁	◀	[Einheit]	Ausf.-Dauer	Positionsnummer
▶	▷	ø netto €	◁	◀			

1 Innenwände abbrechen, Stahlbeton bis 15cm KG **394**

Innenwand abbrechen; Stahlbeton; Dicke bis 15cm; nichttragend; Bauschutt entsorgen

282€	364€	**387€**	453€	483€	[m³]	⏱ 4,80h/m³	313.000.171
237€	306€	**325€**	380€	406€			

2 Innenwände abbrechen, Stahlbeton bis 25cm KG **394**

Innenwand abbrechen; Stahlbeton; Dicke bis 25cm; tragend; Bauschutt entsorgen

352€	422€	**469€**	534€	581€	[m³]	⏱ 4,60h/m³	313.000.172
295€	355€	**394€**	449€	488€			

3 Stahlbetonstützen abbrechen KG **394**

Stahlbetonstützen abbrechen; verschiedene Querschnitte; inkl. Abstütz- und Sicherungsmaßnahmen; Bauschutt entsorgen

438€	528€	**600€**	684€	744€	[m³]	⏱ 5,80h/m³	313.000.174
368€	444€	**505€**	575€	626€			

4 Geschossdecke abbrechen, Stahlbeton bis 25cm KG **394**

Geschossdecke abbrechen; Stahlbeton; Dicke bis 25cm; inkl. Abstütz- und Sicherungsmaßnahmen; Bauschutt entsorgen

334€	414€	**455€**	541€	600€	[m³]	⏱ 3,80h/m³	313.000.175
281€	348€	**382€**	455€	504€			

5 Stahlbetontreppe abbrechen KG **394**

Stahlbetontreppe abbrechen, eingeschossig; Stufen 14St, Stg 27/18cm, Breite bis 1,50m; inkl. Abstütz- und Sicherungsmaßnahmen; Bauschutt entsorgen

884€	1.114€	**1.211€**	1.405€	1.514€	[St]	⏱ 12,00h/St	313.000.178
743€	936€	**1.018€**	1.181€	1.272€			

6 Wandschlitze, Beton, 10x5 KG **395**

Wandschlitz herstellen; Beton, unbewehrt; Größe bis 10x5cm; schließen; Bauschutt entsorgen

67€	84€	**89€**	109€	112€	[m]	⏱ 0,40h/m	313.000.179
56€	70€	**75€**	91€	94€			

7 Wanddurchbrüche, Stb, 20x20, 24cm KG **395**

Wanddurchbruch herstellen; Stahlbeton; Größe 20x20cm, Dicke bis 24cm; schließen; Bauschutt entsorgen

121€	145€	**163€**	186€	202€	[St]	⏱ 1,20h/St	313.000.180
101€	122€	**137€**	156€	170€			

8 Deckendurchbruch, Stb, herstellen 30x10, 20cm KG **395**

Deckendurchbruch herstellen; Stahlbeton; Größe 30x10cm, Dicke bis 20cm; inkl. Abstütz- und Sicherungsmaßnahmen; Bauschutt entsorgen

69€	85€	**94€**	108€	119€	[St]	⏱ 0,90h/St	313.000.181
58€	71€	**79€**	91€	100€			

▶ min
▷ von
ø Mittel
◁ bis
◀ max

Nr.	Kurztext / Stichworte						Kostengruppe
▶	▷	**ø brutto €**	◁	◀	[Einheit]	Ausf.-Dauer	Positionsnummer
▶	▷	**ø netto €**	◁	◀			

9 Deckendurchbruch, Stb, herstellen 50x20, 20cm — KG **395**

Deckendurchbruch herstellen; Stahlbeton; Größe 50x20cm, Dicke bis 20cm; inkl. Abstütz- und Sicherungsmaßnahmen; Bauschutt entsorgen

113€	138€	**153€**	176€	193€	[St]	⏱ 1,50h/St	313.000.183
95€	116€	**129€**	148€	162€			

10 Deckendurchbruch, Stb, schließen 30x10, 20cm — KG **395**

Deckendurchbruch schließen; Stahlbeton; Größe 30x10cm, Dicke bis 20cm; mit Beton schließen; inkl. Schalung

35€	42€	**46€**	54€	64€	[St]	⏱ 0,25h/St	313.000.184
29€	35€	**39€**	46€	54€			

11 Deckendurchbruch, Stb, schließen 50x20, 20cm — KG **395**

Deckendurchbruch schließen; Stahlbeton; Größe 50x20cm, Dicke bis 20cm; mit Beton schließen; inkl. Schalung

60€	72€	**81€**	94€	107€	[St]	⏱ 0,50h/St	313.000.186
50€	60€	**68€**	79€	90€			

12 Deckendurchbruch, Stb, schließen 50x50, 24cm — KG **395**

Deckendurchbruch schließen; Stahlbeton; Größe 50x50cm, Dicke bis 24cm; mit Beton schließen; inkl. Schalung

97€	116€	**132€**	150€	167€	[St]	⏱ 0,70h/St	313.000.187
82€	97€	**111€**	126€	140€			

13 Kernbohrung, Stb, Durchmesser 10-50mm — KG **399**

Kernbohrung; Stahlbetonbauteile; Durchmesser 10-50mm; Bauschutt entsorgen

185€	221€	**246€**	288€	303€	[m]	⏱ 1,70h/m	313.000.188
155€	186€	**207€**	242€	254€			

14 Kernbohrung, Stb, Durchmesser 55-80mm — KG **399**

Kernbohrung; Stahlbetonbauteile; Durchmesser 55-80mm; Bauschutt entsorgen

221€	266€	**299€**	341€	368€	[m]	⏱ 2,10h/m	313.000.189
186€	224€	**251€**	286€	309€			

15 Kernbohrung, Stb, Durchmesser 115-130mm — KG **399**

Kernbohrung; Stahlbetonbauteile; Durchmesser 115-130mm; Bauschutt entsorgen

249€	303€	**341€**	392€	416€	[m]	⏱ 2,50h/m	313.000.190
209€	255€	**286€**	329€	349€			

16 Kernbohrung, Stb, Durchmesser 140-160mm — KG **399**

Kernbohrung; Stahlbetonbauteile; Durchmesser 140-160mm; Bauschutt entsorgen

286€	331€	**381€**	445€	480€	[m]	⏱ 2,90h/m	313.000.191
240€	278€	**320€**	374€	403€			

Nr.	Kurztext / Stichworte					Kostengruppe
▶	▷	**ø brutto €**	◁	◀	[Einheit]	Ausf.-Dauer	Positionsnummer
▶	▷	**ø netto €**	◁	◀			

17 **Kernbohrung, Stb, Durchmesser 170-180mm** — KG **399**

Kernbohrung; Stahlbetonbauteile; Durchmesser 170-180mm; Bauschutt entsorgen

310€	375€	**431€**	487€	530€	[m]	⏱ 3,30h/m	313.000.192
261€	315€	**362€**	409€	445€			

18 **Kernbohrung, Stb, Durchmesser 200-220mm** — KG **399**

Kernbohrung; Stahlbetonbauteile; Durchmesser 200-220mm; Bauschutt entsorgen

358€	431€	**490€**	563€	603€	[m]	⏱ 3,70h/m	313.000.193
301€	362€	**412€**	473€	506€			

Kosten:
Stand 2.Quartal 2025
Bundesdurchschnitt

19 **Kernbohrung, Stb, Durchmesser 230-250mm** — KG **399**

Kernbohrung; Stahlbetonbauteile; Durchmesser 230-250mm; Bauschutt entsorgen

413€	506€	**550€**	638€	682€	[m]	⏱ 4,20h/m	313.000.194
347€	425€	**462€**	536€	573€			

20 **Kernbohrung, Stb, Durchmesser 280-300mm** — KG **399**

Kernbohrung; Stahlbetonbauteile; Durchmesser 280-300mm; Bauschutt entsorgen

449€	541€	**615€**	701€	756€	[m]	⏱ 4,70h/m	313.000.195
377€	455€	**517€**	589€	635€			

21 **Kernbohrung, schräg, Mehrpreis** — KG **399**

Kernbohrung Mehrpreis; schräg/senkrecht

32€	38€	**43€**	50€	54€	[St]	⏱ 0,20h/St	313.000.196
27€	32€	**36€**	42€	45€			

22 **Kernbohrung, Stahlschnitte** — KG **399**

Kernbohrung, Stahlschnitt; Mehrpreis

6€	7€	**9€**	10€	12€	[cm^2]	⏱ 0,07h/cm^2	313.000.198
5€	6€	**7€**	8€	10€			

23 **Betonschneidearbeiten, bis 43cm** — KG **399**

Betonschneidearbeiten; Stahlbeton; Tiefe bis 43cm; einseitig

194€	233€	**261€**	303€	329€	[m]	⏱ 1,70h/m	313.000.199
163€	196€	**220€**	255€	277€			

24 **Betonschneidearbeiten, bis 90cm** — KG **399**

Betonschneidearbeiten; Stahlbeton; Tiefe bis 90cm; einseitig

383€	486€	**540€**	637€	680€	[m]	⏱ 4,20h/m	313.000.200
322€	408€	**454€**	535€	571€			

▶ min
▷ von
ø Mittel
◁ bis
◀ max

© BKI Baukosteninformationszentrum

Nr.	Kurztext / Stichworte						Kostengruppe
▶	▷	ø brutto €	◁	◀	[Einheit]	Ausf.-Dauer	Positionsnummer
▶	▷	ø netto €	◁	◀			

25 Unterzug C20/25, Stb, 20x40 KG **395**

Unterzug einbauen; Stahlbeton, C20/25; bis 20x40cm; auf Auflager; Innenbereich

45€	56€	**62€**	72€	82€	[m]	⏱ 0,20h/m	313.000.204
38€	47€	**52€**	60€	69€			

26 Überzug C20/25, Stb, 24x40 KG **395**

Unterzug einbauen; Stahlbeton, C20/25; bis 24x40cm; auf Auflager; Innenbereich

54€	63€	**71€**	81€	95€	[m]	⏱ 0,25h/m	313.000.205
45€	53€	**60€**	68€	79€			

27 Deckendämmung, Mehrschichtplatte, MW 50 KG **354**

Deckendämmung; Holzwolle-Leichtbauplatten, dreischichtig, 0,85m²K/W; Dicke 50mm; auf Unterseite; Stahlbetondecke

75€	88€	**97€**	113€	121€	[m²]	⏱ 0,40h/m²	313.000.208
63€	74€	**82€**	95€	102€			

28 Deckendämmung, Mehrschichtplatte, MW 100 KG **354**

Deckendämmung; Holzwolle-Leichtbauplatten, dreischichtig, 0,85m²K/W; Dicke 100mm; auf Unterseite; Stahlbetondecke

93€	108€	**124€**	140€	156€	[m²]	⏱ 0,45h/m²	313.000.209
78€	91€	**104€**	118€	131€			

29 Deckendämmung, PS 60, geklebt KG **354**

Deckendämmung; Polystyrol-Hartschaumplatten, extrudiert; 60mm; auf Unterseite; Stahlbetondecke

40€	46€	**51€**	59€	67€	[m²]	⏱ 0,35h/m²	313.000.210
33€	39€	**43€**	49€	56€			

30 Deckendämmung, PS 100, geklebt KG **354**

Deckendämmung; Polystyrol-Hartschaumplatten, extrudiert; 100mm; auf Unterseite; Stahlbetondecke

47€	54€	**61€**	70€	80€	[m²]	⏱ 0,35h/m²	313.000.211
40€	45€	**51€**	58€	67€			

31 Deckendämmung, PS 180, geklebt KG **354**

Deckendämmung; Polystyrol-Hartschaumplatten, extrudiert; 180mm; auf Unterseite; Stahlbetondecke

55€	62€	**71€**	80€	93€	[m²]	⏱ 0,35h/m²	313.000.213
46€	52€	**60€**	67€	78€			

32 Deckendämmung, GF+PIR 50 KG **354**

Deckendämmung; Mehrschichtplatten Polyurethan, WLS 024, GF-Platten; 50mm; Unterseite kleben, punktuell befestigen; Stahlbetondecke

94€	107€	**119€**	137€	150€	[m²]	⏱ 0,45h/m²	313.000.215
79€	90€	**100€**	115€	126€			

Nr.	Kurztext / Stichworte							Kostengruppe
►	▷	ø brutto €	◁	◄	[Einheit]	Ausf.-Dauer		Positionsnummer
►	▷	ø netto €	◁	◄				

Kosten:
Stand 2. Quartal 2025
Bundesdurchschnitt

33 Deckendämmung, GF+PIR 70 — KG **354**

Deckendämmung; Mehrschichtplatten Polyurethan, WLS 024, GF-Platten; 70mm; auf Unterseite; Stahlbetondecke

105€	121€	**133€**	153€	166€	[m²]	⏱ 0,45h/m²	313.000.216
88€	102€	**112€**	128€	140€			

34 Deckendämmung, GF+PIR 90 — KG **354**

Deckendämmung; Mehrschichtplatten Polyurethan, WLS 024, GF-Platten; 90mm; auf Unterseite; Stahlbetondecke

129€	144€	**165€**	185€	203€	[m²]	⏱ 0,45h/m²	313.000.217
108€	121€	**139€**	155€	171€			

35 Deckendämmung, PIR 60, Vlies — KG **354**

Deckendämmung; Polyurethanplatten, Vliesoberfläche, WLG 025, GF-Platten; 60mm; auf Unterseite; Stahlbetondecke

66€	74€	**83€**	96€	100€	[m²]	⏱ 0,45h/m²	313.000.218
55€	62€	**70€**	80€	84€			

36 Deckendämmung, PIR 100, Vlies — KG **354**

Deckendämmung nachträglich; Polyurethanplatten, Vliesoberfläche, WLG 025, GF-Platten; 100mm; auf Unterseite; Stahlbetondecke

70€	80€	**90€**	104€	109€	[m²]	⏱ 0,45h/m²	313.000.219
59€	67€	**76€**	87€	92€			

37 Wanddämmung, Mineralplatten 30mm — KG **336**

Wanddämmung; Mineralplatten, WLG 045; 30mm, Dichte 115kg/m³; Betonwand, innen

61€	70€	**79€**	90€	104€	[m²]	⏱ 0,25h/m²	313.000.221
51€	59€	**66€**	76€	87€			

38 Wanddämmung, Mineralplatten 80mm — KG **336**

Wanddämmung; Mineralplatten, WLG 045; 80mm, Dichte 115kg/m³; Betonwand, innen

74€	84€	**94€**	108€	124€	[m²]	⏱ 0,30h/m²	313.000.223
62€	70€	**79€**	91€	104€			

39 Laibungen, Mineralplatten — KG **336**

Laibungen dämmen; Mineralfaserplatten; Dicke 20mm, Tiefe bis 250mm; Fenster, Türen

34€	40€	**46€**	52€	61€	[m]	⏱ 0,20h/m	313.000.225
29€	34€	**39€**	44€	51€			

40 Wanddämmung, Gipsplatte-Bekleidung, 80mm — KG **336**

Wanddämmung; GK-Bekleidung, Mineralwolle, WLS 032, Dampfsperre; GK 12,5mm, MW Dicke 80mm; Metallprofile

66€	75€	**84€**	96€	111€	[m²]	⏱ 0,40h/m²	313.000.226
56€	63€	**71€**	81€	93€			

► min
▷ von
ø Mittel
◁ bis
◄ max

© BKI Baukosteninformationszentrum

Nr.	Kurztext / Stichworte						Kostengruppe
▶	▷	ø brutto €	◁	◀	[Einheit]	Ausf.-Dauer	Positionsnummer
▶	▷	ø netto €	◁	◀			

41 Wanddämmung, Gipsplatte-Bekleidung, 100mm KG **336**

Wanddämmung; GK-Bekleidung, Mineralwolle, WLS 032, Dampfsperre; GK 12,5mm, MW Dicke 100mm; Metallprofile

70€	80€	**88€**	101€	116€	[m2]	⏱ 0,40h/m2	313.000.227
59€	67€	**74€**	85€	97€			

42 Wanddämmung, WD-Putzsystem, 50mm KG **336**

Wärmedämmputzsystem; Unterputz, Kratzputz, WLG 070; Gesamtdicke 50mm; Spritzputz voll deckend, abgezogen; Innenflächen Außenwand, Beton

82€	93€	**104€**	119€	135€	[m2]	⏱ 0,60h/m2	313.000.228
69€	78€	**87€**	100€	114€			

43 Wanddämmung, WD-Putzsystem, 75mm KG **336**

Wärmedämmputzsystem; Spritzputz, Dämmputz, WLG 070, Kratzputz; Gesamtdicke 75mm; Spritzputz voll deckend, abgezogen; Innenflächen Außenwand, Beton

93€	107€	**117€**	135€	153€	[m2]	⏱ 0,65h/m2	313.000.229
78€	90€	**99€**	113€	128€			

44 Laibungen, WD-Putz 50mm KG **336**

Wärmedämmputzsystem; Unterputz, Kratzputz; Gesamtdicke 50mm, Tiefe bis 250mm; Laibungen, innen

35€	41€	**44€**	53€	57€	[m]	⏱ 0,35h/m	313.000.230
30€	34€	**37€**	44€	48€			

45 Laibungen, WD-Putz 75mm KG **336**

Wärmedämmputzsystem; Unterputz, Kratzputz; Gesamtdicke 75mm, Tiefe bis 250mm; Laibungen, innen

46€	52€	**57€**	67€	75€	[m]	⏱ 0,40h/m	313.000.231
39€	43€	**48€**	57€	63€			

46 Dachbodendämmung, MW 035, 100mm KG **363**

Dachbodendämmung nachträglich; Mineralwolle-Dämmplatten, WLG 035, A1; 100mm; Massivdecke

24€	27€	**31€**	35€	42€	[m2]	⏱ 0,15h/m2	313.000.232
20€	23€	**26€**	30€	36€			

47 Dachbodendämmung, MW 035, 200mm KG **363**

Dachbodendämmung nachträglich; Mineralwolle-Dämmplatten, WLG 035, A1; 200mm; zweilagig, versetzt verlegt; Massivdecke

47€	53€	**58€**	68€	77€	[m2]	⏱ 0,15h/m2	313.000.233
39€	44€	**49€**	57€	65€			

48 Dachbodendämmung, MW 035, 100mm, kaschiert KG **363**

Dachbodendämmung nachträglich; Mineralwolle, kaschierte Oberfläche aus fadenverstärktem Glasvlies, WLG 035, A1; 100mm; Unterlage begehbarer Platten; Massivdecke

56€	65€	**71€**	83€	92€	[m2]	⏱ 0,15h/m2	313.000.234
47€	54€	**60€**	69€	78€			

Nr.	Kurztext / Stichworte						Kostengruppe
▶	▷	ø brutto €	◁	◀	[Einheit]	Ausf.-Dauer	Positionsnummer
▶	▷	ø netto €	◁	◀			

49 Dachbodendämmung, MW 035, 200mm, kaschiert KG **363**

Dachbodendämmung nachträglich; Mineralwolle, kaschierte Oberfläche aus fadenverstärktem Glasvlies, WLG 035, A1; Dicke 200mm; als Unterlage begehbarer Platten; Massivdecke

99€	113€	**121€**	146€	157€	[m2]	⏱ 0,15h/m2	313.000.235
84€	95€	**102€**	122€	132€			

50 Dachbodendämmung, WF 045, 80mm KG **363**

Dachbodendämmung nachträglich; Holzweichfaserelement, WLG 045, B2; 80mm; Massivdecke

49€	56€	**63€**	73€	83€	[m2]	⏱ 0,15h/m2	313.000.236
41€	47€	**53€**	62€	70€			

Kosten:
Stand 2. Quartal 2025
Bundesdurchschnitt

51 Dachbodendämmung, EPS 040, 180mm KG **363**

Dachbodendämmung nachträglich; Polystyrol-Hartschaum, expandiert, WLG 040; 180mm; Massivdecke

38€	43€	**48€**	55€	62€	[m2]	⏱ 0,12h/m2	313.000.237
32€	36€	**40€**	46€	53€			

52 Dachbodendämmung, PUR 024, 80mm, kaschiert KG **363**

Dachbodendämmung nachträglich; Polyurethan-Hartschaum, aluminiumkaschiert, WLS 024; 80mm; einlagig, NF-System; Massivdecke

71€	81€	**92€**	104€	119€	[m2]	⏱ 0,15h/m2	313.000.238
59€	68€	**77€**	87€	100€			

53 Dachbodendämmung, MW 040, 180mm, Spanplatte KG **363**

Dachbodendämmung nachträglich; begehbare Verbundelemente, Mineralwolle mit Spanplattenoberfläche, WLG 040; Elementdicke 199mm; einlagig, Stöße verleimt; Massivdecke

102€	116€	**130€**	149€	169€	[m2]	⏱ 0,20h/m2	313.000.239
85€	97€	**110€**	125€	142€			

54 Dachbodendämmung, EPS 040, 80mm, Spanplatte KG **363**

Dachbodendämmung nachträglich; Verbundelemente Polystyrol-Hartschaum, expandiert, mit Spanplatte, WLG 040; Elementdicke 99mm; NF-System; Massivdecke

66€	75€	**85€**	96€	110€	[m2]	⏱ 0,15h/m2	313.000.240
56€	63€	**71€**	81€	93€			

▶ min
▷ von
ø Mittel
◁ bis
◀ max

55 Dachbodendämmung, EPS 035, 100mm, Spanplatte KG **363**

Dachbodendämmung nachträglich; Verbundelemente Polystyrol-Hartschaum, expandiert, mit Spanplatte, WLG 035; Elementdicke 119mm; einlagig, NF-System; Massivdecke

73€	84€	**94€**	106€	123€	[m2]	⏱ 0,15h/m2	313.000.241
62€	70€	**79€**	89€	104€			

© BKI Baukosteninformationszentrum

Nr.	Kurztext / Stichworte						Kostengruppe
▶	▷	**ø brutto €**	◁	◀	[Einheit]	Ausf.-Dauer	Positionsnummer
▶	▷	**ø netto €**	◁	◀			

56 Dachbodendämmung, EPS 032, 200mm, Spanplatte KG **363**

Dachbodendämmung nachträglich; Verbundelemente Polystyrol-Hartschaum, expandiert, mit Spanplatte, WLS 032; Elementdicke 119mm; NF-System; Massivdecke

90€	101€	**115€**	130€	143€	[m²]	⏱ 0,20 h/m²	313.000.242
75€	85€	**97€**	109€	120€			

57 Dachbodendämmung, EPS 032, 260mm, Spanplatte KG **363**

Dachbodendämmung nachträglich; Verbundelemente Polystyrol-Hartschaum, expandiert, mit Spanplatte, WLS 032; Elementdicke 279mm; NF-System; Massivdecke

106€	121€	**136€**	158€	172€	[m²]	⏱ 0,22 h/m²	313.000.244
89€	102€	**114€**	133€	144€			

58 Dachbodendämmung, PUR 024, 80mm, Spanplatte KG **363**

Dachbodendämmung nachträglich; Verbundelemente Polyurethan-Hartschaum mit Spanplatte und integrierter Dampfsperre, WLS 024, B1; Elementdicke 136mm; NF-System; Massivdecke

102€	117€	**129€**	151€	161€	[m²]	⏱ 0,17 h/m²	313.000.245
85€	98€	**108€**	126€	135€			

59 Dachbodendämmung, EPS 032,160mm, OSB-Platte KG **363**

Dachbodendämmung nachträglich; Verbundelemente Polyurethan-Hartschaum mit Spanplatte und integrierter Dampfsperre, WLS 024, B1; Dämmung 160mm; NF-System; Massivdecke

85€	95€	**104€**	122€	134€	[m²]	⏱ 0,20 h/m²	313.000.246
72€	79€	**87€**	102€	113€			

60 Dachbodendämmung, WF 045, 100mm, OSB-Platte KG **363**

Dachbodendämmung nachträglich; Verbundelemente Holzweichfaser mit OSB-Platte, WLG 040, B2; Elementdicke 115mm; Massivdecke

74€	84€	**97€**	108€	124€	[m²]	⏱ 0,17 h/m²	313.000.247
63€	71€	**81€**	91€	104€			

61 Stundensatz, Facharbeiter/-in

Stundenlohnarbeiten, Vorarbeiter/-in, Facharbeiter/-in und Gleichgestellte; Betonbau

84€	89€	**93€**	94€	97€	[h]	⏱ 1,00 h/h	313.000.289
70€	75€	**78€**	79€	82€			

Kosten:
Stand 2. Quartal 2025
Bundesdurchschnitt

► min
▷ von
ø Mittel
◁ bis
◄ max

Nr.	Kurztext / Stichworte						Kostengruppe
►	▷	**ø brutto €**	◁	◄	[Einheit]	Ausf.-Dauer	Positionsnummer
►	▷	**ø netto €**	◁	◄			
1	**Natursteinbelag abbrechen, Mörtelbett**						KG **394**
Plattenbelag, abbrechen; Naturwerkstein; Dicke 6cm; Im Mörtelbett; Bauschutt entsorgen							
21€	34€	**37€**	46€	65€	[m²]	⏱ 0,20 h/m²	314.000.055
17€	28€	**31€**	38€	54€			
2	**Natursteinbelag abbrechen, Unterbeton**						KG **394**
Plattenbelag, abbrechen; Naturwerkstein; Dicke 15cm; Im Mörtelbett; Bauschutt entsorgen							
43€	64€	**72€**	90€	96€	[m²]	⏱ 1,00 h/m²	314.000.056
36€	54€	**60€**	76€	81€			
3	**Natursteinbelag aufnehmen, lagern**						KG **395**
Plattenbelag aufnehmen; Naturwerkstein; reinigen, zur Wiederverwendung; lagern							
50€	61€	**69€**	86€	92€	[m²]	⏱ 0,60 h/m²	314.000.057
42€	51€	**58€**	73€	77€			
4	**Naturstein-Treppenbelag abbrechen**						KG **394**
Plattenbelag, abbrechen; Naturwerkstein; Dicke 6cm, Breite bis 1,30m; Im Mörtelbett; Treppe; Bauschutt entsorgen							
43€	52€	**58€**	73€	77€	[m]	⏱ 0,75 h/m	314.000.058
36€	44€	**49€**	61€	65€			
5	**Trittstufe abbrechen, Naturstein**						KG **394**
Trittstufe abbrechen; Naturwerkstein; Tiefe bis 30cm, Breite bis 1,30m; Auflagerfläche reinigen; Bauschutt entsorgen							
99€	122€	**136€**	166€	174€	[St]	⏱ 1,20 h/St	314.000.059
83€	103€	**114€**	139€	146€			
6	**Sockelleiste ausbauen/lagern, Naturwerkstein**						KG **394**
Sockelleisten ausbauen; Naturwerkstein; Mörtelreste entfernen, reinigen, zur Wiederverwendung lagern							
15€	18€	**20€**	24€	26€	[m]	⏱ 0,15 h/m	314.000.060
12€	15€	**17€**	20€	22€			
7	**Sockelleiste abbrechen, Naturwerkstein**						KG **394**
Sockelleisten entfernen; Naturwerkstein; Bauschutt entsorgen							
10€	13€	**15€**	19€	20€	[m]	⏱ 0,12 h/m	314.000.061
9€	11€	**13€**	16€	16€			
8	**Natursteinbekleidung abbrechen**						KG **394**
Fassadenbekleidung abbrechen; Natursteinplatten; Dicke bis 50mm; Fassade; Bauschutt entsorgen							
56€	70€	**80€**	98€	103€	[m²]	⏱ 0,70 h/m²	314.000.062
47€	59€	**67€**	82€	86€			

Nr.	Kurztext / Stichworte						Kostengruppe
▶	▷	ø brutto €	◁	◀	[Einheit]	Ausf.-Dauer	Positionsnummer
▶	▷	ø netto €	◁	◀			

9 Fensterbank abbrechen, Naturstein außen KG **394**

Fensterbank abbrechen, außen; Naturwerkstein; Dicke 3cm, Breite bis 30cm; Auflagerfläche neu vorbereiten; Bauschutt entsorgen

32€	41€	**44€**	54€	57€	[m]	⏱ 0,25h/m	314.000.063
27€	34€	**37€**	46€	48€			

10 Fensterbank abbrechen, Naturstein, innen KG **394**

Fensterbank abbrechen, innen; Naturwerkstein; Auflagerfläche neu vorbereiten; Bauschutt entsorgen

22€	37€	**43€**	50€	65€	[St]	⏱ 0,30h/St	314.000.064
18€	31€	**36€**	42€	55€			

11 Natursteinblockstufen, ausbauen/lagern KG **394**

Blockstufe ausbauen; Naturwerkstein; Mörtelreste entfernen, reinigen, zur Wiederverwendung lagern

77€	92€	**109€**	134€	140€	[St]	⏱ 1,05h/St	314.000.065
65€	78€	**91€**	112€	118€			

12 Betonwerksteinplatten abbrechen KG **394**

Plattenbelag ausbauen; Betonwerkstein; bis 50x50x5cm; in Sand/-Splittbett; Bauschutt entsorgen

23€	28€	**33€**	41€	42€	[m²]	⏱ 0,20h/m²	314.000.066
19€	24€	**28€**	34€	35€			

13 Betonwerksteinbelag abbrechen KG **394**

Bodenplatten mit Mörtelbett abbrechen; Betonwerkstein; Dicke bis 12cm; inkl. Estrich, Untergrund reinigen; Bauschutt entsorgen

37€	58€	**62€**	77€	80€	[m²]	⏱ 0,30h/m²	314.000.070
31€	49€	**52€**	64€	67€			

14 Betonwerksteinplatten aufnehmen, lagern KG **394**

Plattenbelag aufnehmen; Betonwerkstein; 40x40x5cm; in Sandbett, zur Wiederverwendung reinigen; lagern

22€	34€	**40€**	48€	50€	[m²]	⏱ 0,25h/m²	314.000.067
18€	29€	**33€**	40€	42€			

15 Sockelbekleidung abbrechen, Betonwerkstein KG **394**

Sockelbekleidung im Mörtelbett abbrechen; Betonwerkstein; Dicke bis 6cm; Untergrund reinigen; Bauschutt entsorgen

128€	154€	**173€**	218€	222€	[m²]	⏱ 0,12h/m²	314.000.071
108€	130€	**146€**	183€	186€			

16 Treppenbelag abbrechen, Betonwerkstein KG **394**

Treppenbelag im Mörtelbett abbrechen; Betonwerkstein; Dicke bis 8cm, Stg. 17,5x28cm; Untergrund reinigen; Bauschutt entsorgen

75€	90€	**103€**	127€	134€	[m]	⏱ 0,60h/m	314.000.068
63€	76€	**86€**	107€	113€			

Nr.	Kurztext / Stichworte						Kostengruppe
▶	▷	**ø brutto €**	◁	◀	[Einheit]	Ausf.-Dauer	Positionsnummer
▶	▷	**ø netto €**	◁	◀			

17 Podestbelag abbrechen, Betonwerkstein KG **394**

Podestplatte im Mörtelbett abbrechen; Betonwerkstein; Dicke 5cm; Untergrund reinigen; Bauschutt entsorgen

42€	51€	**57€**	72€	76€	[m²]	⏱ 0,30 h/m²	314.000.069
35€	43€	**48€**	60€	63€			

18 Fensterbank abbrechen, Betonwerkstein, innen KG **394**

Fensterbank abbrechen, innen; Betonwerkstein; Bauschutt entsorgen

26€	31€	**37€**	43€	44€	[m]	⏱ 0,20 h/m	314.000.073
22€	26€	**31€**	36€	37€			

Kosten:
Stand 2. Quartal 2025
Bundesdurchschnitt

19 Naturwerksteinbelag reinigen KG **395**

Plattenbelag reinigen; Naturwerkstein; Wachs- und Schmutzschichten entfernen

17€	20€	**23€**	29€	30€	[m²]	⏱ 0,20 h/m²	314.000.075
14€	17€	**19€**	24€	25€			

20 Naturwerksteinflächen ausbessern KG **395**

Naturwerksteinfläche ausbessern; Sandstein; mit Restaurationsgrund unterlegen

46€	57€	**60€**	76€	80€	[m²]	⏱ 0,32 h/m²	314.000.076
39€	48€	**51€**	64€	68€			

21 Naturwerksteinoberflächen schleifen KG **395**

Naturwerksteinfläche nacharbeiten; ausgebesserte Stelle schleifen und angleichen

83€	96€	**114€**	140€	151€	[m²]	⏱ 0,84 h/m²	314.000.077
70€	81€	**96€**	118€	127€			

22 Naturwerksteinflächen festigen KG **395**

Naturwerksteinflächen festigen; Kieselsäureester

21€	25€	**29€**	36€	38€	[m²]	⏱ 0,19 h/m²	314.000.078
18€	21€	**24€**	30€	32€			

23 Sandsteinoberfläche scharrieren KG **395**

Naturwerksteinoberfläche; Sandstein; scharrieren, an Bestandsfläche anpassen

150€	182€	**205€**	254€	273€	[m²]	⏱ 2,00 h/m²	314.000.079
126€	153€	**172€**	214€	229€			

24 Betonwerkstein schleifen KG **395**

Betonwerkstein glätten; schleifen

41€	50€	**57€**	71€	76€	[m²]	⏱ 0,30 h/m²	314.000.081
34€	42€	**48€**	59€	64€			

▶ min
▷ von
ø Mittel
◁ bis
◀ max

© BKI Baukosteninformationszentrum

Nr.	Kurztext / Stichworte						Kostengruppe
▶	▷	ø brutto €	◁	◀	[Einheit]	Ausf.-Dauer	Positionsnummer
▶	▷	ø netto €	◁	◀			
25	**Sockel, Naturwerksteinplatten**						KG **353**
Sockelleiste, Naturwerkstein; geschliffen; Dicke bis15mm, Querschnitt 80x15mm; in Dünnbettmörtel; Innenbereich							
39€	45€	**48€**	53€	62€	[m]	⏱ 0,25h/m	314.000.102
33€	38€	**40€**	45€	52€			
26	**Innenbelag, Naturwerkstein**						KG **353**
Bodenbelag, Naturwerksteinplatten; Naturstein; 400x150mm, Dicke 15-20mm; im Mörtelbett, inkl. verfugen; Innenbereich							
247€	306€	**335€**	368€	430€	[m²]	⏱ 1,10h/m²	314.000.103
207€	257€	**282€**	309€	361€			
27	**Innenbelag, Betonwerkstein**						KG **353**
Bodenbelag, Betonwerksteinplatten; naturgrau; im Mörtelbett, inkl. verfugen; Innenbereich							
132€	153€	**162€**	205€	264€	[m²]	⏱ 1,10h/m²	314.000.104
111€	129€	**136€**	172€	222€			
28	**Oberfläche, laserstrukturiert, Mehrpreis**						KG **353**
Oberflächenstruktur; Naturstein; R10; gelasert, R10							
–	59€	**74€**	93€	–	[m²]	⏱ 0,10h/m²	314.000.093
–	50€	**62€**	78€	–			
29	**Ausklinkung, Plattenbelag**						KG **353**
Ausklinkung Plattenbelag; Naturstein/Betonwerkstein; Boden-/Wandbelag							
24€	28€	**31€**	32€	36€	[St]	⏱ 0,18h/St	314.000.105
20€	24€	**26€**	27€	30€			
30	**Schrägschnitte, Plattenbelag**						KG **353**
Schrägschnitt, Natursteinplatten; Natursteinplatten; Boden-/Wandbelag							
33€	36€	**37€**	40€	43€	[m]	⏱ 0,40h/m	314.000.106
27€	31€	**31€**	33€	37€			
31	**Fries, Plattenbelag**						KG **353**
Friesplatte, Naturstein; rutschhemmend, scharfkantig/gefast; Breite 280mm, Länge 500mm, Dicke 20mm; Dünnbettmörtel; innen; inkl. Verfugung							
53€	100€	**102€**	106€	140€	[m]	⏱ 0,40h/m	314.000.107
44€	84€	**85€**	89€	117€			
32	**Trenn-/Anschlagschiene, Messing**						KG **353**
Trennschiene; Messing; 40x40x4mm; unter Bodenbelag, innen; inkl. Toleranzausgleich							
33€	43€	**48€**	52€	70€	[m]	⏱ 0,12h/m	314.000.108
27€	36€	**41€**	44€	59€			

Nr.	Kurztext / Stichworte						Kostengruppe
▶	▷	ø brutto €	◁	◀	[Einheit]	Ausf.-Dauer	Positionsnummer
▶	▷	ø netto €	◁	◀			
33	**Trittschalldämmung, Randstreifen, MW**						KG **353**
Trittschalldämmung; Mineralwolle; 25mm							
20€	24€	**25€**	26€	29€	[m²]	⏱ 0,60h/m²	314.000.110
17€	20€	**21€**	22€	25€			
34	**Erstreinigung, Bodenbelag**						KG **353**
Erstreinigung und Erstpflege, Bodenbelag; Naturstein, R9/R11							
6€	11€	**14€**	15€	18€	[m²]	⏱ 0,25h/m²	314.000.111
5€	9€	**12€**	13€	15€			
35	**Stundensatz, Facharbeiter/-in**						
Stundenlohnarbeiten, Vorarbeiter/-in, Facharbeiter/-in und Gleichgestellte; Naturwerkstein-, Betonwerksteinarbeiten							
80€	92€	**98€**	103€	111€	[h]	⏱ 1,00h/h	314.000.112
67€	77€	**82€**	86€	93€			
36	**Stundensatz, Helfer/-in**						
Stundenlohnarbeiten für Werker/-in, Helfer/-in und Gleichgestellte; Naturwerkstein-, Betonwerksteinarbeiten							
73€	80€	**82€**	87€	100€	[h]	⏱ 1,00h/h	314.000.113
61€	67€	**69€**	73€	84€			

Kosten:
Stand 2. Quartal 2025
Bundesdurchschnitt

▶ min
▷ von
ø Mittel
◁ bis
◀ max

© BKI Baukosteninformationszentrum

316

Kosten:
Stand 2. Quartal 2025
Bundesdurchschnitt

Nr.	Kurztext / Stichworte					Kostengruppe
▶	▷	ø brutto €	◁	◀	[Einheit] Ausf.-Dauer	Positionsnummer
▶	▷	ø netto €	◁	◀		

1 Wanddämmung entfernen, MW — KG **394**

Wanddämmung entfernen; Mineralwolle, nicht gefährlich; außen

10€	14€	**17€**	21€	27€	[m2]	0,10 h/m2	316.001.138
8€	12€	**14€**	18€	23€			

2 Zwischensparrendämmung entfernen, MW — KG **394**

Zwischensparrendämmung entfernen; Mineralwolle, nicht gefährlich; Dicke bis 100mm

8€	12€	**14€**	15€	19€	[m2]	0,15 h/m2	316.001.099
7€	10€	**12€**	12€	16€			

3 Lattentrennwand demontieren — KG **394**

Lattentrennwand demontieren; Holz; Keller/Speicher; Bauschutt entsorgen

12€	22€	**27€**	32€	47€	[m2]	0,20 h/m2	316.001.101
10€	18€	**22€**	27€	39€			

4 Dachflächenfenster entfernen — KG **394**

Dachflächenfenster entfernen; Größe bis 2,00m2; Bauschutt entsorgen

49€	105€	**120€**	152€	225€	[St]	1,40 h/St	316.001.100
41€	88€	**101€**	128€	189€			

5 Holzständerwand abbauen — KG **394**

Holzständerwand abbauen; ohne Beplankung; Bauschutt entsorgen

32€	37€	**42€**	52€	56€	[m2]	0,38 h/m2	316.001.102
27€	31€	**35€**	44€	47€			

6 Holztreppe abbauen — KG **394**

Holztreppe abbauen; Holz; Höhe bis 3,00m, Breite bis 1,20m; inkl. Geländer und Handlauf; Bauschutt entsorgen

294€	494€	**592€**	764€	1.051€	[St]	3,30 h/St	316.001.103
247€	415€	**497€**	642€	883€			

7 Bodeneinschubtreppe ausbauen — KG **394**

Bodeneinschubtreppe ausbauen; inkl. Deckenklappe und Zarge; Bauschutt entsorgen

77€	89€	**101€**	127€	139€	[St]	1,20 h/St	316.001.104
65€	75€	**85€**	107€	117€			

8 Holztrittstufe entfernen — KG **394**

Holztrittstufe entfernen; Bauschutt entsorgen

33€	40€	**45€**	56€	61€	[m2]	0,25 h/m2	316.001.105
27€	33€	**38€**	47€	51€			

▶ min
▷ von
ø Mittel
◁ bis
◀ max

Nr.	Kurztext / Stichworte						Kostengruppe
▶	▷	ø brutto €	◁	◀	[Einheit]	Ausf.-Dauer	Positionsnummer
▶	▷	ø netto €	◁	◀			

9 Holzleiter abbauen KG **394**

Holzleiter abbauen; Dachraum; Bauschutt entsorgen

19€	23€	**25€**	31€	33€	[St]	⏱ 0,15h/St	316.001.106
16€	19€	**21€**	26€	28€			

10 Holzhandlauf entfernen KG **394**

Holzhandlauf entfernen; inkl. Halterung und Befestigung; Bauschutt entsorgen

16€	20€	**24€**	28€	30€	[m]	⏱ 0,18h/m	316.001.107
13€	17€	**20€**	24€	26€			

11 Holzfußboden entfernen, Bodenbretter KG **394**

Fußbodenbretter entfernen; Holz; inkl. Sockelleiste; Bauschutt entsorgen

13€	15€	**18€**	22€	40€	[m²]	⏱ 0,18h/m²	316.001.108
11€	13€	**15€**	19€	33€			

12 Holzfußboden entfernen, Bretter/Lagerhölzer KG **394**

Fußbodenbretter auf Lagerhölzern entfernen; Holz; inkl. Sockelleiste; Bauschutt entsorgen

14€	21€	**24€**	30€	47€	[m²]	⏱ 0,22h/m²	316.001.109
12€	17€	**20€**	25€	40€			

13 Fußbodenbretter aufnehmen/lagern KG **394**

Fußbodenbretter aufnehmen, lagern; inkl. entnageln und reinigen

16€	22€	**27€**	33€	46€	[m²]	⏱ 0,30h/m²	316.001.110
14€	19€	**22€**	28€	39€			

14 Spanplattenboden ausbauen KG **394**

Spanplattenboden ausbauen; Dicke bis 25mm; inkl. Untergrund reinigen; Bauschutt entsorgen

23€	31€	**35€**	39€	47€	[m²]	⏱ 0,30h/m²	316.001.111
19€	26€	**30€**	33€	40€			

15 Schüttung entfernen, Lagerhölzer KG **394**

Schüttung entfernen; Höhe bis 7cm; zwischen Lagerhölzern; Bauschutt entsorgen

13€	17€	**20€**	24€	25€	[m²]	⏱ 0,10h/m²	316.001.112
11€	14€	**17€**	20€	21€			

16 Schüttung entfernen, Holzbalkendecke KG **394**

Schüttung entfernen; Höhe bis 15cm; aus Holzbalkendecke; Bauschutt entsorgen

15€	28€	**33€**	40€	48€	[m²]	⏱ 0,35h/m²	316.001.113
12€	23€	**28€**	34€	40€			

Kosten:
Stand 2. Quartal 2025
Bundesdurchschnitt

Nr.	Kurztext / Stichworte						Kostengruppe
▶	▷	ø brutto €	◁	◀	[Einheit]	Ausf.-Dauer	Positionsnummer
▶	▷	ø netto €	◁	◀			

17 Fehlboden entfernen, Holz KG **394**

Fehlboden entfernen; Holz; Bauschutt entsorgen

22€	27€	**30€**	38€	44€	[m²]	⏱ 0,22 h/m²	316.001.114
19€	23€	**26€**	32€	37€			

18 Deckenbalken ausbauen, Holz KG **394**

Deckenbalken ausbauen; Holz; inkl. Abstützmaßnahmen; Bauschutt entsorgen

13€	21€	**24€**	30€	43€	[m]	⏱ 0,15 h/m	316.001.115
11€	17€	**20€**	25€	36€			

19 Unterzug ausbauen, Holz KG **394**

Unterzug ausbauen; Holz; inkl. Abstützmaßnahmen; Bauschutt entsorgen

19€	22€	**26€**	32€	40€	[m]	⏱ 0,17 h/m	316.001.116
16€	19€	**22€**	27€	33€			

20 Holzbalkendecke ausbauen KG **394**

Holzbalkendecke ausbauen; Holz; komplett; inkl. Sicherungsmaßnahmen; Bauschutt entsorgen

100€	114€	**135€**	162€	185€	[m²]	⏱ 0,90 h/m²	316.001.117
84€	95€	**114€**	136€	156€			

21 Dachstuhlhölzer ausbauen KG **394**

Dachstuhlhölzer ausbauen; Holz; inkl. Sicherungsmaßnahmen; Bauschutt entsorgen

14€	26€	**31€**	38€	49€	[m]	⏱ 0,50 h/m	316.001.118
11€	22€	**26€**	32€	41€			

22 Dachlattung entfernen KG **394**

Dachlattung entfernen; Weite 320-340mm; Bauschutt entsorgen

6€	9€	**11€**	13€	17€	[m²]	⏱ 0,08 h/m²	316.001.119
5€	7€	**9€**	11€	15€			

23 Dachschalung entfernen KG **394**

Dachschalung und Dachpappe entfernen; Bauschutt entsorgen

13€	19€	**22€**	23€	29€	[m²]	⏱ 0,20 h/m²	316.001.120
11€	16€	**18€**	19€	24€			

24 Giebelgesims entfernen KG **394**

Giebelgesims entfernen; inkl. Ortgangbrett und Blechabdeckung; Bauschutt entsorgen

12€	14€	**16€**	19€	21€	[m]	⏱ 0,10 h/m	316.001.121
10€	12€	**13€**	16€	17€			

▶ min
▷ von
ø Mittel
◁ bis
◀ max

© BKI Baukosteninformationszentrum

Nr.	Kurztext / Stichworte					Kostengruppe
▶	▷	**ø brutto €**	◁	◀	[Einheit]	Ausf.-Dauer	Positionsnummer
▶	▷	**ø netto €**	◁	◀		

25 Zwischensparrendämmung, MW 035, 100mm KG **363**

Zwischensparrendämmung DZ; Mineralwolle, WLG 035, A1; 100mm; einlagig

28€	32€	**38€**	45€	48€	[m2]	⏱ 0,20h/m2	316.001.123
24€	27€	**32€**	38€	41€			

26 Zwischensparrendämmung, MW 035, 140mm KG **363**

Zwischensparrendämmung DZ; Mineralwolle, WLG 035, A1; 140mm; einlagig

37€	43€	**50€**	61€	68€	[m2]	⏱ 0,22h/m2	316.001.125
31€	36€	**42€**	51€	57€			

27 Zwischensparrendämmung, MW 032, 100mm KG **363**

Zwischensparrendämmung DZ; Mineralwolle, WLS 032, A1; 100mm; einlagig

34€	40€	**47€**	58€	63€	[m2]	⏱ 0,20h/m2	316.001.126
29€	33€	**40€**	48€	53€			

28 Zwischensparrendämmung, MW 032, 140mm KG **363**

Zwischensparrendämmung DZ; Mineralwolle, WLS 032, A1; 140mm; einlagig

42€	49€	**56€**	71€	77€	[m2]	⏱ 0,22h/m2	316.001.128
35€	41€	**47€**	59€	65€			

29 Einblasdämmung, Zellulose 040, bis 140mm KG **363**

Einblasdämmung; Zellulosefasern, WLG 040, E; bis 140mm; zwischen Sparren

21€	30€	**33€**	37€	46€	[m2]	⏱ 0,10h/m2	316.001.139
18€	26€	**27€**	31€	38€			

30 MW-Dämmung, Spitzboden, 160mm KG **363**

Wärmedämmung einbauen; Mineralwolle, WLG 035, A1; 160mm; nicht begehbar; Spitzboden

30€	33€	**38€**	47€	50€	[m2]	⏱ 0,10h/m2	316.001.129
25€	28€	**32€**	40€	42€			

31 MW/Spanplatte, Holzdecke, 240mm KG **363**

Wärmedämmung/Spanplatte, DAD-dk, einbauen; Mineralwolle, WLG 035, A1; 240mm, Spanplatte 21mm; Holzbalkendecke

132€	161€	**171€**	200€	217€	[m2]	⏱ 0,22h/m2	316.001.131
111€	135€	**144€**	168€	183€			

32 MW-Dämmung, Holzbalkendecke, 120mm KG **363**

Wärmedämmung einbauen; Mineralwolle, WLG 035, A1; 120mm; einbauen; Holzbalkendecke

29€	36€	**39€**	48€	52€	[m2]	⏱ 0,10h/m2	316.001.130
25€	30€	**33€**	41€	44€			

Nr.	Kurztext / Stichworte						Kostengruppe
▶	▷	**ø brutto €**	◁	◀	[Einheit]	Ausf.-Dauer	Positionsnummer
▶	▷	**ø netto €**	◁	◀			

33 Stundensatz, Facharbeiter/-in

Stundenlohnarbeiten, Vorarbeiter/-in, Facharbeiter/-in und Gleichgestellte; Holzarbeiten

78€	87€	**92€**	98€	108€	[h]	⏱ 1,00h/h	316.001.174
66€	74€	**77€**	82€	91€			

34 Stundensatz, Helfer/-in

Stundenlohnarbeiten für Werker/-in, Helfer/-in und Gleichgestellte; Holzarbeiten

62€	70€	**75€**	78€	85€	[h]	⏱ 1,00h/h	316.001.175
52€	59€	**63€**	66€	71€			

Kosten:
Stand 2. Quartal 2025
Bundesdurchschnitt

▶ min
▷ von
ø Mittel
◁ bis
◀ max

© **BKI** Baukosteninformationszentrum

Kosten:
Stand 2. Quartal 2025
Bundesdurchschnitt

Nr.	Kurztext / Stichworte						Kostengruppe
▶	▷	ø brutto €	◁	◀	[Einheit]	Ausf.-Dauer	Positionsnummer
▶	▷	ø netto €	◁	◀			

1 Spritzbewurf, Innenmauerwerk KG **395**

Spritzbewurf, Innenmauerwerk; MG CS IV; halbdeckend auftragen

12€	13€	**15€**	18€	23€	[m²]	⏱ 0,08 h/m²	323.000.186
10€	11€	**13€**	15€	19€			

2 Putzschäden ausbessern, Teilflächen KG **395**

Putzschäden ausbessern, Teilflächen; Mörtel; bis 1,00m², Tiefe bis 2,0cm; Innenwand; Bauschutt entsorgen

43€	47€	**54€**	62€	72€	[m²]	⏱ 0,30 h/m²	323.000.206
36€	40€	**45€**	52€	61€			

3 Fehlstellen verputzen, bis 0,1m² KG **395**

Fehlstellen verputzen; Mörtel; 0,01-0,10m², Tiefe bis 2cm; Innenwand

4€	5€	**6€**	7€	9€	[St]	⏱ 0,06 h/St	323.000.207
4€	5€	**5€**	6€	7€			

4 Fehlstellen verputzen, bis 0,2m² KG **395**

Fehlstellen verputzen; Mörtel; 0,10-0,20m², Tiefe bis 2cm; Innenwand

8€	10€	**11€**	13€	16€	[St]	⏱ 0,10 h/St	323.000.208
7€	8€	**9€**	11€	13€			

5 Fehlstellen verputzen, bis 0,3m² KG **395**

Fehlstellen verputzen; Mörtel; 0,20-0,30m², Tiefe bis 2cm; Innenwand

9€	12€	**13€**	15€	18€	[St]	⏱ 0,12 h/St	323.000.209
8€	10€	**11€**	13€	15€			

6 Putzflächen spachteln, Fehlstellen innen KG **395**

Löcher schließen; Putz; Spachteln; innen

12€	16€	**18€**	21€	25€	[m²]	⏱ 0,20 h/m²	323.000.210
10€	13€	**15€**	17€	21€			

7 Ausgleichsputz, Innenwand KG **395**

Ausgleichsputz; Mörtel; Dicke bis 2,0cm; Innenwand

18€	28€	**30€**	38€	49€	[m²]	⏱ 0,22 h/m²	323.000.211
15€	24€	**26€**	32€	41€			

8 Öffnungen beiputzen, innen KG **395**

Öffnungen beiputzen; Mörtel; Breite bis 40cm; innen; nachträglich eingebaute Fenster, Türen

19€	21€	**24€**	28€	33€	[m]	⏱ 0,16 h/m	323.000.212
16€	18€	**20€**	23€	28€			

▶ min
▷ von
ø Mittel
◁ bis
◀ max

Nr.	Kurztext / Stichworte						Kostengruppe
▶	▷	ø brutto €	◁	◀	[Einheit]	Ausf.-Dauer	Positionsnummer
▶	▷	ø netto €	◁	◀			

9 Fensterbank beiputzen, innen — KG **395**

Fensterbank; Länge bis 1,35m, Breite bis 25cm; innen; nachträglich eingebaut

25€	31€	**36€**	41€	50€	[St]	⏱ 0,30h/St	323.000.213
21€	26€	**30€**	35€	42€			

10 Trennschnitt, Innenputz — KG **395**

Trennschnitt, Putzanschluss; innen

5€	6€	**7€**	8€	10€	[m]	⏱ 0,10h/m	323.000.214
4€	5€	**6€**	7€	8€			

11 Putzträger, Rippenstreckmetall, innen — KG **395**

Putzträger; Rippenstreckmetall, verzinkt; Innen

15€	19€	**22€**	25€	30€	[m²]	⏱ 0,15h/m²	323.000.215
13€	16€	**18€**	21€	25€			

12 Putzträger, Rabitzgewebe, innen — KG **395**

Putzträger; Rabitzgewebe; Überspannung rissegefährdeter Putzuntergrund; innen

15€	19€	**22€**	25€	30€	[m²]	⏱ 0,15h/m²	323.000.216
13€	16€	**18€**	21€	26€			

13 Kantenprofil, verzinkt, innen — KG **395**

Kantenprofil; Stahl, verzinkt; Putzdicke bis 15mm; verschiedene Längen; innen

7€	9€	**10€**	11€	13€	[m]	⏱ 0,08h/m	323.000.217
6€	7€	**8€**	10€	11€			

14 Putzabschlussprofil, verzinkt, Türen, innen — KG **395**

Putzabschlussprofil; Stahl, verzinkt; zwischen Türzarge, Putzfläche, innen

8€	9€	**10€**	11€	13€	[m]	⏱ 0,08h/m	323.000.218
6€	7€	**8€**	10€	11€			

15 WD-Putz, Innendämmung, 50mm — KG **336**

Wärmedämm-Putzsystem; Spritzputz, Dämmputz, Kratzputz, WLG 070; Gesamtdicke 50mm

85€	102€	**116€**	135€	162€	[m²]	⏱ 0,60h/m²	323.000.219
71€	86€	**98€**	113€	137€			

16 WD-Putz, Innendämmung, 75mm — KG **336**

Wärmedämm-Putzsystem; Spritzputz, Dämmputz, Kratzputz, WLG 070; Gesamtdicke 75mm

140€	158€	**178€**	208€	267€	[m²]	⏱ 0,65h/m²	323.000.220
118€	133€	**149€**	175€	224€			

Kosten:
Stand 2. Quartal 2025
Bundesdurchschnitt

Nr.	Kurztext / Stichworte						Kostengruppe
►	▷	ø brutto €	◁	◄	[Einheit]	Ausf.-Dauer	Positionsnummer
►	▷	ø netto €	◁	◄			
17	**WD-Putz, Unter- und Oberputz, 50mm, Laibungen**						KG **336**
Wärmedämm-Putzsystem; Gesamtdicke 50mm, Tiefe bis 250mm; zweilagige Innendämmung							
34€	39€	**44€**	51€	62€	[m]	⏱ 0,35h/m	323.000.221
29€	32€	**37€**	43€	52€			
18	**WD-Putz, Unter- und Oberputz, 75mm, Laibungen**						KG **336**
Wärmedämm-Putzsystem; Gesamtdicke 75mm, Tiefe bis 250mm; zweilagige Innendämmung							
43€	48€	**55€**	64€	77€	[m]	⏱ 0,40h/m	323.000.222
36€	41€	**46€**	54€	65€			
19	**Trennschnitt, Deckenputz**						KG **395**
Trennschnitt; Putzdicke bis 15mm; Decke							
10€	13€	**14€**	17€	21€	[m]	⏱ 0,15h/m	323.000.225
8€	11€	**12€**	14€	17€			
20	**Innenputz, Wand, Kalk-Gipsputz, einlagig, Q2-geglättet**						KG **345**
Innenputz, einlagig; Kalk-Gipsputz; Dicke 15mm; Q2-geglättet; Betonwand/KS-Mauerwerk							
23€	28€	**31€**	33€	39€	[m²]	⏱ 0,20h/m²	323.000.275
19€	24€	**26€**	28€	33€			
21	**Innenputz, Wand, Kalk-Zementputz, Q2-abgezogen**						KG **345**
Innenputz; Kalk-Zementputz, CS II; Dicke 15mm; Q2-abgezogen; Betonwand/KS-Mauerwerk; für Fliesen							
28€	33€	**35€**	37€	44€	[m²]	⏱ 0,22h/m²	323.000.276
24€	28€	**30€**	31€	37€			
22	**Innenputz, Wand, Gipsputz, einlagig, Q2-gefilzt**						KG **345**
Innenputz, einlagig; Gipsputz, MG P IV; Putzdicke 15mm; Q2-gefilzt; KS-Mauerwerk							
22€	28€	**31€**	33€	37€	[m²]	⏱ 0,20h/m²	323.000.277
19€	24€	**26€**	27€	31€			
23	**Innenputz, Wand, Gipsputz, einlagig, Q2-geglättet**						KG **345**
Innenputz, einlagig; Gipsputz, MG P IV; Putzdicke 15mm; Q2-geglättet; HLz-/KS-Mauerwerk; für Raufasertapete							
23€	28€	**30€**	33€	39€	[m²]	⏱ 0,20h/m²	323.000.278
19€	24€	**25€**	28€	33€			
24	**Deckenputz, innen, Kalk-Gipsputz, einlagig, Q2-gefilzt**						KG **354**
Innenputz, einlagig; Kalk-Gipsputz; Dicke 15mm; Q2-gefilzt; Beton-/Ziegelsteindecke; für strukturierte Deckenbekleidungen							
24€	33€	**36€**	38€	45€	[m²]	⏱ 0,25h/m²	323.000.279
21€	27€	**30€**	32€	38€			

► min
▷ von
ø Mittel
◁ bis
◄ max

© BKI Baukosteninformationszentrum

Nr.	Kurztext / Stichworte						Kostengruppe
▶	▷	ø brutto €	◁	◀	[Einheit]	Ausf.-Dauer	Positionsnummer
▶	▷	ø netto €	◁	◀			
1	**Bodenfliesen entfernen, geklebt**						KG **394**
Bodenbelag; Fliesen entfernen; Dicke bis 2cm; verklebt; Bauschutt entsorgen							
25€	29€	**33€**	41€	42€	[m²]	⏱ 0,22 h/m²	324.000.061
21€	25€	**28€**	34€	35€			
2	**Bodenfliesen entfernen, Mörtelbett**						KG **394**
Bodenbelag; Fliesen entfernen; Dicke bis 5cm; Mörtelbett; Bauschutt entsorgen							
23€	36€	**41€**	47€	56€	[m²]	⏱ 0,20 h/m²	324.000.062
19€	30€	**34€**	39€	47€			
3	**Bodenfliesen/Estrich entfernen**						KG **394**
Bodenbelag; fliesen mit Zementestrich; Dicke bis 7cm; auf Rohdecke; Bauschutt entsorgen							
54€	63€	**73€**	89€	95€	[m²]	⏱ 0,75 h/m²	324.000.075
45€	53€	**62€**	75€	80€			
4	**Sockelfliesen entfernen**						KG **394**
Sockelbelag Fliesen, entfernen; keramisch; Bauschutt entsorgen; Bauschutt entsorgen							
5€	8€	**9€**	11€	17€	[m]	⏱ 0,10 h/m	324.000.063
4€	7€	**8€**	10€	15€			
5	**Treppenbelag, Fliesen entfernen**						KG **394**
Treppenbelag, Fliesen entfernen; Dicke bis 5cm; als Tritt- und Setzstufen; Bauschutt entsorgen							
34€	46€	**48€**	59€	64€	[m²]	⏱ 0,40 h/m²	324.000.064
29€	39€	**40€**	50€	54€			
6	**Wandfliesen entfernen. Dickbett**						KG **394**
Wandbelag, Fliesen entfernen, Dickbett; Dicke bis 4cm; Bauschutt entsorgen							
23€	35€	**40€**	47€	62€	[m²]	⏱ 0,22 h/m²	324.000.066
20€	29€	**33€**	39€	52€			
7	**Untergrund reinigen, Boden**						KG **353**
Untergrund reinigen; Staub, Schmutz; Staub, Schmutz abkehren; Abfall entsorgen							
3€	4€	**5€**	6€	8€	[m²]	⏱ 0,04 h/m²	324.000.001
2€	4€	**4€**	5€	7€			
8	**Ausgleichsspachtelung, bis 10mm**						KG **353**
Spachtelung; Spachtelmasse; Dicke 5/10mm; Boden							
6€	9€	**10€**	12€	17€	[m²]	⏱ 0,10 h/m²	324.000.074
5€	7€	**8€**	10€	14€			

324

Kosten:
Stand 2. Quartal 2025
Bundesdurchschnitt

▶ min
▷ von
ø Mittel
◁ bis
◀ max

Nr.	Kurztext / Stichworte						Kostengruppe
▶	▷	ø brutto €	◁	◀	[Einheit]	Ausf.-Dauer	Positionsnummer
▶	▷	ø netto €	◁	◀			

9	**Verbundabdichtung, streichbar, Wand**						KG **345**
Verbundabdichtung, Wand; Kunstharz, Polymerdispersion; zweilagig streichen; Inkl. Untergrundvorbereitung							
16€	25€	**28€**	34€	51€	[m2]	⏱ 0,20h/m2	324.000.076
13€	21€	**24€**	28€	42€			
10	**Anschluss, Ecken, Dichtband**						KG **353**
Abdichtung, Übergang Wand/Boden; Dichtband mit Randgewebe; Breite 12cm; Wand-/Bodenfläche							
8€	12€	**14€**	16€	22€	[m]	⏱ 0,10h/m	324.000.082
6€	10€	**12€**	13€	18€			
11	**Bodenbelag, Fliesen 20x20**						KG **353**
Bodenbelag, Fliesen; Steinzeug/Feinsteinzeug; 20x20cm; Dünnbettverfahren, inkl. Verfugung							
86€	105€	**114€**	128€	157€	[m2]	⏱ 0,70h/m2	324.000.083
72€	89€	**96€**	108€	132€			
12	**Bodenbelag, Fliesen 30x30**						KG **353**
Bodenbelag, Fliesen; Steingut/Steinzeug/Feinsteinzeug; 30x30cm; Dünnbettverfahren, inkl. Verfugung							
77€	96€	**104€**	115€	145€	[m2]	⏱ 0,75h/m2	324.000.084
65€	81€	**88€**	97€	122€			
13	**Wandbelag, Fliesen 15x15**						KG **345**
Wandbelag, Fliesen; Steinzeug/Feinsteinzeug; 15x15cm; Dünnbettverfahren, inkl. Verfugung							
86€	101€	**107€**	114€	134€	[m2]	⏱ 0,80h/m2	324.000.085
72€	84€	**90€**	96€	112€			
14	**Wandbelag, Fliesen 30x60**						KG **345**
Wandbelag, Fliesen; Steingut/Steinzeug/Feinsteinzeug; 30x60cm; Dünnbettverfahren, inkl. Verfugung							
92€	116€	**126€**	145€	171€	[m2]	⏱ 0,90h/m2	324.000.086
77€	97€	**106€**	121€	143€			
15	**Wandbelag, Fliesen/Platten BIa, 20x20**						KG **345**
Wandbelag, Fliesen; Feinsteinzeug, BIa; 20x20cm; im Dünnbettmörtel inkl. Verfugen							
82€	93€	**98€**	102€	111€	[m2]	⏱ 0,70h/m2	324.000.087
69€	78€	**83€**	86€	94€			
16	**Wandbelag, Fliesen/Platten BIIa, 20x20**						KG **345**
Wandbelag, Fliesen; Steinzeug, BIIa; 20x20cm; im Dünnbettmörtel inkl. Verfugen							
86€	98€	**102€**	115€	136€	[m2]	⏱ 0,70h/m2	324.000.088
72€	82€	**86€**	97€	115€			

Nr.	Kurztext / Stichworte							Kostengruppe
▶	▷	ø brutto €	◁	◀	[Einheit]	Ausf.-Dauer		Positionsnummer
▶	▷	ø netto €	◁	◀				
17	**Bodenbelag, Fliesen/Platten AI/AII, 20x20**							KG **353**
Bodenbelag, Platten; Steingut, A/AII; 20x20cm; inkl. Verfugen; Außenbereich								
96€	125€	**139€**	173€	217€	[m²]	⏱ 0,90h/m²		324.000.090
81€	105€	**117€**	145€	182€				
18	**Verfugung, Fliesen, Silikon**							KG **345**
Fuge, elastisch; Silikon; inkl. Flankenvorbehandlung und Hinterstopfmaterial								
6€	9€	**10€**	11€	14€	[m]	⏱ 0,06h/m		324.000.092
5€	7€	**8€**	10€	12€				
19	**Sockelfliesen, Dünnbett**							KG **353**
Sockelfliesen; Mörtel, zementhaltig; im Dünnbett, inkl. Verfugen								
17€	25€	**29€**	32€	45€	[m]	⏱ 0,14h/m		324.000.093
14€	21€	**24€**	27€	38€				
20	**Kehlsockel, Fliesenbelag**							KG **353**
Kehlsockel; Mörtel, zementhaltig; im Dünnbett, liegend, stehend, inkl. Verfugen								
31€	42€	**47€**	54€	70€	[m]	⏱ 0,18h/m		324.000.094
26€	36€	**39€**	45€	59€				
21	**Trennschiene, Messing**							KG **353**
Trennschiene; Messing; Höhe 6mm; in Fliesenbelag; Abschluss/Übergang								
18€	24€	**27€**	29€	33€	[m]	⏱ 0,10h/m		324.000.095
15€	20€	**23€**	24€	27€				
22	**Trennschiene, Aluminium**							KG **353**
Trennschiene; Aluminium; Höhe 6mm; in Fliesenbelag; Abschluss/Übergang								
16€	20€	**22€**	24€	29€	[m]	⏱ 0,10h/m		324.000.096
13€	17€	**18€**	20€	24€				
23	**Trennschiene, Edelstahl**							KG **353**
Trennschiene; Edelstahl; Schienenhöhe 6mm; einbauen; am Abschluss/Übergang								
20€	25€	**27€**	32€	41€	[m]	⏱ 0,10h/m		324.000.097
17€	21€	**23€**	27€	35€				
24	**Eckschutzschiene, Aluminium**							KG **345**
Eckschutzschiene; Aluminium; in Wandfliesenbelag; Außenecken								
18€	21€	**23€**	26€	30€	[m]	⏱ 0,12h/m		324.000.098
15€	18€	**19€**	22€	25€				

Kosten:
Stand 2. Quartal 2025
Bundesdurchschnitt

▶ min
▷ von
ø Mittel
◁ bis
◀ max

© BKI Baukosteninformationszentrum

Nr.	Kurztext / Stichworte						Kostengruppe
▶	▷	**ø brutto €**	◁	◀	[Einheit]	Ausf.-Dauer	Positionsnummer
▶	▷	**ø netto €**	◁	◀			

25	**Eckschutzschiene, Edelstahl**						KG **345**
Eckschutzschiene; Edelstahl; in Wandfliesenbelag; Außenecken							
27€	41€	**46€**	51€	61€	[m]	⏱ 0,12h/m	324.000.099
23€	34€	**39€**	43€	51€			

26	**Eckschutzschiene, Kunststoff**						KG **345**
Fliesenschiene; Kunststoff; in Wandfliesenbelag; Außenecken							
9€	13€	**15€**	18€	26€	[m]	⏱ 0,12h/m	324.000.100
8€	11€	**13€**	15€	22€			

27	**Stundensatz, Facharbeiter/-in**						
Stundenlohnarbeiten, Vorarbeiter/-in, Facharbeiter/-in und Gleichgestellte; Fliesenarbeiten							
70€	83€	**88€**	93€	105€	[h]	⏱ 1,00h/h	324.000.059
58€	70€	**74€**	78€	88€			

Nr.	Kurztext / Stichworte						Kostengruppe
►	▷	**ø brutto €**	◁	◄	[Einheit]	Ausf.-Dauer	Positionsnummer
►	▷	**ø netto €**	◁	◄			

1	**Verbundestrich abbrechen, bis 25mm**						KG **394**
Verbundestrich abbrechen; Zementestrich bis C30; Dicke bis 25mm; Bauschutt entsorgen							
26€	32€	**35€**	43€	45€	[m²]	⏱ 0,20h/m²	325.000.064
22€	27€	**29€**	36€	38€			
2	**Verbundestrich abbrechen, bis 50mm**						KG **394**
Verbundestrich abbrechen; Zementestrich; Dicke bis 50mm; Bauschutt entsorgen							
26€	35€	**42€**	54€	54€	[m²]	⏱ 0,25h/m²	325.000.065
22€	29€	**36€**	45€	45€			
3	**Verbundestrich abbrechen, bis 70mm**						KG **394**
Verbundestrich abbrechen; Zementestrich; Dicke bis 70mm; Bauschutt entsorgen							
31€	44€	**53€**	67€	73€	[m²]	⏱ 0,40h/m²	325.000.066
26€	37€	**45€**	57€	62€			
4	**Kunstharzestrich abbrechen, bis 20mm**						KG **394**
Verbundestrich abbrechen; Kunstharzestrich; Dicke bis 20mm; Bauschutt entsorgen							
13€	17€	**19€**	23€	25€	[m²]	⏱ 0,15h/m²	325.000.067
11€	14€	**16€**	20€	21€			
5	**Estrich, schwimmend, abbrechen**						KG **394**
Estrich abbrechen; Dicke 40mm, Dämmung 30mm; Bauschutt entsorgen							
33€	40€	**49€**	59€	60€	[m²]	⏱ 0,35h/m²	325.000.068
28€	33€	**41€**	50€	50€			
6	**Estrich bewehrt, schwimmend, abbrechen**						KG **394**
Estrich bewehrt, abbrechen; Dicke 50mm, Dämmung bis 100mm; Bauschutt entsorgen							
33€	53€	**65€**	79€	80€	[m²]	⏱ 0,52h/m²	325.000.069
28€	45€	**55€**	67€	67€			
7	**Heizestrich abbrechen**						KG **394**
Heizestrich abbrechen; Estrich mit Trägerplatte; Dicke bis 70mm, Dämmung bis 40mm; Bauschutt entsorgen							
57€	67€	**76€**	91€	99€	[m²]	⏱ 0,50h/m²	325.000.070
48€	56€	**64€**	77€	84€			
8	**Heizestrich, bewehrt, abbrechen**						KG **394**
Heizestrich abbrechen, bewehrt; Estrich mit Trägerplatte; Dicke bis 70mm, Dämmung bis 40mm; Bauschutt entsorgen							
70€	90€	**98€**	117€	127€	[m²]	⏱ 0,60h/m²	325.000.071
59€	76€	**82€**	98€	106€			

325

Kosten:
Stand 2. Quartal 2025
Bundesdurchschnitt

► min
▷ von
ø Mittel
◁ bis
◄ max

Nr.	Kurztext / Stichworte						Kostengruppe
▶	▷	**ø brutto €**	◁	◀	[Einheit]	Ausf.-Dauer	Positionsnummer
▶	▷	**ø netto €**	◁	◀			

9 Schutzestrich abbrechen KG **394**

Schutzestrich abbrechen; Dicke bis 80mm; auf Abdichtung; Bauschutt entsorgen

30€	46€	**52€**	63€	82€	[m2]	⏱ 0,40h/m2	325.000.072
26€	38€	**44€**	53€	69€			

10 Strahlen, Strahlmittel, Betonboden KG **395**

Betonboden abstrahlen; festes Strahlmittel; entfernen von haftmindernden Schichten

8€	11€	**13€**	16€	20€	[m2]	⏱ 0,08h/m2	325.000.075
7€	9€	**11€**	13€	17€			

11 Druckwasserstrahlen, Estrich KG **395**

Estrich, Druckwasserstrahlen; entfernen von haftmindernden Schichten

9€	10€	**13€**	15€	16€	[m2]	⏱ 0,10h/m2	325.000.076
8€	9€	**11€**	13€	13€			

12 Fehlstellen schließen, Estrich KG **395**

Estrich, Fehlstellen schließen; Kunstharzmörtel; locker Material lösen; Bauschutt entsorgen

23€	31€	**44€**	57€	72€	[m2]	⏱ 0,20h/m2	325.000.077
19€	26€	**37€**	48€	60€			

13 Netzrisse schließen, Epoxidharz KG **395**

Estrich, Netzrisse schließen; Epoxidharz; Risse säubern, bis zur Sättigung füllen

16€	20€	**23€**	31€	31€	[m]	⏱ 0,12h/m	325.000.078
14€	17€	**19€**	26€	26€			

14 Holzboden prüfen KG **395**

Holzboden prüfen; auf Stabilität zur Aufnahme eines Estrichbelags

11€	14€	**16€**	19€	20€	[m2]	⏱ 0,16h/m2	325.000.079
10€	12€	**13€**	16€	17€			

15 Holzboden, reinigen/grundieren KG **395**

Holzboden reinigen; von Beschichtungen, Klebstoffresten

9€	17€	**19€**	23€	29€	[m2]	⏱ 0,10h/m2	325.000.080
8€	14€	**16€**	19€	25€			

16 Holzboden, Gewebearmierung KG **395**

Holzboden armieren; Glasgewebe

7€	9€	**11€**	13€	20€	[m2]	⏱ 0,08h/m2	325.000.081
5€	8€	**9€**	11€	16€			

Nr.	Kurztext / Stichworte						Kostengruppe
▶	▷	**ø brutto €**	◁	◀	[Einheit]	Ausf.-Dauer	Positionsnummer
▶	▷	**ø netto €**	◁	◀			

17 Holzbodenausgleich, Kunstharz — KG **395**

Holzboden ausgleichen; Kunstharz; Schichtdicke 3-5mm

36€	41€	**49€**	60€	64€	[m²]	⏱ 0,35h/m²	325.000.082
30€	35€	**41€**	51€	54€			

18 Haftbrücke, Estrich — KG **395**

Estrichuntergrund vorbereiten; Haftbrücke aufbringen; Untergrund Beton

4€	6€	**7€**	9€	13€	[m²]	⏱ 0,04h/m²	325.000.083
4€	5€	**6€**	7€	11€			

Kosten:
Stand 2. Quartal 2025
Bundesdurchschnitt

19 Kratzspachtelung, Betonboden — KG **395**

Kratzspachtelung; Spachtelmasse; schließen von Poren und Lunkern; Betonboden

10€	12€	**15€**	18€	20€	[m²]	⏱ 0,23h/m²	325.000.084
9€	10€	**12€**	15€	17€			

20 Nivellierestrich, bis 10mm, Betonboden — KG **353**

Nivellier-Verbundestrich; selbstlaufend; Dicke 5-10mm

28€	31€	**38€**	47€	49€	[m²]	⏱ 0,15h/m²	325.000.085
23€	26€	**32€**	39€	41€			

21 Nivellierestrich, bis 20mm, Betonboden — KG **353**

Nivellier-Verbundestrich; selbstlaufend; Dicke 10-20mm

39€	45€	**55€**	65€	72€	[m²]	⏱ 0,20h/m²	325.000.086
33€	38€	**47€**	55€	60€			

22 Trockenschüttung, bis 15mm — KG **353**

Ausgleichsschüttung; gebunden, druckstabil, selbstklebend; Dicke bis 15mm; Rohdecke

7€	12€	**14€**	19€	29€	[m²]	⏱ 0,04h/m²	325.000.089
6€	10€	**12€**	16€	24€			

23 Trockenschüttung, bis 30mm — KG **353**

Ausgleichsschüttung; gebundene Form; bis 30mm; Rohdecke

11€	18€	**21€**	23€	30€	[m²]	⏱ 0,06h/m²	325.000.090
9€	15€	**18€**	19€	26€			

24 Trittschalldämmung MW 20-2mm 045 DES sh — KG **353**

Trittschalldämmung, DES; Mineralwolle, WLG 045 A1; Dicke 20-2mm; Rohdecke

8€	13€	**14€**	18€	25€	[m²]	⏱ 0,04h/m²	325.000.091
7€	11€	**12€**	15€	21€			

▶ min
▷ von
ø Mittel
◁ bis
◀ max

© BKI Baukosteninformationszentrum

Nr.	Kurztext / Stichworte						Kostengruppe
▶	▷	**ø brutto €**	◁	◀	[Einheit]	Ausf.-Dauer	Positionsnummer
▶	▷	**ø netto €**	◁	◀			

25 Trittschalldämmung MW 30-3mm 045 DES sh KG **353**

Trittschalldämmung, DES; Mineralwolle, WLG 045, A1; Dicke 30-3mm; zweilagig; Rohdecke

10€	17€	**19€**	24€	34€	[m²]	⏱ 0,05h/m²	325.000.092
8€	14€	**16€**	20€	29€			

26 Trittschalldämmung EPS 20-2mm 045 DES sm KG **353**

Trittschalldämmung, DES; Polystyrol-Hartschaum, WLG 045, E; Dicke 20-2mm; einlagig; Rohdecke

6€	7€	**8€**	10€	14€	[m²]	⏱ 0,04h/m²	325.000.093
5€	6€	**7€**	8€	11€			

27 Trittschalldämmung EPS 30-3mm 045 DES sm KG **353**

Trittschalldämmung, DES; Polystyrol-Hartschaum, WLG 045, E; Dicke 30-3mm; einlagig; Rohdecke

6€	9€	**9€**	11€	15€	[m²]	⏱ 0,04h/m²	325.000.094
5€	7€	**8€**	9€	12€			

28 Wärmedämmung, Estrich EPS 40mm 040 DEO dm KG **353**

Wärmedämmung, DEO; EPS-Hartschaumplatte, WLG 040, E; Dicke 40mm; versetzte Fugen; Rohdecke

11€	14€	**18€**	21€	24€	[m²]	⏱ 0,05h/m²	325.000.095
9€	12€	**15€**	18€	20€			

29 Wärmedämmung, Estrich EPS 80mm 040 DEO dm KG **353**

Wärmedämmung, DEO; EPS-Hartschaumplatte, WLG 040, E; Dicke 80mm; Rohdecke

13€	17€	**21€**	23€	25€	[m²]	⏱ 0,07h/m²	325.000.096
11€	15€	**18€**	19€	21€			

30 Wärmedämmung, Estrich EPS 120mm 040 DEO dm KG **353**

Wärmedämmung; EPS-Hartschaum, WLG 040, E; Dicke 120mm; unter Estrich

14€	22€	**23€**	28€	36€	[m²]	⏱ 0,07h/m²	325.000.097
12€	19€	**20€**	23€	30€			

31 Wärmedämmung, Estrich PUR 40mm 025 DEO dh KG **353**

Wärmedämmung; PUR-Hartschaum, WLG 025, E; Dicke 40mm; beidseitig Aluminium-/Mineralvliesbeschichtung; unter Estrich

17€	23€	**26€**	27€	35€	[m²]	⏱ 0,07h/m²	325.000.098
14€	19€	**22€**	23€	30€			

32 Wärmedämmung, Estrich PUR 80mm 025 DEO dh KG **353**

Wärmedämmung; PUR-Hartschaum, WLG 025, E; Dicke 80mm; beidseitig Aluminium-/Mineralvliesbeschichtung; unter Estrich

–	40€	**47€**	61€	–	[m²]	⏱ 0,07h/m²	325.000.110
–	33€	**40€**	51€	–			

Nr.	Kurztext / Stichworte						Kostengruppe
▶	▷	**ø brutto €**	◁	◀	[Einheit]	Ausf.-Dauer	Positionsnummer
▶	▷	**ø netto €**	◁	◀			

33 Trennlage, Estrich, PE-Folie, einlagig KG **353**

Trennlage; PE-Folie; Dicke 0,2mm; einlagig stoßüberlappend; zwischen Dämmung und Estrich

1€	2€	**2€**	2€	3€	[m²]	⏱ 0,03 h/m²	325.000.099
0,9€	1,4€	**1,6€**	2,0€	2,8€			

34 Trennlage, Gussasphalt KG **353**

Trennlage; einlagig, stoßüberlappend; zwischen Dämmung und Gussasphaltestrich

2€	2€	**3€**	3€	4€	[m²]	⏱ 0,03 h/m²	325.000.100
1€	2€	**2€**	3€	3€			

Kosten:
Stand 2. Quartal 2025
Bundesdurchschnitt

35 Estrich, CT C25 F4 S45 KG **353**

Estrich; Zementestrich C25 F4 S45; Dicke 45mm; schwimmend; auf Dämmschicht

24€	29€	**31€**	33€	39€	[m²]	⏱ 0,20 h/m²	325.000.101
20€	24€	**26€**	28€	33€			

36 Heizestrich, CT C25 F4 S65 H45 KG **353**

Heizestrich; Zementestrich C20-F4; DN15-80mm, Rohrüberdeckung 45mm; schwimmend; auf Dämmschicht

28€	34€	**37€**	42€	51€	[m²]	⏱ 0,25 h/m²	325.000.102
24€	29€	**31€**	35€	43€			

37 Schnellestrich, CT C40 F4 S45 KG **353**

Schnellestrich; Zementestrich C40 F7 S45; Dicke 45mm; schwimmend; auf Dämmschicht

64€	77€	**80€**	93€	120€	[m²]	⏱ 0,30 h/m²	325.000.103
54€	64€	**67€**	78€	101€			

38 Estrich, AS IC10 S25 KG **353**

Estrich; Gussasphalt IC10; Dicke 25mm; schwimmend; auf Dämmschicht

49€	56€	**59€**	62€	70€	[m²]	⏱ 0,35 h/m²	325.000.104
41€	47€	**50€**	52€	59€			

39 Nutzestrich, CT C25 F4 S45 KG **353**

Nutzestrich; Zementestrich C25-F4-A15; Dicke 45mm; schwimmend; auf Dämmschicht

30€	36€	**37€**	39€	48€	[m²]	⏱ 0,20 h/m²	325.000.105
25€	30€	**31€**	33€	41€			

40 Verbundestrich, CT-C25-F4-V50 KG **353**

Verbundestrich; Zementestrich C25-F4-V50; Dicke 50mm

25€	31€	**34€**	39€	48€	[m²]	⏱ 0,20 h/m²	325.000.106
21€	26€	**29€**	33€	41€			

▶ min
▷ von
ø Mittel
◁ bis
◀ max

© BKI Baukosteninformationszentrum

Nr.	Kurztext / Stichworte					Kostengruppe
▶	▷	**ø brutto €**	◁	◀	[Einheit] Ausf.-Dauer	Positionsnummer
▶	▷	**ø netto €**	◁	◀		

41 Beschichtung, Epoxidharz, Estrich KG **353**

Estrichoberfläche, Beschichten; Mehrkomponenten-Epoxidharz; Dicke 2mm

68€	86€	**100€**	104€	118€	[m²]	⏱ 0,12h/m²	325.000.107
57€	72€	**84€**	88€	99€			

42 Stundensatz, Facharbeiter/-in

Stundenlohnarbeiten, Vorarbeiter/-in, Facharbeiter/-in und Gleichgestellte; Estricharbeiten

72€	82€	**87€**	90€	97€	[h]	⏱ 1,00h/h	325.000.108
60€	69€	**73€**	76€	81€			

Nr.	Kurztext / Stichworte						Kostengruppe
▶	▷	ø brutto €	◁	◀	[Einheit]	Ausf.-Dauer	Positionsnummer
▶	▷	ø netto €	◁	◀			

1 Fenster ausbauen, Holz, bis 1,5m² — KG **394**

Fenster ausbauen; Holz; Größe bis 1,5m²; inkl. Flügel und Fensterrahmen; Bauschutt entsorgen

55€	74€	**83€**	90€	107€	[St]	⏱ 0,70h/St	326.000.049
46€	62€	**70€**	76€	90€			

2 Fenster ausbauen, Holz, bis 2,5m² — KG **394**

Fenster ausbauen; Holz; Größe bis 2,5m²; inkl. Flügel und Rahmen; Bauschutt entsorgen

64€	85€	**96€**	98€	110€	[St]	⏱ 0,80h/St	326.000.050
54€	71€	**80€**	83€	92€			

3 Fenstertür ausbauen, Holz, bis 3,5m² — KG **394**

Fenstertür ausbauen; Holz; Größe bis 3,5m²; inkl. Flügel und Rahmen; Bauschutt entsorgen

109€	114€	**142€**	171€	251€	[St]	⏱ 1,00h/St	326.000.051
91€	96€	**120€**	143€	211€			

4 Fenster ausbauen, Kunststoff, bis 1,5m² — KG **394**

Fenster ausbauen; Kunststoff; Größe bis 1,5m²; inkl. Flügel, Rahmen, Innen- und Außenfensterbank; Bauschutt entsorgen

48€	66€	**81€**	98€	117€	[St]	⏱ 0,80h/St	326.000.052
41€	55€	**68€**	83€	98€			

5 Fenster ausbauen, Kunststoff, bis 2,5m² — KG **394**

Fenster ausbauen; Kunststoff; Größe bis 2,5m²; inkl. Flügel, Rahmen, Innen- und Außenfensterbank; Bauschutt entsorgen

55€	79€	**99€**	119€	136€	[St]	⏱ 0,95h/St	326.000.053
47€	67€	**83€**	100€	115€			

6 Fenstertür ausbauen, Kunststoff, bis 3,5m² — KG **394**

Fenstertür ausbauen; Kunststoff; Größe bis 3,5m²; inkl. Flügel und Rahmen; Bauschutt entsorgen

103€	139€	**171€**	205€	268€	[St]	⏱ 1,05h/St	326.000.054
86€	116€	**144€**	173€	225€			

7 Hauseingangstür ausbauen, bis 4m² — KG **394**

Hauseingangstür ausbauen; Größe bis 4m²; inkl. Türblatt und Rahmen; Bauschutt entsorgen

106€	198€	**242€**	290€	296€	[St]	⏱ 1,30h/St	326.000.055
89€	166€	**203€**	244€	249€			

8 Holzfenster, einflüglig, 1.000x1.000, dreischeibig, Ug-Wert 1,1W/(m²K) — KG **334**

Holzfenster, Dreifach-Isolierglas; Ug-Wert 1,1W/(m²K); Größe 1.000x1.000mm; einflüglig, DK

646€	693€	**778€**	926€	1.027€	[St]	⏱ 2,02h/St	326.000.057
543€	582€	**654€**	778€	863€			

326

Kosten:
Stand 2. Quartal 2025
Bundesdurchschnitt

▶ min
▷ von
ø Mittel
◁ bis
◀ max

Nr.	Kurztext / Stichworte						Kostengruppe
▶	▷	**ø brutto €**	◁	◀	[Einheit]	Ausf.-Dauer	Positionsnummer
▶	▷	**ø netto €**	◁	◀			
9	**Holzfenster, einflüglig, 1.000x1.000, dreischeibig, Ug-Wert 0,7W/(m2K)**						KG **334**
Holzfenster, Dreifach-Isolierglas; Ug-Wert 0,7W/(m2K); Größe 1.000x1.000mm; einflüglig, DK							
700€	744€	**875€**	1.015€	1.138€	[St]	⏱ 2,02h/St	326.000.058
588€	625€	**736€**	853€	956€			
10	**Holzfenster, zweiflüglig, Setzholz 1625x1250, zweischeibig, Ug-Wert 1,1W/(m2K)**						KG **334**
Holzfenster, Zweifach-Isolierglas; Ug-Wert:1,1W/(m2K); Größe 1625x1.250mm; zweiflüglig, mit Setzholz, DK							
1.012€	1.086€	**1.234€**	1.432€	1.604€	[St]	⏱ 3,45h/St	326.000.060
850€	913€	**1.037€**	1.203€	1.348€			
11	**Holzfenstertür, einflüglig, 1.000x2.125, zweischeibig, Ug-Wert 1,1W/(m2K)**						KG **334**
Holzfenstertür, Zweifach-Isolierglas; Ug-Wert 1,1W/(m2K); Größe 1.000x2.125mm; einflüglig, DK							
1.122€	1.219€	**1.385€**	1.606€	1.814€	[St]	⏱ 2,70h/St	326.000.061
943€	1.024€	**1.164€**	1.350€	1.524€			
12	**Holz-Alufenster, einflüglig, 1.000x1.000, dreischeibig, Ug-Wert 1,1W/(m2K)**						KG **334**
Holz-Alufenster, Dreifach-Isolierglas; Ug-Wert 1,1W/(m2K); Größe 1.000x1.000mm; einflüglig, DK							
969€	1.051€	**1.167€**	1.377€	1.529€	[St]	⏱ 2,02h/St	326.000.068
814€	883€	**981€**	1.157€	1.285€			
13	**Holz-Alufenster, einflüglig, 1.000x1.000, dreischeibig, Ug-Wert 0,7W/(m2K)**						KG **334**
Holz-Alufenster, Dreifach-Isolierglas; Ug-Wert: 0,7W/(m2K); Größe 1.000x1.000mm; einflüglig, DK							
1.050€	1.102€	**1.281€**	1.511€	1.665€	[St]	⏱ 2,02h/St	326.000.069
883€	926€	**1.076€**	1.270€	1.399€			
14	**Holz-Alufenster, zweiflüglig, 1.250x1.000, zweischeibig, Ug-Wert 1,1W/(m2K)**						KG **334**
Holz-Alufenster, Zweifach-Isolierglas; Ug-Wert 1,1W/(m2K); Größe 1.250x1.000mm; zweiflüglig, DK							
1.261€	1.338€	**1.538€**	1.814€	2.030€	[St]	⏱ 2,30h/St	326.000.070
1.059€	1.124€	**1.292€**	1.525€	1.706€			
15	**Holz-Alufenster, zweiflüglig, 1.250x1.000, zweischeibig, Ug-Wert 0,7W/(m2K)**						KG **334**
Holz-Alufenster, Zweifach-Isolierglas; Ug-Wert 0,7W/(m2K); Größe 1.250x1.000mm; zweiflüglig, DK							
1.335€	1.434€	**1.648€**	1.912€	2.159€	[St]	⏱ 2,30h/St	326.000.071
1.122€	1.205€	**1.385€**	1.607€	1.815€			
16	**Holz-Alufenster, zweiflüglig, Setzholz, 1.625x1.250, zweischeibig, Ug-Wert 1,1W/(m2K)**						KG **334**
Holz-Alufenster, Zweifach-Isolierglas; Ug-Wert 1,1W/(m2K); Größe 1.625x1.250mm; zweiflüglig, mit Setzholz, DK							
1.398€	1.499€	**1.684€**	1.987€	2.206€	[St]	⏱ 3,45h/St	326.000.072
1.175€	1.259€	**1.415€**	1.670€	1.854€			

Nr.	Kurztext / Stichworte						Kostengruppe
▶	▷	**ø brutto €**	◁	◀	[Einheit]	Ausf.-Dauer	Positionsnummer
▶	▷	**ø netto €**	◁	◀			

Kosten:
Stand 2. Quartal 2025
Bundesdurchschnitt

17 Holz-Alufenstertür, einflüglig, 1.000x2.125, zweischeibig, Ug-Wert 1,1W/(m²K) KG **334**
Holz-Alufenstertür, Zweifach-Isolierglas; Ug-Wert: 1,1W/(m²K); Größe 1.000x2.125mm; einflüglig, DK

1.454€	1.562€	**1.795€**	2.101€	2.316€	[St]	⏱ 2,70h/St	326.000.073
1.222€	1.313€	**1.509€**	1.765€	1.946€			

18 Kunststofffenster, einflüglig, 1.000x1.000, dreischeibig, Ug-Wert 1,1W/(m²K) KG **334**
Kunststofffenster, Dreifach-Isolierglas; Ug-Wert 1,1W/(m²K); Größe 1.000x1.000mm; einflüglig, DK

561€	609€	**692€**	803€	914€	[St]	⏱ 2,00h/St	326.000.062
471€	512€	**582€**	675€	768€			

19 Kunststofffenster, einflüglig, 1.000x1.000, dreischeibig, Ug-Wert 0,7W/(m²K) KG **334**
Kunststofffenster, Dreifach-Isolierglas; Ug-Wert 0,7W/(m²K); Größe 1.000x1.000mm; einflüglig, DK

646€	678€	**788€**	938€	1.040€	[St]	⏱ 2,00h/St	326.000.063
543€	570€	**662€**	788€	874€			

20 Kunststofffenster, zweiflüglig, 1.250x1.000, zweischeibig, Ug-Wert 1,1W/(m²K) KG **334**
Kunststofffenster, Zweifach-Isolierglas; Ug-Wert 1,1W/(m²K); Größe 1.250x1.000mm; zweiflüglig, DK

751€	779€	**916€**	1.054€	1.200€	[St]	⏱ 3,00h/St	326.000.064
631€	654€	**770€**	885€	1.009€			

21 Kunststofffenster, zweiflüglig, Setzholz, 1.625x1.250, zweischeibig, Ug-Wert 1,1W/ KG **334**
Kunststofffenster, Zweifach-Isolierglas; Ug-Wert 1,1W/(m²K); Größe 1.625x1.250mm; zweiflüglig, DK

941€	1.055€	**1.147€**	1.353€	1.525€	[St]	⏱ 3,00h/St	326.000.065
790€	887€	**964€**	1.137€	1.282€			

22 Kunststofffenstertür, einflüglig, 1.000x2.125, zweischeibig, Ug-Wert 1,1W/(m²K) KG **334**
Kunststoff-Fenstertür, Zweifach-Isolierglas; Ug-Wert: 1,1W/(m²K); Größe 1.000x2.125mm; einflüglig, DK

907€	1.020€	**1.134€**	1.304€	1.474€	[St]	⏱ 2,00h/St	326.000.066
762€	858€	**953€**	1.096€	1.239€			

23 Haustür, Kunststoff, einflüglig, 1.010x2.013 KG **334**
Kunststoffaußentürelement; PVC-U; 1.010x2.013mm; einflüglig

2.895€	3.407€	**3.771€**	3.771€	5.821€	[St]	⏱ 8,00h/St	326.000.074
2.433€	2.863€	**3.169€**	3.169€	4.891€			

24 Haustür, Aluminium, Glasfüllung, einflüglig, zweischeibig, 1.010x2.013 KG **334**
Metallaußentürelement mit Glasfüllung; Aluminium, ESG, Zweifach-Isolierverglasung; 1.010x2.013mm; einflüglig

2.996€	4.713€	**5.544€**	6.913€	9.640€	[St]	⏱ 5,50h/St	326.000.075
2.517€	3.961€	**4.659€**	5.809€	8.101€			

▶ min
▷ von
ø Mittel
◁ bis
◀ max

Nr.	Kurztext / Stichworte						Kostengruppe
▶	▷	**ø brutto €**	◁	◀	[Einheit]	Ausf.-Dauer	Positionsnummer
▶	▷	**ø netto €**	◁	◀			

25 Stundensatz, Facharbeiter/-in

Stundenlohnarbeiten, Vorarbeiter/-in, Facharbeiter/-in und Gleichgestellte; Fensterbauarbeiten

77€	89€	**94€**	101€	118€	[h]	⏱ 1,00h/h	326.000.077
64€	75€	**79€**	85€	99€			

26 Stundensatz, Helfer/-in

Stundenlohnarbeiten für Werker/-in, Helfer/-in und Gleichgestellte; Fensterbauarbeiten

66€	76€	**81€**	87€	99€	[h]	⏱ 1,00h/h	326.000.078
56€	64€	**68€**	73€	83€			

Nr.	Kurztext / Stichworte						Kostengruppe
▶	▷	**ø brutto €**	◁	◀	[Einheit]	Ausf.-Dauer	Positionsnummer
▶	▷	**ø netto €**	◁	◀			

1	**Innentür, einflüglig, entfernen**						KG **394**
Innentür, einflüglig, ausbauen; Holz; Größe bis 2,00m²; inkl. Türfutter; Bauschutt entsorgen							
60€	81€	**98€**	121€	121€	[St]	⏱ 0,60h/St	327.000.081
50€	68€	**83€**	102€	102€			
2	**Wandbekleidung entfernen**						KG **394**
Wandbekleidung entfernen; Holzwerkstoff; Bauschutt entsorgen							
28€	33€	**40€**	49€	64€	[m²]	⏱ 0,55h/m²	327.000.082
23€	27€	**34€**	41€	54€			
3	**Deckenbekleidung entfernen**						KG **394**
Deckenbekleidung entfernen; Holzbretter; inkl. Sparschalung; Bauschutt entsorgen							
25€	39€	**47€**	57€	62€	[m²]	⏱ 0,45h/m²	327.000.083
21€	33€	**40€**	48€	52€			
4	**Fensterbank ausbauen, Holz, bis 1,5m**						KG **394**
Fensterbank ausbauen; Holz; Länge bis 1,5m, Breite bis 25cm, Dicke bis 4cm; Bauschutt entsorgen							
18€	27€	**34€**	41€	51€	[St]	⏱ 0,30h/St	327.000.084
15€	23€	**28€**	34€	43€			
5	**Fensterbank ausbauen, Holz, bis 2,5m**						KG **394**
Fensterbank ausbauen; Holz; Länge bis 2,5m, Breite bis 25cm, Dicke bis 4cm; Bauschutt entsorgen							
31€	50€	**60€**	74€	79€	[St]	⏱ 0,35h/St	327.000.085
26€	42€	**50€**	62€	66€			
6	**Laibungsbekleidung entfernen**						KG **394**
Laibungsbekleidung, innen, ausbauen; Holz; inkl. Befestigungshölzer; Bauschutt entsorgen							
22€	28€	**32€**	39€	42€	[m]	⏱ 0,12h/m	327.000.086
19€	24€	**27€**	33€	35€			
7	**Holz-Türelement, S200C5, einflüglig, 875x2.125**						KG **344**
Rauchschutztürelement, Stahlumfassungszarge; Holz; 875x2.125mm; einflüglig; Klimaklasse II, ET1/ET3							
1.289€	1.555€	**1.701€**	1.773€	2.109€	[St]	⏱ 2,80h/St	327.000.095
1.084€	1.307€	**1.429€**	1.490€	1.772€			
8	**Holz-Türelement, S200C5, zweiflüglig**						KG **344**
Rauchschutztürelement; Holztüre, Stahlumfassungszarge; zweiflüglig; Klimaklasse II							
4.912€	9.024€	**10.376€**	11.760€	15.078€	[St]	⏱ 8,00h/St	327.000.087
4.128€	7.583€	**8.720€**	9.882€	12.670€			

327

Kosten:
Stand 2.Quartal 2025
Bundesdurchschnitt

▶ min
▷ von
ø Mittel
◁ bis
◀ max

Nr.	Kurztext / Stichworte				[Einheit]	Ausf.-Dauer	Kostengruppe / Positionsnummer
▶	▷	ø brutto €	◁	◀			
▶	▷	ø netto €	◁	◀			

9 Innen-Türelement, Röhrenspan, einflüglig, 875x2.125 KG **344**

Innentürelement; Röhrenspan; 875x2.125mm, Dicke 40mm; einflüglig; innen; Klasse I

719€	978€	**1.129€**	1.249€	1.484€	[St]	⏱ 1,50h/St	327.000.096
604€	822€	**949€**	1.050€	1.247€			

10 Innen-Türelement, Röhrenspan, zweiflüglig KG **344**

Innentürelement; Röhrenspan; Türblattdicke 40mm; zweiflüglig; Klimaklasse I

1.957€	2.654€	**2.956€**	3.234€	3.765€	[St]	⏱ 4,00h/St	327.000.090
1.645€	2.230€	**2.484€**	2.718€	3.164€			

11 Türblatt, einflüglig, kunststoffbeschichtet, 750x2.000 KG **344**

Türblatt; Röhrenspan, Schichtpressstoffplatten; 750x2.000mm, Türblattdicke 42mm; für einflüglige Tür; Klimaklasse II

251€	393€	**458€**	512€	648€	[St]	⏱ 0,10h/St	327.000.101
211€	331€	**385€**	430€	544€			

12 Türblatt, einflüglig, kunststoffbeschichtet, 875x2.000 KG **344**

Türblatt; Röhrenspan, Schichtpressstoffplatten; 875x2.000mm, Türblattdicke 42mm; für einflüglige Tür; Klimaklasse II

271€	413€	**468€**	521€	658€	[St]	⏱ 0,10h/St	327.000.102
227€	347€	**393€**	438€	553€			

13 Türblatt, zweiflüglig, Vollspan KG **344**

Türblatt; Vollspan, Schichtpressstoffplatten; 1.125x2.000/2.125mm; zweiflüglig; Klimaklasse II

978€	1.441€	**1.735€**	1.897€	2.197€	[St]	⏱ 0,30h/St	327.000.094
822€	1.211€	**1.458€**	1.594€	1.846€			

14 Massivholzzarge, innen KG **344**

Holzblockzarge; Massivholz; Türblattdicke 50mm; verschraubt/mit Anker; HLz-Mauerwerkswand; innen

446€	847€	**1.053€**	1.211€	1.655€	[St]	⏱ 1,20h/St	327.000.104
375€	712€	**885€**	1.018€	1.391€			

15 Holz-Umfassungszarge, innen, 760x2.000 KG **344**

Holzumfassungszarge; 760x2.000mm; Trockenbauwand

238€	318€	**352€**	399€	492€	[St]	⏱ 1,10h/St	327.000.105
200€	267€	**296€**	335€	413€			

16 Holz-Umfassungszarge, innen, 875x2.000 KG **344**

Holzumfassungszarge; 875x2.000mm; Trockenbauwand

280€	353€	**391€**	436€	572€	[St]	⏱ 1,10h/St	327.000.106
235€	297€	**329€**	366€	480€			

Nr.	Kurztext / Stichworte						Kostengruppe
▶	▷	ø brutto €	◁	◀	[Einheit]	Ausf.-Dauer	Positionsnummer
▶	▷	ø netto €	◁	◀			

17 Schiebetürelement, innen — KG **344**

Schiebetürelement; Holztür-/Glastürblatt; Wanddicke 100-150mm, Ständertiefe 75-100mm; einflüglig

1.011€	1.665€	**1.863€**	2.382€	3.403€	[St]	⏱ 2,40h/St	327.000.107
850€	1.399€	**1.566€**	2.001€	2.859€			

18 Fensterbank, Holz, innen — KG **334**

Fensterbank, innen; Röhrenspan, Buche-Multiplex; Länge bis 3,00m

63€	91€	**106€**	122€	147€	[m]	⏱ 0,50h/m	327.000.108
53€	77€	**89€**	103€	123€			

19 Holz-/Abdeckleisten — KG **334**

Deckleisten; 20x50mm, Länge 2,80m; gehobelt, feingeschliffen, Kanten gefast

17€	27€	**33€**	37€	51€	[m]	⏱ 0,10h/m	327.000.109
15€	23€	**28€**	31€	43€			

20 Verfugung, elastisch — KG **334**

Verfugung, elastisch; Silikon-/Acryldichtmasse; glatt gestrichen

7€	8€	**10€**	10€	11€	[m]	⏱ 0,05h/m	327.000.110
6€	7€	**8€**	8€	9€			

21 Sockel-/Fußleiste, Holz — KG **353**

Sockelleiste; Eiche/Buche; Viertelstab-/Rechteckprofil; Ecken mit Gehrungsschnitt, genagelt

28€	34€	**36€**	38€	43€	[m]	⏱ 0,10h/m	327.000.111
24€	28€	**30€**	32€	36€			

22 Treppenstufe, Holz — KG **353**

Treppenstufe/Tritt- und Setzstufe; Eiche massiv, gehobelt, geschliffen; 42mm; schallentkoppelt

196€	281€	**314€**	369€	491€	[St]	⏱ 0,14h/St	327.000.113
164€	236€	**264€**	310€	412€			

23 Handlauf, Holz — KG **359**

Handlauf; Holz, geschliffen, poliert, natur/transparent lackiert; Dicke 30/40mm

81€	109€	**123€**	134€	152€	[m]	⏱ 0,25h/m	327.000.114
68€	92€	**103€**	112€	128€			

24 Geländer, gerade, Rundstabholz — KG **359**

Geländer; Hartholz, Rundstab, geschliffen, poliert, lackiert; Durchmesser 42,4mm, Höhe 1,00m

107€	434€	**576€**	624€	717€	[m]	⏱ 0,70h/m	327.000.115
90€	364€	**484€**	524€	603€			

Kosten:
Stand 2. Quartal 2025
Bundesdurchschnitt

▶ min
▷ von
ø Mittel
◁ bis
◀ max

© BKI Baukosteninformationszentrum

Nr.	Kurztext / Stichworte						Kostengruppe
▶	▷	**ø brutto €**	◁	◀	[Einheit]	Ausf.-Dauer	Positionsnummer
▶	▷	**ø netto €**	◁	◀			

25 Stundensatz, Facharbeiter/-in

Stundenlohnarbeiten, Vorarbeiter/-in, Facharbeiter/-in und Gleichgestellte; Tischlerarbeiten

73€	88€	**93€**	97€	106€	[h]	⏱ 1,00 h/h	327.000.116
62€	74€	**78€**	82€	89€			

26 Stundensatz, Helfer/-in

Stundenlohnarbeiten für Werker/-in, Helfer/-in und Gleichgestellte; Tischlerarbeiten

61€	72€	**74€**	78€	86€	[h]	⏱ 1,00 h/h	327.000.117
51€	60€	**62€**	65€	72€			

► min
▷ von
ø Mittel
◁ bis
◄ max

Nr.	Kurztext / Stichworte						Kostengruppe
►	▷	ø brutto €	◁	◄	[Einheit]	Ausf.-Dauer	Positionsnummer
►	▷	ø netto €	◁	◄			

1	**Parkettboden entfernen**						KG **394**
Parkettboden ausbauen; inkl. Schüttung; auf Lagerholz; Bauschutt entsorgen							
10€	17€	**20€**	22€	29€	[m²]	⏱ 0,35 h/m²	328.000.044
8€	14€	**17€**	19€	24€			
2	**Holzsockelleiste ausbauen**						KG **394**
Sockelleiste ausbauen; Holz; Bauschutt entsorgen							
1€	3€	**4€**	4€	5€	[m]	⏱ 0,03 h/m	328.000.045
1€	2€	**3€**	4€	4€			
3	**Parkett abdecken**						KG **397**
Parkett abdecken; schützen							
5€	7€	**8€**	10€	16€	[m²]	⏱ 0,05 h/m²	328.000.046
4€	6€	**7€**	8€	13€			
4	**Parkettboden abdecken, Wellpappe**						KG **397**
Holzbodenbelag abdecken; Wellpappe							
4€	5€	**5€**	6€	7€	[m²]	⏱ 0,03 h/m²	328.000.047
3€	4€	**4€**	5€	6€			
5	**Parkettboden abdecken, Filz und Folie**						KG **397**
Parkettboden abdecken; Filz und Folie							
4€	5€	**6€**	7€	8€	[m²]	⏱ 0,03 h/m²	328.000.048
3€	4€	**5€**	6€	6€			
6	**Parkettboden abdecken, Holzwerkstoffplatten**						KG **397**
Parkettboden abdecken; Holzwerkstoffplatten							
10€	12€	**15€**	17€	19€	[m²]	⏱ 0,06 h/m²	328.000.049
9€	10€	**12€**	15€	16€			
7	**Estrich spachteln, ausgleichen**						KG **395**
Estrich spachteln; Spachtelmasse, kunstharzvergütet; Dicke 1-5mm							
7€	10€	**13€**	15€	19€	[m²]	⏱ 0,07 h/m²	328.000.050
6€	9€	**11€**	13€	16€			
8	**Trennlage, Baumwollfilz**						KG **353**
Trennlage; Baumwollfilz; 5mm; einlagig; Parkettbelag							
3€	4€	**5€**	6€	8€	[m²]	⏱ 0,03 h/m²	328.000.055
2€	4€	**4€**	5€	6€			

© **BKI** Baukosteninformationszentrum

Nr.	Kurztext / Stichworte					Kostengruppe
▶	▷	**ø brutto €**	◁	◀	[Einheit]	Ausf.-Dauer	Positionsnummer
▶	▷	**ø netto €**	◁	◀			

9 Unterboden, Holzspanplatte KG **353**

Unterboden; Holzspanplatte, P4; Dicke 21mm; NF-Profil

33€	46€	**53€**	62€	79€	[m²]	⏱ 0,24h/m²	328.000.056
28€	39€	**45€**	52€	66€			

10 Blindboden, Nadelholz KG **353**

Blindboden; Nadelholz, S10, einseitig gehobelt; Dicke 24mm, Breite 150mm; gespundener Schalung

29€	52€	**62€**	81€	121€	[m²]	⏱ 0,45h/m²	328.000.057
25€	44€	**52€**	68€	101€			

11 Dielenbodenbelag, massiv, Fichte, geschliffen KG **353**

Bodenbelag, Dielen, massiv; Nadelholz, Sortierung A; Dicke 24mm; geklebt; auf Lagerholz

221€	242€	**266€**	295€	314€	[m²]	⏱ 0,95h/m²	328.000.058
186€	203€	**224€**	248€	264€			

12 Fertigparkettbelag, beschichtet KG **353**

Bodenbelag, Fertigparkettdielen; Mehrschichtparkettelementen, Sortierung Kreis; 11mm, 4mm Nutzschicht; NF-System

107€	128€	**134€**	145€	169€	[m²]	⏱ 0,50h/m²	328.000.059
90€	108€	**112€**	122€	142€			

13 Parkettbelag, Hochkantlamellen, geschliffen KG **353**

Bodenbelag, Parkettstäbe; Eiche, geschliffen; Dicke 22mm; geklebt, mittlere Beanspruchung

97€	123€	**133€**	147€	176€	[m²]	⏱ 0,65h/m²	328.000.060
82€	104€	**112€**	124€	148€			

14 Stabparkett, geschliffen KG **353**

Bodenbelag, Stabparkett; Eiche QCXE, Oberfläche geschliffen; Dicke 22mm; geklebt; starke Beanspruchung

143€	159€	**165€**	182€	203€	[m²]	⏱ 0,70h/m²	328.000.061
120€	134€	**139€**	153€	171€			

15 Sockelleiste, Viertelstab, Buche KG **353**

Sockelleiste; Buche, lackiert, Viertelstab-Profil; 16x16mm

14€	19€	**23€**	26€	32€	[m]	⏱ 0,08h/m	328.000.062
12€	16€	**19€**	22€	27€			

16 Sockelleiste, Rechteckprofil, Eiche KG **353**

Sockelleiste; Eiche, Rechteckprofil, lackiert

16€	21€	**24€**	27€	35€	[m]	⏱ 0,08h/m	328.000.063
13€	18€	**20€**	23€	30€			

Kosten:
Stand 2. Quartal 2025
Bundesdurchschnitt

Nr.	Kurztext / Stichworte						Kostengruppe
▶	▷	**ø brutto €**	◁	◀	[Einheit]	Ausf.-Dauer	Positionsnummer
▶	▷	**ø netto €**	◁	◀			
17	**Sockelleiste, Ahorn**						KG **353**
Sockelleiste; Ahorn, Schmetterlingsprofil, farblos matt lackiert; 25x25mm							
13€	18€	**21€**	24€	30€	[m]	⏱ 0,08 h/m	328.000.064
11€	15€	**17€**	20€	25€			
18	**Parkettboden schleifen**						KG **353**
Parkettboden schleifen; bis Körnung 180; reinigen							
16€	25€	**29€**	37€	46€	[m²]	⏱ 0,15 h/m²	328.000.052
14€	21€	**25€**	31€	39€			
19	**Parkettboden wachsen**						KG **353**
Parkettboden wachsen; Polieren							
12€	16€	**20€**	24€	33€	[m²]	⏱ 0,20 h/m²	328.000.053
10€	13€	**16€**	20€	28€			
20	**Parkettboden ölen**						KG **353**
Parkettboden ölen							
11€	16€	**20€**	23€	25€	[m²]	⏱ 0,20 h/m²	328.000.054
9€	13€	**17€**	20€	21€			
21	**Übergangsprofil/Abdeckschiene, nichtrostender Stahl**						KG **353**
Übergangsprofil; nichtrostender Stahl; Belagwechsel							
20€	28€	**32€**	37€	47€	[m]	⏱ 0,12 h/m	328.000.065
17€	24€	**27€**	31€	40€			
22	**Übergangsprofil/Abdeckschiene, Aluminium**						KG **353**
Übergangsprofil; Aluminium; Belagwechsel							
24€	34€	**34€**	40€	50€	[m]	⏱ 0,12 h/m	328.000.066
20€	28€	**29€**	34€	42€			
23	**Übergangsprofil/Abdeckschiene, Messing**						KG **353**
Übergangsprofil; Messing; Belagwechsel							
25€	40€	**46€**	51€	63€	[m]	⏱ 0,12 h/m	328.000.067
21€	33€	**39€**	43€	53€			
24	**Stundensatz, Facharbeiter/-in**						
Stundenlohnarbeiten, Vorarbeiter/-in, Facharbeiter/-in und Gleichgestellte; Parkettarbeiten							
65€	84€	**91€**	96€	106€	[h]	⏱ 1,00 h/h	328.000.068
55€	71€	**77€**	81€	89€			

▶ min
▷ von
ø Mittel
◁ bis
◀ max

© **BKI** Baukosteninformationszentrum

Objekte
3. Ebene
Positionen Neubau
Positionen Altbau

Nr.	Kurztext / Stichworte						Kostengruppe
▶	▷	**ø brutto €**	◁	◀	[Einheit]	Ausf.-Dauer	Positionsnummer
▶	▷	**ø netto €**	◁	◀			

1 Türdrücker ausbauen KG **394**

Türdrücker, beidseitig; auf Vierkant; Langschilder, Schloss; ausbauen, entsorgen

–	16€	**20€**	26€	–	[St]	⏱ 0,10h/St	329.000.043
–	14€	**17€**	22€	–			

2 Fenstergriff, Aluminium KG **334**

Fensterolive; Aluminium; Vier-Punkt-Kugelrastung, unsichtbar befestigt; Verschraubung M5

37€	60€	**69€**	75€	107€	[St]	⏱ 0,15h/St	329.000.013
31€	50€	**58€**	63€	90€			

3 Drückergarnitur, Stahl KG **344**

Drückergarnitur; Stahlkern, Metallrosette; Türdicke 42mm; Metallrosette mit/ohne Hochhaltefeder

59€	82€	**93€**	104€	130€	[St]	⏱ 0,30h/St	329.000.014
49€	69€	**78€**	87€	109€			

4 Drückergarnitur, Aluminium KG **344**

Drückergarnitur; Aluminium, Metallrosette; Metallrosette mit/ohne Hochhaltefeder; für Rauch-/Feuerschutztür

65€	115€	**136€**	154€	199€	[St]	⏱ 0,30h/St	329.000.007
55€	97€	**114€**	130€	167€			

5 Drückergarnitur, Edelstahl KG **344**

Drückergarnitur; Edelstahl, Metallrosette; Metallrosette mit/ohne Hochhaltefeder; für Feuer-/Rauchschutztür

156€	231€	**264€**	311€	421€	[St]	⏱ 0,30h/St	329.000.008
131€	194€	**222€**	261€	354€			

6 Bad-/WC-Garnitur, Aluminium KG **344**

Bad-WC-Garnitur; Aluminium, Metallrosette; Türdicke 42mm; Metallrosette mit/ohne Hochhaltefeder; inkl. beidseitiger Drücker

90€	138€	**158€**	184€	232€	[St]	⏱ 0,35h/St	329.000.015
75€	116€	**132€**	155€	195€			

7 Stoßgriff, Tür, Edelstahl KG **344**

Stoßgriff, Tür; Edelstahl; Achsmaß 100mm, Durchmesser 30mm; verdeckt verschraubt

279€	356€	**380€**	451€	623€	[St]	⏱ 0,60h/St	329.000.035
235€	299€	**319€**	379€	524€			

8 Obentürschließer, einflüglige Tür KG **344**

Obentürschließer; einflüglige Tür; Schließgröße EN 2-4, Türflügel bis max. 1.100mm, Öffnungswinkel 180°, Feststellbereich 70-150°; Basisschließer, Normalgestänge; für Rauch-/Feuerschutztür

209€	378€	**455€**	596€	973€	[St]	⏱ 1,50h/St	329.000.036
175€	318€	**382€**	501€	817€			

329

Kosten:
Stand 2. Quartal 2025
Bundesdurchschnitt

▶ min
▷ von
ø Mittel
◁ bis
◀ max

Nr.	Kurztext / Stichworte					Kostengruppe
▶	▷	ø brutto €	◁	◀	[Einheit] Ausf.-Dauer	Positionsnummer
▶	▷	ø netto €	◁	◀		

9 Obentürschließer, zweiflüglige Tür KG **344**

Obentürschließer; zweiflüglige Türanlage; Größe 2-6; für zweiflügliges Türblatt, Normalgestänge; Schließgeschwindigkeit und Endschlag regulierbar, inkl. Montageplatte

627€	1.061€	**1.291€**	1.518€	1.957€	[St]	⏱ 2,00h/St	329.000.037
527€	892€	**1.085€**	1.276€	1.644€			

10 Türantrieb, kraftbetätigte Tür, einflüglig KG **344**

Türantrieb, automatisch; für einflüglige Tür, barrierefrei, geräuscharm

4.152€	6.088€	**7.096€**	8.080€	9.782€	[St]	⏱ 2,50h/St	329.000.038
3.489€	5.116€	**5.963€**	6.790€	8.220€			

11 Türantrieb, kraftbetätigte Tür, zweiflüglig KG **344**

Türantrieb, automatisch; für zweiflüglige Tür, barrierefrei, geräuscharm

5.105€	6.679€	**7.569€**	8.340€	10.230€	[St]	⏱ 3,00h/St	329.000.039
4.290€	5.613€	**6.361€**	7.009€	8.596€			

12 Türspion, Aluminium KG **344**

Türspion; Aluminium; Durchmesser 15mm; inkl. Deckklappe

24€	34€	**38€**	45€	57€	[St]	⏱ 0,15h/St	329.000.041
20€	28€	**32€**	38€	48€			

13 Türstopper, Wandmontage KG **344**

Türstopper, Wandmontage; Metall, poliert/gebürstet mit Gummipuffer

29€	44€	**52€**	65€	89€	[St]	⏱ 0,10h/St	329.000.010
24€	37€	**44€**	55€	75€			

14 Türstopper, Bodenmontage KG **344**

Türstopper, Bodenmontage; Metall, poliert/gebürstet mit Gummipuffer; rund/eckig, geschraubt

30€	46€	**52€**	77€	134€	[St]	⏱ 0,15h/St	329.000.011
25€	38€	**43€**	65€	113€			

15 Lüftungsgitter, Türblatt KG **344**

Lüftungsgitter; Aluminium/Kunststoff; stufenlos regulierbar, verschließbar; Holztürblatt

46€	60€	**62€**	66€	76€	[St]	⏱ 0,15h/St	329.000.026
39€	50€	**52€**	56€	64€			

16 Doppel-Schließzylinder KG **344**

Profil-Doppelzylinder; Messing, matt vernickelt; Länge A und B 30,5mm

66€	110€	**132€**	199€	326€	[St]	⏱ 0,15h/St	329.000.001
55€	93€	**111€**	167€	274€			

Nr.	Kurztext / Stichworte						Kostengruppe
▶	▷	ø brutto €	◁	◀	[Einheit]	Ausf.-Dauer	Positionsnummer
▶	▷	ø netto €	◁	◀			

17 Halb-Schließzylinder KG **344**

Profil-Halbzylinder; Messing, matt vernickelt; Länge A 10mm, Länge B 30,5mm

41€	82€	**99€**	125€	182€	[St]	⏱ 0,13h/St	329.000.002
35€	69€	**83€**	105€	153€			

18 Profil-Zylinderverlängerung, je 10mm KG **344**

Profil-Zylinderverlängerung; je angefangene 10mm

5€	9€	**10€**	12€	19€	[St]	–	329.000.012
4€	7€	**9€**	10€	16€			

19 Profil-Blindzylinder KG **344**

Profil-Blindzylinder; Messing, matt vernickelt; Länge 30,5mm/30,5mm

14€	23€	**27€**	36€	53€	[St]	⏱ 0,10h/St	329.000.003
12€	20€	**23€**	30€	44€			

20 Schlüssel, Buntbart KG **344**

Schlüssel, Buntbart; Messing, verchromt, poliert; gleichschließend; Zimmertür; Türschlösser Klasse 1

9€	11€	**11€**	13€	16€	[St]	–	329.000.006
7€	9€	**9€**	11€	13€			

21 Schlüsselschrank, wandhängend KG **344**

Schlüsselschrank, wandhängend; Aluminium/Kunststoff; Türöffnung über 90°; inkl. zwei Schlüssel

137€	255€	**326€**	361€	470€	[St]	⏱ 0,80h/St	329.000.024
115€	214€	**274€**	303€	395€			

22 WC-Symbol KG **344**

Beschilderung Tür; Edelstahl/Kunststoff; eingefrästes Symbol und Beschriftung, unsichtbare Befestigung

26€	41€	**47€**	65€	96€	[St]	⏱ 0,15h/St	329.000.029
22€	34€	**39€**	55€	80€			

Kosten:
Stand 2. Quartal 2025
Bundesdurchschnitt

▶ min
▷ von
ø Mittel
◁ bis
◀ max

© BKI Baukosteninformationszentrum

330

Kosten:
Stand 2. Quartal 2025
Bundesdurchschnitt

Nr.	Kurztext / Stichworte						Kostengruppe
►	▷	**ø brutto €**	◁	◀	[Einheit]	Ausf.-Dauer	Positionsnummer
►	▷	**ø netto €**	◁	◀			
1	**Rollladen entfernen**						KG **394**
Rollladen ausbauen; Breite bis 1,50m, Höhe bis 2,50m; inkl. Deckel, Welle, Gurtband und Wickler; Bauschutt entsorgen							
65€	92€	**111€**	139€	160€	[m²]	⏱ 0,30h/m²	330.000.017
55€	77€	**93€**	117€	134€			
2	**Markise entfernen**						KG **394**
Markise ausbauen; Breite bis 4,00m, Ausstelltiefe bis 3,00m; inkl. Gelenkarm, Welle und Bedienelement; Bauschutt entsorgen							
121€	142€	**169€**	202€	214€	[m²]	⏱ 1,10h/m²	330.000.018
102€	119€	**142€**	170€	180€			
3	**Außenjalousie entfernen**						KG **394**
Außenjalousie ausbauen; Aluminiumlamellen; Breite bis 4,00m, Höhe bis 3,00m; inkl. Kurbel und Welle; Bauschutt entsorgen							
38€	46€	**52€**	63€	68€	[m²]	⏱ 0,35h/m²	330.000.019
32€	39€	**44€**	53€	57€			
4	**Sonnenschutz, Stoff, innen, entfernen**						KG **394**
Sonnenschutz ausbauen; Stoff, innen; Breite bis 4,00m, Höhe bis 3,00m; Bauschutt entsorgen							
28€	33€	**39€**	47€	50€	[m²]	⏱ 0,30h/m²	330.000.020
24€	28€	**33€**	39€	42€			
5	**Rollladen-Gurtwickler ausbauen**						KG **394**
Rollladen-Gurtwickler ausbauen; Abmessungen 19x11,5x23,8cm; aus Ziegelmauerwerk; Bauschutt entsorgen							
18€	22€	**25€**	30€	32€	[St]	⏱ 0,05h/St	330.000.021
15€	19€	**21€**	25€	27€			
6	**Baufuge abdichten, Rollladenkasten**						KG **395**
Baufuge abdichten; Dichtband, Baufuge; Klebebereich 60mm; Rollladenkasten/Zargenrahmen							
25€	25€	**34€**	41€	43€	[m]	⏱ 0,25h/m	330.000.022
21€	21€	**28€**	34€	36€			
7	**Rollladenkasten dämmen**						KG **395**
Rollladenkasten dämmen; Dämmmatten; Dicke bis 40mm							
77€	132€	**149€**	155€	194€	[m]	⏱ 0,60h/m	330.000.023
65€	111€	**125€**	130€	163€			
8	**Klappendeckel abdichten, Rollladenkasten**						KG **395**
Klappendeckel abdichten; Größe 2.000x250mm; Rollladenkasten							
47€	56€	**68€**	82€	88€	[St]	⏱ 0,60h/St	330.000.024
39€	47€	**57€**	69€	74€			

► min
▷ von
ø Mittel
◁ bis
◀ max

Nr.	Kurztext / Stichworte					Kostengruppe
▶	▷	ø brutto €	◁	◀	[Einheit] Ausf.-Dauer	Positionsnummer
▶	▷	ø netto €	◁	◀		

9 Rollladenkastendeckel auswechseln KG **395**

Rollladenkastendeckel austauschen; Deckel gedämmt; Länge bis 1,20mm, Höhe bis 0,30m; Bauschutt entsorgen

40€	45€	**53€**	65€	69€	[m]	⏱ 0,25h/m	330.000.025
33€	38€	**45€**	55€	58€			

10 Rollladengurte auswechseln KG **395**

Rollladengurte auswechseln; Länge bis 4,00m; Bauschutt entsorgen

63€	81€	**86€**	102€	114€	[St]	⏱ 0,40h/St	330.000.026
53€	68€	**72€**	86€	96€			

11 Rollladenführungsschiene erneuern KG **395**

Rollladenführungsschiene ersetzen; durch geräuscharme, eloxierte Führungsschiene; Länge bis 1.000mm; Bauschutt entsorgen

57€	74€	**80€**	94€	100€	[St]	⏱ 0,25h/St	330.000.027
48€	62€	**67€**	79€	84€			

12 Rollladenwelle erneuern, bis 1.500mm KG **395**

Rollladenwelle ausbauen; neue Welle einbauen; Länge bis 1.500mm; Bauschutt entsorgen

117€	150€	**163€**	196€	209€	[St]	⏱ 1,00h/St	330.000.028
99€	126€	**137€**	165€	176€			

13 Rollladenwelle erneuern, bis 2.500mm KG **395**

Rollladenwelle ausbauen; neue Welle einbauen; Länge bis 2.500mm; Bauschutt entsorgen

163€	194€	**226€**	276€	291€	[St]	⏱ 1,20h/St	330.000.029
137€	163€	**190€**	232€	245€			

331

Kosten:
Stand 2. Quartal 2025
Bundesdurchschnitt

Nr.	Kurztext / Stichworte						Kostengruppe
►	▷	**ø brutto €**	◁	◄	[Einheit]	Ausf.-Dauer	Positionsnummer
►	▷	**ø netto €**	◁	◄			
1	**Handlauf, Stahl**						KG **359**
Handlauf; Stahl S235JR+AR, verzinkt; Durchmesser 25/33,7/42,4/60mm							
61€	106€	**113€**	122€	140€	[m]	⏱ 0,30h/m	331.000.071
52€	89€	**95€**	102€	118€			
2	**Handlauf, Stahl, Wandhalterung**						KG **359**
Handlaufhalter; Stahl S235JR/Flachstahl, beschichtet/feuerverzinkt; Durchmesser 12/16mm/Flachstahl 10mm							
55€	88€	**97€**	121€	162€	[St]	⏱ 0,30h/St	331.000.072
46€	74€	**81€**	102€	136€			
3	**Handlauf, Enden in diverse Ausführungen**						KG **359**
Handlauf-Endstück; Stahl/Edelstahl; Durchmesser 25/33,7/42,4/60mm							
52€	74€	**86€**	89€	111€	[St]	⏱ 0,20h/St	331.000.073
44€	62€	**72€**	75€	93€			
4	**Handlauf, Ecken/Gehrungen**						KG **359**
Handlauf-Eckstück; Stahl/Edelstahl/Holz; 30/45/90°							
53€	79€	**90€**	105€	124€	[St]	⏱ 0,20h/St	331.000.074
44€	66€	**76€**	88€	104€			
5	**Brüstungs-/Treppengeländer, Lochblechfüllung**						KG **359**
Treppengeländer; Stahlkonstruktion, Rundrohr, Flachstabstahl; Höhe 1,10m, Handlauf 33,7mm							
404€	521€	**573€**	625€	750€	[m]	⏱ 2,30h/m	331.000.068
339€	438€	**481€**	526€	631€			
6	**Treppengeländer, Flachstahlfüllung**						KG **359**
Treppengeländer; Stahlkonstruktion, Handlauf Rundrohr, Flachstabstahl; Höhe 1,10m, Handlauf 42,4mm; Innenbereich							
394€	510€	**563€**	634€	764€	[m]	⏱ 2,50h/m	331.000.075
331€	428€	**473€**	533€	642€			
7	**Stahl-Umfassungszarge, 875x2.000/2.125**						KG **344**
Stahlumfassungszarge; brandverzinkt/grundiert; 875x2.000/2.125mm, MW 145mm, Tiefe 115mm							
297€	405€	**453€**	519€	610€	[St]	⏱ 1,10h/St	331.000.076
249€	340€	**380€**	436€	512€			
8	**Stahltür, einflüglig**						KG **344**
Metalltürelement; Stahl; 1.010x2.130mm, Dicke 50mm; einflüglig							
1.633€	1.894€	**2.178€**	2.504€	2.809€	[St]	⏱ 2,40h/St	331.000.078
1.372€	1.592€	**1.830€**	2.104€	2.360€			

► min
▷ von
ø Mittel
◁ bis
◄ max

Nr.	Kurztext / Stichworte						Kostengruppe
▶	▷	ø brutto €	◁	◀	[Einheit]	Ausf.-Dauer	Positionsnummer
▶	▷	ø netto €	◁	◀			
9	**Stahltür, Brandschutz, EI2 90, 875x2.000/2.125**						KG **344**
Brandschutztürelement, EI 90-C; Stahl; 875x2.000/2.125; einflüglig							
2.261€	3.004€	**3.437€**	3.819€	4.322€	[St]	⏱ 3,40h/St	331.000.083
1.900€	2.525€	**2.888€**	3.209€	3.632€			
10	**Stahltür, EI2 90, zweiflüglig**						KG **344**
Brandschutztürelement, EI2 9; Stahl, verzinkt; zweiflüglig							
5.665€	6.906€	**7.461€**	7.734€	8.720€	[St]	⏱ 4,60h/St	331.000.084
4.761€	5.803€	**6.269€**	6.499€	7.328€			
11	**Stahltreppe, gerade, einläufig, Trittbleche**						KG **351**
Metalltreppe, einläufig; Stahl, S235JR, verzinkt; 17,2x28cm, 16 Stufen; freitragend							
6.578€	9.430€	**9.929€**	10.917€	13.640€	[St]	⏱ 7,50h/St	331.000.085
5.527€	7.924€	**8.344€**	9.174€	11.462€			
12	**Stundensatz, Facharbeiter/-in**						
Stundenlohnarbeiten, Vorarbeiter/-in, Facharbeiter/-in und Gleichgestellte; Schlosserarbeiten							
79€	95€	**100€**	105€	116€	[h]	⏱ 1,00h/h	331.000.086
66€	80€	**84€**	88€	97€			
13	**Stundensatz, Helfer/-in**						
Stundenlohnarbeiten für Werker/-in, Helfer/-in und Gleichgestellte; Schlosserarbeiten							
72€	80€	**85€**	90€	97€	[h]	⏱ 1,00h/h	331.000.087
61€	67€	**72€**	76€	82€			

334

Kosten:
Stand 2. Quartal 2025
Bundesdurchschnitt

▶ min
▷ von
ø Mittel
◁ bis
◀ max

Nr.	Kurztext / Stichworte					Kostengruppe
▶	▷	**ø brutto €**	◁	◀	[Einheit] Ausf.-Dauer	Positionsnummer
▶	▷	**ø netto €**	◁	◀		
1	**Öffnungen abdecken, Strahlarbeiten**					KG **395**
	Öffnungen abdecken, Druckwasserreinigung; Plattenware, Folie; Anschlüsse abkleben; Fassade					
15€	25€	**31€**	35€	39€	[m²] ⏱ 0,22 h/m²	334.000.080
13€	21€	**26€**	29€	33€		
2	**Holz anschleifen/grundieren**					KG **395**
	Holzfläche vorbereiten, Beschichtung; zweimalig grundieren, zwischenschleifen; Außenbereich					
4€	8€	**9€**	11€	16€	[m²] ⏱ 0,10 h/m²	334.000.087
4€	7€	**8€**	9€	13€		
3	**Stahlgeländer abbeizen**					KG **395**
	Geländer abbeizen; Stahl					
13€	27€	**30€**	36€	40€	[m²] ⏱ 0,25 h/m²	334.000.099
11€	22€	**25€**	30€	34€		
4	**Bodenflächen abdecken, Malervlies**					KG **397**
	Bodenfläche abdecken; Malerabdeckvlies, rutschsicher; Abkleben					
2€	4€	**4€**	5€	5€	[m²] ⏱ 0,03 h/m²	334.000.100
1€	3€	**4€**	4€	4€		
5	**Bodenflächen abdecken, Krepppapier**					KG **397**
	Bodenfläche abdecken; Malerkrepppapier; Abkleben					
4€	4€	**5€**	5€	6€	[m²] ⏱ 0,03 h/m²	334.000.101
3€	3€	**4€**	4€	5€		
6	**Bodenflächen abdecken, Folie**					KG **397**
	Bodenfläche abdecken; Malerfolie; Abkleben					
2€	3€	**4€**	4€	5€	[m²] ⏱ 0,03 h/m²	334.000.102
1€	3€	**3€**	4€	4€		
7	**Gegenstände abdecken, Plane**					KG **397**
	Gegenstände abdecken; Malerabdeckplane; Abkleben					
3€	3€	**4€**	4€	5€	[m²] ⏱ 0,03 h/m²	334.000.103
3€	3€	**3€**	4€	5€		
8	**Geländer abdecken, PE-Folie**					KG **397**
	Geländer abdecken; Polyethylen-Folie; Abkleben					
6€	6€	**7€**	8€	9€	[m²] ⏱ 0,06 h/m²	334.000.104
5€	5€	**6€**	7€	8€		

Nr.	Kurztext / Stichworte						Kostengruppe
▶	▷	**ø brutto €**	◁	◀	[Einheit]	Ausf.-Dauer	Positionsnummer
▶	▷	**ø netto €**	◁	◀			
9	**Beschichtungsflächen reinigen**						KG **395**
Beschichtungsfläche reinigen; für Überholungsbeschichtung							
2€	2€	**3€**	3€	5€	[m²]	⏱ 0,03 h/m²	334.000.105
2€	2€	**2€**	3€	4€			
10	**Altbeschichtung reinigen, innen**						KG **395**
Beschichtung reinigen; für Überholungsbeschichtung; Innenbereich							
2€	2€	**3€**	4€	5€	[m²]	⏱ 0,03 h/m²	334.000.106
2€	2€	**3€**	3€	4€			
11	**Altbeschichtung entfernen, innen**						KG **394**
Beschichtung entfernen; abkratzen, nachwaschen; Innenbereich							
2€	2€	**3€**	3€	6€	[m²]	⏱ 0,03 h/m²	334.000.107
2€	2€	**2€**	3€	5€			
12	**Altbeschichtung ausbessern, innen**						KG **395**
Beschichtung ausbessern; lose Beschichtung abkratzen, ausbessern, nachwaschen; Innenbereich							
8€	9€	**10€**	12€	15€	[m²]	⏱ 0,10 h/m²	334.000.108
7€	8€	**9€**	10€	13€			
13	**Ölfarbe entfernen, Innenputz**						KG **394**
Ölfarbenbeschichtung entfernen; abbeizen, nachwaschen; auf Innenputz							
13€	15€	**17€**	20€	32€	[m²]	⏱ 0,15 h/m²	334.000.109
11€	13€	**15€**	17€	27€			
14	**Ölfarbbeschichtung anschleifen**						KG **395**
Ölfarbenbeschichtung anschleifen; reinigen; auf Innenputz							
1€	3€	**3€**	4€	5€	[m²]	⏱ 0,03 h/m²	334.000.110
1€	2€	**3€**	3€	4€			
15	**Dübel entfernen, schließen**						KG **395**
Dübel entfernen; Löcher schließen							
2€	3€	**4€**	4€	5€	[St]	⏱ 0,03 h/St	334.000.111
2€	3€	**3€**	3€	4€			
16	**Fehlstellen schließen, innen**						KG **395**
Fehlstellen schließen, punktuell; Mörtel/Gips; Wand- und Deckenflächen							
4€	4€	**5€**	5€	7€	[St]	⏱ 0,03 h/St	334.000.112
3€	3€	**4€**	4€	6€			

Kosten:
Stand 2. Quartal 2025
Bundesdurchschnitt

Nr.	Kurztext / Stichworte						Kostengruppe
▶	▷	ø brutto €	◁	◀	[Einheit]	Ausf.-Dauer	Positionsnummer
▶	▷	ø netto €	◁	◀			
17	**Schadstellen abklopfen, innen**						KG **395**
Schadstellen entfernen; lose, Teile abklopfen; Betonflächen, innen; Bauschutt entsorgen							
6€	7€	**7€**	9€	10€	[m²]	⏱ 0,30 h/m²	334.000.113
5€	6€	**6€**	7€	9€			
18	**Betonflächen ausbessern, innen**						KG **395**
Betonflächen ausbessern; Innenwände und Decken							
23€	26€	**30€**	34€	38€	[m²]	⏱ 0,27 h/m²	334.000.114
20€	22€	**25€**	29€	32€			
19	**Spachtelung, Dispersion, innen**						KG **395**
Spachtelung; Kunststoff-Dispersionsspachtelmasse; innen							
9€	10€	**12€**	14€	21€	[m²]	⏱ 0,15 h/m²	334.000.115
8€	9€	**10€**	11€	17€			
20	**Spachtelung, Dispersion, 2x innen**						KG **395**
Spachtelung; Kunststoff-Dispersionsspachtelmasse; zwei Arbeitsgänge; innen							
17€	19€	**22€**	25€	30€	[m²]	⏱ 0,20 h/m²	334.000.116
14€	16€	**18€**	21€	26€			
21	**Spachtelung faserhaltig, innen**						KG **395**
Spachtelung; Spachtelmasse, faserhaltig; innen							
15€	17€	**18€**	21€	25€	[m²]	⏱ 0,15 h/m²	334.000.118
12€	14€	**15€**	18€	21€			
22	**Putzfläche reinigen, innen**						KG **395**
Putzfläche reinigen; Wasser, Salmiak; Innenwand, Decke							
2€	4€	**5€**	6€	10€	[m²]	⏱ 0,05 h/m²	334.000.119
2€	4€	**4€**	5€	9€			
23	**Innentür abschleifen**						KG **395**
Innentür abschleifen; Holz; Oberflächenbehandlung							
13€	18€	**21€**	24€	36€	[m²]	⏱ 0,27 h/m²	334.000.121
11€	15€	**17€**	20€	30€			
24	**Innentür abbeizen**						KG **395**
Innentür abbeizen, nachwaschen; 1,00x2,00m; inkl. Zarge							
148€	168€	**190€**	219€	256€	[m²]	⏱ 1,20 h/m²	334.000.122
125€	141€	**160€**	184€	215€			

▶ min
▷ von
ø Mittel
◁ bis
◀ max

© BKI Baukosteninformationszentrum

Nr.	Kurztext / Stichworte						Kostengruppe
▶	▷	**ø brutto €**	◁	◀	[Einheit]	Ausf.-Dauer	Positionsnummer
▶	▷	**ø netto €**	◁	◀			
25	**Metallflächen anschleifen**						KG **395**
Metallfläche vorbereiten; Anschleifen; innen							
5€	6€	**7€**	7€	11€	[m²]	⏱ 0,08 h/m²	334.000.123
4€	5€	**5€**	6€	10€			
26	**Metallflächen schleifen/grundieren innen**						KG **395**
Metallfläche vorbereiten, Beschichtung; schleifen, grundieren; innen							
11€	13€	**15€**	17€	23€	[m²]	⏱ 0,18 h/m²	334.000.124
9€	11€	**13€**	15€	20€			
27	**Heizkörper, abbeizen**						KG **495**
Heizkörper abbeizen, nachwaschen; Guss; Trocknen							
18€	22€	**25€**	28€	33€	[m²]	⏱ 0,20 h/m²	334.000.125
15€	18€	**21€**	24€	28€			
28	**Beschichtung, Dispersion, gefüllt, Putz innen**						KG **345**
Überholungsbeschichtung deckend, Putzfläche; Dispersion, füllend, weiß, matt; innen							
11€	14€	**16€**	18€	21€	[m²]	⏱ 0,20 h/m²	334.000.149
9€	12€	**13€**	15€	18€			
29	**Beschichtung, Dispersion, Raufasertapete**						KG **345**
Überholungsbeschichtung deckend, Raufasertapete; Dispersion, weiß, matt; innen							
11€	14€	**15€**	18€	21€	[m²]	⏱ 0,20 h/m²	334.000.150
10€	12€	**13€**	15€	17€			
30	**Beschichtung, Dispersion, Glasfasertapete**						KG **345**
Überholungsbeschichtung deckend, Glasfasertapete; Dispersion, weiß, matt; innen							
12€	14€	**16€**	18€	21€	[m²]	⏱ 0,18 h/m²	334.000.151
10€	12€	**13€**	15€	18€			
31	**Beschichtung, Silikatfarbe, gefüllt, Putz innen**						KG **345**
Überholungsbeschichtung Putzfläche; Silikatfarbe, weiß, matt; innen							
14€	16€	**19€**	21€	25€	[m²]	⏱ 0,18 h/m²	334.000.152
11€	14€	**16€**	18€	21€			
32	**Beschichtung, Dispersion, gefüllt, Beton innen**						KG **345**
Überholungsbeschichtung deckend, Betonfläche; Dispersionsbeschichtung, füllend, weiß, matt; innen							
14€	17€	**19€**	22€	25€	[m²]	⏱ 0,18 h/m²	334.000.153
12€	14€	**16€**	18€	21€			

Nr.	Kurztext / Stichworte						Kostengruppe
►	▷	**ø brutto €**	◁	◀	[Einheit]	Ausf.-Dauer	Positionsnummer
►	▷	**ø netto €**	◁	◀			
33	**Beschichtung, Acrylharzlack, Boden**						KG **324**
Erstbeschichtung; Acryllack, Grundierung; Grundierung, Zwischenbeschichtung, Versiegelung; Betonbodenfläche							
15€	21€	**23€**	26€	33€	[m2]	⏱ 0,18 h/m2	334.000.187
13€	17€	**19€**	22€	27€			
34	**Beschichtung, 2-K Epoxidharz, Boden**						KG **324**
Erstbeschichtung; Epoxidharz, zweikomponentig; Grundierung, Zwischenbeschichtung, Versiegelung; Betonbodenfläche							
22€	29€	**30€**	33€	42€	[m2]	⏱ 0,18 h/m2	334.000.188
19€	24€	**25€**	28€	35€			
35	**Lasur, Acryl, Holz innen**						KG **345**
Überholungsbeschichtung, Holzfläche; Acryllasur; innen							
13€	15€	**17€**	20€	23€	[m2]	⏱ 0,18 h/m2	334.000.189
11€	13€	**15€**	17€	19€			
36	**Beschichtung, Acryl, Holz innen**						KG **345**
Überholungsbeschichtung, Holzfläche; Acrylfarbe; mit Zwischenbeschichtung; innen							
19€	22€	**26€**	30€	34€	[m2]	⏱ 0,26 h/m2	334.000.190
16€	19€	**22€**	25€	29€			
37	**Beschichtung, Kunstharzlack, Holzfläche innen**						KG **345**
Überholungsbeschichtung Holzfläche; Kunstharzlack; innen							
21€	25€	**29€**	33€	38€	[m2]	⏱ 0,25 h/m2	334.000.158
18€	21€	**24€**	28€	32€			
38	**Beschichtung, Kunstharzlack, Holzfenster innen**						KG **334**
Überholungsbeschichtung deckend, Holzfenster; Kunstharzlack; innen							
17€	20€	**23€**	27€	31€	[m2]	⏱ 0,25 h/m2	334.000.159
14€	17€	**20€**	22€	26€			
39	**Beschichtung, Kunstharzlack, Holzbekleidung innen**						KG **345**
Überholungsbeschichtung deckend, Holzbekleidung; Kunstharzlack; innen							
26€	30€	**35€**	40€	44€	[m2]	⏱ 0,25 h/m2	334.000.162
21€	26€	**29€**	34€	37€			
40	**Beschichtung, Kunstharzlack, Holzdecke innen**						KG **354**
Überholungsbeschichtung Dickschichtlasur, Holzfenster; Kunstharzlack; innen							
21€	24€	**28€**	32€	37€	[m2]	⏱ 0,30 h/m2	334.000.164
17€	21€	**24€**	27€	31€			

Kosten:
Stand 2. Quartal 2025
Bundesdurchschnitt

► min
▷ von
ø Mittel
◁ bis
◀ max

© BKI Baukosteninformationszentrum

Nr.	Kurztext / Stichworte							Kostengruppe
▶	▷	**ø brutto €**	◁	◀	[Einheit]	Ausf.-Dauer		Positionsnummer
▶	▷	**ø netto €**	◁	◀				
41	**Beschichtung, Kunstharzlack, Holzbauteile innen**							KG **345**
	Überholungsbeschichtung deckend, Holzbauteile; Kunstharzlack; innen							
25€	30€	**35€**	39€	44€	[m²]	⏱ 0,35 h/m²		334.000.165
21€	25€	**29€**	33€	37€				
42	**Beschichtung, Kunstharzlack, Holztür innen**							KG **344**
	Beschichtung, Holztür; Kunstharzlack, seidenglänzend, weiß; innen							
22€	27€	**31€**	35€	39€	[m²]	⏱ 0,35 h/m²		334.000.167
19€	22€	**26€**	30€	33€				
43	**Beschichtung, Kunstharzlack, Holztür/Zarge innen**							KG **344**
	Beschichtung Holztür, Zarge; Kunstharzlack, seidenglänzend, weiß; innen							
26€	29€	**33€**	38€	42€	[m²]	⏱ 0,35 h/m²		334.000.166
22€	24€	**28€**	32€	35€				
44	**Beschichtung, Kunstharzlack, Holzfußboden innen**							KG **353**
	Beschichtung Holzdielenboden; Kunstharzlack; innen							
25€	29€	**32€**	37€	41€	[m²]	⏱ 0,35 h/m²		334.000.168
21€	24€	**27€**	31€	34€				
45	**Beschichtung, Kunstharzlack, Holztreppen innen**							KG **353**
	Beschichtung Holztreppenstufen; Kunstharzlack; innen							
35€	40€	**44€**	52€	59€	[m²]	⏱ 0,40 h/m²		334.000.169
30€	34€	**37€**	44€	50€				
46	**Beschichtung, Kunstharzlack, Holzfußleisten innen**							KG **353**
	Beschichtung Holzfußleisten; Kunstharzlack; innen							
7€	8€	**9€**	10€	11€	[m]	⏱ 0,10 h/m		334.000.170
6€	7€	**8€**	9€	10€				
47	**Beschichtung, Kunstharzlack, Geländer, Holz innen**							KG **359**
	Beschichtung Holztreppengeländer; Kunstharzlack; Stababstand 15cm, Durchmesser 30mm; innen							
55€	56€	**63€**	73€	85€	[m²]	⏱ 0,45 h/m²		334.000.171
46€	47€	**53€**	61€	71€				
48	**Beschichtung, Kunstharzlack, Handlauf, Holz innen**							KG **359**
	Beschichtung Holzhandlauf; Kunstharzlack; innen							
18€	21€	**23€**	27€	32€	[m]	⏱ 0,20 h/m		334.000.172
15€	17€	**20€**	23€	27€				

Kosten:
Stand 2.Quartal 2025
Bundesdurchschnitt

► min
▷ von
ø Mittel
◁ bis
◀ max

Nr.	Kurztext / Stichworte						Kostengruppe
►	▷	ø brutto €	◁	◀	[Einheit]	Ausf.-Dauer	Positionsnummer
►	▷	ø netto €	◁	◀			
49	**Beschichtung, Kunstharzlack, Stahl innen**						KG **345**
	Überholungsbeschichtung deckend, Stahlkonstruktion; Kunstharzlack; innen						
27€	31€	**34€**	39€	44€	[m2]	0,34h/m2	334.000.173
23€	26€	**29€**	33€	37€			
50	**Beschichtung, Kunstharzlack, Geländer innen**						KG **359**
	Überholungsbeschichtung Stahlgeländer; Kunstharzlack; innen						
63€	70€	**80€**	92€	104€	[m2]	0,70h/m2	334.000.174
53€	59€	**67€**	78€	88€			
51	**Beschichtung, Kunstharzlack, Stahlzarge innen**						KG **344**
	Überholungsbeschichtung Stahlzarge; Kunstharzlack; innen						
24€	28€	**32€**	37€	42€	[m]	0,32h/m	334.000.175
20€	24€	**27€**	31€	35€			
52	**Beschichtung, Kunstharzlack, Stahltürelement**						KG **344**
	Überholungsbeschichtung Stahltürblatt, Zarge; Kunstharzlack; Fläche bis 5,00m2; innen						
112€	125€	**142€**	164€	182€	[St]	0,95h/St	334.000.176
94€	105€	**120€**	137€	153€			
53	**Beschichtung, Kunstharzlack, Metall beschichtet innen**						KG **345**
	Überholungsbeschichtung, Metallkonstruktion, pulverbeschichtet; Kunstharzlack, glänzend, weiß; innen						
27€	30€	**35€**	39€	44€	[m2]	0,34h/m2	334.000.177
23€	25€	**29€**	33€	37€			
54	**Beschichtung, rissüberbrückend**						KG **395**
	Beschichtung, rissüberbrückend; organisch; Rissbreite +/-0,1mm; Außenwandputz						
32€	36€	**39€**	45€	51€	[m2]	0,32h/m2	334.000.178
27€	30€	**33€**	38€	43€			
55	**Grundierung, Riss**						KG **395**
	Riss grundieren; Grundieranstrich, wasserabweisend; Außenwandputz						
7€	9€	**10€**	11€	13€	[m]	0,12h/m	334.000.179
6€	7€	**8€**	9€	11€			
56	**Rissfüllung, Verschlämmen**						KG **395**
	Riss vorbereiten; Streichfüller; Außenwandputz						
11€	13€	**15€**	17€	20€	[m]	0,12h/m	334.000.180
9€	11€	**13€**	15€	17€			

© BKI Baukosteninformationszentrum

Nr.	Kurztext / Stichworte						Kostengruppe
▶	▷	**ø brutto €**	◁	◀	[Einheit]	Ausf.-Dauer	Positionsnummer
▶	▷	**ø netto €**	◁	◀			

57 Beschichtung, rissüberbrückend, Gewebe KG **395**

Beschichtung, rissüberbrückend; organisch, Gewebe; Grund-, Schluss- und Zwischenbeschichtung; Außenwandputz

33€	39€	**45€**	51€	59€	[m2]	⏱ 0,45h/m2	334.000.181
28€	33€	**38€**	43€	50€			

58 Beschichtung, rissfüllend, Putz KG **395**

Beschichtung, rissfüllend; Grund-, Schluss- und Zwischenbeschichtung; Außenwandputz

23€	27€	**31€**	35€	41€	[m2]	⏱ 0,35h/m2	334.000.182
19€	23€	**26€**	30€	34€			

59 Oberputz, mineralisch, modifiziert KG **395**

Oberputz; kunststoffmodifiziert; Außenwandputz; inkl. Grundierung

36€	42€	**47€**	55€	63€	[m2]	⏱ 0,35h/m2	334.000.183
30€	35€	**40€**	46€	53€			

60 Oberputz, mineralisch, modifiziert, Gewebe KG **395**

Oberputz; kunststoffmodifiziert; inkl. gewebearmierte Spachtelung, Grundierung

42€	52€	**58€**	67€	77€	[m2]	⏱ 0,40h/m2	334.000.184
36€	44€	**49€**	56€	65€			

61 Stundensatz, Facharbeiter/-in

Stundenlohnarbeiten, Vorarbeiter/-in, Facharbeiter/-in und Gleichgestellte; Maler- und Lackierarbeiten

65€	77€	**81€**	83€	92€	[h]	⏱ 1,00h/h	334.000.186
55€	65€	**68€**	70€	77€			

62 Stundensatz, Helfer/-in

Stundenlohnarbeiten für Werker/-in, Helfer/-in und Gleichgestellte; Maler- und Lackierarbeiten

56€	69€	**71€**	74€	82€	[h]	⏱ 1,00h/h	334.000.185
47€	58€	**59€**	62€	69€			

Nr.	Kurztext / Stichworte						Kostengruppe
►	▷	ø brutto €	◁	◄	[Einheit]	Ausf.-Dauer	Positionsnummer
►	▷	ø netto €	◁	◄			

1 Sockelleiste entfernen KG **394**

Sockelleiste entfernen; Bauschutt entsorgen

2€	5€	**6€**	7€	8€	[m]	⏱ 0,04 h/m	336.000.052
2€	4€	**5€**	6€	7€			

2 Bodenbelag verklebt, entfernen KG **394**

Bodenbelag, verklebt, entfernen; PVC/Linoleum/Teppichboden, inkl. Sockelleiste; inkl. reinigen von Kleberesten; Bauschutt entsorgen

10€	15€	**17€**	21€	28€	[m²]	⏱ 0,13 h/m²	336.000.053
8€	13€	**14€**	17€	23€			

3 PVC-Fliesen verklebt, entfernen KG **394**

Fliesenbelag, verklebt, entfernen; PVC, inkl. Sockelleiste; inkl. reinigen von Kleberesten; Bauschutt entsorgen

30€	36€	**41€**	49€	53€	[m²]	⏱ 0,17 h/m²	336.000.054
25€	30€	**35€**	41€	44€			

4 Laminatboden entfernen KG **394**

Bodenbelag entfernen; Laminat, inkl. Sockelleiste; Bauschutt entsorgen

18€	21€	**24€**	29€	31€	[m²]	⏱ 0,15 h/m²	336.000.055
15€	17€	**20€**	25€	26€			

5 Treppenbelag verklebt, entfernen KG **394**

Treppenbelag, verklebt, entfernen; PVC/Linoleum/Teppichboden, inkl. Sockelleiste; inkl. reinigen von Kleberesten; Bauschutt entsorgen

12€	13€	**16€**	19€	20€	[St]	⏱ 0,11 h/St	336.000.056
10€	11€	**13€**	16€	17€			

6 Bodenbelag lose, entfernen KG **394**

Bodenbelag, lose verlegt, entfernen; Teppichboden; Bauschutt entsorgen

8€	12€	**14€**	17€	22€	[m²]	⏱ 0,08 h/m²	336.000.057
7€	10€	**12€**	14€	18€			

7 Untergrund reinigen KG **395**

Untergrund reinigen; Reste von Gips/Mörtel/Farbe/Öl

2€	4€	**5€**	6€	6€	[m²]	⏱ 0,04 h/m²	336.000.058
2€	4€	**4€**	5€	5€			

8 Klebereste entfernen KG **395**

Klebereste entfernen; Boden, mineralisch

3€	4€	**5€**	5€	6€	[m²]	⏱ 0,04 h/m²	336.000.059
3€	3€	**4€**	5€	5€			

336

Kosten:
Stand 2. Quartal 2025
Bundesdurchschnitt

► min
▷ von
ø Mittel
◁ bis
◄ max

Nr.	Kurztext / Stichworte				[Einheit]	Ausf.-Dauer	Kostengruppe / Positionsnummer
▶	▷	**ø brutto €**	◁	◀			
▶	▷	**ø netto €**	◁	◀			
9	**Untergrund schleifen**						KG **395**
Untergrund anschleifen; absaugen; Abfall entsorgen							
2€	6€	**7€**	9€	11€	[m²]	⏱ 0,06h/m²	336.000.060
2€	5€	**6€**	8€	10€			
10	**Untergrund grundieren**						KG **395**
Untergrund grundieren; vorbereiten; Bodenbelag							
3€	5€	**6€**	8€	10€	[m²]	⏱ 0,03h/m²	336.000.061
2€	5€	**5€**	7€	9€			
11	**Untergrund spachteln, bis 2mm**						KG **395**
Untergrund spachteln; Dicke bis 2mm; vorbereiten; Bodenbelag							
6€	7€	**7€**	9€	10€	[m²]	⏱ 0,04h/m²	336.000.063
5€	6€	**6€**	8€	8€			
12	**Spachtelung, Gewebe**						KG **395**
Spachtelung; Gewebe, armiert; zur Vorbereitung von Bodenbelagsarbeiten							
12€	14€	**17€**	20€	21€	[m²]	⏱ 0,04h/m²	336.000.064
10€	12€	**14€**	17€	18€			
13	**Ausgleichsspachtelung, bis 10mm**						KG **395**
Spachtelung; Spachtelmasse; Dicke 5-10mm; nivellieren; Estrich; inkl. Estrich reinigen							
5€	7€	**8€**	11€	17€	[m²]	⏱ 0,10h/m²	336.000.065
4€	6€	**7€**	9€	14€			
14	**Haftgrund, Bodenbelag**						KG **353**
Voranstrich/Haftgrund; Haftgrund; vorbereiten; Bodenbelag; inkl. Bodenflächen reinigen							
2€	3€	**4€**	5€	7€	[m²]	⏱ 0,03h/m²	336.000.066
1€	3€	**3€**	4€	6€			
15	**Boden kugelstrahlen**						KG **353**
Boden kugelstrahlen; verschmutzter Untergrund; Abtragsdicke 5mm; vorbereiten; Zementestrich; inkl. Absaugen							
5€	8€	**9€**	10€	12€	[m²]	⏱ 0,03h/m²	336.000.067
4€	7€	**8€**	8€	10€			
16	**Randstreifen abschneiden**						KG **353**
Randstreifen abschneiden; Rippenpappe/Mineralwolle/Polystyrol; abschneiden; Abfall entsorgen							
0,3€	1,2€	**1,4€**	2,5€	4,2€	[m]	⏱ 0,01h/m	336.000.068
0,3€	1,0€	**1,2€**	2,1€	3,6€			

Nr.	Kurztext / Stichworte						Kostengruppe
▶	▷	ø brutto €	◁	◀	[Einheit]	Ausf.-Dauer	Positionsnummer
▶	▷	ø netto €	◁	◀			
17	**Textilbelag, Kunstfaser/Nadelvlies**						KG **353**
Textilbelag; Nadelvlies, feinfasrig meliert, B1; geklebt							
41€	52€	**57€**	63€	77€	[m²]	0,18 h/m²	336.000.015
35€	44€	**48€**	53€	65€			
18	**Textilbelag, Kunstfaser/Tuftingteppich**						KG **353**
Textilbelag; Velours, vollsynthetisch, B1; geklebt							
66€	83€	**91€**	100€	118€	[m²]	0,18 h/m²	336.000.017
55€	69€	**76€**	84€	100€			
19	**Textiler Belag, Wolle/Sisal**						KG **353**
Textilbelag; Wolle/Sisal, E; geklebt; Calciumsulfatestrich							
98€	112€	**120€**	135€	165€	[m²]	0,18 h/m²	336.000.069
83€	94€	**101€**	114€	139€			
20	**Korkunterlage, Linoleum**						KG **353**
Dämmunterlage für Linoleumbelag; Kork; Dicke 2mm; verklebt; auf Zementestrich							
26€	30€	**32€**	35€	41€	[m²]	0,12 h/m²	336.000.019
22€	25€	**27€**	29€	34€			
21	**Linoleumbelag, bis 2,5mm**						KG **353**
Bodenbelag; Linoleumbahn; Dicke 2,5mm; verlegen, verkleben							
40€	53€	**58€**	64€	80€	[m²]	0,17 h/m²	336.000.020
33€	44€	**49€**	53€	67€			
22	**Linoleumbelag, über 2,5mm**						KG **353**
Bodenbelag; Linoleumbahn; Dicke 3,2/4,0mm; verlegen, verkleben; geringer/mittlerer/starker							
51€	65€	**69€**	76€	92€	[m²]	0,17 h/m²	336.000.021
43€	54€	**58€**	64€	77€			
23	**Linoleumbelag verschweißen**						KG **353**
Linoleumbahn verschweißen; Schweißschnur; Dicke 4mm; inkl. fräsen							
4€	5€	**6€**	6€	8€	[m²]	0,02 h/m²	336.000.022
3€	4€	**5€**	5€	7€			
24	**Bodenbelag, PVC**						KG **353**
Bodenbelag; PVC, gewerblich geeignet; Dicke 3mm; verlegen, verkleben							
45€	65€	**74€**	85€	111€	[m²]	0,17 h/m²	336.000.023
38€	55€	**62€**	72€	93€			

Kosten:
Stand 2. Quartal 2025
Bundesdurchschnitt

▶ min
▷ von
ø Mittel
◁ bis
◀ max

© BKI Baukosteninformationszentrum

Nr.	Kurztext / Stichworte					Kostengruppe
▶	▷	**ø brutto €**	◁	◀	[Einheit]	Ausf.-Dauer	Positionsnummer
▶	▷	**ø netto €**	◁	◀			

25	**Bodenbelag, Laminat**						KG **353**
Bodenbelag; Laminat, beansprucht; schwimmend verlegt; auf Zementestrich; Stuhlrollengeeignet, Zigarettenglutbeständig							
55€	78€	**90€**	101€	120€	[m²]	⏱ 0,30 h/m²	336.000.047
46€	65€	**75€**	85€	101€			
26	**Treppenstufe, Elastischer Bodenbelag**						KG **353**
Stufenbelag; elastisch; Stg: 17,5x28,0cm; verlegen, verkleben; Treppe; inkl. Kantenschutzprofil							
41€	79€	**85€**	94€	132€	[St]	⏱ 0,35 h/St	336.000.027
34€	66€	**71€**	79€	111€			
27	**Treppenstufe, Textiler Belag**						KG **353**
Stufenbelag; Textil; Stg: 17,5x28,0cm; verlegen, verkleben; Treppe; inkl. Kantenschutzprofil							
57€	74€	**85€**	89€	103€	[St]	⏱ 0,35 h/St	336.000.028
48€	62€	**71€**	75€	87€			
28	**Treppenkantenprofil, Kunststoff**						KG **353**
Treppenkantenprofil; Kunststoff; Schenkellänge bis 45mm; verlegen, verkleben; Stufenkante							
14€	24€	**28€**	30€	37€	[m]	⏱ 0,15 h/m	336.000.029
12€	20€	**23€**	25€	31€			
29	**Trennprofil, Metall**						KG **353**
Trennprofilschiene; Metall; auf Estrich montieren							
14€	21€	**25€**	28€	33€	[m]	⏱ 0,15 h/m	336.000.032
12€	18€	**21€**	24€	28€			
30	**Übergangsprofil, Metall**						KG **353**
Übergangsprofil; Metall; leicht gerundet; unter Türblatt							
14€	19€	**20€**	22€	25€	[m]	⏱ 0,15 h/m	336.000.048
12€	16€	**17€**	19€	21€			
31	**Verfugung, elastisch, Silikon**						KG **353**
Verfugung, elastisch; Ein-Komponenten-Dichtstoff; inkl. erf. Flankenvorbehandlung							
4€	7€	**8€**	10€	14€	[m]	⏱ 0,04 h/m	336.000.034
3€	6€	**7€**	8€	11€			
32	**Sockelausbildung, Holzleisten**						KG **353**
Sockelleiste; Eiche, stoßfest, farblos lackiert; 60x16mm; Profilleisten; inkl. Senkkopfschrauben							
15€	21€	**24€**	29€	44€	[m]	⏱ 0,08 h/m	336.000.035
13€	18€	**20€**	25€	37€			

Nr.	Kurztext / Stichworte						Kostengruppe
▶	▷	ø brutto €	◁	◀	[Einheit]	Ausf.-Dauer	Positionsnummer
▶	▷	ø netto €	◁	◀			
33	**Sockelausbildung, PVC-Leisten, Belag**						KG **353**
Sockelleiste für textilen Belag; PVC-Profil; Höhe 60mm; einkleben von textilem Teppichstreifen; inkl. Senkkopfschrauben							
6€	8€	**10€**	12€	16€	[m]	⏱ 0,04h/m	336.000.036
5€	7€	**8€**	10€	13€			
34	**Sockelausbildung, PVC-Leisten, weich**						KG **353**
Sockelleiste; PVC weich; Höhe 60mm; verschweißt, geschraubt							
5€	8€	**9€**	12€	21€	[m]	⏱ 0,04h/m	336.000.038
4€	7€	**8€**	10€	18€			
35	**Sockelausbildung, Linoleum**						KG **353**
Sockelleiste; Linoleum; Höhe 60mm; verschweißt, geschraubt							
7€	14€	**17€**	24€	39€	[m]	⏱ 0,08h/m	336.000.039
6€	12€	**14€**	20€	33€			
36	**Erstpflege PVC/Lino/Kautschuk**						KG **353**
Erstpflege PVC/Lino/Kautschuk; Pflegemittel; Bodenbelag							
2€	4€	**5€**	7€	11€	[m²]	⏱ 0,02h/m²	336.000.040
2€	4€	**4€**	6€	9€			
37	**Stundensatz, Facharbeiter/-in**						
Stundenlohnarbeiten, Vorarbeiter/-in, Facharbeiter/-in und Gleichgestellte; Bodenbelagarbeiten							
72€	86€	**92€**	98€	111€	[h]	⏱ 1,00h/h	336.000.050
61€	73€	**77€**	82€	93€			
38	**Stundensatz, Helfer/-in**						
Stundenlohnarbeiten für Werker/-in, Helfer/-in und Gleichgestellte; Bodenbelagarbeiten							
56€	67€	**71€**	76€	86€	[h]	⏱ 1,00h/h	336.000.051
47€	56€	**60€**	64€	73€			

Kosten:
Stand 2.Quartal 2025
Bundesdurchschnitt

▶ min
▷ von
ø Mittel
◁ bis
◀ max

© BKI Baukosteninformationszentrum

Objekte

3. Ebene

Positionen Neubau

Positionen Altbau

Nr.	Kurztext / Stichworte						Kostengruppe
▶	▷	**ø brutto €**	◁	◀	[Einheit]	Ausf.-Dauer	Positionsnummer
▶	▷	**ø netto €**	◁	◀			
1	**Tapete, einlagig, entfernen**						KG **394**
	Tapete; einlagig; Wand/Decke; entfernen, entsorgen						
3€	4€	**5€**	6€	9€	[m²]	⏱ 0,06 h/m²	337.000.035
2€	3€	**5€**	5€	8€			
2	**Tapete beschichtet, einlagig, entfernen**						KG **394**
	Tapete; beschichtet; einlagig; Wand/Decke; entfernen, entsorgen						
3€	5€	**5€**	7€	9€	[m²]	⏱ 0,07 h/m²	337.000.036
3€	4€	**5€**	6€	8€			
3	**Tapete, mehrlagig, entfernen**						KG **394**
	Tapete; mehrlagig; Wand/Decke; entfernen, entsorgen						
4€	5€	**6€**	8€	10€	[m²]	⏱ 0,10 h/m²	337.000.037
3€	4€	**5€**	6€	9€			
4	**Schutzabdeckung, Inneneinrichtung**						KG **397**
	Abdeckarbeiten; Textil/Folie; überlappt, staubdicht abkleben; Inneneinrichtung						
2€	3€	**3€**	4€	4€	[m²]	⏱ 0,05 h/m²	337.000.038
2€	2€	**3€**	3€	3€			
5	**Schutzabdeckung, Boden, Folie/Schutzvlies**						KG **397**
	Bodenflächen abdecken; Folie, reißfest/Schutzvlies; überlappt, staubdicht abkleben						
2€	3€	**3€**	4€	6€	[m²]	⏱ 0,04 h/m²	337.000.039
2€	2€	**3€**	4€	5€			
6	**Schutzabdeckung, Boden, Pappe**						KG **397**
	Bodenflächen abdecken; Pappe/Karton; überlappt, staubdicht abkleben						
3€	4€	**5€**	5€	6€	[m²]	⏱ 0,04 h/m²	337.000.040
3€	4€	**4€**	4€	5€			
7	**Spachtelung/Armiervlies, Putz**						KG **345**
	Untergrundvorbereitung; Armiervlies, Spachtelung; Putzflächen; Innenwand/Decke						
10€	12€	**12€**	13€	15€	[m²]	⏱ 0,12 h/m²	337.000.041
8€	10€	**10€**	11€	12€			
8	**Vorbehandlung Putz, spachteln/schleifen/grundieren**						KG **345**
	Putzuntergrund; Spachtelung; 30%; grundieren, spachteln, schleifen; Wand/-Bodenflächen						
1€	3€	**4€**	5€	7€	[m²]	⏱ 0,06 h/m²	337.000.042
1€	3€	**3€**	4€	6€			

337

Kosten:
Stand 2. Quartal 2025
Bundesdurchschnitt

▶ min
▷ von
ø Mittel
◁ bis
◀ max

Nr.	Kurztext / Stichworte						Kostengruppe
▶	▷	ø brutto €	◁	◀	[Einheit]	Ausf.-Dauer	Positionsnummer
▶	▷	ø netto €	◁	◀			
9	**Vorbehandeln Gipsplatten, spachtel/schleifen/grundieren**						KG **345**
	Wand-/Deckenfläche vorbehandeln; GK-Platten; spachteln, schleifen; für Tapezierung						
1€	2€	**3€**	3€	4€	[m²]	⏱ 0,02 h/m²	337.000.043
1€	2€	**2€**	2€	3€			
10	**Untergrund vorbehandeln, teilspachteln/schleifen**						KG **345**
	Spachtelung; Teilflächen spachteln, schleifen; Wand/Decke, Untergrund Putz, Gipskarton						
4€	5€	**6€**	6€	7€	[m²]	⏱ 0,06 h/m²	337.000.044
3€	4€	**5€**	5€	6€			
11	**Raufasertapete, Wand**						KG **345**
	Tapezieren; Raufasertapete; Wand						
6€	8€	**10€**	12€	15€	[m²]	⏱ 0,12 h/m²	337.000.045
5€	7€	**8€**	10€	13€			
12	**Raufasertapete, Decke**						KG **354**
	Tapezieren; Raufasertapete, Körnung fein/mittel/grob; Decke						
8€	10€	**11€**	13€	17€	[m²]	⏱ 0,15 h/m²	337.000.046
6€	8€	**9€**	11€	14€			
13	**Raufasertapete, lineare Bauteile**						KG **345**
	Tapezieren, lineare Bauteile; Raufasertapete; Breite bis 15/30/60cm						
2€	4€	**5€**	8€	13€	[m]	⏱ 0,06 h/m	337.000.047
2€	3€	**4€**	7€	11€			
14	**Raufaser, Dispersionsbeschichtung**						KG **345**
	Tapezieren, Beschichtung; Raufasertapete, Dispersionsfarbe; Wand/Decke						
11€	15€	**16€**	19€	26€	[m²]	⏱ 0,24 h/m²	337.000.048
9€	12€	**13€**	16€	21€			
15	**Glasfasergewebe, Wand/Decke**						KG **345**
	Tapezieren; Glasfasertapete; Wand, Decke						
14€	16€	**18€**	21€	27€	[m²]	⏱ 0,14 h/m²	337.000.049
12€	14€	**15€**	18€	23€			
16	**Glasfasergewebe, lineare Bauteile**						KG **345**
	Tapezieren, Kleinflächen; Glasfasertapete; Breite bis 15/30/60cm						
5€	7€	**8€**	10€	11€	[m]	⏱ 0,07 h/m	337.000.050
5€	6€	**7€**	8€	9€			

Nr.	Kurztext / Stichworte						Kostengruppe
►	▷	**ø brutto €**	◁	◄	[Einheit]	Ausf.-Dauer	Positionsnummer
►	▷	**ø netto €**	◁	◄			
17	**Glasgewebe, Dispersionsbeschichtung**						KG **345**
Tapezieren, Beschichtung; Glasfasertapete, Dispersionsfarbe; Wand/Decke							
19€	25€	**28€**	29€	35€	[m²]	⏱ 0,20h/m²	337.000.051
16€	21€	**23€**	24€	30€			
18	**Stundensatz, Facharbeiter/-in**						
Stundenlohnarbeiten, Vorarbeiter/-in, Facharbeiter/-in und Gleichgestellte; Tapezierarbeiten							
61€	74€	**80€**	83€	90€	[h]	⏱ 1,00h/h	337.000.053
51€	62€	**67€**	70€	75€			

Kosten:
Stand 2. Quartal 2025
Bundesdurchschnitt

► min
▷ von
ø Mittel
◁ bis
◄ max

© BKI Baukosteninformationszentrum

339

Kosten:
Stand 2. Quartal 2025
Bundesdurchschnitt

► min
▷ von
ø Mittel
◁ bis
◄ max

Nr.	Kurztext / Stichworte						Kostengruppe
►	▷	**ø brutto €**	◁	◄	[Einheit]	Ausf.-Dauer	Positionsnummer
►	▷	**ø netto €**	◁	◄			
1	**Montagewand abbrechen**						KG **394**
Montagewand abbrechen; Metallständer, beidseitig mit GK-Platten beplankt; Bauschutt entsorgen							
23€	32€	**39€**	47€	54€	[m²]	⏱ 0,25 h/m²	339.000.088
20€	27€	**33€**	40€	46€			
2	**Deckenkleidung abbrechen**						KG **394**
Deckenbekleidung abbrechen; Gipskartonplatten, einlagig; Bekleidungsdicke 12,5mm; inkl. Unterkonstruktion; Bauschutt entsorgen							
17€	31€	**37€**	45€	50€	[m²]	⏱ 0,28 h/m²	339.000.089
14€	26€	**31€**	38€	42€			
3	**Unterdecke abbrechen**						KG **394**
Unterdecke, abgehängt, abbrechen; Gipskartonplatten auf Metallprofilen; Bauschutt entsorgen							
17€	26€	**31€**	39€	43€	[m²]	⏱ 0,28 h/m²	339.000.090
14€	22€	**26€**	32€	36€			
4	**Verkofferung abbrechen**						KG **394**
Verkofferung von Rohrleitungen abbrechen; Gipskartonplatte; inkl. Unterkonstruktion; Bauschutt entsorgen							
20€	34€	**43€**	54€	56€	[m²]	⏱ 0,30 h/m²	339.000.091
17€	29€	**36€**	45€	47€			
5	**Zwischensparrendämmung, MW 032, 100mm**						KG **363**
Zwischensparrendämmung DZ; Mineralwolle WLS 032, A1; 100mm; einlagig, von innen							
31€	37€	**42€**	53€	59€	[m²]	⏱ 0,20 h/m²	339.000.095
26€	31€	**36€**	45€	49€			
6	**Zwischensparrendämmung, MW 032, 140mm**						KG **363**
Zwischensparrendämmung DZ; Mineralwolle WLS 032, A1; 140mm; einlagig, von innen							
39€	45€	**53€**	65€	73€	[m²]	⏱ 0,22 h/m²	339.000.097
33€	38€	**45€**	54€	62€			
7	**Zwischensparrendämmung, MW 035, 100mm**						KG **363**
Zwischensparrendämmung DZ; Mineralwolle WLG 035, A1; 100mm; einlagig, von innen							
28€	31€	**38€**	46€	52€	[m²]	⏱ 0,20 h/m²	339.000.092
23€	26€	**32€**	39€	44€			
8	**Zwischensparrendämmung, MW 035, 140mm**						KG **363**
Zwischensparrendämmung DZ; Mineralwolle WLG 035, A1; 140mm; einlagig, von innen							
32€	38€	**45€**	55€	61€	[m²]	⏱ 0,22 h/m²	339.000.094
27€	32€	**38€**	47€	51€			

Nr.	Kurztext / Stichworte					Kostengruppe
▶	▷	**ø brutto €**	◁	◀	[Einheit]	Ausf.-Dauer	Positionsnummer
▶	▷	**ø netto €**	◁	◀			

9 Decke, abgehängt, GK, einlagig KG **354**

Decke abgehängt; GK-Platten, inkl. Metallunterkonstruktion; Plattendicke 12,5mm; einlagig; Decke

56€	73€	**79€**	88€	110€	[m²]	⏱ 0,52 h/m²	339.000.099
47€	62€	**67€**	74€	93€			

10 Decke, abgehängt, GK, doppellagig KG **354**

Decke, abgehängt; GK-Platten, doppellagig, inkl. Unterkonstruktion; Dicke 2x12,5mm; zweilagig; Decke

67€	84€	**90€**	98€	115€	[m²]	⏱ 0,60 h/m²	339.000.100
56€	71€	**76€**	83€	97€			

11 Montagewand, Holz, 100mm, GK einlagig, MW KG **342**

Montagewand; Holz, GK-Platte, Mineralwolle; Dicke 100mm, GF-Platten 12,5mm, MW 40mm; beidseitig beplankt

109€	121€	**126€**	136€	152€	[m²]	⏱ 0,50 h/m²	339.000.101
91€	102€	**105€**	114€	128€			

12 Montagewand, Metall, 100mm, GK einlagig, MW KG **342**

Montagewand; Stahlblech-Profil, GK-Platte, Mineralwolle WLG 040; Dicke 100mm, GK-Platte 12,5mm, MW 40mm; beidseitig beplankt

76€	90€	**97€**	104€	117€	[m²]	⏱ 0,50 h/m²	339.000.102
64€	76€	**82€**	87€	99€			

13 Montagewand, Metall, 125mm, GK zweilagig, MW, EI 30 KG **342**

Montagewand, EI 30; Stahlblech-Profil, GK-Platte, Mineralwolle WLG 040; Dicke 125mm, GK-Platte 12,5mm, MW 60mm; beidseitig doppelt beplankt

84€	106€	**115€**	129€	161€	[m²]	⏱ 0,65 h/m²	339.000.103
70€	89€	**96€**	109€	136€			

14 Montagewand, Metall, 150mm, GK zweilagig, MW, EI 30 KG **342**

Montagewand, EI 30; Stahlblech-Profil, GK-Platten, Mineralwolle, WLG 040; Dicke 150mm, GK-Platte 12,5mm, MW 40mm; beidseitig doppelt beplankt

93€	112€	**120€**	131€	166€	[m²]	⏱ 0,65 h/m²	339.000.104
78€	94€	**101€**	110€	139€			

15 Montagewand, Metall, 100mm, GKF zweilagig, MW, EI 90 KG **342**

Montagewand, EI 90; Stahlblech-Profil, GKF-Platten, Mineralwolle WLG 040; Dicke 100mm, GKF-Platte 12,5mm, MW 50mm; beidseitig doppelt beplankt

100€	123€	**132€**	142€	169€	[m²]	⏱ 0,65 h/m²	339.000.105
84€	104€	**111€**	119€	142€			

Nr.	Kurztext / Stichworte						Kostengruppe
▶	▷	ø brutto €	◁	◀	[Einheit]	Ausf.-Dauer	Positionsnummer
▶	▷	ø netto €	◁	◀			

16 Montagewand, Metall, 200mm, GKF zweilagig, Ständerwerk doppelt, EI 90 — KG **342**

Montagewand, EI 90; Stahlblech-Profil, GKF-Platte, Mineralwolle WLG 040; Dicke 200mm, GKF-Platte 12,5mm, MW 40mm; doppeltes Ständerwerk, beidseitig doppelt beplankt,

108€	137€	**148€**	158€	184€	[m²]	⏱ 1,00h/m²	339.000.106
90€	115€	**125€**	133€	154€			

17 Montagewand, Gipsplatten, Brandwand, nichttragend — KG **342**

Montagewand, Brandwand, nichttragend; Gips-Feuerschutzplatten, Stahlblech, Mineralwolle; Wanddicke 111mm, Platte 15,0mm, MW 80mm; beidseitig

–	198€	**235€**	238€	–	[m²]	⏱ 1,60h/m²	339.000.134
–	166€	**198€**	200€	–			

Kosten:
Stand 2. Quartal 2025
Bundesdurchschnitt

18 Innenwand, Gipswandbauplatte — KG **342**

Innenwand, nichttragend; Gipswandbauplatten; Dicke 80-100mm; Q2, für Putzauftrag

88€	102€	**107€**	113€	124€	[m²]	⏱ 0,60h/m²	339.000.108
74€	85€	**90€**	95€	105€			

19 Anschluss, Montagewand, Dach-/Wandschräge — KG **342**

Randanschluss, Montagewand; GK-Platten; GK-Platte 12,5mm; beidseitig einfach/doppelt beplankt

9€	14€	**17€**	21€	29€	[m]	⏱ 0,20h/m	339.000.109
7€	12€	**14€**	18€	24€			

20 Anschluss, Montagewand, gleitend — KG **342**

Wandanschluss, gleitend; bis 20mm; Montagewand; inkl. Profilschienen

12€	24€	**31€**	40€	55€	[m]	⏱ 0,30h/m	339.000.110
10€	20€	**26€**	33€	46€			

21 Ecken, Kantenprofil, Montagewand — KG **342**

Eckausbildung; Eck-/Kantenprofil; rechtwinklig; Montagewand

8€	13€	**15€**	18€	24€	[m]	⏱ 0,18h/m	339.000.111
6€	11€	**13€**	15€	20€			

▶ min
▷ von
ø Mittel
◁ bis
◀ max

22 Türöffnung, Montagewand — KG **342**

Öffnungen herstellen; Ständerwand, GK-Platten; BxH 750x200mm/1.000x2.125mm, Dicke 75-150mm; Montagewand; als Türöffnung

52€	87€	**99€**	120€	187€	[St]	⏱ 0,50h/St	339.000.112
44€	73€	**83€**	101€	157€			

23 Fensteröffnung, Montagewand — KG **342**

Öffnung herstellen; GK-Platten; BxH 750x2.000mm/1.000x2.125mm, Dicke 75-150mm; Montagewand, als Fensteröffnung

75€	97€	**111€**	116€	138€	[St]	⏱ 0,50h/St	339.000.113
63€	81€	**93€**	97€	116€			

© BKI Baukosteninformationszentrum

Nr.	Kurztext / Stichworte						Kostengruppe
▶	▷	ø brutto €	◁	◀	[Einheit]	Ausf.-Dauer	Positionsnummer
▶	▷	ø netto €	◁	◀			

24 Vorsatzschale, Nassraum KG **345**

Vorsatzschale; Stahlblechprofile, Mineralfaser, WLG 040, GK-Platten; Höhe 2,75m, Platte d=12,5mm, Dämmung 20-60mm; freistehend, einseitig beplankt; Nassbereich

69€	85€	**91€**	99€	120€	[m²]	⏱ 0,40h/m²	339.000.114
58€	71€	**76€**	83€	101€			

25 Vorsatzschale, GK/GF, MW KG **345**

Vorsatzschale; GK-/GF-Platten, Schall-und Dämmplatten, WLG 040; Plattendicke 12,5mm; einseitig ein-/zweilagig beplankt; frei gespannt

58€	71€	**77€**	84€	96€	[m²]	⏱ 0,45h/m²	339.000.115
48€	59€	**65€**	70€	80€			

26 Vorsatzschale, GK/GF KG **345**

Vorsatzschale; GK-/GF-Platten; Plattendicke 12,5mm; ein-/zweilagig beplankt

54€	65€	**72€**	78€	91€	[m²]	⏱ 0,40h/m²	339.000.116
45€	55€	**60€**	65€	76€			

27 Verkofferung/Bekleidung, Rohrleitungen KG **345**

Rohrbekleidung; Metall-/Holzunterkonstruktion, GK/GF Platten, Mineralfaser; Plattedicke 12,5mm; inkl. verspachteln, schleifen

68€	88€	**96€**	112€	150€	[m]	⏱ 0,40h/m	339.000.117
57€	74€	**81€**	95€	126€			

28 Installationskanal, GK-Platte, EI 30 KG **354**

Kabelkanal EI 30; Stahlblech-Profil, GKF-Platten; doppelt beplankt, 15mm; Deckenraum

108€	124€	**131€**	140€	158€	[m]	⏱ 0,50h/m	339.000.118
91€	104€	**110€**	117€	133€			

29 Trockenputz, GK-Verbundplatte, Dämmung KG **345**

Innenwandbekleidung; GK-Verbundplatte mit Wärmedämmung, Mineralwolle/Polystyrol; GP-Platte 12,5mm, Dämmung 40/60/80mm; Spachteln

50€	64€	**71€**	89€	115€	[m²]	⏱ 0,40h/m²	339.000.119
42€	53€	**60€**	74€	96€			

30 Trockenputz, GK-Platte 12,5mm KG **345**

Trockenputz; GK-Platte; Dicke 12,5mm, ein-/zweilagig beplankt; Mauerwerk/Stahlbeton

48€	57€	**60€**	64€	73€	[m²]	⏱ 0,35h/m²	339.000.120
40€	48€	**51€**	54€	62€			

31 Bekleidung, einlagig, auf Unterkonstruktion KG **364**

Bekleidung; GF-Platten/GK-Platten; Dicke 12,5mm; einlagig beplankt; Wand, Decke; sichtbar befestigen

43€	52€	**56€**	66€	83€	[m²]	⏱ 0,32h/m²	339.000.121
36€	44€	**47€**	55€	70€			

Nr.	Kurztext / Stichworte						Kostengruppe
▶	▷	**ø brutto €**	◁	◀	[Einheit]	Ausf.-Dauer	Positionsnummer
▶	▷	**ø netto €**	◁	◀			

32 Bekleidung, doppelt, EI 90, vorh. Unterkonstruktion KG **345**

Bekleidung EI90; GKF-Platten; Dicke 12,5mm; zweilagig beplankt; Wand, Decke

104€	138€	**148€**	163€	197€	[m2]	⏱ 0,50h/m2	339.000.122
88€	116€	**124€**	137€	165€			

33 Fensterlaibung, GK KG **336**

Fensterlaibung; GK-Platte; Dicke 12,5mm; Q2

31€	38€	**42€**	51€	65€	[m]	⏱ 0,20h/m	339.000.123
26€	32€	**35€**	43€	54€			

Kosten:
Stand 2. Quartal 2025
Bundesdurchschnitt

34 GK-Platte imprägniert, Mehrpreis KG **342**

GK-Platte; imprägniert; Dicke 12,5mm; Nassräume

3€	5€	**6€**	7€	10€	[m2]	⏱ 0,08h/m2	339.000.124
2€	4€	**5€**	6€	9€			

35 Trockenestrich, GF-Platten KG **353**

Trockenestrich; GF-Platten, Klasse A1; Dicke 18/23mm; einlagig; inkl. Ausgleichsschüttung

51€	66€	**72€**	79€	97€	[m2]	⏱ 0,30h/m2	339.000.125
43€	56€	**60€**	66€	82€			

36 Spachtelung, GK-Platten, Q3 KG **345**

Spachtelung zur Qualitätserhöhung; GK-Platten; Wand

8€	13€	**16€**	17€	20€	[m2]	⏱ 0,10h/m2	339.000.126
6€	11€	**13€**	14€	17€			

37 Stundensatz, Facharbeiter/-in

Stundenlohnarbeiten, Vorarbeiter/-in, Facharbeiter/-in und Gleichgestellte; Trockenbau

73€	86€	**91€**	95€	105€	[h]	⏱ 1,00h/h	339.000.127
62€	72€	**76€**	80€	88€			

38 Stundensatz, Helfer/-in

Stundenlohnarbeiten für Werker/-in, Helfer/-in und Gleichgestellte; Trockenbau

58€	71€	**77€**	81€	91€	[h]	⏱ 1,00h/h	339.000.128
49€	60€	**65€**	68€	76€			

▶ min
▷ von
ø Mittel
◁ bis
◀ max

© BKI Baukosteninformationszentrum

Kosten:
Stand 2. Quartal 2025
Bundesdurchschnitt

Nr.	**Kurztext** / Stichworte				[Einheit]	Ausf.-Dauer	Kostengruppe / Positionsnummer
►	▷	**ø brutto €**	◁	◀			
►	▷	**ø netto €**	◁	◀			

1 Montageelement demontieren — KG **494**

Montageelement für Sanitärausstattung demontieren; einschl. Entsorgung

►	▷	ø	◁	◀	[Einheit]	Ausf.-Dauer	Positionsnummer
66€	83€	**98€**	113€	123€	[St]	⏱ 0,78h/St	345.000.034
55€	70€	**82€**	95€	103€			

2 Badewanne demontieren — KG **494**

Badewanne demontieren; inkl. Ablaufgarnitur; einschl. Entsorgung

►	▷	ø	◁	◀	[Einheit]	Ausf.-Dauer	Positionsnummer
120€	161€	**187€**	195€	235€	[St]	⏱ 2,00h/St	345.000.035
101€	135€	**157€**	164€	198€			

3 Duschwanne demontieren — KG **494**

Duschwanne demontieren; inkl. Ablaufgarnitur; einschl. Entsorgung

►	▷	ø	◁	◀	[Einheit]	Ausf.-Dauer	Positionsnummer
80€	97€	**114€**	130€	137€	[St]	⏱ 1,25h/St	345.000.036
67€	82€	**96€**	110€	115€			

4 Waschtisch demontieren — KG **494**

Waschtisch demontieren; inkl. Zu- und Ablaufgarnitur; einschl. Entsorgung

►	▷	ø	◁	◀	[Einheit]	Ausf.-Dauer	Positionsnummer
36€	50€	**59€**	68€	72€	[St]	⏱ 0,66h/St	345.000.037
30€	42€	**49€**	57€	60€			

5 WC-Anlage demontieren — KG **494**

WC-Anlage demontieren; inkl. Verschließen der Anschlussleitung; einschl. Entsorgung

►	▷	ø	◁	◀	[Einheit]	Ausf.-Dauer	Positionsnummer
27€	44€	**57€**	67€	81€	[St]	⏱ 0,70h/St	345.000.038
23€	37€	**48€**	56€	68€			

6 Waschtischbatterie demontieren — KG **494**

Waschtischbatterie demontieren; inkl. Verschließen der Anschlussleitung; einschl. Entsorgung

►	▷	ø	◁	◀	[Einheit]	Ausf.-Dauer	Positionsnummer
18€	24€	**27€**	31€	33€	[St]	⏱ 0,23h/St	345.000.039
15€	21€	**23€**	26€	28€			

7 Spülkasten Stahl demontieren — KG **494**

Spülkasten, demontieren; Stahl; inkl. Befestigungsmittel, Anschlussleitungen; in Gebäuden; einschl. Entsorgung

►	▷	ø	◁	◀	[Einheit]	Ausf.-Dauer	Positionsnummer
25€	32€	**36€**	43€	52€	[St]	⏱ 0,35h/St	345.000.077
21€	27€	**30€**	36€	44€			

8 Urinal demontieren — KG **494**

Urinal demontieren; Sanitärporzellan; inkl. Konsolen, Anschlussleitungen; in Gebäuden; einschl. Entsorgung

►	▷	ø	◁	◀	[Einheit]	Ausf.-Dauer	Positionsnummer
27€	49€	**49€**	59€	71€	[St]	⏱ 0,49h/St	345.000.078
23€	41€	**41€**	49€	60€			

► min
▷ von
ø Mittel
◁ bis
◀ max

Nr.	Kurztext / Stichworte						Kostengruppe
▶	▷	ø brutto €	◁	◀	[Einheit]	Ausf.-Dauer	Positionsnummer
▶	▷	ø netto €	◁	◀			
9	**Handwaschbecken, Keramik**						KG **412**
Handwaschbecken; Sanitärporzellan; inkl. Befestigung, Schallschutzset							
155€	239€	**262€**	318€	447€	[St]	⏱ 0,90h/St	345.000.064
130€	201€	**220€**	268€	376€			
10	**Waschtisch, Keramik, 600x500mm**						KG **412**
Waschtisch; Sanitärporzellan; Größe 600x500mm; inkl. Befestigung, Schallschutzset							
200€	350€	**431€**	704€	1.102€	[St]	⏱ 1,20h/St	345.000.066
168€	294€	**362€**	592€	926€			
11	**Einhand-Waschtischarmatur**						KG **412**
Einhand-Waschtischbatterie; inkl. Schnellmontagesystem							
291€	449€	**549€**	618€	828€	[St]	⏱ 0,80h/St	345.000.067
244€	377€	**462€**	519€	696€			
12	**Handtuchspender, Stahlblech**						KG **610**
Papierhandtuchspender; Stahlblech; 250/500St; Wandmontage; inkl. Befestigungsmaterial							
96€	140€	**156€**	238€	394€	[St]	⏱ 0,45h/St	345.000.041
81€	118€	**131€**	200€	331€			
13	**Badewanne, Stahl 180cm**						KG **412**
Badewanne; Stahl emailliert; 180x80cm							
678€	893€	**933€**	1.128€	1.438€	[St]	⏱ 2,00h/St	345.000.048
569€	750€	**784€**	948€	1.208€			
14	**Badewanne, Stahl 200cm**						KG **412**
Badewanne; Stahl emailliert; 200x80cm							
1.180€	1.352€	**1.495€**	1.511€	1.683€	[St]	⏱ 2,40h/St	345.000.049
991€	1.137€	**1.256€**	1.270€	1.415€			
15	**Einhandmischer, Badewanne**						KG **412**
Einhandmischbatterie, Badewanne; Metall verchromt; Auf-/Unterputz, Kugelmischsystem; Wandmontage							
317€	456€	**474€**	638€	837€	[St]	⏱ 0,80h/St	345.000.069
266€	383€	**399€**	536€	703€			
16	**WC, wandhängend**						KG **412**
Tiefspül-WC; Sanitärporzellan; Wandmontage, inkl. Befestigung und Schallschutz							
282€	466€	**534€**	657€	937€	[St]	⏱ 1,80h/St	345.000.070
237€	392€	**449€**	552€	788€			

Kosten:
Stand 2. Quartal 2025
Bundesdurchschnitt

Nr.	Kurztext / Stichworte							Kostengruppe
▶	▷	**ø brutto €**	◁	◀	[Einheit]	Ausf.-Dauer		Positionsnummer
▶	▷	**ø netto €**	◁	◀				
17	**WC-Sitz**							KG **412**
WC-Sitz; inkl. Deckel und Scharniere								
63€	149€	**185€**	264€	424€	[St]	⏱ 0,20h/St		345.000.071
53€	125€	**156€**	221€	356€				
18	**Duschwanne, Stahl 90x90**							KG **412**
Duschwanne; Stahl; 90x90x6cm								
444€	722€	**816€**	968€	1.322€	[St]	⏱ 1,40h/St		345.000.043
373€	606€	**686€**	814€	1.111€				
19	**Duschwanne, Stahl 100x80**							KG **412**
Duschwanne; Stahl; 100x80x6cm								
559€	790€	**984€**	1.073€	1.389€	[St]	⏱ 1,40h/St		345.000.044
470€	663€	**827€**	902€	1.167€				
20	**Einhebelmischarmatur, Dusche**							KG **412**
Einhandmischarmatur, Dusche; Metall, verchromt; DN15; Wandmontage								
750€	896€	**966€**	1.000€	1.109€	[St]	⏱ 0,80h/St		345.000.074
631€	753€	**812€**	841€	932€				
21	**Duschabtrennung, Kunststoff**							KG **610**
Duschabtrennung; Kunststoff; 80x80x200cm; Drehtür/Schiebetür; inkl. Wandanschlussprofil								
1.104€	1.446€	**1.608€**	1.655€	2.325€	[St]	⏱ 2,00h/St		345.000.050
928€	1.215€	**1.351€**	1.391€	1.953€				
22	**Installationselement, Urinal**							KG **419**
Urinal-Montageelement; Stahlrahmen; Unterputz; Wandmontage								
332€	409€	**449€**	575€	706€	[St]	⏱ 1,00h/St		345.000.080
279€	344€	**377€**	483€	593€				
23	**Installationselement, WC**							KG **419**
WC-Montageelement; Stahlrahmen; Unterputz, Wandmontage; inkl. Betätigungsplatte								
311€	375€	**412€**	454€	557€	[St]	⏱ 1,00h/St		345.000.075
261€	315€	**346€**	382€	468€				
24	**Installationselement, Bidet**							KG **419**
Bidet-Montageelement; Stahlrahmen; Unterputz, Wandmontage								
371€	423€	**460€**	472€	561€	[St]	⏱ 1,00h/St		345.000.079
312€	355€	**387€**	397€	472€				

▶ min
▷ von
ø Mittel
◁ bis
◀ max

© **BKI** Baukosteninformationszentrum

Nr.	Kurztext / Stichworte						Kostengruppe
▶	▷	ø brutto €	◁	◀	[Einheit]	Ausf.-Dauer	Positionsnummer
▶	▷	ø netto €	◁	◀			

25 Installationselement, Waschtisch — KG **419**

Waschtisch-Montageelement; Stahlrahmen; DN40/50; Wandmontage

258€	335€	**375€**	407€	472€	[St]	⏱ 1,00h/St	345.000.076
216€	282€	**315€**	342€	397€			

26 Installationselement, Stütz- und Haltegriffe — KG **419**

Installationselement für Stütz und Haltegriffe; Stahlrahmen; Unterputz; Wandmontage

327€	361€	**388€**	402€	437€	[St]	⏱ 1,00h/St	345.000.081
274€	304€	**326€**	338€	367€			

27 Haltegriff, Edelstahl, 600mm — KG **412**

Haltegriff; Edelstahl, gebürstet; Länge 600mm, Durchmesser 32mm, Wandabstand 50mm; inkl. Befestigung

102€	155€	**179€**	189€	216€	[St]	⏱ 0,28h/St	345.000.045
86€	130€	**150€**	159€	181€			

28 Stützklappgriff, Edelstahl, bis 850mm — KG **412**

Stützklappgriff; Edelstahl, gebürstet; Länge bis 850mm, Durchmesser 32mm, Belastung max. 150kg

693€	776€	**801€**	860€	956€	[St]	⏱ 0,35h/St	345.000.047
582€	652€	**673€**	722€	803€			

29 Waschbecken, barrierefrei — KG **412**

Waschbecken, barrierefrei; Sanitärporzellan, wasserabweisender Beschichtung; Breite über 500 bis 550mm, Ausladung über 450mm bis 500mm; unterfahrbar

369€	450€	**491€**	633€	873€	[St]	⏱ 1,25h/St	345.000.051
310€	378€	**413€**	532€	734€			

30 WC, barrierefrei — KG **412**

Tiefspül-WC, barrierefrei; Sanitärporzellan, wasserabweisender Beschichtung; Wasserbedarf 6l; spülrandlos, wandhängend barrierefreie Ausführung, inkl. WC-Sitz

539€	694€	**764€**	974€	1.281€	[St]	⏱ 2,00h/St	345.000.052
453€	583€	**642€**	819€	1.077€			

31 Hygiene-Tiefspül-WC, barrierefrei — KG **412**

Hygiene-Tiefspül-WC; Sanitärporzellan, weiß, spülrandlos; Spülwasserbedarf 6l; wandhängend, inkl. Sitz, Deckel und Ventilator

3.333€	3.981€	**4.629€**	5.555€	6.712€	[St]	⏱ 2,60h/St	345.000.053
2.801€	3.345€	**3.890€**	4.668€	5.641€			

32 WC-Spülkasten, mit Betätigungsplatte — KG **412**

WC-Spülkasten; Kunststoff; 3/6l; Unterputz, Wandmontage; inkl. Betätigungsplatte

289€	311€	**362€**	405€	463€	[St]	⏱ 0,85h/St	345.000.054
243€	261€	**304€**	340€	389€			

Kosten:
Stand 2. Quartal 2025
Bundesdurchschnitt

Nr.	Kurztext / Stichworte						Kostengruppe
▶	▷	**ø brutto €**	◁	◀	[Einheit]	Ausf.-Dauer	Positionsnummer
▶	▷	**ø netto €**	◁	◀			
33	**WC-Betätigung, berührungslos**						KG **412**
WC-Spülarmatur, berührungslos; elektronisch gesteuert, einstellbarer Spüldauer							
542€	669€	**797€**	956€	1.235€	[St]	⏱ 0,30h/St	345.000.055
455€	563€	**670€**	804€	1.038€			
34	**Nachrüstaufsatz, Hygiene-Tiefspül-WC**						KG **412**
Hygiene-Tiefspül-WC, Nachrüstaufsatz; ausfahrbarer Unterdusche, Sitz und Deckel							
1.315€	1.440€	**1.565€**	2.004€	2.504€	[St]	⏱ 3,00h/St	345.000.056
1.105€	1.210€	**1.315€**	1.684€	2.105€			
35	**Nachrüstung Türeinstieg Badewanne**						KG **412**
Wannentür, Nachrüsten; Kunststoff/Sicherheitsglas; Türbreite 500 bis 600mm, Türhöhe 400 bis 500mm; Öffnung nach innen, mechanische Verriegelung							
1.008€	1.119€	**1.302€**	1.510€	1.660€	[St]	⏱ 8,00h/St	345.000.057
847€	941€	**1.094€**	1.269€	1.395€			

▶ min
▷ von
ø Mittel
◁ bis
◀ max

© BKI Baukosteninformationszentrum

363

Kosten:
Stand 2. Quartal 2025
Bundesdurchschnitt

Nr.	Kurztext / Stichworte						Kostengruppe
►	▷	**ø brutto €**	◁	◀	[Einheit]	Ausf.-Dauer	Positionsnummer
►	▷	**ø netto €**	◁	◀			
1	**Brandmeldezentrale ab 5 Ringe-/Linien**						KG **456**
Brandmeldezentrale; ab 5 Ringe-/Linien; mit Grenzwert-Linien oder Ringbustechnik							
6.467€	9.269€	**10.261€**	12.251€	15.406€	[St]	⏱ 7,80h/St	363.000.002
5.435€	7.789€	**8.623€**	10.295€	12.946€			
2	**Notruf barrierefreies WC**						KG **452**
Notruf barrierefreies WC; als Kompakt-Set							
632€	887€	**1.065€**	1.247€	1.493€	[St]	⏱ 1,20h/St	363.000.004
531€	745€	**895€**	1.048€	1.254€			
3	**Kombinierter Rauch-/Wärmemelder**						KG **456**
Kombinierter Rauch-/Wärmemelder; als optischen Rauchmelder und Thermodifferenzialmelder							
263€	281€	**290€**	298€	316€	[St]	⏱ 0,50h/St	363.000.010
221€	236€	**244€**	251€	265€			
4	**Signalgeber akustisch/optisch**						KG **456**
Signalgeber akustisch/optisch; Gehäuse aus Kunststoff/Stahl/Leichtmetall; als elektronischer Schallgeber und Blitzleuchte; für Decken/Wandmontage; bis/ab 3,5 m							
277€	346€	**367€**	409€	502€	[St]	⏱ 0,50h/St	363.000.013
233€	291€	**308€**	344€	421€			
5	**Rauchauslöseeinrichtung**						KG **456**
Rauchauslöseeinrichtung; Montage an Wand; in Aufputzausführung							
1.009€	1.359€	**1.543€**	1.807€	2.314€	[St]	⏱ 2,15h/St	363.000.018
848€	1.142€	**1.297€**	1.518€	1.945€			

► min
▷ von
ø Mittel
◁ bis
◀ max

Nr.	Kurztext / Stichworte						Kostengruppe
►	▷	ø brutto €	◁	◄	[Einheit]	Ausf.-Dauer	Positionsnummer
►	▷	ø netto €	◁	◄			

1 Brandschutz Absperrvorrichtung, K90, DN100 — KG **431**

Brandschutz-Deckenschott; K90; DN100; verfüllen mit MGIII; Decke

270€	333€	**368€**	391€	453€	[St]	⏱ 1,60h/St	375.000.144
227€	280€	**309€**	328€	381€			

2 Be- und Entlüftungsgerät, bis 5.000m³/h — KG **431**

Be- und Entlüftungsgerät; mit Anlagenbestandteilen; bis 5.000m³/h; mit Heizregister, Kühlregister, Luftbefeuchter, Wärmerückgewinner

7.324€	11.853€	**13.287€**	15.818€	24.650€	[St]	⏱ 3,50h/St	375.000.145
6.154€	9.960€	**11.165€**	13.292€	20.715€			

3 Wetterschutzgitter, Außenluft-/Fortluft — KG **431**

Außenluft-/Fortluftgitter; Aluminium; Dicke 2mm; Maueröffnung, Fassadenbekleidung

190€	349€	**417€**	489€	710€	[St]	⏱ 1,00h/St	375.000.151
159€	293€	**351€**	411€	596€			

4 Lüftungsgitter, Zu-/Abluft — KG **431**

Lüftungsgitter; Stahl, verzinkt; für Zu- und Abluft; Einbau in Rundrohr/Rechteckkanal

105€	161€	**174€**	206€	286€	[St]	⏱ 0,30h/St	375.000.171
88€	136€	**146€**	173€	240€			

5 Brandschutzklappen, RLT, rund, Küche — KG **431**

Brandschutzklappe, K30/K60/K90/K120; Stahl, verzinkt; l=500/600mm; Wand/Decke; für fetthaltige Abluft

3.915€	5.986€	**8.615€**	11.446€	16.591€	[St]	⏱ 3,00h/St	375.000.174
3.290€	5.030€	**7.239€**	9.618€	13.942€			

6 Drosselklappe, DN100 — KG **431**

Drosselklappe; Stahl, verzinkt; DN100; rund

61€	69€	**87€**	97€	107€	[St]	⏱ 0,12h/St	375.000.178
52€	58€	**73€**	82€	90€			

7 Lüftungsgerät mit WRG, Bypass, Feuerstättenfunktion — KG **431**

Lüftungsgerät mit Wärmerückgewinnung; Volumen 300m³/h, BxHxT 750x750x469mm

3.613€	4.071€	**5.089€**	5.700€	6.260€	[St]	⏱ 6,50h/St	375.000.180
3.036€	3.421€	**4.277€**	4.790€	5.260€			

8 Außenwanddurchlass, DN110 — KG **431**

Außenwandluftdurchlass; Teleskoprohr; DN110, Rohr 305-535mm

146€	156€	**204€**	252€	274€	[St]	⏱ 1,00h/St	375.000.181
123€	131€	**171€**	211€	230€			

375

Kosten:
Stand 2. Quartal 2025
Bundesdurchschnitt

► min
▷ von
ø Mittel
◁ bis
◄ max

Nr.	Kurztext / Stichworte				[Einheit]	Ausf.-Dauer	Kostengruppe Positionsnummer
▶	▷	ø brutto €	◁	◀			
▶	▷	ø netto €	◁	◀			

9 KWL-Lüftungsgerät, Wohngebäude, bis 200m³/h mit WRG KG **431**

Lüftungsgerät mit Wärmerückgewinnung; Luftvolumenstrom bis 200m³/h, Wärmerückgewinnung mind. 85%; wandhängend/deckenhängend/stehend; Innenmontage; inkl. 4 Schalldämpfer

5.619€	6.334€	**7.037€**	8.022€	8.094€	[St]	⏱ 1,40h/St	375.000.185
4.722€	5.322€	**5.914€**	6.742€	6.802€			

10 VRF-Außengerät, Heizen/Kühlen, 10kW KG **434**

Klima-Außengerät; mit Wärmetauscher, Ventilator, Wärmedämmung, Abscheider; Gehäuse aus verzinktem Stahl; inkl. Verdrahtung und Bedieneinheit

3.756€	4.368€	**6.791€**	10.657€	10.924€	[St]	⏱ 2,10h/St	375.000.188
3.156€	3.670€	**5.707€**	8.956€	9.180€			

11 VRF-Innenwandgerät, Heizen/Kühlen, 2,5kW KG **434**

Klima-Innengerät; mit Wärmetauscher, Ventilator, Leitlamellen, Kondensatwanne; Gehäuse aus verzinktem Stahl; inkl. Verdrahtung und Bedieneinheit

1.377€	1.398€	**2.229€**	2.446€	2.612€	[St]	⏱ 1,80h/St	375.000.191
1.157€	1.174€	**1.873€**	2.055€	2.195€			

Anhang

Verzeichnis der Architektur- und Planungsbüros

Architektur- und Planungsbüros	Objektnummer
acollage. architektur urbanistik, Merten Kappelmann Harms Architekten; Hamburg	7500-0027
ADOBE Architekten + Ing. GmbH; Erfurt	3100-0022
Beigler, Ursula; Innenarchitekturbüro; München	1300-0228
Bieling Architekten AG; Kassel	9100-0215
B-WERK ARCHITEKTEN BDA; Spelle	9700-0038
Eßmann I Gärtner I Nieper Architekten GbR; Leipzig	2200-0053, 9100-0168
Formwaende GmbH & Co. KG; Lüneburg	6100-1697
FRANKE Architektur I Innenarchitektur; Düren	1200-0001, 1200-0002, 7300-0094, 9100-0157, 9100-0158
freiraum4plus; Wiesbaden	1300-0312
Göhring Innenarchitektur GmbH; Lichtenfels	7200-0105
grüningerarchitekten | BDA, Grüninger · Kunt · Muntermann PartG mbB; Darmstadt	9100-0173
güldenzopf rohrberg architektur + design; Hamburg	1300-0245
Habermann, Yvonne, Dipl. Ing. Innenarchitektin, Innenarchitekturinsel; Prien am Chiemsee	6100-1713
Heske Hochgürtel Lohse Architekten PartGmbB; Lübeck	9100-0189
KAPALAARCHITEKTUR, Carsten Kapala; Herne	3100-0026, 3100-0030
KÖNIG Architekturbüro; Magdeburg	9100-0144
kräling_lübke Diplom-Ingenieure Innenraum- und Produktgestaltung; Hamburg	3100-0020
Liebnerstadtfeld Architekten; Magdeburg	1300-0324
lup-architekten, Inhaber Stefan Mathey; Hamburg	4400-0324
Mannott + Mannott Dipl. Ingenieure, Architekten; Hamburg	6100-1308, 6100-1428
Markworth, Claudius, Architektur; Berlin	3100-0023
mayerwittig Architektur und Stadtplanung; Cottbus	6200-0092
PROWALD ideen - lösungen - architektur; Flonheim	6100-1434
Reinhold, Katrin, Dipl.-Innenarchitektin; Leipzig	7200-0096
SCHMIDT ARCHITEKTUR; Erfurt	3100-0022
ulrich TILGNER thomas GROTZ, Architekten GmbH; Bremen	9100-0184
TSSB architekten.ingenieure; Berlin	5100-0132
UKW Innenarchitekten PartGmbB; Krefeld	9100-0213
werkArchitektur; Yvonne Werk; Berlin	6100-1609, 6100-1623
Wieacker, Christoph, Dipl.-Ing. Architekt BDA; Köln	6100-1465

Der Herausgeber dankt den genannten Büros für die zur Verfügung gestellten Objektdaten.

Nutzen Sie die Vorteile Ihrer Projekt-Veröffentlichung in den BKI-Produkten:
- Dokumentierte Kosten Ihres Projektes nach DIN 276
- Ausbau und Erweiterung Ihrer bürointernen Baukostendaten für Folgeprojekte
- Dokumentationsunterlagen als Referenz für Ihre Projekt-Akquise
- Aufwandsentschädigung von bis zu 700,- €
- Aufnahme Ihrer Bürodaten in die Liste der BKI Architekt*innen und Planer*innen
- Kostenloses Fachbuch

Weitere Informationen unter www.bki.de/bki-verguetung.html

Anhang

Regionalfaktoren

Regionalfaktoren Deutschland

Diese Faktoren geben Aufschluss darüber, inwieweit die Baukosten in einer bestimmten Region Deutschlands teurer oder günstiger liegen als im Bundesdurchschnitt. Sie können dazu verwendet werden, die BKI Baukosten an das besondere Baupreisniveau einer Region anzupassen.
Hinweis: Alle Angaben wurden durch Untersuchungen des BKI weitgehend verifiziert. Dennoch können Abweichungen zu den angegebenen Werten entstehen. In Grenznähe zu einem Land-/Stadtkreis mit anderen Baupreisfaktoren sollte dessen Baupreisniveau mit berücksichtigt werden, da die Übergänge zwischen den Land-/ Stadtkreisen fließend sind. Die Besonderheiten des Einzelfalls können ebenfalls zu Abweichungen führen.
Für die größeren Inseln Deutschlands wurden separate Regionalfaktoren ermittelt. Dazu wurde der zugehörige Landkreis in Festland und Inseln unterteilt. Alle Inseln eines Landkreises erhalten durch dieses Verfahren den gleichen Regionalfaktor. Der Regionalfaktor des Festlandes erhält keine Inseln mehr und ist daher gegenüber früheren Ausgaben verringert.

Land- / Stadtkreis / Insel	Bundeskorrekturfaktor
Aachen, Städteregion	0,935
Ahrweiler	0,985
Aichach-Friedberg	1,085
Alb-Donau-Kreis	1,040
Altenburger Land	0,881
Altenkirchen (Westerwald)	1,009
Altmarkkreis Salzwedel	0,855
Altötting	1,009
Alzey-Worms	0,942
Amberg, Stadt	1,075
Amberg-Sulzbach	1,023
Ammerland	0,823
Amrum, Insel	1,278
Anhalt-Bitterfeld	0,833
Ansbach	1,080
Ansbach, Stadt	1,108
Aschaffenburg	1,103
Aschaffenburg, Stadt	1,047
Augsburg	1,049
Augsburg, Stadt	1,239
Aurich, Festlandanteil	0,732
Aurich, Inselanteil	1,201
Bad Dürkheim	1,005
Bad Kissingen	1,064
Bad Kreuznach	0,972
Bad Tölz-Wolfratshausen	1,225
Baden-Baden, Stadtkreis	1,039
Baltrum, Insel	1,201
Bamberg	1,078
Bamberg, Stadt	1,170
Barnim	0,859
Bautzen	0,889
Bayreuth	1,080
Bayreuth, Stadt	1,011
Berchtesgadener Land	1,100
Bergstraße	1,002
Berlin, Stadt	1,128
Bernkastel-Wittlich	1,070
Biberach	1,052
Bielefeld, Stadt	0,836
Birkenfeld	1,053
Bochum, Stadt	0,894
Bodenseekreis	0,969
Bonn, Stadt	0,918
Borken	0,918
Borkum, Insel	1,099
Bottrop, Stadt	0,826
Brandenburg an der Havel, Stadt	1,022
Braunschweig, Stadt	0,697
Breisgau-Hochschwarzwald	1,088
Bremen, Stadt	0,937
Bremerhaven, Stadt	0,914
Burgenlandkreis	0,894
Böblingen	1,127
Börde	0,867
Calw	1,030
Celle	0,876
Cham	0,872
Chemnitz, Stadt	0,850
Cloppenburg	0,759
Coburg	1,027
Coburg, Stadt	1,098
Cochem-Zell	1,035
Coesfeld	0,921
Cottbus, Stadt	0,971
Cuxhaven	0,773
Dachau	1,227
Dahme-Spreewald	0,930
Darmstadt, Stadt	1,025
Darmstadt-Dieburg	0,979
Deggendorf	1,004

Delmenhorst, Stadt 0,797
Dessau-Roßlau, Stadt 0,854
Diepholz 0,798
Dillingen a.d.Donau 1,058
Dingolfing-Landau 0,972
Dithmarschen 1,063
Donau-Ries 1,031
Donnersbergkreis 0,957
Dortmund, Stadt 0,770
Dresden, Stadt 0,940
Duisburg, Stadt 0,953
Düren 0,955
Düsseldorf, Stadt 0,940

Ebersberg 1,309
Eichsfeld 0,931
Eichstätt 1,056
Eifelkreis Bitburg-Prüm 1,002
Elbe-Elster 0,899
Emden, Stadt 0,670
Emmendingen 1,117
Emsland 0,819
Ennepe-Ruhr-Kreis 0,884
Enzkreis 1,044
Erding 1,132
Erfurt, Stadt 0,902
Erlangen, Stadt 1,137
Erlangen-Höchstadt 1,022
Erzgebirgskreis 0,912
Essen, Stadt 0,871
Esslingen 0,989
Euskirchen 0,889

Fehmarn, Insel 1,171
Flensburg, Stadt 0,797
Forchheim 1,124
Frankenthal (Pfalz), Stadt 0,881
Frankfurt (Oder), Stadt 0,907
Frankfurt am Main, Stadt 0,981
Freiburg im Breisgau, Stadtkreis 1,166
Freising 1,054
Freudenstadt 1,017
Freyung-Grafenau 1,018
Friesland, Festlandanteil 0,810
Friesland, Inselanteil 1,408
Fulda 1,017
Föhr, Insel 1,278
Fürstenfeldbruck 1,218
Fürth 1,045
Fürth, Stadt 1,053

Garmisch-Partenkirchen 1,212
Gelsenkirchen, Stadt 0,854
Gera, Stadt 0,938
Germersheim 1,021
Gießen 0,964
Gifhorn 0,834
Goslar 0,796
Gotha 0,880
Grafschaft Bentheim 0,817
Greiz 0,922
Groß-Gerau 1,015
Göppingen 1,009
Görlitz 0,893
Göttingen 0,902
Günzburg 1,042
Gütersloh 0,905

Hagen, Stadt 0,864
Halle (Saale), Stadt 0,729
Hamburg, Freie und Hansestadt 1,112
Hameln-Pyrmont 0,819
Hamm, Stadt 0,893
Hannover, Region 0,900
Harburg 0,951
Harz 0,816
Havelland 1,006
Haßberge 1,095
Heidekreis 0,881
Heidelberg, Stadtkreis 1,092
Heidenheim 1,001
Heilbronn 0,990
Heilbronn, Stadtkreis 0,990
Heinsberg 0,953
Helgoland, Insel 1,409
Helmstedt 0,854
Herford 0,863
Herne, Stadt 0,951
Hersfeld-Rotenburg 1,001
Herzogtum Lauenburg 0,952
Hiddensee, Insel 1,121
Hildburghausen 0,863
Hildesheim 0,820
Hochsauerlandkreis 0,922
Hochtaunuskreis 1,025
Hof 1,074
Hof, Stadt 1,101
Hohenlohekreis 1,030
Holzminden 0,782
Höxter 0,902

Ilm-Kreis 0,893
Ingolstadt, Stadt 1,109

Jena, Stadt 1,046
Jerichower Land 0,862
Juist, Insel 1,201

Kaiserslautern 0,933
Kaiserslautern, Stadt 0,973
Karlsruhe 0,961
Karlsruhe, Stadtkreis 1,102
Kassel 1,033
Kassel, Stadt 0,946
Kaufbeuren 1,114
Kelheim 1,019
Kempten (Allgäu) 1,112
Kiel, Stadt 1,161
Kitzingen 1,027
Kleve 0,914
Koblenz, Stadt 0,875
Konstanz 1,052
Krefeld, Stadt 0,841
Kronach 1,146
Kulmbach 1,096
Kusel 0,933
Kyffhäuserkreis 0,860
Köln, Stadt 0,917

Lahn-Dill-Kreis 1,023
Landau in der Pfalz, Stadt 0,984
Landsberg am Lech 1,108
Landshut 0,995
Landshut, Stadt 1,075
Langeoog, Insel 1,073
Leer, Festlandanteil 0,744
Leer, Inselanteil 1,099
Leipzig 0,978
Leipzig, Stadt 0,820
Leverkusen, Stadt 0,848
Lichtenfels 1,053
Limburg-Weilburg 0,961
Lindau (Bodensee) 1,090
Lippe 0,886
Ludwigsburg 1,088
Ludwigshafen am Rhein, Stadt 1,053
Ludwigslust-Parchim 0,925
Lörrach 1,022
Lübeck, Hansestadt 0,934
Lüchow-Dannenberg 0,867
Lüneburg 0,893

Magdeburg, Stadt 0,884
Main-Kinzig-Kreis 0,996
Main-Spessart 1,074
Main-Tauber-Kreis 1,015
Main-Taunus-Kreis 0,984
Mainz, Stadt 0,986
Mainz-Bingen 1,006
Mannheim, Stadtkreis 1,073
Mansfeld-Südharz 0,898
Marburg-Biedenkopf 0,985
Mayen-Koblenz 0,989
Mecklenburgische Seenplatte 0,915
Meißen 0,913
Memmingen 1,044
Merzig-Wadern 0,943
Mettmann 0,902
Miesbach 1,271
Miltenberg 1,128
Minden-Lübbecke 0,826
Mittelsachsen 0,925
Märkisch-Oderland 0,908
Märkischer Kreis 0,906
Mönchengladbach, Stadt 0,913
Mühldorf a.Inn 1,025
Mülheim an der Ruhr, Stadt 0,879
München 1,347
München, Stadt 1,502
Münster, Stadt 0,896

Neckar-Odenwald-Kreis 1,039
Neu-Ulm 1,083
Neuburg-Schrobenhausen 1,052
Neumarkt i.d.OPf. 0,961
Neumünster, Stadt 0,877
Neunkirchen 0,950
Neustadt a.d.Aisch-Bad Windsheim 1,088
Neustadt a.d.Waldnaab 1,026
Neustadt an der Weinstraße, Stadt 0,967
Neuwied 0,917
Nienburg (Weser) 0,777
Norderney, Insel 1,201
Nordfriesland, Festlandanteil 1,105
Nordfriesland, Inselanteil 1,278
Nordhausen 0,851
Nordsachsen 0,902
Nordwest-Mecklenburg, Inselanteil 1,219
Nordwestmecklenburg, Festlandanteil 0,964
Northeim 0,887
Nürnberg, Stadt 1,066
Nürnberger Land 1,120

Oberallgäu 1,070
Oberbergischer Kreis 0,869
Oberhausen, Stadt 0,871
Oberhavel 0,992
Oberspreewald-Lausitz 0,932
Odenwaldkreis 0,973
Oder-Spree 0,942
Offenbach 0,972
Offenbach am Main, Stadt 0,962
Oldenburg 0,849
Oldenburg (Oldb), Stadt 0,823
Olpe 0,986
Ortenaukreis 0,987

© BKI Baukosteninformationszentrum

Osnabrück	0,855
Osnabrück, Stadt	0,799
Ostalbkreis	1,049
Ostallgäu	1,059
Osterholz	0,870
Ostholstein, Festlandanteil	0,919
Ostholstein, Inselanteil	1,171
Ostprignitz-Ruppin	0,917

Paderborn	0,910
Passau	0,948
Passau, Stadt	1,051
Peine	0,806
Pellworm, Insel	1,278
Pfaffenhofen a.d.Ilm	1,054
Pforzheim, Stadtkreis	1,008
Pinneberg, Festlandanteil	0,975
Pinneberg, Inselanteil	1,409
Pirmasens, Stadt	0,993
Plön	0,966
Poel, Insel	1,219
Potsdam, Stadt	1,063
Potsdam-Mittelmark	0,948
Prignitz	0,818

Rastatt	0,998
Ravensburg	1,004
Recklinghausen	0,854
Regen	0,937
Regensburg	1,005
Regensburg, Stadt	1,094
Rems-Murr-Kreis	1,048
Remscheid, Stadt	0,885
Rendsburg-Eckernförde	0,966
Reutlingen	1,018
Rhein-Erft-Kreis	0,905
Rhein-Hunsrück-Kreis	1,018
Rhein-Kreis Neuss	0,885
Rhein-Lahn-Kreis	1,048
Rhein-Neckar-Kreis	1,041
Rhein-Pfalz-Kreis	0,996
Rhein-Sieg-Kreis	0,970
Rheingau-Taunus-Kreis	1,050
Rheinisch-Bergischer Kreis	0,920
Rhön-Grabfeld	1,107
Rosenheim	1,229
Rosenheim, Stadt	1,199
Rostock	0,946
Rostock, Stadt	0,964
Rotenburg (Wümme)	0,763
Roth	1,116
Rottal-Inn	0,990
Rottweil	0,962
Rügen, Insel	1,121

Saale-Holzland-Kreis	0,872
Saale-Orla-Kreis	0,840
Saalekreis	0,866
Saalfeld-Rudolstadt	0,945
Saarbrücken, Regionalverband	0,951
Saarlouis	0,963
Saarpfalz-Kreis	0,976
Salzgitter, Stadt	0,809
Salzlandkreis	0,806
Schaumburg	0,781
Schleswig-Flensburg	0,882
Schmalkalden-Meiningen	0,983
Schwabach, Stadt	1,075
Schwalm-Eder-Kreis	0,984
Schwandorf	0,979
Schwarzwald-Baar-Kreis	0,936
Schweinfurt	1,119
Schweinfurt, Stadt	1,041
Schwerin, Stadt	1,100
Schwäbisch Hall	0,958
Segeberg	0,935
Siegen-Wittgenstein	0,932
Sigmaringen	1,012
Soest	0,873
Solingen, Stadt	0,889
Sonneberg	0,888
Speyer, Stadt	1,078
Spiekeroog, Insel	1,073
Spree-Neiße	0,735
St. Wendel	0,984
Stade	0,827
Starnberg	1,302
Steinburg	0,959
Steinfurt	0,879
Stendal	0,698
Stormarn	0,952
Straubing, Stadt	1,272
Straubing-Bogen	1,015
Stuttgart, Stadtkreis	1,108
Suhl, Stadt	0,826
Sylt, Insel	1,278
Sächsische Schweiz-Osterzgebirge	0,992
Sömmerda	0,912
Südliche Weinstraße	1,002
Südwestpfalz	0,999

Teltow-Fläming	0,936
Tirschenreuth	1,081
Traunstein	1,126
Trier, Stadt	1,101
Trier-Saarburg	1,106
Tuttlingen	1,018
Tübingen	1,064

Uckermark	0,922
Uelzen	0,844
Ulm, Stadtkreis	1,086
Unna	0,901
Unstrut-Hainich-Kreis	0,833
Unterallgäu	1,022
Usedom, Insel	1,061
Vechta	0,850
Verden	0,809
Viersen	0,930
Vogelsbergkreis	0,982
Vogtlandkreis	0,906
Vorpommern-Greifswald, Festlandanteil	0,999
Vorpommern-Greifswald, Inselanteil	1,061
Vorpommern-Rügen, Festlandanteil	0,932
Vorpommern-Rügen, Inselanteil	1,121
Vulkaneifel	0,974
Waldeck-Frankenberg	0,980
Waldshut	1,035
Wangerooge, Insel	1,408
Warendorf	0,898
Wartburgkreis	0,888
Weiden i.d.OPf., Stadt	1,052
Weilheim-Schongau	1,144
Weimar, Stadt	1,182
Weimarer Land	0,904
Weißenburg-Gunzenhausen	1,060
Werra-Meißner-Kreis	0,997
Wesel	0,938
Wesermarsch	0,830
Westerwaldkreis	1,010
Wetteraukreis	0,989
Wiesbaden, Stadt	0,968
Wilhelmshaven, Stadt	0,843
Wittenberg	0,773
Wittmund, Festlandanteil	0,763
Wittmund, Inselanteil	1,073
Wolfenbüttel	0,864
Wolfsburg, Stadt	0,851
Worms, Stadt	0,992
Wunsiedel i.Fichtelgebirge	1,077
Wuppertal, Stadt	0,847
Würzburg	1,127
Würzburg, Stadt	1,172
Zingst, Insel	1,121
Zollernalbkreis	1,013
Zweibrücken, Stadt	0,994
Zwickau	0,936

Regionalfaktoren Österreich

Bundesland	**Korrekturfaktor**
Burgenland	1,115
Kärnten	1,103
Niederösterreich	1,028
Oberösterreich	1,104
Salzburg	1,104
Steiermark	1,097
Tirol	1,019
Vorarlberg	1,069
Wien	1,095

Regionalfaktoren für den Europa-Raum

Land	**Korrekturfaktor**
Albanien	0,324
Belgien	0,640
Bosnien und Herzegowina	0,303
Bulgarien	0,415
Dänemark	0,848
Deutschland	1,000
Estland	0,511
Finnland	0,884
Frankreich	0,754
Griechenland	0,473
Irland	0,687
Island	0,833
Italien	0,571
Kroatien	0,341
Lettland	0,528
Litauen	0,476
Luxemburg	0,836
Malta	0,563
Mazedonien	0,336
Montenegro	0,370
Niederlande	0,810
Norwegen	0,889
Österreich	1,101
Polen	0,448
Portugal	0,458
Rumänien	0,367
Schweden	0,988
Schweiz	1,078
Serbien	0,383
Slowakei	0,497
Slowenien	0,452
Spanien	0,526
Tschechien	0,508
Türkei	0,320
Ungarn	0,442
Zypern	0,480

© **BKI** Baukosteninformationszentrum